Der Gewerbe- und Industrie-Rechts-Kommentar als Gesamtwerk in Einzelbänden, dessen erster Band aus der Feder des Reichsgerichtsrats Dr. h. c. Erich Brodmann das Gesetz betr. die Gesellschaften mit beschränkter Haftung erläutert, wird mit dem vorliegenden 2. Bande — Scheckgesetz von Reichsgerichtsrat Rich. Michaelis — fortgesetzt. Der hohe Schatz des Wissens und die große praktische Erfahrung, die in den Senaten des höchsten deutschen Gerichtshofes im Laufe der Jahrzehnte zu einem *Κτῆμα εἰς ἀεί* geworden sind, haben sich schon Geltung und Anerkennung in Buchform verschafft, so bei dem BGB-Kommentar der Reichsgerichtsräte und bei dem Ebermayerschen Strafgesetz-Kommentar. An diese Werke knüpft der G. u. J. K. in Idee und Plan an; sein Inhalt geht noch tiefer hinein in die Einzelheiten des wirtschaftlichen Lebens und will also ein Reichsgerichtsräte-Kommentar nicht nur *über* gewerbliches und industrielles Recht, sondern auch *für* das Gewerbe und die Industrie sein.

Die Kommentare der einzelnen in diesem Gesamtwerk erläuterten Gesetze erscheinen insoweit als selbständige Bücher, als sie in sich abgeschlossene Bände bilden und ohne Bezugnahme auf Nachbarbände brauchbar sind. Trotz des Erscheinens in selbständig käuflichen Einzelbänden bleibt aber das ganze Unternehmen ein Werk von enger Zusammengehörigkeit — nicht nur, weil sein Verfasserkreis auf Herren vom Reichsgericht beschränkt ist, sondern auch weil die Themata der einzelnen Bände einander ergänzen werden.

Gewerbe- und Industrie-Kommentar
(G.J.K.)

Unter besonderer Berücksichtigung der Rechtsprechung des Reichsgerichts

herausgegeben von

Senatspräsidenten und Räten des Reichsgerichts

unter Führung des

Senatspräsidenten Dr. h. c. H. Koenige

Band II.

Scheckgesetz

Kommentar

von

Reichsgerichtsrat

Richard Michaelis

Berlin und Leipzig 1927.

Walter de Gruyter & Co.

vormals G. J. Göschen'sche Verlagshandlung – J. Guttentag, Verlagsbuchhandlung – Georg Reimer – Karl J. Trübner – Veit & Comp.

Inhaltsverzeichnis

Scheckgesetz vom 11. März 1908.

(RGBl. S. 71).

§ 1. Der Scheck muß enthalten:

1. die in den Text aufzunehmende Bezeichnung als Scheck oder, wenn der Scheck in einer fremden Sprache ausgestellt ist, einen jener Bezeichnung entsprechenden Ausdruck in der fremden Sprache;
2. die an den Bezogenen gerichtete Anweisung des Ausstellers, aus seinem Guthaben eine bestimmte Geldsumme zu zahlen;
3. die Unterschrift des Ausstellers;
4. die Angabe des Ortes und des Tages der Ausstellung.

§ 2. Als Bezogene sollen nur bezeichnet werden:

1. diejenigen Anstalten des öffentlichen Rechtes, diejenigen unter staatlicher Aufsicht stehenden Anstalten sowie diejenigen in das Genossenschaftsregister eingetragenen Genossenschaften, welche sich nach den für ihren Geschäftsbetrieb maßgebenden Bestimmungen mit der Annahme von Geld und der Leistung von Zahlungen für fremde Rechnung befassen, ferner die unter amtlicher Aufsicht stehenden Sparkassen, wenn sie die nach Landesrecht für sie geltenden Aufsichtsbestimmungen erfüllen;
2. die in das Handelsregister eingetragenen Firmen, welche gewerbsmäßig Bankiergeschäfte betreiben.

§ 3. Als Guthaben ist der Geldbetrag anzusehen, bis zu welchem der Bezogene nach dem zwischen ihm und dem Aussteller bestehenden Rechtsverhältnisse Schecks einzulösen verpflichtet ist.

§ 4. Als Zahlungsempfänger kann entweder eine bestimmte Person oder Firma oder der Inhaber des Schecks angegeben werden. Der Aussteller kann sich selbst als Zahlungsempfänger bezeichnen.

Sind dem Namen oder der Firma des Zahlungsempfängers die Worte „oder Überbringer“ oder ein gleichbedeutender Zusatz beigefügt oder enthält der Scheck keine Angabe darüber, an wen zu zahlen ist, so gilt er als auf den Inhaber gestellt.

§ 5. Der bei dem Namen oder der Firma des Bezogenen angegebene Ort gilt als Zahlungsort. Die Angabe eines anderen Zahlungsorts gilt als nicht geschrieben. Ist bei dem Namen oder der Firma des Bezogenen ein Ort nicht angegeben, so gilt der Ausstellungsort als Zahlungsort.

§ 6. Ist die zu zahlende Geldsumme in Buchstaben und in Ziffern ausgedrückt, so gilt bei Abweichungen die in Buchstaben ausgedrückte Summe. Ist die Summe mehrmals mit Buchstaben oder mehrmals mit Ziffern geschrieben, so gilt bei Abweichungen die geringere Summe.

§ 7. Der Scheck ist bei Sicht zahlbar. Die Angabe einer anderen Zahlungszeit macht den Scheck nichtig.

§ 8. Der auf einen bestimmten Zahlungsempfänger gestellte Scheck kann durch Indossament übertragen werden, wenn nicht der Aussteller die Übertragung durch die Worte „nicht an Order" oder durch einen gleichbedeutenden Zusatz untersagt hat.

In betreff der Form des Indossaments, in betreff der Legitimation des Besitzers eines indossierten Schecks und der Prüfung der Legitimation sowie in betreff der Verpflichtung des Besitzers zur Herausgabe finden die Vorschriften der Art. 11 bis 13, 36, 74 der Wechselordnung entsprechende Anwendung. Ein auf eine Abschrift des Schecks gesetztes Indossament ist jedoch unwirksam. Das gleiche gilt von einem Indossamente des Bezogenen. Ein Indossament an den Bezogenen gilt als Quittung.

§ 9. Schecks, die auf einen bestimmten Zahlungsempfänger gestellt und im Auslande zahlbar sind, können in mehreren Ausfertigungen ausgestellt werden. Jede Ausfertigung muß im Texte mit der Bezeichnung „Erste, zweite, dritte usw. Ausfertigung" oder mit einer gleichbedeutenden Bezeichnung versehen werden; ist dies nicht geschehen, so gilt jede Ausfertigung als ein für sich bestehender Scheck.

Ist von mehreren Ausfertigungen eine bezahlt, so verlieren dadurch die anderen ihre Kraft. Jedoch bleiben aus den übrigen Ausfertigungen der Indossant, welcher mehrere Ausfertigungen an verschiedene Personen indossiert hat, und alle späteren Indossanten, deren Unterschriften sich auf den bei der Zahlung nicht zurückgegebenen Ausfertigungen befinden, auf Grund ihres Indossaments verpflichtet.

§ 10. Der Scheck kann nicht angenommen werden. Ein auf den Scheck gesetzter Annahmevermerk gilt als nicht geschrieben.

§ 11. Der im Inland ausgestellte und zahlbare Scheck ist binnen zehn Tagen nach der Ausstellung dem Bezogenen am Zahlungsorte zur Zahlung vorzulegen.

Für Schecks, die im Ausland ausgestellt, im Inlande zahlbar sind, bestimmt der Reichsrat die Vorlegungsfrist. Das gleiche gilt für Schecks, die im Inland ausgestellt, im Auslande zahlbar sind, sofern das ausländische Recht keine Vorschrift über die Zeit der Vorlegung enthält.

Fällt der letzte Tag der Frist auf einen Sonntag oder einen am Zahlungsorte staatlich anerkannten allgemeinen Feiertag, so tritt an die Stelle des Sonntags oder des Feiertags der nächstfolgende Werktag.

§ 12. Die Einlieferung eines Schecks in eine Abrechnungsstelle, bei welcher der Bezogene vertreten ist, gilt als Vorlegung zur Zahlung am Zahlungsorte, sofern die Einlieferung den für den Geschäftsverkehr der Abrechnungsstelle maßgebenden Bestimmungen entspricht.

Der Reichsrat bestimmt, welche Stellen als Abrechnungsstellen im Sinne dieses Gesetzes zu gelten haben.

§ 13. Der Bezogene, der den Scheckbetrag bezahlt, kann die Aushändigung des quittierten Schecks verlangen.

Der Ablauf der Vorlegungsfrist ist auf das Recht des Bezogenen zur Zahlung ohne Einfluß.

Ein Widerruf des Schecks ist erst nach dem Ablaufe der Vorlegungsfrist wirksam.

§ 14. Der Aussteller sowie jeder Inhaber eines Schecks kann durch den quer über die Vorderseite gesetzten Vermerk: „Nur zur Verrechnung" verbieten, daß der Scheck bar bezahlt werde. Der Bezogene darf in diesem Falle den Scheck nur durch Verrechnung einlösen. Die Verrechnung gilt als Zahlung im Sinne dieses Gesetzes.

Das Verbot kann nicht zurückgenommen werden. Die Übertretung des Verbots macht den Bezogenen für den dadurch entstehenden Schaden verantwortlich.

§ 15. Der Aussteller und die Indossanten haften dem Inhaber für die Einlösung des Schecks.

Auch bei dem auf den Inhaber gestellten Scheck haftet jeder, der seinen Namen oder seine Firma auf die Rückseite des Schecks geschrieben hat, dem Inhaber für die Einlösung. Auf den Bezogenen findet diese Vorschrift keine Anwendung.

Hat ein Indossant dem Indossamente die Bemerkung „ohne Gewährleistung" oder einen gleichbedeutenden Vorbehalt hinzugefügt, so ist er von der Verbindlichkeit aus seinem Indossamente befreit.

§ 16. Zur Ausübung des Regreßrechts muß nachgewiesen werden, daß der Scheck rechtzeitig zur Zahlung vorgelegt und nicht eingelöst oder daß die Vorlegung vergeblich versucht worden ist. Der Nachweis kann nur geführt werden:

1. durch eine auf den Scheck gesetzte, von dem Bezogenen unterschriebene und den Tag der Vorlegung enthaltende Erklärung;
2. durch eine Bescheinigung der Abrechnungsstelle, daß der Scheck vor dem Ablaufe der Vorlegungsfrist eingeliefert und nicht eingelöst worden ist;
3. durch einen Protest.

Auf die Vorlegung und den Protest finden die Vorschriften der Artikel 87 bis 88a, 89a, 90 bis 91a, 92 Abs. 2 der Wechselordnung sowie der §§ 3, 4 des Gesetzes betreffend die Erleichterung des Wechselprotestes*) entsprechende Anwendung.

Enthält der Scheck die Aufforderung, keinen Protest zu erheben, so finden die Vorschriften des Art. 42 der Wechselordnung entsprechende Anwendung.

§ 17. Wegen der Benachrichtigung der Vormänner und ihres Einlösungsrechts sowie wegen des Umfanges der Regreßforderung und der Befugnis zur Ausstreichung von Indossamenten finden die Vorschriften der Art. 45 bis 48, 50 bis 52 und des Art. 55 der Wechselordnung mit der Maßgabe entsprechende

*) Die gesperrt gedruckten Worte sind gemäß § 30 ScheckG an die Stelle der ursprünglich in § 16 angeführten Art 87, 88, 90, 91 WO getreten.

Anwendung, daß der Inhaber des vergeblich zur Zahlung vorgelegten Schecks verpflichtet ist, seinen unmittelbaren Vormann innerhalb zweier Tage nach der Ausstellung der im § 16 Abs. 1 bezeichneten Erklärung, Bescheinigung oder Protesturkunde, spätestens aber innerhalb zweier Tage nach dem Ablaufe der Vorlegungsfrist, von der Nichtzahlung des Schecks zu benachrichtigen.

§ 18. Der Inhaber des Schecks kann sich wegen seiner ganzen Regreßforderung an alle Verpflichtete oder auch nur an einige oder einen halten, ohne dadurch seinen Anspruch gegen die nicht in Anspruch genommenen Verpflichteten zu verlieren. Es steht in seiner Wahl, welchen Verpflichteten er zuerst in Anspruch nehmen will.

Dem Inhaber des Schecks kann der Schuldner nur solche Einwendungen entgegensetzen, welche die Gültigkeit seiner Erklärung in dem Scheck betreffen oder sich aus dem Inhalte des Schecks ergeben oder ihm unmittelbar gegen den Inhaber zustehen.

§ 19. Der Regreßpflichtige ist nur gegen Auslieferung des Schecks, der zum Nachweise der rechtzeitigen Vorlegung und der Nichteinlösung oder des vergeblichen Versuchs der Vorlegung dienenden Urkunden und einer quittierten Rechnung Zahlung zu leisten verbunden.

§ 20. Die Regreßansprüche gegen den Aussteller und die übrigen Vormänner verjähren, wenn der Scheck in Europa mit Ausnahme von Island und den Faröern zahlbar ist, in drei Monaten, andernfalls in sechs Monaten.

Die Verjährung beginnt gegen den Inhaber des Schecks mit dem Ablaufe der Vorlegungsfrist, gegen jeden Indossanten, wenn er, bevor eine Klage gegen ihn erhoben worden ist, gezahlt hat, mit der Zahlung, in allen übrigen Fällen mit der Erhebung der Klage.

§ 21. Der Aussteller, dessen Regreßverbindlichkeit durch Unterlassung rechtzeitiger Vorlegung oder durch Verjährung erloschen ist, bleibt dem Inhaber des Schecks so weit verpflichtet, als er sich mit dessen Schaden bereichern würde.

§ 22. In den Fällen des § 14 Abs. 2 und des § 21 verjährt der Anspruch in einem Jahre seit der Ausstellung des Schecks.

§ 23. Aus einem Scheck, auf dem die Unterschrift des Ausstellers oder eines Indossanten gefälscht ist, bleiben diejenigen, deren Unterschriften echt sind, verpflichtet.

§ 24. Auf die Anfechtung einer auf einen Scheck geleisteten Zahlung finden die Vorschriften des § 34 der Konkursordnung entsprechende Anwendung.

§ 25. Im Auslande zahlbare Schecks dürfen auch auf solche Bezogene lauten, auf die nach dem ausländischen Rechte ein Scheck gezogen werden darf.

§ 26. Die wesentlichen Erfordernisse eines im Ausland ausgestellten Schecks sowie jeder im Ausland auf einen Scheck gesetzten Erklärung werden nach den Gesetzen des Ortes beurteilt, an welchem die Ausstellung oder die Erklärung erfolgt ist.

Entspricht jedoch der im Ausland ausgestellte Scheck oder die im Ausland auf einen Scheck gesetzte Erklärung den Anforderungen des inländischen Gesetzes, so kann daraus, daß nach ausländischem Gesetz ein Mangel vorliegt, kein Einwand gegen die Rechtsverbindlichkeit der später im Inland auf den Scheck gesetzten Erklärungen entnommen werden. Auch ist die im Ausland erfolgte Ausstellung eines im Inlande zahlbaren Schecks sowie die auf einen solchen Scheck im Auslande gesetzte Erklärung wirksam, wenn sie auch nur den Anforderungen des inländischen Gesetzes entspricht.

§ 27. Abhanden gekommene oder vernichtete Schecks unterliegen der Kraftloserklärung im Wege des Aufgebotsverfahrens. Die Aufgebotsfrist muß mindestens zwei Monate betragen.

Nach Einleitung des Aufgebotsverfahrens kann der Berechtigte, falls der Scheck rechtzeitig zur Zahlung vorgelegt, von dem Bezogenen aber nicht eingelöst worden war, von dem Aussteller Zahlung fordern, wenn er bis zur Kraftloserklärung Sicherheit leistet.

§ 28. Bürgerliche Rechtsstreitigkeiten, in welchen durch die Klage ein Anspruch auf Grund dieses Gesetzes geltend gemacht wird, gehören, sofern in erster Instanz die Landgerichte zuständig sind, vor die Kammern für Handelssachen.

In bürgerlichen Rechtsstreitigkeiten, in welchen durch Klage oder Widerklage ein Anspruch auf Grund dieses Gesetzes geltend gemacht ist, wird die Verhandlung und Entscheidung letzter Instanz im Sinne des § 8 des Einführungsgesetzes zum Gerichtsverfassungsgesetze dem Reichsgerichte zugewiesen.

Auf die Geltendmachung von Regreßansprüchen aus einem Scheck finden die den Wechselprozeß betreffenden Vorschriften der §§ 602 bis 605 der Zivilprozeßordnung entsprechende Anwendung. Die Rechtsstreitigkeiten, in welchen ein solcher Anspruch geltend gemacht wird, gelten als Feriensachen.

§ 29. Im Sinne des § 24 des Gesetzes, betreffend die Wechselstempelsteuer, vom 10. Juni 1869 (Bundes-Gesetzbl. S. 193ff.) sind als Schecks, für welche die Befreiung von der Wechselstempelabgabe bestimmt ist, diejenigen Urkunden anzusehen, die den Anforderungen der §§ 1, 2, 7, 25, 26 des gegenwärtigen Gesetzes entsprechen.

Die Vorschrift des Abs. 1 findet keine Anwendung auf Schecks, welche vor dem auf ihnen angegebenen Ausstellungstag in Umlauf gesetzt sind. Für die Entrichtung der Abgabe haftet als Gesamtschuldner jeder, der am Umlaufe des Schecks im Sinne des § 5 des Gesetzes, betreffend die Wechselstempelsteuer, im Inlande vor dem Ausstellungstage teilgenommen hat.

§ 30. Dieses Gesetz tritt am 1. April 1908 in Kraft. Die Vorschriften finden auf früher ausgestellte Schecks keine Anwendung.

Einleitung.

1. Entstehung und Entwickelung des Schecks und des Scheckrechts.

Der Scheck verdankt seine Entstehung dem Bedürfnisse des Verkehrs, besonders des gewerblichen und kaufmännischen, die Notwendigkeit der Bereithaltung von baren Zahlungsmitteln in den Kassen des einzelnen Gewerbetreibenden zum Zwecke der jederzeitigen Bereitschaft zur Leistung fälliger Zahlungen dadurch einzuschränken, daß dieser bei einem gewerbsmäßigen Kassenhalter (Bankhalter, Bankier) einen Geldbestand hinterlegt und unterhält und seine Gläubiger statt der Barzahlung an diesen Kassenhalter verweist, der die Auszahlung für ihn besorgt. Ein solches Hilfsmittel zur Erleichterung des Geldverkehrs ist schon früh im Handelsverkehr der geschichtlichen Völker angewendet worden. Bereits im alten Rom war das Bankdepositengeschäft ausgebildet, und die Handeltreibenden leisteten ihre Zahlungen durch Vermittelung der argentarii (Bankhalter, auch numerarii genannt), bei denen sie Geld hinterlegt hatten, auf Grund von Zahlungsaufträgen (iussus = Befehl), die sie an diese ergehen ließen, jedenfalls mündlich, ob auch schon im Wege schriftlicher Anweisungen, ist nicht unzweifelhaft (vgl. G. Cohn in ZVerglR 1, 122). Im späteren Mittelalter kam infolge der Ausbreitung des Geldverkehrs zwischen Kaufleuten, die nicht an dem gleichen Orte wohnten, der namentlich durch die Messen und Märkte gefördert wurde, das Bedürfnis hinzu, den Transport baren Geldes von einem Orte zum anderen sowie das Umwechseln der Münzen am Wohnsitze des Schuldners in die am Zahlungsorte geltenden Münzsorten zu vermeiden. Es wurden deshalb in Italien bei den campsores und bancherii, in den Hansestädten bei dem Rat und bei der Korporation der Kaufleute Gelddepositen gemacht, über welche durch Anweisungen verfügt wurde. Das geschah zumeist in den Formen des Wechsels (cambium), der sich zunächst als eigner, später in den Formen der Tratte entwickelt hatte und neben seiner eigentlichen Funktion als Kreditvermittler auch dem Bedürfnisse der Ersparung von Barzahlungen dienstbar gemacht wurde; vgl. Grünhut Wechselrecht 1 § 13 S. 18/19; G. Cohn a. a. O. S. 125. Doch kamen auch Zahlungsanweisungen auf Depositen ohne die Form des Wechsels vor, wie die contadi di banco in Venedig (1421), die polizze bancarie in Bologna (1603); vgl. G. Cohn in EndemannsHdb § 433 Note 69. Vielfach wurden auch in Deutschland und Polen von den Landesherren Anweisungen (Quittancien) ausgestellt auf ihre abgabepflichtigen Untertanen, namentlich auf Stadtgemeinden, wie Lübeck und Danzig, für geschuldete Abgaben, je nach Bedarf in Einzelbeträgen, und zwar oft auch für erst in Zukunft fällig werdende, zugunsten von Gläubigern der Landesherren, denen die Abgaben übereignet oder verpfändet waren. Diese Anweisungen setzten freilich eine gewisse Zwangsgewalt des Ausstellers gegenüber dem Angewiesenen voraus und blieben deshalb auf Fälle eines derartigen Machtverhältnisses beschränkt. Vgl. G. Cohn a. a. O. S. 126. In England stellten im Mittelalter die Könige Anweisungen aus auf ihren eigenen Rechnungshof, der Exchequer genannt wurde, vermutlich wegen des schachbrettartigen Tisches, auf dem die Auszahlungen vorgenommen wurden.

In größerem Umfange hat sich in der Übergangszeit vom Mittelalter zur Neuzeit in Holland ein dem späteren Scheck entsprechendes Institut ausgebildet in den sogenannten „Kassiersbriefje". Dort bestand schon seit dem 16. Jahrhundert namentlich in Amsterdam der Gebrauch, daß die Kaufleute ihre Barbestände gewerbsmäßigen Kassenhaltern (Kassiers) übergaben, welche in späterer Zeit öffentlich konzessioniert und zur Annahme solcher Gelder und zur Auszahlung in Teilbeträgen an Dritte nach Maßgabe der ihnen von den Hinterlegern erteilten schriftlichen Anweisungen, die meist in Form von Quittungen, seltener in der eigentlichen Anweisungsform ausgestellt wurden, verpflichtet waren. Diese Anweisungen wurden „Kassiersbriefje" genannt. In Amsterdam gab es in den Jahren 1770—1780 nicht weniger als 54 solche „Kassiers", unter denen auch bereits eine Art Abrechnungsverfahren (Clearing) im Wege gegenseitiger Kompensationen eingeführt war (G. Cohn a. a. O. S. 129). Die Kassiers hatten ursprünglich die Verpflichtung, die Gelder der Deponenten in Natur aufzubewahren (depositum regulare), durften sie also nicht benutzen und erhielten deshalb für die Aufbewahrung und Auszahlung eine Provision; in späterer Zeit ließen sie die Gelder in ihrem Geschäfte arbeiten und nahmen dadurch den Charakter von Bankiers an. Die erste gesetzliche Regelung der Kassiersbriefje erfolgte in Amsterdam durch die Keure von 1776, deren Bestimmungen dann im wesentlichen in das niederländische Handelsgesetzbuch (Wetboek van Koophandel) von 1838, Art. 221—229 — Anhang G 7 — übergingen. Danach sind die Kassiersbriefje Inhaberpapiere in der Form von Quittungen oder Anweisungen; der ursprüngliche Aussteller bleibt daraus jedem Inhaber für die Dauer von zehn Tagen verantwortlich, jedoch auch darüber hinaus, wenn er nicht beweist, daß er bei dem „Kassier" ein bares Guthaben in Höhe des Betrages des Papiers gehabt und belassen hat; diejenigen, die das Papier in Zahlung gegeben haben, sind dem, der es von ihnen empfangen hat, verantwortlich auf die Dauer von drei Tagen vom Tage der Abgabe, doch muß dieser bei Verlust seines Rückgriffsrechts, unbeschadet seines Anspruchs gegen den Aussteller, das Papier innerhalb der gleichen Frist zur Zahlung präsentieren. Anweisungen, die an Order lauten, auch solche auf Guthaben, unterstehen nicht den Vorschriften des Gesetzes über die Kassiersbriefje. Ein im Jahre 1886 veröffentlichter Entwurf eines Gesetzes über die Handelspapiere, der sich in Titel IV Abs 1—6 mit dem Scheck beschäftigte, ist nicht Gesetz geworden. In der neuen Fassung des Wetboek van Koophandel vom 5. Juni 1925 sind die Vorschriften unverändert geblieben.

In England gelangte der Scheck im 18. und 19. Jahrhundert zur größten Entfaltung. Es entwickelte sich dort zunächst zwischen 1759 und 1772 (ob in bewußtem Anschlusse an die holländische Entwicklung, läßt sich nicht feststellen) in der Praxis der Londoner Bankiers der Gebrauch, an Stelle der bisher ihren Kunden für deponierte oder diskontierte Beträge übergebenen, auf den Inhaber lautenden Noten die Beträge in ihren Handelsbüchern den Kunden gutzuschreiben und ihnen zugleich Hefte mit Anweisungsformularen auszuhändigen, die von den Kunden nach Bedürfnis ausgefüllt und zahlungshalber an ihre Gläubiger ausgehändigt wurden. Das Verfahren entsprach also bereits vollständig dem heute bei dem Abschlusse eines Scheckvertrages mit einer Bank üblichen (vgl. unten zu § 3 Anm. 4). Auf diese Anweisungen wurde damals zuerst die Bezeichnung „chequers", später „cheques" angewendet, entnommen von den obenerwähnten Anweisungen, welche in früheren Jahrhunderten die englischen Könige auf ihren „Exchequer" (Rechnungshof) ausgestellt hatten. Die Ausstellung solcher Schecke blieb in England anfänglich auf den Verkehr mit Privatbanken beschränkt, da gegen den Betrieb solcher Geschäfte durch größere Handelsgesellschaften Bedenken wegen des Privilegs der Bank von England bestanden. Nachdem aber 1828 von den Kronjuristen anerkannt worden war, daß dieses Monopol sich nur auf Banknoten beziehe und daß Schecke keine Banknoten seien, entstand rasch eine große Zahl joint-stock-banks (Aktienbanken), die das Depositengeschäft mit Schecken betrieben. Seitdem ist es allgemein, auch außerhalb der gewerblichen Kreise, Sitte geworden und wird sogar in einer bekannten Anekdote als Kennzeichen eines „Gentleman" hingestellt, ein Guthaben bei einem „Banker" zu halten und nicht bar, sondern mittels Scheck auf diesen zu zahlen. Die Aufstellung der rechtlichen Normen für den Scheck blieb in England längere Zeit hindurch der Handelssitte überlassen; nur in einzelnen Punkten, welche zumeist die fiskalischen Stempelinteressen, teilweise aber auch Streitfragen über die materiellen Rechtsverhältnisse des Schecks betrafen, griff der Staat durch gesetzliche Vorschriften ein (Näheres bei G. Cohn a. a. O. S. 140). Im übrigen wurden erst bei der gesetzlichen Regelung des Wechselrechts durch die Bills of Exchange Act von 1882 in Section 73 bis 78 — Anhang G 3 a — auch die „Cheques on a banker" gesetzlich geregelt, und zwar wurden sie als Sichtwechsel auf einen Bankier begrifflich bestimmt und den wechselrechtlichen Vorschriften unterstellt mit einigen Abweichungen, die hauptsächlich das Erfordernis der Vorlegung „within a reasonable time" (also ohne bestimmte Vorlegungsfrist), den Widerruf und das Kreuzen (Crossing) betreffen. Im Jahre 1906 erging eine weitere Bills of Exchange (Crossed Cheques) Act — Anhang G 3b —, welche weitere Bestimmungen über die gekreuzten Schecke traf. — In den Vereinigten Staaten von Amerika, in denen der Gebrauch des Schecks gleichfalls allgemein verbreitet ist, blieb zunächst längere Zeit hindurch die Handelssitte für die rechtliche Ausgestaltung maßgebend; seit dem Jahre 1897 begannen aber die Einzelstaaten der Union das Scheckrecht im Anschlusse an das Wechselrecht in dem „Negotiable Instruments Law (NIL; Anhang G 13) übereinstimmend zu kodifizieren, und zwar in der Hauptsache entsprechend dem englischen Rechte. — Bereits vor England hatte Frankreich durch das Gesetz vom 14. Juni 1865 die gesetzliche Regelung des Schecks durchgeführt; dieses Gesetz wurde, nachdem sich gewisse Mängel ergeben hatten, durch weitere Gesetze vom 19. Februar 1874 und vom 30. Dezember 1911 ergänzt und teilweise abgeändert; weitere Ergänzung erfolgte durch die Gesetze vom 26. Januar 1917 und 2. August 1917; in der jetzt geltenden Fassung sind die Gesetze als Anhang G 4a abgedruckt; außerdem erging noch ein Gesetz vom 28. August 1924, betreffend Zahlung von Handelspapieren durch Scheck — Anhang G 4b —. Die französische Gesetzgebung gibt im Gegensatze zur englischen unbeschränkte passive Scheckfähigkeit; sie legt ferner besonderen Wert auf das Vorhandensein einer Deckung, die als „provision préalable" (in Belgien „fonds disponibles") bereits bei der Scheckziehung vorhanden sein muß; die Scheckziehung gilt als Übertragung des Eigentums an dieser Deckung; die Befolgung der Vorschriften über die Deckung und im Zusammenhange damit über die Datierung der Schecke suchen die Gesetze durch strafrechtliche Androhungen zu sichern; auch ist eine bestimmte kurze Präsentationsfrist eingeführt. — Das belgische Gesetz vom 20. Juni 1873, ergänzt durch Gesetz vom 31. Mai — Anhang G 1 — schloß sich in den grundlegenden Vorschriften dem französischen Rechte an. Ebenso steht die Gesetzgebung der Schweiz, die in Art. 830—837 des Bundesgesetzes über das Obligationenrecht vom 14. Juni 1881 — Anhang G 11 — niedergelegt ist, unter französischem Einflusse. Das französische Gesetz hat ferner zum Vorbilde für Italien gedient, das in den Vorschriften seines Handelsgesetzbuchs vom 2. April 1882, Art. 339—344, die „Bankanweisung" (assegno di banca), wie der Scheck dort genannt wird, geregelt hat — Anhang G 6 a —; ein Dekret vom 7. Oktober 1923 (auszugsweise als Anhang G 6b abgedruckt) hat dort den sogenannten „assegno circolare" (Zirkularscheck) eingeführt, der den amerikanischen Travellerschecken ähnlich ist; vgl. Näheres zu § 5 Anm. 8.

Auch das spanische Scheckrecht wurde in dem Handelsgesetzbuche vom 22. August 1885, Art 534 bis 543 — Anhang G 12a — im Anschlusse an das französische Recht geregelt; ein Dekret vom 9. Januar 1923 — Anhang G 12b — traf Bestimmungen über gekreuzte Schecke. Japan hatte in seinem Handelsgesetzbuche vom 7. März 1899 (Art 530—537) sich gleichfalls das französische Deckungsprinzip zum Vorbilde genommen; in dem neueren Gesetze vom 2. Mai 1911 hat es aber diesen Vorschriften eine in manchen Punkten veränderte Fassung gegeben, die sich mehr an das deutsche Recht (s. unten) anschließt, vgl. die jetzt geltende Fassung in Anhang G 5. — Auch die Gesetze, die sich im wesentlichen übereinstimmend die skandinavischen Länder in den Jahren 1897 und 1898 gegeben haben — vgl. das dänische Scheckgesetz vom 23. April 1897 in Anhang G 2 — stehen hinsichtlich des Erfordernisses der Deckung bereits auf einem freieren Standpunkte als das französische Recht. Eine ausführliche Übersicht über den Gang und den Inhalt der scheckrechtlichen Gesetzgebung in allen in Betracht kommenden ausländischen Kulturstaaten findet sich bei H. Meyer, Weltscheckrecht Bd. I. Näheres über den Inhalt der hauptsächlichsten Gesetzgebungen siehe in den Zusätzen zu den einzelnen Paragraphen des Scheckgesetzes in diesem Kommentar.

2. Entstehung des deutschen Scheckgesetzes.

Verhältnismäßig spät gelangten Österreich, Ungarn und Deutschland zu Scheckgesetzen; Österreich durch das Gesetz vom 3. April 1906 — Anhang G 8 —, Ungarn durch das Gesetz vom 31. Dezember 1908, Deutschland durch das Gesetz vom 11. März 1908, das den Gegenstand dieses Kommentars bildet. Die Bestrebungen zur Schaffung einer Scheckgesetzgebung haben freilich in Deutschland schon viele Jahre vorher eingesetzt. In den meisten deutschen Staaten, einschließlich Österreich, standen lange Zeit hindurch der Verbreitung des Schecks die Stempelsteuern entgegen; nur in Hamburg, wo solche Hemmungen nicht bestanden, hatte sich die kaufmännische Sitte ausbilden können, keine Kasse zu halten, sondern Zahlungen, die nicht auf Mark Banko lauteten und deshalb nicht durch Giro bei der Hamburger Bank erledigt werden konnten, auf einen Geldwechsler anzuweisen. In Preußen stand auch das dort bestehende Verbot der Annahme verzinslicher Depositen durch Privatbanken der Ausbreitung des Scheckverkehrs hemmend entgegen. Bei Beratung der Wechselordnung war die Regelung der „Anweisungen" abgelehnt worden und auch das Allgemeine Deutsche Handelsgesetzbuch hatte in Art. 300—303 nur die kaufmännischen Orderpapiere in einzelnen Beziehungen geregelt. Im übrigen blieb die Regelung der „Anweisungspapiere" Sache der Einzelstaaten; die durch diese erfolgte Regelung berücksichtigte nirgends die besonderen Eigentümlichkeiten des Schecks, insbesondere die Voraussetzung der Anweisung auf ein Guthaben, den Ausschluß der Annahme und die Garantiewirkung der Scheckziehung. Nur in Elsaß-Lothringen hatte das französische Scheckgesetz vom 14. Juni 1865 Geltung. Zum ersten Male wurden die Besonderheiten des Schecks in dem Wechselstempelsteuergesetze vom 10. Juni 1869 von der Gesetzgebung erfaßt, indem dort (§ 24 Nr. 1) als von der Stempelabgabe befreit erklärt wurden „die statt der Barzahlung dienenden, auf Sicht zahlbaren Platzanweisungen und Schecks, d. i. Anweisungen auf das Guthaben des Ausstellers bei dem die Zahlungen desselben besorgenden Bankhause oder Geldinstitute, wenn sie ohne Akzept bleiben". Nachdem diese Befreiung erfolgt war, konnte sich der Scheckverkehr, zunächst ohne besondere gesetzliche Regelung, freier entwickeln, und zwar geschah das schon seit dem Jahre 1875 vor allem durch die Reichsbank im Zusammenhange mit dem von dieser gemäß § 13 Nr. 7 des Bankgesetzes vom 14. März 1875 gepflegten Depositengeschäft und Giroverkehr, bei welchem zwar ein Teil der Giroumsätze durch Übertragung von dem Konto eines Kunden auf das eines anderen Kunden mittels Giroanweisungen (den sog. roten Schecken) sich vollzieht, ein anderer Teil aber auf Grund weißer Schecke, die zuerst in Quittungsform, später aber in der Form von Anweisungen ausgestellt wurden, durch Barabhebung oder Verrechnung nach Präsentation durch den Aussteller oder einen Dritten erfolgte. Nach dem Beispiele der Reichsbank richteten dann auch andere größere und kleinere Bankinstitute den Giro- und Scheckverkehr für ihre Kunden ein. Die Begründung zu dem Gesetzentwurfe von 1892 — s. unten — konnte deshalb (S. 9) bereits aussprechen, daß der Scheck in Deutschland eingebürgert und seine wirtschaftliche Bedeutung „kaum geringer sei als die des Wechsels und der Banknote". Der Mangel einer gesetzlichen Regelung wurde dabei unliebsam empfunden und gab in vielen Fällen zu Zivilprozessen Anlaß (vgl. G. Cohn bei Endemann III S. 1142 Anm. 39); auch das Reichsgericht wies in einer Strafsache (RGSt 18, 160) insbesondere auf die durch das Nichtvorhandensein einer gesetzlichen Präsentationsfrist erzeugte Unsicherheit hin. Schon im Jahre 1878 sprach deshalb der spätere langjährige Vorkämpfer eines Scheckgesetzes, der Reichsbankpräsident Dr. R. Koch, in einem Vortrage in der Juristischen Gesellschaft Berlin („Über Giroverkehr und den Gebrauch von Schecken als Zahlungsmittel", 7. Februar, veröffentlicht in BuschsA 37 S. 85ff.) die Überzeugung aus, daß es, um die Wirkungen des Schecks zu sichern, des Einschreitens der Gesetzgebung bedürfe, das hoffentlich nicht mehr lange auf sich warten lassen werde. Nachdem sodann der 11. Deutsche Handelstag am 15. Dezember 1882, bemerkenswerterweise gegen die Stimme von Hamburg, sich dahin geäußert hatte, daß der Erlaß eines Scheckgesetzes, das bestimmte, von ihm bezeichnete Vorschriften enthalte, „nützlich wirken würde", sprachen sich auch eine Reihe von Handelskammern sowie namhafte Stimmen im Schrifttum, u. a. Simonson in SchmollersJ N. F., VIII 135, in diesem Sinne aus. Eine besonders mächtige Förderung aber fand der Gedanke durch die allen Hindernissen zum Trotz fortgesetzte und immer wieder erneute Tätigkeit R. Kochs, der bereits im Jahre 1882 namens der Reichsbank den Entwurf eines Scheckgesetzes ausgearbeitet hatte und nun wiederum für den Erlaß eines Scheckgesetzes in seinem Gutachten für den 17. Deutschen Juristentag, 1884 (17. DJT I S. 1ff.), eintrat, dem der Juristentag, freilich nur mit einer Stimme Mehrheit, zustimmte. Die Gegner (unter ihnen namentlich der Mitgutachter Behrend, ebenda S. 32ff.) hoben besonders hervor, daß der Scheck nicht Umlaufsmittel (Wertträger), sondern nur Zahlungsmittel sein solle, und daß die Erleichterung seiner Verwendung durch ein Scheckgesetz, das ihn mit wechselmäßigen Wirkungen, insbesondere der Regreßpflicht des Ausstellers, ausstatte, bedenklich sei wegen der nicht genügenden Vertrauenswürdigkeit der deutschen Privatbanken, die, im Gegensatze zu den englischen Bankers, zum großen Teile auch spekulative Geschäfte neben dem Depositengeschäfte betrieben, und auch wegen der Gefahr, daß der Scheck von seinem Aussteller in unsolider Weise als Mittel, sich Geld zu verschaffen, benutzt werden könnte. Doch kam es infolge der dem Scheckgesetze günstigen Strömungen dazu, daß im Jahre 1892 dem Bundesrate ein gegenüber dem Entwurfe von 1882 umgearbeiteter Entwurf vorgelegt wurde (veröffentlicht im RAnz vom 26. Januar 1892), und dieser dann in nochmals revidierter Fassung im März 1892 an den Reichstag gelangte (Reichstagsdrucksachen 8. Legislaturperiode I. Session 1890—1892, Aktenstück Nr. 736). Die Vorlage wurde aber vom Reichstage nicht erledigt. In der Folgezeit waren die keineswegs aufgegebenen Bestrebungen zum Erlaß eines Scheckgesetzes heftiger Gegnerschaft gerade von seiten der beteiligten gewerblichen Kreise ausgesetzt, die wegen der Gestaltung des Entwurfs von 1892, namentlich der darin enthalten gewesenen Strafbestimmungen, die Befürchtung hegten, daß dadurch statt einer Erleichterung eine Hemmung des Scheckverkehrs durch einengende Kontrollvorschriften eintreten könnte. So verneinte der Ausschuß des Deutschen Handelstages von 1897 das Vorliegen eines Bedürfnisses, und der Erste allgemeine deutsche Bankiertag in Frankfurt a. M. schloß sich ihm am 19.—20. September 1902 an; auch die auf eine von der Schriftleitung der Holdheimschen Monatsschrift im Jahre 1905 in einer Rundfrage den hauptsächlichsten deutschen Banken vorgelegte Frage, „ob zur Zeit in Deutschland der Erlaß eines Scheckgesetzes im Interesse des Handelsverkehrs erforderlich erscheine oder ob die deutsche Handelswelt noch auf dem ablehnenden Standpunkte verharre, den der Bankiertag von 1902 eingenommen habe", wurde gerade durch die führenden Banken im Sinne der zweiten Alternative beantwortet, während andere, namentlich süddeutsche Banken der Ansicht waren, daß ein Scheckgesetz an sich erstrebenswert sei, um dem Scheckverkehr eine gesicherte gesetzliche Grundlage zu geben und damit seine Entwicklung zu fördern.

Besonderes Aufsehen erregte es aber, daß eine so angesehene Korporation wie die Ältesten der Kaufmannschaft von Berlin in ihrer Denkschrift vom 29. Oktober 1906 sich mit großem Nachdruck gegen die Schaffung eines Scheckgesetzes aussprachen, „so lange, als nicht die zur Zeit fehlenden Garantien dafür geboten seien, daß ein Werk zustande komme, welches lediglich einer vollkommenen rechtlichen Sicherung des Scheckverkehrs diene, ohne dessen Bewegungsfreiheit einzuschränken". — Die verbündeten Regierungen ihrerseits hatten noch im Jahre 1902 in der Petitionskommission des Reichstags den Erlaß eines Scheckgesetzes für nicht erforderlich erklärt, „da der Verkehr auch ohne ein solches sich zu entwickeln vermocht habe und kein Grund zu der Annahme bestehe, daß die Verallgemeinerung der Scheckbenutzung durch ein solches Sondergesetz wesentlich gefördert werden würde" (Reichstagsdrucksachen 10. Legislaturperiode II. Session 1900—1903, Aktenstück Nr. 920). Aber schon im Jahre 1904 konnte Koch bei Gelegenheit einer Feier bekanntgeben, daß die Reichsregierung wiederum die Initiative in der Scheckgesetzfrage ergreife, indem sie an die Ausarbeitung eines Entwurfes herangehe. Angesichts der im Jahre 1906 auf dem internationalen und namentlich dem deutschen Geldmarkte eingetretenen anhaltenden Geldknappheit trat auch in den beteiligten Kreisen der Wunsch nach Erleichterung des Geldumsatzes und die Hoffnung wieder hervor, eine solche durch ein Scheckgesetz herbeizuführen, und das führte zu einer Resolution des Reichstages vom 10. Mai 1907 (StenB S. 1536), in welcher die verbündeten Regierungen ersucht wurden, „möglichst bald eine Gesetzesvorlage zu machen, durch welche eine Regelung des Scheckverkehrs erfolge". Auch im Schrifttum waren Rießer (DJZ 1907 S. 31ff. und LeipzZ Jahrg 1 Nr 2) sowie G. Cohn (BankA 1907, 177) den Ältesten der Kaufmannschaft, deren Meinung inzwischen noch literarisch durch einen Angehörigen dieser Korporation vertreten worden war (Max Richter in DWirtschZ 1907 Sp. 193ff.), entgegengetreten. Im RAnz vom 13. Juli 1907 wurde sodann der vorläufige Entwurf eines Scheckgesetzes veröffentlicht, „um den beteiligten Kreisen Gelegenheit zur Stellungnahme zu geben". Dieser Entwurf trug bereits den gegen den Entwurf von 1892 erhobenen hauptsächlichsten Einwendungen insofern Rechnung, als die Strafbestimmungen, die dieser enthalten hatte, weggefallen waren. Die Stellungnahme zu dem neuen Entwurfe im Schrifttum knüpfte besonders an das dem Scheckinhaber darin gewährte direkte Klagerecht gegen den Bezogenen an, gegen welches von verschiedenen Seiten Bedenken erhoben wurden (Rießer im BankA 6 S. 277; Conrad ebenda 7 S. 42; Simonson in DJZ 1907 Sp. 998). Der Entwurf wurde daraufhin nochmals umgearbeitet; das direkte Klagerecht gegen den Bezogenen fiel dabei fort. Der endgültige Entwurf mit Begründung wurde dem Reichstage am 9. Januar 1908 vorgelegt (Reichstagsdrucksachen, 12. Legislaturperiode I. Session 1907/08, Aktenstück Nr 566). Seine erste Beratung erfolgte in den Sitzungen des Reichstags vom 21. und 23. Januar 1908 mit dem Ergebnisse, daß er einer Kommission von 14 Mitgliedern überwiesen wurde (StenB S. 2608ff., 2660ff.). Die von dieser Kommission beschlossenen Anträge (Nr 649 der Drucksachen), lauteten dahin, den Entwurf mit einer unwesentlichen Abänderung, im übrigen unverändert anzunehmen. Bei der zweiten Beratung des Gesetzes im Plenum wurden mehrere Abänderungsanträge gestellt (Nr 664, 671, 673, 691, 703 der Drucksachen). Beschlossen wurde eine Abänderung des § 2 durch besondere Erwähnung der Sparkassen (vgl. unten zu § 2 Anm. 13); ferner eine Bestimmung hinsichtlich des Gesetzes betr. Erleichterung des Wechselprotestes und eine anderweite Festsetzung des Inkrafttretens des Gesetzes (StenB S. 3313ff.). Mit diesen Änderungen wurde der Entwurf in der Sitzung vom 25. Februar 1908 einstimmig angenommen (StenB S. 3358ff.). Das Scheckgesetz wurde unterm 11. März 1908 vollzogen und in dem am 19. März 1908 in Berlin ausgegebenen RGBl Nr 12 S. 71ff. veröffentlicht.

3. Verhältnis des Scheckgesetzes zu anderen Rechtsquellen.

Das Scheckgesetz enthält keine ausdrückliche Begriffsbestimmung des Schecks. Aus den für das Vorhandensein eines solchen aufgestellten wesentlichen Erfordernissen (§ 1 Nr 1—4, vgl. Anm 1ff. dazu), ergibt sich aber, daß der Scheck zu den Urkunden gehört, in welchen der Aussteller einen anderen anweist, Geld an einen Dritten zu leisten. Er fällt sonach unter die Kategorie der **Anweisung** im Sinne des § 783 BGB, da er sämtliche rechtlichen Merkmale einer solchen enthält. Es ist deshalb nicht richtig, wenn der Satz aufgestellt wird, der Scheck sei keine Anweisung „in zivilistischem Sinne“ (so Lessing ScheckG S. 9; für den Wechsel anscheinend auch RGZ 48, 230); er ist es in der Tat. Daß er außer den für eine Anweisung im Sinne des BGB erforderlichen wesentlichen Merkmalen („Essentialien“), noch andere ihm spezielle Eigentümlichkeiten aufweist, macht ihn nicht zu einem „eigentümlichen Rechtsgebilde“ in dem Sinne, daß er dadurch aus dem Rahmen der Anweisung im Sinne des BGB herausfiele. Es müssen vielmehr die Vorschriften des BGB über die Anweisung (§§ 783—792) auf ihn unmittelbar Anwendung finden, soweit nicht durch das Spezialgesetz, als welches das Scheckgesetz sich gegenüber dem BGB darstellt und diesem vorgeht, etwas anderes bestimmt ist. Das ist u. a. wichtig für die Frage der Formbedürftigkeit einer Zession der Scheckrechte; vgl. unten zu § 8 Zusatz 1. Immerhin ist die Ausstellung einer Anweisung, welche die besonderen Erfordernisse des Schecks nicht erfüllt, im Sinne des § 140 BGB ein „anderes Rechtsgeschäft“ als die Ausstellung eines Schecks. Darüber, ob ein nichtiger Scheck demgemäß als Anweisung aufrechterhalten werden kann, vgl. unten zu § 1 Anm 38. Auch das übrige Recht des BGB kommt insoweit zur Anwendung, als das Scheckgesetz nicht entgegensteht. Das gilt namentlich für die rechtliche Auffassung, die Auslegung und die Wirkungen des Scheckvertrags, die vom Scheckgesetze nicht geregelt sind (vgl. zu § 3 Anm 2); aber auch, mit gewissen Einschränkungen, für die Auslegung der scheckrechtlichen Erklärungen, vgl. unten zu § 1 Zus 1 Anm 37. Von den Vorschriften des HGB kommen diejenigen über Handelsgeschäfte auf den Scheckvertrag zur Anwendung, wenn beide Parteien oder auch nur eine von ihnen ein Kaufmann ist (§ 345 HGB), was in der Regel der Fall sein wird, da der Scheckvertrag zumeist mit Banken abgeschlossen wird; vgl. zu § 3 Anm 3. Auch die Bestimmungen des HGB über kaufmännische Anweisungen (§§ 363—365) würden an sich in der Regel Anwendung zu finden haben, da die Bezogenen meist Banken sind; doch sind die in diesen Paragraphen enthaltenen Bestimmungen, die sich auf das Indossament beziehen, durch die entsprechenden besonderen Vorschriften des Scheckgesetzes (vgl. zu § 8) ersetzt. Der § 346 HGB wird insoweit anzuwenden sein, als Handlungen oder Unterlassungen „unter Kaufleuten" in Frage stehen, also, wenn beide Parteien Kaufleute sind, für die auf den Scheckvertrag sich beziehenden Handlungen oder Unterlassungen. Dagegen werden die scheckrechtlichen Erklärungen (Ausstellung, Indossament), jedem Erwerber des Schecks, also gegenüber unbestimmten Personen abgegeben, demnach nicht „unter Kaufleuten"; bei ihrer Auslegung wird deshalb auf besondere Handelsgebräuche keine Rücksicht genommen werden können. Die Bildung von eigentlichem Gewohnheitsrecht, auch gegen das Gesetz, ist grundsätzlich nicht ausgeschlossen; doch könnte, da der Scheck zum Umlaufe von Ort zu Ort, mindestens innerhalb des Deutschen Reiches, bestimmt ist, ein etwaiges partikuläres, nicht auf das ganze Reichsgebiet sich beziehendes Gewohnheitsrecht nicht in Betracht kommen. Keinesfalls kann durch partikuläres Gewohnheitsrecht das Scheckgesetz, das Reichsgesetz ist, gebrochen werden (RV Art 13; vgl. RGKomm Vorbem 2 vor § 1).

Mit dem (gezogenen) Wechsel hat der Scheck die Form der Anweisung gemein; er ist aber nicht, wie der englische Scheck (vgl. oben S. 8), ein auf Sicht gestellter Wechsel im Sinne der Wechselordnung; denn ihm fehlt von den durch diese aufgestellten Erfordernissen jedenfalls die Bezeichnung als Wechsel (Art 4 Nr 1 WO). Die Vorschriften der Wechselordnung finden deshalb auf den Scheck nicht ohne weiteres Anwendung. Doch hat das Scheckgesetz eine größere Anzahl von Vorschriften der Wechselordnung als auf den Scheck entsprechend anwendbar erklärt: so in § 8 die Art 11—13, 36, 74 WO (vgl. zu § 8 Anm 18 ff.); in § 16 die Art 87, 88, 90, 91, 42 WO, gemäß § 30 in der veränderten Fassung des Gesetzes betr. die Erleichterung des Wechselprotestes unter Hinzutritt der neuen Art 88a, 89a, 91a (vgl. unten zu § 16 Anm 14 ff); in § 17 die Art 45—48, 50—52, 55 (vgl. unten zu § 17 Anm 2 ff.). Es steht aber nichts im Wege, auch die nicht ausdrücklich angeführten Vorschriften der Wechselordnung für den Scheck insoweit entsprechend heranzuziehen, als sie sich wegen Zutreffens des ihnen zugrunde liegenden Rechtsgedankens dazu eignen; jedenfalls kann eine Vermutung, daß ihre Anwendung ausgeschlossen sei, lediglich aus ihrer Nichtanführung nicht hergeleitet werden; a. M. anscheinend Lessing S. 8, Cohn in ZfHR 61, 124.

In steuerrechtlicher Beziehung fand auf Schecke bereits vor Erlaß des Scheckgesetzes das Gesetz über die Wechselstempelsteuer vom 10. Juni 1869 (BGBl S. 193 ff.) Anwendung, nach dessen § 24 Ziff 1 sie von der Steuer befreit waren, „wenn sie ohne Akzept blieben"; § 29 ScheckG bestimmte dann, welche Urkunden als Schecke im Sinne des genannten Gesetzes anzusehen seien; an Stelle dieses Gesetzes traten zunächst das Wechselstempelgesetz vom 4. März 1909 und die dazu ergangene Novelle vom 15. Juli 1909 (RGBl S. 310 und 740) und sodann das Wechselsteuergesetz in der Fassung vom 10. August 1923 (RGBl S. 779) nebst der VO über die Umstellung der Wechselsteuer auf Gold vom 3. Januar 1924 (RGBl S. 22), — Anhang F 1 —. Vgl. Näheres zu § 29.

4. Entwickelung des Scheckwesens und des Scheckrechts seit dem Inkrafttreten des deutschen Scheckgesetzes.

Die von manchen Seiten (s. oben unter 2), geäußerte Befürchtung, daß ein Scheckgesetz die Entwickelung des Scheckverkehrs eher hemmen als fördern könnte, ist durch die Ereignisse als grundlos erwiesen worden. Der Scheckverkehr hat sich in Deutschland bis zum Beginne des Weltkrieges im Zusammenhange mit dem glänzenden Aufstiege von Handel und Industrie in ungeahnter Weise entwickelt und auch außerhalb der gewerblichen Kreise mehr und mehr eingebürgert. Dazu hat die Art und Weise, wie das Gesetz das Scheckrecht geregelt hat, wesentlich beigetragen. Es hat unter Verzicht auf einengende Kontroll- und Strafvorschriften, wie solche die französische Gesetzgebung eingeführt hat und wie sie in dem deutschen Entwurf von 1892 noch vorgesehen waren, sich auf die Aufstellung weniger formaler Erfordernisse für den Scheck (§ 1 Nr 1—4) beschränkt, im übrigen im Interesse der Verkehrssicherheit Nichtigkeiten möglichst vermieden. Es hat ferner das direkte Klagerecht gegen den Bezogenen, das noch in dem vorläufigen Entwurfe von 1907 enthalten war (vgl. oben unter 2), und das eine erhebliche Erschwerung für die Pflege des Scheckverkehrs durch die Banken bedeutet haben würde, aufgegeben. Es hat sodann in positiver Richtung einerseits dem Scheck durch die Erleichterung der Übertragung mittels Indossaments nach dem Vorbilde des Wechselrechts und (insofern über das Wechselrecht hinausgehend) durch Zulassung des Inhaberschecks die erforderliche Beweglichkeit, andererseits durch Gewährung des scheckrechtlichen Regresses gegen den Aussteller und die Indossanten die notwendige Sicherheit gegeben, die seine Entgegennahme an Stelle der Barzahlung (Zahlungs halber, wenn auch nicht an Zahlungs Statt) im Verkehr unbedenklich erscheinen läßt. Es hat schließlich durch Einführung einer bestimmten kurzen, aber ausreichenden Vorlegungsfrist dafür Sorge getragen, daß der Scheck nicht, im Widerspruche zu seinem berechtigten wirtschaftlichen Zwecke, statt eines Mittels zur Erleichterung der Zahlungen ein Kreditpapier werde. Auf dieser gesetzlichen Grundlage konnten die Banken in immer steigendem Maße in Verbindung mit dem für sie gewinnbringenden Depositengeschäfte den volks- und staatswirtschaftlich wichtigen Scheckverkehr, der eine wesentliche Ersparnis an baren Zahlungsmitteln und dadurch eine Erleichterung der Aufrechterhaltung der Währung bedeutete, pflegen. Außer den Banken hat seit 1908 auch die Postverwaltung auf Grund der Postscheckordnung vom 6. November 1908 und ihrer späteren Abänderungen den Postscheckverkehr betrieben; vgl. Näheres zu § 2 Anm 7. Ganz besonders trug zur Förderung des Scheckverkehrs auch die von der Reichsbank mehr und mehr ausgebaute Einrichtung von Abrechnungsstellen bei; vgl. Näheres zu § 12.

Erklärlicherweise wurde diese Entwickelung durch den Weltkrieg jäh unterbrochen. Abgesehen von der durch den Kriegszustand eingetretenen Erschwerung und auf vielen Gebieten völligen Unterbindung und Verhinderung des privaten Handels- und Industrieverkehrs nicht nur mit dem feindlichen und neutralen Auslande, sondern auch im Inlande, durch welche naturgemäß ein Rückgang auch des Scheckverkehrs eintreten mußte, war auch die rechtzeitige Vornahme von Handlungen, die zur Ausübung und Erhaltung von Wechsel- und Scheckrechten erforderlich sind (Präsentation, Protest, Regreßklage), vielfach unmöglich geworden. Deshalb erging schon am 4. August 1914 (RGBl S. 327) das Gesetz — Anhang E 2 —, durch welches in § 1 für den Fall, daß solche Handlungen und Unterlassungen aus Anlaß der Kriegsereignisse durch höhere Gewalt unmöglich geworden sind, die für ihre Vornahme vorgeschriebenen Fristen bis nach Wegfall des Hindernisses verlängert wurden. Außerdem machte der Bundesrat von der ihm in dem gleichen Gesetze (§ 3) erteilten Befugnis zu wirtschaftlichen Maßnahmen Gebrauch, indem er durch Bekanntmachung vom 6. August 1914 die noch nicht abgelaufenen derartigen Fristen allgemein um 30 Tage verlängerte und diese Verlängerungen durch weitere Bekanntmachungen mehrfach weiter erstreckte, bis sie durch Bekanntmachung vom 17. Mai 1915 mit Wirkung vom Ablauf des 30. Juni 1915 aufgehoben wurden. Für die in

Elsaß-Lothringen, Ostpreußen, Posen und den sonstigen vom Kriege unmittelbar betroffenen Grenzgebieten zahlbaren Wechsel und Schecke wurden die Fristen durch weitere Bekanntmachungen bis 31. Januar 1916, schließlich für Elsaß-Lothringen bis zum 1. September 1919 (Bekanntmachung vom 24. Mai 1919 RGBl S. 476) weiter erstreckt. Durch solche Maßnahmen wurde zwar dem Verluste von Wechsel- und Scheckrechten nach Möglichkeit vorgebeugt; das für einen solchen Verkehr in größerem Umfange erforderliche Vertrauen aber konnte während des Krieges nicht aufrechterhalten werden. Um dieses Vertrauen, wenn auch nur auf einem beschränkten Gebiete wiederherzustellen und den Scheckverkehr neu zu beleben, wurden durch die VO vom 31. August 1916 — Anhang B 5 — die **bestätigten Reichsbankschecke** eingeführt. Vgl. Näheres zu § 10 unter 4 Anm 4. — Durch VO **vom 20. Januar 1919** wurden in § 1 des Gesetzes vom 4. August 1919 die Worte: „in Veranlassung kriegerischer Ereignisse" gestrichen und dadurch die Berücksichtigung höherer Gewalt bei der Nichteinhaltung von Fristen des Wechsel- und Scheckrechts allgemein ermöglicht; in dieser Gestalt ist das zunächst als Kriegsnotrecht erlassene Gesetz bis jetzt bestehen geblieben. Eine Verlängerung der scheckrechtlichen Fristen ist ferner vorgesehen in der VO zum Schutze gegen die Folgen der Stillegung von Bankbetrieben vom 19. April 1919, Anhang E 6. Die Ausstellung von Schecken in Goldmark wurde gestattet durch die VO vom 6. Februar 1924 (RGBl I 50), zu welcher die DurchfVO vom 17. April 1924 (RGBl I 414) ergangen ist — Anhänge F 2, 3 —, vgl. zu § 1 Anm 11. Endlich erging ein Gesetz über Wechsel- und Scheckzinsen am 3. Juli 1925 (RGBl I 93) — Anhang F 4 —; vgl. zu § 17 Anm 19.

Aber mehr noch als die unmittelbare Einwirkung des Krieges hat die schon während des Krieges einsetzende, aber erst nach dessen Beendigung zu voller Auswirkung gelangte **Geldentwertung** und namentlich die unselige **Inflationsperiode** der Jahre 1922/1923 zum Rückgange des Wechsel- und Scheckverkehrs beigetragen. Nicht nur der zu längerer Kreditgewährung bestimmte Wechsel mußte darunter leiden, da der Gläubiger sich der mit Sicherheit zu erwartenden Lage aussetzte, das kreditierte Geld in entwerteter Valuta zum Nennbetrage zurücknehmen zu müssen, sondern auch **Zahlungen mittels Schecken** konnten nicht ohne große Gefahr entgegengenommen werden, da die Papiermark, die gesetzliches Zahlungsmittel war, schon innerhalb der wenigen Tage der Vorlegungsfrist regelmäßig ungeheuerlicher weiterer Entwertung verfiel. In der letzten Zeit der Inflation wurde mit der Rechtsform des Schecks auch vielfach Mißbrauch in der Weise getrieben, daß Banken und andere Körperschaften sowie Firmen — teils mit der erforderlichen staatlichen Ermächtigung teils auch ohne solche — „Schecke" auf andere Banken usw. oder auch auf ihre eigenen Niederlassungen zogen, die nicht zur Einlösung innerhalb der Vorlegungsfrist, sondern zum Umlauf als „Notgeld" bestimmt waren und daher (wie das OLG Karlsruhe laut Bericht der Frankf. Ztg vom 1. Okt. 1924, Handelsblatt, mit Recht angenommen hat) in Wirklichkeit **Banknoten** waren. Vgl. über die Aufrechterhaltung dieser sogenannten Schecke als Schuldversprechen zu § 1 Anm. 38. Infolge der Inflation sind die Depositenkonten der Bankkunden diesen vollständig verlorengegangen, da § 66 AufwG jede Aufwertung von Bankguthaben aus Verwahrungsverträgen der in § 700 BGB genannten Art (Depositenverträge) ausschließt. Auch hat die Rechtsprechung die Aufwertung von Regreßansprüchen aus Schecken, wie von Ansprüchen aus Wechseln und sonstigen abstrakten Schuldverpflichtungen überhaupt, grundsätzlich abgelehnt; vgl. darüber zu § 17 Anm. 23. Ungeachtet dieser schlechten Erfahrungen hat nach Stabilisierung der Währung und Einführung der Reichsmark als neuer gesetzlicher Währungseinheit durch das Münzgesetz und das Bankgesetz vom 30. August 1924 (RGBl II S. 254, 235) mit dem Eintritt geordneter wirtschaftlicher Verhältnisse auch der Scheckverkehr erneuten Aufschwung genommen, wenn er auch, ebensowenig wie der Wechselverkehr, bisher die Bedeutung, die er in der Vorkriegszeit gehabt hat, wieder zu erlangen vermocht hat. Das dazu erforderliche Vertrauen kann nach solcher Katastrophe naturgemäß erst nach längerer Zeit wiederkehren.

5. Zukünftiges Weltscheckrecht*).

Angesichts der großen Bedeutung, welche die Erleichterung der zwischenstaatlichen Zahlungsausgleichungen für den seit den siebziger Jahren des vorigen Jahrhunderts mächtig gestiegenen Weltverkehr besitzt, ist es erklärlich, daß die Verschiedenheit der Scheckrechte der einzelnen an diesem Verkehr beteiligten europäischen und außereuropäischen Länder als Hemmnis empfunden wurde und daß sich deshalb seit jener Zeit Bestrebungen geltend machen, die auf eine Vereinheitlichung der Scheckgesetzgebungen, auf eine einheitliche Weltscheckordnung, gerichtet sind. Diese Bestrebungen gingen parallel der auf die Vereinheitlichung des Wechselrechts gerichteten und schlossen sich an diese an. Das Institut de Droit International setzte im September 1882 eine Kommission ein, die der Münchener Tagung dieser Gesellschaft von 1883 neben Grundsätzen für ein einheitliches Wechselrecht auch eine Ausarbeitung von solchen „für die Vereinheitlichung des Rechts der Schecks und anderer begebbarer Urkunden" vorlegte. Der Bericht dieser Kommission kam aber auf der Münchener Tagung nicht zur Verhandlung, da der als Berichterstatter bestimmte italienische Jurist, der Advokat Norsa aus Mailand, nicht anwesend war. In der Tagung der Gesellschaft zu Brüssel im Jahre 1885 wurde als Teil des Entwurfs eines einheitlichen Wechselgesetzes ein von dem gleichen Berichterstatter verfaßter Entwurf für ein einheitliches Scheckgesetz vorgelegt, der 10 Artikel enthielt und wesentlich auf dem Boden des bisher geltenden französisch-italienischen Scheckrechts (vgl. oben unter 1) stand. Da sich bei der Erörterung tiefgehende Meinungsverschiedenheiten zeigten und insbesondere Bedenken gegen die Behandlung des Schecks im engen Anschlusse an die Kreditpapiere erhoben wurden, wurde beschlossen, den Scheck zum Gegenstande einer besonderen Erörterung in einer späteren Tagung zu machen. Unterdessen hatte der zu der gleichen Zeit in Antwerpen tagende internationale Kongreß für Handels- und Wechselrecht dem von ihm beschlossenen Mustergesetzentwurfe für das Wechselrecht einen einzigen Artikel über den Scheck eingefügt, in dem für diesen eine kurze Vorlegungsfrist festgesetzt, ihm aber im übrigen die Rechtsnatur eines Wechsels (entsprechend der englischen Gesetzgebung) beigelegt wurde. Auch dieser Vorschlag erregte lebhafte Kritik. Der zweite internationale Kongreß für Handels- und Wechselrecht, der 1888 in Brüssel abgehalten wurde, trat deshalb in eine eingehendere Erörterung über den Scheck und seine Unterschiede vom Wechsel ein, gelangte aber auf Vorschlag einer von ihm eingesetzten Kommission nur zu einer negativen Begriffsbestimmung des Schecks in der Weise, daß auf Sicht gestellte Papiere, die die Bezeichnung als Wechsel tragen oder sich nach den Gesetzen oder Gewohnheiten des Landes ihrer Ausstellung notwendig als Wechsel darstellen, nicht als Schecke anzusehen seien; im übrigen zur Regelung der Präsentationsfristen für den Scheck und Zulassung der Kreuzung nach englischem Muster (Art. 67, 68 des Brüsseler Entwurfs).

Erst im Jahre 1906, als in Deutschland die Bewegung für Erlaß eines Scheckgesetzes die Oberhand gewann (vgl. oben unter 2), traten auch die Bestrebungen zur Schaffung eines Weltscheckrechts wieder stärker in den Vordergrund, und zwar war es die

*) Vgl. zu dem folgenden F. Meyer, Weltscheckrecht Bd. II S. 1ff.

Korporation der Ältesten der Kaufmannschaft in Berlin — die gleiche, die sich grundsätzlich gegen die Schaffung eines deutschen Scheckgesetzes ausgesprochen hatte (vgl. oben unter 2) — die in ihrer Denkschrift „Scheckverkehr und Scheckgesetz“ betonte, daß es von der größten Bedeutung sein würde, wenn nach Verabschiedung des deutschen Scheckgesetzes der Reichskanzler, der den Bestrebungen auf Schaffung eines Weltwechselrechts seine Unterstützung zugesagt habe, auch die Schaffung eines Weltscheckrechts in Erwägung ziehen würde. Auch ein im Jahre 1908 in Piacenza abgehaltener Kongreß der italienischen Handels- und Gewerbetreibenden sprach sich für Schaffung eines Weltscheckrechts aus. Diesen Anregungen folgend stellte die Regierung der Niederlande, als sie im Jahre 1909 zur Vorbereitung der auf den Antrag von Deutschland und Italien nach dem Haag berufenen Wechselrechtskonferenz einen Fragebogen versandte, darin auch die Frage, ob die Untersuchung über Schecke einer späteren Beratung überlassen werden solle. Eine Reihe von Staaten erkannte zwar die Dringlichkeit der Schaffung auch einer einheitlichen Gesetzgebung über den Scheck an, war aber der Meinung, daß zunächst das einheitliche Wechselrecht in Sicherheit gebracht werden müsse, und bejahte deshalb die gestellte Frage; darunter befand sich auch Deutschland, entsprechend der von Felix Meyer in einer Denkschrift (1906) und noch im Jahre 1909 in seinem „Weltwechselrecht“ vertretenen Auffassung. Ein anderer Teil der befragten Staaten (darunter Frankreich, Italien, die Schweiz) sprachen sich dagegen für eine möglichst gleichzeitige zwischenstaatliche Regelung des Wechsel- und Scheckrechts aus. Die (erste) Haager Wechselrechtskonferenz selber äußerte nach Fertigstellung des Vorentwurfs für die einheitliche Wechselordnung am 25. Juli 1910 den Wunsch, daß die nächste Konferenz, die zur Feststellung des endgültigen Entwurfs der Wechselordnung einberufen werden sollte, auch die Vereinheitlichung des Scheckrechts erörtern und daß diese Erörterung in der gleichen Weise vorbereitet werden möge, wie es für die Wechselordnung geschehen sei*). Diesem Auftrage entsprach die Regierung der Niederlande, indem sie im Jahre 1911 einen Fragebogen (Questionnaire) versandte, der in 30 Punkten das Scheckrecht behandelte. Auf diesen Fragebogen gingen Antworten ein von Deutschland, Österreich, Ungarn, Belgien, Bulgarien, Dänemark, Frankreich, Großbritannien, Haiti, Italien, Luxemburg, Norwegen, Salvador, Serbien, Schweden, der Schweiz, der Türkei, Uruguay. Der Fragebogen und diese Antworten finden sich abgedruckt in den „Documents“ der zweiten Haager Wechselrechtskonferenz von 1912 (vgl. unten) II S. 5ff. Nachträglich gingen noch Antworten und Ergänzungen ein von den Vereinigten Staaten von Amerika, Argentinien, Brasilien, Spanien, Großbritannien, Ungarn, Japan, Paraguay, Rußland, Siam; diese sind abgedruckt in den „Actes“ der zweiten Haager Konferenz II S. 343ff. Schon im Jahre 1910 hatte auch die International Law Association auf ihrer Londoner Tagung für ein einheitliches Scheckgesetz sieben Regeln aufgestellt, die sog. „London Rules“, die sich gegen die Guthabenklausel, für das Erfordernis der Präsentierung und Datierung, für die Gestaltung des Schecks zum präsumtiven Orderpapier, für bestimmte Präsentationsfristen, die durch jedes einzelne Land, und zwar abgestuft für Inlands- und Auslandsschecke, festgesetzt werden sollten, für ein unbeschränktes (also auch während der Vorlegungsfrist laufendes) Widerrufsrecht des Ausstellers und für Übernahme der englischen Vorschriften über das Crossing aussprachen. Ein Entwurf zu einem einheitlichen

*) Der Beschluß lautet:
„La conférence ultérieure devrait être chargée, en même temps, de délibérer sur l'unification du droit relatif au chèque. Il serait désirable que le gouvernement des Pays-Bas voulût bien, pour faciliter ces délibérations, employer le procédé si heureusement suivi pour la préparation de la conférence actuelle.“

Scheckgesetz wurde ferner von Bernhard Sichermann, dem Budapester Vorkämpfer für ein solches, der Versammlung der Mitteleuropäischen Wirtschaftsvereine in Brüssel im April 1912 vorgelegt, gelangte dort aber nicht zur Beratung; er ist abgedruckt bei Meyer, Weltscheckrecht II S. 379ff. Auch der Berliner Kammergerichtsrat Felix Meyer, der Verfasser des „Weltwechselrechts", verfaßte einen Entwurf zu einem einheitlichen Weltscheckrecht und veröffentlichte ihn im zweiten Bande seines im Auftrage der Ältesten der Kaufmannschaft von Berlin herausgegebenen Buches: „Das Weltscheckrecht" (Berlin 1913) S. 344ff. Noch eine Reihe anderer Entwürfe wurde in dieser Zeit ausgearbeitet; sie sind bei Meyer a. a. O. im Anhange S. 368ff. abgedruckt.

Die zweite Haager Konferenz zur Vereinheitlichung des Rechts in Sachen des Wechsels, des Orderbilletts und des Schecks, wie sie offiziell genannt wurde*), der, wie schon aus dieser Bezeichnung hervorgeht, die Aufgabe gestellt war, auch über die Vereinheitlichung des Scheckrechts zu beraten, trat am 15. Juni 1912 in der niederländischen Residenz zusammen und tagte unter dem Vorsitze von Asser bis zum 23. Juli 1912. In Befolgung der für das Wechselrecht von der Konferenz von 1910 befolgten Methode wurde die Erörterung der Vereinheitlichung des Scheckrechts nach einer ersten Lesung im Plenum einem Comité central und fünf Sektionen überwiesen (4. Plenarsitzung vom 20. Juni 1912, Actes I S. 50ff.). Die fünf Sektionen erstatteten dem Comité central schriftliche Berichte (Actes II S. 221—272), über welche das Comité central in sechs Sitzungen vom 13. bis 17. Juli 1912 beriet; vgl. die Sitzungsprotokolle Actes II S. 147—217; diesen Beratungen wurde der von der niederländischen Regierung ausgearbeitete Fragebogen nebst den darauf erteilten Antworten und den Berichten der Sektionen zugrunde gelegt. Das Comité central erstattete sodann einen schriftlichen Bericht an die Plenarversammlung (Actes I S. 193ff.). Diese beriet unter Zugrundelegung der in dem Bericht niedergelegten Beschlüsse des Comité central über den Scheck in der 9. und 10. Plenarsitzung vom 22. Juli 1912 (Actes I S. 181ff. und S. 214ff.). Dabei wurde von dem Vorsitzenden hervorgehoben, daß man sich beim Scheck „auf einem noch nicht derart erforschten Terrain bewege, wie das beim Wechsel der Fall gewesen sei", und daß deshalb die der Versammlung vorgelegten Berichte gut daran getan hätten, nicht ein „Avant-projet de loi" vorzuschlagen, sondern erst die Kritik abzuwarten, zu der die Beschlüsse dieser Konferenz in der Zwischenzeit bis zum Zusammentritte einer neuen Konferenz Anlaß geben würden; erst diese neue Konferenz solle auf Grund erneuter Prüfung der Materie die Aufstellung des Entwurfs eines Gesetzes oder einer Verordnung (Réglement) vornehmen; „die in präzisen und klaren Ausdrücken abgefaßten und durch einen Bericht erläuterten Beschlüsse würden eine ausgezeichnete Grundlage für diese neue Konferenz bilden" (a. a. O. S. 182). In das in der Schlußsitzung vom 25. Juli 1912 errichtete Schlußprotokoll wurden sodann die „Résolutions de la conference sur l'unification du droit relatif au chèque" aufgenommen (Actes I S. 259—264), die als Anhang H dieses Buches abgedruckt sind. Sie stellen in 34 Artikeln zwar nicht der Form, aber dem Inhalte nach einen systematisch ausgearbeiteten Entwurf für eine einheitliche gesetzliche Regelung des Scheckrechts dar. Diese Regelung soll sich danach im wesentlichen auf den durch das deutsche Scheckgesetz aufgestellten Grundsätzen aufbauen. Über die einzelnen Bestimmungen vgl. Näheres in den Zusätzen zu den einzelnen Paragraphen des Scheckgesetzes in diesem Kommentar.

Die Ereignisse der auf die Konferenz von 1912 folgenden Jahre haben sowohl

*) Vgl. zu dem folgenden die von dem Niederländischen Ministerium der auswärtigen Angelegenheiten herausgegebenen „Actes et documents de la Deuxième Conférence de la Haye pour l'unification du droit en matière de lettre de change, de billet-à-ordre et de chèque; Actes Bd. I, II; Documents Bd. I, II."

die vorbehaltene Ratifikation des von ihr ausgearbeiteten Abkommens und Gesetzentwurfs über ein einheitliches Wechselrecht, wie auch den Zusammentritt der für die weitere Erörterung der Vereinheitlichung des Scheckrechts in Aussicht genommenen neuen Konferenz bis jetzt verhindert. Es ist aber zu hoffen, daß die jetzt endlich wieder angeknüpften Fäden internationaler Verständigung in Erkenntnis des Interesses aller Kulturstaaten an der übereinstimmenden Regelung so wichtiger Hilfsmittel des Weltverkehrs, wie es der Wechsel und der Scheck sind, bald dazu führen werden, daß auch hierüber eine Einigung erzielt wird, der auf der Grundlage der bereits geleisteten Vorarbeiten erhebliche sachliche Schwierigkeiten nicht mehr entgegenstehen werden!

6. Schrifttum zum Scheckrecht.

Aus der Zeit vor dem Erlasse des Scheckgesetzes sind hervorzuheben: G. Cohn, in EndemannsHandb des Handelsrechts Bd. 3, § 454 S. 1135ff., mit Nachweisung des älteren Schrifttums; Kuhlenbeck, Der Scheck 1890; Fick, Die Frage der Scheckgesetzgebung auf dem europäischen Kontinent, 1897; Buff, Der gegenwärtige Stand und die Zukunft des Scheckverkehrs in Deutschland, 1907; v. Canstein, Der Scheck nach dem österreichischen Gesetze vom 3. April 1906; Koch, Scheckgesetz? BankA 6, Gegen ein Scheckgesetz, DWirtschZ 1907 S. 193ff.; Rießer, Das Bedürfnis nach einem S. 185; G. Cohn, Der Kampf um ein Scheckgesetz, BankA 6 S. 177 und 186; Richter, deutschen Scheckgesetz, LZ 1 S. 81ff.; Thorwart, Für ein Scheckgesetz, DWirtschZ 3 Nr. 8; Simonson, Nochmals der Scheck, BankA 6 S. 205ff.

Ferner zu dem vorläufigen Entwurfe von 1907 und dem endgültigen Entwurfe von 1908: Apt, Zum Entwurf eines Scheckgesetzes, DWirtschZ 3, 785ff.; Breit, Der Scheck mit alternativer Inhaberklausel, BankA 7 S. 151, mit Nachwort von Rießer; Breit, Die wichtigsten Grundsätze des künftigen deutschen Scheckrechts, in SeuffBl Jahrg. 73 Nr 2 u. 3; v. Canstein, Zum vorläufigen Entwurf eines deutschen Scheckgesetzes, LZ 1 S. 609ff.; G. Cohn, Der vorläufige Entwurf eines deutschen Scheckgesetzes, in ZfHR. 61 S. 1ff.; Hoppenstedt, Der Scheckgesetzentwurf von 1907; Rießer im BankA 6 S. 269ff., auch als Sonderdruck unter dem Titel: „Bemerkungen zum vorläufigen Entwurf eines deutschen Scheckgesetzes", 1908; ferner zum definitiven Entwurf BankA 7 S. 129ff.; Simonson, Ein letztes Wort zum Scheckgesetz, DJZ 12 S. 997.

Nach Erlaß des Scheckgesetzes:

a) Einzelerörterungen: Breit, Pflichten und Rechte des Bankiers unter dem Scheckgesetz; Arnold, Das Scheckgesetz, DJZ 13 S. 572ff.; Bernstein, Zum Inkrafttreten des Scheckgesetzes, BankA 7, 197; Jacusiel, Einige Bemerkungen zum neuen Scheckgesetz, BankA 7 S. 283; Bernstein, Zur Frage der Beschränkung der passiven Scheckfähigkeit, BankA 7 S. 217f.; Breit, Das Nachindossement im Scheckrecht, JW 1908, 259ff.; Breit, Inhaberschecks und Regreßrechte, LZ 2 S. 257ff.; Breit, Zur Frage der Beschränkung der passiven Scheckfähigkeit, BankA 7, 216; Breit, Zahlstellen und Scheckinkasso, BA 7 S. 234ff.

b) Kommentare und systematische Darstellungen, alle kurz nach Erlaß des Scheckgesetzes erschienen: Textausgaben mit Einleitung, erläuternden Anmerkungen und Sachregister von Gareis, Apt, Henschel, Merzbecher; Heim, Scheckgesetz mit Erläuterungen; Kuhlenbeck, Das deutsche Scheckgesetz; Schiebler, Handausgabe; Buff, Das deutsche Scheckgesetz; Lessing, Scheckgesetz; besonders bemerkenswert Conrad, Handbuch des deutschen Scheckrechts, 1908; Langen, Zum Scheckrecht, 1910. Dann trat eine längere Pause in der literarischen Behandlung des Scheckrechts ein, bis im Jahre 1924 die kleine Ausgabe von Simonson, Das deutsche Scheckgesetz, unter besonderer Berücksichtigung der Entscheidungen des Reichsgerichts, erschien.

Scheckgesetz.

Vom 11. März 1908 (RGBl S. 71).

§ 1

§ 1.

Der Scheck muß enthalten:

1. die in den Text aufzunehmende Bezeichnung als Scheck oder, wenn der Scheck in einer fremden Sprache ausgestellt ist, einen jener Bezeichnung entsprechenden Ausdruck in der fremden Sprache;

2. die an den Bezogenen gerichtete Anweisung des Ausstellers, aus seinem Guthaben eine bestimmte Geldsumme zu zahlen;

3. die Unterschrift des Ausstellers;

4. die Angabe des Ortes und des Tages der Ausstellung.

Anm. 1 I. Wie Art 4, 96 WO für den Wechsel, zählt § 1 unseres Gesetzes, ohne eine Definition des Schecks zu geben, die Erfordernisse auf, die erfüllt sein müssen, damit ein Scheck im Sinne des Gesetzes vorliege. Diese Erfordernisse sind nicht, wie in der WO, als „wesentliche" bezeichnet, stellen sich aber als solche durch die Mußvorschrift dar, die zur Folge hat, daß bei Fehlen auch nur eines von ihnen ein Scheck im Sinne des Gesetzes nicht vorhanden ist. Die Erfordernisse sind aber (was häufig zu wenig beachtet wird) rein äußerlicher Art; sie betreffen nur die äußere Form und den formalen Inhalt (Wortlaut) der Scheckerklärung, ohne daß es darauf ankommt, ob ihnen eine materiell-rechtliche Wahrheit zur Seite steht. Es drückt sich in ihnen lediglich die Formstrenge aus, die darin ihren Grund hat, daß beim Scheck in ähnlicher Weise wie beim Wechsel, wenn auch nicht in gleichem Umfange, abstrakte Rechte und Verbindlichkeiten geschaffen werden sollen, die bestimmt sind, im Verkehr von Hand zu Hand gegeben zu werden, und die deshalb leicht erkennbarer äußerer Kriterien nicht entbehren können. Doch hat das Gesetz in bewußter Absicht es vermieden, darin zu weit zu gehen, nachdem schon vorher, sowohl gegenüber dem Entwurfe von 1892, der dadurch scheiterte, wie auch gegenüber dem vorläufigen Entwurfe von 1907 in den beteiligten Verkehrskreisen Bedenken gegen die gesetzliche Regelung des Scheckrechts daraus hergeleitet worden waren, daß dadurch dem Scheckverkehr, wie er sich durch freie Übung entwickelt hatte, unerträgliche Fesseln angelegt werden könnten. Das Gesetz hat deshalb an Stelle der in der WO (Art 4) aufgezählten acht Erfordernisse deren nur vier aufgestellt und diese in erheblich vereinfachter Gestalt. Trotzdem ist bald nach dem Inkrafttreten des Gesetzes, namentlich in den Kommentaren, die Neigung zutage getreten, die Formalerfordernisse des Schecks zu erweitern und ihnen eine über das äußerlich Formale hinausgehende materielle Bedeutung beizumessen. Dem muß im Interesse einer ungehemmten Entwicklung des Scheckwesens entgegengetreten werden. In diesem Sinne ist unten zu den die einzelnen Erfordernisse betreffenden Streitfragen Stellung genommen.

Anm. 1a Nicht ausdrücklich aufgeführt ist das (in § 183 BGB für die Anweisung aufgestellte) Erfordernis der urkundlichen Form; es ergibt sich aber (auch wenn man die Vorschriften des BGB über die Anweisung nicht als auf den Scheck unmittelbar anwendbar erachten wollte, vgl. darüber die Einleitung S. 12 unter 3) daraus, daß in Nr 2 von einem Texte (s. unten), in Nr 3 von der Unterschrift des Ausstellers die Rede ist; eine mündlich erteilte Anweisung auf ein Guthaben würde deshalb niemals einen Scheck darstellen. Nicht vorgeschrieben ist die Anwendung bestimmter Stoffe (Papier, Tinte) für die Herstellung der Urkunde; sie kann auch auf Holzdeckel, mit Bleistift usw. geschrieben werden; vgl. Einzelheiten bei StStr Art 4 Anm 54. Mechanische Herstellung (durch Druck, Stich, Schreibmaschine) ist für alle Teile mit Ausnahme der Unterschrift des Ausstellers (Nr 3) zulässig. Die Anwendung von Formularen, die der Bezogene dem Aussteller in einem Scheckhefte geordnet und numeriert zur Verfügung stellt, ist allgemein üblich; ihre Benutzung bildet ein wichtiges Moment für die Sicherheit des Scheckverkehrs und wird deshalb von den Banken allgemein im Scheckvertrag (s. zu § 3) vorgeschrieben. § 1

II. Zu den einzelnen Erfordernissen ist folgendes zu bemerken:

1. **Nr 1. Die in den Text aufzunehmende Bezeichnung als Scheck oder bei Schecken in fremder Sprache ein jener Bezeichnung entsprechender Ausdruck in der fremden Sprache (Scheckklausel).**

a) Im Inlande ausgestellte Schecke können zwar in beliebiger Sprache abgefaßt sein (vgl. Anm 32 unter d), die Scheckklausel muß aber in der gleichen Sprache abgefaßt sein wie der übrige Scheck, also bei einem in deutscher Sprache ausgestellten Scheck deutsch, bei einem in französischer Sprache ausgestellten französisch usw. Ist der Scheck in deutscher Sprache ausgestellt, so muß er sich ausdrücklich als Scheck bezeichnen, andere, dem Sinne nach gleichwertige, aber ein anderes Wort darstellende Bezeichnungen genügen nicht; doch muß es hinreichen, daß das Wort „Scheck" als Bestandteil in einem zusammengesetzten Worte enthalten ist, z. B. „Scheckurkunde", „Scheckbrief", „Scheckanweisung" (a. M. Lessing II 2c auf Grund der irrigen Auffassung, daß Scheck und Anweisung „verschiedene Begriffe" seien, vgl. dagegen die Einleitung S. 12 unter 3; a. M. für den Wechsel auch ROHG 18, 307; wie hier StStr Art 4 Anm 1 und die dort Aufgeführten). Orthographische oder sprachliche Ungenauigkeiten sind unschädlich, soweit sie die Wortidentität nicht in Frage stellen, so „Check" (die früher in Deutschland übliche Schreibweise) oder „Cheque". Dagegen genügt bei deutschsprachigen Schecken ein Ausdruck nicht, der eine Bezeichnung des Schecks in fremder Sprache darstellen würde, z. B. „Bankanweisung" (= assegno di banca, italienische Bezeichnung des Schecks, vgl. unten). Wenn andererseits bei in fremder Sprache ausgestellten Schecken die dem deutschen Ausdruck entsprechende Bezeichnung in der fremden Sprache erfordert wird, so dürfte dieser Wortlaut nicht hindern, daß auch bei solchen der deutsche Ausdruck Scheck genügt, für den der fremdsprachige Ausdruck ja nur wahlweise („oder") als Ersatz zugelassen ist (a. M. Lessing II 2d; Cohn, Zur Revision des schweizerischen Scheckrechts 23; StStr Art 4 Anm 2; wie hier Breit in HoldheimsMSchr 17, 34 und ZHR 65, 304). — Die entsprechenden Bezeichnungen sind in den Hauptsprachen: französisch chéque; englisch bill of exchange (gleich dem gezogenen Wechsel, so daß das Vorliegen eines Schecks nur aus der Bezugnahme auf das Guthaben, Nr 2, entnommen werden kann); italienisch assegno bancario oder assegno di banca. **Anm. 1b**

b) Üblich ist die Scheckklausel in der Form, daß der Bezogene zur Zahlung „gegen diesen Scheck" angewiesen wird; doch ist eine solche Bezugnahme auf die Verknüpfung zwischen Zahlung und Aushändigung des Schecks (§ 13) kein wesentliches Erfordernis; ein Scheck würde also auch vorliegen bei der Fassung: „Durch diesen Scheck weise ich Sie an" usw. Die Scheckklausel muß aber „in den Text" aufgenommen sein, d. h. in den die Anweisung zur Zahlung aussprechenden zusammenhängenden Dispositivsatz. Die im Wechselrechte bestrittene Frage, ob ein „Text" oder „Kontext" erforderlich sei (StStr Art 4 Anm 53), ist dadurch für das ScheckG bejaht; ebensowenig kann es danach zweifelhaft sein, daß die Überschrift oder der Randvermerk: „Scheck" nicht genügt (für das Wechselrecht gleichfalls streitig, RGZ 48, 233). **Anm. 2**

2. **Nr 2: Die an den Bezogenen gerichtete Anweisung des Ausstellers, aus seinem Guthaben eine bestimmte Geldsumme zu zahlen.**

a) Der in dem Entwurfe von 1892 gebrauchte Ausdruck „Aufforderung", der auch in dem vorliegenden Entwurfe von 1907 noch gebraucht war, wurde in der Reichstagsvorlage in **„Anweisung"** abgeändert. Durch diese Änderung sollte nicht etwa zum Ausdruck gebracht werden, daß der Gebrauch des Wortes „Anweisung" oder des Zeitwortes „anweisen" ein wesentliches Erfordernis des Schecks bilde, sondern nur, daß nach Inhalt und Form die Urkunde, um ein Scheck im Sinne des ScheckG zu sein, eine Anweisung im Sinne des seit dem ersten Entwurfe in Kraft getretenen Rechts des BGB — § 783 — darstellen muß. Danach ist Anweisung die von jemand — dem Anweisenden — an einen anderen — den Angewiesenen — gerichtete Aufforderung, an einen Dritten — den Anweisungsempfänger — eine Leistung zu machen. Darüber, ob unter allen Umständen der Angewiesene in juristischem Sinne eine andere Person sein muß als der Anweisende, vgl. Anm 9 (trassiert-eigene Schecke). Begrifflich kann eine solche Anweisung auch mündlich erfolgen und entsprechende Rechtswirkungen erzeugen. Das BGB regelt aber lediglich die in urkundlicher Form erteilte und ausgehändigte Anweisung, und in noch höherem Grade setzt das ScheckG für den Begriff des Schecks die urkundliche Form voraus; vgl. oben Anm 1a. Eine Anweisung enthält auch der Gebrauch des Wortes „auffordern", „ersuchen" oder das noch höflichere „Bitte zu zahlen"; ebenso die übliche rein imperativische Formel „Zahlen Sie", oder in dritter Person „wolle zahlen" (Begr S. 16). „Zahlt" wird nur genügen, wenn es erkennbar als Imperativ in der zweiten Person der Mehrzahl gebraucht ist, nicht als dritte Person des Indikativs; das dürfte nicht der Fall sein in der Formel „Bank X zahlt" (a. M. Lessing **Anm. 3**

§ 1 III 1; wie hier Breit bei Borchardt II B zu § 1). Der früher gebräuchlich gewesene „Quittungsscheck" (s. OLG Karlsruhe in DJZ 1905, 464) stellt eine in die Form der Quittung gekleidete Zahlungsanweisung dar; es besteht also, wie die Begr 13 richtig bemerkt, bei ihm ein Widerspruch zwischen Form und Rechtsinhalt; eben deshalb genügt er nicht dem Erfordernisse des Gesetzes, das die Form der Anweisung verlangt (a. M. Langen, Zum Scheckrecht 20; wie hier Breit bei Borchardt II B). Fehlt die Form der Anweisung, so liegt kein Scheck im Sinne des ScheckG vor. Deshalb hat das RG (RGZ 79, 342) die sog. Reiseschecke der American Express Company, welche nicht eine Anweisung, sondern das Versprechen einer Zahlung enthalten („will pay"), für wechselstempelsteuerpflichtig erklärt. Im übrigen vgl. über Reiseschecke zu § 5 Anm 8. — Daß die Zahlung nicht von einer Gegenleistung abhängig gemacht werden oder an Bedingungen geknüpft werden darf, ist zwar nicht (wie im österreichischen Ges § 2 Nr 5) ausdrücklich ausgesprochen, wird aber von der Begr (16) aus dem Wesen des Schecks gefolgert (a. M. Denkschrift der Ältesten S. 7) und ergibt sich wohl als unzweifelhaft aus den Bestimmungen über Vorlegung zur Zahlung, Protest usw. — Inhaltlich bedeutet die Anweisung eine doppelte Ermächtigung: einmal wird der Angewiesene ermächtigt, die Leistung an den Anweisungsempfänger zu machen, und dadurch befugt, sie im Verhältnisse zum Anweisenden (dem Deckungsverhältnisse) als erfolgt geltend zu machen, was je nach dem Inhalte dieses Verhältnisses (vgl. zu § 3 Anm 1) in verschiedener Weise, durch Anweisung auf Aktivguthaben oder Belastung auf Kredit usw. zu geschehen hat; sodann wird der Anweisungsempfänger ermächtigt, die Leistung bei dem Angewiesenen zu erheben, und zugleich verpflichtet, die empfangene Leistung sich im Verhältnisse zu dem Anweisenden (dem Valutaverhältnisse) in der diesem Verhältnisse entsprechenden Weise, die gleichfalls eine verschiedene sein kann — Zahlung auf Kaufpreis oder sonstige Schuld, Kreditierung usw. —, als empfangen anrechnen zu lassen. Die Ermächtigungen sind in beiden Richtungen keine Bevollmächtigungen; der Angewiesene, der die Zahlung macht, und der Anweisungsempfänger, der sie erhält, handeln beide in eigenem Namen, wenn auch für Rechnung des Anweisenden.

Anm. 4 b) Die Anweisung an den Bezogenen muß dahin lauten, **aus seinem** (des Ausstellers) **Guthaben** zu zahlen (Guthabenklausel). Die Begründung (16) rechtfertigt das Erfordernis der Guthabenklausel zutreffend mit der Erwägung, es werde zur strengen Beobachtung des Grundsatzes, daß ungedeckte Schecke nicht ausgestellt werden dürfen, beitragen, wenn der Aussteller in der von ihm zu vollziehenden Urkunde ausdrücklich aus seinem Guthaben zu zahlen anweise und sich dabei gegenwärtig halten müsse, daß er im Falle der Unrichtigkeit der darin enthaltenen Zusicherung, daß ein Guthaben bestehe, sich steuerlichen Nachteilen und unter Umständen der Bestrafung wegen Betrugs aussetze. Wenn sonach auch das Gesetz durch die Aufstellung dieses Erfordernisses die Ausstellung ungedeckter Schecke nach Möglichkeit verhindern will, so ist doch auch der ungedeckte Scheck ein Scheck im Rechtssinne. Wesentliches Erfordernis für einen solchen ist nicht das wirkliche Bestehen eines Guthabens zur Zeit der Ausstellung oder Vorlegung, sondern lediglich die Bezugnahme auf ein solches als angeblich vorhanden im Urkundentexte (so RG Urt vom 20. 10. 25 II 42/25). Das Nichtbestehen eines Guthabens hindert deshalb nicht, daß aus dem Scheck scheckrechtliche Verpflichtungen zwischen dem Aussteller, dem Scheckempfänger (Remittenten), den Indossanten und Indossataren entstehen. Andererseits kann die Unrichtigkeit der mit der Guthabenklausel erteilten Zusicherung, daß ein Guthaben bestehe, eine zivilrechtliche Schadenersatzpflicht des Ausstellers gegenüber dem Scheckempfänger und den Indossataren aus § 826 BGB, sowie unter Umständen strafrechtliche Verantwortlichkeit wegen Betrugs begründen. Doch kann nicht (wie Conrad S. 71 meint) aus dem Wortlaute der Klausel „aus meinem Guthaben" die gegebenen Falles unwahre Zusicherung eines bereits zur Zeit der Scheckbegebung bestehenden Guthabens entnommen werden; die Klausel steht vielmehr in unmittelbarem Zusammenhange mit der Zahlungsanweisung und kann deshalb bei ungezwungener Auslegung nur auf den Zeitpunkt der Zahlung bezogen werden. Über die materielle Bedeutung der Ziehung eines ungedeckten Schecks im Verhältnisse zwischen dem Aussteller und dem Bezogenen vgl. zu § 3 Anm 8. — Das Guthaben muß als ein solches des Ausstellers bezeichnet werden; ein Hinweis auf das Guthaben eines Dritten würde nicht genügen, vielmehr der Urkunde die Scheckqualität nehmen, auch wenn der Aussteller materiell berechtigt ist, auf dieses Guthaben zu ziehen. Der Gebrauch anderer Worte von gleicher oder ähnlicher Bedeutung, z. B. „Aktivkonto", „Kreditkonto", „Aktivsaldo", erfüllt das formelle Erfordernis des Gesetzes nicht; doch wird auch hier (wie bei der Scheckklausel, vgl. oben Anm 1b) eine das Wort „Guthaben" enthaltende Zusammensetzung („Aktivguthaben", „Kreditguthaben") zugelassen werden können.

c) Die Anweisung muß **„an den Bezogenen"** gerichtet sein. Es ist das ein nicht ganz logischer Ausdruck des Gesetzes, da derjenige, an den sie gerichtet ist, erst dadurch zum Bezogenen wird.

α. Daß der Bezogene mit Namen oder Firma zu bezeichnen sei (WO Art 4 Ziff 7), sagt das Gesetz nicht (anders der Entwurf von 1892); es genügt daher auch eine andere Art der Kennzeichnung, z. B.: „Das Bankhaus in der X.straße Nr. 3 zu Y." In § 5 scheint freilich die Bezeichnung mit Namen oder Firma vorausgesetzt zu werden; doch kann das wohl nicht entscheidend sein. Die Bezeichnung muß eine individualisierte physische oder juristische Person oder eine einer solchen im Handelsverkehr gleichgestellte Personenmehrheit (Handelsgesellschaft, GmbH) wenigstens bedeuten können (StStr Art 4 WO Anm 42). Angabe des Wohnorts ist nicht erforderlich; ist bei dem Namen oder der Firma ein Ort angegeben, so gilt er als Zahlungsort (§ 5, vgl. Anm 4 dazu). Ob der Bezogene wirklich existiert, ist für die Gültigkeit des Schecks unerheblich (vgl. für den Wechsel StStr zu Art 4 WO Anm 42); noch mehr, ob er zu den in § 2 bezeichneten Kategorien von Personen und Anstalten gehört, auf die allein Schecke gezogen werden sollen (vgl. darüber zu § 2 Anm 2); ebenso ob er fähig ist, sich durch Verträge zu verpflichten. Da es sich sonach um eine formale Bezeichnung handelt, ist es nicht zu billigen, wenn das RG in dem unten (zu β) noch näher zu besprechenden Urt vom 24. 11. 25 das Erfordernis aufstellt, es müsse aus dem Scheck mit zweifelloser Sicherheit hervorgehen, wer die Zahlung aus dem Scheck leisten soll. § 1 Anm. 5

β. Die für den Wechsel durch Plenarbeschluß des RG (RGZ 46, 132) und seitdem auch im Schrifttum (vgl. StStr zu Art 4 Anm 43) überwiegend als zulässig erachtete Bezeichnung mehrerer Personen als Bezogener wird von den Schriftstellern des Scheckrechts meist ohne nähere Begründung als „im Widerspruche mit dem Wesen des Schecks stehend" erachtet und deshalb für unzulässig erklärt (Lessing Anm III 2a, v. Canstein 93, Merzbacher 4, Breit bei Borchardt HG II B 2d; a. M. Langen S. 113ff.; Meyer, Weltscheckrecht I S. 73). Das RG hat in einem Urt vom 24. 11. 25, II 189/25 (RGZ 112, 137) ausgesprochen, ein Scheck dürfe nicht mehrere Bezogene enthalten, ohne sich dabei mit der für den Wechsel das Gegenteil aussprechenden Plenarentscheidung auseinanderzusetzen. Das Gesetz scheint mir für die Annahme der Ungültigkeit eines auf mehrere Bezogene gestellten Schecks keine genügenden Anhaltspunkte zu bieten. Daß die Ungültigkeit nicht (wie das neuere Urteil des RG annimmt) schon aus dem Gebrauche der Einzahl „an den Bezogenen" gefolgert werden kann, ist für den Wechsel in der Plenarentscheidung unter Hinweis auf zahlreiche Stellen der WO (ebenso ScheckG § 1 Ziff 2, 14, 15) dargelegt, in welchen auch von dem „Aussteller" stets in der Einzahl gesprochen wird, obwohl nicht zweifelhaft ist, daß ein Wechsel (und ebenso ein Scheck) mehrere Aussteller haben kann; sodann aber auch mit der allgemeinen Begründung, es müsse überhaupt davon ausgegangen werden, daß ein Gesetz, wenn es von „dem" Gläubiger oder Schuldner, von „dem" Berechtigten oder Verpflichteten spricht, damit nur den Regelfall im Auge habe, und es lasse sich daher von vornherein nur annehmen, daß die entsprechende Ausdrucksweise der WO in gleichem Sinne gemeint sei. Diese Begründung trifft auch für das ScheckG durchaus zu. Im übrigen führt das neuere reichsgerichtliche Urteil für seine Entscheidung nur an, daß durch die Zulassung mehrerer Bezogener die „Schnelligkeit und Einfachheit der Einlösung leiden würde". Richtig ist, daß ein auf mehrere Bezogene gestellter Scheck zur Erhaltung des Regreßrechts innerhalb der Verlegungsfrist den mehreren Bezogenen vorgelegt werden muß; daß das für alle an dem gleichen Tage geschehen müßte, wie Meyer a. a. O. annimmt, ist nicht anzuerkennen. Es erscheint aber bedenklich, aus dieser praktischen Erwägung ein Erfordernis in das Gesetz hineinzutragen, das zur Ungültigkeit eines solchen Schecks und damit zu dem mit dem praktischen Zwecke in Widerstreit geratenden Ergebnisse führt, daß der gutgläubige Nehmer aus ihm überhaupt keinen Regreßanspruch gegen den Aussteller herleiten kann. Die lediglich formale Bedeutung der gesetzlichen Erfordernisse scheint dabei verkannt zu sein. Strengere Anforderungen, wie für den Wechsel, dürften für den Scheck an die Bezeichnung des Bezogenen um so weniger zu stellen sein, als der Bezogene beim Scheck überhaupt nicht in scheckrechtliche Beziehungen eintritt. In den hauptsächlichsten ausländischen Gesetzgebungen ist die Ausstellung des Schecks auf mehrere Bezogene ausdrücklich gestattet (vgl. Meyer a. a. O. S. 72). Die Bezeichnung der mehreren Bezogenen kann sowohl in kumulativer wie in subsidiärer oder auch alternativer Form erfolgen; die zuletztgenannte Form wird im Wechselrechte für unstatthaft erachtet (RGZ 46, 139; StStr zu Art 4 Anm 43). Das ScheckG dürfte auch dieser Form nicht entgegenstehen (so auch Meyer a. a. O. S. 73). Anm. 6

γ. Die Bezeichnung des Bezogenen braucht nicht in den Text aufgenommen zu werden; sie kann auch in der Form der Adresse über, neben oder unter dem Texte stehen, doch so, daß sie durch die Unterschrift des Ausstellers (s. unten Nr 3) gedeckt wird. Ist das der Fall, so wird sie auch auf der Rückseite des Schecks stehen können (a. M. Lessing III 2a). Anm. 7

δ. Streitig ist, ob ein Scheck vorhanden sei, wenn Schecknehmer (Remittent) und Bezogener (Trassat) sich schon der äußeren Bezeichnung nach ohne weiteres als die gleiche Person darstellen. Die verneinende Ansicht (Breit in ZfHR 65, 304; bei Borchardt HG Anm. 8

§ 1 II B 2e) wird hauptsächlich darauf gestützt, daß, anders wie beim Wechsel, wo die Frage auch bestritten ist (vgl. StStr Art 4 Anm 44; RG 19, 93), nach § 8 Abs 2 Satz 3 ScheckG ein Indossament des Bezogenen unwirksam sei. Indessen die Übertragbarkeit durch Indossament ist kein wesentliches Erfordernis des Schecks, da er auch Rekta- oder Inhaberscheck sein kann, letzteres sogar in der Regel ist (§ 4 Abs 1 und Anm 4 dazu); deshalb bedingt die Ausschließung des Bezogenen-Indossaments nicht notwendig die Folgerung, daß der Scheck auch von vornherein nicht auf den Bezogenen als Remittenten lauten könnte. Da ferner die Angabe eines Remittenten für den Scheck überhaupt nicht wesentlich ist (vgl. zu § 4 Anm 8), kann die Angabe eines mit dem Bezogenen identischen Remittenten ihm nicht wohl ohne weiteres die Scheckqualität entziehen. Praktische Bedeutung kann ein solcher Scheck mindestens dann haben, wenn er mit der alternativen Inhaberklausel versehen ist (§ 4 Abs 2), in welchem Falle ihn übrigens auch Breit a. a. O. für zulässig hält. Wie hier Cohn ZfHR 61, 47; auch Lessing S. 82. Im österreichischen Recht sollen solche Schecke häufig vorkommen; im englischen und amerikanischen Rechte sind sie ausdrücklich zugelassen (BE Act sect. 5 (1); Neg. Inst. Law sect. 27 Ziff 3; Meyer, Weltscheckrecht I 101).

Anm. 9 ε. Die herrschende Meinung stellt ferner die Forderung auf, daß Aussteller (Trassant) und Bezogener (Trassat), als verschiedene Personen im Scheck sich darstellen müßten und schließt daraus, daß trassiert-eigene Schecke unzulässig seien, auch wenn die Zahlung an einem anderen Orte als dem der Ausstellung erfolgen soll, also namentlich auch Schecke, die von einer Geschäftsstelle einer Bank auf eine ihrer anderen Geschäftsstellen, sei es am gleichen oder an einem anderen Orte, gezogen werden, während die WO (Art 6 Abs 2) trassiert-eigene Wechsel von einem Orte auf einen anderen zuläßt. So Lessing § 4 II 3; Apt 39; Aschaffenburg DJZ 08, 1392, der darin eine Lücke des Gesetzes findet. Diese Auffassung findet ihre Stütze wohl lediglich in der Bemerkung der Begründung (21), es sei für trassiert-eigene Schecks kein Bedürfnis vorhanden. Daß diese Bemerkung schon für die damalige Zeit unrichtig war, ergibt ohne weiteres das Gutachten des Zentralverbandes des deutschen Bank- und Bankiergewerbes vom 12. 11. 07, S. 7 (abgedruckt von Breit bei Holdheim 18, 193), wo auf die vielfach bestehende Übung solcher „Kommanditschecke" hingewiesen ist, wie auch daraus, daß gleich nach dem Inkrafttreten über die angebliche Lücke des Gesetzes Klage erhoben wurde. Bei richtiger Auffassung ist indessen die Ausschließung trassiert-eigener Schecke überhaupt aus dem Gesetze nicht zu entnehmen. Die Vorschrift des Art 6 Abs 2 WO, die derartige Wechsel als Distanzwechsel zuläßt und sie dadurch als Platzwechsel ausschließt, kommt für das ScheckG nicht in Betracht; dieses ist vielmehr selbständig aus sich heraus auszulegen. Es stellt aber lediglich das formale Erfordernis auf, daß die Anweisung zur Zahlung an den Bezogenen gerichtet sein müsse. Die Erwägung, daß eine Anweisung begrifflich Verschiedenheit zwischen Anweisendem und Angewiesenem erfordere, trägt einen materiell-rechtlichen Gesichtspunkt in ein reines Formalerfordernis hinein, was sich nicht rechtfertigen läßt. Die Form der Anweisung muß gewahrt sein; ist das geschehen, so hat die Urkunde als Scheck im Sinne des Gesetzes zu gelten, ohne daß untersucht werden darf, ob sie geeignet ist, zwischen dem Aussteller und Bezogenen ein Anweisungs-Rechtsverhältnis zu schaffen. Auch die Bezugnahme auf das Guthaben ist rein formal und setzt nicht voraus, daß ein solches tatsächlich besteht oder rechtlich bestehen könnte; eine buchtechnische Gestaltung des Rechnungsverhältnisses, wie sie zwischen den mehreren Geschäftsstellen einer Bank üblich ist, reicht dazu aus. Auch in solchem Falle ist die Form der Anweisung durchaus geeignet, dem Zwecke des Schecks, Zahlungen ohne Barleistung zu vermitteln und scheckrechtlichen Regreßansprüchen der Nehmer gegen den Aussteller und untereinander als Grundlage zu dienen, zu erfüllen. Es dürfte deshalb kein Grund bestehen, dem Gebrauche, der sich im Bankverkehr vor Inkrafttreten des ScheckG. entwickelt hatte und, wie Alshagen bei Holdheim 1919 S. 182 bezeugt, als Gewohnheitsrecht (das freilich contra legem nicht anerkannt werden könnte) noch jetzt besteht, entgegenzutreten. Für die Gültigkeit trassiert-eigener Schecke nach geltendem deutschen Rechte auch Meyer, Weltscheckrecht I 76. Ebenso Breit bei Holdheim 18, 193ff., der im übrigen, im Anschlusse an Rehbein-Mansfeld WO Art 6 Anm 2, das Vorliegen eines „trassiert-eigenen" Schecks nur dann annimmt, wenn die Identität zwischen Aussteller und Bezogenem „zur urkundlichen Evidenz" erhellt, was nur der Fall sei, wenn etwa der Aussteller die Anweisung ausdrücklich „an mich selbst" adressiert hätte, nicht dagegen bei Gleichheit des Namens und der sonstigen Bezeichnung des Ausstellers und des Bezogenen, während sonst Rechtslehre und Rechtsprechung im Wechselrechte die Herleitung der Evidenz auch aus sonstigen Umständen zulassen (ROHG 19, 93). Ein Urteil des OLG Karlsruhe in einer Strafsache (über das in der Frankfurter Zeitung v. 1. 10. 1924, erstes Morgenblatt, berichtet wird) erklärt als Schecke bezeichnete Urkunden, die während der Zeit großer Zahlungsmittelknappheit die Zweigniederlassung einer Bank auf ihre Hauptniederlassung gezogen hatte, als trassiert-eigene Schecke für ungültig, hält sie aber in Anwendung des § 140 BGB als Schuldversprechen aufrecht (vgl.

darüber unten zu § 1 Anm 44) und bestraft wegen unbefugter Ausgabe von Banknoten auf Grund des BankG (§ 55) in Tateinheit mit unbefugter Ausgabe von Notgeld (RGes v. 17. 7. 1922). § 1

Übereinstimmung besteht darüber, daß ein Wechsel (Scheck), den ein Kaufmann unter seinem bürgerlichen Namen auf seine Firma, deren alleiniger Inhaber er ist, zieht, kein trassiert-eigener Wechsel (Scheck) und daher auch als Platzwechsel bzw. Scheck zulässig sei. Ferner würde ein Scheck, der von der „Deutschen Bank Hamburg" auf die „Deutsche Bank Leipzig" gezogen wird, auch vom Standpunkte der herrschenden Meinung nicht beanstandet werden können, da die Identität keineswegs evident ist (es kann ja an beiden Orten eine Deutsche Bank geben). Die Umgehung des gesetzlichen Verbots, falls ein solches bestände, würde also nicht schwierig sein.

d) Die Anweisung muß auf **Zahlung einer bestimmten Geldsumme** lauten.

α. Dadurch sind Waren- und Effektenschecke als Schecke im Sinne des ScheckG ausgeschlossen. Vgl. über Effektenschecke Conrad S. 22. In neuester Zeit machen sich in den Kreisen der Banken Bestrebungen geltend, den Effektengiro(Scheck-)verkehr, wie er in beschränktem Umfange bereits bei dem Berliner Kassenverein besteht, in Verbindung mit bei den Großbanken konzentrierten Effektendepots (Sammeldepots) allgemein, zunächst für Aktien, einzuführen. Dieser Verkehr wird sich außerhalb des ScheckG auf Grund der Bestimmungen des BGB über die Anweisung (§§ 783ff.) zu vollziehen haben. **Anm. 10**

β. **Geld** im engeren Rechtssinne (Währungsgeld) ist nur das, was staatlich als Wertmaßstab und gesetzliches Zahlungsmittel mit „Zwangskurs" (Verpflichtung zur Annahme bei Zahlungen zum Nennwerte unter normalen Geldverhältnissen) anerkannt ist. Solches Geld waren seit Kriegsbeginn, nachdem die Reichsgoldmünzen aus dem Verkehr verschwunden waren, die auf Mark (Papiermark) lautenden Reichsbanknoten und die Reichskassenscheine (Ges v. 4. 8. 1914). Seit dem MünzG v. 30. 8. 1924 und dem BankG vom gleichen Tage sind gesetzliche Zahlungsmittel nur noch die neu auszuprägenden, auf Reichsmark lautenden Reichsgoldmünzen, die aber bisher noch nicht in den Verkehr gelangt sind, und die auf Reichsmark lautenden Reichsbanknoten, neben denen die alten auf Mark (Papiermark) lautenden bis zum Ablaufe von drei Monaten nach ihrem am 5. März 1925 erfolgten Aufrufe im Verhältnis von einer Billion Papiermark gleich einer Reichsmark noch als gesetzliche Zahlungsmittel zugelassen waren. Der Ausdruck „Geld" wird aber im Verkehr wie in der Rechtssprache, insbesondere auch im BGB (§§ 244, 245 und sonst) noch in einem weiteren Sinne gebraucht, in welchem er diejenigen vertretbaren Sachen umfaßt, welche der wirtschaftliche Verkehr als allgemeines Zahlungsmittel gelten läßt, ohne daß eine Verpflichtung zur Annahme besteht, deren Leistung daher bei Geldschulden, falls sie vom Gläubiger angenommen wird, nicht als Hingabe eines anderen Gegenstandes an Zahlungs Statt, sondern als Zahlung angesehen wird, das sog. usuelle Verkehrsgeld. In diesem Sinne ist der Ausdruck auch hier gebraucht. Der Scheck kann daher auch auf ausländisches Währungsgeld lauten, allerdings wohl nur auf das Geld solcher Währungen, die im Inlande am Zahlungsorte oder an dem für diesen maßgebenden Börsenorte einen Börsenkurs haben, so daß durch Umrechnung nach Maßgabe des § 244 Abs 2 BGB die zu zahlende Geldsumme in Reichswährung ohne weiteres bestimmt werden kann. Statthaft sind aber auch Schecke, die auf effektive Zahlung in ausländischer Währung gerichtet sind, da auch sie auf eine bestimmte Geldsumme lauten. Ob der Bezogene dem Aussteller gegenüber verpflichtet ist, solche Schecke einzulösen, bestimmt sich nach dem Scheckvertrage (vgl. zu § 3); lauten die Formulare auf inländische Währung, so wird eine solche Verpflichtung nicht bestehen. Während der Inflationszeit sind Schecke in ausländischen Währungen, die als wertbeständig galten (Dollar, Pfund Sterling, Schweizer Franken), vielfach üblich geworden. Bei solchen Schecken wird das Erfordernis der Bestimmtheit der Geldsummen auch dann als erfüllt anzusehen sein, wenn sie auf Zahlung in der ausländischen Währung oder in einem ihr entsprechenden Betrage der Reichswährung lauten, z. B. „1000 Fr. oder Wert in Mark", „1000 Gulden oder Kurswert in deutscher Münze"; denn damit wird nur die gesetzliche Umrechnungsbefugnis des Bezogenen (§ 244 Abs 2 BGB) ausdrücklich hervorgehoben; so auch StStr zu Art 4 Anm 6. Unstatthaft dagegen dürfte eine Formel sein, nach der gezahlt werden soll „die Summe, welche dem Werte von 1000 Fr. (oder 1000 Gulden) am Zahlungstage entspricht", denn sie läßt nicht ohne weiteres erkennen, daß der Bezogene auch berechtigt ist, in der ausländischen Währung 1000 Fr. (oder Gulden) effektiv zu zahlen; so StStr a. a. O. und zu Art 37 Anm 2, Grünhut Handbuch I 343 Anm 18. Nicht statthaft wird auch die Formel sein: „1000 Fr. Sichtkurs Paris", da sie nicht den Tag der tatsächlichen Zahlung (§ 244 Abs 2 BGB, vgl. RG Plenarbeschluß in RGZ 101, 312), sondern den der Fälligkeit (Sicht) für maßgebend erklärt. Auch auf eine nicht mehr im Umlaufe befindliche Münzsorte (z. B. Taler, süddeutsche Gulden) kann der Scheck lauten; es kommt dann § 245 BGB zur Anwendung. Statthaft ist ferner, den Scheck auf eine bestimmte Geldsorte inländischer Währung zu **Anm. 11**

§ 1 stellen, so auf Reichsbanknoten und namentlich auf Gold; doch waren auf Grund der Bek v. 28. 9. 1914 (RGBl S. 417) vor dem 31. Juli 1914 vereinbarte Goldklauseln seitdem unverbindlich, und die nach dem 30. Juli 1914 vereinbarten begründeten gemäß § 245 BGB nur eine gewöhnliche Währungsschuld, da Goldmünzen zu dieser Zeit bereits nicht mehr in Umlauf waren. Dies gilt jedoch nur von den eigentlichen Goldklauseln (Goldmünzklauseln), die auf effektive Zahlung in Goldmünzen gerichtet waren. Davon verschieden sind die Goldwertklauseln (vgl. RGZ 50, 145; 101, 141), das sind Vereinbarungen, denen zufolge ein dem jeweiligen Wertverhältnis des Goldes zur Reichswährung entsprechender Betrag in Reichswährung zu zahlen ist (RGZ 103, 384). Schecke mit Goldwertklauseln würden, wenn sie vorkommen, ungültig sein, da sie nicht auf Zahlung einer bestimmten Geldsumme gerichtet sind; ebenso die während der Inflationszeit vorgekommenen Schecke auf Zahlung einer Geldsumme, deren Betrag sich nach dem derzeitigen Werte (Kurse) eines anderen, als relativ wertbeständig angesehenen Gutes — Kohle, Roggen, Kali usw. — richten sollte, aus dem gleichen Grunde. Zweifelhaft ist, ob der Scheck auch auf eine Rechnungswährung, d. h. einen Wertmesser, nach dem im Verkehr gerechnet wird, ohne daß es auf die ihm entsprechende Währungseinheit lautende Zahlungsmittel gibt, gestellt werden kann. Als solche kam früher in den Hansestädten die Hamburger Mark Banko, während der Inflationszeit die Goldmark in Betracht. Das KG (in JW 1925, 642[11]) hat für den Wechsel die Zulässigkeit der Ausstellung in Goldmark auch schon vor der VO über Goldmark- und Goldmarknoten-Wechsel und Schecks v. 6. 2. 1924 (RGBl I 50) bejaht, wobei es zur Begründung u. a. auf Art 37 WO Bezug genommen hat, wo die Zulässigkeit von Wechseln, die auf eine Rechnungswährung lauten, vorausgesetzt wird; a. M. Dorenberg ebenda. Es erscheint nicht unbedenklich, in einer bloßen Rechnungswährung ausgedrückte Geldforderungen als Forderungen auf eine bestimmte Geldsumme anzusehen, da die Rechnungswährung selbst kein „Geld" ist und die in der gesetzlichen Währung zu zahlende Geldsumme, in welche die Rechnungswährung umzurechnen ist, nicht eine „bestimmte", d. h. sich gleichbleibende, sondern von dem veränderlichen jeweiligen Wertverhältnisse der gesetzlichen Währung zu der Rechnungswährung abhängig ist. Doch hat das RG in dem Urt v. 12. 8. 1925, II 2/25 (RGZ 111, 280) auch für den Scheck — obwohl für dessen Umrechnung nicht Art 37 WO, sondern § 244 BGB maßgebend ist, der von Geldschulden, die in einer Rechnungswährung ausgedrückt sind, nicht spricht — die Zulässigkeit einer Ausstellung in Goldmark auch schon für die Zeit vor der genannten Verordnung bejaht mit der Begründung, die an das Erfordernis der Bestimmtheit einer Geldsumme im einzelnen zu stellenden Anforderungen könnten nicht ohne Berücksichtigung der jeweiligen Geldverhältnisse beurteilt werden, und danach habe zu einer Zeit, in der einerseits die alte deutsche Mark im Verkehr nicht mehr als ein ebenbürtiges Zahlungsmittel anerkannt und eine neue deutsche Reichswährung noch nicht geschaffen gewesen, andererseits mit der Goldmark in dem feststehenden Sinne ihrer Gleichstellung mit $^{10}/_{42}$ des Dollars gerechnet worden sei, auch ein Scheck auf Goldmark ausgestellt werden können; die VO habe deshalb kein neues Recht geschaffen, sondern nur den bestehenden Rechtszustand bestätigt. Durch die mehrfach genannte VO (abgedruckt als Anhang F 2) ist bestimmt worden, daß Wechsel und Schecke in der Weise ausgestellt werden können, daß die zu zahlende Geldsumme in Goldmark ausgedrückt wird, wobei als Goldmark der Wert von $^{10}/_{42}$ des nordamerikanischen Dollars gilt (§ 1), und ferner, daß die zu zahlende Geldsumme auch in Goldmarknoten der Reichsbank oder einer Privatnotenbank ausgedrückt werden kann (§ 4). Die Umrechnung in Reichsmark hat nach § 2 der DurchfVO v. 17. 4. 1924 (RGBl I 414) — Anhang F 3 — über den amtlichen Berliner Mittelkurs des Dollars vom Tage vor der Zahlung oder vor dem Präsentationstage, falls dieser höher ist, zu erfolgen. — Im Unterschiede von der Goldmark war die Rentenmark ein wirkliches Zahlungsmittel, das zwar keinen Zwangskurs hatte, aber usuelles Verkehrsgeld (s. oben) war; Schecke auf Rentenmark, die vor Einführung der Reichsmark häufig ausgestellt wurden, waren deshalb unbedenklich für gültig zu erachten (so auch StStr 11. Aufl zu Art 4 Anm 5a Abs 3). — Schecke, die nach dem Inkrafttreten des MünzG v. 30. 8. 1924 ausgestellt sind und auf „Mark" (nicht auf „Billionen Mark") lauten, werden, entsprechend dem immer noch bestehenden Sprachgebrauche, unbedenklich in Reichsmark umgedeutet werden können. Auch ein kurz vor diesem Zeitpunkte (am 29. 7. 1924) ausgestellter Wechsel auf 35000 „Mark" ist vom KG als nicht auf Papiermark, sondern auf Goldmark lautend gedeutet worden, und das RG (RGZ 112, 85) hat diese Entscheidung gebilligt, wohl zweifellos mit Recht, da die Auslegung, daß er auf Papiermark laute, wegen des sich ergebenden, ein Nichts bedeutenden Betrages nach Treu und Glauben und der Verkehrssitte ausgeschlossen erschien; a. M. StStr zu Art 4 Anm 5a Abs 4. Sehr zweifelhaft ist die Frage, ob Forderungen aus Papiermark-Schecken, die durch die Inflation entwertet wurden (was in der Zeit raschen Fortschreitens der Geldentwertung ungeachtet der kurzen Umlaufsfrist häufig vorgekommen ist), der Aufwertung zugänglich sind. Das RG hat in RGZ 110, 40 und seitdem wiederholt (II 600/1924, Urt v. 10. 7. 1925,

II 193/25, Urt v. 8. 12. 1925) ausgesprochen, daß die Aufwertung von abstrakten Schuldverbindlichkeiten, insbesondere aus Wechseln (das gleiche müßte für Schecke gelten), grundsätzlich unzulässig sei, da das Wesen solcher Verbindlichkeiten keinen Raum lasse für die auf dem Grundsatz der Billigkeit beruhende Aufwertung, indem die Frage, ob diese Voraussetzung gegeben sei, sich nur nach der Natur der einzelnen (kausalen) Forderung, richten könne, das Kausalgeschäft aber bei der abstrakten Verbindlichkeit keine Rolle spielen solle, vielmehr über den Inhalt der Schuld allein die urkundliche Feststellung entscheide und eine solche Forderung niemals „über ihren in der Urkunde verbrieften Inhalt ausgedehnt werden könne", sondern „einen unabänderlichen festen Wert darstelle, der bei Wechseln (Schecken), die auf Papiermark lauten, der Papiermarkbetrag sei". Auch aus der wirtschaftlichen Funktion des Wechsels als Umlaufsmittel und aus Art 50, 51 WO werden Gründe gegen die Zulässigkeit der Aufwertung von Wechselforderungen hergeleitet. Vgl. über die gegen diese Begründung, die im wesentlichen auch gegen die Aufwertung von Scheckforderungen sprechen würde, bestehenden Bedenken zu § 17 Anm 23. § 1

γ. Das Erfordernis der **Bestimmtheit der Geldsumme** läßt nicht zu, daß die Zahlung einer größeren oder kleineren Summe zur Wahl des Bezogenen gestellt oder daß er angewiesen wird, bis zu einer Höchstsumme oder so viel, als das Guthaben des Ausstellers beträgt, zu zahlen. Eine im Scheck enthaltene Anweisung, außer der Hauptsumme auch Zinsen zu zahlen, desgleichen ein Provisionsversprechen sollen nach der Meinung mehrerer Schriftsteller (Lessing zu § 1 SchecG Anm 3c Schlußabsatz und die dort Angeführten) den Scheck ungültig machen, da sie gegen das Erfordernis der Angabe einer bestimmten Geldsumme verstießen und eine dem Art 7 Abs 3 WO entsprechende Bestimmung, der zufolge ein Zinsversprechen im Wechsel als nicht geschrieben gelte, im SchecG fehle. Indessen es dürfte doch nicht unzweifelhaft sein, ob die angegebenen Gründe die daraus hergeleitete Folgerung der Nichtigkeit des ganzen Schecks erforderlich machen. Die Bestimmtheit der zu zahlenden Hauptsumme bleibt unberührt dadurch, daß der Scheck die Anweisung enthält, daneben unter gewissen Umständen noch weitere Beträge zu zahlen. Auch für den Wechsel wird anerkannt, daß nicht nur das in Art 7 Abs 3 ausdrücklich genannte Zinsversprechen, sondern auch andere, die Zahlung weiterer Beträge neben der Hauptsumme enthaltende Versprechungen, z. B. das Versprechen einer Konventionalstrafe, die Übernahme von Stempel, Strafen, Kosten usw., zwar selbst nichtig sind, aber nicht die Nichtigkeit des übrigen Wechselinhalts herbeiführen, sondern als nicht geschrieben gelten (vgl. StStr WO zu Art 4 Anm 64; ROHG 6, 364). Das gleiche wird im Interesse tunlichster Aufrechterhaltung der Skripturobligation auch für die Anweisung, neben der Hauptsumme Zinsen oder sonstige Beträge zu zahlen, im Scheck angenommen werden können. Anm. 12

Die Anweisung: „250 Franken oder 200 Mark" zu zahlen, wurde unter den früheren stabilen Währungsverhältnissen mit Recht nicht als die Bestimmtheit der Geldsumme beeinträchtigend angesehen (vgl. Grünhut Handbuch I 343 Anm 18), weil sie dahin auszulegen war, daß an Stelle der in ausländischer Währung ausgedrückten Geldsumme der gleiche Betrag in Reichswährung nach dem damals während der kurzen Umlaufsfrist des Schecks voraussichtlich gleichbleibenden Kurswerte gezahlt werden sollte, wie in § 244 BGB auch ohne ausdrücklich Vereinbarung für Geldschulden vorgeschrieben ist. Während der Inflationszeit hätte sich eine solche Auslegung kaum rechtfertigen lassen. Nachdem aber die neue Reichswährung für absehbare Zeit stabilisiert ist, werden ähnliche Umrechnungsklauseln auch in Zukunft wieder nicht als solche anzusehen sein, die wegen Unbestimmtheit der zu zahlenden Geldsumme den Wechsel oder Scheck ungültig machen.

δ. Die Anweisung, „in Schecken" zu zahlen, stellt ebensowenig wie die auf Zahlung in Tratten (StStr WO Art 4 Anm 4; a. M. OLG Dresden bei Borchardt Zus 66) einen Wechsel oder Scheck im Sinne des Gesetzes dar, da Schecke keine allgemeinen Zahlungsmittel, also kein Geld sind, ihre Hingabe vielmehr nur einen Versuch künftiger Zahlung darstellt (Hingabe zahlungshalber) oder aber eine Hingabe an Zahlungs Statt (datio in solutum). Demgemäß hat das RG in dem Urt v. 12. 9. 1922, V 379/22 (RGZ 105, 143) ausgesprochen, daß ein Wechsel, der auf französische Franken lautet, aber den durch die Unterschrift des Ausstellers gedeckten Zusatz trägt: „Zahlbar in Bankscheck auf Paris" ungültig ist. Dabei wird unter „Bankscheck" ein von einer Bank ausgestellter (nicht ein auf eine Bank gezogener) Scheck verstanden. Aber auch wenn der Ausdruck in letzterem Sinne zu verstehen oder nur gesagt wäre: „Zahlbar in Schecken auf Paris" müßte im Sinne des RG das gleiche gelten. Den Ausdruck „zahlbar" faßt das Urteil, unter Hinweis auf seine Bedeutung in gesetzlichen Vorschriften, namentlich bei Bestimmung der Zahlungszeit und des Zahlungsortes (vgl. Art 32, 53 WO, § 7 SchecG), dahin auf, daß dadurch nicht nur dem Bezogenen freigestellt werde, in Schecken zu zahlen, sondern daß er dazu verpflichtet werde. Ob diese Auffassung das Richtige trifft, erscheint doch zweifelhaft. Das RG erwähnt selbst im weiteren Verlaufe der Urteilsgründe, daß der Zusatz sichtlich den Zweck verfolge, daß wegen (richtiger Anm. 13

§ 1 wohl: „trotz") der Schwierigkeit für den Hamburger Wechselschuldner, in französischer Münze oder in anderen französischen Geldzeichen zu zahlen, dem französischen Remittenten oder seinen Nachmännern doch die Zahlung in Franken verschafft werde. War aber das der Zweck der Bestimmung, so ist nicht einzusehen, warum es dem Bezogenen verwehrt sein sollte, von der nur zu seinem Vorteil dienenden Zahlung in Schecken abzusehen und effektiv in Franken zu zahlen, falls er dazu imstande ist. Es handelt sich dann auch nicht etwa um eine Wahlverpflichtung, sondern nur um eine facultas alternativa; in obligatione ist nur die Zahlung in Franken, diejenige in Schecken nur in solutione. Bei dieser Auffassung würde der Zusatz dem gesetzlichen Erfordernisse, daß der Wechsel oder Scheck auf Zahlung einer Geldsumme gerichtet sein muß, nicht widersprechen und eine aus der Formalstrenge solcher Urkunden herzuleitende Notwendigkeit, ihn für ungültig zu erklären, nicht bestehen. Es würden dadurch die vom RG selbst hervorgehobenen Schwierigkeiten, die namentlich unter den gegenwärtigen geldlichen Verhältnissen dem internationalen Zahlungsverkehr durch die Ungültigkeit solcher Wechsel und Schecke bereitet werden, vermieden werden können.

Anm. 14 ε. Die Anweisung muß auf Zahlung der Geldsumme lauten. Eine unmittelbar auf Gutschrift oder Verrechnung zugunsten des Nehmers oder auf Überweisung auf dessen Konto lautende Anweisung (Giroanweisung, wie der sog. rote Scheck der Reichsbank) ist kein Scheck im Sinne des Gesetzes. Doch kann das gleiche Ergebnis dadurch erreicht werden, daß der auf Zahlung lautende Scheck in der in § 14 ScheckG (vgl. Anm 2 ff. dazu) zugelassenen Weise zum Verrechnungsscheck gemacht wird.

Anm. 15 ζ. Eine bestimmte Stelle ist für die Bezeichnung der zu zahlenden Geldsumme nicht vorgeschrieben. Sie kann deshalb auch über, neben oder unter dem Texte genannt sein und im Texte darauf Bezug genommen werden. Doch muß sie durch die Unterschrift des Ausstellers gedeckt sein (vgl. Anm 18). Sie kann mit Ziffern ebensowohl wie mit Buchstaben geschrieben werden; den Fall von Abweichungen zwischen der mit Ziffern und der mit Buchstaben geschriebenen Summe oder zwischen mehreren Niederschriften der Summe mit Ziffern oder mit Buchstaben regelt § 6 (s. Anm dazu).

3. **Nr 3. Die Unterschrift des Ausstellers.**

Anm. 16 Auch hier handelt es sich um ein bloßes Formalerfordernis. Damit dieses vorliege, ist danach nichts weiter erforderlich als eine durch Schreiben hergestellte äußere Bekundung, die durch ihre Stellung zu dem übrigen Inhalte der Urkunde zu erkennen gibt, daß der Schreiber diesen Inhalt als eine von ihm ausgegangene Erklärung gelten lassen will. Dazu gehört:

Anm. 17 a) eine **Schrift,** d. h. Herstellung von Menschenhand unter Gebrauch von Schriftzeichen. Ausgeschlossen ist daher hier (anders wie bei den übrigen Teilen des Schecks, vgl. Anm 1) mechanische Herstellung durch Druck, Stempel u. dergl., Schreibmaschine auch im Wege der Vervielfältigung einer einmal persönlich hergestellten Namenszeichnung (Faksimile). Gleichgültig ist das Schreibmaterial (Tinte, Bleistift, Tusche usw.).

Anm. 18 b) eine **Unterschrift,** d. h. die räumliche Stellung der Schrift in solcher Weise, daß durch sie alle diejenigen Teile des übrigen Scheckinhalts, welche die Willenserklärung bilden, die der Aussteller sich durch die Unterschrift aneignet, ergriffen („gedeckt") erscheinen. Das ist ohne weiteres der Fall, wenn die Namenszeichnung die unterste Zeile der gesamten Erklärung bildet. Ob auch eine andere räumliche Stellung dazu genügt, ist Tatfrage; das RG hat (in LZ 1920, 161[10]) für das eigenhändige Testament (BGB § 2231) eine auf ein voll beschriebenes Blatt oder die Vorderseite eines solchen gesetzte Namenszeichnung als eine hinreichende „Unterschrift" erklärt (abweichend ROHG 9, 422).

Auch eine zeitlich vor dem übrigen Texte auf das Blatt gesetzte Namenszeichnung (Blankozeichnung) ist eine Unterschrift: RGZ 57, 68; 63, 234.

Anm. 19 c) Die Schrift muß sich als Unterschrift des Ausstellers darstellen, d. h. desjenigen, der die in dem Scheck enthaltene Willenserklärung eigenen Namens abgibt oder in dessen Namen sie von einem anderen (Vertreter) abgegeben wird (RGZ 77 S. 192, 193).

α. Daß der Aussteller mit seinem Namen oder seiner Firma zu unterzeichnen hat, ist nicht, wie in Art 4 Ziff 5 WO für den Wechsel, ausdrücklich vorgeschrieben. Doch erfordert § 126 BGB zur Gültigkeit von Urkunden, falls durch Gesetz schriftliche Form vorgeschrieben ist (dieser Fall liegt hier vor, vgl. oben Anm 1 a), eine Namensunterschrift. Es genügt jedoch, daß die Unterschrift den Namen einer Person, und zwar einer physischen oder juristischen, darstellen kann; deshalb muß auch die Unterzeichnung mit einem Vereinsnamen als genügend erachtet werden (a. M. RGZ 112, 124). Stellt sich der Name als ein Handelsname (Firma) dar, so muß es ein solcher sein, der nach handelsgesetzlichen Vorschriften von einem Kaufmanne geführt werden kann; er muß also, soweit inländische Firmen in Frage stehen, entweder den Bestimmungen des jetzt geltenden HGB (§§ 17—20) entsprechen oder nach früherem Rechte eintragungsfähig gewesen sein (Art 22 EG zum HGB).

Danach genügt bei einer offenen Handelsgesellschaft auch jetzt noch eine Sachfirma ohne Personenbezeichnung, z. B. „Messinggewerkschaft" (RGZ 41, 20); „Berliner Trinkhallengesellschaft". Bei Firmen, die sich aus dem Namen einer Person und einer aus dem Gegenstande des Geschäfts oder dergl. entnommenen Sachbezeichnung zusammensetzen, liegt der Schwerpunkt auf dem Namen; es wird deshalb die Unterzeichnung mit dem Namen ohne Beifügung der Sachbezeichnung für genügend erachtet: RGZ 14, 17; 47, 157; 56, 167; WarnRspr 1914 Nr 272. — Soll die Bezeichnung eine physische Person darstellen, so genügt eine solche, die als Ruf- oder Familiennamen eines Menschen vorkommen kann; warum ein Rufname nicht genügen sollte, ist nicht einzusehen, da es sich nicht um die Frage handelt, ob dadurch die Feststellung der Identität ermöglicht wird (RGZ 100, 169), die übrigens durch einen Familiennamen ebensowenig gewährleistet wird wie durch einen Rufnamen; auch kann wohl jeder Rufname als Familienname gebraucht werden. Ein „Pseudonym" (Künstler- oder Schriftstellername) wird nur dann genügen, wenn es als Personenname aufgefaßt werden kann. Die Banken pflegen im Scheckvertrage (vgl. zu § 3 Anm 6) die Zeichnung der Unterschrift durch ihre Scheckkunden bei der Ausstellung der Schecke in ganz bestimmter, bei ihnen zu hinterlegender Form vorzuschreiben und sich das Recht zur Verweigerung der Einlösung von Schecken mit abweichenden Unterschriften auszubedingen. § 1

β. Zulässig ist auch die Unterschrift **durch einen Vertreter**, d. h. jemanden, der im Namen eines anderen handeln will (ob er dazu berechtigt ist, steht hier nicht in Frage; vgl. darüber zu § 15 Anm 2), und zwar sowohl — ohne Kenntlichmachung des Vertretungsverhältnisses — mit dem Namen des Vertretenen (BGS in RGZ 74, 69) wie auch unter Angabe, daß er im Namen eines anderen und für wen er handelt, mit dem Namen des Vertreters. In letzterem Falle erfordert aber das RG (RGZ 77, 191), daß auch der Name des Vertretenen, durch den Vertreter geschrieben, in der Unterschrift enthalten sei, da der Vertretene der „Aussteller" ist. Eine anderweite Bezeichnung des Vertretenen, die weder einen Personennamen noch eine Firma enthält, z. B. „Verwaltung der Fideikommißherrschaft X.", soll danach nicht genügen. Doch genügt es jedenfalls, wenn der Name des Vertretenen irgendwie, wenn auch nur adjektivisch, in der Unterschrift enthalten ist, z. B. „Fürstlich Lynarsches Rentamt" (RGZ 85, 195, unter Aufgabe der älteren Entscheidung in RGZ 14, 17). Als Name des Staates in seiner vermögensrechtlichen Eigenschaft genügt jede Bezeichnung, die eine staatliche (fiskalische) Stelle darstellen kann, wenn in ihr der Ausdruck: „Staat" oder „Fiskus" enthalten ist, z. B. Verpflegungszentrale der staatlichen Institute Spandau; daß diese Stelle eine zur Vertretung des Fiskus berufene Behörde sei, ist für die Gültigkeit des Schecks nicht erforderlich; ob der Fiskus dadurch verpflichtet wird, ist eine andere Frage (RGZ 100, 169). Anm. 20

γ. Der Scheck kann auch die Unterschrift **mehrerer Aussteller** tragen (ROHG 2, 349; 19, 311; RG in JW 02, 135[48] für den Wechsel); doch wird dann im Texte auf ein gemeinsames Guthaben (Anm 4) — „aus unserem Guthaben" — Bezug genommen werden müssen. Anm. 21

δ. Ob die durch die Unterschrift als Aussteller gekennzeichnete Person den Scheck wirklich unterzeichnet hat oder überhaupt existiert (**Echtheit der Unterschrift**), ist für die Frage, ob ein Scheck vorliegt, ohne Bedeutung; ebenso ob der Aussteller geschäftsfähig ist, ferner ob der als gesetzlicher Vertreter Zeichnende in Wirklichkeit der gesetzliche Vertreter ist, ob er, falls er es ist, etwa zur Eingehung von Scheckverbindlichkeiten einer vormundschaftlichen Genehmigung bedarf (vgl. darüber zu § 15 Anm 12) und sie erhalten hat usw. Ergibt sich allerdings aus dem Scheck unmittelbar „zur urkundlichen Evidenz", daß der Aussteller nicht geschäftsfähig sein kann, z. B. daß er unter sieben Jahre alt oder wegen Geisteskrankheit entmündigt ist, so liegt keine Ausstellerunterschrift vor. Anm. 22

4. **Nr 4: Die Angabe des Ortes und des Tages der Ausstellung.**

a) Angabe des **Ortes** der Ausstellung.

α. „Ort" ist begrifflich die geographische Bezeichnung eines räumlichen Punktes auf der Erdoberfläche. Doch kann es sich hier nicht um einen mit mathematischer Genauigkeit anzugebenden Raumpunkt handeln, vielmehr muß die Angabe eines räumlichen Bezirks genügen, der nach den Anschauungen des Verkehrs eine örtliche Einheit bildet. Als einheitlicher Ort wird im Verkehr eine politische Gemeinde angesehen, auch wenn sie in mehrere Unterbezirke (Stadtteile, Vororte) zerfällt. Doch läßt sich aus dem Gesetze und aus dem Zwecke der Vorschrift, die im wesentlichen den § 26 ScheckG (entsprechend Art 85 WO) im Auge hat, nicht herleiten, daß (wie StStr zu Art 4 Anm 37 lehren) stets eine wirklich als solche existierende politische Gemeinde als Ort der Ausstellung bezeichnet sein muß. Vielmehr können auch einheitliche Siedelungen oder sonstige vom Verkehr als örtliche Einheiten angesehene und unter einheitlicher Ortsbezeichnung zusammengefaßte räumliche Bezirke, die zu verschiedenen politischen Gemeinden gehören, einen „Ort" bilden (so RG 74, 185; Lehmann Anm. 23

§ 1 § 101 S. 377; dagegen StStr a. a. O.). Auch Bezeichnungen, welche einen Teil einer politischen Gemeinde bilden, genügen. Genauere Raumangaben innerhalb einer örtlichen Einheit (z. B. nach Straße und Hausnummer) sind nicht erforderlich. Bloße Angabe einer Straße, z. B. Leipziger Straße, genügt dagegen nicht, da sie in verschiedenen Orten vorkommen kann (ROHG 9, 261). Daß der angegebene Ort unter dieser Bezeichnung wirklich existiert, wird für die Gültigkeit des Schecks ebensowenig erfordert werden können wie die wirkliche Existenz des Ausstellers (vgl. Anm 22); es könnte das auch, namentlich bei ausländischen Ortsangaben, schwerlich nachgeprüft werden. Es muß als ausreichend gelten, daß als Ausstellungsort ein im Verkehr bestimmbarer geographischer Bezirk oder Platz genannt wird (RGZ 74, 185). Daher bedarf es nicht der Benennung einer lokalen politischen Einheit (Gemeinde); die rein geographische Bezeichnung nach Länge und Breite, z.B. bei einem auf See ausgestellten Scheck, genügt; dagegen enthält die Bezeichnung: „An Bord des Schiffes A" keine Ortsbezeichnung, da das fahrende Schiff den Ort ständig wechselt. Auch anderweite Bezeichnung eines als örtliche Einheit zu denkenden Raumbezirks außerhalb einer menschlichen Siedelung genügt, z. B. „Auf dem Gipfel des Feldbergs"; „Auf der Rudelsburg" (a. M. StStr WO Art 4 Anm 37 gegen Staub 4. Aufl.); nicht dagegen: „Im Eisenbahnzuge zwischen A. und B.", auch nicht: „In Deutschland". Es genügt auch, daß der Name des Ortes adjektivisch in der Angabe enthalten ist, z. B.: „Im Berliner Rathaus"; „Auf der Leipziger Messe". Nicht erforderlich ist ferner, daß der angegebene Ort in einer Weise bezeichnet wird, durch die er sich von anderen gleichnamigen Orten unterscheidet, z. B. „Frankfurt" genügt (ROHG 9, 192).

Anm. 24 β. Daß der Scheck wirklich an dem bezeichneten Orte ausgestellt werde, ist gleichfalls nicht erforderlich; die Angabe eines Ausstellungsortes wird in der Rechtslehre und der Rechtsprechung nicht als Tatsachenangabe, sondern als Willenserklärung aufgefaßt des Inhalts, daß der angegebene Ort als Ausstellungsort gelten soll, eine Willenserklärung, die aus dem Wechsel bzw. Scheck ersichtlich ist und der sich daher alle Nehmer des Papiers unterwerfen; vgl. RGZ. 32, 117 und das dort angeführte Schrifttum. Daraus folgt aber, daß auch ein Gegenbeweis dahin, daß das Papier an einem anderen Orte ausgestellt wurde, nicht zulässig ist (a. M. StStr WO Art 4 Anm 35). Darüber, ob die unrichtige Angabe eines ausländischen Ausstellungsortes die Wirkung haben kann, den Scheck der Anwendung des inländischen Rechts zu entziehen, vgl. zu § 26. Ist der Scheck, was zulässig ist (vgl. Anm 21) von mehreren Ausstellern ausgestellt, so dürfte auch die **Angabe eines besonderen Ausstellungsortes für jeden Aussteller** in den Regelfällen die Ungültigkeit des Schecks nicht herbeiführen, da sie keine Bedeutung für die Vornahme der scheckrechtlichen Handlungen hat (a. M. für den Wechsel RGZ 11, 165). Anders wenn wegen Nichtangabe eines Ortes bei dem Namen oder der Firma des Bezogenen der Ausstellungsort gemäß § 5 Satz 3 ScheckG als hilfsweiser Zahlungsort zu gelten hat, da der Zahlungsort nur ein einheitlicher sein kann; vgl. Anm 25 und zu § 5 Anm 2. Anders auch für die Angabe der Ausstellungszeit; vgl. Anm 31.

Anm. 25 γ. Der als Ort der Ausstellung angegebene Ort gilt, sofern er dazu geeignet ist, als hilfsweiser Zahlungsort. Vgl. Näheres unten zu § 5 Anm 10.

b) Angabe der Zeit der Ausstellung.

Anm. 26 α. Der vorläufige Entwurf verlangte (in § 1 Ziff 5) die Angabe des „Monatstages und des Jahres" der Ausstellung, in wörtlicher Übereinstimmung mit Art 4 Nr 6 WO. Angesichts der jetzigen Fassung genügt jede Angabe, die den Tag der Ausstellung erkennen läßt, z. B. „Neujahr" oder „Erster Weihnachtstag"; es braucht nicht der Kalendermonat und die Ordnungsziffer des Tages in diesem angegeben zu sein. Angabe von Stunde und Minute erfordert das Gesetz nicht; eine so genaue Zeitangabe ist im Verkehr bei Rechtshandlungen nur in einzelnen Fällen aus besonderen Gründen üblich (auch Art 4 Nr 6 WO verlangt nur Angabe des Tages). Die gesamte Zeitangabe kann in Ziffern ausgedrückt werden, auch unter Weglassung der selbstverständlichen Jahrhundertzahl (z. B. 24. 2. 23). Ergänzung der Zeitangabe, z. B. hinsichtlich der fehlenden Jahreszahl, aus dem sonstigen Inhalte des Schecks oder anderen Umständen, z. B. dem Datum der Abstempelung der Wechsel- (Scheck-) Steuermarke, ist nicht zulässig (so auch StStr Anm 40b). Die Zeitangabe kann auch nach einem im Auslande oder in einer Religionsgemeinschaft geltenden Kalender erfolgen, und zwar auch wenn der Scheck im Inlande ausgestellt ist, z. B. nach russischem (altem) oder jüdischem Kalender. Auch Angabe in ausländischem und inländischem Stil ist zulässig, sofern verkehrsüblich erkennbar, was mit den beiden Zeitangaben gemeint, und das Stilverhältnis richtig angegeben ist, z. B. „1./14. Juli 1923". Eine Vorschrift, die dem Art 34 WO entspräche, enthält das ScheckG nicht; doch wird die Auslegung eines in einem Lande alten Stils ausgestellten, im Inlande zahlbaren Schecks zu einem entsprechenden Ergebnisse führen, nämlich daß, wenn der Ausstellungstag in beiden Stilen angegeben ist, ersichtlich nur die Bezeichnung eines einzigen Ausstellungstags, und zwar nach altem Stile, gewollt ist, und deshalb die damit nicht übereinstimmende Angabe nach neuem Stile den Scheck nicht ungültig macht (RG 11, 169; StStr Art 34 Anm 6; a. M. Bernstein 175; wie hier für den Scheck Canstein S. 95). Wegen Berechnung der Vorlegungsfrist in solchem Falle vgl. zu § 11 Anm 6. Im übrigen aber machen mehrere nicht miteinander übereinstimmende Zeitangaben den Scheck, ebenso wie den Wechsel (RG 11, 165), ungültig, da der Scheck nicht zu verschiedenen Zeitpunkten „ausgestellt" — d. h. durch die Unterschrift des Ausstellers vollständig hergestellt sein kann. § 1

Ob das gleiche gilt, wenn der Scheck (was zulässig ist, vgl. oben Anm 21) mehrere Aussteller hat, ist zweifelhaft. Für den Wechsel haben das ROHG (Entsch. 21, 179) und das RG (RGZ 11, 165) die Zulässigkeit verneint; in dem Urteile des RG ist ausgeführt, daß jeder Wechsel nur einen einzigen Zahlungsort und eine einzige Zahlungszeit enthalten könne und für diese der Ausstellungsort und die Ausstellungszeit von Bedeutung sei, die deshalb gleichfalls einheitlich sein müßten. Beim Scheck hängt, da er innerhalb einer bestimmten Frist zur Zahlung vorgelegt werden muß, die Rechtzeitigkeit der Vorlegung und damit die Erhaltung der Regreßansprüche von dem zeitlichen Ausstellungsdatum ab; deshalb wird dieses auch bei mehreren Ausstellern nur ein einheitliches sein können. Für die Ortsangabe wird die Einheitlichkeit bei mehreren Ausstellern nur in dem Falle des § 5 Satz 3 ScheckG (vgl. Anm 10 zu § 5) erforderlich sein, wo der Ausstellungsort als Zahlungsort gilt (vgl. dazu RGZ 46, 138).

β. Auch das Erfordernis der Angabe des Ausstellungstages ist zwar wesentlich, aber lediglich formal. Richtigkeit der Angabe, die für die Gültigkeit des eigenhändigen Testaments (§ 2231 BGB) von der Rechtsprechung gefordert wird (vgl. RGRKomm zu § 2231 Anm 5), kann für die Gültigkeit des Schecks nicht gefordert werden. Die Abweichung erklärt sich daraus, daß der Scheck zum Verkehr bestimmt ist und deshalb seine Gültigkeit nicht von Erfordernissen abhängig gemacht werden darf, deren Vorhandensein sich aus ihm nicht ersehen läßt (vgl. oben Anm 1). Die Angabe stellt sich vielmehr als Willenserklärung dar; das Gesetz überläßt die Bestimmung des Tages, der als Ausstellungstag gelten soll, dem Aussteller (ROHG 12, 318; RGZ 96, 192; 32, 117). Das angegebene Zeitdatum muß nur ein denkbar mögliches sein; ungültig würde deshalb ein Scheck sein, der als Ausstellungstag den 29. Februar eines Nichtschaltjahres oder den 31. April bezeichnete. Der Unmöglichkeit der Zeitangabe steht aber die offensichtliche Unmöglichkeit, daß der Scheck an dem angegebenen Tage ausgestellt sein kann, nicht gleich. Die Unrichtigkeit kann in zwei verschiedenen Richtungen vorhanden sein: Anm. 27

αα. Der Scheck gibt als Ausstellungstag einen noch nicht herangekommenen Tag an, er ist **„vordatiert"**. (Ein solcher Scheck wird im englischen Recht und zuweilen auch in Deutschland als „postdatiert" bezeichnet, weil das angegebene Datum nach dem wirklichen Ausstellungsdatum liegt.) Der vordatierte Scheck ist ein gültiger Scheck, da er dem Erfordernisse der Angabe eines Ausstellungstages genügt. Vgl. OLG Hamburg in Rechtspr 19, 414; 24, 214; dazu Mittelstein in DJZ 1912, 89; jetzt auch RGZ 96, 193. In der Begründung des Entwurfs (S. 16) wird das ausdrücklich hervorgehoben und damit gerechtfertigt, daß anderenfalls die Verkehrssicherheit erheblich gefährdet sein würde, da derjenige, der gutgläubig einen solchen Scheck nach Eintritt des angegebenen Ausstellungstages erwerbe, die Vordatierung nicht erkennen könne und seines Regreßanspruchs verlustig gehen würde, wenn ein solcher Scheck für ungültig erklärt werden würde; ferner daß auch vordatierte Wechsel nach der WO gültig seien und auch die Wechselrechte Englands und anderer Länder auf diesem Standpunkte stünden. Durch diese Begründung wird freilich nicht ohne weiteres gerechtfertigt, daß vordatierte Schecke auch schon vor Eintritt des angegebenen Ausstellungstages als gültige Schecke angesehen und behandelt werden, also zu einer Zeit, da die Vordatierung jedem Nehmer erkennbar ist. Das tut aber das Gesetz, wie sich deutlich aus § 29 Abs 2 ergibt, wo Schecke, die vor dem auf ihnen angegebenen Ausstellungstage in Umlauf gesetzt sind, ausdrücklich als schon vor diesem Zeitpunkte gültige Schecke behandelt sind, indem sie der Wechselstempelsteuer unterworfen werden, und zwar in der Weise, daß jeder, der sich an ihrem Umlaufe vor Eintritt des angegebenen Ausstellungstages beteiligt hat, als haftbar für die Steuer erklärt wird. Wäre der vordatierte Scheck zunächst nichtig, so ließe sich auch der Eintritt seiner Wirksamkeit mit dem angegebenen Ausstellungstage, also eine Art Konvaleszenz, nach allgemeinen Grundsätzen nicht wohl rechtfertigen (RGZ 96, 194). Eine andere Frage ist aber, welche rechtlichen Wirkungen im einzelnen der vordatierte Scheck vor Eintritt des angegebenen Ausstellungstages haben kann. Aus der Vordatierung ergibt sich der Wille des Ausstellers, daß vor Eintritt des angegebenen Ausstellungsdatums die Zahlung, die zu machen der Bezogene angewiesen wird, nicht erfolgen soll. Der Bezogene ist also dem Aussteller gegenüber nicht berechtigt, vorher den Scheck einzulösen. Infolgedessen kann aber auch vor diesem Zeitpunkte eine Vorlegung des Schecks zur Zahlung nicht mit Rechtswirksamkeit erfolgen und auf Grund einer solchen Vorlegung nicht Regreß Anm. 28

§ 1 wegen Nichtzahlung genommen werden. Demgemäß kann auch die Vorlegungsfrist (§ 11 ScheckG) nicht vor Eintritt des angegebenen Ausstellungstages beginnen. Daraus ist indessen nicht zu folgern, daß ein vor diesem Zeitpunkte erfolgter Widerruf ungeachtet der Vorschrift des § 13 Abs 3 ScheckG wirksam sein müßte, was zur Folge haben würde, daß ein Erwerber, der den Scheck nach Eintritt des angegebenen Ausstellungstages ohne Kenntnis der Vordatierung im Vertrauen auf die Unwirksamkeit des erfolgten Widerrufs erworben hat, seines Regreßrechts verlustig gehen würde, wenn der Widerruf vor diesem Zeitpunkte erfolgt war. Ein solcher Widerruf ist vielmehr auf Grund des § 13 Abs 3 für unwirksam zu erachten, da er vor Ablauf der Vorlegungsfrist (nämlich bevor sie zu laufen begonnen hatte) erfolgt ist. Diese Rechtsgrundsätze sind in dem schon erwähnten reichsgerichtlichen Urt v. 21. 6. 1919 (RGZ 96, 190) ausgesprochen.

Obwohl sonach das Gesetz vordatierte Schecke nicht als ungültig behandelt, so stellt doch die Ausstellung und das vorzeitige Inverkehrbringen solcher Schecke (wie die Begr S. 16 ausführt) einen Mißbrauch dar, indem dadurch im Widerspruche zu dem Zwecke des Schecks, als Zahlungsmittel und nicht als Kreditpapier zu dienen, eine längere Umlaufsfrist des Schecks ermöglicht wird. Der Vordatierung mag freilich oft nur die Absicht des Ausstellers zugrunde liegen, zu verhindern, daß ihm ein Zinsverlust dadurch entstehe, daß ihm die Bank, wie vielfach üblich, den Betrag des Schecks mit Wert nicht erst vom Zahlungstage, sondern schon vom Ausstellungstage ab belastet; doch häufig geschieht die Vordatierung auch in der Absicht, erst zu einer späteren Zeit die Deckung bewirken zu müssen und in der Zwischenzeit einen ungedeckten Kredit zu genießen (vgl. Conrad S. 83; Obst in BankA 3, 202). Das Gesetz hat zur Verhütung dieses Mißbrauchs zwar von Strafvorschriften (die der Entwurf von 1892 vorsah, der aber hauptsächlich deswegen scheiterte), abgesehen, wie solche in anderen Ländern bestehen, aber es hat die vordatierten Schecke für wechselstempelsteuerpflichtig erklärt und jeden, der an ihrem Umlaufe vor Eintritt des Ausstellungstages sich beteiligt, für die Entrichtung der Steuer haftbar gemacht; vgl. § 29 u. Anm dazu. Besonders starke Wirkung wird man freilich von diesem Vorbeugungsmittel kaum erwarten können.

Anm. 29 ββ. Der Scheck gibt als Ausstellungstag einen am Tage der wirklichen Ausstellung schon verflossenen Tag an; der Scheck ist dann (auf einen früheren Zeitpunkt) **„zurückdatiert"**. Das kann seine Gültigkeit nicht beeinträchtigen, da es aus ihm nicht ersichtlich ist. Auch sonst bieten solche Schecke rechtlich an und für sich keine Besonderheiten. Die Zurückdatierung hat aber die Wirkung, daß die Vorlegungsfrist, die von dem als Ausstellungstag angegebenen Tage zu berechnen ist, abgekürzt wird (vgl. unten zu § 11 Anm 9). Sie soll — wie G. Cohn in GoldschmidtsZ 61, 20 Anm 23 angibt — vorkommen, „damit der Scheck bereits präjudiziert an seinem Bestimmungsort anlange", also offenbar zum Zwecke des Betrugs, der jedoch nur einem unvorsichtigen Schecknehmer gegenüber erreicht werden könnte, da der Ablauf der Vorlegungsfrist aus dem Scheck ersichtlich ist. Regelmäßig liegt wohl die Absicht zugrunde, den Schecknehmer zu schleuniger Vorlegung des Schecks an die Bank zu veranlassen. Nicht ganz klar ist es, wenn Hoffmann (BankA 4, 135) als möglichen und unbedenklichen Zweck der Zurückdatierung angibt, „eine bereits fällig gewordene Verbindlichkeit an die Bank nachträglich noch mit Wirkung für den Fälligkeitstag zu tilgen"; es scheint dabei an eine Verbindlichkeit des Schecknehmers gegenüber der Bank gedacht zu sein, die er durch Verrechnung des Schecks tilgen will.

Anm. 30 γ. Nicht zu verwechseln mit der formalen Gültigkeit des Schecks trotz unrichtiger Datierung ist die Frage, ob aus ihm eine scheckrechtliche Verpflichtung des Ausstellers entsteht, wobei hauptsächlich die Geschäftsfähigkeit in Betracht kommt. Das richtet sich nicht nach dem angegebenen Ausstellungstage, sondern danach, zu welchem Zeitpunkte die maßgebende Verpflichtungserklärung wirklich abgegeben ist. Vgl. darüber zu § 15 Anm 14. Danach wird aus einem Orderscheck, den ein Minderjähriger ohne Genehmigung des Vormundes vor dem Tage seiner Großjährigkeit ausgestellt, aber von einem nach diesem Zeitpunkte liegenden Tage datiert hat, keine Verpflichtung entstehen, wenn er ihn vor der Großjährigkeit in Verkehr gebracht, oder der Scheck, sei es vorher oder nachher, ohne sein Wissen oder seinen Willen in den Verkehr gelangt ist, wohl aber, wenn er selbst ihn nachher in den Verkehr gebracht hat. Auch ein vor der Großjährigkeit ausgestellter, von einem späteren Tage datierter Inhaberscheck wird eine Verpflichtung nicht erzeugen, wenn er ohne Willen und Wissen des Minderjährigen in Verkehr gelangt; wohl aber, wenn er nachher von ihm in Verkehr gebracht ist, da hierin eine Genehmigung (§ 108 Abs 3 BGB) der bereits durch die Ausstellung übernommenen, aber bis dahin nicht wirksamen Verpflichtung gefunden werden muß. Entsprechendes gilt für die Frage der Geisteskrankheit, die allerdings bei der kurzen Umlaufszeit des Schecks nicht häufig in Betracht kommen wird. Gegen den Mangel der Verpflichtungsfähigkeit, auch wenn er durch Vordatierung verdeckt ist, ist auch der gutgläubige Erwerber des Schecks nicht geschützt. Doch spricht für die Richtigkeit des angegebenen Zeitdatums eine Vermutung; der Aussteller, der behauptet, daß der

Scheck zu einem früheren Zeitpunkte ausgestellt sei und daraus die Unwirksamkeit seiner Scheckverpflichtung herleiten will, muß beweisen, daß er den Scheck zu einer Zeit, als er noch nicht geschäftsfähig war, ausgestellt und begeben hat. § 1

c) Die Angabe des Datums kann auch durch eine andere Person als den Aussteller geschrieben, auch mechanisch hergestellt sein. Eine bestimmte Stelle ist für sie nicht vorgeschrieben; sie kann also über, unter oder neben dem Texte stehen; doch muß sie von der Unterschrift des Ausstellers, wie der übrige Inhalt, derart gedeckt sein, daß sie sich als eine von ihm abgegebene Erklärung darstellt (vgl. oben Anm 18; unrichtig wohl Lessing zu § 1 V; die von ihm herangezogene Entscheidung RGZ 52, 282, die das eigenhändige Testament betrifft, dürfte nicht anwendbar sein, da bei diesem schon die Eigenhändigkeit ergibt, daß das Datum eine Erklärung des Erblassers enthält. Stellung auf der Vorderseite ist nicht erforderlich, wenn der Text des Schecks sich auch auf die Rückseite des Schecks erstreckt und die Unterschrift des Ausstellers sich auf dieser befindet, was zulässig ist, vgl. oben Anm 18. Anm. 31

d) Wenn es auch zulässig ist, daß ein Scheck von mehreren Ausstellern ausgestellt wird (vgl. oben Anm 21), so muß doch das **Zeitdatum ein einheitliches** sein. Zwar kann nicht zugegeben werden, daß, wie die herrschende Meinung für den Wechsel annimmt (vgl. RGZ 11, 165), ein Wechsel oder Scheck ohne einheitliche Angabe des Ortes wie der Zeit der Ausstellung überhaupt nicht existieren könne, da die WO (und entsprechend das ScheckG) die Angabe des Ortes und des Tages der Ausstellung verlange. Aber für den Scheck muß entscheidend sein (was bei dem Wechsel nicht allgemein, aber für den bei oder nach Sicht zahlbaren Wechsel entsprechend zutrifft), daß von dem angegebenen Ausstellungstage die Frist zur Vorlegung des Schecks und die aus dieser sich ergebende Fälligkeit des Schecks (§§ 11, 7 ScheckG) abhängig ist und daß diese nur einheitlich bestimmt werden kann. Anders für die Angabe des Ausstellungsortes, vgl. oben Anm. 24. Anm. 31a

II. **Weitere als die unter I. erläuterten 4 Erfordernisse** stellt das Gesetz als „wesentlich" — d. h. für die Existenz eines Schecks in seinem Sinne unumgänglich — nicht auf; solche dürfen daher auch nicht in das Gesetz hineingetragen werden. Nicht erforderlich ist danach insbesondere: Anm. 32

a) die Bezeichnung der Person, an die gezahlt werden soll (des Zahlungsempfängers, im Wechselrecht Remittent genannt). Eine solche ist beim Wechsel unumgänglich, da er notwendiges Orderpapier ist (WO Art 4 Nr 3). Fehlt beim Scheck die Bezeichnung eines Zahlungsempfängers, so gilt er als auf den Inhaber gestellt (§ 4 Abs 2). Vgl. unten zu § 4.

b) die Bezeichnung der Zahlungszeit, die für den Wechsel gleichfalls wesentlich ist (WO Art 4 Nr 4). Der Scheck ist stets bei Sicht zahlbar; die Angabe einer anderen Zahlungszeit macht ihn nichtig (§ 7).

c) die Bezeichnung des Zahlungsortes (WO Art 4 Nr 8). Als solcher gilt der Ausstellungsort, falls nicht bei dem Namen oder der Firma des Bezogenen ein Ort angegeben ist, der dann als Zahlungsort gilt (§ 5).

d) Auch die Abfassung in einer bestimmten Sprache ist kein wesentliches Erfordernis des Schecks. Er kann deshalb ebenso wie der Wechsel (StStr zu Art 4 Anm 54 unter 3) in der deutschen oder einer beliebigen fremden, lebenden oder toten Sprache, auch hebräisch*), abgefaßt und in Schriftzeichen einer solchen Sprache geschrieben sein. Daraus, daß der Aussteller die Sprache, in der der Scheck abgefaßt ist, nicht verstanden habe, kann gegenüber dem ursprünglichen Nehmer unter Umständen ein Einwand (Anfechtung der Scheckerklärung wegen Irrtums in der Erklärung, § 119 BGB) gemäß § 18 Abs 2 ScheckG hergeleitet werden; ebenso im Verhältnis jedes Indossanten zu seinem Indossatar. — Es muß sich aber um die Worte und die Schriftzeichen eines von einer Kulturnation als sprachliches Verständigungsmittel anerkannten geschlossenen Sprachganzen handeln. Esperanto dürfte daher nicht zulässig sein, ebensowenig stenographische Schriftzeichen (so Staub 4. Aufl., a. M. StStr 11. Aufl.); denn diese Worte bzw. Schriftzeichen dienen nur einzelnen Volkskreisen als Verständigungsmittel. Zulässig ist auch, daß die einzelnen Scheckerklärungen oder auch Teile von solchen in verschiedenen Sprachen abgefaßt sind, z. B., daß die Geldsumme in einen auf deutschen Formularen ausgestellten Scheck in französischer Sprache eingefügt wird. Ob der Bezogene verpflichtet ist, solche Schecke, die ganz oder teilweise in fremder Sprache abgefaßt sind, einzulösen, hängt von dem Inhalte des Scheckvertrags ab (vgl. zu § 3 Anm 2 ff); im Zweifel wird die Verkehrssitte (§§ 133, 157 BGB) bzw. der Handelsgebrauch (§ 346 HGB) entscheiden.

---

*) Die Zulässigkeit von Schecken (Wechseln) in hebräischer Sprache oder hebräischen Schriftzeichen wurde nach österreichischem Rechte verneint auf Grund von Dekreten vom 10. 12. 1842 und 19. 2. 1846, die durch das Staatsgrundgesetz vom 21. 12. 1867 nicht als aufgehoben angesehen wurden (OG Wien bei Czelechowsky Nr 140 und 197; Canstein 186). Ob unter dem jetzt geltenden österreichischen Staatsgrundgesetze diese Beschränkung noch aufrechterhalten werden kann, ist eine andere Frage.

§ 1 III. **Zusätze im Scheck.** Daß der Scheck nichts weiteres enthalten dürfe als die
Anm. 33 unter I. erläuterten wesentlichen Erfordernisse, ist nicht vorgeschrieben; als Regel gilt: „Superflua non nocent“. Doch sind Zusätze unzulässig, die mit dem Wesen des Schecks oder mit zwingenden Vorschriften des Gesetzes in Widerspruch stehen. Es kommen folgende Arten von Zusätzen in Betracht:

1. Zusätze, welche den Inhalt der Scheckberechtigung oder der Scheckverpflichtung berühren, und zwar:

a) Zulässige: Die Angabe eines bestimmten Zahlungsempfängers (§ 4 Abs 1), die reine Inhaberklausel (§ 4 Abs 1), die alternative Inhaberklausel (§ 4 Abs 2), die Rektaklausel (§ 8 Abs 1); ferner die Ortsangabe bei dem Namen oder der Firma des Bezogenen, die als Angabe des Zahlungsortes gilt (§ 5); die Aufforderung, keinen Protest zu erheben (§ 16 Abs 3); bei Order- und Rektaschecken, nicht dagegen bei Inhaberschecken, die Herstellung mehrerer Ausfertigungen und die Bezeichnung als erste, zweite, dritte usw. (§ 9); Zusätze, durch welche die Verjährung abgekürzt wird (vgl. § 20 Anm 3); der Vermerk: „Nur zur Verrechnung“ (§ 14).

Anm. 34 b) Unzulässige; sie zerfallen ihrer Wirkung nach in solche, die als nicht geschrieben gelten, und solche, die den Scheck nichtig machen.

α. Als nicht geschrieben gelten kraft ausdrücklicher Bestimmung: die Angabe eines anderen Zahlungsortes als des bei dem Namen oder der Firma des Bezogenen angegebenen Ortes (§ 5 Satz 2); ein auf den Scheck gesetzter Annahmevermerk (§ 10 Satz 2); ferner wohl auch in entsprechender Anwendung des in WO Art 7 Satz 3 ausgesprochenen Rechtsgedankens die Anweisung zu anderen Leistungen neben der Zahlung einer bestimmten Geldsumme, insbesondere zur Zahlung von Zinsen oder einer Vertragsstrafe; vgl. oben Anm 12.

Anm. 35 β. Nichtig machen den Scheck: Zusätze, durch welche die Haftung des Ausstellers (§ 15) für die Einlösung des Schecks ausgeschlossen wird: „ohne Obligo“, „ohne Gewähr“; ein solcher Scheck kann auch nicht als Grundlage für wirksame Indossamente dienen, vgl. StStr Art 4 Anm 67, Grünhut I S. 474; wegen des gleichen Zusatzes bei einem Indossament vgl. zu § 15 Anm 9. — Ferner Zusätze, durch welche die Anweisung zur Zahlung mit dem zugrunde liegenden Rechtsverhältnisse zwischen dem Aussteller und dem Zahlungsempfänger (Valutaverhältnis) derart verknüpft wird, daß dadurch der abstrakte Charakter des Schecks aufgehoben werden würde, vgl. aber unten Anm 36); ferner Zusätze, durch welche die Zahlung von einer Gegenleistung oder Bedingung abhängig gemacht wird (Grünhut I S. 473; StStr Art 4 Anm 68; z. B. „gegen Lieferung von 3 Aktien der Deutschen Bank“ oder „falls der Dollar nicht über 20 000 steht“; insbesondere auch wenn das Bestehen eines Guthabens (das nach gesetzlicher Vorschrift anzugebende Deckungsverhältnis, vgl. Anm 4 und zu § 3 Anm 1) nicht als Tatsache, sondern als Bedingung („falls ich von Ihnen so viel zugute habe“), angegeben ist. Endlich (als Besonderheit des Schecks gegenüber dem Wechsel), die Angabe einer anderen Zahlungszeit als der gesetzlichen „nach Sicht“, § 7 Satz 2. Wegen der Herstellung mehrerer Ausfertigungen bei Inhaberschecken vgl. unten zu § 9 Anm 7ff.

Anm. 36 2. Zusätze, welche den Inhalt der scheckrechtlichen Verpflichtung nicht berühren, sind unbeschränkt zulässig (vgl. Grünhut I S. 468ff.; StStr Art 4 Anm 56). Dazu gehören namentlich: die bloße Bezugnahme auf das Valutaverhältnis (vgl. oben Anm 35), ohne Abhängigmachen der Zahlung von diesem, z. B. „Wert erhalten“, aber auch: „als Miete“, „als Darlehen“ (a. M. hinsichtlich dieser Zusätze anscheinend StStr Art 4 Anm 68, vgl. aber ebenda Anm 61). Desgleichen die nähere Angabe des Deckungsverhältnisses (oben a. a. O.) über die vorgeschriebene Guthabenklausel hinaus; z. B. „aus meinem Kontokorrent-Guthaben“; „aus meinem Kreditguthaben“. Ferner die Bezugnahme auf eine Ankündigung des Schecks („laut Avis“; „laut Bericht“; vgl. zu § 3 Anm 5); die ausdrückliche Übernahme einer zivilrechtlichen Bürgschaft für die Einlösung des Schecks durch den Aussteller oder durch eine dritte Person (die wechselrechtliche Avalbürgschaft, Art 81 WO, hat das deutsche Scheckgesetz nicht übernommen, nachdem die Begr (S. 26) ausgeführt hatte, es bestehe beim Scheck kein Bedürfnis dafür; sie muß deshalb als solche für unwirksam erachtet werden, so Lessing S. 93, anders das österreichische Scheckgesetz § 15 Abs 2; vgl. auch zu § 15 Anm 4); Erklärungen über die Tragung von Stempel oder sonstigen Kosten durch den Aussteller; endlich Mitteilungen geschäftlicher oder persönlicher Art, die mit der Scheckausstellung in keinem Zusammenhange stehen. Es mag zweifelhaft sein, ob die Zulassung solcher beliebigen unnötigen Zusätze bei Formalpapieren, wie dem Wechsel oder Scheck, nicht eine die Verkehrssicherheit schädigende Unübersichtlichkeit des Papiers zur Folge haben kann, eine Befürchtung, die in den Wechselrechtskonferenzen ausgesprochen wurde; doch wird man in Ermangelung eines im Gesetze zum Ausdrucke gekommenen Verbots die Gültigkeit des Schecks wegen solcher Zusätze so wenig wie die des Wechsels verneinen können. Vgl. Grünhut I S. 468 Anm 1 und die dort angeführte Literatur. Doch darf keinesfalls die Beobachtung der wesentlichen Erfordernisse dadurch in Frage gestellt sein.

§ 1
Anm. 37
Zusatz 1: Zur Auslegung des Schecks. Daß der Scheck (ebenso wie der Wechsel, StStr Art 4 Anm 69) ungeachtet seines bis zu einem gewissen Grade formalisierten Charakters der Auslegung bedürftig und zugänglich sein kann, ergibt sich schon aus den Erläuterungen seiner wesentlichen Erfordernisse (oben unter I.). Allerdings setzt jede Auslegung eine Mehrdeutigkeit voraus; eine solche kann aber überall da vorkommen, wo nicht der Gebrauch bestimmter, in ihrer Bedeutung absolut festgelegter sakramentaler Formeln vorgeschrieben ist. Einzelne Auslegungsregeln stellt das Gesetz selbst auf, so in §§ 5, 6 und in den gemäß § 8 Abs 2 auf den Scheck entsprechend anwendbaren Art 11, 12 WO. Im übrigen dürfte zur Aufstellung besonderer Auslegungsregeln für den Wechsel oder Scheck keine gesetzliche Grundlage und auch keine Veranlassung bestehen, da die Auslegungsgrundsätze des allgemeinen bürgerlichen Rechts, insbesondere des BGB, bei richtiger Auffassung und Anwendung ausreichen und zu Ergebnissen führen, die mit dem rechtlichen Wesen des Wechsels oder Schecks nicht in Widerspruch stehen. Das gilt namentlich für die (von Dernburg BR II 2 S. 314 und StStr a. a. O. als zur Anwendung auf den Wechsel ungeeignet bezeichnete) Vorschrift des § 133 BGB, derzufolge bei der Auslegung von Willenserklärungen der wirkliche Wille zu erforschen und nicht an dem buchstäblichen Sinne des Ausdrucks zu haften ist. In der Rechtsprechung des RG ist anerkannt, daß es sich dabei nicht um die Erforschung des inneren Willens handelt, sondern um die Feststellung des Inhalts der Erklärung, wie er nach Treu und Glauben und nach der Verkehrssitte von dem Erklärungsempfänger verstanden werden mußte und durfte (vgl. RGRKomm zu § 133 Anm 1). Buchstabeninterpretation ist daher auch beim Scheck ausgeschlossen (RG 60, 428; 98, 105). Auch die Heranziehung von außerhalb der Urkunde liegenden Umständen, zu denen ja auch die Verkehrssitte gehört, ist nicht grundsätzlich ausgeschlossen. Davon hat das RG Gebrauch gemacht, als es einen kurz vor Inkrafttreten der neuen Reichswährung auf „Mark" ausgestellten Scheck als auf Goldmark gestellt auslegte; vgl. oben Anm 11. Doch kann, da der Scheck, wie der Wechsel, nicht an Ortsgrenzen gebunden, vielmehr zu unbeschränktem Umlauf während der Vorlegungsfrist bestimmt ist, eine bloß lokale Verkehrssitte, insbesondere ein partikulärer Sprachgebrauch, für die Auslegung nicht maßgebend sein (RG in ZfHR 29, 204). Nicht ohne weiteres anwendbar auf den Scheck ist dagegen die Vorschrift des § 157 BGB (a. M. für den Wechsel Mansfeld in LZ 1914, 1090), da insbesondere die ergänzende Auslegung des Richters (vgl. RGRKomm § 157 Anm 1) Erwägungen voraussetzt, die sich auf die Verhältnisse beider Vertragsparteien, und zwar bestimmter Personen, beziehen und in der Urkunde oder den Umständen des Vertragsabschlusses keinen für Dritte erkennbaren Ausdruck gefunden zu haben brauchen. Nur für Einwendungen, die sich auf ein unmittelbares Vertragsverhältnis zwischen dem Inhaber des Schecks und dem Aussteller gründen (vgl. § 18 Anm 10), kann eine solche Auslegung in Betracht kommen. Führt die Auslegung dazu, daß es zweifelhaft bleibt, ob nicht ein wesentliches Erfordernis des Schecks fehlt, so liegt ein gültiger Scheck nicht vor (ROHG 21, 170). Erkennbare Ungenauigkeiten des Ausdrucks schließen die Gültigkeit nicht aus. Allgemein übliche Abkürzungen (M statt Mark) beeinträchtigen die Gültigkeit des Schecks nicht. Bloß in bestimmten, insbesondere in kaufmännischen Kreisen übliche Ausdrücke und Abkürzungen sind nicht zulässig, da der Scheck kein spezifisch kaufmännisches Papier ist. — Soweit es sich um die Art und Weise der Erfüllung der Scheckverpflichtung handelt, kommt auch § 242 BGB in Betracht.

Zusatz 2: Konversion. Kann eine als Scheck gewollte Urkunde, der ein wesentliches Erfordernis eines solchen fehlt als wirksames Rechtsgeschäft anderer Art aufrechterhalten werden, insbesondere als gewöhnliche oder kaufmännische Anweisung im Sinne von §§ 783 BGB, 363 HGB? Die Frage ist für den Wechsel bestritten; daß sie „in der Regel" zu bejahen wäre (wie StStr Art 4 Anm 70, abweichend von den früheren Auflagen), annehmen, wird wenigstens für den Scheck nicht anerkannt werden können. Das RG (I. ZS) hat in RGZ 8, 41, unter Bezugnahme auf ROHG 9, 170 und 18, 188, die allerdings von verjährten oder präjudizierten Wechseln handeln, ausgesprochen, die Annahme, daß eine bei der Errichtung als Wechsel gewollte Urkunde bei dem Mangel von Wechselessentialien als sonstige abstrakte Skripturobligation verwertbar sei, unterliege erheblichen Bedenken. In RGZ 48, 229 ist dann aber die Aufrechterhaltung einer als eigener Wechsel gewollten Urkunde als kaufmännischer Verpflichtungsschein (§ 363 HGB) auf Grund des § 140 BGB als rechtlich möglich erklärt und für den damals vorliegenden Fall auf Grund der tatsächlichen Feststellungen des Berufungsgerichts gebilligt worden. Richtig ist, daß § 140 nicht voraussetzt, daß der Wille der Parteien bei der Vornahme des nichtigen Rechtsgeschäfts tatsächlich, wenn auch nur eventuell, auf das seinen objektiven Erfordernissen nach in diesem enthaltene „andere" Rechtsgeschäft gerichtet sein müsse, sondern daß es genügt, wenn festgestellt werden kann, daß die Parteien, wenn sie die Nichtigkeit gekannt hätten, einen solchen Willen gehabt haben würden, weil durch das andere Rechtsgeschäft „ökonomisch" (d. h. nach Maßgabe ihrer Interessen) im wesentlichen die gleiche Wirkung erzielt werden konnte wie durch das nichtige Rechtsgeschäft. Be-
Anm. 38

§ 1 denklich ist es aber, daß die Entscheidung (wohl in Verkennung der nach § 140 dem die Aufrechterhaltung beanspruchenden Teile obliegenden Beweislast) besondere Anhaltspunkte dafür verlangt, daß der Parteiwille ausschließlich auf Errichtung eines Wechsels gerichtet gewesen sei. Im übrigen beruht die Entscheidung ersichtlich auf der Erwägung, daß beim eigenen Wechsel und beim kaufmännischen Verpflichtungsscheine nur „in einigen weniger in den Vordergrund tretenden Beziehungen, wie z. B. hinsichtlich der Verjährung, der Notwendigkeit eines Protestes, die Verpflichtung des Ausstellers sich abweichend gestalte". Diese Erwägung trifft jedenfalls für das Verhältnis zwischen Scheck und gewöhnlicher oder kaufmännischer Anweisung nicht zu. Zwar ist der Scheck eine Unterart der Anweisung (vgl. Einleitung unter 3 S. 12), aber seine Besonderheit besteht eben darin, daß er die Anweisung zur Zahlung an eine kurze Frist bindet, innerhalb deren die Vorlegung an den Bezogenen erfolgen muß, was bei der Anweisung fortfällt, und diese Abweichung erscheint durchaus wesentlich schon mit Rücksicht auf die Veränderlichkeit des Guthabens des Ausstellers bei dem Bezogenen, das die Grundlage des Schecks bildet, der als Zahlungsmittel dienen und deshalb nach kurzem Umlaufe eingelöst werden soll. Auch die Fähigkeit der Anweisung, angenommen zu werden (§ 784 BGB), die beim Scheck ausdrücklich ausgeschlossen ist, stellt eine erhebliche Abweichung dar, besonders im Hinblick darauf, daß durch die Annahme dem Aussteller die Möglichkeit eines Widerrufs nicht nur, wie beim Scheck, für die Dauer der kurzen Vorlegungsfrist, sondern endgültig entzogen wird. Auch dem Nehmer ist nicht damit gedient, wenn er an Stelle des gewollten Schecks eine Anweisung erhält, die eine Regreßpflicht des Ausstellers nicht begründet. Dazu kommt, daß nach den Bestimmungen des Scheckvertrags der Bezogene in der Regel nur zur Einlösung von Schecken berechtigt und verpflichtet ist, die in ganz bestimmter, den Erfordernissen des Scheckgesetzes entsprechender Form, meist auf vorgedruckten Formularen, ausgestellt sind. Der Zentralverband des deutschen Bank- und Bankiergewerbes hat deshalb bereits vor Erlaß des Scheckgesetzes in seiner Denkschrift darauf hingewiesen, daß es oft sehr zweifelhaft sein werde, ob der Aussteller eines fehlerhaften Schecks bei Kenntnis des Mangels dessen Aufrechterhaltung als Anweisung gewollt haben würde und ob sonach § 140 BGB anwendbar sei; er hat gerade deswegen „mit Rücksicht auf das Verkehrsbedürfnis" die Aufnahme eines besonderen Zusatzes in das Scheckgesetz verlangt, wonach „ein gemäß § 1 fehlerhafter Scheck nicht schlechthin unwirksam sei, sondern die Wirkungen desjenigen Rechtsgeschäfts hervorbringe, dessen Erfordernisse die Urkunde ihrem Inhalte nach enthalte", also eine noch über § 140 BGB hinausgehende Vorschrift, die nicht die (hypothetisch bedingte) Feststellung eines entsprechenden Willens des Ausstellers im Sinne des § 140 erfordert haben würde. Das Gesetz hat eine solche Bestimmung wohl mit Recht nicht aufgenommen. Ein dahin gehendes Verkehrsbedürfnis kann nicht anerkannt werden, da jeder Nehmer eines Schecks in der Lage ist zu prüfen, ob dieser den gesetzlichen Erfordernissen entspricht. Sonach wird eine Konversion fehlerhafter Schecke in Anweisungen in der Regel, d. h. soweit nicht besondere, auf einen entsprechenden Parteiwillen hinweisende Umstände vorliegen, nicht statthaft sein. Solche besonderen Umstände dürften z. B. in den Fällen vorgelegen haben, wo in der Zeit der großen Knappheit von Umlaufsmitteln Zweigniederlassungen von Banken auf ihre Hauptniederlassung oder umgekehrt die Hauptniederlassung auf ihre Zweigniederlassungen oder eine Bank auf eine andere Urkunden in Form von Anweisungen ausgegeben haben, die sie als „Schecke" bezeichneten, die aber in Wahrheit ein banknotenartiges Notgeld waren. Hier war die Absicht, Schecke nach Maßgabe des Scheckgesetzes auszustellen, keineswegs wesentlich, zumal da eine Einlösung innerhalb der kurzen Vorlegungsfrist gar nicht beabsichtigt sein konnte, die Urkunden vielmehr zu längerem Umlaufe bestimmt waren, was namentlich aus der an die Geschäftsleute gerichteten Bitte hervorging, die Schecke bei Einkäufen in Zahlung zu nehmen. Solche als Schecke bezeichneten Urkunden konnten, wenn sie als solche für ungültig erklärt wurden, unbedenklich als Schuldversprechen auf den Inhaber aufrechterhalten werden. Vgl. das oben Anm 9 erwähnte Urteil des Oberlandesgerichts Karlsruhe.

Ausgeschlossen ist selbstverständlich eine Konversion auf alle Fälle, wenn der Scheck formgültig ausgestellt war, aber durch Ablauf der Vorlegungsfrist in Ermangelung einer Feststellung der Vorzeigung und Nichteinlösung präjudiziert ist; so für die präjudizierten Wechsel StStr a. a. O.

Anm. 39 **Zusatz 3: Fremde Rechte.** Für das französische Recht ist aus der Legaldefinition in Art 1 Ges vom 14. 6. 65 als wesentliches Erfordernis die Form der Zahlungsanweisung zu entnehmen; als weitere wesentliche formale Erfordernisse sind durch Art 5 Ges vom 19. 2. 74 aufgestellt: Unterschrift des Ausstellers; Angabe des Ausstellungstages, und zwar in Buchstaben und von der Hand desjenigen, der den Scheck geschrieben, also nicht notwendig des Ausstellers; Angabe des Ausstellungsortes; Stellung auf Sicht. Scheckklausel (Bezeichnung als Scheck) ist nicht erforderlich; Inhaber-, Rekta- und Orderschecke sind zulässig. Belgien (Ges v. 20. 6. 73 Art 1, 2) stellt als Erfordernisse für Schecke auf: Stellung auf

Sicht, Unterschrift des Ausstellers, Datum des Ortes und des Tages der Ausstellung; Stellung auf Namen oder Inhaber oder Übertragbarkeit durch Indossament; keine Scheckklausel. — Italien (HGB v. 2. 4. 82 Art 339, 340): Anweisung auf eine bei einem Kreditinstitut oder Kaufmann zur Verfügung des Ausstellers stehende Geldsumme (Bankanweisung); Angabe der zu zahlenden Summe, Datum, Unterschrift des Ausstellers, Zahlbarkeit bei Sicht oder innerhalb einer Frist von höchstens zehn Tagen von der Vorzeigung an; Stellung auf Inhaber zulässig; keine Scheckklausel. — Niederlande (HGB v. 1838 Art 221): Kassenanweisung mit genauem Datum der ursprünglichen Ausstellung. — England (Bills of Exchange Act Part III Sect. 73): Erfordernisse wie beim Wechsel (vgl. StStr Art 4 Anm 72), ferner als Bezogener ein Banker und Zahlbarkeit bei Sicht. — Japan (HGB v. 16. 6. 99 Art 530) stellt 7 Erfordernisse auf, und zwar: Bezeichnung als Scheck, Angabe eines bestimmten Geldbetrags, Namen oder Firma des Bezogenen, Namen oder Firma des Nehmers oder Inhaberklausel, „reiner" Zahlungsauftrag, Datum (Zeitdatum) der Ausstellung, Zahlungsort. — Österreich (Ges v. 3. 4. 06 §§ 1, 2): Scheckklausel im Text, Unterschrift des Ausstellers mit Namen oder Firma, Ort, Monatstag und Jahr der Ausstellung; Namen oder Firma des Bezogenen; unbedingte Aufforderung des Ausstellers zur Zahlung einer bestimmten Geldsumme aus seinem Guthaben; außerdem passive Scheckfähigkeit des Bezogenen. — Das schweizerische Scheckrecht (SchwOblRecht Titel 30, 830) stellt als wesentliche Erfordernisse auf: Bezeichnung als Scheck, Angabe der Geldsumme (mit Worten), Unterschrift des Ausstellers mit Namen oder Firma; Angabe des Ortes, des Jahres und des Monatstages der Ausstellung (letzterer mit Worten); Name oder Firma des Bezogenen; Angabe des Zahlungsortes. — Eine Guthabenklausel (deutsches ScheckG § 1 Nr. 2) wird also nur im deutschen und österreichischen Recht verlangt. Näheres bei Meyer, Weltscheckrecht I S. 33 ff. § 1

Zusatz 4: Zukünftiges Weltscheckrecht. Nach den Beschlüssen der zweiten Haager Konferenz (Anhang dieses Kommentars) Art 1 und 2 enthält der Scheck: 1. das Wort „Chèque" (das nach der Rechtschreibung der Sprache, in welcher der Scheck abgefaßt ist, geschrieben sein kann), eingerückt in den Text selbst der Urkunde; 2. den reinen und einfachen (also unbedingten) Auftrag, eine bestimmte Summe zu zahlen; 3. den Namen desjenigen der zahlen soll (des Bezogenen); 4. die Angabe des Ortes, wo die Zahlung erfolgen soll; 5. die Angabe des Ortes und des Datums, an dem der Scheck ausgestellt ist; 6. die Unterschrift desjenigen, der den Scheck ausgibt (des Ziehenden). Eine Urkunde, in welcher eine der vorstehend bezeichneten Angaben fehlt, hat keine Gültigkeit als Scheck, mit folgenden, den Ausstellungs- und Zahlungsort betreffenden Ausnahmen: Bei Fehlen einer besonderen Angabe gilt der bei dem Namen des Bezogenen angegebene Ort als Zahlungsort und zugleich als Wohnort des Bezogenen; ein Scheck ohne Angabe des Zahlungsortes gilt als zahlbar am Ausstellungsorte; ein Scheck ohne Angabe des Ausstellungsortes gilt als ausgestellt an dem bei dem Namen des Ziehenden (Ausstellers) bezeichneten Orte. Fehlt es auch an einer solchen Angabe, so tritt Nichtigkeit ein. Die Nichtangabe eines Zahlungsortes hat also Nichtigkeit als Scheck nur zur Folge, wenn auch ein Ort, der als Ausstellungsort zu gelten hat, nicht ersichtlich und der Scheck aus diesem Grunde bereits als solcher nichtig ist. Vgl. unten zu § 5 Zus 2 (Anm 11). Anm. 40

Die Aufnahme einer Definition des Schecks, die namentlich Frankreich wünschte, wurde abgelehnt. Desgleichen die von der Schweiz befürwortete Zulassung eines gleichbedeutenden Ausdrucks an Stelle des Wortes „Chèque"; nur eine andere Schreibweise dieses Wortes ließ man gelten (s. oben). Abgelehnt wurde ferner die Forderung, daß das Ausstellungsdatum in Buchstaben geschrieben werden müsse, wie in Frankreich geltendes Recht ist. Abgelehnt wurde gleichfalls das dem deutschen Recht entsprechende und von Deutschland verteidigte Erfordernis der „Guthabenklausel"; doch wurde hierzu festgestellt, daß die Einfügung einer solchen Klausel den Scheck nicht nichtig machen solle.

§ 2. § 2

Als Bezogene sollen nur bezeichnet werden:

1. diejenigen Anstalten des öffentlichen Rechtes, diejenigen unter staatlicher Aufsicht stehenden Anstalten sowie diejenigen in das Genossenschaftsregister eingetragenen Genossenschaften, welche sich nach den für ihren Geschäftsbetrieb maßgebenden Bestimmungen mit der Annahme von Geld und der Leistung von Zahlungen für fremde Rechnung befassen, ferner die unter amtlicher Aufsicht stehenden Sparkassen, wenn sie die nach Landesrecht für sie geltenden Aufsichtsbestimmungen erfüllen;

§ 2 **2. die in das Handelsregister eingetragenen Firmen, welche gewerbsmäßig Bankiergeschäfte betreiben.**

Anm. 1 1. § 2 handelt von der **passiven Scheckfähigkeit.** Darunter ist zu verstehen die rechtliche Eigenschaft einer Person, die darin besteht, daß sie Bezogener eines Schecks sein kann, d. h., daß auf sie rechtsgültige Schecke gezogen werden können. Die passive Scheckfähigkeit entspricht sonach nicht dem, was im Wechselrechte als „passive Wechselfähigkeit" bezeichnet wird, nämlich die Fähigkeit, sich durch wechselrechtliche Willenserklärungen zu verpflichten; die dieser entsprechende Fähigkeit wird vielmehr im Scheckrecht „aktive Scheckfähigkeit" genannt und kommt für den Aussteller und die Indossanten (vgl. § 15 und Anm 11 ff dazu), nicht aber für den Bezogenen in Betracht, da für diesen aus dem Scheck keine scheckrechtlichen Verbindlichkeiten entstehen und nach dem geltenden Rechte, das eine Annahme des Schecks ausschließt (§ 10 ScheckG) — abgesehen von dem Ausnahmefalle der bestätigten Reichsbankschecke, vgl. zu § 10 Anm 4 — auch nicht entstehen können.

Anm. 2 2. Ein Scheck ist, wie wir zu § 1 (Anm 5) gesehen haben, gültig, wenn er den Bezogenen in einer Weise bezeichnet, welche die Bezeichnung irgendeiner physischen oder juristischen Person oder einer einer solchen im Rechtsverkehr gleichgestellten Personenhoheit auch nur bedeuten kann. Daran wird auch durch die Vorschrift des § 2 nichts geändert, derzufolge Schecke nur auf die hier bezeichneten Kategorien von Personen gezogen werden „sollen". Der vorläufige Entwurf enthielt statt des Wortes „sollen" das Wort „dürfen" und brachte dadurch (im Gegensatze zu dem Entwurf von 1892, der eine Beschränkung der passiven Scheckfähigkeit nicht vorsah) zum Ausdrucke, daß gültige Schecke nur auf die dort genannten Personenkategorien sollten gezogen werden können, also eine Beschränkung der passiven Scheckfähigkeit. Durch die in dem Entwurf von 1908, der die Gesetz gewordene Fassung enthielt, vorgenommene Änderung ist klargestellt und in der Begr (S. 20) ausdrücklich hervorgehoben, daß die Gültigkeit eines Schecks nicht dadurch berührt wird, daß er als Bezogenen eine Person bezeichnet, die nicht unter die dort aufgeführten Personenkategorien fällt. Trotzdem spricht die Begründung (a. a. O.) von einer **„Beschränkung der passiven Scheckfähigkeit"**, und es hat sich daran ein lebhafter terminologischer Streit (der aber doch nicht wohl, wie Bernstein etwas geringschätzig meint, einem „Streit um Worte" gleichgestellt werden kann), geknüpft darüber, ob nach dem Gesetze nunmehr wirklich eine „Beschränkung der passiven Scheckfähigkeit" vorliegt. Von Breit (bei Holdheim 17, 36 und BankA 7, 216, dem sich Simonson BankA 7, 270 anschließt), wird das lebhaft verneint und die Bemerkung der Begr als irreführend bezeichnet, während Bernstein (BankA 7, 197) und im Anschlusse an ihn Lessing, zu § 2 Anm 2 es ebenso lebhaft bejahen. Wenn Lessing dabei unter Bezugnahme auf Planck Komm z. BGB 1, 26 meint, daß nach der Terminologie des BGB damit, daß etwas geschehen soll, die „rechtliche Notwendigkeit" dieses Geschehens ausgedrückt werde, so kann das nicht anerkannt werden. Das Sollen unterscheidet sich vielmehr gerade dadurch von dem „Müssen", daß es zwar nicht nur, wie Breit meint, einen „väterlichen Ratschlag", aber doch nicht mehr als ein an den zum Handeln Berufenen gerichtetes Gebot oder Verbot enthält, ohne daß an dessen Nichtbefolgung ein die Gültigkeit des Handelns berührender Rechtsnachteil geknüpft wird. Von einer rechtlichen Notwendigkeit des Geschehens kann hiernach keine Rede sein. Als Rechtsnachteil (nicht nur, wie Lessing annimmt, als wirtschaftlicher Nachteil) der Nichtbefolgung des Verbots knüpft das Gesetz an anderer Stelle (§ 29 in Verbindung mit § 24, jetzt § 4 des Wechselstempelsteuergesetzes, vgl. Anm 3, 8 zu § 29) nur die Folge, daß die ihm zuwider ausgestellten Schecke nicht als solche Schecke angesehen werden, für welche die Befreiung von der Wechselstempelsteuer bestimmt ist. Die dadurch eintretende Notwendigkeit, einen solchen Scheck zu verstempeln, hat zweifellos die beabsichtigte Folge, ihren Umlauf zu erschweren; daß aber dadurch die Scheckfähigkeit faktisch oder gar rechtlich (vgl. Lessing a. a. O.) auf bestimmte Personen beschränkt würde, ist durchaus nicht zuzugeben; die Verstempelung kann, namentlich bei der Geringfügigkeit der Gebühr, durch den Aussteller oder einen Nehmer ohne Schwierigkeit vorgenommen werden, und der Scheck ist alsdann voll umlaufsfähig.

Anm. 3 3. Unabhängig von der Frage, ob durch die Vorschrift die passive Scheckfähigkeit beschränkt wird, ist die andere Frage, ob das in ihr enthaltene Verbot ein **„Schutzgesetz" im Sinne des § 823 Abs 2 BGB** darstellt, dessen Verletzung eine Schadensersatzplicht gegenüber demjenigen, zu dessen Schutze es bestimmt ist, begründen würde. Diese Frage wird von Bernstein (a. a. O.) bejaht, von Lessing, Breit und Simonson verneint. Als Schutzgesetze im Sinne des § 823 Abs 2 BGB sind nach der Rechtsprechung des RG (vgl. RGRKomm zu § 823 Anm 14) auch privatrechtliche Gesetze anzusehen, die, wenn auch in erster Linie dem Interesse der Gesamtheit, doch auch dem Schutze einzelner Personen zu dienen bestimmt sind. Ob das von der Vorschrift des § 2 ScheckG gesagt werden kann, muß nach Maßgabe ihres Sinnes und Zweckes, wie er namentlich in der Begründung des Entwurfs von 1908 zum Ausdruck gekommen ist, beurteilt werden:

a) Die Begründung (S. 19) führt aus, der von dem Scheckverkehr zu erwartende wirtschaftliche Nutzen könne in vollem Maße nur eintreten, wenn als Bezogene lediglich solche Personen und Firmen in Betracht kämen, die berufsmäßig für fremde Rechnung Geld übernehmen und Zahlung leisten; erst dadurch, daß der Scheckverkehr in ihnen seinen Mittelpunkt finde, werde eine Konzentration der Kassenführung in die Wege geleitet, welche die zerstreuten kleinen Kassenbestände sammle und in ihrer Vereinigung für das wirtschaftliche Leben nutzbar mache; gleichzeitig werde dadurch im weitesten Umfange eine Ersparnis von Zahlungsmitteln angebahnt, insofern das Zusammentreffen der Zahlungsmittel an den vorbezeichneten Stellen ihre Erledigung ohne Barzahlung im Wege der Buchung mit Hilfe des Giroverkehrs und der Abrechnungsstellen ermögliche; die allgemeine Scheckfreiheit würde dieser Konzentration entgegenwirken. Überdies würde sie einer mißbräuchlichen Verwendung des Schecks zu Zwecken, zu denen der Wechsel bestimmt ist, Raum lassen und wohl auch dahin führen, daß Schecke nicht selten auf zahlungsunfähige Bezogene ausgestellt würden; darunter müßte die Reinheit und Sicherheit des Scheckverkehrs leiden. Die „Beschränkung der passiven Scheckfähigkeit" auf Banken und Anstalten mit Bankcharakter schiebe dem Umlaufe sogenannter wilder Schecke einen Riegel vor; die Banken würden in ihrem eigenen Interesse dafür Sorge tragen, daß nur vertrauenswürdigen Personen Scheckkonten eröffnet werden und daß bei Schecken, die auf ihren Formularen ausgestellt würden, das Vertrauen des Nehmers in den Aussteller nicht getäuscht werde. § 2

b) Hieraus ergibt sich, daß zwar in erster Linie Interessen der Allgemeinwirtschaft, insbesondere die Konzentration der Kassenführung und die Ersparnis an Umlaufsmitteln, für die Vorschrift in Betracht kamen; daß aber als wesentlich mitwirkend auch Erwägungen herangezogen wurden, welche die Sicherheit des Scheckverkehrs und insbesondere den Schutz des Nehmers in seinem Vertrauen auf den Aussteller betreffen. An diesem Zwecke der Vorschrift wird auch durch ihre Abschwächung zu einer Soll-Vorschrift nichts geändert Die Berechtigung und die Erfolgmöglichkeit der Zwecksetzung wird zwar von Breit (a. a. O.) bestritten. Hätte er Recht, so würde das nichts daran ändern, daß das Gesetz sich diesen Zweck gesetzt hat und deshalb als Schutzgesetz im Sinne des § 823 Abs 2 BGB aufgefaßt werden muß. Es wird also grundsätzlich nichts im Wege stehen, den Aussteller auch für fahrlässiges Verschulden durch Ausstellung von Schecken auf Personen, die nicht zu den in § 2 bezeichneten Kategorien gehören, gegenüber dem Nehmer und den Indossataren haftbar zu machen. Diese Haftbarkeit würde im Falle der Nichteinlösbarkeit des Schecks wegen Zahlungsunfähigkeit des Bezogenen neben die Regreßpflicht des Ausstellers treten und unter Umständen erheblich über diese hinausgehen, sowohl hinsichtlich des Umfanges wie der Frist, sie geltend zu machen und der Voraussetzungen dafür. Inwieweit sie dadurch eingeschränkt oder ausgeschlossen wird, daß der Nehmer und die Indossanten aus der Bezeichnung des Bezogenen oder dem verwendeten Formular oder dadurch, daß ein solches überhaupt nicht verwendet worden ist, erkennen konnten, daß der Bezogene nicht zu den in § 2 bezeichneten Personenkategorien gehörte (mitwirkendes Verschulden, § 254 BGB), wird nach Lage des einzelnen Falles zu beurteilen sein. Die Erreichung des an sich wohl mit unzureichenden Mitteln vom Gesetze verfolgten Zweckes, der Ausstellung „wilder Schecke" entgegenzuwirken, dürfte durch diese Auffassung wesentlich gefördert werden.

4. Die Aufzählung der Kategorien von Personen, Personenvereinigungen und Anstalten, Anm. 4
auf welche nach dem Willen des Gesetzes die **Bezeichnung als Bezogener eines Schecks beschränkt werden soll in § 2 unter Nr 1 und 2** entspricht dem doppelten Zwecke, der nach der Begründung (vgl. oben Anm 3) mit der Vorschrift verfolgt wird. Der Zweck, die Kassenführung und die Leistung von Zahlungen für andere zu konzentrieren und dadurch Umlaufsmittel zu ersparen, soll in der Weise erricht werden, daß nur solche Personen usw. als Bezogene bezeichnet werden, welche sich mit der Annahme von Geld und der Leistung von Zahlungen für fremde Rechnung befassen. Das ist für die in Nr 1 aufgeführten Kategorien (abgesehen von den Sparkassen, vgl. über diese Anm 13) ausdrücklich gesagt, und zwar wird erfordert, daß sie sich „nach den für ihren Geschäftsbetrieb maßgebenden Bestimmungen" mit solchen Geschäften befassen. Nicht erforderlich ist, wie die Begr (S. 19) hervorhebt, daß die Befassung mit solchen Geschäften gerade in den Satzungen der Anstalt oder Genossenschaft ausdrücklich vorgesehen ist, oder daß sie sich als „Kreditgenossenschaft", „Darlehnskasse", „Vorschußverein" oder dgl. bezeichnet; es genügt, daß die Befassung mit solchen Geschäften auf den für ihren Geschäftsbetrieb maßgebenden, also den von den zuständigen Instanzen erlassenen Bestimmungen beruht. Es soll dadurch erreicht werden, daß Kreditanstalten, welche sich mit solchen Geschäften befassen wollen, dazu „nicht immer erst der stets mit Umständlichkeiten verbundenen Änderung ihrer Satzungen bedürfen". Eine solche Änderung wird nur erforderlich sein, wenn die Satzungen eine Befassung mit derartigen Geschäften ausschließen. Bei den Anstalten des öffentlichen Rechts und den unter staatlicher Aufsicht stehenden Anstalten wird, wie die Begr a. a. O. gleich-

§ 2 falls hervorhebt, es sich nach den für sie maßgebenden Bestimmungen des Landesrechts richten, ob sie in der Lage sind, derartige Geschäfte zu betreiben und deshalb von der ihnen durch das Scheckgesetz vorbehaltenen Befugnis, als Bezogene in Schecken benannt zu werden, Gebrauch zu machen. — Für die unter Nr 2 aufgezählten „Firmen" ergibt sich das Erfordernis der Befassung mit der Annahme von Geld und der Leistung von Zahlungen für fremde Rechnung aus dem Begriffe des „gewerbsmäßigen Betriebs von Bankiergeschäften". — Dem weiteren Zwecke, dem Scheckverkehr eine gewisse Vertrauenswürdigkeit und Sicherheit zu erhalten, sucht das Gesetz dadurch gerecht zu werden, daß es nur solche Anstalten usw. als Bezogene bezeichnet wissen will, die eine gewisse Gewähr in dieser Richtung bieten, sei es dadurch, daß sie dem öffentlichen Rechte angehören, öffentlicher staatlicher Aufsicht unterstellt oder gesetzlich organisiert sind (eingetragene Genossenschaften) — Nr 1 —, sei es durch Eintragung ihrer Firma in das Handelsregister — Nr 2 —. Freilich bieten diese Umstände zum Teil recht schwache Garantien für einen soliden Scheckverkehr. Doch haben sich aus dieser weitgehenden Scheckfreiheit Mißstände in erheblicherem Umfange anscheinend nicht ergeben.

Anm. 5 a) Unter **Nr 1** sind diejenigen Kategorien von Anstalten und Einrichtungen aufgeführt, deren Bezeichnung als Bezogene eines Schecks das Scheckgesetz wegen ihrer Zugehörigkeit zum öffentlichen Rechte, ihrer Unterstellung unter staatliche (amtliche) Aufsicht oder ihrer durch Gesetz geregelten Organisation zuläßt, ohne daß die Erfordernisse der Nr 2 vorzuliegen brauchen. In der Begr (S. 18) sind als darunter fallend „unter anderen", also beispielsweise aufgeführt „die Reichsbank, die Preußische Seehandlung, die Königlich Bayerische Bank, die Preußische Zentral-Genossenschaftskasse, die Preußische Rentenversicherungsanstalt, die von engeren oder weiteren Kommunalverbänden eingerichteten Geld- und Kreditinstitute (Gemeinde-, Kreis-, Bezirks-, Oberamts-, Provinz-, Landes- u. dgl. Spar- und Kreditinstitute), sonstige öffentliche Bankanstalten (Landesbanken), landschaftliche, ritterschaftliche und andere Darlehnskassen, private Spar- und Leihbanken, welche der staatlichen Aufsicht unterliegen, die Veranstaltungen der Postverwaltungen des Reiches sowie der Königreiche Bayern und Württemberg". Diese Aufzählung ist für die Auslegung des Gesetzes zwar nicht bindend, aber immerhin von Bedeutung. Inwieweit sie nach Maßgabe der seitdem eingetretenen veränderten Verhältnisse heute noch zutrifft, wird an der Hand des Gesetzes zu prüfen sein.

Anm. 5a **„Anstalten"** im engeren Sinne sind Einrichtungen, die, ohne mit selbständiger korporativer Organisation ausgestattet zu sein, einem einheitlichen Zwecke zu dienen bestimmt sind. In diesem Sinne nennt § 89 BGB die „Anstalten" neben den Körperschaften und Stiftungen des öffentlichen Rechts. Wenn § 2 unseres Gesetzes von Anstalten spricht, so nimmt er diesen Begriff ersichtlich in weiterem Sinne, in welchem er auch die Körperschaften des öffentlichen Rechts (den Staat, die Provinzen, die Gemeinden, die öffentlichen Religionsgesellschaften) umfaßt, sofern diese als Teile ihrer Organisation Einrichtungen besitzen, die sich mit der Annahme von Geld und der Leistung von Zahlungen für fremde Rechnung befassen. Im übrigen ist der Begriff der „Anstalten des öffentlichen Rechts" in der Rechtslehre durchaus ungeklärt und bestritten; ein durchgreifendes Merkmal für ihre Unterscheidung von den juristischen Personen des Privatrechts ist bisher nicht zu allgemeiner Anerkennung gelangt. Vgl. Gierke, Genossenschaftstheorie I § 158; Waldecker, Begriff der Korporation des öffentlichen Rechts S. 26ff.; Hubrich in ArchbrgR 43, 101; Planck BGB § 89 Anm 1. Welche Anstalten solche öffentlichen Rechts sind, bestimmt sich nach dem öffentlichen Rechte des Reichs bzw. der einzelnen Länder. Daß sie dem Organismus des Staates oder der Kirche „eingefügt" oder „eingegliedert" sein müßten (so Prot. der II. Komm z. BGB S. 586; Hubrich a. a. O.; RGRKomm 5. Aufl. Vorbem. 2 vor § 21) wird nicht verlangt werden können; andererseits wird auch nicht genügen, daß sie öffentlichen Interessen dienen; maßgebend muß sein, daß sie vom Staate mit der Erfüllung von Aufgaben im Interesse des Gemeinwohls betraut und zu diesem Zwecke mit besonderen, über die allgemeinen privatrechtlichen Befugnisse hinausgehenden Rechten ausgestattet sind (vgl. Waldecker a. a. O.). Unter dieser Voraussetzung wird auch eine durch privatrechtlichen Gründungsakt entstandene Anstalt als Anstalt des öffentlichen Rechts gelten können (vgl. Planck a. a. O.). Übrigens wird, soweit es im Einzelfalle zweifelhaft bleibt, ob eine Anstalt dem öffentlichen Rechte angehört, doch mindestens das Kriterium zutreffen, daß sie staatlicher Aufsicht untersteht, und deshalb keine Bedenken dagegen bestehen, daß sie unter die Nr 1 fällt. Danach kommen als Anstalten usw., die unter Nr 1 fallen, namentlich die folgenden in Betracht:

Anm. 6 α. Als Anstalt des öffentlichen Rechts auf Grund Reichsrechts **die Reichsbank.** Sie ist sowohl nach ihrer Entstehung durch Gesetz (ReichsbankG v. 14. 3. 1875, RGBl S. 177, § 12) wie auch auf Grund der ihr übertragenen Aufgaben — Regelung des Geldumlaufes im gesamten Reichsgebiete, Erleichterung der Zahlungsausgleichungen und Sorge für die Nutzbarmachung verfügbaren Kapitals, § 1 Abs 1 des BankG v. 30. 8. 24, RGBl II 235 — und auf Grund der ihr durch das Gesetz im öffentlichen Interesse gewährten besonderen Rechte (Notenprivileg) nach dem oben in Anm 5 a Gesagten eine Anstalt des öffentlichen Rechts von jeher gewesen und daran ist auch dadurch nichts geändert worden, daß sie nach § 1 des BankG v. 30. 8. 24 nunmehr als eine „von der Reichsregierung unabhängige Bank, welche die Eigenschaft einer juristischen Person besitzt", organisiert worden ist, die der Leitung und auch der Aufsicht des Reiches (abgesehen von der nach § 6 Abs 4, 5 des neuen Bankgesetzes erforderlichen Unterschrift des Reichspräsidenten unter der Ernennungsurkunde des Präsidenten des Reichsbankdirektoriums) nicht mehr untersteht. Daß sie sich nach den für ihren Geschäftsbetrieb geltenden Vorschriften mit der Annahme von Geld und der Leistung von Zahlungen für fremde Rechnung befaßt, ergibt sich aus § 21 des neuen Bankgesetzes, wonach sie befugt ist (Ziff 5), „für Rechnung von Privatpersonen, Anstalten und Behörden Inkassos zu besorgen und nach vorheriger Deckung Zahlungen zu leisten und Anweisungen oder Überweisungen auf ihre Zweiganstalten oder Korrespondenten auszustellen", ferner (Ziff 7): „unverzinsliche Gelder im Depositengeschäft und im Giroverkehr anzunehmen". § 2

Die „weißen Schecke" der Reichsbank, d. h. die auf ihren Formularen ausgestellten, von ihren Girokunden auf sie zugunsten von Nicht-Girokunden gezogenen Schecke (für den Verkehr zwischen Girokunden sind die sog. „roten Schecke" bestimmt, die keine Schecke, sondern Giroanweisungen sind, vgl. zu § 1 Anm 14) bilden eine Hauptstütze des Scheckverkehrs und dienen in Verbindung mit den von der Reichsbank eingerichteten Abrechnungsstellen neben den Giroüberweisungen als das bedeutsamste Mittel zur Förderung des bargeldlosen Zahlungsverkehrs.

β. Gleichfalls kraft Reichsrechts als Anstalt des öffentlichen Rechts die Reichspostverwaltung, jetzt auf Grund des RPostFinG v. 18. 3. 24 (RGBl I S. 287), § 1 das selbständige Unternehmen: „Deutsche Reichspost". Die in der Begründung neben der Reichspostverwaltung genannten Postverwaltungen Bayerns und Württembergs bestehen nicht mehr. Ob die Reichspostverwaltung unter § 2 Nr 1 ScheckG falle, konnte bei Entstehung des Gesetzes noch bezweifelt werden, da der Postscheckverkehr noch nicht eingeführt war und es deshalb zweifelhaft erschien, ob die Post nicht lediglich Transportzwecke verfolgte und „der Tendenz der Vermittelung des Geldverkehrs oder der Kreditförderung entbehre (Cohn ZfH 61, 22; vgl. auch RTVerh S. 2615, 2617). Diese Zweifel sind dadurch erledigt, daß kurz nach Inkrafttreten des Scheckgesetzes der Postscheckverkehr eingeführt wurde. Bereits in dem Gesetz betr. die Feststellung des Reichshaushaltsetats für das Jahr 1900 v. 30. 3. 99 (RGBl S. 139), § 6, war der Reichskanzler ermächtigt worden, den Postscheckverkehr einzuführen und die für die Benutzung erforderlichen Vorschriften mit gewissen in dem Gesetze vorgeschriebenen Maßgaben durch eine von ihm zu erlassende Verordnung zu treffen; zugleich war bestimmt (§ 6 Nr 7), daß das Postscheckwesen bis spätestens zum 1. April 1905 auf dem Wege der Gesetzgebung zu regeln sei. Sowohl die Einführung wie die gesetzliche Regelung blieben jedoch zunächst aus und erst durch das Gesetz betr. die Feststellung eines zweiten Nachtrags zum Reichshaushaltsetat für das Rechnungsjahr 1908 (RGBl S. 197), § 2, wurde die dem Reichskanzler erteilte Ermächtigung wiederholt und zugleich wiederum bestimmt, daß die grundsätzlichen Vorschriften über den Postüberweisungs- und Scheckverkehr auf dem Wege der Gesetzgebung, und zwar bis zum 1. April 1912, zu regeln seien. Darauf erfolgte die Einführung des Verkehrs durch die PostscheckO v. 6. 11. 08 (RGBl S. 587). Die in Aussicht gestellte gesetzliche Regelung fand erst statt durch das PostscheckG v. 26. 3. 14 (RGBl S. 85), das durch Ges v. 22. 3. 21 abgeändert und in der abgeänderten Fassung am gleichen Tage durch den Reichspostminister bekanntgemacht wurde (RGBl S. 247). Weitere Änderungen des PostscheckG traten ein durch die Gesetze v. 19. 2. 23 (RGBl I S. 151) und v. 28. 9. 23 (RGBl I S. 917), die VO vom gleichen Tage (RGBl I S. 918) und die VO v. 23. 11. 23 (RGBl I S. 1132). Auf Grund des § 10 PostscheckG wurde ferner durch den Reichspostminister mit Zustimmung des Reichsrats eine neue PostscheckO v. 7. 4. 21 (RGBl I S. 459) erlassen, welche die weiteren Anordnungen zur Regelung des Postscheckverkehrs enthält; auch diese ist seitdem mehrfach, namentlich mit Rücksicht auf die Änderung der geldlichen Verhältnisse, geändert worden. Das Verhältnis der Vorschriften des Postscheckgesetzes und der kraft Delegation erlassenen Postscheckordnung zu dem Scheckgesetze ist dahin zu bestimmen, daß in erster Linie als lex specialis die in jenen enthaltenen Vorschriften, im übrigen die Vorschriften des Scheckgesetzes zur Anwendung zu kommen haben. Vgl. Näheres über die Gestaltung des Postschecks und des Postscheckverkehrs unten Anm 16 zu diesem Paragraphen. Das Postscheckgesetz und die Postscheckordnung sind in ihren gegenwärtig geltenden Fassungen abgedruckt als **Anhänge C 1, 2** zu diesem Kommentar. Anm. 7

γ. Eine ähnliche Aufgabe, wie die Reichsbank, nur in der Beschränkung auf die Bedürfnisse des mittleren und kleineren Gewerbestandes und der Landwirtschaft, hat die durch das Preußische Gesetz v. 31. 7. 1895 errichtete **Preußische Zentralgenossenschaftskasse.** Sie ist zur Anm. 8

§ 2 Förderung des Personalkredites dieser Berufsstände ins Leben gerufen und soll im Anschlusse an die Reichsbank und den allgemeinen Geldmarkt die gleichen Funktionen für den Geld- und Kapitalverkehr der diesen Personalkredit vermittelnden Genossenschaften für Preußen ausüben, die die Reichsbank für das Gebiet des ganzen Reiches und zwar grundsätzlich für alle Berufsstände, in der Praxis aber vornehmlich für die größeren Betriebe des Handelsstandes und der Industrie ausübt; vgl. oben Anm 6. Auch sie ist ein rechtlich selbständiges Institut mit eigener juristischer Persönlichkeit, steht aber unter Leitung und Aufsicht des Preußischen Staates; ihre Beamten haben die Rechte und Pflichten unmittelbarer Staatsbeamter. Vgl. den Artikel „Zentralgenossenschaftskasse" im Handbuch der Staatswissenschaften 3. Aufl. und Suppl. Bd. 2 der 1. Aufl. Sie ist infolgedessen eine Anstalt öffentlichen Rechts. Auch die landschaftlichen und ritterschaftlichen Kreditanstalten sind in Preußen Anstalten öffentlichen Rechts.

Anm. 9 δ. Bereits vor der Reichsbank waren in einzelnen deutschen Staaten Banken, denen für das Staatsgebiet die gleiche Aufgabe, die später der Reichsbank (vgl. zu α) zufiel, mit entsprechenden Vorrechten, insbesondere dem Notenprivileg, gegründet worden, die heute noch bestehen und denen durch § 1 des PrivNotBankG v. 30. 8. 24 neuerdings wieder die Befugnis, neben der Reichsbank in beschränktem Umfange Banknoten ausgeben zu dürfen, bis auf weiteres bestätigt worden ist. Es sind dies: die Bayerische Notenbank, die Sächsische Bank, die Württembergische Notenbank und die Badische Bank. Obwohl sie in dem neuen Gesetze als „Privatnotenbanken" bezeichnet werden, ist doch anzunehmen, daß sie nach wie vor Anstalten des öffentlichen Rechts des Landes sind, dem sie angehören. Auf alle Fälle aber stehen sie unter staatlicher Aufsicht, da nach §§ 20, 21 des genannten Gesetzes sowohl dem Reichswirtschaftsminister wie der Regierung des Landes, in dem sie ihren Sitz haben, ein Aufsichtsrecht zusteht. Ihr Geschäftsbetrieb erstreckt sich auf Grund der Ermächtigung in § 14 Ziff 5 und 7 des genannten Gesetzes auf die Besorgung von Einkassierungen und Zahlungsleistungen nach vorheriger Deckung für Rechnung von Privatpersonen, Anstalten und Behörden und auf die Annahme verzinslicher und unverzinslicher Gelder im Depositengeschäft und im Giroverkehr. Sie erfüllen demgemäß die Erfordernisse der Nr 1 des § 2 ScheckG und sollen sonach als Bezogene bezeichnet werden. Übrigens müssen sie als Aktiengesellschaften in das Handelsregister eingetragen sein und fallen deshalb auch unter Nr 2.

Anm. 10 ε. Zweifelhaft kann sein, ob die eigentlichen **Staatsbanken** — so die durch ein Privileg Friedrichs des Großen gegründete Preußische Seehandlung (vgl. Handb. d. Staatswissenschaften unter diesem Stichwort), ferner die Bayerische Staatsbank sowie die vor einigen Jahren gegründete Sächsische Staatsbank Anstalten öffentlichen Rechts sind, da sie doch wohl wesentlich fiskalischen Zwecken dienen und das Bankgeschäft ganz nach privatrechtlichen Grundsätzen betreiben. Da sie aber als Staatsbetriebe unter staatlicher Aufsicht stehen, fallen sie aus diesem Grunde unter Nr 1 und ist es deshalb unerheblich, ob sie in das Handelsregister eingetragen sind (Nr 2).

Anm. 11 ζ. Die sonstigen **unter staatlicher Aufsicht stehenden Anstalten,** soweit sich ihr Geschäftsbetrieb nach den für ihn maßgebenden Bestimmungen (vgl. oben Anm 4) auf die Annahme von Geld und die Leistung von Zahlungen für fremde Rechnung erstreckt. Es wird hier (anders wie bei den Sparkassen, vgl. Anm 13), nicht „amtliche", sondern staatliche Aufsicht verlangt. Dazu ist freilich nicht erforderlich, daß die Aufsicht unmittelbar von Staatsorganen ausgeübt wird, sie kann auch im Wege der Delegation an Selbstverwaltungskörper (Provinzen, Kreise, Gemeinden) übertragen sein. Dagegen genügt nicht eine Aufsicht, die von den Gemeinden ohne solche Delegation über Anstalten ausgeübt wird, die von ihnen lediglich in ihrer Eigenschaft als Selbstverwaltungskörper gegründet sind. Andererseits fallen auch private Anstalten (Spar- und Leihbanken), die bestimmungsgemäß derartige Geschäfte betreiben, unter Nr 1, sofern sie in irgendeiner Form staatlicher Aufsicht unterstehen.

Anm. 12 η. Das Erfordernis der staatlichen Aufsicht fällt fort bei den **in das Genossenschaftsregister eingetragenen Genossenschaften.** Sie gelten schon kraft ihrer gesetzlichen Organisation, soweit sie nach den für ihren Geschäftsbetrieb maßgebenden Bestimmungen sich mit der Annahme von Geld und der Leistung von Zahlungen für fremde Rechnung befassen, als geeignet, Scheck-Bezogene zu sein. Doch muß der Geschäftsbetrieb sich sowohl auf die Annahme von Geld (Depositengeschäft) wie auf die Leistung von Zahlungen für fremde Rechnung erstrecken; bloße Darlehnskassen, die Gelder von ihren Mitgliedern annehmen und sie an andere Mitglieder ausleihen, fallen daher nicht (wie die Begr annimmt) ohne weiteres unter Nr 1.

Anm. 13 ϑ. In dem Entwurfe zum Scheckgesetz waren die **Sparkassen** nicht besonders aufgeführt; in der Begr (S. 18) wurden aber die von Kommunalverbänden eingerichteten Sparkassen zu denjenigen Anstalten gerechnet, auf welche Nr 1 zutreffe. Ob das richtig war, konnte zweifelhaft sein, einmal weil es fraglich war, ob sie, soweit sie von den Gemeinden errichtet sind, unter „staatlicher" Aufsicht stehen (vgl. Anm 11) und sodann, weil die Leistung von Zahlungen an Dritte für Rechnung der Einleger, sei es auf Scheck oder sonstige Anweisung, nicht zu ihrem regelmäßigen Geschäftsbetriebe gehört. Auf Wunsch der Sparkassen wurde bei der zweiten Lesung des Gesetzes (vgl. Reichstagsdrucksachen S. 3314ff. und Anlage Nr 691) die sie betreffende Bestimmung eingefügt. Nach dieser fallen die unter amtlicher Aufsicht stehenden Sparkassen, also auch die Gemeindesparkassen, unter Nr 1, auch wenn die Leistung von Zahlungen für fremde Rechnung nicht auf Grund der für sie maßgebenden Bestimmungen zu ihrem regelmäßigen Geschäftsbetriebe gehört. Doch ist als weiteres positives Erfordernis aufgestellt, daß sie **die für sie geltenden landesrechtlichen Aufsichtsbestimmungen erfüllen.** Mit diesem etwas unklar gefaßten Zusatze sollte nach der Absicht der Antragsteller (vgl. die Ausführungen des Abgeordneten Bassermann a. a. O.) zum Ausdrucke gebracht werden, daß die Beaufsichtigung der Sparkassen Landessache sei und von Reichs wegen nicht darin eingegriffen werden sollte. Die Entwicklung ist seit Erlaß des Gesetzes dahin gegangen, daß die Sparkassen mehr und mehr bankmäßige Geschäfte übernommen haben. § 2

b) Nach **Nr 2** des Paragraphen sollen als Bezogene weiter bezeichnet werden können: **die in das Handelsregister eingetragenen Firmen, welche gewerbsmäßig Bankiergeschäfte betreiben.** In der Person des Bezogenen müssen also zwei Voraussetzungen zusammentreffen:

α. **Gewerbsmäßiger Betrieb von Bankiergeschäften.** Nach § 1 Abs 2 Nr 4 HGB gilt als Handelsgewerbe ein Gewerbebetrieb, der Bankier- und Geldwechslergeschäfte zum Gegenstande hat; wer ein solches Handelsgewerbe betreibt, ist Kaufmann (§ 1 Abs 1 HGB). Das HGB setzt also den Begriff der Bankiergeschäfte voraus; eine Begriffsbestimmung gibt es nicht. Vgl. auch § 367 HGB; § 41 Abs 4 GmbHG; ferner § 248 BGB: „Inhaber von Bankgeschäften". Die Geschäfte der Geldwechsler sind neben den Bankiergeschäften erwähnt; sie sind also für sich allein keine Bankiergeschäfte. A. M. Düringer-Hach. § 1 XI 1 b. Es ist anzunehmen, daß das Scheckgesetz, das nach dem HGB erlassen ist, dem Sprachgebrauche des HGB hat folgen wollen und daß sonach Personen, die lediglich das Geschäft des Geldwechselns betreiben, nicht als Bezogene bezeichnet werden sollen. Im übrigen ist der Begriff der „Bankiergeschäfte" oder (was gleichbedeutend sein dürfte) „Bankgeschäfte" nicht unbestritten. Sie werden in der Regel bestimmt als Geschäfte, die den Bedürfnissen des Verkehrs nach Beschaffung und Veräußerung von Geld und Wertpapieren dienen (Staub HGB § 1 Anm 65). Rießer, Bankdepotgesetz, will nur solche kaufmännische Unternehmen als „Bankgeschäfte" (als Anstalten zum Betriebe von Bankgeschäften) ansehen, die „unter sachkundiger Leitung auf der Grundlage angemessenen Geschäftskapitals eine dauernde Verbindung mit dem Kapital- und Effektenmarkte unterhalten, insbesondere zum Zwecke gewerbsmäßigen An- und Verkaufs von Wertpapieren und des gewerbsmäßigen Betriebs oder der Vermittlung von Zahlungs- und Kreditgeschäften". Dieser qualifizierte Begriff mag für die Frage der Zugehörigkeit zum Bankierstande von Bedeutung sein; für die Frage, ob jemand gewerbsmäßig Bankiergeschäfte betreibt, kann nur die tatsächliche Vornahme der einschlägigen Geschäfte in gewerbsmäßiger Weise in Betracht kommen, nicht die besondere Qualifikation seines Gewerbebetriebs. — Wesentlich für das Bankiergeschäft ist, daß es sich nicht auf andere Waren als Geld oder Wertpapier bezieht. Die Schaffung (Emission), die Anschaffung zum Zwecke der Veräußerung sowie die Veräußerung von Wertpapieren, sei es für eigene oder für fremde Rechnung (als Kommissionär), sind deshalb Bankiergeschäfte. Ebenso das Depositengeschäft (Depositum irregulare), das in der Annahme von Geldern, in der Regel gegen Verzinsung, zum Zwecke der Verfügung des Kunden darüber ohne oder mit Kündigungsfrist in Einzelbeträgen durch eigene Erhebung oder Anweisung zur Zahlung an Dritte besteht und am häufigsten mit dem Scheckvertrage verbunden ist. Ferner das Diskontgeschäft, das die Gewährung von Kredit durch Ankauf von Wechseln enthält, und das Lombardgeschäft (Gewährung von Kredit gegen Verpfändung von Waren oder Wertpapieren); nicht dagegen das Pfandleihgeschäft, das in Hingabe von Darlehen gegen Verpfändung anderer Mobiliargegenstände als kaufmännischer Waren besteht (ROHG 24, 34). Auch das reine Depotgeschäft (Depositum regulare), das lediglich die Aufbewahrung und Verwaltung von Wertpapieren betrifft, ohne mit der Anschaffung oder Veräußerung von solchen oder der Gewährung von Kredit auf sie verbunden zu sein (vgl. DepotG v. 5. 7. 1896 § 1), dürfte kein Bankiergeschäft darstellen. — Gewerbsmäßiger Betrieb von Bankiergeschäften liegt nur vor, wenn solche nicht vereinzelt, sondern zusammenhängend, planmäßig vorgenommen werden, in der Absicht, daraus Überschüsse der Einnahmen über die Ausgaben, also Gewinn, zu erzielen (Gewinnabsicht als Endzweck ist nicht erforderlich). Daher betreibt nicht gewerbsmäßig Bankiergeschäfte eine Kreditgenossenschaft oder eine genossenschaftliche oder gemeindliche Sparkasse, die ledig- Anm. 14

§ 2 lich ihre Betriebskosten decken will, ohne Einnahmeüberschüsse zu erzielen; doch fallen die in das Genossenschaftsregister eingetragenen Genossenschaften und die unter staatlicher Aufsicht stehenden Sparkassen unter Nr 1, vgl. Anm 11, 12. Auch müssen derartige Geschäfte als Hauptgeschäfte betrieben werden; sind sie nur Hilfsgeschäft für einen anderen Betrieb, so liegt kein gewerbsmäßiger Betrieb von Bankiergeschäften vor.

Anm. 15 β. **Eintragung der Firma in das Handelsregister.** Die Firma (gleichbedeutend mit Handelsfirma) eines Kaufmannes ist der Name, unter dem er im Handel seine Geschäfte betreibt und seine Unterschrift abgibt (§ 17 HGB). Danach soll also nur ein Kaufmann als Bezogener bezeichnet werden, und zwar in der Weise, daß er mit seiner in das Handelsregister eingetragenen Firma, nicht mit seinem davon etwa abweichenden Privatnamen bezeichnet wird. Ein lediglich den Privatnamen enthaltender Scheck würde daher gemäß § 29 ScheckG nicht von der Wechselstempelabgabe befreit sein. Andererseits wird, wenn die Firma in das Handelsregister eingetragen ist, nicht zu prüfen sein, ob der Inhaber wirklich Kaufmann im Sinne der §§ 1, 2 HGB ist. Der Bezogene kann sowohl ein Einzelkaufmann wie eine handelsrechtliche Gesellschaft (offene Handelsgesellschaft, Kommanditgesellschaft, Aktiengesellschaft, Kommanditgesellschaft auf Aktien) sein. Die Firma einer Zweigniederlassung ist diejenige der Hauptniederlassung; doch muß dieser in der Eintragung ein Zusatz beigefügt werden, wenn am Orte der Zweigniederlassung bereits eine mit der Firma der Hauptniederlassung gleichlautende Firma besteht (§ 30 Abs 3 HGB).

Anm. 16 **Zusatz 1: Der Postscheck.** Vgl. über die Entwicklung und die gesetzlichen Grundlagen des Postscheckverkehrs oben Anm 7. Zum Postscheckverkehr zugelassen werden außer den natürlichen und juristischen Personen auch die Handelsgesellschaften, Vereinigungen und Anstalten, soweit sie nicht juristische Personen sind sowie die öffentlichen Behörden (§ 1 PostscheckG). Auf jedem Konto muß, solange es besteht, eine Stammeinlage gehalten werden, die zur Zeit fünf Reichsmark beträgt (§ 2 PostscheckG; VO v. 23. 11. 1923, § 2, in Verbindung mit VO v. 12. 12. 1924, RGBl I S. 775). Dem Konto werden gutgeschrieben die Stammeinlage, die mittels Zahlkarte eingezahlten und die von anderen Postscheckkonten überwiesenen Beträge (§ 3 PostscheckG). Eine Verzinsung der Guthaben erfolgt nicht (§ 2 Abs 3 PostscheckG). Der Kontoinhaber kann über sein Guthaben, soweit es die Stammeinlage übersteigt, jederzeit verfügen in Teilbeträgen, die auf volle Reichsmark lauten, und zwar durch Überweisung auf ein anderes Postscheckkonto oder mittels Schecks (§ 4 PostscheckG). Zur Ausstellung der Überweisungen, Schecke usw. dürfen nur die vom Postscheckamte bezogenen Formulare verwendet werden; der Kontoinhaber ist der Post gegenüber verpflichtet, diese sorgfältig aufzubewahren und trägt alle Nachteile, die aus dem Verluste oder sonstigen Abhandenkommen sowie aus der mißbräuchlichen Benutzung der Vordrucke entstehen (vgl. zu § 3 ScheckG Anm 7, 8), wenn er nicht das Postscheckamt von dem Verluste usw. so zeitig benachrichtigt, daß die Überweisung oder Zahlung an einen Unberechtigten verhindert werden kann (§ 6 PostscheckO). Die Überweisung auf ein anderes Postscheckkonto ist eine reine Giroanweisung, entsprechend dem roten Scheck der Reichsbank (vgl. zu § 1 ScheckG Anm 14); ihre Höhe ist innerhalb des verfügbaren Guthabens unbeschränkt (§ 7 PostscheckG). Auch die Höhe der Schecke im Postscheckverkehr ist jetzt unbeschränkt; § 9 Abs 1 PostscheckO in Verbindung mit VO v. 24. 10. 1923 (RGBl I 996) unter Ziff 3. Die Vordrucke, welche von den Postscheckämtern ausgegeben werden, haben folgenden Wortlaut:

„Das Postscheckamt in .... zahle gegen diesen Scheck aus meinem / unserem

Guthaben den Betrag von .... Reichsmark ..... Pfennig an ....
....

(Ort) (Unterschrift)."

Auf der Rückseite befindet sich ein Vordruck für die Angabe des Zahlungsempfängers. Die nach Maßgabe dieser Vordrucke ausgestellten Postschecke enthalten sonach die wesentlichen Erfordernisse von Schecken nach § 1 Ziff 1—4 ScheckG — Scheckklausel, Zahlungsanweisung auf Guthaben, Ausstellerunterschrift, Datierung — und stellen rechtswirksame Schecke im Sinne des Scheckgesetzes dar, die geeignet sind, als Grundlage für scheckrechtliche Regreßansprüche gegen den Aussteller und etwaige Indossanten nach Maßgabe der §§ 15ff. zu dienen (vgl. zu § 15 Anm 1). Ist in dem Postscheck ein bestimmter Zahlungsempfänger genannt, so kann er an sich und mit scheckrechtlicher Wirkung durch Indossament übertragen werden, falls nicht der Aussteller die Übertragung untersagt hat (§ 8 ScheckG und Anm 3 dazu); doch werden Schecke mit Indossament von den Postscheckämtern nicht eingelöst (§ 9 Abs 5 PostscheckO). Diese Bestimmung bildet einen Bestandteil des zwischen der Post und dem Aussteller abgeschlossenen Scheckvertrags, beeinträchtigt aber nicht die scheckrechtliche Wirkung eines dennoch erfolgten Indossaments. Der Postscheck kann unmittelbar vom Aussteller dem Postscheckamte eingesandt werden, das dann die Auszahlung an den darin genannten Empfänger durch eine an die Postanstalt des Empfängers gerichtete Zahlungsanweisung veranlaßt oder, falls dieser ein Postscheckkonto besitzt, den Betrag diesem gutschreibt (§ 9 Abs 6, 7 PostscheckO). In diesem Falle erfolgt keine Begebung des Postschecks durch den Aussteller an den Zahlungsempfänger; es können deshalb in Ermangelung eines Begebungsvertrags (vgl. zu § 8 ScheckG Anm 5) auch keine scheckrechtlichen Regreßansprüche gegen den Aussteller entstehen. Der Postscheck kann aber auch (wie ein sonstiger Scheck) vom Aussteller einem anderen durch Begebungsvertrag übereignet werden. In diesem Falle ist ein Zahlungsempfänger im Scheck nicht zu benennen; der Scheck ist also ein Inhaberscheck. Der Inhaber kann ihn seinerseits durch Angabe eines Zahlungsempfängers ausfüllen und dem Postscheckamte einsenden, das dann mit ihm wie mit einem vom Aussteller eingesandten Postscheck verfährt; er kann ihn aber auch unausgefüllt bei der Kasse des Postscheckamts vorlegen und ist dann durch die bloße Innehabung zur Abhebung des Betrages legitimiert (§ 9 Abs 13 PostscheckO). Der Aussteller ist in diesem Falle dem Inhaber nach Maßgabe des ScheckG (§ 15ff.) regreßpflichtig, falls das Postscheckamt wegen Nichtvorhandenseins eines Guthabens den Postscheck nicht einlöst. Zur Erhaltung des Regreßrechts ist die Feststellung der erfolgten Vorlegung und Nichteinlösung des Postschecks innerhalb der gesetzlichen Vorlegungsfri stdurch Erklärung des Postscheckamts oder Protesterhebung (§ 16 ScheckG) erforderlich. Die Einlösung von Schecken, die nach Ablauf der zehntägigen Vorlegungsfrist von der Ausstellung (dem Ausstellungsdatum) ab vorgelegt werden, kann das Postscheckamt ablehnen, ohne daß jedoch eine Verpflichtung dazu gegenüber dem Aussteller besteht; § 9 Abs 4 PostscheckO; vgl. zu § 13 ScheckG Anm 6. Zurücknahme (Widerruf) eines dem Postscheckamte durch den Postscheckkunden eingesandten Schecks kann erfolgen, solange die Zahlungsanweisung dem Empfänger noch nicht zugestellt ist; für die Rückforderung wird eine besondere Gebühr erhoben (§ 9 Abs 4 PostscheckO). Hinsichtlich des Widerrufs eines begebenen Postschecks wird § 13 Abs 3 ScheckG (vgl. die Anmerkungen dazu) zur Anwendung kommen. Der Aussteller kann übrigens auch sich selbst als Zahlungsempfänger im Postscheck bezeichnen oder den Inhaberpostscheck selbst an der Kasse des Postscheckamts zur Einlösung vorlegen. Die für die Ein- und Auszahlungen zu erhebenden Gebühren waren ursprünglich in § 5 PostscheckG festgesetzt und sind jetzt durch die VO v. 23. 11. 1923, § 4, in Verbindung mit der VO v. 12. 12. 1924 auf Reichsmark umgestellt. Der briefliche Verkehr der Postscheckkunden mit den Postscheckämtern ist bei Benutzung der vorgeschriebenen gelben Briefumschläge gebührenfrei (§ 6 PostscheckG). Die Postverwaltung (jetzt das Unternehmen „Deutsche Reichspost") haftet dem Kontoinhaber nach den allgemeinen Vorschriften des bürgerlichen Rechts für die ordnungsmäßige, aber nicht für die rechtzeitige Ausführung der ihr erteilten Aufträge (§ 9 PostscheckG). § 2

Zusatz 2: Fremde Rechte. Vgl. die Anhänge unter G. Von den außerdeutschen Gesetzgebungen steht grundsätzlich auf dem Standpunkte unbeschränkter Beziehbarkeit (passiver Scheckfähigkeit) in erster Linie Frankreich, indem es in Art 1 des Ges v. 14. 6. 1865 hinsichtlich der Eigenschaften des Bezogenen (le tiré) keinerlei besondere Erfordernisse aufstellt. Jedoch hat es durch das Ges v. 30. 12. 1911 diesen Grundsatz insofern eingeschränkt, als es bestimmt, daß nur solche Schecke gekreuzt werden dürfen, welche auf einen „Bankier" gezogen sind („Chèques barrés"). Es wird dadurch nicht die Gültigkeit des Schecks, sondern nur die Wirksamkeit der Kreuzung von der Bankiereigenschaft des Bezogenen abhängig gemacht. Gleich Frankreich stehen auf dem Standpunkte unbeschränkter passiver Scheckfähigkeit Belgien (Art 1), Rumänien (Art 364), Japan (Art 530). — Auf der anderen Seite geht unter den Staaten, welche die passive Scheckfähigkeit grundsätzlich auf gewisse Klassen von Bezogenen beschränken, am weitesten England (Bill of Exch. Act Sect 73), das den Scheck bestimmt als einen Wechsel, der auf einen Bankier gezogen und bei Sicht zahlbar ist. Schecke auf Personen oder Personenvereinigungen, die nicht „Bankers" sind, sind demnach keine Schecke im Sinne des Gesetzes. Bankers im Sinne des englischen Rechts sind aber nach der Entwicklung, welche in England das Bankwesen genommen hat, nur die sog. „local" oder „common" bankers, welche wenigstens in früherer Zeit allein sich mit der Entgegennahme von fremden Geldern zur Verwahrung und Auszahlung durch Honorierung von dem Einleger ausgestellter Schecke (dem Depositengeschäfte) gewerbsmäßig befaßten, während die sog. „foreign bankers" sich hauptsächlich mit dem An- und Verkaufe von Wertpapieren für Rechnung ihrer Kunden, aber auch mit eigenen Spekulationsgeschäften befaßten und deshalb nach englischer Auffassung keine hinreichende Sicherheit für die Einlage von Depositen bei ihnen boten. In neuerer Zeit, seit der Verdrängung der privaten Bankiers durch Aktiengesellschaften (Joint Stock Companies) sind freilich die Unterschiede zwischen den beiden historisch entwickelten Arten von bankers einigermaßen verwischt, und es ist streitig geworden, welche Geschäftsbetriebe sich als bank und banker bezeichnen dürfen. Den Geldverleihern („money lenders") ist durch eine Akte von 1911 verboten worden, sich in einer Form eintragen zu lassen, welche das Wort bank einschließt oder doch den Sinn ergibt, daß sie Bankgeschäfte betreiben. Nur als solche eingetragene Banken und Bankiers sind passiv scheckfähig. — Anm. 17

§ 2 Das amerikanische Gesetz (Negotiable Instruments Law Abschn 321), das sich im übrigen an das englische Recht angeschlossen hat, weicht insofern ab, als es für passiv scheckfähig jede Person oder Personenvereinigung erklärt, die Bankgeschäfte betreibt, ohne Rücksicht darauf, ob sie eingetragen ist. — Andere Gesetzgebungen beschränken die passive Scheckfähigkeit in der Weise, daß sie als Bezogenen nur „ein Kreditinstitut oder einen Kaufmann" zulassen, so Italien (Art 339), Mexiko (Art 552), Portugal (Art 341), das ein „Banketablissement" oder einen Kaufmann als Bezogenen erfordert. — Auch Österreich läßt außer einigen einzeln aufgezählten öffentlich-rechtlichen Anstalten nur handelsgerichtlich registrierte Firmen zu, die gewerbsmäßig Bankgeschäfte betreiben (§ 1 SchedG v. 3. 4. 06). — Dagegen steht auf ähnlichem Standpunkte wie das deutsche das ungarische Gesetz, indem es zwar in § 2 vorschreibt, daß als Bezogene nur solche Firmen bezeichnet werden „dürfen", welche nach ihren durch besonderes Gesetz anerkannten Statuten oder nach dem Inhalte des Handelsregisters Bankgeschäfte betreiben, und Zuwiderhandlungen mit einer Buße belegt (§ 24), aber die der Vorschrift des § 2 zuwider ausgestellten Schecke als rechtswirksam behandelt und einer Steuer unterwirft (§ 25). — Die Gesetzgebungen der Niederlande (Art 226) und seiner Kolonien gehen von der unbeschränkten passiven Scheckfähigkeit aus, gewähren aber ein Konkursvorrecht in solchen Fällen, in denen der Bezogene ein „Kassier" ist, d. h. eine Person oder Firma, die das Depositengeschäft betreibt.

Anm. 18 **Zusatz 3: Zukünftiges Weltscheckrecht.** (Vgl. Anhang H.) Die Frage, ob und in welcher Weise eine Beschränkung der passiven Scheckfähigkeit erfolgen soll, die in den geltenden Scheckgesetzen verschieden beantwortet ist — vgl. Zus 2 —, fand auch in den Vorschlägen und Entwürfen zur Herstellung eines einheitlichen Weltscheckrechts verschiedene Beantwortung, und zwar schieden sich diese, zumeist entsprechend dem bisher in dem Lande ihrer Verfasser geltenden Rechte, in solche, welche die passive Scheckfähigkeit unbeschränkt lassen, solche, welche sie auf bestimmte Klassen von Gewerbetreibenden (Banken, Bankiers, Kaufleute) beschränken, und solche, welche durch wirtschaftliche (steuerrechtliche) Bevorzugung der auf diese Kreise von Bezogenen ausgestellten Schecke erreichen wollten, daß tatsächlich nur auf die Angehörigen dieser Kreise Schecke gezogen werden, ohne die auf andere Bezogene lautenden Schecke für ungültig zu erklären. Der Meyersche Entwurf trat mit eingehender Begründung (Weltscheckrecht II S. 41ff.) für völlige passive Scheckfreiheit ein. Bei den Beratungen der zweiten Haager Konferenz beantworteten von den fünf Sektionen die erste, in welcher Frankreich vertreten war, die betreffende Frage 3 a des Fragebogens dahin, daß nach dem einheitlichen Scheckgesetze der Scheck auf jede beliebige Person solle gezogen werden können; diese Lösung wurde von dem französischen Delegierten Lyon-Caén auch bei der Verhandlung im Comité Central (Actes II S. 147) als die für Frankreich allein annehmbare bezeichnet. Die zweite Sektion, in der Deutschland vertreten war, verneinte die Frage, ob der Scheck auf jede beliebige Person solle gezogen werden können, und sprach sich für eine Vorschrift dahin aus, daß der Scheck auf eine Bank, einen Bankier oder eine Anstalt oder Einrichtung, die sich mit der Verwaltung öffentlicher Gelder befassen, gezogen werde; daß aber die Gültigkeit des Schecks nicht davon abhängig sei, ob der Bezogene die vom Gesetze erforderten Eigenschaften habe, und daß das Ziehen von Schecken auf andere Personen nur durch Erhöhung der Stempelsteuer solle eingeschränkt werden dürfen, jedem Vertragsstaat aber freistehen solle, zuzulassen, daß auch auf andere Kategorien Schecke gezogen werden. Die dritte Sektion, der Großbritannien angehörte, wünschte, daß das einheitliche Scheckgesetz keine Beschränkung der sog. passiven Scheckfähigkeit enthalte, daß aber den einzelnen Vertragsstaaten freigestellt werde, solche Beschränkungen einzuführen, die jedoch höchstens diejenige Wirkung haben dürften, die ihnen in den geltenden Gesetzen von Deutschland und Ungarn beigelegt ist (also ungünstigere steuerliche Behandlung). Die vierte Sektion, in der Österreich vertreten war, entschied sich für die in diesem Lande (vgl. Zus 1) geltendes Recht bildende strengere Vorschrift, daß Schecke nur auf ein Bankhaus, einen Bankier oder eine Anstalt, die die Ausführung von Einziehungen oder Zahlungen für Dritte betreibt, gezogen werden können. Die fünfte Sektion endlich, der Amerika angehörte, sprach sich gleichfalls für eine Beschränkung der passiven Scheckfähigkeit auf bestimmte Kategorien von Personen und Anstalten durch das einheitliche Scheckgesetz aus; jedoch solle durch eine in das Abkommen einzufügende Klausel den Vertragsstaaten erlaubt werden, diesen Grundsatz außer Kraft zu setzen. — Die Entscheidung der Konferenz (Art 5 der Beschlüsse) ging dahin, es solle bestimmt werden, daß der Scheck auf einen Bankier gezogen werde, daß aber die Gültigkeit der Urkunde als Scheck nicht berührt werde, wenn er auf eine andere Person gezogen werde. Den einzelnen Vertragsstaaten soll außerdem die Befugnis verbleiben, für die auf ihren Territorien zahlbaren Schecke: a) zu bestimmen, welche Personen als Bankiers anzusehen sind; b) zu gestatten, daß ein Scheck auch auf andere Kategorien von Personen oder auf eine beliebige Person gezogen werde; c) die fiskalischen und strafrechtlichen Folgen der Ausgabe eines Schecks auf eine Person, auf welche ein Scheck nicht gezogen werden soll, zu regeln.

§ 3. § 3

Als Guthaben ist der Geldbetrag anzusehen, bis zu welchem der Bezogene nach dem zwischen ihm und dem Aussteller bestehenden Rechtsverhältnisse Schecks einzulösen verpflichtet ist.

1. **Begriff des „Guthabens".** § 3 schließt sich an das in § 1 unter Nr 2 aufgestellte wesentliche Erfordernis des Schecks an, wonach die an den Bezogenen gerichtete Anweisung des Ausstellers dahin lauten muß: „aus seinem Guthaben" zu zahlen. Vgl. über dieses Erfordernis zu § 1 Anm 4. In § 3 wird eine Definition des Begriffs „Guthaben" gegeben. Eine scheckrechtliche Bedeutung hat diese Begriffsbestimmung nicht. Es ist vielmehr, wie a. a. O. schon dargelegt ist, kein wesentliches Erfordernis des Schecks, daß wirklich ein Guthaben besteht; für seine Gültigkeit genügt der Hinweis auf ein solches in dem Scheck (Guthabenklausel). Dagegen kommt die Frage, ob ein Guthaben im Sinne des § 3 wirklich besteht, für die Einlösungspflicht des Bezogenen gegenüber dem Aussteller in Betracht; diese aber richtet sich nach dem zwischen ihnen bestehenden materiell-rechtlichen Rechtsverhältnisse. Den Betrag, bis zu welchem eine solche Einlösungspflicht besteht, bezeichnet das Gesetz als Guthaben. Es genügt sonach nicht für den Begriff des Guthabens im Sinne des § 3, daß der Bezogene überhaupt Schuldner des Ausstellers ist, auch nicht wenn die Forderung liquid und fällig, also der Scheckbetrag disponibel ist. Denn das Schuldverhältnis begründet regelmäßig nicht eine Verpflichtung des Schuldners, auf Anweisung des Gläubigers an den Angewiesenen zu zahlen (§ 787 Abs 2 BGB). Auch verpflichtet das Schuldverhältnis den Schuldner regelmäßig nicht zur Leistung von Teilzahlungen, während der Scheck eine Anweisung zur Zahlung „aus dem Guthaben" enthält, also eine stückweise Tilgung der Schuld ins Auge faßt. Es bedarf somit zur Begründung der Pflicht des Bezogenen, auf ihn gezogene Schecke einzulösen, eines besonderen Rechtsgrundes, der sich aus dem zwischen ihm und dem Bezogenen bestehenden Rechtsverhältnisse ergeben muß. In dem Entwurfe von 1892 (§ 20 Abs 2) und noch in dem vorläufigen Entwurfe von 1907 war auf eine „zwischen dem Aussteller und dem Bezogenen getroffene Vereinbarung" verwiesen. Das wurde in dem endgültigen Entwurfe geändert mit Rücksicht darauf, daß ja die Verpflichtung zur Einlösung des Schecks auch dadurch entstanden sein könne, daß der Aussteller von einem Dritten bei dem Bezogenen akkreditiert worden sei. Auch in diesem Falle beruht übrigens die Verpflichtung des Bezogenen zur Einlösung des Schecks auf einem Vertrage, nur ist dieser nicht zwischen dem Bezogenen und dem Aussteller, sondern zwischen dem Bezogenen und dem akkreditierenden Dritten geschlossen worden; ob der Aussteller dadurch ein selbständiges Recht auf Einlösung der von ihm ausgestellten Schecke gegenüber dem Bezogenen erworben hat, bestimmt sich gemäß § 328 BGB in Ermangelung einer besonderen Vertragsbestimmung nach den Umständen, insbesondere dem Zwecke des Vertrags, s. unten. — Im übrigen war es eine in der scheckrechtlichen Literatur vor dem Scheckgesetze vielumstrittene Frage, ob dem Scheck ein **„Scheckvertrag"** zugrunde liegen muß. Die Bedeutung dieser Frage bestand damals darin, ob für die Gültigkeit des Schecks das Vorhandensein eines Scheckvertrags wesentliches Erfordernis sei oder de lege ferenda als solches aufgestellt werden sollte. Das wurde von einem Teile der Schriftsteller befürwortet, weil dadurch, daß nur Schecke gezogen werden dürften, deren Einlösung vertragsmäßig gesichert sei, die Reellität des Scheckverkehrs gesichert werde, während andere die Aufstellung eines solchen Erfordernisses bekämpften mit Rücksicht auf das Interesse des Schecknehmers und der späteren Scheckempfänger, die nicht in der Lage seien, zu prüfen, ob ein Scheckvertrag zwischen dem Aussteller und dem Bezogenen bestehe. Im Sinne der ersteren Meinung hat Cohn (bei Endemann S. 1148) den Satz geprägt: „Kein Scheck ohne Scheckvertrag". Das Gesetz hat sich der anderen Meinung angeschlossen; das Bestehen eines Scheckvertrags bildet kein Erfordernis für die Gültigkeit des Schecks. Dagegen kann man nach der jetzigen Rechtslage den Satz aufstellen: „Keine Einlösungspflicht (des Bezogenen) ohne Scheckvertrag". Anm. 1

2. **Begriff und rechtliche Natur des Scheckvertrags.**

a) Der wesentliche Inhalt des Scheckvertrags, nach dem sich seine rechtliche Natur bestimmt, besteht darin, daß durch ihn derjenige, auf den die Schecke gezogen werden sollen (in der Regel eine Person oder Anstalt, die zu den in § 2 ScheckG aufgeführten Kategorien gehört), sich verpflichtet, die von dem anderen Teile (dem Scheckkunden) zu ziehenden Schecke einzulösen (RGSt 18, 157). Unrichtig ist es, wie Cohn (ZVerglR 12, 96 ff.; vgl. aber bei Endemann S. 1148) es tut, das Wesen des Scheckvertrags darin zu finden, daß dadurch der Bezogene den Kunden zur Ausstellung der Schecke ermächtige. Dadurch wird (wie schon Birnbaum in ZfHR 30, 8 und Simonson BankA 4, 72 hervorheben) das ganze Verhältnis auf den Kopf gestellt; es handelt sich nicht um die Be- Anm. 2

§ 3 gründung einer nach außen wirksamen Befugnis des Ausstellers (Kunden), sondern eines inneren Schuldverhältnisses zwischen dem Kunden und dem zu Beziehenden. Nach dem System des BGB stellt sich der Scheckvertrag, soweit — was die Regel sein wird — dem zu Beziehenden ein Entgelt, sei es in Gestalt einer Provision oder auch nur der Nutzung des bei ihm angelegten oder von ihm kreditierten Geldes (vgl. unten), gewährt wird, als ein auf Geschäftsbesorgung gerichteter *Dienstvertrag* (§§ 611, 675 BGB) dar. Von manchen, die weniger Gewicht auf die persönliche Tätigkeit des Einlösungsverpflichteten, als auf den durch sie herbeizuführenden Erfolg der Einlösung der Schecke legen, wird er als ein auf Geschäftsbesorgung gerichteter *Werkvertrag* (§§ 631, 675) angesehen. In letzterem Sinne Klein in ZHR 55, 181; RGWarnRspr 1910, 108 und BankA 18, 122 für den Giroüberweisungsvertrag; Jakoby in BankA 20, 246 für den Akkreditivauftrag (dahingestellt in RGZ 106, 27). Ein erheblicher praktischer Unterschied dürfte durch die Unterstellung des Scheckvertrags unter die eine oder die andere Vertragsart im allgemeinen kaum herbeigeführt werden, da es sich in der Regel nur um die Anwendung der durch § 675 BGB ebensowohl auf den Dienst- wie auf den Werkvertrag, sofern sie eine Geschäftsbesorgung zum Gegenstande haben, anwendbar erklärten Vorschriften über den *Auftrag* handeln wird, wobei diejenigen, die sich auf die Unentgeltlichkeit beziehen, ausgeschlossen sind; vgl. aber wegen der Kündigungsbefugnis unten Anm 10. Auf alle Fälle kann der Scheckvertrag unter den von dem BGB geschaffenen Typus des *entgeltlichen Geschäftsbesorgungsvertrags* ohne Zwang eingereiht werden. Eine Nötigung, ihn als einen außerhalb der im BGB geregelten Vertragsarten bestehenden *unbenannten* Vertrag, einen contractus sui generis, anzusehen (so Lessing zu § 3 Anm III b S. 48; Loewenfeld Girovertrag S. 25; anscheinend auch Staub HGB 9. Aufl Ext zu § 363 Anm 5), dürfte nicht bestehen, da er die *wesentlichen* Merkmale einer der oben bezeichneten Vertragsarten in sich trägt und die weitere Regelung derselben durch *dispositive* Vorschriften im BGB die Berücksichtigung der dem Scheckvertrage kraft des Parteiwillens anhaftenden Besonderheiten innerhalb des durch das Gesetz gegebenen Rahmens ermöglicht. So hat das RG (RGZ 54, 333) ausgesprochen, daß die Anwendbarkeit der §§ 665 und 666 BGB, welche dem Beauftragten unter Umständen eine Abweichung von dem Auftrage gestatten und das Verfahren in diesem Falle regeln, „durch die besondere Natur des von den Parteien gewollten Girovertrags“, welche die Anstellung von Erwägungen über die Rätlichkeit der Überweisung von seiten des Beauftragten nicht zuläßt, ausgeschlossen werde (vgl. aber VI 307/1913, 15. 12. 13 in BankA 13, 170, wo dieser Satz auf den Einzelfall beschränkt ist); dadurch ist anerkannt, daß der Girovertrag, soweit nicht ein anderes aus dem Parteiwillen zu entnehmen ist, den Vorschriften des BGB über den entgeltlichen Geschäftsbesorgungsvertrag unterliegt. Über die Anwendbarkeit des § 670 BGB auf die Einlösung falscher oder gefälschter Schecke durch den Bezogenen vgl. zu § 23 Anm 11. Unter den Geschäftsbesorgungsvertrag des BGB reihen den Scheckvertrag auch ein: Fürst LZ 1908, 410; Breit ZHR 64, 481; Späing Girovertrag S. 18; Reuther Scheckvertrag S. 37; Merz ArchBürgR 30, 57; Conrad Handbuch S. 111/112; dahingestellt in RGZ 99, 78. Dem Scheckvertrag wird durch seine Einreihung in eine der vom BGB geregelten Vertragskategorien ein ungleich festerer Halt gegeben, als wenn man ihn als contractus sui generis bezeichnet und dann doch wieder die in Frage kommenden Vorschriften wegen Rechtsähnlichkeit auf ihn anwendet. Wenn das Urteil des Schweizerischen Bundesgerichts v. 23. 9. 98 (abgedruckt in HoldheimsMSchr 8, 22) meint, der Scheckvertrag könne kaum als Mandat betrachtet werden, denn ein Mandat erteile der Scheckkunde durch diesen Vertrag dem Bankier noch nicht, sondern jeweils erst durch die einzelnen, auf Grund des Schecks stattfindenden Zahlungsaufträge, so kann das nicht als richtig anerkannt werden. Die Ausstellung der einzelnen Schecke ist ein einseitiger Akt des Ausstellers, während das Mandat (der Auftrag) einen Vertrag erfordert, durch welchen der Beauftragte die Ausführung des Auftrags übernimmt; diese vertragliche Grundlage bildet eben der Scheckvertrag, der der Ziehung der einzelnen Schecke vorausgeht. — Simonson (GruchotsBeitr 50, 51) ist der Ansicht, der Scheckvertrag sei an sich kein zweiseitiger Vertrag, weil es an einer von dem Aussteller übernommenen Leistung fehle; nur beim Kreditscheckvertrag will er eine Leistung des Ausstellers in der Pflicht zur Erstattung der von dem Bezogenen auf die einzelnen Schecke geleisteten Zahlungen finden. Das kann indessen nicht das entscheidende Merkmal sein; denn der Pflicht zur Erstattung der Zahlungen bei Kreditscheckverträgen entspricht bei Scheckverträgen, denen ein Aktivguthaben des Kunden zugrunde liegt, die Pflicht, sich die zu leistenden Zahlungen auf dieses Guthaben anrechnen zu lassen. Die Erstattungs- bzw. Anrechnungspflicht steht aber nicht in synallagmatischem Verhältnisse zu der Einlösungspflicht des Bezogenen und begründet deshalb nicht die Eigenschaft des Scheckvertrags als eines gegenseitigen Vertrags im Sinne der §§ 320 ff. BGB. Diese richtet sich vielmehr, wie oben schon bemerkt, danach, ob von dem zu Beziehenden die Dienstleistung (Einlösungspflicht) gegen Entgelt oder unentgeltlich übernommen worden ist. Da diese Pflicht in der Regel in Ausübung des Handelsgewerbes des zu Beziehenden übernommen sein wird, so besteht nach § 354 HGB eine Vermutung für die Entgeltlichkeit. Doch wird in der Regel das Entgelt nicht in Form einer für die Einlösung des einzelnen Schecks zu berechnenden Provision gewährt, sondern es ergibt sich aus dem Gesamtrechtsverhältnisse, von welchem der Scheckvertrag einen Bestandteil bildet. Denn der Scheckvertrag wird in der Regel nicht für sich allein abgeschlossen, steht vielmehr in organischer Verbindung (als Teil eines zusammengesetzten Rechtsgeschäfts im Sinne des § 139 BGB) mit einem anderen Vertrage. Dieser andere Vertrag ist in den meisten Fällen das bankrechtliche Depositengeschäft (vgl. darüber Cohn bei Endemann III S. 921 ff.). Dieses besteht in der Hingabe von Geldsummen zur Benutzung durch Verbrauch gegen die Verpflichtung zur Rückerstattung gleicher Summen (depositum irregulare, § 700 BGB); danach finden auf dieses Geschäft die Vorschriften über das Darlehen (BGB §§ 607 ff.) Anwendung. Schon hieraus ergibt sich, daß jedes andere Rechtsverhältnis, aus welchem eine Partei der anderen Geld schuldet, durch Vereinbarung zwischen Gläubiger und Schuldner in ein Depositengeschäftsverhältnis umgewandelt werden kann (§ 607 Abs 2 BGB). Es kann daher auch ein aus dem für Rechnung des Kunden erfolgten Verkaufe von Waren, namentlich Wertpapieren, oder aus dem Erlöse lombardierter Wertpapiere herrührendes Guthaben des Kunden, sei es auf Grund vorheriger genereller Vereinbarung oder in einem jeden einzelnen Falle, in ein Depositenguthaben verwandelt werden. Das Depositengeschäft, soweit es kaufmännisch (bankmäßig) betrieben wird, wird in beiderseitigem Interesse abgeschlossen; der Bankier ist der Kassenhalter des Kunden, dem dadurch die Führung einer eigenen Kasse erspart wird; das Entgelt, das er erhält, besteht in der Regel in der unverzinslich oder gegen einen geringeren als den von ihm für Gelder, die er an Kunden ausleiht, berechneten Zinsfuß ihm gewährten Nutzung der ihm hingegebenen Geldsummen. An dieses Depositengeschäft schließt sich der Scheckvertrag an als eine besondere Vereinbarung über die Art und Weise, wie der Kunde über sein Guthaben aus ihm verfügen kann: der Bankier verpflichtet sich, dieses Guthaben nicht nur durch Zahlung an den Kunden, sondern auch durch Einlösung der von ihm auszustellenden Schecke im ganzen oder in Teilen zu tilgen. Freilich ist der Scheckkunde in der Regel (wenn nicht besondere Bestimmungen getroffen sind), nicht verpflichtet, ein Guthaben in bestimmter Höhe oder für bestimmte Zeit bei dem Bankier zu unterhalten; er kann also die in dem Zinsgenusse des Guthabens liegende Vergütung für den Bankier dadurch auf ein geringes Maß einschränken, daß er das Guthaben immer nur kurze Zeit vor Eintritt der Fälligkeit der einzelnen von ihm ausgestellten Schecke und nur in der dafür erforderlichen Höhe bestellt. Doch ist das bei größeren Geschäftsunternehmungen nicht durchzuführen und der Nutzen, den die Banken aus dem mit Giro- und Scheckverkehr verbundenen Depositengeschäfte ziehen, wegen des Zusammenströmens großer Geldbeträge, mit denen sie arbeiten können, bei ihnen im ganzen ein sehr erheblicher. Deshalb besteht kein Bedenken, auch den einzelnen Scheckvertrag als einen auf Austausch von Leistung und Gegenleistung gerichteten, daher gegenseitigen Vertrag (§§ 320 ff. BGB) anzusehen. § 3

Der Scheckvertrag schließt sich aber häufig auch an einen Krediteröffnungsvertrag (pactum de mutuo dando), z. B. einen Baugeldervertrag (RGZ 37, 337; 38, 311) an und bedeutet dann die Verpflichtung des Kreditgebers, den Kredit nach Maßgabe der darüber getroffenen Vereinbarungen (beim Baugeldervertrage in gewissen Raten je nach Fortschreiten des Baues) durch Einlösung der von dem Kreditnehmer auszustellenden Schecke zu gewähren; hier bildet der Betrag, bis zu welchem der Kredit gewährt werden soll, das „Guthaben" des Kunden. Eine „Deckung" für den Scheck im Sinne eines aus dem Vermögen des Kunden in das des Bankiers gelangten und von diesen jenem zu erstattenden Geldbetrages besteht hier nicht; die Deckung bildet nur der Anspruch des Kunden auf Gewährung eines Kredits, sei es eines durch Hinterlegung von Werten (Pfand, Bürgschaft o. dgl.) gesicherten oder auch eines ungesicherten. Ob und in welchem Umfange solche „ungedeckten" Schecke zugelassen werden sollten, war in der Rechtslehre vor dem Scheckgesetze höchst bestritten (vgl. Conrad Handbuch S. 69 Nr 3). Das Scheckgesetz hat durch die Begriffsbestimmung des Guthabens in § 3 dahin entschieden, daß auch die Deckung durch einen Anspruch auf Gewährung eines Kredits eine ordnungsmäßige und erlaubte Scheckdeckung bildet (daß für die Gültigkeit des Schecks das Bestehen irgendeines Guthabens überhaupt nicht Erfordernis ist, wurde schon oben Anm 1 hervorgehoben). Bei dem Scheckvertrage auf Kredit bildet die Vergütung für den Bankier der höher, als im gewöhnlichen Geschäftsverkehr üblich, bemessene Zinsfuß für den gewährten Kredit (Debetzinsen). Schließt sich, was gleichfalls vorkommt, der Scheckvertrag an ein zwischen den zu Beziehenden und dem Scheckkunden bestehendes echtes Kontokorrentverhältnis (§ 355 HGB) an, so bildet das Guthaben der aus der Vergleichung der Aktiv- und Passivseite sich zugunsten des Scheckkunden ergebende Aktivüberschuß, der Saldo des Kontokorrents. Enthält der Scheckvertrag die Bestimmung, daß nicht über das ganze Guthaben des Scheckkunden bei dem zu Beziehenden durch Scheck verfügt werden darf, so bildet nur derjenige Teil, bis zu dessen Höhe Schecke gezogen werden dürfen, das Guthaben im Sinne des § 3. Anm. 2a

§ 3 b) Der Scheckvertrag fällt seiner rechtlichen Natur nach zugleich unter die Kategorie der
Anm. 3 Verträge auf Leistung an einen Dritten, nämlich den im Scheck bezeichneten oder durch Indossament legitimierten oder auch durch die bloße Innehabung des Schecks bestimmten Zahlungsempfänger (Assignatar; ScheckG §§ 4, 8). Vgl. Helwig, Verträge auf Leistung an Dritte, S. 101. Ob durch einen solchen Vertrag der Dritte das Recht auf die Leistung unmittelbar erwirbt, ist nach § 328 Abs 2 BGB in Ermangelung einer besonderen Bestimmung aus den Umständen, insbesondere aus dem Zwecke des Vertrags zu entnehmen. Nach den Gewohnheiten des Scheckverkehrs, wie sie sich in Deutschland entwickelt haben, und im Sinne des Scheckgesetzes wird die Frage für den Scheckvertrag zu verneinen sein. In der ausländischen Schecklehre (vgl. die von G. Cohn bei Endemann S. 1155 Anm 117, 118 angeführten Schriftsteller) wird ein direktes Klagerecht des Scheckempfängers gegen den Bezogenen vielfach aus der Annahme der Übertragung des Eigentums an der Deckung von dem Aussteller auf den Bezogenen hergeleitet, eine nach deutschen Rechtsbegriffen juristisch unmögliche Konstruktion. Aber auch die Theorie einer Zession des in dem Scheck bezeichneten Teiles des Guthabens ist in der deutschen Rechtslehre schon vor Erlaß des Scheckgesetzes überwiegend abgelehnt worden, weil sie weder der regelmäßigen Absicht des Ausstellers entspricht noch in dem Schecke irgendeinen Ausdruck gefunden hat (vgl. G. Cohn a. a. O. bei Anm 119). Noch weniger spricht für die von G. Cohn selbst dort (bei Anm 122, 123) vertretene Theorie, wonach der Aussteller bei Ausstellung des Schecks als Bevollmächtigter des zu Beziehenden handeln und diesen gegenüber dem Scheckempfänger verpflichten soll. Der Entwurf des ScheckG von 1892 hatte allerdings im Anschlusse an einen Teil des Schrifttums, insbesondere v. Canstein, Der Scheck nach dem österreichischen Ges v. 3. 4. 06, ein solches direktes Klagerecht durch ausdrückliche Gesetzesbestimmung in § 10 einführen wollen; er hatte das damit zu begründen versucht, daß nach der deutschen Rechtsauffassung der Scheck der Barzahlung möglichst angenähert werden solle, und daß die Lage des Bezogenen dadurch in keiner Weise verschlechtert werde, da der Scheckinhaber sich alle Einreden aus der Person des Ausstellers gefallen lassen müsse. Auch der vorläufige Entwurf von 1907 enthielt noch diese Bestimmung. Gegen sie richtete sich hauptsächlich der im Schrifttum gegen diesen Entwurf sich geltend machende Widerspruch; (vgl. die Einleitung unter 2 S. 11). Der dem Reichstage vorgelegte umgearbeitete Entwurf von 1908 enthielt denn auch diese Bestimmung nicht mehr und die Begründung (S. 14) legte die Gründe für die abweichende Stellungnahme gegenüber den früheren Entwürfen ausführlich dar. Sie machte (in Übereinstimmung mit den im Schrifttum vorgebrachten Bedenken), hauptsächlich die Gefahr geltend, der der Bezogene ausgesetzt werde, Prozesse mit ihm ganz unbekannten und geschäftsfremden Dritten führen zu müssen und ihnen gegenüber für die richtige Einlösung der Schecke haftbar zu sein, wodurch eine Erschwerung des Geschäftsbetriebes der Banken herbeigeführt werden würde, die deren Geneigtheit zur Eröffnung von Scheckkonten erheblich zu mindern geeignet sein würde; andererseits sei auch dem Scheckinhaber mit dem direkten Klagerecht wenig gedient, da er den Prozeß doch nur mit Unterstützung des Ausstellers erfolgreich würde führen können. Der auf die Versagung eines unmittelbaren Rechtserwerbs des Scheckempfängers gerichtete Wille des Gesetzes hat aber auch im Gesetze selbst einen deutlichen Ausdruck gefunden dadurch, daß es, im Gegensatze zu den früheren Entwürfen (§ 10 Abs 3 des Entwurfs von 1892), einen Widerruf des Schecks durch den Aussteller nach Ablauf der Vorlegungsfrist gestattet; vgl. § 13 Abs 3 und Anm 4ff. dazu. In diesem Sinne hat sich auch das Reichsgericht in einem Urt v. 27. 3. 14, VII 515/13 (JW. 1914, 683[12]) ausgesprochen. Es ist dort ausgeführt, daß der Zahlungsempfänger gänzlich außerhalb des zwischen dem Aussteller und dem Bezogenen bestehenden Vertragsverhältnisses stehe und daß es an jeder gesetzlichen Grundlage fehle für die Annahme, er könne aus dem Scheck einen Zahlungsanspruch gegen den Bezogenen herleiten. Hätte dem als Zahlungsempfänger Bezeichneten (sofern es nicht der Aussteller selbst sei), oder überhaupt dem Inhaber des Schecks ein Forderungsrecht gegen den Bezogenen eingeräumt werden sollen, so würde es einer entsprechenden Bestimmung im Scheckgesetze bedurft haben; an einer solchen fehle es; nur das Rückgriffsrecht gegen den Aussteller und die anderen im § 15 des Gesetzes bezeichneten Personen stehe gegebenen Falles dem Inhaber zu; der unmittelbare Anspruch gegen den Bezogenen sei ihm nach deutschem Rechte wohlbedacht versagt. Auf demselben Standpunkte steht RGZ 99, 76/77.

Anm. 3a Rechtlich nahe verwandt mit dem Scheckvertrage und häufig mit ihm verbunden ist der **Girovertrag.** Er unterscheidet sich von dem Scheckvertrage nur dadurch, daß der eine Teil (Girobank) die Verpflichtung übernimmt, die von dem anderen Teil (Girokunden) auszustellenden Anweisungen (Giroanweisungen, bei der Reichsbank rote Schecke genannt) statt durch Barzahlung dadurch einzulösen, daß er sie von dessen Konto abschreibt und einem anderen Girokunden, der zu ihm oder zu einer anderen, an dem gleichen Abrechnungsverkehr beteiligten Girobank in einem Giroverhältnisse steht, auf dessen Konto gutschreibt bzw. gutschreiben läßt. Vielfach wird unter dem Ausdruck „Girovertrag“ auch der Scheckvertrag mitverstanden oder geradezu als eine Unterart des Girovertrags (im weiteren Sinne) bezeichnet. Durch die Befugnis des Ausstellers und jedes Inhabers zur Herstellung von Verrechnungsschecken (§ 14 ScheckG; vgl. Anm 1ff dazu) ist der Scheckvertrag dem Girovertrage noch mehr angenähert. Näheres über den Girovertrag bei Brodmann in ZHR 48, 121ff.; Löwenfeld, Der Girovertrag. Vgl. die Girobestimmungen der Reichsbank im Anhang B 1. **§ 3**

3. Der **Abschluß** des Scheckvertrags bedarf keiner Form; er kann schriftlich und mündlich, auch stillschweigend durch schlüssige Handlungen erfolgen. Vielfach üblich ist der Abschluß durch Übergabe der den Scheckverkehr regelnden Geschäftsbedingungen der Bank und deren schriftliche Anerkennung durch den Kunden. Doch wird der Scheckvertrag auch häufig durch bloße Übergabe von vorgeschriebenen Scheckformularen, die zu einem Scheckbuche vereinigt sind, von seiten der Bank an den Kunden abgeschlossen; die Geschäftsbedingungen sind in dem Scheckbuche gewöhnlich abgedruckt. Auch in diesem Falle bilden sie einen Bestandteil des Scheckvertrags. Dagegen können die bei der Bank geltenden Geschäftsbedingungen nicht ohne weiteres als Bestandteil des Scheckvertrags angesehen werden, wenn sie weder dem Kunden zur Kenntnis gebracht noch darauf bei Abschluß des Scheckvertrags Bezug genommen worden ist (RGZ 66, 39). In diesem Falle gelten für den Scheckvertrag die allgemeinen gesetzlichen Bestimmungen, die sich aus dem BGB und dem HGB ergeben; außerdem aber ist, wenn beide Teile Kaufleute sind, gemäß § 346 HGB auf die im Handelsverkehr geltenden Gewohnheiten und Gebräuche Rücksicht zu nehmen. — Daß der Scheckvertrag auch schon durch bloßes Stillschweigen des zu Beziehenden auf einen an ihn gerichteten Antrag auf Eröffnung eines Scheckkontos zustande komme (wie Conrad Handbuch S. 111 unter Bezugnahme auf die §§ 663 BGB, 362 HGB annimmt), kann in dieser Allgemeinheit nicht anerkannt werden; § 663 BGB begründet unter der Voraussetzung, daß der, an den der Antrag gerichtet ist, sich öffentlich zum Eingehen von Scheckverträgen erboten hat (eine Voraussetzung, die durch den Betrieb eines Bankgeschäfts nicht ohne weiteres gegeben sein wird), allerdings eine Verpflichtung desselben, eine etwaige Ablehnung dem Antragsteller unverzüglich anzuzeigen; die Nichterfüllung dieser Verpflichtung hat aber nicht das Zustandekommen des Vertrags, sondern nur eine außervertragliche Schadensersatzpflicht zur Folge, die lediglich auf den Ersatz des negativen Vertragsinteresses (Vertrauensschaden) gerichtet ist; vgl. RGRKomm zu § 663 Anm 3. § 362 HGB aber erfordert, daß der Antrag von jemandem ausgeht, mit dem derjenige, an den er gerichtet ist, in Geschäftsverbindung steht; liegt diese Voraussetzung vor, so gilt allerdings, falls der Geschäftsbetrieb des letzteren auf Besorgung solcher Geschäfte gerichtet ist, sein Stillschweigen als Annahme des Antrags. Soweit die Voraussetzungen einer von diesen beiden Gesetzesbestimmungen nicht vorliegen, könnte nur § 151 BGB in Frage kommen; nach dieser Bestimmung bedarf es in der Regel schlüssiger, wenn auch (falls der Antragende auf Erklärung der Annahme ihm gegenüber verzichtet hat) nicht gegenüber dem Antragenden vorgenommener Annahmehandlungen (RGZ 87, 323); unter Umständen kann auch ein bloßes Stillschweigen Annahme bedeuten, wenn eine dahingehende Verkehrssitte oder, soweit beiderseits Kaufleute in Betracht kommen, ein Handelsgebrauch (§ 346 HGB) besteht (RGZ 54, 181; 58, 69); doch wird das für den Scheckvertrag als Regel zu verneinen sein. **Anm. 4**

4. **Weiterer Inhalt des Scheckvertrags.** Außer seinem wesentlichen Inhalte (oben unter 2), kann der Scheckvertrag beliebige Bestimmungen über die Regelung des auf die Scheckziehung und Scheckeinlösung sich beziehenden Rechtsverhältnisses zwischen dem zu Beziehenden und dem Scheckkunden enthalten (accidentalia negotii). Zu den gebräuchlichsten gehören die folgenden: **Anm. 5**

a) Bestimmungen über die Anlage und Behandlung des zur Einlösung des Schecks bestimmten Guthabens, insbesondere dahin, daß für dieses Guthaben ein besonderes, von den übrigen Konti des Scheckkunden getrennt zu haltendes Konto anzulegen sei, und darüber, ob der Scheckkunde bis zur Höhe dieses Kontos Schecks ziehen dürfe oder eine „eiserne Reserve" stehenlassen müsse; letzteres besonders beim Postscheck, vgl. zu § 2 Anm 16. Vielfach findet sich in den Geschäftsbedingungen der Banken die Bestimmung, daß sämtliche Konten des Kunden, auch etwaige conti separati, als Teile eines einheitlichen Kontokorrents anzusehen seien (so die bei Sontag, BankA 3, 182 abgedruckten Geschäftsbedingungen einer Berliner Großbank, die allerdings dort lediglich auf Beweggründe steuerrechtlicher Natur zurückgeführt werden); ähnlich die Reichsbank, Ziff 5 Abs 4 der Girobestimmungen: „Das Giroguthaben haftet der Bank für ihre Forderungen aus allen Geschäftszweigen." Durch solche Bestimmungen wird das Recht des Bezogenen, das auf dem Scheckkonto sich ergebende Guthaben gegen aus anderen Kontis sich ergebende Passivsaldi des Kunden aufzurechnen und insoweit die Einlösung von Schecken zu verweigern, zum Ausdrucke gebracht. Aber auch wo solche Bestimmungen nicht ausdrücklich getroffen sind, wird die Befugnis des Bezogenen zur Aufrechnung mit Forderungen, die ihm gegen den Scheckkunden aus anderen Rechtsverhältnissen, z. B. aus dem Kauf von Effekten, zustehen

§ 3 und die deshalb auf anderen Konti verbucht sind, nicht versagt werden können. Das RG hat in einer älteren für das gemeine Recht ergangenen Entscheidung (RGZ 12, 85, der Bank die Aufrechnung des auf Girokonto gebuchten Aktivsaldos des Kunden gegen Passivsaldi auf andere Konten versagt auf Grund der Annahme, daß es sich dabei um ein depositum irregulare handle, bei welchem nach gemeinem Rechte die Aufrechnungseinrede ausgeschlossen sei. In der II. Kommission für das BGB wurde bei Beratung der Vorschriften über den Verwahrungsvertrag beantragt, zu bestimmen, daß im Zweifel eine Aufrechnung gegen die Forderungen aus einem solchen Vertrage nur mit Forderungen aus demselben Rechtsverhältnisse stattfinde, und es wurde zur Begründung dieser Auslegungsregel unter Bezugnahme auf die reichsgerichtliche Entscheidung ausgeführt, es verstoße gegen die regelmäßige Parteiabsicht, wenn z. B. die Bank ihren Girokunden gegenüber wegen Gegenforderungen aus anderen Geschäften mit deren Giroguthaben aufrechne. Der Antrag wurde jedoch von der Mehrheit der Kommission abgelehnt mit der Begründung, eine für die Mehrzahl der Fälle zutreffende Auslegungsregel könne nicht gegeben werden; bisweilen werde man allerdings als die Meinung der Parteien ansehen müssen, daß die Rückgewähr ohne Rücksicht auf Gegenforderungen des Verwahrers jederzeit erfolgen müsse, so beim Giroverkehr der Banken; nicht dagegen beim Depositenverkehr der Banken, wo das im bisherigen Rechte geltende Verbot der Aufrechnung vertragsmäßig außer Kraft gesetzt zu werden pflege (Protokolle der II. Kommission Bd. II S. 396, 398 f.). Im BGB ist infolgedessen das Verbot der Aufrechnung beim depositum irregulare nicht aufgenommen, vielmehr die Anwendung der Vorschriften über das Darlehen angeordnet worden (§ 700). Demnach wird der Aufrechnung auch beim Girokonto (Scheckkonto) nichts entgegenstehen; die Bemerkung in den Kommissionsprotokollen kann nicht maßgebend sein, zumal da der Giro-(Scheck-)Vertrag vielfach nur ein Bestandteil des Depositenvertrags ist und die oben angeführten Geschäftsbedingungen großer Banken zeigen, daß ein die Ausschließung der Aufrechnung fordernder allgemeiner Handelsgebrauch jedenfalls nicht besteht. Wie hier Lessing, § 3 Anm III b S. 52; Staub HGB 9. Aufl Exk zu § 363 Anm 9; a. M. Simonson bei Gruchot 50 S. 48; zweifelnd Hoffmann BankA 4, 132.

Eine andere Frage ist, ob der Bezogene nach dem Scheckvertrage berechtigt ist, mit einer eigenen Forderung gegen den Scheckinhaber aufzurechnen, also diesen statt durch Barzahlung durch Aufrechnung seiner Forderung gegen ihn zu befriedigen. Vgl. darüber Reichel in LZ 1913, S. 97 und das dort von ihm besprochene Urteil des Schweizerischen Bundesgerichts. Reichel weist zunächst als auf ein für die Bejahung der Frage sprechendes Moment auf den Verrechnungsscheck hin, dessen Einlösung nur durch Verrechnung erfolgen darf, woraus geschlossen werden könnte, daß bei allen Schecks Einlösung auch durch Verrechnung erfolgen kann. Er gelangt aber dennoch schießlich zur Verneinung, hauptsächlich aus dem Grunde, weil der Bezogene nicht Schuldner des Scheckinhabers sei, also die zur einseitigen Aufrechnung erforderliche Gegenseitigkeit der Leistungsschulden (§ 387 BGB) fehle. Dieser Grund dürfte in der Tat durchschlagen. Es liegt auch keineswegs im Sinne des Scheckinstituts, daß der Schecknehmer für seine ihm gegen den Aussteller zustehende Forderung, für die er Barzahlung beanspruchen kann, infolge der Entgegennahme eines Schecks auf eine Bank, der er zufällig Geld schuldet, nunmehr statt der Barzahlung sich die Befriedigung durch Aufrechnung gefallen lassen müßte. Der Verrechnungsscheck steht nicht entgegen, weil durch dessen Entgegennahme der Nehmer sich damit einverstanden erklärt, daß ihm der Scheckbetrag nicht bar ausbezahlt, sondern auf sein Konto bei dem Bezogenen verrechnet, also, soweit er dessen Schuldner ist, durch Aufrechnung gegen diese Schuld getilgt werde.

Anm. 6 b) Eine Bestimmung, daß die Ausstellung der Schecke nur auf den besonderen, von dem zu Beziehenden hergestellten, numerierten und dem Kunden übergebenen Scheckformularen erfolgen darf. Diese Bestimmung bildet die hauptsächlichste Gewähr für die Sicherheit des Scheckverkehrs und die Verhütung von Mißbräuchen und Fälschungen. Andere als Formularschecke kommen kaum vor und würden ohne weiteres den Verdacht des Mißbrauchs erregen. Doch ist die Ausstellung auf dem vorgeschriebenen Formular kein wesentliches Erfordernis des Schecks und begründet deshalb auch ein solcher Bestimmung zuwider ohne Formular ausgestellter Scheck, falls er begeben und genommen ist, eine scheckrechtliche Regreßpflicht des Ausstellers und der Indossanten.

Anm. 7 c) Bestimmungen, durch welche dem Scheckkunden besondere Verpflichtungen bei Aufbewahrung und Ausfüllung der Scheckformulare auferlegt werden, sowie weitergehende Bestimmungen, durch welche die Gefahr der Einlösung falscher oder verfälschter Schecke auf den Scheckkunden abgewälzt werden soll. Vgl. über die Bedeutung und Wirkung solcher Klauseln sowie über die Grenzen, innerhalb deren sie zulässig sind, zu § 23 Anm 12.

Anm. 8 d) Häufig findet sich in den Scheckverträgen die ausdrückliche Bestimmung, daß das Ausstellen (Ausschreiben) von Schecken ohne entsprechendes Guthaben (ungedeckten Schecken) unstatthaft sei. Eine solche Bestimmung gibt der bezogenen Bank oder Anstalt zwar das Recht, beim Nichtvorhandensein eines Guthabens einen von diesem gezogenen Scheck zurückzuweisen, verpflichtet sie aber nicht zur Zurückweisung und auch nicht einmal zur Benachrichtigung des Scheckkunden vor der Einlösung; die Bestimmung kann vielmehr ohne Rechtsirrtum dahin ausgelegt werden, daß sich durch sie lediglich die Bank gegen das Verlangen der Einlösung ungedeckter Schecke schützen wollte, und andererseits darf davon ausgegangen werden, daß der Aussteller, solange er nichts Gegenteiliges kundgibt, auch im Falle der Überziehung seines Guthabens mit der Einlösung eines von ihm ausgeschriebenen und aus der Hand gegebenen Schecks einverstanden ist; so RGRUrt v. 20. 10. 25, II 42/25. — Die Nichteinhaltung der Verpflichtung, keine ungedeckten Schecke zu ziehen, durch den Bankkunden kann, insbesondere im Falle der Wiederholung, unter Umständen zur Kündigung des Scheckvertrags wegen wichtigen Grundes durch den Einlösungsverpflichteten führen; vgl. unten Anm 10. § 3

5. **Beendigung des Scheckvertragsverhältnisses.**

a) Ist das Scheckvertragsverhältnis auf bestimmte Zeit eingegangen, so endigt es mit dem Ablaufe dieser Zeit (§ 620 BGB). Fehlt es an der ausdrücklichen Festsetzung eines Endtermins, so wird sich die Beendigung häufig aus der Beendigung des Gesamtvertragsverhältnisses ergeben, von welchem der Scheckvertrag einen Teil bildet (vgl. oben Anm 2). Ist die Grundlage des Scheckvertrags ein fortlaufendes Depositenverhältnis, so wird das Scheckvertragsverhältnis und damit die Verpflichtung des Bezogenen zur Einlösung der von dem Kunden ausgestellten Schecke nicht ohne weiteres dadurch beseitigt werden, daß zeitweise das Guthaben erschöpft ist, vielmehr wird bei Wiederentstehung eines Guthabens auch die Scheckeinlösungspflicht wieder in Kraft treten. Beruht das Scheckvertragsverhältnis auf einem Krediteröffnungsvertrag, so erlischt die Einlösungspflicht, sobald der zu eröffnende Kredit erschöpft ist, falls nicht ein weiterer bewilligt wird. **Anm. 9**

b) Durch Kündigung kann das Scheckvertragsverhältnis, sofern es sich, was die Regel bildet (vgl. oben Anm 2), als ein (entgeltliches) Dienstverhältnis darstellt, gemäß § 623 Halbsatz 1 BGB von jedem von beiden Teilen jederzeit beendigt werden, da die Vergütung nicht nach Zeitabschnitten bemessen ist, und zwar ohne Kündigungsfrist, da § 623 Halbsatz 2 nicht in Frage kommt; doch darf der Bezogene nur in der Art kündigen, daß der Kunde für die Einlösung seiner Schecks anderweit Fürsorge treffen kann, es sei denn, daß ein wichtiger Grund für die unzeitige Kündigung vorliegt; er wird also, falls ein solcher Grund nicht vorliegt, die zur Zeit der Kündigung umlaufenden Schecke des Kunden noch einlösen müssen; unter Umständen auch solche Schecke, die nach der Kündigung ausgestellt sind, falls der Kunde, z. B. weil er sich auf einer Geschäftsreise befindet, noch nicht für anderweite Regulierung seiner Zahlungsverbindlichkeiten hat Sorge tragen können; andernfalls hat er ihm den aus der Nichteinlösung entstehenden Schaden zu ersetzen (§ 675 in Verbindung mit § 671 Abs 2 BGB). Dagegen findet eine Beendigung durch Widerruf von seiten des Auftraggebers nur statt, wenn es sich ausnahmsweise um einen unentgeltlichen Auftrag handelt, da (was Conrad Handbuch S. 113 übersieht), § 671 Abs 1 in § 675 auf Dienstverträge nicht für anwendbar erklärt ist, doch steht die dem Kunden freistehende jederzeitige Kündigung ohne Kündigungsfrist sachlich dem Widerrufe gleich. Auch kann der Scheckkunde dadurch, daß er keine Schecke auf den Bezogenen mehr zieht, das Scheckverhältnis jederzeit faktisch beendigen. Über den Widerruf ausgestellter Schecke vgl. § 13 Abs 3. — Liegt ein wichtiger Grund vor, so kann auch der Bezogene das Scheckverhältnis jederzeit kündigen, und zwar auch zur Unzeit für den Bezogenen. Ein wichtiger Grund liegt vor, wenn Umstände eingetreten sind, unter denen einem Vertragsteile die Fortsetzung des Vertragsverhältnisses nach Treu und Glauben und nach verständigem Ermessen nicht mehr zugemutet werden kann. Dabei kommen zunächst schuldhafte, den Vertragszweck gefährdende Verfehlungen desjenigen, dem gekündigt werden soll — hier also des Scheckkunden —, gegen die Vertragspflichten in Frage, so etwa wiederholte Überziehung des Scheckguthabens, schwerere Verstöße gegen die Bestimmungen, welche zur Sicherung des Scheckverkehrs gegen Mißbräuche und Fälschungen dienen sollen (vgl. oben Anm 6, 7), in Betracht. Ein schuldhaftes Verhalten desjenigen, dem gekündigt werden soll, ist aber keineswegs unbedingte Voraussetzung für das Vorliegen eines wichtigen Grundes; vielmehr können auch Umstände, die in der Person des Kündigenden, hier also des Bezogenen, eingetreten sind, die Kündigung aus wichtigem Grunde rechtfertigen: Erkrankung ohne Möglichkeit der Bestellung eines Vertreters, plötzlich erforderlich gewordene Aufgabe des Geschäfts. Dagegen werden Umstände, die von dem Bezogenen ohne dringende Notwendigkeit willkürlich herbeigeführt worden sind, für eine Kündigung zur Unzeit nicht genügen; also nicht die freiwillige Aufgabe des Geschäfts (a. M. Conrad Handbuch S. 113). Im ganzen ist die Beantwortung der Frage, ob ein wichtiger Grund vorliegt, Sache der Beurteilung des Einzelfalles und der Nachprüfung in der Revisionsinstanz entzogen. Vgl. über die Rechtsprechung des Reichsgerichts RGRKomm zu § 626 Anm 1 mit Kasuistik. — Eine in den Vermögensverhältnissen des Kunden eingetretene **Anm. 10**

§ 3 Verschlechterung wird einen wichtigen Grund zur unzeitigen Kündigung des Scheckvertrags an und für sich nicht bilden, da ja die Verpflichtung zur Einlösung von Schecken nur insoweit besteht, als ein „Guthaben" vorhanden ist; wenn dieses aber lediglich auf einem Krediteröffnungsvertrag ohne hinreichende Sicherheit beruht (vgl. oben Anm 2a), so kann dieser Vertrag aus solchem Grunde widerrufen werden (§ 610 BGB), und mit ihm erlischt dann auch der Scheckvertrag. Andererseits kann der Scheckvertrag erlöschen, ohne daß der mit ihm verbundene Krediteröffnungsvertrag wegfällt, wenn z. B. die Verfehlungen des Kunden nur die Benutzung oder Aufbewahrung der Scheckformulare betreffen. Auf das Kündigungsrecht wegen Vorliegens eines wichtigen Grundes kann im voraus nicht verzichtet werden (RGZ 69, 363 und sonst; vgl. die im RGRKomm zu § 626 Anm 2 angeführten Entscheidungen). Dieser Satz wird auch für den Dienstvertrag, der eine Geschäftsbesorgung zum Gegenstande hat, also für den Scheckvertrag, zur Anwendung zu kommen haben, obwohl in § 675 die für den Auftrag gegebene entsprechende Vorschrift des § 671 Abs 3 nicht ausdrücklich für anwendbar erklärt ist. —

Anm. 11 c) Durch den Tod oder die nachträglich eintretende Geschäftsunfähigkeit des Scheckkunden erlischt gemäß § 672 in Verbindung mit § 675 BGB der Scheckvertrag im Zweifel nicht. Sofern also nicht eine abweichende Vereinbarung ausdrücklich getroffen ist oder sich aus den Umständen ergibt, werden der Erbe eines verstorbenen sowie der Vormund eines geschäftsunfähig gewordenen Scheckkunden auf Grund gehöriger, dem Bezogenen gegenüber zu führender Legitimation berechtigt sein, über das Guthaben durch Schecke zu verfügen; doch werden sie vorher die im Scheckvertrage etwa enthaltenen besonderen Bestimmungen, z. B. Hinterlegung ihrer Unterschrift bei dem Bezogenen, für ihre Person erfüllen müssen. — Auch wenn vereinbart ist oder als vereinbart zu gelten hat, daß der Scheckvertrag durch den Tod usw. des Scheckkunden erlöschen soll, so hat dennoch der Einlösungsverpflichtete, wenn mit dem Aufschube Gefahr verbunden ist, die von dem Scheckkunden ausgestellten Schecke auch nach dessen Tode einzulösen, bis der Erbe oder der gesetzliche Vertreter des Scheckkunden anderweit Fürsorge treffen kann; der Scheckvertrag gilt insoweit als fortbestehend (§ 672 Satz 2). Der Scheckvertrag gilt ferner zugunsten des Einlösungsverpflichteten als fortbestehend, bis dieser von dem Tode oder dem Eintritte der Geschäftsunfähigkeit Kenntnis erlangt hat (§ 674); hat der Einlösungsverpflichtete einen von dem Scheckkunden vor seinem Tode oder vor oder nach Eintritt der Geschäftsunfähigkeit ausgestellten Scheck ohne Kenntnis dieser Ereignisse eingelöst, so kann er den Betrag auf das Guthaben des Scheckkunden anrechnen. — Durch den Tod des Einlösungsverpflichteten erlischt der Scheckvertrag im Zweifel gleichfalls nicht (§§ 673, 675 BGB). Das ist entsprechend anzuwenden auf den Fall der Auflösung einer juristischen Person (Aktiengesellschaft) oder einer sonstigen handelsrechtlichen Gesellschaft. Wenn aber infolge besonderer Vereinbarung der Scheckvertrag durch den Tod des Einlösungsverpflichteten erlischt, so hat der Erbe den Tod dem Scheckkunden unverzüglich anzuzeigen und die Einlösung von diesem vor der Anzeige ausgestellter Schecke fortzusetzen, bis der Scheckkunde anderweit Fürsorge treffen kann; der Scheckvertrag gilt insoweit als fortbestehend (§ 673 Satz 2 BGB).

d) Durch Konkurs.

Anm. 12 α. Darüber, welchen Einfluß der Konkurs des Scheckkunden auf den Scheckvertrag, also auf die Verpflichtung des Bezogenen zur Einlösung von Schecken hat, sind im Gesetze nicht, wie von manchen Seiten befürwortet worden war (vgl. Simonson bei Holdheim 1892, 114 und bei Gruchot 50, 53; v. Canstein bei Holdheim 1892, 82; Cohn, ZVerglR 12 Anm 200), besondere Vorschriften gegeben. Die Begründung (S. 29) meint, es liege kein Anlaß vor, für diesen Fall eine andere Regelung als die aus dem bürgerlichen Rechte sich ergebende vorzuschreiben; der Bezogene dürfe, sobald er von der Eröffnung des Konkurses über das Vermögen des Ausstellers Kenn nis erhalten habe, den Scheck nicht mehr einlösen, wenn er sich nicht nochmaliger Inanspruchnahme aussetzen wolle; habe dagegen der Bezogene einen Scheck, den der Gemeinschuldner vor Eröffnung des Konkurses ausgestellt habe, nach der Konkurseröffnung ohne Kenntnis von derselben eingelöst, so werde er dadurch von seiner Verbindlichkeit auf Rückgabe der Deckung in Gemäßheit des § 8 KO befreit; denn eine auf Anweisung des Gemeinschuldners, also mit seiner Einwilligung, an den Scheckinhaber erfolgte Leistung stehe im Sinne des § 8 der Leistung an den Gemeinschuldner gleich. Im Anschlusse an diese Begründung nehmen Jaeger KO zu § 23 Anm 17; Lessing ScheckG S. 116; F. Meyer Weltscheckrecht I 274f., indem sie lediglich die Anweisungsgrundsätze des BGB zur Anwendung bringen, an, daß § 23 KO nicht anwendbar sei; daß deshalb auch „die scheckrechtliche Anweisung" nicht schon von Rechtswegen hinfällig werde, wenn der Anweisende in Konkurs gerate; daß aber der Bezogene nach Maßgabe des § 8 KO geschützt sei, falls er in Unkenntnis der Konkurseröffnung einen von dem Gemeinschuldner ausgestellten Scheck aus der vorhandenen Deckung einlöse; daß er dagegen sich durch Einlösung in Kenntnis der Konkurseröffnung nochmaliger Inanspruchnahme durch den Konkursverwalter aussetze und bei auf Kredit gezogenen Schecken aus einer nach Konkurseröffnung erfolgten Einlösung in jedem Falle (also auch, wenn er von der Konkurseröffnung keine Kenntnis hatte) einen Ersatzanspruch nur gegen den Gemeinschuldner, nicht gegen die Konkursmasse, auch nicht eine Konkursforderung erwerbe (§ 3 KO). Dabei wird vollkommen übersehen, daß es sich bei der Frage nicht um die Wirksamkeit des einzelnen ausgestellten Schecks handelt, der die rechtliche Natur einer „Anweisung" hat und deshalb deren Regeln folgt, sondern um die Fortdauer der durch den Scheckvertrag begründeten generellen Verpflichtung zur Einlösung auszustellender Schecke. Dieser Scheckvertrag hat, wie oben dargelegt (Anm 2), die rechtliche Natur eines Auftrags bzw. (da er in der Regel gegen Entgelt abgeschlossen wird) einer Dienst- oder Werkvertrags, dessen Gegenstand eine Geschäftsbesorgung ist; deshalb findet die Vorschrift des § 23 Abs 1 bzw. 2 KO auf ihn unmittelbare Anwendung; er erlischt somit durch Eröffnung des Konkursverfahrens über das Vermögen des Dienstberechtigten (Scheckkunden). Jedoch finden die Vorschriften des § 672 Satz 2 und des § 674 BGB entsprechende Anwendung (§ 23 Abs 1 Satz 2 KO). Der Bezogene (Dienstverpflichtete) hat also, wenn mit dem Aufschube Gefahr verbunden ist, die Besorgung des übertragenen Geschäfts (die Einlösung der Schecke) fortzusetzen, bis der Konkursverwalter Verfügung treffen kann, der Scheckvertrag gilt insoweit als fortbestehend (§ 672 Satz 2); und er gilt ferner zugunsten des Bezogenen als fortbestehend so lange, bis der Bezogene von dem Erlöschen (durch die Konkurseröffnung) Kenntnis erlangt oder das Erlöschen kennen muß. Die gleiche Rechtsauffassung wird vertreten von Fürst (LZ 1908 Sp. 412); Breit (bei Goldschmidt 69, 508); Reuther, Scheckvertrag S. 52. Der dem Bezogenen bei dieser Auffassung gewährte Schutz unterscheidet sich von dem Schutze des § 8 KO insofern, als er schon bei fahrlässiger Unkenntnis von der Konkurseröffnung versagt, wobei ihm jedoch die Fahrlässigkeit bewiesen werden muß, während nach § 8 KO er nur bei Kenntnis von der Konkurseröffnung nicht geschützt ist, diese Kenntnis aber vermutet wird, wenn die Eröffnung gehörig bekanntgemacht worden ist. Fürst a. a. O. will deshalb entweder den § 674 BGB oder den § 8 KO anwenden, je nachdem die eine oder die andere Bestimmung dem Bezogenen günstiger ist. Dem wird, soweit es sich um Einlösung auf Grund vorhandener Deckung handelt, nichts entgegenstehen, da die Einlösung des Schecks in solchem Falle unbedenklich mit Jaeger a. a. O. als eine auf eine zur Konkursmasse zu erfüllende Verbindlichkeit (Rückerstattung der Deckung) an den Gemeinschuldner (nämlich auf seine Anweisung an den von ihm bezeichneten Dritten) erfolgte Leistung bezeichnet werden kann. Das von Simonson (GruchotsBeitr 50, 48) dagegen erhobene Bedenken, daß der Gemeinschuldner nicht mehr als der zur Einwilligung in die Leistung an den Dritten Berechtigte angesehen werden könne, erledigt sich durch die Erwägung, daß nach § 8 gerade die im guten Glauben bewirkte Leistung an den nicht mehr verfügungsberechtigten Gemeinschuldner tilgend wirkt. Breit (a. a. O. S. 512) tritt der Anwendung des § 8 KO von der durch ihn (ebenda S. 481) vertretenen Auffassung aus entgegen, daß die Einlösung eines durch aktives Guthaben gedeckten Schecks nicht Leistung auf dieses Guthaben sei, sondern Begründung einer selbständigen Gegenforderung des Bezogenen auf Erstattung seiner Aufwendung aus der Geschäftsbesorgung, die gegen die Deckung (den „Vorschuß") aufgerechnet werden könne; von diesem Standpunkte aus kann er zu einem wirksamen Schutze des gutgläubig nach Konkurseröffnung einlösenden Bezogenen nur durch Annahme eines pfandähnlichen Absonderungsrechts an der Deckung gelangen. Dieser Umweg ist aber überflüssig, da (wie oben Anm 2 dargelegt) der Scheckvertrag gerade dahin geht, daß ein bestehendes Guthaben statt durch Zahlung an den Gläubiger durch Einlösung der von diesem ausgestellten Schecke zu tilgen ist. Handelt es sich aber um einen Scheckvertrag, dem ein Krediteröffnungsvertrag zugrunde liegt, so wird nach der hier vertretenen Auffassung durch §§ 23, 27 KO für den einlösenden Bezogenen im Falle des § 672 (Einlösung bei Gefahr im Verzuge, sei es in Kenntnis oder Unkenntnis von der Konkurseröffnung) eine Masseforderung, im Falle des § 674 (Einlösung infolge Unkenntnis von der Konkurseröffnung ohne Gefahr im Verzuge) eine gewöhnliche Konkursforderung begründet, während ihm, wenn lediglich § 8 KO anwendbar wäre, in beiden Fällen eine Forderung im Konkurse überhaupt nicht, sondern nur ein Ersatzanspruch gegen den Gemeinschuldner in dessen konkursfreies Vermögen erwachsen würde. Übrigens würde, auch wenn man in dem Scheckvertrage nicht einen eigentlichen Dienst- oder Werkvertrag im Sinne des BGB, sondern nur ein diesen Verträgen ähnliches Rechtsgeschäft sehen wollte, die entsprechende Anwendung des § 23 KO zulässig und geboten sein. Für Anwendung des § 23 Fürst LZ 1908, 410ff.; Mey in ArchBürgR 30, 106; Reuther Scheckvertrag S. 52; Scholz in Ehrenbergs Handbuch V Abt II § 215 S. 794 für den Postscheck, für welchen noch die besondere Bestimmung des § 11 PostscheckO (Anhang C 2) in Betracht kommt. — Unerheblich ist für diese Fragen, ob die Ausstellung des Schecks vor oder nach der Konkurseröffnung erfolgt ist; a. M. Reuther a. a. O. S. 54/55 unter irriger Berufung auf § 7 KO, indem er übersieht, daß das Vertragsverhältnis nicht erst durch die Ausstellung des Schecks begründet wird und

§ 3 daß im übrigen nicht Rechtshandlungen des Gemeinschuldners, sondern Leistungen seines Vertragsgegners (Einlösung der Schecke) in Erfüllung des vorher abgeschlossenen Vertrags in Frage stehen. Ist die Einlösung von Schecken durch den Bezogenen vor der Eröffnung des Konkursverfahrens, aber nach der Zahlungseinstellung oder dem Eröffnungsantrage erfolgt, so kann eine Anfechtung wegen Kenntnis von der Zahlungseinstellung oder dem Eröffnungsantrage (§§ 30ff. KO) nicht gegen den Bezogenen, sondern nur gegen den Scheckinhaber, der die Zahlung erhalten hat und zwar gegen diesen nur mit den aus § 24 ScheckG (vgl. die Anmerkungen zu diesen Paragraphen) in Verbindung mit § 34 KO sich ergebenden Beschränkungen stattfinden (RG 35, 26; JW 99, 144[18]).

Anm. 13 β. Der Konkurs des Geschäftsbesorgers, also hier des Einlösungspflichtigen (zu Beziehenden) bringt den Scheckvertrag nicht ohne weiteres zum Erlöschen. Der Konkursverwalter kann gemäß § 17 KO, der auch auf Dienst- oder Werkverträge, die eine Geschäftsbesorgung zum Gegenstande haben, Anwendung findet (Busch KO zu § 17 Anm 1), durch Einlösung der von dem Kunden ausgestellten Schecke den Vertrag erfüllen; er kann dann, soweit dem Kunden noch Verpflichtungen obliegen (Anrechnung der Zahlungen auf sein Guthaben usw.) auch die Erfüllung dieser Verpflichtungen verlangen. Doch kann der Scheckkunde von dem ihm zustehenden Kündigungsrechte (vgl. oben Anm 10) Gebrauch machen und dadurch den Vertrag zum Erlöschen bringen. Auch der Konkursverwalter kann, statt den Vertrag zu erfüllen, von dem Kündigungsrechte des Gemeinschuldners (oben ebenda) Gebrauch machen; ein Schadensersatzanspruch des Scheckkunden wegen Nichterfüllung als Konkursforderung (§ 26 KO; RGZ 78, 91) gelangt in solchem Falle nicht zur Entstehung, wohl aber unter Umständen, wenn der Konkursverwalter, ohne gekündigt zu haben, die Schecke nicht einlöst.

Anm. 14 **Zusatz 1: Fremde Rechte.** Vgl. die Anhänge unter G. Außer Deutschland stellen noch Österreich (§ 2 Nr 5) und Ungarn (§ 1 Nr 3) das Erfordernis der Guthabenklausel auf; die anderen Gesetzgebungen kennen es nicht. Das tatsächliche Vorhandensein einer „Deckung" wird als materielle Grundlage des Scheckverhältnisses durchgängig vorausgesetzt, aber in den meisten Gesetzgebungen nicht als formelles Erfordernis für die Gültigkeit des Schecks aufgestellt. Das französische Gesetz (v. 14. 6. 65 Art 2) verlangt jedoch eine „provision préalable" als Bedingung der Scheckziehung und belegt in Art 6 Abs 2 die Scheckziehung ohne solche mit Strafe. Aber auch dort ist streitig, ob ein Scheck ohne vorgängige Deckung als solcher nichtig ist und nur unter Umständen etwa als Wechsel aufrechterhalten werden kann, oder ob dem gutgläubigen Nehmer daraus scheckrechtliche Regreßansprüche erwachsen; die herrschende Meinung ist allerdings für die Nichtigkeit. Auch in Belgien wird, obwohl das Gesetz nicht ausdrücklich eine provision préalable verlangt, aus der Strafbestimmung des Art 5 Abs 2 von der Rechtsprechung die Nichtigkeit des Schecks ohne solche hergeleitet. Wie Frankreich verlangt auch Spanien (Art 536), daß der Aussteller schon vor der Trassierung die entsprechenden Fonds dem Bezogenen überweise. Nach schweizerischem Scheckrecht (Art 831 OblRecht) darf ein Scheck nur ausgestellt werden, wenn der Aussteller über den angewiesenen Betrag sofort zu verfügen das Recht hat, und werden für die Zuwiderhandlung besondere Nachteile angedroht (Art 837); daß der Scheck dadurch ungültig werde, wird aber von der herrschenden Meinung verneint. Näheres bei Meyer Weltscheckrecht I S. 59ff.

Anm. 15 **Zusatz 2: Zukünftiges Weltscheckrecht.** Das im geltenden deutschen, österreichischen und ungarischen Rechte enthaltene Erfordernis der Bezugnahme auf das dem Scheck zugrunde liegende Rechtsverhältnis zwischen Aussteller und Bezogenem (Guthabenklausel) fand in den Vorschlägen und Entwürfen für ein einheitliches Weltscheckrecht wenig Anklang. Auch der Meyersche Entwurf enthält Bestimmungen weder über die Guthabenklausel noch über das Vorhandensein einer Deckung; Meyer verwirft alle solche Vorschriften als unzweckmäßig und jedenfalls über den Rahmen eines einheitlichen Scheckgesetzes hinausgreifend (Meyer Weltscheckrecht II S. 29ff.). Bei den Beratungen der zweiten Haager Konferenz beantwortete die erste Sektion die betreffende Frage (11) des Fragebogens dahin, daß das Nichtvorhandensein oder ungenügende Vorhandensein einer Provision die Gültigkeit eines Schecks als solchen nicht hindern, sondern nur zivilrechtliche, strafrechtliche oder fiskalische Folgen nach sich ziehen solle, die von der einzelstaatlichen Gesetzgebung des Landes der Ausstellung zu regeln seien. Die übrigen Sektionen sprachen sich übereinstimmend dahin aus, daß das einheitliche Scheckgesetz die Folgen der Ausstellung ungedeckter Schecke nicht positiv regeln, sondern nur aussprechen solle, daß das Fehlen einer Provision die Gültigkeit des Schecks nicht beeinträchtigen dürfe. Die in dem Fragebogen nicht berührte Frage der Guthabenklausel wurde in der Beratung des Comité central erörtert und das Erfordernis einer solchen gegen wenige Stimmen, darunter die Deutschlands, abgelehnt. Doch wurde auf Veranlassung des deutschen Vertreters als Meinung des Comité festgestellt, daß die Bezugnahme auf das Guthaben (indication des fonds) im Scheck erlaubt bleiben soll, da sie die rechtliche Natur des Schecks als eines „mandat pur et simple" (oben zu § 1 Anm 40) nicht

berühre (Actes II S. 155f.). Im übrigen sprach die Konferenz in Art 3 ihrer Beschlüsse — § 3
Anhang H zu diesem Kommentar — aus, daß der Scheck nur auf eine Person gezogen werden solle, die Geldbeträge (fonds) zur Disposition des Ziehenden hat und nach Maßgabe einer ausdrücklichen oder stillschweigenden Vereinbarung, nach welcher der Bezogene zur Zahlung des Schecks verpflichtet ist. Den Vertragsstaaten soll die Befugnis vorbehalten bleiben, die zivil- und strafrechtlichen sowie die fiskalischen Folgen der Ausgabe eines Schecks im Falle der Nichtbeobachtung der vorstehend angegebenen Bedingungen oder eines vordatierten Schecks (post-daté, vgl. oben zu § 1 Anm 28, der zur Verschleierung des Nichtvorhandenseins eines Guthabens bei der Ausstellung des Schecks dienen könnte) zu regeln, jedoch mit der Maßgabe, daß die Gültigkeit der Urkunde als Scheck dadurch nicht berührt werden darf.

§ 4. § 4

Als Zahlungsempfänger kann entweder eine bestimmte Person oder Firma oder der Inhaber des Schecks angegeben werden. Der Aussteller kann sich selbst als Zahlungsempfänger bezeichnen.

Sind dem Namen oder der Firma des Zahlungsempfängers die Worte „oder Überbringer" oder ein gleichbedeutender Zusatz beigefügt oder enthält der Scheck keine Angabe darüber, an wen zu zahlen ist, so gilt er als auf den Inhaber gestellt.

1. **Zahlungsempfänger im Scheck.** Nach § 1 des Gesetzes ist die **Bezeichnung desjenigen, an den gezahlt werden soll** — des Zahlungsempfängers oder nach dem Sprachgebrauche der Wechselordnung des Remittenten — im Gegensatze zum Wechsel (Art 4 Nr 3 WO) kein wesentliches Erfordernis des Schecks; vgl. oben zu § 1 Anm 32 unter a. Anders wollte der Entwurf von 1892 (§ 1 Nr 3) und auch noch der vorläufige Entwurf von 1907 die Fragen regeln. In der Begründung des ersteren war zur Rechtfertigung der Notwendigkeit der Bezeichnung eines Zahlungsempfängers auf „die Natur der Sache und die Analogie der Wechselordnung" Bezug genommen. Der Hinweis auf die Wechselordnung ging aber um deswillen fehl, weil für diese die Notwendigkeit, die Bezeichnung eines Zahlungsempfängers als wesentliches Erfordernis aufzustellen, sich daraus ergab, daß der Wechsel lediglich Orderpapier ist und nicht auf den Inhaber gestellt werden darf, während der Scheck schon nach den Entwürfen als Inhaberscheck zugelassen werden sollte. Dann aber war es ein unnötiger Formalismus, zu verlangen, daß im Scheck ausdrücklich ein Zahlungsempfänger bezeichnet werden müsse; vielmehr liegt die Annahme nahe, daß ein Scheck, in welchem eine solche Bezeichnung fehlt, als Inhaberscheck gemeint ist. Kennt doch auch das allgemeine bürgerliche Recht Verpflichtungsurkunden, in denen ein Gläubiger nicht bezeichnet ist, und wendet auf sie die Vorschriften über Inhaberpapiere an, falls sie unter Umständen ausgegeben werden, aus welchen sich ergibt, daß der Aussteller dem Inhaber zur Leistung verpflichtet sein will (§ 807 BGB). Die „Natur der Sache", die so oft an Stelle einer wirklichen Begründung dienen muß, vermochte die Vorschrift der Entwürfe gleichfalls nicht zu stützen. Sie erregte denn auch lebhaften Widerspruch nicht nur im Schrifttum (Conrad bei Goldschmidt 57, 76ff.; Cohn ebenda 61, 17ff.), sondern namentlich in den beteiligten kaufmännischen Kreisen; insbesondere wies der Zentralverein des deutschen Bank- und Bankiergewerbes in seiner Denkschrift darauf hin, daß die bestehende Praxis die Bezeichnung des Zahlungsempfängers nicht als wesentliches Erfordernis des Schecks betrachte, einen Scheck ohne diese Bezeichnung vielmehr als Inhaberscheck behandle. Der dem Reichstage vorgelegte Entwurf hat sich diesen Einwürfen nicht verschlossen, deshalb die Bezeichnung des Zahlungsempfängers als wesentliches Erfordernis fallen lassen und an dessen Stelle die Vermutung aufgestellt, daß ein Scheck, der keine Angabe darüber enthält, an wen zu zahlen ist, als auf den Inhaber gestellt „gelten" soll. Die Begründung (S. 20) bemerkt dazu, der Entwurf habe den Standpunkt der Vorentwürfe verlassen, „um die Scheckausstellung nicht unnötig zu erschweren und um zu verhindern, daß ungültige Schecke in Umlauf kommen". Anm. 1

2. Als **Regel** setzt aber das Gesetz voraus, daß der Scheck eine Angabe darüber enthält, an wen zu zahlen ist. Für diesen Regelfall bestimmt es, in welcher Weise **der Zahlungsempfänger angegeben werden kann.** Danach würden Schecke, die einen Zahlungsempfänger angeben, aber in einer anderen als der vom Gesetze gestatteten Weise, ungültig sein und auch nicht als Inhaberschecke aufrechterhalten werden können; denn die Angabe eines Zahlungsempfängers ist zwar nicht notwendig; erfolgt sie aber, so kann es nur in der vom Gesetze zugelassenen Weise geschehen (so mit Recht Lessing zu § 4 Anm II 1 gegen Buff S. 40). Die Bezeichnung des Zahlungsempfängers kann erfolgen: a) durch **Angabe einer bestimmten Person oder Firma**; b) durch Angabe, daß **an den Inhaber** gezahlt werden soll. Anm. 2

§ 4 a) Die angegebene **Person** kann eine natürliche oder juristische des bürgerlichen
Anm. 3 Rechts (rechtsfähiger Verein, Stiftung) oder des Handelsrechts (Aktiengesellschaft, eingetragene Genossenschaft, GmbH), die Firma diejenige eines Einzelkaufmannes oder einer handelsrechtlichen Gesellschaft (offene Handelsgesellschaft) sein. Eine Gesellschaft des bürgerlichen Rechts kann als Zahlungsempfänger nicht angegeben werden; wohl auch nicht ein nicht rechtsfähiger Verein, da dieser zwar einen Namen trägt, aber keine Person ist und unter „Firma" nur der Name eines Kaufmannes verstanden werden kann. A. M. Lessing Anm II 1; Buff S. 40. Es ist jedoch nicht erforderlich, daß die bezeichnete Person oder Firma wirklich existiert; vielmehr genügt es, daß die Angabe, so wie sie erfolgt ist, eine Person oder Firma bezeichnen kann. Die Sache liegt in dieser Beziehung ebenso wie bei der Bezeichnung des Bezogenen und des Ausstellers; vgl. oben zu § 1 Anm 5 u. 24. Im Gegensatz zum Wechsel (Art 4 Nr 3 WO) braucht die Person nicht mit ihrem Namen bezeichnet zu sein; es genügt auch eine Kennzeichnung auf andere Weise. Meyer Weltscheckrecht I S. 91 will aus dem Abs 2 des Paragraphen herleiten, daß die Person mit ihrem Namen zu bezeichnen sei. Solche Bedeutung dürfte indessen der allerdings gegenüber Abs 1 nicht ganz genauen Ausdrucksweise des Abs 2 nicht beizumessen sein. Ist die Person auf irgendeine Weise erkennbar bezeichnet (England: „**with reasonable certainty**"), so würde es ein nicht zu billigender Formalismus sein, ohne ausdrückliche gesetzliche Bestimmung statt ihrer den Inhaber als Zahlungsempfänger anzusehen. Eine klare und bestimmte Angabe ist jedoch wie für den Wechsel (RGZ 66, 9) so auch hier erforderlich. Die Angabe mehrerer Zahlungsempfänger schließt eine solche Bestimmtheit nicht ohne weiteres aus, sofern nur klar ist, in welchem Verhältnis diese in bezug auf die Zahlung stehen sollen. Sind sie kumulativ nebeneinander genannt („an X. und Y."), so wird § 420 BGB (obwohl eine Verpflichtung des Bezogenen zur Leistung gegenüber dem als Zahlungsempfänger Bezeichneten nicht begründet wird) entsprechend anzuwenden und deshalb der Bezogene berechtigt sein, an jeden zu gleichem Anteile zu bezahlen. So mit Recht Kuhlenbeck Anm 4, der es aber für „ratsamer" erklärt, daß der Bezogene nur an alle Zahlungsempfänger gemeinschaftlich zahle. Eine solche gemeinschaftliche Zahlung wird allerdings nicht nur ratsam, sondern geboten sein, weil ja nur gegen Aushändigung des Schecks zu zahlen ist, eine solche aber bei Teilzahlung an einen einzelnen der mehreren Berechtigten nicht erfolgen könnte. Lessing Anm II 1 will den § 432 BGB anwenden, da es sich bei der Zahlung auf einen Scheck um eine „unteilbare" Leistung handle; StStr WO Art 4 Anm 12 nehmen an, daß § 432 BGB entsprechend anwendbar sei, da eine anteilsweise Zahlung „dem Wesen des Wechsels" widerspreche. Zu beiden Auffassungen dürfte kein hinreichender Grund vorliegen, sobald man nur beachtet, daß nur gegen Aushändigung des Papiers zu zahlen ist. — Ähnlich liegt die Sache, wenn (was gleichfalls zulässig ist) mehrere Zahlungsempfänger in alternativer Weise („an X. oder Y.") angegeben sind. Alsdann wird in entsprechender Anwendung des § 262 BGB „im Zweifel" (d. h. wenn nichts anderes aus der Benennung sich ergibt) der Bezogene nach seiner Wahl an den einen oder den anderen Benannten zahlen dürfen, selbstverständlich nur, wenn dieser imstande ist, ihm den Scheck auszuhändigen. StStr a. a. O. wollen auch hier den § 432 BGB anwenden, wohl gleichfalls ohne hinreichenden Grund. — Ist eine bestimmte Parson oder Firma als Zahlungsempfänger angegeben, so ist der Scheck auch ohne besondere Orderklausel ein Orderscheck, also durch Indossament übertragbar, sofern nicht der Aussteller die Übertragung durch die Worte: „nicht an Order" oder einen anderen gleichbedeutenden Zusatz untersagt hat (Rektascheck); § 8 ScheckG, vgl. Anm 3 dazu.

Anm. 4 **Der Aussteller kann sich selbst als Zahlungsempfänger bezeichnen** (Abs 1 Satz 2). Ist dies geschehen, so ist der Scheck ein Scheck an eigene Order, sofern der Aussteller nicht die Übertragung durch Indossament untersagt hat, in welchem Falle nur an den Aussteller selbst gezahlt werden kann. Solche Schecke sind üblich, damit der Aussteller über sein Guthaben auch zu seinen eigenen Gunsten auf diese Weise verfügen und den entsprechenden Betrag bar abheben kann. Ihre Zulassung entspricht der Zulassung von Wechseln an eigene Order in Art 6 Abs 1 WO. Über Schecke, in denen der Bezogene selbst als Zahlungsempfänger benannt ist, vgl. zu § 1 Anm 8; über trassiert-eigene Schecke vgl. zu § 1 Anm 9.

b) **Als Zahlungsempfänger kann auch der Inhaber des Schecks angegeben werden.** Es ist damit, im Gegensatz zum Wechsel, der Scheck als Inhaberscheck zugelassen.

Anm. 5 α. Die Angabe kann entweder unmittelbar auf den Inhaber lauten oder in erster Linie auf eine bestimmte Person oder Firma, aber mit dem Zusatze: „oder Überbringer" oder einem gleichbedeutenden Zusatze (etwa: „oder Inhaber", „oder Vorzeiger"); **Scheck mit alternativer Inhaberklausel.** Auch in letzterem Falle gilt der Scheck als auf den Inhaber gestellt (Abs 2). Durch diese Bestimmung, die sich schon in dem Entwurfe von 1892 (unter § 1 Nr 3) vorfand, ist die vor Erlaß des Scheckgesetzes lebhaft bestrittene Frage, ob ein Scheck mit alternativer Inhaberklausel als echtes Inhaberpapier oder als gewöhnliche

Schuldurkunde mit bloßer Legitimationserleichterung (hinkendes Inhaberpapier) anzusehen sei, die zumeist in letzterem Sinne beantwortet wurde, in ersterem Sinne entschieden. In der Begründung zu dem Entwurf von 1892 (S. 21) ist dafür angeführt, daß der Scheck mit alternativer Inhaberklausel aus England übernommen („X or bearer") und im Verkehr der Reichsbank und der Abrechnungshäuser (vgl. das Abkommen wegen der Berliner Abrechnungsstelle v. 14. 2. 1883 zu B und Nr. 6 der Girobedingungen der Reichsbank, Anhänge B 2a und B 1) üblich geworden sei. Seitdem ist diese Form des Inhaberschecks auch im Scheckverkehr der Banken mit Privatkunden derart üblich geworden, daß die Scheckformulare regelmäßig die Worte „oder Überbringer" enthalten und auf den Formularen vermerkt wird, daß Schecke, in denen diese Werte durchstrichen sind, nicht honoriert werden. Die Banken suchen dadurch die Pflicht zur Prüfung der Legitimation des Vorzeigers des Schecks von sich abzuwälzen. Schon für das Jahr 1907 glaubte Breit (Der Scheck mit alternativer Inhaberklausel, BankA 7 S. 151) feststellen zu können, daß der Berliner Scheckverkehr überhaupt keine andere Form als den Scheck mit alternativer Inhaberklausel kenne, der somit für die Praxis „der Scheck" sei. Dagegen wendete sich aber Rießer (ebenda S. 155), der bezeugte, daß nur für den Verkehr der Girokunden der Reichsbank als Aussteller mit dieser als Bezogener der Scheck mit alternativer Inhaberklausel der Scheck sei, während im übrigen der Berliner Scheckverkehr den Orderscheck in weitem Umfange kenne und dieser hinsichtlich der Abrechnungsfähigkeit dem Scheck mit alternativer Inhaberklausel gleichstehe. § 4

β. Der Inhaberscheck ist **keine Schuldverschreibung auf den Inhaber im Sinne des § 793 BGB**, weil der Aussteller darin nicht dem Inhaber der Urkunde eine Leistung verspricht, sondern nur einen Dritten anweist, dem Inhaber eine Leistung zu machen. Die Vorschriften der §§ 793ff. BGB können deshalb nicht ohne weiteres und nicht uneingeschränkt auf ihn Anwendung finden. Doch hat das RG in dem Urt v. 26. 9. 1913 (WarnRspr 1914 Nr 16) ausgesprochen, daß diese Vorschriften auch auf andere Inhaberpapiere (damals handelte es sich um Inhaberaktien) insoweit anwendbar sind, als die Eigentümlichkeiten dieser Papiere keine abweichende Regelung bedingen. Das kann auch für den Inhaberscheck in der Weise anerkannt werden, daß die Vorschriften der §§ 793ff. so weit anwendbar sind, als sie sich aus dem rechtlichen Wesen und der Natur der Inhaberpapiere überhaupt ergeben und nicht mit der besonderen rechtlichen Natur des Schecks oder den im Scheckgesetze für ihn gegebenen besonderen Vorschriften in Widerspruch stehen. Die Prüfung der einzelnen Vorschriften in dieser Richtung ergibt folgendes: **§ 793** ist insoweit nicht anwendbar, als er eine unmittelbare Leistungspflicht des Ausstellers gegenüber dem Inhaber begründet, während auf Grund des Schecks dem Aussteller nur eine bestimmt geordnete Regreßpflicht gegenüber dem Inhaber für den Fall der Nichteinlösung des Schecks durch den Bezogenen obliegt. Dagegen kommt § 793 insofern auch für den Inhaberscheck mittelbar in Betracht, als aus ihm mit dem erwähnten Urteile des RG gefolgert werden muß, daß bei Inhaberpapieren die Inhaberschaft „die erste und unerläßliche Voraussetzung" für die Geltendmachung der Rechte aus dem Papiere ist und daß deshalb ohne solche Inhaberschaft auch der Eigentümer des Schecks solche Rechte nicht geltend machen, insbesondere den Regreß gegen den Aussteller und die sonstigen aus dem Scheck Verpflichteten (vgl. § 15 ScheckG) nicht ausüben kann. Daß er vom Bezogenen nicht Zahlung verlangen kann, ohne Inhaber des Schecks zu sein, ergibt sich schon aus § 11 ScheckG, wonach der Scheck dem Bezogenen „zur Zahlung vorzulegen" ist. Darüber, ob und inwieweit der Bezogene berechtigt und verpflichtet ist, die Legitimation des Inhabers — also die Frage, ob dieser zur Verfügung über den Scheck scheckrechtlich berechtigt ist — zu prüfen, entscheidet nicht § 793, sondern im Verhältnis zwischen dem Bezogenen und dem Aussteller der zwischen ihnen bestehende Scheckvertrag (vgl. oben zu § 3 Anm 5ff und zu § 23 Anm 10ff). Dieser wird in Ermangelung besonderer Vertragsbestimmungen ergeben, daß der Bezogene zu einer solchen Prüfung in der Regel nicht berechtigt oder verpflichtet ist, daß er aber die Einlösung verweigern kann und muß, wenn ihm — sei es durch Mitteilung des Ausstellers oder auf andere Weise — bekanntgeworden ist, daß der Inhaber nicht der Verfügungsberechtigte ist, und daß er dem Aussteller für den diesem etwa entstehenden Schaden haftbar ist, wenn ihm das auch nur fahrlässig nicht bekanntgeworden ist (§ 276 BGB). Zu dem verfügungsberechtigten Nichtinhaber dagegen steht der Bezogene in keinem Vertragsverhältnis; er haftet ihm daher nur nach den Grundsätzen über unerlaubte Handlungen (§§ 823ff. BGB). Nach diesen ist eine Schadenersatzpflicht jedenfalls dann begründet, wenn der Bezogene gewußt hat, daß der Inhaber nicht verfügungsberechtigt war und deshalb die Zahlung sich als eine den guten Sitten widersprechende vorsätzliche Schädigung des Verfügungsberechtigten darstellt (§ 826 BGB). Aber auch bei fahrlässigem Nichtwissen von der Nichtverfügungsberechtigung des Inhabers wird eine Schadenersatzpflicht gegenüber dem Verfügungsberechtigten grundsätzlich begründet sein, da die Zahlung an den Unberechtigten nicht nur eine Verletzung des Forderungsrechts, sondern des ding-

§ 4 lichen Verfügungsrechts über die Urkunde bedeutet; vgl. RGZ 57, 353ff., insbesondere S. 358. Doch wird eine Fahrlässigkeit in Fällen, wo es sich um Vorlegung eines Inhaberpapiers durch den Inhaber handelt, nur angenommen werden können, wenn besondere Umstände vorlagen, die bei genügender Aufmerksamkeit derart erheblichen Verdacht erwirken mußten, daß dem Bezogenen die Übernahme des mit der Verweigerung der Zahlung immerhin verbundenen Risikos nach Treu und Glauben zugemutet werden konnte. So auch Kuhlenbeck S. 28. — Nicht unzweifelhaft erscheint die Anwendbarkeit des **§ 794 BGB,** der bestimmt, daß der Aussteller einer Schuldverschreibung auf den Inhaber auch dann verpflichtet wird, wenn sie ihm gestohlen, verlorengegangen oder sonst ohne seinen Willen in den Verkehr gelangt ist. Diese Bestimmung beruht auf der sog. Kreationstheorie, die bekanntlich für die Verpflichtung des Ausstellers aus einem Wechsel vom Reichsgerichte abgelehnt wird, das für die Gültigkeit der Verpflichtung des Wechselausstellers, wenigstens dem nicht gutgläubigen Erwerber gegenüber, einen Begebungsvertrag verlangt, eine Auffassung, die für den Orderscheck gleichfalls zutreffen dürfte; vgl. Näheres zu § 8 Anm 6. Indessen bei dem Inhaberscheck liegt die Sache doch etwas anders, da es sich hier um ein von vornherein zu freiestem Umlaufe bestimmtes Papier handelt, bei dem die Verkehrssicherheit erfordert, daß eine Einrede aus dem Mangel eines Begebungsvertrags gegenüber dem gutgläubigen Erwerber des Eigentums an dem Papiere (§ 932 BGB) unstatthaft sein muß. Zwar wird bei Inhaberaktien von der Rechtslehre überwiegend angenommen, daß § 794 auf sie keine Anwendung finde (Staub-Koenige HGB 11. Aufl Anm 25 zu § 223; RGRKomm zu § 794 Anm 3). Das beruht aber auf den besonderen Vorschriften des HGB über die Ausgabe von Aktien. Erhebliche praktische Bedeutung wird übrigens die Frage der Anwendbarkeit des § 794 auf den Inhaberscheck nicht haben, da einerseits aus § 794 eine Haftung des Ausstellers aus einem gegen seinen Willen in den Verkehr gelangten Inhaberpapier nur gegenüber dem redlichen Erwerber begründet wird (vgl. RGRKomm zu § 794 Anm 1), während andererseits auch da, wo ein Begebungsvertrag erforderlich ist, die Einrede des Mangels eines solchen dem redlichen Erwerber nicht entgegengesetzt werden kann (RGZ 87, 367; vgl. zu § 8 Anm 6). — Sicherlich unanwendbar auf den Inhaberscheck ist **§ 795 BGB,** der durch eine nicht ausdehnungsfähige Spezialvorschrift die Ausgabe von auf eine bestimmte Geldsumme lautenden Schuldverschreibungen auf den Inhaber der staatlichen Genehmigung unterwirft. Die **§§ 796 und 797** sind nicht anwendbar, weil die dort geregelten Punkte durch das ScheckG (§§ 18 Abs 2 und 13 Abs 1) besonders, übrigens sachlich im wesentlichen in gleicher Weise geregelt sind. Ebensowenig **§§ 799, 800,** weil das Aufgebotsverfahren für abhanden gekommene Schecke in § 27 ScheckG geregelt ist; vgl. zu § 27. Die Verjährungsvorschriften des **§ 801** sind unanwendbar gegenüber den besonderen Verjährungsvorschriften des ScheckG (§§ 20ff.). Auch die **§§ 798, 802—808** enthalten Spezialvorschriften, die sich zur Anwendung auf den Inhaberscheck nicht eignen.

Anm. 7 γ. **Sachenrechtliches.** Bei dem Inhaberscheck als echtem Inhaberpapier folgt das Recht aus dem Papiere dem Rechte an dem Papiere (RGZ 58, 10; RGRKomm zu § 90 Anm 2 S. 96). Wie dieses so bestimmt sich deshalb auch jenes nach sachenrechtlichen Grundsätzen. Zur Verfügung über das Recht berechtigt ist danach in erster Linie der Eigentümer des Schecks. Das Eigentum wird nach Maßgabe der §§ 929ff. BGB erworben durch Einigung über den Eigentumsübergang und Übergabe bzw. Ersatzübergabe. Der Erwerb des Eigentums tritt nach §§ 932, 935 Abs 2 auch durch gutgläubigen Erwerb mittels Übergabe vom Nichteigentümer und auch dann ein, wenn der Inhaberscheck dem Eigentümer gestohlen, verlorengegangen oder sonst abhanden gekommen ist. Ein solcher Erwerb wird auch nicht gemäß § 367 HGB dadurch ausgeschlossen, daß der Erwerber ein Kaufmann ist, der Bankier- oder Geldwechslergeschäfte betreibt und daß die amtliche Veröffentlichung des Verlustes erfolgt ist; denn der Inhaberscheck gehört zu den nach Abs 3 daselbst von dieser Bestimmung ausgenommenen, auf Sicht zahlbaren unverzinslichen Inhaberpapieren. Der Beweis des Eigentumserwerbs an dem Inhaberschecke braucht jedoch zur Ausübung des Rechts aus ihm von dem Inhaber nicht geführt zu werden. Denn die Eigentümlichkeit des Inhaberpapiers besteht gerade darin, daß die Innehabung des Papiers eine Vermutung des Eigentums begründet (§ 1006 BGB) und den Inhaber zur Ausübung des Rechts aus dem Papiere legitimiert, ohne daß der Verpflichtete einen weiteren Nachweis des Eigentums oder der sonstigen Verfügungsberechtigung verlangen kann; der Verpflichtete muß vielmehr, wenn er die Leistung verweigern will, den Mangel der Verfügungsberechtigung einredeweise geltend machen und beweisen (§ 793 BGB; RGRKomm Anm 3 dazu). Beim Inhaberscheck genügt daher die Innehabung des Schecks zur Ausübung des Regreßrechts gegen den Aussteller und die übrigen aus dem Scheck haftenden Personen (vgl. § 15 ScheckG und Anm 2 dazu). Diesen liegt der Nachweis ob, daß der Inhaber den Scheck ohne Verfügungsberechtigung erlangt hat. Auch die fiduziarische Übertragung des Eigentums zum Zwecke der Einziehung des Inhaberschecks für Rechnung des Übertragenden begründet die Verfügungsberechtigung des Inhabers; hinsichtlich der in diesem Falle gegenüber dem Inhaber zulässigen Einwendungen gilt das gleiche wie für das fiduziarische (Inkassomandats-) Indossament beim Orderscheck; vgl. zu § 8 Anm 12. Zur Erlangung der Verfügungsberechtigung bedarf es aber nicht unbedingt des Eigentumserwerbs an dem Inhaberschecke; es genügt auch eine Übergabe mit der Ermächtigung, das Recht aus dem Scheck für Rechnung des Eigentümers im eigenen Namen auszuüben. Vgl. Staub-Koenige HGB 11. Aufl zu § 223 Anm 17; RG in LZ 1913, 780; RGZ 102, 331. Der Verpflichtete, der die Leistung aus dem Grunde der mangelnden Verfügungsberechtigung des Inhabers verweigert, wird deshalb, falls das Gegenteil behauptet wird, auch nachweisen müssen, daß der Inhaber den Scheck nicht mit einer solchen Ermächtigung von dem Eigentümer erlangt hat. Allerdings ist in RGZ 91, 390 eine solche Ermächtigung als hinreichende Legitimation zur Prozeßführung in eigenem Namen grundsätzlich nur zugelassen, wenn der Ermächtigte ein eigenes Interesse hat, als Partei in dem Prozesse aufzutreten; doch wird dieser aus dem Prozeßrechte hergeleitete Rechtssatz auf Inhaberpapiere, bei denen die Legitimation zur Ausübung des Rechts an sich schon durch die Innehabung begründet wird, keine Anwendung finden können. — Die Verpfändung des Inhaberschecks und das daraus entstehende Pfandrecht an ihm regelt sich nach den Vorschriften über das Pfandrecht an beweglichen Sachen § 1293 BGB. Für die Bestellung sind daher nicht §§ 1274, 1280ff., sondern § 1205 BGB ist maßgebend, demzufolge Übergabe des Schecks und Einigung darüber, daß dem Gläubiger das Pfandrecht zustehen soll, erforderlich und genügend ist. Die Innehabung begründet aber auch hier die Vermutung, daß das Pfandrecht besteht. Der Pfandgläubiger ist zur Einziehung des Schecks auch vor der Fälligkeit seiner Forderung berechtigt (§ 1294 BGB) und dem Verpfänder gegenüber behufs Wahrung der Vorlegungsfrist nach Treu und Glauben verpflichtet (RGRKomm zu § 1294 Anm 1). — Die Pfändung des Inhaberschecks und die weitere Zwangsvollstreckung in diesen erfolgen nach den Vorschriften über die Zwangsvollstreckung in körperliche Sachen (§§ 808—827 ZPO); nach diesen Vorschriften findet daher auch die Verwertung des gepfändeten Schecks statt. Danach würde der Gerichtsvollzieher den Scheck, da er einen Börsen- oder Marktpreis nicht hat, nach den allgemeinen Bestimmungen zu versteigern haben (§ 821 ZPO). Doch wird es im Interesse des Pfandgläubigers wie des Pfandschuldners liegen, eine Anordnung des Vollstreckungsgerichts gemäß § 825 ZPO zu erwirken, durch welche der Gerichtsvollzieher zu anderweiter Verwertung, nämlich zur Einziehung des Schecks, ermächtigt wird. Dagegen sind die §§ 828, 835 ZPO, welche die Zwangsvollstreckung in Forderungen betreffen, nicht anwendbar, auch nicht entsprechend gemäß § 857, da der Gegenstand der Zwangsvollstreckung nicht ein Vermögensrecht, sondern der eine körperliche Sache darstellende Scheck ist, welcher das Recht aus dem Schecke ohne weiteres folgt (s. oben); so richtig Lessing zu § 4 Anm 2a S. 61 gegen Merzbacher.

3. Enthält der Scheck keine Angabe des Zahlungsempfängers, so gilt er als auf den Inhaber gestellt. Über die Entstehungsgeschichte dieser Bestimmung vgl. oben Anm 1. Das Gesetz stellt damit eine praesumtio iuris et de iure auf, eine sog. Fiktion, weil ein dahin gehender Parteiwille, ohne Rücksicht darauf, ob er wirklich vorhanden war und ohne Zulassung eines Gegenbeweises als vorhanden angenommen wird. Es ist deshalb auch der Beweis nicht zulässig, daß die Angabe einer bestimmten Person oder Firma als Zahlungsempfänger beabsichtigt war und nur aus Versehen unterblieben ist. Auf einen solchen Scheck finden vielmehr die Vorschriften über den Inhaberscheck (vgl. Anm 5) ohne weiteres Anwendung. Anm. 8

Zusatz 1: Fremde Rechte. Vgl. die Anhänge unter G. Die Angabe des Zahlungsempfängers ist als wesentliches Erfordernis des Schecks vorgeschrieben im japanischen (Jap. HGB § 530 Nr 4), portugiesischen (Port. HGB § 340 Nr 2), auch wohl im rumänischen (Rum. HGB Art 365 Abs 1 Satz 2; a. M. Lessing zu § 4 IV); ferner im spanischen Scheckrechte (Art 535 Span. HGB). Auch die skandinavischen Rechte erklären die Angabe des Remittenten, als welcher auch der Inhaber bezeichnet werden kann, für ein wesentliches Erfordernis des Schecks, dessen Fehlen ihn ungültig macht. Zweifelhaft ist die Frage für Frankreich (Art 1 Abs 4 Ges v. 14. 6. 65: „Il peut être souscrit au porteur ou au profit d'une personne determinée") und Belgien (Art 2 Abs 2 Ges v. 20. 6. 73). Nach englischem Rechte kann, wenn die Bezeichnung des Remittenten fehlt, jeder „Holder for value", d. i. jeder, der den Scheck gegen Valuta empfangen hat, seinen Namen einfügen. Österreich (§ 3 Abs 1), Ungarn (§ 3 Abs 1 und 3) und die Schweiz (Art 832 Abs 2 OblRecht) stimmen dahin mit dem deutschen Gesetz überein, daß der Scheck als Inhaberscheck zu gelten hat, wenn er weder die Bezeichnung eines Remittenten noch die Inhaberklausel trägt. Die Angabe der als Zahlungsempfänger bezeichneten bestimmten Person mit ihrem „Namen" verlangt ausdrücklich Japan a. a. O.; Österreich (§ 3 Ges v. 3. 4. 06) und Ungarn (§ 3 Abs 1 Satz 3 Ges v. 31. 12. 08); im englisch-amerikanischen Rechte genügt eine Bezeichnung „mit hinreichender Deutlichkeit". Schecke an eigene Anm. 9

§ 4 Order und trassiert-eigene Schecke sind in den ausländischen Rechten teils ausdrücklich, teils stillschweigend zugelassen. Näheres bei F. Meyer Weltscheckrecht I S. 91ff.

Anm. 10 **10. Zusatz 2: Zukünftiges Weltscheckrecht.** Vgl. Anhang H. Art 4 der Beschlüsse der zweiten Haager Konferenz zur Vereinheitlichung des Scheckrechts lautet:

„Der Scheck kann ausgestellt werden (peut être stipulé) als zahlbar zum Vorteil einer benannten Person oder an deren Order.

Er kann ausgestellt werden als zahlbar an den Inhaber (au porteur). Der Scheck zugunsten einer benannten Person mit dem Vermerke „oder an den Inhaber" oder einem gleich bedeutenden Ausdrucke wird angesehen als zahlbar an den Inhaber.

Der Scheck ohne Angabe des Begünstigten ist zahlbar an den Inhaber. Der Scheck kann an die Order des Ausstellers selbst lauten.

Der Scheck auf den Inhaber, der auf den Aussteller selbst gezogen ist, ist nichtig."

Nach dem letzten Absatze ist ein trassiert-eigener Orderscheck zugelassen, nicht aber ein trassiert-eigener. Inhaberscheck; vgl. zu § 1 Anm 9. Der Grund dieser Unterscheidung ist nicht erkennbar.

§ 5

§ 5.

Der bei dem Namen oder der Firma des Bezogenen angegebene Ort gilt als Zahlungsort. Die Angabe eines anderen Zahlungsorts gilt als nicht geschrieben. Ist bei dem Namen oder der Firma des Bezogenen ein Ort nicht angegeben, so gilt der Ausstellungsort als Zahlungsort.

Anm. 1 **1. Vorbemerkung. Entstehungsgeschichte.** Ebensowenig wie die Angabe eines Zahlungsempfängers (vgl. zu § 4 Anm 1) stellt das Gesetz die Angabe eines Zahlungsortes als wesentliches Erfordernis für die Gültigkeit des Schecks auf, auch hier sich zur WO (Art 4 No 8) in Gegensatz stellend; denn nach dieser ist der Wechsel ungültig, wenn weder ein ausdrücklicher Zahlungsort noch bei dem Namen oder der Firma des Bezogenen ein Ort angegeben ist, der dann als Zahlungsort zu gelten hat. Schon der Entwurf eines ScheckG von 1892 enthielt ein solches Erfordernis nicht, sondern bestimmte (§ 2), daß der bei dem Namen oder der Firma angegebene Ort als Zahlungsort und zugleich als Wohnort des Bezogenen gelten solle und daß, wenn ein solcher Ort nicht angegeben sei, dessen Stelle der Ausstellungsort vertrete. Weiter aber enthielt er die Bestimmung, daß die Angabe eines anderen Zahlungsortes (als des bei dem Namen oder der Firma des Bezogenen angegebenen) den Scheck als solchen ungültig machen solle. Diese Bestimmung wurde von der Begründung damit gerechtfertigt, daß „domizilierte" Schecke ungültig sein müßten, weil es der Natur des Scheckverkehrs widersprechen würde, wenn der Bezogene, der der Kassenhalter des Ausstellers sei, an einem Orte zahlen sollte, wo er weder wohne noch eine geschäftliche Niederlassung, also auch keine Kasse habe. Auch der vorläufige Entwurf von 1907 enthielt noch die gleiche Bestimmung. Infolge des Widerspruchs, welchen diese Vorschläge in den beteiligten Kreisen und im Schrifttum fanden, ist in der Reichstagsvorlage von 1908 der Entwurf dahin abgeändert worden, daß die Angabe eines anderen Zahlungsortes als des bei dem Namen oder der Firma angegebenen Ortes als nicht geschrieben gelten solle. In der Begründung zu diesem Entwurfe (S. 22) ist bemerkt, die Erwägung, daß von dem Bezogenen nicht Zahlung an einem Orte verlangt werden könne, wo er keine Kasse habe, nötige nicht dazu, domizilierte Schecke für nichtig zu erklären. In dieser Fassung ist die Bestimmung Gesetz geworden.

2. Bedeutung des Zahlungsortes für den Scheck. Erfordernisse (Satz 1).

Anm. 2 a. Der Zahlungsort hat für den Scheck eine ganz andere und weit erheblichere sachliche Bedeutung als der Ausstellungsort, dessen Angabe als wesentliches Erfordernis formeller Art vorgeschrieben ist (vgl. oben zu § 1 Anm 23). Eine Klarheit darüber, an welchem Orte gezahlt werden soll, ist unbedingt erforderlich, um die für die Durchführung des Scheckverkehrs unumgängliche Vorlegung zur Zahlung (§ 11) und Vornahme der zur Erhaltung des Regreßrechts erforderlichen Handlungen (§ 16) zu ermöglichen. Deshalb hat das Gesetz die Angabe des Zahlungsortes zwar nicht als wesentliches Erfordernis des Schecks, dessen Fehlen ihn ohne weiteres ungültig machen würde, aufgestellt, aber nach Möglichkeit Vorsorge getroffen, daß der Scheck eines bestimmten Zahlungsortes nicht ermangelt (§ 5 Satz 3; vgl. unten Anm 10). Bei dieser Bedeutung des Zahlungsortes müssen an die im Scheck enthaltene Ortsangabe, sofern sie als Angabe des Zahlungsortes gelten soll, andere Anforderungen gestellt werden als an die Angabe des Ausstellungsortes. Das Gesetz stellt eine Vermutung (auch hier praesumtio iuris et de iure, also unwiderlegbare Fiktion) dafür auf, daß der bei der Bezeichnung

des Bezogenen angegebene Ort nach dem Willen des Ausstellers der Zahlungsort sein soll. § 5
Damit diese Vermutung eintreten kann, muß aber erfordert werden, daß eine wirklich existierende „Ortschaft", d. h. ein Bezirk, der nach der Verkehrsanschauung eine Einheit örtlichen Charakters bildet, als „Ort" angegeben ist. Zu weit geht es aber, zu verlangen, daß unter allen Umständen nur eine nach den Grundsätzen des Verwaltungsrechts selbständige politische Körperschaft (politische Gemeinde) Zahlungsort sein könne (so StStr zu Art 4 Anm 47). Es ist nicht einzusehen, warum namentlich bei großen Gemeinden der Zahlungsort nicht auf räumliche Teile von ihnen, die einen mehr oder weniger selbständigen wirtschaftlichen Charakter haben, beschränkt werden könnte, z. B. auf Stadtbezirke, Vororte u. dgl.; die Vornahme der am Zahlungsorte zu betätigenden Handlungen wird dadurch nicht beeinträchtigt. Das muß namentlich von Groß-Berlin gelten, das seit Inkrafttreten des preußischen Ges v. 27. 4. 20 (GS S. 123) mit allen bisher selbständigen Gemeinden eine Einheitsgemeinde bildet. Diese verwaltungsrechtliche Änderung kann nicht zur Folge haben, daß nunmehr die bisher zulässige Angabe einer der bis dahin selbständigen Gemeinden, z. B. Schöneberg, Charlottenburg, als Zahlungsort nicht mehr zulässig erscheinen sollte. Schon das Reichsoberhandelsgericht hat angenommen, daß die Angabe eines Stadtteils von Berlin (Neukölln an der Spree) als gültige Angabe eines Zahlungsortes angesehen werden könne, weil dieser Stadtteil im Verkehr mitunter als eine besondere Ortschaft betrachtet werde (Entsch d. ROHG 9, 263). Ebenso, wie dort bezeugt ist, die österreichischen Gerichte für die Angabe eines Stadtteils von Wien, der „Leopoldstadt". Durchaus willkürlich erscheint es, in solchem Falle als Zahlungsort an Stelle des benannten Teiles die ganze Gemeinde anzusehen, wie StStr WO in der neuesten (11.) Auflage zu Art 4 Anm 47 wollen; folgerichtig würde es vielmehr im Sinne der hier bekämpften Meinung sein anzunehmen, daß ein „Ort" im Sinne des Gesetzes überhaupt nicht angegeben ist und deshalb, soweit es sich um einen Wechsel handelt, dieser ungültig, beim Scheck aber gemäß § 5 Satz 3 ScheckG der Ausstellungsort als Ersatz-Zahlungsort einzutreten hat; vgl. unten Anm 10. Durch das genannte preußische Gesetz sind übrigens die vielfach erörterten Zweifelsfragen (vgl. StStr WO in den früheren Auflagen zu Art 4 Nr 8) für Berlin erledigt, die sich ergaben, wenn bei der Bezeichnung des Bezogenen als Ort „Berlin", daneben aber eine Straße oder ein Platz angegeben war, die zu einer der selbständigen Gemeinden gehörten, aus denen sich damals Groß-Berlin zusammensetzte; vgl. auch RGZ 32, 110ff. — Auch eine den angegebenen Ort von anderen gleichnamigen unterscheidende Bezeichnung (z. B. „Frankfurt a. Main") wird hier zur Klarstellung des wirklichen Zahlungsortes verlangt werden müssen; a. M. StStr WO Art 4 Anm 47.

b) Bei Beantwortung der Frage, ob der Scheck die Angabe eines „Ortes" im Sinne des **Anm. 2a**
Gesetzes bei der Bezeichnung des Bezogenen enthält, der als Zahlungsort gelten kann, und welches dieser Ort ist, darf ebensowenig wie beim Wechsel hinsichtlich der entsprechenden Frage eine Buchstabeninterpretation eintreten; vielmehr ist nötigenfalls durch Auslegung nach den für Schecke in Betracht kommenden Auslegungsgrundsätzen (vgl. zu § 1 Anm 37) zu ermitteln, in welchem Sinne die Bezeichnung von den Beteiligten, als welche insbesondere die Schecknehmer in Betracht kommen, nach der Verkehrssitte und nach Treu und Glauben verstanden werden konnte und durfte; vgl. RGZ 60, 428. — Die Angabe: „zahlbar allerorten" ergibt keinen hinreichend bestimmten Ort, der als Zahlungsort gelten könnte; dürfte vielmehr, auch wenn sie nicht allein steht, sondern einem bestimmten Orte beigefügt ist, diesem die erforderliche Bestimmtheit nehmen; a. M. die bei StStr zu Art 4 Anm 47 angeführten Entscheidungen des ROHG und RG.

c) Eine gewisse **Modifikation der Vorschriften über den Zahlungsort** ist durch **Anm. 3**
das am 1. Oktober 1908 in Kraft getretene Ges v. 30. 5. 08 betreffend die Erleichterung des Wechselprotestes eingetreten (was StStr WO zu Art 4 Anm 48 wohl mit Unrecht bestreiten). Näheres unten zu § 16 Anm 57. Nach dem durch dieses Gesetz neu eingestellten Art 91a WO, der gemäß §§ 16 Abs 2, 30 ScheckG auch auf die Vorlegung und den Protest von Schecken Anwendung findet, kann die Vorlegung des Schecks zur Zahlung und die Feststellung der Nichtzahlung, insbesondere auch der Protest, rechtswirksam auch an einem Orte erhoben werden, der mit dem im Scheck angegebenen Orte nicht identisch, sondern nur auf Grund einer Bestimmung des Bundesrats (jetzt Reichsrats), als ihm benachbart anzusehen ist, sofern der Bezogene dort eine Wohnung oder ein Geschäftslokal besitzt, mit beiderseitigem Einverständnisse auch ohne diese Voraussetzung. Damit sind für solche Fälle neben dem im Scheck angegebenen auch dem benachbarten Orte wesentliche Funktionen eines Zahlungsortes übertragen. Richtig ist, daß durch den Art 91a nicht schlechthin der im Wechsel angegebene und der benachbarte Ort als ein Ort im Sinne der WO erklärt werden und daß deshalb insbesondere die für den trassiert-eigenen Wechsel in Art 6 Abs 2 erforderte distantia loci nach wie vor dadurch allein begründet wird, daß der Ausstellungsort und der „benachbarte" Ort verschieden sind. Für den Scheck spielt diese Frage übrigens keine Rolle,

§ 5 da trassiert-eigene Schecke entweder überhaupt unzulässig oder auch als Platzschecke zulässig sind; vgl. darüber oben zu § 1 Anm 9.

Anm. 4 d) Ein im Scheck angegebener Ort hat nur dann auf Grund des § 5 Satz 1 ohne weiteres als **Zahlungsort** zu gelten, wenn die Ortsangabe **bei dem Namen oder der Firma des Bezogenen** erfolgt ist. Da beim Scheck anders als beim Wechsel die Bezeichnung des Bezogenen auch auf andere Weise als durch Angabe seines Namens oder seiner Firma erfolgen kann (vgl. oben zu § 1 Anm 5), so hätte richtiger gesagt werden müssen: „**bei der Bezeichnung des Bezogenen**"; die ungenaue Ausdrucksweise erklärt sich aus der Entstehungsgeschichte; vgl. oben unter 1. Die Vermutung tritt nur ein, wenn die Ortsangabe **bei der** Bezeichnung des Bezogenen erfolgt ist, also sich mit dieser in einer sprachlichen oder wenigstens räumlichen Verbindung befindet, derart, daß sie sich als ein Teil dieser Bezeichnung darstellt, z. B. „An die Bank X in Z.", aber auch „an die Bank X, Z (Ortsbezeichnung)". Ob eine **an anderer Stelle** erfolgte Angabe eines Ortes die Bedeutung der Angabe eines Zahlungsortes hat, ist Sache der Auslegung, die nach den für die Auslegung derartiger Urkunden zu beachtenden Rechtsgrundsätzen (vgl. oben unter 2) zu erfolgen hat.

Erachtet man die Angabe **mehrerer Bezogener** im Scheck für zulässig (vgl. darüber zu § 1 Anm 6), so wird bei jedem Bezogenen die Angabe eines Ortes erfolgen können, der dann, soweit von diesem Bezogenen Zahlung verlangt wird, als Zahlungsort gilt. In diesem Sinne kann ein Scheck mehrere Zahlungsorte haben.

3. Die Angabe eines anderen Zahlungsortes gilt als nicht geschrieben (Satz 2).

Anm. 5 a) Die Begründung bezeichnet solche Schecke, welche einen anderen Zahlungsort als den bei dem Namen oder der Firma des Bezogenen angegebenen enthalten, als „**domizilierte Schecke**", ähnlich dem Begriffe des Domizilwechsels, vgl. StStr WO zu Art 24 Anm 1, 2. Während aber die Wechselordnung solche Domizilwechsel zuläßt, ist die Domizilierung für Schecke durch das Scheckgesetz ausgeschlossen, zwar nicht, wie nach dem Entwurfe (vgl. oben Anm 1), mit der Wirkung, daß der Scheck durch die Domizilierung ungültig wird, wohl aber in der Weise, daß sie als nicht geschrieben gilt und deshalb als Ersatz-Zahlungsort der Ausstellungsort eintritt (Anm 4). Die dafür in der Begründung angeführten Gründe (vgl. oben Anm 1), erscheinen keineswegs als überzeugend. Es ist nicht einzusehen, inwiefern die Domizilierung dem Wesen des Scheckverkehrs weniger entsprechen sollte als dem des Wechselverkehrs. An welchem Orte der Bezogene zu zahlen dem Aussteller gegenüber verpflichtet ist, regelt sich lediglich nach dem Inhalte des Scheckvertrags; hat der Aussteller einen Zahlungsort angegeben, der diesem Inhalte nicht entspricht, so kann der Bezogene die Zahlung verweigern. Das kann aber ebensowohl eintreten, wenn die Angabe des Ortes bei der Bezeichnung des Bezogenen, wie wenn sie an anderer Stelle erfolgt ist. Dem Bezogenen kann in keinem Falle ein Zahlungsort aufgezwungen werden, an dem er nicht vertragsmäßig die Erfüllung übernommen hat. Übrigens ist dadurch, daß die Formulare zu den Schecken in der Regel von den Banken selbst aufgestellt und ausgegeben werden, die Gefahr, daß ein ihnen nicht genehmer Zahlungsort im Schecke angegeben werden könnte, so gut wie ausgeschlossen, da durch eine handschriftliche Abänderung des Formulars von seiten des Ausstellers der Scheck verdächtig werden und seine Verkehrsfähigkeit einbüßen würde. Die Bestimmung, daß die Domizilierung von Schecken unwirksam ist, wird deshalb durch die Erwägungen der Begründung keineswegs gerechtfertigt und hemmt nur den Verkehr, indem sie nicht gestattet, bei der Bezeichnung des Bezogenen seinen Wohn- oder Niederlassungsort anzugeben (was oft zur Verdeutlichung seiner Identität erforderlich sein wird) nnd daneben einen davon verschiedenen vereinbarten Zahlungsort.

Anm. 6 b) Keine unzulässige Domizilierung liegt vor, wenn der Scheck **an dem gleichen Orte**, der bei der Bezeichnung des Bezogenen angegeben ist, bei einer Geschäftsstelle des Bezogenen, z. B. einer Depositenkasse der bezogenen Bank, oder auch bei einer anderen Bank oder sonstigen Stelle zahlbar gestellt ist, z. B. „An die Deutsche Bank Berlin, zahlbar bei ihrer Depositenkasse in der Französischen Straße Nr. X daselbst," oder auch: „zahlbar bei der Reichsbankhauptstelle Berlin" (**Zahlstellenscheck**).

Anm. 7 c) Verschieden von der Domizilierung ist auch die Angabe von uneigentlichen „**Zahlstellen**", die von den Banken meist auf der Rückseite ihrer Scheckformulare zu erfolgen pflegt. Eine solche Angabe hat keine scheckrechtliche Bedeutung; sie bedeutet nach der Verkehrsauffassung nur die Mitteilung an den Scheckinhaber, daß die bezeichneten Stellen bereit sind, die auf die ausgebende Bank lautenden Schecke von ihm entgegenzunehmen und sie bei dieser zur Zahlung kostenfrei vorzulegen, auch im Falle der Nichtzahlung die zur Erhaltung des Regreßrechts erforderlichen Handlungen für ihn vorzunehmen. Die Zahlstellen handeln dabei als Mandatare des Scheckinhabers, wenn auch auf Grund einer mit dem Bezogenen getroffenen Vereinbarung. Der Zahlungsort wird dadurch nicht berührt. So mit Recht Rießer, BankA 7 S. 137; Breit ebenda, Zahlstelle und Scheckinkasso, S. 234. Zwar ist in der Begründung der Reichstagsvorlage (S. 22) ausgeführt:

„Dem Bezogenen bleibt überlassen, durch welche seiner Zahlstellen er die Einlösung besorgen lassen will. Der Angabe einer Reihe von Stellen, bei denen der Scheck zur Einlösung gelangen kann, stehen die gesetzlichen Vorschriften nicht im Wege." § 5

Allein diese (wie Rießer a. a. O. zutreffend bemerkt) höchst unklare Ausführung kann nicht dazu führen, der Angabe solcher „Zahlstellen" eine Bedeutung für den Zahlungsort des Schecks beizumessen. Das würde in Widerspruch stehen zu den Vorschriften des § 5, wonach, wenn (wie in den Formularen der Banken durchweg geschieht) bei der Bezeichnung des Bezogenen ein Ort angegeben ist, jede Angabe eines anderen Zahlungsortes als nicht geschrieben gilt. Auch kann eine auf der Rückseite des Schecks stehende Erklärung, die nicht von dem Aussteller ausgeht, keine scheckrechtliche Wirkung haben. Daß die sog. „Zahlstellen" keine Einlösungsstellen für den Scheck sind, sondern nur als Beauftragte des Scheckinhabers für die Einziehung des Schecks tätig werden sollen, ergibt übrigens deutlich schon der regelmäßige Wortlaut, der dahin zu gehen pflegt, daß die kostenfreie Einziehung des Schecks durch die dort genannten Bankfirmen besorgt werde. Die Zahlstelle übernimmt demgemäß durch die Entgegennahme des Schecks gegenüber dem Scheckinhaber die vertragliche Verpflichtung, für rechtzeitige Vorlegung des Schecks bei dem Bezogenen und gegebenen Falles für Feststellung der Nichteinlösung durch diesen in den gesetzlich vorgeschriebenen Formen (§ 16 ScheckG) Sorge zu tragen. Der Vertrag wird sich als ein Geschäftsbesorgungsvertrag (§ 675), nicht als ein unentgeltlicher Auftrag (§ 662 BGB) darstellen, obwohl die Zahlstelle eine Vergütung nicht unmittelbar von dem Scheckinhaber, vielmehr nur in irgendeiner Form, wenn auch nur im Wege der Gegenseitigkeit, von der Bank, die sie als Zahlstelle bezeichnet hat, erhält (vgl. RG in WarnRspr 1915, 168). Die Zahlstelle haftet dem Scheckinhaber für Anwendung der im Handelsverkehr erforderlichen Sorgfalt (§§ 276 BGB, 347 HGB). Sie wird daher den Scheck unverzüglich, nötigenfalls durch Eilbrief, der bezogenen Bank vorzulegen haben; die infolge später Einreichung des Schecks bei ihr durch die infolgedessen gebotene besondere Eile entstehenden Kosten wird sie aber von dem Scheckinhaber erstattet verlangen können. Die bei Schecken auf kleine Plätze vielfach übliche Einsendung an die Berliner Zahlstelle des Provinzbankiers wahrt die Vorlegungsfrist nicht. Auch die bloße Anfrage der Inkassobank bei dem Bezogenen, ob der Scheck in Ordnung gehe, ersetzt die gesetzlich vorgeschriebene Vorlegung zur Zahlung nicht; deshalb würde die Inkassobank gegenüber dem Scheckinhaber den etwa durch die Versäumung des Regresses entstehenden Schaden zu tragen haben, wenn sie auf die bejahende Antwort der bezogenen Bank ihm den Scheckbetrag ausbezahlt hat und nachher der Scheck doch nicht eingelöst wird; allerdings würde ihr die bezogene Bank wegen der unrichtigen Auskunft ersatzpflichtig sein.

d) Besonders bedenklich ist die Bestimmung des § 5 Satz 2 für die auch in Deutschland in neuerer Zeit üblich gewordenen sog. **Reiseschecke** (Zirkularschecke, Traveller-Cheques). Diese pflegen etwa folgende Klausel zu enthalten: Anm. 8

„Der Scheck ist bei allen in der Korrespondenzliste des Ausstellers verzeichneten Firmen zu dem auf der Rückseite des Schecks beigefügten, für außerdeutsche Länder in Frage kommenden Gegenwert in der entsprechenden Landeswährung zahlbar." (Reiseschecke des Norddeutschen Lloyd, nach Meyer Weltscheckrecht I S. 118).

Hier handelt es sich nicht mehr um die bloße Bezeichnung von „Zahlstellen", welche die Einziehung des Schecks im Auftrage des Scheckinhabers für diesen am Zahlungsorte besorgen sollen, sondern es liegt wohl unleugbar eine Domizilierung in dem obenerörterten Sinne vor. Die Bestimmung wird deshalb für Deutschland als nicht geschrieben und als Zahlungsort nur der bei dem Namen des Bezogenen angegebene Ort, in Ermangelung eines solchen der Ausstellungsort gelten müssen. Demungeachtet werden solche Schecke, wie Meyer a. a. O. bezeugt, von den in der Korrespondenzliste bezeichneten Banken, auch im Inlande, unbeanstandet eingelöst, entsprechend der von ihnen mit der die Formulare ausgebenden Bank getroffenen Vereinbarung; zu Regreßansprüchen werden sie aber nur führen können, wenn die Vorlegung und die zur Erhaltung der Regreßansprüche erforderlichen Handlungen an dem als Zahlungsort geltenden Orte vorgenommen worden sind.

e) Die Fassung des Satzes ist übrigens ungenau. Als nichtgeschrieben hat nämlich nicht nur die Angabe eines „anderen" Zahlungsortes — zu ergänzen: als des bei dem Namen oder der Firma des Bezogenen angegebenen Ortes —, sondern jede an anderer Stelle als bei dem Namen oder der Firma des Bezogenen erfolgte Angabe eines Zahlungsortes zu gelten. Das ergibt sich aus Satz 3 des § 5 (vgl. Anm 10), wonach der Ausstellungsort als Zahlungsort gilt, wenn bei dem Namen oder der Firma ein Ort nicht angegeben ist. Anm. 9.

4. **Ist bei dem Namen oder der Firma des Bezogenen ein Ort nicht angegeben, so gilt der Ausstellungsort als Zahlungsort (Satz 3).** Auch die Fassung dieses Satzes ist insofern ungenau, als es statt „bei dem Namen oder der Firma" heißen müßte: „bei der Bezeichnung", da die Bezeichnung des Bezogenen auch in anderer Weise erfolgen kann als durch Angabe des Namens oder der Firma; vgl. zu Satz 1 Anm 4. Ein an anderer Stelle Anm. 10

§ 5 geschriebener Ort kann, auch wenn er als Zahlungsort gewollt und als solcher bezeichnet ist, als solcher nicht in Betracht kommen; er gilt als nicht geschrieben (Anm 5). Ist an der genannten Stelle kein Ort angegeben, so gilt ohne weiteres als Zahlungsort der Ausstellungsort. Dieser tritt also hilfsweise als Ersatz ein, da der Scheck einen bestimmten Zahlungsort haben muß, an welchem seine Vorlegung zur Zahlung und die zur Erhaltung der Regreßansprüche erforderlichen Handlungen vorgenommen werden können (vgl. Anm 2). Das Gesetz stellt auch hierfür eine praesumtio iuris et de iure auf, gegen welche ein Gegenbeweis nicht geführt werden kann, insbesondere nicht in der sehr naheliegenden Richtung, daß nach dem Willen des Ausstellers der Scheck am Wohnsitze oder der Niederlassung des Bezogenen zahlbar sein sollte und die dementsprechende Angabe nur aus Versehen unterblieben ist. Das Gesetz versagt einem solchen nicht zum Ausdruck gekommenen Parteiwillen die Berücksichtigung ersichtlich um deswillen, weil der Wohnsitz oder Niederlassungsort des Bezogenen den Beteiligten, insbesondere den Schecknehmern, häufig nicht bekannt sein wird und kann. Angesichts der durchgreifenden gesetzlichen Vorschrift kann es dabei aber auch nicht (wie Merzbacher ScheckG S. 21 will) zu einer anderen Entscheidung führen, wenn etwa im Einzelfalle der Bezogene eine so bekannte Firma ist (z. B. „S. Bleichroeder"), daß sein Wohnsitz als im Verkehr bekannt vorausgesetzt werden kann, denn cessante ratione legis non cessat lex ipsa. Über den Ausstellungsort vgl. oben zu § 1 No 4 Anm 23.

Anm. 11 **Zusatz 1: Fremde Rechte.** Vgl. die Anhänge unter G. Das österreichische ScheckG (§ 4) bestimmt, daß als Zahlungsort nur ein Ort bezeichnet werden kann, an dem der Bezogene eine Handelsniederlassung hat oder an dem sich eine Abrechnungsstelle befindet, bei welcher der Bezogene vertreten ist und daß, sofern kein dementsprechender Zahlungsort angegeben, der Scheck an dem Orte zahlbar gilt, wo der Bezogene seinen Sitz oder seine Hauptniederlassung hat (also nicht am Ausstellungsorte). Diese Regelung wird dem vermutbaren Parteiwillen in viel höherem Grade gerecht wie das deutsche Gesetz. — Das schweizerische Scheckrecht (§ 830 Nr. 6 des Obligationenrechts) erklärt die Angabe eines Zahlungsortes für ein wesentliches Erfordernis des Schecks mit der Maßgabe, daß der bei dem Namen oder der Firma des Bezogenen angegebene Ort für den Scheck als Zahlungsort und zugleich als Wohnort des Bezogenen gilt. Danach ist ein Scheck, der weder einen Ort bei dem Namen oder der Firma des Bezogenen noch einen besonderen Zahlungsort angibt, ungültig; ein Ersatz durch den Ausstellungsort ist also auch dem schweizerischen Rechte fremd. — Das dänische ScheckG (§ 1 Abs 1 und 4) verordnet, daß der Scheck u. a. den Ort, wo die Zahlung geschehen soll, enthalten soll und daß als Zahlungsort in Ermangelung einer anderen Angabe der bei dem Namen des Trassaten angeführte Ort gilt. — Japan bestimmt, daß der Scheck den Zahlungsort enthalten muß (Jap. HGB Art 530 Nr. 7). — Die übrigen, in den Anhängen abgedruckten Scheckrechte enthalten keine besonderen Bestimmungen über die Angabe eines Zahlungsortes; es werden daher die Bestimmungen über den Erfüllungsort bei Geldschulden entsprechend anzuwenden und danach wird in der Regel der Wohnsitz des Bezogenen Zahlungsort sein.

Anm. 12 **Zusatz 2: Zukünftiges Weltscheckrecht.** Die zweite Haager Konferenz hat in ihren Beschlüssen (**Anhang H** dieses Kommentars), Art 1 Nr 4 und Art 2, die Angabe des Zahlungsortes unter die gesetzlichen Erfordernisse des Schecks aufgenommen; jedoch soll für den Fall des Fehlens einer besonderen Angabe der bei dem Namen des Bezogenen angegebene Ort als Zahlungsort gelten. Fehlt es auch an einer solchen Angabe, so soll der Ausstellungsort als hilfsweiser Zahlungsort eintreten; als Ausstellungsort soll, falls ein solcher nicht bezeichnet ist, der bei dem Namen des Ausstellers (also bei der Unterschrift) angegebene Ort gelten. Sonach kann Nichtigkeit nicht wegen Mangels der Angabe eines Zahlungsortes allein eintreten, sondern nur, wenn auch ein Ausstellungsort fehlt und der Scheck deshalb schon aus diesem Grunde nichtig ist. Vgl. zu § 1 Anm 40.

§ 6

§ 6.

Ist die zu zahlende Geldsumme in Buchstaben und in Ziffern ausgedrückt, so gilt bei Abweichungen die in Buchstaben ausgedrückte Summe. Ist die Summe mehrmals mit Buchstaben oder mehrmals mit Ziffern geschrieben, so gilt bei Abweichungen die geringere Summe.

Anm. 1 1. **Vorbemerkung.** Nach § 1 Nr 2 ScheckG ist, wie nach Art 5 WO, die **Angabe einer bestimmten Geldsumme** ein wesentliches Erfordernis des Schecks. Eine mehrfache Angabe würde bei Abweichungen der einzelnen Angaben voneinander es zweifelhaft machen, welche davon die maßgebende sein soll, und dadurch die erforderte Bestimmtheit ausschließen; der Scheck würde daher ungültig sein. Um diese Rechtsfolge auszuschließen, stellt § 6 ScheckG die gleiche Vermutung (praesumtio iuris et de iure) auf, wie Art 5 WO, danach gilt, wenn die zu zahlende Geldsumme in Buchstaben und in Ziffern ausgedrückt ist, bei Abweichungen die in Buchstaben, wenn aber die Summe mehrmals in Buchstaben oder mehrmals in Ziffern geschrieben ist, die geringere Summe. **§ 6**

Voraussetzung für den Eintritt der Vermutung ist **mehrfache Angabe** der zu zahlenden Geldsumme und **Abweichungen** der einzelnen Angaben voneinander. Es kommen nur solche Angaben in Betracht, welche die Geldsumme bezeichnen, die zu zahlen der Bezogene angewiesen wird. Dazu ist nicht erforderlich, daß die Angaben unmittelbar in dem die Anweisung enthaltenden Kontext stehen, es muß aber dann in diesem auf sie Bezug genommen, außerdem müssen sie durch die Unterschrift des Ausstellers gedeckt sein, z. B.: „Zahlen Sie die obenstehende" oder „die untenstehende Summe"; vgl. zu § 1 Anm 16. Bloße, außerhalb des Textes stehende Summenangaben, auf die im Texte nicht Bezug genommen ist, werden für die Frage, ob mehrfache Angabe der zu zahlenden Geldsumme vorliegt, nicht in Betracht kommen können; vielmehr wird in solchem Falle lediglich die Angabe des Kontextes maßgebend sein. Insbesondere sind ganz ohne Bedeutung für die Höhe der Schecksumme die Zahlenreihen, welche meist an einer Seite der Scheckformulare angebracht sind, mit der Weisung an den Aussteller, die über die Schecksumme hinausgehenden Zahlen abzutrennen (vgl. darüber zu § 23 Anm 12); sie dienen lediglich dem Zwecke, eine Verfälschung der Schecksumme ersichtlich zu machen; scheckrechtliche Bedeutung haben sie nicht. — Weitere Voraussetzung ist, daß die mehrfachen Angaben voneinander abweichen. Die hier in Frage stehenden Abweichungen betreffen aber nur die Höhe der Geldsumme; für andere Abweichungen, insbesondere in der Bezeichnung der Münzart — z. B. „Zahlen Sie 100 Franken in Buchstaben einhundert Mark" — gelten sie nicht; diese machen vielmehr den Scheck ungültig; auch eine Aufrechterhaltung für die geringere Summe (so Lehmann, Wechselrecht S. 344), wird hier nicht Platz greifen können. Anm. 2

3. **Inhalt der Vermutung.** a) **Satz 1.** Ist die zu zahlende Summe einmal oder mehrmals in Ziffern und einmal oder mehrmals in Buchstaben ausgedrückt, so gilt die in Buchstaben ausgedrückte Summe, mag sie größer oder geringer sein als die in Ziffern geschriebene. Das tritt auch dann ein, wenn die Ziffernangabe im Texte, die Buchstabenangabe außerhalb des Textes steht, sofern auf letztere im Texte Bezug genommen ist, z. B.: Anm. 3

„Achttausend Mark. Zahlen Sie obenstehende Summe, 10 000 Mark";
aber auch:

„Zehntausend Mark. Zahlen Sie obenstehende Summe, 8 000 Mark".
In beiden Fällen gilt die außerhalb des Textes stehende Buchstabensumme.

b) Ist die Summe mehrmals in Buchstaben oder mehrmals in Ziffern ausgedrückt, so hat die geringere Summe den Vorzug. Diese Folge tritt aber, wie der Wortlaut („oder") und der Zusammenhang zweifelsfrei erkennen lassen, nur ein, wenn entweder nur mehrere untereinander abweichende Buchstaben- oder nur mehrere untereinander abweichende Ziffernbezeichnungen vorliegen, z. B.: Anm. 4

„Eintausend Mark. Zahlen Sie obige Summe von achthundert Mark",
oder:

„1000 Mark. Zahlen Sie obige Summe von 800 Mark";
hier gilt in beiden Fällen die niedrigere Summe: 800 Mark. Anders, wenn Ziffern- und Buchstabenbezeichnungen voneinander abweichen; insbesondere mehrere Buchstaben- und eine oder mehrere Ziffernbezeichnungen oder umgekehrt, z. B.:

„1000 Mark. Zahlen Sie obige Summe von 800 Mk. — zwölfhundert Mark —";
Dieser Fall fällt vielmehr unter a); es gilt also die Buchstabensumme von 1200 Mark, obwohl sie die höhere ist.

4. **Wirkungen der Vermutung.** Die sich auf Grund der Vermutung ergebende Summe ist die Schecksumme. Ein Gegenbeweis dahin, daß (im Falle von Satz 1) die in Ziffern ausgedrückte oder (im Falle von Satz 2) die höhere Summe von dem Aussteller gemeint sei, ist unzulässig. Ein solcher Einwand könnte nur etwa als Einrede aus dem zugrunde liegenden Geschäfte im Verhältnisse zwischen dem Aussteller und einem nicht gutgläubigen Nehmer erhoben werden (vgl. unten zu § 18 Anm 8ff.). Anm. 5

Zusatz 1: Fremde Rechte. Vgl. die Anhänge unter G. Das schweizerische Scheckrecht (Art 830 Nr 2 OblRecht) verlangt Angabe der Geldsumme „mit Worten" als wesentliches Erfordernis des Schecks. — Ebenso Spanien (Art 535 Abs 2 HGB). — Argentinien (Art 800 Ziff 6), Mexiko (Art 533 IV), Peru (Art 524 Nr 2) verlangen Angabe in Buchstaben und Ziffern (Meyer Weltscheckrecht I 41). — Bei abweichenden Angaben gibt die englische Lehre und Rechtsprechung der im Kontext gemachten Angabe den Vorzug; ebenso Japan (Art 539, 446); bei abweichenden Angaben im Kontexte untereinander wird in England der Scheck als unverbindlich für den Bezogenen erklärt; Amerika läßt die Buchstabenangabe entscheiden; andere Scheckgesetze (die nordischen § 1 Abs 6, Italien, Rumänien) erklären die niedrigste Summe für maßgebend; ebenso die Schweiz bei mehreren Anm. 6

§ 6 abweichenden Buchstabenangaben. Wo keine besonderen Bestimmungen bestehen, wird im allgemeinen die deutsche Regel befolgt. Näheres bei Meyer, Weltscheckrecht I S. 43, 44.

Anm. 7 **Zusatz 2: Künftiges Weltscheckrecht.** Von den Entwürfen verlangte ein größerer Teil die Angabe der Schecksumme in Buchstaben. Auch für den Fall mehrfacher untereinander abweichender Angaben in Buchstaben oder in Ziffern gingen die Vorschläge auseinander. Die zweite Haager Konferenz erklärte in ihren Beschlüssen zum Scheckrecht (Art 7) — vgl. Anhang H — die Vorschriften des Art 6 der einheitlichen Wechselordnung für anwendbar auf den Scheck. Dieser Artikel bestimmt folgendes:

„Art 6. Der Wechsel, dessen Betrag sowohl in vollen Buchstaben wie in Ziffern geschrieben ist, gilt im Falle einer Verschiedenheit für die in vollen Buchstaben geschriebene Summe.

Der Wechsel, dessen Betrag mehrmals geschrieben ist, sei es in vollen Buchstaben oder in Ziffern, gilt im Falle einer Abweichung nur für die geringere Summe."

§ 7

§ 7.

Der Scheck ist bei Sicht zahlbar. Die Angabe einer anderen Zahlungszeit macht den Scheck nichtig.

Anm. 1 1. **Vorbemerkung. Entstehungsgeschichte.** Im Gegensatze zum Wechsel, der Kreditpapier ist und je nach der wirtschaftlichen Absicht, die dem Wechselvertrage zugrunde liegt, den Kredit auf längere oder kürzere Frist vermitteln soll, bei dem deshalb die Möglichkeit gewährt werden muß, die Zahlungszeit auf verschiedene Art zu bestimmen (vgl. WO Art 4 Nr 4), soll der Scheck nur die Zahlung aus bereitgestellten oder sofort bereitzustellenden Mitteln des Ausstellers, die in Händen eines Dritten sich befinden, vermitteln, nicht aber es ihm ermöglichen, sich Kredit zu verschaffen. Vgl. zu § 1 Anm 28 und zu § 11 Anm 1. Dem entspricht es, daß der Scheck nur eine kurze Umlaufsfrist haben und möglichst rasch seiner Erledigung durch Zahlung entgegengeführt werden soll. Dazu dient in erster Linie die gesetzlich bestimmte kurze Vorlegungsfrist (§ 11). Der mit ihr verfolgte Zweck würde aber nicht erreicht werden, wenn nicht mit der Vorlegung zugleich auch die Fälligkeit des Schecks einträte, dieser vielmehr auf eine andere Zahlungszeit als auf Sicht — insbesondere wie der Wechsel auf einen bestimmten Tag, eine bestimmte Zeit nach Sicht oder auf den Zeitpunkt eines Marktes oder einer Messe — gestellt werden könnte. Demgemäß wurde schon vor dem Erlasse des Scheckgesetzes nicht nur de lege ferenda in der Rechtslehre gefordert, daß nur Sichtschecke von dem künftigen Gesetze zugelassen werden sollen, sondern es wurden auch in der Rechtsprechung nicht auf Sicht gestellte Schecke für nicht handelsüblich erklärt (OLG Hamburg 21. 10. 92 in SeuffA 48, 196). Auch das Wechselstempelsteuergesetz (§ 24) erklärte für steuerfrei nur die „statt der Barzahlung dienenden auf Sicht zahlbaren Platzanweisungen und Schecke" (RGSt 18, 154). In Übereinstimmung mit diesen Bestrebungen enthielt bereits der Entwurf von 1892 in § 5 die Bestimmung, daß der Scheck „bei Sicht zahlbar" sei und daß die Angabe einer anderen Zahlungszeit „den Scheck als solchen ungültig mache". Die Begründung bezeichnet die Zahlbarkeit bei Sicht als unbedingtes Erfordernis des Schecks, wenn er nicht seinem wirtschaftlichen Zweck entfremdet und zu einem dem Wechsel ähnlichen Papier gemacht werden solle, und als das notwendige Korrelat zu der kurzen Präsentationsfrist. Vgl. in demselben Sinne die Motive zu dem österreichischen Entwurfe § 5. In den Entwürfen von 1907 und 1908 erhielt die Bestimmung dann die jetzt vorliegende Fassung.

Anm. 2 2. Der Scheck ist **bei Sicht zahlbar.** Diese Rechtswirkung tritt ein, ohne daß es einer Bestimmung über die Zahlungszeit im Scheck bedarf; eine solche Bestimmung ist daher nicht (wie beim Wechsel) als wesentliches Erfordernis vom Gesetze aufgestellt. Doch ist es unschädlich, wenn der Scheck die mit dem Gesetze übereinstimmende ausdrückliche Anweisung an den Bezogenen, „bei Sicht" zu zahlen oder einen gleichwertigen Ausdruck: „bei Vorzeigung", „a vista" enthält. Auch der Ausdruck: „nach Sicht" (ohne Beifügung einer Frist) wird in dem Sinne ausgelegt werden dürfen, daß damit eine Zahlung, die sich unmittelbar an die Vorlegung anzuschließen hat, gemeint ist. Den Ausdruck: „dato nach Sicht" hat das ROHG (6, 240) für den Wechsel in dem Sinne ausgelegt, daß darin das Wort: „dato" nicht den Ausstellungstag als Fälligkeitstag, sondern „von heute an" bedeute, also ein Sichtwechsel vorliege; es läßt aber dahingestellt, ob bei dieser Auslegung nicht Art 32 Nr 1 WO entsprechend anwendbar sei und deshalb Zahlung am Ausstellungstage nicht verlangt werden könne. Nimmt man an, daß der Ausdruck diese Bedeutung hat, so würde darin für den Scheck eine „andere" als die gesetzlich bestimmte Zahlungszeit zu finden sein, da der Scheck auch am Ausstellungstage vorgelegt werden kann und alsdann die Zahlung an diesem Tage zu erfolgen hat. Daraus würde sich die Nichtigkeit eines solchen Schecks ergeben. Es wird aber wohl richtiger sein, anzunehmen, daß „dato nach Sicht“ nur heißen soll: „an dem Datum, an welchem die Sicht stattfindet“, also eine andere Zahlungszeit als die gesetzlich vorgeschriebene, nicht bedeutet. — Auch die Bestimmungen: „auf Verlangen“, „nach Belieben“, „a piacere“, deren Bedeutung in der Lehre des Wechselrechts streitig ist (vgl. für die Zulässigkeit Lehmann Wechselrecht S. 357, 358 u. Anm 3; dagegen StStr Art 4 Anm 23), dürften bei dem Scheck unschädlich sein, da sie einer Zahlbarkeit des Schecks bei Sicht nicht entgegenstehen. Dagegen dürfte der Zusatz: „ohne vorherige Präsentation“ oder ein gleichbedeutender Ausdruck den Scheck nichtig machen, da er eine Zahlbarkeit des Schecks ohne das Erfordernis der Sicht bedeutet. — Die Zahlbarkeit „bei Sicht“ bedeutet, daß dem Bezogenen die Möglichkeit verschafft werden muß, „Sicht“ (Einsicht) von dem Scheck zu nehmen; ob er tatsächlich von ihm und seinem Inhalt Kenntnis nimmt, ist unerheblich. Vgl. im übrigen über die Vorlegung und die Folgen der Nichtzahlung bei Vorlegung unten zu § 11 Anm 1 ff. § 7

Anm. 3 Über **vordatierte Schecke** vgl. zu § 1 Anm 28. Danach ist der vordatierte Scheck zwar auch schon vor Eintritt des darin angegebenen Ausstellungstages als gültiger Scheck anzusehen, aber er kann vor diesem Zeitpunkte nicht mit Rechtswirksamkeit dem Bezogenen zur Zahlung vorgelegt werden. Die nach § 7 auch für vordatierte Schecke „bei Sicht“ eintretende Fälligkeit wird also durch eine solche Vorlegung nicht herbeigeführt, da die „Sicht“ eine *wirksame* Vorlegung zur Voraussetzung hat. Da der Scheck bei Sicht zahlbar ist, hat der Verkäufer eines Schecks auch ohne besondere Vereinbarung und ohne daß es des Nachweises einer dahin gehenden Handelsusance bedarf, dafür einzustehen, daß die Zahlung durch den Bezogenen sofort bei Sicht erfolgen kann und erfolgt: RG I 451/22, Urt v. 28. 2. 23, abgedruckt im BankA 1922/23, 242.

Anm. 4 3. Die **Angabe einer anderen Zahlungszeit macht den Scheck nichtig.** Darüber, in welchen Fällen angenommen werden muß, daß der Scheck auf eine andere Zahlungszeit als „bei Sicht“ gestellt ist, vgl. oben Anm 2. Liegt ein solcher Fall vor, so ist die andere Angabe nicht etwa als nicht geschrieben anzusehen und der Scheck mit der gesetzlich bestimmten Zahlungszeit als Sichtscheck aufrechtzuerhalten, sondern der Scheck selbst ist nichtig. Diese mit dem im übrigen vom Scheckgesetze verfolgten Bestreben, ungültige Schecke möglichst zu vermeiden, nicht ganz im Einklang stehende Vorschrift glaubte das Gesetz hier nicht vermeiden zu können, weil dem Willen des Ausstellers Zwang angetan werden würde, wenn er, „obwohl er den Nehmer ausdrücklich erst in der Zukunft befriedigen wolle, so behandelt werden würde, als hätte er eine sofort fällige Zahlungsanweisung erteilt“ (Begründung S. 23).

Anm. 5 In dem Entwurfe von 1892 (§ 5) war als Folge der Angabe einer anderen Zahlungszeit vorgesehen, daß der Scheck *als solcher* ungültig sein sollte. Diese Fassung deutete darauf hin, daß nicht ausgeschlossen sein sollte, daß ein solches Papier Rechtswirkungen anderer Art, insbesondere als *Anweisung* des bürgerlichen Rechts, hervorbringen könnte. In der Begründung zu dem Entwurfe von 1908, der die jetzige Fassung enthält, ist das noch deutlicher zum Ausdruck gekommen, indem dort für die Entscheidung der Frage ausdrücklich auf § 140 BGB verwiesen wird. Eine *Konversion* im Sinne dieser Vorschrift wird indessen auch hier in der Regel nicht stattfinden können. Es wird sich nicht ohne weiteres feststellen lassen, daß derjenige, der eine von ihm ausdrücklich als Scheck bezeichnete und (abgesehen von dem hier in Frage stehenden Mangel) in den dafür vorgeschriebenen besonderen Formen gehaltene Urkunde ausgestellt hat, für den Fall ihrer Unwirksamkeit als Scheck, wenn er ihn vorausgesehen hätte, die erheblich abweichenden Wirkungen gewollt haben würde, die mit einer Anweisung des bürgerlichen oder des Handelsrechts verbunden sind. Vgl. Näheres oben zu § 1 Anm 38.

Anm. 6 **Zusatz 1: Fremde Rechte.** Vgl. die Anhänge unter G. Das *österreichische* Gesetz (§ 5) erklärt den Scheck für bei Sicht zahlbar, auch wenn er eine *andere* Verfallszeit oder keine Bestimmung über die Verfallszeit enthält; es unterscheidet sich also vom deutschen Scheckgesetz dadurch, daß Schecke mit anderer Zeitangabe nicht nichtig sind, diese vielmehr als nicht geschrieben gilt. — Ebenso das ungarische Scheckgesetz (§ 5) und das *schweizerische* Scheckrecht (Art 833 OblRecht). — Auch Frankreich (Ges v. 14. 6. 65 Art 2), Japan (HGB Art 532), Belgien (ScheckG v. 20. 6. 73 Art 1), England (Bills of Exchange Act Sect 73) kennen nur auf Sicht zahlbare Schecke, während Italien (Art 340 Abs 3 HGB) die Stellung der Schecke auf Sicht oder innerhalb zehn Tagen von der Präsentation ab, die innerhalb acht Tagen von der Ausstellung ab zu erfolgen hat, zuläßt. Ebenso Rumänien (Art 365 Abs 2, 367); Portugal (Art 341 §§ 2, 3); ferner, mit Nach-Sicht-Frist von *sechs* Tagen, Venezuela (Art 451 Abs 3). Der *russische* Entwurf (Art 2110 Abs 2) will bei Eröffnung einer laufenden Rechnung die Vereinbarung zulassen, daß Schecke über eine bestimmte Summe hinaus erst *am Tage nach der Vorlegung* zahlbar sein sollen, eine Vereinbarung, die bei der Bestimmung der Zahlungszeit im Schecke zum Ausdruck gelangen soll. Bei solchen Nach-Sicht-

§ 7 Schecken wird der Zeitpunkt der Vorlegung durch einen Sichtvermerk des Bezogenen, nötigenfalls in den Formen des Protestes festgestellt. — Das französische Gesetz vom 19. Februar 1874, Art 5 Abs 5, erklärt alle Vereinbarungen zwischen dem Aussteller, dem Nehmer oder dem Bezogenen, nach denen der Scheck anders als bei Sicht oder auf erstes Ersuchen zahlbar sein soll, für nichtig von Rechts wegen; es wird aber angenommen, daß diese Vorschrift sich nur auf Vereinbarungen außerhalb des Schecks beziehe; welche Folgen die Angabe einer anderen Zahlungszeit auf dem Schecke selbst für dessen Gültigkeit habe, blieb streitig. — Im englisch-amerikanischen Rechte wird eine Urkunde, die in anderer Weise als auf Sicht zahlbar gestellt ist, nicht als Scheck angesehen. — Näheres vgl. bei Meyer Weltscheckrecht I S. 136 ff.

Anm. 7 **Zusatz 2: Zukünftiges Weltscheckrecht.** Die Vorschläge und Entwürfe wollen sämtlich nur bei Sicht zahlbare Schecke zulassen. Eine Angabe einer anderen Zahlungszeit soll aber nach den meisten Vorschlägen den Scheck nicht nichtig machen, sondern als nicht geschrieben gelten.

Bei den Beratungen der diesen Punkt betreffenden Frage 9 des Fragebogens auf der zweiten Haager Konferenz sprachen sich sämtliche Sektionen dafür aus, daß der Scheck nur bei Sicht zahlbar sein dürfe; auch Italien erklärte, auf die im dort geltenden Rechte zugelassenen Nach-Sicht-Schecke verzichten zu können (Actes II S. 226, 240, 250, 261, 268). Die Ansichten über die Folgen der Angabe einer anderen Zahlungszeit waren geteilt (a. a. O.). Das Comité central entschied nach längerer Beratung mit Stimmenmehrheit für die Nichtigkeit (Actes II S. 176 ff.). Demgemäß lauten die Beschlüsse der Konferenz (Anhang H zu diesem Kommentar) in Artikel 13, entsprechend dem deutschen Scheckgesetze, dahin, daß der Scheck bei Sicht zahlbar ist und daß eine Urkunde, die eine andere Verfallzeit angibt, als Scheck nichtig ist.

§ 8

§ 8.

Der auf einen bestimmten Zahlungsempfänger gestellte Scheck kann durch Indossament übertragen werden, wenn nicht der Aussteller die Übertragung durch die Worte „nicht an Order" oder durch einen gleichbedeutenden Zusatz untersagt hat.

In betreff der Form des Indossaments, in betreff der Legitimation des Besitzers eines indossierten Schecks und der Prüfung der Legitimation sowie in betreff der Verpflichtung des Besitzers zur Herausgabe finden die Vorschriften der Artikel 11 bis 13, 36, 74 der Wechselordnung entsprechende Anwendung. Ein auf eine Abschrift des Schecks gesetztes Indossament ist jedoch unwirksam. Das gleiche gilt von einem Indossamente des Bezogenen. Ein Indossament an den Bezogenen gilt als Quittung.

Anm. 1 I. **Geschichtliche Entwicklung, Begriff und Wesen des Indossaments im allgemeinen.** Vgl. die eingehenden geschichtlichen Untersuchungen von Schaps, Zur Geschichte des Wechselindossaments (1892) und Grünhut Wechselrecht in Bindings Handbuch I S. 76 ff. Hier kann nur ein kurzer Abriß gegeben werden. Das Indossament ist die im Handelsverkehr entwickelte rechtliche Form zur Übertragung der in Urkunden, die Träger des Schuldverhältnisses sind (Wertpapiere), verbrieften Rechte von dem bisherigen auf einen anderen Berechtigten durch einen auf die Urkunde gesetzten Schriftvermerk. Schon früh im mittelalterlichen Handelsverkehr hatte sich das Bedürfnis herausgestellt, daß die durch Wertpapiere repräsentierten Werte in Zirkulation gesetzt und zu diesem Zwecke an Dritte, die außerhalb des Schuldverhältnisses stehen, weitergegeben, auch von diesen mit Sicherheit erworben werden könnten. Dieses Bedürfnis hatte sich besonders beim Wechsel geltend gemacht. Mit dessen Verbreitung und Entwicklung ist denn auch die Entstehung des Indossaments eng verknüpft. Der ursprüngliche Wechsel war, wie jetzt nachgewiesen ist, keine Tratte, sondern ein domizilierter eigener Wechsel, mit welchem zugleich in besonderer Urkunde eine Anweisung des Ausstellers an einen Dritten, den Betrag des Wechsels an den Remittenten selbst oder an eine von diesem zu bestimmende Person — den Präsentanten — zu zahlen, erteilt wurde. In dieser Anweisung, die dem Remittenten mit dem Wechsel übergeben wurde, erblickte der Verkehr im Laufe der Zeit ein eventuelles Regreßversprechen des Ausstellers, wodurch die Ausstellung des eigenen Wechsels überflüssig wurde. Dieser wurde daher später fortgelassen und nur die lettera di pagamento ausgestellt, welche nunmehr die Bezeichnung „Tratte" — gezogener Wechsel — erhielt. Sie war demnach ein Wechsel mit vier Personen, indem darin außer dem Aussteller, dem Bezogenen und dem Remittenten auch noch der Präsentant als derjenige, an den gezahlt werden sollte, benannt war. Der Präsentant galt zunächst nur als solutionis causa adiectus; es blieb lange streitig, ob er den Wechsel eigenen Namens als Gläubiger einklagen durfte, bis die Theorie von dem adiectus in rem suam aufkam, dem man die Fähigkeit zuschrieb, aus eigenem Rechte zu klagen. Die Übertragung (Weiterbegebung) der Tratte von dem Präsentanten auf eine andere Person konnte zunächst nur durch Zession oder im Wege der Bevollmächtigung als procuratio in rem suam erfolgen; behufs Vermeidung der damit verbundenen Umständlichkeiten wurden aber die Tratten häufig von vornherein auf mehrere Personen als Präsentanten oder Bevollmächtigte ausgestellt. Seit dem 17. Jahrhundert erst tritt in der Tratte die Stellvertretungsklausel auf (deutsch: „an Herrn N. N. oder Kommis"), später auch die Orderklausel in der Form der Order-Inhaberklausel („Herrn N. N. oder dem, der für ihn präsentieren wird") sowie die reine oder alternative Inhaberklausel („dem, der präsentieren wird", „Herrn N. N. oder dem, der präsentieren wird"; vgl. oben zu § 4 Anm 5 ff). Dadurch wurde die Benennung eines besonderen Präsentanten überflüssig und der Wechsel zu einem Wechsel mit drei Personen. Eine neue Art der Wechselbegebung entstand aber in Italien mit der „Girata" und in ähnlicher Weise in Frankreich mit dem „Endossement". Diese beiden Formen unterschieden sich äußerlich dadurch, daß die Girata in Italien meist auf der Vorderseite des Wechsels (unten, wo auch das Aval, die Wechselbürgschaft, zu stehen pflegte) ihren Platz fand, während das französische Endossement auf die Rückseite des Wechsels gesetzt wurde, wovon es auch seinen Namen erhielt. Die „Girata" erhielt ihren Namen um deswillen, weil durch sie der Wechsel in Umlauf (Giro) gesetzt wurde. Der Inhalt beider Formen war eine Anweisung des als Remittent oder durch ein bereits vorhergegangenes Giro Wechselberechtigten — Giranten —, statt an ihn an den Anweisungsempfänger — Giratar — zu zahlen. Sollte dem Giratar das Wechselrecht selbst eigenen Namens übertragen werden, so wurde hinzugesetzt, daß der Giratar dem Giranten die Wechselvaluta bezahlt habe. Ein solches Valutaempfangsbekenntnis galt als sicherstes Kennzeichen dafür, daß eine Übertragung des Wechselrechts selbst, also ein Vollgiro, beabsichtigt war. Die Girata und das Endossement bewirkten ferner die volle Haftung des Giranten gegenüber dem Giratar. In beiden Ländern wurden diese neuen Übertragungsformen, namentlich das durch sie ermöglichte mehrfache Giro, von den Juristen heftig bekämpft, auch durch gesetzliche Verbote vielfach gehemmt. Sie setzten sich aber mit der Zeit durch, auch in Deutschland, wohin sie im ersten und zweiten Viertel des 17. Jahrhunderts ihren Weg fanden. Aus welchen früheren wechselrechtlichen Gebilden die Girata und das Endossement hervorgegangen sind — ob aus der „Skontration", dem „Aval" oder der „Girozahlung" — war lange Gegenstand literarischen Streites; Schaps und Grünhut verneinen wohl mit Recht einen Zusammenhang mit diesen Rechtsgebilden und führen den Ursprung der neuen Begebungsformen auf die oben bereits erwähnten Orderklauseln zurück, die anfangs allerdings nur zur einmaligen Benennung desjenigen, an den gezahlt werden sollte, nicht zur weiteren Übertragung gedient hätten, doch sei man später mit der Girata und dem Endossement darüber hinausgegangen. Seit dem Jahre 1700 etwa verschmolzen Girata und Endossement zu einem Rechtsinstitute, das sich über ganz Europa verbreitete und den Wechsel von einem „notdürftigen Vermittler des Geldtransportes" im Mittelalter erst zu dem „Mittelpunkte des Kredits" gemacht hat, den er in der Neuzeit darstellt. In Deutschland wurde es als „Indossament" oder „Giro" bezeichnet; der Ausdruck: „Giro" wurde aber im Sprachgebrauche oft auf die mehrfache Indossierung beschränkt; die deutsche Wechselordnung (Art 8), bezeichnet jedoch beide Ausdrücke als gleichbedeutend: „Indossament (Giro)". Das Indossament wurde in Deutschland im 17. und 18. Jahrhundert durch partikulare Wechselordnungen geregelt, von denen die wichtigste die Leipziger Wechselordnung von 1682 war. Der Platz des Indossaments war danach vorwiegend auf der Rückseite des Wechsels bestimmt; doch wurde auch das Giro auf der Vorderseite zugelassen. Mit der Einführung der Allgemeinen Deutschen Wechselordnung in den einzelnen deutschen Ländern (in Preußen 1849/50), ist dann das Indossament beim Wechsel übereinstimmend für diese geregelt, und diese Regelung ist durch Erklärung der Wechselordnung zum Bundes- und später zum Reichsgesetze Reichsrecht geworden. Reichsrechtlich geregelt wurde ferner das Indossament durch die Art 300 bis 303 des Allgemeinen Deutschen Handelsgesetzbuchs, entsprechend den §§ 363 bis 365 des jetzt geltenden HGB, für die dort genannten Orderpapiere, zu welchen auch der Scheck, sofern er auf einen Kaufmann als Bezogenen ausgestellt war, als kaufmännische Anweisung gehörte; für die Namensaktie (Art 182, 183, 223 AllgDHGB; §§ 222 bis 224, 320 Abs 3 HGB); für die Reichsbankanteile (Statut der Reichsbank vom 21. Mai 1875 § 5) endlich für den Scheck gesondert durch § 8 des ScheckG.

II. **Der auf einen bestimmten Zahlungsempfänger gestellte Scheck kann durch Indossament übertragen werden.**

1. Die Vorschrift bezieht sich, wie ihr Wortlaut ergibt, nur auf den Scheck mit bestimmtem Zahlungsempfänger; vgl. oben zu § 4 Anm 3. Bei dem Inhaberscheck Anm. 2

§ 8 ist eine Übertragung durch Indossament ausgeschlossen, da er ein echtes Inhaberpapier ist und deshalb seine Übertragung nur nach sachenrechtlichen Grundsätzen erfolgen kann (vgl. oben zu § 4 Anm 7), sonach die Einigung über den Eigentumsübergang an dem Papiere und die Übergabe, die allerdings auch bei dem Scheck mit bestimmtem Zahlungsempfänger zu dem Skripturakt hinzukommen müssen (vgl. unten Anm 5), beim Inhaberscheck das alleinige Übertragungsmittel bilden. Die Namensschrift auf der Rückseite des Inhaberschecks ist kein Indossament; sie hat keine Bedeutung für die Übertragung des Schecks, übt also nicht die für das Indossament wesentliche Transportfunktion (vgl. unten Anm 7) aus, sondern begründet lediglich eine Haftpflicht des Schreibers, der überhaupt nicht Scheckberechtigter zu sein braucht; vgl. zu § 15 Anm 5.

Anm. 3 2. **Verbot der Indossierung.** a) Der Scheck ist durch die Vorschrift gesetzliches Orderpapier geworden, wie es auch der Wechsel nach Art 9 Abs 1 WO ist. Er bedarf, damit er durch Indossament übertragen werden kann, keiner darauf gerichteten ausdrücklichen Willenserklärung des Ausstellers (Orderklausel) wie die in § 363 HGB genannten Urkunden. Die Übertragung durch Indossament ist aber, wie nach Art 9 Abs 2 WO für den Wechsel, so auch für den Scheck ausgeschlossen, wenn der Aussteller sie durch die Worte: „nicht an Order" oder einen gleichbedeutenden Zusatz untersagt hat. Die Übertragbarkeit durch Indossament ist sonach dispositives Recht, nicht bloße Auslegungsregel, ein in anderer Weise als durch solchen ausdrücklichen Zusatz erklärter, durch Auslegung zu ermittelnder Parteiwille kommt nicht in Betracht. Durch das Indossierungsverbot des Ausstellers wird der Scheck zum Rektascheck. Der Rektascheck ist im privaten und Handelsverkehr wenig üblich, da er nicht während der Umlaufsfrist von Hand zu Hand weitergegeben werden kann, andererseits wird allerdings durch ihn eine größere Sicherung gegen Erhebung des Scheckbetrags durch Unbefugte gewährt; seine Zulassung entsprach deshalb einem in den beteiligten Kreisen laut gewordenen Wunsche, der auch im Schrifttum vertreten worden ist (u. a. von Simonson DJZ 1907, 998). Das Verbot muß, um Wirkung zu haben, vom Aussteller ausgehen. Das in Art 15 WO mit den dort bezeichneten beschränkten Wirkungen zugelassene Verbot durch einen Indossanten ist in das deutsche Scheckgesetz nicht (wie in das österreichische, § 7), aufgenommen worden. Die Begründungen der Entwürfe geben keinen Anhalt dafür, aus welchem Grunde die Aufnahme unterblieben ist. Es ohne solche ausdrückliche Bestimmung für den Scheck zuzulassen, wird nicht angängig sein, obwohl an sich der ihm zugrunde liegende Rechtsgedanke auch für den Scheck wohl zutrifft. Denn es kann nicht zugegeben werden, daß (wie StStr WO zu § 15 Anm 2 annehmen) die Wirkung des Indossantenverbots „grundverschieden" von der des Ausstellerverbots sei. Sie ist vielmehr nur dem Grade nach von ihr verschieden, indem sie sich naturgemäß auf die mittelbaren Nachmänner des Indossanten, von dem das Verbot ausgeht, beschränkt. Aber das Gesetz gibt eine solche Befugnis ausdrücklich nur dem Aussteller des Schecks und bestimmt im übrigen in § 15, daß die Indossanten dem Inhaber für die Einlösung des Schecks haften, also jedem legitimierten Inhaber, auch ihren mittelbaren Nachmännern. Dieser gesetzlichen Haftung können die Indossanten sich nicht dadurch entziehen, daß sie die Weiterindossierung des Schecks verbieten. Wie hier im Ergebnis Lessing zu § 8 Anm I 1 b, a. M. Schiebler ScheckG S. 27.

Anm. 4 b) Das Verbot der Indossierung, das vom Aussteller ausgeht, muß schriftlich in der Scheckurkunde erfolgen. Zwar ist in § 8 ScheckG nicht ausdrücklich von einem „Verbot im Scheck" die Rede, wie in Art 9 WO von einem „Verbot im Wechsel". Aber daß nur ein Verbot in Frage kommen kann, welches in der Scheckurkunde beurkundet ist, ergibt sich daraus, daß § 8 ein Verbot durch bestimmte Worte oder einen gleichbedeutenden „Zusatz" erfordert, also eine schriftliche Hinzufügung zu dem sonstigen Scheckinhalt. Dagegen ist eine bestimmte Stelle der Scheckurkunde für das Verbot nicht vorgeschrieben. Für den Wechsel ist aus dem Ausdrucke „im Wechsel" gefolgert worden, daß das Verbot im Kontexte des Wechsels enthalten sein, also grammatisch einen Bestandteil der in diesem enthaltenen Zahlungsanweisung, etwa „Zahlen Sie an Herrn N. N., aber nicht an seine Order", bilden müsse (ROHG 2, 408). Für den Scheck wird jedenfalls keine Nötigung bestehen, das anzunehmen. Aber auch, daß das Verbot auf der Vorderseite des Schecks stehen müsse, wie Grünhut (Handbuch II S. 89) für den Wechsel annimmt, wird für den Scheck nicht anerkannt werden können. Der dafür angegebene Grund, die Bestimmung sei von einschneidender Bedeutung und müsse deshalb für jedermann erkennbar sein, erscheint nicht durchschlagend. Da die Bestimmung sich auf die Indossierung bezieht und diese zwar nicht notwendiger-, aber üblicherweise auf der Rückseite erfolgt, erscheint es vielmehr eher zweckmäßiger und jedenfalls genügend, daß auch das Verbot der Indossierung auf der Rückseite beurkundet wird, wo es jedem, der indossieren oder der einen trotz des Verbotes indossierten Wechsel oder Scheck entgegennehmen will, erkennbar ist. Das außerhalb des Kontextes stehende Verbot muß sich selbstverständlich durch die Unterschrift des Ausstellers als von diesem herrührend kundgeben. Ein mündlich oder schriftlich außerhalb des Schecks etwa dem Nehmer bei der

Begebung mitgeteiltes Verbot vermag keine scheckrechtliche Wirkung zu äußern; es kann aber, wenn es zum Inhalt des Begebungsvertrags (vgl. Anm 5) zwischen Aussteller und Nehmer geworden ist, zivilrechtliche Wirkungen haben, die einredeweise (§ 18 Abs 2 ScheckG) geltend gemacht werden können. — Welche Worte gebraucht werden, ist nicht erheblich, sofern nur die gebrauchten Worte deutlich mit den Worten: „nicht an Order" gleichbedeutend sind. Als genügend sind deshalb Ausdrücke anzusehen wie: „nur an Herrn N. N.", nicht aber „nur an die Order des Herrn N. N.", obgleich auch bei letzterer Fassung die Auslegung naheliegt, daß die Indossierung verboten werden sollte. Nicht genügend ist auch die Durchstreichung der etwa im Formular vorgedruckten Orderklausel; sie muß zwar dahin ausgelegt werden, daß die Indossierung verboten werden sollte, erfüllt aber nicht das vom Gesetz aufgestellte Erfordernis eines ausdrücklich mit Worten erfolgenden Verbots. Statt des vollständigen Verbots ist auch die beschränkte Gestattung der Indossierung zulässig, z. B. „nur an Herrn N. N. und seine unmittelbare Order", wodurch die Weiterindossierung durch den Indossatar des Nehmers ausgeschlossen wird. — Ein dem Verbote zuwider erfolgtes Indossament erzeugt keine scheckrechtlichen Wirkungen, es legitimiert den Indossatar und seine Nachmänner nicht zur Vorlegung und zum Verlangen der Zahlung des Schecks und begründet keine scheckrechtliche Haftung des Ausstellers und der Indossanten gegenüber jenen, auch nicht eine solche Haftung desjenigen Indossanten, der dem Verbote zuwider indossiert hat. Es wird jedoch nichts im Wege stehen, die Indossierung in solchem Falle auf Grund des § 140 BGB aufrechtzuerhalten als eine Anweisung im Sinne des § 783 BGB, durch welche der Indossatar von dem Indossanten zur Erhebung des Scheckbetrags und der Bezogene zur Leistung an den Indossatar ermächtigt worden ist, so daß der Bezogene für eine an diesen gemachte Leistung von dem Indossanten nach Maßgabe der Bestimmungen des bürgerlichen Rechts Ersatz verlangen kann, falls der Aussteller sie nicht als für seine Rechnung geschehen gelten läßt. In diesem Sinne für den Wechsel StStr 11. Aufl zu Art 9 WO Anm 7 im Anschlusse an Thöl WR § 123 gegen Staub 4. Aufl. § 8

Nicht ausgeschlossen wird durch das Indossierungsverbot das (offene) Prokuraindossament (vgl. unten Anm 12), da es die Rechte aus dem Scheck nicht überträgt; auch nicht die Zession (vgl. unten Zus 1 Anm 54), da sie nicht unter das Verbot: „nicht an Order" fällt.

3. **Begebungsvertrag.** a) § 8 Abs 1 ScheckG sagt, daß der Scheck durch Indossament übertragen werden kann. Entsprechend lautet Art 10 WO dahin, daß die Rechte aus dem Wechsel durch das Indossament übergehen. Der Ausdruck „Indossament" ist in beiden Gesetzesstellen nicht im Sinne des bloßen Skripturaktes — der Anfertigung des schriftlichen Indossierungsvermerks —, sondern im Sinne der gesamten Rechtshandlung zu verstehen, die zum Zwecke der Übertragung der Rechte vorgenommen wird; RGZ 5 S. 83/84. Dazu gehört außer der in bestimmter Form (vgl. unten Anm 19ff) zu vollziehenden Schrift (dem „Skripturakt") noch ein Begebungsvertrag, d. h. eine durch Geben und Nehmen des Schecks betätigte Einigung zwischen dem bisherigen Scheckberechtigten und demjenigen, der die Rechte aus dem Scheck erwerben soll, daß das Eigentum an dem Scheck und mit diesem zugleich die Rechte aus dem Scheck auf ihn übergehen sollen. Das Erfordernis eines Begebungsvertrags ist für den Wechsel im Schrifttum besonders von Lehmann (Wechselrecht S. 486) und in neuerer Zeit von StStr (WO 11. Aufl Art 9 Anm 3) im Gegensatze zu Staub (4. Aufl) und in der Rechtsprechung schon vom ROHG (Entsch 19, 49 u. 328; 25, 66) vertreten worden. Aber auch das Reichsgericht hat in einer Reihe von Entscheidungen für den Übergang der Rechte durch Indossament bei Wechseln einen Begebungsvertrag ausdrücklich für erforderlich erklärt: RGZ 2, 90; 5, 82; 14, 23; 35, 75; 87, 367. Jedoch hat das RG nicht, wie StStr a. a. O. Abs 2 (siehe aber Abs 1, wo auf Art 74 WO Bezug genommen wird!), ferner zu Art 82 Anm 65b, zu tun scheinen, aus dem Erfordernisse eines Begebungsvertrags die Folgerung gezogen, daß auch dem gutgläubigen dritten Wechselerwerber gegenüber der Mangel des Begebungsvertrags bei einem seiner Vorgänger geltend gemacht werden könne. In RGZ 77, 140 ist sogar ausdrücklich hervorgehoben, daß die Ungültigkeit des Begebungsvertrags dem redlichen Dritterwerber nicht entgegengehalten werden könne. Auch in RGZ 87, 367 ist gesagt, die Ansicht, daß die Einrede des mangelnden Begebungsvertrags auch einem redlichen Erwerber entgegengehalten werden könne, stehe mit der Rechtsprechung nicht im Einklange. In RGZ 35, 76 ist aus dem Erfordernisse eines Begebungsvertrags lediglich die Folgerung gezogen, daß der Klage eines legitimierten Inhabers die Einrede entgegengesetzt werden könne, der Kläger habe den Wechsel von seinem Vormanne nicht auf Grund eines Begebungsvertrags erhalten. Auch in RGZ 5, 82 wird aus Art 36 WO hergeleitet, daß einem Nachmanne die Einrede des unrechtmäßigen Besitzes seines Vormannes nicht entgegengehalten werden könne. In RGZ 14, 22 ist zwar bemerkt, die Einrede könne „an sich gegen jeden Wechselkläger" vorgeschützt werden; sie ist aber auch in dem dortigen Falle nicht zugelassen, vielmehr aus der Anm. 5

§ 8 Natur des Wechselvertrags als eines schriftlichen Formalvertrags und aus der Bestimmung des Wechsels zum Umlauf eine Einschränkung des zuvor aufgestellten Satzes hergeleitet worden dahin, daß der Wechselvertrag gegenüber gutgläubigen Dritten als abgeschlossen gelten müsse, wenn nur ein tatsächliches Geben und Nehmen des Schriftstücks stattgefunden habe, das sich äußerlich als eine Wechselerklärung darstelle, ohne daß es darauf ankomme, ob sie als solche gewollt sei. Schließlich hat das RG in dem Urt v. 9. 12. 25 (RGZ 112, 202) nochmals deutlich ausgesprochen, daß zwar im allgemeinen der Indossant aus seinem Indossamente nur dann hafte, wenn zu dem Skripturakte noch ein Vertrag über Geben und Nehmen des Wechsels trete; daß aber einem gutgläubigen, gemäß Art 36 WO legitimierten Nachmanne nicht der Einwand entgegengesetzt werden könne, daß ein Vorindossant zwar den Skripturakt vorgenommen, aber keinen Begebungsvertrag abgeschlossen habe. Jacobi (Wertpapiere in Ehrenbergs Handbuch IV 1 S. 322 u. Anm 45, 46 dazu; vgl. auch DJZ 1906 Sp 528) meint im Hinblick auf diese Entscheidungen, das Reichsgericht habe den Satz, daß der gutgläubige Erwerber eines dem Aussteller (oder Indossanten) abhanden gekommenen Wechsels das Wechselrecht erwerbe, anfänglich vom Standpunkte der „Vertragstheorie" zu verteidigen gesucht, dieses „offenbar unmögliche Beginnen" aber aufgegeben und den Satz nunmehr „ohne alle Theorie" einfach als geltendes Recht proklamiert; er selbst will den Satz aus der von ihm vertretenen „Rechtsscheintheorie" herleiten, die auch das RG in RGZ 14, 22 anerkannt habe. Langen vermutet dagegen, das Reichsgericht habe der sog. „Emissionstheorie" folgen wollen. Es wird praktisch nicht von erheblicher Bedeutung sein, ob das Reichsgericht seine Auffassung auf eine „Theorie" und auf welche es sie gründet. Abgelehnt wird von ihm jedenfalls die Auffassung, daß die Entstehung des Wechselrechts und der Wechselverpflichtung in den hier in Frage kommenden Fällen auf einen bloßen einseitigen „Skripturakt" zurückzuführen sei („Kreationstheorie"). Andererseits wird dem Verkehrsbedürfnis entsprochen, das bei der Schaffung von Wertpapieren, die zum Umlaufe bestimmt sind, erfordert, daß derjenige, der durch Ausstellung oder Indossierung eines solchen Papiers die Möglichkeit geschaffen hat, daß es vor seiner vertragsmäßigen Begebung in die Hände eines gutgläubigen Dritten gelangt, sich diesem gegenüber so behandeln lassen muß, als hätte er das Papier durch einen Begebungsvertrag aus der Hand gegeben. Es ist das ein weiterer Fall des auch im gewöhnlichen bürgerlichen Rechte, wiewohl ausdrücklich nur für einzelne bestimmte Fälle (vgl. §§ 405, 932, 892, 1155 BGB), anerkannten Schutzes des durch einen äußeren Tatbestand gerechtfertigten guten Glaubens (des „Rechtsscheines"), der seine hinreichende gesetzliche Grundlage in den wechsel- und scheckrechtlichen Bestimmungen über die Legitimation durch den Besitz der Urkunde und die Beschränkung der dieser gegenüber zulässigen Einwendungen (vgl. für den Scheck § 18 Abs 2 ScheckG und Anm 5ff zu § 18) findet. Der Grundsatz, daß zur Entstehung und Übertragung des Wechsel- (Scheck-) Rechts und zur Entstehung der wechsel- (scheck-) rechtlichen Verpflichtung ein Begebungsvertrag grundsätzlich erforderlich ist, wird dadurch so wenig außer Kraft gesetzt wie durch § 932 BGB der Satz, daß zur Eigentumsübertragung die Einigung zwischen dem Eigentümer und dem Erwerber erforderlich ist. Demgemäß kann auch, wenn zwischen dem Indossanten und dem Wechsel- und Schecknehmer ein Begebungsvertrag zwar abgeschlossen, aber vor dem Erwerbe des Wechsels (Schecks) durch einen gutgläubigen Dritten wieder aufgehoben worden ist, aus der Aufhebung dem gutgläubigen Dritten ein Einwand nicht entgegengesetzt werden (RGZ 87, 366).

Anm. 6 b) Dem Nichtvorhandensein steht die Ungültigkeit des Begebungsvertrags gleich. Dem Kläger kann daher die Einrede entgegengesetzt werden, daß der Wechsel (Scheck) an ihn durch einen nicht zur Vertretung befugten Vertreter des Indossanten begeben worden sei, z. B. durch einen Gerichtsvollzieher, der den mit dem Blankoindossamente des Zwangsvollstreckungsschuldners versehenen Wechsel unzulässigerweise im Wege der Zwangsvollstreckung in körperliche Sachen versteigert hat (RGZ 35, 76); dem gutgläubigen Dritterwerber aber kann auch eine solche Einwendung nicht entgegengesetzt werden. An einem Begebungsvertrage fehlt es auch, wenn zwischen dem Geber und dem Nehmer keine Einigung zustande gekommen ist über die Bedingungen, unter denen der Nehmer über den hingegebenen Scheck solle verfügen dürfen; so RG II 480/1925, Urt v. 22. 1. 1926.

Anm. 7 4. Der Scheck kann durch Indossament **übertragen** werden. § 8 regelt nur die Übertragungswirkung des Indossaments, seine „Transportfunktion". Seine weitere Wirkung, die Begründung einer Haftpflicht des Indossanten für die Einlösung, ist in § 15 ScheckG geregelt; vgl. zu § 15 Anm 1 ff. Welche Wirkungen die Übertragung hat, ist im Scheckgesetz nicht gesagt; auch ist Art 10 WO, der in Satz 1 die Übertragungswirkungen des Indossaments regelt, nicht ausdrücklich für anwendbar erklärt. Die genannte Vorschrift lautet:

„Durch das Indossament gehen alle Rechte aus dem Wechsel auf den Indossatar über, insbesondere auch die Befugnis, den Wechsel weiter zu indossieren."

Die Vorschrift ist aber auch ohne ausdrückliche Anordnung des Gesetzes auf den Scheck entsprechend anzuwenden, da sie auf dem geschichtlich entwickelten Wesen (vgl. oben Anm 1) und der Rechtsnatur des Indossaments beruht, die dem Wechsel und dem Scheck gemeinsam sind, wie durch § 18 Abs 2 ScheckG, entsprechend Art 82 WO, bestätigt wird; vgl. die Einleitung unter 3. § 8

a) Die Rechte aus dem Scheck gehen über. Der Ausdruck: „gehen über" könnte zu dem Zweifel führen, ob der Indossatar auch solche Rechte erwirbt, die seinen Vormännern noch nicht zugestanden haben, vielmehr in ihm neu begründet werden (verstärkte Transportwirkung). Die Frage muß aber nach dem Wesen des Indossaments bejahend beantwortet werden. Es ist anerkannt, daß der römisch-rechtliche Satz: „Nemo plus iuris transferre potest quam ipse habet" für das Indossament nicht unbedingte Geltung hat; daß vielmehr, entsprechend der deutschrechtlichen Auffassung (vgl. §§ 405, 932, 1138 BGB) in der Person des Übertragnehmers auch Rechte entstehen können, die der Übertragende nicht gehabt hat. „Die Übergabe eines indossierten Orderpapiers bedeutet", wie das Reichsgericht in RGZ 83, 101 ausführt, „etwas anderes als eine Abtretung, indem sie die Entstehung eines neuen, selbständigen Rechts aus dem Orderpapier vermittelt." In der Person des Indossatars entstehen vielmehr die Rechte, so wie sie sich abstrakt aus dem Scheck ergeben. Deshalb stehen die aus dem Scheck sich nicht ergebenden Einreden, die gegenüber dem Indossanten begründet waren, gegenüber dem Indossatar nicht zu. Vgl. § 18 Abs 2 ScheckG (entsprechend Art 82 WO) und Anm 5ff dazu. Wechsel- oder scheckmäßige Verpflichtungserklärungen haben die Eigentümlichkeit, daß sie als nicht nur bestimmten Personen, sondern jedem gegenüber abgegeben zu gelten haben, der den Wechsel oder Scheck gültig erwirbt (RGZ 84, 124). In Verfolg dieses Rechtsgrundsatzes hat das Reichsgericht a. a. O. ausgesprochen, daß im Konkurse des Wechselverpflichteten eine Wechselforderung geltend gemacht werden kann, die bis zur Eröffnung des Konkursverfahrens in Händen eines Gläubigers war, dem gegenüber eine ihre Geltendmachung hindernde Einrede bestand, und die erst nach der Konkurseröffnung durch Indossament an einen Gläubiger übergegangen ist, dem gegenüber die Einrede nicht bestand; die Forderung gilt in diesem Falle im Sinne des § 3 KO als bereits zur Zeit der Konkurseröffnung begründet, obwohl ihr eine Einrede aus der Person des damaligen Gläubigers zu dieser Zeit entgegenstand. Anm. 8

b) Nach Art 10 Satz 1 WO gehen **alle Rechte** aus dem Wechsel durch das Indossament auf den Indossatar über. Auch diese Bestimmung ist zwar durch § 8 ScheckG nicht ausdrücklich für anwendbar auf den Scheck erklärt worden; sie hängt aber ebenfalls so eng mit dem Wesen des Indossaments und den Grundsätzen der Wechselordnung wie des Scheckgesetzes über die Ausübung der in einer einheitlichen Urkunde verbrieften Wechsel-(Scheck-)Rechte wie auch schließlich mit den praktischen Bedürfnissen des Wechsel-(Scheck-)Verkehrs zusammen, daß sie auch ohne ausdrückliche Bestimmung auf den Scheck zur entsprechenden Anwendung gelangen muß; vgl. die Einleitung S. 13 und oben Anm 7. Dafür, daß ihre Anwendbarkeit etwa durch das Scheckgesetz ausgeschlossen werden sollte, liegen keinerlei Anhaltspunkte vor. Danach muß aber ein **Teilindossament** auch für den Scheck als ausgeschlossen gelten, wie der erste Zivilsenat des Reichsgerichts in RGZ 11, 148ff. für den Wechsel mit eingehender, auf theoretische und praktische Gründe gestützter und durch Hinweis auf historische und rechtsvergleichende Gesichtspunkte verstärkter Begründung dargelegt hat; ebenso RGZ 41, 115; StStr zu Art 10 Anm 4; a. M. Lehmann Wechselrecht S. 491 und die dort Angeführten. Auch die Beschlüsse der zweiten Haager Konferenz zur Vereinheitlichung des Scheckrechts enthalten übrigens in Art 9 Abs 2 die ausdrückliche Bestimmung: „L'endossement partiel est nul". — Ein Teilindossament liegt aber nicht vor, wenn ein Teil des Wechsel-(Scheck-) Betrages bereits bezahlt oder sonst erledigt ist und nur der Restbetrag durch Indossament übertragen wird (RG in dem Urteile RGZ 11, 148ff.). — Unter den Rechten, welche durch das Indossament auf den Indossatar übergehen, ist in Art 10 Satz 1 WO das Recht, den Wechsel weiterzuindossieren, besonders hervorgehoben; das gleiche gilt unbedenklich auch für den Scheck. Beim Wechsel ist aber dieses Recht durch Art 15 WO in der Weise eingeschränkt, daß die Weiterindossierung von dem Indossanten mit Wirkung ihm gegenüber verboten werden kann. Darüber, daß diese Verbotsverfugnis auf den Scheck keine Anwendung finden kann, vgl. oben Anm 3. Anm. 9

c) Nur die Rechte **aus dem Wechsel (Scheck)** gehen durch das Indossament über. Nicht also die **Nebenrechte,** die auf Grund außerhalb der Urkunde getroffener Vereinbarung etwa dem Indossanten zustehen, wie Bürgschaften, Pfandrechte, Rechte gegen den Aussteller oder frühere Indossanten oder (beim Wechsel) den Akzeptanten auf Grund des zugrunde liegenden kausalen Rechtsverhältnisses. Doch können auf Grund besonderer Vereinbarung, die auch stillschweigend erfolgen kann, auch solche Nebenrechte mit dem Indossament übertragen werden (ROHG 24, 119; RGZ 41, 173). Dagegen gehen Rechte und Rechtslagen, die zugunsten des Indossanten durch gerichtliche Maßregeln zur Sicherung Anm. 10

§ 8 der Zwangsvollstreckung wegen der Scheckforderung (Arreste, einstweilige Verfügungen) oder durch Konkursanmeldung erwachsen sind, als Akzessorien der Scheckforderung ohne weiteres auf den Indossatar über.

Anm. 11 d) Da die Rechte aus dem Wechsel (Scheck) durch das Indossament auf den Indossatar **übergehen,** müßte daraus eigentlich gefolgert werden, daß sie dem Indossanten von da ab nicht mehr zustehen. Seit einer Plenarentscheidung des Reichsoberhandelsgerichts (24, 1) ist es aber für den Wechsel feststehende Meinung der Rechtsprechung auch des Reichsgerichts, daß auch der Indossant Gläubiger bleibt und nur die Ausübung seiner Rechte suspensiv bedingt aufgeschoben ist bis zu dem Zeitpunkte, wo er den Wechsel im Wege des Regresses einlöst, wodurch für ihn kein neuer Rechtserwerb eintritt, sondern nur sein früheres Gläubigerrecht wieder als unbedingtes in volle Wirksamkeit tritt. Vgl. RGZ 4, 257; 21, 401; 34, 52; 77, 183; im Recht 1912 Nr 325; in JW 1912, 84[31]; im Recht 1916 Nr 1642. Diese Rechtsprechung ist im Schrifttum nicht unbestritten geblieben (für sie namentlich Lehmann Wechselrecht S. 257ff.; gegen sie Hellwig Rechtskraft S. 299; Jacobi ZHR 72, 337ff.). Etwas abweichend nimmt Bernstein (Wechselrecht S. 86f.) an, daß der Indossatar alleiniger Wechselgläubiger werde unter der auflösenden Bedingung der Einlösung durch den Indossanten, mit welcher das Gläubigerrecht des letzteren wieder in Kraft trete. Diese Auffassung erscheint, jedenfalls für den Scheck, wohl zutreffender; für den Wechsel spielt in der Begründung der Plenarentscheidung des ROHG der Art 23 WO eine Rolle, indem aus ihm gefolgert wird, daß auch derjenige Wechselgläubiger, der den Wechsel indossiert hat, insbesondere der Trassant, durch das nach dieser Indossierung, aber vor der Wiedereinlösung erfolgende Akzept des Bezogenen neue Rechte aus dem Wechsel erwerben kann (vgl. Lehmann S. 258), ein Entscheidungsgrund, der für den Scheck nicht in Betracht kommt, wie auch Sicherungsrechte, die nach Art 26, 29 WO unter Umständen für den Indossanten in der Zwischenzeit begründet werden können, für den Scheck nicht in Frage stehen. Immerhin wäre es mißlich, die Bedeutung des Indossaments für den Scheck anders bestimmen zu wollen als für den Wechsel. Aber auch die bei diesem bestehenden zwischenzeitlichen Rechtserwerbsmöglichkeiten können ebensowohl hergeleitet werden aus der viel natürlicheren Auffassung, daß das Recht des Indossanten zwar zur Zeit erloschen, aber fähig ist, wiederaufzuleben durch den Eintritt der auflösenden Bedingung, unter der das Recht des Indossatars steht. Diese Auffassung ist für das Verhältnis der Regreßforderung des Mitverpflichteten zu der Forderung des Gläubigers überhaupt zum Ausdruck gekommen in RGZ 14, 175 (Plenarentscheidung), wo gesagt ist, die Regreßforderung werde immer nur wirksam, soweit die Forderung des Gläubigers (durch Befriedigung von seiten des regreßberechtigten Mitverpflichteten) erlösche. Die Unterschiede in den praktischen Folgen der einen und anderen Auffassung dürften übrigens nicht erheblich sein. Insbesondere ist für die Frage, von welchem Zeitpunkte an das durch die Einlösung wiedererworbene Recht des Indossanten datiert, nicht (wie StStr WO zu Art 10 Anm 6 annehmen) entscheidend, ob dieses Recht vorher aufschiebend bedingt bestanden hat oder ob es erloschen war und bei Eintritt der auflösenden Bedingung für das Recht des Indossatars wieder aufgelebt ist; denn nach dem jetzt geltenden Rechte (§ 158 BGB) hat auch der Eintritt einer aufschiebenden Bedingung keine rückwirkende Kraft, die Wirkung tritt vielmehr erst mit dem Eintritte der Bedingung ein; insofern ist daher die Begründung in ROHG 24, 1 nicht mehr maßgebend. Doch wird hierdurch keineswegs ausgeschlossen, daß die Einreden gegen den Einlösenden nur in demselben Umfange geltend gemacht werden können wie vor der Indossierung, und daß ihm insbesondere Einreden aus der Person der späteren Indossanten nicht entgegengesetzt werden können (ROHG 7, 80; RGZ 23, 51); ein Nachindossament (StStr a. a. O.) kommt dabei nicht in Frage; vielmehr erfolgt der Wiedereintritt des Indossanten durch die Einlösung, wobei die späteren Indossamente ausgestrichen werden können (RGZ 23, 51). Rein theoretisch ist auch die unter den Anhängern der herrschenden Meinung streitige Frage, ob die danach in der Zwischenzeit nebeneinander bestehenden Rechte des Ausstellers und der sämtlichen Indossatare mehrere aktive Solidarobligationen oder eine einzige (Korreal-)Obligation bilden; vgl. Lehmann S. 259ff. Es herrscht Übereinstimmung unter ihnen, daß im Konkurse nicht neben dem letzten Indossatar auch die Indossanten den Anspruch anmelden können, entsprechend dem, was in RGZ 9, 76 für den Bürgen, ebenda 4, 172 und 42, 37 für den Mitverpflichteten mit selbständigem Regreßrecht überhaupt angenommen ist; vgl. StStr Stranz a. a. O.

5. **Besondere Arten des Indossaments.**

Anm. 12 a) Nicht erwähnt wird im Scheckgesetze das für den Wechsel in Art 17 WO geregelte **Prokuraindossament:** „zur Einkassierung", „in Prokura" oder mit einem anderen die Bevollmächtigung ausdrückenden Zusatze. Ein solches Indossament überträgt auf den Indossatar keine Rechte aus der Urkunde; es ist vielmehr lediglich eine Art der Vollmachterteilung, die nach bürgerlichem Rechte keiner Form bedarf, und kann als solche auch für den Scheckverkehr zugelassen werden. Es finden die bürgerlich-rechtlichen Grundsätze über die Vollmacht (§§ 167ff. BGB) auf ein solches Indossament Anwendung. Der Prokuraindossatar wird dadurch ermächtigt, die Rechte aus dem Scheck im Namen des Prokuraindossanten auszuüben (RGZ 27, 129); dieser ist also auch im Rechtsstreite Prozeßpartei. Auch hinsichtlich der Einwendungen, die sich gegen die Person richten, bestimmt sich die Zulässigkeit (§ 18 Abs 2) nach der Person des Prokuraindossanten, der der legitimierte Scheckinhaber bleibt. Hinsichtlich des zu vermutenden Umfanges der Vollmacht wird Art 17 WO entsprechend anwendbar sein; der Prokuraindossatar wird sonach zur Vorlegung des Schecks, zur Einziehung des Scheckbetrages, zur Feststellung der Nichtzahlung und Protesterhebung, Benachrichtigung des Vormannes seines Indossanten von der unterbliebenen Zahlung (Art 45 WO, § 17 ScheckG), sowie zur Klagerhebung gegen den Aussteller und die Vorindossanten im Regreßwege befugt sein, auch zur Übertragung dieser Befugnisse auf einen anderen durch ein weiteres Prokuraindossament, nicht dagegen zur Weiterbegebung des Schecks durch ein eigentliches Indossament, und zwar hierzu auch dann nicht, wenn dem Prokuraindossamente der Zusatz: „an Order" beigefügt ist. Doch wird eine Einschränkung oder Erweiterung der Befugnisse des Prokuraindossatars in dem Prokuraindossamente zulässig sein, da es sich nicht um das in seinen Wirkungen gesetzlich bindend geregelte eigentliche Indossament handelt. Die Widerruflichkeit richtet sich nach dem zugrunde liegenden Rechtsverhältnisse zwischen Vollmachtgeber und Bevollmächtigten; doch bleibt die Vollmacht gegenüber jedem Scheckbeteiligten in Kraft, bis ihm das Erlöschen von dem Vollmachtgeber angezeigt ist (§§ 168, 170 BGB). Für den Wechsel hat das RG in RGZ 32, 77ff. die Ansicht vertreten, daß wegen der wechselrechtlichen Form und der gesetzlich bestimmten Wirkungen des Prokuraindossaments Dritten gegenüber nur der Prokuraindossatar zur Vornahme wechselrechtlicher Handlungen, insbesondere zur Erhebung des Protestes, legitimiert sei. Dieser schon für das Wechselrecht nicht unbedenkliche Rechtssatz (vgl. dagegen StStr 11. Aufl zu Art 17 Anm 3) wird für das Scheckrecht in Ermangelung besonderer scheckgesetzlicher Vorschriften über das Prokuraindossament keinesfalls zur Anwendung gelangen können; vielmehr muß nach den bürgerlich-rechtlichen Grundsätzen über die Vollmacht zur Erhebung des Protestes sowohl der Prokuraindossatar im Namen des Prokuraindossanten wie auch dieser selbst in eigenem Namen als befugt erachtet werden; daß aus dieser konkurrierenden Befugnis sich erhebliche Mißstände ergeben könnten (vgl. RG a. a. O.), ist nicht ersichtlich. — Befindet sich auf dem Scheck in der Kette der Indossamente, durch die der Scheckinhaber legitimiert wird, ein Prokuraindossament, so können alle folgenden Indossamente, da sie sich auf jenes gründen, gleichfalls nur Prokuraindossamente sein; der erste Prokuraindossant bleibt Eigentümer der Schecks und Scheckberechtigter; RGZ 27, 129.

b) Ein Indossament kann auch in dem Sinne erteilt werden, daß der Indossatar die Rechte aus dem Scheck in eigenem Namen, aber für Rechnung des Indossanten ausüben soll (Inkassomandatsindossament, **Inkassoindossament**, auch verdecktes Prokuraindossament genannt). In diesem Falle hat es nach außen hin grundsätzlich (mit der unten zu erwähnenden Ausnahme) die formellen und materiellen Wirkungen des eigentlichen Indossaments, und das Vertretungsverhältnis beschränkt sich auf die inneren Beziehungen zwischen Indossant und Indossatar. Die Zulässigkeit eines solchen Indossaments ist bestritten worden mit der Behauptung, daß ihm der für ein eigentliches Indossament erforderliche Begebungsvertrag fehle, durch welchen die Rechte aus dem Papier mit dem Eigentum an diesem auf den Indossatar übertragen werden (vgl. oben Anm 5). Mit Recht ist indessen darauf erwidert worden, daß ein ausreichender Begebungsvertrag vorliegt, wenn dem Indossatar die Urkunde zu Eigentum übergeben wird und die Rechte aus ihr Dritten gegenüber ihm zur Ausübung in eigenem Namen übertragen werden, wiewohl mit der Abrede, daß er diese Rechte für Rechnung des Indossanten ausüben solle. Eine solche fiduziarische Rechtsübertragung dinglicher und schuldrechtlicher Rechte ist auch sonst im Rechte anerkannt, insbesondere für die Inkassozession (RGZ 99, 142). Auch der Kommissionär, der für Rechnung des Kommittenten Rechte erwirbt, wird wirklicher Inhaber dieser Rechte. Ein gespaltenes Eigentum (StStr WO zu Art 17 Anm 8) kennt das geltende Recht nicht (RGZ 45, 82); der Indossatar wird vielmehr wirklicher Eigentümer der Urkunde (RGZ 27, 129; in RGZ 102, 331 ist diese Frage allerdings dahingestellt gelassen worden) und wirkliches Subjekt der sich aus ihr ergebenden schuldrechtlichen Befugnisse. Das sog. verdeckte Prokuraindossament ist deshalb in der Praxis des Wechsel- und Scheckverkehrs und der Gerichte stets als gültiges Vollindossament anerkannt und behandelt worden (RGZ 36, 55). Streitig ist aber, ob daraus gefolgert werden muß, daß dem Indossatar keine Einwendungen aus der Person des Indossanten entgegengehalten werden können (Art 82 WO, § 18 Abs 2 ScheckG). Das ROHG hat diese Folgerung in ständiger Rechtsprechung gezogen: Entsch 5, 36; 6, 54; 10, 157; 11, 111. StStr zu Art 17 Anm 8 wollen da-

§ 8 gegen die Zulässigkeit von Einwendungen aus der Person des Indossanten schon aus dem Rechtscharakter des verdeckten Prokuraindossaments herleiten. Dem kann nicht beigepflichtet werden. Wird das verdeckte Prokura-(Inkasso-)Indossament als ein volles, die Rechte nach außen hin übertragendes Indossament anerkannt, so muß für dieses Indossament auch die Vorschrift über die Beschränkung der nicht aus dem Wechselrechte selbst hervorgehenden Einreden auf solche, die unmittelbar gegen den jedesmaligen Kläger zustehen (Art 82 WO), Platz greifen; das ist aber der in eigenem Namen klagende Indossatar. Das muß auch für das Scheckgesetz gelten, das in § 18 Abs 2 nur die dem Schuldner unmittelbar „gegen den Inhaber" zustehenden Einwendungen zuläßt, denn Inhaber ist der Inkassoindossatar; vgl. zu § 18 Anm 11. Das Reichsgericht ist jedoch, abweichend vom Reichsoberhandelsgericht, mit einer anderen Begründung dazu gelangt, die Einreden aus der Person des Indossanten in solchen Fällen zuzulassen, in denen der Inkassoindossatar ohne eigenes Interesse lediglich seine formale Stellung mißbrauchen würde, wenn er den Wechselschuldner an dem Vorbringen von Einreden hindern wollte, die, wenn das Indossament der Wahrheit gemäß sich offen als Prokuraindossament bekannt hätte, hätten geltend gemacht werden können. Das Reichsgericht gibt in solchen Fällen dem Wechsel-(Scheck-)Schuldner eine Arglisteinrede: RGZ 11 S. 9/10 und die dort angeführten Urteile; ferner RGZ 36, 55; 41, 115; bei WarnRspr 1917, 278; JW 1918, 42[19]; RGZ 96, 191; 83, 120. Dabei hat das Reichsgericht ausdrücklich hervorgehoben, daß die Einrede der Arglist nicht nur in dem Falle begründet sei, wenn das versteckte Inkassogiro in der dem Kläger damals bereits bekannten Absicht in dieser Form ausgestellt sei, dem Wechselschuldner die ihm gegen den Indossanten zustehenden Einreden abzuschneiden, sondern auch wenn der Kläger erst später, auch wenn er erst im Laufe des Rechtsstreits von dem Bestehen der Einreden erfährt. Es wird sonach eine aus dem Verhalten des Klägers im Rechtsstreite hergeleitete Arglisteinrede (exceptio doli generalis), genauer eine Arglist-Duplik gegeben, da auf die vom Beklagten vorgebrachten Einreden der Kläger zunächst replizieren muß, daß sie ihm gegenüber nicht geltend gemacht werden könnten, worauf dann der Beklagte duplicando den Arglisteinwand erheben muß. Ob der Kläger weiß oder nicht weiß, daß die Einreden materiell begründet sind, ist unerheblich; die Arglist liegt darin, daß er den Beklagten hindern will, sie im Prozesse ihm gegenüber zum Austrag zu bringen. — Der Inkassoindossatar muß sich aber auch die Einreden aus seiner eigenen Person gefallen lassen, da er in eigenem Namen klagt. Er ist auch berechtigt, den Scheck durch Vollindossament weiterzuübertragen. Wenn im Konkurse des Inkassoindossatars der Indossant ein Aussonderungsrecht an der Urkunde geltend machen kann, so beruht das nicht, wie StStr a. a. O. Anm 14a annehmen, darauf, daß jener in Wahrheit nicht Eigentümer im Rechtssinne wäre, sondern auf der für fiduziarische Rechtsverhältnisse auch sonst vom Reichsgerichte vertretenen Auffassung, daß der fiduziarisch übereignete Gegenstand wirtschaftlich (nicht rechtlich) zum Vermögen des Treuhandgebers „gehört"; vgl. RGZ 45, 85; 79, 121; 84, 217. Gleiches gilt von dem (von StStr a. a. O. gleichfalls für ihre Ansicht angeführten) Widerspruchsrechte des Treuhandgebers im Falle der Zwangsvollstreckung gegen den Fiduziar (RGZ 79, 122). — Die Rechtskraft eines gegen den fiduziarischen Indossatar ergangenen Urteils kann auch dem Indossanten, wenn er wieder in den legitimierten Besitz der Urkunde gelangt ist, entgegengehalten werden, zwar nicht mit der Einrede der rechtskräftig entschiedenen Sache, da er nicht Rechtsnachfolger des Indossatars ist, sondern eigene selbständige Rechte aus der Urkunde von neuem erworben hat, wohl aber gleichfalls vom Gesichtspunkte der Arglist (exceptio doli generalis, vgl. oben): RGZ 36, 54; 73, 309; 88, 293. Ein anderes gilt aber, wenn der Inkassoindossatar mit dem Wechsel-(Scheck-)schuldner arglistig zusammengewirkt hat, um den Indossanten zu schädigen, insbesondere indem er einen Vergleich mit ihm abgeschlossen oder ein Versäumnisurteil gegen sich hat ergehen lassen; in solchem Falle bildet auch die Rechtskraft des ergangenen Urteils kein Hindernis, daß der Indossant die Forderung geltend macht, indem er auf Grund der §§ 826, 249 BGB Schadensersatz im Wege der Naturalherstellung beansprucht: RG 36, 54; 43, 42; 73, 309; 88, 293.

Daß ein fiduziarisches Indossament nur vorläge, wenn es nicht lediglich im Interesse des Indossanten, sondern auch zugleich im Interesse des Indossatars erfolgt ist (wie StStr zu Art 17 Anm 16 behaupten), kann nicht zugegeben werden; ein Interesse beider Teile ist kein Erfordernis der fiduziarischen Rechtsgeschäfte. Ist (wie in dem in RGZ 41, 114 entschiedenen Falle) der Wechsel (Scheck) für einen Teil der Wechselsumme für eigene Rechnung des Indossatars, zu einem anderen Teile für Rechnung des Indossanten indossiert, so steht dem Wechselschuldner (Scheckverpflichteten) die Einrede der Arglist nur hinsichtlich desjenigen Teiles der Wechsel-(Scheck-)summe zu, die der Indossatar für Rechnung des Indossanten einklagt; ein unzulässiges Teilindossament (vgl. oben Anm 9) liegt in solchem Falle nicht vor (RGZ 41, 114). Gegen diese Entscheidung sind Bedenken erhoben worden (Staub WO 4. Aufl § 6; vgl. auch StStr zu Art 17 Anm 16), aber wohl mit Unrecht; das Indossament ist, wie oben ausgeführt, ein wirkliches Vollindossament für die ganze Wechselsumme; daß die Einrede (Duplik) der Arglist nur für einen Teil davon zutrifft, ändert an dem einheitlichen Rechtscharakter des Indossaments nichts. § 8

Ob ein fiduziarisches Indossament vorliegt, ist im Einzelfalle Tatfrage, die nach dem der Indossierung zugrunde liegenden Rechtsverhältnisse zwischen Indossant und Indossatar zu entscheiden ist. Wird ein Scheck einer Bank mit einem auf sie lautenden oder einem Blankoindossamente des Einsenders oder auch ein Inhaberscheck mit oder ohne Namensschrift des Einsenders auf der Rückseite lediglich mit dem Bemerken „zur Gutschrift" übersandt (RGZ 102, 328ff.), so wird allerdings im Zweifel (abweichend RG a. a. O.) angenommen werden müssen, daß sie den Scheck für Rechnung des Einsenders einziehen und ihm den erlösten Betrag, sei es nach Eingang oder auch, wie wohl üblich, sofort unter Vorbehalt des Einganges gutschreiben sollte; doch ist auch, sofern die Umstände des Falles dafür sprechen, eine Auslegung nicht ausgeschlossen, wonach die Bank etwa den Scheck von dem Einsender zum Nennbetrage abzüglich des Diskonts oder sonst zu einem aus den unter den Parteien ein für allemal getroffenen Abreden sich ergebenden Preise käuflich für eigene Rechnung erwerben und diesen Betrag dem Einsender gutschreiben sollte. Von dem zwischen Indossant und Indossatar bestehenden Rechtsverhältnisse wird es auch abhängen, ob der Indossant gegenüber der Regreßklage des Indossatars gegen ihn aus dem Indossamente den Einwand erheben kann, daß der Indossierung ein fiduziarisches Rechtsverhältnis zwischen ihnen zugrunde liege, durch welches der scheckrechtliche Regreß gegen ihn ausgeschlossen werde. Gleiches gilt von der Namensschrift auf der Rückseite des Inhaberschecks (§ 15 Abs 2).

Einen Fall des Inkassoindossaments bietet auch die in § 1292 BGB vorgesehene Verpfändung von Wechseln und anderen indossabeln Papieren im Wege der Einigung zwischen dem Gläubiger und dem Pfandgläubiger unter Übergabe des indossierten Papiers, sofern das Indossament sich nicht als ein offenes Prokuraindossament darstellt. Auch in diesem Falle erwirbt der Indossatar das volle Recht aus dem Papiere und das Eigentum daran; nur im Innenverhältnis ist er den durch den Pfandzweck gebotenen Beschränkungen unterworfen. Er ist deshalb rechtlich auch befähigt, das Papier durch Vollindossament weiter zu übertragen. Die einschränkenden Vorschriften der §§ 1282, 1228 Abs 2 in Verbindung mit § 1294 BGB haben nur für das Dürfen, nicht für das Können des Indossatars Bedeutung. Es handelt sich auch hier in Wirklichkeit nicht um Bestellung eines Pfandrechts an den Rechten, sondern um ihre fiduziarische Übereignung zum Zwecke der Pfandsicherung. So mit Recht Mansfeld in LZ 1913, 418 gegen die herrschende Meinung, die auch im RGRKomm zum BGB zu § 1292 Anm 1 vertreten wird. Schon in den Mot. zu § 1225 des Entwurfs zum BGB (3, 868) ist übrigens ausgeführt, daß in solchem Falle in Wirklichkeit eine Übertragung des Rechts vorliege, bei welcher der Erwerber nur obligatorisch gebunden sei, das ihm übertragene Recht für fremde Rechnung dem Pfandrechtszwecke entsprechend auszuüben. Wenn allerdings dort der Satz aufgestellt ist, daß bei indossabeln Papieren jede Beschränkung des Gläubigerrechts des Indossatars ausgeschlossen und nur als obligatorische, das Recht selbst nicht treffende möglich sei, so ist dabei an das offene Prokuraindossament nicht gedacht, das zur Verpfändung von indossabeln Papieren gleichfalls benutzt werden kann. — Gegenüber einem zu Pfandzwecken erfolgten Vollindossamente können Einwendungen des Wechsel-(Scheck-)Schuldners aus der Person des Indossanten vom Standpunkte der oben (Anm 13) dargelegten Rechtsprechung des Reichsgerichts gegenüber dem gutgläubigen Indossatar nicht zugelassen werden, da die Duplik der Arglist wegen des vorhandenen eigenen Interesses des Indossatars an der Einklagung der Forderung nicht durchgreift. So im Ergebnisse auch RG II 279/13 v. 5. 8. 13 in LZ 1913, 933 mit der etwas abweichenden Begründung, es liege in solchem Falle überhaupt kein Inkassomandat vor, weil der Kläger die Klagewechsel in eigenem Interesse zur Sicherung für seine Darlehnsforderung empfangen habe und sie, wie das Berufungsgericht rechtsirrtumsfrei tatsächlich feststelle, für eigene Rechnung einklage. Die Verpfändung der Rechte aus einem Wechsel oder Orderscheck kann im übrigen auch auf dem normalen Wege des § 1274 BGB erfolgen, wie schon das Wort „genügt" in § 1292 ergibt. Doch wird dazu nicht (wie Mansfeld a. a. O. S. 422 anzunehmen scheint) die Übergabe des überhaupt nicht von dem Verpfänder indossierten Papiers genügen, da mit einem solchen der Pfandgläubiger die Forderung nicht einziehen könnte; vielmehr wird erforderlich sein, daß das Papier mit einem offenen Prokuraindossamente versehen übergeben wird. Anm. 13a

c) Nicht zu verwechseln mit dem verdeckten Prokura- oder Inkasso-Indossament, das als fiduziarische Rechtsübertragung ernstlich gewollt wird, ist das **Scheinindossament**, das in dem beiderseitigen Einverständnis der Nichternstlichkeit gegeben und genommen wird (§ 117 BGB). Doch erzeugt auch ein solches Indossament Rechtswirkungen insofern, als in entsprechender Anwendung des § 405 BGB der Indossant dem gutgläubigen Drittinhaber der Urkunde gegenüber sich auf die Nichternstlichkeit nicht berufen kann. Geht der Zweck des Anm. 14

§ 8 Indossaments dahin, das Wertpapier den Gläubigern des Indossanten zu entziehen, so wird in der Regel Ernstlichkeit anzunehmen sein und nur den Gläubigern des Indossanten die Anfechtung wegen Verkürzung ihrer Rechte nach Maßgabe des Anfechtungsgesetzes offenstehen (RGZ 81, 43; a. M. anscheinend StStr zu Art 17 Anm 17).

Anm. 15 d) Darüber, innerhalb welcher Zeit der Scheck durch Indossament übertragen werden kann, trifft das ScheckG keine ausdrückliche Bestimmung. Insbesondere hat es keine Vorschrift aufgenommen über das sog. **Nachindossament,** worunter man im Wechselrechte die nach Ablauf der für die Protesterhebung mangels Zahlung bestimmten Frist in der Form des Indossaments erfolgende Übertragung des Wechsels versteht (StStr zu Art 16 WO Einleitung). Die Wechselordnung enthält darüber folgende Vorschrift:

„Art 16. Wenn ein Wechsel indossiert wird, nachdem die für die Protesterhebung mangels Zahlung bestimmte Frist abgelaufen ist, so erlangt der Indossatar die Rechte aus dem etwa vorhandenen Akzepte gegen den Bezogenen und Regreßrechte gegen diejenigen, welche den Wechsel nach Ablauf dieser Frist indossiert haben.

Ist aber der Wechsel vor dem Indossamente bereits mangels Zahlung protestiert worden, so hat der Indossatar nur die Rechte seines Indossanten gegen den Akzeptanten, den Aussteller und diejenigen, welche den Wechsel bis zur Protesterhebung indossiert haben. Auch ist in einem solchen Falle der Indossant nicht wechselrechtlich verpflichtet."

Darüber, aus welchem Grunde die Aufnahme einer entsprechenden Bestimmung in das Scheckgesetz unterblieben ist, geben die Begründungen zu den Entwürfen des deutschen Scheckgesetzes keinen Aufschluß. Wohl aber ist in den Mot zu § 7 des österreichischen Entwurfs folgendes ausgeführt:

„Die besonderen Bestimmungen der Wechselordnung über Nachindossamente wurden nicht herübergenommen, da die Anwendung der Vorschriften des Entwurfs zu ganz angemessenen Resultaten führt. Die Zirkulation zu verlängern, ist nicht beabsichtigt, daher muß alles fallen gelassen worden, was derlei nachträgliche Giri unterstützen könnte. Der Verkehr wird sie am meisten fliehen, wenn sie dem Indossatar keinen Rückhalt für den Fall der Nichteinlösung des Schecks gewähren. Das ergibt sich aber schon aus § 16 des Entwurfs. Sowohl das Indossament nach verstrichener Präsentationsfrist wie das eines protestierten Schecks wird danach Übertragungswirkung äußern, aber der Rechtsschutz des Erwerbers beschränkt sich auf seine Vertragsklage gegen den Aussteller oder unmittelbaren Vormann."

Diese Begründung wird auch bei der Beantwortung der das Nachindossament betreffenden Fragen auf Grund des deutschen Scheckgesetzes in Betracht zu ziehen sein. Art 16 WO kann nur insoweit entsprechend zur Anwendung gelangen, als die Verhältnisse beim Scheck gleich liegen wie beim Wechsel. Es werden auch hier wie beim Wechsel zwei Fälle zu unterscheiden sein:

α. Der Scheck ist innerhalb der Vorlegungsfrist nicht zur Zahlung vorgelegt worden. Dieser Fall liegt beim Scheck durchaus anders als beim Wechsel der Fall der Nichtprotestierung innerhalb der für den Protest mangels Zahlung bestimmten Frist nach Verfall. Zunächst um deswillen, weil der Wechsel auch nach Ablauf der Protestfrist ein Papier bleibt, aus dem sich wechselrechtliche Verpflichtungen ergeben, insbesondere die von dem Proteste unabhängige Verpflichtung des Akzeptanten; deshalb liegt es nahe, daß auch dann noch eine Übertragung des Wechselrechts erfolgen kann und auch noch neue wechselrechtliche Regreßverbindlichkeiten begründet werden können. Beim Scheck dagegen sind nach fruchtlosem Ablaufe der Vorlegungsfrist die sämtlichen aus ihm entstandenen scheckrechtlichen Verbindlichkeiten, nämlich die Regreßverbindlichkeiten des Ausstellers und der Indossanten, erloschen; er ist also als solcher gegenstandslos geworden; deshalb kann auch von einer Übertragung des Schecks und Begründung weiterer Regreßverbindlichkeiten aus ihm durch Indossament nicht mehr die Rede sein. Dazu kommt, daß, wie die Begründung zu dem österreichischen Entwurf mit Recht hervorhebt, der Wechsel zu längerem Umlaufe bestimmt ist und seinem durch die Weiterindossierung nach Ablauf der Protestfrist ermöglichten weiteren Umlaufe daher gesetzgeberische Bedenken nicht entgegenstehen, während der Scheck gerade deshalb an eine kurze Vorlegungsfrist durch das Gesetz gebunden ist, damit er nicht länger umlaufen und zum Kreditpapier werden könne; das aber würde eintreten, wenn noch nach Ablauf der Vorlegungsfrist neue Regreßverbindlichkeiten durch Indossamente begründet werden könnten. Solche Indossamente müssen deshalb scheckrechtlich wirkungslos bleiben; inwieweit sie bürgerlich-rechtliche Wirkungen erzeugen, ist eine andere Frage.

β. Der Scheck ist innerhalb der Vorlegungsfrist zur Zahlung vorgelegt, aber bei der Vorlegung nicht bezahlt worden. In diesem Falle wird § 16 Abs 2 WO entsprechende Anwendung finden können. Der Scheck ist, wie der Sichtwechsel, bei

Vorlegung zahlbar (= fällig; der Unterschied, den Breit JW 1908, 260, vgl. unten, zwischen diesen beiden Ausdrücken machen will, findet in der Rechtssprache keine Begründung). Er hat also durch die Nichtbezahlung bei Vorlegung Not gelitten, seine „Ehre verloren", kann deshalb als Zirkulationspapier nicht mehr gelten, so wenig wie der Sichtwechsel nach erfolgter Vorzeigung (StStr zu Art 16 WO Anm 8; RG in JW 1907, 745[16]); ein Unterschied besteht nur insofern, als beim Sichtwechsel die Nichteinlösung binnen bestimmter Frist durch Protest festgestellt werden muß, während die Feststellung beim Scheck auch noch nach Ablauf der Vorlegungsfrist erfolgen kann; vgl. zu § 16 Anm 3 ff. Das ändert aber nichts daran, daß der Scheck bereits durch die erfolglose Vorlegung tatsächlich Not gelitten hat, auch wenn die Vorlegung noch nicht festgestellt ist. Es werden deshalb nach der Vorlegung selbständige Rechte aus dem Scheck nicht mehr begründet werden können, es sei denn, daß der Scheck in die Hände eines gutgläubigen Erwerbers gelangt, was geschehen kann, wenn die Vorlegung überhaupt noch nicht oder nicht nach § 16 Abs 1 Nr 1 ScheckG durch eine auf den Scheck gesetzte Erklärung des Bezogenen, sondern nach Nr 2 oder 3 daselbst durch eine auf besonderem Blatte ausgestellte Bescheinigung der Abrechnungsstelle (vgl. zu § 16 Anm 12) oder durch einen Protest festgestellt ist, dessen Verbindung mit dem Scheck (vgl. zu § 16 Anm 13 ff) etwa nachträglich gelöst wurde. In diesem Falle würde dem gutgläubigen Erwerber gemäß § 18 Abs 2 ScheckG der Einwand, daß der Scheck bereits vergeblich vorgezeigt worden sei und demgemäß durch das Indossament keine selbständigen Scheckrechte für ihn begründet worden seien, nicht entgegengehalten werden können. Im übrigen kann der Scheckinhaber auch nach der Vorlegung die ihm aus dem Scheck zustehenden Rechte, einschließlich der aus der Vorlegung und Nichtzahlung ihm erwachsenen Rechtslage*), in der Form des Indossaments auf einen anderen übertragen; jedoch kann diese Übertragung nur die Wirkungen einer Forderungsabtretung des bürgerlichen Rechts haben (ROHG 2, 64; 23, 36; RGZ 14, 109) und es stehen deshalb den Scheckverpflichteten gegenüber dem Nachindossatar alle Einreden zu, die sie gegenüber dem Nachindossanten gehabt haben, und zwar auch dann, wenn dieser nicht der erste Indossatar, sondern ein Zwischenindossatar war (RGZ 14, 109; a. M. Grünhut, Wechselbegebung nach Verfall S. 40 ff., 59 ff.), während andererseits dem Nachindossatar auch die von seinem Nachindossanten bewirkte Unterbrechung der Verjährung zugute kommt (ROHG 23, 406). Auch kann der Nachindossatar, der den Scheck im Regreßwege eingelöst hat, keine eigene Provision (Art 50 WO, § 17 ScheckG) fordern; ROHG. 18, 140. Der Nachindossant selbst wird durch das Nachindossament dem Nachindossatar nicht wechsel-(scheck-) mäßig verpflichtet (Art 16 Abs 2 Satz 2 WO); ob ihn eine Gewährleistungspflicht auf Grund des allgemeinen bürgerlichen Rechts trifft, hängt von dem der Begebung des Schecks zugrunde liegenden kausalen Rechtsverhältnisse ab. Der Nachindossatar kann die Feststellung der durch seinen Indossanten oder dessen Vormann erfolgten Vorlegung des Schecks nachholen und auf Grund dieser Feststellung die Regreßrechte seines Indossanten geltend machen; er kann aber auch, falls die Vorlegungsfrist noch läuft, den Scheck nochmals zur Zahlung dem Bezogenen vorlegen. § 8

Breit, „Das Nachindossament im Scheckrecht" (JW 1908, 259; vgl. auch in LZ 1908, 262), kommt zu teilweise anderen Ergebnissen. Er geht zunächst davon aus, daß beim Scheck nicht, wie beim Sichtwechsel, die Präsentation, sondern lediglich der Ablauf der Präsentationsfrist von Bedeutung für die weitere rechtliche Behandlung des Schecks und seine Weiterbegebung sei und daß deshalb ein nach erfolgter Vorlegung, aber vor Ablauf der Vorlegungsfrist erteiltes Indossament nicht als Nachindossament, sondern als vollgültiges Indossament mit Transport- und Garantiewirkungen anzusehen sei. Diese Auffassung führt er aber selbst nicht folgerichtig durch, sondern will demjenigen, der nach erfolgter Vorlegung den Scheck durch Indossament erworben hat, das Recht, sich gegenüber denjenigen, die nach dieser Vorlegung den Scheck erworben haben — also gegenüber den Nachmännern des Präsentanten —, auf diese Vorlegung zu berufen, überhaupt versagen, während er ihm gegenüber dem Aussteller und denjenigen, die vor der Vorlegung indossiert haben, zunächst nur die abgeleiteten Rechte seines Indossanten zuspricht; falls aber ein solcher Indossatar innerhalb der Vorlegungsfrist den Scheck dem Bezogenen nochmals zur Zahlung vorlegt, soll er die vollen Regreßrechte gegen alle Scheckverpflichtete erlangen. Gegen die Breitsche Auffassung vgl. auch Jacobi, Der Scheck als Wertpapier, bei Goldschmidt 63 S. 106 ff.

e) **Indossament an den Bezogenen.** Art 10 Satz 2 der Wechselordnung bestimmt ausdrücklich, daß auch an den Aussteller, Bezogenen, Akzeptanten oder einen früheren Indos- Anm. 16

*) Zu der Annahme, daß der Präsentant durch die Indossierung des bereits vorgelegten Schecks, falls die Vorlegung noch nicht nach Maßgabe des § 16 Abs 1 Satz 2 festgestellt ist, auf die Rechte aus der erfolgten Vorlegung verzichte (so Lessing zu § 8 Anm IV), ist kein Grund ersichtlich; wie hier Breit JW 1908, 262.

§ 8 santen der Wechsel gültig indossiert werden kann. Eine solche Bestimmung hat das ScheckG nicht aufgenommen. Es bestimmt vielmehr in § 8 Abs 2 Satz 4, daß ein Indossament an den Bezogenen als Quittung gilt.

α. Der Entwurf von 1892 (§ 6 Abs 2 Satz 2) und der vorläufige Entwurf von 1907 hatten vorgeschlagen, daß das Indossament an den Bezogenen ungültig sein solle. Das wurde in der Begründung von 1892 damit gerechtfertigt, daß ein an den Bezogenen gerichtetes Indossament, falls dieser ein ausreichendes Guthaben in Händen habe, also den Scheck einzulösen verpflichtet sei, „keinen rechtlichen oder wirtschaftlichen Zweck habe, der nicht auch ohne Indossament auf anderem Wege zu befriedigen wäre", während andernfalls es zu Manipulationen Anlaß geben würde, durch welche die Tatsache, daß ein ausreichendes Guthaben zur Zeit der Fälligkeit nicht vorhanden war, verdunkelt werden könnte, indem der Bezogene als Indossatar ohne Risiko die Valuta auf den Scheck an seinen Indossanten zahlen, dann aber die Einlösung des Schecks sich selbst gegenüber verweigern und Regreß gegen den Aussteller und die Indossanten nehmen könne, falls nicht etwa der Aussteller nachträglich den Scheck decke; dadurch würde der Ausstellung ungedeckter Schecke Vorschub geleistet und eine Umgehung der Vorschriften des Entwurfs über das Guthaben erleichtert werden. Gegen die von den Entwürfen beabsichtigte Erklärung eines Indossaments an den Bezogenen als ungültig wurde aber in Handelskreisen, namentlich von den Ältesten der Kaufmannschaft von Berlin in ihrem Gutachten vom 2. September 1907 Widerspruch erhoben und darauf hingewiesen, daß die in der Begründung geäußerten Bedenken entfallen würden, wenn das Indossament an den Bezogenen (wie im österreichischen Gesetze, § 6 Abs 4, bereits bestimmt war), nicht für ungültig erklärt werde, aber als Quittung zu gelten habe, wodurch zugleich der in Bankkreisen vielfach herrschende Gebrauch aufrechterhalten werden könnte, daß Distanzschecke an den Bezogenen zum Inkasso giriert werden und zugleich der Bezogene durch einfachen Brief angewiesen wird, dem Absender den Gegenwert auf Reichsbankgirokonto zu überweisen. Durch eine dem Entwurf entsprechende Bestimmung würde dagegen (so meinte das Gutachten) der Handelsverkehr genötigt werden, Distanzschecke nur durch einen beauftragten Dritten persönlich Zug um Zug gegen die Zahlung aushändigen zu lassen, wodurch eine große Verkehrserschwerung verursacht werden würde. Diesen Einwendungen hat die Reichstagsvorlage Rechnung getragen. In der Begründung (S. 24) ist unter Wiederholung der gegen die Zulassung von Indossamenten an den Bezogenen als solchen in der Begründung von 1892 geltend gemachten Gesichtspunkte gesagt:

„Andererseits empfiehlt es sich nicht, das Indossament an den Bezogenen schlechthin für ungültig zu erklären. Es ist in Handelskreisen durchaus üblich, sich bei der Versendung von Orderschecken zur Einlösung des Indossaments zu bedienen. Der Bezogene erhält durch das Indossament den Nachweis der Einlösung gegenüber dem Aussteller, den ihm sonst die Quittung verschaffen muß. Dieser Handelssitte wird aber ausreichend Rechnung getragen, wenn der Entwurf entsprechend § 6 Abs 4 des österreichischen Gesetzes ein Indossament an den Bezogenen als Quittung gelten läßt."

Anm. 16a β. Das Indossament an den Bezogenen „gilt" als Quittung. Das ist uneingeschränkt vorgeschrieben; es handelt sich also nicht nur um eine „im Zweifel" eingreifende Auslegungsregel, die eine widerlegbare Vermutung für den Parteiwillen aufstellt, sondern das Gesetz stellt, wie in § 4 Abs 2 (vgl. Anm 8 dazu), eine praesumtio iuris et de iure auf, eine Fiktion, der gegenüber der Nachweis eines anderen Parteiwillens, insbesondere in der Richtung, daß durch das Indossament wirklich die Rechte aus dem Scheck auf den Bezogenen übergehen sollten, so daß dieser berechtigt werden würde, an sich selbst als den Scheckinhaber für Rechnung des Ausstellers zu zahlen oder den Scheck weiter zu indossieren, ausgeschlossen ist. Ein Indossament an den Bezogenen kann vielmehr weder Übertragungs- noch scheckrechtliche Verpflichtungswirkung auf Regreßhaftung haben. Die Quittungswirkung tritt ein sowohl im Verhältnis des Bezogenen zum Aussteller, indem jener den Betrag des Schecks als bezahlt von dem Guthaben des Ausstellers abbuchen darf, wie auch im Verhältnis des Ausstellers und der Indossanten zu einem etwa in den Besitz des mit solchem Indossamente versehenen Schecks gelangten Scheckinhaber, indem diesem der Einwand der Zahlung, da diese sich aus dem Scheck ergibt, gemäß § 18 Abs 2 ScheckG entgegengesetzt werden kann. Die Quittung ist aber nach der herrschenden Meinung nur Beweismittel; dem Aussteller im Verhältnis zu dem Bezogenen und dem Scheckinhaber im Verhältnis zu dem Aussteller und den Indossanten steht daher der Gegenbeweis offen, daß der Bezogene den Scheck nicht bezahlt habe, und zwar soll dazu schon das Zugeständnis des Quittungsempfängers oder der Beweis genügen, daß die Quittung nicht nach Empfang der Leistung oder Zug um Zug gegen diese, sondern in Erwartung künftiger Leistung ausgestellt ist; so RGRKomm zu § 368 BGB Anm 1, unter Berufung auf RG in LZ 09, 311[16] und RGZ 14, 243, während in RGZ 49, 9 es als eine der freien Beweiswürdigung des Tatrichters unterliegende Frage bezeichnet wird, ob der Beweis der Unrichtigkeit eines abgegebenen Valutaempfangsbekenntnisses zur Widerlegung der aus der Quittung sich ergebenden Vermutung der Zahlung hinreiche. Folgt man der ersteren Auffassung, so wird, wenn festgestellt ist, daß entsprechend dem bestehenden Handelsgebrauche das Indossament an den Bezogenen in Erwartung der Zahlung ausgestellt ist, die aus dem gesetzlich fingierten Quittungscharakter sich ergebende Beweiskraft für die Zahlung versagen, in gleicher Weise wie die Beweiskraft einer in Erwartung der Zahlung ausgestellten ausdrücklichen Quittung. Der Bezogene wird deshalb, um ganz sicher zu gehen, die Erteilung einer Quittung oder eines dieser gleichstehenden Indossaments auf ihn bei Leistung der Zahlung verlangen müssen. Der Zweck der Vorschrift, den bestehenden Handelsgebrauch aufrechtzuerhalten, ist sonach bei Zugrundelegung der erwähnten Rechtsprechung nicht erreicht. Dem Verkehrsbedürfnisse dürfte mehr gerecht werden die in der Rechtslehre vertretene Meinung, die in der Quittung, wenn nicht einen Anerkennungsvertrag über die Schuldtilgung, so doch einen Beweisvertrag oder ein bedingtes pactum de non petendo erblickt, durch welches der Gläubiger, der das Fortbestehen der Schuld behauptet, genötigt wird, nach den Grundsätzen der Kondiktion darzulegen, daß die Forderung noch besteht; vgl. Planck zu § 368 BGB Anm 5. — Dazu, daß das Indossament als Quittung gelte, ist erforderlich, daß es ein Indossament an den Bezogenen sei. Das ist beim Vollindossamente ohne weiteres daraus ersichtlich, daß der Bezogene in der Indossamentsschrift auf dem Scheck als Indossatar genannt ist. Ein Indossament an den Bezogenen kann aber, wie Brunner in DIZ 1908 Sp. 155 hervorhebt, an sich auch in der Weise stattfinden, daß der Scheck mit einem Blankoindossamente versehen und durch Begebungsvertrag dem Bezogenen übereignet wird, mit der vertraglichen Einigung, daß dieser nunmehr legitimierter Scheckgläubiger werde. Auch der Verwirklichung eines solchen Parteiwillens steht die Vorschrift des § 8 Abs 2 Satz 4 entgegen; der Bezogene kann deshalb auch aus einem Blankoindossamente keine Regreßansprüche geltend machen. Anderen Scheckinhabern gegenüber wird freilich das Blankoindossament als Indossament an den Bezogenen und deshalb als Quittung nicht gelten können, da in der schriftlichen Erklärung nicht zum Ausdrucke kommt, daß das Indossament an den Bezogenen erfolgt ist. Es kann sonach auch eine Einrede gegenüber einem späteren Scheckinhaber nicht daraus hergeleitet werden, daß ein Blankoindossament an den Bezogenen stattgefunden habe und sonach der Scheck als bezahlt gelte. Mit Recht warnt deshalb Brunner a. a. O. den Handelsstand davor, das Blankoindossament an den Bezogenen an Stelle der Quittung zu verwenden. — Indossamente an den Aussteller und an einen früheren Indossanten werden ohne weiteres als gültig anzusehen sein, da das ScheckG zwar eine ausdrückliche Bestimmung in diesem Sinne nicht enthält, aber auch nichts enthält, was der Gültigkeit solcher Indossamente (Rückindossamente) entgegenstände. § 8

f) Ein **Indossament des Bezogenen** kann nur in Frage kommen, wenn dieser in den Besitz des mit einem Blankoindossamente versehenen Schecks gelangt ist; denn ein auf seinen Namen gestelltes Indossament gilt als Quittung und legitimiert ihn nicht zur Weiterindossierung (vgl. oben Anm 16). § 8 Abs 2 Satz 3 bestimmt in eigenartigem Anschlusse an den vorhergehenden Satz, daß **das gleiche** wie für ein auf eine Abschrift des Schecks gesetztes Indossament, nämlich, daß es unwirksam ist, **von einem Indossamente des Bezogenen zu gelten habe.** Diese Vorschrift, die sich zu der den gleichen Fall betreffenden Vorschrift der WO (Art 10 Satz 2) in Widerspruch setzt, findet dadurch ihre Rechtfertigung, daß der Bezogene durch sein Indossament eine scheckrechtliche Haftung für die Einlösung des Schecks, ohne Rücksicht darauf, ob ein Guthaben vorhanden ist oder nicht, übernehmen würde, wodurch die gleiche Wirkung erzielt werden würde wie durch die Akzeptierung des Schecks, die als dem Wesen und den Zwecken des Schecks widerstreitend vom Gesetze (§ 10) ausgeschlossen wird (Begr S. 24). Vgl. zu § 10 Anm 1. Aus den gleichen gesetzgeberischen Gründen ist eine Haftung des Bezogenen aus seiner Namensschrift auf dem Rücken eines Inhaberschecks ausgeschlossen; § 15 Abs 2 Satz 2, vgl. Anm 8 zu § 15. Als Indossament des Bezogenen hat auch ein von einer Filiale der bezogenen Bank auf den Scheck gesetztes Indossament zu gelten, da sie kein von der bezogenen Bank verschiedenes Rechtssubjekt, sondern nur eine mit selbständiger Geschäftsführung ausgestattete Geschäftsstelle und die bezogene Bank das alleinige Subjekt aller aus den von der Filiale vorgenommenen Geschäften entspringenden Rechte und Pflichten ist. Deshalb kann durch ein solches Indossament der Indossatar keine Regreßansprüche gegen die Bank oder die Filiale erwerben, und die Filiale ihrerseits kann, wenn sie trotzdem den Scheck nach Verfall im Regreßwege wiedereingelöst hat, keinen Regreßanspruch aus dieser Einlösung gegen den Aussteller oder ihre Vorindossanten erheben (RGFS Urt v. 20. 7. 25, II 597/24, RGZ 111 S. 267ff.). Anm. 17

III. Der **zweite Absatz des § 8** erklärt in Satz 1 eine Reihe von Vorschriften der Wechselordnung, die sich auf das Indossament beziehen, ausdrücklich für entsprechend anwendbar auf das Indossament des Schecks. Es sind dies die folgenden:

§ 8 1. Art 11—13 WO über die Form des Indossaments.

Anm. 18 a) **Art 11** lautet:

„Das Indossament muß auf den Wechsel, eine Kopie desselben oder ein mit dem Wechsel verbundenes Blatt (Allonge) gesetzt werden."

Die Anwendbarkeit dieser Vorschrift auf den Scheck ist jedoch beschränkt durch § 8 Abs 2 Satz 2 ScheckG, wonach **ein auf eine Abschrift des Schecks gesetztes Indossament unwirksam ist.**

Anm. 19 α. Das Indossament muß sonach **auf den Scheck oder ein mit dem Scheck verbundenes Blatt** gesetzt werden. Die Stellung auf der Rückseite des Schecks ist üblich, aber nicht notwendig; auch ein auf die Vorderseite gesetztes Indossament ist wirksam. Nur für das Blankoindossament ist die Stellung auf der Rückseite vorgeschrieben, sofern es lediglich in der Form der Namensschrift des Indossanten erfolgt (vgl. unten Anm 22). Doch muß der Indossierungswille deutlich zum Ausdruck gelangen, und hierfür werden an Indossamente auf der Vorderseite wegen ihrer Ungewöhnlichkeit erhöhte Ansprüche zu stellen sein.

Anm. 20 β. Im übrigen ist eine bestimmte Form des Indossaments weder im Scheckgesetze noch in der Wechselordnung vorgeschrieben. Es genügt, wenn sich daraus der Wille des Indossanten, den Wechsel zu übertragen, und zwar beim Namensindossamente auf eine bestimmte Person, klar ergibt (RGZ 61, 187). Es kann also mit ausdrücklichen Worten die Anweisung zur Zahlung an den Indossatar statt an den Indossanten enthalten („Zahlen Sie statt an mich an Herrn N. N."; „Zahlen Sie an Herrn N. N.") oder auch lediglich einen abgekürzten Ausdruck dafür, der in jenem Sinne zu ergänzen ist: „Für mich an Herrn N. N." oder auch nur „An Herrn N. N.", eine Fassung, die auf der Rückseite jedenfalls genügt, auf der Vorderseite aber wohl nur dann, wenn sie so steht, daß eine Verwechselung mit der Bezeichnung des Bezogenen ausgeschlossen ist. „An die Order des Herrn N. N." läßt wohl zur Genüge erkennen, daß auch N. N. selber, und zwar zunächst, Indossatar sein soll. Die Fassung: „Als Girant" und Unterschrift dürfte auch auf der Vorderseite genügen. Die Unterschrift des Indossanten ist nicht ausdrücklich vorgeschrieben; aber erforderlich, um das Indossament als Willenserklärung des Indossanten erscheinen zu lassen; daß diese nur eine schriftliche sein kann, ergibt sich daraus, daß sie auf den Wechsel (Scheck) gesetzt werden muß. Hinsichtlich des Erfordernisses der Unterschrift gilt daher das gleiche wie für die Unterschrift des Ausstellers; vgl. oben zu § 1 Anm 16 ff. Wegen der Unterzeichnung durch Vertreter vgl. zu § 1 Anm 20. — Einer Datierung bedarf das Indossament nicht. Deshalb ist auch die Angabe eines unrichtigen oder unmöglichen Datums (29. Febr. eines Nichtschaltjahres, 31. April usw.) unschädlich. Die Zeit des Indossaments kann aber erheblich werden, insbesondere für die Frage, ob ein Nachindossament vorliege (vgl. oben Anm 15). Ist das Indossament datiert, so spricht eine Vermutung, die aber widerlegbar ist, für die Richtigkeit des Datums. Ist es undatiert, so wird derjenige, der behauptet, daß es zu einer bestimmten Zeit (z. B. nach erfolgter Vorlegung zur Zahlung) erteilt ist und der daraus Rechte herleiten will (z. B. die Zulässigkeit von Einreden), den Beweis dafür zu führen haben. — Der Bezeichnung des Indossatars bedarf es nicht; vgl. unten Anm 22. Ist aber das Indossament auf einen bestimmten Indossatar gestellt, so gilt für dessen Bezeichnung das Gleiche wie für die des Zahlungsempfängers bei einem auf einen bestimmten Zahlungsempfänger gestellten Scheck; vgl. zu § 4 Anm 3. Deutliche Bezeichnung ist erforderlich; geringe Abweichungen oder Abkürzungen schaden nicht, wenn sie die Deutlichkeit nicht beeinträchtigen (ROHG 18, 421; RG bei Gruchot 28, 1012). Zusätze, z. B. Valutaempfangsbekenntnis, sind unschädlich, sofern sie nicht den erforderlichen Indossierungswillen einschränken oder ausschließen; ist das der Fall, so machen sie das Indossament ungültig. Das muß insbesondere von der Hinzufügung einer Bedingung gelten (anders die einheitliche WO Art 9 Abs 1; vgl. unten Anm 53). — Verschieden von der Frage, ob ein formal gültiges Indossament vorliegt, an das sich andere anschließen können, ist die Frage, ob das Indossament genügt, um eine bestimmte Person als den dadurch legitimierten Indossatar erscheinen zu lassen. Dazu ist erforderlich, daß diese Person in einer Weise bezeichnet ist, die sie von anderen erkennbar unterscheidet. Eine hinreichende Legitimation liegt daher nicht vor, wenn verschiedene Rechtssubjekte den gleichen Namen oder die gleiche Firma führen und auch aus anderen Umständen, insbesondere dem angegebenen Wohnorte, sich nicht ergibt, welches von diesen gemeint ist.

Anm. 21 γ. Außer auf den Scheck selbst kann das Indossament auch auf ein mit dem Scheck verbundenes Blatt, das als **„Allonge"** bezeichnet wird, gesetzt werden. Darüber, in welcher Weise die Verbindung erfolgen muß, sagt das Gesetz nichts. Es wird zwar keine unlösliche, aber doch eine auf gewisse Dauer berechnete und nicht ohne Spuren jederzeit zu beseitigende Verbindung verlangt werden müssen, also durch Klebstoff, Oblaten u. dgl.; eine Verbindung mit Klammern wird nicht genügen. Wird die Verbindung wieder aufgehoben, so kann das auf dem getrennten Blatte stehende Indossament, solange die Trennung dauert, nicht als Legitimation geltend gemacht, doch kann die Verbindung zu diesem Zwecke durch den Indossatar wiederhergestellt werden. § 8

δ. Ein auf eine **Kopie** des Schecks gesetztes Indossament läßt das Scheckgesetz, im Gegensatz zu der Vorschrift der Wechselordnung, für den Scheck nicht zu. In der Begr (S. 23) wird das mit der Erwägung gerechtfertigt, daß zur Ausstellung von Kopien, auf welche Originalindossamente gesetzt werden können, beim Scheck kein Bedürfnis vorliege. In den erläuternden Bemerkungen zu dem Entwurfe des österreichischen Gesetzes, welches in § 6 Abs 2 die gleiche Bestimmung enthält, ist weiter noch ausgeführt, die Abweichung von der Wechselordnung scheine begründet, weil eine Akzeptierung des Schecks nicht stattfinde, womit die eigentliche Absicht der Zulassung von Indossamenten auf Abschriften entfalle und weil gerade die Unterschrift des Ausstellers unter den Kontrollmaßregeln, durch die sich der Bezogene vor Schaden aus der Einlösung falscher Schecke zu sichern suche, die hervorragendste Bedeutung habe. Unter Kopie ist eine Schrift zu verstehen, die sich als Abschrift von einer anderen (dem Original) kenntlich macht, was durch die Bezeichnung als „Abschrift", bei Urkunden, die die Unterschrift eines Ausstellers tragen, aber auch dadurch geschehen kann, daß der sich als Unterschrift darstellenden Bezeichnung des Ausstellers das Wort „gez." hinzugefügt wird. Daß die Kopie nicht, einschließlich der Unterschrift, von der Hand des Ausstellers geschrieben sein dürfe (Kuhlenbeck S. 57), kann nicht zugegeben werden, sofern sie nur in einer der oben angeführten Weisen oder in sonstiger Weise deutlich erkennbar als Kopie bezeichnet ist; eine solche Bezeichnung schließt aus, daß ein nach § 1 gültiger Originalscheck vorliegen könnte. Anm. 21a

Die Anfertigung von Kopien zu sonstigen Zwecken ist durch das ScheckG nicht verboten; rechtliche Bedeutung haben sie für sich allein nicht, doch können sie solche erhalten dadurch, daß auf ihnen eine rechtlich-verbindliche Erklärung, z. B. eine Bürgschaftserklärung, eine Quittung, abgegeben wird. Auch zum Zwecke des Beweises, insbesondere bei Verlust des Originals, können sie, insbesondere wenn sie beglaubigt sind, dienen, ohne daß jedoch die Ausübung des Rechts aus dem Scheck auf Grund ihrer erfolgen könnte. Erforderlich sind Abschriften (Kopien) des Schecks für die Einleitung des Aufgebotsverfahrens (§ 1007 ZPO; vgl. zu § 27 Anm 7). Wegen Ausfertigungen vgl. zu § 9 Anm 1 f.

b) **Art 12 WO** lautet: Anm. 22

„Ein Indossament ist gültig, wenn der Indossant auch nur seinen Namen oder seine Firma auf die Rückseite des Wechsels oder der Kopie oder auf die Allonge schreibt (Blankoindossament)."

α. Durch Art 12 wird anerkannt, daß ein Wechsel, der gemäß Art 4 Ziff 3 WO auf einen bestimmten Zahlungsempfänger (Remittenten) lauten muß, durch Indossament auf eine in diesem nicht von vornherein benannte Person übertragen werden kann **(Blankoindossament)**. Aus der Fassung des Art 12 könnte allerdings noch ein engerer Begriff des Blankoindossaments herausgelesen werden, wenn man in grammatisch korrekter Auslegung das in Klammern gesetzte Wort „Blankoindossament" als begriffliche Zusammenfassung des Vorhergehenden ansieht. Bei dieser Auslegung würde ein Blankoindossament nur dasjenige sein, welches in der Weise erfolgt, daß der Indossant lediglich seinen Namen oder seine Firma, ohne jeden Zusatz, auf die Rückseite des Wechsels schreibt, und es würde ein Blankoindossament an anderer Stelle, namentlich auf der Vorderseite, überhaupt nicht zulässig sein. Es kann aber keinem Zweifel unterliegen, daß (worauf übrigens die Worte: „auch nur" hindeuten) ein zulässiges Blankoindossament auch vorliegt, wenn es nicht nur die Namensschrift des Indossanten enthält, sondern auch einen Vermerk, durch welchen es als Indossament gekennzeichnet wird, aber ohne Nennung des Indossatars, und wenn es in dieser Weise auf die Vorderseite des Wechsels gesetzt ist. Art 12 WO will nur die bloße Namensunterschrift des Indossanten als die einfachste, abgekürzte Form des Indossaments für wirksam erklären, falls sie auf der Rückseite des Papiers erfolgt, ohne andere Formen des Blankoindossaments auszuschließen (RGZ 46, 46). Doch muß das Indossament auf der Vorderseite als solches besonders kenntlich gemacht werden, z. B. durch die Formel: „Zahlen Sie für mich an ...", unter Weglassung des Namens des Indossatars. Dagegen ist ein Indossament, das „an den Vorzeiger" oder „an den Inhaber" lautet, kein Blankoindossament, da es nicht, wie Art 13 WO (s. unten Anm 26) erfordert, dem Inhaber die Möglichkeit der Ausfüllung mit einem bestimmten Zahlungsempfänger gewährt. Die Gültigkeit eines solchen Indossaments wird daher mit Recht verneint von Grünhut Handbuch II, 983; auch die zweite Haager Konferenz hat für den Wechsel und den Scheck das Indossament **„au porteur"** als nichtig erklärt; vgl. unten Anm 56. A. M. StStr zu Art 12 WO Anm 2. Allerdings liegt die Sache für den Scheck insofern etwas anders, als dieser von vornherein auf den Inhaber gestellt werden kann (vgl. zu § 4 Anm 5), was beim Wechsel nicht zulässig ist; aber daraus folgt nicht, daß er, entgegen dem erklärten Willen des Ausstellers, durch einen Indossanten endgültig zum Inhaberpapier gemacht werden könnte.

§ 8 Anm. 23 β. Die Namensschrift muß „von dem Indossanten" auf die Rückseite der Urkunde geschrieben sein. Genauer wäre es gewesen, zu sagen, daß sie von demjenigen geschrieben sein müsse, der zur Indossierung legitimiert ist, also von dem Remittenten oder einem Indossatar. Rührt die Namensschrift von einer solchen Person her und steht sie auf der Rückseite, so tritt die Vermutung ein, daß die Person das Papier habe indossieren wollen, also Indossant sei. Zur Widerlegung dieser Vermutung bedarf es des bestimmten Nachweises, der sich aus der Urkunde ergeben muß, daß sie nicht den Willen gehabt habe, die Urkunde in blanco zu indossieren. Dazu ist es nicht genügend, wenn der Namensschrift Zusätze beigefügt sind, die den Indossierungswillen nicht unbedingt ausschließen, wie z. B. der Zusatz: „Angenommen" (RGZ 46, 46), der zwar einen Verpflichtungswillen, beim Scheck auf Regreßhaftung (vgl. § 15 Abs 2), aber nicht den Übertragungswillen zum Ausdruck bringt. Daß über der Namensschrift auf der Rückseite ein leerer Raum für die Ausfüllung (Art 13 WO, vgl. unten Anm 26) gelassen sein müßte, ist für die Annahme, daß ein Blankoindossament vorliege, nicht erforderlich (Bernstein S. 94; StStr zu Art 12 Anm 2; RGZ 46, 50). Ein auf der Rückseite stehendes Indossament, in welchem die Benennung des Indossatars ausgestrichen ist, kann als Blankoindossament nur angesehen werden, wenn bewiesen wird, daß die Durchstreichung von dem Indossanten selbst oder mit dessen Zustimmung vorgenommen worden ist (RGZ 41, 412). Ist der Namensschrift auf der Rückseite ein Quittungsvermerk beigefügt („Wert erhalten", „Inhalt empfangen"; „Pour acquit" oder dgl.), so wird dadurch die Annahme, daß es sich um ein Blankoindossament handle, nicht ausgeschlossen (RG vom 6. 3. 1914, II 717/13, LZ 1914, 862[7]; im Recht 14 Nr. 2570; OG Wien bei Czelechowsky Nr 784). Die von StStr (zu Art 12 Anm 2) gegen diese Entscheidungen erhobenen Bedenken erscheinen nicht als durchgreifend; ein solcher Vermerk ist keineswegs nur gebräuchlich als Bestätigung der vom Hauptwechselschuldner geleisteten Zahlung, sondern ebensowohl als Bekenntnis des Valutaempfanges bei Übergang des Wechsels oder Schecks durch Valutazahlung von einem Gläubiger auf einen anderen, besonders wenn er einer auf der Rückseite befindlichen Namensschrift räumlich beigefügt ist; ein solches Empfangsbekenntnis ist auch dem ungenannten Erwerber der Urkunde gegenüber keineswegs „sinnlos", kann ihm vielmehr zur Widerlegung des Einwandes des mangelnden Begebungsvertrags (vgl. unten Anm 24) dienlich sein. Der zu vermutende Indossierungswille wird jedenfalls durch einen solchen Vermerk nicht widerlegt. Auch Mansfeld (LZ 1914 Sp 1089) erhebt gegen die Entscheidungen Bedenken und bezeichnet sie merkwürdigerweise als eine Verletzung des auch auf Wechselerklärungen anwendbaren „großen Auslegungsgrundsatzes des § 157 BGB". Aber gerade diesem Grundsatze, sofern er auf Wechsel-(Scheck-)Erklärungen überhaupt anwendbar ist (vgl. zu § 1 Anm 37), und dem in gleicher Richtung gehenden des § 133 wird doch durch die Entscheidungen in vorbildlicher Weise Rechnung getragen, indem das Reichsgericht, ohne sich an den buchstäblichen Sinn des Ausdrucks, der eine Quittung ohne Übertragung ergeben würde, zu klammern, den Vermerk so auslegt, wie nach seiner Meinung Treu und Glauben mit Rücksicht auf die Verkehrssitte es erfordern. Die Behauptung Mansfelds, „nach allgemeiner Anschauung des Verkehrs hätten die Worte den Sinn einer Quittung über die Wechselschuld", steht beweislos da und scheint ihrerseits sich zu sehr an den Wortlaut zu klammern, ohne die sonstigen Umstände, namentlich die Stellung auf der Rückseite unter den übrigen Indossamenten, zu berücksichtigen, die eher auf ein Valutaempfangsbekenntnis hinweisen, zumal da, soweit ersichtlich, gar nicht behauptet war, daß der Bezogene (Akzeptant) die Wechselsumme bezahlt habe. Auch die geschichtliche Entwicklung des Schecks, der vielfach in Quittungsform ausgestellt wurde (vgl. die Einleitung S. 7), legt es nahe, daß auch Indossamente in diese Form gekleidet werden.

Anm. 24 γ. Auch zu dem Blankoindossamente bedarf es grundsätzlich eines Begebungsvertrags; der Mangel eines solchen in seiner Person kann auch dem durch Blankoindossament legitimierten Inhaber entgegengesetzt werden, z. B. in der Richtung, daß er den mit Blankoindossament versehenen Scheck gefunden oder sich rechtswidrig angeeignet habe. Der Mangel eines Begebungsvertrags in der Person eines Vormannes kann dagegen dem Inhaber nur entgegengesetzt werden, wenn nachgewiesen wird, daß er bei dem Erwerbe der Inhaberschaft von diesem Mangel Kenntnis hatte. Vgl. Näheres oben Anm. 5.

Anm. 25 δ. Eine auf die Kopie (Abschrift) eines Schecks gesetzte Namensschrift ist auf Grund der von Art 12 WO abweichenden Vorschrift des § 8 Abs. 2 Satz 2 ScheckG kein wirksames Indossament; vgl. oben Anm 21a.

c) **Art 13 WO** lautet:

„Jeder Inhaber eines Wechsels ist befugt, die auf demselben befindlichen Blankoindossamente auszufüllen; er kann den Wechsel aber auch ohne diese Ausfüllung weiterindossieren."

Anm. 26 α. Die Wirkungen des Blankoindossaments sind die gleichen wie diejenigen des Namensindossaments. Vgl. darüber oben Anm 4—6. Durch das Blankoindossament wird somit der Inhaber gemäß Art 36 WO (vgl. unten Anm 30 ff.) als Eigentümer des Wechsels (Schecks) und Gläubiger aus demselben legitimiert, und zwar wird diese Legitimation auch durch sein eigenes, nicht durchstrichenes Blankoindossament geführt (RG bei Bolze Bd. 3 Nr 542; RG v. 11. 1. 04, I 453/03; RG v. 14. 9. 06, I 399/06; RG v. 2. 5. 08, I 71/08 in LZ 1908, 703 und die dort angeführten weiteren Entscheidungen des RG); anderes gilt für ein Namensindossament (vgl. RGZ 1, 32; 27, 41; 32, 77). Die Rechte aus dem Wechsel (Scheck) erwirbt der Inhaber als selbständige, nicht von dem Indossanten herrührende Rechte, also ohne die gegen diesen begründeten Einreden. Er erwirbt insbesondere auch das Recht, den Wechsel (Scheck) weiterzuindossieren. Dieses Recht wird ihm durch Art 13 nicht neu verliehen. Es werden vielmehr nur ihm für die Ausübung desselben zwei Wege eröffnet, indem bestimmt wird, daß er § 8

αα. befugt ist, **die auf dem Wechsel (Scheck) befindlichen Blankoindossamente auszufüllen,** aber auch

ββ. **den Wechsel (Scheck) ohne diese Ausfüllung weiterindossieren kann.**

Zu αα. Die Ausfüllung kann bei dem letzten oder einem früheren Blankoindossamente geschehen, und zwar im ersteren Falle durch unmittelbare Einfügung des Namens des Blankoindossatars, in letzterem Falle auf die gleiche Weise unter Durchstreichung der nachfolgenden Blankoindossamente, aber auch durch Herstellung einer Kette in der Weise, daß jedem einzelnen Blankoindossamente der Name des zunächst folgenden Blankoindossanten als Indossatar und dem letzten der Name des ausfüllenden Blankoindossatars selbst eingefügt wird. Die Einfügung kann in einer der für das Namensindossament genügenden Formen geschehen, vgl. oben Anm 18ff.; auch Zusätze, die beim Namensindossament zulässig, aber nicht erforderlich sind, z. B. Zeit- und Ortsdatum, Valutaempfangsbekenntnis, können eingefügt werden. Auch die Gewährleistung ausschließende Bemerkungen („ohne Obligo", vgl. § 15 Abs 3 ScheckG und Anm 9 zu 15) sowie sonstige die Rechtslage des Blankoindossanten erleichternde Zusätze; nicht dagegen solche, die seine Rechtslage über die durch das Blankoindossament begründeten Verpflichtungen hinaus erschweren würden. Zu ersteren gehört die Prokuraklausel („zum Inkasso", vgl. oben Anm 12), nach deren Einfügung der Blankoindossatar selbst nur als Prokuraindossatar und auch nur zur Weiterindossierung in dieser Weise befugt erscheinen würde. Die Einfügung der Rektaklausel (Bernstein Wechselrecht S. 98) kommt beim Scheck nur für das Indossament des Ausstellers eines an eigene Order gestellten Schecks in Frage; vgl. oben Anm 3; sie würde übrigens die Weiterbegebung durch den Blankoindossatar ausschließen. Zu den die Rechtslage des Blankoindossanten erschwerenden und deshalb unzulässigen Zusätzen muß die Erlassung des Protestes („ohne Kosten") gerechnet werden (ROHG 17, 267). Der Ausfüllung steht der Tod des Blankoindossanten und die Eröffnung des Konkurses über sein Vermögen nicht entgegen; vgl. StStr WO zu Art 13 Anm 3 und zu Art 7 Anm 13a. Anm. 27

Zu ββ. Der Blankoindossatar kann den Wechsel (Scheck) auch ohne Ausfüllung weiterindossieren. Das kann geschehen durch ein Namensindossament oder durch ein weiteres Blankoindossament, in letzterem Falle auch durch bloße Namensschrift auf der Rückseite; vgl. oben Anm 22. Anm. 28

β. Außer auf den beiden ihm durch Art 13 gewiesenen Wegen kann aber der Blankoindossatar den Wechsel (Scheck) auch dadurch weiterbegeben, daß er ihn auf dem durch das Sachenrecht (§ 929 BGB) gegebenen Wege, nämlich durch Übergabe unter Einigung über den Übergang des Eigentums, zu Eigentum überträgt; **Blankotradition.** In diesem Falle bleibt der Blankoindossatar außerhalb des Wechsel-(Scheck-)verbandes; sein Name erscheint nicht auf dem Papier; er haftet daher dem Erwerber des Wechsels (Schecks) und seinen Nachmännern nicht wechsel-(scheck-)mäßig. Ob und inwieweit er ihnen nach allgemeinem bürgerlichen Rechte für die Einlösung haftet, hängt von dem der Blankotradition zugrunde liegenden schuldrechtlichen Vertrage ab. Derjenige, welcher den Wechsel (Scheck) auf diese Weise erwirbt, erwirbt zugleich die Rechte aus der Urkunde in der gleichen Weise wie ein Indossatar, also unabhängig von dem Rechte des Tradenten und ohne daß ihm gegenüber Einreden aus dessen Person geltend gemacht werden könnten. So mit Recht StStr zu Art 13 Anm 4 (anscheinend auch RG 33, 145) gegen Bernstein Wechselordnung S. 79, der die Auffassung vertritt, daß durch die Blankotradition der Erwerber nur die Rechte des Blankoindossatars wie ein Zessionar erwerbe. Er übersieht dabei, daß der, dem ein mit Blankoindossament versehener Wechsel (Scheck) durch Tradition zu Eigentum übertragen wird, die Rechte aus der Urkunde durch das Blankoindossament des Vormannes seines Tradenten, also durch eine wechselrechtliche Erwerbsart, nach Wechselrecht erwirbt. Der mit dem Blankoindossamente versehene Wechsel (Scheck) kann auf diese Weise ohne weiteren Skripturakt wie eine Sache von Hand zu Hand gehen mit der Wirkung, daß jeder Erwerber des Eigentums an der Urkunde wechsel-(scheck-)rechtlich zur Geltendmachung der Rechte aus ihm legitimiert wird. Auch der Blankoindossatar selbst, welcher den Wechsel (Scheck) in blanco tradiert Anm. 29

§ 8 hat, kann auf diese Weise die Rechte aus der Urkunde wieder zurückerwerben. Nicht aber ohne weiteres Giro durch Einlösung nach Verfall, da er nicht regreßpflichtig ist und derjenige der einen Wechsel (Scheck) nach Verfall durch Übergabe erwirbt, sich auf ein vor Verfall erteiltes Blankogiro zu seiner Legitimation nicht berufen kann: RGZ 2, 75 (Plenarentsch.); 33, 148; 48, 224; 74, 207.

Anm. 30 2. Durch § 8 Abs 2 Satz 1 ist ferner für entsprechend anwendbar erklärt **in Betreff der Legitimation des Besitzers eines indossierten Schecks und der Prüfung der Legitimation Art 36 der Wechselordnung.**

Art 36 WO lautet:

„Der Inhaber eines indossierten Wechsels wird durch eine zusammenhängende, bis auf ihn hinuntergehende Reihe von Indossamenten als Eigentümer des Wechsels legitimiert. Das erste Indossament muß demnach mit dem Namen des Remittenten, jedes folgende mit dem Namen desjenigen unterzeichnet sein, welchen das unmittelbar vorhergehende Indossament als Indossatar benennt. Wenn auf ein Blankoindossament ein weiteres Indossament folgt, so wird angenommen, daß der Aussteller des letzteren den Wechsel durch das Blankoindossament erworben hat. Ausgestrichene Indossamente werden bei Prüfung der Legitimation als nicht geschrieben angesehen. Die Echtheit der Indossamente zu prüfen, ist der Zahlende nicht verpflichtet."

Anm. 31 a) Die entsprechende Anwendung des Art 36 WO auf den Scheck ergibt zunächst, daß dieser Artikel nur auf den Scheck mit bestimmtem Zahlungsempfänger (§ 4 Abs 1, § 8 Abs 1 ScheckG) anwendbar ist, während bei dem Inhaberscheck (§ 4 Abs 2, vgl. Anm 5 ff zu § 4) die Legitimation schon durch die bloße Inhaberschaft des Schecks (vgl. unter Anm 33) geführt wird. Auch beim Rektascheck (vgl. oben Anm 3) kommt Legitimation durch Indossamente nicht in Frage.

Anm. 32 b) Legitimation in aktivem Sinne ist der Inbegriff der Voraussetzungen, die erfüllt sein müssen, um eine bestimmte Person als berechtigt zur Ausübung eines Rechts als eines ihr zustehenden erscheinen zu lassen. Dazu ist nicht immer erforderlich, daß ihr das Recht wirklich zusteht; es genügt vielfach das Vorhandensein gewisser äußerer Umstände, auf Grund deren sie nach positiver Bestimmung als befugt zur Ausübung des Rechts angesehen wird (RGZ 77, 189; Mansfeld in LZ 1912 Sp. 578). Diese formelle Legitimation begründet dann eine gesetzliche Vermutung dafür, daß dem Legitimierten das Recht zustehe; er wird daraufhin so behandelt, als sei er der Berechtigte. Die Frage, ob und in welcher Richtung ein Gegenbeweis zulässig sei, ist nicht für alle Legitimationsfälle einheitlich zu beantworten; für die Schecklegitimation vgl. darüber unten Anm 42.

Anm. 33 c) Voraussetzung ist zunächst die Inhaberschaft eines indossierten Schecks. Inhaberschaft im Sinne des Art 36 der Wechselordnung, die älter als das BGB ist und zu deren Auslegung deshalb die Begriffsauffassungen dieses Gesetzbuchs nicht herangezogen werden können, ist die tatsächliche Gewalt über die Urkunde, die zur Ausübung von Rechten aus Skripturobligationen (Wertpapieren) wegen deren rechtlicher Natur (vgl. zu § 15 Anm 13) erforderlich ist; nur mit dem Papier in der Hand können Rechte aus solchen ausgeübt werden. Ob der Inhaber im Sinne des früheren Rechts nur Detentor oder juristischer Besitzer (im Sinne des BGB Eigenbesitzer, § 872) ist, ist für die Legitimation zunächst unerheblich. Mittelbarer Besitz (§ 868 BGB) genügt im allgemeinen nicht; doch wird an der Legitimation nichts geändert, wenn der Inhaber die Urkunde einem anderen gerade zu dem Zwecke übergeben hat, die Rechte aus ihr in seinem Namen auszuüben, z. B. einem Anwalt zur Erhebung der Klage, einem Gerichtsvollzieher oder Notar zur Erhebung des Protestes. — Art 36 bezieht sich nur auf die Legitimation des Inhabers eines indossierten Schecks. Zur Ausübung der Rechte aus einem nichtindossierten Scheck mit bestimmtem Zahlungsempfänger ist nur dieser (der Remittent) legitimiert.

Anm. 34 d) Der Inhaber eines indossierten Schecks wird aber nicht durch die bloße Inhaberschaft legitimiert, vielmehr muß hinzukommen seine Legitimation als Eigentümer durch **eine zusammenhängende, bis auf ihn heruntergehende Reihe von Indossamenten.**

α. Indossament ist hier lediglich im Sinne des Skripturakts gebraucht; das Bestehen eines Begebungsvertrags (oben Anm 3) braucht zur Legitimation nicht dargetan zu werden.

Anm. 35 β. Darüber, was unter einer zusammenhängenden, bis auf den Inhaber hinuntergehenden Reihe von Indossamenten zu verstehen ist, geben die nachfolgenden Sätze bestimmte Regeln in Form einer Folgerung aus jenem Begriffe („demnach"). Demzufolge muß:

αα. das erste Indossament mit dem Namen des Remittenten unterzeichnet sein. Schon diese Fassung ergibt, daß zur Legitimation nicht der Nachweis erforderlich ist, daß die-

Unterzeichnung tatsächlich von dem Remittenten herrühre, also echt sei; vgl. unten Anm 41. § 8
„Remittent" ist der im Scheck benannte Zahlungsempfänger (§ 4; vgl. Anm 1 dazu). Dieser kann mit dem Aussteller identisch sein (Scheck an eigene Order, vgl. zu § 4 Anm 4); alsdann muß das erste Indossament mit dem gleichen Namen unterzeichnet sein, den die Unterschrift des Ausstellers angibt. Ist ein Wechsel (Scheck) auf einen Dritten als Remittenten (Zahlungsempfänger) gestellt, so muß das erste Indossament mit dessen Namen unterzeichnet sein. Diesem Erfordernisse soll nach der Auffassung des Reichsgerichts (RGZ 47, 126; a. M. Oberstes Gericht Wien v. 9. 1. 67 in Siebenhaars Archiv Bd. 17 S. 214 Nr 45; dahingestellt in ROHG 21, 231) nicht genügt sein, wenn der auf einen dritten Remittenten gestellte Wechsel auf der Rückseite zunächst ein Blankogiro des Ausstellers und dann erst das Giro des Remittenten trägt; das Reichsgericht nimmt an, daß in solchem Falle eine lückenlose Kette von Indossamenten nicht vorhanden sei, weil nicht das erste Indossament vom Aussteller herrühre. Ob das gleiche anzunehmen ist, wenn das Indossament des Ausstellers kein Blankogiro ist, sondern auf den Namen des Remittenten lautet (gerade für diesen Fall nimmt auch das ROHG a. a. O. mangelnde Legitimation an), ist in dem reichsgerichtlichen Urteile nicht entschieden, doch ergibt die Begründung, daß das Reichsgericht auch für diesen Fall Legitimationsmangel annehmen würde, wie auch StStr 11. Aufl. zu Art 36 Anm 7 im Gegensatze zu Staub 4. Aufl. tun. Diese Auffassung des Reichsgerichts scheint sich doch gar zu sehr an den Wortlaut des Gesetzes zu klammern; unter dem „ersten" Indossament kann doch wohl bei sinngemäßer Auslegung unbedenklich das erste, welches von einer zur Indossierung berechtigten Person herrührt, verstanden werden; der Aussteller ist aber bei einem auf einen Dritten gestellten Wechsel (Scheck) zur Indossierung überhaupt nicht berechtigt; sein Indossament erscheint deshalb als etwas nicht nur Überflüssiges, sondern gänzlich Wirkungsloses; es kann Rechtswirkung als Indossament überhaupt nicht haben; das erste wirkliche Indossament ist das des Remittenten. Übrigens kann ein solches überflüssiges und wirkungsloses Indossament von dem Wechsel-(Scheck-)inhaber ausgestrichen und dadurch seine Legitimation zweifelsfrei hergestellt werden (vgl. Anm 39). Legt man die Vorschrift buchstäblich aus, so könnte auch der Remittent selbst aus einem Wechsel oder Scheck, der ein auf ihn lautendes Indossament des Ausstellers trägt, nicht klagen, da der Wechsel (Scheck) indossiert und das (erste) Indossament nicht ein Indossament des Remittenten ist; eine Folgerung, die von StStr selbst a. a. O. unter Bezugnahme auf KG in LZ 1914, 1139 abgelehnt wird.

ββ. **Jedes folgende Indossament muß mit dem Namen desjenigen unterzeichnet sein, welchen das unmittelbar vorhergehende Indossament als Indossatar benennt.** Anm. 36
Hier ist vorausgesetzt, daß es sich bei den vorausgehenden Indossamenten um Namensindossamente handelt. Dann muß das folgende Indossament mit dem Namen des in dem unmittelbar vorhergehenden als Indossatar Benannten unterzeichnet sein. Auch hier werden bei sinngemäßer, nicht buchstäblicher Auslegung (vgl. oben zu αα) bei der Frage, ob zwei Indossamente „unmittelbar" aufeinanderfolgen, solche etwa dazwischenstehenden „Indossamente", die von zur Indossierung gar nicht legitimierten Personen herrühren und die deshalb in Wirklichkeit gar keine Indossamente mit Rechtswirkung als solche sind, nicht mitzuzählen sein. Die Kette ist also nicht unterbrochen, wenn eine zur Indossierung nicht legitimierte Person ein Indossament, sei es auf den gleichen oder einen anderen Indossatar hinter das Indossament des zur Indossierung legitimierten Remittenten oder Indossatars gesetzt hat. So wenigstens für den Fall, daß die in Betracht kommenden Indossamente auf den gleichen Indossatar lauten, StStr zu Art 36 Anm 8 unter Bezugnahme auf den vom ROHG durch das in dessen Entscheidungen 18, 138 abgedruckte Urteil entschiedenen Fall.

Die Übereinstimmung der Namen braucht nur eine formelle zu sein; ob die Aussteller der in Betracht kommenden Indossamente wirklich die gleichen Personen waren oder auch nur beide den gleichen Namen wirklich trugen, ist für die Legitimation unerheblich. Soweit aber Einwendungen aus ihrer Person gemäß § 18 Abs 2 ScheckG (vgl. Anm 7 zu § 18) erhoben werden können, ist trotz formeller Namensgleichheit der Nachweis der Nichtidentität zulässig. Andererseits sind kleine Abweichungen der Namensschrift, welche die wesentliche Namensgleichheit nicht ausschließen, nicht geeignet, die Kette als unterbrochen ansehen zu müssen, z. B. wenn in dem einen Indossamente mehrere Vornamen, in dem anderen nur einer oder keiner angegeben ist, oder wenn die Schreibweise des Vornamens oder Zunamens eine verschiedene ist. Ist das eine der beiden Indossamente von einem Bevollmächtigten oder gesetzlichen Vertreter unter Angabe des Vertretungsverhältnisses mit seinem Namen gezeichnet, so muß auch das andere in der gleichen Weise gezeichnet sein; andererseits kann das eine von dem Vertreter mit dem Namen des Vertretenen, das andere von diesem selbst mit seinem Namen gezeichnet sein; lediglich auf die Gleichheit des unterzeichneten Namens kommt es an.

Die Aufeinanderfolge muß eine räumliche sein nach der Stelle, die sie auf der Urkunde einnehmen; eine etwa beigefügte Zeitangabe ist nicht maßgebend. Befindet sich in der

§ 8 Kette eine Lücke, so ist der letzte Indossatar vor dieser Lücke legitimiert; die hinter der Lücke folgenden Indossamente sind bedeutungslos; ROHG 18, 139.

Anm. 37 γγ. **Folgt auf ein Blankoindossament ein weiteres Indossament, so wird angenommen, daß der Aussteller des letzteren den Wechsel durch das Blankoindossament erworben hat.** Das in zusammenhängender Kette befindliche Blankoindossament würde an sich den Inhaber des Wechsels (Schecks) nur legitimieren, wenn es das letzte wäre. Folgen ihm noch weitere — Namens- oder Blanko- — Indossamente, so würde die Kette unterbrochen sein, wenn nicht festgestellt würde, daß der Indossant des auf das Blankoindossament folgenden Indossaments zur Indossierung befugt war. Das war nur der Fall, wenn er den Wechsel (Scheck) durch das Blankoindossament erworben hatte, was voraussetzt, daß er auf Grund eines Begebungsvertrags Inhaber des Wechsels (Schecks) geworden war (vgl. oben Anm 5). Diese Feststellung ersetzt Satz 3 des Art 36 durch eine gesetzliche Vermutung („es wird angenommen") des Inhalts, daß der Aussteller des dem Blankoindossamente nachfolgenden Indossaments den Wechsel (Scheck) durch das Blankoindossament erworben habe. Die Vermutung ist eine praesumtio iuris et de iure (Fiktion), soweit die Legitimation in Frage kommt. Soweit dagegen Einreden gegen die materielle Berechtigung aus der Person dieses Indossanten erhoben werden können (vgl. zu § 18 Anm 7), kann sie durch Gegenbeweis widerlegt werden.

Anm. 38 δδ. Die zusammenhängende Kette muß **bis auf den Inhaber heruntergehen,** darf aber nicht über ihn hinausgehen. Der Inhaber ist deshalb nicht legitimiert, wenn dem auf ihn lautenden Indossamente ein von ihm selbst herrührendes Indossament folgt, ohne daß dieses und etwaige weitere ihm folgende ausgestrichen sind. Vgl. jedoch über die von der herrschenden Meinung für den Fall des Indossanten, der nach Verfall einen seiner Nachmänner befriedigt hat, gemachte Ausnahme zu § 17 (Art 55 WO) Anm 30.

Anm. 39 εε. **Ausgestrichene Indossamente werden bei Prüfung der Legitimation als nicht geschrieben angesehen.** Ausgestrichen ist ein Indossament, wenn auf die Schrift in einer Weise eingewirkt ist, aus der geschlossen werden darf, daß sie nicht mehr gelten sollte. Ob dies durch Striche, Überkleben oder Wegradieren geschehen, soll nach StStr (zu Art 36 Anm 12, vgl. OTr bei Borchardt Zus 441 a) gleichgültig sein. Das erscheint bedenklich, angesichts des Wortlautes der Vorschrift. Manipulationen wie Überkleben und Wegradieren können zudem geeignet sein, die Unversehrtheit der Urkunde wesentlich zu beeinträchtigen und berechtigte Zweifel an dem Eigentume und der Berechtigung des Inhabers hervorzurufen; in solchem Falle wird aber der Wechsel(Scheck-)verpflichtete zur Verweigerung der Zahlung berechtigt sein; vgl. Lehmann WR S. 534 Text u. Anm 25. Keinenfalls ist es erforderlich, daß das auszustreichende Indossament unlesbar gemacht wird; im Gegenteil wird es sich empfehlen, die Lesbarkeit bestehen zu lassen. Der Vermerk: „Dieses Indossament soll ungültig sein" wird einer Ausstreichung gleichgestellt werden können. Im übrigen wird es im wesentlichen Sache der Beurteilung des Einzelfalles sein, ob eine „Ausstreichung" im Sinne des Gesetzes vorliegt, und eine in dieser Richtung getroffene Feststellung des Berufungsrichters wird der Nachprüfung in der Revisionsinstanz entzogen sein (RG III 6/11, v. 12. 12. 11 in JW 1912, 254[26]). Ob wirklich die Absicht vorgelegen hat, das Indossament zu beseitigen, oder ob es etwa aus Versehen ausgestrichen wurde, ist, wenn die Änderung sich objektiv als Ausstreichung darstellt, unerheblich; desgleichen ob die Ausstreichung durch den Eingriff eines Unbefugten erfolgt ist (RG a. a. O.). Streitig ist aber, ob durch eine versehentliche oder unbefugte Ausstreichung nur die Legitimation des Indossatars beseitigt oder sein Wechsel- (Scheck-) Recht materiell getilgt wird, wie Thöl WR S. 745 ff. lehrt; ersteren Falles würde ihm der Nachweis, daß die Ausstreichung versehentlich oder unbefugt erfolgt sei (nötigenfalls im ordentlichen Verfahren) offen stehen. Die Entscheidung dieser Streitfrage ist vom RG (II 61/15, v. 15. 6. 15 in JW 1915, 1123[7]) dahingestellt gelassen. Ihrer Beantwortung in ersterem Sinne dürfte Art 36 WO nicht entgegenstehen, da er nur von der Legitimation handelt. Vgl. in diesem Sinne Mansfeld in LZ 1912 Sp. 583; dagegen Wienstein LZ 1915 Sp. 1567. Es fragt sich aber, ob das Wechsel- (Scheck-) Recht, das zu seiner Entstehung der Skriptur bedarf und in ihr verkörpert ist, noch fortdauern kann, wenn diese Skriptur auf irgendeine Weise, wenn auch durch einen Zufall oder ein Versehen, beseitigt ist. Das wird in RGZ 54, 388 verneint. Es wird jedoch daraus nur die Folgerung gezogen, daß es Fälle von Veränderungen des Wechselinhalts geben könne, in denen durch Rasuren, Ab- und Ausschneiden der frühere Inhalt der Schrift endgültig beseitigt sei und nicht wiederhergestellt werden könne und in denen deshalb auch das darin verkörpert gewesene Recht endgültig erloschen sei; eine solche endgültige Beseitigung liege aber nicht vor, wenn die Veränderung den ursprünglichen Text derart unberührt lasse, daß dieser durch tatsächliche oder auch nur gedankliche Entfernung der Veränderung in seiner Integrität wiederhergestellt werden könne. Vgl. zu § 23 Anm 9. Das wird auch bei Durchstreichungen von Indossamenten angenommen werden können, wenn der Text lesbar geblieben ist. Anderenfalls würde allerdings das Recht des Indossatars als endgültig erloschen gelten müssen. — Ist nur der Übertragungsvermerk, aber nicht die Unterschrift ausgestrichen, so ist das keine Ausstreichung des Indossaments; auch als gültiges Blankoindossament stellt sich ein so beschaffenes Indossament im Zweifel nicht dar, da nicht feststeht, ob die Ausstreichung des Übertragungsvermerks durch den Indossanten oder mit dessen Zustimmung erfolgt ist; der Beweis dafür muß daher besonders geführt werden von demjenigen, der das Indossament als Blankoindossament zu seiner Legitimation benutzen will; im Wechsel- (Scheck-) Prozesse kann dieser Beweis nur mit den dort zulässigen Beweismitteln geführt werden (RGZ 41, 412). — Ein Recht auf Ausstreichung ist ausdrücklich nur in Art 55 WO, der durch § 17 ScheckG auf den Scheck für anwendbar erklärt ist, demjenigen Indossanten zugesprochen, der einen seiner Nachmänner befriedigt hat; doch besteht auch für andere Indossanten unter Umständen nicht nur die tatsächliche Möglichkeit, sondern die rechtliche Befugnis zur Ausstreichung eigener oder fremder Indossamente, z. B. für denjenigen, der sein Indossament in der Absicht der Weiterbegebung bereits geschrieben, dann aber von der Weiterbegebung Abstand genommen, oder für den, der den Wechsel (Scheck) vor Verfall und Protestierung von einem Nachmanne ohne neues Indossament zurückerworben hat. Aber auch durch unbefugte Ausstreichung wird die Legitimation aus Art 36 hergestellt, ohne daß freilich dadurch das materielle Wechsel- (Scheck-) Recht erlangt wird; so mit Recht Lehmann WR Anm 25 auf S. 534 gegen ROHG 21, 231. Nicht genügend ist aber die bloße Befugnis oder Möglichkeit zur Ausstreichung, wenn davon nicht tatsächlich Gebrauch gemacht ist; die nicht ausgestrichenen Indossamente werden bei Prüfung der Legitimation mitgerechnet, auch wenn sie hätten ausgestrichen werden können oder dürfen; ein Protest, der auf Anstehen eines Vorindossatars ohne vorherige Durchstreichung nachfolgender Indossamente erhoben worden, ist deshalb unwirksam (ROHG 22, 322; RGZ 1, 32; 27, 43; 69, 101). Andererseits ist daraus, daß ein Indossament zur Zeit der Klagerhebung durchstrichen ist, nicht ohne weiteres zu folgern, daß es auch schon zur Zeit der Protesterhebung durchstrichen war. Vielmehr ist für den Wechsel, auch nachdem durch das Gesetz über die Vereinfachung des Wechselprotestes die bis dahin vorgeschriebene Aufnahme einer wörtlichen Abschrift des Wechsels in die Protesturkunde weggefallen war, in der Rechtslehre und Rechtsprechung überwiegend angenommen worden, daß derjenige, welcher den Wechsel hat protestieren lassen, bis zum Beweise des Gegenteils als der zur Zeit der Protesterhebung legitimierte Wechselinhaber angesehen werden muß. In diesem Sinne hat sich das RG in RGZ 104, 270 im Anschlusse an die dort angeführten Schriftstellen und Entscheidungen ausgesprochen. Das gleiche wird für den Scheck jedenfalls dann angenommen werden können, wenn die Nichteinlösung durch einen förmlichen Protest gemäß § 16 Abs 1 Ziff 3 ScheckG festgestellt worden ist. Vgl. darüber Näheres zu § 16 ScheckG Anm 22 (zu Art 88 WO). Ob das gleiche gilt, wenn die Feststellung durch eines der daselbst unter Ziff 1 und 2 zugelassenen Mittel — Erklärung des Bezogenen oder Bescheinigung der Abrechnungsstelle — erfolgt ist, mag zweifelhaft erscheinen. Doch wird auch in diesem Falle die Behauptung, daß das den Vorzeiger legitimierende Indossament damals noch nicht durchstrichen war, prima facie als glaubhaft angesehen werden und dieser Umstand wenigstens bei der Beweiswürdigung berücksichtigt werden können, da angenommen werden kann, daß die bezogene Bank oder die Abrechnungsstelle die Bescheinigung nicht ausgestellt haben würde, wenn die Legitimation des Vorzeigenden durch Durchstreichung des auf ihn lautenden Indossaments zerstört gewesen wäre. Entsprechendes wird zu gelten haben, wenn die Indossamente des Vorzeigenden und seiner Nachmänner zur Zeit der Klagerhebung durchstrichen sind; man wird dann ohne weiteres annehmen können, daß sie schon zur Zeit der Vorzeigung durchstrichen und sonach der Vorzeigende legitimiert war. § 8

ζζ. Der äußere Zusammenhang der Indossamentenreihe kann dadurch unterbrochen sein, daß auf seiten des Indossatars eine Rechtsnachfolge nach bürgerlichem Rechte eingetreten ist, sei es durch Rechtsgeschäft unter Lebenden (Zession), sei es durch Übergang von Todes wegen (Erbfolge, Vermächtnis). In solchen Fällen entspricht das von dem Rechtsnachfolger unterzeichnete Indossament äußerlich nicht der Bezeichnung des Indossatars in dem Vorindossamente. Hier bedarf es daher des Nachweises der materiellen Berechtigung in der Richtung des Überganges des Wechsel- (Scheck-) Rechts auf den Indossanten. Ebenso wenn nach dem letzten Indossamente ein solcher Rechtsübergang eingetreten ist, durch den der Inhaber das Wechsel- (Scheck-) Recht erworben hat. Dem Zahlenden liegt insoweit auch eine Prüfungspflicht hinsichtlich der materiellen Berechtigung ob, und er darf nur zahlen, wenn ihm dieser Nachweis erbracht wird. Daß der Rechtsübergang aus dem Wechsel (Scheck) selbst ersichtlich, ist nicht erforderlich; der Beweis kann auch durch außerhalb der Urkunde liegende Beweismittel geführt werden (im Urkundenprozesse selbstverständlich nur mit den dort zulässigen) und ist nicht erforderlich, wenn der Beklagte die Rechtsnachfolge zugesteht (RGZ 12, 132). Um sich zu sichern, wird der Zahlende jedoch bei der Zahlung in der Regel Anm. 40

§ 8 einen solchen Beweis verlangen müssen; durch ein Zugeständnis würde er die Gefahr der Zahlung übernehmen. In RGZ 12, 132 hat das RG übrigens diese Rechtssätze auf einen Fall angewendet, in dem die Klägerin, eine Aktiengesellschaft, ihre Klageberechtigung darauf stützte, daß sie Subjekt des in ihrer Zweigniederlassung angelegten Vermögens und deshalb berechtigt sei, die auf den Namen der Niederlassung als Indossatarin erworbenen Wechselforderungen einzuklagen. Es handelte sich sonach gar nicht um eine Rechtsnachfolge, sondern um eine ungenaue Bezeichnung des Indossatars, indem statt des eigentlichen Rechtssubjekts, der Aktiengesellschaft, eine ihrer Niederlassungen genannt war; vgl. darüber zu § 1 Anm 9 und zu § 29 Anm 6. — Ist der Wechsel (Scheck) von dem legitimierten letzten Indossatar quittiert, so gilt gemäß § 370 HGB der Überbringer als zur Empfangnahme der Zahlung ermächtigt; eines auf ihn lautenden Indossaments bedarf es deshalb nicht. — Auch sonst wird durch eine auf dem Wechsel (Scheck) stehende Quittung die Legitimation des Inhabers nicht beeinträchtigt, sofern die Quittung ersichtlich in Erwartung der Zahlung ausgestellt ist, um dem Art 39 WO (§ 13 ScheckG) Genüge zu leisten (RGZ 7, 67), oder die Quittung von einem Regreßberechtigten über den Empfang der Zahlung eines ihm Regreßverpflichteten ausgestellt ist (RGZ 9, 62).

Anm. 41 e) Auch hinsichtlich der **Prüfung der Legitimation** des Besitzers eines indossierten Schecks ist Art 36 WO auf den Scheck entsprechend anwendbar erklärt. Art 36 WO enthält darüber ausdrücklich nur eine Vorschrift negativen Inhalts, nämlich daß **der Zahlende nicht verpflichtet ist, die Echtheit der Indossamente zu prüfen.** Im übrigen sind die Fragen, ob und inwieweit und wem gegenüber für den Zahlenden eine Pflicht und auch ein Recht zur Prüfung der Legitimation des Zahlungsempfängers besteht, sowohl für den Wechsel wie für den Scheck der Wissenschaft und Rechtsprechung überlassen. Bei der Beantwortung dieser Fragen kommen für den Scheck zum Teil andere Gesichtspunkte in Betracht wie für den Wechsel, insbesondere wegen der Stellung des Bezogenen, der nicht, wie der Wechselakzeptant, innerhalb des scheck- bzw. wechselrechtlichen Verbandes steht.

Anm. 42 α. Im scheckrechtlichen Verbande untereinander stehen nur der Aussteller, der im Scheck bezeichnete Zahlungsempfänger (Remittent) sowie die Indossanten und Indossatare. Deshalb kann auch nur bei ihnen von einer scheckrechtlichen, d. h. scheckrechtliche Wirkungen auslösenden Prüfungspflicht hinsichtlich der Legitimation des Scheckinhabers bei der Zahlung und von einem ebensolchen Prüfungsrechte gesprochen werden. Eine Verpflichtung zur Legitimationsprüfung liegt jedem von ihnen ob, der den vom Bezogenen nicht bezahlten Scheck im Rücklaufe einlöst, wenn er sich dadurch von seiner Regreßpflicht gegen den wirklichen Berechtigten (Scheckeigentümer) befreien und sich den Regreß gegen seine Vormänner erhalten will. Sie erstreckt sich auf die formelle Legitimation des Scheckinhabers, also darauf, ob die nach Art 36 WO erforderliche, bis auf den Inhaber herabgehende, zusammenhängende Reihe von Indossamenten vorhanden ist. Darüber, in welcher Weise diese Legitimation zu führen ist, vgl. oben Anm 34 ff. Nicht verpflichtet ist zufolge der schon erwähnten ausdrücklichen Vorschrift im Schlußsatze des Art 36 der Zahlende zur Prüfung der Echtheit der Indossamente. Echt ist eine Urkunde, wenn sie von demjenigen ausgestellt ist, der sie nach ihrem Inhalte ausgestellt haben soll. Bei den Indossamenten, die der Unterschrift des Ausstellers bedürfen (vgl. oben Anm 20), handelt es sich um die Echtheit der Unterschrift. Diese Echtheit gehört nicht zur formellen Legitimation (oben Anm 35). Die Zahlung darf deshalb in der Regel an jeden erfolgen, der durch eine Kette von Indossamenten legitimiert ist, die mit einem Namen oder einer Firma unterzeichnet sind, welche von einer Person dieses Namens oder einer so bezeichneten Firma herrühren können (ROHG 2, 281; 10, 405). Außer der formellen Legitimation hat der Zahlende auch die Personengleichheit (Identität) des Scheckinhabers mit der durch die Indossamente legitimierten Person zu prüfen; doch begründet der Besitz der Urkunde eine Vermutung für diese Personengleichheit, und hat deshalb der in Anspruch genommene Regreßpflichtige, der behauptet, daß derjenige, an den gezahlt worden ist, mit dem legitimierten Inhaber nicht identisch gewesen sei, diese Behauptung zu beweisen (so für den Wechsel ROHG 9, 26). Nicht durch Fahrlässigkeit herbeigeführter guter Glaube des Zahlenden muß genügen (so Grünhut Handbuch II § 107 Anm 10; a. M. StStr zu Art 36 Anm 17). Ist das letzte Indossament ein Blankoindossament, so fällt die Identitätsprüfung fort. — Zur Prüfung der materiellen Berechtigung des Inhabers ist der Zahlende grundsätzlich nicht verpflichtet. Das ist gerade die Bedeutung der Legitimation; der Schuldner wird regelmäßig befreit durch Zahlung an den formell Legitimierten, auch wenn dieser nicht der materiell Berechtigte ist. Dagegen steht dem Zahlenden ein Recht zu, auch die materielle Berechtigung des Scheckinhabers zu prüfen und die gegen diese sich ergebenden Einwände, soweit sie dem Inhaber gegenüber zulässig sind (vgl. § 18 Abs 2 und Anm 7 zu § 18) zu erheben. Dazu gehört auch der Einwand der Unechtheit des den Inhaber unmittelbar legitimierenden letzten Indossaments oder der Ausstellung dieses Indossaments durch einen vollmachtlosen Vertreter, ferner der Einwand, daß der Inhaber den Scheck ohne einen Begebungsvertrag erworben habe. Vgl. Mansfeld in LZ 1912 Sp. 577. Dazu gehört aber ferner auch der Einwand, daß der Inhaber den Scheck in bösem Glauben oder grober Fahrlässigkeit von einem zu dessen Begebung nicht Berechtigten erworben habe und deshalb zu dessen Herausgabe an den wirklich Berechtigten gemäß Art 74 WO (vgl. unten Anm 45 ff) verpflichtet sei. Dieser Einwand steht auf alle Fälle dem wirklich Berechtigten zu, wenn er von dem formell legitimierten Inhaber im Regreßwege auf Einlösung des Schecks in Anspruch genommen wird, zu dessen Herausgabe der Inhaber ihm gemäß Art 74 WO verpflichtet ist. Ob er auch von anderen aus der Urkunde Verpflichteten dem formell legitimierten Inhaber entgegengesetzt werden kann, erscheint nicht unzweifelhaft. Insofern hängt die Frage des Prüfungsrechts mit der Frage der Prüfungspflicht zusammen. Insoweit dem Verpflichteten eine Prüfungspflicht nicht obliegt, wird er durch die Leistung an den Inhaber befreit; insoweit hat er aber auch kein rechtliches Interesse an der Verweigerung der Leistung und stellt sich deshalb der Einwand als eine Einrede aus dem Rechte eines Dritten dar, die nicht zugelassen werden könnte. Das RG (RGZ 53, 207 und 55, 47) hat nun aber für den Wechsel, indem es einen gewissen Parallelismus zwischen dem Grundsatze des Art 74 WO und der Frage der Legitimationsprüfung als gegeben ansieht, angenommen, daß das Prüfungsrecht des Wechselverpflichteten hinsichtlich der materiellen Legitimation des Inhabers unter Umständen auch zu einer Prüfungspflicht werde, dann nämlich, wenn der Wechselverpflichtete bei der Zahlung weiß oder bei nicht grobfahrlässigem Verhalten wissen muß (also aus grober Fahrlässigkeit nicht weiß), daß der Inhaber den Wechsel in bösem Glauben oder grober Fahrlässigkeit erworben hat; eine unter solchen Umständen geleistete Zahlung soll als in bösem Glauben oder grober Fahrlässigkeit geleistete gelten und der Zahlende deshalb gegen eine nochmalige Inanspruchnahme aus dem Wechsel durch den wirklich Berechtigten nicht geschützt sein. Dieser Auffassung ist Mansfeld, Wechsellegitimation und Wechselberechtigung (LZ 1912 Sp. 577 ff.) entgegengetreten. Er meint, das RG habe die Anforderungen an den Schuldner stark überspannt; das Ergebnis, zu dem es gelangt sei, laufe auf eine Pflicht zur Untersuchung der Berechtigung hinaus (das wird übrigens vom RG selbst zugegeben); die Parallele mit Art 74 WO treffe nicht zu, da die Verhältnisse verschieden lägen, indem ein Dritter in seiner Entschließung, ob er bei dem Vorliegen verdächtiger Umstände einen Wechsel erwerben will, frei ist, während der Wechselverpflichtete, der die Zahlung ablehnt, es auf die Gefahr hin tut, die Verzugsfolgen tragen zu müssen, wenn ihm der Beweis des bösgläubigen oder grobfahrlässigen Erwerbs des Wechsels durch den Inhaber nicht gelingt. Insbesondere sei es angesichts der ausdrücklichen Vorschrift des Art 36 Satz 5 WO unzulässig, dem Verpflichteten auf diese Weise auch eine Prüfung der Echtheit der Indossamente unter irgendwelchen Umständen aufzuerlegen. Diese Bedenken sind nicht von der Hand zu weisen. Mansfeld gibt aber selbst zu, daß der Rechtssatz von der Befreiung des Schuldners durch Zahlung an den nicht berechtigten Legitimierten nicht schrankenlos durchgeführt werden könne, daß es vielmehr Umstände geben muß, unter denen es ein Verstoß gegen Treu und Glauben und eine „schuldhafte Verletzung des Berechtigten" bedeuten würde, wollte der Schuldner unter dem Deckmantel der Legitimation des Inhabers an diesen zahlen; eine Korrektur kann aber nach seiner Meinung nur durch Heranziehung des § 826 BGB geschaffen und, von dem Falle der Kollusion abgesehen, könne eine Befreiung des Schuldners nur dann nicht eintreten, wenn er im Stande gewesen wäre, ohne erhebliche Schwierigkeiten gegenüber dem Inhaber dessen Nichtberechtigung nachzuweisen. Diese Einschränkung dürfte denn doch weiter gehen, als zum Schutze des Schuldners erforderlich ist. Der Schuldner, dem die Nichtberechtigung bekannt ist, der aber Grund hat, anzunehmen, daß er sie nicht werde nachweisen können, ist gemäß § 372 Satz 2 BGB in der Lage, den Schuldbetrag unter Ausschließung der Rücknahme zu hinterlegen und sich dadurch von seiner Verbindlichkeit zu befreien (§ 378), da er infolge einer nicht auf Fahrlässigkeit beruhenden Ungewißheit über die Person des Gläubigers seine Verbindlichkeit nicht mit Sicherheit erfüllen kann. Wenn Mansfeld bestreitet, daß diese Voraussetzung vorliege, weil der Schuldner an den formell Legitimierten zahlen dürfe, so enthält dieser Entscheidungsgrund eine petitio principii, denn es steht ja gerade in Frage, ob er unter den vorliegenden Umständen an diesen bezahlen darf. Hat aber der Schuldner infolge grober Fahrlässigkeit, also unter Außerachtlassung der gewöhnlichsten Sorgfalt, keine Kenntnis von der Möglichkeit einer Nichtberechtigung des Inhabers, so besteht kein Grund, ihn gegen die Folgen eines solchen Verhaltens besonders zu schützen. Da er im Wechsel- (Scheck-) Verbande zu sämtlichen Wechsel- (Scheck-) Berechtigten steht, so trifft ihn diesen gegenüber nach Treu und Glauben die Pflicht zur Anwendung wenigstens der gewöhnlichsten Sorgfalt. Es wird also nur darauf ankommen, im einzelnen Falle die Anforderungen an diese Sorgfalt nicht zu hoch zu spannen, wie denn auch das RG in den oben mitgeteilten Entscheidungen dahingestellt gelassen hat, ob eine grobe Fahrlässigkeit vorlag, so daß ihm der Vorwurf einer Überspannung nicht wohl

§ 8 gemacht werden kann. Da sonach der Schuldner, wenn er bei Kenntnis oder grobfahrlässiger Unkenntnis von dem Vorliegen der Voraussetzungen des Art 74 bei dem Inhaber an diesen zahlt, nicht befreit wird, so muß er auch berechtigt sein, dem Inhaber den Einwand des Vorliegens dieser Voraussetzungen entgegenzusetzen.

Anm. 43 β. Für den Bezogenen kommt eine Pflicht und ein Recht] zur Prüfung der Legitimation des Inhabers nur im Verhältnis zum Aussteller in Frage, und dieses Verhältnis ist kein scheckrechtliches, sondern wird durch einen Vertrag des bürgerlichen Rechts, den Scheckvertrag, bestimmt (vgl. oben zu § 3 Anm 1). Der Inhalt dieses Vertrags wird in der Regel dahin zu bestimmen sein, daß der Bezogene nur in einer Weise zahlen soll, durch die der Aussteller von der ihm obliegenden Regreßpflicht gegenüber dem Remittenten und den Indossataren befreit wird. Eine solche Befreiung tritt in der Regel ein, wenn derjenige, an den gezahlt wird, in der durch Art 36 WO vorgeschriebenen Weise durch eine bis auf ihn herabgehende zusammenhängende Kette formell legitimiert ist. In dieser Richtung muß also der Bezogene die Legitimation desjenigen prüfen, der den Scheck ihm zur Zahlung vorlegt. Nur wenn er dieser Prüfungspflicht ordnungsmäßig Genüge geleistet hat, wird er den gezahlten Betrag dem Aussteller auf dessen Guthaben belasten dürfen; durch Nichterfüllung dieser Pflicht würde er außerdem sich dem Aussteller auf Schadensersatz haftbar machen (§ 276 BGB; vgl. RGRKomm zu § 276 Anm 1 und RGZ 106, 22). Seine Haftung erstreckt sich auf Vorsatz und Fahrlässigkeit (§ 276 BGB); auch haftet er für seine Erfüllungsgehilfen (§ 278 BGB). Er wird außerdem, nach dem Sinne des Scheckvertrags, in der gleichen Weise wie wenn der Aussteller selbst im Regreßwege in Anspruch genommen wird (vgl. oben unter α), verpflichtet sein, die Identität des Scheckinhabers mit der durch die Indossamente legitimierten Person zu prüfen, nicht dagegen die Echtheit der Indossamente. Die materielle Berechtigung zu prüfen wird auch er in der Regel nicht verpflichtet sein; weiß er aber oder ist es ihm infolge grober Fahrlässigkeit bei der Zahlung unbekannt geblieben, daß der Inhaber den Scheck bösgläubig oder in grober Fahrlässigkeit erworben hat (vgl. oben unter α), so wird er sich durch die Zahlung dem Aussteller schadensersatzpflichtig machen, falls dieser nochmals auf Zahlung in Anspruch genommen wird. — Liegen solche Umstände vor, so wird der Bezogene dem Aussteller gegenüber, falls dieser nicht etwa anderes bestimmt, auch berechtigt sein, die Zahlung dem formell legitimierten Inhaber zu verweigern, und er wird für die durch die Weigerung dem Aussteller etwa entstehenden Schäden (Protest- und Rücklaufs- sowie etwaige Prozeßkosten) von dem Aussteller nicht ersatzpflichtig gemacht werden können: §§ 665, 675 BGB. — Im übrigen wird die Pflicht und das Recht des Bezogenen zur Prüfung der formellen und materiellen Berechtigung des Inhabers der ihm zur Zahlung vorgelegten Schecke, wie überhaupt der Echtheit und Gültigkeit dieser Schecke, vielfach durch den Scheckvertrag ausdrücklich geregelt. Darüber, inwieweit sich dadurch der Bezogene von der Verantwortlichkeit für solche Prüfung „freizeichnen" kann, vgl. oben zu § 3 ScheckG Anm 7 und zu § 23 Anm 12. Dagegen liegt dem Bezogenen gegenüber den Vormännern des Inhabers, dem er Zahlung leistet, keine vertragsmäßige Prüfungspflicht ob, da er zu ihnen, wie oben bereits bemerkt, weder in einem scheckmäßigen noch in einem sonstigen vertragsmäßigen Verpflichtungsverhältnis steht. Es kann aber eine Haftung wegen unerlaubter Handlung aus § 826 BGB in Frage kommen, wenn er einem formell nicht Legitimierten oder auch nur materiell nicht Berechtigten, obwohl er von dem Mangel oder der Nichtberechtigung Kenntnis hat, dennoch bewußt vorsätzlich zum Schaden des wirklich Berechtigten zahlt.

Anm. 44 f) Die in Art 36 WO vorgeschriebene formelle Legitimation des Inhabers ist erforderlich nicht nur für die Empfangnahme der Zahlung, sondern auch für die Vornahme der zur Feststellung der Nichtzahlung und zur Erhaltung des Regreßrechts erforderlichen Handlungen (RGZ 50, 23), in entsprechender Anwendung auf den Scheck also zur Vorlegung des Schecks zur Zahlung, Veranlassung der Erklärung des Bezogenen nach § 16 Nr 1, sowie der Bescheinigung der Abrechnungsstelle nach § 16 Nr 2 und Erhebung des Protestes nach § 16 Nr 3. Werden diese Handlungen durch bzw. auf Anstehen eines nicht vorschriftsmäßig legitimierten Inhabers vorgenommen, so sind sie ungültig (RGZ 1, 32; 27, 43; 32, 78). Der Besitz des Orderschecks genügt für sich allein nicht als Legitimation für die Vornahme dieser Akte; doch spricht eine Vermutung dafür, daß derjenige, auf dessen Anstehen die Akte erfolgt sind, zur Zeit ihrer Vornahme dazu legitimiert war, insbesondere, daß ein durchstrichenes Indossament, das ihn legitimieren würde, damals noch nicht durchstrichen war (OLG 21, 391). Beim Inhaberscheck genügt die bloße Inhaberschaft.

Anm. 45 3. **Hinsichtlich der Verpflichtung des Besitzers eines indossierten Schecks zur Herausgabe** finden nach § 8 Abs 2 Satz 1 ScheckG **die Vorschriften des Art 74 WO entsprechende Anwendung.**

Art 74 WO lautet: § 8

„Der nach den Bestimmungen des Artikels 36 legitimierte Besitzer eines Wechsels kann nur dann zur Herausgabe desselben angehalten werden, wenn er den Wechsel in bösem Glauben erworben hat oder ihm bei der Erwerbung des Wechsels eine grobe Fahrlässigkeit zur Last fällt."

a) Da der Wechsel (Scheck) als Urkunde (Wechselbrief, Scheckbrief) eine körperliche Sache im Sinne des bürgerlichen Rechts ist, so finden auf ihn an sich die sachenrechtlichen Vorschriften der bestehenden Privatrechtsordnung, jetzt des BGB (§§ 929ff.), neben welchem für den Handelsverkehr § 366 HGB in Betracht kommt, Anwendung. Doch sind gemäß Art 32 EG BGB die Vorschriften der WO als eines Reichsgesetzes (als solches ist sie durch § 2 des Ges v. 16. 4. 1871 erklärt worden) in Kraft geblieben, auch soweit sie Abweichungen von den Vorschriften des BGB enthalten. Soweit aber die Vorschriften der WO zur Ergänzung auf Vorschriften der früheren einzelstaatlichen Privatrechtsordnungen ausdrücklich oder stillschweigend Bezug nehmen oder einer solchen Ergänzung bedürfen, sind die an die Stelle der letzteren getretenen Vorschriften des BGB zur Ergänzung heranzuziehen. Das muß, wie für den Begriff der unerlaubten Handlung (RGZ 53, 78; 60, 302; 74, 249), so auch für den Eigentumsbegriff und seine Ausgestaltung im BGB gelten. Die WO enthält keine eigenen Bestimmungen über den Begriff und den Erwerb des Eigentums an Wechseln. Zwar ist in Art 36 gesagt, daß der Inhaber eines Wechsels, der eine bis auf den Inhaber herabgehende zusammenhängende Reihe von Indossamenten aufweist, dadurch „als Eigentümer" des Wechsels legitimiert werde; das bedeutet aber keineswegs, daß er infolgedessen auch wirklich Eigentümer geworden wäre; vielmehr wird dadurch nur eine Vermutung geschaffen, auf Grund deren er bis zum Nachweise seiner Nichtberechtigung die Rechte aus dem Wechsel wie ein Eigentümer gegenüber dem Wechselverpflichteten ausüben kann; vgl. oben Anm 34. Auch dem nach Art 36 legitimierten Inhaber, der den Wechsel ohne grobe Fahrlässigkeit erworben hat, spricht Art 74 WO keineswegs ein Eigentum an der Wechselurkunde zu, sondern schließt nur den gegen einen Nichteigentümer nach bürgerlichem Rechte (jetzt § 985 BGB) dem Eigentümer zustehenden Herausgabeanspruch aus und setzt sonach gerade die Möglichkeit voraus, daß auch bei nicht grobfahrlässigem Erwerb legitimierte Inhaberschaft und Sacheigentum an der Wechselurkunde auseinanderfallen können. In RGZ 55, 49 ist allerdings gesagt, der formell legitimierte Eigentümer, der den Wechsel gutgläubig ohne grobe Fahrlässigkeit erworben hat, werde in Art 74 „als Eigentümer" anerkannt und geschützt. Ähnlich in RGZ 45, 265 und 103, 89. Doch ist diese Ausdrucksweise ungenau. Die WO hat es offenbar vermeiden wollen, in den Eigentumsbegriff der einzelstaatlichen Privatrechtsordnungen einzugreifen und hat sich deshalb damit begnügt, nur eine einzelne Funktion des Eigentums, den Herausgabeanspruch, bei nicht grobfahrlässigem Erwerbe des Wechsels auszuschließen. Einige sprechen von „wechselrechtlichem Eigentum" des Erwerbers, im Unterschiede vom sachenrechtlichen Eigentum; doch dürfte eine solche Eigentumsspaltung auch hier, wie sonst im Rechte des BGB, mit dessen Grundsätzen nicht zu vereinbaren sein. Die weitergehenden Befugnisse des Eigentümers, insbesondere das Recht, von jedem Dritten die Herausgabe des Wechsels (Schecks) zu verlangen, werden durch Art 74 WO nicht begründet; sie können nur auf das Sachenrecht des BGB (oben Anm 47) gegründet werden. Das ist insofern von Bedeutung, als der Schutz des guten Glaubens gegen andere Mängel des Erwerbsaktes als den Mangel des Eigentums des Veräußerers in Betracht kommt (vgl. unten Anm 48); diese können einem Herausgabeanspruch auch des gutgläubigen Erwerbers entgegengesetzt werden, da dieser weder durch Art 74 WO noch durch § 932 BGB (vgl. Anm 47) ausgeschlossen wird. Anm. 46

b) Soweit der Eigentumserwerb an Wechseln (Schecken) in Frage steht, sind sonach die Vorschriften des BGB über den Erwerb des Eigentums in erster Linie maßgebend. Ihnen zufolge wird — abgesehen von den originären Erwerbsarten, von denen nur etwa der Erwerb einer herrenlosen (derelinquierten) Urkunde durch Aneignung (§§ 958, 959) in Frage kommen kann — das Eigentum durch Übertragung (Tradition), §§ 929ff., erworben. Dazu ist erforderlich die Einigung des Eigentümers und des Erwerbers, daß das Eigentum übergehen soll, sowie die Übergabe der Urkunde (§ 929 Satz 1) oder ein Ersatz dieser Übergabe durch traditio brevi manu (§ 929 Satz 2), constitutum possessorium (§ 930; in diesem Falle würde aber der Erwerber nicht „Inhaber" im Sinne der WO werden, vgl. oben Anm 33) oder durch Abtretung des Herausgabeanspruchs gegen den dritten Besitzer (§ 931). Aber auch vom Nichteigentümer wird durch Einigung zwischen diesem und dem Erwerber und Übergabe der Urkunde für letzteren Eigentum erworben, es sei denn, daß er bei dem Erwerbe nicht in gutem Glauben ist (§ 932). Nicht in gutem Glauben ist der Erwerber, wenn ihm bekannt oder infolge grober Fahrlässigkeit unbekannt ist, daß die Urkunde dem Veräußerer nicht gehört (§ 932 Abs 2). Der gute Glaube wird sonach nur geschützt, sofern er in der nicht grobfahrlässigen Unkenntnis von dem mangelnden Eigen- Anm. 47

§ 8 tum des Veräußerers besteht. Ist der Veräußerer ein Kaufmann, der im Betriebe seines Handelsgewerbes veräußert, so ist der Schutz des guten Glaubens durch § 366 HGB dahin erweitert, daß er gewährt wird, wenn der gute Glaube des Erwerbers die Befugnis des Veräußerers, für den Eigentümer über die Urkunde zu verfügen, betrifft. Dagegen wird durch andere Mängel des Erwerbsaktes, z. B. das Fehlen der Geschäftsfähigkeit des Veräußerers oder die Beschränkung seiner Geschäftsfähigkeit durch Minderjährigkeit, ferner das Fehlen der Vertretungsbefugnis einer als gesetzlicher Vertreter oder Bevollmächtigter des Veräußerers aufgetretenen Person (abgesehen von dem Falle des § 366 HGB) der Erwerb des Eigentums gehindert, auch wenn der Erwerber sich hinsichtlich ihrer in gutem Glauben befunden hat. Vgl. RGRKomm zu § 932 BGB Anm 1. Mit dem dinglichen Eigentumsübertragungsvertrag wird beim Wechsel (Scheck) in der Regel auch ein Begebungsvertrag (vgl. oben Anm 5) verbunden sein, durch welchen in Verbindung mit dem Indossamente die Rechte aus der Urkunde übertragen werden. Doch ist auch eine Eigentumsübertragung ohne Übertragung der Rechte aus der Urkunde denkbar und kommt im Verkehr nicht selten vor, z. B. bei Zahlung des Wechsels (Schecks) durch den Bezogenen (dieser erwirbt dann das Eigentum als Vertreter des Ausstellers für diesen) oder bei Einlösung durch den Aussteller oder einen Indossanten, der keinen Regreßanspruch gegen einen Vormann hat; aber auch wenn die Wechsel- (Scheck-) Forderung erlassen oder die der Wechsel- (Scheck-) Verpflichtung zugrunde liegende materielle Schuldverpflichtung als nicht bestehend anerkannt oder im Vergleichswege aufgehoben werden soll. Hat ein Eigentumsübergang nach den Vorschriften des Sachenrechts auf den Erwerber stattgefunden, so ist der dingliche Herausgabeanspruch gegen ihn ausgeschlossen, mag er nun nach Art 36 WO legitimierter Inhaber sein oder nicht. Doch kann er auf Grund schuldrechtlichen Verhältnisses dem bisherigen Eigentümer zur Rückübertragung des Eigentums verpflichtet sein und kann eine solche Verpflichtung gegenüber der von ihm auf Grund seines Eigentums am Scheck und der vorhandenen Legitimation erhobenen Regreßklage als Einwendung, die dem Schuldner unmittelbar gegen den Inhaber zusteht, gemäß § 18 Abs 2 BGB (vgl. unten zu § 18 Anm 7) geltend gemacht werden.

Anm. 48 c) Ist ein Eigentumserwerb des Inhabers nach den Vorschriften des BGB oder des HGB nicht eingetreten, so würde nach §§ 985, 986 BGB der Eigentümer auch von dem nach Art 36 WO legitimierten Inhaber die **Herausgabe des Wechsels (Schecks)** verlangen und dieser sie nur verweigern können, wenn er jenem gegenüber auf Grund eines dinglichen oder obligatorischen Rechtstitels zum Besitze berechtigt wäre. Dieser Herausgabeanspruch wird durch Art 74 WO auf den Fall beschränkt, daß der Inhaber den Wechsel (Scheck) **„in bösem Glauben erworben hat oder ihm bei der Erwerbung grobe Fahrlässigkeit zur Last fällt"**. Im Schrifttum ist ein lebhaft geführter Streit entbrannt darüber, ob dieser von der Wechselordnung dem legitimierten Wechselinhaber durch Versagung des Herausgabeanspruchs gegen ihn gewährte Schutz des guten Glaubens weitergehe als der ihm durch das allgemeine Recht nach sachenrechtlichen Grundsätzen durch Anerkennung seines Eigentums an der Urkunde (vgl. oben unter a) gewährte Schutz, insofern, als jener sich nicht auf die nicht grobfahrlässige Unkenntnis davon beschränke, daß der Veräußerer nicht Eigentümer war, oder im Falle der Veräußerung durch einen Kaufmann in seinem Handelsbetriebe davon, daß dieser keine Veräußerungsbefugnis für den Eigentümer hatte, sondern sich auch auf andere Mängel des Erwerbsaktes, insbesondere den Mangel der Veräußerungsbefugnis bei einem Nichtkaufmann, den Mangel der Vertretungsbefugnis und namentlich den Mangel der Geschäftsfähigkeit des Veräußerers beziehe, und ferner, ob er sich auch auf abhanden gekommene Wechsel erstrecke. Von Staub-Koenige HGB zu § 365 Anm 9, Staub-Strantz zu Art 74 WO Anm 3 und anderen wird die Ansicht vertreten, daß der Schutz des guten Glaubens in Art 74 sich auf alle Mängel des Erwerbsaktes erstrecke. Dieser Auffassung sind namentlich Düringer-Hachenburg HGB zu § 365 Note II 3, Bd. II S. 455 und Jacobi, Die Wertpapiere (in der ersten Auflage und erneut in Ehrenbergs Handbuch IV 1 § 23 S. 163f.), entgegengetreten. Düringer-Hachenburg wollen den Umfang des von der Wechselordnung gewährten Schutzes mit dem allgemeinen sachenrechtlichen Schutze vollständig gleichstellen, während Jacobi zugibt, daß der Schutz der Wechselordnung nicht nur gegen den Mangel des Eigentums, sondern auch sonstiger Verfügungsmacht über den Wechsel, insbesondere der durch Boten oder Vertreter ausgeübten, gewährt werde, aber den Mangel der Geschäftsfähigkeit des Veräußerers für „nicht heilbar" erklärt. Daß das Reichsgericht bereits zu der Streitfrage Stellung genommen hätte, insbesondere in RGZ 45, 265 und 55, 49, kann StStr nicht zugegeben werden, da die genannten Entscheidungen, soweit das Sachverhältnis wiedergegeben ist, sich auf Mängel im Eigentum des Veräußerers bezogen zu haben scheinen. Doch ist aus dem Wortlaute des Art 74 WO die von Düringer-Hachenburg und Jacobi gemachte Einschränkung nicht zu entnehmen, da er den Herausgabeanspruch gegenüber dem nach Art 36 legitimierten Besitzer uneingeschränkt versagt, sofern dieser nicht den Wechsel in bösem Glauben oder grober Fahrlässigkeit erworben hat, ohne einen Unterschied in der Richtung zu machen, auf welche Umstände sich der gute Glaube beim Erwerbe bezogen hat, während § 932 BGB nur den guten Glauben daran schützt, daß die Sache dem Veräußerer gehöre. Es muß deshalb allerdings angenommen werden, daß Art 74 weiter geht als § 932 und Schutz gegen alle Mängel des Erwerbsaktes des formell legitimierten Besitzers, insbesondere auch gegen den Mangel der Geschäftsfähigkeit des Veräußerers, gewährt. Der Schutz erstreckt sich jedoch nicht auf den guten Glauben an die Gültigkeit der Verpflichtungserklärung des in Anspruch genommenen Regreßpflichtigen, insbesondere auf seine Fähigkeit, sich scheckrechtlich zu verpflichten; eine Einwendung in dieser Beziehung kann nach § 18 Abs 2 ScheckG jedem, auch dem gutgläubigen Erwerber entgegengehalten werden. Vgl. unten zu § 18 Anm 7. — Von den Vorschriften des Sachenrechts (§ 935 BGB) weicht Art 74 auch insofern ab, als der Schutz des guten Glaubens des Erwerbers sich auch auf dem Eigentümer abhanden gekommene Wechsel (Schecke), und zwar auch auf solche, die nicht „Inhaberpapiere" sind, erstreckt; steht doch Art 74 gerade in dem Abschnitt „Abhanden gekommene Wechsel"; vgl. auch RGZ 53, 210. Darüber, daß ungeachtet dieser Stellung des Artikels seine Anwendung nicht auf abhanden gekommene Wechsel (Schecke) beschränkt ist, er vielmehr auch auf solche Wechsel (Schecke) Anwendung findet, die freiwillig begeben worden sind, vgl. unten Anm 49. § 8

d) Im einzelnen ergibt Art 74 WO in entsprechender Anwendung auf den Scheck hinsichtlich des Herausgabeanspruchs folgendes: **Anm. 49**

α. Voraussetzung für seine Anwendung ist die Innehabung des Schecks und das Vorhandensein der scheckrechtlichen formellen Legitimation bei demjenigen, gegen den der Eigentümer den Herausgabeanspruch geltend macht.

β. Die Herausgabe kann nur verlangt werden, wenn der Inhaber den Scheck in **bösem Glauben** erworben hat oder ihm bei dem Erwerbe eine **grobe Fahrlässigkeit** zur Last fällt. Diese Begriffe, welche in der Wechselordnung nicht näher bestimmt werden, müssen aus der jetzt geltenden Privatrechtsordnung entnommen werden (vgl. oben Anm. 46). Das BGB gebraucht den Ausdruck „böser Glaube" nicht; er bedeutet aber nichts anderes als die Kenntnis eines bestimmten, den Rechtserwerb hindernden Umstandes, während grobe Fahrlässigkeit die auf besonders schwerer Außerachtlassung der gebotenen Sorgfalt beruhende Unkenntnis eines solchen Umstandes (Mangels) bedeutet. Vgl. § 929 BGB und RGRKomm zu § 460 Anm 2. Darüber, auf welche Umstände der gute Glaube sich beziehen muß, um durch Art 74 geschützt zu werden, vgl. Anm 48. Um den Herausgabeanspruch zu begründen, muß demnach Kenntnis oder Außerachtlassung bestehender erheblicher Bedenken gegen das Eigentum des Veräußerers oder seine Verfügungsbefugnis gegeben sein. Das Vorhandensein dieser Voraussetzungen muß von demjenigen bewiesen werden, der die Herausgabe verlangt (RGZ 4, 179). Der böse Glaube oder die grobe Fahrlässigkeit müssen beim Erwerbe des Schecks vorhanden gewesen sein; ihr späterer Eintritt (mala fides superveniens) begründet den Herausgabeanspruch nicht. Kenntnis oder grobfahrlässige Unkenntnis davon, daß in der Person eines früheren Veräußerers der Rechtsmangel bestanden hat, begründen den Herausgabeanspruch nur, sofern dazu auch Kenntnis oder grobfahrlässige Unkenntnis hinzukommt davon, daß der unmittelbare Veräußerer bei seinem Erwerbe von diesem Mangel in der Person des früheren Veräußerers sich in Kenntnis oder grobfahrlässiger Unkenntnis befand, weil andernfalls der Mangel schon durch den gutgläubigen Erwerb des unmittelbaren Veräußerers geheilt worden sein kann (so mit Recht Staub-Koenige HGB Anm 17 zu § 366; RG bei Bolze 11 Nr 38). **Anm. 50**

γ. Berechtigt zu dem Herausgabeverlangen ist der Eigentümer des Wechsels (Schecks), § 985 BGB. Das kann der Veräußerer oder ein Dritter sein. Zum prima-facie-Beweise seines Eigentums genügt nicht die Legitimation durch die zur Zeit der Veräußerung bis auf ihn hinuntergehende Indossamentenkette, da er nicht mehr Inhaber ist. Er muß vielmehr den Beweis, daß er das Eigentum erworben habe, nach allgemeinen Grundsätzen führen, also beweisen, daß er den Wechsel (Scheck) von einem durch Indossament legitimierten Inhaber durch Übergabe unter Einigung darüber, daß das Eigentum übergehen solle, erhalten hat; der zum Eigentumserwerb erforderliche gute Glaube an das Eigentum seines Veräußerers wird vermutet; Sache des auf Herausgabe Belangten ist es daher, nachzuweisen, daß der die Herausgabe Verlangende bei seinem Erwerbe nicht in gutem Glauben war (§§ 929, 932 BGB; RGRKomm zu § 932 Anm 3; RG in WarnRspr 1912, 167). **Anm. 51**

δ. Hat der nach Art 36 legitimierte Inhaber den Wechsel (Scheck) ohne bösen Glauben oder grobe Fahrlässigkeit erworben, so ist er, auch wenn er sachenrechtlich nicht Eigentümer geworden ist, zur Geltendmachung der Rechte aus der Urkunde gegenüber den aus ihr Verpflichteten nicht nur formell, sondern auch materiell legitimiert, „Wechseleigentümer", wenn man diese ungenaue Ausdrucksweise gelten lassen will, vgl. Anm 46. Fällt ihm dagegen böser Glaube oder grobe Fahrlässigkeit zur Last, so ist zwar, solange er die Urkunde **Anm. 52**

§ 8 nicht herausgegeben hat, formelle Legitimation zur Ausübung der Rechte vorhanden; aber jeder Wechsel-(Scheck-)verpflichtete kann im Wege der Einrede gemäß Art 82 WO bzw. 18 Abs 2 ScheckG den Mangel der materiell-rechtlichen Legitimation geltend machen; RGZ 103, 89 u. I 244/11, 29. 11. 11 (Recht 1912 Nr 513). Vgl. Näheres zu § 18 ScheckG Anm 10.

Anm. 52a ε. Art 74 betrifft nur den dinglichen Herausgabeanspruch des Eigentümers. Die schuldrechtlichen Beziehungen zwischen dem Veräußerer und dem Erwerber regeln sich nach dem der Veräußerung zugrunde liegenden Rechtsverhältnisse. Aus diesem kann sich insbesondere bei Nichtigkeit des Kausalgeschäfts, zu dessen Erfüllung der Wechsel (Scheck) gegeben war, falls der dingliche Herausgabeanspruch wegen Gutgläubigkeit des Erwerbers ausgeschlossen ist, ein Anspruch aus ungerechtfertigter Bereicherung gemäß §§ 812ff. BGB ergeben, der in erster Linie auf Herausgabe der Bereicherung in Natur gehen und dazu führen würde, daß der Erwerber den Wechsel (Scheck), den er ohne Rechtsgrund hat, herausgeben muß. So mit Recht RGZ 45, 265; a. M. StStr zu Art 74 Anm 13, die ohne genügenden Grund annehmen, daß der gutgläubige Erwerber unter allen Umständen im Besitze des Wechsels erhalten bleiben solle. Ist die Veräußerung durch einen Nichteigentümer unentgeltlich erfolgt, so kann auch ein Bereicherungsanspruch des wirklichen Eigentümers gegen den gutgläubigen Erwerber gemäß § 816 Abs 1 Satz 2 in Frage kommen, der gleichfalls auf Herausgabe des Wechsels (Schecks) in Natur gerichtet sein kann.

Anm. 53 ζ. Der Art 74 steht im zweiten Abschnitt der Wechselordnung unter Nr XI, welche die Überschrift trägt: „Abhanden gekommene Wechsel". Man hat daraus schließen wollen, daß auch Art 74 nur auf solche Wechsel zu beziehen sei, deren Besitz der Besitzer ohne eigene Entschließung verloren habe, was auch für die entsprechende Anwendung der Vorschrift auf Schecke zu gelten haben würde. Das RG (RGZ 103, 88) hat diese Auffassung mißbilligt. Es erwägt, daß Art 74 im Gegensatz zu Art 73, von dem Erfordernis des Abhandenkommens nichts enthalte, vielmehr ganz allgemein den Grundsatz aufstelle, daß der nach Art 36 formell legitimierte Wechselinhaber den Wechsel herausgeben müsse, wenn er beim Erwerb in bösem Glauben oder grob fahrlässig handelte, womit zugleich zum Ausdruck gebracht sei, daß andernfalls der Besitz des Wechsels in Verbindung mit der formellen Legitimation „das Wechseleigentum verschaffe" (vgl. über diesen Ausdruck oben Anm 46), ein Grundsatz, der im Wechselrechte unbeschränkte Geltung habe und nicht damit abgelehnt werden könne, daß es sich nicht um einen abhanden gekommenen, sondern um einen zufolge eines Willensmangels freiwillig begebenen Wechsel handle. Diesen Ausführungen ist um so unbedenklicher zuzustimmen, als Art 74 in erster Linie den nach bürgerlichem Rechte etwa gegebenen Herausgabeanspruch einschränken will („kann nur dann angehalten werden"), wozu gerade bei abhanden gekommenen Wechseln weniger Veranlassung bestand als bei freiwillig begebenen (vgl. § 935 BGB und oben Anm 48).

Anm. 54 **Zusatz 1: Andere Übertragungsformen.** Die Indossierung ist nicht die einzige Art, in welcher die Rechte aus dem Scheck mit bestimmtem Zahlungsempfänger (wegen des Inhaberschecks vgl. oben Anm 2), auf einen anderen Berechtigten übergehen können. Abgesehen von der Blankotradition, die eine scheckrechtliche Übertragungsform darstellt (vgl. oben Anm 29), sind auch die Übergangsarten des allgemeinen bürgerlichen Rechts denkbar und zulässig. Das gilt in erster Linie von der vertraglichen Abtretung (Zession) der Rechte. Ihre Zulässigkeit ist für den Wechsel vom RG in ständiger Rechtsprechung (RG 12, 132; 26, 100; 33, 147) anerkannt und auch für den Scheck in dem Urt V 502/21 v. 4. 1. 22 angenommen worden *). Daß sie bei der Übertragung von Wechsel- und Scheckrechten im Verkehr tatsächlich eine Rolle spielt, zeigen die ergangenen Urteile. Bei dem Rektascheck (oben Anm 3) ist sie sogar die einzige Art, in der eine solche Übertragung möglich ist. — Ob die Abtretung der schriftlichen Form bedarf, ist streitig. Lessing (zu § 8 ScheckG Anm I 1) bejaht die Frage wegen § 792 BGB, der für die Anweisung Schriftlichkeit der Übertragungserklärung vorschreibt. Das RG hat die Frage noch nicht ausdrücklich entschieden; in RGZ 33, 144 hat eine schriftliche Zessionsurkunde vorgelegen, während in dem Scheckurteile v. 4. 1. 22 nur eine mündliche, dem abgetretenen Schuldner schriftlich angezeigte Zession behauptet gewesen zu

---

*) In diesem Urteile hat das Reichsgericht folgendes ausgeführt:
„Soweit die Übertragung von Rechten durch Indossament in Frage kommt, ist die Anwendung des § 409 BGB allerdings ausgeschlossen. Aber da die Rechte aus dem auf den Namen des Klägers lautenden Scheck, auch wenn dieser nach dem Gesetz als indossables Orderpapier zu gelten hat, nicht bloß durch Indossament, sondern auch in anderer Form übertragen werden konnten, so war für die Anwendung des § 409 Raum. Fehlte bei dieser Übertragung die Übergabe des Schecks, so mochte die Abtretung der Scheckforderung unwirksam sein (RGZ 26, 99). Aber darauf kommt es nicht an, da es gerade der Zweck des § 409 ist, für den Fall der Mitteilung von der Abtretung die Frage, ob die Abtretung erfolgt oder wirksam geschehen ist, auszuschalten."

sein scheint. An sich sind die Vorschriften der §§ 398ff. BGB über die Abtretung von Forderungen gemäß § 413 auch auf die Abtretung anderer Rechte, wozu auch die in einem Scheck enthaltene Einziehungsermächtigung gehört, anwendbar, aber nur, „soweit nicht das Gesetz ein anderes vorschreibt". Ein anderes ist aber in § 792 für die Anweisung vorgeschrieben, deren Übertragung durch Vertrag, auch wenn sie noch nicht angenommen ist, der schriftlichen Form bedarf. Dementsprechend wird auch der Scheck insoweit, als er eine nicht angenommene Ermächtigung zur Einziehung darstellt (vgl. zu § 1 Anm 3), nur in schriftlicher Form übertragen werden können; der Bezogene wird deshalb sich gegenüber dem Aussteller durch Leistung an den Zessionar nur befreien, wenn dieser eine schriftliche Abtretungserklärung von seiten des letzten legitimierten Indossatars vorlegt. Der Scheck enthält aber außer der Anweisung und im Unterschiede von dieser auch eine Garantieverpflichtung des Ausstellers und der Indossanten, also Forderungen im Sinne der unmittelbar anzuwendenden §§ 398—412, deren Abtretung grundsätzlich formfrei ist. Sonach wird, soweit nur die Übertragung der Regreßansprüche des legitimierten Scheckinhabers gegen den Aussteller und die Indossanten in Frage steht, also namentlich bei Abtretungen, die nach Vorzeigung des Schecks an den Bezogenen und Feststellung der Nichtzahlung durch diesen erfolgen, die Abtretungserklärung der schriftlichen Form nicht bedürfen. — Daß die Abtretung aus dem Scheck ersichtlich sein müßte, ist keinesfalls erforderlich; der dem Zessionar obliegende Beweis der Abtretung kann auch durch andere Beweismittel geführt werden (RGZ 12, 132; vgl. oben Anm 40). — Das ROHG (11, 280) hat ausgesprochen, zur Perfektion der Zession bedürfe es der Übergabe der Wechsel- (Scheck-) Urkunde, und das RG hat in RGZ 26, 100 sowie für den Scheck in dem obenerwähnten Urteile v. 4. 1. 22 diese Annahme wenigstens in bedingter Form gebilligt. Der Ausdruck ist aber leicht mißzuverstehen; er soll und kann jedenfalls nicht bedeuten, daß zur Gültigkeit des Abtretungsvertrags zwischen Zedent und Zessionar die Übergabe erforderlich sei, wofür ein Grund im Gesetze nicht zu finden wäre, sondern daß das abgetretene Recht aus der Urkunde von dem Zessionar nicht ausgeübt werden kann, wenn er nicht in den Besitz der Urkunde gelangt ist. In diesem Sinne ist der Satz zu billigen, da Rechte, die in Urkunden verkörpert sind, nur mit der Urkunde in der Hand ausgeübt werden können (RGZ 88, 292; vgl. oben Anm 33). Der Zessionar, dem die Urkunde noch nicht ausgehändigt worden ist, wird aber auf Grund des Abtretungsvertrags die Übergabe von dem Zedenten verlangen können (RG 26, 100).

Die Wirkung der Zession besteht, im Unterschiede von der des Indossaments (vgl. oben Anm 10), nicht in dem Übergange bzw. Erwerbe der sämtlichen Rechte, wie sie sich aus dem Scheck ergeben, durch den Zessionar, ohne Rücksicht darauf, ob sie dem Zedenten zugestanden haben. Vielmehr erwirbt der Zessionar nur diejenigen Rechte und in dem Zustande, wie sie sein Zedent gehabt hat. Es können ihm deshalb grundsätzlich nach Maßgabe der §§ 404ff. und mit den sich aus diesen Vorschriften ergebenden Beschränkungen, von welchen insbesondere die Beschränkung der Einrede des Scheins bei erfolgter Ausstellung einer Zessionsurkunde in § 405 in Betracht kommt, die Einreden entgegengesetzt werden, die seinem Zedenten, dem legitimierten Scheckinhaber, entgegengesetzt werden konnten. Da der Zessionar durch die Indossamente nicht als Scheckeigentümer legitimiert wird, so kann er sich selbstverständlich für seine Person auf die Art 36, 74 WO nicht berufen, vielmehr aus ihnen nur die Legitimation seines Zedenten herleiten, und die dadurch geschaffene Vermutung des Scheckeigentums des Zedenten wird widerlegt durch den Nachweis, daß ein Dritter Eigentümer des Schecks zur Zeit der Zession war (RGZ 33, 147). Doch besagt Art 74 WO keineswegs, daß die Vindikation des Wechsels (Schecks) gegen denjenigen, der die Urkunde nicht durch einen wechsel- oder scheckrechtlichen Akt, sondern auf Grund einer Zession durch einen zivilrechtlichen Akt der Eigentumsübertragung erhalten hat, unbedingt stattfinde; diese Vindikation richtet sich vielmehr nach den Vorschriften des bürgerlichen Rechts (RGZ 33, 147/148). Hat sonach der Zessionar in Verbindung mit der Zession die Übergabe des Wechsels (Schecks) durch den Zedenten ohne Kenntnis oder grobfahrlässige Unkenntnis von dessen bösgläubigem oder grobfahrlässigem Erwerbe erhalten, so ist er auf Grund des § 932 BGB durch gutgläubigen Erwerb Eigentümer geworden und findet gegen ihn ein dinglicher Herausgabeanspruch auf Grund des Art 74 WO nicht statt; erhebt er aber Ansprüche aus dem Scheck, so kann ihm der bösgläubige oder grobfahrlässige Erwerb seines Zedenten entgegengehalten werden. Auch § 409 BGB kommt zur Anwendung; hat sonach der Scheckeigentümer dem Scheckverpflichteten angezeigt, daß eine Abtretung an einen bestimmt genannten Dritten erfolgt sei, so kann er nicht mehr geltend machen, daß er in Wirklichkeit die Forderung nicht abgetreten habe oder daß die Abtretung unwirksam gewesen sei (so das mehrfach erwähnte Urteil des RG v. 4. 1. 1922).

Die Abtretung eines Teiles einer Wechsel- (Scheck-) Forderung hat der IV. ZS des RG in einem Urt v. 21. 4. 1921, IV 558/20 (LZ 1921 Sp. 495[7]) für zulässig erklärt unter der Voraussetzung, daß dem Erwerber der Teilforderung ein Mitbesitz an der Urkunde eingeräumt wird. Der Senat ist der Ansicht, daß die Gründe, die ein Teilindossament als unzu-

§ 8 lässig erscheinen lassen (vgl. oben Anm 8), für eine Teilzession nicht zutreffen. Dem wird zugestimmt werden können. Durch die Teilzession werden nicht, wie durch das Teilindossament geschehen würde, selbständige Wechsel- (Scheck-) Rechte des Zessionars geschaffen, die dem Zedenten nicht zustehen; jener kann vielmehr nur die gleichen Rechte für den ihm zedierten Teil der Wechsel- (Scheck-) Forderung ausüben wie der Zedent für den ihm verbliebenen Teil, und es können die Einreden, die diesem gegenüber bestehen, auch jenem gegenüber geltend gemacht werden

Die Übergabe eines an den Empfänger oder in blanco indossierten Orderschecks enthält im Zweifel eine Indossierung des Schecks an den Empfänger, auch wenn daneben noch ihm die Rechte aus dem Scheck abgetreten werden (RGZ 83, 101). Dagegen kann die Indossierung eines Rektaschecks nur als Zession wirken und ist als solche aufrechtzuerhalten (§ 140 BGB). Werden bei einem Orderscheck außer der Indossierung auch die zivilrechtlichen Ansprüche abgetreten, die dem Indossanten gegen seinen Vormann (früheren Indossanten oder Aussteller) aus dem Rechtsverhältnisse, das dem Indossamente des Vormannes zugrunde lag, zustehen, so tritt dadurch der Indossatar in ein vertragsmäßiges bürgerlich-rechtliches Verhältnis zu dem Vormanne seines Indossanten, und die Einreden aus dem zugrunde liegenden Rechtsverhältnisse stellen sich als Einreden dar, die dem Vormanne unmittelbar gegen den Indossatar zustehen und deshalb nach § 18 Abs. 2 ScheckG ihm gegenüber geltend gemacht werden können. So entsprechend für den Wechsel RGZ 83, 102. — Durch die Zession geht auch das Recht des Zedenten, den Scheck zu indossieren, auf den Zessionar über; dieser kann ihn daher seinerseits durch Indossament weiterübertragen, so ROHG bei Stegemann 8, 60; jetzt auch StStr gegen Staub 1. Aufl. zu Art 9 Anm 9; a. M. ohne Begründung RGZ 43, 44; vgl. auch Einh. WO Art 17 (unten Anm 56); wegen des in solchem Falle dem Indossatar des Zessionars obliegenden Beweises der materiellen Berechtigung des Zedenten vgl. oben Anm 40.

Außer durch vertragsmäßige Abtretung kann ein Übergang der Rechte aus dem Scheck auf einen anderen Berechtigten auf dem Wege des allgemeinen bürgerlichen Rechts auch stattfinden durch Erbgang und sonstige Universalrechtsnachfolge (RG 12, 132). Über den Beweis, der in solchem Falle zu führen ist, vgl. oben Anm 40. Ebenso im Wege der gerichtlichen Zwangsvollstreckung durch Pfändung und Überweisung (§§ 831, 835 ZPO), aber auch durch eine an Stelle der Überweisung gemäß § 844 ZPO gerichtlich angeordnete Versteigerung des Schecks und der Rechte aus dem Scheck (RGZ 35, 75; 61, 331). Ferner durch Befriedigung des Scheckinhabers von seiten eines Dritten in den gesetzlich anerkannten Fällen der Surrogation (§§ 268, 774, 1225, 1266 BGB; 441 HGB).

Anm. 55 **Zusatz 2: Fremde Rechte.** Vgl. die Anhänge unter G. Gesetzliches Orderpapier, wie im deutschen Rechte, ist der Scheck in Japan (Art 537, 455 HGB); in der Schweiz (Art 836, 727 Abs 1 ObligRecht); in den skandinavischen Ländern (§ 3 ScheckG, § 9 WO); in Italien (Art 341, 256 HGB), in Großbritannien (Bills of Exchange Act Sect 73 Abs 2; Sect 31 [3]). Die Orderklausel ist für die Indossabilität erforderlich in den Scheckrechten Frankreichs (Ges v. 14. 6. 1865 Art 1 Abs 5); Österreichs (§ 6 ScheckG); Ungarns (§ 6 ScheckG); Belgiens (Art 2 Abs 2 ScheckG). Die Rektaklausel ist in den obengenannten Ländern, wo der Scheck gesetzliches Orderpapier ist, überall zugelassen; wo die Orderklausel erforderlich, bedarf es ihrer nicht. In Peru (Art 525, 530, 542 HGB) bildet die Orderklausel einen wesentlichen Bestandteil des Schecks, sofern er nicht auf Inhaber gestellt ist; die Rektaklausel ist daher dort unzulässig. — Die Form des Scheckindossaments ist überall entsprechend der des Wechselindossaments geregelt; danach kann das Indossament Voll-(Namens-), Blankoindossament oder Blankogiro in engerem Sinne (in abgekürzter Form) sein. — Platz des Indossaments: überall auf dem Scheck selbst oder einer Allonge; ob auch auf Kopien, ist unterschiedlich geregelt; auf der Rückseite vorgeschrieben in Ungarn (§ 22 Ziff 3 ScheckG), Bulgarien (Art 647, 537); in den übrigen obengenannten Ländern nur für das abgekürzte Blankoindossament. — Die Übertragungswirkung des Indossaments wird überall, auch ohne ausdrückliche Vorschrift, anerkannt; die Gewährleistungspflicht des Indossanten ergibt sich meist aus der Bezugnahme auf die wechselrechtlichen Vorschriften. Näheres vgl. bei Meyer, Weltscheckrecht I S. 157—199.

Anm. 56 **Zusatz 3: Zukünftiges Weltscheckrecht.** Nach den Beschlüssen der Haager Konferenz von 1912 (vgl. Anhang H zu diesem Kommentare), ist jeder Scheck, der nicht auf den Inhaber gestellt ist, auch ohne Orderklausel, also kraft Gesetzes, durch Indossament übertragbar, sofern nicht der Aussteller die Worte: „Nicht an Order" oder einen gleichbedeutenden Ausdruck in den Scheck eingefügt hat; in diesem Falle ist er nur in der Form und mit den Wirkungen einer gewöhnlichen Zession übertragbar (Art 8). Diese Vorschriften entsprechen der Sache nach dem geltenden deutschen Recht. Die Form und die Wirkungen der Übertragung eines Rektaschecks (vgl. oben Anm 3) bestimmen sich somit nach den einzelstaatlichen Vorschriften über die Zession; darüber, ob auch der Orderscheck im Wege der Zession übertragen werden kann und in welchen Formen sowie mit welchen Wirkungen (vgl. oben Anm 54) enthalten die Beschlüsse nichts; die einzelstaatlichen Vorschriften werden also auch dafür maßgebend bleiben. Das Verbot der Weiterindossierung durch einen Indossanten hat die Wirkung, daß dieser den weiteren Indossataren nicht haftet (Art 14 Abs 2 Einheitliche Wechselordnung in Verbindung mit Art 10 Scheckrechtsbeschlüsse). Das Indossament soll „rein und einfach" sein; doch wird es durch die Hinzufügung einer Bedingung nicht nichtig, diese gilt vielmehr als nicht geschrieben, das Indossament ist also als unbedingtes wirksam (Art 9 Abs 1). Darin dürfte eine erhebliche Abweichung vom geltenden deutschen Rechte liegen (vgl. oben Anm 20). Um so weniger wird die Beifügung anderer Zusätze die Gültigkeit des Indossaments beeinträchtigen, sofern sie nur den Indossierungswillen nicht in Frage stellen. — Das Teilindossament (oben Anm 9) wird für nichtig erklärt (Art 9 Abs 2); ebenso das Indossament des Bezogenen (oben Anm 17); das Indossament an den Bezogenen (oben Anm 16) soll als Quittung gelten, jedoch mit einer Ausnahme für Indossamente, die auf eine andere Niederlassung des Bezogenen als diejenige, auf die der Scheck gezogen ist, lauten (Art 9 Abs 5). — Das Indossament „au porteur" (auf den Inhaber), wird für nichtig erklärt (Art 9 Abs 3; entsprechend Art 11 Abs 3 der Einheitlichen Wechselordnung. Diese Vorschrift bezieht sich nur auf den Orderscheck; bei dem Inhaberscheck ist eine Übertragung durch Indossament schon an sich durch seine Rechtsnatur ausgeschlossen (vgl. oben Anm 2). Die Vorschrift bedeutet aber nicht etwa den Ausschluß des Blankoindossaments; ein solches ist vielmehr durch Art 12 Abs 2 der Einheitlichen Wechselordnung, der nach Art 10 der Scheckrechtsbeschlüsse auf den Scheck anwendbar ist, ausdrücklich zugelassen, und zwar auch in abgekürzter Form. Ausgeschlossen ist danach nur das ausdrücklich „auf den Inhaber" lautende Indossament, und zwar weil es nicht wie ein Blankoindossament durch Ausfüllung auch zum Namensindossamente gemacht werden kann, sondern den Orderscheck endgültig in einen Inhaberscheck verwandelt, entgegen dem erklärten Willen des Ausstellers; vgl. Actes II S. 227 und oben Anm 22. Namensschrift auf der Rückseite eines Inhaberschecks begründet, außer wenn sie von dem Bezogenen herrührt, Verpflichtung als Scheckbürge (Avalist) des Ausstellers (Art 9 Abs 4); vgl. zu § 15 Anm 5. — Im übrigen sind die Vorschriften der Einheitlichen Wechselordnung über das Indossament (Art 12—17), mit Ausnahme der die Annahme betreffenden, für anwendbar auf den Scheck erklärt (Art 10 ScheckRBeschl). Durch diese Vorschriften ist, im wesentlichen übereinstimmend mit dem geltenden deutschen Rechte, folgendes bestimmt: § 8

a) Für den Platz des Indossaments: Es muß auf den Scheck oder einen Anhang gesetzt werden (Art 12 Abs 1 Satz 1). Indossamente auf Kopien (vgl. oben Anm 21a) sind dadurch ausgeschlossen.

b) Für die Form: Erfordernis der Unterschrift des Indossanten (Art 12 Abs 1 Satz 2; vgl. oben Anm. 20).

c) Für die Wirkungen:

α. Übertragungswirkung (Art 13): Das Indossament überträgt alle Rechte aus dem Scheck (oben Anm 7 ff); auch das Recht der Weiterindossierung; falls es ein Blankoindossament ist, wird dadurch das Recht des Inhabers begründet, es nach Wahl auszufüllen, durch Blanko- oder Namensindossament weiterzuindossieren oder durch Blankotradition weiterzugeben (oben Anm. 22—25).

β. Garantiewirkung (Art 14): Der Indossant haftet mangels eines entgegenstehenden Vermerks für die Zahlung (vgl. zu § 15 Anm 2).

γ. Legitimation (Art 15 Abs 1): Wer den Scheck in Händen hat und sein Recht durch eine ununterbrochene Reihe von Indossamenten nachweist, gilt als rechtmäßiger Inhaber, auch wenn das letzte Indossament ein Blankoindossament ist (vgl. oben Anm 37). Folgt auf ein Blankoindossament ein weiteres Indossament, so wird angenommen, daß der Aussteller dieses Indossaments den Scheck durch das Blankoindossament erworben hat (oben Anm 37). Ausgestrichene Indossamente gelten als nicht geschrieben (oben Anm 39).

δ. Beschränkung des Herausgabeanspruchs (Art 15 Abs 2): Falls der Scheck einem früheren Inhaber irgendwie abhanden gekommen, ist der neue legitimierte Inhaber zur Herausgabe nur verpflichtet, wenn er ihn in bösem Glauben erworben hat oder ihm bei dem Erwerbe eine grobe Fahrlässigkeit zur Last fällt. Diese im übrigen dem Art 74 der deutschen Wechselordnung entsprechende Vorschrift weicht insofern ab, als nach der Rechtsprechung des RG Art 74 sich auch auf andere als abhanden gekommene Wechsel (Schecke) bezieht; vgl. oben Anm 53. Bei nicht abhanden gekommenen Wechseln (Schecken) werden danach die einzelstaatlichen Gesetze für den Herausgabeanspruch maßgebend bleiben.

ε. Prokuraindossament (Art 17): Es wird bestimmt als ein Indossament, das den Vermerk: „Wert zur Einziehung", „zum Inkasso", „in Prokura" oder einen anderen nur eine Bevollmächtigung ausdrückenden Zusatz enthält. Seine Wirkung ist, daß der so legitimierte Inhaber „alle Rechte aus dem Wechsel (Scheck) geltend machen kann" (wohl zu ergänzen: „im Namen des Prokuraindossanten"), den Wechsel (Scheck) aber nur durch ein

§ 8 weiteres Prokuraindossament übertragen kann und, daß die Wechsel-(Scheck-)Verpflichteten dem Inhaber nur solche Einwendungen entgegensetzen können, die ihnen gegen den Indossanten zustehen. Vgl. oben Anm 12.

Wegen der Einwendungen (Einh. WO Art 16) vgl. unten zu § 18 Anm 16.

§ 9

§ 9.

Schecks, die auf einen bestimmten Zahlungsempfänger gestellt und im Auslande zahlbar sind, können in mehreren Ausfertigungen ausgestellt werden. Jede Ausfertigung muß im Texte mit der Bezeichnung „Erste, zweite, dritte usw. Ausfertigung" oder mit einer gleichbedeutenden Bezeichnung versehen werden; ist dies nicht geschehen, so gilt jede Ausfertigung als ein für sich bestehender Scheck.

Ist von mehreren Ausfertigungen eine bezahlt, so verlieren dadurch die anderen ihre Kraft. Jedoch bleiben aus den übrigen Ausfertigungen der Indossant, welcher mehrere Ausfertigungen an verschiedene Personen indossiert hat, und alle späteren Indossanten, deren Unterschriften sich auf den bei der Zahlung nicht zurückgegebenen Ausfertigungen befinden, auf Grund ihres Indossaments verpflichtet.

Anm. 1 I. Unter **„Ausfertigung"** einer Urkunde ist zu verstehen ihre vollständige Herstellung (Anfertigung, Ausstellung) durch denjenigen, dessen Gedanken- oder Willensäußerung in ihr beurkundet ist — den Aussteller — mit allen ihren Erfordernissen, also, soweit die Unterschrift des Ausstellers zu diesen Erfordernissen gehört, auch mit dessen (Original-) Unterschrift, zum Zwecke ihres bestimmungsgemäßen Gebrauchs im Verkehrsleben. Mehrfache Ausfertigung ist die mehrfache derartige Beurkundung einer und derselben einheitlichen Gedanken- oder Willensäußerung. Jede der mehreren Ausfertigungen stellt sich danach als selbständige Originalurkunde — Urschrift — dar. Etwas abweichend ist der Begriff der Ausfertigung bei gerichtlichen, notariellen und sonstigen von einer Urkundsperson aufgenommenen Urkunden, bei denen die Originale — Urschriften — in Verwahr der Behörde oder der Urkundsperson, die sie aufgenommen hat, verbleiben und an ihrer Stelle zum bestimmungsgemäßen Gebrauch mit der Urschrift gleichlautende Exemplare — Ausfertigungen — hergestellt und den Beteiligten ausgehändigt werden, die nicht die Urschrift sind, diese aber vertreten und von der Urkundsperson — bei gerichtlichen Urkunden von dem Gerichtsschreiber — unterschrieben, nicht nur, wie Abschriften, beglaubigt werden; § 317 Abs 3 ZPO; § 182 FGG, vgl. Gaupp-Stein ZPO zu § 170 II 1.

Anm. 2 Die Herstellung mehrerer Ausfertigungen kann zu verschiedenen Zwecken erfolgen. Sie macht sich besonders erforderlich bei Urkunden, in denen Rechte verkörpert sind (Wertpapiere), sofern in einer Urkunde eine Mehrheit von Rechten verbrieft ist, die von oder gegenüber mehreren verschiedenen Personen oder an verschiedenen Orten gleichzeitig auszuüben sind und nur mit der Urkunde in der Hand ausgeübt werden können. Für den gezogenen Wechsel (nicht für den eigenen) hat die Wechselordnung ein solches Bedürfnis hauptsächlich um deswillen anerkannt, weil der Wechsel, der zum Umlaufe von der Hand eines Gläubigers in die eines anderen fähig und meist auch bestimmt ist, in der gleichen Zeit auch dem Bezogenen zum Akzept vorgelegt und zu diesem Zwecke möglicherweise versandt werden soll und diese beiden Zweckbewegungen, wenn sie mit einer nur in einem Exemplar vorhandenen Urkunde ausgeführt werden sollten, miteinander kollidieren würden. Deshalb ist die Herstellung mehrerer Ausfertigungen des Wechsels und ihre Wirkung in den Art 66, 67 WO geregelt. Für den Scheck besteht, da eine Akzeptation nicht in Frage kommt — vgl. § 10 Anm 1 ff. —, ein Bedürfnis für mehrere Ausfertigungen aus dem gleichen Gesichtspunkte nicht. Der Entwurf eines Scheckgesetzes von 1892 hatte deshalb eine der wechselrechtlichen entsprechende Regelung der mehrfachen Ausfertigung von Schecken nicht vorgesehen. Aus den beteiligten Verkehrskreisen (so in der Denkschrift der Ältesten der Berliner Kaufmannschaft) wurde aber geltend gemacht, daß ein solches Bedürfnis auch für den Scheck dann vorliege, wenn er im Auslande zahlbar ist, weil durch die Ermöglichung der Versendung mehrerer Exemplare je mit einer anderen Transportgelegenheit, namentlich bei Überseeversendungen, größere Sicherheit für die richtige Ankunft am Bestimmungsort gegeben, also die Verlustgefahr vermindert werde und weil ohne die Gestattung mehrerer Ausfertigungen mit der Möglichkeit der Indossierung auf jeder von ihnen die von Deutschland auf überseeische Orte gezogenen Schecke den Schecken anderer Länder, die solches gestatteten, an Sicherheit und Verkehrsfähigkeit nachstehen würden. Aus diesen Gesichtspunkten hat die Reichstagsvorlage von 1907 den § 9 ScheckG eingefügt, der den entsprechenden Vorschriften der WO (Art 66, 67) nachgebildet ist, jedoch unter Beschränkung auf im Auslande zahlbare Schecke und im übrigen mit den durch die rechtliche Gestaltung des Schecks gebotenen Abweichungen (Begr S. 24). § 9

II. **Voraussetzungen der Anwendbarkeit des § 9.** Anm. 3

1. Die Vorschriften des § 9 beziehen sich nur auf solche Schecke, **die auf einen bestimmten Zahlungsempfänger lauten** (§ 8 Anm 2). Daß der Scheck durch Indossament übertragbar sein müsse, wird nicht gefordert; auch bei dem Rektascheck (vgl. zu § 8 Anm 3) kann daher mehrfache Ausfertigung mit den Wirkungen des § 9 erfolgen. Dagegen ist solches beim Inhaberscheck (vgl. zu § 4 Anm 5) nicht zugelassen. In der Begründung (S. 25) wird das durch die Erwägung gerechtfertigt, daß die nach § 9 Abs 2 für den Fall der Bezahlung einer von mehreren Ausfertigungen eintretende Wirkung der Befreiung des Ausstellers und der Vormänner desjenigen Indossanten, der die mehreren Ausfertigungen an verschiedene Personen indossiert hat, unter Forthaftung des letzteren und seiner Nachmänner (s. unten Anm 8f.) bei dem Inhaberscheck nicht eintreten könnte, weil aus diesem, wenn die Ausfertigungen in verschiedene Hände gelangt sind, nicht ersehen werden könne, welcher frühere Inhaber sie an verschiedene Personen begeben habe; deshalb müsse der Aussteller (und sämtliche Indossanten) aus jeder Ausfertigung wie aus einem selbständigen Scheck verhaftet bleiben. Beim Inhaberscheck wird sonach der Aussteller, der mehrere Exemplare eines Schecks unterzeichnet hat, und die Indossanten, die mehrere Exemplare indossiert haben, jedem Inhaber eines Exemplars, auch wenn ein anderes bezahlt ist, sowie dem Inhaber mehrerer Exemplare auf mehrfache Zahlung haften, auch wenn die mehreren Ausfertigungen im Texte als erste, zweite usw. bezeichnet sind, sofern sie nicht etwa dem Inhaber, der in Frage steht, die Einrede der Arglist gemäß § 18 Abs 2 ScheckG (vgl. Anm 10 zu § 18) entgegensetzen können, wozu aber eine bloße Fahrlässigkeit beim Erwerbe, die aus der Nichtbeachtung der Bezeichnung entnommen werden könnte, nicht genügen würde. Langen (Zum Scheckrecht S. 116ff.) ist im Anschlusse an Grünhut (WR II § 114 S. 313) der Meinung, daß auch bei Inhaberschecken die Wirkung mehrfacher Haftung bei mehreren Ausfertigungen ausgeschlossen werden könne durch Einfügung einer „kassatorischen Klausel", d. h. einer Bestimmung in dem Scheck selbst, aus welcher ersichtlich sei, daß mehrere Exemplare ausgestellt sind und daß sie sämtlich ihre Bedeutung verlieren sollen, sobald eine von ihnen eingelöst sei; in solchem Falle müsse sich der Erwerber den aus dem Inhalte des Schecks sich ergebenden (also nach § 18 Abs 2 ohne Rücksicht auf etwaigen guten Glauben des Erwerbers zulässigen) Einwand entgegensetzen lassen, daß die Wirksamkeit des von ihm erworbenen Exemplars durch Einlösung eines anderen Exemplars erloschen sei. Indessen diese Auffassung scheitert an zwei rechtlichen Hindernissen: Einmal ist aus dem Inhalte eines mit solcher Klausel versehenen Scheckexemplars keineswegs die Tatsache ersichtlich, daß eines der Exemplare bereits eingelöst sei; diese Tatsache kann sich nur aus außerhalb der Urkunde liegenden Umständen ergeben. Sodann aber würde eine solche Klausel die Beifügung einer Bedingung enthalten, die dem Wesen der Scheckerklärung als einer abstrakten Verpflichtungserklärung widersprechen und deshalb unzulässig sein würde; vgl. oben zu § 1 Anm 35. Daß (wie Langen meint) nur solche Bedingungen unzulässig seien, die sich auf die Zahlungszeit bezögen, ist durchaus willkürlich. Für den Wechsel hat das RG die Unzulässigkeit derartiger Einschränkungen der abstrakten Verpflichtungserklärung, soweit sie nicht durch positive Gesetzesbestimmung, wie in Art 66, 67 WO (und ebenso in § 9 ScheckG) zugelassen sind, für unzulässig erklärt (RGZ 19, 115/116), übrigens, wie Langen zugibt (a. a. O. S. 120 bei Anm 409), in Übereinstimmung mit der herrschenden Meinung, zu der auch Grünhut, auf den er sich beruft, an anderer Stelle seines Wechselrechts gehört; vgl. Grünhut, WR I § 71 S. 473; II § 115 Anm 25 S. 330; II § 116 Anm 28 S. 346. Übrigens dürfte kein zureichender Grund bestehen, der es erwünscht erscheinen ließe, die an sich schon im Interesse der Verkehrssicherheit recht bedenkliche Ausstellung von Wechsel- und Scheckduplikaten (vgl. StStr zu Art 66 Anm 1), über die positiven gesetzlichen Bestimmungen hinaus auszudehnen. — Dahingestellt gelassen ist in RGZ 9, 117 für den eigenen Wechsel, ob ein Zusatz, aus dem sich ergibt, daß der Verpflichtungswille des Ausstellers unzulässigerweise derart eingeschränkt ist, daß die Verpflichtung außer Wirksamkeit treten soll, wenn ein anderes Exemplar des Wechsels bezahlt wird, als nicht geschrieben zu gelten habe oder den Wechsel als solchen nichtig mache. Die gleiche Frage wirft sich beim Inhaberscheck auf. Sie dürfte dahin zu beantworten sein, daß ein solcher Zusatz der Urkunde ihre Eigenschaft als Scheck nehmen muß, da er mit der abstrakten Natur der scheckrechtlichen Verpflichtungserklärung in Widerspruch steht und eine Aufrechterhaltung des Schecks ohne solche Einschränkung entgegen dem Willen des Ausstellers in Ermangelung ausdrücklicher gesetzlicher Bestimmung nicht statthaft erscheint. Hält man aber das für richtig, so entstehen aus einem in mehreren Ausfertigungen hergestellten Inhaberscheck, dessen Text die Absicht des Ausstellers erkennen läßt, nur für

§ 9 einmalige Zahlung zu haften, überhaupt keine scheckrechtlichen Verbindlichkeiten; deshalb wird der Bezogene im Verhältnis zum Aussteller nicht berechtigt sein, auf Vorlegung eines solchen Schecks hin überhaupt eine Zahlung, also auch eine einmalige, zu machen. Wer dagegen der Ansicht ist, daß die Hinzufügung einer solchen Bedingung als nicht geschrieben gilt, muß (wie Jacusiel in BankA VII S. 284 und Lessing ScheckG zu § 9 Anm IV) zu dem Ergebnisse gelangen, daß der Bezogene berechtigt ist, in mehreren Ausfertigungen ausgestellte Inhaberschecke als mehrere selbständige Schecke auch mehrfach zu bezahlen, sofern ihm — was hinzugefügt werden muß — nicht etwa bekannt ist oder bei hinreichender Sorgfalt bekannt sein muß, daß dem Vorzeiger eine Arglisteinrede entgegenstehe.

Gleiches wie für den Inhaberscheck wird übrigens auch für im Inlande zahlbare Order- und Rektaschecke gelten müssen (wie auch für den eigenen Wechsel), wenn diese Papiere im Texte der scheckrechtlichen Erklärung Bezeichnungen oder Klauseln enthalten, die erkennen lassen, daß der Aussteller für mehrere ausgestellte Exemplare nur einmal haften will. Doch dürfte die bloße Bezeichnung als „Primascheck“, „Primawechsel“ dazu nicht genügen, da sie auch bei solchen Urkunden vorkommt, die nur in einer Ausfertigung ausgestellt werden (s. unten).

Anm. 4 2. Weitere Voraussetzung ist, daß der Scheck **im Auslande zahlbar ist.** Der Ort, der gemäß § 5 ScheckG als Zahlungsort gilt — in der Regel der bei dem Namen oder der Firma des Bezogenen angegebene Ort —, muß im Auslande belegen sein. Ein Bedürfnis, auch für im Inlande zahlbare Schecke die Ausstellung von Duplikaten zuzulassen, wurde von manchen Seiten behauptet, so von G. Cohn bei Goldschmidt 61, 48, weil die gleiche „wirtschaftliche Notwendigkeit“ bestehe wie für Auslandschecke. Indessen der Hinweis, daß ein Scheck auf dem Transport von Konstanz nach Königsberg ebenso leicht verlorengehen könne wie auf dem Transport von Konstanz nach Basel oder Paris, ist doch nicht überzeugend, da er ganz besonders liegende Fälle der Entfernung zwischen dem Absendungs- und Bestimmungsort zur Vergleichung heranzieht, im allgemeinen aber der Transport nach dem Auslande doch als der weitere und vor allem als der weniger sichere erscheint, zumal nach überseeischen Orten, auf die sich der kaufmännische Gebrauch der Versendung von Duplikaten im wesentlichen beschränkt. — Was Ausland ist, wird durch die geltenden staatsrechtlichen Grundsätze bestimmt; danach ist Ausland, was nicht zum Reichsgebiete gehört, gegenwärtig also auch die durch den Versailler Vertrag abgetretenen Gebiete. Die ehemaligen deutschen Schutzgebiete waren, wie allgemein anerkannt wurde, im staatsrechtlichen Sinne nicht ohne weiteres dem eigentlichen Reichsgebiete gleichzustellen; § 5 Abs 1 SeemO v. 2. 6. 02 unterscheidet ausdrücklich zwischen dem Reichsgebiete, den Schutzgebieten und dem Auslande; in § 3 SchutzgebG (RGBl 1900, 813) ist durch Bezugnahme auf § 26 KonsGG v. 7. 4. 00 (RGBl 1900, 213) einer kaiserlichen Verordnung, die aber nicht ergangen ist, vorbehalten zu bestimmen, inwieweit die Schutzgebiete im Sinne der dort näher bezeichneten Gesetze als deutsches Gebiet oder Inland oder Ausland anzusehen sind. Daraus ist zu folgern, daß nur von Fall zu Fall, je nach Grund und Zweck der betreffenden Einzelvorschrift, entschieden werden kann, ob die Schutzgebiete im gesetzlichen Sinne Inland oder Ausland waren, und besonders im Sinne der sehr häufigen Vorschriften, die nur mit Rücksicht auf die unter Umständen sehr beträchtliche räumliche Entfernung des Auslandes besondere Bestimmungen für dieses treffen, werden die Schutzgebiete als Ausland anzusehen sein. So RG in RGZ 84, 269. Da, wie in der Begr (S. 24) hervorgehoben wird, die Vorschrift des § 9 (jedenfalls in der Hauptsache) mit Rücksicht auf die räumliche Entfernung des Reichsgebietes vom Auslande getroffen ist, so wird auch die dort ausgesprochene Ansicht zutreffen, daß im Sinne des § 9 ScheckG die Schutzgebiete als Ausland zu gelten haben. Zur Zeit ist die Frage freilich gegenstandslos; sie wird erst von neuem Bedeutung gewinnen, wenn Deutschland wieder Schutzgebiete hat. — Für im Auslande ausgestellte Schecke, die im Auslande, sei es im Lande der Ausstellung oder in einem anderen nicht deutschen Lande, zahlbar sind, regelt sich die Frage der Zulässigkeit von Scheckduplikaten gemäß § 26 Abs 1 ScheckG nach den Gesetzen des Landes der Ausstellung. Ist aber ein im Auslande ausgestellter Scheck in Deutschland zahlbar, so genügt es nach § 26 Abs 2 Satz 2, wenn die Ausstellung den Anforderungen des deutschen Gesetzes entspricht; diesen Anforderungen genügt ein solcher in mehreren Ausfertigungen ausgestellter Scheck, da er „im Auslande“, d. h. hier wohl sinngemäß, in einem anderen Lande als dem der Ausstellung, zahlbar ist. So auch Lessing ScheckG zu § 9 Anm II b (S. 89); Jacusiel in BankA VII S. 284.

Anm. 5 3. Jede Ausfertigung des Schecks muß im Texte mit der Bezeichnung: **„Erste, zweite, dritte usw. Ausfertigung“** oder mit einer gleichbedeutenden Bezeichnung versehen sein; ist dies nicht geschehen, so gilt jede Ausfertigung als ein für sich bestehender Scheck. Nach dem Wortlaute könnte man annehmen, daß, wenn auf einer oder mehreren Ausfertigungen die Bezeichnung fehlt, während sie sich auf den anderen befindet, nunmehr jede Ausfertigung (also auch diejenigen, welche die Bezeichnung enthalten) als besonderer Scheck zu gelten habe.

Doch wird es dem Sinne der Vorschrift mehr entsprechen, daß in solchem Falle nur diejenigen Ausfertigungen, welche die Bezeichnung nicht enthalten, als besondere Schecke zu gelten haben, während das Einheitsverhältnis derjenigen Ausfertigungen, welche die Bezeichnung enthalten, untereinander dadurch nicht berührt wird. — **Gleichbedeutende Bezeichnungen** sind solche, welche erkennen lassen, daß es sich um einen in mehreren Ausfertigungen hergestellten einheitlichen Scheck handelt. Dazu gehören namentlich auch die in Art 66 WO zugelassenen Bezeichnungen: „Prima, Sekunda, Tertia" usw.; ferner „I, II, III" oder: „Hauptexemplar; Duplikat". Für den Wechsel ist streitig, ob überhaupt andere als die in Art 66 besonders aufgeführten Bezeichnungen zulässig seien (vgl. StStr zu Art 66 Anm 3 gegen Staub 4. Aufl.). Für den Scheck ist diese Streitfrage entschieden, da § 9 ScheckG, anders als Art 66 WO, gleichbedeutende Bezeichnungen ausdrücklich zuläßt. Danach kann die Bezeichnung wohl auch in der Weise erfolgen, daß im Texte gesagt wird, es seien mehrere Ausfertigungen des Schecks hergestellt und wenn eine davon bezahlt werde, sollten die anderen ihre Kraft verlieren; vgl. oben Anm 3. Die Bezeichnung jeder einzelnen Ausfertigung mit einer bestimmten Ordnungsziffer dürfte nicht wesentlich sein, da sie einander im Range und hinsichtlich der Zwecke, für die sie dienen sollen, gleichstehen. Auch bedarf es nicht der Angabe, wie viele Ausfertigungen im ganzen ausgestellt sind. § 9

Die Bezeichnung muß **im Texte** (Art 66 WO: „im Kontexte") des Schecks stehen, also in der zusammenhängenden Scheckerklärung, z. B.: Anm. 5a

„Zahlen Sie gegen diesen Prima- (Secunda- usw.) Scheck".

Ein Vermerk außerhalb des Textes, z. B. als Überschrift oder quer über den Text, genügt nicht. Es gilt hier das gleiche wie für die Scheckklausel, die gleichfalls „in den Text" aufzunehmen ist; vgl. § 1 ScheckG und Anm 1 zu § 1.

4. Fehlt es an einem der oben erörterten Erfordernisse, so **gilt jede Ausfertigung als ein für sich bestehender Scheck.** Hat also der Aussteller eines als Einheit gedachten Schecks mehrere Ausfertigungen desselben unterschrieben und begeben, ohne daß diese Erfordernisse sämtlich vorliegen, so haftet er scheckrechtlich in der gleichen Weise, als wenn er ebenso viele selbständige Schecke ausgestellt hätte. Diese Haftung wird von dem unmittelbaren Scheckempfänger, der den Scheck auf Grund eines Begebungsvertrags mit dem Aussteller von diesem erhalten hat, nicht geltend gemacht werden können, da ihm die aus dem auf Begebung eines einheitlichen Schecks gehende Abrede als Einrede entgegengesetzt werden könnte (§ 18 Abs 2 ScheckG; vgl. Anm 8ff zu § 18). Dagegen kann ein Dritterwerber einer Ausfertigung die Regreßverpflichtung des Ausstellers und der Indossanten aus ihr als selbständige geltend machen, ohne daß ihm entgegengehalten werden könnte, daß eine andere Ausfertigung bereits bezahlt sei. Dem wird auch nicht entgegenstehen, daß er aus der Ausfertigung hat ersehen können, daß der Aussteller in Wirklichkeit nur einen einheitlichen Scheck hat ausstellen wollen; denn diese Absicht des Ausstellers ist scheckrechtlich unerheblich, wenn die Erfordernisse des § 9 nicht vorliegen; jede Ausfertigung „gilt" dann als selbständiger Scheck, kann also als solcher auch erworben und geltend gemacht werden. Eine aus der Kenntnis solcher Absicht hergeleitete Einrede ist daher weder eine Einrede, welche die Gültigkeit der Scheckerklärung betrifft, noch steht sie dem Schuldner unmittelbar gegen den Erwerber (als Einrede der Arglist, wegen dessen Verhaltens beim Erwerbe des Schecks) zu; guter Glaube des Erwerbers in dieser Richtung kann nicht verlangt werden. Anm. 6

III. Liegen dagegen die Erfordernisse des Abs 1 unseres Paragraphen sämtlich vor, so treten **die in Abs 2 bestimmten Wirkungen ein.** Diese bedeuten eine Einschränkung des sonst im Rechte der Wertpapiere geltenden Grundsatzes, daß jedes Papier eine selbständige Verpflichtung des Ausstellers erzeugt und verkörpert. In den mehreren Ausfertigungen ist vielmehr in diesem Falle nur ein einziger Scheck verkörpert, der durch jede von ihnen repräsentiert wird (so für den Wechsel RG 9, 60). Es bedarf deshalb nur der Präsentation einer von den mehreren Ausfertigungen bei dem Verlangen der Zahlung; nur hinsichtlich einer Ausfertigung braucht die Nichtzahlung festgestellt zu werden, um den Regreß gegen den Aussteller und die Indossanten, und zwar auch auf Grund einer anderen, ausüben zu können; das Recht aus dem Scheck wird durch Indossierung nur einer Ausfertigung übertragen und erworben. Welche Ausfertigung zu einem oder dem anderen Zwecke, insbesondere zur Präsentierung und Indossierung benutzt wird, und ob sie als „Prima", „Hauptexemplar" oder „Sekunda", „Duplikat" usw. bezeichnet ist, ist unerheblich, jede Ausfertigung kann zu allen Zwecken verwendet werden. Der für den Wechsel bestehende Gebrauch, daß die Prima zum Akzept versendet, die Sekunda usw. zur Übertragung des Wechselrechts benutzt wird (RGZ 9, 60), kommt für den Scheck nicht in Betracht. Doch muß bei Vorlegung zur Zahlung durch einen Indossatar (die übrigens im Auslande zu erfolgen hat und sich deshalb nach dessen Gesetzen regelt), wie bei der Ausübung des Regresses durch einen Indossatar, selbstverständlich diejenige Ausfertigung vorgelegt werden, auf der sich die ihn legitimierenden Indossamente befinden. Es darf auch nicht ein Indossament auf einer, das andere auf einer Anm. 7

§ 9 anderen Ausfertigung stehen, da es dann an der nach § 8 erforderlichen Kette fehlen würde. Ganz besonders aber prägt sich das Vorhandensein eines einheitlichen Schecks darin aus, daß, **wenn eine Ausfertigung bezahlt wird, die übrigen ihre Kraft verlieren (Abs 2 Satz 1).** Ein Unterschied zwischen den mehreren Ausfertigungen (ob Prima oder Sekunda) wird auch hier nicht gemacht; es entscheidet lediglich die zeitliche Priorität der Zahlung. Auch durch wen und aus welchem Anlasse die Zahlung erfolgt, ist nach dem Wortlaute der Vorschrift unerheblich für ihre hier bestimmte Wirkung. Desungeachtet wollen StStr (zu Art 67 Anm 1; vgl. aber zu Art 66 Anm 7 Fußnote) die entsprechende Vorschrift des Art 67 WO für den Wechsel nur auf die Zahlung durch den „Hauptschuldner" (Trassaten, Akzeptanten) oder für diesen beziehen, nicht auf die Einlösung einer Ausfertigung durch einen Regreßverpflichteten; durch letztgenannte Einlösung soll nicht die Wechselkraft der anderen Exemplare überhaupt, sondern nur insoweit erlöschen, als sie die Verpflichtung des Einlösenden und seiner Nachmänner betrifft. Dem kann, jedenfalls für den Scheck, bei dem es übrigens einen „Hauptschuldner" nicht gibt, nicht zugestimmt werden. Eine solche Einschränkung der Vorschrift würde dem in ihr zum Ausdruck kommenden Rechtssatze, daß der Scheck ungeachtet der mehreren Ausfertigungen als Träger nur einer Schuldverpflichtung angesehen werden und deshalb nur einmal bezahlt werden soll, nicht entsprechen. Ist der Scheck auf Grund eines Exemplars von einem Regreßverpflichteten (A) gegenüber seinem Nachmanne eingelöst, so kann der Inhaber eines anderen Exemplars (C) von einem anderen Regreßpflichtigen (B), einem Vormanne des Einlösers, nicht mehr Zahlung verlangen. Denn dieser würde dadurch in die Lage geraten, zweimal zahlen zu müssen, da er auch dem Rückgriffe seines Nachmannes, der den Scheck eingelöst hat (A), ausgesetzt sein würde (vgl. StStr zu Art 66 Anm 7 Fußnote). Hat B schon vorher bezahlt und A zahlt trotzdem, weil er von der Zahlung durch B nichts weiß, so wird er allerdings keinen Rückgriff gegen B haben (vgl. StStr a. a. O.), vielmehr auf einen Bereicherungsanspruch gegen seinen von ihm befriedigten Nachmann angewiesen sein. Nur dieses Ergebnis steht im Einklange mit dem Grundsatze, daß jede Ausfertigung den ganzen Scheck repräsentiert. Ebenso (trotz der abweichenden Äußerung in den Motiven zum preußischen Entwurf der WO S. 90: „Wird von dem Bezogenen ein Exemplar durch Zahlung eingelöst") Lehmann WO S. 560 bei Note 26 für den Wechsel. Er will deswegen dem in Anspruch genommenen Regreßpflichtigen, wenn ihm nicht alle Ausfertigungen zurückgeliefert werden können — was schwer festzustellen sein wird, da aus dem Wechsel nicht hervorzugehen braucht, wie viele Ausfertigungen ausgestellt sind (vgl. oben Anm 5) —, das Recht zusprechen, angemessene Sicherheit dafür zu verlangen, „daß er seinerseits von einem Vormanne oder Akzeptanten Rembours erhalte". Für einen solchen Anspruch dürfte es jedoch an einer positiven gesetzlichen Grundlage fehlen. Es zeigt sich eben auch hier, daß die Ausstellung und Indossierung von Wechseln oder Schecken in mehreren Exemplaren nicht durchaus ungefährlich ist, wenn auch durch Satz 2 des Art 67 WO und entsprechend durch Satz 2 von § 9 Abs 2 ScheckG (vgl. die folgende Anmerkung) die Gefahr, daß die mehreren Ausfertigungen in die Hände verschiedener Gläubiger gelangen können, erheblich verringert ist.

Anm. 8 IV. **Abs 2 Satz 2.** Die im Falle des § 9 ScheckG wie im Falle des Art 66 WO eintretende Behandlung der mehreren Ausfertigungen eines Schecks (Wechsels) als Repräsentanten einer einheitlichen Verpflichtung erfordert aber, daß auch die Gläubigerschaft eine einheitliche bleibt, daß also eine Übertragung der Rechte aus dem Scheck (Wechsel) nur einheitlich erfolgt. Infolgedessen ist es nicht nur, wie StStr zu Art 67 Anm 2 es bezeichnen, „nicht korrekt", sondern enthält einen Verstoß gegen die wechsel-(scheck-)rechtlichen Pflichten eines Wechsel-(Scheck-)Berechtigten, wenn er mehrere Exemplare desselben Wechsels (Schecks) nicht an die gleichen, sondern **an verschiedene Personen indossiert.** Dadurch wird die Möglichkeit geschaffen, daß verschiedene Personen als Gläubiger des Wechsels (Schecks), jede aus einer anderen Ausfertigung, als legitimiert erscheinen. Die Folgen eines solchen Mißbrauchs der Ausfertigungen muß der Indossant, der so handelt, tragen. Er wird deshalb nicht befreit dadurch, daß eine der von ihm indossierten Ausfertigungen bezahlt wird, und zwar auch dann nicht, wenn er selbst sie im Wege des Regresses hat bezahlen müssen, sondern bleibt seinen Nachmännern **aus den übrigen Ausfertigungen verhaftet,** so daß er möglicherweise zwei- oder mehrmals zur Zahlung herangezogen werden kann, was übrigens schon dadurch sich rechtfertigt, daß er durch die Indossierung an mehrere Personen auch die Valuta mehrmals erhalten haben wird.

Anm. 9 Daß auch **die späteren Indossanten, deren Unterschriften sich auf den bei der Zahlung nicht zurückgegebenen Ausfertigungen befinden,** (ihren Nachmännern) **verhaftet bleiben,** rechtfertigt sich dadurch, daß ihre Verpflichtungen sich auf diese Ausfertigungen gründen, so daß sie durch die Zahlung einer anderen Ausfertigung nicht berührt werden können. Die Ausfertigungen sind von der Indossierung an verschiedene Personen ab Träger selbständiger wechsel-(scheck-)rechtlicher Verpflichtungen des betreffenden Indossanten und seiner

Nachmänner, die sie weiterindossiert haben. Selbstverständlich können die Regreßansprüche gegen sie nur geltend gemacht werden, wenn die Voraussetzungen für die Erhaltung und Durchführung des Regresses für diejenigen Ausfertigungen erfüllt sind, auf die sie gegründet werden. — Nicht ausdrücklich bestimmt ist, daß auch derjenige Indossant, der mehrere Ausfertigungen des Schecks (Wechsels) durch Blankoindossamente auf jeder von ihnen übertragen hat, ungeachtet der Zahlung einer Ausfertigung aus den anderen verhaftet bleibt. StStr zu Art. 67 Anm. 6 nehmen an, daß er nicht verhaftet bleibe, wenn er die mehreren mit seinem Blankogiro versehenen Ausfertigungen an eine und dieselbe Person übergeben habe, da er in diesem Falle nicht „an verschiedene Personen indossiert habe". Indessen wird, wenn man den Ausdruck nicht preßt, doch auch dieser Fall unter die Vorschrift fallen. Der Blankoindossant indossiert an unbestimmte Personen, die als Berechtigte durch die Innehabung der Urkunde legitimiert werden. Übergibt er selbst mehrere Ausfertigungen der Urkunde an verschiedene Personen mit Blankoindossamenten, so muß das einer Indossierung an verschiedene Personen ohne weiteres gleichstehen, da der Begebungsvertrag ein Bestandteil des Indossaments ist (vgl. zu § 8 Anm. 5). Aber auch wenn er sie mit Blankoindossamenten der gleichen Person übergeben hat, so hat er doch dadurch die Möglichkeit geschaffen, daß sie auf Grund seines Indossaments ohne weitere Indossamente (durch bloße Blankotradition, s. oben zu § 4 Anm. 7) in die Hände verschiedener Personen gelangen, die dadurch, jeder für die erhaltene Ausfertigung, als Gläubiger legitimiert werden. Er hat also seine Verpflichtung, die mehreren Ausfertigungen des gleichen Wechsels (Schecks) nur auf die gleichen Personen durch Indossament zu übertragen, nicht erfüllt. So auch Volkmar-Loewy WO S. 243. Nicht folgerichtig erscheint es, wenn StStr a. a. O. zwar nicht für den Blankoindossanten, wohl aber für seine „Nachmänner", d. h. für denjenigen, welcher von dem Blankoindossatar durch Blankotradition die Urkunde erworben hat, und dessen Nachmänner, die Haftung fortdauern lassen wollen, und zwar um deswillen, weil sie „Nachmänner des inkorrekten Blankotradenten" seien. Der Blankotradent indossiert überhaupt nicht, da er gar nicht in den wechsel-(scheck-)rechtlichen Verband eintritt; es ist also vom Standpunkte von StStr aus ein Indossant, der an verschiedene Personen indossiert hat, überhaupt nicht vorhanden und deshalb auch keine „späteren" Indossanten, die verhaftet bleiben könnten. — Nicht unmittelbar von dem Wortlaute der Vorschrift getroffen wird ferner der Fall, daß der Indossant eine oder mehrere Ausfertigungen an die gleiche Person indossiert, andere aber für sich behält. Auch hier hat er nicht „an verschiedene Personen indossiert". Er hat aber die Einheitlichkeit der Gläubigerschaft aus dem Scheck (Wechsel) zerstört und die Valuta für die indossierten Ausfertigungen unberechtigt erhalten. Die Vorschrift wird deshalb sinngemäß auch auf ihn angewendet werden können, so daß er, wenn die ihm verbliebene Ausfertigung bezahlt ist, aus den übrigen Ausfertigungen seinen Nachmännern noch haftbar bleibt.

V. **Besteht ein Anspruch gegen den Aussteller und die Indossanten auf Überlieferung mehrerer Ausfertigungen?** In bemerkenswerter Weise weicht in diesem Punkte der § 9 ScheckG von den für ihn im übrigen vorbildlichen Art. 66, 67 WO ab. Während nämlich Art 66 WO ausdrücklich den Aussteller eines gezogenen Wechsels für verpflichtet erklärt, dem Remittenten auf Verlangen mehrere gleichlautende Exemplare zu überliefern, und auch den Indossataren einen solchen Anspruch, jedem gegen seinen unmittelbaren Vormann, verleiht, bestimmt § 9 ScheckG lediglich, daß die dort näher bezeichneten Schecke in mehreren Ausfertigungen ausgestellt werden „können". In der Begründung (S. 25) ist nur gesagt, daß „die Vorschriften den Art 66 und 67 WO entsprechen"; daß sie in diesem Punkte abweichen, ist nicht hervorgehoben und Gründe für die Abweichung sind nicht angegeben. Trotzdem wird nicht bezweifelt werden können, daß die Abweichung gewollt war und daß ihr tatsächliche Bedeutung beigemessen werden muß. Für den Scheck war ja das Bedürfnis für die Zulassung mehrerer Ausfertigungen überhaupt bestritten und wurde schließlich nur in dem aus § 9 ersichtlichen beschränkten Umfange anerkannt (vgl. oben Anm 2). Die in Art 66 WO dem Aussteller und den Indossanten auferlegte Verpflichtung ist eine recht weitgehende und, wie oben dargelegt (Anm. 7), für sie nicht unbedenkliche. Sie wird beim Wechsel schließlich nur dadurch gerechtfertigt, daß ein weitverbreiteter Handelsgebrauch besteht, ein Exemplar zum Akzept zu versenden, während das andere zum Umlaufe des Wechsels dient. Dieses Bedürfnis fällt beim Scheck ganz fort; hier sollen die mehreren Ausfertigungen lediglich größere Sicherung gegen Verlustgefahr bei Versendungen nach dem Auslande bieten. Aus dieser Erwägung allein aber einen generellen Anspruch auf Ausstellung von Duplikaten für im Auslande zahlbare Schecke, der sich auf das Scheckverhältnis an sich gründet, zu gewähren, erschien offensichtlich nicht angezeigt. Jedenfalls hätte es dafür einer ausdrücklichen gesetzlichen Bestimmung bedurft. Lediglich aus dem, noch dazu sehr zweifelhaften, „Verkehrsbedürfnisse" kann ein solcher Anspruch nicht, wie Merzbacher, ScheckG S. 33, und ihm folgend Simonson, ScheckG S. 65, wollen, entnommen werden. Eine andere Frage ist, ob etwa

§ 9 aus dem zwischen dem Aussteller und dem Erwerber des Schecks bestehenden zivilrechtlichen Verhältnis — z. B. einem Kaufe des Schecks — eine solche Verpflichtung sich ergibt. Das wird in der Regel nur der Fall sein, wenn eine dahingehende Vereinbarung ausdrücklich getroffen oder aus den Umständen mit Sicherheit zu entnehmen ist. Der Umstand allein, daß der Scheck im Auslande zahlbar ist, wird dazu nicht hinreichen. Anders würde die Sache liegen, wenn es sich um einen besonders weiten und unsicheren Auslandstransport, namentlich über See, handeln würde und in den beteiligten Verkehrskreisen ein Gebrauch, in solchen Fällen mehrere Ausfertigungen auszustellen, als bestehend dargetan werden könnte. In diesem Sinne auch Lessing zu § 9 Anm. IIc. — Nach der Rechtsprechung des RG (RGZ 49, 135) können auf Grund des Art 66 WO der Remittent und die Indossatare auch dann noch die Ausstellung eines Duplikats verlangen, wenn sie den Wechsel verloren haben. Diese Rechtsprechung setzt einen vorher bereits begründeten Anspruch voraus, der fortdauert; sie kann also auf den Scheck keine Anwendung finden. Über den Anspruch auf Ausstellung eines neuen Schecks an Stelle des abhanden gekommenen nach durchgeführtem Verfahren der Kraftloserklärung vgl. zu § 27 Anm 10.

Anm. 11 **Zusatz 1: Über Kopien** (Abschriften) des Schecks vgl. zu § 8 Anm 21a.

Anm. 12 **Zusatz 2: Fremde Rechte.** Ungarn (§ 22 II ScheckG) nimmt für die Ausstellung von Duplikaten des Schecks auf die §§ 70ff. seiner Wechselordnung Bezug, die sich mit den Art 66—69 der deutschen WO decken; sonach besteht (im Unterschiede vom deutschen Rechte, oben Anm. 10) in Ungarn auch für den Scheck ein Anspruch des Remittenten und der Indossatare auf Ausstellung und Überlieferung von Duplikaten. — Gleiches gilt für Schweden, das in § 3 seines Scheckgesetzes die Vorschriften seines Wechselgesetzes (§§ 66ff.) für anwendbar erklärt hat. Dagegen wird für Dänemark und Norwegen, die in § 3 ihrer Scheckgesetze die wechselrechtlichen Vorschriften über Ausstellung von Duplikaten unter den auf den Scheck anwendbaren wechselrechtlichen Vorschriften nicht erwähnen, ein Anspruch auf Ausstellung von solchen nicht anzuerkennen sein. Diese Frage ist dort bestritten. Die Anwendbarkeit der sonstigen wechselrechtlichen Vorschriften, welche die Ausstellung von Duplikaten bei allen Arten von Schecken zulassen und ihre Wirkungen regeln (§§ 66, 68 Satz 1 u. 3 der skandinavischen Wechselgesetze), wird dort allgemein angenommen. — In Frankreich, das in den Scheckgesetzen der Duplikate keine Erwähnung tut, wird auf Grund der Art 110, 147ff. Code de commerce die Zulässigkeit der Erteilung von Duplikaten auch für Schecke angenommen; befreiende Wirkung hat aber die Bezahlung einer Ausfertigung nur, wenn jedes Exemplar numeriert ist und auf der Prima sich die kassatorische Klausel („Payez par cette première de chèque, les deuxième et troisième ne l'étant = Zahlen Sie auf diese I, wenn die II und III nicht bezahlt ist") befindet. Ein Anspruch auf Duplikate wird nur im Falle des Verlustes anerkannt. In Belgien werden ebenfalls die wechselrechtlichen Vorschriften, obwohl auf sie in dem ScheckG nicht verwiesen ist, für anwendbar erachtet; kassatorische Klausel wird dort nicht erfordert. Gleiches gilt für Spanien, wo aber die Herstellung von Duplikaten nach Verfall beschränkt ist (Art 540 spanisches HGB). In der Schweiz sind gemäß Art 836 OblRecht die Bestimmungen über den gezogenen Wechsel auch hinsichtlich der Duplikate anwendbar, da sie mit den scheckrechtlichen Bestimmungen nicht in Widerspruch stehen; sie (§§ 783ff.) entsprechen im wesentlichen den Bestimmungen der deutschen WO; sonach besteht auch für den Scheck ein Anspruch auf Duplikate. — In Großbritannien wird die Ausstellung von Duplikaten für Schecke wie für Wechsel für zulässig erachtet; sie soll aber dort bei Schecken kaum vorkommen; ein Anspruch auf Duplikate besteht nicht, abgesehen von dem Fall des Verlustes (Art 69 Bills of Exchange Act), in welchem ein neuer Scheck gefordert werden kann. — Ebenso in den Vereinigten Staaten von Amerika. (NIL Abschn. 7 und Law Merchant). — In Österreich sind, da in § 20 ScheckG die auf den Scheck anwendbaren Bestimmungen des Wechselrechts einzeln aufgeführt, die Vorschrift über Erteilung von Duplikaten aber nicht erwähnt ist, diese für unzulässig zu erachten. Ebenso in Japan (Art 537 HGB). — Näheres bei F. Meyer, Weltscheckrecht I S. 421ff.

Anm. 13 **Zusatz 3: Zukünftiges Weltscheckrecht.** Nach den Beschlüssen der Haager Konferenz (Anhang H), Art 26, 27 unter der Überschrift: „Von der Mehrheit von Exemplaren" kann jeder Scheck, der in einem Staate ausgestellt und in einem anderen Staate oder in einem überseeischen Teile desselben Staates (also etwa in einem Schutzgebiete, s. oben Anm 4) ausgestellt ist, außer den Inhaberschecken, in mehreren gleichlautenden Exemplaren ausgestellt werden. Bei Inlandschecken und Inhaberschecken soll sonach, entsprechend dem deutschen Rechte, oben Anm 3, die Ausstellung von Duplikaten unzulässig sein. Die mehreren Exemplare müssen im Texte der Urkunde numeriert sein; andernfalls wird jedes Exemplar als ein selbständiger Scheck angesehen (entspricht im wesentlichen dem deutschen Rechte, oben Anm 5). Auch die Wirkung der Zahlung eines Exemplars ist wie im deutschen Rechte geregelt: sie wirkt befreiend, auch wenn nicht (wie nach dem geltenden französischen Scheckrechte erforderlich, vgl. oben Anm 12) im Scheck ausgesprochen ist, daß diese Zahlung die Wirkung der anderen Exemplare aufhebe (Kassationsklausel). Der Indossant, der die mehreren Exemplare an verschiedene Personen übertragen hat, sowie die nachfolgenden Indossanten haften auf Grund aller Exemplare, die ihre Unterschrift tragen und nicht zurückgegeben sind. § 9

§ 10. § 10

Der Scheck kann nicht angenommen werden. Ein auf den Scheck gesetzter Annahmevermerk gilt als nicht geschrieben.

1. **Vorbemerkung. Entstehungsgeschichte.** Die Anweisung des bürgerlichen Rechts, die eine doppelte Ermächtigung darstellt (vgl. oben zu § 1 Anm. 3) erzeugt an und für sich eine Verpflichtung des Angewiesenen, dem Anweisungsempfänger die der Anweisung entsprechende Leistung zu machen, weder gegenüber dem Anweisenden noch gegenüber dem Anweisungsempfänger. Ob der Angewiesene gegenüber dem Anweisenden zur Befolgung der Anweisung verpflichtet ist, richtet sich danach, ob zwischen ihnen ein schuldrechtliches Verhältnis überhaupt besteht und welcher Art dieses ist. Gegenüber dem Anweisungsempfänger kann eine selbständige Verpflichtung zu der der Anweisung entsprechenden Leistung begründet werden durch ihre **Annahme**, d. h. durch einen schriftlichen Vermerk auf der Anweisung, der inhaltlich kundgibt, daß der Angewiesene die Leistung zu machen bereit ist (§ 784 BGB). Für den in der Form der Anweisung ausgestellten Wechsel — die Tratte — sind Form und Wirkungen der Annahme durch die Art 21—24 WO besonders geregelt. Bei dem Scheck ergibt sich die Entscheidung der Frage, ob und inwieweit der Bezogene zur Einlösung des Schecks gegenüber dem Aussteller verpflichtet ist, aus dem zugrunde liegenden Scheckvertrage; vgl. oben zu § 3 Anm 2. Daß gegenüber dem Scheckempfänger durch die Ausstellung und Aushändigung des Schecks an ihn keine Verpflichtung des Bezogenen zur Einlösung des Schecks begründet wird, auch wenn eine solche gegenüber dem Aussteller besteht, ist oben (zu § 3 Anm 3) dargelegt. Abweichend von den Vorschriften für die Anweisung des bürgerlichen Rechts und für den Wechsel verordnet aber § 10 des ScheckG ausdrücklich, daß auch durch die Annahme des Schecks eine Verpflichtung des Bezogenen gegenüber dem Scheckinhaber nicht begründet werden kann. Vor dem Inkrafttreten des ScheckG wurde eine Akzeptation des Schecks nach dem in Deutschland geltenden Rechte zwar für rechtlich zulässig angesehen, aber in den beteiligten Handelskreisen als mit der Natur des Schecks und den Zwecken des Scheckverkehrs nicht vereinbar erachtet und deshalb durch die mit der Reichsbank zu Abrechnungsstellen (vgl. zu § 12 Anm. 1 ff.) vereinigten Bankhäuser und Scheckinstitute für ihren Verkehr ausgeschlossen. Dementsprechend enthielt schon der Entwurf von 1892 das Verbot der Annahme, und der Entwurf von 1908 hat sich dem angeschlossen mit der Begründung, ein Akzept, wodurch der Bezogene zu einem selbständigen Schuldner werde, während er nach dem Charakter des Schecks lediglich Zahlungsorgan sein solle, sei mit der Natur des Schecks nicht verträglich; dadurch, daß es bis zur Vorlage des Schecks unbestimmt bleibe, ob er eingelöst werde oder nicht, werde erreicht, daß er seinem Endziele, der Einlösungsstelle, so rasch als möglich zutreibe, und hintangehalten, daß er unnötig lange, gleich dem Papiergelde, umherwandere. Es stehen sich eben in dieser Frage die Gesichtspunkte möglichster Sicherstellung der Einlösung des Schecks einerseits und der Verhütung, daß er zum Kreditpapier werde, andererseits gegenüber und je nachdem der eine oder der andere in den Vordergrund gestellt wird, wird die Frage in jenem oder diesem Sinne beantwortet. Vgl. für das ausländische und das zukünftige Weltscheckrecht unten Anm 5, 6. Das deutsche Gesetz hat sich dafür entschieden, die Sicherstellung der Einlösung gegenüber der Gefahr, daß der Scheck seiner eigentlichen Natur entfremdet werde, zurückzustellen. Den Bedürfnissen des Verkehrs nach sichergestellten Schecks hat jedoch die spätere Gesetzgebung durch Schaffung der bestätigten Reichsbankschecke (vgl. unter Anm 4) einigermaßen Rechnung tragen müssen. Anm. 1

2. Die Vorschrift des Satzes 1: **„Der Scheck kann nicht angenommen werden"** würde, wenn sie allein stünde, zu der Annahme führen müssen, daß das Nichtvorhandensein einer Annahmeerklärung auf der Urkunde als ein wesentliches negatives Erfordernis des Schecks anzusprechen sei und daß deshalb Urkunden, welche eine solche Annahmeerklärung tragen, nicht als Schecke im Sinne des ScheckG gelten können, also auch die scheckrechtliche Haftung des Ausstellers und der Indossanten für die Einlösung nicht begründen und der Wechselstempelsteuer unterliegen. Diese Bedeutung der Vorschrift wird durch Satz 2 ausgeschlossen, der die Wirkung eines auf den Scheck gesetzten Annahmevermerks dahin bestimmt, daß dieser **als nicht geschrieben gilt.** Das Gesetz fingiert also, daß ein Annahmevermerk sich auf der Urkunde nicht befinde, sein Vorhandensein soll ignoriert werden. Daraus folgt, daß ein Scheck, auf dem sich ein solcher Vermerk befindet, als gültiger Scheck zu behandeln und voll Anm. 2

§ 10 wirksam ist, auch der Wechselstempelsteuer nicht unterliegt, sofern nicht ausnahmsweise die Annahme wirksam ist; vgl. zu § 29 Anm 5.

Anm. 3 3. Als **Annahmevermerk** und deshalb als nicht geschrieben gilt jede schriftliche Erklärung des Bezogenen auf dem Scheck, durch welche er zum Ausdruck bringt, daß er bereit sei, den Scheck bei Fälligkeit einzulösen. Der Ausdruck „annehmen" („Angenommen') ist nicht wesentlich. Auch Ausdrücke wie: „Ich verspreche" oder „Ich erkläre mich bereit, den Scheck einzulösen" enthalten eine Annahmeerklärung und gelten deshalb als nicht geschrieben. Gleiches gilt von der Erklärung: „Dieser Scheck wird (ganz oder bis zu einem angegebenen Betrage) eingelöst," die inhaltlich der Annahmeerklärung vollständig gleichbedeutend ist. Ferner muß daraus, daß der Annahmevermerk als „nicht geschrieben" gilt, gefolgert werden, daß er nicht nur keine scheckrechtliche, sondern als Schrift überhaupt keinerlei Wirkung haben kann. Insbesondere kann deshalb ein solcher Vermerk nicht ohne weiteres in ein selbständiges Schuldversprechen gemäß § 780 BGB umgedeutet und gemäß § 140 BGB als solches aufrechterhalten werden. Das ist durch das RG in RGZ 105, 362 ausgesprochen worden unter Hinweis darauf, daß die Zulassung einer solchen Umdeutung dem Zwecke des § 10 zuwiderlaufen und der Vorschrift jede praktische Bedeutung entziehen würde und daß übrigens, sofern es sich um einen Inhaberscheck handle, die Vorschrift des § 795 BGB entgegenstehe. Demgemäß kann auch eine Bestätigung, sofern sie, wie das Certifying des amerikanischen Rechts (vgl. unten Anm 5), als Übernahme einer Verpflichtung zur Einlösung des Schecks gegenüber dem Scheckinhaber aufgefaßt werden könnte, als solche keine rechtliche Wirkung haben, abgesehen von den jetzt besonders gestatteten (vgl. unten Anm. 4) Bestätigungen der Reichsbank für ihre Schecke. Die Begründung (S. 26) führt aus, es sei selbstverständlich, daß nach dem Entwurfe (der Gesetz geworden ist) ein derartiger Vermerk, der die gleiche Wirkung habe wie ein Akzept, als nicht geschrieben gelte. Dagegen steht der § 10 der Gültigkeit von vertraglichen Vereinbarungen über die Einlösung des Schecks durch den Bezogenen, die außerhalb des Schecks, sei es in einer besonderen Urkunde schriftlich oder, soweit sie der Schriftlichkeit nicht bedürfen, auch nur mündlich zwischen einem Scheckberechtigten und dem Bezogenen getroffen worden sind, zugunsten dieses Scheckberechtigten nicht entgegen. Das muß namentlich von einer besonders vereinbarten Garantieübernahme gelten, die nicht, wie in den Regelfällen die Bürgschaft gemäß § 766 BGB, der schriftlichen Erklärung bedarf (vgl. RGRKomm Vorbem 6 vor § 765 und Anm 1 zu § 766 BGB); aber auch von der Bürgschaftserklärung und dem selbständigen Schuldversprechen, sofern sie schriftlich in besonderer Urkunde oder auch nur mündlich von dem Bezogenen bei Ausübung seines Handelsgewerbes als Kaufmann abgegeben worden sind, was in der Regel der Fall sein wird. Es wird deshalb eine (von dem RG in dem angeführten Urteile freilich nicht zur Erörterung gestellte) Frage sein, ob zwischen dem Bezogenen und einem Scheckberechtigten ein solcher Vertrag abgeschlossen worden ist (RGZ 112, 319). Dafür kann zum Beweise neben anderen Umständen auch der schriftliche Vermerk auf dem Scheck geeignetenfalls mit Rücksicht auf die Art seines Zustandekommens herangezogen werden, da die gesetzliche Fiktion, daß er als nicht geschrieben gilt, den Grundsatz der freien richterlichen Beweiswürdigung (§ 286 ZPO) im übrigen nicht einschränkt. — Einer außervertraglichen Haftung aus dem Gesichtspunkte der unerlaubten Handlung steht § 10 ebenfalls nicht entgegen. Eine solche könnte, falls die durch die Bestätigung erteilte Auskunft sich als unrichtig erweist, gegenüber dem Scheckinhaber, der sich auf die Richtigkeit verlassen hat, aus § 826 BGB begründet sein, sofern der Bezogene sie wissentlich falsch erteilt und dadurch den Scheckinhaber in einer wider die guten Sitten verstoßenden Weise vorsätzlich geschädigt hat. Dagegen wird aus bloß fahrlässigem Verhalten eine Haftung nach § 823 BGB nicht herzuleiten sein, da weder ein Recht des Scheckinhabers verletzt ist noch § 10 als ein den Schutz des Scheckinhabers bezweckendes Gesetz angesehen werden kann; er schränkt ja im Gegenteil diesen Schutz erheblich ein. Gleiches muß in den Regelfällen auch von einer bejahenden Antwort gelten, die der Bezogene auf Anfrage desjenigen, der einen Scheck nehmen will, ob der Scheck in Ordnung gehe, mündlich oder schriftlich außerhalb der Scheckurkunde erteilt. Sie stellt sich in der Regel lediglich als eine aus Gefälligkeit unentgeltlich erteilte Auskunft dar, die nach § 676 BGB für sich allein eine Schadensersatzverpflichtung nicht begründet. Vgl. darüber RGRKomm zu § 676 Anm 1, 2. Anders kann die Sache liegen, wenn zwischen dem Anfragenden und dem Bezogenen, insbesondere einer Bank, eine auf die Erteilung derartiger Auskünfte gerichtete Geschäftsverbindung besteht. Auf alle Fälle aber bezieht sich die erteilte Auskunft nur auf die zur Zeit der Erteilung bestehende Sachlage und die bezogene Bank übernimmt dadurch keineswegs die Verpflichtung, den Scheck unter allen Umständen einzulösen, auch wenn der Aussteller nach Erteilung der Auskunft über sein Guthaben anderweit verfügt haben sollte. Auch eine unbedingte Verpflichtung des Bezogenen, einen Widerruf des Ausstellers, der vor oder nach Ablauf der Vorlegungsfrist eingeht, unberücksichtigt zu lassen, wird durch eine solche Auskunft nicht begründet (RGZ 112, 319). Das

RG spricht in diesem Urteile weitergehend noch aus, daß auch ein etwaiger dem widersprechender Handelsgebrauch nicht zu beachten sein würde, weil er „mit den das ScheckG beherrschenden Grundsätzen nicht im Einklang stehe und geeignet sei, eine Gefährdung des Scheckverkehrs herbeizuführen und den Aussteller des Schecks schwer zu schädigen". Ob man so weit gehen kann, erscheint doch zweifelhaft. § 10

4. **Bestätigte Reichsbankschecke.** Darüber, was unter Bestätigung (Zertifizierung) eines Schecks verstanden wird und inwieweit solche nach dem ScheckG zulässig ist, vgl. oben Anm 3, sowie wegen des amerikanischen Certifying unten Anm 5. Zertifizierte Schecke waren vor dem ScheckG in Deutschland nicht ganz unbekannt. Die Reichsbank hatte für ihre Girokunden im Jahre 1901 die sog. „Fernschecke" eingeführt, Schecke, die von derjenigen Reichsbankstelle, die das Konto des Ausstellers führte, visiert waren und infolgedessen bei jeder anderen Reichsbankstelle und auch bei anderen Banken eingelöst wurden, ohne daß es erst der Anfrage, ob sie in Ordnung gehen, bedurfte. Vgl. Näheres darüber bei Löwy BankA VI S. 273. Ähnlichen Zwecken diente bei der Kgl. Bayerischen Bank die Einreichung und „Vidimierung" von Schecken (vgl. Buff im BankA 7. Jahrg S. 9 und Anm 8). Die Reichsbank hat jedoch bereits im Jahre 1903 die Fernschecke wieder abgeschafft, und zwar, wie in der Presse mitgeteilt wurde (vgl. Buff a. a. O.), weil sich herausgestellt habe, daß der Fernscheck der Ausdehnung des Giroverkehrs statt ihn zu befördern entgegengewirkt habe. Ihre Wiedereinführung wurde von mancher Seite befürwortet (vgl. Loewy a. a. O., der darin das „Ideal eines Scheckverkehrs" erblickte); nachdem aber das ScheckG den Annahmevermerk ausgeschlossen hatte, war sie, soweit durch die Visierung eine Verpflichtung der Reichsbank gegenüber dem Scheckinhaber begründet werden sollte, zunächst nicht mehr zulässig (vgl. oben unter 3). Erst während des Weltkriegs änderte sich diese Rechtslage, und zwar durch die vom Bundesrat auf Grund der ihm in dem Ges v. 4. 8. 1914 erteilten Ermächtigung zu wirtschaftlichen Maßnahmen erlassene, am 31. August 1916 im RGBl bekanntgemachte VO über die Bestätigung von Schecken durch die Reichsbank, abgedruckt als **Anhang B 5.** Sie verdankt ihre Entstehung, wie zu vermuten ist (Materialien, die darüber bestimmten Aufschluß geben könnten, sind nicht vorhanden), dem im Laufe des Krieges hervorgetretenen Bedürfnisse, den durch seinen Ausbruch gehemmten Scheckverkehr wieder zu beleben, um den Umlauf der baren Zahlungsmittel, der infolge der Kriegsbedürfnisse des Reiches ungeheuer gestiegen war, einigermaßen einzuschränken, was nur geschehen konnte dadurch, daß man eine Art von Schecken schuf, die durch ihre Sicherheit sich den eigentlichen Barzahlungsmitteln möglichst annäherten, so daß ihre Hingabe im Verkehr als Ersatz der Barzahlung gelten konnte. Durch die kurze Vorlegungsfrist, die das ScheckG eingeführt hatte, war übrigens die Befürchtung, daß sie wie Geld längere Zeit im Umlauf bleiben könnten, die bei dem Verbote der Annahme bei Erlaß des ScheckG eine Rolle gespielt hatte, in den Hintergrund getreten. Dadurch, daß die Bestätigung auf Schecke beschränkt blieb, die auf die Reichsbank gezogen werden, ist auch hinreichende Gewähr dafür geschaffen, daß das Vertrauen der Scheckerwerber auf die Einlösung solcher Schecke nicht enttäuscht werde, was bei der von manchen Seiten befürworteten Ausdehnung auch auf die auf andere Banken gezogenen Schecke nicht in gleicher Weise der Fall gewesen wäre. Die VO verleiht der Reichsbank die Befugnis, einen auf sie gezogenen Scheck mit einem Bestätigungsvermerke zu versehen, jedoch nur nach vorheriger Deckung (Art 1 Abs 1 u. 5). Unter „vorheriger Deckung" (vgl. zu § 3 Anm 2a) wird hier nur ein aktives Guthaben des Ausstellers als Gläubigers zu verstehen sein, das zur Zeit der Bestätigung bei der Reichsbank vorhanden ist; die Bestätigung eines auf Grund einer Kreditbewilligung auf sie gezogenen Schecks dürfte sonach nicht statthaft sein. Die Bestätigung kann von jeder zur Vertretung der Reichsbank befugten Stelle (Reichsbankanstalt) erfolgen, wird aber in der Regel von derjenigen Stelle zu erteilen sein, welche das Konto des Ausstellers führt. Nach den Girobestimmungen der Reichsbank **(Anhang B 1)** unter 9f soll die Einlösung nur durch diejenige Bankanstalt erfolgen, die den Scheck mit dem Bestätigungsvermerke versehen hat; diese Bestimmung dürfte freilich nur insoweit Rechtswirksamkeit beanspruchen können, als der Ort, an dem sich die Anstalt befindet, als Zahlungsort des Schecks gemäß § 5 ScheckG (vgl. die Anmerkungen dazu) zu gelten hat. Von anderen Bankanstalten kann nach den Girobestimmungen a. a. O. der Scheck „in Zahlung genommen", also auf ein bei ihnen bestehendes Guthaben des Scheckinhabers verrechnet werden; eine Barauszahlung soll bei ihnen nicht erfolgen. Die Bestimmungen der VO beziehen sich nur auf diejenigen Schecke, welche sich als Schecke im Sinne des ScheckG darstellen (die weißen Reichsbankschecke), nicht auf den roten sog. Scheck, der in Wirklichkeit einen Giroüberweisungsauftrag enthält (vgl. oben zu § 1 Anm 14). Auf wessen Antrag die Bestätigung erfolgen kann, ist in der VO nicht gesagt; der Antrag könnte danach sowohl von dem Aussteller wie von dem Scheckempfänger und einem späteren Scheckerwerber, sofern sie Inhaber des Schecks und ihn zur Bestätigung vorzulegen in der Lage sind, gestellt werden, ohne daß ein Unterschied in der Wirkung, wie im amerikanischen

§ 10 Recht, dadurch begründet werden würde. Ein Recht dieser Personen auf die Bestätigung besteht jedoch nicht, und die Girobestimmungen der Reichsbank ordnen unter 9f an, daß die Bestätigung nur auf Antrag eines Girokontoinhabers für einen von ihm ausgestellten weißen (Bar- oder Verrechnungs-) Scheck erfolgen soll. — Durch die Bestätigung wird die Reichsbank dem Inhaber zur Einlösung verpflichtet und haftet für die Einlösung auch dem Inhaber und den Indossanten (Art 1 Abs 1). Diese Wirkungen werden durch das bloße „Versehen" des Schecks mit der Bestätigung ausgelöst, also durch den Skripturakt, ohne daß es der Aushändigung (Wiederaushändigung) an den Vorleger bedarf, entsprechend der Verpflichtung aus der Annahme eines gezogenen Wechsels, die nach der Rechtsprechung des RG ohne Begebungsvertrag entsteht (Kreationstheorie; RGZ 9, 57; 24, 90; 70, 210; 77, 141; vgl. aber StStr zu Art 21 WO Anm 1). Die Reichsbank würde also dem legitimierten redlichen Inhaber auch verpflichtet sein, wenn ihr die bestätigte Scheckurkunde wider ihren Willen abhanden gekommen wäre. Die VO unterscheidet zwischen Verpflichtung und Haftung; die Verpflichtung, die dem Scheckinhaber gegenüber besteht, geht auf direkte Erfüllung durch Einlösung des Schecks bei der Vorzeigung durch jenen; die Haftung dem Aussteller und den Indossanten gegenüber besteht darin, daß die Reichsbank sie schadlos zu halten hat, falls sie infolge Nichteinlösung von ihren Nachmännern im Regreßwege in Anspruch genommen werden. Die Bestätigung erzeugt eine selbständige Verpflichtung der bezogenen Reichsbank gegenüber dem Scheckinhaber; sie hat also die gleiche Wirkung wie eine Annahme und ist dieser rechtlich gleichzustellen, obwohl sie nicht ausdrücklich als Annahme bezeichnet ist. Die Vorschriften des § 10 sind also für bestätigte Reichsbankschecke durch die VO außer Kraft gesetzt; a. M. anscheinend Simonson ScheckG zu § 10 Anm 2. Die weitergehende Wirkung des amerikanischen Rechts, daß, wenn die Bestätigung auf Antrag nicht des Ausstellers, sondern eines Schecknehmers (des ursprünglichen Scheckempfängers oder eines späteren Scheckerwerbers) erfolgt, der Aussteller und die Indossanten frei werden und der Bezogene alleiniger Schuldner wird, hat die VO nicht übernommen; sie setzt vielmehr auch für diesen, in den Girobestimmungen der Reichsbank übrigens bis jetzt nicht zugelassenen Fall die Fortdauer der Haftung der genannten Personen voraus, da sie bestimmt, daß die Reichsbank auch ihnen gegenüber für die Einlösung haftet (s. oben). — Die Verpflichtung und (wie zu ergänzen ist) auch die Haftung aus der Bestätigung erlischt, wenn der Scheck nicht innerhalb der Vorlegungsfrist des § 11 ScheckG zur Zahlung vorgelegt wird (Art 1 Abs 2 Satz 1); sie ist also an diese Vorlegung als eine gesetzliche Resolutivbedingung geknüpft oder, anders ausgedrückt, die Vorlegung ist zur Erhaltung der Rechte gegen die Reichsbank erforderlich. Es liegt hierin eine Abweichung von den Bestimmungen der WO über die Erhaltung des Wechselrechts, die dazu gegenüber dem Akzeptanten weder eine Präsentation noch die Erhebung eines Protestes für erforderlich erklären (Art 44 WO). Hinsichtlich des Nachweises der Vorlegung finden nach Art 1 Abs 2 Satz 2 die Vorschriften des § 16 ScheckG Anwendung; vgl. § 16 und die Anmerkungen dazu; der Nachweis kann sonach in der dort vorgesehenen dreifachen Weise geführt werden. Eine rechtliche Verpflichtung der Reichsbank zur Ausstellung der dort unter Nr 1 vorgesehenen Erklärung besteht nicht (vgl. zu § 16 Anm 3ff). Ist die Vorlegung rechtzeitig erfolgt, so verjährt der Anspruch aus der Bestätigung in zwei Jahren vom Ablauf der Vorlegungsfrist an (Art 1 Abs 3), während die Verjährung des wechselmäßigen Anspruchs gegen den Akzeptanten eines Wechsels in drei Jahren vom Verfalltage eintritt (Art 77 WO). Die Verjährung trifft auch hier, wie nach der WO, nur den scheckmäßigen Anspruch aus der Bestätigung; etwaige Ansprüche auf Grund des allgemeinen bürgerlichen Rechts, wie Schadensersatzansprüche aus unerlaubter Handlung oder Bereicherungsansprüche, unterliegen der für sie bestimmten besonderen oder der allgemeinen Verjährungsfrist. — Die VO (Art 1. Abs 4) ordnet ferner die entsprechende Anwendung folgender Vorschriften des ScheckG an:

a) Für einen bestätigten Scheck, auf dem eine Unterschrift gefälscht ist, des § 23; vgl. Anm 2ff zu § 23. Die entsprechende Anwendung bedeutet, daß die Reichsbank, falls ihre Unterschrift unter der Bestätigung echt ist, auch verpflichtet bleibt, wenn auf dem Scheck die Unterschrift des Ausstellers oder eines Indossanten gefälscht ist. Sie wird sonach durch die Bestätigung dem Scheckinhaber auch zur Einlösung verpflichtet und haftet für die Einlösung dem Scheckempfänger und den sonstigen Indossanten, wenn der Scheck gar nicht von dem Aussteller, ihrem Girokunden, ausgestellt ist, und sie deshalb an sich nicht berechtigt ist, die Zahlung des Schecks von dessen Guthaben abzubuchen. Freilich hat sie sich durch die Bestimmungen über den Giroverkehr unter 9g, welche die vertragliche Grundlage ihres Rechtsverhältnisses zu dem Girokunden bilden, in zulässiger Weise (vgl. § 23 Anm 12, 13) von den Folgen der Fälschung und Verfälschung von Schecken und Scheckvordrucken insoweit freigezeichnet, als ihr nicht Verschulden nachgewiesen wird, und derart, daß sie nur im Verhältnis der Mitwirkung ihres Verschuldens zu anderen Schadensursachen haftet. Auch soll die Bestätigung ja nur auf Antrag des Girokunden erfolgen; s. oben. Immerhin wird ihr vor der Bestätigung obliegen, sorgfältig zu prüfen, ob der Antrag und die Scheckunterschrift wirklich von dem Girokunden herrühren. § 10

b) Für die gerichtliche Geltendmachung von Ansprüchen auf Grund der Bestätigung ordnet die VO die entsprechende Anwendung der Vorschriften des § 28 ScheckG an. Vgl. diesen Paragraphen und die Anmerkungen dazu. Danach in Verbindung mit § 95 Nr 3 GVG jetziger Fassung ist für Klagen gegen die Reichsbank aus durch sie erteilten Bestätigungen die Kammer für Handelssachen zuständig und in der Revisionsinstanz, soweit sonst die Zuständigkeit des Bayerischen Obersten Landesgerichts begründet wäre, das RG (§ 8 Abs 2 EG z. GVG); auch finden die Vorschriften über den Wechselprozeß Anwendung und gelten die Rechtsstreitigkeiten als Feriensachen.

Der während des Krieges erfolgten Anregung, die Zulassung bestätigter Schecke auch auf die sonstigen in § 2 ScheckG aufgeführten Anstalten und Firmen auszudehnen, hat die Regierung keine Folge gegeben (vgl. Schreiben des Staatssekretärs des Reichsschatzamtes v. 26. 3. 1917 bei Schlegelberger, Kriegsbuch V S. 292 Anm 3). Doch ist es nicht ausgeschlossen, daß bei den damaligen schwierigen Verhältnissen des Geldmarktes derartige bestätigte Schecke gleichwohl tatsächlich vorgekommen sind, insbesondere, wie behauptet wird, in Hamburg, und daß sie ebenso wie bestätigte Reichsbankschecke damals in Hamburg im bargeldlosen Verkehr die Funktion des Geldes erfüllten (RG II 561/1924, Urt v. 29. 9. 1925).

Zusatz 1. Fremde Rechte. Vgl. die Anhänge unter G. Wie das deutsche, erklärt auch das österreichische ScheckG (§ 8), daß ein Akzept des Schecks als nicht geschrieben zu gelten habe; die skandinavischen Gesetze (§ 8) versagen ihm jede Wirkung; Ungarn (§ 7) versagt der Annahme nur den scheckrechtlichen Effekt und die Wirkung der Annahme einer Anweisung, nicht aber sonstige bürgerlich-rechtliche Wirkungen. Nach französischem Recht ist die Annahme eines Schecks nicht ausdrücklich untersagt; doch führt Art 4 Abs 2 des Ges v. 14. 6. 1865 unter den auf den Scheck anwendbaren wechselrechtlichen Bestimmungen die Vorschriften über das Akzept nicht auf; die herrschende Meinung nimmt an, daß es auch beim Scheck unzulässig sei, weil es beim Sichtwechsel nicht gestattet sei. Ebenso die belgische und spanische Rechtsprechung. Das schweizerische Obligationenrecht erklärt (Art 834), daß beim Scheck die Präsentation zur Annahme und die Annahme nicht stattfindet; ob ein trotzdem erfolgtes Akzept eine bürgerlichrechtliche Verpflichtung des Bezogenen gegenüber dem Scheckinhaber erzeugt, ist streitig. In Japan und in Italien besteht kein ausdrückliches Akzeptverbot für den Scheck; aber die Annahme ist unter den auf den Scheck anwendbaren wechselrechtlichen Vorschriften (Art 537 bzw. 341 HGB) nicht aufgeführt. — In Großbritannien kann ein Akzept nicht verlangt werden; seiner Erteilung steht aber ein rechtliches Hindernis nicht entgegen, sofern nicht dadurch unzulässigerweise im Widerspruch zu dem Privileg der Notenbanken eine Banknote geschaffen wird, was bei Akzeptierung von Schecken, die auf den Inhaber gestellt sind, der Fall sein würde. Gebräuchlich ist dort, daß der Bankier, auf den der Scheck gezogen ist, statt ihn selbst zu bezahlen, ihn durch einen auf den Scheck gesetzten Vermerk bei einem anderen Bankier, der für ihn Zahlungsgeschäfte besorgt, zahlbar stellt; eine eigentliche Akzeptation wird darin nicht gefunden. — In den Vereinigten Staaten von Amerika ist die Zertifizierung (auch Agnoszierung, Verifizierung oder Vidimierung genannt) gesetzlich zugelassen und gebräuchlich, die darin besteht, daß auf Ansuchen entweder des Ausstellers vor Begebung des Schecks oder eines späteren Scheckinhabers ein Angestellter des Bezogenen die Worte „good" oder „certified" quer über die Vorderseite des Schecks setzt, mit der Wirkung, daß diese Bescheinigung einem Akzepte gleichsteht (Abschn 323 NJL) und ferner, falls die Zertifizierung auf Ansuchen eines späteren Scheckinhabers erfolgt, daß der Aussteller und die Indossanten von ihrer Verpflichtung frei und der Bezogene alleiniger Schuldner wird (Abschn 324). — Näheres vgl. bei Meyer Weltscheckrecht I S. 204ff. Anm. 5

Zusatz 2: Künftiges Weltscheckrecht. Sowohl in den auf den Fragebogen der niederländischen Regierung erteilten Antworten (Documents II S. 10ff.) wie in den Sektionen des für den Scheck eingesetzten Spezialkomitees (Actes II S. 219ff.) auf der zweiten Haager Konferenz haben sich die Vertretungen fast aller Staaten dahin ausgesprochen, daß der Scheck nicht solle angenommen werden können und daß ein auf ihn gesetztes Akzept als nicht geschrieben gelten solle, und zwar zumeist mit der Begründung, daß der Scheck bei Sicht zahlbar sei und deshalb nicht zur Annahme vorgelegt werden könne. Die Mehrzahl der Sektionen erklärte sich auch gegen die Zulassung des „Certifying" im amerikanischen Sinne (oben Anm 5), weil dieses eine sogar noch weit über die Akzeptierung hinausgehende Wirkung dadurch übe, daß unter Umständen der Aussteller und die Indossanten von der Haftung befreit würden. Andererseits wurde von der amerikanischen Vertretung, der sich der brasilianische Vertreter anschloß, in der Plenarsitzung des Comité (Actes II S. 188ff.) die Nützlichkeit des amerikanischen Verfahrens besonders in der Richtung dargelegt, daß es den Gebrauch des Schecks zu Zahlungen auch durch solche Schuldner, deren alleinige Unterschrift kein hinreichendes Vertrauen genieße, sowie für Zwecke, bei denen Barzahlung vorgeschrieben sei (Steuer- Anm. 6

§ 10 zahlung, Immobilienkäufe), ermögliche und zur Überwindung der namentlich um die Zeit des Quartalswechsels infolge der Anspannung des Geldmarktes regelmäßig eintretenden Zahlungsmittelknappheit beitrage, ohne daß die Schecke deshalb längere Zeit als Geld herumwandern könnten, da sie an kurze Vorlegungsfristen gebunden seien. Das Comité und ihm folgend die Konferenz beschloß infolge dieser Vorstellungen, es solle in dem Einheitlichen ScheckG grundsätzlich ausgesprochen werden, daß der Scheck nicht angenommen werden könne und eine auf den Scheck gesetzte Anweisung als nicht geschrieben gelte; den einzelnen Vertragsstaaten solle aber die Befugnis vorbehalten bleiben, sowohl die (eigentliche) Akzeptation wie das Zertifizieren und Visieren des Schecks zuzulassen und die Wirkungen dieser Rechtsvorgänge zu regeln (Art 12 der Beschlüsse, Anhang H).

§ 11

§ 11.

Der im Inlande ausgestellte und zahlbare Scheck ist binnen zehn Tagen nach der Ausstellung dem Bezogenen am Zahlungsorte zur Zahlung vorzulegen.

Für Schecks, die im Ausland ausgestellt, im Inlande zahlbar sind, bestimmt der Reichsrat die Vorlegungsfrist. Das gleiche gilt für Schecks, die im Inland ausgestellt, im Auslande zahlbar sind, sofern das ausländische Recht keine Vorschrift über die Zeit der Vorlegung enthält.

Fällt der letzte Tag der Frist auf einen Sonntag oder einen am Zahlungsorte staatlich anerkannten allgemeinen Feiertag, so tritt an die Stelle des Sonntags oder des Feiertags der nächstfolgende Werktag.

Anm. 1 1. **Vorbemerkung. Entstehungsgeschichte.** Der Mangel einer gesetzlichen Regelung des Schecks als besonderen Rechtsinstituts bis zum Erlaß des ScheckG wurde namentlich um deswillen unliebsam empfunden, weil es an einer Vorschrift fehlte, durch die eine **bestimmte Frist** festgesetzt wurde, innerhalb deren der Scheck zur Zahlung vorzulegen war. Vgl. die Einleitung S. 10. Man erkannte damals schon, daß der Scheckverkehr einer solchen Vorschrift bedurfte mit Rücksicht auf die wirtschaftliche Natur des Schecks, der im Gegensatze zum Wechsel nicht zu längerem Umlaufe bestimmt ist, sondern baldiger Einlösung zugeführt werden soll, damit er als Zahlungsmittel seine Bestimmung erfülle, und mit Rücksicht auf die Veränderlichkeit des Guthabens, aus dem er eingelöst werden soll. Das RG hat deshalb in einem Strafurteil v. 11. 10. 1888 (RGSt 18, 154) darauf hingewiesen, daß „das Interesse von Aussteller und Bezogenem nicht minder, wie die Klarstellung der Regreßverhältnisse zwischen Aussteller und Nehmer bzw. zwischen den Indossanten, einer ausgedehnten Dauer derartig unbestimmter Zahlungsmodalitäten widerstrebe und mit Notwendigkeit auf baldige Einlösung des Schecks bzw. beschränkte Präsentationsfrist zur Zahlung bei dem Bezogenen hindränge", ohne jedoch in Ermangelung einer gesetzlichen Bestimmung dahin gelangen zu können, einen über eine gewisse Zeit (reasonable time im Sinne des englischen Rechts, vgl. unten Anm 14) in Umlauf befindlichen Scheck nicht mehr als Scheck im Sinne des Wechselstempelsteuergesetzes (vgl. zu § 29 ScheckG) anzusehen. Bereits vorher hatte ein Urteil des OLG Köln v. 21. 2. 1883 (BuschsA 45, 365) ausgesprochen, daß in Deutschland eine kurze Einlösungsfrist für den Scheck, welche jedenfalls acht Tage von der Ausstellung ab nicht überschreite, im Handelsverkehr gebräuchlich sei, und das OLG Dresden erklärte in einem Urt v. 18. 6. 1902 (SächsAnnalen 24, 426) eine vierwöchige Umlaufzeit als unverhältnismäßig lange. Die Begründung des Entwurfs von 1908 zum ScheckG (S. 26, 27) stellte fest, daß „in Deutschland allgemein eine festbegrenzte, für jedermann leicht erkennbare Einlösungsfrist" gefordert werde und suchte bei deren Bemessung „die richtige Mitte" zu finden zwischen der auf baldige Befriedigung drängenden wirtschaftlichen Natur des Schecks einerseits und andererseits seiner Aufgabe, „durch die Ermöglichung möglichst vieler Zahlungen ohne Bargeld solches zu sparen, die erfordere, daß die Vorlegungsfrist nicht allzu kurz bemessen werde". Sie erachtete deshalb die in dem Entwurfe von 1892 vorgeschlagene Frist von 5 Tagen als zu knapp, und an deren Stelle wurde in dem Entwurfe von 1908 eine 10tägige Frist vorgeschlagen, die dann in § 11 Gesetz geworden ist.

Anm. 2 2. Das Gesetz führt demnach eine bestimmte Frist ein, innerhalb deren der Scheck **dem Bezogenen zur Zahlung vorzulegen ist.** Der hierin enthaltene Gesetzesbefehl richtet sich, ohne daß dies ausdrücklich gesagt zu werden brauchte, an den legitimierten Inhaber, der allein in der Lage ist, den Scheck vorzulegen. Dieser kann den Scheck persönlich vorlegen oder durch eine beliebige Person als Bevollmächtigten vorlegen lassen; er kann sich auch der brieflichen Einsendung bedienen, vgl. darüber unten Anm 3. Über die Vorlegung im Falle, daß Protest erhoben werden soll, vgl. zu § 16 Anm 25. Dem Inhaber ist die scheckrechtliche Verpflichtung auferlegt, den Scheck vorzulegen. Welche scheckrechtlichen Folgen die Nichtbefolgung dieses Befehls hat, ist in § 11 nicht gesagt; es ergibt sich aber aus § 16, der die Ausübung des Regreßrechts von dem Nachweise der rechtzeitigen Vorlegung des Schecks abhängig macht. Derjenige, der zur Zeit des Ablaufs der Vorlegungsfrist Inhaber des Schecks ist, verliert sonach seine Regreßansprüche gegen die Indossanten und den Aussteller, wenn er den Scheck nicht vor Ablauf der Frist vorgelegt hat. Wenn Lessing (zu § 11 Anm V S. 99) meint, es bestehe keine scheckrechtliche Verpflichtung des Inhabers, den Scheck überhaupt zu präsentieren, und für diese Meinung auf das Anweisungsrecht des BGB Bezug nimmt, welches unter Streichung einer im Entwurfe I (§ 610) enthaltenen, eine solche Verpflichtung für den Zweifelsfall aufstellenden Auslegungsregel eine dahin gehende Bestimmung nicht aufgenommen hat (vgl. Planck BGB § 789 Note 2), so übersieht er, daß das ScheckG, anders als das BGB, ein Regreßrecht des Inhabers gegenüber den Indossanten und dem Aussteller geschaffen und dessen Ausübung von der rechtzeitigen Vorlegung des Schecks abhängig gemacht und eben dadurch, daß es an die Unterlassung den Rechtsnachteil des Verlustes des Regreßanspruchs knüpft, die Vorlegung zu einer scheckrechtlichen Pflicht des Inhabers gemacht hat, der er genügt haben muß, wenn er seine Regreßrechte gegenüber den Indossanten und dem Aussteller ausüben will. Ein weiterer, an die Nichtvorlegung geknüpfter Nachteil besteht darin, daß nach Ablauf der Vorlegungsfrist, falls die Vorlegung nicht erfolgt ist, der Aussteller den Scheck widerrufen kann (§ 13 Abs 3; vgl. zu § 13 Anm 6ff.). — Ob auch eine bürgerlich-rechtliche Verpflichtung des Inhabers gegenüber seinen Vormännern, insbesondere seinem unmittelbaren Indossanten, zur Vorlegung des Schecks an den Bezogenen besteht, bestimmt sich nach dem der Begebung des Schecks zugrunde liegenden Vertragsverhältnisse. Ist dieses ein Inkassomandat (vgl. zu § 8 Anm 13), so wird dadurch eine Verpflichtung des Mandatars begründet, den Scheck innerhalb der Vorlegungsfrist vorzulegen, und er haftet, wenn er diese Verpflichtung vorsätzlich oder fahrlässig nicht erfüllt, seinem Mandanten gemäß § 276 BGB für den diesem daraus entstehenden Schaden, der insbesondere in dem Verluste der Regreßansprüche des Mandanten gegen seine Vormänner und den Aussteller bestehen kann. Handelt es sich um einen Erwerb des Schecks zu eigenem Rechte, insbesondere zum Zwecke der Tilgung einer Schuld des Hingebers an den Erwerber, so trägt der Erwerber die Gefahr der Versäumung der Vorlegungsfrist ohne weiteres in der Weise, daß seine Regreßansprüche erlöschen und die Schuld als getilgt gilt; ein Schaden wird also den Vormännern und dem Aussteller durch die Versäumung der Vorlegung nicht entstehen. — Im Verhältnis zwischen dem Bezogenen und dem Aussteller ist die Verpflichtung zur Einlösung durch den regelmäßigen Inhalt des Scheckvertrags (vgl. zu § 3 Anm 2) an die rechtzeitige Vorlegung des Schecks an dem gesetzlich dafür bestimmten Orte (vgl. unten Anm 3) geknüpft; die Einlösungsverpflichtung ist also eine Holschuld, die, wie aus der Natur des Schuldverhältnisses zu entnehmen ist (§ 269 BGB), dort zu erfüllen ist, wo der Scheck nach gesetzlicher Bestimmung vorgelegt werden kann; die für Geldschulden nach § 270 „im Zweifel" bestehende Übersendungspflicht an den Wohnsitz des Gläubigers kann nach der Natur des Schuldverhältnisses keine Anwendung finden. Die Abholung erfolgt durch den Inhaber auf Grund der ihm vom Aussteller erteilten Ermächtigung (vgl. zu § 1 Anm 3). — Das Recht des Bezogenen im Verhältnisse zum Aussteller, den Scheck einzulösen, wird auf Grund der besonderen Bestimmung des § 13 Abs 2 ScheckG (vgl. zu § 13 Anm 3) durch den Ablauf der Vorlegungsfrist nicht berührt, solange nicht ein nach § 13 Abs 3 (vgl. Anm 4ff. zu § 13) zulässiger Widerruf erfolgt ist. § 11

3. Die Vorlegung hat **am Zahlungsorte an den Bezogenen** zu erfolgen. Zahlungsort ist der bei dem Namen oder der Firma des Bezogenen angegebene Ort, hilfsweise der Ausstellungsort; vgl. Näheres zu § 5 Anm 2ff. Darüber, an welcher Stelle innerhalb des Zahlungsortes und in welcher Weise die Vorlegung zu erfolgen hat, bestimmen die Art 91, 91a der WO jetziger Fassung, die durch § 16 Abs 2 in Verbindung mit § 30 Abs 2 ScheckG auf die Vorlegung und den Protest des Schecks für anwendbar erklärt sind. Vgl. Näheres darüber zu § 16 Anm 49ff. Ist der Bezogene eine juristische Person, eine Handelsgesellschaft oder Anstalt (vgl. zu § 2 Anm 4ff.), so hat die Vorlegung an eine zur Vertretung gesetzlich berufene Person zu erfolgen. Sie kann aber auch an eine Person erfolgen, die durch ausdrückliche oder stillschweigende Vollmacht, insbesondere durch entsprechende Geschäftseinrichtungen, zur Entgegennahme der Vorlegung des Schecks berufen ist oder sich auch nur äußerlich den Umständen nach als dazu berufen darstellt. Die Grundsätze, welche im Schrifttum und in der Rechtsprechung des Wechselrechts darüber entwickelt worden sind, an welche Personen die durch den Protestbeamten erfolgende Vorlegung und Zahlungsaufforderung gerichtet werden kann, sind entsprechend auch auf die private Vorlegung des Schecks anwendbar; vgl. Näheres zu § 16 Anm 13ff. Erfolgt die Vorlegung durch briefliche Einsendung des Schecks, so wird der Brief mit der Anschrift des Namens, **Anm. 3**

§ 11 der Firma oder der sonstigen Bezeichnung des Bezogenen, im übrigen ohne Angabe einer bestimmten, empfangsberechtigten Person zu richten sein, und zwar eingeschrieben, wodurch der zu erfordernden Sorgfalt dafür, daß der Brief in die Hände einer empfangsberechtigten Person gelangt, Genüge geschehen sein wird. — Die Äußerung Lessings (zu § 11 Anm II S. 97), die Vorlegung bei einer Zweigniederlassung des Bezogenen genüge nicht, ist in dieser Allgemeinheit nicht zutreffend. Die Vorlegung kann bei einer Zweigniederlassung des Bezogenen erfolgen, falls diese an dem Orte besteht, der nach § 5 als Zahlungsort gilt, also insbesondere, wenn der Ort der Zweigniederlassung bei dem Namen oder der Firma des Bezogenen angegeben ist, auch wenn nicht (was gleichfalls zulässig ist, vgl. zu § 3 Anm 5) die Zweigniederlassung als solche als Bezogene bezeichnet ist. Es wird also namentlich bei jeder Zweiganstalt (Depositenkasse), die sich am Sitze der Hauptniederlassung befindet, die Vorlegung erfolgen können, wenn der Sitz der Hauptniederlassung bei dem Namen oder der Firma angegeben ist, ohne daß es dazu wie Breit (Pflichten S. 59) annimmt, einer besonderen Bestimmung der Bank bedarf. Das Geschäftslokal der Zweigniederlassung ist ein Geschäftslokal des Bezogenen, von welchem jene rechtlich einen Bestandteil bildet, und dort kann deshalb nach Art 91 WO die Vorlegung erfolgen. — Dagegen ist die Angabe einer Mehrheit von uneigentlich so genannten Zahlstellen, die auf der Rückseite des Schecks zu erfolgen pflegt, für die Vorlegung zur Zahlung bedeutungslos; diese Zahlstellen sind in der Regel nur Einziehungsmandatare des Scheckgläubigers; vgl. zu § 5 Anm 7. Das gilt auch dann, wenn als Zahlstelle eine Zweigniederlassung des Bezogenen bezeichnet ist, die sich an einem anderen als dem Zahlungsorte befindet. Wenn jedoch (wie Breit Pflichten S. 57 unterstellt), eine Bank bei Angabe der Zahlstellen erklärt, daß die Vorlegung des Schecks bei einer der genannten Zahlstellen als Vorlegung bei der bezogenen Bank zu gelten habe und daß durch rechtzeitige Vorlegung bei einer Zahlstelle die Vorlegungsfrist des § 11 ScheckG gewahrt werde, so wird diese Bestimmung mit Beschränkung auf die am Zahlungsorte befindlichen Zahlstellen Gültigkeit haben, da nach Art 91 Abs 1 Satz 2 WO die Vorlegung an einer anderen Stelle innerhalb des Zahlungsortes „mit beiderseitigem Einverständnisse“ — des Bezogenen und des Vorlegenden — erfolgen kann, ein Einverständnis, das der Vorlegende durch die Vorlegung an dieser Stelle stillschweigend zum Ausdruck bringt. Vgl. Näheres zu § 16 Anm 54. Für außerhalb des Zahlungsortes befindliche Zahlstellen kann dagegen die Erklärung keine Bedeutung haben, da der Zahlungsort durch Parteidisposition nicht abgeändert werden kann; vgl. zu § 5 Anm 2. — Andererseits kann die Vorlegung statt bei der im Scheck bezeichneten Zweigniederlassung oder Depositenkasse der bezogenen Bank auch bei der an dem gleichen Orte befindlichen Zentrale dieser Bank stattfinden, sofern das im Einverständnisse der Bank mit dem Scheckinhaber geschieht; vgl. den oben erwähnten Art 91 Abs 1 Satz 2 WO. Es besteht daher, wie das RG in RGZ 111, 269 festgestellt hat, kein rechtliches Hindernis, wenn die Berliner Großbanken zum Zwecke der Übersicht und schnelleren Abwicklung der Geschäfte untereinander und mit der Reichsbank die Einrichtung getroffen haben, daß die Schecke nicht bei der einzelnen (in ihnen als Bezogener bezeichneten) Berliner Depositenkasse, sondern bei einer Abteilung der Zentrale der Bank zur Einlösung vorgelegt werden sollen, und wenn demgemäß die Vorlegung und die Ausstellung der Erklärung gemäß § 16 Satz 2 Ziff 1 ScheckG bei dieser Abteilung der Zentrale der Bank vorgenommen wird. Das erforderliche Einverständnis des Scheckinhabers kommt auch hier hinreichend dadurch zum Ausdruck, daß er den Scheck bei der Zentrale vorlegt. Doch ist er auch berechtigt, den Scheck bei der in diesem genannten Depositenkasse vorzulegen, da bei dieser die Einlösung ordnungsmäßig zu erfolgen hat (RG a. a. O.).

Anm. 4 Darüber, zu welcher Tageszeit der Scheck dem Bezogenen zur Zahlung vorgelegt werden kann, trifft das ScheckG ebensowenig wie die WO für den Wechsel (vgl. StStr zu Art 92 Anm 9) Bestimmung. Der gemäß § 16 Abs 2 (vgl. Anm 62 ff zu § 16) auf den Scheck anwendbare Art 92 Abs 2 WO enthält nur hinsichtlich der Protesterhebung auf die Tageszeit bezügliche Vorschriften, die übrigens nur Sollvorschriften sind. Es werden aber, wie für den Wechsel (vgl. StStr a. a. O.), so auch hier die Vorschriften der §§ 242 BGB und 358 HGB entsprechend heranzuziehen sein, und diese ergeben, daß die Vorlegung, da sie zur Zahlung erfolgt und also mit ihr eine Leistung gefordert wird, nach Treu und Glauben nur zu einer angemessenen Tageszeit, also nicht in den nach allgemeinem Gebrauche der Nachtruhe gewidmeten Stunden, und wenn, was die Regel sein wird, der Bezogene ein Kaufmann ist, nur innerhalb der gewöhnlichen Geschäftszeit erfolgen kann. Doch hat das nur die Bedeutung, daß der Bezogene im Verhältnis zu dem Scheckkunden durch den Scheckvertrag nicht verpflichtet ist, eine außerhalb dieser Stunden erfolgende Vorlegung als solche gelten zu lassen. Zu weit geht Bernstein (DJZ 1908 Sp. 1090) mit der Behauptung, eine Vorlegung zu ungehöriger Zeit sei überhaupt keine gehörige Einforderung der Wechsel-(Scheck-)Forderung. Zahlt daher der Bezogene auf eine solche Vorlegung hin, so ist er berechtigt, den gezahlten Betrag dem Guthaben des Aus-

stellers zur Last zu schreiben. Auch kann er, ohne sich schadensersatzpflichtig zu machen, auf § 11
eine solche Vorlegung hin das Präsentationsattest des § 16 (vgl. Anm 3 ff dazu) ausstellen; in dieser Ausstellung liegt die Genehmigung der zu ungehöriger Zeit erfolgten Vorlegung. Dagegen wird ein zur Unzeit erhobener Protest — ungeachtet des Sollcharakters der in Art 92 Abs 2 WO enthaltenen Vorschrift — rechtsgültig nur sein, wenn der Bezogene in die Erhebung ausdrücklich eingewilligt hat; vgl. zu § 16 Anm 62 ff.

4. Die **Dauer der Vorlegungsfrist** wird vom Gesetze verschieden geregelt, je nachdem Anm. 5
es sich um **im Inlande ausgestellte und zahlbare** Schecke handelt oder um solche, bei denen diese Voraussetzungen nicht zutreffen.

a) Der im Inlande ausgestellte und zahlbare Scheck ist binnen zehn Tagen nach der Ausstellung vorzulegen. Voraussetzung ist, daß Ausstellungsort (vgl. § 1 Nr 4 und Anm 23 ff zu § 1) und Zahlungsort (vgl. § 5 und Anmerkungen dazu) beide im Inlande liegen. Inland ist, was nicht als Ausland (vgl. unter b) zu gelten hat. Innerhalb der Kategorie der Inlandschecke unterscheidet das Gesetz nicht zwischen solchen, bei denen Ausstellungsort und Zahlungsort identisch sind — sog. Platzschecken — und solchen, bei denen das nicht zutrifft — sog. Fern- oder Distanzschecken —; für beide gilt die gleiche Vorlegungsfrist. Die Begründung (S. 27) rechtfertigt das einleuchtend mit der Erwägung, es komme häufig vor und sei eine völlig einwandfreie Form des Scheckverkehrs, daß auch Platzschecke zu Zahlungen an anderen Orten verwendet werden; beispielsweise schicke ein Berliner Kaufmann einen auf seinen Berliner Bankier gezogenen Scheck behufs Zahlung einer Warenschuld an einen Fabrikanten in Solingen, welcher ihn an seinen Bankier in Köln zur Einkassierung und Gutschrift weitersendet (der ihn nun, wie hinzuzufügen ist, weiter nach Berlin an eine dortige Bank zur Einkassierung senden muß); im Hinblick hierauf erscheine es angemessen, die Vorlegungsfrist für alle im Inlande ausgestellten und zahlbaren Schecke gleichmäßig festzusetzen und so zu bemessen, daß sie für alle Fälle zureichen. Eine unterschiedliche Behandlung der Platzschecke würde in der Tat den Scheckverkehr in hohem Maße eingeengt haben, da die meisten Geschäftsleute ihre Bankverbindung an dem Orte ihres eigenen Wohnsitzes haben, alle von ihnen ausgestellten Schecke also Platzschecke sein und einer für Zahlungen nach auswärts nicht ausreichenden Vorlegungsfrist unterworfen sein würden. Die zehntägige Frist erachtete die Begründung (a. a. O.) für ausreichend, weil in diesem Zeitraum der Scheck seiner Aufgabe, als Zahlungsmittel zur Ersparung von Barzahlungen zu dienen, gerecht werden und auch seinen Weg bis in eine ihn zur Gutschrift (? richtiger wohl: „Einlösung bei dem Bezogenen") benutzende Hand finden könne, ohne andererseits mit dem Wechsel in Wettbewerb zu treten; Vorlegungsfristen von mehreren Wochen oder gar Monaten, wie sie vereinzelt gewünscht würden, seien mit der Natur des Schecks unvereinbar. Vgl. dazu die Vorbemerkung (Anm 1) zu diesem Paragraphen.

b) Für Schecke, die **im Auslande ausgestellt, aber im Inlande zahlbar sind,** hat das Anm. 6
Gesetz die Bestimmung der Vorlegungsfrist dem Bundesrat (an dessen Stelle jetzt verfassungsmäßig der Reichsrat getreten ist) übertragen. Der Entwurf von 1892 hatte für diesen Fall eine Frist von 7 Tagen vorgesehen (statt der für im Inland ausgestellte Schecke vorgesehenen von 5 Tagen), die aber nicht mit der Ausstellung beginnen sollte, sondern mit dem Ablauf desjenigen Zeitraums, der erforderlich sei, um den Scheck vom Ausstellungsorte mit den gewöhnlichen Transportmitteln nach dem Zahlungsorte zu senden und am letzteren Orte zur Zahlung vorzulegen. Es hätte also in jedem einzelnen Falle der Feststellung bedurft, welche Frist für die Vorlegung angemessen gewesen und ob diese gewahrt worden sei. Eine solche Regelung erklärt die Begründung des endgültigen Entwurfs (S. 27), unter Würdigung des gegen sie im Schrifttum erhobenen Widerspruchs, mit Recht als unvereinbar mit der Sicherheit des Scheckverkehrs, die auch hier eine festbestimmte Frist erfordere. Andererseits sei es aber schwierig, eine für alle Verhältnisse zureichende Frist von vornherein und für längere Zeiten vorzuschreiben; deshalb empfehle sich die Feststellung durch den Bundesrat statt durch das Gesetz selbst. — Der Bundesrat hat die ihm übertragene Bestimmung getroffen durch eine am 19. 3. 1908 (RGBl S. 85) vom Reichskanzler bekanntgemachte Verordnung (Anhang F1). Danach beträgt die Vorlegungsfrist für Schecke, die ausgestellt sind: im europäischen Auslande, mit Ausnahme von Island und den Faröern drei Wochen; in den Küstenländern von Asien und Afrika längs des Mittelländischen und Schwarzen Meeres oder in den dazugehörigen Inseln dieser Meere einen Monat; in den Vereinigten Staaten von Amerika, Kanada, Neufundland, Mexiko, den Azoren, Madeira, den Kanarischen und Kap Verdischen Inseln zwei Monate; sonst im Auslande, mit Einschluß der deutschen Schutzgebiete, drei Monate. Darüber, daß die deutschen Schutzgebiete im Sinne des ScheckG als Ausland zu betrachten waren, vgl. zu § 9 Anm 2. Über die wesentlichen Erfordernisse eines im Ausland ausgestellten Schecks vgl. § 26 ScheckG und die Anmerkungen dazu.

§ 11 c) Für **im Inlande ausgestellte, aber im Auslande zahlbare Schecke** bestimmt sich
Anm. 7 die Vorlegungsfrist in erster Linie nach dem ausländischen Rechte des Zahlungsortes. Nur sofern dieses keine Vorschrift über die Zeit der Vorlegung enthält, greift hilfsweise das inländische Recht ein, und zwar ist für diesen Fall die Bestimmung der Vorlegungsfrist gleichfalls dem Bundesrate übertragen, der in der unter b erwähnten Verordnung v. 19. 3. 1908 die Fristen in der gleichen Weise bestimmt hat wie für im Auslande ausgestellte, im Inlande zahlbare Schecke, mit der nicht besonders zum Ausdruck gebrachten, aber selbstverständlichen Maßgabe, daß statt des hier nicht vorhandenen ausländischen Ausstellungsortes der ausländische Zahlungsort der Berechnung der Frist zugrunde zu legen ist. — Zur Ergänzung dieser Vorschriften ist dann noch eine kaiserliche Verordnung vom 10. 3. 1911 (RGBl S. 191) ergangen, durch welche für Schecke, die in einem deutschen Schutzgebiete (das zwar als Ausland galt, für welches aber ausländisches Recht nicht in Frage kommen konnte) zahlbar waren, die Vorlegungsfrist auf drei Monate bestimmt wurde (§ 1), und die gleiche Frist bestimmt wurde für Schecke, die in einem deutschen Schutzgebiete ausgestellt, aber im Gebiete eines ausländischen Staates zahlbar waren, hier aber nur hilfsweise für den Fall, daß das ausländische Recht keine Vorschrift über die Zeit der Vorlegung enthalte (§ 2). Diese Vorschriften sind zur Zeit gegenstandslos, da Deutschland leider keine Schutzgebiete mehr besitzt.

Eine Vorschrift „über die Zeit der Vorlegung" enthält das ausländische Recht nicht nur dann, wenn darin eine festbestimmte Frist für die Vorlegung des Schecks aufgestellt ist, sondern auch wenn es, wie das englische und amerikanische Recht (vgl. Anm 14), bestimmt, daß der Scheck „in angemessener Zeit (within a reasonable time)" vorzulegen ist. Für die in Deutschland ausgestellten, in England zahlbaren Schecke wird deshalb auch der deutsche Richter diese Vorschrift und nicht die vom Bundesrate bestimmten Fristen anzuwenden haben, da § 11 Abs 2 Satz 2 nur den Charakter einer subsidiären Vorschrift hat. Gleiches wird gelten müssen, wenn die Zeitbestimmung des ausländischen Rechts sich nicht auf eine gesetzliche Vorschrift, sondern auf Gewohnheitsrecht, Handelsgebrauch oder dergleichen gründet. Nur wenn keine der Rechtsquellen des Rechts des ausländischen Zahlungsortes eine irgendwie begrenzte Zeit für die Vorlegung des Schecks ergibt, wird das deutsche Recht anzuwenden sein. Die Vorschrift in § 11 Abs 2 Satz 2 wird deshalb selten unmittelbare Anwendung finden; doch können die Fristbestimmungen des Bundesrates dafür als Anhaltspunkt dienen, welcher Zeitraum für die in den einzelnen ausländischen Staaten zahlbaren Schecke als angemessen (reasonable) angesehen werden kann.

Anm. 8 d) Über die im Auslande ausgestellten und im Auslande auch zahlbaren Schecke enthält § 11 keine Vorschriften. Nach den Grundsätzen des zwischenstaatlichen Privatrechts wird der deutsche Richter auf sie hinsichtlich der Frage, ob und in welcher Frist sie dem Bezogenen vorzulegen sind, das ausländische Recht, dem sie nach Maßgabe des Ausstellungs- und Zahlungsortes angehören, zur Anwendung zu bringen haben, auch wenn dieses eine Vorlegung innerhalb begrenzter Zeit überhaupt nicht verlangt, da einer der Fälle des Art 30 EGBGB, in welcher die Anwendung des ausländischen Gesetzes ausgeschlossen ist, nicht gegeben sein dürfte.

Anm. 9 6. **Berechnung der Vorlegungsfrist.** Für die Berechnung der in dem ScheckG bestimmten Vorlegungsfristen gelten gemäß § 186 BGB die Auslegungsvorschriften der §§ 187—193. Im Falle des Abs. 1 hat die Vorlegung zu erfolgen binnen zehn Tagen nach der Ausstellung. Für den Beginn der Frist ist sonach das Ereignis der Ausstellung als maßgebend erklärt, und es wird deshalb gemäß § 187 Abs 1 BGB der Tag, in den dieses Ereignis fällt, also der Ausstellungstag, nicht mitgerechnet. Die zehntägige Frist endet regelmäßig mit dem Ablaufe des letzten — zehnten — Tages nach dem Ausstellungstage. Fällt aber der letzte Tag der Frist auf einen Sonntag oder einen am Zahlungsorte staatlich anerkannten allgemeinen Feiertag, so tritt an die Stelle des Sonntags oder Feiertags der nächstfolgende Werktag (§ 11 Abs 3). Diese Vorschrift entspricht derjenigen des § 193 BGB (Begründung S. 27), da die in der Vorlegung liegende Willenserklärung am Zahlungsorte abzugeben, dieser also Erklärungsort ist; ihre besondere Aufnahme in das ScheckG geschah wohl zum Zwecke der Klarstellung dieses Punktes. Dagegen steht dem Beginne der Frist der Umstand, daß der Tag ihres Beginns ein Sonntag oder allgemeiner Feiertag ist, nicht entgegen; ebensowenig wird ihr Lauf durch einen inmitten desselben liegenden derartigen Tag gehemmt.

Die staatliche Anerkennung gewisser Tage als allgemeine Feiertage ist bisher in der Hauptsache durch landesgesetzliche Anordnungen erfolgt (RGSt 24, 268; 31, 321). Eine reichsgesetzliche Anordnung hat in dem Ges v. 17. 4. 1919 (RGBl S. 393) stattgefunden, in welchem der 1. Mai des Jahres 1919 zum Feiertage erklärt und für künftige Jahre Bestimmung vorbehalten wurde, die jedoch seitdem bisher nicht erfolgt ist. Auch der

§ 11

Tag der Verfassung (11. August) ist bis jetzt reichsgesetzlich nicht als Feiertag erklärt worden. In den einzelnen Ländern gelten folgende Tage als allgemeine Feiertage:

In Preußen, Bayern, Sachsen und Baden: der Neujahrstag, der Karfreitag, der Ostermontag, der Pfingstmontag, die beiden Weihnachtstage.

Ferner in Preußen: der Buß- und Bettag (jetzt Mittwoch nach dem letzten Trinitatissonntage); der Himmelfahrtstag; in der Rheinprovinz auch der Allerheiligentag (1. November).

In Bayern: die Buß- und Bettage; das Fronleichnamsfest (in überwiegend katholischen Landesteilen); Heilige drei Könige (6. Januar); Mariä Lichtmeß (2. Februar); Joseph (19. März); Mariä Verkündigung (25. März); Johannistag (24. Juni); Peter und Paul (29. Juni); Mariä Himmelfahrt (15. August); Mariä Geburt (8. September); Allerheiligen (1. November); Mariä Empfängnis (8. Dezember).

Im Freistaat Sachsen: die Buß- und Bettage (Mittwoch vor Okuli und Mittwoch vor dem letzten Sonntag nach Trinitatis); Drei Könige (6. Januar); Reformationstag (31. Oktober).

In Baden: die Buß- und Bettage, Fronleichnamsfest, Allerheiligen.

Im Freistaate Sachsen sind durch ein Ges v. 10. 4. 1922 (GesBl S. 159) auch der 1. Mai und der 9. November zu allgemeinen Feiertagen erklärt worden. Keine allgemeinen Feiertage sind die Feiertage einzelner Religionsgesellschaften, soweit sie nicht staatlich als allgemeine Feiertage anerkannt sind.

Für die Berechnung des Endpunktes der in der BRVO v. 19. 3. 1908 nach Wochen und Monaten bestimmten Fristen kommen die Vorschriften des § 188 Abs 2, 3 BGB zur Anwendung.

7. Eine **Hemmung des Laufes der Vorlegungsfrist** findet auf Grund der Vorschriften des BGB über die Hemmung der Verjährung (§§ 202ff. BGB) nicht statt, da die Vorlegungsfrist keine Verjährungs-, sondern eine Ausschlußfrist ist. Hemmungsartige Wirkungen sind aber eingetreten durch die während des Krieges ergangenen Kriegsnotverordnungen. Durch diese wurde zunächst allgemein eine Verlängerung der Fristen des Wechsel- und Scheckrechts um 30 Tage angeordnet, so daß die Vorlegungsfrist 40 Tage betrug; diese Anordnung trat am 30. 6. 1915 außer Kraft; von da ab hatte die Vorlegungsfrist wieder die regelmäßige zehntägige Dauer (VO v. 6. 8. 1914 und 17. 5. 1915). Ferner war durch das Ges v. 4. 8. 1914 — Anhang E 2 — (§ 1) eine Hemmung der Fristen für die Vornahme von Handlungen, deren es zur Erhaltung des Wechselrechts oder des Regreßrechts aus dem Scheck bedarf, also auch der Vorlegungsfrist, angeordnet für den Fall, daß in Veranlassung kriegerischer Ereignisse die rechtzeitige Vornahme solcher Handlungen durch höhere Gewalt verhindert werde, und zwar um so viel, als erforderlich sei, um nach Wegfall des Hindernisses die Handlung vorzunehmen, mindestens aber bis zum Ablauf von (nach der ursprünglichen Fassung sechs Werktagen, nach der durch Bekanntmachung v. 29. 8. 1914, Anhang E 4, eingetretenen Änderung) zwei Wochen nach dem Wegfall des Hindernisses. Durch die VO v. 20. 1. 1919, Anhang E 5, wurden die Worte „in Veranlassung kriegerischer Ereignisse" gestrichen, so daß seitdem (entsprechend § 203 Abs 2 BGB) eine Hemmung in allen Fällen eintritt, in denen die Vornahme der Handlung durch höhere Gewalt verhindert wird. Die Hemmung tritt zufolge authentischer Interpretation durch die Bekanntmachung v. 7. 8. 1914 (Anhang E 3) auch ein, wenn die Vornahme durch eine im Auslande erlassene gesetzliche Vorschrift (die übrigens wohl unbedenklich bereits unter den Begriff der „höheren Gewalt" fällt) verhindert wird. Außerdem sind während der Kriegsdauer die Fristen für Wechsel und Schecke, die in den durch den Krieg unmittelbar betroffenen Gebieten des Inlandes zahlbar waren, durch eine Reihe von nacheinander erlassenen Verordnungen jeweils um weitere 30 Tage verlängert; zuletzt für Elsaß-Lothringen bis zum 1. 9. 1919. Eine Hemmung des Laufes der Vorlegungsfrist ist ferner nachträglich rückwirkend eingetreten durch die Art 300, 301 des Versailler Friedensvertrages (Anhang E 7), denen zufolge alle Verjährungs-, Ausschluß- oder Verfallsfristen zwischen Feinden während der Kriegsdauer gehemmt waren und im Verhältnis zwischen Feinden kein vor dem Kriege ausgestelltes Handelspapier wegen Versäumung der Erfüllung irgendeiner Formvorschrift für verfallen erklärt werden darf, wenn die Versäumung während des Krieges erfolgt ist. Laut Ges v. 3. 4. und 12. 8. 1920 (Anhänge E 8, 9), sowie den auf Grund dieser Gesetze erlassenen Verordnungen sind die unter den Versailler Vertrag fallenden Fristen immer wieder, zuletzt durch VO v. 22. 10. 1926 (RGBl. I S. 481) bis zum 10. 11. 1927 verlängert worden und also zur Zeit noch nicht abgelaufen. Anm. 10

8. **Verlängerung und Abkürzung der Vorlegungsfrist.** Die Vorschriften über die Vorlegung des Schecks an den Bezogenen innerhalb einer festbestimmten Frist zur Zahlung sind grundsätzlich als zwingendes Recht anzusehen, das durch Parteiwillkür nicht abgeändert werden kann, da es sich auf die rechtliche Natur und die Zweckbestimmung des Schecks gründet und im öffentlichen Interesse verhüten soll, daß dieser durch längeren Umlauf aus einem Anm. 11

§ 11 Zahlungsmittel zu einem Kreditpapier werde, das mit dem Wechsel in Wettbewerb treten würde. Es kann deshalb durch Vermerke auf dem Scheck mit scheckrechtlicher Wirkung kein Erlaß der Vorlegungspflicht erfolgen, wohl aber ein Erlaß des Protestes oder der Feststellung der Nichtzahlung durch die in § 16 Nr 1 u. 2 vorgeschriebene Erklärung bzw. Bescheinigung (vgl. zu § 16 Anm. 3). — Ebensowenig aber grundsätzlich eine Abänderung der Dauer der gesetzlichen Vorlegungsfrist. Das ist allgemein anerkannt, wenn eine Verlängerung dieser Frist in Frage steht; streitig dagegen für den Fall ihrer Abkürzung. Verneinend auch für diesen Fall Breit in JW 1908, 261; Lessing zu § 11 Anm II S. 96; a. M. Simonson ScheckG S. 69. Eine solche Abkürzung bedeutet eine Einschränkung der Regreßverpflichtung aus dem Scheck; sie wird deshalb dem Indossanten gestattet sein, da dieser seine Haftung überhaupt ausschließen kann (§ 15 Abs 3 ScheckG) und dieser Befugnis gegenüber die Einschränkung das Mindere ist. Anders für den Aussteller; dessen Haftung wird im Wechselrechte, auch vom RG (RGZ 18, 114) als notwendige Folge der Wechselausstellung angesehen, die nicht ausgeschlossen werden kann, und das gleiche muß auch für den Scheck angenommen werden. Ein vom Aussteller auf den Scheck gesetzter Vermerk des Inhalts, daß der Scheck binnen einer kürzeren als der gesetzlichen Vorlegungsfrist zur Zahlung vorgelegt werden müsse, wird deshalb als nicht geschrieben zu gelten haben, d. h. für den scheckrechtlichen Regreß ohne Bedeutung sein. Vgl. über die Frage zu § 15 Anm 9. Doch könnte ein solcher Vermerk, falls er mit Zustimmung des Scheckempfängers vom Aussteller auf den Scheck gesetzt ist, in Betracht kommen als Ausdruck einer vom Scheckempfänger übernommenen Verpflichtung aus dem zugrunde liegenden Kausalgeschäfte, für Vorlegung des Schecks innerhalb der kürzeren Frist Sorge zu tragen, und es würde sich aus diesem Verhältnisse eine Einrede ergeben, die der Aussteller dem Regreßanspruche des Scheckempfängers gegen ihn gemäß § 18 Abs 2 ScheckG (vgl. Anm 8 ff. zu § 18) entgegensetzen könnte. Freilich kann sowohl eine Verlängerung wie eine Abkürzung der Vorlegungsfrist in verdeckter Weise durch Vordatierung bzw. Zurückdatierung der Schecke erreicht werden, eine Umgehung des Gesetzes, gegen welche dieses keine hinreichenden Vorbeugungsmittel getroffen hat; vgl. oben zu § 1 Anm 28.

Anm. 12 9. Der Scheck ist dem Bezogenen **zur Zahlung** vorzulegen (Abs 1 Satz 1). Die Vorlegung (in der WO Präsentation genannt) muß sonach in einer Weise erfolgen, die zum Ausdruck bringt, daß Zahlung verlangt wird. Nicht genügend ist daher eine Vorlegung zur Kenntnisnahme oder mit der Anfrage, ob der Scheck in Ordnung geht; auch eine Einsendung ohne nähere Angabe des Zweckes wird nicht ohne weiteres als genügend angesehen werden können. Dagegen genügt die Einsendung durch Vermittlung der Post mit einem Begleitbriefe, der ergibt, daß die Übersendung zum Zwecke der Einlösung geschieht (Dresden in OLGRspr 35, 5). Andererseits wird eine Aufforderung zur Zahlung mit ausdrücklichen Worten nicht unbedingt erforderlich sein; doch hat, wenn Protest erhoben wird, dieser die Angabe zu enthalten, daß die Person ohne Erfolg zur Vornahme der scheckrechtlichen Leistung aufgefordert worden ist (Art 88 Abs 1 Ziff 2 WO in Verbindung mit § 16 Abs 2 ScheckG); in diesem Falle muß sonach eine ausdrückliche Aufforderung zur Zahlung vorangegangen sein. Über die Aufforderung zur Zahlung beim Verrechnungsscheck vgl. zu § 14 Anm. 7 ff.

Anm. 13 10. Die **Wirkung** der rechtzeitigen und vorschriftsmäßigen Vorlegung besteht darin, daß der Scheck fällig wird, da er nach § 7 ScheckG (vgl. Anm 2 dazu) bei Sicht zahlbar ist. Die Vorlegung ist Voraussetzung für die Ausübung des Regreßrechts gegen den Aussteller und die Indossanten (§ 16), das nur ausgeübt werden kann, wenn der Nachweis der rechtzeitigen Vorlegung in der dort bestimmten Weise geführt wird. Vgl. Näheres zu § 16. Durch das mit der Vorlegung verbundene Zahlungsverlangen, das als eine im Auftrage des Ausstellers — des Gläubigers des Scheckvertrags — erfolgende Mahnung im Sinne des § 284 BGB zu gelten hat, gerät ferner der Bezogene, wenn er den Scheck trotz vorhandenen Guthabens nicht einlöst, in Verzug mit der ihm aus dem Scheckvertrage dem Aussteller, seinem Scheckkunden, gegenüber obliegenden Verpflichtung zur Einlösung der von diesem ausgestellten Schecke (vgl. § 3 und Anm 2 dazu) und wird diesem dadurch schadenersatzpflichtig (§ 286 BGB).

Anm. 14 **Zusatz 1: Fremde Rechte.** Vgl. die Anhänge unter G. Die meisten ausländischen Scheckrechte unterscheiden hinsichtlich der Dauer der Vorlegungsfrist (soweit sie eine solche fest bestimmen) nicht nur zwischen Inland- und Auslandschecken, sondern auch zwischen Platz- und Distanzschecken (s. oben Anm 5). So beträgt in Österreich (§ 9) die Vorlegungsfrist für Platzschecke fünf, für inländische Fernschecke acht Tage; Schecke vom Ausland auf Orte im Geltungsgebiet des österreichischen Gesetzes müssen binnen fünf Tagen vom Ausstellungsorte abgesandt und binnen fünf Tagen nach Eintreffen am Zahlungsorte vorgelegt werden. Nach den skandinavischen Scheckordnungen (§ 10) gilt für inländische Platzschecke, die an einen am Zahlungsort wohnhaften bestimmten Zahlungsempfänger oder an den Inhaber zahlbar sind, eine Vorlegungsfrist von drei, für andere inländische Schecke, also wohl für solche, die auf einen nicht am Zahlungsorte wohnhaften bestimmten Zahlungsempfänger oder an Order lauten, zehn Tage, jedoch bei letzteren mit der Maßgabe, daß sie, falls zu ihrer Übersendung an den Zahlungsort mehr als fünf Tage erforderlich sind, noch binnen fünf Tagen nach Ablauf der für die Übersendung erforderlichen Zeit vorgelegt werden können. Dagegen folgt Ungarn (§ 8) dem deutschen Gesetz, indem es für Inlandschecke ohne weitere Unterscheidung zehn Tage, für Auslandschecke nach der Entfernung und den Verkehrsverhältnissen abgestufte Fristen festsetzt. In Japan (Art 533 in der Fassung des Ges v. 2. 5. 1911) muß die Vorlegung innerhalb zehn Tagen erfolgen, ohne Unterscheidung auch bei Auslandschecken. Frankreich (Art 5 Ges v. 14. 6. 65) setzt für Platzschecks eine Frist von fünf, für Distanzschecke von acht Tagen, einbegriffen den Tag der Ausstellung, fest und bestimmt ausdrücklich (Art 9 Ges v. 19. 2. 74), daß alle Bestimmungen, also auch diese kurzen Vorlegungsfristen, ebenso für im Ausland wie im Inland ausgestellte, in Frankreich zahlbare Schecke gelten sollen. Doch zirkulieren vielfach Schecke, bei denen wegen der Entfernung des Ausstellungs- von dem Zahlungsorte die Einhaltung dieser Fristen nicht möglich ist; von dem Rechte der Zahlungsablehnung wegen Nichteinhaltung der Vorlegungsfrist wird in solchen Fällen angeblich kein Gebrauch gemacht. — Die Schweiz (Art 834) gibt bei Platzschecken fünf, bei Distanzschecken acht Tage Frist; für Auslandschecke wird aber angeblich auch dort zufolge einer Gepflogenheit, die sich gebildet hat, die Frist außer acht gelassen. In Großbritannien (B. of Exch. Act Sect. 40, 45, 74) sind die Indossanten befreit, wenn der Scheck nicht innerhalb „a reasonable time" nach der Begebung oder Übergabe durch sie dem bezogenen Bankier vorgelegt worden ist, während der Aussteller durch die Nichtpräsentation innerhalb „reasonable time" nach der Ausstellung nur insoweit entlastet wird, als er im Verhältnisse zwischen ihm und dem Bankier durch die Verzögerung Schaden erleidet, mit der Maßgabe, daß der Scheckinhaber als Gläubiger des Bankiers an die Stelle des Ausstellers tritt. Zur Bestimmung dessen, was als „reasonable time" anzusehen ist, sollen die Natur des Papiers, der Gebrauch des Handels bei ähnlichen Papieren sowie die Umstände des Einzelfalles herangezogen werden. Der Gebrauch geht dahin, daß für Platzschecke eine Frist von einem Tage gilt, sofern nicht besondere Umstände eine längere Frist als angemessen erscheinen lassen; daß jedoch, wenn der Inhaber an einem anderen Orte als dem Zahlungsorte wohnt, er den Scheck nur am Tage nach Empfang zum Inkasso abzusenden braucht und dieser dann noch am nächsten Tage zur Zahlung präsentiert werden kann. In den Vereinigten Staaten werden auf Grund des Negotiable Instruments Law (§§ 322, 4) die gleichen Grundsätze befolgt. — Weiteres vgl. bei Meyer, Weltscheckrecht I 217ff.

Zusatz 2: Künftiges Weltscheckrecht. Art 18 Abs 1—3 der Beschlüsse der zweiten Haager Konferenz über die Vereinheitlichung des Scheckrechts (**Anhang H**) geht dahin, daß der Scheck zur Zahlung vorgelegt werden muß innerhalb einer Frist, die durch das Gesetz des Zahlungsortes zu bestimmen ist; daß diese Frist mindestens zehn Tage betragen soll und daß den Vertragsstaaten die Befugnis vorbehalten wird, diese Frist zu verlängern, ohne Rücksicht darauf, ob es sich um Schecke handelt, die in ihrem Lande, oder um solche, die in einem anderen Lande ausgestellt sind. Bei den Beratungen in dem Zentralkomitee für den Scheck (Actes II S. 192ff.) war man übereinstimmend der Ansicht, daß die Festsetzung einer bestimmten Vorlegungsfrist unter Begrenzung nach oben hin durch das Weltscheckgesetz nicht angängig sei, daß es sich aber empfehle, eine Mindestfrist festzusetzen, an deren Stelle von der Gesetzgebung der einzelnen Staaten eine längere Frist eingeführt werden könne. Dabei wurde als Wille des Comités in dem Bericht über die Beratungen zum Ausdruck gebracht, daß den einzelnen Gesetzgebungen auch die Befugnis überlassen werden solle, die Art der Berechnung der verlängerten Fristen zu bestimmen. Diese Feststellung bezog sich auf den von dem skandinavischen Delegierten zur Kenntnis der Versammlung gebrachten Wunsch der von ihm vertretenen Staaten, vorzuschreiben, daß die Frist berechnet werden solle nach Maßgabe des Zeitraumes, der erforderlich sei für den Weg des Schecks von dem Lande der Ausstellung zu dem der Zahlung, und daß diese Berechnung nicht durch das Gesetz selbst, sondern durch die Beteiligten und nötigenfalls durch die Gerichte erfolgen solle. Es wird hiernach den Einzelstaaten freistehen vorzuschreiben, daß die Entscheidung darüber, ob die Vorlegungsfrist eingehalten worden ist, im Einzelfalle durch die Gerichte nach Maßgabe der angegebenen Gesichtspunkte zu erfolgen hat, jedoch unter Einhaltung der zehntägigen Mindestfrist. Bei der Abstimmung über die Festsetzung der Mindestfrist haben die Vereinigten Staaten von Amerika gegen eine solche Festsetzung gestimmt, Großbritannien sich der Stimme enthalten, beide Staaten ersichtlich mit Rücksicht auf die bei ihnen gebräuchlichen kurzen Fristen (vgl. oben Anm 14).

§ 12

§ 12.

Die Einlieferung eines Schecks in eine Abrechnungsstelle, bei welcher der Bezogene vertreten ist, gilt als Vorlegung zur Zahlung am Zahlungsorte, sofern die Einlieferung den für den Geschäftsverkehr der Abrechnungsstelle maßgebenden Bestimmungen entspricht.

Der Reichsrat bestimmt, welche Stellen als Abrechnungsstellen im Sinne dieses Gesetzes zu gelten haben.

Anm. 1 1. **Allgemeines. Einrichtung und Verfahren der Abrechnungsstellen.**

a) Die vornehmste volkswirtschaftliche Aufgabe, welcher der Scheck neben seinen privatwirtschaftlichen Zwecken zu dienen hat, besteht darin, die Tilgung von Geldschulden ohne Barzahlung zu ermöglichen und dadurch den notwendigen Umlauf von baren Zahlungsmitteln zu verringern. Dieser Aufgabe würde der Scheck nur in sehr unvollkommener Weise gerecht werden können, wenn die Schecke sämtlich oder in ihrer Mehrzahl von dem Bezogenen dem Inhaber, sei es der ursprünglich als Zahlungsempfänger Benannte oder ein späterer Scheckerwerber, in bar ausbezahlt werden müßten. Eine etwas erheblichere Ersparung von Barzahlungen tritt schon dann ein, wenn der Bezogene den Betrag des Schecks dem Inhaber nicht bar ausbezahlen muß, sondern ihn dadurch erledigen kann, daß er den Betrag dem Scheckinhaber auf dessen Konto bei ihm gutschreibt, ihn mit dem Inhaber „verrechnet", ein Verfahren, das durch Bestimmung des Ausstellers oder Indossanten auf dem Scheck („Nur zur Verrechnung") vorgeschrieben werden kann (vgl. § 14 und die Anmerkungen dazu). Eine weit größere, ja gewaltige Steigerung der Möglichkeit, Barzahlungen zu ersparen, ist aber in der Technik des Bankverkehrs, wie sie seit dem Beginne des 19. Jahrhunderts zunächst in England ausgebildet worden ist, herbeigeführt worden durch die Einrichtung des Abrechnungsverfahrens (Clearing, Skontration). Dieses besteht im wesentlichen darin, daß die Banken und Bankiers eines Platzes regelmäßig, meist täglich, die von ihren Kunden auf einen von ihnen gezogenen, einem anderen von ihnen zur Einkassierung übersandten Wechsel und Schecke untereinander verrechnen und zur Ausgleichung bringen in der Weise, daß nur derjenige Betrag zur Auszahlung (und zwar durch Überweisung auf Girokonto, in Deutschland bei der Reichsbank) gelangt, welcher sich als Überschuß der von einem Teilnehmer an irgendeinen der übrigen Teilnehmer zu zahlenden Beträge über die von den übrigen Teilnehmern an ihn zu zahlenden Beträge (Debetsaldo) ergibt. Zum Zwecke der ordn ngsmäßigen Durchführung dieser Verrechnung vereinigen sich die in Betracht kommenden Banken und Bankiers zu einer **Abrechnungsstelle** (Clearinghouse), die in der Regel unter Leitung des Zentralnotenbankinstitutes (in England der Bank von England, in Deutschland der Reichsbank) steht. Für die Zwecke des Abrechnungsverfahrens wird die Abrechnungsstelle (die Gesamtheit der Abrechnenden) als ein Rechtssubjekt vorgestellt (fingiert), das einerseits die Zahlung schuldet, andererseits sie zu fordern hat. In dieser Einrichtung gipfelt, wie die Begründung (S. 28) zutreffend ausführt, das Zahlungssystem des Scheck- und Giroverkehrs; dieses kommt erst durch sie zur vollen Geltung und Auswirkung; die Abrechnungsstellen sind daher eine unerläßliche Ergänzung dieses Zahlungsverkehrs und sein natürlicher Abschluß (österreichische Begründung zu § 10).

Anm. 2 b) In Deutschland beruht das Abrechnungsverfahren auf Verträgen, welche die Reichsbank mit einer Anzahl von Banken und Bankiers abgeschlossen hat, und zwar zuerst bereits vor Erlaß des ScheckG durch ein Abkommen v. 14. 2. 1883 mit den wichtigsten Berliner Banken, zu denen später andere hinzutraten und das im Laufe der Zeit mehrfach abgeändert und ergänzt worden ist, ebenso wie die auf Grund des Abkommens aufgestellte Geschäftsordnung für die Berliner Abrechnungsstelle. Vgl. die neueste Fassung des Abkommens und der Geschäftsordnung in den Anhängen B 2 a, b. Laut Mitteilung der Reichsbank sind die Bestimmungen für den Abrechnungsverkehr bei allen anderen Abrechnungsstellen im Reich im allgemeinen den für Berlin geltenden Bestimmungen nachgebildet. In dem am 14. 2. 1883 abgeschlossenen Abkommen war bereits bestimmt (unter A 4), daß die Einlieferung eines Papiers in die Abrechnungsstelle als gehörige Präsentation zur Zahlung zu gelten habe. Diese Bestimmung ist von dem ScheckG in § 12 übernommen und zu einer gesetzlichen Norm erhoben worden. Das erschien, wie die Begründung S. 28 darlegt, wegen der (allerdings erst durch das Gesetz eingeführten) Kürze der Vorlegungsfrist zur Vermeidung der Präjudizierung notwendig, weil die Einlieferung in die Abrechnungsstelle häufig erst am letzten Tage der Frist zu ermöglichen sei und im Falle der Nichteinlösung meist nicht mehr genügend Zeit zu anderweiter fristgerechter Vorlegung bleiben werde. — Seit dem Erlasse des ScheckG wurden sodann in der gleichen Weise eine große Anzahl anderer Abrechnungsstellen errichtet und durch Bundesratsverordnung (vgl. Anm 4) zu Abrechnungsstellen im

Sinne des ScheckG erklärt, so daß Ende 1923, wie der Verwaltungsbericht der Reichsbank ergibt, ihre Anzahl auf 44 gestiegen war, an welchen einschließlich der beteiligten Reichsbankanstalten 599 Firmen als Teilnehmer beteiligt waren. Das von der Reichsbank nach dem Stande von Ende März 1925 mitgeteilte Verzeichnis sämtlicher Abrechnungsstellen nebst den seitdem erfolgten Neueinrichtungen ist als Anhan B 4 abgedruckt. — Zur Ergänzung dieser Einrichtung wurde im Jahre 1910 nach dem Vorbilde des englischen „Country Clearing" durch die Mitglieder der Berliner Abrechnungsstelle eine Scheckaustauschstelle gegründet, die es ermöglichen soll, auch außerhalb Berlins und seiner nächsten Nachbarplätze zahlbare Schecks im Abrechnungsverfahren zu erledigen, wenn auf ihnen ein Mitglied der Scheckaustauschstelle oder ein anderes Bankhaus, das mit einem solchen Mitgliede in Verbindung steht und durch dieses vertreten wird, als Zahlstelle, durch die der Einzug der Schecke kostenfrei erfolgt — vgl. zu § 5 Anm 7 — angegeben ist, wobei der zur Prüfung der Ordnungsmäßigkeit vorgesehene Zeitraum allerdings jetzt 7 (früher 4) Tage beträgt, während bei den Abrechnungsstellen diese Prüfung (vgl. die Geschäftsordnung unter IV) in wenigen Stunden erledigt werden muß. Zur Abrechnungsstelle im Sinne des ScheckG (vgl. unten Anm 4) ist diese Austauschstelle bisher nicht erklärt worden. Die Einrichtung, die das deutsche Abrechnungsverfahren dem englischen Clearing noch weiter annähern würde, ist bis jetzt nur in Berlin durchgeführt. Die Bestimmungen für die Berliner Scheckaustauschstelle — Abkommen v. 7. 5. 1910 und Geschäftsordnung in der vom 9. 3. 1911 ab geltenden Fassung — sind als Anhänge B 3 a, b abgedruckt. § 12

c) Das Abrechnungsverfahren vollzieht sich nach Maßgabe der Abkommen und der Geschäftsordnungen der Abrechnungsstellen in folgender Weise: Die Mitglieder sind durch das unter ihnen abgeschlossene Abkommen verpflichtet, alle Schecke (wie auch Anweisungen und Wechsel), die sie von ihren Kunden zur Einkassierung erhalten und die auf ein anderes Mitglied der Abrechnungsstelle gezogen sind, abgesehen von einzelnen dringenden Fällen dem Bezogenen nicht direkt, sondern durch Vermittlung der Abrechnungsstelle vorzulegen (A 2 der Abkommen). Das geschieht in der Weise, daß jedes Mitglied, auch die Reichsbank, werktäglich zur bestimmten Zeit einen durch nach besonderem Schema ausgestellte Vollmacht legitimierten Vertreter zu der Abrechnungsstelle entsendet, und zwar auch dann, wenn es selbst keine Papiere vorzulegen hat (GeschO Nr I). Es finden in der Regel täglich drei Zusammenkünfte der Vertreter der Mitglieder statt. Bei der ersten und zweiten Zusammenkunft übergibt jeder Vertreter die von seiner Firma einzukassierenden Papiere mit gehöriger Quittung versehen den Vertretern der „zahlungspflichtigen Häuser", d. h. der Bezogenen, mit je einem Verzeichnis für jedes dieser Häuser und einem „Schema" (Entwurf) zu einem nur die Endsumme enthaltenen Empfangsbekenntnis, das von dem Empfänger — dem Vertreter des Bezogenen — nach Prüfung vollzogen und dem „Einliefernden" — dem Vertreter des mit der Einkassierung beauftragten Hauses — zurückgegeben wird. Jeder Vertreter führt ferner ein nach vorgeschriebenem Schema eingerichtetes Abrechnungsblatt, in welchem in die Debetkolonne die Summe der Verzeichnisse der von ihm eingelieferten, in die Kreditkolonne die Summen der Verzeichnisse der von anderen Vertretern eingelieferten, auf sein Haus gezogenen Papiere bei dem Namen der betreffenden Firma eingetragen werden (GeschO Nr III). Die Einlieferungen können bei der ersten und auch noch bei der zweiten Zusammenkunft erfolgen (Nr V). Nach jeder dieser Zusammenkünfte begeben sich die Vertreter nach Hause zum Zwecke der Prüfung der empfangenen Papiere (Nr IV). Bei der dritten Zusammenkunft, bei der Einlieferungen nicht mehr zulässig sind, findet die Schlußabrechnung statt. Bei ihr gelten als anerkannt alle Papiere, die nicht bei der zweiten Zusammenkunft schon zurück egeben worden sind oder jetzt zurückgegeben werden (Nr VI). Die Rücklieferungen werden als „umgekehrte Einlieferungen" behandelt, d. h. ihre Summen werden in den Abrechnungsblättern bei dem Namen der Firma, die sie eingeliefert hat, in die Debetkolonne und bei dem Namen der Firma, die sie zurückgibt, in die Kreditkolonne eingetragen, beides mit dem Zusatze R (GeschO Nr IV). Nach beendeter Ein- und Rücklieferung summiert jeder Vertreter die Debet- und die Kreditkolonne seines Abrechnungsblattes, zieht den Saldo und ermittelt dadurch, was sein Haus im ganzen, d. h. der Gesamtheit der Abrechnenden gegenüber, zu fordern hat bzw. schuldet (Nr VII). Über den Saldo stellt er eine Anweisung an das Girokontor der Reichsbank aus des Inhalts, dem Girokonto seines Hauses den entsprechenden Betrag zu Lasten der Abrechnungsstelle gutzuschreiben bzw. es mit diesem Betrage zugunsten der Abrechnungsstelle zu belasten (Nr VII). — Der Vorsteher der Abrechnungsstelle trägt die Saldi der Abrechnungsblätter der einzelnen Mitglieder in ein „Bilanzblatt" ein; dieses muß nach Berichtigung etwaiger Rechnungsirrtümer im Kredit und Debet die gleiche Summe aufweisen („bilanzieren"), da die von den einzelnen Mitgliedern geschuldeten und die von ihnen zu fordernden Beträge sich ausgleichen müssen. Er prüft ferner den wichtigen Umstand, ob die Giroguthaben der Mitglieder bei der Reichsbank zur Deckung ihrer Debetsaldi, soweit solche sich ergeben Anm. 3

§ 12 haben, ausreichen. Ist das der Fall, so schließt er die Abrechnung, indem er die Abrechnungsblätter, mit seinem Visum versehen, den Vertretern zurückgibt, welche jetzt erst die Abrechnungsstelle verlassen dürfen, und reicht das Bilanzblatt, gleichfalls von ihm visiert, dem Girokontor der Reichsbank ein, welches die nötigen Buchungen auf den Konten der Mitglieder und der Abrechnungsstelle vornimmt (Nr VIII Abs 1, 2). Es wird sonach vorausgesetzt, daß auch für die Abrechnungsstelle ein Girokonto bei der Reichsbank geführt wird, das jedoch rein formaler Natur ist und sich bei jeder Abrechnung im Kredit und Debet, gemäß dem Bilanzblatte, ausgleichen muß. — Reicht dagegen das Giroguthaben auch nur eines Mitgliedes zur Deckung seines Debetsaldos nicht aus, so hat der Vorsteher die Abrechnung als nicht zustande gekommen zu erklären; die in die Abrechnung gebrachten Papiere gelten nicht als beglichen; die (bereits mit Quittungen versehenen) Papiere gehen nicht in das Eigentum der Empfänger über, sondern bleiben bis auf weiteres in deren Verwahrung; die Empfänger sind also wie Verwahrer fremder Sachen für ihre Aufbewahrung haftbar und können an ihnen Unterschlagung begehen (Nr VIII Abs 3). Die an der Abrechnung des Tages beteiligten Mitglieder schreiten ohne das zahlungsunfähige Mitglied oder die mehreren zahlungsunfähigen Mitglieder in diesem Falle unverzüglich zu einer neuen Schlußabrechnung, welche sich auf die anerkannten Papiere mit Ausschluß der von dem oder den zahlungsunfähigen Mitgliedern oder auf sie eingelieferten Papiere erstreckt (Nr IX). Um die Ausführung der Schlußabrechnung sicherzustellen, ist ferner bestimmt, daß die Reichsbank berechtigt ist, während der Dauer der letzten Zusammenkunft die Konten der Mitglieder für Abschreibungen zu sperren (Nr X). Außerdem ist in dem Abkommen (C 4 Ab 2) bestimmt, daß ein Mitglied, dessen Giroguthaben zur Deckung des aus einer Abrechnung sich ergebenden Debetsaldos nicht ausreicht und das die erforderliche Deckung nicht unverzüglich beschafft, als ausgeschieden gilt.

Anm. 4 d) Die rechtliche Natur der in dem Abrechnungsverfahren sich vollziehenden Rechtsgeschäfte — der sog. Skontration (von scontrare, begegnen) — ist nicht ganz einfach zu bestimmen. Vgl. darüber Thöl, Handelsrecht I 520ff.; v. Canstein, Der Scheck S. 51; Kuhlenbeck, Der Scheck S. 140ff. und Komm. zum ScheckG. zu § 12 Anm 3; G. Cohn in Endemanns Handbuch III S. 1056. Zu unterscheiden ist zunächst zwischen dem Abkommen, durch welches die Abrechnungsstelle „gegründet" wird, einem gesellschaftsähnlichen, schuldrechtlichen Vertrage, durch den sich die Teilnehmer verpflichten, die an einen von ihnen zur Einkassierung gelangenden, auf einen anderen von ihnen gezogenen Papiere im Wege der Abrechnung zur Erledigung zu bringen — dem Skontrationsvorvertrage — und der Durchführung der Skontration. Diese beginnt mit der „Einlieferung", d. i. der Übergabe des quittierten Schecks an den Vertreter des Bezogenen gegen Empfangsbescheinigung; durch diese Übergabe geht das Eigentum an dem Papiere auf den „Empfänger", d. h. die bezogene Firma, über unter der auflösenden Bedingung, daß die Abrechnung nicht zustande kommt (vgl. Anm 3). Ein weiteres Rechtsgeschäft vollzieht sich dadurch, daß das Papier bei der zweiten oder dritten Zusammenkunft nicht zurückgegeben wird und deshalb als anerkannt gilt. Darin liegt, wie Kuhlenbeck, ScheckG. S. 70 wohl mit Recht annimmt, ein Schuldanerkenntnis im Sinne der §§ 781, 782 BGB., welches, da es auf Grund einer Abrechnung erfolgt und auch schon, weil es von einem Kaufmanne in seinem Handelsbetriebe abgegeben wird (§ 350 HGB.), der Schriftform nicht bedarf, also durch schlüssige Handlungen erklärt werden kann. Dieses Anerkenntnis vollzieht sich zwischen dem Einlieferer und dem Bezogenen; es begründet ein selbständiges Schuldverhältnis des letzteren gegenüber dem ersteren, losgelöst von dem zugrunde liegenden Verhältnisse zwischen dem Scheckaussteller und dem Bezogenen, insbesondere davon, ob jener bei diesem ein ausreichendes Guthaben hatte, das den Bezogenen zur Einlösung des Schecks gegenüber dem Aussteller verpflichtete. Diese Frage gilt durch die vorhergegangene Prüfung des Schecks als erledigt. Eine Rückforderung dieses Anerkenntnisses kann nur nach den Grundsätzen von der ungerechtfertigten Bereicherung (§ 812 BGB) stattfinden. Das Anerkenntnis gilt jedoch nur für den Fall, daß die Abrechnung, zu welcher der Scheck eingeliefert ist, unter Teilnahme des Bezogenen zustande kommt; ist das wegen Zahlungsunfähigkeit des Bezogenen nicht der Fall, so scheidet der Scheck aus der Abrechnung aus, das Schuldverhältnis zwischen dem Einlieferer und dem Bezogenen wird hinfällig und es bleibt lediglich das ursprüngliche Rechtsverhältnis zwischen dem Aussteller und dem Bezogenen auf Grund des Scheckvertrags sowie die Regreßverpflichtung des Ausstellers und der Indossanten gegenüber dem Scheckinhaber bestehen; der Bezogene hat den empfangenen Scheck auf Grund des „Verwahrungsvertrags" dem Einlieferer zum Zwecke des Regresses herauszugeben. — Für den Fall aber, daß die Schlußabrechnung zustande kommt, nimmt Kuhlenbeck a. a. O. an, daß sich dadurch eine Novation vollzieht, durch welche an Stelle der einzelnen Mitglieder als Gläubiger bzw. Schuldner die Abrechnungsstelle als die Gesamtheit der Gläubiger trete. Diese Auffassung kann schwerlich gebilligt werden. Sie steht im Widerspruche zu der von Kuhlenbeck selbst zutreffend vertretenen Ansicht, daß die

Abrechnungsstelle kein Rechtssubjekt ist, das Forderungen oder Schulden übernehmen könnte und daß sie Forderungen und Schulden nur scheinbar übernimmt, da diese sich bei richtiger Ausführung der Skontration für sie stets gegeneinander aufheben müssen. Die Abrechnungsstelle wird vielmehr lediglich buchmäßig als Gläubiger bzw. Schuldner behandelt, als ein personifiziertes Konto, wie es auch sonst bei der kaufmännischen (doppelten) Buchführung üblich ist. Ebenso unklar sind die Theorien, welche in der Skontration eine „Tilgung wechselseitiger Schulden durch Erlaß" erblicken — so Dürhach 3 S. 471 f; Karl Lehmann, Lehrbuch des Handelsrechts § 186 Z. 2; Lessing ScheckG zu § 12 Anm 3. Von einem Erlaßwillen, d. h. einem Verzicht auf Befriedigung, kann bei dem ganzen Verfahren keine Rede sein. In Wirklichkeit bedeutet die Schlußabrechnung nur die unter den einzelnen Mitgliedern sich vollziehende Tilgung der durch die Anerkenntnisse gegenseitig entstandenen Forderungen und Schulden durch mehrfache vertragsmäßige Delegationen und Aufrechnungen und durch Leistung des sich dabei für einen Teilnehmer ergebenden Debetüberschusses mittels Anweisung auf sein Girokonto. — Im Verhältnisse zwischen dem Bezogenen und dem Scheckaussteller hat das Abrechnungsverfahren, wenn die Abrechnung unter Teilnahme des Bezogenen zustande kommt (vgl. oben unter c), die gleiche Wirkung wie die Bareinlösung des Schecks: der Bezogene ist berechtigt, den Scheckbetrag dem Konto des Ausstellers auf dessen Guthaben, unter Umständen auch darüber hinaus, zu belasten (vgl. zu § 3 Anm 2). Im Verhältnisse der Scheckberechtigten und Scheckverpflichteten zueinander werden der Aussteller und die Indossanten von ihrer Regreßverpflichtung durch die Durchführung des Abrechnungsverfahrens in der gleichen Weise entlastet wie durch die Bareinlösung des Schecks. § 12

2. Voraussetzung für die Anwendung des § 12 ist, daß der Scheck **in eine Abrechnungsstelle eingeliefert wird, bei welcher der Bezogene vertreten ist.** Vertreten ist der Bezogene bei derjenigen Abrechnungsstelle, die nach Maßgabe ihrer Geschäftsordnung die auf ihn gezogenen Schecke im Abrechnungsverfahren erledigt und für die er einen durch die vorgeschriebene Vollmacht legitimierten Vertreter bestellt hat; vgl. Anm 3. Aus den Geschäftsordnungen der Abrechnungsstellen ergibt sich, daß sie nur die auf ihre Mitglieder gezogenen Schecke zur Abrechnung bringen, nicht solche auf außenstehende Personen oder Firmen; vgl. die Erörterungen über diese Frage in der zweiten Haager Konferenz, unten Anm 9. Es muß sich ferner um einen Scheck handeln, der an dem Orte zahlbar ist, für welchen die Abrechnungsstelle zuständig ist (Begr S. 28). Schecke, die an einem Orte zahlbar sind, können also nicht in eine Abrechnungsstelle, die für einen anderen Ort besteht, eingeliefert werden, auch wenn der Bezogene Mitglied dieser Abrechnungsstelle ist. Auf Zweigniederlassungen gezogene Schecke können demnach nur in diejenige Abrechnungsstelle eingeliefert werden, die für den Ort ihres Sitzes, an welchem der Scheck zahlbar ist, besteht; die Zweigniederlassungen als solche können Mitglieder der dort bestehenden Abrechnungsstelle sein. — Die Einlieferung kann nur erfolgen durch eine Bank, die selbst Mitglied der Abrechnungsstelle ist. Sie muß legitimierte Scheckinhaberin, wenn auch nur auf Grund Inkassoindossaments, sein. — Die Einlieferung muß **den für den Geschäftsverkehr der Abrechnungsstelle maßgebenden Bestimmungen entsprechen,** also in Gemäßheit der Geschäftsordnung (vgl. Anm 3) erfolgen. Sie hat demnach bei der ersten oder zweiten der täglichen Zusammenkünfte der Vertreter durch Übergabe des Papiers an den Vertreter der bezogenen Firma gegen Empfangsbescheinigung zu erfolgen, also eigentlich (worauf Hoppenstedt, Der ScheckG-Entw von 1907 S. 17, aufmerksam gemacht hat) nicht in die Aufwertungsstelle, d. h. an ein Organ derselben, sondern nur örtlich in der Aufwertungsstelle unmittelbar an einen Vertreter des Bezogenen. Keine Vorschrift enthält die Geschäftsordnung darüber, wie zu verfahren ist, wenn — was allerdings gegen sie verstößt (Nr 1), aber doch vorkommen kann — ein Vertreter des Bezogenen bei der ersten oder zweiten Zusammenkunft nicht anwesend ist. In diesem Falle wird eine Einlieferung nicht möglich sein und die Vorlegung an den Bezogenen auf dem gewöhnlichen Wege des § 11 (vgl. die Erläuterungen dazu) erfolgen müssen. — Die Einlieferung kann nur in eine Abrechnungsstelle im Sinne des ScheckG erfolgen; vgl. Abs 2 des § 12 und Anm 7. Anm. 5

3. Die vorschriftsmäßig erfolgte Einlieferung in die Abrechnungsstelle **gilt als Vorlegung zur Zahlung am Zahlungsorte**; sie löst sonach alle mit einer solchen Vorlegung verbundenen Wirkungen — vgl. § 11 Anm 13 — aus, insbesondere die Erhaltung des Regreßrechts und die Inverzugsetzung des Bezogenen gegenüber dem Scheckaussteller. Der zur Ausübung des Regreßrechts erforderliche Nachweis der vergeblichen Vorlegung ist gemäß § 16 Abs 1 Nr 2 (vgl. Anm 12 zu § 16) durch eine Bescheinigung der Abrechnungsstelle, daß der Scheck vor dem Ablaufe der Vorlegungsfrist eingeliefert und nicht eingelöst worden ist, zu führen. Diese Bescheinigung ist von dem Vorsteher auf Grund der Abrechnungsblätter, in welche die Rücklieferungen eingetragen werden (Anm 3), auszustellen. Anm. 6

§ 12 4. Abrechnungsstellen **im Sinne des ScheckG**, d. h. solche, bei denen die Einlieferung
Anm. 7 von Schecken mit den gesetzlichen Wirkungen der Vorlegung an den Bezogenen erfolgen kann, sind nur diejenigen, hinsichtlich deren **der Bundesrat** (jetzt Reichsrat) **bestimmt hat**, daß sie als solche zu gelten haben. Eine solche Bestimmung ist zuerst getroffen worden durch die Bekanntmachung vom 19. 3. 08 (RGBl S. 86); in dieser sind aufgeführt die Abrechnungsstellen bei der Reichsbank in Berlin, Braunschweig, Bremen, Breslau, Chemnitz, Cöln a. Rh., Dortmund, Dresden, Elberfeld, Frankfurt a. M., Hamburg, Hannover, Leipzig, München, Nürnberg und Stuttgart. Laut Bekanntmachung vom 1. 7. 08 (RGBl S. 467) sind hinzugetreten: die Abrechnungsstelle bei der Reichsbank in Mannheim und die Bank des Berliner Kassenvereins in Berlin. Der jetzige Bestand ist in dem von der Reichsbank mitgeteilten Verzeichnisse und der Ergänzung dazu — Anhang B 4 — aufgeführt.

Anm. 8 **Zusatz 1: Fremde Rechte.** Vgl. die Anhänge unter G. Außer in dem deutschen Gesetze findet sich die Bestimmung, daß die Einlieferung in eine Abrechnungsstelle als V. rlegung an den Bezogenen zu gelten hat, ausdrücklich noch in den ScheckG von Österreich (§ 10), Ungarn (§ 9) und Japan (Art 533 b). In England und den Vereinigten Staaten von Amerika, wo das Clearing-Verfahren am ersten und weitesten entwickelt worden ist, fehlt es an einer gesetzlichen Bestimmung; doch hat die Rechtsprechung sich in ständiger Praxis dahin ausgesprochen, daß eine Vorlegung in (bei Meyer wohl infolge Versehens „durch") die Abrechnungsstelle als Vorlegung an den Bezogenen zu gelten hat. Auch in Frankreich ist seit 1872 eine chambre de compensation eingerichtet; ebenso bestehen Skontrationsverbände in Italien, und auch die Schweiz, Norwegen, Rußland besitzen Abrechnungsstellen. Gesetzliche Bestimmungen über die Wirkung der Einlieferung des Schecks in die Abrechnungsstelle als Vorlegung bestehen in diesen Ländern nicht. Vgl. Näheres bei Meyer Weltscheckrecht I S. 234 ff.

Anm. 9 **Zusatz 2: Künftiges Weltscheckrecht.** Auf die Frage 18 des Fragebogens der niederländischen Regierung, ob das Einheitliche ScheckG der Vorlegung des Schecks an den Bezogenen die Einlieferung des Schecks in eine „Aufrechnungsstelle" (chambre de compensation), in welcher der Bezogene vertreten sei, gleichstellen solle, antworteten die Sektionen I bis IV des Zentralkomitees für den Scheck auf der zweiten Haager Wechselrechtskonferenz bejahend, die Sekt. II mit der Maßgabe, daß der Bezogene Teilhaber der chambre de compensation sein müsse, während die Sekt. V ihre Entscheidung bis zur endgültigen Regelung des Wechselrechts aufschieben wollte. Im Plenum des Scheckkomitees wurde erörtert, ob nur verlangt werden solle, daß der Bezogene in der Aufrechnungsstelle vertreten oder daß er Mitglied (Teilhaber) sei. Schließlich einigte sich das Komitee dahin, daß die gleiche Fassung wie für den Wechsel angenommen wurde, derzufolge es Aufgabe der Aufrechnungsstelle selbst ist, die Schecke und Wechsel zu bezeichnen, die bei ihr eingereicht werden können. (Actes II p. 230, 243, 253, 264, 270, 197.) Demgemäß ging der Beschluß der Konferenz (Art 14 Abs 3, 4) — Anhang H — dahin:

„Die Vorlegung eines Schecks bei einer Aufrechnungsstelle gilt gleich der Vorlegung zur Zahlung. Es steht den Vertragsstaaten zu, die Einrichtungen zu bestimmen, die als Aufrechnungsstellen gelten sollen."

§ 13

§ 13.

Der Bezogene, der den Scheckbetrag bezahlt, kann die Aushändigung des quittierten Schecks verlangen.

Der Ablauf der Vorlegungsfrist ist auf das Recht des Bezogenen zur Zahlung ohne Einfluß.

Ein Widerruf des Schecks ist erst nach dem Ablaufe der Vorlegungsfrist wirksam.

Anm. 1 1. **Vorbemerkung.** § 13 war in seiner jetzigen Fassung, abgesehen von der unten (Anm 4) zu besprechenden Abänderung in Abs 3, schon in dem Entwurfe von 1892 und mit dieser Abänderung in dem vorläufigen Entwurfe von 1907 enthalten. Er hatte aber in diesen Entwürfen eine durchaus andere Bedeutung und Tragweite, als diejenige, die ihm in dem Gesetze selbst noch beigemessen werden kann. Das hat seine Ursache darin, daß die früheren Entwürfe die Einführung eines direkten Anspruchs und Klagerechtes des Scheckinhabers gegen den Bezogenen vorsahen, dieses aber in dem endgültigen Entwurfe von 1908 und im Gesetze fortgefallen ist. Vgl. Näheres oben zu § 1 Anm 3. Im Sinne der früheren Entwürfe wurde durch § 13, insbesondere durch Abs 1 u. 3, die Zahlungspflicht des Bezogenen auch gegenüber dem Scheckinhaber näher geregelt durch die Vorschrift, daß der Bezogene gegen Bezahlung des Scheckbetrags die Aushändigung des quittierten Schecks verlangen könne und daß ein Widerruf des Schecks unwirksam sei, während Abs 2, der das Recht des Bezogenen zur Zahlung des Schecks nach Ablauf der Vorlegungsfrist festlegte, von vornherein nur für das Verhältnis des Bezogenen zum Aussteller Bedeutung hatte. Nachdem das direkte Klagerecht des Scheckinhabers gegen den Bezogenen gefallen ist, besteht eine Zahlungspflicht des Bezogenen gegenüber dem Inhaber nicht mehr und kommen deshalb auch die Abs 1 und 3 unmittelbar nur im Verhältnisse des Bezogenen zum Aussteller in Betracht. Näheres in den folgenden Erläuterungen. **§ 13**

2. Nach Abs 1 des Paragraphen **kann der Bezogene, der den Scheckbetrag bezahlt, die Aushändigung des quittierten Schecks verlangen.** Die Vorschrift schließt sich, wie die Begründung (S. 28) hervorhebt, an die des § 364 Abs 3 HGB an, derzufolge bei kaufmännischen Anweisungen und Verpflichtungsscheinen der Schuldner nur gegen Aushändigung der quittierten Urkunde zur Leistung verpflichtet ist. Ebenso Art 39 Abs 1 WO; vgl. auch § 19 ScheckG und zu § 19 Anm 2. Sie drückt in anderer Form dasselbe aus wie diese Vorschriften; denn daraus, daß der Bezogene, wenn er zahlt, die Aushändigung verlangen kann, ergibt sich, daß er zur Zahlung nicht verpflichtet ist, wenn diesem Verlangen nicht Folge geleistet wird. Das gleiche würde übrigens auch schon aus der entsprechenden Anwendung der Vorschriften des allgemeinen bürgerlichen Rechts herzuleiten sein; denn nach § 368 BGB hat der Gläubiger gegen Empfang der Leistung auf Verlangen ein schriftliches Empfangsbekenntnis (Quittung) zu erteilen, und zwar wegen des Charakters des Schecks als Wertpapier auf der Urkunde selbst, da der Schuldner (das ist hier der Aussteller, für dessen Rechnung der Bezogene zahlt) ein Interesse an dieser Form der Quittung hat, und nach § 785 BGB ist bei Anweisungen der Angewiesene zur Zahlung nur gegen Aushändigung der Anweisung verpflichtet. Die Vorschrift bezieht sich aber (ebenso wie die des § 785 a. a. O.) nach der durch das Gesetz geschaffenen Rechtslage nur noch auf das Verhältnis zwischen dem Bezogenen und dem Aussteller, da dem Scheckinhaber gegenüber eine Verpflichtung des Bezogenen zur Zahlung überhaupt nicht besteht; vgl. die Vorbemerkung zu diesem Paragraphen. Der Bezogene ist durch sie, wenn er das Verlangen gestellt hat und der Scheckinhaber dem nicht nachgekommen ist, gegenüber dem Aussteller davor gesichert, daß dieser ihn auf Grund des Scheckvertrags wegen der Nichteinlösung des Schecks schadensersatzpflichtig machen könnte (vgl. zu § 11 Anm 13). Er wird, um sich den Beweis dafür zu sichern, daß er ein solches Verlangen vergeblich gestellt hat, dafür Sorge tragen, daß dieser Grund der Nichtzahlung in die von ihm auszustellende Erklärung bzw. die Bescheinigung der Abrechnungsstelle oder den Protest (vgl. § 16 Abs 1 Nr 1—3, Abs 2 und Art 88 Nr 3 WO) aufgenommen werde. — Wird das Verlangen bei der Zahlung gestellt, so hat die Aushändigung des quittierten Schecks Zug um Zug gegen die Zahlung zu erfolgen; andernfalls ist der Bezogene im Verhältnis zum Aussteller zur Verweigerung der Zahlung berechtigt. Hat der Bezogene bezahlt, ohne das Verlangen zu stellen und ohne Aushändigung des Schecks, so kann er — wenn es nicht etwa in der nicht zu vermutenden Absicht eines Verzichts geschehen ist — die Aushändigung des quittierten Schecks noch nachträglich von dem Scheckinhaber verlangen. Zwar besteht zwischen ihm und dem Scheckinhaber kein schuldrechtliches Rechtsverhältnis; aber der Anspruch auf Quittung und Aushändigung der bezahlten Schuldurkunde beruht nach der Rechtsprechung des RG nicht auf einem Vertrags- oder sonstigen Schuldverhältnisse, gründet sich vielmehr auf die Leistung allein und besteht für jeden, der eine solche zur Erfüllung einer Schuld gemacht hat, auch für den Dritten, der für den Schuldner bezahlt hat (RGZ 28, 434; RG in JW 1911, 808[12]; Planck BGB zu § 368; RGRKomm zum BGB § 368 Anm 1). Dem Aussteller gegenüber wird der Bezogene, der sich den Scheck nicht hat aushändigen lassen, auf Grund des Scheckvertrags schadensersatzpflichtig sein, wenn dieser dadurch Schaden erleidet, daß der bezahlte Scheck in die Hände eines gutgläubigen Erwerbers gelangt. Die Zahlung nur gegen Aushändigung des quittierten Schecks zu leisten, ist danach nicht nur ein Recht, sondern auch eine Pflicht des Bezogenen gegenüber dem Aussteller. **Anm. 2**

Die Quittung muß auf dem Scheck erfolgen und den Erfordernissen der §§ 368, 126 BGB entsprechen, also ein schriftliches, d. h. eigenhändig durch Namensunterschrift oder mittels gerichtlich oder notariell beglaubigten Handzeichens von dem Scheckinhaber unterzeichnetes Empfangsbekenntnis sein. Unterzeichnung auf mechanischem Wege (Stempelaufdruck oder Faksimileherstellung) genügt also nicht. Eine Datierung ist nicht ausdrücklich vorgeschrieben, doch wird der Bezogene gemäß § 368 Abs 2 BGB sie verlangen können, da er wegen der Valutierung des Schecks (vgl. unten Anm 2 c) ein Interesse daran hat, dem Aussteller gegenüber den Tag der Zahlung nachweisen zu können. Nach § 8 Abs 2 Satz 4 ScheckG (vgl. oben zu § 8 Anm 16, 16 a) gilt beim Orderscheck das Indossament an den Bezogenen als Quittung Der Scheckinhaber kann deshalb die Quittung auch in dieser Form erteilen; eine weitere Quittung kann der Bezogene nicht verlangen. Ein Blankoindossament genügt jedoch nicht, da in ihm nicht zum Ausdrucke kommt, daß es an den Bezogenen erfolgt ist und es daher keinen Schutz gewährt, wenn der bezahlte Scheck in die Hände eines gutgläubigen Er- **Anm. 2a**

§ 13 werbers gelangt ist; vgl. zu § 8 Anm 16a. A. M. Lessing zu § 13 Anm III S 110. Andererseits will Breit Pflichten S. 29 zu Unrecht auch ein Vollindossament an den Bezogenen nicht als hinreichende Quittung gelten lassen. — Auch der **Inhaberscheck** muß auf Verlangen quittiert werden; das Gesetz macht keinen Unterschied, obwohl für den Inhaberscheck die Befreiung von der Quittungspflicht unter Bezugnahme auf den Handelsgebrauch aus Handelskreisen verlangt worden war (vgl. Cohn bei Goldschmidt 61 S. 67). Auch beim **Verrechnungsscheck** (§ 14) kann der Bezogene Zug um Zug gegen die Gutschrift des Scheckbetrags die Aushändigung des quittierten Schecks verlangen.

Anm. 2b Die Aushändigung des quittierten Schecks kann nur verlangt werden, wenn der **volle Scheckbetrag bezahlt** wird. Wird nur eine **Teilzahlung** geleistet, etwa weil das Guthaben des Ausstellers bei dem Bezogenen nicht ausreicht, so kann nur Quittung darüber durch Vermerk auf dem in Händen des Scheckinhabers verbleibenden Scheck, auf einer dem Bezogenen zu übergebenden Abschrift oder in besonderer Urkunde in Frage kommen. Der Scheckinhaber ist aber zur **Annahme von Teilzahlungen überhaupt nicht verpflichtet**. Die entgegengesetzte Bestimmung der WO (Art 38), die von der Regel des allgemeinen Rechts (§ 266 BGB) abweicht, hat das ScheckG absichtlich nicht übernommen, weil, wie die Begründung (S. 28) ausführt, eine Verpflichtung zur Annahme von Teilleistungen mit der Natur des Schecks, der auf rasche und volle Befriedigung abziele und bis zu seinem vollen Betrage durch ein Guthaben gedeckt sein solle, nicht vereinbar sein würde. Im österreichischen ScheckG (§ 11 Abs 2) ist ausdrücklich bestimmt, daß der Scheckinhaber zur Annahme von Teilleistungen nicht verpflichtet ist. Dem Aussteller gegenüber wird der Bezogene, sofern nicht etwas anderes im Scheckvertrage vereinbart ist, verpflichtet sein, Teilzahlungen zu leisten, soweit das Guthaben reicht, falls der Scheckinhaber bereit ist, sie anzunehmen. Es entspricht das der durch den Scheckvertrag übernommenen Verpflichtung, bei der Ausführung des Geschäfts nach Treu und Glauben die Interessen des Ausstellers zu wahren, der möglicherweise dadurch vor Schaden bewahrt werden kann. A. M. Lessing zu § 13 Anm I 2.

Anm. 2c Durch die Zahlung des Scheckbetrags wird der Bezogene berechtigt, den bezahlten Betrag **entsprechend den Bestimmungen des Scheckvertrags dem Konto des Ausstellers zur Last** zu schreiben. Ist der Scheckbetrag durch ein Gläubigerguthaben des Ausstellers gedeckt, so vermindert dieses sich um den Scheckbetrag; handelt es sich um eine Kreditgewährung des Bezogenen an den Aussteller (vgl. zu § 3 Anm 2a), so wird dieser Schuldner des Bezogenen für den bezahlten Betrag. **Unter welchem Datum** die Belastung des Ausstellers mit dem Scheckbetrage (die „Valutierung" des Schecks) zu erfolgen hat, richtet sich gleichfalls nach dem Scheckvertrage, sei es, daß dieser darüber eine ausdrückliche Bestimmung enthält oder daß die Entscheidung aus seinen sonstigen Bestimmungen und den Umständen des Falles durch Auslegung entnommen werden muß. Der Regel nach wird der Tag der Zahlung auch der der Valutierung sein müssen; vielfach halten sich aber die Banken für berechtigt, den Scheck mit Valuta schon vom Tage der Ausstellung oder doch der Avisierung zu belasten und rechtfertigen das mit der Behauptung, daß sie von diesem Zeitpunkte ab das Geld zur Zahlung des Schecks bereithalten müßten. Dieser Anspruch wird aber nur dann berechtigt sein, wenn ihnen Geld für bestimmte Zeit fest überlassen ist, in welchem Falle es auch höher verzinst zu werden pflegt; ist das Geld ihnen **auf tägliche Verfügung** gegeben, so müssen sie auch auf die Abhebung durch Schecke, falls solche vereinbart ist, täglich gefaßt sein. Erfolgt die Scheckziehung auf Kredit, so wird in dem Scheckvertrage wohl regelmäßig über Beginn und Höhe der Verzinsung Bestimmung getroffen sein. Im Zweifel wird für gedeckte wie ungedeckte Guthaben § 354 Abs 2 HGB zutreffen, wonach für Darlehen, Vorschüsse, Auslagen und andere Verwendungen **Zinsen vom Tage der Leistung** (d. i. der Zahlung des Scheckbetrags) berechnet werden können. Über Vordatierung von Schecken zum Zwecke der Vermeidung zu früher Valutierung vgl. zu § 1 Anm 31.

Anm. 3 3. **Recht des Bezogenen zur Zahlung des Schecks nach Ablauf der Vorlegungsfrist**

Nach **Abs 2** ist der Ablauf der Vorlegungsfrist auf das Recht des Bezogenen zur Zahlung **ohne Einfluß**. Diese Bestimmung bezog sich von vornherein nur auf das Verhältnis zwischen dem Bezogenen und dem Aussteller. Das Recht, von dem die Rede ist, ist die Befugnis, die der Aussteller durch die in der Ausstellung des Schecks liegende Ermächtigung (vgl. zu § 1 Anm 3) dem Bezogenen erteilt hat, für seine — des Ausstellers — Rechnung aus dessen Guthaben den Scheckbetrag an den legitimierten Scheckinhaber zu bezahlen. Diese Befugnis soll auch noch fortbestehen, wenn der Scheck nach Ablauf der Vorlegungsfrist vorgelegt wird. Die Begründung (S. 28) führt aus, das entspreche der Absicht des Ausstellers, der den Schecknehmer aus dem beim Bezogenen vorhandenen Guthaben befriedigt wissen wolle. Diese Begründung ist freilich recht unzulänglich, man könnte ihr entgegenhalten, daß der Aussteller doch mit der gesetzlichen Vorlegungsfrist rechnet und sich im Zweifel nur für diese binden will; besonders aber, daß das für die Einführung einer kurzen Vorlegungsfrist maßgebend gewesene rechtspolitische Interesse, daß der Scheck nicht zum Kreditpapier werden soll (vgl. zu § 11 Anm 1), mit der Förderung der Einlösung von Schecken nach Ablauf der Vorlegungsfrist, die durch die Bestimmung bewirkt wird, nicht recht in Einklang zu bringen ist. Die Bestimmung ist offensichtlich eine Konzession an den vor Erlaß des ScheckG bestehenden Gebrauch, Schecke ohne Bindung an eine bestimmte Vorlegungsfrist einzulösen, und hat zur Folge gehabt, daß auch unter der Herrschaft des ScheckG die Schecke vielfach erst nach Ablauf der Vorlegungsfrist vorgelegt und ohne Beanstandung eingelöst werden. Sie ist indessen kein zwingendes Recht, sondern nur eine gesetzliche Auslegungsregel für den Inhalt des Scheckvertrags und kann deshalb außer Anwendung gesetzt werden durch eine Parteivereinbarung, derzufolge der Bezogene Schecke, die nach Ablauf der Vorlegungsfrist vorgelegt werden, bei denen also eine Regreßverpflichtung des Ausstellers und der Indossanten nicht mehr besteht, nicht einlösen darf. Das Recht des Bezogenen dauert an sich so lange fort, als der Scheck nicht widerrufen wird (Abs 3 u. unten Anm 4 ff.). Aber auch bevor ein förmlicher Widerruf erfolgt ist, wird der Bezogene auf Grund des Scheckvertrags dem Aussteller schadensersatzpflichtig werden, wenn er nach Ablauf der Vorlegungsfrist den Scheck bezahlt, obwohl ihm Umstände bekanntgeworden oder fahrlässigerweise unbekannt geblieben sind, die darauf schließen lassen, daß die Zahlung des Schecks an den Scheckinhaber dem Willen des Ausstellers nicht mehr entspricht. Insbesondere wird es Treu und Glauben, die auf Grund des bestehenden Vertragsverhältnisses zu wahren sind, entsprechen, wenn der Bezogene einen Scheck, der ihm auffällig lange nach Ablauf der Vorlegungsfrist vorgelegt wird, nicht bezahlt, ohne sich des noch vorhandenen Willens des Ausstellers zu versichern. § 13

4. **Widerruf des Schecks.** a) **Allgemeines.** Die Anweisung des bürgerlichen Rechts kann nach § 790 BGB von dem Anweisenden gegenüber dem Angewiesenen widerrufen werden, solange sie der Angewiesene nicht gegenüber dem Anweisungsempfänger angenommen oder die Leistung bewirkt hat, und dies gilt auch dann, wenn der Anweisende durch den Widerruf einer ihm gegen den Anweisungsempfänger obliegenden Verpflichtung zuwiderhandelt. Der Anweisende behält also die unbeschränkte Befugnis, dem Angewiesenen die Leistung an den Anweisungsempfänger zu untersagen, und dieser ist in keiner Weise dagegen geschützt, daß der Aussteller dadurch den wirtschaftlichen Erfolg der zu seinen Gunsten ausgestellten Anweisung willkürlich vereitelt, vorbehaltlich eines etwaigen, aus dem der Ausstellung zugrunde liegenden Rechtsverhältnisse herzuleitenden Schadenersatzanspruches gegen den Aussteller. Diese Regelung entspricht der rechtlichen Natur der Anweisung des bürgerlichen Rechts, durch die ein Schuldverhältnis zwischen dem Anweisungsempfänger und dem Angewiesenen, solange nicht die Annahme der Anweisung erfolgt ist, nicht begründet wird. Im Gegensatze dazu war für den Scheck in dem Entwurfe zu einem ScheckG von 1892 (§ 10 Abs 3) die Bestimmung vorgesehen: „Ein Widerruf des Schecks hat keine rechtliche Wirksamkeit." Diese Bestimmung stand in engem Zusammenhange mit dem unmittelbaren Anspruche des Scheckinhabers gegen den Bezogenen auf Einlösung des Schecks, den der Entwurf (§ 10 Abs 1 Satz 1) gewähren wollte. Vgl. oben zu § 3 Anm 3. Dieser unmittelbare Anspruch würde dem Scheckvertrage zwischen dem Aussteller und dem Bezogenen den rechtlichen Charakter eines Vertrages zugunsten eines Dritten — des Scheckempfängers — verliehen haben, durch welchen dieser und seine Rechtsnachfolger — die Indossatare — unmittelbar das Recht, von dem Bezogenen die Leistung zu fordern, erworben haben würden (§ 328 Abs 1 BGB). Bei einem solchen Vertrage kann nach Abs 2 des § 328 in Ermangelung einer besonderen Bestimmung unter Umständen als vorbehalten gelten die Befugnis der Vertragschließenden, das Recht des Dritten ohne dessen Zustimmung aufzuheben. Es lag vom Standpunkte des Entwurfs von 1892 aus nahe, diese Befugnis den Vertragschließenden für den Scheck durch besondere Bestimmung zu entziehen, da nach der diesem Entwurfe zugrunde liegenden Absicht der Scheck möglichst der Barzahlung nahekommen und Sicherheit für die wirkliche Befriedigung des Schecknehmers bieten sollte; vgl. zu § 3 Anm 3. Schon in dem vorläufigen Entwurfe von 1907 war aber, obwohl darin der direkte Anspruch des Inhabers gegen den Bezogenen noch aufrechterhalten war, die Unwiderruflichkeit auf die Dauer der Vorlegungsfrist eingeschränkt (§ 11 des Entwurfs). Als dann der endgültige Entwurf von 1908, die Bundesratsvorlage an den Reichstag, das direkte Klagerecht des Scheckinhabers gegen den Bezogenen beseitigte, war in Erwägung zu ziehen, ob nicht auch die mit diesem im engsten Zusammenhang stehende Unwiderruflichkeit des Schecks ganz zu beseitigen und an ihrer Stelle die von Anbeginn an freie Widerruflichkeit, wie sie im bürgerlichen Rechte für die Anweisung besteht, und zwar, da der Scheck nicht angenommen werden kann, eine zeitlich auch dem Endpunkte nach bis nach Bewirkung der Leistung unbeschränkte Widerruflichkeit, einzuführen sei. Daß der endgültige Entwurf diese Folgerung gewissermaßen mit logischer Notwendigkeit hätte ziehen müssen, wie Breit (in HoldheimsMSchr 1908 S. 200ff.) darzulegen sucht, kann jedoch nicht zugegeben werden. Tatsächlich hat der Entwurf diese Folgerung nicht gezogen, sondern es bei der Bestimmung des Entwurfs von 1907 belassen, Anm. 4

§ 13 der zufolge **ein Widerruf des Schecks erst nach dem Ablauf der Vorlegungsfrist wirksam ist,** und diese Bestimmung ist Gesetz geworden **(Abs 3 des § 13).**

Anm. 4a Die Begründung (S. 19) führt dazu aus, daß die jederzeitige Widerruflichkeit, wie sie für die Anweisung des bürgerlichen Rechts bestehe und bisher auch für den Scheck üblich gewesen sei, den Bedürfnissen des Scheckverkehrs nicht entspreche. Durch die Bestimmung werde den Interessen des Ausstellers wie der Indossanten entsprochen, indem der Inhaber nicht die Aussicht habe, auch nach Ablauf der Frist noch von dem Bezogenen Zahlung zu erhalten, da er mit einem Widerrufe rechnen müsse und sonach zur rechtzeitigen Vorlegung des Schecks angehalten werde, wodurch einer übermäßigen Ausdehnung der Umlaufsdauer des Schecks entgegengewirkt und eine Beschleunigung der Abwicklung des Zahlungsgeschäfts erzielt werde. Soweit die Indossanten in Frage kommen, trifft diese Begründung freilich nicht zu, da sie schon dadurch genügend geschützt sind, daß ihre Regreßpflicht mit dem Ablaufe der Vorlegungsfrist ohne Vorlegung des Schecks erloschen ist. Der Aussteller würde aber, wenn er auch nach Ablauf der Vorlegungsfrist nicht widerrufen dürfte, in der Tat nicht mit voller Sicherheit davor geschützt sein, daß nicht der Bezogene von dem ihm nach Abs 2 des § 13 zustehenden Rechte Gebrauch machte und den Scheck nach Ablauf der Vorlegungsfrist noch, entgegen dem Willen des Ausstellers, für dessen Rechnung bezahlte; vgl. oben Anm 3. Als weiteren Grund für die Zulassung des Widerrufs nach Ablauf der Vorlegungsfrist führt die Begründung noch an, daß dadurch dem Aussteller die Möglichkeit gegeben werde, für den Fall des Verlustes des Schecks die langwierige und kostspielige Kraftloserklärung zu vermeiden. — Aus dieser Begründung ergibt sich, daß die Bestimmung nicht, wie Breit a. a. O. es darstellt, „unbegreiflicherweise" ungeachtet des Wegfalls des direkten Klagerechts vom Bundesrate einfach unbeabsichtigt stehengelassen ist, sondern daß die in ihr enthaltene Regelung des Scheckwiderrufs auch unter den neuen Verhältnissen mit Bedacht und wohlerwogen aufrechterhalten und diese Aufrechterhaltung eingehend begründet ist, und zwar nach beiden Richtungen, einmal in der Richtung der Unwiderruflichkeit während des Laufes der Vorlegungsfrist und sodann in der Richtung der Widerruflichkeit nach deren Ablauf. Infolge des Wegfalls des direkten Klagerechts hat aber (das muß Breit a. a. O. zugegeben werden) die Bestimmung eine ganz andere Bedeutung erhalten und ist ihre Tragweite (wie die nachstehenden Erläuterungen zeigen werden) unklar und zweifelhaft geworden.

Anm. 5 b) **Widerruf** ist die einseitige empfangsbedürftige Willenserklärung des Scheckausstellers, durch welche dieser dem Bezogenen gegenüber kundgibt, daß die Bezahlung des Schecks seinem Willen nicht mehr entspreche. Sie enthält eine Zurücknahme der durch die Scheckausstellung dem Bezogenen erteilten Ermächtigung (vgl. oben zu § 1 Anm 3), den Scheck für Rechnung des Ausstellers aus dessen Guthaben an den Scheckinhaber zu bezahlen. Eine Form ist für den Widerruf nicht vorgeschrieben; er kann deshalb auch mündlich sowie durch schlüssige Handlungen erklärt werden. Erforderlich ist, daß er dem Bezogenen zugeht (§§ 130ff. BGB).

Anm. 6 c) Durch die Fassung des Gesetzes kommt zum Ausdruck, daß die Erklärung des Widerrufs auch schon vor Ablauf der Vorlegungsfrist erfolgen kann, daß aber die Wirksamkeit einer in dieser Zeit erfolgenden Widerrufserklärung bis zum Ablaufe der Vorlegungsfrist hinausgeschoben ist. Über die Dauer und den Ablauf der Vorlegungsfrist vgl. zu § 11 Anm 5ff. Mit dem Ablaufe der Vorlegungsfrist wird der Widerruf jedoch nur dann wirksam, wenn nicht während des Laufes der Frist der Scheck vorgelegt und bezahlt worden ist. Bis zum Ablaufe der Frist braucht der Bezogene die Widerrufserklärung nicht zu beachten, ist vielmehr berechtigt, den Scheck im Falle rechtzeitiger Vorlegung zu bezahlen. Ist der Scheck vorgelegt, aber bei Ablauf der Frist noch nicht bezahlt, so darf ihn der Bezogene nun nicht mehr bezahlen.

Anm. 7 d) Die Unwirksamkeit des Widerrufs während des Laufes der Vorlegungsfrist bezieht sich in erster Linie auf das Rechtsverhältnis zwischen dem Bezogenen und dem Aussteller. Dieses Verhältnis wird geregelt durch den Scheckvertrag (vgl. § 3 Anm 2); es ist daher kein scheckrechtliches, sondern ein Vertragsverhältnis des allgemeinen bürgerlichen Rechts; das Gesetz greift also damit (ähnlich wie mit der Vorschrift des § 3) über den Rahmen eines ScheckG hinaus in das bürgerliche Recht ein. Die Vorschrift geht als lex specialis den Vorschriften des allgemeinen bürgerlichen Rechts vor. Deshalb hat das RG in dem Urt v. 8. 5. 920 (RGZ 99, 75ff. auf S. 77) mit Recht die Annahme mißbilligt, daß ungeachtet der Vorschrift des § 13 Abs 3 ScheckG schon auf Grund der rechtlichen Natur des Scheckvertrags als eines Geschäftsbesorgungsvertrags (§ 675 BGB) der Bezogene verpflichtet sei, den Weisungen des Ausstellers Folge zu leisten und einen Widerruf auch während der Vorlegungsfrist zu beachten. An sich würde allerdings der Bezogene auch der Anweisung des Ausstellers, den Scheck nicht einzulösen, unbedingt Folge zu leisten haben, mag man nun den Scheckvertrag als einen eigentlichen Geschäftsbesorgungsvertrag oder als einen diesem rechtsähnlichen besonderen Vertrag des modernen Rechts ansehen (vgl. zu § 3 Anm 2). Aber diese Verpflichtung muß, wie das RG a. a. O. zutreffend bemerkt, ihre Schranke finden an der Vorschrift des § 13 Abs 3. Der Bezogene ist deshalb nicht schon auf Grund des Scheckvertrags ohne weiteres dem Aussteller gegenüber verpflichtet, einen Widerruf des Schecks schon während der Vorlegungsfrist zu beachten und daraufhin die Einlösung des Schecks gegenüber dem Inhaber abzulehnen. Das RG hat aber in der angeführten Entscheidung weitergehend gegen Herzfeld (LZ 1908, 438) ausgesprochen, daß der Bezogene dem Aussteller gegenüber zur Beachtung eines solchen vorzeitigen Widerrufs auch dann nicht verpflichtet sei, wenn ihm Umstände bekanntgeworden sind, die der Annahme einer Berechtigung des Inhabers möglicherweise entgegenstehen, sonach z. B. wenn der Aussteller ihm mitgeteilt hat, daß der Scheck ihm abhanden gekommen sei. Aus der absoluten Vorschrift des § 13 Abs 3, auf die sich der Bezogene berufen kann, wird allerdings diese Folgerung gezogen werden müssen, die auch wohl dem Sinne des ScheckG entsprechen dürfte, das, wenn es auch dem Inhaber ein direktes Klagerecht versagt hat, doch ihm durch die Bestimmung einen gewissen indirekten Schutz gegen willkürliche Vereitelung der Einlösung des Schecks durch Verfügungen des Ausstellers gewähren wollte; vgl. oben Anm 4a. Tatsächlich pflegen freilich die Banken Sperrungen der Schecke durch ihre Scheckkunden, insbesondere wenn sie motiviert sind und keine Bedenken entgegenstehen, zu beachten. Vgl. über die von dem deutschen ScheckG in diesem Punkte abweichenden Beschlüsse der Haager Konferenz unten Anm 22. — Es fragt sich aber ferner, ob die Schranke des § 13 Abs 3 ScheckG auch einer ausdrücklichen Vereinbarung zwischen dem Aussteller und dem Bezogenen, des Inhalts, daß dieser einen Widerruf auch schon innerhalb der Vorlegungsfrist zu beachten habe, sei es, daß sie schon im Scheckvertrage allgemein oder — wie im Falle des reichsgerichtlichen Urteils — nachträglich mit Bezug auf einen einzelnen Scheck getroffen worden ist, entgegensteht. Das RG a. a. O. tritt der von verschiedenen Seiten (Lessing zu § 13 Anm V 2; Langen, Zum Scheckrecht S. 53) vertretenen Auffassung entgegen, daß § 13 Abs 3 in diesem Sinne „zwingendes Recht" enthalte. Für diese Auffassung sprechen aber doch wohl überwiegende Gründe. Die Bestimmung hat nach ihrem Zwecke (vgl. oben) keineswegs nur die das interne Verhältnis zwischen Aussteller und Bezogenem betreffende Bedeutung einer gesetzlichen Auslegungsregel für den Scheckvertrag, die durch Vereinbarung abgeändert werden könnte; es wohnt ihr vielmehr der Charakter eines auf dem rechtspolitischen Gesichtspunkte des Schutzes Dritter beruhenden Verbots bei, das sowohl an den Aussteller wie an den Bezogenen gerichtet ist und dahin geht, daß jener sich eines Widerrufs, der für die Dauer der Vorlegungsfrist bereits wirken soll, enthalte, dieser einem solchen Widerrufe keine Folge leiste. Ein derartiges Verbot kann aber nicht haltmachen wollen vor einer es außer Kraft zu setzen bestimmten Parteivereinbarung. Es dürfte deshalb richtiger sein, anzunehmen, daß § 13 Abs 3 in der Tat zwingendes Recht enthält und der Bezogene auch an eine ausdrücklich übernommene Verpflichtung, einen Widerruf während der Vorlegungsfrist zu beachten, nicht gebunden sein kann. In der Geltendmachung dieses Einwandes gegenüber dem Aussteller kann nach Maßgabe der für die rechtsähnlichen Fälle der Berufung auf einen Formmangel von der Rechtsprechung des RG entwickelten Rechtssätze ein arglistiges Verhalten, das eine exceptio doli generalis begründen könnte, nicht gefunden werden. Andererseits wird, wenn der Bezogene in Beachtung eines Widerrufs des Ausstellers die Einlösung des Schecks während der Vorlegungsfrist verweigert hat und der Aussteller deswegen von einem Scheckberechtigten im Regreßwege haftbar gemacht worden ist, wie das RG a. a. O. zutreffend annimmt, der Aussteller sich nicht auf die Bestimmung des § 13 Abs 3 stützen können, um den Bezogenen schadensersatzpflichtig zu machen, da ihm in der Tat die exceptio doli generalis entgegenstehen würde, wenn er sich mit seiner eigenen Widerrufsverfügung in Widerspruch setzen wollte.

Anm. 8 Eine andere Frage ist, ob und welche Wirkungen die Vorschrift im Verhältnisse der Scheckberechtigten zu dem Aussteller und dem Bezogenen haben kann. Was zunächst den Aussteller betrifft, so dürfte es keinem durchgreifenden Bedenken unterliegen, daß dieser durch vorsätzliche oder schuldhaft fahrlässige Zuwiderhandlung gegen die den Schutz der Scheckberechtigten bezweckende Bestimmung gemäß § 823 Abs 2 BGB diesen zum Schadensersatze verpflichtet wird. In diesem Sinne hat sich auch Jacusiel (BankA VII S. 284) sowie Breit, Pflichten und Rechte S. 27 ausgesprochen; Breit hat aber (in HoldheimsMSchr 1908 S. 200ff.) seine Ansicht ausdrücklich aufgegeben, jedoch mit keineswegs einleuchtender Begründung. Denn daß der Aussteller schon nach dem allgemeinen bürgerlichen Rechte für jede willkürliche Vereitelung der Scheckeinlösung — etwa durch Abhebung des Guthabens oder sonstige Maßnahmen — dem Scheckinhaber hafte, ist, wie übrigens Breit selbst annimmt, keineswegs sicher; deshalb konnte das Gesetz sehr wohl Veranlassung nehmen, wenigstens für den Fall der Vereitelung durch Widerruf eine besondere Norm aufzustellen und dadurch die Schadensersatzpflicht außer Zweifel zu setzen. Zweifelhafter ist, ob der Bezogene da-

§ 13 durch, daß er, obwohl ein Guthaben vorhanden ist, in Beachtung eines Widerrufes des Ausstellers innerhalb der Vorlegungsfrist die Einlösung des Schecks verweigert, sich dem Scheckinhaber schadensersatzpflichtig macht. Daß sich das gesetzliche Verbot der Beachtung eines solchen Widerrufs an ihn richtet, ist anzunehmen. Er würde deshalb bei vorsätzlicher oder fahrlässiger Nichtbeachtung dieses den Schutz des Scheckberechtigten bezweckenden Gesetzes ihm nach § 823 Abs 2 BGB schadensersatzpflichtig sein. Aber andererseits kommt in Betracht, daß er nach der durch das ScheckG geschaffenen Rechtslage, die das direkte Klagerecht versagt, gegenüber dem Scheckinhaber überhaupt nicht verpflichtet ist, den Scheck einzulösen, und daß er einen Grund für seine Weigerung — ob wegen des Widerrufs oder aus sonstigem Grunde — nicht anzugeben braucht. Praktisch wird die Bestimmung daher allerdings wohl gegenüber dem Bezogenen eine lex imperfecta bleiben und zu dessen Haftbarmachung nicht führen können, es müßte denn sein, daß ein den guten Sitten widerstreitendes Verhalten gemäß § 826 BGB durch Kollusion mit dem Aussteller nachzuweisen wäre. Aber deshalb ist die Vorschrift doch nicht ganz ohne Bedeutung auch für das Verhältnis zwischen den Scheckberechtigten und dem Bezogenen. Denn sie wird immerhin dahin wirken, daß wenigstens vorsichtige und gewissenhafte Banken — ob das immer gerade die großen sind, wie v. Canstein, Der Scheck S. 153 annimmt, bleibe dahingestellt — nicht (wie Breit, Rechte und Pflichten S. 27, zwar nicht ausdrücklich empfiehlt, aber doch voraussagt) jeden beliebigen Widerruf ihrer Scheckkunden während der Vorlegungsfrist beachten, was allerdings das bequemste Verhalten sein würde, sondern daß sie, schon um nicht in den Verdacht einer Kollusion mit dem Aussteller zu geraten, zum mindesten prüfen werden, ob Gründe vorliegen, die einen solchen Widerruf als durch sachliche Gründe gerechtfertigt erscheinen lassen, bevor sie die Einlösung des Schecks auf Grund des Widerrufs verweigern. Freilich kann der Aussteller eine solche Prüfung unmöglich machen dadurch, daß er sein Guthaben erhebt oder sonstige Maßregeln zur Vereitelung der Einlösung trifft, ohne zu widerrufen. Das sind Folgen, die sich aus der Beseitigung des unmittelbaren Klagerechts des Scheckinhabers ergeben und mit in den Kauf genommen werden müssen. Hat der Bezogene dem Schecknehmer auf Anfrage die Auskunft erteilt, der Scheck gehe in Ordnung (vgl. zu § 10 Anm 3), so wird er besonders zu prüfen haben, ob ein dem § 13 Abs 3 zuwider während der Vorlegungsfrist erfolgter Widerruf des Ausstellers sachliche Gründe haben kann oder eine Schädigung des Scheckinhabers bezweckt, da er in diesem Falle, um eine Schadensersatzpflicht aus § 823 Abs 2 BGB auszuschließen, dem Scheckinhaber gegenüber darlegen muß, aus welchem Grunde er ungeachtet der erteilten Auskunft den Scheck nicht einlösen konnte.

Anm. 9 5. Darüber, ob auch noch **andere Ereignisse als der Widerruf des Ausstellers** (oben unter Nr 4), die in der Zwischenzeit zwischen der Ausstellung und Begebung des Schecks einerseits und seiner Einlösung andererseits eingetreten sind, die Pflicht und das Recht des Bezogenen zur Einlösung des Schecks berühren, enthält das ScheckG keine besonderen Vorschriften. Als solche Ereignisse können namentlich in Betracht kommen: a) der Tod und der Eintritt der Geschäftsunfähigkeit (§ 104 Nr 2, 3: Geisteskrankheit, Entmündigung) des Ausstellers oder des Bezogenen; b) der Konkurs des Ausstellers; c) der Konkurs des Bezogenen.

Anm. 10 a) Hinsichtlich des Einflusses des **Todes oder der Geschäftsunfähigkeit** eines Beteiligten auf die Einlösung des Schecks verweist die Begründung (S. 29) auf das allgemeine bürgerliche Recht, und zwar auf das Anweisungsrecht (§ 791 BGB) mit dem Zusatze, es liege kein Anlaß vor, für den Scheckverkehr eine andere Regelung vorzuschreiben. Dabei ist jedoch übersehen, daß der Aussteller (Scheckkunde) und der Bezogene nicht lediglich in dem Verhältnisse des Anweisenden und des Angewiesenen, dem ein Vertrag nicht zugrunde zu liegen braucht, stehen, sondern daß die Grundlage der Scheckziehung ein besonderer Vertrag, der Scheckvertrag, bildet und daß daher die Frage unter Berücksichtigung der rechtlichen Natur und des Inhalts dieses Vertrags entschieden werden muß, der sich als ein Geschäftsbesorgungsvertrag (§ 675 BGB) oder doch als ein diesem rechtsähnlicher besonderer Vertrag des modernen Rechts darstellt; vgl. zu § 3 Anm 2. Danach erlischt ein solcher Vertrag im Zweifel durch den Tod und die Geschäftsfähigkeit des Geschäftsherrn (Scheckkunden) nicht (§§ 672 Satz 1, 675 BGB). Der Bezogene ist daher, falls nicht anderes vereinbart ist, auch nach Eintritt eines dieser Ereignisse verpflichtet und berechtigt, einen vorher ausgestellten Scheck seines Scheckkunden zu honorieren. Doch kann im Scheckvertrage ausbedungen werden, daß der Scheckvertrag in solchen Fällen erlöschen soll. Alsdann findet § 672 Satz 2 Anwendung; danach hat der Geschäftsbesorger (Bezogene), falls der Geschäftsbesorgungsvertrag erlischt, wenn mit dem Aufschube Gefahr verbunden ist, die Besorgung des übertragenen Geschäfts fortzusetzen, bis der Erbe oder der gesetzliche Vertreter des Geschäftsherrn (Scheckkunden) anderweite Fürsorge treffen kann. Der Bezogene wird also unter Umständen verpflichtet und berechtigt sein, den Scheck ungeachtet der Vereinbarung einzulösen, wenn er erkennen muß, daß eine besondere, außergewöhnliche Gefahr für den Aussteller oder seine Erben infolge der Nichteinlösung droht, z. B., daß ihnen ein durch den Scheck zu finanzierendes größeres Geschäft entgehen und dadurch Verlust entstehen könnte; dagegen wird die regelmäßig eintretende Gefahr des Regresses dazu nicht genügen, da sie als durch die Vereinbarung ausgeschaltet zu gelten haben wird. § 13

b) **Konkurs des Ausstellers.** α. Auch hinsichtlich des Konkurses eines Beteiligten erklärt die Begründung a. a. O., daß kein Anlaß zu einer Abweichung von dem allgemeinen bürgerlichen Rechte, worunter in ihrem Sinne auch das Konkursrecht verstanden werden muß, gegeben sei. Schon Simonson (GruchotsBeitr 50, 43), hat darauf aufmerksam gemacht, daß weder aus dem bürgerlichen noch aus dem Konkursrechte eine zweifelsfreie Lösung der hierher gehörigen Fragen zu entnehmen sei, und hat deshalb eine ausdrückliche Regelung durch das ScheckG befürwortet. Seine Voraussagung hat sich bewahrheitet; denn infolge der Unterlassung der Regelung durch das ScheckG haben sich schwierig zu entscheidende Streitfragen auf diesem Gebiete ergeben, die bis heute noch nicht völlig geklärt sind. Die Grundlagen für die Entscheidung müssen in erster Linie in der Konkursordnung gesucht werden. Nach § 23 KO erlischt ein von dem Gemeinschuldner erteilter Auftrag durch die Eröffnung des Verfahrens, und das gleiche gilt, wenn sich jemand durch einen Dienstvertrag verpflichtet hat, ein Geschäft des Gemeinschuldners zu besorgen. Von verschiedenen Seiten im Schrifttum (Lessing zu § 13 Anm VI 2 S. 116; Kuhlenbeck ScheckG zu § 13 Anm 6 S. 74) wird ohne nähere Begründung der Satz aufgestellt, § 23 KO komme auf den Scheck nicht zur Anwendung, und es wird dabei auf die Ausführungen Jaegers, KO § 23 Anm 17ff., bezug genommen, der unter Bezugnahme auf die schon im früheren Rechte herrschende Meinung die Ansicht vertritt, daß § 23 KO für die Anweisung im Konkurse des Anweisenden keine Anwendung zu finden habe, weil die Anweisungsermächtigung weder eine Vollmacht noch ein Auftrag zu sein brauche, sondern vom BGB als ein besonderes Rechtsinstitut rein formellen Charakters ausgebildet worden sei. Aber auch hier wird außer acht gelassen, daß beim Scheck das Rechtsverhältnis zwischen dem Aussteller und dem Bezogenen nicht durch das formelle Anweisungsrecht, sondern durch den die Grundlage der Scheckziehung bildenden Scheckvertrag geregelt wird, der sich als ein Geschäftsbesorgungsvertrag oder ein einem solchen rechtsähnlicher besonderer Vertrag darstellt, und daß daher kein Grund besteht, auf dieses Rechtsverhältnis den § 23 KO nicht anzuwenden, der auch sachlich eine durchaus entsprechende Lösung bietet. Danach ist der Scheckvertrag durch die Konkurseröffnung erloschen und der Bezogene deshalb regelmäßig der Konkursmasse wie dem Gemeinschuldner gegenüber nicht mehr verpflichtet oder berechtigt, einen vorher vom Gemeinschuldner ausgestellten Scheck einzulösen. Auch hier findet aber (wie im Falle des Todes und der Geschäftsunfähigkeit, oben unter a, die Vorschrift des § 672 Abs 2 BGB Anwendung (§ 23 Abs 1 Satz 2 KO), wonach der Geschäftsbesorger die Geschäftsbesorgung fortzusetzen hat, wenn mit dem Aufschube Gefahr verbunden ist. Die Gefahr des Regresses wird auch hier ausscheiden, da dem Scheckinhaber wegen seines Regreßanspruches gegen den Aussteller ein Aussonderungs- oder Absonderungsrecht nicht zusteht, er vielmehr einfacher Konkursgläubiger ist, die Konkursmasse daher durch die Nichteinlösung ihm gegenüber nicht besonders verpflichtet wird. Löst im Falle des Bestehens einer solchen Gefahr der Bezogene den Scheck ein, so wird dadurch, wenn die Scheckziehung auf ein vorhandenes Aktivguthaben erfolgt ist, dieses Guthaben um den entsprechenden Betrag gemindert; ist aber die Scheckziehung auf Kredit erfolgt, so bildet der dem Bezogenen durch die Einlösung entstehende Erstattungsanspruch eine Masseschuld (§ 27 KO). — Entsprechende Anwendung findet ferner laut § 23 KO auch § 674 BGB; danach gilt der Scheckvertrag zugunsten des Bezogenen so lange als fortbestehend, als er von der Konkurseröffnung keine Kenntnis hat. Löst er aus diesem Grunde den Scheck nach der Konkurseröffnung ein, so wird auch hier, wenn die Scheckziehung auf ein gedecktes Aktivguthaben erfolgt ist, dieses um den gezahlten Betrag vermindert; liegt dagegen der Scheckziehung ein ungedecktes Kreditguthaben zugrunde, so wird der Bezogene durch die Einlösung nicht (wie im Falle des § 672 Abs 1 Satz 2) Massegläubiger, sondern einfacher Konkursgläubiger (§ 27 KO). Im wesentlichen zu gleichen Ergebnissen führt übrigens die Anwendung des § 8 KO, wenn man, was allerdings nicht unbedenklich erscheint, (vgl. Simonson a. a. O. S. 47) die Einlösung, weil sie auf eine Verfügung des Gemeinschuldners zurückzuführen ist, als eine Leistung an den Gemeinschuldner ansehen will. Die Beweislast darüber, ob der Bezogene von der Eröffnung des Konkurses Kenntnis gehabt hat, regelt sich dann nach Abs 2 u. 3 des § 8 KO; sie liegt danach dem Konkursverwalter ob, wenn die Einlösung vor der öffentlichen Bekanntmachung des Konkurses erfolgt ist, anderenfalls dem Bezogenen. — Da der Scheckvertrag nach der hier vertretenen Ansicht durch die Eröffnung des Konkurses über das Vermögen des Ausstellers erlischt, kann auch der Konkursverwalter nicht gemäß § 17 KO in ihn eintreten, also nicht verlangen, daß die Bank weitere von ihm zu ziehende Schecke einlöse, auch wenn noch ein Guthaben besteht. Es bedarf daher nicht der Heranziehung der clausula rebus sic stantibus (Lessing § 13 Anm VI 2 S. 117;

§ 13 Simonson bei Gruchot 50, 43), um die Befugnis der Bank zur Aufhebung des Scheckvertrags zu rechtfertigen.

Anm. 12 β. Daß dem Scheckinhaber und den sonstigen Scheckberechtigten, insbesondere dem Scheckempfänger, wegen ihrer Regreßansprüche ein Absonderungs- oder Aussonderungsrecht im Konkurse des Ausstellers nicht zusteht, ist oben bereits bemerkt worden. Die Gewährung eines solchen Vorzugsrechtes war in den Erörterungen über die Gestaltung des ScheckG von manchen Seiten gefordert worden, unter Berufung auf die namentlich im französischen Rechte entwickelten Grundsätze, die dem Scheckempfänger ein besonderes Recht an der „Deckung", sei es Eigentum oder auf ihn durch Zession übergegangenes Gläubigerrecht zuerkennen. Vgl. zu § 3 Anm 3. Von anderer Seite, namentlich Simonson a. a. O. S. 53ff., wurde dem entgegengetreten. Die Begründung lehnt die Gewährung eines solchen Vorzugsrechts ab, „im Interesse der sonstigen Konkursgläubiger". Es handelt sich dabei um die gleiche Frage, die bei dem direkten Klagerechte des Scheckinhabers gegen den Bezogenen eine Rolle gespielt hat, ob nämlich für den Scheckverkehr auf möglichste Sicherung der Befriedigung des Scheckinhabers aus dem Scheck Bedacht genommen werden soll; da das direkte Klagerecht beseitigt worden ist, war es folgerichtig, den Scheckinhaber auch anderen Gläubigern des Ausstellers gegenüber nicht zu bevorzugen.

Anm. 13 γ. Im Falle des Konkurses des Ausstellers kann eine Anfechtung der Scheckausstellung und Begebung, die ein Rechtsgeschäft des Gemeinschuldners darstellt, gemäß § 30 Nr 1 Fall 1 KO gegenüber dem Scheckempfänger stattfinden, wenn ihm zur Zeit der Eingehung des Geschäfts die Zahlungseinstellung oder der Eröffnungsantrag bekannt war und er später von dem Bezogenen die Einlösung des Schecks erlangt hat, ohne daß dieser, falls die Eröffnung des Verfahrens inzwischen eingetreten war, von ihr Kenntnis erlangt hatte; denn in diesem Falle hat sich das Guthaben des Gemeinschuldners an den Bezogenen um den von diesem bezahlten Betrag gemindert oder es ist (im Falle der Scheckziehung auf Kredit) eine Forderung des Bezogenen an den Gemeinschuldner, wenn auch, falls die Einlösung nach der Eröffnung erfolgt ist, nur eine Konkursforderung (oben Anm 11) entstanden; die Konkursgläubiger sind deshalb durch die Scheckbegebung benachteiligt worden. War der Scheckempfänger Gläubiger des Gemeinschuldners und hat er aus dem Scheck Befriedigung erlangt, so kann auch eine Anfechtung nach § 30 Nr 1 Fall 2 oder Nr 2 stattfinden, je nachdem der Scheckempfänger zur Zeit der Einlösung des Schecks, mit welcher sich die Befriedigung erst vollzog, einen Anspruch auf Befriedigung durch Zahlung zu dieser Zeit hatte oder nicht; hier genügt auch die Kenntnis des Scheckempfängers zur Zeit der Einlösung, da erst durch diese die Befriedigung erfolgt, während durch die Begebung auch noch keine Sicherung herbeigeführt ist. Nicht erforderlich ist zur Ausschließung der Anfechtbarkeit nach Nr 2, daß der Gläubiger Anspruch auf Zahlungsleistung gerade durch Ausstellung eines Schecks hatte, da der Anspruch auf Barzahlung der weitergehende ist. Nach § 31 Nr 1 kann eine Scheckbegebung, die zur Einlösung durch den Bezogenen, ohne daß dieser Kenntnis von der Eröffnung des Verfahrens gehabt hätte, geführt hat, angefochten werden, wenn sie von dem Aussteller in der Absicht, seine Gläubiger zu benachteiligen, erfolgt und dem Scheckempfänger diese Absicht bekannt war; ferner nach § 32 Nr 1 oder 2, wenn sie eine unentgeltliche Verfügung zugunsten der dort bezeichneten Personen innerhalb der dort bezeichneten Fristen darstellte. Die Anfechtung ist in allen diesen Fällen gegen den Scheckempfänger zu richten. Eine Anfechtung gegen den Bezogenen ist nicht denkbar, da dieser nicht der Empfänger der anzufechtenden Leistung ist.

Anm. 14 c) **Konkurs des Bezogenen.** Durch den Konkurs des Geschäftsbesorgers erlischt nach den Grundsätzen des BGB und der KO der Geschäftsbesorgungsvertrag nicht ohne weiteres; der Konkursverwalter hat vielmehr nach § 17 KO die Wahl, ob er die fernere Besorgung des noch nicht beendeten Geschäfts übernehmen und von dem Geschäftsherrn Erfüllung verlangen oder von dem Vertrage abgehen will. Denn der Geschäftsbesorgungsvertrag gegen Vergütung ist ein zweiseitiger Vertrag im Sinne des § 17 KO. So für den Kommissionsvertrag RGZ 78, 94. Diese Grundsätze müssen auch auf den Scheckvertrag angewendet werden, der ein, wenn auch in einzelnen Beziehungen eigenartiger Geschäftsbesorgungsvertrag gegen Vergütung ist. Vgl. zu § 3 Anm 2; a. M. für den nicht auf Kredit abgeschlossenen Scheckvertrag Simonson bei Gruchot 50, 51 und die dort Anm 13 Angeführten. Lehnt der Konkursverwalter die Erfüllung ab, so kann der Scheckkunde nach § 26 KO Ersatz des Schadens verlangen, der ihm besonders dadurch möglicherweise entsteht, daß ein bereits vor der Konkurseröffnung auf den Gemeinschuldner gezogener Scheck nicht mehr zur Einlösung gelangt. Der Scheckkunde seinerseits braucht aber dem Verlangen des Konkursverwalters auf Fortsetzung des Vertrags nicht zu entsprechen, kann ihn vielmehr wegen Vorliegens eines wichtigen Grundes fristlos kündigen (§ 626 BGB); an der Kündigung des Scheckvertrags allein wird er freilich kein Interesse haben, da es in seinem Belieben steht, ob er noch weitere Schecke auf den Gemeinschuldner oder vielmehr dessen Konkursverwalter ziehen will oder nicht, wohl aber an der Kündigung des gesamten Depositenverhältnisses. Hinsichtlich des vorhandenen Guthabens ist der Scheckkunde einfacher Konkursgläubiger des Bezogenen, sofern dieser ihm nicht besondere Sicherheiten bestellt hat. Der Scheckinhaber ist nicht Konkursgläubiger des Bezogenen, da ihm ein Anspruch gegen ihn auf Einlösung des Schecks nicht zusteht. — Wegen der Anfechtung geleisteter Scheckzahlungen im Konkurse des Bezogenen vgl. § 24 ScheckG und die Anmerkungen dazu. § 13

d) Der Konkurs des Scheckinhabers berührt das Scheckverhältnis nur insofern, als die Regreßansprüche des Gemeinschuldners nunmehr von dem Konkursverwalter ausgeübt werden. Anm. 15

Zusatz 1: Fremde Rechte. Vgl. die Anhänge unter G.

a) Österreich (§ 11) und Ungarn (§ 10) gewähren dem Bezogenen das Recht, bei der Zahlung die **Aushändigung** und, sofern es sich um einen Namensscheck handelt, auch die **Quittierung** des Schecks zu verlangen, nicht aber beim Inhaberscheck. Nach den skandinavischen Wechselgesetzen (§§ 3, 38) kann der Bezogene gegen Zahlung des Schecks Rückgabe mit daraufgesetzter Quittung verlangen. In Japan (Art 537, 483) kann gleichfalls Aushändigung und Quittierung auf dem Scheck verlangt werden. Auch in den übrigen Ländern ist meist Aushändigung des quittierten Schecks bei Zahlung auf Verlangen des Bezogenen vorgeschrieben; bestritten ist vielfach, ob auch bei Inhaberschecken Quittung verlangt werden kann. So Schweiz (Art 836, 758 Abs 1); Italien (Art 341, 295); Rumänien (Art 366). In Großbritannien kommen die allgemeinen Vorschriften des bürgerlichen Rechts zur Anwendung, nach denen jeder, der eine Zahlung empfängt, bei Strafe zur Quittungsleistung verpflichtet ist; die Quittung wird gewöhnlich auf die Rückseite des Papiers gesetzt; bei Inhaberschecken ist sie nicht üblich. In den Vereinigten Staaten ist gleichfalls das Recht des Zahlers auf Herausgabe der Urkunde und Erteilung einer Quittung anerkannt. Der Bezogene gilt im englisch-amerikanischen Recht als verpflichtet, den Scheck mit dem Vermerk der Zahlung zu versehen und für den Aussteller aufzubewahren. Besondere Vorschriften, die auf fiskalischen Erwägungen beruhen, gelten in Frankreich (Art 5 und 7 Ges v. 9. 2. 74); danach muß jeder Scheck, auch der an den Inhaber zahlbare, unter Beifügung des Datums von demjenigen quittiert werden, der ihn einkassiert hat; wer den Scheck bezahlt, ohne eine solche Quittung zu verlangen, verwirkt eine Buße von 50 Fr.; auch wenn die Quittung zwar erteilt, aber nicht datiert worden, ist die Strafe verwirkt; ist der Scheck in eine Abrechnungsstelle eingeliefert, so kann die Quittung durch einen Aufrechnungsvermerk ersetzt werden. Vgl. Näheres bei Meyer, Weltscheckrecht I S. 253ff. Anm. 16

b) **Teilzahlungen.** Die Verpflichtung des Scheckinhabers zur Annahme von Teilzahlungen wird ausdrücklich verneint durch das österreichische (§ 11 Abs 2) und ungarische (§ 10) ScheckG. Andere ScheckG enthalten keine ausdrückliche Bestimmung. Wo sie allgemein für den Scheck oder speziell für die Zahlung desselben auf das WechselG Bezug nehmen, finden die entsprechenden Bestimmungen dieses Gesetzes Anwendung, die vielfach die Verpflichtung des Wechselinhabers zur Annahme von Teilzahlungen aussprechen; so Skandinavien (§ 3 ScheckG in Verbindung mit §§ 37, 38 WechselG); Japan (Art 530, 478); Schweiz (Art 836, 757, 758); Italien (Art 341, 292, 295); Frankreich (nach der herrschenden Meinung auf Grund von Art 156 Abs 1 Code de commerce). Wo das ScheckG nicht auf das WechselG verweist (so in den Niederlanden, wo für den Wechsel Art 168 die Annahmepflicht für Teilzahlungen ausspricht) oder weder das ScheckG noch das WechselG eine Verpflichtung zur Annahme von Teilzahlungen aussprechen (so in Großbritannien und den Vereinigten Staaten von Amerika), wird eine solche Verpflichtung für den Scheck nicht anerkannt. Näheres vgl. bei F. Meyer, Weltscheckrecht I S. 258ff. Anm. 17

c) **Widerruf.** Österreich (§ 13) läßt den Widerruf eines dem Scheckempfänger ausgehändigten (nicht dem Bezogenen direkt eingesandten) Schecks erst mit dem Ablauf der Präsentationsfrist wirksam werden und versagt dem Bezogenen das Recht zur Einlösung eines wirksam widerrufenen Schecks. Auch Ungarn (§ 15) und Japan (Art 533a) erklären den Widerruf für die Dauer der Vorlegungsfrist als unwirksam. Im übrigen wird da, wo dem Scheckerwerber ein besonderes Recht auf die „Deckung" und dementsprechend ein direktes Klagerecht gegen den Bezogenen nicht gewährt ist (vgl. zu § 1 Anm 3), die freie Widerruflichkeit angenommen, entsprechend den Anweisungsgrundsätzen, so in der Schweiz, Skandinavien, Italien, ferner in den Vereinigten Staaten für nicht zertifizierte oder akzeptierte Schecke; ausdrücklich ist die freie Widerruflichkeit bestimmt in Großbritannien (B. of Exch. Act Sect. 75 Nr 1). Anders in den Ländern, die in der Scheckbegebung eine Übertragung des Rechts an der Deckung sehen. Zwar wird in Frankreich das Widerrufsrecht des Ausstellers anerkannt, aber der Inhaber hat ein direktes Klagerecht gegen den Bezogenen, und dieser darf daher dem Aussteller die Deckung nicht ohne Zustimmung des Inhabers oder ein die Zustimmung ersetzendes gerichtliches Urteil herausgeben, falls der Aussteller widerrufen oder Opposition eingelegt hat; ebenso bei Zurückziehung des Guthabens. Gleiches gilt in Belgien. Für die niederländische Gesetzgebung Anm. 18

§ 13 ist aus dem Vorrechte des Inhabers an der Deckung im Falle des Konkurses des Ausstellers (Art 226 des holländischen Wetboek van Koophandel; vgl. unten Anm 20) zu folgern, daß ein Widerruf der „Kassiersbriefe" unzulässig ist, nicht dagegen bei anderen auf Sicht an den Inhaber zahlbaren Papieren. Näheres bei F. Meyer, Weltscheckrecht I S. 264ff.

Anm. 19 d) **Tod oder Geschäftsunfähigkeit des Ausstellers.** Österreich (§ 12 Abs 2) und Ungarn (§ 14 Abs 1) erklären diese Ereignisse ausdrücklich als einflußlos für den vorher ausgestellten und begebenen Scheck. Großbritannien bestimmt (Art 75 Nr 2 B. of Exch. Act), daß die Nachricht vom Tode des Scheckkunden die Pflicht und das Recht des Bankiers zur Bezahlung eines auf ihn gezogenen Schecks beenden. In den Ver. Staaten von Amerika wird angenommen, daß ein Scheck, dessen Begebung ein gültiger Gegenwert (valuable consideration) zugrunde liegt, was präsumiert wird, durch die Nachricht vom Tode des Ausstellers nicht hinfällig wird; doch ist die Frage in der Praxis streitig. In den übrigen Ländern werden die Grundsätze vom Auftrag oder der Anweisung angewendet. Näheres bei F. Meyer, Weltscheckrecht I S. 271ff.

Anm. 20 e) **Konkurs des Ausstellers.** Österreich (§ 12) und Ungarn (§ 14 Abs 2) bestimmen, daß der Bezogene die Einlösung des Schecks abzulehnen hat, sobald er von der Eröffnung des Konkurses Kunde hat, wofür die Präsumtionen des § 3 österr. KO und §§ 86, 90 ung. KG gelten. In Großbritannien (Bankruptcy Act von 1883 Abschnitt 9, 49) gilt die Ermächtigung des Bezogenen zur Bezahlung des Schecks als widerrufen, wenn gegen diesen eine Bankerotterklärung ergangen ist oder er einen Akt der Bankerottierung (Erklärung der Zahlungsunfähigkeit an das Gericht oder der Zahlungseinstellung an einen Gläubiger) begangen hat. In den Vereinigten Staaten muß nach Einleitung des Konkurses der Bezogene mit der Einlösung der Schecke aufhören; doch ist eine in gutem Glauben vollzogene Scheckeinlösung auch später noch wirksam. In den übrigen Staaten, die dem Scheckerwerber kein Sonderrecht an der Deckung gewähren, werden die Grundsätze vom Auftrag oder der Anweisung angewendet. Wo dagegen die Scheckbegebung das Recht auf die Deckung überträgt (Frankreich, Belgien), bildet der Konkurs des Ausstellers keinen Grund zur Nichteinlösung des Schecks aus der Deckung durch den Bezogenen. In den Niederlanden ist laut Art 226 des holländischen Wetboek van Koophandel bei Kassiersbriefen der Kassier berechtigt, auch nach Eröffnung des Konkurses die Zahlung der Schecke aus dem vorhandenen Guthaben fortzusetzen, bis ein Interessent oder der Konkursverwalter Einspruch erhebt; nach Einstellung der Zahlungen durch den Kassier hat der Konkursverwalter die Scheckinhaber ganz oder nach Verhältnis ihrer Forderungen aus dem vorhandenen Guthaben zu bezahlen; es tritt also ein Sonderkonkurs an diesem Guthaben ein. Bei anderen auf Sicht an den Inhaber zahlbaren Papieren dagegen besteht kein Vorrecht an der Deckung, und infolgedessen darf der Bezogene, sobald er Kenntnis von dem Konkurse erhält, Zahlung an den Inhaber nicht mehr leisten. Näheres bei F. Meyer, Weltscheckrecht I S. 274ff.

Anm. 21 f) **Konkurs des Bezogenen.** Wo ein direktes Klagerecht besteht, ist der Scheckinhaber Konkursgläubiger. Doch kann er, wenn die Deckung in einer bestimmten Summe bestand, die laut Vereinbarung besonders aufzubewahren und mit dem übrigen Vermögen des Bezogenen nicht vermischt war, diese Summe vindizieren (aussondern); Art 574 ff. Code civil. Näheres bei F. Meyer, Weltscheckrecht I S. 280ff. — Wegen der Anfechtbarkeit von Zahlungen im Konkurse des Bezogenen vgl. zu § 24 ScheckG Anm 8.

Anm. 22 **Zusatz 2: Künftiges Weltscheckrecht.** Nach den Beschlüssen der zweiten Haager Konferenz **(Anhang H)** soll das künftige Einheitliche ScheckG über die in § 13 des deutschen ScheckG geregelten Punkte folgendes bestimmen:

a) **Art 18:** „Der Bezogene kann bei der Zahlung des Schecks verlangen, daß er ihm quittiert durch den Inhaber ausgehändigt werde. Der Inhaber kann eine Teilzahlung zurückweisen. Im Falle einer Teilzahlung kann der Bezogene verlangen, daß diese Zahlung auf dem Scheck vermerkt werde und daß ihm eine Quittung darüber erteilt werde." (Alles in Übereinstimmung mit dem deutschen Recht: § 13 Abs 1.)

b) **Art 17:** „Der Widerruf des in dem Scheck enthaltenen Auftrags hat Wirksamkeit erst nach dem Ablauf der Vorlegungsfrist.

Wenn der Aussteller oder der Inhaber dem Bezogenen mitgeteilt hat, daß der Scheck verloren gegangen oder von einem Dritten infolge eines betrügerischen Aktes erworben worden ist, so wird der Bezogene, der den Scheck bezahlt, gültig befreit nur, wenn der Inhaber des Schecks beweist, daß er ihn auf eine rechtmäßige Weise erworben hat.

Wenn ein Widerruf nicht vorliegt, behält der Bezogene das Recht, auch nach Ablauf der Frist zu zahlen."

Die Absätze 1 und 3 stimmen mit dem deutschen ScheckG (§ 13 Abs 3, 2) überein. Dagegen enthält Abs 2 eine bedeutsame Abweichung von dem deutschen Gesetz insofern, als danach der Bezogene dem Aussteller gegenüber verpflichtet ist, eine Sperrung des Schecks durch den Aussteller wegen angeblichen Abhandenkommens schon während der Vorlegungsfrist in der Weise zu beachten, daß er den Scheck nur bezahlt, falls der ihn vorlegende Inhaber beweist, daß er ihn auf rechtmäßige Weise erworben hat. Vgl. dagegen oben Anm 7. § 13

c) **Art 16:** „Weder der Tod des Ausstellers noch seine Geschäftsunfähigkeit, die nach der Begebung (émission) des Schecks eintreten, berühren die Wirksamkeit des Schecks." Vgl. über das deutsche Recht oben Anm 10. Über den Einfluß des Konkurses des Ausstellers oder des Bezogenen auf das Recht und die Pflicht des Bezogenen zur Einlösung des Schecks enthalten die Beschlüsse keine Bestimmungen; die Entscheidung wird daher auch nach ihrem Inkrafttreten aus den Rechten der Einzelstaaten zu entnehmen sein.

§ 14. § 14

Der Aussteller sowie jeder Inhaber eines Schecks kann durch den quer über die Vorderseite gesetzten Vermerk: „Nur zur Verrechnung" verbieten, daß der Scheck bar bezahlt werde. Der Bezogene darf in diesem Falle den Scheck nur durch Verrechnung einlösen. Die Verrechnung gilt als Zahlung im Sinne dieses Gesetzes.

Das Verbot kann nicht zurückgenommen werden. Die Übertretung des Verbots macht den Bezogenen für den dadurch entstehenden Schaden verantwortlich.

1. **Vorbemerkung.** Nach § 1 Nr 2 ScheckG ist wesentliches Erfordernis des Schecks die an den Bezogenen gerichtete Anweisung des Ausstellers, aus seinem Guthaben eine bestimmte Geldsumme zu zahlen. Eine Anweisung, die ohne weiteres dahin lautet, den Betrag mit dem Scheckinhaber zu verrechnen, ist deshalb kein Scheck im Sinne des ScheckG. Das gilt insbesondere von dem sog. „roten Scheck" der Reichsbank, der Giroanweisung. Vgl. zu § 1 Anm 14. In Wirklichkeit hat aber der Scheckverkehr kein Interesse daran, daß die Schecke bar ausbezahlt werden. Vielmehr liegt es in der Richtung der dem Scheck gestellten volkswirtschaftlichen Aufgabe, den Bargeldumlauf zu verringern, daß die Erledigung von Schecken ohne Barzahlung, durch bloße Verrechnung, möglichst begünstigt werde. Dazu kommt, daß bei Erledigung eines Schecks durch Verrechnung die Gefahr, daß ein Unbefugter den Scheckbetrag erhebt, wenn sie auch durchaus nicht ausgeschlossen ist (vgl. unten Anm 5, 6), doch als erheblich verringert angesehen werden kann. Aus diesen Gründen hatte sich schon vor Erlaß des ScheckG in Deutschland eine verbreitete Handelsübung dahin gebildet, daß der im Texte der Anweisung auf Zahlung gestellte Scheck durch einen quer über den Text gesetzten Vermerk: **„Nur zur Verrechnung"** zum Verrechnungsscheck gemacht wurde, dessen Erledigung nicht durch Barzahlung erfolgen durfte. In dem Abkommen der Reichsbank mit einer Anzahl von Berliner Bankfirmen vom 14. 2. 1883 über Errichtung einer Abrechnungsstelle (vgl. zu § 12 Anm 2), war bereits (unter B 3) bestimmt, daß es gestattet sei, durch den quer durch den Text geschriebenen oder gedruckten Zusatz: „Nur zur Verrechnung" vorzuschreiben, daß der Scheck nicht bar bezahlt, sondern nur zur Verrechnung bei dem Bezogenen oder einem anderen Mitgliede der Abrechnungsstelle verwendet werden dürfe, und daß der Bezogene für die Beachtung dieser Vorschrift, die nicht widerrufen werden könne, verantwortlich sei. Für den eigenen Scheckverkehr der Reichsbank war in den Bestimmungen über den Giroverkehr mit ihr (Nr 5 Abs 2) die Ausstellung von Schecken zugelassen, die nur zur Verrechnung mit der Reichsbank oder einem Kontoinhaber bei ihr benutzt werden sollten, und für diesen Fall vorgeschrieben, daß der Scheck „gekreuzt", d. h. auf der Vorderseite mit dem quer über den Text geschriebenen oder gedruckten Vermerke versehen werden müsse: „Nur zur Verrechnung", und daß alsdann die Reichsbank den Betrag nicht bar auszahlen dürfe. Der Verrechnungsscheck war, wie die Begr (S. 30) bezeugt, in Deutschland so üblich geworden, daß bei den Reichsbankanstalten ein sehr großer Teil der vorgelegten Schecke diesen Vermerk trug. Diese „Beliebtheit" führt die Begründung darauf zurück, „daß dadurch die Gefahr, daß der Scheck von einem Unberufenen eingezogen werde, erheblich verringert wird". Das ScheckG hat in § 14 diesem durch den Handelsgebrauch geschaffenen Rechtsgebilde die gesetzliche Grundlage gegeben. Es kann danach ein Scheck zwar nicht im Texte statt auf Zahlung auf Verrechnung gestellt, aber durch einen quer über die Vorderseite gesetzten Vermerk die gleiche Wirkung erreicht werden. Anm. 1

2. Erforderlich zur Herstellung eines Verrechnungsschecks ist, daß der Aussteller oder ein Inhaber durch den quer über die Vorderseite gesetzten Vermerk: **„Nur zur Verrechnung"** verbietet, daß der Scheck bar bezahlt werde **(§ 14 Abs 1 Satz 1).** Anm. 2

§ 14 a) In anderen ähnlichen Fällen, in denen Gesetze den zur Hervorbringung einer bestimmten Wirkung wesentlichen Wortlaut eines Schriftvermerks formuliert haben, haben sie, um einer rein buchstabenmäßigen Auslegung von vornherein vorzubeugen, wahlweise (durch das Verbindungswort „oder") auch einen „gleichbedeutenden" oder sogar einen „ähnlichen" Ausdruck ausdrücklich für zulässig erklärt; so § 1 Nr 1 und § 9 ScheckG; Art 9 Abs 2, 14 Satz 2, 15, 17, 37, 70 WO. Das gleiche hat G. Cohn (bei Goldschmidt 61, 71), bei Besprechung des vorläufigen Entwurfs für das ScheckG empfohlen, „damit nicht die gesetzgeberisch durchaus zu fördernde Absicht, die Barzahlung durch die Verrechnung zu ersetzen, um des Buchstabens willen vereitelt werde". Dieser Hinweis ist vom Gesetzgeber nicht beachtet worden, und die Unterlassung hat die vorausgesagte Folge gehabt, daß von mancher Seite (Heim Anm 2; Henschel Anm 4 zu § 14; Conrad, Handbuch S. 176) jeder von dem Buchstaben der Formel abweichende Wortlaut für unzulässig erklärt wird, so wenn statt „nur" gesagt ist „lediglich" oder „bloß" oder „ausschließlich"! Ein solcher Formalismus kann aber dem Gesetzgeber unmöglich unterstellt werden und ist auch aus der Nichtbeachtung des Cohnschen Hinweises nicht zu entnehmen, da gar nicht festzustellen ist, ob die gesetzgebenden Faktoren davon Kenntnis erhalten haben. Andererseits geht es zu weit, wenn andere annehmen, daß das Gesetz nur ein einzelnes Beispiel eines Verrechnungsvermerks habe anführen wollen und daß ein solcher Vermerk auch in beliebig anderer Fassung erfolgen könne (so Breit Pflichten S. 34 und bei Goldschmidt 70, 103; einschränkend Lessing Anm II 1). Vielmehr will das Gesetz ersichtlich den von ihm formulierten Ausdruck des Gedankens als zwingende und wesentliche Form vorschreiben und können daher andere Ausdrucksweisen des gleichen Gedankens nicht zugelassen werden. Demnach können nur solche Ersatzausdrücke Wirksamkeit beanspruchen, die lediglich für einzelne vorgeschriebene Worte gleichbedeutende andere Worte (Synonyma) einsetzen, wie das bei den obigen Ersatzwörtern für „nur" zutrifft. Dagegen wird die einfache Weglassung dieses Wörtchens ohne Ersatz durch ein gleichbedeutendes nicht genügen; „Zur Verrechnung" oder „Verrechnungsscheck" bringt nicht klar zum Ausdruck, daß jede andere Einlösung des Schecks verboten sein soll; a. M. Breit a. a. O. Die Formulierung in einem Satze: „Dieser Scheck darf nur zur Verrechnung benutzt werden", dürfte zulässig sein, zumal da er die entscheidenden drei Worte enthält. Nicht zulässig ist danach aber die negative Formulierung: „Nicht zur Barzahlung", da sie eine andere Einkleidung, wenn auch des gleichen Gedankens enthält. Statt „Verrechnung" darf nicht „Gutschrift", „Aufrechnung" oder „Abrechnung" gesetzt sein, da diese Ausdrücke mit jenem nicht durchaus gleichbedeutend sind, vgl. Anm 5. Unzulässig ist auch der Vermerk: „Nur zur Verrechnung mit X", da eine solche Einschränkung über das vom Gesetze gestattete Maß hinausgeht, das nur Verbot der Barzahlung, aber nicht auch Verbot der Verrechnung mit anderen als bestimmt genannten Personen, soweit eine solche möglich ist (vgl. Anm 5), zuläßt; a. M. Lessing S. 122. — Bei in ausländischer Sprache ausgestellten Schecken wird in entsprechender Anwendung von § 1 Nr 1 ScheckG auch der Verrechnungsvermerk durch einen mit der deutschen Formel gleichbedeutenden Ausdruck in der fremden Sprache erfolgen dürfen. Das englische „Crossing" entspricht aber weder nach der sachlichen Bedeutung noch nach der Form dem Verrechnungsvermerke des deutschen ScheckG; vgl. unten Anm 12.

Anm. 3 b) Der Vermerk muß **quer über die Vorderseite des Schecks** gesetzt sein. Nicht vorgeschrieben ist (wie es in dem Abkommen der Reichsbank vom 14. 2. 1883 der Fall war), daß der Vermerk quer durch den Text gesetzt sein oder den Text überhaupt berühren müßte. Deshalb ist er auch gültig, wenn er quer über einen leeren oder anders als durch den Schecktext ausgefüllten Raum der Vorderseite gesetzt ist. Daß er ohne Verletzung des Textes nicht entfernt werden könne (Simonson Anm 2), wird sonach vom Gesetze nicht erfordert; eine Erweiterung von Formvorschriften aus Zweckmäßigkeitsgründen dürfte aber nicht statthaft sein. Das Urt des RG v. 10. 7. 1920 (RGZ 100, 31) steht dieser Auffassung wohl nicht entgegen. Dort heißt es hinsichtlich des einen der beiden auf dem Schecke angebrachten Verrechnungsvermerke, dieser „an der linken oberen Ecke der Urkunde, habe den Text des Schecks überhaupt nicht berührt, so daß dem Berufungsgerichte nicht entgegengetreten werden könne, wenn es diesen nicht quer über die Vorderseite des Schecks gesetzten Vermerk als ein nach § 14 ScheckG unwirksames Verbot bezeichne". Allerdings hebt hier das RG auch hervor, daß der Vermerk den Text der Urkunde nicht berührte; aber entscheidend war doch wohl, daß er sich lediglich an einer Ecke der Vorderseite befand, also nicht quer über die Vorderseite ging. Ein der Längsrichtung der Urkunde nach angebrachter Vermerk, z. B. bei der Unterschrift des Ausstellers oder bei dem Namen des Bezogenen, ist unwirksam; ebenso ein Vermerk auf der Rückseite, etwa bei einem Indossamente.

Anm. 4 c) Das durch den Vermerk zum Ausdruck gebrachte Verbot der Barzahlung muß von dem **Aussteller oder einem Inhaber** ausgehen. Gemeint ist der formell legitimierte Inhaber, also beim Orderscheck der Scheckempfänger oder ein in zusammenhängender Kette legitimierter Indossatar. Jedoch ist nicht vorgeschrieben, daß der Vermerk handschriftlich hergestellt und unterzeichnet werden müsse; er kann vielmehr, entsprechend dem Handelsgebrauche, auch durch Druck hergestellt werden (was in dem Abkommen der Reichsbank vom 14. 2. 1883 in der ursprünglichen Fassung ausdrücklich gesagt war), auch durch Stempelaufdruck, und ohne Unterschrift. Allerdings läßt sich bei einem Vermerke ohne Unterschrift nicht ohne weiteres feststellen, daß er von einer dazu befugten Person auf den Scheck gesetzt ist, was als Voraussetzung für die Gültigkeit an sich der Feststellung bedürfen würde. Aber da das Gesetz eine Unterzeichnung, die dem Handelsgebrauche widersprechen würde, offensichtlich nicht verlangt, läßt sich wohl annehmen, daß es davon ausgeht, es bestehe eine tatsächliche Vermutung dafür, daß der Vermerk von dem Aussteller oder einem Inhaber auf den Scheck gesetzt ist, der sich ja bis zur Einlösung ordnungsmäßig nur in den Händen dieser Personen befunden hat. Wird freilich bewiesen, daß der Vermerk von einem Unbefugten auf den Scheck gesetzt ist, so kann er keine Gültigkeit beanspruchen, es sei denn, daß festgestellt wird, daß der Aussteller oder ein Inhaber ihn sich zu eigen gemacht haben, was in der Regel schon in der Benutzung eines von dem Bezogenen gelieferten, mit diesem Vermerke bereits versehenen Formulars durch den Aussteller zu finden sein wird. § 14

3. **Wirkungen des Verrechnungsvermerks.**

a) Durch den Verrechnungsvermerk wird **verboten, daß der Scheck bar bezahlt werde (Abs. 1 Satz 1).** „Verrechnung" ist sonach der Gegensatz zu Barzahlung; sie umfaßt jede Art und Weise der Erledigung des Schecks, die sich rein rechnungsmäßig, ohne Inanspruchnahme von baren Zahlungsmitteln, vollzieht. Sie ist nicht identisch mit Aufrechnung, die das Gegenüberstehen zweier Schuldverhältnisse unter den gleichen Personen mit umgekehrtem Gläubiger- bzw. Schuldnervorzeichen voraussetzt. Eine solche Aufrechnungslage besteht zwischen dem Scheckinhaber und dem Bezogenen hinsichtlich des Scheckes nicht, da ein Gläubigerrecht jenes gegen diesen durch den Scheck nicht begründet wird. Vielmehr handelt es sich nur um ein zwischen ihnen bestehendes Rechnungsverhältnis, das in dem Bestehen eines Kontos des Scheckinhabers bei dem Bezogenen seinen buchtechnischen Ausdruck findet und gestattet, den Scheck dadurch zu erledigen, daß dessen Betrag diesem Konto gutgeschrieben wird. Immerhin ist, wenn durch die Gutschrift eine dem Bezogenen gegen den Scheckinhaber zustehende Forderung (ein Aktivguthaben aus dem Konto) getilgt wird, die Wirkung der einer Aufrechnung ähnlich. Auch eine solche aufrechnungsähnliche Erledigung ist Verrechnung; nicht, wie Breit, Pflichten S. 37, annimmt, Barzahlung. — Ein Konto des Scheckinhabers braucht aber nicht bereits auf Grund anderer Schuldverhältnisse zu bestehen; es kann vielmehr auch zum Zwecke der Gutschrift des Schecks neu begründet werden, indem dem Scheckinhaber ein Konto eröffnet wird. Der Scheckinhaber kann nicht gehindert werden, das ihm aus diesem Konto zustehende Guthaben alsbald wieder abzuheben und auf diese Weise den Scheckbetrag in bar zu erhalten. Schon daraus ergibt sich, daß der durch den Verrechnungsscheck gewährte Schutz gegen Einlösung des Schecks durch Unbefugte kein durchgreifender ist. Immerhin wird eine gewissenhafte und vorsichtige Bank nicht jedem Unbekannten, der einen Verrechnungsscheck vorlegt, ein Konto eröffnen und eine Bank würde sich dem Aussteller gegenüber sogar schadensersatzpflichtig machen, wenn sie es täte, obwohl Umstände vorliegen, die ihr Veranlassung geben mußten, an der Rechtmäßigkeit des Scheckbesitzes des Inhabers zu zweifeln, insbesondere wenn der Aussteller oder ein Indossant solche Umstände angezeigt hat oder gar der Scheck vom Aussteller unter Angabe nicht von vornherein unstichhaltig erscheinender Gründe widerrufen worden ist (vgl. zu § 13 Anm 7). Erfolgt insbesondere die Eröffnung eines Kontos mit Wissen des Bezogenen lediglich zum Zwecke der sofortigen Abhebung des Betrags, so stellt sie sich als eine Umgehung des Verbotes dar und macht deshalb den Bezogenen ohne weiteres schadensersatzpflichtig. — Die Verrechnung kann aber auch, ohne daß der Scheckinhaber selbst ein Konto bei dem Bezogenen hat oder ihm ein solches eröffnet wird, in der Weise erfolgen, daß der Scheckbetrag auf Anordnung oder mit Zustimmung des Inhabers einem Dritten gutgeschrieben wird, der ein Konto bei dem Bezogenen hat. Verrechnung ist auch die Abrechnung in einer Abrechnungsstelle (vgl. § 12 und Anm 1 dazu), in welche der Scheck eingeliefert worden ist, mit der Gesamtheit der Mitglieder dieser Stelle. — Ein Recht darauf, daß der Bezogene ihm zur Ermöglichung der Verrechnung des Schecks ein Konto eröffne, hat der Scheckinhaber übrigens nicht; lehnt der Bezogene das ab und stellt sich sonach die Verrechnung als unmöglich dar, so ist der Scheckinhaber nicht berechtigt, wegen Nichtzahlung Protest zu erheben und Regreßansprüche geltend zu machen. A. M. Breit bei GoldschmidtsZ 70, 117 und BankA 21, 412; ihm folgend Simonson, ScheckG zu § 14 Anm 7 b. Der Inhaber eines Verrechnungsschecks, der selbst kein Konto bei dem Bezogenen besitzt, wird daher gut tun, den Scheck zum Inkasso einer Bank zu übergeben, die mit der bezogenen Bank in Geschäftsverbindung steht. Mittelbar wirkt sonach auch der Verrechnungsscheck ähnlich wie das englische Crossing oder die Bankiersklausel (vgl. unten). Daß die Verrechnung auch bei einer anderen Stelle als dem Bezogenen erfolgen könnte, wie Richter (BankA 11, 39) auszuführen gesucht hat, erscheint durchaus abwegig; Ein- Anm. 5

§ 14 lösungsstelle ist der Bezogene, er hat die Verrechnung vorzunehmen, also den Betrag gutzuschreiben, sei es dem Scheckinhaber oder einem Dritten.

Anm. 6 b) Das Verbot richtet sich nur an den Bezogenen; dieser darf den Scheck **nur durch Verrechnung einlösen (Satz 2).** Der klare Wortlaut ergibt sonach, daß der Erwerb des Schecks durch eine andere Person als den Bezogenen gegen Barzahlung von dem Verbote nicht betroffen wird. Es ist deshalb jeder, insbesondere auch jede Bank, berechtigt, den Verrechnungsscheck von dem formell legitimierten Inhaber zu erwerben und ihm den Erwerbspreis bar auszubezahlen. Dadurch wird freilich der Schutz, der durch den Verrechnungsvermerk dagegen gewährt werden soll, daß ein Unbefugter sich den Scheckbetrag aneigne, weiter herabgesetzt. Die auch in Bankkreisen vielfach verbreitete Anschauung, daß ein Verrechnungsscheck ganz ohne Gefahr in einem einfachen Briefe versandt werden könne, ist danach allerdings keineswegs gerechtfertigt. Auch der Verrechnungsscheck kann und soll, wie der Barscheck, auf dem Wege bis zur Einlösung durch den Bezogenen durch mehrere Gläubigerhände gehen, sofern er ein Order- oder Inhaberscheck und nicht (was selten vorkommt), ein Rektascheck ist; er kann dabei, wenn er auf den Inhaber gestellt oder mit einem Blankoindossamente versehen ist, leicht in die Hände eines Unbefugten geraten und derjenige, der ihn von diesem gegen Barzahlung erwirbt, braucht nur die formelle Legitimation zu prüfen, die sich beim Inhaberscheck schon aus der bloßen Innehabung, bei dem in blanco indossierten Scheck durch die Innehabung des bis zum Blankogiro in zusammenhängender Kette indossierten Schecks ergibt, ist auch zu weiterer Prüfung regelmäßig gar nicht in der Lage und hat dazu keine Veranlassung, da der Vorgang in der Regel als ein durchaus ordnungsgemäßer sich darstellen wird. Es ist deshalb schwer begreiflich, daß das auf dieser klaren Rechtsgrundlage beruhende Urt des RG (FS), V 260/21, v. 10. 8. 1921, (JW 1921, 1365[8]) nicht nur in der Handelswelt große Überraschung oder sogar starke „Entrüstung" hervorgerufen hat, die sich in der Tages- und Fachpresse mit Heftigkeit äußerte, sondern auch von hervorragender juristischer Seite (Stein in JW 1921, 1365[8], Anm zu dem Urteilsabdrucke; Oertmann VerkehrsrRundsch I, 219) als rechtlich wie auch im tatsächlichen Ergebnisse bedenklich bezeichnet werden konnte. In dem damaligen Falle war die Regreßklage einer Bank, die den auf Inhaber gestellten Verrechnungsscheck von einer ihr unbekannten Person, die unbefugterweise in den Besitz des Schecks gelangt war, gegen Barzahlung erworben hatte, gegen den Aussteller, der den Scheck bei dem Bezogenen gesperrt hatte, vom Berufungsgerichte für begründet erklärt worden und das Reichsgericht hat die Revision des Beklagten zurückgewiesen, unter Bezugnahme auf die übereinstimmende Auffassung des Schrifttums und der Rechtsprechung in der oben bezeichneten Rechtsfrage. Behauptet war allerdings in dem dort entschiedenen Falle das Bestehen eines allgemeinen Handelsgewohnheitsrechts des Inhalts, „daß der Gegenwert eines Verrechnungsschecks überhaupt nicht in bar ausbezahlt werden dürfe." Das Berufungsgericht hatte ein solches Gewohnheitsrecht verneint und das Reichsgericht hat, entsprechend seinem Standpunkte, daß das Bestehen von allgemeinen Gewohnheitsrechten der Nachprüfung in der Revisionsinstanz unterliege, die Frage nachgeprüft und ist gleichfalls zur Verneinung gelangt. Daß diese Auffassung sich mit der des Bankgewerbes deckt und das behauptete Handelsgewohnheitsrecht den berufenen Organen dieses Gewerbes unbekannt ist, hat seitdem die Schriftleitung des BankA (21, 125) bestätigt. Im Sinne des Reichsgerichts haben sich ferner ausgesprochen: Breit in JW 1922, 362; Dove ebenda 367; Breit, BankA 21, 413. Neuerdings ist die Erörterung der Frage wieder aufgerollt durch ein Urt des OLG Dresden v. 26. 5. 1922 (abgedruckt im BankA 21, 425). In dem durch dieses Urteil entschiedenen Falle lag der Tatbestand insofern anders, als in dem Falle des vorerwähnten reichsgerichtlichen Urteils, als der unbefugte Scheckinhaber den Scheck einer der auf der Rückseite bezeichneten Zahlstellen zur Einziehung übergeben hatte; diese hatte ihn der bezogenen Bank zur Einlösung vorgelegt, die dann durch Verrechnung zwischen den beiden Banken erfolgt war, worauf die bezogene Bank den Aussteller mit dem Betrage des Schecks belastet hatte; die Inkassobank hatte nach geschehener Verrechnung dem Einlieferer des Schecks ein Konto eröffnet, ihm auf dieses Konto den Scheckbetrag gutgeschrieben und nach Verlauf von einer Woche auf sein Verlangen das Kontoguthaben bar ausbezahlt. Das Oberlandesgericht hat die Klage des Ausstellers gegen die bezogene Bank auf Beseitigung der Belastung seines Kontos mit dem Scheckbetrage abgewiesen mit der Begründung, daß die bezogene Bank (Beklagte) den Scheck ordnungsmäßig durch Verrechnung mit der Inkassobank, die ihn als Inhaberin ihr vorgelegt hatte, eingelöst habe und sie also kein Verschulden treffe; ob die Inkassobank fahrlässig gehandelt habe, läßt es dahingestellt, weil die Zahlstellen nicht Erfüllungsgehilfen des Bezogenen, sondern lediglich Mandatare des Scheckinhabers seien (vgl. dazu oben zu § 5 Anm 7). Auch diese Entscheidung ist rechtlich nicht zu beanstanden. Breit (BankA 21, 412), der schon gleich nach Erlaß des Scheckgesetzes (Pflichten S. 56) auf das „Problematische" des durch den Verrechnungsscheck angeblich gewährten Schutzes hingewiesen hatte, weist bei Besprechung dieses Urteils, das auch er billigt, nicht mit Unrecht darauf hin, daß dadurch ein besonders einfacher Weg gewiesen sei, auf dem sich ein unredlicher Scheckinhaber auch beim Verrechnungsscheck den Scheckbetrag in bar aneignen könne, indem er ihn einer Bank zum Inkasso gebe, die rechtlich nicht gehindert sei, ihm den Betrag nicht erst (wie dort geschehen) nach erfolgter Einlösung durch die bezogene Bank und Verrechnung mit dieser, sondern schon sofort bar auszubezahlen. Er geht soweit, daraus die gänzliche Unbrauchbarkeit des Verrechnungsschecks zum Schutze gegen Scheckmißbräuche zu folgern. Daß das zuweit geht, ergibt ein Urt des RG v. 26. 10. 1921, V 241/21, (RGZ 103, 87), welches in einem allerdings besonders gelagerten Falle zeigt, daß der Verrechnungsscheck doch unter Umständen einen größeren Schutz gegen Mißbrauch gewähren kann als der Barscheck. In diesem Urteile hat das RG die Abweisung der Regreßklage einer Bank als Scheckinhaberin gegen eine andere Bank als Ausstellerin bestätigt, die vom Berufungsgericht damit begründet war, daß der Klägerin bei dem Erwerbe des von der Beklagten ausgestellten Verrechnungsschecks durch Umtausch in einen von jener ausgestellten Barscheck von einem ihr unbekannten formell legitimierten Scheckinhaber, der, wie sich später herausstellte, ein Betrüger war, eine grobe Fahrlässigkeit zur Last falle. Das Berufungsgericht hatte dazu festgestellt, daß es ein ganz ungewöhnlicher Vorgang sei, wenn das Verlangen gestellt würde, daß ein am gleichen Tage von einem an dem gleichen Orte wohnenden Aussteller ausgestellter Verrechnungsscheck über eine sehr große Summe in einen Barscheck eines anderen Ausstellers umgetauscht werde; daß das der Klägerin hätte auffallen und daß sie, bevor sie auf das Verlangen einging, sich Aufklärung darüber hätte verschaffen müssen, warum der Scheckinhaber, wenn er, wie er angab, dringend Bargeld brauchte, sich nicht von der Ausstellerin des Verrechnungsschecks von vornherein einen Barscheck habe geben lassen oder diese nachträglich um Umtausch ersucht habe. Das Reichsgericht hat es gebilligt, daß das Berufungsgericht in Würdigung dieser allerdings wesentlich auf tatsächlichem Gebiete liegenden Umstände eine grobe Fahrlässigkeit angenommen hat. Daraus ist immerhin zu entnehmen, daß den Erwerber eines Verrechnungsschecks gegen Barzahlung eine strengere Prüfungspflicht, wenigstens bei Vorhandensein auffälliger Umstände, obliegt, als wenn es sich um einen Barscheck handelt. Daraus werden (wie die Redaktion des BankA 21, 125 zutreffend bemerkt) Banken und Bankfirmen Veranlassung nehmen, Verrechnungsschecke gegen Barzahlung nur in solchen Fällen zu erwerben, insbesondere wenn es sich um größere Beträge handelt, in denen ihnen der Inhaber als zuverlässig und vertrauenswert bekannt ist, während der gänzliche Ausschluß der Bardiskontierung auch in solchen unbedenklichen Fällen eine wesentliche Schädigung des Scheckverkehrs bedeuten würde. Es darf auch nicht außer acht gelassen werden, daß der Zweck der Zulassung von Verrechnungsschecken nicht lediglich in dem Schutze gegen Mißbrauch, sondern auch in der Ersparung von Barzahlungen besteht und daß sie diesem Zwecke zu dienen doch in hohem Maße geeignet sind und ihn tatsächlich in großem Umfange erfüllen. Wenn Breit (BankA 21, 416 und auch schon bei Goldschmidt 70, 131) an Stelle des Verechnungsschecks die — dem englischen Crossing nahekommende — „Bankierklausel" empfiehlt, durch die der Kreis der beim Scheckverkehr beteiligten Personen eingeschränkt wird, so würde eine solche Einengung des Scheckverkehrs den deutschen Gewohnheiten wohl kaum entsprechen, besonders da in Deutschland nicht, wie in England, auch jeder kleine Gewerbetreibende eine Bankverbindung besitzt. Hält man die Gefahren des freien Scheckumlaufs für zu groß, so würde nur die Beseitigung des Inhaberschecks und der Blankoindossierung durch Gesetz oder Handelsgebrauch übrigbleiben, wodurch freilich der Weiterentwicklung des Scheckverkehrs ein schweres Hemmnis geschaffen werden würde. § 14

c) **Die Verrechnung gilt als Zahlung im Sinne des Scheckgesetzes (Abs 1 Satz 3).** Anm. 7

α. Daraus, daß die Verrechnung als Zahlung gelten soll, ist zu entnehmen, daß sie nicht schon durch die Eintragung der Gutschrift in die Bücher des Bezogenen sich vollziehen kann, die ein interner Akt des Geschäftsbetriebes des Bezogenen ist; sondern daß sie ein empfangsbedürftiges Rechtsgeschäft ist, das dem anderen Teile gegenüber erklärt werden muß und erst mit dem Zugehen der Erklärung wirksam wird (§ 130 BGB) Erst mit der dem Bezogenen zu erteilenden Mitteilung, daß die Gutschrift in den Büchern erfolgt sei, ist die Verrechnung und damit die Einlösung des Schecks somit vollzogen. Es ist deshalb unrichtig, wenn Breit (bei Goldschmidt 70, 113) meint, der entscheidende Zeitpunkt sei der der Gutschrift und diese vollziehe sich hinter einem für den Präsentanten (Scheckinhaber) undurchsichtigen Schleier; es seien deshalb auch die Vorschriften des ScheckG über Präsentation und Quittierung des Schecks für den Verrechnungsscheck wenig geeignet; der Scheckinhaber müsse danach sich darauf verlassen, daß der Bezogene die Gutschrift wirklich vornehme; er müsse sogar den quittierten Scheck dem Bezogenen aushändigen, ohne einen Beweis für die vollzogene Gutschrift in Händen zu haben; einen Anspruch darauf, daß ihm die Bank eine besondere Quittung über den Empfang des Schecks ausstelle, habe er nicht. Der Scheckinhaber ist vielmehr zur Aushändigung des Schecks nur Zug um Zug gegen Aus-

§ 14 händigung der — nach kaufmännischem Gebrauch schriftlich zu erteilenden — Mitteilung von der Gutschrift verpflichtet; denn erst damit vollendet sich das Rechtsgeschäft der Verrechnung. Mit dieser Mitteilung wird der Bezogene Schuldner des gutgeschriebenen Betrages, auch wenn die Gutschrift in den Büchern noch nicht erfolgt ist. Falls zur Vornahme der Gutschrift in den Büchern des Bezogenen die einstweilige Aushändigung des Schecks (der aber noch nicht quittiert zu sein braucht) erforderlich sein sollte, so wird der Scheckinhaber eine Bescheinigung darüber verlangen können.

Anm. 8 β. Die Verrechnung gilt als Zahlung im Sinne des Scheckgesetzes. Erfolgt sie, so ist daher der Scheckinhaber nicht berechtigt, Protest zu erheben oder die Nichteinlösung des Schecks festzustellen und auf Grund dieser Feststellungen Regreß gegen den Aussteller und die Indossanten zu nehmen. Mit Recht hat Breit (ZfH. 70, 123ff.) darauf aufmerksam gemacht, daß die Bestimmung zu schweren Mißständen führen muß, wenn der Bezogene in unsicheren Vermögensverhältnissen ist. Vgl. auch Adler in DJZ 1911, 806. Denn Verrechnung, sofern sie nicht auf eine Forderung des anderen Teils, die dadurch in gleichem Betrage getilgt wird, erfolgt, sondern ein Aktivguthaben begründet, bedeutet in Wirklichkeit keine Zahlung, d. h. keine wirtschaftliche Befriedigung des Scheckinhabers; dieser wird vielmehr lediglich Gläubiger des Bezogenen, und wenn der Bezogene in Konkurs gerät, einfacher Konkursgläubiger. Ein Recht zur Ablehnung der bei Vorlage des Verrechnungsschecks von dem Bezogenen angebotenen Verrechnung durch Gutschrift wegen dessen Unsicherheit sowie zur Feststellung der Nichteinlösung steht in solchem Falle dem Scheckinhaber nicht zu; er verliert vielmehr seine scheckrechtlichen Regreßansprüche mit dem ihnen innewohnenden Sicherungswerte und behält im besten Falle seinen zivilrechtlichen Anspruch gegen denjenigen, von dem er den Scheck erhalten hat, aus dem der Scheckbegebung zugrunde liegenden Rechtsverhältnisse. Auch das wird freilich verneint von Jacusiel (BankA 9, 346), der der Ansicht ist, daß durch die als Zahlung geltende Verrechnung die durch die Hingabe des Schecks zahlungshalber versuchte Tilgung der Schuld des Hingebers gegenüber dem Scheckempfänger sich vollzogen habe und das Schuldverhältnis erloschen sei. Das dürfte aber doch wohl nicht zutreffen; die Verrechnung des Schecks gilt als Zahlung lediglich im Sinne dieses (des Scheck-) Gesetzes, also im scheckrechtlichen Sinne, d. h. sie erledigt den Scheck und hindert das Eintreten der scheckrechtlichen Folgen der Nichteinlösung; ihre Bedeutung für die zugrunde liegenden materiellen Rechtsverhältnisse bestimmt sich aber nach den Grundsätzen des allgemeinen bürgerlichen Rechts, nach denen eine zahlungshalber erfolgte Leistung die Schuld nur dann tilgt, wenn sie zur Befriedigung des Gläubigers geführt oder dieser schuldhafterweise diesen Erfolg vereitelt hat. Keinesfalls wird es einer Anfechtung der nur zahlungshalber, nicht an Zahlungs Statt, erfolgten Entgegennahme des Verrechnungsschecks wegen Irrtums über die Vermögenslage des Bezogenen, die Simonson (ScheckG zu § 14 Anm. 7b) für nötig hält, bedürfen. Für den nicht zu leugnenden Mißstand würde die Zulassung eines Protestes mangels Sicherheit nach dem Vorbilde und in den Fällen des Art 29 WO, die Jacusiel a. a. O. empfiehlt, immerhin einige Abhilfe schaffen; die von Breit a. a. O. dagegen erhobenen Bedenken dürften nicht ausschlaggebend sein. Indessen auf alle Fälle und besonders bei der zur Zeit bestehenden Rechtslage wird es sich empfehlen, nur auf ganz solide und sichere Banken gezogene Verrechnungsschecke zahlungshalber entgegenzunehmen.

Anm. 9 γ) Da die Verrechnung scheckrechtlich als Zahlung gilt, löst sie alle diejenigen Wirkungen aus, die im ScheckG an die Zahlung geknüpft sind. Deshalb verlieren, wenn eine von mehreren Ausfertigungen eines im Auslande zahlbaren Verrechnungsschecks durch Verrechnung eingelöst wird, die übrigen ihre Kraft (§ 9); der Bezogene, der den Verrechnungsscheck durch Verrechnung einlöst, kann Aushändigung des quittierten Schecks verlangen (§ 13 Abs 1; vgl. dazu oben Anm 7); der Bezogene hat auch nach Ablauf der Vorlegungsfrist das Recht, den Scheck durch Verrechnung einzulösen (§ 13 Abs 2). Daraus folgt ferner, daß auch beim Verrechnungsscheck die scheckrechtliche Leistung, die dem Bezogenen obliegt, eben die Verrechnung, Zahlung ist und daß deshalb die Aufforderung, die bei der Vorlegung des Schecks an ihn zu richten und gemäß Art 88 Abs 1 Nr 2 WO in Verbindung mit § 16 Abs 2 ScheckG im Proteste als erfolgt festzustellen ist, auf Zahlung gehen kann; daß es aber andererseits unschädlich ist, wenn die Aufforderung auf Einlösung durch Verrechnung gelautet hat, da diese als Zahlung gilt. Die Feststellung, daß die Einlösung nicht erfolgt ist und die Erhebung des Protestes ist gerechtfertigt, wenn der Bezogene auf die Aufforderung zur Zahlung eine Erklärung nicht abgegeben oder erklärt hat, nicht zahlen zu wollen; hat er sich dagegen zur Einlösung durch Verrechnung bereit erklärt, so muß diese angenommen werden und kann keine Feststellung der Nichteinlösung erfolgen. Auf Barzahlung darf die Aufforderung selbstverständlich nicht lauten. In diesem Sinne ist die streitige Frage zutreffend entschieden worden durch das Urteil des Reichsgerichts vom 1. 2. 1922 (RGZ 104, 38) gegen Friedrich (BankA 11, 125), der die Ansicht vertritt, die Aufforderung an den Bezogenen dürfe nur auf Einlösung durch Verrechnung lauten. — Andererseits trifft die Bestimmung nicht den Regreßanspruch des Inhabers gegen den Aussteller und die Indossanten; dieser geht nicht auf Zahlung des Schecks, auch nicht auf Ersatz des durch die Nichteinlösung dem Scheckinhaber entstandenen Schadens, sondern auf die in Art 50, 51 WO in Verbindung mit § 17 ScheckG bezeichneten Leistungen, darunter die nicht bezahlte Wechselsumme, sonach auf eine bare Geldleistung; daran wird nichts dadurch geändert, daß der Bezogene den Scheck nicht durch Barzahlung einzulösen hatte. Dieser Rechtsgrundsatz ist zutreffend ausgesprochen in dem Urteile des RG v. 26. 2. 1919, V 327/18 (RGZ. 95, 241); ebenso RG V 260/21, Urt v. 10. 8. 1921 (Feriensenat). § 14

4. **Absatz 2** bestimmt, daß das Verbot nicht zurückgenommen werden kann und daß die Übertretung des Verbots den Bezogenen für den dadurch entstehenden Schaden verantwortlich macht.

a) Das Verbot kann nicht zurückgenommen werden (Satz 1). Es muß sonach von dem Bezogenen beachtet werden, solange es sich, wenn auch durchstrichen oder auf sonstige Weise als nicht mehr gelten sollend bezeichnet, noch erkennbar auf dem Scheck befindet. Ist es derart entfernt, daß es nicht mehr erkennbar ist, so kann der Bezogene selbstverständlich nicht zur Beachtung verpflichtet sein. Auch eine durch besondere mündliche oder schriftliche Erklärung desjenigen, von dem das Verbot ausgegangen ist — des Ausstellers oder eines Inhabers —, erfolgte Zurücknahme darf der Bezogene nicht beachten. Auch nicht, wenn sie durch den Aussteller nach Ablauf der Vorlegungsfrist erfolgt, also ein Widerruf des Schecks durch den Aussteller gemäß § 13 Abs 3 (vgl. Anm 4 ff. zu § 13) zulässig sein würde. Andererseits kann derjenige, der das Verbot zurückgenommen hat, sich nicht auf die Unwirksamkeit der Zurücknahme berufen; es würde ihm die Einrede der allgemeinen Arglist entgegenstehen. **Anm. 10**

b) Durch die Übertretung des Verbots macht sich der Bezogene für den dadurch entstehenden Schaden verantwortlich (Satz 2). Die Verantwortlichkeit tritt ein auf Grund der alleinigen Tatsache der „Nichtbeachtung", d. h. der Nichtbefolgung des in vorschriftsmäßiger Weise auf dem Scheck angebrachten Verbots, ohne daß es eines weiteren schuldhaften Verhaltens des Bezogenen oder einer Person, für die er verantwortlich ist, bedarf. Die Verantwortlichkeit geht also über die Sorgfalt hinaus, zu welcher der Bezogene dem Aussteller auf Grund des Scheckvertrages verpflichtet ist; eine auf Grund dieses Vertrages begründete Schadensersatzpflicht bleibt daneben unberührt. Die Verantwortlichkeit tritt aber nicht nur gegenüber dem Aussteller ein und auch nicht nur gegenüber demjenigen, der das Verbot der Barzahlung auf den Scheck gesetzt hat, sondern gegenüber jedem Scheckberechtigten, dem aus der Nichtbeachtung des Verbots ein Schaden entsteht, ohne daß es eines zwischen ihm und dem Bezogenen bestehenden schuldrechtlichen Verhältnisses bedarf, insbesondere also gegenüber dem materiell Scheckberechtigten, wenn die Auszahlung an einen zwar formell legitimierten, aber materiell nicht berechtigten Scheckinhaber erfolgt ist, z. B. an jemanden, der rechtswidrig — durch Diebstahl, Unterschlagung usw. — den Besitz des Schecks erlangt hat. Vgl. RGZ 100, 32. Ist die Barauszahlung an den materiell berechtigten Scheckinhaber erfolgt, so ist ein Schaden nicht entstanden. Hat sich der Bezogene durch die Barauszahlung einer unerlaubten Handlung (§§ 823 Abs 2, 826) schuldig gemacht, so besteht die dadurch begründete Schadensersatzpflicht selbständig neben der aus dem ScheckG folgenden. Voraussetzung für die aus § 14 Abs 2 sich ergebende Verantwortlichkeit des Bezogenen ist aber, daß der Scheck in der Gestalt, in welcher er dem Bezogenen zur Einlösung vorgelegt worden ist, sich noch als Verrechnungsscheck darstellt. War der Verrechnungsvermerk durch Rasuren derart entfernt, daß er nicht mehr ohne weiteres als solcher erkennbar war, so ist der Bezogene jedenfalls gegenüber dem Scheckberechtigten, mit welchem er in keinem Vertragsverhältnis steht, berechtigt, den Scheck als Barscheck zu behandeln. Nach RGZ 100, 32 soll in diesem Falle die Verantwortlichkeit des Bezogenen auch gegenüber einem solchen Scheckberechtigten (der übrigens dort wohl unzutreffend als „befugter Inhaber" bezeichnet wird, während es sich doch um Fälle handelt, in denen er zwar materiell berechtigt ist, aber die Inhaberschaft verloren hat) eintreten, wenn der Bezogene oder sein Kassenbeamter bei Anwendung der ihnen zuzumutenden Aufmerksamkeit auch nur hätte erkennen können, daß der Text des Schecks verändert worden, und wenn er alsdann durch Nachfrage bei den ihm bekannten Scheckbeteiligten erfahren hätte, daß der Scheck ein Verrechnungsscheck und die Beseitigung dieser Eigenschaft durch Fälschung herbeigeführt war. Es erscheint indessen bedenklich, aus § 14 Abs 2 eine so weitgehende Prüfungs- und Erkundigungspflicht ohne Bestehen eines Vertragsverhältnisses zu folgern. Dagegen wird aus der dem Aussteller gegenüber durch den Scheckvertrag begründeten Sorgfaltspflicht bei Einlösung von Schecken (vgl. zu § 23 Anm 10) allerdings zu folgern sein, daß der Bezogene im Verhältnis zum Aussteller nicht befugt ist, einen Scheck ohne nähere Erkundigungen in bar einzulösen, wenn der Text desselben erkennbar Veränderungen aufweist, die auf eine Fälschung in irgendeiner Richtung hindeuten. — Die Verjährung des Anspruchs aus § 14 Abs 2 Satz 2 tritt ein durch **Anm. 11**

§ 14 Ablauf eines Jahres seit der Ausstellung (§ 22 ScheckG); vgl. Näheres in Anm 2 zu § 22. Der Anspruch ist ein Anspruch **aus dem Scheckgesetze**, da er in diesem seine rechtliche Grundlage hat; er unterliegt deshalb der durch § 28 Abs 1, 2 begründeten Zuständigkeit der Kammern für Handelssachen und in der Revisionsinstanz des Reichsgerichts. Dagegen ist der Anspruch kein „Regreßanspruch aus dem Scheck"; der für solche Ansprüche zulässige Scheckprozeß (§ 28 Abs 3) ist deshalb für ihn ausgeschlossen. Vgl. Näheres zu § 28 Anm 7.

Anm. 12 **Zusatz 1: Fremde Rechte.** Vgl. die Anhänge unter G. Verrechnungsschecke im Sinne des deutschen ScheckG sind nur in den ScheckG von Österreich (§ 22 ScheckG), Ungarn (§ 11) und Argentinien (Art 823) vorgesehen. Nicht unerheblich verschieden von dem deutschen Verrechnungsschecke ist das ursprünglich englische Rechtsgebilde des „crossed cheque"; es schließt nicht die Bareinlösung des Schecks aus, sondern beschränkt nur den Kreis der zur Vorlage des Schecks behufs Einlösung bei dem Bezogenen Berechtigten auf Bankiers (bankers), und zwar auf einen bestimmten Bankier, wenn der Name eines solchen in den Zwischenraum zwischen die beiden über die Vorderseite des Schecks gezogenen Linien geschrieben ist (specially crossed), oder auf einen Bankier überhaupt, wenn dieser Zwischenraum unausgefüllt geblieben oder nur die Worte: „and Company" oder ein ähnlicher Vermerk hineingeschrieben sind (generally crossed). Durch Einfügung der Worte: „not negotiable" kann die Begebbarkeit eines solchen Schecks ausgeschlossen werden (Bills of Exchange Act Sect. 76 bis 78). In den Vereinigten Staaten von Amerika ist das Crossing nur bei Schecken auf ausländische Bezogene gebräuchlich. Dagegen hat es Eingang gefunden in das spanische Scheckrecht (Art 541 HGB in Verbindung mit dem Dekret v. 9. 1. 1923); die skandinavischen ScheckG (§ 7), Japan (Art 535 HGB); Argentinien neben dem Verrechnungsscheck (Art 819 ff. HGB). Auch Frankreich hat die gekreuzten Schecke (chèques barrés), nachdem bereits vorher im Verkehr Versuche zu ihrer Einführung gemacht waren, durch das Ges v. 30. 12. 1911 eingeführt, welches durch ein weiteres Ges v. 26. 1. 1917 ergänzt worden ist; ebenso Belgien (Ges v. 20. 6. 1873, ergänzt durch das Ges v. 31. 5. 1919, Art 7 ff.). Ob die Kreuzung in solchen Staaten, in denen sie nicht gesetzlich eingeführt, zulässig sei, ist bestritten. Vgl. Näheres bei Meyer, Weltscheckrecht I S. 151 ff., 141 ff.

Anm. 13 **Zusatz 2:** Zukünftiges Weltscheckrecht. Vgl. **Anhang H.** Die Beschlüsse der zweiten Haager Wechselrechtskonferenz haben sowohl den gekreuzten Scheck im Sinne des englischen Rechts (Art 19) wie den deutschen Verrechnungsscheck (Art 20) als zulässig aufgenommen, jedoch ist den Vertragsstaaten vorbehalten, die Zulässigkeit auszuschließen.

Die Artikel lauten in deutscher Übersetzung wie folgt:

„Art 19.

Der Scheck, der auf der Vorderseite durch zwei parallele Sperrlinien (barres) gekreuzt ist, kann nur an einen Bankier bezahlt werden.

Die Sperrung (barrement) kann durch den Aussteller oder einen Inhaber erfolgen.

Die Sperrung kann generell oder speziell sein.

Die Sperrung ist generell, wenn sie zwischen den beiden Sperrlinien keine Bezeichnung oder den Vermerk „Bankier", einen gleichbedeutenden Ausdruck oder nur „und Cie." trägt; sie ist speziell, wenn der Name eines Bankiers zwischen den beiden Sperrlinien eingeschrieben ist.

Die generelle Sperrung kann in eine spezielle Sperrung umgewandelt werden. Aber die spezielle Sperrung kann nicht in eine generelle Sperrung umgewandelt werden.

Der Scheck mit spezieller Sperrung kann nur dem angegebenen Bankier bezahlt werden. Jedoch kann dieser, wenn er die Einkassierung nicht selbst besorgt, sich einen anderen Bankier substituieren.

Es ist untersagt, die Sperrung oder den Namen des bezeichneten Bankiers zu löschen.

Der Bezogene, der den gesperrten Scheck, wenn die Sperrung eine generelle ist, einer anderen Person als einem Bankier, und wenn die Sperrung eine spezielle ist, einer anderen Person als dem bezeichneten Bankier bezahlt, ist gegebenenfalls verantwortlich für den entstandenen Schaden, ohne daß der Schadensersatz den Betrag des Schecks übersteigen kann.

Den vertragschließenden Staaten bleibt für die auf ihren Gebieten zahlbaren Schecke die Befugnis vorbehalten, das System der gesperrten Schecke auszuschließen.

Art 20.

Der Aussteller sowie jeder Inhaber eines Schecks können verbieten, daß der Scheck in barem Gelde bezahlt werde, indem sie auf der Vorderseite den querlaufenden Vermerk „à porter en compte (nur zur Verrechnung)“ oder einen gleichbedeutenden Ausdruck einfügen. § 14

In diesem Falle kann die Regelung des Schecks nur durch Schriften (Gutschrift auf Rechnung, Virement oder Kompensation) erfolgen. Die Regelung durch Schriften gilt als Zahlung. Der Vermerk „à porter en compte“ kann nicht widerrufen werden.

Die Übertretung dieses Vermerkes macht den Bezogenen verantwortlich für den verursachten Schaden, ohne daß der Schadensersatz den Betrag des Schecks übersteigen kann.

Den vertragschließenden Staaten bleibt für die auf ihren Gebieten zahlbaren Schecke die Befugnis vorbehalten, die Wirkungen dieser Klausel für den Fall der Zahlungsunfähigkeit des Bezogenen zu regeln, sowie das System der Schecke mit dem Vermerke: „à porter en compte“ auszuschließen.“

§ 15. § 15

Der Aussteller und die Indossanten haften dem Inhaber für die Einlösung des Schecks.

Auch bei dem auf den Inhaber gestellten Scheck haftet jeder, der seinen Namen oder seine Firma auf die Rückseite des Schecks geschrieben hat, dem Inhaber für die Einlösung. Auf den Bezogenen findet diese Vorschrift keine Anwendung.

Hat ein Indossant dem Indossamente die Bemerkung „ohne Gewährleistung“ oder einen gleichbedeutenden Vorbehalt hinzugefügt, so ist er von der Verbindlichkeit aus seinem Indossamente befreit.

1. **Allgemeines und Entstehungsgeschichte.** § 15 regelt die **Garantie- (Haftungs-) wirkung** der Ausstellung und Indossierung des Schecks sowie der im Falle des Inhaberschecks der Indossierung gleichgestellten Namensschrift auf der Rückseite. Einer solchen Garantiewirkung ermangelte der Scheckverkehr, der sich vor dem Inkrafttreten des ScheckG in Deutschland ausgebildet hatte (vgl. darüber die Einleitung S. 9), da die rechtliche Grundlage der damals ausgestellten Schecke lediglich die Vorschriften des bürgerlichen und Handelsrechts über die Anweisung (seit 1. 1. 1900 §§ 783ff BGB und gegebenenfalls §§ 363ff. HGB) bildeten, durch welche eine aus der Urkunde herzuleitende selbständige (abstrakte) Verpflichtung des Ausstellers oder, soweit sie durch Indossament übertragen werden konnte, der Indossanten als solcher nicht begründet wurde, denen zufolge vielmehr der Anweisungsempfänger und die Indossatare genötigt waren, sich an diejenigen, von denen sie selbst unmittelbar die Anweisung empfangen hatten, zu wenden, um unter Zugrundelegung und nach Maßgabe des mit ihrer Hingabe und Empfangnahme verfolgten rechtlichen Zweckes (Zahlung, Kauf usw.) — des kausalen Rechtsverhältnisses — Schadloshaltung für die Nichteinlösung der Anweisung durch den Bezogenen zu erlangen. Dieser Mangel beeinträchtigte die Sicherheit des Scheckverkehrs in empfindlicher Weise und stand seiner weiteren Verbreitung und Einbürgerung in Deutschland als Hemmnis im Wege. Er war deshalb eines der hauptsächlichsten Argumente, mit welchen die Notwendigkeit des Erlasses eines ScheckG, dessen Zweckmäßigkeit von anderer Seite bestritten war, gerechtfertigt wurde; so von G. Cohn im BankA 6, 177; Koch ebenda 185. Allerdings hatten in früherer Zeit Schriftsteller und Gerichte ihm dadurch abzuhelfen gesucht, daß sie auf Grund eines angeblichen Handelsgewohnheitsrechts einen wechselähnlichen Rückgriff des Scheckinhabers gegen den Aussteller zuließen, so das Hanseatische OLG in einem in der HansGZ 1877 S. 338 abgedruckten Urteile; doch war dieser Auffassung später die Rechtslehre und Rechtsprechung überwiegend entgegengetreten; so das Hanseatische OLG selbst in einem Urt v. 27. 10. 97 (SeuffA 53, 99); OLG Dresden 10. 1. 99 (SächsAnn 21 S. 61ff.) und auch das RG in dem Urt v. 4. 10. 99 (RGZ 44 S. 153ff.). Dem dadurch eingetretenen unsicheren und unzulänglichen Rechtszustande machte das ScheckG ein Ende, indem es durch § 15 (entsprechend dem § 13 des Entwurfs von 1892) die Haftung des Ausstellers und der Indossanten für die Einlösung des Schecks einführte. Anm. 1

2. **Der Aussteller und die Indossanten haften dem Inhaber für die Einlösung des Schecks (Abs 1).** Die Haftung tritt ein auf Grund des Skripturaktes, der mit der Ausstellung bzw. Indossierung des Schecks vollzogen wird, doch muß in beiden Fällen noch ein Begebungsvertrag hinzutreten. Vgl. über den Begebungsvertrag beim Indossamente, insofern dadurch die Transportwirkung ausgelöst wird, zu § 8 Anm. 5. Auch für die Garantiewirkung Anm. 2

§ 15 des Indossaments ist der Begebungsvertrag Voraussetzung. Entsprechendes gilt für die Haftung des Ausstellers; auch sie erfordert, daß der Aussteller den Scheck dem ersten Empfänger (Remittenten) zu Eigentum übertragen und dieser ihn genommen hat; doch kann auch vom Aussteller der Mangel eines solchen Begebungsvertrags einem Nachmanne des Remittenten (Indossatar), der ihn gutgläubig erworben hat, nicht entgegengehalten werden. Das Erfordernis des Begebungsvertrags gilt innerhalb der a. a. O. erörterten Grenzen auch für den Inhaberscheck. Auch bei diesem können daher der Aussteller und die übrigen Regreßverpflichteten dem Inhaber den Einwand entgegenhalten, daß dieser den Scheck nicht durch Begebung von einem Vorinhaber oder dem Aussteller erhalten habe, sonach nicht rechtmäßiger Inhaber sei; dagegen kann einem gutgläubigen Erwerber die Mangelhaftigkeit des Erwerbs des Schecks durch einen Vorinhaber nicht entgegengehalten werden. Der Eintritt der Haftung ist gesetzlich bedingt durch die Nichteinlösung des Schecks von seiten des Bezogenen, die in der durch § 16 (vgl. die Erläuterungen dazu) vorgeschriebenen Weise festgestellt sein muß; der Anspruch hat daher die rechtliche Natur eines Regreßanspruchs, als welcher er denn auch in den §§ 16ff. bezeichnet wird. Die Haftung beruht darauf, daß das durch die Ausstellung bzw. Indossierung des Schecks abgegebene Versprechen, für die Einlösung des Schecks einzustehen, als abgegeben gilt zugunsten jedes künftigen Erwerbers des Schecks (§ 328 BGB). Sie trifft deshalb den Aussteller gegenüber jedem legitimierten Inhaber des Schecks; ferner beim Orderscheck jeden Indossanten gegenüber seinen Nachmännern, d. h. denjenigen, die den Scheck durch sein oder ein diesem nachfolgendes Indossament erworben haben; die Reihenfolge bestimmt sich nach der Stellung in der zusammenhängenden Kette der Indossamente; vgl. zu § 8 Anm 34ff. Die Haftung ist eine abstrakte, d. h. sie besteht auf Grund des selbständigen Schuldversprechens (§ 780 BGB), das in der Ausstellung bzw. Indossierung des Schecks liegt; ein Zurückgehen auf das zugrunde liegende Rechtsverhältnis kann nur im Wege der Einwendung erfolgen und ist nach Maßgabe des § 18 Abs 2 (vgl. zu § 18 Anm 8ff.) beschränkt. Ohne Skripturakt tritt keine Haftung ein; es haftet also nicht der Inhaber eines Inhaberschecks oder eines mit Blankogiro versehenen Schecks, der diesen durch Übergabe (Blankotradition) einem anderen übereignet, ohne durch Indossament oder Namensschrift auf der Rückseite (vgl. Abs 2 und Anm 4) urkundlich in Erscheinung zu treten; in solchem Falle entscheidet lediglich das der Übereignung zugrunde liegende Rechtsverhältnis. Keine Haftung tritt ein durch das Indossament oder die Namensschrift des Bezogenen; § 8 Abs 2 Satz 3, vgl. zu § 8 Anm 17. Ein Indossament an den Bezogenen gilt nach § 8 Abs 2 Satz 4 (vgl. Anm 16 zu § 8) als Quittung; aus ihm erwerben deshalb weder der Bezogene noch etwaige spätere Indossatare Regreßansprüche gegen den Aussteller oder die Indossanten.

3. **Haftung aus Namensschrift beim Inhaberscheck (Abs 2).**

Anm. 3 a) Wie oben (Anm 2) bereits bemerkt ist, findet die Vorschrift des Abs 1 des § 15 auch **auf den Inhaberscheck** Anwendung, soweit sie für diesen zutrifft. Demnach haftet auch beim Inhaberscheck der **Aussteller** dem Inhaber für die Einlösung in gleicher Weise wie beim Orderscheck. Dagegen gibt es beim Inhaberscheck, als welcher nach § 4 Abs 2 auch der Scheck mit alternativer Inhaberklausel gilt, keine „Indossanten", da es auch kein „Indossament" im eigentlichen Sinne gibt, insbesondere die Übertragung des Inhaberschecks nicht durch Indossament, sondern lediglich nach sachenrechtlichen Grundsätzen erfolgt; vgl. zu § 8 Anm 2. Eine Regreßhaftung desjenigen, der einen Inhaberscheck einem anderen nach diesen sachenrechtlichen Grundsätzen übereignet hat, besteht an und für sich nicht. Doch führt der **Abs 2 des § 15** eine der Haftung des Ausstellers, sowie beim Orderscheck der Indossanten, entsprechende scheckrechtliche **Regreßhaftung eines jeden ein, der seinen Namen oder seine Firma auf die Rückseite des Schecks geschrieben hat.** Er haftet wie jene dem Inhaber für die Einlösung.

Anm. 4 b) Wie für den Orderscheck in dem Indossamente, so erblickt das Gesetz für den Inhaberscheck in der Namensschrift auf der Rückseite das Versprechen, für die Einlösung des Schecks einstehen zu wollen. Anders als dort das Indossament ist aber hier die Namensschrift nicht mit der Übertragung des Schecks und der Rechte aus dem Scheck grundsätzlich verbunden; sie braucht überhaupt nicht von einer Person herzurühren, die jemals Scheckberechtigter war und den Scheck an einen anderen übertragen hat, kann vielmehr auch aus anderem Anlasse, z. B. behufs Übernahme einer Bürgschaft, erfolgt sein. Auch gibt die räumliche Stellung der Namensunterschrift auf der Rückseite keinen sicheren Aufschluß über die zeitliche Aufeinanderfolge mehrerer solcher Namensschriften, da es an dem Erfordernisse einer zusammenhängenden Kette von Namensschriften, die beim Indossament erfordert wird, fehlt. Die Namensschrift auf der Rückseite des Inhaberschecks kann deshalb nicht, wie das Indossament, als ein Haftungsversprechen aufgefaßt werden, das nur den künftigen Erwerbern des Schecks gegenüber abgegeben wird. Demgemäß kann der Inhaber des Inhaberschecks im Falle der Nichteinlösung seinen Regreßanspruch gegen jeden

Namensschreiber geltend machen, ohne Rücksicht darauf, ob die Namensschrift erfolgt ist, § 15
bevor oder nachdem der Inhaber den Scheck erworben hatte. Es ist aber zweifelhaft geworden, wie sich die Rechtslage gestaltet, wenn auch der Inhaber, der den Regreßanspruch erhebt, seinen Namen auf die Rückseite des Schecks geschrieben hat und deshalb nicht nur regreßberechtigt, sondern auch zugleich regreßverpflichtet ist. Breit (BankA VII S. 154) hält in solchem Falle den Inhaber für berechtigt, auch denjenigen im Regreßwege in Anspruch zu nehmen, dessen Namensschrift räumlich hinter seiner eigenen steht, da beim Inhaberscheck zwischen Vor- und Nachmännern nicht unterschieden werden könne; doch nimmt er an, daß der Beklagte mit dem Einwande gehört werden müsse, daß der Kläger selbst aus dem Scheck ihm regreßpflichtig sei, da dessen Namensschrift der seinigen zeitlich vorhergehe. Rießer (ebenda S. 155) wendet ein, daß man auch bei nichtdatierten Namensschriften „Vor- und Nachmänner anzunehmen habe" (?) und schon deshalb nicht zur Annahme eines Regresses gegen einen Nachmann dessen, der den Scheck eingelöst, gelangen könne; er beruft sich dabei weiter auf Art 51 WO, der nur den Regreß gegen die „Vormänner" regle; dabei übersieht er freilich wohl, daß nach § 17 ScheckG die dort aufgezählten Artikel der Wechselordnung auf den Scheck nur „entsprechende" Anwendung zu finden haben. Meines Erachtens kann es weder auf die räumliche noch auf die zeitliche Aufeinanderfolge der Namensunterschriften, soweit diese überhaupt feststellbar ist, ankommen. Vielmehr besteht grundsätzlich eine Haftung aus der Namensskriptur auch gegenüber demjenigen Inhaber, dessen Namen gleichfalls auf der Rückseite des Schecks von ihm geschrieben steht; andererseits ist aber auch der gegenwärtige Inhaber dem Namensskribenten für den Fall, daß dieser wieder Inhaber wird, in gleicher Weise haftpflichtig; gegenüber der Klage des Inhabers kann daher der Beklagte einwenden, daß der Kläger ihm, falls er zur Einlösung des Schecks verurteilt werde, gegen Zahlung der Regreßsumme den Scheck herausgeben müßte und alsdann der jetzige Beklagte als nunmehriger Inhaber gegen den jetzigen Kläger die Regreßklage erheben könnte, auf Grund deren dieser das, was er erhalten, wieder herausgeben müßte. Diese Einrede der Arglist (dolo facit qui petit quod redditurus est) muß zur Abweisung der Regreßklage des gegenwärtigen Inhabers, dessen Name auf der Rückseite des Schecks steht, gegen andere Namensschreiber führen. Doch wird die Einrede nicht geltend gemacht werden können, wenn unter den Parteien ein außerscheckliches schuldrechtliches Verhältnis besteht, aus dem der Beklagte dem Kläger für die Einlösung des Schecks haftet, z. B. wenn der Scheck vom Beklagten dem Kläger zahlungshalber hingegeben worden ist, die dadurch zu tilgende Forderung. Auch kann die Einrede dadurch wirksam vermieden werden, daß der Inhaber, dessen Name auf der Rückseite von ihm geschrieben steht, die Inhaberschaft einem anderen abtritt, bei dem dies nicht der Fall ist. Der Aussteller kann den Einwand selbstverständlich nicht erheben, da ihm, auch wenn der Scheck durch Einlösung wieder in seine Hand kommt, ein Rückgriffsrecht nicht zusteht.

c) Voraussetzung für die Haftung aus der Namensschrift ist, daß diese sich auf der Rück- Anm. 5
seite des Schecks befindet, wie auch beim Orderscheck die bloße Namensschrift als gültiges Indossament angesehen wird, wenn sie auf der Rückseite steht (§ 8 Abs 2 ScheckG in Verbindung mit Art 12 WO; vgl. oben zu § 8 Anm 22). Befindet sich die Namensschrift auf der Vorderseite, so kann sie scheckrechtliche Verbindlichkeiten nur erzeugen, wenn sie sich als Unterschrift des Ausstellers darstellt. Namensschriften sonstiger Personen auf der Vorderseite können als Übernahme von Bürgschaften gedeutet werden, erzeugen jedoch in solchem Falle nur die Wirkungen der gewöhnlichen bürgerlich-rechtlichen Bürgschaft, da es eine besondere scheckrechtliche Bürgschaft, entsprechend dem Wechselaval, nicht gibt; vgl. oben zu § 1 Anm. 36.

d) Zweifelhaft sein kann angesichts des uneingeschränkten Wortlautes des Abs 2, ob auch Anm. 6.
solche Namensschriften auf der Rückseite eine scheckrechtliche Haftung begründen, bei denen ohne weiteres für jedermann ersichtlich ist, daß sie nicht zum Zwecke der Übernahme einer solchen Haftung auf den Scheck gesetzt sind, z. B. wenn sie als Unterschrift zu irgendwelchen anderen Erklärungen oder Gedankenäußerungen dienen, die in keinem Zusammenhange mit dem Scheck stehen, wie etwa: „Besten Gruß (Unterschrift)". Die Frage wird zu verneinen sein, da es nicht in der Absicht des Gesetzes liegen kann, eine Haftung zu schaffen, wenn in einer für jeden erkennbaren Weise keine darauf gerichtete Willenserklärung vorliegt. Das muß insbesondere auch gelten, wenn der Namensschrift ein die Haftung ablehnender Zusatz beigefügt ist, wie „Ohne Obligo", „Ohne Präjudiz". In diesen Fällen würde übrigens auch Abs 3 des § 15 entsprechende Anwendung finden müssen; vgl. unten Anm. 9. Mit Unrecht will aber Lessing (S. 125) einen Ausschluß der Haftung schon daraus herleiten, daß der Namensschrift ein Quittungsvermerk beigefügt ist, wie: „Betrag empfangen, H. Schneider." Ein solches Valutabekenntnis schließt die Übernahme einer Garantie für die Einlösung des Inhaberschecks ebensowenig aus wie beim Orderscheck ein dem Indossamente hinzugefügtes Valutaempfangsbekenntnis; vgl. darüber zu § 8 Anm 20. Es kommt auch vor, daß auf der Rückseite eines Inhaberschecks sich ein in die Form eines Namensindossaments gekleideter Vermerk befindet, z. B. „Für mich an die Order des Herrn N. N. (Unterschrift)". Ein solcher

§ 15 Vermerk begründet, obwohl er nicht die Transportwirkung des Indossaments hat, doch die Regreßhaftung aus der Namensschrift.

Anm. 7 e) Die Namensschrift auf der Rückseite muß eine Schrift sein; daher genügt nicht mechanische Herstellung durch Stempelung, Faksimile oder dergleichen. Die Schrift muß den Namen oder die Firma des Schreibers bilden oder in sich enthalten. Unerheblich ist das Schriftmaterial; auch eine mit Bleistift hergestellte Schrift begründet die Haftung. Es gilt in diesen Beziehungen das gleiche wie für die Unterschrift des Ausstellers; vgl. oben zu § 1 Anm 16ff.

Anm. 8 f) Bei dem Ankaufe (der Diskontierung) von Inhaberschecken verlangt die diskontierende Bank in der Regel, daß der Inhaber (Verkäufer) durch eine Namensschrift auf der Rückseite die Haftung für die Einlösung gemäß § 15 Abs. 2 übernehme. Wird aber der Kauf abgeschlossen, ohne daß ein solches Verlangen gestellt worden ist, so kann der Käufer nicht aus dem Fehlen der Namensschrift Ansprüche auf Mängelhaftung (Wandelung, Minderung oder Schadensersatz wegen Nichterfüllung) gemäß §§ 459ff. BGB geltend machen; der Scheck ist dadurch weder ungültig noch mangelhaft im Sinne dieser Bestimmungen. Der Verkäufer haftet in solchem Falle nur für den rechtlichen Bestand der aus dem Scheck, wie er vorliegt, sich ergebenden Forderungen (§ 437 BGB), nicht aber für die tatsächliche Einlösung. Ein Handelsgebrauch des Inhalts, daß der Verkäufer eines Inhaberschecks auch ohne Verlangen des Käufers verpflichtet ist, seinen Namen oder seine Firma auf die Rückseite des Schecks zu setzen, besteht nicht. Diese Rechtsgrundsätze sind ausgesprochen in dem Urt des RG V 136/1922 v. 4. 11. 1922.

Anm. 9 g) Ob die in § 15 Abs 2 geregelte Namensschrift auf der Rückseite als „Indossament" bezeichnet werden kann, ist bestritten. Rein sprachlich wäre es sicherlich zulässig, da sie auf der Rückseite (in dorso) erfolgt. Als technische Bezeichnung aber ist der Ausdruck „Indossament" im Wechselrechte ausgebildet worden für die auf diese Weise erfolgende Übertragung der Rechte aus dem Wechsel und die Legitimation des Wechselgläubigers, vgl. zu § 8 Anm 1; die Garantiewirkung stand dabei erst in zweiter Linie als Folge aus der Übertragung. Gerade die Übertragungs- und Legitimationswirkung aber fehlt bei der Namensschrift auf der Rückseite des Inhaberschecks. Deshalb wird sie für die Bezeichnung als Indossament besser vermieden. Brunner (DJZ 1908 Sp. 153) schlägt dafür die Bezeichnung „hinkendes Indossament" vor, weil die Namensschrift zwar keine Transport-, wohl aber Garantiewirkung habe. Die von Brunner a. a. O. hervorgehobene Gefährlichkeit der Verwendung des Blankoindossaments an Stelle der Quittung über die erfolgte Einlösung durch den Bezogenen (vgl. darüber zu § 8 Anm 16a) trifft auch für die Namensschrift auf der Rückseite beim Inhaberscheck zu, die vielfach von den Banken an Stelle oder neben der Quittung bei der Einlösung verlangt wird.

Anm. 9a h) Keine Anwendung finden die Vorschriften über die Haftung aus der Namensunterschrift **auf den Bezogenen (Satz 3 des Abs 2)**. Aus einer Namensschrift des Bezogenen auf der Rückseite des Inhaberschecks entsteht eine scheckrechtliche Verbindlichkeit ebensowenig wie aus einem Indossamente des Bezogenen beim Orderscheck; vgl. § 8 Abs 2 Satz 3 ScheckG und Anm 17 zu § 8.

Anm. 9b 4. Von der Regreßhaftung kann sich jeder **Indossant dadurch befreien,** daß er seinem Indossamente die Bemerkung: **„Ohne Gewährleistung"** oder einen gleichbedeutenden Vorbehalt beifügt (Abs 3). Das Indossament verliert dadurch seine Garantiewirkung, behält aber seine Transportwirkung; vgl. § 8 und Anm 7 dazu. Die Hinzufügung muß dem Indossamente „beigefügt", also in räumliche Beziehung zu ihm gesetzt sein. Als gleichbedeutende Vorbehalte werden anzusehen sein: „Ohne Obligo", „Ohne Gewähr", „Ohne Regreßverbindlichkeit", auch wohl deutlich genug: „Ohne Präjudiz für mich" u. dgl. Als das Geringere im Verhältnis zur Ausschließung wird auch die Einschränkung der Haftung zulässig sein. Eine zeitliche Einschränkung durch eine Klausel wie etwa: „Giroverbindlichkeit bis zum . . (Datum)" kam vor Erlaß des ScheckG nicht selten vor und bedeutete die Bestimmung einer Präsentationsfrist, da eine solche gesetzlich nicht bestand; sie war aber in ihrer Zulässigkeit bestritten (vgl. Lessing S. 126). Nach dem ScheckG wird die Bestimmung einer kürzeren als der gesetzlichen zehntägigen Vorlegungsfrist (§ 11) zulässig sein; nicht aber die Erweiterung, da eine den Artt 19 Satz 3 und 31 Satz 3 WO entsprechende Vorschrift im ScheckG nicht enthalten ist und eine Verlängerung der Vorlegungsfrist des § 11 der Absicht des Gesetzes, den Scheck der Einlösung binnen kurzer Frist zuzuführen, widerstreiten würde. Die abgekürzte Vorlegungsfrist gilt nur gegenüber dem Indossanten, der sie beigefügt hat, vgl. oben zu § 11 Anm 11. Auch die Bestimmung einer kürzeren Verjährungsfrist (§ 20) für den Regreß gegen den Indossanten dürfte zulässig sein. Zulässig ist ferner die Einschränkung der Haftung auf einen geringeren als den Scheckbetrag. — Nur ein Indossant kann sich von der Haftung freizeichnen, nicht der Aussteller, dessen Haftung ist eine notwendige. Würde er in dem Scheck erklären, daß er kein Obligo für die Einlösung übernehme, so könnte sich nur fragen, ob ein gültiger Scheck überhaupt nicht vorliege, so daß weder er noch die Indossanten scheckrechtlich haften würden (so für den Wechsel StStr 11. Aufl zu Art 4 Anm 67), oder ob die Freizeichnung als nicht geschrieben zu gelten hätte und er trotzdem hafte. Man wird sich für das letztere entscheiden müssen, da durch die Hinzufügung der Charakter seiner Unterschrift als „Unterschrift des Ausstellers" nicht beseitigt wird und daher das formelle Erfordernis des § 1 Ziff 3 ScheckG erfüllt ist, in solchem Falle aber die Haftung nach § 15 Abs 1 eintritt, ohne daß es auf den Verpflichtungswillen ankommt*). Vgl. über die gleiche Frage beim Wechsel RGZ 18, 112. Ist der Aussteller zugleich Indossant (so bei einem Scheck an eigene Order), so kann er seine Haftung als Indossant ausschließen, jedoch nur durch einen Zusatz bei dem Indossament, also in der Regel auf der Rückseite, nicht bei der Ausstellerunterschrift. Auf alle Fälle bleibt er als Aussteller verhaftet, und diese Haftung ist weitergehend als die Indossantenhaftung wegen des Bereicherungsanspruchs aus § 21 ScheckG. — Auf die Namensschrift auf der Rückseite des Inhaberschecks, die kein eigentliches Indossament ist, bezieht sich Abs 3 nicht unmittelbar; doch wird der entsprechenden Anwendung nichts entgegenstehen, falls man nicht schon an sich durch die Hinzufügung die Bedeutung der Namensunterschrift als Verpflichtungserklärung für ausgeschlossen erachtet; vgl. oben Anm 6. Die Frage liegt hier anders als bei der Freizeichnung des Ausstellers (vgl. oben), da es sich nicht um die absolute Haftung als Aussteller handelt. So auch Kuhlenbeck zu § 15 Anm 4 am Schlusse; Conrad 262; zweifelnd Cohn bei Goldschmidt 61 S. 90. § 15

5. Voraussetzung für die Entstehung der Haftung des Ausstellers, der Indossanten (Abs 1) wie der Namensschreiber (Abs 2) ist die sog. **aktive Scheckfähigkeit.** Darunter wird in der Begründung (S. 17) und in der scheckrechtlichen Literatur (Lessing S. 33) die rechtliche Fähigkeit verstanden, einen Scheck mit rechtsverbindlicher Wirkung gegen sich auszustellen oder zu indossieren. (Zur Herstellung eines formalgültigen Schecks, der die Grundlage scheckrechtlicher Erklärungen anderer Personen bilden kann, ist wirklich bestehende Scheckfähigkeit des Ausstellers nicht erforderlich; vgl. zu § 1 Anm 22). Durch die Ausstellung entstehen für den Aussteller keine Scheckrechte; sein Recht gegenüber dem Bezogenen darauf, daß dieser den Scheck einlöse, bestimmt sich lediglich nach dem zugrunde liegenden materiellen Rechtsverhältnisse, dem Scheckvertrage, vgl. zu § 3 Anm 2ff. Wohl aber werden dadurch für ihn scheckrechtliche Verpflichtungen, nämlich die Regreßhaftung aus § 15, begründet. Entsprechendes gilt für den Indossanten. Die aktive Scheckfähigkeit in diesem Sinne deckt sich deshalb nicht mit dem, was im Wechselrechte unter aktiver Wechselfähigkeit verstanden wird, nämlich entweder die Fähigkeit, Subjekt von Wechselrechten zu sein (Wechselrechtsfähigkeit) oder solche Rechte durch eigene Handlung zu erwerben (Wechselgeschäftsfähigkeit); vgl. StStr. zu Art 1 Anm 1. Die aktive Scheckfähigkeit im obigen Sinne entspricht vielmehr dem, was im Wechselrechte unter passiver Wechselfähigkeit verstanden wird und worüber Art 1 WO bestimmt, daß wechselfähig jeder ist, welcher sich durch Verträge verpflichten kann. Zwar enthält das ScheckG nicht eine entsprechende ausdrückliche Bestimmung, aber auch keine Einschränkung der allgemeinen Verpflichtungsfähigkeit für den Scheck; diese bestimmt sich sonach nach den allgemeinen Grundsätzen des bürgerlichen Rechts (Begründung S. 17), und zwar kommen in Betracht einerseits die Vorschriften über die Fähigkeit, Subjekt von vertragsmäßigen Verpflichtungen zu sein, andererseits die Vorschriften über die Fähigkeit, durch eigene Willenserklärungen sich vertragsmäßig zu verpflichten (Geschäftsfähigkeit). Anm. 10

a) Die Fähigkeit, Subjekt von vertragsmäßigen Verpflichtungen, also auch von Scheckverpflichtungen zu sein, besitzt jede natürliche Person sowie jede juristische Person des Privatrechts, nämlich reichsrechtlich: eingetragene oder durch Verleihung mit Rechtsfähigkeit ausgestattete Vereine (§§ 21, 22 BGB), Aktiengesellschaften (§ 210 HGB), eingetragene Genossenschaften (§ 17 GenG), Gesellschaften mit beschränkter Haftung (§ 13 GmbHG), landesrechtlich: Gewerkschaften des Bergrechts; ferner jede juristische Person des öffentlichen Rechts (Fiskus, öffentlich-rechtliche Körperschaften und Anstalten), aber auch die hinsichtlich der Eingehung von Verbindlichkeiten unter ihrer Firma den juristischen Personen gleichgestellten handelsrechtlichen Gesellschaften: offene Handelsgesellschaft (§ 124), Kommanditgesellschaft (§ 161 Abs 2 HGB). Nicht scheckverpflichtungsfähig sind der nicht rechtsfähige Verein, obwohl er unter seinem Namen verklagt werden kann (RGZ 112, 124) und die Gesellschaft des bürgerlichen Rechts; a. M. Lessing S. 35, der unrichtigerweise die für die Scheckfähigkeit maßgebende Bedeutung der Scheckausstellung in der Verfügung über ein Guthaben, statt in der Eingehung scheckrechtlicher Verbindlichkeiten erblickt. Doch entsteht aus der Ausstellung eines Schecks im Namen eines nicht rechtsfähigen Vereins oder einer Gesellschaft des bürgerlichen Rechts durch die Vorstandsmitglieder oder Gesellschafter, sofern sie innerhalb der ihnen zustehenden Befugnis zur Geschäftsführung gehandelt haben, eine gesamtschuldnerische Anm. 11

*) In diesem Sinne ist die Frage auch in den Beschlüssen der Haager Konferenz über die Vereinheitlichung des Scheckrechts (Art 6) entschieden. Vgl. unten Anhang H.

§ 15 Verbindlichkeit der sämtlichen Vereinsmitglieder bzw. Gesellschafter (§§ 714, 54 Satz 1 BGB); ferner durch Ausstellung eines Schecks im Namen eines nicht rechtsfähigen Vereins eine persönliche Verpflichtung des Ausstellers (§ 54 Satz 2 BGB). A. M. freilich das oben zu § 1 Anm 19 erwähnte Urt des ReichsG II 331/25 vom 20. 11. 25 (RGZ 112, 124).

Anm. 12 b) Nicht fähig, durch selbständige eigene Ausstellung eines Schecks sich scheckmäßig zu verpflichten (nicht scheckgeschäftsfähig), sind die der allgemeinen Geschäftsfähigkeit ermangelnden natürlichen Personen, nämlich: Kinder unter sieben Jahren, Personen, die sich in einem die freie Willensbestimmung ausschließenden Zustande krankhafter Störung der Geistestätigkeit befinden, sofern nicht der Zustand seiner Natur nach ein vorübergehender ist; ferner Personen, die wegen Geisteskrankheit entmündigt sind (§ 104 BGB). Ihre Willenserklärung ist nichtig (§ 105 BGB), kann also eine Scheckverbindlichkeit für sie nicht begründen. Minderjährige, die das siebente Lebensjahr vollendet haben, sind in der Geschäftsfähigkeit beschränkt und können deshalb Schecke mit rechtsverbindlicher Wirkung für sie nur mit Zustimmung ihres gesetzlichen Vertreters (Vater oder Mutter als Inhaber der elterlichen Gewalt, §§ 1626, 1684, Vormund, § 1773) ausstellen. Ihnen gleich stehen wegen Geistesschwäche oder Trunksucht Entmündigte oder unter vorläufige Vormundschaft gemäß § 1906 gestellte Personen (§ 114). Die Zustimmung bedarf nicht der für die Ausstellung des Schecks vorgeschriebenen Form (§ 182 Abs. 2), kann also auch mündlich, und zwar durch Erklärung dem Minderjährigen oder dem anderen Teile (Schecknehmer) gegenüber (§ 182 Abs 1) erfolgen. Die Zustimmung kann sowohl im voraus als Einwilligung (§§ 183, 107), wie auch nachträglich als Genehmigung (§§ 184, 108) erklärt werden; zwar fehlt es an der für das Wechselrecht in Art 1 WO (vgl. oben Anm 10) gegebenen ausdrücklichen Vorschrift, der zufolge für die Wechselfähigkeit die Fähigkeit, sich durch Verträge zu verpflichten (§ 108), maßgebend ist; aber die Scheckausstellung und die Scheckindossierung in Verbindung mit der Begebung, welche die Scheckverpflichtung erst zur Entstehung bringt, haben die rechtliche Natur des Vertrags (Begebungsvertrag, vgl. oben zu § 8 Anm 5).

Hat der gesetzliche Vertreter mit Genehmigung des Vormundschaftsgerichts den Minderjährigen zum selbständigen Betriebe eines Erwerbsgeschäfts ermächtigt, so ist nach § 112 BGB der Minderjährige für solche Rechtsgeschäfte, die der Geschäftsbetrieb mit sich bringt, unbeschränkt geschäftsfähig; jedoch sind solche Rechtsgeschäfte ausgenommen, zu denen der Vertreter der Genehmigung des Vormundschaftsgerichts bedarf. Ob und in welchen Fällen zu den der Genehmigung des Vormundschaftsgerichts bedürftigen Rechtsgeschäften des Vormunds gemäß § 1822 Nr 9 die Ausstellung von Schecken gehört, ist streitig (vgl. unten Anm 13). Nach § 1825 kann zwar das Vormundschaftsgericht zu solchen Rechtsgeschäften dem Vormunde eine allgemeine Ermächtigung erteilen; eine Ermächtigung des Minderjährigen zu solchen Rechtsgeschäften durch das Vormundschaftsgericht ist dagegen weder allgemein noch für den einzelnen Fall gestattet (vgl. RGRKomm zu § 112 Anm 2). Es wird daher, soweit der Vormund zur Ausstellung von Schecken für den Minderjährigen der Genehmigung des Vormundschaftsgerichts bedarf, auch bei erteilter allgemeiner Ermächtigung zum Geschäftsbetriebe für jeden einzelnen Fall der Scheckausstellung durch den Minderjährigen die Zustimmung des gesetzlichen Vertreters und die Genehmigung des Vormundschaftsgerichts erforderlich sein. So auch StStr Art 1 Anm 9 für den Wechsel.

Ist ein von dem Minderjährigen ohne Zustimmung des gesetzlichen Vertreters ausgestellter Scheck aus einem Guthaben eingelöst worden, das der gesetzliche Vertreter zur freien Verfügung des Minderjährigen bei dem Bezogenen bestellt hatte, so wird in entsprechender Anwendung des § 110 BGB die Scheckverpflichtung des Minderjährigen als von Anfang an wirksam zu gelten haben; also eine Rückforderung des Minderjährigen oder des gesetzlichen Vertreters gegen den Scheckinhaber, der die Zahlung erhalten hat, ausgeschlossen sein. So Lessing S. 34; gleicher Ansicht für den Wechsel StStr Art 1 A. 10; a. M. Rehbein Art 1 A. 3b und Lehmann DJZ 1900, 169.

Anm. 12a Ehefrauen sind als solche in der Geschäftsfähigkeit, also auch in der Scheckgeschäftsfähigkeit, nicht beschränkt; doch haftet für eine von einer Ehefrau, die im gesetzlichen Güterstande des BGB oder in Errungenschaftsgemeinschaft lebt, ohne Zustimmung des Ehemannes übernommene Verpflichtung das eingebrachte Gut nur insoweit, als es bereichert ist und der Mann deshalb die Verpflichtung gegen sich gelten lassen muß (§§ 1412, 1399, 1525 Abs 2 BGB). Bei Gütergemeinschaft haftet auch das Gesamtgut, wenn die Scheckausstellung dem Ehemann gegenüber auch ohne seine Zustimmung rechtswirksam ist, also namentlich in den Fällen der §§ 1450—1453 (§ 1460 BGB). Stellt die Frau zur Bezahlung von Anschaffungen, die sie innerhalb ihres häuslichen Wirkungskreises (§ 1357 BGB) gemacht hat, einen Scheck als Vertreterin des Mannes aus (sei es unter Angabe des Vertretungsverhältnisses oder lediglich durch Unterzeichnung mit dem Namen des Mannes, vgl. § 1 Anm 20), so wird dadurch der Mann nur insoweit scheckrechtlich verpflichtet werden, als nach den Verhältnissen der Ehegatten die Leistung von Zahlungen auf diesem Wege der Verkehrssitte entspricht oder der Ehemann einem solchen Verfahren zugestimmt hat. Personen, über deren Vermögen das Konkursverfahren eröffnet ist, (Gemeinschuldner) sind dadurch in der Geschäftsfähigkeit, also auch in der Fähigkeit, sich durch Ausstellung von Schecken zu verpflichten, nicht beschränkt (RG 29, 74); doch können sie das zur Konkursmasse gehörige Vermögen nicht verpflichten. Der Konkursverwalter seinerseits ist befähigt, durch Ausstellung von Schecken die Masse zu verpflichten, ohne daß geprüft werden darf, ob im Einzelfalle die Ausstellung zur ordnungsmäßigen Durchführung des Konkursverfahrens erforderlich war (RG 29, 83 u. 84; 53, 192). § 15

c) Die gesetzliche Vertretung geschäftsunfähiger oder in der Geschäftsfähigkeit beschränkter Personen bei der Ausstellung von Schecken richtet sich gleichfalls nach den Bestimmungen des allgemeinen bürgerlichen Rechts. Nach § 1822 Nr 9 BGB bedarf der Vormund — und ebenso gemäß §§ 1643, 1686 der Vater oder die Mutter als Inhaber der elterlichen Gewalt — der Genehmigung des Vormundschaftsgerichts zur Ausstellung von Schuldverschreibungen auf den Inhaber, sowie zur Eingehung einer Verbindlichkeit aus einem Wechsel oder einem anderen Papier, das durch Indossament übertragen werden kann. Danach ist für den an Order gestellten Scheck die obervormundschaftliche Genehmigung erforderlich; nicht dagegen für den Rektascheck (vgl. Anm 3 zu § 8). Bestritten ist die Frage für den auf Inhaber gestellten oder mit der alternativen Inhaberklausel versehenen Scheck. Unter den Begriff der „Schuldverschreibung auf den Inhaber" im technischen Sinne des BGB (§ 793) fällt er nicht, da der Aussteller darin nicht dem Inhaber eine Leistung verspricht, sondern nur eine Haftung für eine von einem Dritten (dem Bezogenen) zu machende Leistung übernimmt. Auch ist er nicht durch Indossament übertragbar, ein solches vielmehr ausgeschlossen (zu § 8 Anm 2). Das Erfordernis der Genehmigung des Vormundschaftsgerichts wird deshalb für Inhaberschecke von Breit in DJZ 1908 Sp. 241 und BankA 7, 154, Kuhlenbeck S. 78, Busch S. 26 verneint; von Lessing S. 34 aber demungeachtet bejaht. Diesem ist zuzugeben, daß der gesetzgeberische Grund des § 1822 Nr 9 — die Gefährdung des Mündels durch die Beschränkung von Einreden gegenüber Verpflichtungen aus Papieren, die bestimmt sind, von Hand zu Hand zu gehen — für den Inhaberscheck hinsichtlich der Regreßpflichten des Ausstellers in gleichem Maße zutrifft wie für den Orderscheck. Auch ist der Inhaberscheck im BGB wohl nur deshalb nicht genannt, weil er zur Zeit der Abfassung dieses Gesetzbuches als gesetzlich geregeltes Rechtsinstitut noch nicht bestand und insbesondere Regreßpflichten des Ausstellers nicht erzeugte. Es kann deshalb wohl eine Lücke in der Gesetzgebung als vorhanden angenommen werden und wird die entsprechende Anwendung des § 1822 Nr 9 auf Inhaberschecke geboten sein, die der ratio legis entspricht, da die Ausstellung von Inhaberschecken das Vermögen des Minderjährigen mindestens in gleicher Weise gefährden kann wie die Ausstellung von Orderschecken. Anm. 13

d) **Zeit und Ort für die Beurteilung der Scheckfähigkeit.** Die Scheckfähigkeit muß vorhanden sein zu der Zeit, zu welcher die Scheckverpflichtung begründet werden soll, also im Zeitpunkt der Begebung des Schecks. Es schadet nichts, wenn sie zu der Zeit, als der Scheck von dem Aussteller geschrieben wurde, noch nicht vorhanden war (z. B. ein Minderjähriger stellt einige Tage vor Erreichung der Großjährigkeit einen Scheck aus, begibt ihn aber nachher). Vgl. StStr Art 1 Anm 21. Gleiches muß für die Indossierung gelten. Anm. 14

Das für die Frage der Scheckfähigkeit zur Anwendung kommende örtliche Recht bestimmt sich nicht, wie hinsichtlich der formalen Erfordernisse des Schecks (vgl. § 26 ScheckG) nach dem Orte der Ausstellung, sondern grundsätzlich nach der Staatsangehörigkeit des Ausstellers (EGBGB Art 7 Abs 1); stellt jedoch ein Ausländer, der nach den deutschen Gesetzen geschäftsfähig sein würde, im Inlande einen Scheck aus, so gilt er für dieses Rechtsgeschäft als geschäftsfähig, auch wenn er nach den Gesetzen seines Heimatlandes dazu nicht fähig sein würde (ebenda Abs 3). Vgl. StStr Art 1 Anm 23. Ebenso für die Indossierung. Anm. 14a

e) **Beweislast.** Die Scheckfähigkeit des Ausstellers bzw Indossanten wird vermutet, sofern nicht das Gegenteil sich aus dem Scheck selbst ergibt. Wer seine Scheckunfähigkeit oder eine Beschränkung seiner Scheckfähigkeit behauptet, muß sie beweisen; vgl. StStr Art 1 Anm 24—28. Anm. 15

f) Die **Wirkung der mangelnden Scheckfähigkeit** ist die materielle Unwirksamkeit der durch die Ausstellung bzw Indossierung übernommenen Verpflichtung. Sie muß auch der gutgläubige Scheckinhaber gegen sich gelten lassen; vgl. § 18 Abs 2 ScheckG und Anm 6 zu § 18. Die formale Gültigkeit des Schecks wird durch die Scheckunfähigkeit des Ausstellers nicht berührt. Vgl. zu § 1 Anm 22. Anm. 16

Zusatz 1: Fremde Rechte. Vgl. die Anhänge unter G. Die Regreßhaftung des Ausstellers und der Indossanten ist grundsätzlich in allen ausländischen Scheckgesetzgebungen übereinstimmend mit den entsprechenden wechselrechtlichen Bestimmungen geregelt. In England folgt dies ohne weiteres daraus, daß der Scheck als Sichtwechsel behandelt wird (Bills of Exchange Act Sect. 73 Abs 1). Auch in Frankreich sind für die „solidarische Garantie" des Ausstellers und der Indossanten die Vorschriften über den Wechsel für anwendbar erklärt Anm. 17

§ 15 (Art 4 Ges v. 14. 6. 1865). Ebenso in **Belgien** das Ges über den Wechsel v. 20. 5. 1872 (ScheckG v. 20. 6. 1873 Art 3). In **Italien** ist bestimmt, daß alle Bestimmungen über den Wechsel, die den Anspruch gegen den Aussteller und die Giranten betreffen, auf die „Bankanweisung" (den Scheck) Anwendung finden (Art 341 HGB). Ebenso in **Japan** (Art 537 in Verbindung mit Art 486 HGB); **Schweiz** (§ 836 OblRecht); **Spanien** (§ 542 HGB); **Rumänien** (Art 366 HGB); **Portugal** (Art 343 HGB). In **Österreich** ist die Haftung des Ausstellers und der Indossanten durch § 15 ScheckG begründet; abweichend vom deutschen Rechte hat aber das auf einen Nicht-Orderscheck gesetzte „Indossament", also auch die Namensschrift auf der Rückseite des Inhaberschecks, keine scheckrechtliche Wirkung (§ 6 Abs 2); bei Inhaberschecken ist danach stets nur der Aussteller regreßpflichtig. Nach **niederländischem Rechte** (§§ 222, 223, 225, 227 HGB) haftet der „ursprüngliche Aussteller" jedem Inhaber während 10 Tagen nach der Datierung des Schecks; doch bleibt seine Verantwortlichkeit weiter bestehen, wenn er nicht beweist, daß er innerhalb der 10 Tage und seitdem ein ausreichendes Bargutbaben bei dem Bezogenen gehabt und belassen hat; außer dem Aussteller haftet jeder, „der das Papier in Zahlung gegeben hat" (also auch ohne Indossament), aber nur seinem Abnehmer während drei Tagen. — Die Scheckbürgschaft (**aval**) ist in einer Anzahl von ausländischen Scheckgesetzgebungen ausdrücklich anerkannt, so in Österreich (§ 15 Abs 2), Skandinavien (§ 87 Abs 2), Belgien (Art 3), Schweiz (Art 836), Italien (Art 341), Rumänien (Art 366). In anderen, so in Frankreich, ist die Frage bestritten. Näheres bei Meyer, Weltscheckrecht I S. 341, 352ff.

Zusatz 2: Künftiges Weltscheckrecht. Über die in § 15 des deutschen ScheckG behandelten Punkte treffen die **Art 6 und 10 der Beschlüsse der zweiten Haager Konferenz — Anhang H —** über die Vereinheitlichung des Scheckrechts, in Verbindung mit **Art 14 der einheitlichen WO** Bestimmung. Diese Artikel lauten in deutscher Übersetzung:

Art 6 der Beschlüsse zum Scheckrecht:

„Der Aussteller ist Garant der Zahlung. Jede Klausel, durch welche der Aussteller sich von dieser Garantie entlastet, gilt als nicht geschrieben."

Art 14 der einheitlichen WO (durch Art 10 der Scheckbeschlüsse mit Ausnahme dessen, was die Annahme betrifft, für anwendbar auf den Scheck erklärt):

„Der Indossant ist, vorbehaltlich gegenteiliger Klausel, Garant (der Annahme und) der Zahlung.

Er kann eine weitere Indossierung untersagen; in diesem Falle ist er nicht garantiepflichtig gegenüber den Personen, an welche der Wechsel weiter indossiert worden ist."

§ 16

§ 16.

Zur Ausübung des Regreßrechts muß nachgewiesen werden, daß der Scheck rechtzeitig zur Zahlung vorgelegt und nicht eingelöst oder daß die Vorlegung vergeblich versucht worden ist. Der Nachweis kann nur geführt werden:

1. **durch eine auf den Scheck gesetzte, von dem Bezogenen unterschriebene und den Tag der Vorlegung enthaltende Erklärung;**
2. **durch eine Bescheinigung der Abrechnungsstelle, daß der Scheck vor dem Ablaufe der Vorlegungsfrist eingeliefert und nicht eingelöst worden ist;**
3. **durch einen Protest.**

Auf die Vorlegung des Schecks und den Protest finden die Vorschriften der Artikel 87 bis 88a, 89a, 90 bis 91a, 92 Abs. 2 der Wechselordnung sowie der §§ 3, 4 des Gesetzes betreffend die Erleichterung des Wechselprotestes entsprechende Anwendung.

Enthält der Scheck die Aufforderung keinen Protest zu erheben, so finden die Vorschriften des Art. 42 der Wechselordnung entsprechende Anwendung.

Anm. 1 1. **Vorbemerkung. Vorlegung und Vorlegungsversuch.**

Die **§§ 16 und 17** regeln die Voraussetzungen für die Ausübung des nach § 15 (vgl. die Erläuterungen dazu) begründeten Regreßrechts des Scheckinhabers gegen den Aussteller, die Indossanten sowie beim Inhaberscheck die durch Namensschrift auf der Rückseite Haftpflichtigen. Die Entstehung dieser Regreßansprüche ist gesetzlich bedingt (conditio iuris) durch die Tatsache, daß der Scheck rechtzeitig zur Zahlung vorgelegt und nicht eingelöst worden ist; der Vorlegung ist ein vergeblicher Versuch der Vorlegung gleichgestellt (**§ 16 Abs 1 Satz 1**). Darüber, was zur rechtzeitigen Vorlegung erforderlich ist, vgl. die §§ 11, 12 ScheckG und die Erläuterungen dazu. Als vergeblicher Versuch der Vorlegung wird es anzusehen sein, wenn der Bezogene persönlich oder ein zur Entgegennahme der Vorlegung für ihn befugter Vertreter am Zahlungsorte an der Stelle, an welcher nach Art 91 WO in Verbindung mit § 16 Abs 2 ScheckG (vgl. unten Anm 49ff.) die Vorlegung zu erfolgen hat, nämlich in seinem Geschäftslokale oder in Ermangelung eines solchen in seiner Wohnung, nicht anzutreffen gewesen ist oder sein Geschäftslokal oder seine Wohnung am Zahlungsorte sich nicht hat ermitteln lassen (Art 88 Abs 1 Ziff 2 WO; vgl. unten Anm 49 ff.). **§ 16**

2. Den **Beweis des Eintritts der Rechtsbedingungen für die Regreßhaftung** (oben Ziff 1) hat der Regel nach (vgl. aber über den Fall des Protesterlasses Anm 76) der Inhaber des Schecks, der das Regreßrecht ausüben will, zu führen. Beim Wechsel ist die Führung des entsprechenden Nachweises nur durch einen rechtzeitig über die Vorlegung und den Nichterhalt der Zahlung aufgenommenen formellen Protest zugelassen (Art 41 WO). Im Gegensatze dazu wollte der Entwurf zu einem Scheckgesetze von 1892 in § 14 die Führung des Nachweises ohne Einschränkung auf bestimmte Beweismittel, also namentlich durch Zeugen, richterlichen Eid — die in der Begründung des damaligen Entwurfs S. 21 genannte Eideszuschiebung kam weniger in Betracht, da der Bezogene nicht Partei im Rechtsstreite über den Regreßanspruch ist — „in formloser Art" zulassen; nur beispielsweise wurden als „besonders geeignete" Wege zur Beweisführung Protest, Erklärung des Bezogenen und Bescheinigung der Abrechnungsstelle hervorgehoben. Auch der vorläufige Entwurf von 1907 stand noch auf dem gleichen Standpunkte. Gegen diese unbeschränkte Zulassung von Beweismitteln wurden im Schrifttum Bedenken geäußert (Cohn in GoldschmidtsZ 61, 91; Zentralverband S. 19f.). Der endgültige Entwurf von 1908 hat sie dann auch fallen lassen zugunsten eines Mittelweges zwischen der Formstrenge der Wechselordnung und den früheren Entwürfen, und das Gesetz bestimmt nunmehr, daß die Beweisführung nur auf einem der drei in § 16 Satz 2 bezeichneten Wege erfolgen kann. Die Begr (S. 30) rechtfertigt das durch den Hinweis darauf, daß der Nachweis „dem Wesen des Scheckes entsprechend so sehr als möglich erleichtert", andererseits aber „in klarer, unzweideutiger Weise geführt werden müsse." Nur durch die hier bezeichneten urkundlichen Beweismittel kann der Nachweis geführt werden. Er muß durch sie vollständig geführt sein; die Heranziehung anderer Beweismittel (anderer Urkunden, Zeugen, des richterlichen Eides, der Eideszuschiebung) zur Unterstützung ist ausgeschlossen. Solche anderen Beweismittel können aber insofern benutzt werden, als es sich um die Vorfeststellung handelt, ob die vorgelegten Urkunden den Erfordernissen einer der Ziff 1 bis 3 entsprechen, namentlich daß die Erklärung (Ziff 1) von dem Bezogenen herrührt, also um die Echtheit der Urkunde; vgl. unten Anm 11. Der Nachweis kann auch nicht ersetzt werden dadurch, daß der im Regreßwege in Anspruch Genommene die rechtzeitige Vorlegung und Nichteinlösung als erfolgt zugibt, so daß diese Tatsachen nach § 288 ZPO keines Beweises bedürfen würden. Es ist vielmehr, und zwar auch außerhalb des Urkundenprozesses, von Amts wegen zu prüfen, ob der Nachweis durch eines der zugelassenen Beweismittel ordnungsmäßig geführt ist. Das ist im Wechselrecht für den Protest anerkannt (vgl. StStr zu Art 41 Anm 3 und die dort angeführten Entscheidungen) und muß entsprechend auch für den Scheck gelten angesichts der Fassung des Gesetzes (muß nachgewiesen werden) und auch im Hinblick darauf, daß andernfalls eine Verlängerung der Umlaufszeit des Schecks durch private Vereinbarung oder Übung eintreten könnte, die dem Wesen des Schecks widerspricht (vgl. zu § 11 Anm 11). Eine Ausnahme von der Offizialprüfung tritt nur ein, sofern der Scheck die Aufforderung enthält, keinen Protest zu erheben, § 16 Abs 3, vgl. unten Anm 76. Hinsichtlich der materiellen Beweiskraft und des Gegenbeweises haben die Vorschriften der ZPO über den Urkundenbeweis Anwendung zu finden, die für die einzelnen in Ziff 1 bis 3 bezeichneten Urkunden Verschiedenheiten ergeben. **Anm. 2**

3. An erster Stelle nennt das Gesetz als Beweismittel für die rechtzeitig erfolgte Vorlegung zur Zahlung und die Nichteinlösung des Schecks **eine auf den Scheck gesetzte, von dem Bezogenen unterschriebene und den Tag der Vorlegung enthaltende Erklärung (Abs 1 Satz 2 Ziff 1).** **Anm. 3**

a) Es handelt sich dabei um ein schriftliches Zeugnis des Bezogenen über die Tatsache der erfolgten Vorlegung und Nichteinlösung, eine Privatdeklaration, auch Präsentationszeugnis genannt, also um eine Beurkundung von Tatsachen, eine Wissenserklärung (RGZ 100, 141), nicht (wie Lessing S. 128 ausführt) um eine Willenserklärung, sonach nicht um ein Rechtsgeschäft, zu dessen Gültigkeit die Erfordernisse der Geschäftsfähigkeit oder der gesetzlichen Vertretung eines nicht geschäftsfähigen Bezogenen vorhanden sein müßten. Allerdings macht der Bezogene sich unter Umständen schadensersatzpflichtig, wenn der Inhalt seiner Erklärung der Wahrheit nicht entspricht; aber diese Schadensersatzpflicht entsteht nicht durch Rechtsgeschäft, sondern durch unerlaubte Handlung; **Anm. 4**

§ 16 für ihre Entstehung ist daher nur Deliktsfähigkeit erforderlich. Eine Schadensersatzpflicht nach § 823 BGB wird übrigens nicht in Frage kommen, da weder ein Recht des Scheckinhabers oder der Regreßpflichtigen im Sinne des Abs 1 noch ein ihren Schutz bezweckendes Gesetz im Sinne des Abs 2 des § 823 durch die unrichtige Ausstellung des Zeugnisses verletzt wird; fahrlässiges Handeln wird deshalb nicht genügen, vielmehr vorsätzliche Schadenszufügung im Sinne von § 826 erforderlich sein. Dem Aussteller gegenüber, welcher der Scheckkunde des Bezogenen ist, wird aber auch eine vertragsmäßige Haftung aus dem Scheckvertrage begründet sein, falls der Bezogene der Wahrheit zuwider vorsätzlich oder fahrlässig die rechtzeitige Vorlegung des Schecks als erfolgt beurkundet hat. Zu dem Scheckinhaber steht der Bezogene in keinem vertraglichen Verhältnisse; er ist deshalb nicht verpflichtet, die von jenem verlangte Erklärung auszustellen; verweigert er sie, so muß der Scheckinhaber den Weg des Protestes (Ziff 3) einschlagen.

Anm. 5 b) Die Erklärung muß **auf den Scheck gesetzt** sein. Eine Erklärung, die in einer besonderen Urkunde ausgestellt ist, kann zur Führung des Nachweises nicht dienen, auch wenn sie materiell die rechtzeitige Vorlegung und Nichteinlösung des bestimmt bezeichneten Schecks beurkundet. Daß die Erklärung auch auf ein mit dem Scheck verbundenes Blatt (Allonge) gesetzt werden kann, ist hier nicht, wie für das Indossament und den Protest in Art 11 bzw. 88a WO in Verbindung mit § 8 Abs 2 bzw. § 16 Abs 2 ScheckG, ausdrücklich ausgesprochen, wird aber auch ohne das angenommen werden können; keinenfalls dürfte aus der Nichterwähnung ein Argument für das Gegenteil zu entnehmen sein, da irgendein Grund für eine solche Differenzierung nicht ersichtlich, vielmehr die Gestattung hier noch viel näher liegt als bei dem enger mit dem Scheck zusammenhängenden Indossament. So auch Lessing S. 129; Hoppenstedt, Ein zweites Wort S. 37; Breit, Pflichten S. 41; a. M. Merzbacher S. 50, 51. Ob die Verbindung von vornherein bei Abgabe der Erklärung oder nachträglich erfolgt ist und ob auf dem Scheck selbst noch genügend Raum vorhanden war, ist unerheblich. — Die Erklärung kann auf die Vorder- oder Rückseite des Schecks gesetzt werden. Auf eine Abschrift (Kopie) des Schecks kann die Erklärung nicht gesetzt werden; denn die Abschrift ist nicht „der Scheck". Soweit die Ausstellung des Schecks in mehreren Ausfertigungen zulässig und erfolgt ist (vgl. § 9 ScheckG und die Erläuterungen dazu), wird die Erklärung auf diejenige Ausfertigung zu setzen sein, welche dem Bezogenen zur Zahlung vorgelegt ist. — Ist, was zulässig, die Erklärung des Bezogenen zu gerichtlichem oder notariellem Protokolle aufgenommen worden, so soll es nach OLG Dresden in OLG-Rspr 35, 5 genügen, wenn eine Ausfertigung des Protokolls auf den Scheck gesetzt oder mit ihm verbunden ist. Das dürfte irrig sein; denn einer solchen Ausfertigung fehlt die vom Gesetze erforderte Originalunterschrift des Bezogenen; vgl. Anm 6.

Anm. 6 c) Die Erklärung muß **von dem Bezogenen unterschrieben sein.** Ist der Bezogene eine juristische Person, eine Handelsgesellschaft, eine Anstalt des öffentlichen Rechts oder eine sonstige nicht zu eigenem Handeln fähige Person, so muß die Unterschrift von den zu ihrer Vertretung kraft Gesetzes oder Vollmacht berufenen Personen geleistet werden, und zwar, falls die Vertretung nur mehreren Personen zusammen zusteht (Gesamtvertretung), von diesen sämtlich. Daß es sich dabei um Wissens-, nicht Willenserklärung handelt (vgl. oben Anm 4), ist für diese Frage bedeutungslos. Der in der Rechtsprechung des Reichsgerichts anerkannte Rechtssatz, daß das Zahlungsbegehren beim Wechsel und auch beim Scheck an einen der Gesamtvertreter gerichtet werden kann (vgl. unten zu Abs 2 dieses Paragraphen Anm 25a), ist auf die Ausstellung der Erklärung über die Vorlegung nicht anwendbar, da es sich nicht um die Entgegennahme, sondern um die eigene Abgabe einer Erklärung handelt. Das RG hat deshalb in dem Urt v. 16. 10. 1920, V 34/20 (**RGZ 100, 141**) ausgesprochen, daß die Unterschrift eines Prokuristen, der nur Gesamtprokura mit anderen hat, nicht genügt; zustimmend Bernstein JW 1921, 29; a. M. Breit ebenda S. 518. Das RG hat übrigens dabei ausdrücklich hervorgehoben, daß in dem damaligen Falle nicht behauptet war, daß der Prokurist ausdrücklich oder stillschweigend ermächtigt gewesen sei, Erklärungen der in Frage stehenden Art für die Bezogene allein, ohne Mitwirkung der anderen Gesamtvertreter, abzugeben. Läge eine solche Ermächtigung vor, so würde anders zu entscheiden sein; denn eine Unterschrift kann auch durch einen Bevollmächtigten abgegeben werden, der, sei es unter Kenntlichmachung des Vollmachtsverhältnisses mit seinem Namen oder auch nur mit dem Namen oder der Firma des Vertretenen, unterzeichnet. Die Unterschrift muß eine Schrift sein, darf also nicht mechanisch hergestellt sein, und sie muß ferner als Unterschrift räumlich derart stehen, daß sie die Erklärung deckt. Vgl. in beiden Beziehungen näheres in den Erläuterungen zu § 1 Nr 3 ScheckG über das Erfordernis der Unterschrift des Ausstellers, Anm 16ff. zu § 1.

Anm. 7 d) Die Erklärung muß ferner **den Tag der Vorlegung enthalten,** d. h. es muß aus ihr hervorgehen, an welchem Tage die Vorlegung des Schecks an den Bezogenen zur Zahlung erfolgt ist. Nach diesem Wortlaute müßte man annehmen, daß es nicht genüge, wenn die Erklärung von einem Tage datiert ist, der noch innerhalb der Vorlegungsfrist liegt, so daß (die Richtigkeit dieser Datierung vorausgesetzt) daraus hervorgeht, daß der Scheck, auf den ja die Erklärung gesetzt sein muß (oben unter b), an diesem Tage dem Bezogenen vorgelegen hat, also innerhalb der Vorlegungsfrist vorgelegt sein muß. Der Tag der Vorlegung wird dadurch nicht, wie der Wortlaut es erfordert, festgestellt. Das RG hat jedoch in dem Urt V 355/21 v. 19. 10. 1921 (RGZ 103, 44) diese Auffassung für eine „Überspannung des Formerfordernisses" erklärt; allerdings sei, wenn das Gesetz eine den Tag der Vorlegung enthaltende Erklärung verlange, damit eine lediglich ein Urteil enthaltende Erklärung, daß die Vorlage rechtzeitig erfolgt sei, ausgeschlossen, aber andererseits sei das Gesetz nicht dahin zu verstehen, daß der Tag der Vorlegung auch dann ausdrücklich angegeben sein müsse, wenn sich aus dem Inhalte der Erklärung vom Gerichte mit Sicherheit feststellen lasse, daß die Vorlegung rechtzeitig erfolgt sei. Es erscheint nicht unbedenklich, die gegenüber dem Protest (vgl. Anm 13ff.) bereits erheblich verringerten formalen Erfordernisse, die das Gesetz für das Präsentationsattest aufstellt, durch eine solche mit dem Wortlaute nicht vereinbare Auslegung noch weiter abzuschwächen. Die Angabe des Tages der Vorlegung kann immerhin unter Umständen von Erheblichkeit sein für die Führung des Gegenbeweises (vgl. Anm 11) in der Richtung, daß das Präsentationsattest überhaupt unrichtig, insbesondere auch die Datierung des Attestes selbst falsch und die Vorlegung in Wirklichkeit nicht innerhalb der Vorlegungsfrist erfolgt sei. Dies fällt um so mehr ins Gewicht, als, wie jetzt wohl allgemein anerkannt wird, eine Datierung des Attestes selbst überhaupt nicht erforderlich und deshalb seine unrichtige Datierung für die Beweiskraft des Attestes unschädlich ist (RGZ 100, 139). Das RG hat denn auch in dem angeführten Urteile darauf Gewicht gelegt, daß in dem dort entschiedenen Falle der Beklagte nie bestritten hatte, daß das Datum der Erklärung richtig angegeben sei, und hat dahingestellt gelassen, wen anderenfalls die Beweislast für die Richtigkeit des Datums treffen würde; es kann aber wohl keinem Zweifel unterliegen, daß, wenn man annimmt, daß die Erklärung in dieser Form den Erfordernissen des Gesetzes genügt, dem in Anspruch genommenen Regreßpflichtigen der Gegenbeweis gegen die Richtigkeit der Erklärung auch in dieser Richtung obliegen würde, vgl. unten Anm 11. Auf die Bedenklichkeit der Entscheidung hat auch Bernstein in seiner Anmerkung zu JW 1924, 1153[18] hingewiesen. **§ 16**

Nicht zu entnehmen ist aus dem Gesetze, daß die Erklärung innerhalb der Vorlegungsfrist oder einer sonstigen bestimmten Frist ausgestellt sein müßte, etwa wie nach dem österreichischen Gesetze, das in § 16 Abs 4 in Anlehnung an die Vorschriften der Wechselordnung über den Wechselprotest vorschreibt, daß die „Einlieferungs- und Vorlegungsbestätigungen" spätestens am ersten Werktage nach der Vorlegung „geschehen" müssen. Eine solche Vorschrift enthält das deutsche Scheckgesetz nicht; vielmehr ist in der Begr (S. 31) ausdrücklich hervorgehoben, daß, abweichend vom österreichischen Gesetze, keine solche Frist vorgeschrieben sei und daß daher „die Bestätigungen auch nachträglich beigebracht werden können". Ein Grund für die Annahme, daß diese bewußte Abweichung des Entwurfs von dem österreichischen Gesetze nicht Inhalt des deutschen Gesetzes geworden wäre, ist nicht ersichtlich. Insbesondere ist die dafür angeführte Tatsache, daß auch für den Scheckprotest nicht wie für den Wechselprotest die Erhebung innerhalb einer bestimmten Frist vorgeschrieben ist (vgl. darüber unten zu Abs 2 dieses Paragraphen Anm 28), nicht nur kein Argument für eine solche Annahme, vielmehr kann daraus mit ziemlicher Sicherheit geschlossen werden, daß auch für die Erklärung des Bezogenen, durch deren Zulassung der Nachweis der rechtzeitigen Vorlegung beim Scheck erleichtert werden sollte, eine Frist nicht gesetzt ist. Das Schrifttum steht denn auch überwiegend auf diesem Standpunkte. Vgl. Breit Pflichten S. 42; derselbe in Borchardt HG des Erdballs XIII 2 S. 1117; Langen, Zum Scheckrecht S. 100; Dürhach HGB II S. 600; Cosack, Handelsrecht 8. Aufl. S. 254; Lessing S. 130; ebenso OLG Dresden in OLGR 35, 5; a. M. Jacobi in GoldschmidtsZ 63, 108 und Pavlicek ebenda S. 35. Das RG hat in dem Urt V 34/20 v. 16. 10. 1920 (RGZ 100, 138) sich der herrschenden Auffassung mit eingehender Begründung angeschlossen. Etwaigen unlauteren Machenschaften zwischen dem Scheckinhaber und dem Bezogenen würde übrigens, wie das RG a. a. O. hervorhebt, durch das Erfordernis der Ausstellung der Erklärung innerhalb einer bestimmten Frist kaum wirksam vorgebeugt werden können. **Anm. 8**

Der Tag der Vorlegung ist derjenige, an welchem im Falle einer brieflichen Übersendung der zum Zwecke der Vorlegung übersandte Scheck dem Bezogenen zugegangen ist. Für die Frage, wann der Scheck als zugegangen gilt, haben die für das Zugehen von Willenserklärungen nach BGB geltenden Rechtsgrundsätze Anwendung zu finden; vgl. darüber RGRKomm zu § 130 BGB Anm 1 Abs 2. Danach ist nicht erforderlich, daß der Bezogene noch am gleichen Tage von dem Eingange des Schecks Kenntnis genommen hat; es genügt, wenn dieser derartig in seine Verfügungsgewalt gelangt ist, daß er von ihm hätte Kenntnis nehmen können, also z. B., daß er in einen an seinem Geschäftslokale oder **Anm. 9**

§ 16 seiner Wohnung angebrachten Briefkasten gesteckt ist. In diesem Falle kann der Bezogene als Tag der Vorlegung den Tag des Zugehens im Atteste angeben. Hat er aber Zweifel, ob das Zugehen an diesem Tage erfolgt ist, so wird er den Tag der Kenntnisnahme als Vorlegungstag angeben müssen. Vorsichtigerweise wird es sich deshalb empfehlen, briefliche Vorlegungen nicht derart vorzunehmen, daß sie erst am letzten Tage der Vorlegungsfrist bei dem Bezogenen eingehen.

Anm. 10 Zweifelhaft ist, ob der für die Ausübung des Regreßrechts erforderliche Nachweis durch ein privates Präsentationsattest gemäß Ziff 1 auch dann geführt werden kann, wenn nicht eine Vorlegung, sondern nur ein vergeblicher Versuch der Vorlegung (vgl. oben Anm 1) stattgefunden hat. Die Frage ist im Schrifttum sehr bestritten; sie wird u. a. verneint von Jacusiel (BankA 7 S. 284) und Lessing S. 129; bejaht von Bernstein (BankA 7 S. 197) und Breit (Pflichten S. 129). Nicht entscheidend sein kann meines Erachtens der Hinweis darauf, daß in Satz 2 Ziff 1 des § 16 eine den Tag der Vorlegung enthaltende Erklärung verlangt wird und daß ein Vorlegungsversuch keine Vorlegung sei; denn in Satz 1 des § 16 ist ausdrücklich der vergebliche Versuch der Vorlegung der Vorlegung gleichgestellt, und demgemäß könnte nach allgemeinen Auslegungsgrundsätzen angenommen werden, daß in dem sich unmittelbar anschließenden Satz 2, der die Führung des Nachweises für das Vorhandensein des in Satz 1 erforderten Tatbestandes regelt, unter Vorlegung der Vorlegungsversuch mitverstanden sei. Aber als entscheidend für die Verneinung der Frage muß meines Erachtens in Betracht gezogen werden, daß der bei dem Versuche der Vorlegung nicht angetroffene Bezogene nicht aus eigener Wahrnehmung die Tatsachen, die den Versuch darstellen, bekunden, sondern nur vom Hörensagen ein Urteil darüber abgeben könnte, daß ein Versuch stattgefunden habe. Es kann aber nicht im Sinne des Gesetzes liegen, durch ein auf so schwachen Grundlagen beruhendes Zeugnis den Beweis der rechtzeitigen Vorlegung führen zu lassen. Falls es bei einem vergeblichen Versuche der Vorlegung geblieben ist, wird sonach diese Tatsache durch einen formellen Protest gemäß Ziff 3 festgestellt werden müssen.

Anm. 11 e) **Beweislast und Beweisführung.** Zu dem von dem Scheckinhaber zu führenden Nachweise wird, sofern er durch ein Privatattest des Bezogenen geführt werden soll, da es sich dabei um eine Privaturkunde handelt, auch der Beweis gehören, daß sie von dem Bezogenen unterschrieben ist, also der Beweis der Echtheit (§ 440 ZPO). Der vom KG in OLGR — vgl. auch Breit bei Borchardt HG des Erdballs XIII 2 II A S. 1117 und OLG Hamburg BankA 9, 156 — vertretenen Auffassung, daß dem Scheckinhaber eine Vermutung für die Echtheit des Privatattestes zur Seite stehe, dürfte es an einer gesetzlichen Grundlage fehlen. Der vom KG herangezogene Art 42 Satz 2 WO (vgl. unten Anm 7b) betrifft einen Fall, in dem der Wechselinhaber infolge besonderer Verfügung des Wechselverpflichteten als von der Beweislast für die geschehene Präsentation überhaupt befreit gilt. Dieser Fall liegt aber hier nicht vor; der Scheckinhaber ist, wie es die Regel ist, für die geschehene Vorlegung des Schecks beweispflichtig; es sind ihm nur außer dem Proteste noch andere Mittel zur Beweisführung eröffnet. Dann aber müssen für diese die für sie geltenden Rechtssätze in Anwendung kommen. Doch hat das Gericht, und zwar auch im Urkundenprozesse, nach dem Grundsatze der freien Beweiswürdigung (§ 286 ZPO) zu prüfen, ob der Beweis der Echtheit nicht nach Form und Inhalt der vorgelegten Urkunde ohne weiteres als geführt erachtet werden kann (RGZ 72, 292) und dieser Beweis wird bei einem Privatzeugnisse, das sich als von einer Bank in üblicher Form — etwa unter Benutzung eigener Formulare usw. — ausgestellt darstellt, häufig als geführt erachtet werden können, namentlich wenn der Beklagte ohne jede Substantiierung die Echtheit bestreitet. Der Beweis der Echtheit kann durch jedes Beweismittel, auch durch Schriftvergleichung, geführt werden (vgl. oben zu 2); doch muß der Scheckinhaber, wenn er ihn durch andere Beweismittel als Urkunden und Eideszuschiebung führen will, vom Urkundenprozesse Abstand nehmen (§ 595 Abs 2 ZPO). Ist die Unterschrift echt, so erbringt die Urkunde gemäß § 416 ZPO vollen Beweis, daß die in ihr enthaltene Erklärung von dem Bezogenen abgegeben worden ist. Ob sie aber als voller Beweis für die Richtigkeit ihres Inhaltes, namentlich für die Rechtzeitigkeit der Vorlegung des Schecks zu gelten hat, unterliegt wiederum der freien Beweiswürdigung des Gerichts. Der Gegenbeweis der Unrichtigkeit ist unbeschränkt und außerhalb des Urkundenprozesses durch alle Beweismittel zulässig.

Anm. 12 4. Das zweite urkundliche Beweismittel, das in Satz 2 zur Führung des nach Satz 1 dem Scheckinhaber obliegenden Nachweises zugelassen wird, ist eine **Bescheinigung der Abrechnungsstelle,** daß der Scheck vor dem Ablaufe der Vorlegungsfrist eingeliefert und nicht eingelöst worden ist. Über die Einrichtung der Abrechnungsstellen und die Einlieferung der Schecke in diese vgl. § 12 ScheckG und die Erläuterungen dazu. Die Einlieferung gilt danach als Vorlegung zur Zahlung am Zahlungsorte. Die Einlieferung erfolgt gemäß III, V der Geschäftsordnung für die Abrechnungsstellen — Anhang B 2b — bei der ersten oder zweiten täglichen Zusammenkunft der Vertreter der Mitglieder mittels Übergabe durch den

Vertreter des den Scheck innehabenden Bankhauses an den Vertreter des bezogenen („zahlungspflichtigen") Bankhauses; mit der Vollziehung und Rückgabe des Empfangsbekenntnisses, das über die Endsumme der Beträge der übergebenen Papiere von dem Empfänger auszustellen ist, gilt die Einlieferung und somit die Vorlegung des Schecks als geschehen. Die Einlieferung vollzieht sich hiernach ohne Mitwirkung der Organe der Abrechnungsstelle zwischen den beteiligten Bankhäusern. In erster Linie ist deshalb das bezogene Bankhaus in der Lage, auf Grund der Einlieferung die Erklärung über die erfolgte Vorlegung und Nichteinlösung gemäß Ziff 1 des § 16 abzugeben. Schon in dem Entwurfe von 1892 war aber in § 14 als Beweismittel außer dieser Erklärung auch eine Bescheinigung der Abrechnungsstelle vorgesehen. Im Schrifttum (Hoppenstedt, Entwurf von 1907 S. 22 u. 17) wurde deshalb ausgeführt, daß die Zulassung einer solchen Bescheinigung überflüssig sei; sie wurde aber in den Entwürfen von 1907 und 1908 beibehalten, auch vom Schrifttum (Cohn bei Goldschmidt 61 S. 92; Hoppenstedt BankA 5 S. 29) nunmehr als zweckmäßig gebilligt, weil eine Pflicht des Bezogenen zur Ausstellung einer Erklärung nicht bestehe (vgl. oben Anm 4) und es deshalb nicht sicher sei, ob der Scheckinhaber eine solche von ihm erlangen könne. Nach den Bestimmungen des Abkommens v. 14. 2. 83 über die Abrechnungsstellen, — **Anhang B 2 a** — unter B 2 hat, falls ein in die Abrechnung eingelieferter Scheck nicht eingelöst wird, zunächst auf Antrag des Einlieferers der Bezogene die in § 16 Abs 1 Satz 2 Ziff 1 des ScheckG vorgesehene Erklärung abzugeben. Nur für den Fall, daß diese Erklärung vom Bezogenen nicht zu erlangen sein sollte, ist bestimmt, daß die Abrechnungsstelle nach Führung des erforderlichen Nachweises (der von dem Scheckinhaber durch Vorlegung des ihm von dem Bezogenen mit Beanstandungszettel gemäß IV der Geschäftsordnung zurückgegebenen Papiers zu führen sein wird) die Bescheinigung ausstellen wird. Eine bestimmte Form ist für diese Bescheinigung im Gesetze nicht vorgeschrieben, insbesondere nicht, wie für die Erklärung der Ziff 1, daß sie auf den Scheck gesetzt, unterschrieben sein und den Tag der Vorlegung enthalten muß. Sie kann daher in besonderer Urkunde ausgestellt, auch unterstempelt sein, und es genügt, wenn in ihr bezeugt ist oder aus ihrem Datum sich ergibt, daß die Einlieferung innerhalb der Vorlegungsfrist erfolgt ist. Die Bescheinigung selbst braucht ebensowenig wie die Erklärung der Ziff 1 (vgl. oben Anm 8) innerhalb der Vorlegungs- oder einer sonstigen Frist ausgestellt zu sein; kann vielmehr jederzeit noch nachgebracht werden. Da die Abrechnungsstelle keine öffentliche Behörde oder Urkundsperson ist, stellt die Bescheinigung keine öffentliche Urkunde im Sinne des § 415 ZPO dar, sie ist vielmehr eine Privaturkunde, und es haben deshalb hinsichtlich des Beweises der Echtheit, der Beweiskraft und des Gegenbeweises die gleichen Grundsätze zur Anwendung zu kommen wie für die Erklärung der Ziff 1; vgl. oben Anm. 11. § 16

5. Erst an dritter Stelle nennt das ScheckG dasjenige Mittel für den Nachweis der Vorlegung und Nichteinlösung, das im Wechselrechte (Art 41 Abs 1 Ziff 2 WO) das einzige ist, nämlich den **Protest.** Tatsächlich wird denn auch im Scheckverkehr davon nur ausnahmsweise Gebrauch gemacht, wenn die anderen Wege sich als nicht gangbar erweisen, namentlich wenn es bei einem vergeblichen Versuche der Vorlegung geblieben ist; vgl. oben Anm 1. Das Rechtsgebilde des Protestes mangels Zahlung — der Protest mangels Annahme (Art 26 WO) kommt für den Scheck nicht in Frage — ist im Wechselrechte entwickelt worden. Man versteht darunter die durch eine dazu vom Gesetze berufene Urkundsperson mittels öffentlicher Urkunde erfolgende Feststellung der Tatsache, daß der Wechsel (Scheck) präsentiert (vorgelegt) und Zahlung nicht erlangt worden (der Scheck nicht eingelöst) ist. Auf den Protest finden nach **Abs 3 des § 16** in Verbindung mit § 30 Abs 1 ScheckG (vgl. die Erläuterung zu § 30) nunmehr **die Vorschriften der §§ 87 bis 88 a, 89 a, 90 bis 91 a, 92 Abs 2 der WechselO und der §§ 3, 4 des Gesetzes betreffend die Erleichterung des Wechselprotestes** (vom 30. 5. 1908) entsprechende Anwendung. Diese Vorschriften und die Art ihrer Anwendung auf den Scheckprotest sind daher im folgenden zu erläutern. **Anm. 13**

a) **Art 87 WO** lautet in der Fassung des Protesterleichterungsgesetzes: **Anm. 14**

„Jeder Protest muß durch einen Notar oder einen Gerichtsbeamten oder einen Postbeamten aufgenommen werden. Der Zuziehung von Zeugen oder eines Protokollführers bedarf es dabei nicht."

α) Die Worte: „oder einen Postbeamten" sind durch das Protesterleichterungsgesetz hinzugefügt. Bis dahin waren zur Aufnahme von Protesten nur die Notare und die Gerichtsbeamten zuständig. Diese Beschränkung sowie die sonstigen Formalitäten des Wechselprotestes hatten bereits früher zu einer Bewegung geführt, die Erleichterungen, teilweise sogar die gänzliche Abschaffung des Protestes verlangte. Vgl. besonders Makower bei Goldschmidt 41, 361; Leist, Der Wechselprotest und seine Reform, 1899; W. Bernstein, Die Revision der Wechselordnung, 1900; ferner J. Stranz, Ein Protest gegen den Wechselprotest (in der Festgabe für Koch 1903); Bernstein, Zeitschrift des deutschen Notarvereins IV 298 ff. und 309 ff. und Veröffentlichungen des Berliner Anwaltvereins 1907 Heft 22; Dritter deutscher

§ 16 Notarstag (ebendort S. 515ff.); G. Cohn, Der Kampf um den Wechselprotest, im BankA 1905 Nr 8ff. Diese Bewegung führte zur Ausarbeitung und Veröffentlichung eines vorläufigen Entwurfs zu einem Erleichterungsgesetze durch das Reichsjustizamt im Jahre 1906 (vgl. über diesen Entwurf J. Stranz in DJZ 1906 Sp. 985) und zur Vorlegung eines Gesetzentwurfs an den Reichstag im November 1907 (Reichstagsdrucksachen 1906/08 Nr 471) sowie schließlich zum Erlaß des Protesterleichterungsgesetzes v. 30. 5. 1908 (RGBl S. 321) — abgedruckt als **Anhang D 1** —, das am 1. 10. 1908, also ein halbes Jahr nach dem ScheckG, in Kraft trat und dessen Anwendung auf das ScheckG bereits in diesem vorgesehen ist, vgl. zu § 30. Die eingreifendste Neuerung dieses Gesetzes bestand darin, daß außer den Notaren und Gerichtsbeamten auch die Postbeamten als Urkundspersonen für den Protest zugelassen wurden.

Anm. 15 β) **Protestbeamte.** Das Gesetz fordert, daß die Wechsel-(Scheck-)Proteste von einer Person aufgenommen werden müssen, die einer der drei dort aufgeführten Kategorien: **Notare, Gerichtsbeamte, Postbeamte** angehört. Dadurch ist eine ausschließliche sachliche Zuständigkeit dieser Personen begründet. Proteste, die von anderen Personen, etwa auf Grund landesgesetzlicher Bestimmungen aufgenommen wären, z. B. Proteste der Gemeindevorsteher, würden ungültig sein. Andererseits erklärt das Gesetz alle zu diesen Kategorien gehörigen Personen als fähig zur Aufnahme von Protesten; demgemäß müssen Proteste als gültig erachtet werden, wenn die aufnehmende Person zu einer dieser drei Kategorien gehört, ungeachtet dessen, daß durch landesgesetzliche Vorschriften oder Verwaltungsbestimmungen (Dienstanweisungen) innerhalb dieser Kategorien nur einzelne Untergruppen zur Aufnahme von Protesten bestimmt sind; vgl. unten. Denn die Wechselordnung hat die formalen Erfordernisse für die Gültigkeit der Protesturkunden selbständig geordnet und verlangt zur Gültigkeit lediglich, daß der Protest von einem Notar usw. aufgenommen ist; in ihr nicht vorgesehene Nichtigkeitsgründe können aber durch landesgesetzliche Vorschriften nicht in sie hineingetragen werden. Die reichsgesetzlichen Vorschriften des Gesetzes über die Angelegenheiten der freiwilligen Gerichtsbarkeit für gerichtliche und notarielle Urkunden, Abschnitt 10, betreffen — abgesehen von der hier nicht in Betracht kommenden Beglaubigung von Urkunden — lediglich die gerichtliche und notarielle Beurkundung von Rechtsgeschäften; durch die Protestaufnahme wird aber kein Rechtsgeschäft beurkundet. Auch ist in § 200 Abs 2 FGG noch ausdrücklich ausgesprochen, daß, soweit (zulässigerweise) durch Landesgesetz allgemeine Vorschriften über die Errichtung gerichtlicher oder notarieller Urkunden erlassen werden, ein Verstoß gegen eine solche Vorschrift, unbeschadet der Vorschriften über die Folgen des Mangels der sachlichen Zuständigkeit, ohne Einfluß auf die Gültigkeit der Beurkundung ist. Aus den gleichen Gründen liegt auch keine Nichtigkeit des Protestes vor, wenn nach landesgesetzlichen Vorschriften der Notar, Gerichtsbeamte oder Postbeamte, der den Protest aufgenommen hat, wegen seiner persönlichen Beziehungen zu den Parteien oder zu der Sache an der amtlichen Tätigkeit behindert war oder wenn er außerhalb seiner örtlichen Zuständigkeit gehandelt hat. A. M. für den Fall der örtlichen Unzuständigkeit, soweit die Landesgesetze Nichtigkeit vorschreiben, StStr zu Art 87 Anm 2.

Anm. 16 Mit diesen Maßgaben ist es Sache der Landesgesetze und landesrechtlichen Dienstvorschriften hinsichtlich der Notare und Gerichtsbeamten sowie der reichsrechtlichen Ordnung des Postwesens hinsichtlich der Postbeamten, zu bestimmen, welche von ihnen und in welchen sachlichen und örtlichen Grenzen sie Wechsel-(Scheck-)Proteste aufnehmen dürfen. In der Hauptsache gilt darüber in den einzelnen Ländern bzw. bei der Reichspostverwaltung folgendes:

Anm. 17 αα. Das Notariat ist in den einzelnen Ländern nach verschiedenartigen Grundsätzen geordnet. Doch besteht seine Grundlage wohl überall darin, daß die Notare als öffentliche Urkundspersonen, insbesondere zur Beurkundung von Rechtsgeschäften, vom Staate bestellt sind. In den meisten Ländern, so in Preußen, sind sie für ihre Tätigkeit auf den Bezug von Gebühren von den Parteien angewiesen; jedoch werden in Baden die Gebühren nicht durch sie unmittelbar von den Parteien, sondern durch den Staat erhoben, und die Notare erhalten davon festbestimmte Anteile. Zuständig sind in Preußen die Notare innerhalb des Oberlandesgerichtsbezirks, in welchem ihnen ihr Wohnsitz angewiesen ist; dem Wechsel(Scheck-)Inhaber steht daher zur Aufnahme von Protesten die Wahl zu unter den Notaren des Oberlandesgerichtsbezirks, in welchem der Protest aufzunehmen ist. Daß aber durch eine Überschreitung der örtlichen Zuständigkeit die Beurkundung nicht ungültig wird, ist für Preußen in Art 84 PrFGG durch Bezugnahme auf § 7 RFGG bestimmt. Eine gleiche Bestimmung findet sich in den meisten anderen Ländern, so für Sachsen in der AusfVO v. 24. 7. 99 § 43; nur für Baden ist das Gegenteil bestimmt, soweit es sich nicht um Proteste handelt, bei denen Gefahr im Verzuge ist (§ 56 BadRechtspolizeiG), doch wird diese Bestimmung nach Obigem (vgl. Anm 15) für Wechsel- und Scheckproteste keine Gültigkeit haben. Über die Ausschließungsgründe ordnet für Preußen Art 84 PrFGG die entsprechende Anwendung der §§ 6ff. RFGG an. Danach darf der Notar einen Protest nicht aufnehmen, wenn er selbst als Berechtigter oder Verpflichteter an dem Wechsel (Scheck) beteiligt ist oder zu einem der Beteiligten in dem Verhältnis eines Mitberechtigten oder Mitverpflichteten steht, z. B. ihm zivilrechtlich als Bürge oder aus sonstigem Rechtsgrunde haftet; ferner wenn seine Ehefrau, auch bei nicht mehr bestehender Ehe, oder eine Person, mit der er in gerader Linie oder im zweiten Grad der Seitenlinie verwandt oder verschwägert ist, an dem Wechsel (Scheck) als Berechtigter oder Verpflichteter beteiligt ist; endlich wenn er als rechtsgeschäftlicher Vertreter eines derart Beteiligten bestellt oder als gesetzlicher Vertreter aufzutreten berechtigt ist. Der Notar wird hiernach einen Protest nicht aufnehmen dürfen, wenn er Vorstandsmitglied, also Vertretungsberechtigter ist einer Aktiengesellschaft, GmbH oder Genossenschaft, die als Berechtigte oder Verpflichtete an dem Scheck beteiligt ist; wohl aber, wenn er nur Aufsichtsratsmitglied oder einfaches Mitglied einer solchen mit juristischer Persönlichkeit ausgestatteten Vereinigung ist; so auch StStr zu Art 87 Anm 3. Anders als im Wechselrechte, wo der Bezogene, wenn er akzeptiert hat, zu den Wechselverpflichteten gehört, wird beim Scheck ein persönliches Verhältnis des Notars zu dem Bezogenen keinen Ausschließungsgrund bilden, da dieser außerhalb des Scheckverbandes bleibt und sonach nicht „Beteiligter" im Sinne des § 6 FGG ist. Daß auch durch die Nichtbeachtung eines Ausschließungsgrundes keine Nichtigkeit des Protestes entsteht, ist in Art 84 PrFGG durch die Bezugnahme auf § 7 RFGG klargestellt. — Der Notar handelt bei Aufnahme des Protestes nicht nur als Beamter, sondern auf Grund eines mit seinem Auftraggeber, dem Scheckinhaber, geschlossenen Dienstvertrags, der eine Geschäftsbesorgung zum Gegenstande hat (§ 675 BGB); er haftet daher jenem für Vorsatz und Fahrlässigkeit nach den Bestimmungen über die Haftung bei Verträgen (§§ 276ff. BGB). Demgemäß haftet der Notar nach § 278 auch für Verschulden seiner Angestellten, insbesondere seines Bureauvorstehers, dessen er sich bei Erfüllung seiner Verbindlichkeiten gegenüber seinem Auftraggeber bedient. Doch hat das RG in RGZ 49, 26 ausgesprochen, daß der Bureauvorsteher nicht ohne weiteres als ermächtigt gelten könne, Vertragsanträge, insbesondere Aufträge zur Protestierung von Wechseln, für den Notar anzunehmen, und daß dieser deshalb nicht haftet für eine schuldhafte Versäumnis des Bureauvorstehers bei der Vorlegung des entgegengenommenen Wechsels an ihn; vgl. dagegen Jacobsohn in DJZ 1903, 237. In der Tat dürfte dabei übersehen sein, daß der Bureauvorsteher doch wohl als zur Entgegennahme des Wechsels im Namen des Notars bestellt anzusehen ist, und daß in dieser Entgegennahme bereits der Abschluß eines Vertragsverhältnisses zwischen dem Einliefernden und dem Notar gefunden werden muß, das zwar noch nicht auf Ausführung der Protesterhebung, aber doch auf Verwahrung und erforderliche Fürsorge für den Wechsel, also im Falle der Ablehnung auf rechtzeitige Rückgabe gerichtet ist. — Was die Haftung des Staates für Verschulden der Notare betrifft, so ist diese für Preußen durch das Staatshaftungsgesetz v. 1. 8. 1909 § 1 Satz 3 ausgeschlossen, weil die Notare Beamte sind, die auf den Bezug von Gebühren angewiesen sind. Hieran ist auch durch Art 131 der RV von 1919 nichts geändert worden, da dieser Artikel, auch wenn er (was streitig ist) sofortiges unmittelbares Recht geschaffen hat, kein Hindernis bietet dafür, daß durch die in Abs 3 daselbst der „zuständigen Gesetzgebung" vorbehaltene nähere Regelung der in Abs 1 ausgesprochenen „grundsätzlichen" Verantwortlichkeit des Staates der besonderen Eigenart gewisser Beamtenklassen durch Ausschließung der Verantwortlichkeit des Staates Rechnung getragen wird; RG III 373/20, Urt v. 29. 4. 1921, RGZ 102, 166. Anders liegt die Sache in denjenigen Ländern, welche die Verantwortlichkeit des Staates für ihre Beamten noch nicht geregelt haben; diese würden, falls Art 131 RV unmittelbar geltendes Recht geschaffen hat, die Verantwortung auch für die auf Gebühren angewiesenen Beamten zu tragen haben. Die herrschende Meinung im Schrifttum (vgl. Anschütz RV zu Art 131) geht davon aus, daß Art 131 lediglich „Richtlinien für die zuständige Gesetzgebung", nicht aktuelles Recht geschaffen habe; dagegen hat das schon erwähnte Urt des RG v. 29. 4. 1921 (RGZ 102, 166) die letztere Auffassung vertreten. In einem Beschl v. 20. 2. 1923 (RGZ 106, 34) hat aber derselbe Senat des RG hervorgehoben, daß gegen die in seinem früheren Urteile vertretene Auffassung, soweit sie die sofortige Anwendbarkeit des Art 131 Abs 1 Satz 1 betrifft, Bedenken erhoben worden sind, die zum Teil gewichtiger Art seien, und er hat die Entscheidung dieser Frage in dem damaligen Falle dahingestellt gelassen, weil es sich lediglich um die sofortige Anwendung des Abs 1 Satz 3 handelte, der die Ausschließung des Rechtsweges verbietet. Die Frage ist sonach noch nicht als endgültig entschieden anzusehen.

ββ. **Gerichtsbeamte.** Darunter fallen an sich sowohl Richter wie Gerichtsschreiber, Gerichtsvollzieher, Gerichtsboten, Gerichtsdiener. Doch sind durch die Gesetzgebungen der Länder auf Grund ihrer Beamtenorganisationsvorschriften nur einzelne Unterkategorien der Gerichtsbeamten zur Aufnahme der Proteste berufen, und zwar: von den Richtern wohl in allen Ländern diejenigen der freiwilligen Gerichtsbarkeit, also die Amtsrichter; außerdem in Preußen, Hessen, Oldenburg, Braunschweig, Thüringen, Anhalt, Waldeck die Gerichtsschreiber bei

§ 16 den Amtsgerichten und die Gerichtsvollzieher; nur die Gerichtsschreiber in Baden, Württemberg, Lippe-Detmold; nur die Gerichtsvollzieher in Bayern, Lübeck, Bremen, Hamburg; keine anderen Gerichtsbeamten als die Amtsrichter in Sachsen und Mecklenburg. Hinsichtlich der Behinderungsgründe kommen in Preußen auf Grund des Art 84 PrFGG in Verbindung mit § 6 RFGG die gleichen Rechtssätze zur Anwendung wie für die Notare, vgl. oben unter αα; doch ist für die Gerichtsvollzieher der (sachlich übrigens im wesentlichen überstimmende) § 156 GVG durch § 76 AG für anwendbar erklärt. Die Gerichtsbeamten handeln, auch wenn sie auf Anstehen (im Auftrage) einer Partei tätig werden, wie bei der Aufnahme von Protesten, lediglich als Organe der Staatsgewalt, nicht auf Grund eines bürgerlichrechtlichen Vertrags (Dienst- oder Geschäftsbesorgungsvertrags) mit der Partei. Sie haften deshalb für Verschulden, das sie bei Ausführung der ihnen von der Partei übertragenen Amtshandlung begehen, nicht nach Vertragsgrundsätzen, sondern nur aus unerlaubter Handlung, also gemäß § 839 BGB bei Fahrlässigkeit nur, falls der Beschädigte nicht auf andere Weise Ersatz verlangen kann. Hinsichtlich der Gerichtsvollzieher hat das RG auf Grund einer älteren Plenarentscheidung v. 10. 6. 86, RGZ 16, 396, lange auf einem anderen Standpunkt gestanden; es hat diesen aber aufgegeben in dem Beschlusse der Vereinigten Zivilsenate v. 2. 6. 1913, RGZ 82, 85; ebenso RGZ 104, 285. Der Staat haftet in Preußen für Verschulden von Gerichtsbeamten bei Aufnahme von Protesten bereits auf Grund des oben zu αα genannten Staatshaftungsgesetzes von 1909, sofern es sich nicht um Beamte handelt, die für diese Tätigkeit eine besondere Gebühr von den Parteien beziehen (§ 1 Abs 5 des Ges), wie das bei den Gerichtsvollziehern der Fall ist, also für Amtsrichter und Gerichtsschreiber. Art 131 RV ordnet aber in Abs 1 die grundsätzliche Verantwortlichkeit des Staates an, unter Vorbehalt des Rückgriffs gegen den Beamten, und verbietet den Ausschluß des Rechtsweges; Abs 2 überläßt die nähere Regelung der zuständigen Gesetzgebung. Ob hierdurch bereits unmittelbar geltendes Recht geschaffen und die Verantwortlichkeit des Staates für solche Länder begründet ist, die noch kein Staatsverantwortlichkeitsgesetz haben, ist bestritten; auch wenn die Frage bejaht wird, ist dadurch die in Preußen für die Beamten, die für ihre Tätigkeit eine besondere Gebühr beziehen, gemachte Ausnahme nicht berührt worden; vgl. über diese Fragen oben zu αα.

Anm. 19 γγ. **Postbeamte.** Auch hier fallen an sich alle Beamten dieser Kategorie unter das Gesetz, höhere und niedere. Nach der Dienstanweisung zur Postprotestordnung soll aber der Protest in der Regel durch Postunterbeamte erhoben werden; Postbeamte sind nur in Ausnahmefällen damit zu betrauen, Aushelfern und sonstigen im Betriebe der Postverwaltung beschäftigten Personen ohne Beamteneigenschaft darf die Erhebung von Protesten nicht übertragen werden. Die Erhebung der Proteste soll im allgemeinen durch die bestellenden Boten, und zwar auf den regelmäßigen Bestellgängen erfolgen. Ein Postbeamter oder Postunterbeamter darf den Protest nicht erheben: erstens wenn er selbst oder eine Person, deren gesetzlicher Vertreter er ist, an dem Wechsel (Scheck) beteiligt ist oder wenn er selbst zu einer am Wechsel (Scheck) beteiligten Person in dem Verhältnis eines Mitberechtigten oder Ersatzpflichtigen steht; zweitens wenn der Protest gegen seine Ehefrau zu richten ist, auch wenn die Ehe nicht mehr besteht; drittens wenn der Protest sich gegen seine Eltern, Großeltern, Kinder, Enkel, seinen Bruder, seine Schwester, seinen Schwager oder seine Schwägerin richtet, auch wenn die Ehe, durch welche die Schwägerschaft begründet ist, nicht mehr besteht. Über die Rechtsgültigkeit der diesen inneren Dienstvorschriften zuwider erhobenen Proteste vgl. oben Anm 15. — Durch § 3 des Protesterleichterungsgesetzes (Anhang D 1) ist dem Reichskanzler die Befugnis erteilt, anzuordnen, daß die Postverwaltung für bestimmte Fälle, insbesondere mit Rücksicht auf die Art des Protestes oder die Höhe der Wechselsumme, die Protesterhebung nicht übernimmt; diese Bestimmung findet nach § 30 Abs 2 ScheckG jetzt auch auf den Scheckprotest Anwendung. Auf Grund dieser Bestimmung erging die VO des RK v. 5. 8. 1908 (RGBl S. 482), durch welche angeordnet wurde, daß vom 1. 10. 1908 ab die Postverwaltung die Erhebung von Wechsel- und Scheckprotesten mit den dort angegebenen Beschränkungen übernehme; danach blieb die Erhebung von Protesten mangels Zahlung für Wechsel und Schecke, die über mehr als 800 Mark lauteten, ausgeschlossen. Die Bestimmungen über die Erhebung von Wechsel- und Scheckprotesten durch die Postverwaltung sind zusammengefaßt in der Postordnung v. 30. 12. 1921 (RGBl S. 1609), und zwar in dem die „Postaufträge" behandelnden § 18 — abgedruckt in der durch mehrere abändernde Verordnungen ihm gegebenen Fassung als Anhang D 3 —. Danach ist die Höchstgrenze des Betrags der Wechsel und Schecke, über welche Postproteste erhoben werden, die während der Inflationsperiode wiederholt geändert war, nunmehr auf 1000 Reichsmark bestimmt (Nr I Abs 2 der Bestimmungen). Ferner erhebt die Post keine Proteste für Wechsel und Schecke, die in fremder Sprache ausgestellt sind; für solche, die auf eine ausländische Münzsorte „effektiv" lauten; und für solche, die unter Vorlegung mehrerer Exemplare desselben Wechsels oder

Schecks zu protestieren sind (ebenda). Für die Haftung der Postbeamten gelten die gleichen Rechtssätze wie für die Haftung der Gerichtsbeamten, vgl. oben zu γγ Anm 18. Die Postverwaltung — jetzt nach § 1 Abs 3 des Reichspostfinanzgesetzes v. 25. 3. 1924 (RGBl S. 287) das Sondervermögen des Unternehmens „Deutsche Reichspost" — haftet nach § 4 Abs 1 des Protesterleichterungsgesetzes (Anhang D 1) dem Auftraggeber für die ordnungsmäßige Ausführung des Protestauftrags nach den allgemeinen Vorschriften des bürgerlichen Rechts über die Haftung eines Schuldners für die Erfüllung seiner Verbindlichkeit, also nach den §§ 276—278 BGB auch für das Verschulden ihrer Angestellten bei Ausführung des Protestauftrags, jedoch nicht über den Betrag des scheckmäßigen Regreßanspruchs hinaus, also nicht für weiteren Schaden und entgangenen Gewinn; der Anspruch verjährt in 3 Jahren von dem Zeitpunkt ab, in welchem der Protestauftrag bei der Postanstalt eingeht, von der er auszuführen ist (§ 4 Abs 2). Bestritten ist, ob, wie die Begründung (S. 9) ausführt, diese Haftungsbestimmungen nur für die Ausführung des Protestgeschäfts im engeren Sinne, die durch die Bestimmungspostanstalt erfolgt, gelten, während für die Beförderung des Wechsels oder Schecks nach und von der Bestimmungsanstalt die allgemeinen Vorschriften über die Postbeförderung einzutreten haben. Vgl. gegen diese Auffassung StStr zu Art 87 Anm 13. Die Beantwortung der Frage hängt davon ab, ob mit der „Einlieferung" des Postauftrags zur Protesterhebung (PostO § 18 VII, VIII) dieser Auftrag bereits als erteilt und von der Postverwaltung angenommen zu erachten ist; das dürfte aber zu verneinen sein, da die Prüfung der Ordnungsmäßigkeit erst bei der Bestimmungsanstalt erfolgt. § 16

γ. **Satz 2** des Art 87 stellt klar, daß es der **Zuziehung von Zeugen oder eines Protokollführers** bei Erhebung des Protestes nicht bedarf. Soweit also landesrechtliche Vorschriften für die Tätigkeit der Beamten bei Errichtung von Urkunden, die keine Rechtsgeschäfte beurkunden, wozu der Wechsel- (Scheck-) Protest gehört, die Zuziehung von Zeugen oder eines Protokollführers, insbesondere bei richterlicher Beurkundung die Zuziehung eines Gerichtsschreibers verlangen sollten, würden diese Vorschriften auf den Wechsel- (Scheck-) Protest keine Anwendung finden. Anm. 20

b) **Art 88 WO** lautet, soweit er für den Scheck in Betracht kommt, wie folgt: Anm. 21

„In den Protest ist aufzunehmen:

1. der Name oder die Firma der Personen, für welche und gegen welche der Protest erhoben wird;
2. die Angabe, daß die Person, gegen welche protestiert wird, ohne Erfolg zur Vornahme der wechselrechtlichen Leistung aufgefordert worden oder nicht anzutreffen gewesen ist oder daß ihr Geschäftslokal oder ihre Wohnung sich nicht hat ermitteln lassen;
3. die Angabe des Ortes sowie des Kalendertages, Monats und Jahres, an welchem die Aufforderung (Nr 2) geschehen oder ohne Erfolg versucht worden ist;
4. . . .

Der Protest ist von dem Protestbeamten zu unterzeichnen und mit dem Amtssiegel oder dem Amtsstempel zu versehen."

α. **Die Art 88 und 88a WO** regeln die formellen Erfordernisse des Wechsel-(Scheck-)Protestes, und zwar Art 88 seinen notwendigen Inhalt, Art 88a die Form seiner Beurkundung. Diese Erfordernisse waren in dem Art 88 der WO alter Fassung zusammengefaßt. Das Protesterleichterungsgesetz hat eine wesentliche Änderung zunächst insofern gebracht, als die Ziffer 1 des alten Art 88 weggefallen ist, die vorschrieb, daß der Protest eine wörtliche Abschrift des Wechsels oder der Kopie und aller darauf befindlichen Indossamente und Bemerkungen enthalten müsse, eine Vorschrift, welche die Quelle vielfacher Zweifel und Streitigkeiten geworden war. Das Protesterleichterungsgesetz hat sie deshalb in der Weise ersetzt, daß nicht mehr, wie früher, der Protest als selbständige Urkunde aufzunehmen ist, die eine Abschrift des Wechsels enthält, sondern daß der Protest auf den Wechsel (Scheck) gesetzt oder mit diesem verbunden wird; vgl. Näheres zu Art 88a (unter c). Weggefallen ist auch das bis dahin in Art 90 vorgeschriebene, von dem Protestbeamten zu führende Protestregister, in welches der Protest eingetragen wurde, wobei streitig war, ob diese Eintragung oder die dem Protestanten ausgehändigte Urkunde das Original darstellte, ein Streit der für Preußen durch Art 62 PrFGG in letzterem Sinne entschieden war; vgl. StStr zu Art 87 Anm 8. Außerdem ist auch die Ziff 3 des alten Art 88 weggefallen, in der vorgeschrieben war, daß die Antwort des Protestanten auf die Zahlungsaufforderung (vgl. unten Anm 26 a) in die Protesturkunde aufzunehmen sei. Ferner ist die Fassung in der Weise geändert, daß an die Stelle einer ausdrücklichen „Muß"vorschrift („der Protest muß enthalten") eine Gebotsnorm („In den Protest ist aufzunehmen") getreten ist. Es sollte dadurch klargestellt werden, daß — wie übrigens schon in der früheren Rechtsprechung anerkannt war, vgl. RGZ 68, 467 und die dort angeführten Entscheidungen — die aufgestellten Erfordernisse nicht in dem Grade zwingend sind, daß das Fehlen oder die Mangelhaftigkeit eines von ihnen die unbedingte Nichtigkeit des Protestes zur Folge habe, daß vielmehr in jedem einzelnen Falle zu Anm. 22

§ 16 prüfen ist, ob der Mangel so erheblich sei, daß er dem Zwecke und dem Wesen des Protestes Eintrag tue; eine strengere Auslegung und eine Überspannung des Formalprinzips sollte auch für die Zukunft verhütet werden (RG 100, 230). Doch ist andererseits das Vorhandensein der Erfordernisse von Amts wegen zu prüfen; vgl. oben Anm 2. Eine Ermittlung des wirklichen Inhalts kann, wenn er nicht zweifelsfrei ist, im Wege der Auslegung erfolgen; doch dürfen andere Beweismittel zum Zwecke dieser Auslegung nicht herangezogen werden; vgl. ebenda.

Anm. 23 β. Die einzelnen in Art 88 für den Inhalt des Protestes aufgestellten Erfordernisse sind:

αα. **Der Name oder die Firma der Personen, für welche und gegen welche der Protest erhoben wird** (Ziff 1). Der Protest wird erhoben **für den Wechsel- (Scheck-) Inhaber,** den Auftraggeber des Protestbeamten, der in schlechtem Latein auch als der „Protestant" bezeichnet wird. Es werden durch den Protest zwar auch die Regreßrechte der übrigen Scheckverpflichteten gewahrt, und insofern wird der Protest auch für sie erhoben. Hier ist aber nur der „Protestant" gemeint. Durch eine unvollständige oder auch unrichtige Angabe des Namens des Protestanten, insbesondere die Angabe eines unrichtigen Vornamens, wird die Gültigkeit des Protestes nur dann in Frage gestellt, wenn die Unvollständigkeit oder Unrichtigkeit geeignet ist, bei dem Protestaten — d. h. demjenigen, gegen welchen der Protest erhoben wird — Bedenken über die Legitimation desjenigen, der die Zahlung fordert, zu erwecken (RGZ 45, 123). Es genügt aber nicht, daß der Name des Protestanten in dem Proteste vorkommt, sondern es muß auch ersichtlich sein, daß der Protest in seinem Auftrage erhoben wird. — Die Angabe hat den Zweck, die Feststellung darüber zu ermöglichen, ob der Wechsel (Scheck) durch eine dazu gemäß §§ 4, 8 ScheckG, Art 36 WO legitimierte Person zur Zahlung vorgelegt worden ist. Ein auf Anstehen einer anderen Person erhobener Protest ist ungültig. Ungültig ist insbesondere auch ein Protest, der für einen Scheckinhaber erhoben ist, wenn dem auf ihn lautenden Indossament, das zu seiner Legitimation nach Art 36 WO in Verbindung mit § 8 ScheckG dienen soll, noch sein eigenes Indossament und weitere Indossamente folgen und diese Indossamente im Augenblick der Protesterhebung nicht durchstrichen sind (RGZ 1, 32; 27, 43; 32, 78). Eine nachträgliche Durchstreichung der Indossamente kann den Protest nicht gültig machen, selbst wenn sie vor der Klagerhebung durch den dazu nach Art 55 WO berechtigten Indossanten, der seine Nachmänner befriedigt hat, geschehen ist. Diese wohl als formalistisch anzusprechende, aber nach den strengen Vorschriften des Wechselrechts über die Legitimation unvermeidliche Folgerung ist auch durch die Protestnovelle nicht beseitigt worden. Daraus ist, namentlich für die Durchführung des Urkundenprozesses, die Schwierigkeit entstanden, daß durch die Protesturkunde, die eine Abschrift des Wechsels (Schecks) nicht mehr enthält — vgl. Anm 22 — nicht mehr unmittelbar die Legitimation desjenigen, für den der Wechsel protestiert worden ist, dargetan wird, da sie nicht erkennen läßt, ob die Durchstreichung schon zur Zeit der Protesterhebung vorlag. Es haben deshalb bald nach Inkrafttreten der Protestnovelle Gerichte den Erlaß von Versäumnisurteilen in solchen Fällen abgelehnt. Das Schrifttum war geteilter Meinung; vgl. einerseits für die Annahme mangelnder Legitimation Bernstein in DJZ. 1908 Sp. 1090 und Gumbinner ebenda 1397; andererseits für Bejahung der Legitimation Schlotter ebenda 1270; Rausnitz 1382; J. Stranz 1383; Hallersleben (JW 1908, 668). Die gleiche Schwierigkeit hat sich in der Praxis ergeben, wenn das Indossament, das auf denjenigen, für den protestiert war, lautete und ihn legitimieren sollte, zur Zeit der Klagerhebung durchstrichen war, ohne daß die Protesturkunde ersehen ließ, daß die Durchstreichung im Augenblicke des Protestes noch nicht bestanden hatte; so lag der Fall in dem Urt des RG v. 5. 4. 1922, RGZ 104, 269. Das KG hat in ständiger Rechtsprechung (zuerst in den Urt v. 21. und 25. 1. 1909, DJZ 09 Sp. 324) sich über diese Schwierigkeiten dadurch hinweggeholfen, daß es — übrigens im Anschluß an die Begründung zur Protestnovelle S. 10, wo bereits auf die gleichen Gesichtspunkte hingewiesen ist — eine bis zum Beweise des Gegenteils eintretende Vermutung aufstellte dahin, daß der den Erfordernissen des neuen Gesetzes äußerlich genügende Protest, den der Inhaber eines rückläufigen Wechsels vorlege, im Auftrage eines legitimierten Inhabers erhoben worden sei. Es findet eine Stütze für diese Erwägung — abgesehen davon, daß mit den neuen Bestimmungen der Novelle nicht eine Erschwerung der Stellung des Wechselgläubigers, sondern eine Erleichterung bezweckt sei — auch darin, daß die Protesterhebung nur Beamten obliege, die vermöge ihrer Dienstpflicht bzw. des mit ihrem Auftraggeber abgeschlossenen Dienstvertrags verpflichtet seien, vor der Annahme des Auftrags zu prüfen, ob der Inhalt des Wechsels den Auftraggeber als zur Protesterhebung legitimierten Inhaber ausweise, so daß die Gefahr, daß der Protest im Auftrage eines Unberechtigten erhoben werde, überhaupt nicht groß sei. Das RG hat sich in dem obengenannten Urt v. 5. 4. 1922 ohne nähere eigene Begründung der überwiegenden Auffassung des Schrifttums und der Rechtsprechung des KG angeschlossen. Man wird diese Entscheidungen, die einen zu unerträglichen Unbilligkeiten führenden Formalismus vermeiden, im Ergebnisse durchaus billigen und auch für rechtlich vertretbar erachten können, da es auch im Urkundenprozesse Sache des Gerichts ist, im Wege freier Beweiswürdigung festzustellen, was durch den Inhalt der vorgelegten Urkunden als bewiesen anzusehen ist, vgl. RGZ 2, 417; 8, 45; 49, 374; 95, 72 und in JW 1894, 364. — § 16

Die Person, **gegen welche der Protest erhoben wird** — der „Protestat" —, ist beim Scheck lediglich der Bezogene. Auch er ist mit dem Namen oder der Firma zu bezeichnen; eine andere Art der Bezeichnung, z. B. die Angabe, daß der Protest „gegen den Bezogenen" erhoben werde, ist jedoch unschädlich, wenn kein Zweifel darüber bestehen kann, daß die Protesthandlung sich gegen diejenige Person gerichtet hat, die im Scheck als Bezogener (vgl. § 1 Nr 2 und Anm 5 ff zu § 1) benannt ist. Ist der Bezogene eine juristische Person, handelsrechtliche Gesellschaft oder Anstalt, so ist sie mit ihrem Kollektivnamen, nicht mit dem Namen der physischen Person, welche sie bei der Entgegennahme des Protestes vertreten hat, zu bezeichnen; über die Bezeichnung der letzteren vgl. unten zu ββ. Auch der Angabe des Vertretungsberechtigten (gesetzlicher Vertreter, Firmeninhaber) bedarf es nicht; ROHG 14, 160. Anm. 24

ββ. **Die Angabe, daß die Person, gegen welche protestiert werden soll, ohne Erfolg zur Vornahme der wechselrechtlichen Leistung aufgefordert worden oder nicht anzutreffen gewesen ist oder daß ihr Geschäftslokal oder ihre Wohnung sich nicht hat ermitteln lassen (Ziff 2).** Anm. 25

1. **Erster Alternativfall der Ziffer 2: erfolglose Aufforderung.** StStr zu Art 88 Anm 25 meinen, daß hier, im Gegensatz zu Ziffer 1, unter dem Protestaten die physische Person zu verstehen sei, die der Inhaber oder der gesetzliche Vertreter dieses Inhabers sei; denn einen Wechsel vorlegen könne man nur einer physischen Person, eine Aufforderung nur an eine solche richten; der Unterschied ergebe sich auch daraus, daß Ziffer 1 von dem Namen oder der Firma der Personen spricht, gegen welche der Protest erhoben, Ziffer 2 dagegen von der Person, gegen welche protestiert wird. Diese beiden Ausdrücke dürften indessen sprachlich doch wohl das gleiche bedeuten. Im übrigen hat die Ziffer 2 als „Person, gegen welche protestiert wird" sicherlich keine andere Person im Auge wie die Ziffer 1 als „Person, gegen welche der Protest erhoben wird"; sie schließt sich vielmehr an Ziffer 1 an und gibt an, was als dieser Person gegenüber geschehen festgestellt werden soll. Richtig ist, daß die Vorlegung und Aufforderung tatsächlich nur einer physischen Person gegenüber erfolgen kann; aber rechtlich gilt sie als der durch diese vertretenen Rechtspersönlichkeit gegenüber geschehen. Daß nicht die physische Person, die angetroffen und mit der verhandelt worden ist, unmittelbar gemeint sein kann, ergibt sich mit Sicherheit daraus, daß als zweiter und dritter Alternativfall vorgesehen ist, daß sie nicht anzutreffen war oder ihr Geschäftslokal oder ihre Wohnung sich nicht hat ermitteln lassen. Doch ergibt sich mittelbar aus Ziffer 2, daß, falls eine physische Person, die zur Entgegennahme der Vorlegung und Aufforderung für den Bezogenen berechtigt war, angetroffen und mit ihr verhandelt worden, auch diese Person in dem Proteste kenntlich zu machen ist, da das zu der Darlegung des tatsächlichen Vorganges gehört.

Physische Personen, an welche die Aufforderung zur Zahlung gerichtet werden kann, sind außer dem Bezogenen selbst zunächst die gesetzlichen Vertreter des Bezogenen, falls dieser nicht geschäftsfähig oder eine juristische Person, eine Handelsgesellschaft oder eine Anstalt (vgl. die Erläuterungen zu § 2) ist. Sind mehrere Personen Gesamtvertreter des Bezogenen (so bei der Kollektivprokura), so genügt es nach der Rechtsprechung des RG (RGZ 24, 86; 53, 231), daß die Zahlungsaufforderung an einen der Gesamtvertreter gerichtet wird, entsprechend dem in § 171 Abs 3 ZPO und anderen gesetzlichen Vorschriften enthaltenen allgemeinen Rechtsgrundsatze, demzufolge Willenserklärungen einem von mehreren Kollektivvertretern gegenüber mit Wirkung für die vertretene Person abgegeben werden können und die Kenntnis einer Tatsache auf seiten eines Kollektivvertreters genügt, um Kenntnis der vertretenen Person anzunehmen. (Anders liegt die Sache für die von dem Bezogenen gemäß § 16 Abs 1 Satz 2 Ziff 1 auszustellende Erklärung, vgl. darüber Anm 6.) Die Aufforderung kann ferner gerichtet werden an eine Person, welche durch ausdrückliche oder stillschweigende Vollmacht von dem Bezogenen zur Entgegennahme von Zahlungsaufforderungen aus Schecken ermächtigt ist oder auch nur den äußeren Umständen nach von dem Protestbeamten als ermächtigt angesehen werden kann. Ob der Protestbeamte eine solche Ermächtigung schon dann als vorhanden annehmen kann, wenn die angetroffene Person „an der Kasse sitzt" (so Lehmann 508 Anm 17a; StStr zu Art 88 Anm 35) oder die Tätigkeit eines Kassierers ausübt, ist bestritten; in RGZ 3, 90 ist die Frage verneint, in RGZ 24, 87 dahingestellt gelassen, weil es sich um einen Fall handelte, in welchem der Kassierer zugleich Vorstandsmitglied war; dahingestellt auch in RGZ 53, 228. Meines Erachtens geht aus der Tätigkeit als Kassierer nicht ohne weiteres die Befugnis zur selbständigen Entgegennahme von Zahlungsaufforderungen aus Wechseln oder Schecken hervor; der Protestbeamte wird deshalb pflichtgemäß sich darüber Anm. 25a

§ 16 zu vergewissern haben, ob der Kassierer dazu ermächtigt ist. — In eine nähere Prüfung der Identität derjenigen Person, die an der Stelle, wo die Zahlungsaufforderung stattfinden kann, angetroffen wird und sich ihm gegenüber als der Bezogene oder dessen Vertreter bezeichnet, oder der Vertretungsberechtigung dieser Person braucht der Protestbeamte nicht einzutreten; es genügt, wenn er aus der Anwesenheit der Person an dieser Stelle und aus der Art ihrer Tätigkeit und ihren Angaben die Identität oder die Vertretungsbefugnis für glaubhaft erachten konnte. Die Gültigkeit des Protestes wird deshalb durch den Nachweis, daß die Person in Wirklichkeit nicht der Bezogene war oder keine Vertretungsbefugnis hatte, nur in Frage gestellt, wenn auch dargetan wird, daß der Protestbeamte keinen hinreichenden Anlaß hatte, das Gegenteil anzunehmen. Trifft der Protestbeamte eine Person an, die er den Umständen nach als empfangsberechtigt für den Bezogenen ansehen konnte, so darf er an sie die Aufforderung richten, ohne nach der Anwesenheit des Bezogenen selbst zu forschen. Die Umstände, welche ihn dazu veranlaßt haben, die Person als empfangsberechtigt anzusehen, sind in dem Proteste ersichtlich zu machen; a. M. anscheinend StStr zu Art 88 Anm 38. Nicht genügend ist die Bezeichnung der angetroffenen Person als Familienmitglied (Schwiegersohn), ohne Feststellung etwaiger geschäftlicher Beziehungen zu dem Bezogenen (RGZ 23, 121; 14, 148); ebensowenig die Bezeichnung als „Geschäftsgehilfe" (RG 3. 1. 82 in ZHR 31, 455; RGZ 24, 87), als sonstiger Angestellter (Lehrling, Hausdiener) oder Dienstbote. Eine Bezeichnung desjenigen, mit dem der Protestbeamte verhandelt hat, mit Namen sollte nach den Materialien zur WO (Leipz Prot 148) nicht vorgeschrieben werden und wird deshalb nicht für notwendig erachtet (ROHG 14, 162; 18, 237); doch fragt es sich, ob nicht wenigstens eine derartige Bezeichnung erforderlich ist, daß die Persönlichkeit des Betreffenden festgestellt werden kann.

Anm. 26 Während es für die Vorlegung des Schecks, sofern sie durch Erklärung des Bezogenen oder Bescheinigung der Abrechnungsstelle nachgewiesen werden soll, einer ausdrücklichen **Zahlungsaufforderung** nicht bedarf (vgl. darüber zu § 11 Anm 9), ist, wenn Protest erhoben werden soll, Voraussetzung, daß eine solche Aufforderung erfolgt ist, sofern nicht der zweite oder dritte Alternativfall der Ziffer 2 des Art 88 (vgl. unten Anm 27) vorliegt. Dies ergibt sich daraus, daß die **Tatsache der erfolgten Zahlungsaufforderung im Proteste zu beurkunden ist.** Die Aufforderung kann auch beim Verrechnungsscheck auf Zahlung lauten; nicht aber auf Barzahlung; vgl. zu § 14 Anm 9. Eine andere wechsel- (scheck-) rechtliche Leistung wie die Zahlung oder Verrechnung (Gutschrift) kommt beim Scheck nicht in Frage. Von wem die Aufforderung ergehen muß, ist im Gesetze nicht gesagt; sie kann also auch von dem Scheckinhaber selbst in Anwesenheit des Protestbeamten ausgesprochen werden. Nicht ausdrücklich ist im Gesetze vorgeschrieben eine Beurkundung im Proteste darüber, daß der Wechsel (Scheck) vorgelegt worden ist, obwohl es ein materielles Erfordernis für die Gültigkeit der Zahlungsaufforderung ist, daß diese unter Vorlegung des Schecks erfolgt, und obwohl der Protest gerade zum Nachweise dieses Erfordernisses bestimmt ist; vgl. § 16 Satz 2 ScheckG. Ob es hiernach einer ausdrücklichen Beurkundung der Vorlegung bedarf, ist streitig; für den Wechsel verneinend Rehbein (Anm 7); ebenso Bernstein (381), der annimmt, es spreche eine Vermutung dafür, daß der Wechsel vorgelegt sei. Auch Grünhut Handbuch II § 79 S. 62 nimmt an, daß die Vorlegung nicht beurkundet zu werden braucht; unklar StStr zu Art 88 Anm 1. Da die Beurkundung nicht formell vorgeschrieben ist, wird der Richter nicht gehindert sein, den an sich dem Scheckinhaber obliegenden Beweis der erfolgten Vorlegung bis auf weiteres (prima facie) aus dem Gesamtinhalt des Protestes, der auf den in der Hand des Protestbeamten befindlichen Scheck Bezug nimmt und in diesem Zusammenhange die Zahlungsaufforderung beurkundet, kraft freier Beweiswürdigung zu entnehmen, falls nicht besondere Umstände, die der Gegner substantiieren müßte, Zweifel ergeben; auf alle Fälle kann der Gegenbeweis geführt werden, insbesondere etwa dahin, daß der Bezogene Einsichtnahme in den Scheck verlangt hat und diese ihm nicht gewährt worden ist.

Anm. 26a Die Antwort, welche die Person, an die der Protestbeamte die Aufforderung gerichtet hat, ihm erteilt hat, mußte nach der früheren Fassung des Art 88 Ziff 3 WO in den Protest aufgenommen oder bemerkt werden, daß sie keine gegeben habe. Diese Vorschrift hat das Protesterleichterungsgesetz beseitigt. Es bedarf also keiner Beurkundung mehr darüber, ob eine Antwort und welche erteilt worden ist. Das RG hatte schon unter der Herrschaft der früheren Fassung (in RGZ 53, 230) darauf hingewiesen, daß der Inhalt der Antwort völlig gleichgültig sei und daß es nur darauf ankomme, ob Zahlung geleistet worden ist oder nicht. Daß keine Zahlung geleistet worden, wird durch die von der Novelle eingeführte Fassung, derzufolge im Proteste zu beurkunden ist, daß die Aufforderung „ohne Erfolg" geblieben sei, klargestellt. Dieses Erfordernis kann aber auch dadurch erfüllt werden, daß die Antwort in den Protest aufgenommen wird und sich aus ihr ergibt, daß Zahlung nicht geleistet worden ist, z. B. wenn von dem Bezogenen oder für ihn erklärt worden ist, daß er keine Deckung habe und deshalb nicht zahle.

§ 16 Anm. 27

2. **Zweiter und dritter Alternativfall der Ziffer 2.** Einer Aufforderung des Bezogenen zur Zahlung bedarf es nicht, wenn die Person, gegen welche protestiert wird — d. h. der Bezogene, vgl. oben Anm 24 —, nicht persönlich und auch ein zur Entgegennahme berechtigter Vertreter an der Stelle, an welcher die Präsentation und die Protesterhebung nach Art 91, 91 a WO zu erfolgen hat, **nicht anzutreffen gewesen ist oder ihr Geschäftslokal oder ihre Wohnung sich nicht hat ermitteln lassen.** In diesem Falle steht die versuchte Vorlegung zur Zahlung der Vorlegung gleich (§ 16 Abs 1 Satz 1 ScheckG) und der Protestbeamte kann den sog. „Windprotest" erheben, in dem er die eine oder die andere dieser Alternativen als gegeben beurkundet. Voraussetzung dafür ist, daß der Protestbeamte versucht hat, sofern ihm das Geschäftslokal oder in Ermangelung eines solchen die Wohnung des Bezogenen am Zahlungsorte bekannt ist, ihn dort anzutreffen; andernfalls das Geschäftslokal oder die Wohnung zu ermitteln. Im ersteren Falle wird er sich zu diesem Zwecke an die betreffende Stelle zu begeben haben; doch bedarf es einer ausdrücklichen Beurkundung darüber nicht; die Tatsache ergibt sich, vorbehaltlich des Gegenbeweises, aus der Beurkundung des Nichtantreffens. Im letzteren Falle braucht der Protestbeamte in dem Proteste nicht anzugeben, welche Nachforschungen er zum Zwecke der Ermittelung angestellt hat. Die bis zur Protestnovelle in Art 91 WO vorgeschriebene Angabe, daß die Nachfrage bei der Polizeibehörde des Ortes fruchtlos geblieben sei, ist weggefallen; an ihre Stelle ist die Vorschrift des jetzigen Art 91 Abs 2, 3 getreten; vgl. darüber unten Anm 55 f.

Das „Nichtantreffen" braucht nicht wörtlich beurkundet zu werden; es genügt die Beurkundung, daß eine ersichtlich nicht zur Empfangnahme berechtigte Person — z. B. Lehrling, Dienstbote — allein angetroffen wurde oder daß dem Protestbeamten nicht geöffnet worden ist. Dem Nichtantreffen wird sinngemäß gleichzustellen sein, wenn dem Protestbeamten der Eintritt in das Geschäftslokal oder die Wohnung verweigert worden oder er durch äußere Gewalt (polizeiliche Absperrung, ansteckende Krankheit) an dem Betreten gehindert war. Die Aufnahme eines Protestes in einem nach völkerrechtlichen Grundsätzen exterritorialen Gebäude stellt, wenn sie durch einen Gerichtsbeamten erfolgt, einen Akt der Ausübung eines staatlichen Hoheitsrechts — der freiwilligen Gerichtsbarkeit — dar und ist deshalb unzulässig; es kann daher ein „Nichtantreffen" angenommen und Windprotest erhoben werden, falls der Bezogene sein Geschäftslokal oder seine Wohnung in einem solchen Hause hat. Ob der gleiche Umstand auch der Aufnahme eines Protestes durch einen Notar entgegensteht, erklärt ein Urt des RG v. 6. 2. 06 (DJZ 1906 Sp. 487) für zweifelhaft; doch wird unbedenklich auch in der Tätigkeit eines Notars bei Aufnahme von Wechsel- und Scheckprotesten die Ausübung eines staatlichen Hoheitsaktes der freiwilligen Gerichtsbarkeit zu finden sein, obwohl der Notar zugleich Geschäftsbesorger des Scheckinhabers ist (vgl. oben Anm 17). Seitdem die Protestaufnahme durch Postbeamte zugelassen ist, wird auch für sie das gleiche gelten, da auch der von ihnen aufzunehmende Postprotest sich als eine öffentliche Urkunde darstellt; vgl. Anm 19.

γγ. **Die Angabe des Ortes sowie des Kalendertages, Monats und Jahres, an welchem die Aufforderung (Nr 2) geschehen oder ohne Erfolg versucht worden ist (Ziff 3).** Anm. 28

Die Vorschrift bezieht sich nicht (wie StStr zu Art 88 Anm 43ff. anzunehmen scheinen) auf die Datierung des Protestes (der Protesturkunde), sondern auf die Datierung der Zahlungsaufforderung. Daß die „Aufnahme" des Protestes — d. h. die Errichtung der Protesturkunde — sich unmittelbar an die Zahlungsaufforderung anschließe oder auch nur am gleichen Tage und am gleichen Orte wie diese erfolge, ist weder für den Wechsel noch für den Scheck vorgeschrieben; die Urkunde kann von dem Protestbeamten auch zu Hause in seiner Schreibstube usw. fertiggestellt werden. Beim Wechsel besteht aber eine Protestfrist: der Protest muß spätestens am zweiten Werktage nach dem Zahlungstage „erhoben" werden, und es wird im Schrifttum und in der Rechtsprechung angenommen, daß innerhalb dieser Frist der Protest beurkundet sein muß; vgl. StStr zu Art 87 Anm 10. Im Gegensatze dazu normiert das ScheckG nur eine Vorlegungsfrist (§ 11), aber keine Protestfrist; Art 41 WO gehört nicht zu den Vorschriften, die für entsprechend anwendbar erklärt sind. Die Aufnahme der Protesturkunde ist sonach nicht an eine bestimmte Frist gebunden und auch nach Ablauf der Vorlegungsfrist zulässig, es gilt für sie das gleiche wie für die Erklärung des Bezogenen, vgl. oben Anm 8. Eine Datierung ist für sie vom Gesetze nicht vorgeschrieben, gehört freilich zur ordnungsmäßigen Aufnahme einer öffentlichen Urkunde, ohne daß jedoch in Ermangelung einer ausdrücklichen Vorschrift aus dem Fehlen der Datierung eine Nichtigkeit des Protestes hergeleitet werden könnte. — Dagegen schreibt Art 88 die Angabe des Orts- und Zeitdatums der Zahlungsaufforderung vor. Das entspricht gleichfalls der Vorschrift für die Erklärung des Bezogenen, die den Tag der Vorlegung angeben muß; vgl. oben Anm 7. Die Angabe des Datums der Zahlungsaufforderung im Proteste ist erheblich dafür, ob die Vorlegungsfrist gewahrt ist. Ist der Protest datiert und ergibt sich aus diesem Datum, daß die Vorlegungsfrist gewahrt ist, so wird gemäß den Grundsätzen

§ 16 der Protestnovelle über die Bedeutung von Protestmängeln (vgl. oben Anm 22) aus dem Mangel der Angabe des Datums der Zahlungsaufforderung eine Nichtigkeit des Protestes nicht herzuleiten sein. Anders mußte oben (Anm 7) für den Mangel der Datierung der Erklärung des Bezogenen nach Ziff 1 entschieden werden, da es sich dort um eine Mußvorschrift handelte.

Das Datum hat den Ort anzugeben, an welchem die Zahlungsaufforderung erfolgt oder versucht worden ist. Darunter ist hier die Ortschaft (politische Gemeinde) zu verstehen; einer Angabe der Stelle, an welcher innerhalb der Ortschaft die Präsentation erfolgt ist — der Lokalität oder Örtlichkeit in diesem Sinne, vgl. Art 91 Abs 1 WO und dazu unten Anm 50 —, bedarf es im Proteste nicht; der Zweifel, der nach der früheren Fassung der WechselO dadurch entstehen konnte, daß in Art 88 Ziff 4 (jetzt 3) und in Art 91 Abs 1 der gleiche Ausdruck „Ort" gebraucht war (vgl. Grünhut Wechselrecht 2, 63), ist durch die Änderung der letzteren Vorschrift erledigt; RGZ 85, 301. Die Angabe der Örtlichkeit (Stelle) ist allerdings allgemein üblich. Das Zeitdatum hat Kalendertag, Monat und Jahr der Zahlungsaufforderung anzugeben; die Angabe der Stunde (Art 92 Abs 2 WO) ist sonach nicht erforderlich. An welcher Stelle und mit welchen Worten die Datierung zu erfolgen hat, ist nicht vorgeschrieben; es genügt daher, wenn im Texte des Protestes gesagt ist, daß die Zahlungsaufforderung „heute hier" erfolgt ist und wenn dann bei der Unterschrift des Protestbeamten (Abs 2, vgl. unten Anm 29) sich ein Orts- und Zeitdatum befindet.

Anm. 29 δδ. **Der Protest ist von dem Protestbeamten zu unterzeichnen und mit dem Amtssiegel oder dem Amtsstempel zu versehen.**

Die Unterzeichnung der Protesturkunde durch den Protestbeamten ist vorgeschrieben. Fehlt sie, so liegt keine Beurkundung vor und ist der Protest nichtig. Doch kann der Mangel noch gemäß Art 90 Abs 1 WO (vgl. unten Anm 45) berichtigt werden; anders für den Wechsel nach Ablauf der Protestfrist, StStr zu Art 88 Anm 53, vgl. oben Anm 28. — Die Unterzeichnung muß sich als Namensschrift des Protestbeamten darstellen; mechanische Herstellung genügt nicht. Sie muß als Unterschrift derart stehen, daß der Inhalt der Protesturkunde durch sie gedeckt wird. Außerdem ist vorgeschrieben, daß der Protest von dem Protestbeamten mit dem Amtssiegel oder dem Amtsstempel zu versehen ist (in der Fassung bis zur Protestnovelle war nur das Amtssiegel zugelassen). Daß diese Amtszeichen gerade mit der Unterschrift des Protestbeamten in örtlichem Zusammenhange stehen müßten, ist nicht gesagt und kann daher nicht verlangt werden; sie können auch an anderer Stelle auf den Wechsel (Scheck) gesetzt werden, obwohl Art 88a Abs 3 Satz 2 (vgl. unten Anm 36) vorauszusetzen scheint, daß sie regelmäßig „der Unterschrift des Protestbeamten beigefügt werden". Ein Mangel hinsichtlich der Unterschrift und der Amtszeichen des Protestbeamten wird übrigens, auch wenn er nicht rechtzeitig berichtigt ist (vgl. Art 90 Abs 1 WO und dazu unten Anm 45), gemäß den Grundsätzen der Protestnovelle über die Bedeutung von Protestmängeln (vgl. oben Anm 22) die Nichtigkeit des Protestes nicht nach sich ziehen, wenn über die amtliche Eigenschaft des Protestbeamten kein Zweifel obwalten kann; a. M. StStr zu Art 88 Anm 53. Eine Datierung der Protesturkunde — d. h. eine Angabe des Ortes und Tages ihrer Errichtung, die nach obigem mit dem Datum der Zahlungsaufforderung (Ziff 3) nicht zusammenzufallen braucht — ist vom Gesetze nicht als Inhaltserfordernis des Protestes aufgestellt; vgl. oben Anm 28.

Anm. 30 εε. Kein gesetzliches Erfordernis des Wechsel- (Scheck-) Protestes ist die (in der Praxis allgemein übliche und auch in den Formularen vielfach vorgesehene) **„Protestklausel"**, d. h. die Erklärung des Protestbeamten, daß er Protest erhebe oder erhoben habe, häufig mit dem Zusatze, daß er seinem Auftraggeber alle Rechte wegen der Nichtzahlung vorbehalten habe. Diese Klausel ist überflüssig. Der Ausdruck: „Protest" bedeutet nicht eine Verwahrung, sondern nur eine formelle Tatsachenfeststellung (protestatio in diesem Sinne). Er hat deshalb keine etwa demjenigen, „gegen den protestiert wird", gegenüber abzugebende Erklärung des Protestbeamten über die Folgen der Nichtzahlung zu enthalten. Der Ausdruck „Protest" braucht in der Protesturkunde überhaupt nicht vorzukommen. Das ergibt sich für den Wechsel aus Art 41 Abs 1 Ziff 2 WO, der die Begriffsbestimmung des Protestes enthält, derzufolge dieser lediglich eine über die Tatsache der Präsentation und der Nichterlangung der Zahlung aufgenommene Beweisurkunde ist, durch welche diese Vorgänge dargetan werden sollen. Das ist übrigens im Schrifttum und der Rechtsprechung des Wechselrechts von jeher anerkannt worden: Bernstein S. 385; RG bei Bolze 16 Nr 291, 17 Nr 307 und JW 1897, 87; Basch, Die Protestklausel, ein alter Zopf, in der DJZ 1907 Sp. 815; StStr zu Art 88 Anm 54. Die Entwürfe der WO, zuletzt derjenige von 1845, § 231, schrieben die Klausel vor, sie wurde aber laut Kommissionsbericht von 1846, S. 108, wegen ihrer völligen Überflüssigkeit gestrichen. — Das ScheckG enthält überhaupt keine Andeutung darüber, was unter einem „Protest" zu verstehen ist und Art 41 WO gehört nicht zu den ausdrücklich für anwendbar erklärten Vorschriften der WO über den Protest (§ 16 Abs 2

ScheckG); es kann aber trotzdem keinem Zweifel unterliegen, daß nicht nur die Formen, sondern auch der Begriff des Protestes, der in der WO bestimmt ist, auch für das ScheckG maßgebend ist. **§ 16**

ζζ. **Beweiskraft der Protesturkunde.** Der ordnungsmäßig errichtete Protest ist eine von einer mit öffentlichem Glauben versehenen Person innerhalb des ihr zugewiesenen Geschäftskreises in der vorgeschriebenen Form aufgenommene Urkunde, also eine öffentliche Urkunde im Sinne des § 415 ZPO. Sie wird jedoch nicht über eine vor der Urkundsperson abgegebene Erklärung errichtet (§ 415 a. a. O.), sondern über eine von dem Protestbeamten selbst vorgenommene Handlung und eine von ihm gemachte Wahrnehmung, nämlich über die Vorlegung des Wechsels (Schecks), die Aufforderung zur Zahlung und die Erfolglosigkeit dieser Aufforderung; die etwa darin beurkundete Erklärung des Bezogenen auf die Aufforderung ist unwesentlich; vgl. oben Anm 26a. Sie hat sonach einen anderen als den in § 415 vorgesehenen Inhalt und ihre Beweiskraft richtet sich demgemäß nach § 418 Abs 1, 2 ZPO. Sie begründet daher vollen Beweis der darin bezeugten Tatsachen; doch ist der Beweis der Unrichtigkeit der bezeugten Tatsachen zulässig; die in § 418 Abs 2 vorbehaltene Ausschließung oder Einschränkung dieses Gegenbeweises durch die Landesgesetze kann für Urkunden, die wie der Wechsel- (Scheck-) Protest auf Grund reichsgesetzlicher Vorschriften errichtet sind, nicht Platz greifen, vgl. Gaupp-Stein ZPO zu § 418 Erl III Abs 2. Der Gegenbeweis kann durch alle regelmäßig zulässigen Beweismittel geführt werden. Er ist auch gegen den redlichen Inhaber des protestierten Wechsels (Schecks), der ihn im Vertrauen auf die Gültigkeit des Protestes eingelöst hat, zulässig. Vgl. über diese Fragen Bernstein S. 377; Goldschmidt System S. 275; GrünhutHdb II S. 78; ROHG 14, 262; 19, 152; RGZ 2, 26; OLG Dresden in ZHR 38 S. 564, 565; Kiel ebenda S. 571; StStr zu Art 87 Anm 18. Darüber, in welcher Richtung der Gegenbeweis zu führen ist, entscheidet die Bedeutung der beurkundeten Tatsachen. Demgemäß kann zum Gegenbeweise verstellt werden, daß der Protestbeamte, der beurkundet hat, der Bezogene sei nicht anzutreffen gewesen (oben Anm 27), überhaupt nicht an Ort und Stelle war oder keine Nachfrage nach ihm gehalten hat; ferner, daß er eine Zahlungsaufforderung (oben Anm 26), nicht gestellt habe usw. Dagegen ist der Nachweis, daß die Person, an welche die Zahlungsaufforderung gerichtet worden ist, nicht der Bezogene oder ein zur Entgegennahme ermächtigter Vertreter war, nur erheblich in Verbindung mit dem weiteren Beweise, daß der Protestbeamte sie auch nicht dafür halten durfte (vgl. oben Anm 25a). Als unerheblich erklärt ist durch Art 91 Abs 2 WO der Gegenbeweis in der Richtung, daß die Ermittelung des Geschäftslokals oder der Wohnung entgegen dem Vermerk in der Protesturkunde möglich gewesen sei; vgl. unten Anm 55. **Anm. 31**

c) Der (durch die Protestnovelle neu eingefügte) **Artikel 88 a WO** lautet wie folgt: **Anm. 32**

„Der Protest mangels Zahlung ist auf den Wechsel oder auf ein mit dem Wechsel zu verbindendes Blatt zu setzen.

Der Protest soll unmittelbar hinter den letzten auf der Rückseite des Wechsels befindlichen Vermerk, in Ermangelung eines solchen unmittelbar an einen Rand der Rückseite gesetzt werden.

Wird der Protest auf ein Blatt gesetzt, das mit dem Wechsel verbunden wird, so soll die Verbindungsstelle mit dem Amtssiegel oder dem Amtsstempel versehen werden. Ist dies geschehen, so braucht der Unterschrift des Protestbeamten ein Siegel oder Stempel nicht beigefügt zu werden.

Wird der Protest unter Vorlegung mehrerer Exemplare desselben Wechsels (oder unter Vorlegung des Originals und einer Kopie) erhoben, so genügt die Beurkundung auf einem der Exemplare (oder auf dem Originalwechsel). Auf den anderen Exemplaren oder auf der Kopie ist zu vermerken, daß sich der Protest mangels Zahlung auf dem ersten Exemplar (oder auf dem Originalwechsel) befindet. Auf den Vermerk finden die Vorschriften des Abs 2 und des Abs 3 Satz 1 entsprechende Anwendung. Der Protestbeamte hat den Vermerk zu unterzeichnen."

α. **Entstehungsgeschichte. Allgemeines.** Vgl. oben zu Art 88 WO (Anm 22 zu diesem Paragraphen). Während nach der WO in ihrer früheren Fassung über den Protest eine selbständige Urkunde zu errichten war, die eine wörtliche Abschrift des Wechsels enthalten mußte, ist durch das Protesterleichterungsgesetz vom 30. Mai 1908 zur Vereinfachung der Protestbeurkundung vorgeschrieben, daß **der Protest mangels Zahlung auf den Wechsel (Scheck) oder auf ein mit dem Wechsel (Scheck) zu verbindendes Blatt zu setzen ist (Art 88a Abs 1).** Der Protest hat dadurch seinen Charakter als selbständige Urkunde verloren und ist zu einem Anhang (Annex) des Wechsels (Schecks) geworden. Die Sicherheit dafür, daß der Protest sich auf den in Frage stehenden Wechsel (Scheck) bezieht, ist auf diese Weise in noch höherem Grade gewährleistet als früher durch die wörtliche Abschrift des Wechsels im Proteste. Es ist damit aber die Möglichkeit, die früher bestand, weggefallen, über mehrere Wechsel nur einen Protest aufzunehmen. Die Vorschrift ist, wie seit der Protestnovelle es auch die Vorschriften des Art 88 sind, nicht als Mußvorschrift, sondern **Anm. 33**

§ 16 als ein an den Protestbeamten gerichtetes Gebot gefaßt, das aber nicht etwa, wie die Vorschrift des Abs 2, eine Sollvorschrift ist. Für den Fall der Nichtbefolgung des Gebotes gelten deshalb die in Anm 22 dargelegten Grundsätze. Diese werden dazu führen, daß die Nichtbefolgung regelmäßig die Nichtigkeit des Protestes nach sich zieht, da die vorgeschriebene Verbindung von Wechsel (Scheck) und Protest zu einer Urkunde derart erheblich ist, daß eine Abweichung von ihr dem Wesen und Zweck des Protestes, wie er nach der Protestnovelle gestaltet ist, Eintrag tut, besonders da die Sicherung des Nachweises der Zusammengehörigkeit von Wechsel und Protest, die früher durch die Aufnahme einer wörtlichen Abschrift des Wechsels in den Protest erreicht werden sollte, weggefallen und durch die dem gleichen Sicherungszwecke dienende Verbindung der beiden Urkunden zu einer ersetzt worden ist. Wie hier, StStr zu Art 88a Anm 1 und 4; a. M. OLG Kiel in OLGR 21, 394 und in SeuffA 65, 370. Doch ist für die Errichtung der Protesturkunde beim Scheck keine Frist vorgeschrieben (vgl. oben Anm 28) und kann daher die Verbindung des Protestes mit dem Scheck, die zur Errichtung der Protesturkunde gehört, immer noch nachgeholt werden, jedenfalls bis zur Aushändigung des Protestes an den Auftraggeber (Art 90 Abs 1 WO, vgl. unten Anm 44), mit welcher die Errichtung der Urkunde als beendigt angesehen werden muß. — Die auf den Wechsel (Scheck) gesetzte oder mit ihm verbundene Urkunde ist die von dem Protestbeamten gemäß Art 88 Abs 2 (vgl. oben Anm 29) zu unterzeichnende Urschrift des Protestes; sie wird daher mit dem protestierten Wechsel (Scheck) dem Auftraggeber ausgehändigt; der Protestbeamte behält eine beglaubigte Abschrift des Protestes und einen Vermerk über den Inhalt des Wechsels (Schecks) zurück (Art 90 Abs 2; vgl. unten Anm 46 ff). Durch diese Vorschriften ist das früher vorgeschriebene Protestregister, das der Protestbeamte zu führen hatte, ersetzt.

Anm. 34 Von den in Absatz 1 zugelassenen beiden Alternativen —: Setzen des Protestes auf den Wechsel (Scheck) selbst oder auf ein mit ihm zu verbindendes Blatt — wird in Absatz 2 die erste, in Absatz 3 die zweite näher geregelt, während Absatz 4 den besonderen Fall behandelt, daß ein in mehreren Exemplaren vorgelegter Wechsel (Scheck) zu protestieren ist. Durch die alternative Fassung des Absatzes 1 wird übrigens nicht ausgeschlossen, daß der Protest zum Teil auf den Wechsel (Scheck) selbst und zum Teil auf ein mit ihm zu verbindendes Blatt gesetzt wird (die Begründung zur Protestnovelle S. 10 bezeichnet das als selbstverständlich); es wird das sogar der häufigste Fall sein, da der Platz auf der Rückseite des Wechsels (Schecks) — vgl. Absatz 2 — wohl in den meisten Fällen nicht ausreichend sein wird.

Anm. 35 β. Für den Fall, daß der Protest **auf den Wechsel (Scheck) selbst** gesetzt wird, bezeichnet Absatz 2 im Wege einer Sollvorschrift näher den Platz, an welchen er auf dem Wechsel (Scheck) zu stehen kommen soll, nämlich **unmittelbar hinter der letzten, auf der Rückseite des Wechsels (Schecks) befindlichen Vermerk.** Die Vorschrift bezweckt nach der Begründung zur Protestnovelle (S. 10), nachträglich hinzugefügte Indossamente als solche ersichtlich zu machen, weil infolge des Wegfalls der Wechselabschrift im Protest der Zustand des Wechsels zur Zeit der Protesterhebung, der namentlich für die Legitimation des Protestanten von Bedeutung ist — vgl. oben Anm 23 —, nicht mehr festgestellt wird. Die Begründung hebt aber selbst hervor, daß diese Bestimmung keinen hinreichenden Schutz dagegen gewähre, daß dem Regreßnehmer der Einwand entgegengehalten wird, es sei mittels Durchstreichens eines Indossaments die Legitimation desjenigen, für den protestiert worden ist, nachträglich hergestellt worden. Vgl. über diesen Einwand oben Anm 23. Auf alle Fälle soll danach der Protest nicht auf die Vorderseite, sondern auf die Rückseite zu stehen kommen, und zwar in unmittelbarem Anschluß an den letzten auf dieser befindlichen Vermerk, wobei allerdings vorausgesetzt wird, daß die Vermerke sich in einer gewissen Reihenfolge auf der Rückseite befinden. Der Ausdruck „Vermerk“ umfaßt außer den eigentlichen Indossamenten namentlich auch die beim Inhaberscheck auf der Rückseite stehenden Namensschriften, durch welche die Haftung für die Einlösung begründet wird, vgl. § 15 und Anm 3 ff. dazu; aber auch Quittungsvermerke, Stempelkassierungsvermerke u. dgl. Auch durchstrichene Indossamente sollen durch den Protest nicht berührt werden. Sind keine Vermerke vorhanden, so soll der Protest **unmittelbar an einen Rand der Rückseite** des Papiers gesetzt werden; es darf also kein leerer Raum zwischen dem Rande und dem Beginne des Protestes bleiben. An welchen der vier Ränder sich der Protest anschließt, ob an einer Lang- oder Breitseite ist gleichgültig. Nachteilige Folgen für die Gültigkeit des Protestes hat die Nichtbeachtung dieser instruktionellen Vorschriften nicht; doch kann dadurch unter Umständen eine Schadensersatzhaftung des Protestbeamten oder des Staates begründet werden.

Anm. 36 γ. Der Fall, daß der Protest **auf ein Blatt gesetzt wird, das mit dem Wechsel (Scheck) verbunden wird** — Allonge, Anhangsblatt —, ist durch die Vorschrift in **Absatz 3** dahin näher geregelt, daß die Verbindungsstelle mit dem Amtssiegel oder dem Amtsstempel versehen werden **soll**. Es handelt sich also auch hier um eine Sollvorschrift,

§ 16 deren Nichtbeachtung die Gültigkeit des Protestes nicht beeinträchtigt; wegen der Haftung des Protestbeamten gilt das zu β Gesagte. Ist der Vorschrift Genüge geleistet, so „braucht der Unterschrift des Protestbeamten ein Siegel oder Stempel nicht beigefügt zu werden". Diese Fassung ist ungenau; denn in dem von der Vorschrift ins Auge gefaßten Art 88 Abs 2 WO ist nicht vorgeschrieben, daß das Amtssiegel oder der Amtsstempel der Unterschrift des Protestbeamten beizufügen, sondern nur, daß der Protest damit zu versehen ist, vgl. oben Anm 29. Die Vorschrift ist deshalb dahin zu verstehen, daß in dem von ihr bezeichneten Falle eine weitere Anbringung eines Amtszeichens des Protestbeamten auf dem Proteste nicht erforderlich ist; dessen amtliche Eigenschaft wird durch die einmalige Verwendung dieser Amtszeichen hinreichend dargetan. — Die Art der Verbindung ist im Gesetze nicht vorgeschrieben; sie wird (wie beim Indossamente, vgl. zu § 8 Anm 21) ordnungsmäßig durch Klebstoff, Oblaten oder andere für dauernde Verbindung geeignete und nicht jeder Zeit ohne Hinterlassung von Spuren zu beseitigende Verbindungsmittel (also nicht durch Klammern, Stecknadeln) zu geschehen haben. Durch etwaige Wiederaufhebung der Verbindung (Loslösung des Blattes) wird der Protest nicht ungültig werden, wenn die Möglichkeit der Wiederverbindung noch besteht; die Wiederverbindung wird aber zur ordnungsmäßigen Klagerhebung, insbesondere im Urkundenprozesse, erforderlich sein. Ist die Verbindung vorhanden, so wird derjenige, der behauptet, daß sie verspätet erfolgt und deshalb der Protest ungültig sei (vgl. oben Anm 33), den Beweis dafür zu führen haben.

Anm. 37 δ. Der in **Abs 4** des Art 88a geregelte Fall, daß **der Protest unter Vorlegung mehrerer Exemplare desselben Wechsels (Schecks) erhoben wird,** könnte beim Scheck nur eintreten, wenn er im Auslande zahlbar und deshalb in mehreren Ausfertigungen ausgestellt ist; vgl. § 9 ScheckG und die Erläuterungen dazu. In diesem Falle regelt sich aber die Form des Protestes und seine Beurkundung nach den Gesetzen des Ortes, an welchem der Scheck vorzuzeigen und zu protestieren ist. Das ist zwar für den Scheck nicht, wie für den Wechsel in Art 86 WO, ausdrücklich bestimmt (Art 86 ist auch auf den Scheck nicht ausdrücklich für anwendbar erklärt); folgt aber aus dem Grundsatze des internationalen Privatrechts: „Locus regit actum", der für den Scheck in § 26 (vgl. die Erläuterungen dazu) seinen Ausdruck gefunden hat. Der weiter in Abs 4 vorgesehene Fall, daß der Wechsel unter Vorlegung des Originals und einer Kopie erhoben wird, kann für den Scheck nicht vorkommen, da bei diesem Kopien keinerlei scheckrechtliche Bedeutung haben, insbesondere Indossamente, die auf Abschriften des Schecks gesetzt werden, unwirksam sind; vgl. § 8 Abs 2 Satz 2 ScheckG und zu § 8 Anm 21 a.

Anm. 38 d) Der durch das Protesterleichterungsgesetz in die WO neu eingefügte **Art 89a** hat folgenden Wortlaut:

„Die Wechselzahlung kann an den Protestbeamten erfolgen. Die Befugnis des Protestbeamten zur Annahme der Zahlung kann nicht ausgeschlossen werden."

Anm. 39 α. **Entstehungsgeschichte.** Bis zum Inkrafttreten des Protesterleichterungsgesetzes bestand im Schrifttum und in der Rechtsprechung lebhafter Streit darüber, ob der Protestbeamte zur Empfangnahme der Zahlung des Wechsels berechtigt und verpflichtet sei. Vgl. darüber Bernstein, WO zu Art 41 Erl 2b S. 199, der die Befugnis und Verpflichtung bejaht; andererseits Lehmann S. 537 Anm 33, der sie verneint, und die von ihnen angeführten Schriftsteller und Erkenntnisse. Der Protestbeamte ist zwar Inhaber des Wechsels (Schecks) im Sinne der früheren Terminologie und Besitzer im Sinne des BGB (§ 854), aber nicht Eigenbesitzer (§ 872), sondern nur Besitzvermittler für einen anderen (§ 868); er ist deshalb, auch wenn der Scheck auf den Inhaber gestellt ist, nicht „Zahlungsempfänger" im Sinne des § 4 ScheckG, sondern nur Bevollmächtigter des Zahlungsempfängers. Die Vollmacht wird durch den Besitz des Wechsels (Schecks) dargetan. Ob sie aber ihrem Inhalte nach nur dahin gehe, den Wechsel zu präsentieren und den Bezogenen zur Zahlung aufzufordern, oder ob eine Vermutung dafür bestehe, daß der Protestbeamte auch zur Empfangnahme der Zahlung ermächtigt sei, bildete den Gegenstand des Streites. In einigen Ländern war den Protestbeamten sogar untersagt, die Zahlung entgegenzunehmen, so in Baden früher den Notaren durch die Notariatsordnung v. 2. 11. 89 § 50 und auch nach Inkrafttreten des Rechtspolizeigesetzes v. 17. 6. 99 hat die badische Justizverwaltung zu der Streitfrage dahin Stellung genommen, daß der Protestbeamte Zahlung nur entgegennehmen dürfe, wenn er dazu vom Wechselgläubiger ausdrücklich schriftlich bevollmächtigt sei, daß in dem Auftrage, Protest zu erheben, eine solche Vollmacht nicht liege, diese aber dann als vorliegend zu erachten sei, wenn der Wechsel einen nicht durchstrichenen Quittungsvermerk trage (§ 370 BGB); vgl. Dorner, Komm. zur bad. Rechtspolizeiordnung S. 102. Auch in Preußen haben die Justizbehörden (Vf der Vorstandsbeamten des KG v. 30. 11. 80 und Reskript des Justizministers v. 18. 8. 86) die Ansicht vertreten, daß die Protestbeamten ohne Sondervollmacht nicht empfangsbefugt seien. Der Deutsche Handelstag hat sich dafür ausgesprochen, daß den Protestbeamten die Befugnis zur Empfangnahme der Zahlung beigelegt werde.

§ 16 In der Begründung zur Protestnovelle (S. 12) ist es als der Natur der Sache entsprechend bezeichnet, daß dem Protestbeamten, der den Schuldner zur Zahlung auffordern und gegebenenfalls die Erfolglosigkeit der Aufforderung beurkunden solle, auch die Befugnis zur Empfangnahme der Zahlung beigelegt werde. Dementsprechend ist der Art 89a in die WO eingefügt worden.

Anm. 40 β. **Die Wechsel- (Scheck-) Zahlung kann an den Protestbeamten erfolgen (Satz 1).** Die Bedeutung dieser Vorschrift ist zunächst, daß die Zahlung an den Protestbeamten als Einlösung des Schecks im Sinne des § 15 ScheckG gilt und sonach die Haftung des Ausstellers und der sonstigen Scheckverpflichteten beseitigt, vorausgesetzt daß der Auftraggeber des Protestbeamten der scheckmäßig legitimierte Zahlungsempfänger ist. Die Zahlung an den Protestbeamten gilt als Zahlung an seinen Auftraggeber; ob er den empfangenen Betrag an diesen abliefert, ist unerheblich. Erbietet sich der Bezogene tatsächlich, d. h. mit dem Gelde in der Hand und in ernstlicher Zahlungsbereitschaft, zur Zahlung an den Protestbeamten, so ist die Zahlungsaufforderung nicht erfolglos geblieben (Art 87 Abs 1 Ziff 2) und kann daher ein wirksamer Protest nicht aufgenommen werden. Dagegen ist eine wörtliche Bereitschaftserklärung ohne offensichtliche tatsächliche Bereitschaft unbeachtlich. Ob das eine oder das andere vorliegt, hat der Protestbeamte zu ermessen, vorbehaltlich des Gegenbeweises im Rechtsstreite. Anders als beim Wechsel (Art 38 WO) braucht der Protestbeamte beim Scheck, ebenso wie der Scheckinhaber selbst, Teilzahlungen nicht anzunehmen; vgl. zu § 13 Anm 2b. Die Vorschrift bedeutet ferner, daß der Bezogene seinem Scheckkunden, dem Aussteller, gegenüber berechtigt ist, an den Protestbeamten zu zahlen und daher die an diesen geleistete Zahlung auf das Guthaben des Scheckkunden in Anrechnung zu bringen. — Die Vorschrift bedeutet aber ferner (was allerdings in ihrem Wortlaute nicht ohne weiteres zum Ausdrucke kommt), daß auch eine rechtliche Verpflichtung zur Zahlung an den Protestbeamten besteht, und zwar in dem Sinne, daß die Weigerung des Bezogenen, an ihn zu zahlen, als Verweigerung der Einlösung gilt und daher die Protesterhebung rechtfertigt und die Haftung des Ausstellers und der sonstigen Scheckverpflichteten auslöst; auch unter Umständen eine Schadensersatzpflicht des Bezogenen gegenüber seinem Scheckkunden aus dem Scheckvertrage begründen würde. — Die Vorschrift bedeutet endlich auch, daß der Protestbeamte, da die Empfangnahme der Zahlung in den Kreis seiner amtlichen Tätigkeit als solcher fällt, seinem Auftraggeber gegenüber verpflichtet ist, die Zahlung entgegenzunehmen und daher sowohl er wie auch gegebenenfalls der Staat (vgl. oben Anm 18, 19) diesem für die Folgen einer unberechtigten Zurückweisung haften. — Der Protestbeamte ist auch berechtigt und verpflichtet, falls der Scheck nicht bereits von dem Auftraggeber quittiert ist, über die Zahlung auf dem Scheck zu quittieren und den quittierten Scheck dem Bezogenen auf Verlangen auszuhändigen; vgl. § 13 Abs 1 ScheckG und die Erläuterungen dazu. Nach der PostO (§ 18 II 1) ist dem Postprotestauftrag der quittierte Scheck beizufügen.

Anm. 41 γ. **Die Befugnis des Protestbeamten zur Annahme der Zahlung kann nicht ausgeschlossen werden (Satz 2).** Eine Beschränkung des Umfanges der Vollmacht des Auftraggebers an den Protestbeamten in der Richtung des Ausschlusses der Befugnis zur Empfangnahme der Zahlung ist sonach, auch wenn sie dem Bezogenen zur Kenntnis gebracht wird, unwirksam. Auch durch landesgesetzliche Vorschriften oder Verwaltungsbestimmungen für die Beamten kann die Befugnis nicht ausgeschlossen werden; entgegenstehende frühere derartige Bestimmungen (vgl. oben unter α Anm 39) sind sonach außer Kraft getreten. Damit befinden sich in Übereinstimmung die Vorschriften der PostO (**Anhang D 3**) die (in § 18 IX) bestimmen, daß die Bestimmungspostanstalt den Postauftrag, auch den Postprotestauftrag, dem Verpflichteten vorzeigen und den Geldbetrag gegen Aushändigung der quittierten Anlagen einziehen läßt und daß als berechtigt, einen Postauftrag „einzulösen" (d. h. den Betrag der Zahlung in Empfang zu nehmen), die in § 38 I bis V bezeichneten Personen, darunter auch die mit der Erhebung von Protesten betrauten Postbeamten, gelten.

Anm. 42 e) **Art 90 WO** lautet in der Fassung der Protestnovelle:

„Schreibfehler, Auslassungen und sonstige Mängel der Protesturkunde können bis zur Aushändigung der Urkunde an die Person, für welche der Protest erhoben ist, von dem Protestbeamten berichtigt werden. Die Berichtigung ist als solche unter Beifügung der Unterschrift kenntlich zu machen.

Von dem Protest ist eine beglaubigte Abschrift zurückzubehalten. Über den Inhalt des Wechsels oder der Kopie ist ein Vermerk aufzunehmen. Der Vermerk hat zu enthalten:

1. den Betrag des Wechsels;
2. die Zahlungszeit;
3. den Ort, den Monatstag und das Jahr der Ausstellung;

4. die Namen des Ausstellers, des Remittenten und des Bezogenen; **§ 16**
5. falls eine vom Bezogenen verschiedene Person angegeben ist, durch welche die Zahlung erfolgen soll, den Namen dieser Person sowie die Namen der etwaigen Notadressen und Ehrenakzeptanten.

Die Abschriften und Vermerke sind geordnet aufzubewahren."

α. **Entstehungsgeschichte.** Der früher e Art 90 WO schrieb vor, daß die Protestbeamten verpflichtet seien, die Proteste nach ihrem ganzen Inhalte Tag für Tag und nach Ordnung des Datums in ein besonderes Register einzutragen. Diese Vorschrift und damit das **Protestregister** ist durch die Protestnovelle beseitigt worden. Art 90 WO hat an Stelle dessen einen neuen Inhalt bekommen, und zwar betrifft nunmehr Abs 1 die Berichtigung der Protesturkunden, während die Abs 2 u. 3 als Ersatz für das Protestregister und die gleichfalls weggefallene Abschrift des Wechsels im Proteste (vgl. zu Art 88 oben Anm 22) die Zurückbehaltung einer beglaubigten Abschrift des Protestes und eines Vermerks über den Inhalt des Wechsels (Schecks) vorschreiben. **Anm. 43**

β. **Berichtigung der Protesturkunde (Abs 1).** Nach dem früheren, für den Wechsel geltenden Rechte waren Berichtigungen des Protestes, durch welche wesentlichen Mängeln der Protesturkunde hätte abgeholfen werden können, nach Ablauf der Protestfrist, innerhalb deren die Protesturkunde fertiggestellt werden mußte (vgl. oben Anm 28) nicht mehr statthaft. Das war vom ROHG (7, 183; 19, 150) und auch vom RG (Bolze 9 Nr 278; Gruchot 35, 195) mehrfach ausgesprochen. Die neue Vorschrift des Art 90 Abs 1 bezweckt, die Frist für die Möglichkeit einer solchen Berichtigung „aus praktischen Rücksichten" weiter auszudehnen, um namentlich auch für die von Postbeamten aufgenommenen Proteste es zu ermöglichen, daß sie einer wirksamen Kontrolle durch die vorgesetzten Beamten unterzogen werden (Begr der Protestnovelle S. 13). Für den Scheck besteht keine Protestfrist, d. h. keine Frist, innerhalb welcher die Beurkundung der Protesthandlung erfolgt sein muß (vgl. oben Anm 28). Es würde deshalb auch ohne die hier angeordnete entsprechende Anwendbarkeit des Art 90 auf den Scheck einer Berichtigung der Protesturkunde zum mindesten bis zu ihrer Aushändigung an den Auftraggeber des Protestbeamten durch diesen nichts im Wege gestanden haben. Die Anwendbarkeit der Vorschrift bringt deshalb für den Scheck keinesfalls eine Erleichterung der Berichtigungsmöglichkeit, vielmehr eher eine Erschwerung insofern durch sie klargestellt wird, daß nach Aushändigung der Urkunde an den „Protestanten" eine Berichtigung nicht mehr stattfinden darf, was ohne die Vorschrift keineswegs sicher gewesen wäre. **Anm. 44**

γ. Das Gesetz hebt zwei einzelne Arten von Mängeln — Schreibfehler und Auslassungen — besonders hervor; doch geschieht dies nur beispielsweise, und es ist die Berichtigung aller Arten von Mängeln bis zu dem bestimmten zeitlichen Endpunkte gestattet. Nichtwesentliche, d. h. solche Mängel, durch welche die Wirksamkeit des Protestes nicht beeinträchtigt wird, können zeitlich unbeschränkt berichtigt werden. In allen Fällen muß es sich aber lediglich um Mängel der Beurkundung handeln; Handlungen des Protestbeamten, die versäumt worden sind, z. B. die Vorlegung des Schecks oder die Zahlungsaufforderung, können nur in der Weise nachgeholt werden, daß die Protesthandlung, soweit es noch möglich ist, von neuem vorgenommen wird. Danach können beispielsweise durch nachträgliche Berichtigung geheilt werden: die Angabe von unrichtigen Namen der Personen, für und gegen welche protestiert worden ist (Art 88 Abs 1 Ziff 1); die unterlassene Beurkundung, daß die Zahlungsaufforderung erfolglos war oder daß die Person, gegen welche protestiert worden ist, nicht anzutreffen oder ihr Geschäftslokal oder ihre Wohnung nicht zu ermitteln war (ebenda Ziff 2); die unterlassene Angabe des Datums der Zahlungsaufforderung (ebenda Ziff 3); das Fehlen der Unterschrift des Protestbeamten oder des Amtssiegels und Amtsstempels (ebenda Abs 2); die fehlende Verbindung der Protesturkunde mit dem Scheck (Art 88a). — **Die Berichtigung ist als solche durch Beifügung der Unterschrift kenntlich zu machen (Satz 2).** Einer ausdrücklichen Bezeichnung als Berichtigung bedarf es sonach nicht, sondern nur der Kennzeichnung als nachträgliche Streichung oder Hinzufügung durch besondere Unterschrift. Nicht zulässig ist die bloße Durchstreichung oder Neueinfügung in den Text der Urkunde; zulässig dagegen ein Randsatz mit Genehmigungsvermerk. Solange die Urkunde noch nicht abgeschlossen ist, können Durchstreichungen, insbesondere von Vordrucken in den Formularen erfolgen, ohne daß es der besonderen Unterschrift bedarf; solche Durchstreichungen sind keine Berichtigungen (Begr S. 13). Eine Datierung der Berichtigung ist nicht vorgeschrieben; es wird deshalb sich nicht leicht feststellen lassen, ob die Berichtigung vor oder nach der Aushändigung der Protesturkunde an den Auftraggeber — etwa nachdem sie von diesem zum Zwecke der Berichtigung dem Protestbeamten wieder überlassen worden — erfolgt ist. Den Beweis der Rechtzeitigkeit der Berichtigung wird übrigens derjenige zu führen haben, der aus dem berichtigten Proteste Rechte herleitet, und es wird sich deshalb zur Sicherung dieses Beweises empfehlen, daß der Protestbeamte die **Anm. 45**

§ 16 Berichtigung datiert. Derjenige, welcher die Berichtigung als verspätet nicht gelten lassen will, wird dann zu beweisen haben, daß zu dem in der Datierung angegebenen Zeitpunkte die Urkunde dem Auftraggeber bereits ausgehändigt war.

Anm. 46 δ. Die in **Abs 2 Satz 1** vorgeschriebene **Zurückbehaltung einer beglaubigten Abschrift des Protestes** bildet den Ersatz für das weggefallene Protestregister (vgl. oben unter α Anm 43); dem entspricht es, daß die Abschriften **geordnet** aufzubewahren sind (Abs 3, vgl. unten Anm 48). Von der zurückbehaltenen beglaubigten Abschrift können wiederum beglaubigte Abschriften gefertigt werden; aber keine Ausfertigungen (vgl. über diesen Begriff zu § 9 Anm 1), da solche das Vorliegen einer Urschrift voraussetzen. StStr (Anm 5 zu Art 90) ziehen daraus die Folgerung, daß bei Verlust des Originalprotestes, der dem Auftraggeber ausgehändigt ist, die Regreßansprüche gegen Aussteller und Indossanten verlorengehen, da eine Wiederbeibringung des Protestes durch Erteilung einer weiteren Ausfertigung nicht möglich und ein Aufgebotsverfahren für den Protest nicht eingeführt sei, während Rehbein (Anm 15) unter Bezugnahme auf Grünhut (II § 79 Anm 81) der Ansicht ist, daß die zurückbehaltene beglaubigte Abschrift im Falle des Verlustes der Urschrift dazu dienen könne, diese zu ersetzen. Diese letztere Ansicht verdient den Vorzug, da in den Verfahrensgesetzen keineswegs vorgeschrieben ist, daß öffentliche Urkunden, durch die ein Beweis geführt werden soll, ausnahmslos in Urschrift oder „Ausfertigung" vorgelegt werden müssen; vielmehr § 435 ZPO die Vorlegung in Urschrift oder einer beglaubigten Abschrift, welche hinsichtlich der Beglaubigung die Erfordernisse einer öffentlichen Urkunde an sich trägt, als die regelmäßige Art der Antretung des Beweises bestimmt. Das Protestgericht hat in solchem Falle nach freiem Ermessen zu entscheiden, ob und welche Beweiskraft in Ermangelung der Vorlegung des Originalprotestes der beglaubigten Abschrift beizumessen ist.

Anm. 47 ε. An Stelle der bis zur Protestnovelle vorgeschriebenen wörtlichen Abschrift des Wechsels (vgl. oben Anm 22), ist in Art 90 Abs 2 Satz 2, 3 der WO jetziger Fassung die Aufnahme eines **Vermerks über den Inhalt des Wechsels (Schecks)** — eine Kopie kommt für den Scheck rechtlich nicht in Betracht, vgl. zu § 9 Anm 11 — vorgeschrieben. Der Vermerk ist von dem Protestbeamten aufzunehmen. Er stellt einen Auszug aus dem Inhalte des Wechsels (Schecks) dar mit den in Satz 3 bezeichneten Angaben, die sich bei entsprechender Anwendung auf den Scheck wie folgt gestalten:

1. Betrag des Schecks, d. i. die bestimmte Geldsumme, auf die der Scheck nach § 1 Ziff 2 ScheckG zu lauten hat;

2. Zahlungszeit: Eine solche kommt als besondere Angabe für den Scheck nicht in Betracht, da sie sich aus dem Gesetze — § 7 ScheckG — ergibt, wonach der Scheck bei Sicht (Vorlegung) zahlbar ist, in Verbindung mit der Angabe über das Datum der Ausstellung, Ziffer 3, und mit § 11 ScheckG, wonach die Vorlegung binnen zehn Tagen nach der Ausstellung zu erfolgen hat;

3. Ort, Monatstag und Jahr der Ausstellung: Nach § 1 Nr 4 ScheckG hat der Scheck die Angabe des Ortes und des Tages der Ausstellung zu enthalten, vgl. zu § 1 Anm 23 ff; dementsprechend hat auch der Vermerk zu lauten;

4. Namen des Ausstellers (entsprechend der Unterschrift des Ausstellers gemäß § 1 Ziff 3, vgl. Anm 16 ff. zu § 1); des Remittenten: Zahlungsempfängers, als welcher nach § 4 ScheckG (vgl. Anm 1 ff. zu § 4) eine bestimmte Person oder Firma oder der Inhaber des Schecks bezeichnet sein kann; und des Bezogenen (§ 1 Nr 2 und § 2 ScheckG, vgl. zu § 1 Anm 5 ff. und zu § 2).

5. Ziff 5 kommt für den Scheck nicht in Frage.

Eine Beglaubigung des Vermerks durch den Protestbeamten ist nicht vorgeschrieben, wird aber statthaft sein. Der Vermerk kann selbstverständlich die Vorlegung des Wechsels (Schecks) selbst im Rechtsstreite nicht ersetzen; er kann aber, falls dieser verlorengegangen ist, dazu dienen, die Grundlage für das Aufgebotsverfahren (vgl. zu § 27 ScheckG) zu bilden, insbesondere die in § 1007 ZPO zur Begründung des Antrags erforderlichen Angaben zu ermöglichen und glaubhaft zu machen.

Anm. 48 ζ. **Abs 3** schreibt **vor**, daß die Abschriften der Proteste und die Vermerke über den Inhalt der Wechsel (Schecke) — Abs 2 Satz 1, 2 — **geordnet aufzubewahren** sind. Darüber, in welcher Weise die geordnete Aufbewahrung zu erfolgen hat, bestimmen die Dienstvorschriften für die Protestbeamten, die von den Ländern zu erlassen sind; so für Preußen die JMVf v. 16. 9. 08 (JMBl 08, 339) zu A V § 2 b und zu B (Anhang D 4). Daß die Ordnung nach der Zeitfolge erfolgen müßte (so StStr zu Art 90 Anm 7), ist nicht unbedingt erforderlich, die Sammlung kann auch alphabetisch nach den Namen der Protestaten oder in sonstiger Art angelegt werden.

Die Rechtswirksamkeit des Protestes hängt von der Zurückbehaltung einer beglaubigten Abschrift des Protestes oder der Aufnahme eines Vermerkes über den Inhalt des Wechsels (Schecks) sowie von ihrer vorschriftsmäßigen Aufbewahrung nicht ab.

f) **Art 91 WO** lautet in der Fassung der Protestnovelle wie folgt: **§ 16**

„Die Präsentation zur Annahme oder Zahlung, die Protesterhebung, die Abforderung eines Wechselduplikats sowie alle sonstigen bei einer bestimmten Person vorzunehmenden Akte müssen in deren Geschäftslokal und in Ermangelung eines solchen in deren Wohnung vorgenommen werden. An einer anderen Stelle, z. B. an der Börse, kann dies nur mit beiderseitigem Einverständnisse geschehen. **Anm. 49**

Ist in dem Proteste vermerkt, daß sich das Geschäftslokal oder die Wohnung nicht hat ermitteln lassen, so ist der Protest nicht deshalb ungültig, weil die Ermittelung möglich war.

Die Verantwortlichkeit des Protestbeamten, der es unterläßt, geeignete Ermittelungen anzustellen, wird durch die Vorschrift des Abs 2 nicht berührt. Ist eine Nachfrage bei der Polizeibehörde des Ortes ohne Erfolg geblieben, so ist der Protestbeamte zu weiteren Nachforschungen nicht verpflichtet."

α. **Art 91 WO** bestimmt darüber, an welcher Stelle innerhalb des für die einzelnen Handlungen vorgeschriebenen Ortes die bei einer bestimmten Person vorzunehmenden wechselrechtlichen Handlungen („Akte") vorzunehmen sind. Über den Ort der Vornahme vgl. zu Art 91a WO, unten Anm 58ff. Daß es sich in Art 91 nicht um den Ort handelt, ist durch die Protestnovelle in der Weise klargestellt, daß in Satz 2 von Abs 1 an Stelle der früheren Fassung „an einem anderen Orte" die Worte gesetzt sind: „an einer anderen Stelle". Durch § 16 Abs 2 ScheckG sind die Vorschriften des Art 91 WO für entsprechend anwendbar erklärt auf die Vorlegung und den Protest des Schecks. Andere derartige Handlungen kommen für den Scheck nicht in Frage. **Anm. 50**

β. Sowohl die Vorlegung wie der Protest des Schecks haben gegenüber dem Bezogenen zu erfolgen; dieser ist also die **bestimmte Person, bei der die Handlungen vorzunehmen sind.** Das Geschäftslokal des Bezogenen ist sonach die Stelle, an welcher jene Handlungen in erster Linie zu erfolgen haben; nur in Ermangelung eines Geschäftslokals können sie in seiner Wohnung erfolgen (Abs 1 Satz 1). Doch ist, wie sich aus Abs 2 (vgl. unten Anm 55) ergibt, dazu nicht erforderlich, daß der Bezogene überhaupt kein Geschäftslokal hat, sondern es genügt, daß ein solches sich nicht hat ermitteln lassen. Diese Vorschriften sind Mußvorschriften; eine an danach nicht zuständiger Stelle vorgenommene Handlung ist daher rechtsunwirksam und diese Rechtsunwirksamkeit wird auch dadurch nicht beseitigt, daß der mit der Handlung bezweckte Erfolg erreicht ist, insbesondere daß der Bezogene von der Handlung Kenntnis erhalten hat. Nur mit beiderseitigem Einverständnisse kann die Handlung auch an einer anderen Stelle rechtswirksam vorgenommen werden (Abs 1 Satz 2). Die Vorschriften des Art 91 beziehen sich übrigens nur auf die eigentliche Handlung selbst, nicht auf deren Beurkundung. Die Vornahme der Beurkundung, insbesondere auch des Protestes, ist an eine bestimmte Stelle nicht gebunden; vgl. oben Anm 25. **Anm. 51**

αα. **„Geschäftslokal"** ist die räumliche Stelle, die eine selbständig erwerbstätige Person kraft privaten Rechts zur Erledigung ihrer Geschäfte regelmäßig benutzt. Daß die Ben tzung eine dauernde sei, ist nicht erforderlich; Benutzung während einer bestimmten vorübergehenden Periode, z. B. für die Dauer einer Messe, genügt. Die geschäftliche Tätigkeit kann im Verkehr mit dem Publikum bestehen (Verkaufsräume, Entgegennahme von Aufträgen) oder auch in Bureauarbeiten (Kontor, Schreibstube). Sie umfaßt sowohl die kaufmännische Tätigkeit wie den Fabrik- und Handwerksbetrieb und die Tätigkeit des Rechtsanwalts, Notars, praktizierenden Arztes, nicht aber die Tätigkeit des nicht auf Gebühren angewiesenen Beamten, auch nicht die des Schriftstellers, Gelehrten usw. Ein bloßer Lagerraum ist kein Geschäftslokal, auch nicht ein persönliches Arbeitszimmer, in welchem Kunden regelmäßig nicht empfangen werden. Unter „Lokal" ist jedoch nicht nur ein einzelner Raum zu verstehen, sondern auch eine zusammenhängende Mehrheit von Räumen; sonach kann, wenn das Geschäftslokal aus Arbeitszimmer und Bureau besteht, die Handlung in jedem dieser Räume vorgenommen werden. Geschäftslokal kann auch ein Raum oder eine Mehrheit von Räumen sein, die zugleich als Wohnung dienen; anders der Begriff des „besonderen Geschäftslokals" in § 183 ZPO. Sind dagegen von einer Mehrheit von Räumen die einen nur zur Erledigung von Geschäften, die anderen nur zum Wohnen bestimmt, so kann die Handlung nur in jenen vorgenommen werden. Das Geschäftslokal einer offenen Handelsgesellschaft ist zugleich Geschäftslokal der dortselbst regelmäßig tätigen einzelnen Gesellschafter (RGZ 16, 349), nicht dagegen solcher Gesellschafter, die dort nicht regelmäßig beschäftigt sind (OLGR 29, 72). Dagegen ist das Geschäftslokal einer Firma nicht Geschäftslokal der daselbst tätigen Angestellten. Ein von mehreren selbständig erwerbstätigen Personen gemeinschaftlich benutzter Raum ist Geschäftslokal einer jeden von ihnen. Dagegen ist ein Raum, der von dem Erwerbstätigen nicht kraft privaten Rechts, sondern als Glied der Allgemeinheit oder einer Korpo- **Anm. 52**

§ 16 ration benutzt wird, z. B. die Börse für den Börsenbesucher (vgl. Satz 2; anders für die dort angestellten Makler), kein Geschäftslokal.

Das Geschäftslokal ist mit Rücksicht darauf, daß der Erwerbstätige durch seine Einrichtung kundgegeben hat, er werde sich dort regelmäßig während der Geschäftsstunden oder eines Teiles derselben zur Erledigung von Geschäften aufhalten, als die für die Vornahme wechselrechtlicher Handlungen in erster Linie geeignete Stelle vom Gesetze angesehen worden (vgl. RGZ 16, 349). Während aber für Zustellungen gemäß § 183 ZPO das (besondere) Geschäftslokal wahlweise neben der Wohnung zugelassen ist, schließt die WO die Wohnung aus, sofern ein Geschäftslokal vorhanden ist; der Erwerbstätige hat also ein Recht darauf, daß die Handlung in seinem Geschäftslokale vorgenommen werde. Ist ein Geschäftslokal vorhanden, so können die Handlungen nur in diesem vorgenommen werden, auch wenn der Wechsel oder Scheck sich nicht auf geschäftliche, sondern auf private Angelegenheiten bezieht. Doch wird, da als Bezogene beim Scheck nur die in § 2 ScheckG aufgeführten Personen und Anstalten bezeichnet werden sollen (vgl. die Anmerkungen zu § 2), in der Regel ein Geschäftslokal vorhanden und die Verpflichtung zur Einlösung durch einen im Geschäftsbetriebe abgeschlossenen Scheckvertrag übernommen sein.

Das Geschäftslokal muß tatsächlich zur Zeit der Vornahme der Handlung dem Bezogenen als solches zu dienen bestimmt, insbesondere von ihm nicht aufgegeben sein. Daß es im Scheck als Geschäftslokal des Bezogenen bezeichnet ist, genügt nicht (ROHG 22, 401; 25, 413; RGZ 73, 253). Doch wird auch hier, wie bei der Frage der Legitimation des zur Entgegennahme der Vorlegung befugten Vertreters (vgl. oben Anm 25), als ausreichend angesehen werden müssen, wenn der Protestbeamte den Umständen nach annehmen mußte oder durfte, daß der Raum noch das Geschäftslokal des Bezogenen sei; andernfalls würde man in einen für die Sicherheit des Rechtsverkehrs höchst bedenklichen Formalismus geraten. Daß in dem Geschäftslokal tatsächlich Geschäfte erledigt werden, ist nicht erforderlich; es genügt, wenn es als solches nach außen eingerichtet und nicht aufgegeben ist. Auch im Konkurse bleibt das Geschäftslokal des Gemeinschuldners bestehen, solange es sich als solches noch äußerlich darstellt; ebenso im Falle der Entmündigung (RGZ 2, S. 24, 26). Im Falle des Todes kann der Protest sowohl gegenüber den Erben oder deren Vertretern wie auch gegenüber dem verstorbenen Bezogenen erhoben werden; im letzteren Falle wird vom RG angenommen, daß das letzte Geschäftslokal bzw. die letzte Wohnung (Sterbewohnung) in entsprechender Anwendung des Art 91 Abs 1 Satz 1 die richtige Stelle sei (RGZ 58, 48). Wird in dem Geschäftslokal weder der Bezogene noch ein zur Entgegennahme der Zahlungsaufforderung (vgl. oben Anm 26) befugter Vertreter angetroffen, so ist die Vorlegung als vergeblich versucht (vgl. oben Anm 1) anzusehen, ohne daß es eines Versuchs, den Bezogenen anderswo, insbesondere in der Wohnung, anzutreffen, bedarf (ROHG 11, 398). Der Nachweis dafür kann aber nicht gemäß § 16 Abs 1 Satz 1 Ziff 2 durch eine Erklärung des Bezogenen, sondern nur durch einen Protest — Abwesenheitsprotest — geführt werden; vgl. oben Anm 10.

Anm. 53 *ββ*) Ist an dem Orte, an welchem die Handlung vorzunehmen ist, ein Geschäftslokal des Bezogenen nicht vorhanden oder nicht zu ermitteln, so kann die Handlung **in der Wohnung** des Bezogenen vorgenommen werden. Wohnung ist derjenige Raum oder diejenige zusammenhängende Mehrheit von Räumen, in welchen der Bezogene zur Zeit der Vornahme der Handlung tatsächlich wohnt, d. h. den Mittelpunkt für die Befriedigung seiner Lebensbedürfnisse hat, wofür das Schlafen in den Räumen entscheidend ist; vgl. Gaupp-Stein ZPO zu § 180 Anm II. Dabei wird die Absicht einer Fortsetzung für einige Zeit vorausgesetzt; bloßes ein- oder mehrmaliges Übernachten, insbesondere in einem Gasthofe, genügt nicht; andererseits ist aber eine dauernde Benutzung kraft eigenen Rechts (Mietvertrag) nicht erforderlich; es genügt auch ein längere Zeit fortgesetzter besuchsweiser Aufenthalt (RGZ 34, 397). Auch für die Wohnung gilt hinsichtlich des tatsächlichen Vorhandenseins als solche das gleiche wie hinsichtlich des Geschäftslokals, vgl. oben zu αα Anm 52.

Anm. 54 *γγ*. Auch wenn der Bezogene an dem Orte, an welchem die Handlung vorzunehmen ist, ein Geschäftslokal oder eine Wohnung hat, kann die Vornahme der Handlung an einer anderen Stelle dieses Ortes erfolgen **„in beiderseitigem Einverständnisse"**. Darunter ist zu verstehen das Einverständnis zwischen demjenigen, welcher die Handlung persönlich oder durch einen Beauftragten vornimmt — beim Scheck dem legitimierten Scheckinhaber — und demjenigen, dem gegenüber („bei dem") sie vorgenommen wird —, beim Scheck dem Bezogenen. Das Einverständnis des ersteren wird ohne weiteres dadurch bekundet, daß er oder sein Beauftragter die Handlung an der „anderen Stelle" vornimmt. Es kann also nur das Einverständnis desjenigen, dem gegenüber die Handlung vorgenommen wird, in Frage kommen. Dieses Einverständnis kann ausdrücklich oder stillschweigend bekundet werden; die bloße Entgegennahme der Handlung ohne Widerspruch wird aber nur dann als Einverständnis anzusehen sein, wenn er sich bewußt war, daß er nicht verpflichtet sei, die Vornahme der Handlung an dieser Stelle entgegenzunehmen. Liegt ein solches Einverständnis vor, so ist die an der betreffenden Stelle vorgenommene Handlung allen Wechsel- (Scheck-) Beteiligten, insbesondere den Regreßverpflichteten, gegenüber wirksam insoweit, als die Vornahme an der richtigen Stelle in Frage steht. Bestritten ist jedoch, ob diese Wirkung nur dann eintritt, wenn das Einverständnis desjenigen, dem gegenüber die Handlung vorzunehmen ist, unmittelbar bei Vornahme der Handlung erklärt wird oder auch dann, wenn dieses Einverständnis bereits vorher erklärt und auf dem Wechsel (Scheck) zum Ausdruck gebracht ist, insbesondere durch die mit Willen oder Wissen des Bezogenen erfolgte Bezeichnung einer Zahlstelle an dem Zahlungsorte des Wechsels (sog „unechte Domizilierung"). Das RG (3. ZS) hat in dem Urt vom 12. 7. 07 (RGZ 66, 295) die Auffassung vertreten, daß eine derartige Vereinbarung nicht unter Art 91 Abs 2 WO falle und deshalb zwar, wie in RGZ 32, 36 ausgeführt sei, für die späteren Erwerber des Wechsels verbindlich sei, nicht aber für diejenigen, welche den Wechsel vor Bezeichnung der Zahlstelle erworben hätten. In RGZ 85, 304 hat der 2. ZS dieser Auffassung sich angeschlossen. Dagegen hat der 1. ZS in dem Urteile vom 15. 12. 02 (JW 1903, 51) ein beiderseitiges Einverständnis im Sinne des Art 91 Abs 1 Satz 2 in einem Falle angenommen, wo dem Akzepte des Bezogenen eine Wohnungsangabe beigefügt war. Auch Bernstein (zu Art 91 WO § 2 Nr 2) führt aus, es müsse zulässig sein, daß eine Proteststelle von vornherein im Wechsel vereinbart werde. Diese Auffassung dürfte die richtige sein. Die vom 3. ZS gegen sie erhobenen Bedenken erscheinen nicht durchschlagend. Es ist zum Zustandekommen des Einverständnisses keineswegs erforderlich, daß es von beiden Teilen gleichzeitig erklärt werde; die Bezeichnung der Zahlstelle durch den Bezogenen oder mit seiner Zustimmung im Wechsel enthält das Angebot einer entsprechenden Vereinbarung, und dieses wird von demjenigen, der als derzeitiger Wechselberechtigter die Handlung vorzunehmen hat, dadurch angenommen, daß er sie an der bezeichneten Stelle vornimmt. Auch aus der beispielsweisen Hervorhebung der Börse als der in Betracht kommenden Stelle und der Entstehungsgeschichte dieser Hervorhebung ist keineswegs mit dem 3. ZS zu folgern, daß die Vorschrift nur solche Fälle im Auge gehabt habe, bei denen der Wechseleigentümer und der Bezogene sich persönlich an der Börse oder einem sonstigen Orte treffen. Vielmehr wird, sofern ein im voraus im Wechsel (Scheck) erklärtes Einverständnis des Bezogenen vorliegt, die Handlung an der dadurch bezeichneten Stelle wirksam auch dann vorgenommen werden können, wenn der Bezogene oder ein zur Entgegennahme der Handlung befugter Vertreter dort nicht angetroffen wird. Für den Scheck insbesondere wird es genügen, wenn in den vom Bezogenen gelieferten Formularen bei seinem Namen eine bestimmte Stelle innerhalb des Zahlungsortes angegeben ist, während andererseits die bloß einseitige Angabe einer Adresse des Bezogenen in dem Wechsel (Scheck) durch den Aussteller oder eine sonstige Person nicht genügt (RGZ 73, 253; 85, 304). § 16

γ. (Abs 2): Einer Beurkundung darüber, an welcher Stelle die Handlung vorgenommen worden ist, bedarf es nicht; weder für die Erklärung des Bezogenen gemäß § 16 Abs 1 Satz 2 Ziff 1 ScheckG noch für die Protesturkunde gemäß Art 88 WO ist vorgeschrieben, daß sie eine Angabe in dieser Richtung enthalten müssen. Es wird vielmehr vermutet, daß die Handlung an einer gesetzlich zugelassenen Stelle vorgenommen worden ist; insoweit gilt der Satz: „Legalia praesumuntur". Zur Entkräftung dieser Vermutung kann aber der Regel nach der Gegenbeweis geführt werden. Das gilt jedoch gegenüber der Erklärung des Bezogenen nur insofern, als nicht in der Ausstellung der Erklärung die Bekundung des Einverständnisses des Bezogenen gemäß Art 91 Abs 1 Satz 2 gefunden werden kann; vgl. oben Anm 54. Gegenüber der Protesturkunde ist, wenn diese eine Angabe der Stelle, an welcher die Protesthandlung vorgenommen worden ist, nicht enthält, der Nachweis zulässig, daß die Vornahme an einer gesetzlich nicht zugelassenen Stelle erfolgt ist. Enthält die Protesturkunde eine solche Angabe und stellt sich danach die Handlung als an einer Stelle vorgenommen dar, an welcher sie nicht ohne weiteres vorgenommen werden durfte, so muß die Vornahme als unwirksam gelten. Das gilt insbesondere, wenn in einem Falle, in welchem auf Grund der Bezeichnung des Bezogenen im Wechsel (Scheck) anzunehmen war, daß er ein Geschäftslokal besitze (eine Annahme, die beim Scheck in der Regel begründet sein wird), beurkundet ist, daß die Protesthandlung in der Wohnung vorgenommen worden, ohne daß, wie in Art 88 Abs 1 Ziff 2 WO (vgl. oben Anm 27) vorgeschrieben, hinzugefügt ist, daß das Geschäftslokal nicht ermittelt werden konnte (ROHG 25, 30; RGZ 2 S. 59, 62; 85, 301). Eine Beweisführung außer durch die Protesturkunde, daß ein Geschäftslokal nicht vorhanden war oder nicht ermittelt werden konnte, ist nicht statthaft, da es sich um einen wesentlichen Mangel der Protesturkunde handelt, der den Protest unwirksam erscheinen läßt (so auch RGZ 85, 302). Falls aber der Protest den Vermerk enthält, daß das Geschäftslokal oder die Wohnung nicht hat ermittelt werden können, so ist nach der durch die Protestnovelle abgeänderten Fassung des Abs 2 **der Protest nicht deshalb ungültig, weil die Ermittelung möglich war.** Ein Gegenbeweis in dieser Richtung ist sonach unerheblich. Durch diese Vorschrift ist die für Anm. 55

§ 16 die Rechtswirksamkeit der Protesthandlung maßgebende Feststellung darüber, ob die Ermittelung des Geschäftslokals oder der Wohnung möglich war, dem pflichtmäßigen Ermessen des Protestbeamten überlassen, der, namentlich wenn es sich um Postunterbeamte handelt, für die richtige Ausübung dieses Ermessens keineswegs stets die erforderlichen Eigenschaften besitzt, übrigens vorbehaltlich seiner persönlichen Verantwortlichkeit (Abs 3; vgl. unten Anm **56**). Nach der früheren Fassung war erst dann als festgestellt anzunehmen, daß das Geschäftslokal oder die Wohnung nicht zu ermitteln gewesen, wenn auch eine dieserhalb bei der Polizeibehörde des Ortes geschehene Nachfrage des Protestbeamten, als welcher damals nur ein Notar- oder ein Gerichtsbeamter in Frage stand, fruchtlos geblieben war, und es mußte dies im Protest vermerkt werden. Es wurde also die Feststellung einer ganz konkreten Tatsache verlangt, deren Unrichtigkeit nachgewiesen werden konnte. Nach der jetzigen Fassung ist der außerhalb des Geschäftslokals und der Wohnung erhobene Protest — Windprotest — gültig, auch wenn der Protestbeamte unter gröblichster Vernachlässigung seiner Pflichten nicht das geringste zur Ermittelung getan hat, sofern nur die Protesturkunde die vorgeschriebene Formel enthält (RGZ 73, 252). Demgemäß hat das RG in dem ebengenannten Urteil, unter Abänderung der Stellungnahme, die es unter der Herrschaft des früheren Gesetzes zu dieser Frage betätigt hatte, ausgesprochen, daß nunmehr auch in dem Falle, wo in dem Wechsel eine Angabe über das Lokal — d. h. über das Geschäftslokal oder die Wohnung — enthalten ist, der „Windprotest" gültig ist, ohne daß der Protestbeamte an der im Wechsel angegebenen Stelle Nachfrage gehalten hat, sofern nur die Protesturkunde die vorgeschriebene Formel enthält. Aus der in dieser Form erfolgten Beurkundung muß der — soweit die Frage der Rechtswirksamkeit des Protestes in Betracht kommt, durch Gegenbeweis nicht zu entkräftende — Schluß gezogen werden, daß sich der Protestbeamte durch pflichtmäßige Erkundigung an Ort und Stelle von der Richtigkeit der von ihm bezeugten Tatsache überzeugt hat; einer Angabe, in welcher Weise das geschehen ist, bedarf es nach der Protestnovelle nicht mehr (so RGZ 74, 87). Die Vorschrift greift (wie aus dem Wörtchen „oder" sich ergibt) auch Platz, wenn in dem Proteste nur vermerkt ist, daß das Geschäftslokal nicht zu ermitteln war und deshalb der Protest in der Wohnung des Bezogenen, ohne daß er daselbst angetroffen worden, erhoben worden ist (Abwesenheitsprotest). Zur Gültigkeit des „Windprotestes" ist dagegen die Feststellung erforderlich, daß weder das Geschäftslokal noch die Wohnung zu ermitteln gewesen ist.

Anm. 56 δ. **(Abs 3): Verantwortlichkeit des Protestbeamten.** Durch die im Interesse der Erleichterung des Wechsel- und Scheckprotestes neueingeführte Vorschrift des Abs 2 (vgl. oben zu γ Anm 55), welche die Gültigkeit des Protestes von der Nachprüfung der Feststellung des Protestbeamten über die Nichtermittelung des Geschäftslokals oder der Wohnung unabhängig macht, wird **die Verantwortlichkeit des Protestbeamten für die Unterlassung der Anstellung geeigneter Ermittelungen nicht berührt (Satz 1).** Es ist dadurch mittelbar ausgesprochen, daß dem Protestbeamten ungeachtet jener Vorschrift des Abs 2 die Pflicht obliegt, geeignete Ermittelungen zur Auffindung des Geschäftslokals und nötigenfalls der Wohnung des Bezogenen anzustellen. Weggefallen ist dagegen die Pflicht, die ihm nach der früheren Fassung des Art 91 oblag, diese Ermittelungen in allen Fällen durch Nachfrage bei der Polizei des Ortes zu betätigen. Die Art und Weise der Ermittelungen ist vielmehr seinem pflichtmäßigen Ermessen überlassen, für dessen Ausübung er verantwortlich ist. Doch ist der Nachfrage bei der Polizei insofern auch jetzt noch eine Vorzugsstellung eingeräumt, als der Protestbeamte, wenn er diesen Ermittelungsweg gewählt hat und **die Nachfrage erfolglos geblieben ist, zu weiteren Nachforschungen nicht verpflichtet ist (Satz 2).** Er braucht sonach weitere Nachforschungen nicht anzustellen, auch wenn etwa mit Rücksicht auf die bei der Polizei erhaltene Auskunft sachlich Anlaß gegeben sein sollte zu der Annahme, daß solche weiteren Nachforschungen zum Ziele führen könnten. Dagegen schließt die Vorschrift nicht aus, daß er unter Umständen doch verantwortlich gemacht werden kann, wenn er etwa von anderer Seite in glaubhafter Weise von dem Geschäftslokale oder der Wohnung Kenntnis erhalten und diese Mitteilung außer acht gelassen hat. Die Folge der Vorschrift wird allerdings sein, daß der Protestbeamte sich in der Regel mit der Anfrage bei der Polizei begnügt. Ein Vermerk darüber im Proteste ist nicht Voraussetzung für seine Entlastung. — Die „Verantwortlichkeit" für die Anstellung geeigneter Ermittelungen besteht sowohl in disziplinarer Hinsicht gegenüber seiner vorgesetzten Behörde wie auch als privatrechtliche Schadensersatzpflicht (vgl. Näheres darüber oben Anm 17ff.). Eine vertragsmäßige Schadensersatzpflicht gegenüber seinem Auftraggeber kommt hier zwar nicht wegen Verlustes der Regreßrechte in Frage, da der Protest gültig und damit die Regreßrechte gewahrt sind; wohl aber kann dem Auftraggeber eine tatsächliche Vermögenseinbuße dadurch entstehen, daß infolge der Unterlassung von Ermittelungen der Scheck nicht zur Auszahlung durch den Bezogenen gelangt und der Regreß erfolglos bleibt. Dem Aussteller und den übrigen Scheckbeteiligten gegenüber kann eine außervertragliche Schadensersatzpflicht aus § 839 BGB in Frage kommen. Was die Beweislast angeht, so wird, wenn im Proteste nicht gesagt ist, welche Ermittelungen der Protestbeamte vorgenommen hat, dieser zunächst in dieser Richtung darlegungspflichtig sein; Sache desjenigen, der ihn verantwortlich machen will, wird es dann sein, nachzuweisen, daß durch andere geeignete Ermittelungen ein Erfolg erzielt worden wäre. Auch die Haftung des Staates und der Postverwaltung (vgl. darüber a. a. O.) besteht ungeachtet der Gültigkeit des Protestes insoweit, als der Protestbeamte verantwortlich bleibt. — Auch eine strafrechtliche Verantwortlichkeit des Protestbeamten aus § 348 StGB kommt in Frage, wenn er die rechtlich erhebliche Tatsache, daß das Geschäftslokal oder die Wohnung nicht zu ermitteln waren, vorsätzlich falsch beurkundet hat, dazu wird das Bewußtsein, daß er überhaupt keine Ermittelungen angestellt habe, unter Umständen hinreichen. § 16

g) Der von der Protestnovelle neu eingefügte **Art 91a WO** lautet wie folgt: Anm. 57

„Eine in dem Geschäftslokal oder in der Wohnung eines Beteiligten vorgenommene Handlung ist auch dann gültig, wenn an Stelle des Ortes, in welchem das Geschäftslokal oder die Wohnung liegt, ein benachbarter Ort in dem Wechsel angegeben ist. Mit beiderseitigem Einverständnisse können auch in anderen Fällen die bei einem Beteiligten vorzunehmenden Handlungen an einem Orte erfolgen, der dem im Wechsel angegebenen Orte benachbart ist.

Welche Orte im Sinne dieser Vorschriften als benachbarte anzusehen sind, bestimmt der Bundesrat; die Bestimmung ist im Reichs-Gesetzblatte bekannt zu machen."

α) **Entstehungsgeschichte.** Wechsel- (scheck-)rechtliche Handlungen müssen der Regel nach, um wirksam zu sein, an dem dafür durch das Gesetz bestimmten „Orte" vorgenommen werden. Insbesondere sind diejenigen Handlungen, welche sich auf die Zahlung des Wechsels (Schecks) beziehen, wie die Präsentation (Vorlegung) zur Zahlung und der Protest mangels Zahlung, an dem Zahlungsorte vorzunehmen. Wegen des Zahlungsortes vgl. § 5 und die Erläuterungen dazu. In der Praxis des Wechselverkehrs waren häufig Zweifel dadurch entstanden, daß in Wechseln bei dem Namen des Bezogenen der Name einer großen politischen Gemeinde (Stadt, z. B. Berlin) und daneben als Adresse eine Straße und Hausnummer angegeben war, die nicht zu der benannten politischen Gemeinde, sondern zu einem mit ihr in räumlichem und wirtschaftlichem Zusammenhange stehenden Vorore, der eine selbständige politische Gemeinde bildete, angegeben war, z. B. Berlin, Nollendorfstraße 20 (eine Straße und Hausnummer, die zu der damals selbständigen politischen Gemeinde Schöneberg gehörte). Nach einer in der Rechtslehre hervorgetretenen Auffassung wäre in solchem Falle Berlin als der im Wechsel gemäß Art 4 Ziff 8 WO bezeichnete Zahlungsort anzusehen gewesen und hätte deshalb der Protest mangels Zahlung, falls der Bezogene in Berlin weder Geschäftslokal noch Wohnsitz hatte, nur dort als Windprotest, nicht aber in dem wirklichen Geschäftslokale oder der wirklichen Wohnung in Schöneberg, Nollendorfstraße 20 erhoben werden dürfen. Das RG war bereits in dem Urt vom 7. 12. 1893 (RGZ 32, 111) dieser Auffassung entgegengetreten und hatte ausgeführt, daß in solchem Falle nichts entgegenstehe, die Angabe in dem Wechsel dahin auszulegen, daß sie eine genügende Bezeichnung des Nachbarortes als Zahlungsort enthalte und daß deshalb der Protest in dem Nachbarorte (Schöneberg) richtig erhoben werde. Auf den gleichen Standpunkt hatte sich das RG in einem Urt vom 10. 5. 05 (RGZ 60, 426) gestellt mit der Maßgabe, daß der protestierende Beamte in solchem Falle auch den Hauptort als Zahlungsort hätte behandeln und dort protestieren können. Um die entstandenen Zweifel zu beseitigen, erwog die Begründung zur Protestnovelle (S. 15) verschiedene Wege, darunter auch den, daß dem Bundesrate die Befugnis erteilt werden solle, benachbarte Orte als einen Ort im Sinne der WO zu erklären. Von dieser weitergehenden Maßnahme wurde jedoch wegen der Befürchtung, daß ihre Durchführung schwierig sein würde, Abstand genommen und in Art 91a lediglich bestimmt, daß in den zwei dort in Abs 1 Satz 1 und 2 bezeichneten Fällen wechselrechtliche Handlungen auch gültig sind, wenn sie nicht an dem in dem Wechsel bezeichneten Orte, sondern an einem Orte vorgenommen worden sind, der zufolge Bestimmung des Bundesrats als jenem Orte „benachbart" anzusehen ist. Durch § 16 Abs 3 in Verbindung mit § 30 Abs 2 ScheckG (vgl. die Erläuterungen zu § 30) ist der Art 91a für entsprechend anwendbar erklärt auf die Vorlegung und den Protest des Schecks. Anm. 58

β. **(Abs 1 Satz 1).** Der erste der beiden (unter α bezeichneten) Fälle liegt dann vor, wenn die Handlung in dem Geschäftslokal oder in der Wohnung eines Beteiligten vorgenommen ist, im Wechsel (Scheck) aber als Ort, an dem die Handlung vorzunehmen ist (Zahlungsort), nicht der Ort angegeben ist, in dem diese Räumlichkeiten belegen sind, sondern ein „benachbarter" Ort. Voraussetzung ist sonach lediglich, daß der Beteiligte (Bezogene) an dem Orte, an dem die Handlung vorgenommen wird, ein Geschäftslokal oder eine Wohnung besitzt; daß das Geschäftslokal oder die Wohnung in dem Wechsel (Scheck) angegeben sind (wie in den früher vom RG entschiedenen Fällen, vgl. oben unter α) ist nicht vorausgesetzt. Der Protestbeamte kann deshalb, wenn ihm bekannt wird, daß der Bezogene nicht an dem Anm. 59

§ 16 im Wechsel (Scheck) bezeichneten Orte, sondern an einem „benachbarten" Orte ein Geschäftslokal oder eine Wohnung hat, statt eines Windprotestes den Protest in dem Geschäftslokal oder der Wohnung erheben, z. B. in Altona, wenn in dem Wechsel (Scheck) bei dem Namen des Bezogenen „Hamburg", mit oder ohne nähere Adresse, angegeben ist. Eine Verpflichtung hierzu besteht jedoch nicht; der Protest ist auch gültig, wenn er auf Grund der Tatsache, daß in Hamburg ein Geschäftslokal oder eine Wohnung nicht zu ermitteln war, als Windprotest erhoben worden ist. Ist im Wechsel (Scheck) ein Ort ohne eine auf einen Nachbarort hinweisende nähere Adresse angegeben und besteht an dem ersten Orte ein Geschäftslokal oder eine Wohnung, so kann die Handlung auch an dem Nachbarorte vorgenommen werden, wenn dort gleichfalls Geschäftslokal oder Wohnung vorhanden ist. Auch wenn bei dem Namen des Bezogenen ein Ort nicht angegeben ist und deshalb gemäß § 5 Satz 3 ScheckG (vgl. Anm 10 zu § 5) der Ausstellungsort als Zahlungsort gilt, wird der Protest, falls der Bezogene an einem diesem Orte „benachbarten" Orte ein Geschäftslokal oder eine Wohnung besitzt, dort erhoben werden können. Unberührt bleibt der Grundsatz des Art 91 Abs 1 Satz 1, demzufolge der Protest in der Wohnung nur erhoben werden kann in Ermangelung eines Geschäftslokals; ein in der Wohnung im Nachbarorte erhobener Protest ist deshalb unwirksam, wenn der Bezogene an dem Nachbarorte ein Geschäftslokal besitzt und dieses ermittelt werden konnte.

Auch beim Zahlstellenwechsel (-scheck; vgl. zu § 5 Anm 6) ist Art 91 Abs 1 Satz 1 anwendbar, wenn als (eigentliche) Zahlstelle ein dem Orte, an welchem ein Geschäftslokal oder eine Wohnung des Bezogenen vorhanden ist, „benachbarter" Ort bei dem Namen des Bezogenen in dem Wechsel (Scheck) angegeben oder als angegeben anzusehen ist (RGZ 98, 105); eine beim Scheck unzulässige „Domizilierung" liegt in solchem Falle nicht vor.

Anm. 60 γ. **(Abs 1 Satz 2).** Der zweite der beiden (unter α bezeichneten) Fälle liegt dann vor, wenn beiderseitiges Einverständnis darüber besteht, daß die Handlung statt an dem im Wechsel (Scheck) angegebenen Orte — für den Scheck: dem Zahlungsorte — an einem „benachbarten" Orte erfolgt; in diesem Falle wird nicht vorausgesetzt, daß an dem benachbarten Orte ein Geschäftslokal oder eine Wohnung des Bezogenen besteht und daß in einer dieser Räumlichkeiten die Handlung vorgenommen wird; sie kann vielmehr an dem benachbarten Orte auch außerhalb dieser Räumlichkeiten erfolgen. Die Bestimmung schließt sich ersichtlich an die in Art 91 Abs 1 Satz 2 enthaltene Bestimmung (vgl. darüber oben Anm 54) an und enthält eine Erweiterung derselben dahin, daß mit beiderseitigem Einverständnisse die Handlung nicht nur an einer innerhalb des Zahlungsortes belegenen „anderen Stelle", sondern auch an einer anderen Stelle, d. h. außerhalb des Geschäftslokals oder der Wohnung, in dem benachbarten Orte erfolgen kann. Dieser Zusammenhang ergibt sich auch aus der Begründung der Protestnovelle (S. 14), wo als Beispiel für den durch diese Bestimmung zu regelnden Fall angeführt wird, daß ein die Adresse „Herrn Adolf Müller in Altona" tragender Wechsel an der Börse in Hamburg protestiert werde, was vor der Protestnovelle auch mit beiderseitigem Einverständnisse nicht zulässig war, da auch damals schon in Art 91 Abs 1 Satz 2 unter dem „anderen Orte" (vgl. oben Anm 50) nur eine andere Stelle innerhalb des gesetzlichen Ortes für die Vornahme zu verstehen war. Über das Erfordernis des „beiderseitigen Einverständnisses" vgl. oben Anm 54. Entsprechend seinem in den dort angeführten Urt zu Art 91 Abs 1 Satz 2 eingenommenen Standpunkte hat das RG in RGZ 98, 105 ausgesprochen, daß auch für die Anwendung des Art 91a Abs 1 Satz 2 ein Einverständnis erforderlich sei, das bei der Protesthandlung selbst, und zwar durch Einlassung des Protestaten auf diese, vorliege (soll wohl heißen: „erklärt worden sei"), während eine vorher erklärte Zustimmung des Bezogenen nicht in Betracht komme.

Anm. 61 δ. **(Abs 2.)** Ob Orte im Sinne der Vorschriften des Abs 1 als **einander benachbart** anzusehen sind, ist nicht im Einzelfalle von den Gerichten auf Grund der Lage und der wirtschaftlichen Verhältnisse zu entscheiden, sondern wird durch Bestimmung des Bundesrats (jetzt des Reichsrats), die im RGBl bekanntzumachen ist, festgesetzt. Zur Ausführung dieser Vorschrift war zunächst die Bek v. 9. 1. 1909 (RGBl 249) erlassen worden, die durch Bek v. 20. 4. 1914 abgeändert worden ist. Sie ist aufgehoben und ersetzt durch die Zweite Verordnung über benachbarte Orte im Wechsel- und Scheckverkehr v. 23. 8. 1924 (RGBl I S. 687), die als Anhang D 5 hier abgedruckt ist. Sie enthält ein Verzeichnis der benachbarten Orte. Darin ist Berlin mit seinen Vororten nicht mehr enthalten, weil durch das Preußische Gesetz über die Bildung einer neuen Stadtgemeinde Berlin v. 27. 4. 1920 (Preuß. GS S. 123) Berlin mit seinen Vororten zu einer einzigen politischen Gemeinde vereinigt worden ist, wodurch die früher gerade für diese Orte praktisch gewordenen Zweifelsfragen sich insoweit erledigt haben.

Für Orte, die nicht durch den Bundes- (Reichs-) Rat als benachbarte bezeichnet, aber es ihrer Lage und wirtschaftlichen Beziehung nach tatsächlich sind, kann unter Umständen die bis zum

Inkrafttreten des Art 91a WO streitig gewesene Rechtsfrage (vgl. oben zu α Anm 58) auch jetzt noch in Betracht kommen. Gegen die auf einer Auslegung der Bezeichnung des Zahlungsortes im Wechsel (Scheck) beruhende Stellungnahme des RG zu dieser Frage wird von StStr WO (11. Aufl, zu Art 4 Ziff 8, Anm 48) eingewendet, daß über die Auslegung des Wechsels weder die Willensmeinung des Ausstellers noch lokale Anschauungen entscheiden dürfen, der Wechsel vielmehr aus sich selbst auszulegen sei, wobei man sich auf den Standpunkts eines den konkreten Verhältnissen fernstehenden Dritten zu stellen habe. Diese Auslegungsgrundsätze sind wohl im wesentlichen richtig, aber auch vom RG nicht verkannt worden; denn es führt (in RGZ 60, 428) aus, auch bei der Auslegung von Wechseln sei nicht die Buchstabeninterpretation anzuwenden, sondern es sei der Wille der Beteiligten aus der Urkunde und denjenigen Umständen, welche den Wechselnehmern mutmaßlich bekannt sind oder von ihnen ohne Schwierigkeit in Erfahrung gebracht werden können, zu erforschen. Es stellt ferner nicht einen lokalen Gebrauch, sondern eine für große Städte im allgemeinen bestehende Übung einer Bezeichnung des Nachbarortes mit dem Namen des Hauptortes fest (RGZ 32, 114). Auch kommt in Betracht, daß es sich um eine Auslegung zugunsten der der Wechselziehung fernstehenden Wechselnehmer gegen den Aussteller oder denjenigen, der den Zahlungsort angegeben hat und sich deutlicher hätte ausdrücken müssen, handelt, eine Auslegung, durch die auch der Bezogene nicht benachteiligt wird, da der Protest in seinem wirklichen Geschäftslokale oder seiner wirklichen Wohnung erhoben wird. Unter diesen Umständen dürften der Auslegung keine rechtsgrundsätzlichen Bedenken entgegenstehen. Ob sie im Einzelfalle anwendbar ist, wird nach den jeweils vorliegenden Tatumständen zu entscheiden sein. **§ 16**

h) **Art 92 Abs 2 WO** lautet in der Fassung der Protestnovelle wie folgt: **Anm. 62**

„Die Proteste sollen nur in der Zeit von 9 Uhr vormittags bis 6 Uhr abends erhoben werden. Außerhalb dieser Zeit soll die Protesterhebung nur erfolgen, wenn die Person, gegen welche protestiert wird, ausdrücklich einwilligt."

α. Bis zur Protestnovelle enthielt die WO keine Vorschrift über die Proteststunden, diese waren aber zumeist durch landesgesetzliche Vorschriften geregelt, und zwar in der Weise, daß (wie die Rechtsprechung annahm) ein Verstoß gegen sie die Ungültigkeit des Protestes zur Folge hatte. Durch die Protestnovelle sind die Proteststunden nunmehr einheitlich geregelt, und zwar in der Weise, daß die Vorschriften darüber nur instruktioneller Natur sind (Begründung S. 16); die landesgesetzlichen Vorschriften sind damit außer Kraft getreten; auch kann seitdem landesgesetzlich Abweichendes nicht angeordnet werden. **Anm. 63**

β. Die Vorschriften beziehen sich nur auf die dem Bezogenen gegenüber vorzunehmende Protesthandlung, also die Vorlegung des Schecks durch den Protestbeamten und die Aufforderung zur Zahlung; die Aufnahme der Protesturkunde kann auch zu anderer Zeit erfolgen; vgl. oben Anm 28. Auf eine Vorlegung des Schecks zur Zahlung, an die sich kein Protest anschließt, sind sie nicht anwendbar; vgl. darüber zu § 11 Anm 4. **Anm. 64**

γ. Die Vorschriften sind „Soll"vorschriften, also nur instruktioneller Natur (vgl. oben Anm 63) und ihre Übertretung ohne Einfluß auf die Gültigkeit des Protestes. Der Protestbeamte kann wegen ihrer Übertretung von seiner vorgesetzten Behörde verantwortlich gemacht werden. Die Übertretung kann aber auch eine Schadensersatzverpflichtung des Protestbeamten begründen, falls durch die unzeitige Vornahme der Protesthandlung die Nichteinlösung des Schecks herbeigeführt worden ist, und zwar sowohl eine vertragliche gegenüber dem Auftraggeber des Protestbeamten, wie eine außervertragliche gegenüber den sonstigen Scheckbeteiligten aus § 823 Abs 2 (Verletzung eines Schutzgesetzes) und § 839 BGB. Vgl. oben Anm 15ff. Auch eine Verantwortlichkeit des Staates oder der Postverwaltung kann durch eine Übertretung der Vorschriften begründet werden. **Anm. 65**

δ. Einer Beurkundung darüber, daß die Proteststunden eingehalten worden sind, bedarf es nicht; ihre Einhaltung wird vermutet. Wer die Nichteinhaltung behauptet und daraus ein Recht herleiten will (vgl. zu γ), hat sie zu beweisen. **Anm. 66**

ε. Außerhalb der Proteststunden darf die Protesterhebung erfolgen, falls die Person, gegen welche protestiert wird, ausdrücklich einwilligt. Durch das Erfordernis der Ausdrücklichkeit ist eine stillschweigende, d. h. durch schlüssige, nicht unmittelbar auf die Erklärung des Einverständnisses gerichtete Handlungen (vgl. RGRKomm vor § 116 Anm 2) betätigte Einwilligung ausgeschlossen; andererseits braucht die Erklärung nicht mit bestimmten Worten („Ich willige ein"), sondern kann auch mit anderen, gleichbedeutenden Worten oder durch bloße Bejahung der gestellten Anfrage, aber auch ohne Worte durch Gebärde (Kopfnicken) erfolgen; die bloße Entgegennahme der Protesterhebung genügt dagegen nicht. Hat übrigens der Bezogene auch nur stillschweigend in die Vornahme der Protesthandlung außerhalb der Proteststunden eingewilligt, so wird anzunehmen sein, daß die Nichteinlösung des Schecks aus anderen Gründen erfolgt ist, und wird sich deshalb ein Schadensersatzanspruch **Anm. 67**

§ 16 gegen den Protestbeamten (oben Anm 65) nicht rechtfertigen lassen. Der Beweis der Einwilligung ist von dem in Anspruch genommenen Protestbeamten oder der verantwortlich gemachten Behörde zu führen.

Anm. 68 i) Die **§§ 3, 4 der Protestnovelle** lauten wie folgt:

„§ 3. Unter Zustimmung des Bundesrats kann der Reichskanzler anordnen, daß die Postverwaltung für bestimmte Fälle, insbesondere mit Rücksicht auf die Art des Protestes oder die Höhe der Wechselsumme, die Protesterhebung nicht übernimmt.

Die näheren Bestimmungen über die Benutzung der Postanstalten zur Aufnahme von Wechselprotesten erläßt der Reichskanzler. Für den inneren Verkehr der Königreiche Bayern und Württemberg werden diese Bestimmungen von den zuständigen Behörden dieser Staaten erlassen.

§ 4. Die Postverwaltung haftet dem Auftraggeber für die ordnungsmäßige Ausführung des Protestauftrags nach den allgemeinen Vorschriften des bürgerlichen Rechts über die Haftung eines Schuldners für die Erfüllung seiner Verbindlichkeit. Sie haftet nicht über den Betrag des wechselmäßigen Regreßanspruchs hinaus.

Der Anspruch gegen die Postverwaltung verjährt in drei Jahren. Die Verjährung beginnt mit dem Zeitpunkt, in welchem der Protestauftrag bei der Postanstalt eingeht, von welcher der Auftrag auszuführen ist."

Anm. 69 α. In Ausführung des § 3 sind vom Reichskanzler die Bekanntmachung betreffend die Erhebung von Wechsel- und Scheckprotesten durch Postbeamte v. 5. 8. 1908 (RGBl S. 482) sowie die den Postprotestauftrag betreffenden Bestimmungen des § 18 der PostO v. 30. 12. 1921 und die seitdem ergangenen abändernden Bestimmungen erlassen worden. Sie sind als Anhänge D 2 und 3 hier abgedruckt. Die Erläuterung dieser Bestimmungen ist bereits oben in Anm 19 bei Art 87 WO erfolgt und es kann hier darauf verwiesen werden.

Anm. 70 β. Die Vorschriften des § 4 über die Haftung der Postverwaltung für die ordnungsmäßige Ausführung des Protestauftrags sind bereits oben in Anm 19 bei Art 87 WO erläutert und es kann hier darauf verwiesen werden.

Anm. 71 6. **Erlaß des Protestes.**

α. **Abs 3 des § 16** ordnet für den Fall, daß der Scheck die Aufforderung, keinen Protest zu erheben, enthält, die entsprechende Anwendung des Art 42 WO an. **Art 42 WO** lautet:

„Die Aufforderung, keinen Protest erheben zu lassen („ohne Protest", „ohne Kosten" usw.) gilt als Erlaß des Protestes, nicht aber als Erlaß der Pflicht zur rechtzeitigen Präsentation. Der Wechselverpflichtete, von welchem jene Aufforderung ausgeht, muß die Beweislast übernehmen, wenn er die rechtzeitig geschehene Präsentation in Abrede stellt. Gegen die Pflicht zum Ersatze der Protestkosten schützt jene Aufforderung nicht."

Anm. 72 Die entsprechende Anwendung dieses Artikels und damit die Zulassung des Protesterlasses war in dem Entwurfe von 1892 und auch in dem vorl. Entw von 1907 zum ScheckG nicht vorgesehen; auch in dem österreichischen ScheckG ist der Protesterlaß mit scheckrechtlicher Wirkung nicht zugelassen. Die Mot zu § 16 des österreichischen Gesetzes verweisen darauf, daß der Scheckinhaber ohnehin zwischen den verschiedenen Zeugnisformen die freie Wahl und damit unbehinderte Gelegenheit habe, wenn er wolle, die Protestkosten zu sparen; deshalb sei die Übernahme des Art 42 WO, der dem Wechselinhaber eben auch nur diese Kostenersparnis ermöglichen solle, überflüssig. Demgegenüber wies G. Cohn (bei Goldschmidt 61, 93) darauf hin, es sei nicht abzusehen, warum nicht auch ein Scheckgeber, wie ein Wechselindossant, die Beweislast der nicht erfolgten Präsentation sollte übernehmen dürfen und warum er sich nicht dem Regreß auch ohne Vorlage eines jeden Protestsurrogats sollte unterwerfen können. Diesen Erwägungen hat das ScheckG Rechnung getragen durch die Bestimmung in Abs 3 des § 16.

Anm. 73 β. Voraussetzung für die entsprechende Anwendung des Art 42 WO ist, daß der Scheck die Aufforderung, keinen Protest zu erheben, enthält. Eine entsprechende Anwendung kommt also nicht in Betracht, wenn die Aufforderung nicht im Scheck enthalten, sondern außerhalb des Schecks mündlich oder schriftlich erklärt ist. Art 42 WO trifft an sich auch den Fall einer Erklärung des Protesterlasses außerhalb des Wechsels, die auch stillschweigend erfolgen kann; vgl. darüber StStr zu Art 42 Anm 1 und 4. Durch die Nichtanwendbarkeit des Art 42 für diesen Fall wird zwar nicht ausgeschlossen, daß infolge einer außerhalb des Schecks getroffenen Vereinbarung des Protesterlasses zwischen den daran Beteiligten schuldrechtliche Beziehungen entstehen, die zu Schadensersatzverpflichtungen führen können; im Rechtsstreite über die Regreßansprüche aus dem Scheck muß aber die Berufung auf eine derartige Vereinbarung (etwa durch Arglisteinrede gegenüber dem Einwande des mangelnden Protestes) erfolglos bleiben, da der Mangel des Protestes, soweit nicht ein Erlaß im Scheck vorliegt, von Amts wegen zu berücksichtigen ist; vgl. oben Anm 2. **§ 16**

γ. Die Aufforderung, keinen Protest erheben zu lassen, kann auf den Scheck gesetzt werden sowohl von vornherein durch den Aussteller wie auch von jedem Indossanten. Eine bestimmte Stelle ist für sie nicht vorgeschrieben, sie kann daher sowohl auf der Vorderseite wie auf der Rückseite stehen; einer besonderen Unterschrift bedarf sie nicht, doch muß durch ihre Stellung ersichtlich sein, von wem sie ausgeht; nach ROHG 19, 167 soll der Beweis dafür auch anderweit geführt werden können, diese Entscheidung dürfte aber jedenfalls für den Scheck bedenklich sein, weil die Aufforderung, sonach alles, was dazu gehört, in diesem enthalten sein muß (vgl. oben zu β Anm 73). Befindet sich die Aufforderung in entsprechender räumlicher Beziehung zu der Unterschrift des Ausstellers oder eines Indossanten, so wird anzunehmen sein, daß sie von diesem herrührt, vorbehaltlich des Gegenbeweises (ROHG 17, 261). Welche Worte dabei zu brauchen sind, ist im Gesetz nur beispielsweise erläutert: „ohne Protest", „ohne Kosten"; andere gleichbedeutende Ausdrücke sind zulässig und für den Scheckverpflichteten, von dem sie ausgehen, verbindlich, sofern sie als eine Erklärung des Willens, den Protest zu erlassen, gedeutet werden müssen oder dürfen, so die Ausdrücke: „kostenfrei", „ohne Spesen"; auch die Buchstaben: „o. K." (ROHG 19, 167) werden als Abkürzung des Ausdrucks: „ohne Kosten" gedeutet werden dürfen. Dagegen bedeutet der Ausdruck: „ohne Präjudiz" (StStr zu Art 42 Anm 1) wohl eher die Ablehnung einer Regreßpflicht (zu § 15 Anm 9b) als die Aufforderung, keinen Protest zu erheben. Den Beweis des Protesterlasses hat derjenige zu führen, der sich darauf beruft; er gehört zur Klagebegründung des Regreßprozesses und muß aus dem Scheck sich vollständig ergeben; vgl. oben. **Anm. 74**

δ. Die **Wirkungen des Protesterlasses** sind in Art 42 WO in positiver und negativer Hinsicht geregelt. Sie treten ein gegen denjenigen, der die Aufforderung, keinen Protest zu erheben, auf den Scheck gesetzt hat, zugunsten seiner Nachmänner, die ihm gegenüber Regreßansprüche aus dem Scheck geltend machen. Dagegen hat die Aufforderung keine Wirkung gegen die Nachmänner desjenigen, der sie auf den Scheck gesetzt hat, obwohl diese den Scheck bereits mit ihr erhalten; ihnen gegenüber muß der Beweis der Vorlegung des Schecks zur Zahlung in einer der in § 16 Abs 1 zugelassenen Formen geführt werden. Das gilt auch, wenn die Aufforderung bereits von vornherein durch den Aussteller auf den Scheck gesetzt ist. Sie hat also nicht eine für jeden Schecknehmer verbindliche Wirkung wie das Verbot der Indossierung nach § 8 Abs 1 ScheckG (vgl. Anm 3 zu § 8). Abweichend die EinhWO Art 45 Abs 3. **Anm. 75**

ε. Die Aufforderung gilt **als Erlaß des Protestes, aber nicht als Erlaß der Präsentation (Satz 1).** Daß eine Präsentation — Vorlegung des Schecks zur Zahlung, und zwar innerhalb der Vorlegungsfrist gemäß § 11 ScheckG, vgl. die Erläuterungen dazu — stattgefunden hat und der Scheck nicht eingelöst worden oder daß die Vorlegung vergeblich versucht worden, ist sonach erforderlich für die Ausübung des Scheckrechts, auch wenn der Scheck die Aufforderung, keinen Protest zu erheben, enthält. Die Wirkung dieser Aufforderung beschränkt sich auf eine Änderung hinsichtlich der Führung des Nachweises der Vorlegung. Es tritt eine **Umkehrung der Beweislast** ein; demjenigen, der den Regreßanspruch geltend macht, wird die Beweispflicht dafür, daß die Vorlegung ordnungsmäßig stattgefunden hat, abgenommen; derjenige, gegen den der Regreßanspruch geltend gemacht wird, **„muß die Beweislast übernehmen, daß die Vorlegung nicht rechtzeitig stattgefunden hat, wenn er diese Tatsache bestreitet (Satz 2)."** Die Aufforderung, keinen Protest zu erheben, wirkt sonach beim Scheck über ihren Wortlaut hinaus auch als Befreiung von der Pflicht, den Nachweis der Vorlegung in einer anderen der in § 16 Abs 1 Satz 2 zugelassenen Formen, also durch eine Erklärung des Bezogenen oder durch eine Bescheinigung der Abrechnungsstelle, zu führen. Die rechtzeitige Vorlegung wird vermutet. Zulässig ist der Gegenbeweis, daß sie nicht erfolgt ist. Dieser kann — abgesehen vom Urkundenprozesse — durch jedes zulässige Beweismittel geführt werden, insbesondere auch durch Eideszuschiebung. Abgesehen von dieser ist das Gericht bei der Würdigung der geführten Beweise frei (§ 286 ZPO). Dabei ist zu beachten, daß es sich um den Beweis einer Negative handelt, an den nicht zu strenge, über das Mögliche hinausgehende Anforderungen gestellt werden dürfen. Beweist z. B. der in Anspruch Genommene, daß eine Vorlegung nach Ablauf der Vorlegungsfrist stattgefunden hat, so wird der ihm obliegende Beweis als geführt zu erachten sein, falls nicht der Kläger behauptet und näher darlegt, daß bereits vor Ablauf der Vorlegungsfrist eine Vorlegung stattgefunden habe. **Anm. 76**

Ob auch die rechtzeitige Präsentation erlassen werden könne, ist für den Wechsel bestritten (bejahend StStr zu Art 42 Anm 7, teilweise abweichend Oertzen bei Goldschmidt

§ 16 75, 123). Für den Scheck dürfte die Frage zu verneinen sein angesichts des Umstandes, daß der Scheck nur durch die Vorlegung fällig wird, und der Bedeutung, die der Vorlegung des Schecks innerhalb einer kurzen Frist vom Gesetze beigelegt wird; vgl. Näheres in den Erläuterungen zu § 11 ScheckG.

In dem Erlaß des Protestes ist zugleich die Befreiung von den in Art 45 bis 47 WO in Verbindung mit § 17 ScheckG (vgl. zu § 17 Anm 2 ff.) vorgeschriebenen Benachrichtigungspflichten, selbstverständlich nur gegenüber denjenigen Vormännern enthalten, von denen die Aufforderung, keinen Protest zu erheben, ausgegangen ist (vgl. oben Anm 75). Das muß daraus gefolgert werden, daß die angeführten Bestimmungen der WO (vgl. Art 45) ausdrücklich einen mangels Zahlung protestierten Wechsel und bei entsprechender Anwendung auf den Scheck sonach einen Scheck erfordern, dessen Nichteinlösung durch eines der in § 16 Abs 1 Satz 2 Nr 1—3 bezeichneten Beweismittel festgestellt ist oder festzustellen war, während der Erlaß des Protestes infolge der durch ihn bewirkten Umkehrung der Beweislast gerade eine Befreiung von solcher Feststellung enthält; vgl. oben Anm 76. A. M. für den Wechsel StStr zu Art 42 Anm 9, jedoch mit dem Zusatze, daß auch eine Befreiung von den Benachrichtigungspflichten (durch besondere Anordnung) erfolgen könne. Auch die Einheitliche Wechselordnung enthält übrigens eine ausdrückliche Vorschrift in dem der hier vertretenen Meinung entgegengesetzten Sinne (Art 45 Abs 2 EinhWO, vgl. unten Zus 2 Anm 79).

Anm. 77 ζ. In negativer Hinsicht werden die Wirkungen der Aufforderung, keinen Protest zu erheben, weiter dahin bestimmt, daß diese Aufforderung **nicht gegen die Pflicht zum Ersatze der Protestkosten schützt (Satz 3).** Der Scheckinhaber ist sonach zwar berechtigt, aber nicht verpflichtet, von der Erhebung eines Protestes abzusehen. Läßt er den Protest erheben, so kann er gemäß Art 50 Abs 1 Ziff 2 WO, der nach § 17 ScheckG (vgl. die Erläuterungen zu § 17) auf den Scheck entsprechend anwendbar ist, auch den Ersatz der Protestkosten von dem Regreßpflichtigen verlangen; desgleichen nach Ziff 3 daselbst die Provision.

Anm. 78 **Zusatz 1: Fremde Rechte.** Für den Nachweis der rechtzeitigen Vorlegung des Schecks zur Zahlung innerhalb der Vorlegungsfrist, welche überall die Voraussetzung für die Ausübung der Regreßansprüche bildet, verweisen die meisten ausländischen Gesetzgebungen auf ihre für den Wechsel geltenden entsprechenden Vorschriften, so Belgien (Ges v. 20. 6. 73 Art 3), Frankreich (Ges v. 14. 6. 65 Art 4), Italien (HGB v. 2. 4. 82 Art 341), Spanien (Art 542), Schweiz (OblR Art 836), Rumänien (HGB Art 366), ferner Großbritannien dadurch, daß es den Scheck überhaupt als einen Wechsel auf Sicht behandelt (Bills of Exchange Act 1882 sect. 73); ebenso die Vereinigten Staaten von Amerika (Neg. Instr. Law sect. 321). Von den Wechselrechten dieser Länder erfordern diejenigen von Großbritannien und den Vereinigten Staaten für Inlandwechsel und Inlandschecke keine Protesterhebung, sondern nur Notifikation der Nichtzahlung, neben welcher eine Protestnotierung freigestellt ist (Bills of Exch. Act sect. 48—52; Neg. Instr. Law 213, 189); diejenigen von Belgien (Art 53 Ges v. 20. 5. 72, Art 5 Ges v. 10. 6. 77), Italien (HGB Art 307), Rumänien (Art 331 Abs 2, 319) lassen außer dem Protest eine Privaterklärung des Bezogenen zu, die in ein Register einzutragen ist; die übrigen erfordern den formellen Protest. Für den Scheck speziell ist eine Privaterklärung des Bezogenen neben dem Protest, wie in Deutschland, zugelassen in Österreich (§ 16 Abs 2 Ziff 2 ScheckG), den skandinavischen ScheckG (§ 9) und Japan (HGB Art 534); Schweden (§ 9) läßt auch eine Bescheinigung durch zwei klassische Zeugen zu. Eine Bescheinigung der Abrechnungsstelle ist zugelassen in Österreich (a. a. O.) und Japan (Art 534 Abs 2).

Die Aufnahme der Proteste erfolgt in Frankreich durch Notare und Gerichtsvollzieher, in Belgien durch Gerichtsvollzieher, in Ermangelung solcher auch durch Postbeamte, in Großbritannien und den Vereinigten Staaten durch Notare, in Ermangelung solcher kann aber der Protest auch durch jeden Haushaltungsvorstand des Ortes unter Zuziehung von zwei Zeugen erhoben werden.

Der Protesterlaß ist in Österreich und Ungarn für den Scheck nicht zugelassen; in Frankreich bestehen keine besonderen Vorschriften darüber, er wird aber als zulässig erachtet; in Belgien ist er zugelassen (Art 59 Abs 4 und 5 des WG); ebenso in der Schweiz (Art 763 OblR), in Skandinavien (§ 42 der WG) und in Japan (Art 489 a Abs 2), in Großbritannien und den Vereinigten Staaten hat er nur für Auslandswechsel und -schecke Bedeutung und ist für diese zugelassen (Bills of Exch. Act sect. 73, 16²; Neg. Instr. Law sect. 321, 182).

Näheres vgl. bei Meyer, Weltscheckrecht I S. 294 ff. und Weltwechselrecht I S. 310 ff.

Anm. 79 **Zusatz 2: Künftiges Weltscheckrecht.** In den Beschlüssen der zweiten Haager Wechsel- und Scheckrechtskonferenz über die Vereinheitlichung des Scheckrechts sind folgende Bestimmungen vorgesehen:

a) über die zur Ausübung des Regreßrechts erforderlichen Nachweise: § 16

„Art 22 Abs 2.

Die Vorlegung und die Nichtzahlung müssen festgestellt werden:
1. entweder durch einen öffentlichen Akt (franz. „acte authentique") (Protest mangels Zahlung);
2. oder durch eine Erklärung des Bezogenen, die datiert und auf den Scheck geschrieben ist, mit Angabe des Tages der Vorlegung;
3. oder durch eine datierte Erklärung einer Abrechnungsstelle (franz. chambre de compensation), die feststellt, daß der Scheck rechtzeitig eingereicht ist und daß er nicht bezahlt worden ist."

b) über den Protest:

„Art 23.

Der Protest mangels Zahlung muß erhoben werden vor Ablauf der Vorlegungsfrist.

Den vertragschließenden Staaten bleibt die Befugnis vorbehalten, vorzuschreiben, daß innerhalb der im vorhergehenden Absatze bezeichneten Frist der Protest errichtet werden muß spätestens am ersten Werktage, der auf denjenigen der Vorlegung folgt.

Art 24.

Anwendbar auf den Scheck, außer was die Annahme betrifft, sind die Vorschriften der Art 44—46, 47 Abs 1, 48 und 49 des Einheitlichen Reglements über den Wechsel und das Orderbillett, die sich auf den Regreß beziehen."

Von den in Art 24 angezogenen Vorschriften des von der gleichen Konferenz beschlossenen „Einheitlichen Reglements über den Wechsel und das Orderbillett" (Einheitliche Wechselordnung) kommt hier der den Protesterlaß behandelnde Art 45 in Betracht, der wie folgt lautet:

„Art 45.

Der Aussteller oder ein Indossant kann durch die Klausel: „Zurück ohne Kosten", „Ohne Protest" oder irgendeine andere gleichbedeutende Klausel den Inhaber davon entbinden, daß er, um seinen Regreß auszuüben, einen Protest mangels Annahme oder mangels Zahlung erhebt.

Diese Klausel entbindet den Inhaber weder von der Vorzeigung des Wechsels in den vorgeschriebenen Fristen noch von den Mitteilungen, die einem vorhergehenden Indossanten und dem Aussteller zu machen sind. Der Beweis der Nichteinhaltung der Fristen liegt demjenigen ob, der sich darauf gegenüber dem Inhaber beruft.

Geht die Klausel von dem Aussteller aus, so wirkt sie gegenüber allen Namenszeichnern (signataires). Wenn ungeachtet der Klausel der Inhaber den Protest errichten läßt, so bleiben die Unkosten ihm zur Last. Wenn die Klausel von einem Indossanten ausgeht, können die Kosten des Protestes, wenn ein solcher errichtet worden ist, gegen alle Namenszeichner eingefordert werden."

§ 17. § 17

Wegen der Benachrichtigung der Vormänner und ihres Einlösungsrechts sowie wegen des Umfanges der Regreßforderung und der Befugnis zur Ausstreichung von Indossamenten finden die Vorschriften der Artikel 45 bis 48, 50 bis 52 und des Artikel 55 der Wechselordnung mit der Maßgabe entsprechende Anwendung, daß der Inhaber des vergeblich zur Zahlung vorgelegten Schecks verpflichtet ist, seinen unmittelbaren Vormann innerhalb zweier Tage nach der Ausstellung der im § 16 Abs. 1 bezeichneten Erklärung, Bescheinigung oder Protesturkunde, spätestens aber innerhalb zweier Tage nach dem Ablaufe der Vorlegungsfrist, von der Nichtzahlung des Schecks zu benachrichtigen.

1. **Vorbemerkung.** Der § 17 bringt eine Reihe von weiteren Vorschriften über die Aus- Anm. 1
übung des Regreßrechtes in der Weise, daß er die darauf sich beziehenden Vorschriften der WO für entsprechend anwendbar erklärt mit einer, den Art 45 WO betreffenden Maßgabe. Die für anwendbar erklärten Artikel der WO betreffen die Benachrichtigung der Vormänner und den

§ 17 Nachweis dieser Benachrichtigung (Art 45—47), das Einlösungsrecht (Art 48), den Umfang der Regreßansprüche (Art 50—52) und die Befugnis zum Ausstreichen von Indossamenten (Art 55). Nicht angeführt sind: Art 49 (der in diesem Artikel geregelte Sprungregreß ist in § 18 ScheckG, vgl. die Erläuterungen zu diesem Paragraphen, für den Scheck selbständig geregelt); Art 54 (eine diesem entsprechende Vorschrift ist in § 19 ScheckG enthalten; vgl. die Erläuterungen zu diesem Paragraphen); und Art 53. Die Weglassung des Art 53, der beim Wechsel dem Regreßnehmer gestattet, ohne daß es einer Zustimmung des Regreßpflichtigen bedarf, das Regreßrecht in der Weise auszuüben, daß er über den Betrag seiner Forderung einen Rückwechsel auf den Regreßpflichtigen zieht, ist augenscheinlich mit Absicht erfolgt, und zwar im wesentlichen wohl aus den in den Motiven des österreichischen ScheckG (zu § 16) für die Nichtübernahme dieser wechselrechtlichen Vorschrift in das ScheckG angeführten Gründen. Diese gingen dahin, daß die allgemeine Zulassung der Regreßnahme mittels Schecks schon deshalb ausgeschlossen sei, weil die Regreßpflichtigen keineswegs immer zu den Personen oder Anstalten gehören, auf die nach § 2 ScheckG Schecke nur gezogen werden sollen, und weil auch das Deckungserfordernis (richtiger wohl: der Mangel eines Scheckvertrags, vgl. zu § 3 ScheckG) im Wege stehe; daß ferner die Zulassung des Rückwechsels eine Vermischung der getrennt zu haltenden Kreise des Wechsel- und des Scheckverkehrs bedeuten würde, indem die Benutzung der Wechselform in ein rein scheckrechtliches Verhältnis hineingetragen würde; daß auch praktisch eine Erleichterung der Regreßnahme nicht eintreten würde, weil der zahlungsunfähige oder zahlungsunwillige Regreßpflichtige den Rückwechsel oder -scheck nicht einlösen würde. Die Einziehung der Regreßforderung mittels Wechsels oder Schecks kann hiernach ohne vorherige Zustimmung des Regreßpflichtigen nur dann mit Aussicht auf Erfolg versucht werden, wenn die regelmäßigen Voraussetzungen dafür zwischen den Beteiligten vorliegen, also für den Wechsel die namentlich unter Kaufleuten bestehende Üblichkeit, für den Scheck ein Scheckvertrag, der sich auch auf Guthaben aus derartigen Ansprüchen bezieht. Andernfalls würden bei Nichteinlösung des etwa über die Regreßforderung gezogenen Wechsels oder Schecks die dadurch entstandenen Kosten dem Regreßnehmer zur Last fallen. Auch beim Wechsel ist übrigens, wie StStr zu Art 53 bezeugen, das Ziehen von Rückwechseln für die Regreßforderung praktisch sehr selten.

Anm. 2 2. **Verpflichtung, die Vormänner zu benachrichtigen.** Die **Art 45—47 WO** lauten wie folgt:

„Art. 45. Der Inhaber eines mangels Zahlung protestierten Wechsels ist verpflichtet, seinen unmittelbaren Vormann innerhalb zweier Tage nach dem Tage der Protesterhebung von der Nichtzahlung des Wechsels schriftlich zu benachrichtigen, zu welchem Ende es genügt, wenn das Benachrichtigungsschreiben innerhalb dieser Frist zur Post gegeben ist. Jeder benachrichtigte Vormann muß innerhalb derselben, vom Tage des empfangenen Berichts zu berechnenden Frist seinen nächsten Vormann in gleicher Weise benachrichtigen. Der Inhaber oder Indossatar, welcher die Benachrichtigung unterläßt oder dieselbe nicht an den unmittelbaren Vormann ergehen läßt, wird hierdurch den sämtlichen oder den übersprungenen Vormännern zum Ersatze des aus der unterlassenen Benachrichtigung entstandenen Schadens verpflichtet. Auch verliert derselbe gegen diese Personen den Anspruch auf Zinsen und Kosten, so daß er nur die Wechselsumme zu fordern berechtigt ist.

Art. 46. Kommt es auf den Nachweis der dem Vormanne rechtzeitig gegebenen schriftlichen Benachrichtigung an, so genügt zu diesem Zwecke der durch ein Postattest geführte Beweis, daß ein Brief von dem Beteiligten an den Adressaten an dem angegebenen Tage abgesandt ist, sofern nicht dargetan wird, daß der angekommene Brief einen anderen Inhalt gehabt hat. Auch der Tag des Empfanges der erhaltenen schriftlichen Benachrichtigung kann durch ein Postattest nachgewiesen werden.

Art. 47. Hat ein Indossant den Wechsel ohne Hinzufügung einer Ortsbezeichnung weiter begeben, so ist der Vormann desselben von der unterbliebenen Zahlung zu benachrichtigen."

Anm. 3 Die entsprechende Anwendung dieser Artikel auf den Scheck ergibt folgendes:

a) **Zur Benachrichtigung verpflichtet** ist zunächst nach Satz 1 des Art 45 WO der Inhaber eines mangels Zahlung protestierten Schecks, d. h. derjenige Inhaber, der ihn hat protestieren lassen; aber auch — zufolge der in § 17 ScheckG am Schlusse enthaltenen „Maßgabe" — der Inhaber eines vergeblich zur Zahlung vorgelegten oder in eine Abrechnungsstelle eingelieferten Schecks, der nicht protestiert, sondern über dessen Nichteinlösung die in § 16 Abs 1 Satz 2 unter Ziff 1 vorgesehene Erklärung des Bezogenen bzw. die unter Ziff 2 daselbst vorgesehene Bescheinigung der Abrechnungsstelle ausgestellt ist. Sodann aber „jeder benachrichtigte Vormann" (Satz 2); (über den Begriff des Vormannes beim Inhaberscheck vgl. zu § 15 Anm 4 und unten Anm 5). Voraussetzung für die Entstehung der Verpflichtung eines Vormannes ist sonach, daß er selbst von seinem unmittelbaren Nachmanne benachrichtigt ist; daß er anderweit Kenntnis von der Nichteinlösung des Schecks erlangt hat, genügt nicht. Streitig ist, ob auch ein Vormann, der benachrichtigt ist, ohne daß eine Verpflichtung dazu bestand — z. B. im Falle des Art 47, vgl. unten Anm 4 — oder derjenige, der ohne Obligo indossiert hat — vgl. zu § 15 Anm 9b — zur Weitergabe der Benachrichtigung verpflichtet ist. Vgl. darüber Grünhut II § 123, StStr zu Art 45 Anm 1 für die Bejahung; verneinend Bernstein für den Fall des Ohne-Obligo-Indossanten (S. 211). Richtig ist, daß das Gesetz nicht unterscheidet, aber das ist kein hinreichender Grund, um sachlich gebotene Unterscheidungen nicht zu machen. Auf den Art 47 wird sich derjenige nicht berufen können, der den Wechsel (Scheck) ohne Ortsbezeichnung weitergegeben hat, da diese Vorschrift ihm kein Recht verleihen, sondern ihm nur ein Recht — das auf Benachrichtigung — nehmen will. Wer aber „ohne Obligo" indossiert, gibt doch wohl, wie Bernstein zutreffend annimmt, kund, daß er von allen aus der Indossierung entspringenden Verpflichtungen, also auch von der Benachrichtigungspflicht befreit sein will. § 17

b) **Zu benachrichtigen ist** jeweils „der unmittelbare Vormann", d. h. beim Orderscheck derjenige, der das in der Kette der Indossamente unmittelbar vorhergehende Indossament geleistet hat; jedoch mit der aus Art 47 sich ergebenden Ausnahme, daß, wenn der unmittelbare Vormann seinem Indossamente keine Ortsbezeichnung beigefügt hat, nicht er, sondern sein Vormann zu benachrichtigen ist. Das muß auch gelten, wenn der Nachmann den Wohnort oder die sonstige Adresse des unmittelbaren Vormannes kennt (ROHG 18, 138); der Nachmann kann nicht die Wahl haben, ob er ihn oder seinen (des Vormannes) Vormann benachrichtigen will; die Verpflichtung besteht, falls die Voraussetzung des Art 47 vorliegt, gegenüber letzterem. So zutreffend Lehmann (556 Anm 16), Bernstein (215), Grünhut (Handb II § 123), StStr zu Art 47 Anm 2, gegen OTr Stuttgart (bei Borchardt Zus 557) und OLG Hamburg (DJZ 3, 168). Die Benachrichtigung ist an den im Indossament bezeichneten Ort zu richten, auch wenn dem Nachmann bekannt ist, daß der Indossant dort nicht oder nicht mehr wohnt. Erforderlich ist nur, daß eine Bezeichnung des (politischen) Ortes vorliegt; der Mangel einer näheren Adresse entbindet auch in größeren Städten nicht von der Benachrichtigungspflicht. — Eine weitere Ausnahme wird auch im Sinne des Gesetzes, ungeachtet des Wortlautes, zu machen sein hinsichtlich derjenigen Vormänner, die ohne Obligo indossiert haben und deshalb für die Regreßpflicht als Vormänner überhaupt nicht in Betracht kommen, auch selbst nicht benachrichtigungspflichtig sind (vgl. oben Anm 3). — Keine Benachrichtigungspflicht besteht auch gegenüber demjenigen Vormanne, der im Scheck erklärt hat, daß er den Protest erlasse, vgl. zu § 16 Anm 76. Doch hat dieser Erlaß nur für ihn persönlich Wirkung und wird deshalb der Inhaber verpflichtet sein, an seiner Stelle den ihm unmittelbar vorangehenden Vormann zu benachrichtigen. Auch ein Verzicht auf die Benachrichtigungspflicht selbst wird sowohl im Scheck wie außerhalb desselben mit der Wirkung zulässig sein, daß der Verzichtende für seine Person aus der Unterlassung der Benachrichtigung keine Einwände herleiten kann. Anm. 4

Schwierigkeiten macht die Anwendung des § 17 auf den Inhaberscheck. Vgl. über die Gestaltung der Regreßhaftung bei ihm zu § 15 Anm 3ff. Danach kann von „unmittelbaren Vormännern" lediglich mit Rücksicht auf die räumliche Stellung der Namensschriften auf der Rückseite nicht wohl gesprochen werden. Die Benachrichtigungspflicht wird sich vielmehr in der Weise regeln, daß jeder Inhaber denjenigen Scheckverpflichteten zu benachrichtigen hat, von dem er den Scheck unmittelbar empfangen hat, ohne Rücksicht darauf, ob dessen Name auf der Rückseite des Schecks vor oder hinter oder in welchem räumlichen Verhältnisse sonst er zu dem seinigen steht. Übrigens wird eine Benachrichtigung derjenigen, die ihren Namen auf die Rückseite des Inhaberschecks geschrieben haben, sich zumeist gemäß Art 47 WO (vgl. oben Anm 4) erübrigen, da diese Namensschriften wohl selten oder niemals eine Ortsbezeichnung enthalten. Anm. 5

c) **Frist für die Benachrichtigungen.** Die Benachrichtigung hat von seiten des Inhabers, der den Scheck zur Zahlung vorgelegt hat, zu erfolgen innerhalb einer Frist von zwei Tagen nach der Ausstellung einer der in § 16 Abs 1 Satz 2 (vgl. die Erläuterungen dazu) bezeichneten Urkunden, nämlich: wenn über die Vorlegung und Nichteinlösung eine Erklärung des Bezogenen ausgestellt worden ist (Ziff 1 a. a. O.), dieser Erklärung; wenn der Scheck bei einer Abrechnungsstelle eingereicht ist, der Bescheinigung der Abrechnungsstelle (Ziff 2); wenn der Scheck wegen Nichtzahlung protestiert worden ist, der Protesturkunde (Art 45 WO Satz 1 in Verbindung mit der in § 17 ScheckG am Schlusse enthaltenen Maßgabe). Bemerkenswert ist, daß das ScheckG in § 17 für den Beginn der Benachrichtigungsfrist in allen diesen Fällen nicht den Tag der zur Wahrung der Regreßansprüche gegenüber dem Bezogenen vorgenommenen Handlung, sondern den Tag ihrer Beurkundung maßgebend sein läßt, während der im übrigen für entsprechend anwendbar erklärte Art 45 WO in Satz 1 den Tag der Protesterhebung, d. h. der Vornahme der Protesthandlung (vgl. zu § 16 Anm 28), als maßgebend bezeichnet. Diese Abweichung hat ersichtlich Anm. 6

§ 17 ihren Grund in der Erwägung, daß die im ScheckG für den Nachweis der Vorlegung und Nichteinlösung außer dem Protest zugelassenen Urkunden, nämlich die Erklärung des Bezogenen und die Bescheinigung der Abrechnungsstelle, mit den gegenüber dem Bezogenen vorzunehmenden Handlungen nicht zeitlich zusammenfallen müssen, vielmehr noch nachträglich ausgestellt werden können, was freilich auch für den Protest zutrifft; vgl. zu § 16 Anm 28. Übersehen ist ferner wohl, daß die Erklärung des Bezogenen und die Bescheinigung der Abrechnungsstelle nicht notwendig datiert sein müssen (vgl. zu § 16 Anm 7) und daß daher der Tag ihrer Ausstellung sich nicht immer feststellen lassen wird; in solchem Falle wird sonach die zweitägige Benachrichtigungsfrist erst mit dem Ablaufe der Vorlegungsfrist beginnen können. Auch im übrigen beginnt die Benachrichtigungsfrist des Satzes 1 spätestens mit dem Ablaufe der Vorlegungsfrist; sie endet zwei Tage nach diesem Ablaufe, auch wenn die Beurkundung der zur Wahrung der Regreßansprüche innerhalb der Vorlegungsfrist vorgenommenen Handlung erst nach diesem Ablaufe erfolgt. — Für die Berechnung der Frist sind die Vorschriften des BGB (§§ 186—193) maßgebend. Danach wird der Tag, auf den das für den Beginn der Frist maßgebende Ereignis — bei der Frist des Satzes 1 die Ausstellung der Urkunde bzw. das Ende der Vorlegungsfrist — fällt, nicht mitgerechnet (§ 187 BGB); die Frist endet sonach mit dem zweiten Tage, der auf den Tag folgt, an welchem diese Ereignisse eingetreten sind. Gleiches gilt von der Frist des Satzes 2 zur Weitergabe der Benachrichtigung; sie ist zu berechnen „vom Tage des empfangenen Berichts"; der Tag des Empfanges der Benachrichtigung wird also nicht mitgerechnet. Ist der letzte Tag der Frist ein Sonntag oder allgemeiner Feiertag, so endet die Frist an dem nächstfolgenden Werktage (§ 193 BGB). Das ist hier zwar nicht, wie in § 11 Abs 3 ScheckG, ausdrücklich bestimmt, ergibt sich aber aus § 193 BGB, da die Benachrichtigung zwar keine Willenserklärung ist, aber eine zu bewirkende Leistung darstellt. Darüber, welche Tage allgemeine Feiertage sind, vgl. zu § 11 Anm 9.

Anm. 7 d) **Inhalt und Form der Benachrichtigungen.** Über den Inhalt der Benachrichtigungen enthält das Gesetz nur die Bestimmung, daß der Vormann von der Nichteinlösung des Wechsels (Schecks) zu benachrichtigen sei. Weitere Angaben, insbesondere Mitteilung, daß und wann die Vorlegung erfolgt und in welcher Weise die Vorlegung und die Nichteinlösung beurkundet worden sind, werden danach für die Erfüllung der Benachrichtigungspflicht nicht erfordert werden können. — Hinsichtlich der Form schreibt das Gesetz Schriftlichkeit vor; mündliche Mitteilung genügt also nicht, auch wenn sie zur Kenntnis des Vormannes gelangt ist. Die telegraphische Benachrichtigung wird als schriftliche anzusehen sein; nicht dagegen die Benachrichtigung durch Fernsprecher. Die schriftliche Benachrichtigung kann auf beliebige Weise übermittelt werden, z. B. durch Boten; doch stellt das Gesetz für den Fall der Übermittelung durch die Post besondere Erleichterungen auf, und zwar in zwei Richtungen: α. Zur Wahrung der Frist genügt es, wenn das Benachrichtigungsschreiben innerhalb der Frist zur Post gegeben worden ist (Art 45 WO Satz 1 am Schluß). Es ist sonach nicht, wie sonst, zur Wahrung der Frist erforderlich, daß das Schreiben vor ihrem Ablaufe dem anderen Teile zugegangen ist. — β. Zum Beweise der rechtzeitig erfolgten schriftlichen Benachrichtigung genügt ein Postattest darüber, daß ein Brief von dem „Beteiligten" — d. h. dem zur Benachrichtigung Verpflichteten — an den „Adressaten" — d. h. an den zu benachrichtigenden Vormann — an dem angegebenen Tage abgesendet worden ist (Art 46 WO). Wird ein Postattest mit diesem Inhalte vorgelegt, so ist der Beweis als geführt zu erachten, daß der an dem darin angegebenen Tage abgesandte Brief die Benachrichtigung des Adressaten von der Nichteinlösung des Schecks enthielt; die freie Beweiswürdigung des Gerichts (§ 286 ZPO) ist in diesem Umfange ausgeschlossen zugunsten einer gesetzlichen Vermutung über den Inhalt (§ 292 ZPO); gemäß § 13 EG ZPO ist diese prozeßrechtliche Vorschrift unberührt geblieben. Doch ist zu beachten, daß die Postatteste über eingeschriebene Briefe den Namen des Absenders nicht anzugeben pflegen; wird also lediglich ein solches Attest vorgelegt, so ist die freie Beweiswürdigung nicht ausgeschlossen; der Besitz des Postscheines genügt nicht unbedingt. Dagegen wird ein Postbuch, in welches die von einem bestimmten Gewerbetreibenden bei der Post eingelieferten eingeschriebenen Sendungen eingetragen zu werden pflegen, die Erfordernisse des Art 46 erfüllen. Im übrigen besteht aber keine Verpflichtung der Post zur Ausstellung eines diesen Erfordernissen genügenden Attestes. Der Beweis kann selbstverständlich auch auf jede andere Weise geführt werden; zur Ergänzung des Posteinlieferungsscheines wird namentlich das Briefkopierbuch dienen können. — Zulässig ist gegenüber dem durch das Postattest gemäß Art 46 geführten Beweis der Gegenbeweis, daß der angekommene Brief einen anderen Inhalt gehabt habe. Ob dieser Gegenbeweis durch Vorlage eines Briefes mit anderem Inhalte, der als der von dem Benachrichtigungspflichtigen abgesandte bezeichnet wird, geführt ist, unterliegt wiederum der freien Beweiswürdigung. — Nicht ganz klar ist die Bedeutung des Satzes 2, nach welchem auch der Tag des Empfanges der erhaltenen schriftlichen Benachrichtigung durch ein Postattest (als solches käme etwa der bei der Post eingeführte „Rückschein" in Betracht) nachgewiesen werden kann, da, wie oben bemerkt, nur die Aufgabe zur Post, aber nicht das Zugehen des Schreibens innerhalb der Frist zu erfolgen braucht, sonach der Tag des Empfanges regelmäßig unerheblich sein wird. § 17

e) **Wirkungen der Benachrichtigung und ihrer Unterlassung.** Hat der zur Benachrichtigung Verpflichtete diese Pflicht gegenüber seinem unmittelbaren oder nächsten Vormanne in Gemäßheit der Sätze 1 und 2 des Paragraphen erfüllt, so kann er seine Regreßrechte in vollem Umfange nach Maßgabe der Art 50—52 WO und des § 18 ScheckG (vgl. unten Anm 16 ff. und die Erläuterungen zu § 18) gegen alle Scheckverpflichteten ausüben, ohne Rücksicht darauf, ob diese von ihren ihnen gegenüber zur Benachrichtigung verpflichteten Nachmännern die vorgeschriebene Benachrichtigung erhalten haben (ROHG 2, 125). Die Nichterfüllung der Benachrichtigungspflicht, sei es, daß eine Benachrichtigung überhaupt nicht oder nicht an den richtigen Vormann (den „unmittelbaren" Vormann in dem oben zu 2 b dargelegten Sinne) erfolgt ist, zieht Wirkungen in zwei Richtungen nach sich, nämlich: Anm. 8

α. (Art 45 WO Satz 3): Verpflichtung zum Ersatze des Schadens, der nicht nur demjenigen Vormanne, den zu benachrichtigen der Nachmann verpflichtet ist, sondern den sämtlichen oder den übersprungenen Vormännern aus der unterlassenen Benachrichtigung entstanden ist. Selbstverständlich steht nur denjenigen nicht unmittelbaren Vormännern ein Schadensersatzanspruch gegen den Benachrichtigungspflichtigen zu, welche ein Recht auf Benachrichtigung durch ihre unmittelbaren Nachmänner haben, vgl. darüber oben zu b Anm 4. Aus der unterlassenen Benachrichtigung des unmittelbaren Vormannes kann ihnen insofern ein Schaden entstehen, als sie infolge davon keine Benachrichtigung durch ihren unmittelbaren Nachmann erhalten haben. Der Schaden kann zunächst darin bestehen daß sie ihren Regreßanspruch auf Zinsen und Kosten gemäß Satz 4 verloren haben (vgl. unten Anm 10), weil sie nicht in der Lage gewesen sind, ihren unmittelbaren Vormann zu benachrichtigen. Unter Umständen kann aber der Schaden auch den Verlust des Scheckbetrags selbst umfassen, wenn etwa die Geltendmachung des Regreßanspruches des nicht benachrichtigten Vormannes durch das Unterbleiben der Benachrichtigung sich verzögert hat und nunmehr wegen Zahlungsunfähigkeit seiner Vormänner nicht mehr zum Erfolge führt, während er noch Deckung hätte erlangen können, wenn er von der Nichteinlösung des Schecks durch den Bezogenen rechtzeitig Nachricht erhalten hätte; vgl. den Fall in BadRpr 1914, 68. — Hat der Vormann anderweit davon Kenntnis erhalten, so wird unter Umständen ein eigenes mitwirkendes Verschulden vorliegen und deshalb § 254 BGB zur Anwendung kommen können. Der Schadensersatzanspruch verjährt in 30 Jahren, da es sich um eine gesetzliche Schuldverpflichtung handelt, durch deren Nichterfüllung er begründet wird, nicht um einen Anspruch aus unerlaubter Handlung. Anm. 9

β. (Satz 4): Der zur Benachrichtigung Verpflichtete verliert gegenüber den sämtlichen oder den übersprungenen Vormännern die ihm sonst nach Art 50—52 WO zustehenden Ansprüche (vgl. unten Anm 16ff.), soweit sie auf Zinsen und Kosten gerichtet sind, sonach die Ansprüche auf Zinsen der Schecksumme oder der von ihm berichtigten Summe, sowie auf die Protestkosten und andere ihm entstandenen Auslagen, aber auch auf die Provision. Daß auch der Anspruch auf Provision verlorengehe, könnte nach dem Wortlaut des Gesetzes bezweifelt werden, da sie nicht zu den Zinsen und Kosten gehört, sondern eher Vergütung für die Mühewaltung bedeutet; doch wird solcher Zweifel ausgeschlossen dadurch, daß das Gesetz selbst die positive Folgerung zieht, daß der Benachrichtigungspflichtige nur die Wechsel-(Scheck-)Summe zu fordern berechtigt ist (so auch RGZ 14, 107). Anm. 10

3. **Einlösungsrecht. Art 48 WO** lautet wie folgt: Anm. 11

„Jeder Wechselschuldner hat das Recht, gegen Erstattung der Wechselsumme nebst Zinsen und Kosten die Auslieferung des quittierten Wechsels und des wegen Nichtzahlung erhobenen Protestes von dem Inhaber zu fordern."

a) **Begriff und rechtliche Natur.** Während § 19 ScheckG (vgl. die Erläuterungen zu diesem Paragraphen), entsprechend dem Art 39 WO, eine einschränkende Modalität für die Zahlungspflicht des Scheckverpflichteten dahin aufstellt, daß dieser nur gegen Auslieferung des Schecks und der dazu gehörigen Urkunden Zahlung zu leisten verbunden ist, schafft der durch § 17 ScheckG für entsprechend anwendbar erklärte Art 48 WO ein Recht des Wechsel- (Scheck-) Schuldners, den Wechsel- (Scheck-) Gläubiger zu befriedigen und als Gegenleistung die Auslieferung der Urkunden zu verlangen (ius offerendi, Einlösungsrecht, für andere Rechtsverhältnisse auch als Ablösungsrecht bezeichnet). Vgl. über die rechtliche Natur eines solchen Rechts RGRKomm zu § 268 Anm 1; Planck-Siber zu § 268 Anm 6. Daraus ergeben sich die nachstehend dargelegten praktischen Folgerungen. Anm. 12

b) **Berechtigter.** Das Einlösungsrecht steht jedem Wechsel- (Scheck-) Schuldner zu, nicht nur dem unmittelbaren Nachmanne des Inhabers, sonach beim Scheck jedem regreßpflichtigen Indossanten oder (beim Inhaberscheck) Namensschreiber und dem Aussteller, nicht aber dem- Anm. 13

§ 17 jenigen, der ohne Obligo indossiert oder eine Namensschrift auf die Rückseite des Inhaberschecks gesetzt hat, auch nicht demjenigen, der den Inhaberscheck ohne Namensschrift weitergegeben hat; ferner nicht dem Bezogenen, da dieser außerhalb des Verbandes der Scheckverpflichteten steht und bleiben muß; vgl. zu § 15 Anm 16. Das Einlösungsrecht setzt auch nicht voraus, daß der Scheckverpflichtete, der es ausüben will, oder ein anderer von dem Inhaber bereits im Regreßwege in Anspruch genommen worden oder mit der Inanspruchnahme bedroht worden ist; es kann andererseits von jedem Scheckverpflichteten ausgeübt werden, auch wenn bereits ein anderer von dem Inhaber im Regreßwege in Anspruch genommen ist, solange der Inhaber die Urkunden jenem anderen nicht herausgegeben hat; im letzteren Falle wird der Inhaber zwar nicht auf Grund des Art 48 WO, aber auf Grund des § 273 BGB berechtigt sein, die Herausgabe der Urkunden bis zur Erstattung auch der ihm entstandenen Prozeßkosten (vgl. unten zu Art 50 WO Anm 20) zu verweigern. Ob das Einlösungsrecht bereits vor der Fälligkeit des Wechsels (Schecks) ausgeübt werden kann, erscheint zweifelhaft; der Wortlaut enthält eine solche Einschränkung nicht; auch aus dem Zwecke der Vorschrift dürfte sie nicht zu entnehmen sein. Keinesfalls ist erforderlich, daß der Wechsel (Scheck) bereits protestiert oder bei dem Scheck die Nichteinlösung durch Erklärung des Bezogenen oder Bescheinigung der Abrechnungsstelle festgestellt ist. A. M. anscheinend StStr zu Art 48 Einleitung.

Anm. 14 c) **Zur Ausübung des Einlösungsrechtes ist erforderlich,** daß der Scheckverpflichtete dem Inhaber die Schecksumme nebst Zinsen und Kosten „erstattet" — genauer „zahlt", da nicht vorausgesetzt wird, daß der Inhaber die Schecksumme bereits verauslagt hat, das Einlösungsrecht vielmehr gegenüber auch demjenigen Inhaber, der den Scheck erfolglos zur Zahlung vorgelegt hat, ausgeübt werden kann. Die Zahlung hat diejenigen Beträge zu umfassen, die der Inhaber nach Maßgabe der Art 50, 51 (vgl. unten Anm 16 ff.) im Regreßwege beanspruchen kann. Zu den „Kosten" muß auch hier die Provision gerechnet werden (vgl. oben zu Art 45 WO Anm 10; ebenso RGZ 14, 107). Auch die Zahlung der Prozeßkosten, die dem Inhaber etwa bereits entstanden sind, muß mit angeboten werden; a. M. Bernstein 216 und ihm folgend StStr zu Art 48 Anm 9; vgl. unten Anm 20 zu Art 50 WO. Das auf die Einlösung gerichtete Schuldverhältnis ist ein gegenseitiges; die Auslieferung der Urkunden kann daher nur verlangt werden Zug um Zug gegen Zahlung der genannten Beträge. Zur Ausübung des Rechtes ist eine entsprechende Erklärung des Scheckverpflichteten, ein Angebot der Einlösung erforderlich; dieses muß geeignet sein, den Scheckgläubiger als solchen in Annahmeverzug zu setzen; es muß also, entsprechend § 294 BGB, die Zahlung tatsächlich angeboten werden. Das Angebot muß grundsätzlich die sämtlichen zu zahlenden Beträge umfassen; soweit diese dem Anbietenden nicht bekannt sind, muß eine zu ihrer Zahlung jedenfalls genügende Summe angeboten werden. Doch hat das RG in dem Urt v. 29. 12. 1883 (RGZ 14, 105) in Anwendung der (auch im Rechte des BGB geltenden) Grundsätze des gemeinen Rechts über die Voraussetzungen des Verzuges ausgesprochen, daß die Frage nicht nach „äußerster formalistischer Strenge", sondern unter Berücksichtigung von Treu und Glauben und Billigkeit (ex aequo et bono) zu entscheiden ist und daß deshalb die Wirksamkeit des Angebots nicht dadurch beeinträchtigt wird, daß ein im Verhältnis ganz unbedeutender Betrag an Zinsen (dasselbe wird von anderen Nebenforderungen zu gelten haben), nicht mitangeboten ist. Ob das Angebot auch durch ein Erfüllungssurrogat (Aufrechnung) erfolgen kann, ist bestritten (bejahend StStr zu Art 48 Anm 9; a. M. RG in JW 02, 369[12]). Die bejahende Ansicht dürfte den Vorzug verdienen, da es sich hier, wie im Falle des § 268 Abs 2 BGB (vgl. RGZ 78, 384), um ein eigenes Tilgungsrecht des Wechsel- (Scheck-) Regreßschuldners handelt. — Verweigert auf ein ordnungsmäßiges Angebot der Scheckgläubiger die Annahme, so gerät er nicht nur als Gläubiger in Annahmeverzug (§§ 293 ff.), sondern auch, da er zur Annahme des Angebots als Schuldner verpflichtet ist und dieses daher zugleich als Mahnung gilt, in Schuldner-(Erfüllungs-)Verzug (RGZ 14, 107; a. M. anscheinend StStr zu Art 48 WO Anm 10). Er hat daher gemäß § 286 dem Scheckverpflichteten als dem Gläubiger den durch den Verzug entstehenden Schaden zu ersetzen. Der Scheckverpflichtete kann auch auf Auslieferung der Urkunden klagen; das Angebot der Zahlung gehört in diesem Falle zur Klagebegründung; das Urteil hat auf Auslieferung Zug um Zug gegen die Zahlung zu lauten. Der Scheckverpflichtete ist auch berechtigt, die Beträge nach fruchtlosem Angebote gemäß §§ 372 ff. BGB zu hinterlegen.

Anm. 15 d) Nach der ausdrücklichen Vorschrift des Art 48 WO geht die Verpflichtung des Inhabers bei Ausübung des jedem Wechselschuldner zustehenden Einlösungsrechts, also auch des Einlösungsrechts durch einen Regreßpflichtigen, auf **Auslieferung des quittierten Wechsels,** während nach Art 54 WO, der inhaltlich dem § 19 ScheckG entspricht, der Regreßpflichtige, der im Regreßwege von dem Inhaber auf Zahlung in Anspruch genommen worden ist, gegen die Zahlung nur Auslieferung „des Wechsels, des Protestes und einer quittierten Retourrechnung" verlangen kann. Demgemäß nehmen Staub-Stranz an, daß bei Ausübung des

Einlösungsrechts in allen Fällen, also auch wenn es nicht vom Akzeptanten oder Avalisten zur Tilgung der Hauptwechselschuld, sondern von einem Regreßpflichtigen behufs Tilgung seiner Regreßpflicht ausgeübt wird, der Wechsel quittiert auszuhändigen sei, während, wenn der Regreßpflichtige im Regreßwege von dem Inhaber in Anspruch genommen worden sei, Quittierung des Wechsels nicht verlangt werden könne (StStr zu Art 48 Einleitung und Anm 3 einerseits, zu Art 54 Anm 5 unter d S. 193 andererseits). Eine Erklärung für diese auffallende und sachlich nicht zu rechtfertigende Unstimmigkeit wird von StStr nicht gegeben. Sie kann nur durch einen Mißgriff des Gesetzes erklärt werden, das offenbar in Art 48 hauptsächlich an den Fall gedacht hat, daß die Hauptwechselschuld nachträglich durch den Akzeptanten oder Avalisten in Ausübung ihres Einlösungsrechts getilgt wird und bei dieser nachträglichen Tilgung der Hauptwechselschuld, ebenso wie bei der rechtzeitigen in Art 39, eine Quittierung des Wechsels vorschreiben wollte, die bei einer Zahlung durch einen Regreßpflichtigen, durch welche die Hauptwechselschuld nicht getilgt wird, keineswegs am Platze ist; vgl. über die Bedeutung und die Wirkungen einer solchen Regreßzahlung zu § 18 SchecG Anm 3. Für den Scheck kommt die Tilgung einer Hauptschuld überhaupt nicht in Frage, da der Bezogene nicht Scheckschuldner ist; es handelt sich daher nur um Zahlungen durch einen Regreßverpflichteten. Es läßt sich deshalb sehr wohl rechtfertigen, bei der nicht unmittelbaren, sondern lediglich entsprechenden, also sinngemäßen Anwendung des Art 48 auf die Ausübung des Einlösungsrechts beim Scheck von dem Erfordernisse der Quittierung des Schecks Abstand zu nehmen und lediglich Auslieferung des Schecks mit einer quittierten Rechnung zu verlangen, wodurch die sachlich gebotene Übereinstimmung mit der Vorschrift des § 19 ScheckG hergestellt wird; vgl. zu § 19 Anm 5. Glaubt man angesichts des Wortlautes des Art 48 eine „Quittierung des Schecks" verlangen zu müssen, so kann diese doch nur in Gestalt einer Quittierung auf dem Scheck erfolgen mit dem Inhalte, daß der Betrag des Schecks dem Inhaber von dem Regreßpflichtigen als solchem ausbezahlt sei, da der Scheck selbst durch die Zahlung nicht oder doch nur dann erledigt wird, wenn der Zahlende der letzte Regreßpflichtige ist. — Auszuliefern ist ferner der Protest oder (in sinngemäßer Anwendung des Art 48) die über die Nichteinlösung des Schecks ausgestellten sonstigen Urkunden (§ 16 Abs 1 Satz 2 Ziff 1 und 2 ScheckG), falls solche Urkunden bereits errichtet sind. Weitere Gegenleistungen kann der Regreßverpflichtete, der das Einlösungsrecht ausüben will, von dem Inhaber nicht verlangen; vgl. zu § 19 Anm 7.

4. **Umfang der Regreßforderung.** Die **Art 50 bis 52 WO** lauten wie folgt: Anm. 16

„Art 50. Die Regreßansprüche des Inhabers, welcher den Wechsel mangels Zahlung hat protestieren lassen, beschränken sich auf:

1. die nicht bezahlte Wechselsumme nebst sechs Prozent jährlicher Zinsen vom Verfalltag ab;
2. die Protestkosten und anderen Auslagen;
3. eine Provision von ein Drittel Prozent.

Die vorstehenden Beträge müssen, wenn der Regreßpflichtige an einem anderen Orte als dem Zahlungsorte wohnt, zu demjenigen Kurse gezahlt werden, welchen ein vom Zahlungsort auf den Wohnort des Regreßpflichtigen gezogener Wechsel auf Sicht hat. Besteht am Zahlungsorte kein Kurs auf jenen Wohnort, so wird der Kurs nach demjenigen Platze genommen, welcher dem Wohnorte des Regreßpflichtigen am nächsten liegt. Der Kurs ist auf Verlangen des Regreßpflichtigen durch einen unter öffentlicher Autorität ausgestellten Kurszettel oder durch das Attest eines vereideten Mäklers oder in Ermangelung derselben durch ein Attest zweier Kaufleute zu bescheinigen.

Art. 51. Der Indossant, welcher den Wechsel eingelöst oder als Rimesse erhalten hat, ist von einem früheren Indossanten oder von dem Aussteller zu fordern berechtigt:

1. die von ihm gezahlte oder durch Rimesse berichtigte Summe nebst sechs Prozent jährlicher Zinsen vom Tage der Zahlung;
2. die ihm entstandenen Kosten;
3. eine Provision von ein Drittel Prozent.

Die vorstehenden Beträge müssen, wenn der Regreßpflichtige an einem anderen Orte als der Regreßnehmer wohnt, zu demjenigen Kurse gezahlt werden, welchen ein vom Wohnorte des Regreßnehmers auf den Wohnort des Regreßpflichtigen gezogener Wechsel auf Sicht hat. Besteht im Wohnorte des Regreßnehmers kein Kurs auf den Wohnort des Regreßpflichtigen, so wird der Kurs nach demjenigen Platze genommen, welcher dem Wohnorte des Regreßpflichtigen am nächsten liegt. Wegen der Bescheinigung des Kurses kommt die Bestimmung des Artikel 50 zur Anwendung.

Art. 52. Durch die Bestimmungen der Artikel 50 und 51 Nr. 1 und 3 wird bei einem Regress auf einen ausländischen Ort die Berechnung höherer dort zulässiger Sätze nicht ausgeschlossen."

§ 17 Anm. 17 a) Die auf den Scheck entsprechend anzuwendenden **Art 50 bis 52 WO** beschränken die wechselrechtlichen Regreßansprüche auf bestimmte Beträge, enthalten aber damit zugleich die Bestimmung, daß der Regreßberechtigte diese Beträge in der Regel ohne weiteres verlangen kann, ohne daß es dazu eines anderen Rechtsgrundes, insbesondere des Schadens- oder Aufwendungsersatzes, bedarf. Von den genannten Artikeln behandelt Art 50 die Regreßansprüche desjenigen Inhabers, der bei Verfall des Wechsels (Schecks) Inhaber war und die erforderlichen Schritte gegenüber dem Bezogenen zur Erhaltung der Regreßansprüche getan hat; Art 51 die Ansprüche derjenigen Inhaber, die den Wechsel (Scheck) im Regreßwege eingelöst haben; Art 52 bringt für beide Fälle eine Ausnahme von den Beschränkungen der Sätze bei Regreß auf einen ausländischen Ort.

Anm. 18 b) **(Art 50). Regreßansprüche des Inhabers, der den Wechsel hat protestieren lassen.**

α. Dem Inhaber, der den Wechsel (Scheck) hat protestieren lassen, ist bei entsprechender Anwendung auf den Scheck gleichzustellen derjenige, welcher den Scheck dem Bezogenen zur Zahlung erfolglos vorgelegt oder in eine Abrechnungsstelle eingeliefert und zur Feststellung der Nichteinlösung die Ausstellung einer Erklärung des Bezogenen bzw. eine Bescheinigung der Abrechnungsstelle (§ 16 Abs 1 Satz 2 Ziff 1 bzw. 2) veranlaßt hat. Anders als nach Art 48 (vgl. oben Anm 14) ist hier Voraussetzung, daß eine derartige Feststellung der Nichteinlösung durch den Inhaber stattgefunden hat, sofern nicht der Scheckinhaber einen Regreßpflichtigen in Anspruch nehmen will, demgegenüber er von der Vornahme dieser Feststellungen befreit war; vgl. zu § 16 Anm 71 ff. Inhaber ist der als Scheckgläubiger zur Vornahme der Vorlegung und Feststellung legitimierte Scheckinhaber; vgl. zu § 8 ScheckG Anm 30 ff. Nicht in Betracht kommt als solcher der Nachindossatar (vgl. zu § 8 Anm 15); er kann nur die von jenem abgeleiteten Rechte geltend machen.

Anm. 19 β. Der Regreßanspruch setzt sich aus **folgenden Bestandteilen** zusammen:

αα. **(Nr 1.) Der nicht bezahlten Schecksumme,** d. h. der im Scheck gemäß § 1 Nr 2 ScheckG angegebenen bestimmten Geldsumme, zu deren Zahlung der Bezogene angewiesen war; vgl. zu § 1 Anm 10 ff. Ist der Scheck teilweise eingelöst, so beschränkt sich die Regreßsumme auf den verbliebenen Restbetrag. Zu ihr treten gesetzliche Zinsen vom Verfalltage, d. h. für den Scheck gemäß § 7 ScheckG (vgl. die Erläuterungen dazu) vom Tage der Vorzeigung an. Die Höhe der Zinsen war in der WO auf 6% jährlich festgesetzt, ein Zinssatz, der über die im BGB (§ 288) und im HGB (§ 352) normierten gesetzlichen Zinsen hinausging. Die Beschränkung auf diesen Zinssatz erwies sich aber als eine schwere Benachteiligung der Wechselgläubiger in der Zeit der Inflation und den ersten Zeiten der wieder stabilisierten Währung, als Kreditgelder zu ungeheuerlich erhöhten Sätzen verzinst werden mußten und diese höheren Zinssätze auch als über den gesetzlichen Zinssatz hinausgehender Verzugsschaden bei Forderungen des bürgerlichen und Handelsrechts zugesprochen wurden, während das bei wechsel- und scheckrechtlichen Regreßforderungen durch die beschränkenden Bestimmungen der Art 50—52 WO ausgeschlossen erschien, obwohl einzelne Gerichte (so KG in DJZ 1924, 743; OLG München in JurRundsch 1925 Rechtspr 14[20a]) sich daran nicht für gebunden hielten. Eine Abänderung ist erst erfolgt durch das Gesetz über die Wechsel- und Scheckzinsen v. 3. 7. 25 (RGBl I 93, abgedruckt als **Anhang F 4**). Danach erfolgt nunmehr die gesetzliche Verzinsung der Schecksumme zum Mindestsatze von 6%; darüber hinaus aber zu einem Satze, der 2% über dem jeweiligen Reichsbankdiskontsatze liegt.

Anm. 20 ββ. **(Nr 2.) Den Protestkosten und anderen Auslagen.** Die Protestkosten sind in allen Fällen zu erstatten, in denen Protest erhoben ist, ohne daß der Regreßpflichtige geltend machen kann, sie seien nicht notwendig gewesen, weil die Feststellung der Nichteinlösung auch durch Erklärung des Bezogenen oder Bescheinigung der Abrechnungsstelle hätte erfolgen können (vgl. zu § 16 Anm 2), oder weil der Inhaber ihm gegenüber von der Protesterhebung befreit war; vgl. für letzteren Fall die ausdrückliche Bestimmung des Art 42 WO (zu § 16 Anm 77). Bei den „anderen Auslagen" dagegen ist eine Prüfung ihrer Notwendigkeit oder Angemessenheit nicht ausgeschlossen. Das gilt von Portoauslagen, Kosten für Aufforderungen, Vorprozesse u. dgl. Zu ihrer Berücksichtigung genügt nach § 605 Abs 2 ZPO im Wechsel- (Scheck-) Prozesse, daß sie glaubhaft gemacht sind; eines Beweisantritts durch Urkunden bedarf es dafür nicht. Die Kosten des gegen den in Frage stehenden Regreßschuldner selbst angestrengten Prozesses fallen diesem nach Maßgabe der zivilprozessualen Vorschriften (§§ 91 ff.) zur Last; über die Verpflichtung, sie zu tragen, kann im Wechsel- (Scheck-) Prozesse entschieden werden, auch nachdem der Hauptanspruch sich durch Zahlung des Beklagten nach Zustellung der Klage erledigt hat; a. M. StStr zu Art 50 Anm 7.

Anm. 21 γγ. **(Nr 3.) Einer Provision von ein Drittel Prozent.** Die Provision bildet eine Vergütung für die Mühewaltung des Inhabers bei der Vorlegung des Wechsels (Schecks) und der Feststellung der Nichteinlösung. Darüber, daß sie auch zu den „Kosten" im Sinne der Art 45 Satz 4 und 48 gehört, vgl. oben Anm 10 und Anm 14. Das Drittel Prozent ist von der Wechsel- (Scheck-) Summe zu berechnen. Es kann auch beansprucht werden, wenn infolge

Protesterlasses kein Protest erhoben worden oder wenn die Nichteinlösung durch Erklärung des Bezogenen oder Bescheinigung der Abrechnungsstelle (§ 16 Abs 1 Satz 2 Ziff 1 u. 2) festgestellt ist. **§ 17**

δδ. Die Bestimmung des **Abs 2** hat den Fall im Auge, wo **der Regreßpflichtige an einem anderen Orte als dem Zahlungsorte wohnt,** und will für diesen Fall dem Regreßberechtigten ermöglichen, sich den ihm geschuldeten Betrag in voller Höhe am Zahlungsorte zu verschaffen. Es ist deshalb bestimmt, daß ein etwaiger Unterschied des Kurses zwischen dem Wohnorte des Regreßpflichtigen und dem Zahlungsorte von dem Regreßpflichtigen zu tragen ist, und zwar in der Weise, daß dieser so viel zahlen muß, als dem Kurse eines vom Zahlungsorte auf seinen Wohnort gezogenen Wechsels auf Sicht entspricht. Diese Bestimmung wird auch auf den Scheck entsprechend angewendet werden können. Zwar ist bei diesem nicht, wie beim Wechsel nach Art 53, der auf den Scheck nicht anwendbar ist (vgl. oben Anm 1), der Regreßnehmer berechtigt, über den Betrag seiner Forderung einen „Rückwechsel" tatsächlich zu ziehen; aber in Art 50 Abs 2 handelt es sich nicht darum, sondern nur um eine Berechnung der in bar zu zahlenden Summe, die auf der Grundlage eines gedachten (fingierten) Rückwechsels angestellt wird. Die Vorschrift hatte übrigens wohl größere Bedeutung zur Zeit der Entstehung der Wechselordnung wegen der damals auch zwischen inländischen Plätzen noch bestehenden Kursunterschiede; heute, wo das deutsche Inland ein einheitliches Wirtschaftsgebiet bildet, wird sie nur in Betracht kommen, wenn der Zahlungsort des Schecks oder der Wohnort des Regreßpflichtigen im Auslande liegen. Anm. 22

γ. **Weitere Ansprüche** sind als wechsel- (scheck-) rechtliche Regreßansprüche ausgeschlossen. Das gilt insbesondere von Ansprüchen auf Schadensersatz, auch wegen Verzugs, insbesondere auf höhere als die gesetzlich normierten Verzugszinsen der Wechsel- (Scheck-) Summe, sowie auf Verzinsung der Auslagen. Nicht ausgeschlossen ist die Geltendmachung solcher weitergehenden Ansprüche auf Grund eines besonderen, zwischen dem Inhaber und dem in Anspruch genommenen Regreßpflichtigen bestehenden bürgerlichrechtlichen Rechtsverhältnisses. Anm. 23

δ. Nicht entschieden ist durch die in den Art 50 und 51 WO angeordnete Beschränkung der Regreßansprüche über die Frage der **Aufwertung der Wechsel- (Scheck-) Summe.** Die Aufwertung bedeutet nach der in der Rechtsprechung des RG unter Zustimmung der Rechtslehre nunmehr zur kaum mehr bestrittenen Herrschaft gelangten Auffassung keinen neuen oder Zusatzanspruch auf Ersatz eines „Geldentwertungsschadens", sondern lediglich die durch die Entwertung der Mark, in welcher die Forderung ausgedrückt ist, bei Anwendung der Grundsätze von Treu und Glauben (§ 242 BGB) eingetretene ziffernmäßige Erhöhung des in dem entwerteten Gelde zu zahlenden Nennbetrags. Vgl. darüber Michaelis, Aufwertungsrecht, 2. Aufl., namentlich Vorbem 4 vor § 1 AufwG S. 31/32. Nicht ganz im Einklange mit dieser gerade vom RG mit Nachdruck und ständig vertretenen Auffassung hat der 2. ZS des RG in dem Urt v. 17. 3. 25 (RGZ 110, 40) einen die Möglichkeit abstrakter Geldforderungen, insbesondere Wechselforderungen, kategorisch verneinenden Standpunkt eingenommen. Das RG hat dort ausgeführt, das Wesen der abstrakten Verbindlichkeit lasse keinen Raum für eine auf dem Grundsatz der Billigkeit beruhende Aufwertung, da die Frage, ob diese Voraussetzung gegeben sei, sich nur nach der Natur der einzelnen (kausalen) Forderung richten könne, das Kausalgeschäft aber bei der abstrakten Verbindlichkeit keine Rolle spielen solle, bei diesem vielmehr über den Inhalt der Schuld allein die urkundliche Feststellung entscheide und niemals die Wechselforderung sich „über ihren in der Urkunde verbrieften Inhalt ausdehnen könne", vielmehr einen „unabänderlichen festen Wert darstelle, der bei Wechseln, die auf Mark lauten, der Papiermarkbetrag sei". Auch die wirtschaftliche Funktion des Wechsels als Umlaufsmittel stehe der Aufwertungsmöglichkeit entgegen; die für Gläubiger und Schuldner unbedingte Geltung des bestimmten Urkundeninhalts verbürge die Sicherheit des Wechselverkehrs; mit dem gleichen Rechte, mit dem man die Aufwertung eines Wechsels verlange, würde man auch die Aufwertung entwerteten Papiergeldes verlangen können. Schließlich scheitere die Möglichkeit der Aufwertung an den Bestimmungen der Art 50, 51 WO, die das gesamte Interesse des Gläubigers an der rechtzeitigen Einlösung des Wechsels festsetzten und unter Ausschluß weiteren Verzugsschadens die wechselmäßig allein zulässigen Ansprüche auf Zahlung fester Beträge bestimmten. Diesem Urteile ist bisher die Mehrheit des Schrifttums und die Rechtsprechung gefolgt; so namentlich Bernstein in JW 1925, 50; Beutner ebenda S. 1380; Mügel, Aufwertungsrecht S. 169; Schlegelberger-Hermening zu § 33 AufwG Anm 3; für den Scheck OLG Dresden v. 3. 12. 25 (Rechtspr in Aufwertungssachen 1926, 66). Auch das RG selbst hat sich seitdem noch mehrmals in diesem Sinne ausgesprochen; so neuerdings in dem Urt v. 20. 5. 26, IV 697/25 (DJZ 1926, 1103). Den entgegengesetzten Standpunkt haben im Schrifttum vertreten namentlich Velsen DJZ 1924, 723; Staub-Stranz zu Art 50 WO Anm 9; Michaelis, Aufwertungsrecht, 2. Aufl, S. 355. Die von mir gegen die Auffassung des RG erhobenen Bedenken sollen im Nachstehenden hier wiederholt werden: Anm. 24

§ 17 „Die Begründung scheint nicht in allen Punkten mit der sonstigen Auffassung des RG über die rechtliche Natur der Aufwertung im Einklang zu stehen. Nach dieser handelt es sich dabei nicht um eine Ausdehnung der Forderung über ihren in der Urkunde verbrieften Inhalt und den aus ihr sich ergebenden ‚festen Wert' hinaus, sondern um die Bestimmung dieses Inhalts gegenüber dem nicht mehr zutreffenden Ausdruck, den er in der ziffernmäßigen Papiermarksumme gefunden hat. Auch die Rücksicht auf die Sicherheit des Verkehrs befremdet einigermaßen angesichts der Tatsache, daß die Aufwertung sogar bei Hypotheken gegenüber dem eingetragenen festen Nennbetrag zugelassen und nicht als Durchbrechung des öffentlichen Glaubens des Grundbuches empfunden worden ist. Wer die Zahlung eines Papiermarkbetrages zu einer Zeit, als dieser noch eine wirkliche vermögensrechtliche Bedeutung hatte, wechselmäßig versprochen hat, kann nicht Schutz beanspruchen für seinen angeblichen guten Glauben in der Richtung, daß er dieses Versprechen unter allen Umständen einlösen könne mit einem gänzlich entwerteten, ein Nichts bedeutenden ziffermäßig gleichen Nennbetrage. Es wird vielmehr Treu und Glauben entsprechen, bei der Bestimmung der zu zahlenden Summe darauf Rücksicht zu nehmen, welchen Einfluß die in der Zwischenzeit eingetretene Geldentwertung auf seine Vermögenslage im ganzen gehabt hat. Auch die Gleichstellung des Wechsels mit dem Papiergelde hinsichtlich der Aufwertung dürfte den sonstigen Anschauungen über die Unterschiede in der rechtlichen Natur dieser beiden Rechtsgebilde schwerlich entsprechen. Alles in allem ist vielleicht das letzte Wort in dieser Frage vom RG noch nicht gesprochen."

In der Tat könnten die vom RG gegen die Aufwertung abstrakter Geldforderungen angeführten Gründe mit demselben oder noch größerem Rechte gegen die Aufwertung des dinglichen Rechts bei der *Hypothek, Grundschuld* usw. geltend gemacht werden; sie sind aber auf diesem Gebiete mit Recht in der jetzt ständigen Rechtsprechung des RG nicht für durchschlagend erachtet worden und sogar die Aufwertungsgesetzgebung hat gerade auf dem Gebiete der dinglichen Rechte die Zulässigkeit der Aufwertung ohne Bedenken wegen des öffentlichen Glaubens des Grundbuchs anerkannt.

Anm. 25 c) **(Art 51.) Regreßansprüche des Inhabers, der den Wechsel (Scheck) eingelöst hat.**

α. Art 51 regelt die Regreßansprüche desjenigen Wechselinhabers, der den Wechsel dadurch erlangt hat, daß er ihn als Regreßpflichtiger eingelöst hat, sei es infolge einer Klage oder freiwillig (ROHG 1, 226). Bei der entsprechenden Anwendung auf den Scheck kommen außer den Indossanten auch diejenigen in Betracht, welche ihren Namen auf die Rückseite des Inhaberschecks geschrieben haben (§ 15 Abs 2; vgl. zu § 15 Anm 3ff.) und auf Grund dessen regreßpflichtig geworden sind. Der Einlösung gleichgestellt ist in Art 51 die Erlangung dadurch, daß der Indossant den Wechsel (Scheck) „als Rimesse erhalten hat". Was das Gesetz unter „Rimesse" versteht, ist nicht ohne weiteres klar. Der Handelsbrauch versteht darunter einen Wechsel, den ein Gläubiger von seinem Schuldner auf eine Forderung an diesen zahlungshalber oder an Zahlungs Statt erhält; so Bernstein S. 223 Note 2, Lehmann S. 546, der aber unrichtigerweise nur den Empfang an Zahlungs Statt darunter begriffen wissen will. Danach würde hier der Fall gemeint sein, daß der Indossant den Wechsel von seinem Nachmanne nicht infolge Einlösung durch Barzahlung, sondern in Anrechnung auf eine ihm gegen den Nachmann zustehende Forderung, also im Wege der *Aufrechnung*, erhalten hat. Die durch Aufrechnung eingetretene Tilgung dieser Forderung ist der Bareinlösung ausdrücklich gleichgestellt. Doch muß auch jede andere Art der Befriedigung des Nachmannes als Einlösung gelten, ohne daß es auf das Valutaverhältnis zwischen dem Indossanten und seinem Nachmanne ankommen kann. Es ist allerdings bestritten, ob auch solche Indossanten (oder beim Inhaberscheck Namensschreiber) den Regreßanspruch aus Art 51 (sog. „*Rembours*-*regreß*") haben, die den Wechsel (Scheck) unentgeltlich zurückerhalten oder die ihn eingelöst haben, ohne dazu wechsel-(scheck-)rechtlich verpflichtet zu sein, z. B. solche, die „ohne Obligo" indossiert haben, oder wenn es sich um einen präjudizierten Wechsel handelt, aus dem die allein übriggebliebenen Rechte gegen den Akzeptanten geltend gemacht werden, wie in dem in RGZ 77, 185 als gegeben unterstellten Falle, der allerdings beim Scheck nicht vorkommen kann, weil aus ihm nur Regreßansprüche gegen die Vormänner entstehen, die durch die Präjudizierung sämtlich erloschen sind. Wohl aber kommt auch für den Scheck der Fall in Betracht, daß der Indossant einen *gegen den Nachmann verjährten* Scheck eingelöst hat und aus ihm seinen nicht verjährten Regreßanspruch gegen einen Vormann geltend macht; vgl. zu § 20 Anm 11, 12. Die wechselrechtliche Literatur und Rechtsprechung hat früher fast ausnahmslos dem Indossanten, der den Wechsel ohne Verpflichtung eingelöst hatte, den Remboursregreß abgesprochen. Dieser Auffassung ist das RG in dem Urt v. 28. 10. 1911 (RGZ 77, 185) grundsätzlich entgegengetreten und hat zur Begründung sich hauptsächlich darauf berufen, daß der Remboursregreß des Indossanten gegen den Akzeptanten und die Vormänner weder ein Schadensersatzanspruch noch ein Anspruch auf Aufwendungsersatz aus Geschäftsführung sei, sondern nach dem PlBeschl des ROHG v. 21. 6. 1878 (ROHG

24, 1) der alte wechselmäßige Anspruch des Indossanten als Indossatar oder Remittent, der § 17
auch nach dem Indossamente durch die Einlösung bedingt bestehen geblieben sei; vgl. zu § 8 ScheckG Anm 10. — StStr zu Art 51 Anm 1 verkennen die grundsätzliche Bedeutung dieser Entscheidung, wenn sie darauf Gewicht legen, daß es sich in dem damals vom RG entschiedenen Falle um den Anspruch gegen den Akzeptanten auf die Wechselsumme gehandelt habe, der aus Art 23 WO herzuleiten gewesen sei, und daraus folgern, daß ein sachlicher Widerspruch zwischen dieser Entscheidung und der auch von ihnen vertretenen herrschenden Ansicht nicht bestehe. Die Begründung des RG läßt vielmehr keinen Zweifel darüber, daß es gerade dieser Ansicht entgegentreten will. Daß ein Indossant, der den Wechsel unentgeltlich zurückerhalten oder ihn, ohne dazu verpflichtet zu sein, eingelöst hat, nicht unter allen Umständen die sämtlichen in Art 51 WO aufgezählten Posten beanspruchen kann, hebt das RG selbst hervor, aber grundsätzlich spricht es aus, daß jede Tilgung der Nachmännerrechte dem Indossanten die Wiederausübung seines durch die Indossierung nicht erloschenen, sondern nur in der Ausübung behinderten alten Wechselrechts ermöglichen muß (S. 190). Danach ist der Indossant unter der Voraussetzung, daß er den Wechsel (Scheck) von seinem Nachmanne zurückerhalten und dabei dessen Wechsel-(Scheck)Anspruch in irgendeiner Weise getilgt hat, jedenfalls berechtigt, auf Grund seines alten Wechsel-(Scheck-)Rechts die Beträge zu verlangen, die er verlangen könnte, wenn er nicht indossiert hätte, da die aus dem Wechsel (Scheck) Verpflichteten kein Recht auf die Indossierung hatten und es ihnen deshalb „gleichgültig sein muß, ob und in welcher Lage die Begebung zurückgenommen wurde" (RG a. a. O. S. 188). Daß diese Argumentation richtig ist, leuchtet ein, wenn man den Fall in Betracht zieht, daß der Indossant unentgeltlich (schenkungsweise) indossiert und infolgedessen den Wechsel (Scheck) auch unentgeltlich wieder zurückerhalten hat. Er kann deshalb unter allen Umständen zum mindesten die Wechsel-(Scheck-)Summe nebst den gesetzlichen Zinsen seit Verfalltag beanspruchen; die übrigen in Art 51 genannten Beträge freilich nur soweit er sie selbst bezahlt hat (Art 51 Nr 2), also nicht die nicht bezahlte fremde Provision (RG a. a. O. S. 188). Dagegen wird ihm die eigene Provision (Art 51 Nr 3), die eine Entscheidung für die Mühewaltung bei der Einlösung darstellt, zuzubilligen sein, sofern nicht etwa sein Wiedereintreten schikanös oder sachlich offensichtlich ungerechtfertigt war. Hat er den Wechsel (Scheck) entgeltlich eingelöst, ohne dazu verpflichtet zu sein, so wird er die in Art 51 bezeichneten Beträge uneingeschränkt beanspruchen können.

Anm. 26 Nach den gleichen Grundsätzen ist meines Erachtens auch die weitere Streitfrage zu entscheiden, welche Beweise der Indossant für seine Klageberechtigung (Legitimation) zu führen habe. Die formelle Legitimation wird durch den Besitz des Wechsels (Schecks) nach Ausstreichung des eigenen und der diesem folgenden Indossamente (vgl. unten zu Art 55 WO Anm 30 ff.) hergestellt. Außerdem verlangen aber manche Schriftsteller (so Lehmann S. 546) noch die Führung des Nachweises, daß der Indossant den Wechsel im Regreßwege eingelöst habe, während andere (auch RG 41, 409) durch den legitimierten Wechselbesitz jedenfalls eine Vermutung dafür als gegeben ansehen, die einen weiteren Beweis erübrige. Meines Erachtens muß der legitimierte Wechsel-(Scheck-)Besitz hinreichen zum Beweise, daß der Indossant seine Nachmänner „befriedigt", d. h. klaglos gestellt hat, da sie ja ohne den Besitz der Urkunde keine Ansprüche erheben können; ob das gegen Entgelt oder unentgeltlich geschehen, ist unerheblich; nur der Gegenbeweis, daß er den Besitz von ihnen rechtswidrig zurückerworben, würde erheblich sein.

Anm. 27 β. Die **einzelnen Beträge,** welche der Indossant, der den Wechsel (Scheck) eingelöst hat, von einem früheren Indossanten oder dem Aussteller zu fordern in den Regelfällen der entgeltlichen Einlösung berechtigt ist, sind unter den Ziff 1—3 in Abs 1 des Art 51 aufgezählt. Sie entsprechen, mit den durch die Sachlage gebotenen Abweichungen, den Beträgen unter Ziff 1—3 in Abs 1 des Art 50 und es kann daher auf die Erläuterungen zu diesen Bestimmungen (vgl. oben Anm 19—22) Bezug genommen werden. Im einzelnen ist noch folgendes zu bemerken:

Anm. 28 αα. **(Nr 1.)** An die Stelle der Wechsel-(Scheck-)Summe tritt hier die von dem Indossanten bei der Einlösung gezahlte oder durch Rimesse berichtigte Summe. Während in den Eingangsworten des Artikels davon die Rede ist, daß der Indossant den Wechsel „als Rimesse erhalten hat", ist hier von einer „Berichtigung durch Rimesse" die Rede. Es muß wohl angenommen werden, daß an beiden Stellen der Ausdruck „Rimesse" in dem gleichen Sinne (vgl. darüber oben Anm 25) gebraucht ist. Danach wird hier unter der „Berichtigung durch Rimesse" die Entgegennahme des Wechsels (Schecks) von dem Nachmanne in Anrechnung auf eine ihm gegen diesen zustehende Forderung zu verstehen sein. Man könnte freilich auch daran denken, unter der „Berichtigung durch Rimesse" die Einlösung des Rückwechsels zu verstehen, den nach Art 53 WO der Regreßnehmer über den Betrag seiner Forderung auf den Regreßpflichtigen ziehen kann. Über die Unzulässigkeit der Ziehung eines solchen Rückwechsels oder Rückschecks beim Scheck vgl. oben Anm 17. — Die von dem Indossan-

§ 17 ten berichtigte Summe setzt sich zusammen aus der nicht bezahlten Wechsel-(Scheck-)Summe nebst Zinsen, den Protestkosten und anderen Auslagen sowie der Provision des Inhabers, der den Wechsel (Scheck) hat protestieren lassen (Art 50 WO, oben Anm 19 ff.), sowie den Kosten und Provisionen der bereits abgelösten späteren Inhaber. Aus dieser ganzen Summe können Zinsen berechnet werden, sonach auch von den in der bezahlten Summe bereits steckenden Zinsen, und zwar auch hier (vgl. oben Anm 19) jetzt zu den durch das G v. 3. 7. 1925 vorgeschriebenen Sätzen.

ββ. **(Nr 2.)** Die dem Inhaber entstandenen sonstigen „Kosten", das sind Auslagen, entsprechend Art 50 Abs 1 Ziff 2, vgl. oben.

γγ. **(Nr 3.)** Eine eigene Provision von $^1/_3$ %. Daß diese aus dem ganzen Betrage der Retourrechnung berechnet werden darf, ist nicht ausdrücklich gesagt, wird aber anzunehmen sein. Doch bemerkt Bernstein (S. 225), daß das nicht üblich sei.

δδ. **(Abs 2.)** Wegen der Vergütung des Kursunterschiedes, der hier zwischen dem Wohnorte des Regreßnehmers und dem des Regreßpflichtigen in Betracht kommen kann, ist eine entsprechende Bestimmung getroffen wie in Art 50 Abs 2; vgl. oben Anm 22.

δδ. Wegen des Ausschlusses weiterer Ansprüche und wegen der Aufwertung gilt das gleiche wie im Falle des Art 50, vgl. oben Anm 23.

Anm. 29 d. Durch **Art 52** wird die Berechnung höherer als der in Art 50 und 51 unter Ziff 1 und 3, also für die Zinsen und für die Provisionen, bestimmten Sätze zugelassen, wenn der **Regreß auf einen ausländischen Ort** genommen wird. Diese Voraussetzung liegt vor, wenn der Ort, an dem der Regreßpflichtige zu erfüllen hat, im Auslande belegen ist. Erfüllungsort ist, sofern nichts anderes bestimmt oder aus den Umständen zu entnehmen ist, der Ort des Wohnsitzes des Regreßverpflichteten (§ 269 BGB), nicht der Ort, an welchem der Wechsel (Scheck) ausgestellt oder das Indossament erteilt ist (RGZ 24, 112). Gelten an diesem Orte höhere Sätze, so können sie berechnet werden. Darüber ob, wenn an dem ausländischen Orte geringere Sätze gelten, nur diese berechnet werden dürfen, bestimmt das Gesetz nichts; aus den Grundsätzen des internationalen Privatrechts wird sich aber die Bejahung der Frage ergeben, da für Schuldverhältnisse das Recht des Erfüllungsortes oder des Wohnsitzes des Schuldners maßgebend ist; so Bernstein S. 226. Nimmt ein ausländischer Regreßnehmer Regreß auf einen inländischen Ort, so kommen dementsprechend die Vorschriften der deutschen Gesetze in Anwendung.

Anm. 30 5. **Befugnis zum Ausstreichen von Indossamenten.** Der nach § 17 ScheckG auf den Scheck entsprechend anzuwendende **Art 55 WO** hat folgenden Wortlaut:

„Jeder Indossant, der einen seiner Nachmänner befriedigt hat, kann sein eigenes und seiner Nachmänner Indossament ausstreichen."

Anm. 31 a) Die Ausübung des wechsel- und scheckrechtlichen Regresses kann nur erfolgen, wenn der Regreßnehmer im Zeitpunkte der Regreßnahme als Eigentümer legitimierter Inhaber des Wechsels (Schecks) ist. Zur Legitimation ist beim Wechsel wie beim Orderscheck eine zusammenhängende, bis auf den Regreßnehmer heruntergehende, aber nicht über ihn hinaus weiterlaufende Kette von Indossamenten erforderlich (Art 36 WO, § 8 Abs 2 ScheckG; vgl. zu § 8 Anm 30 ff.). Das Vorhandensein eines Indossaments des Regreßnehmers und weiterer Indossamente hinter dem seinigen zerstört seine Legitimation und hindert ihn, solange sie nicht beseitigt sind, an der Geltendmachung des Regreßanspruchs gegenüber dem Regreßpflichtigen, auch wenn er materiell das Wechsel- (Scheck-) Recht von seinen Nachmännern ohne ein neues auf ihn lautendes oder Blankoindossament zurückerworben hat. Diese Legitimation durch Ausstreichen des eigenen Indossaments und der Indossamente seiner Nachmänner herzustellen, würde der Regreßberechtigte als Eigentümer und materieller Wechselgläubiger wohl auch ohne ausdrückliche Ermächtigung durch das Gesetz befugt sein; die Ermächtigung dazu ist ihm aber durch Art 55 WO noch besonders erteilt.

Die herrschende Meinung faßt allerdings die Bedeutung des Art 55 WO wesentlich anders auf. Nach ihr (vgl. die Darstellung bei StStr zu Art 36 Anm 6 α und zu Art 55 Anm 2, 3) soll der Indossant, der im Besitze des verfallenen Wechsels und des wegen Nichtzahlung erhobenen Protestes ist, schon durch diesen Besitz in Verbindung damit, daß er durch sein Indossament auf dem Wechsel als Regreßverpflichteter erscheint, ohne weiteres legitimiert sein, den Regreßanspruch geltend zu machen, und zwar auf Grund der dadurch geschaffenen Vermutung, daß er den Wechsel nach Verfall und Protest im Regreßwege habe einlösen müssen, wodurch sein Wechselrecht wieder unbedingt geworden sei; der Rücklauf begründe somit die Legitimation und es bedürfe nicht der Ausstreichung des Indossaments des Indossanten und seiner Nachmänner behufs Herstellung der Indossamentenkette. Demgemäß bestimme Art 55 auch nicht, daß der Indossant diese Indossamente ausstreichen müsse, sondern nur, daß er dies tun könne, und der Sinn der Bestimmung sei nur der, daß er durch die Ausstreichung seinen Rechten nichts vergebe, vielmehr auch, wenn er die Ausstreichung vorgenommen habe, den Regreßanspruch geltend machen könne. Vgl. ROHG 14, 152; 18, 274; RG in JW 10, 834[70]; RG in DJZ 09, 324. Auch RGZ 12, 134 scheint auf diesem Standpunkte zu stehen, indem dort gesagt ist, jeder Indossant, der einen seiner Nachmänner befriedigt habe, könne nach Art 55 WO sein eigenes und seiner Nachmänner Indossament ausstreichen und er könne die Rechte aus dem Wechsel gegen Vormänner und Akzeptanten auch dann geltend machen, wenn er bisher unterlassen habe, von dieser Befugnis Gebrauch zu machen; ebenso RGZ 41, 414, wo gesagt ist, der Indossant brauche, wo Art 55 WO zutreffe, diejenigen Indossamente, die er auszustreichen befugt sei, nicht wirklich auszustreichen. Des Näheren scheint sich aber das RG mit der Frage noch nicht beschäftigt zu haben. Über die herrschende Meinung hinausgehend will Bernstein (S. 185) den Regreß des Indossanten, welcher einen der Nachmänner befriedigt hat, ohne Ausstreichung der Indossamente schon dann zulassen, wenn er nur im Besitze des Wechsels ist, ohne daß (wegen Protesterlasses) eine Protestierung stattgefunden hat. — Diese Auffassungen scheinen mir eine Ausnahme von den Vorschriften über die Legitimation des Wechselinhabers zu machen, die im Gesetze nicht begründet ist. Die für sie angeführten Gründe beruhen meines Erachtens auf einer Verwechselung des materiellen Wechselrechts des Indossanten mit seiner formellen Legitimation; jenes ist durch die Befriedigung der Nachmänner wieder als unbedingtes ins Leben getreten (vgl. zu § 8 Anm 11); diese dagegen, von der die Ausübung des Regreßrechts abhängt, erfordert die in Art 36 WO bestimmte Indossamentenkette. Der Unterschied, den die herrschende Meinung in dieser Beziehung machen will, zwischen dem Indossanten, der den Wechsel vor Verfall eingelöst hat — von diesem wird ausnahmslos die Ausstreichung verlangt und ein ohne solche für ihn aufgenommener Protest für ungültig erklärt (vgl. ROHG 1, 249; 14, 152; RG 1, 33; 12, 134; auch Erl zu § 8 Anm 39 und zu § 16 Anm 23) — und demjenigen, der nach Verfall und Protest die Nachmänner befriedigt hat, findet im Gesetze keine Unterlage. Auch ist der Sinn des Art 55 vom Standpunkte der herrschenden Meinung keineswegs einleuchtend; es ist nicht wohl erklärlich, wie durch die Ausstreichung der Indossant „seinen Rechten etwas vergeben" könnte, da doch dadurch seine Legitimation gerade erst hergestellt wird. Übrigens ist die ganze Streitfrage wohl nicht von erheblicher praktischer Bedeutung; denn die Ausstreichung der seine Legitimation störenden Indossamente kann durch den Indossanten jederzeit erfolgen, solange er Inhaber des Wechsels (Schecks) bleibt, sonach auch noch nach Erhebung der Klage erforderlichenfalls nachgeholt werden, und zwar noch in der Berufungsinstanz, ohne daß Klageänderung eingewendet werden könnte (OLGR 28, 412); der etwaige Mangel kann daher immer noch geheilt werden.

Über die Frage der Gültigkeit des Protestes, wenn die die Legitimation desjenigen, für den der Protest erhoben worden ist, begründenden Indossamente zur Zeit der Klageerhebung ausgestrichen sind, vgl. zu § 8 Anm 23.

b) Als zur Ausstreichung befugt erklärt der Art 55 **jeden Indossanten, der einen seiner** Anm. 32 **Nachmänner befriedigt hat.** Selbstverständlich ist vorausgesetzt, daß er wieder in den Besitz des Wechsels (Schecks) gelangt ist. Eine Beschränkung auf denjenigen Indossanten, der seinen Nachmann nach Verfall des Wechsels (Schecks) befriedigt hat (vgl. oben unter a), ist im Gesetze nicht enthalten. Auf welche Weise die Befriedigung stattgefunden hat, ist unerheblich; insbesondere ist nicht erforderlich, daß der Indossant dem Nachmanne zu diesem Zwecke ein Entgelt gezahlt hat; diese Frage betrifft lediglich das Valutaverhältnis zwischen beiden, das außerhalb der wechselrechtlichen Betrachtung bleiben muß; vgl. oben Anm 25, 26. Befriedigt ist der Nachmann, sobald er sich für befriedigt erklärt hat, was durch Auslieferung des Wechsels (Schecks) an den Indossanten geschehen ist. Der Besitz des Wechsels (Schecks) begründet deshalb eine Vermutung dafür, daß der Nachmann befriedigt und der Indossant zur Ausstreichung befugt war. Zur Widerlegung dieser Vermutung ist nur der Gegenbeweis in der Richtung von Erheblichkeit, daß der Indossant den Besitz des Wechsels (Schecks) unberechtigterweise erlangt habe.

c) Über den Begriff des Ausstreichens vgl. zu § 8 Anm 39. Eine andere Art der Be- Anm. 33 seitigung der Indossamente, insbesondere Überkleben, Ausradieren u. dgl., ist durch Art 55 nicht für zulässig erklärt.

Zusatz 1: Fremde Rechte. Vgl. die Anhänge unter G.

a) Die Benachrichtigungspflicht (Notanzeige, Notifikation) ist in Österreich Anm. 34 (§ 17 ScheckG in Verbindung mit Art 45 WO) und in Ungarn (§ 22 Ziff 6 ScheckG in Verbindung mit §§ 45, 46, 48 WG) in der Hauptsache wie im deutschen Rechte geregelt. Ebenso in dem skandinavischen ScheckG §§ 3, 9 in Verbindung mit §§ 45—47 der WG), Japan (Art 537 in Verbindung mit Art 487a, 488, 488a HGB). In Frankreich besteht in bezug auf die Notanzeige das Verjährungssystem nach Art 4 Abs 2 Ges v. 14. 6. 1865 und Art 165 Code de commerce; die Benachrichtigung der in Anspruch zu nehmenden Garanten muß bei Verlust des Regreßanspruchs innerhalb einer Frist von 14 Tagen durch Zustellung des Protestes erfolgen; nur der Aussteller, der keine Deckung geleistet hatte, bleibt auch ohne

§ 17 Notifikation haftbar (Art 117, 170 Code de commerce); ebenso in Belgien (Art 3 Ges v. 20. 6. 1873 in Verbindung mit Art 59 Abs 3, 56ff. des WG v. 20. 5. 1872). Auch Spanien (Art 542, 517 HGB) schreibt Notifikation des Protestes unter dem Präjudiz des Regreßverlustes vor. Die Schweiz (Art 836 OblR) kennt weder für Wechsel noch für Schecke die Notanzeige. Das einfache Notifikationssystem, das an die Unterlassung der Benachrichtigung nicht den Regreßverlust, sondern nur gewisse andere Nachteile knüpft, haben auch Italien (Art 341, 317) und Portugal eingeführt. Das strenge Notifikationssystem (ohne Protest, vgl. oben zu § 16 Zus 1 Anm 78) besteht in Großbritannien und den Vereinigten Staaten. Näheres vgl. bei Meyer, Weltscheckrecht I S. 310ff. und Weltwechselrecht I S. 328.

b) Über das Einlösungsrecht sind in Österreich (§§ 17 ScheckG, 48 WO) und Ungarn (§§ 22 Ziff 7 ScheckG, 48 WG) in der Hauptsache die gleichen Vorschriften getroffen wie in Deutschland. Ähnliche Vorschriften bestehen in Skandinavien (§ 3 ScheckG; § 48 WG), der Schweiz (Art 836, 766 OblR), Spanien (Art 542, 520 HGB). Auch wo besondere Vorschriften nicht bestehen, gilt das Einlösungsrecht als in den allgemeinen Gesetzen begründet. Näheres bei Meyer, Weltscheckrecht I S. 323ff.

c) Wegen des Umfanges der Regreßforderung gelten in Österreich (§§ 17 ScheckG, 50—52 WO) und Ungarn (§§ 22 Ziff 8 ScheckG, 50—52 WG) in der Hauptsache die gleichen Vorschriften wie in Deutschland. Ebenso in den skandinavischen Ländern (§ 3 ScheckG in Verbindung mit §§ 49—54 WG); in Japan, jedoch ohne Provision (Art 537, 486, 491, 492 HGB); in der Schweiz (Art 836, 767—770 OblR); in Italien, ohne Provision (Art 319, 38 HGB). In Frankreich ist der Umfang der Regreßforderung geregelt in den Art 181ff. Code de commerce; in Belgien in Art 3 Ges v. 30. 6. 73 in Verbindung mit Art 55—58, 63, 72—81 Ges v. 20. 5. 1872; in Großbritannien und den Vereinigten Staaten in sect. 73, 47² Bills of Exch. Act und 144 Neg. Instr. Law. — Näheres bei Meyer, Weltscheckrecht I S. 352ff.

d) Das Ausstreichen des eigenen Indossaments und desjenigen der Nachmänner durch den Regreßpflichtigen, der durch Einlösung wieder in den Besitz des Schecks gelangt ist, wird überall als zulässig angesehen, teils infolge ausdrücklicher Bestimmung in Anwendung der wechselrechtlichen Vorschriften, teils als selbstverständlich. Vgl. Näheres bei Meyer Weltscheckrecht I S. 325ff.

Anm. 35 **Zusatz 2: Künftiges Weltscheckrecht.** Die durch Art 24 der Beschlüsse der zweiten Haager Wechsel- und Scheckrechtskonferenz über die Vereinheitlichung des Scheckrechts — **Anhang H** — (vgl. zu § 16 Zus 2 Anm 79) mit Ausnahme dessen, was die Akzeptation betrifft, auf den Scheck für anwendbar erklärten Art 44, 47 Abs 1, 48, 49 des „Einheitlichen Reglements über den Wechsel und das Orderbillett" bestimmen folgendes:

a) über die Benachrichtigungspflicht (Notanzeige):

„Art 44.

Der Inhaber muß von der Nichtannahme oder Nichteinlösung seinem Indossanten und dem Aussteller Nachricht geben innerhalb der vier Werktage, die auf den Tag des Protestes oder im Falle der Klausel „Zurück ohne Kosten" auf den Tag der Vorlegung folgen.

Jeder Indossant muß, in der Frist von zwei Tagen, seinem Indossanten von der Nachricht, die er erhalten hat, Kenntnis geben, indem er die Namen und die Adressen derjenigen angibt, welche die vorhergehenden Nachrichten gegeben haben, und so weiter aufsteigend bis zum Aussteller. Die oben bestimmte Frist läuft von dem Empfange der vorhergehenden Nachricht. In dem Falle, wo ein Indossant seine Adresse nicht oder in einer unleserlichen Form angegeben hat, genügt es, daß die Nachricht dem Indossanten, der ihm vorangeht, gegeben wird.

Derjenige, der eine Nachricht zu geben hat, kann das in einer beliebigen Form tun, selbst durch einfache Übersendung des Wechsels. Er hat zu beweisen, daß er es in der vorgeschriebenen Frist getan hat.

Diese Frist gilt als eingehalten, wenn ein Brief (lettre missive), der die Nachricht gibt, in der genannten Frist zur Post gegeben worden ist.

Derjenige, der nicht die Nachricht innerhalb der oben bezeichneten Frist gibt, erleidet keinen Rechtsverlust (n'encourt pas de déchéance); er ist gegebenen Falles verantwortlich für den Schaden, der durch seine Nachlässigkeit verursacht worden ist, ohne daß der Schadensersatz den Betrag des Wechsels übersteigen kann."

b) über den Umfang des Regreßanspruchs:

„Art 47 (Abs 1).

Der Inhaber kann von demjenigen, gegen den er seinen Regreß ausübt, fordern:

1. den Betrag des nicht angenommenen oder nicht bezahlten Wechsels mit den Zinsen, wenn solche vereinbart sind; § 17
2. die Zinsen zum Satze von fünf vom Hundert vom Verfalle ab;
3. die Kosten des Protestes, die Kosten der durch den Inhaber dem vorangehenden Indossanten und dem Aussteller gegebenen Nachrichten sowie die anderen Kosten;
4. eine Kommissionsgebühr, die in Ermangelung einer Vereinbarung ein Sechstel vom Hundert der Hauptsumme des Wechsels beträgt und diesen Satz in keinem Falle überschreiten kann.

Wenn der Regreß vor dem Verfalle ausgeübt wird, soll von dem Betrage des Wechsels ein Diskont (escompte) abgezogen werden. Dieser Diskont soll berechnet werden nach Wahl des Inhabers nach dem Satze des offiziellen Diskonts (Satz der Bank) oder nach dem Marktsatze, so wie er im Zeitpunkte des Regresses am Orte des Wohnsitzes des Inhabers besteht.

Art 48.

Derjenige, der den Wechsel eingelöst hat, kann von den ihm Regreßpflichtigen (à ses garants) verlangen:
1. die volle Summe, die er bezahlt hat;
2. die Zinsen der genannten Summe, berechnet zum Satze von fünf vom Hundert vom Tage, an dem er sie ausgelegt hat;
3. die Kosten, die ihm entstanden sind;
4. eine Kommissionsgebühr auf die Hauptsumme des Wechsels, berechnet in Gemäßheit des Art 47 Ziff 4."

c) über das Einlösungsrecht und das Recht zum Ausstreichen von Indossamenten:

„Art 49.

Jeder Regreßpflichtige, gegen welchen ein Regreß ausgeübt wird oder der einem Regresse ausgesetzt ist, kann gegen Zahlung die Aushändigung des Wechsels mit dem Proteste und einer quittierten Rechnung verlangen.

Jeder Indossant, der den Wechsel eingelöst hat, kann sein Indossament und diejenigen der nachfolgenden Indossanten ausstreichen (biffer)."

Die Vorschrift über das Einlösungsrecht ist hier in Abs 1 zusammengefaßt mit der Vorschrift über das Recht des auf Zahlung in Anspruch genommenen Regreßpflichtigen auf Aushändigung des Wechsels (Schecks) bei der Zahlung, Fall des § 19 des deutschen ScheckG. Vgl. zu § 19 Zus 2.

§ 18. § 18

Der Inhaber des Schecks kann sich wegen seiner ganzen Regreßforderung an alle Verpflichtete oder auch nur an einige oder einen halten, ohne dadurch seinen Anspruch gegen die nicht in Anspruch genommenen Verpflichteten zu verlieren. Es steht in seiner Wahl, welchen Verpflichteten er zuerst in Anspruch nehmen will.

Dem Inhaber des Schecks kann der Schuldner nur solche Einwendungen entgegensetzen, welche die Gültigkeit seiner Erklärung in dem Scheck betreffen oder sich aus dem Inhalte des Schecks ergeben oder ihm unmittelbar gegen den Inhaber zustehen.

1. **Einleitung.** Der § 18 des ScheckG enthält in seinen beiden Absätzen Vorschriften, die, Anm. 1
mit gewissen bewußten und gewollten Abweichungen, den entsprechenden Vorschriften der WO nachgebildet sind, und zwar behandelt der Abs 1 das Zusammentreffen der Haftung mehrerer Regreßpflichtiger, entsprechend den Vorschriften über die Haftung mehrerer Wechselverpflichteter in Art 81 Satz 3 WO, der Abs 2 die gegenüber dem Regreßanspruch zulässigen Einwendungen, entsprechend den Vorschriften über die Zulässigkeit von Einwendungen gegenüber dem Wechselanspruche in Art 82 WO.

1 a. **(Absatz 1): Das Zusammentreffen der Haftung mehrerer Regreßpflichtiger.** Anm. 2

a) Die Bestimmungen hierüber stehen in engem Zusammenhange mit dem § 15 ScheckG, der die Haftung des Ausstellers und des Indossanten sowie derjenigen, welche ihren Namen oder ihre Firma auf die Rückseite des Schecks geschrieben haben, für die Einlösung des Schecks anordnet und damit als das bedeutsamste Mittel zur Sicherung und Hebung des Scheck-

§ 18 verkehrs den diesem bis dahin fehlenden Regreß eingeführt hat, während der von manchen Seiten verlangte scheckrechtliche Anspruch gegen den Bezogenen durch das ScheckG ausgeschlossen worden ist. Vgl. über die Entstehungsgeschichte und die Regelung der Regreßhaftung im ScheckG Näheres in den Erläuterungen zu § 15. Eine Ergänzung der auf sie bezüglichen Vorschriften bringt der erste Absatz des § 18, eine Ergänzung, die erforderlich war mit Rücksicht darauf, daß der Scheck (abgesehen von dem kaum gebräuchlichen Rektascheck) ungeachtet seiner kurzen Umlaufsfrist dazu bestimmt ist, durch mehrere Hände zu gehen, und daß deshalb bei ihm, wie beim Wechsel, in der Regel eine Mehrheit von Personen in Betracht kommt, die als Aussteller, Indossanten oder Namenszeichner gemäß § 15 regreßverpflichtet sind. Das hierdurch entstehende Rechtsverhältnis zwischen dem Scheckgläubiger (Inhaber, vgl. zu § 8 Anm 33 f.) und den mehreren Regreßpflichtigen ist hier geregelt, und zwar ist die Regelung der in Art 81 Satz 3 WO für das entsprechende Verhältnis zwischen dem Wechselgläubiger und den mehreren Wechselverpflichteten getroffenen Regelung nachgebildet. Dabei ist, um der Durchführung des Regreßanspruchs möglichst große Leichtigkeit und Sicherheit zu gewähren, der Regreß nicht auf das unmittelbare Verhältnis zwischen dem Inhaber und demjenigen, von dem er den Scheck erhalten hat, beschränkt, auch nicht die Einhaltung einer bestimmten Reihenfolge vorgeschrieben, sondern die gleichmäßige und gleichzeitige Haftung aller Regreßpflichtigen unbeschränkt durchgeführt. Zu diesem Zwecke gibt das Gesetz dem Scheckgläubiger ein Wahlrecht in dreifacher Richtung:

α. Er hat die Wahl, ob er sich an alle Verpflichtete oder nur einige von ihnen oder einen halten will, ohne dadurch seinen Anspruch gegen die nicht in Anspruch Genommenen zu verlieren (Satz 1). Sonach kann keiner von ihnen, wenn er in Anspruch genommen wird, sich darauf berufen, daß noch mehrere Verpflichtete vorhanden seien (exceptio plurium); auch ist der Einwand ausgeschlossen, daß der Anspruch gegen einen anderen anhängig sei; ebenso der Einwand, daß ein anderer bereits rechtskräftig verurteilt sei. Werden mehrere Regreßpflichtige zugleich verklagt, so ist die Streitgenossenschaft keine notwendige im Sinne des § 62 ZPO (RGZ 48, 215). Wird über das Vermögen eines oder mehrerer Regreßpflichtiger der Konkurs eröffnet, so kann der Gläubiger bis zu seiner vollen Befriedigung in jedem Verfahren den Betrag geltend machen, den er zur Zeit der Eröffnung des Verfahrens zu fordern hatte; § 68 KO findet Anwendung (RGZ 11, 19; RG in JW 1890, 411[9]).

β. Er hat die Wahl, welchen Verpflichteten er zuerst in Anspruch nehmen will (Satz 2). Ein Verpflichteter, den er in Anspruch nimmt, kann sonach nicht den Einwand erheben, daß nach der Reihenfolge der Verpflichtungserklärungen auf dem Scheck zunächst ein anderer in Anspruch genommen werden müsse (Sprungregreß).

γ. Er kann, auch wenn er bereits einen von ihnen in Anspruch genommen insbesondere Klage gegen ihn erhoben hat, davon Abstand nehmen und die Klage gegen einen anderen erheben (ius variandi, Begr. S. 31). Daran, daß er in diesem Falle die durch Zurücknahme der Klage gegen den zuerst Verklagten entstandenen Kosten gemäß § 271 Abs 3 ZPO zu tragen hat, wird hierdurch nichts geändert.

Anm. 3 b) Die Haftung der mehreren Regreßpflichtigen ist sonach als ein **Gesamtschuldverhältnis** im Sinne der §§ 421 ff. BGB gestaltet in der Weise, daß jeder von ihnen verpflichtet ist, die ganze Leistung zu bewirken, der Gläubiger aber die Leistung nur einmal zu fordern berechtigt ist. Vgl. über die rechtliche Natur des Gesamtschuldverhältnisses RGRKomm zum BGB zu § 421 Anm 1. Hier handelt es sich um mehrere selbständige, weil auf verschiedenen Verpflichtungserklärungen (causae) beruhende Schuldverpflichtungen bei Identität der Leistung. Daß der Gläubiger in solchem Falle berechtigt ist, die ganze Leistung nach Belieben von jedem einzelnen Gesamtschuldner zu fordern (oben unter a), entspricht der Vorschrift des § 421 Satz 1. Ebenso entspricht es dem Satz 2 des § 421, daß bis zur Bewirkung der ganzen Leistung sämtliche Schuldner verpflichtet bleiben, sonach auch nach rechtskräftiger Verurteilung eines von ihnen, und derart, daß durch Entgegennahme einer Teilleistung von einem der Regreßpflichtigen durch den Gläubiger nicht etwa eine Teilung der Schuld eintritt, sondern sämtliche Verpflichtete jeder für den ganzen noch verbliebenen Rest der Schuld verhaftet bleiben. Auch § 422 Abs 1 Satz 1, demzufolge die Erfüllung durch einen Gesamtschuldner auch für die übrigen Schuldner wirkt, findet Anwendung; durch die Befriedigung des Regreßgläubigers erlischt dessen Regreßforderung mit Wirkung für alle Regreßpflichtigen. Sie geht nicht etwa gemäß § 426 Abs 2 BGB wegen eines unter den Gesamtschuldnern bestehenden Ausgleichsverhältnisses auf den Regreßverpflichteten, der den Gläubiger befriedigt hat, über; vielmehr wird lediglich die diesem Regreßpflichtigen in seiner Eigenschaft als Regreßberechtigter (Remittent oder Indossatar) zustehende Forderung, die durch sein Indossament zu einer durch die Wiedereinlösung bedingten geworden ist, nunmehr wieder unbedingt und kann von ihm geltend gemacht werden (RGZ 34, 52); vgl. darüber zu § 8 Anm 10. Meines Erachtens zu Unrecht behaupten deshalb Lessing (S. 155), StStr (zu Art 81 WO Anm 4), auch Conrad (Handb S. 268) entgegen Kuhlenbeck (S. 84), daß der § 422 BGB nicht oder doch nicht ohne weiteres Anwendung finden könne. Anders liegt die Sache freilich, wenn bei der von einem Regreßpflichtigen gemachten Leistung zwischen ihm und dem Gläubiger ausdrücklich oder stillschweigend vereinbart worden ist, daß die Leistung nicht zur endgültigen Erfüllung der Schuld gemacht werde, sondern nur als vorläufige Deckung dem Gläubiger dienen und daß dieser die Forderung, sei es kraft eigenen Rechts oder als Inkassomandatar des zahlenden Regreßpflichtigen von den übrigen Regreßpflichtigen einziehen solle, eine Vereinbarung, für deren Zustandekommen eine gewisse Wahrscheinlichkeit namentlich dann vorhanden sein wird, wenn der Wechsel (Scheck) dem zahlenden Regreßpflichtigen nicht gemäß Art 39 WO, § 19 ScheckG ausgeliefert, sondern in Händen des Gläubigers, der die Leistung in Empfang genommen, verblieben ist. Solche Fälle lagen den Entscheidungen in RGZ 11, 18; 23, 124; 48, 214 zugrunde; vgl. unten Anm 10. § 18

Auch die Erfüllungssurrogate (Annahme einer Leistung an Erfüllungs Statt, § 364, Hinterlegung im Falle des § 378, Aufrechnung, §§ 387ff.) wirken gemäß § 422 Abs 1 Satz 2 in gleicher Weise. Der Gläubiger kann insbesondere der Aufrechnung, die ein Regreßpflichtiger, sei es, nachdem er von ihm in Anspruch genommen oder auch vorher in Ausübung seines Einlösungsrechts (vgl. zu § 17 Anm 12ff.), mit einer dem Regreßpflichtigen gegen ihn zustehenden Forderung erklärt, nicht widersprechen; er kann daher auch von seinem Rechte, die anderen Regreßpflichtigen, seien sie Vormänner oder Nachmänner des Aufrechnungsberechtigten, in Anspruch zu nehmen, nur so lange Gebrauch machen, als dieser die Aufrechnung nicht erklärt und dadurch die Forderung getilgt hat. Dagegen kann nicht ein Regreßpflichtiger mit einer Forderung aufrechnen, die einem anderen Regreßpflichtigen zusteht (§ 422 Abs 2). — Ein zwischen dem Gläubiger und einem Regreßpflichtigen vereinbarter Erlaß wirkt gemäß § 423 BGB für die übrigen Regreßpflichtigen nur dann, wenn die Vertragschließenden das „ganze" Schuldverhältnis aufheben wollten. Durch diese Fassung wird nicht ausgeschlossen, daß die Vertragschließenden durch den Erlaß das Schuldverhältnis gegenüber einem Teile der übrigen Gesamtschuldner aufheben, während es gegenüber einem anderen Teile bestehen bleibt (RGZ 59, 320). Ergibt sich das aus dem Wortlaut des Vertrags, so ist eine Aufhebung des ganzen Schuldverhältnisses (pactum in rem) ausgeschlossen; RG a. a. O. Im übrigen wird eine Vermutung dafür sprechen, daß ein zwischen dem Scheckgläubiger und einem Regreßpflichtigen abgeschlossener Erlaßvertrag auch den Nachmännern des letzteren zugute kommen soll, da anderenfalls der Gläubiger sich an diese halten und von ihnen der Regreßpflichtige, mit dem der Erlaßvertrag abgeschlossen worden, in Anspruch genommen werden könnte, wodurch der Erlaß für diesen unwirksam werden würde; vgl. RGZ 45, 70, wo aus dem gleichen Grunde ein mit dem Hauptschuldner abgeschlossener Erlaßvertrag auf den Bürgen erstreckt wird; ferner RGZ 40, 60. Für die Vormänner des Regreßpflichtigen dagegen ist eine solche Vermutung nicht begründet und wird es der Darlegung bedürfen, daß auch ihnen gegenüber der Erlaß wirken sollte. — Gleiche Grundsätze wie für den Erlaß werden auch (trotz § 425) für die Stundung in Anwendung zu kommen haben, die ja einen zeitlich beschränkten Erlaß darstellt; so auch StStr zu Art 81 Anm 6. — Allen Regreßpflichtigen gegenüber wirkt nach § 424 der Annahmeverzug des Gläubigers gegenüber einem von ihnen; demgemäß wird, wenn der Gläubiger das Angebot eines Regreßpflichtigen zur Einlösung des Schecks nicht angenommen hat, jeder andere Regreßpflichtige berechtigt sein, die Schecksumme nebst Zubehör zu hinterlegen; vgl. dazu oben zu § 17 Anm 14. Nicht das gleiche gilt aber von dem dadurch eintretenden Schuldnerverzuge des Scheckgläubigers; vgl. ebenda. — Andere Tatsachen, die in der Person eines Gesamtschuldners eintreten, wirken gemäß § 425, soweit sich nicht aus dem Schuldverhältnisse etwas anderes ergibt, nur für und gegen den Gesamtschuldner, in dessen Person sie eintreten. Aus dem wechsel- und scheckrechtlichen Regreßverhältnisse wird sich ein anderes im allgemeinen nicht ergeben. Insbesondere werden auch die Folgen des Schuldnerverzugs nur gegen den in Verzug gesetzten Regreßpflichtigen eintreten; doch ergibt sich aus den Art 50 u. 51 WO — vgl. oben zu § 17 Anm 16ff. —, daß für die dort bezeichneten Beträge alle Regreßpflichtigen aufzukommen haben, ohne Rücksicht darauf, ob und wann sie in Verzug gesetzt sind. Die Verjährung beginnt gemäß § 20 Abs 2 ScheckG (vgl. die Erläuterungen dazu) für jeden Regreßpflichtigen gesondert.

c) Keine Anwendung kann der das Verhältnis der Gesamtschuldner zueinander regelnde § 426 Abs 1 BGB auf das Verhältnis der mehreren aus einem Wechsel oder Scheck Regreßpflichtigen zueinander finden. § 426 Abs 1 enthält, wie übrigens dort ausdrücklich hervorgehoben ist („soweit nicht ein anders bestimmt ist"), eine Hilfsregel, die nur Platz greift, wo ein anderer Maßstab für die Verteilung nicht gegeben ist (vgl. RGZ 75, 256). Die WO und das ScheckG enthalten aber über das Verhältnis der Regreßpflichtigen zueinander eine selbständige und erschöpfende Regelung, die deshalb auf ihre wechsel- (scheck-) rechtlichen Beziehungen ausschließlich Anwendung zu finden hat. Dadurch ist auch, wie oben (unter b) schon bemerkt, die Anwendung des Abs 2 des § 426 ausgeschlossen: die Regreßforderung Anm. 4

§ 18 des befriedigten Inhabers geht nicht auf den Regreßpflichtigen, der ihn befriedigt hat, über, sondern erlischt; die diesem zustehende Forderung ist eine andere. Demnach gehen auch die für die Regreßforderung des befriedigten Gläubigers etwa außerhalb des Wechsels (Schecks) bestehenden Sicherungen nicht mit über (RGZ 96, 138); auch kann der befriedigte Gläubiger nicht nachträglich seine Ansprüche demjenigen, der ihn befriedigt hat, z. B. nachdem dessen eigener Regreßanspruch durch Verjährung erloschen ist, abtreten (RGZ 34, 50). Von der wechsel- (scheck-) rechtlichen Regreßpflicht verschieden ist aber die etwa aus einem zwischen einzelnen Regreßpflichtigen vorhandenen bürgerlich-rechtlichen Rechtsverhältnisse bestehende Ausgleichungspflicht. Sie kann der Regreßforderung gegenüber im Wege der Einwendung gemäß Art 82 WO, § 18 Abs 2 ScheckG insoweit geltend gemacht werden, als es sich um ein Verhältnis handelt, das unmittelbar zwischen dem Regreßnehmer und dem Regreßverpflichteten besteht und die Geltendmachung des Regresses von seiten des ersteren gegen den letzteren als arglistig erscheinen läßt (RGZ 48, 153; 96, 138; RG in JW 02 Beil S. 234). Darüber, wann ein solches Verhältnis vorliegt, vgl. unten zum Abs 2 dieses Paragraphen Anm 8 ff.

Anm. 5 2. **Absatz 2. Die Einwendungen gegen den Regreßanspruch.**

a) Zur Klagebegründung für den Regreßanspruch ist erforderlich und genügend, daß sich aus dem Scheck und den dazugehörigen Urkunden das Vorhandensein eines formellgültigen Schecks (§ 1), die Voraussetzungen für die Ausübung des Regreßanspruchs (§ 16), die scheckmäßige aktive Legitimation des Klägers als Scheckgläubiger (§§ 4, 8) und die passive Legitimation des Beklagten als Regreßpflichtiger (§ 15 ScheckG) ergeben. Sind diese Tatsachen, deren Vorhandensein von Amts wegen zu prüfen ist, gegeben, so stellt sich der Klageanspruch bis auf weiteres (prima facie) als begründet dar und ist es Sache des Beklagten, der der Klage widerspricht, im Wege der Einwendung geltend zu machen, daß der Klageanspruch trotzdem sich als nicht begründet erweise, weil ihm rechtshindernde oder rechtszerstörende Tatsachen entgegenstehen. Über die Beweislast vgl. unten Anm 13. Die WO (Art 82) bezeichnet die dahin gehenden Einwendungen des Wechselbeklagten als „Einreden", ein aus der römischrechtlichen exceptio entwickelter, im heutigen Rechte hinsichtlich seiner Bedeutung bestrittener Begriff, der im BGB lediglich das Recht bezeichnet, die an sich geschuldete Leistung in Ausübung eines Gegenrechts zu verweigern. Das ScheckG gebraucht (wie übrigens schon das BGB bei Regelung der Inhaberpapiere in § 796 und das HGB bei Regelung der kaufmännischen Anweisungen in § 364 Abs 2) an Stelle des Ausdrucks „Einreden" den Ausdruck „Einwendungen" und stellt dadurch klar, daß nicht nur Einreden im Sinne des BGB, sondern alle diejenigen Tatsachen darunter begriffen sind, welche geeignet sind, den Klageanspruch, obwohl er prima facie begründet erscheint, als nicht entstanden, zeitweise gehemmt oder dauernd zerstört erscheinen zu lassen und die deshalb von dem Beklagten vorgebracht werden müssen. Solche Einwendungen können aber gegen Ansprüche, die in Urkunden verbrieft sind, welche zur Zirkulation im Verkehr bestimmt sind und die deshalb eines Schutzes des guten Glaubens an ihren Inhalt bei dem Erwerber (des sog. „öffentlichen Glaubens") bedürfen — wie Schecke, Wechsel, Inhaberpapiere, kaufmännische Anweisungen, — nur in beschränktem Maße zugelassen werden. Die WO hat in Art 82 den Kreis der danach zulässigen Einwendungen dahin umschrieben, daß der Wechselschuldner sich nur solcher bedienen könne, die „aus dem Wechselrechte selbst hervorgehen oder ihm unmittelbar gegen den jedesmaligen Kläger zustehen". Dadurch sind im Schrifttume des Wechselrechts Zweifel nach verschiedenen Richtungen entstanden, insbesondere ob unter den Einreden (Einwendungen), die aus dem Wechselrechte selbst hervorgehen, nur diejenigen zu verstehen seien, die sich aus dem Wechsel (der Wechselurkunde) ergeben, oder diejenigen, die in dem objektiven Wechselrechte, d. h. den besonderen wechselrechtlichen Rechtsnormen, im Gegensatze zu den Normen des gewöhnlichen bürgerlichen Rechts, begründet sind (so Lehmann S. 124), oder aber solche, die das subjektive Recht des Wechselgläubigers, aber in seinem objektiven Bestande, unabhängig von der Person des Berechtigten betreffen und deshalb jedem Kläger entgegensetzbar sein müssen; so StStr zu Art 82 Anm 1. Die neueren Gesetze haben deshalb die Ausdrucksweise der WO vermieden, und zwar spricht das BGB an deren Stelle in § 796 von Einwendungen, welche entweder die Gültigkeit der Ausstellung betreffen oder sich aus der Urkunde ergeben; das HGB (§ 364 Abs 2) von solchen, welche die Gültigkeit der Erklärung des Schuldners in der Urkunde betreffen oder sich aus dem Inhalte der Urkunde ergeben. Diese Ausdrucksweise ist im Schrifttum des Wechselrechts als eine Art authentischer Interpretation für die entsprechende Bestimmung der WO angesehen und beachtet worden (Lehmann in DJZ 1900, 171; StStr a. a. O.). In dem gleichen Sinne unterscheidet das ScheckG in § 18 Abs 2 zwischen solchen Einwendungen, welche entweder die Gültigkeit der Erklärung des Schuldners in dem Scheck betreffen oder sich aus dem Inhalte des Schecks ergeben oder ihm unmittelbar gegen den Inhaber zustehen.

Die beiden ersten Gruppen umfassen diejenigen Einwendungen, welche jedem Inhaber entgegengesetzt werden können (exceptiones in rem); die dritte Gruppe kann ihrer Natur nach auch nur demjenigen Inhaber entgegengesetzt werden, gegen den sie sich richtet (exceptiones in personam). § 18

b) Einwendungen des Schuldners, welche die Gültigkeit seiner Erklärung in dem Scheck betreffen. Es handelt sich dabei um die Willenserklärung, durch welche die Verpflichtung der mit der Klage als Regreßpflichtiger in Anspruch genommenen Person, des Beklagten, begründet sein soll, also um seine eigene oder die in seinem Namen abgegebene Willenserklärung. Die Ungültigkeit der Willenserklärungen anderer Personen auf dem Scheck berührt die Gültigkeit seiner Willenserklärung nicht; vgl. zu § 23 Anm 1. Die Willenserklärung, um die es sich handelt, ist lediglich die im Scheck enthaltene abstrakte Verpflichtungserklärung (vgl. zu § 15 Anm 2); Erklärungen, die das zugrunde liegende Geschäft betreffen, fallen nicht unter diese Gruppe, sondern können nur als Einwendungen gegen die Person des Inhabers (unten zu d) geltend gemacht werden. Die Ungültigkeit seiner Willenserklärung kann der Beklagte jedem Inhaber des Schecks entgegensetzen; diesen schützt der Erwerb in gutem Glauben grundsätzlich nicht dagegen. Die Einwendung kann sich gegen die Gültigkeit der Erklärung zunächst insofern richten, als sie geltend macht, daß diese von vornherein nichtig gewesen sei. Dies ist der Fall, wenn die Erklärung von einem Geschäftsunfähigen persönlich abgegeben worden ist (§ 105 Abs 1 BGB); vgl. über die Scheckgeschäftsfähigkeit zu § 15 Anm 12. Der Einwand, daß zur Zeit der Abgabe der Scheckerklärung der Beklagte, der sie abgegeben, geisteskrank gewesen sei, kann sonach erhoben werden, und zwar jedem Inhaber gegenüber, auch demjenigen, der die Erklärung entgegengenommen hat, ohne daß dabei die Geisteskrankheit des Erklärenden irgendwie in Erscheinung trat (RG bei Gruchot 62, 118). Gleiches gilt von Erklärungen, die im Zustande der Bewußtlosigkeit oder vorübergehender Störung der Geistestätigkeit abgegeben worden sind (§ 105 Abs 2 BGB). Ist die Erklärung von einer in der Geschäftsfähigkeit beschränkten Person, insbesondere einem Minderjährigen über 7 Jahre, abgegeben worden, so kann, da es sich um eine Vertragserklärung handelt, vgl. zu § 15 Anm 2, geltend gemacht werden, daß sie unwirksam sei, weil sie ohne Einwilligung des gesetzlichen Vertreters abgegeben und dieser sie auch nicht genehmigt habe (§§ 107, 108 BGB); über die Beweislast vgl. unten Anm 13. Die Einwilligung und die Genehmigung können auch außerhalb des Schecks erklärt sein, und zwar sowohl gegenüber dem Minderjährigen wie gegenüber „dem anderen Teile" (§ 182 BGB); als solcher wird hier der unmittelbare Nachmann desjenigen, der die Verpflichtungserklärung abgegeben hat, anzusehen sein. Der Mangel der Geschäftsfähigkeit oder die Geschäftsbeschränkung muß vorhanden gewesen sein im Zeitpunkte des Begebungsvertrags (vgl. zu § 15 Anm 14); begibt sonach jemand nach erreichter Großjährigkeit einen vorher von ihm ausgestellten oder indossierten Scheck, so kann er daraus keine Einwendung herleiten. — Zweifelhaft könnte sein, ob ein Einwand gegenüber jedem Inhaber daraus hergeleitet werden kann, daß die Scheckerklärung mit dem Einverständnisse des Schecknehmers nur zum Schein abgegeben worden sei (Simulation, § 117 BGB); die nach gemeinem Rechte für den Wechsel bestrittene Frage dürfte nach BGB zu verneinen sein; zwar erkennt dieses den Schutz des guten Glaubens nicht als allgemeinen Grundsatz unbedingt für alle Rechtsverhältnisse, sondern nur in einzelnen bestimmten Anwendungsfällen an, für den Fall des Scheingeschäfts in § 405; indessen der in diesen Bestimmungen hervortretende Rechtssatz ist in der Rechtsprechung des RG mit Recht für der entsprechenden Anwendung auf andere rechtsähnliche Tatbestände fähig erklärt worden (RGZ 90, 277; 95, 162). Das wird unbedenklich für einen Fall, wie er hier vorliegt, angenommen werden können, wo der Schuldner über die Schuld nicht eine gewöhnliche, sondern eine geradezu zum Verkehr bestimmte Urkunde ausgestellt hat und ihm deshalb noch weniger, als im Falle des § 405 gegenüber dem Zessionar, gegenüber dem gutgläubigen Erwerber der Urkunde die Berufung darauf gestattet werden kann, daß die Eingehung des Schuldverhältnisses nur zum Schein erfolgt sei; einer solchen Einwendung würde zum mindesten die Replik der Arglist (exc. doli generalis) entgegenstehen. Dementsprechend hat das RG in RGZ 14, 24 aus der Natur des Wechselvertrags als eines schriftlichen Formalvertrags hergeleitet, daß es dem gutgläubigen Erwerber des Wechsels gegenüber nicht darauf ankommen könne, was bei dem Geben des Wechsels an seinen Vormann gewollt oder mündlich verhandelt worden ist; daß es vielmehr genügen müsse, wenn ein Geben und Nehmen des Wechsels tatsächlich stattgefunden hat, um im Verhältnisse zu dem gutgläubigen Dritten den Wechselvertrag als abgeschlossen zu betrachten. Übrigens wird, wenn auch die Absicht, Dritte zu täuschen, nicht zum Begriffe des Scheingeschäfts gehören mag (RGZ 90, 277; 95, 162; WarnRspr 1914 Nr 245), doch eine solche Absicht bei der zum Scheine erfolgenden Ausstellung und Begebung einer Scheckverpflichtungserklärung regelmäßig vorhanden sein und deshalb eine unerlaubte Handlung nach § 823 Abs 2 oder jedenfalls nach § 826 BGB vorliegen und dadurch ein Schadensersatzanspruch begründet sein, der gegenüber Anm. 6

§ 18 der aus der Scheinnatur des Ausstellungs- und Begebungsgeschäfts hergeleiteten Einwendung eine Replik der Arglist (dolo facit qui petit quod redditurus est) begründet (RGZ 95, 162; RGRKomm zu § 117 Anm 1 S. 150).

Eine Nichtigkeit der Willenserklärung tritt aber gemäß § 142 BGB auch nachträglich und zwar mit rückwirkender Kraft ein durch rechtzeitige und begründete Anfechtung wegen Irrtums (§ 119), arglistiger Täuschung oder widerrechtlicher Drohung (§ 123). Sofern diese Anfechtungsgründe die scheckrechtliche Erklärung — nicht etwa das zugrunde liegende Kausalgeschäft — betroffen haben, betrifft die aus der Anfechtung hergeleitete Einwendung die Gültigkeit dieser Erklärung und muß deshalb, jedenfalls nach der Fassung des ScheckG, grundsätzlich als eine solche angesehen werden, die jedem Inhaber entgegengesetzt werden kann. So auch (für den Wechsel) StStr zu Art 82 Anm 9, 19a (gegen Staub 4. Aufl); für den Scheck Simonson zu § 18 Anm 2 A, a. M. Lessing zu § 18 Anm 1 S. 156. Der Irrtum muß sich aber gemäß § 119 BGB auf den Inhalt der Erklärung bezogen haben, sei es, daß derjenige, der den Skripturakt vollzog, überhaupt (wenn auch aus Rechtsirrtum) nicht wußte, daß er eine Scheckerklärung abgab (z. B. wenn er geglaubt hat, nur einen einfachen Schuldschein zu unterzeichnen), sei es, daß er sich nur für eine geringere Summe scheckrechtlich verpflichten wollte. Dagegen liegt kein Irrtum über den Inhalt der Erklärung und daher auch keine Anfechtbarkeit vor, wenn die Scheckerklärung auf einem unausgefüllten Formular erfolgt und dieses nachträglich in anderer Weise als vereinbart ausgefüllt worden ist; ein solcher Blankettmißbrauch begründet nur eine exceptio in personam (RGZ 2, 97; 14, 22; 19, 136; 23, 110; 33, 44; 65, 410; 68, 421). Ein außerhalb des Erklärungsinhalts liegender Irrtum im Beweggrunde ist unbeachtlich, insbesondere ein solcher, der sich auf das zugrunde liegende Rechtsgeschäft und die sich aus diesem ergebenden schuldrechtlichen Verpflichtungen bezieht. — Die hiernach sich ergebende Wirkung der Anfechtung wegen Irrtums auf die Gültigkeit der Scheckerklärung auch gegenüber dem gutgläubigen Erwerber des Schecks ist um deswillen unbedenklich, weil nach § 122 BGB derjenige, der die angefochtene Scheckerklärung abgegeben hat, dem gutgläubigen Scheckerwerber als dem Erklärungsempfänger den Schaden, den dieser dadurch erlitten hat, daß er auf die Gültigkeit der Erklärung vertraute — also den ihm durch den Erwerb des Schecks entstandenen Schaden —, zu ersetzen hat. — Die arglistige Täuschung und die Drohung können sich unmittelbar auch auf das zugrunde liegende Rechtsgeschäft bezogen haben, sofern dadurch der Abgeber der Scheckerklärung bestimmt worden ist, die Scheckerklärung abzugeben. Die Anfechtbarkeit wegen Täuschung tritt jedoch unbeschränkt nur ein, wenn die Täuschung von demjenigen, der aus ihr ein Recht herleiten will, verübt worden ist; andere Personen sind „Dritte" im Sinne von § 123 Abs 2 und die Anfechtung wegen der von ihnen verübten Täuschung erfordert deshalb, daß derjenige, der aus dem Scheck ein Recht herleiten will, von der Täuschung Kenntnis hatte oder haben mußte; demjenigen, der den Scheck ohne Fahrlässigkeit gutgläubig erworben hat, kann also in diesem Falle aus der erfolgten Anfechtung eine Einwendung nicht entgegengesetzt werden. Anders bei der widerrechtlichen Drohung, die auch bei gewöhnlichen Vertragserklärungen Anfechtbarkeit gegenüber dem gutgläubigen Vertragsgegner bewirkt; der gutgläubige Erwerber des Schecks ist daher in diesem Falle auf den Schadensersatzanspruch aus § 826 BGB gegenüber demjenigen, der die Drohung verübt hat, angewiesen. — Die Erklärung der Anfechtung hat gemäß § 143 Abs 1, 2 gegenüber dem „anderen Vertragsteile" zu erfolgen; das ist hier derjenige, mit dem der Begebungsvertrag abgeschlossen worden ist, der unmittelbare Scheckempfänger; nur im Falle des § 123 Abs 2 Satz 2 ist Anfechtungsgegner derjenige, welcher aus der Erklärung unmittelbar ein Recht erworben hat; das ist beim Scheck der Scheckinhaber, der nicht ein von seinem Vormanne abgeleitetes, sondern ein selbständiges Recht aus dem Scheck geltend macht. Soll sonach behauptet werden, daß der Scheckinhaber die verübte Täuschung gekannt habe oder habe kennen müssen — auch der Fall, daß er sie als „Dritter" selbst verübt habe, fällt darunter —, so wird die Anfechtungserklärung ihm gegenüber abzugeben sein. Das wird freilich nur möglich sein, wenn seine Inhaberschaft dem Anfechtungsberechtigten innerhalb der einjährigen Frist des § 124 bekannt geworden ist. — Über die Einwendung des mangelnden Begebungsvertrags vgl. zu § 8 Anm 5 und zu § 15 Anm 2. Sie betrifft nicht die Gültigkeit der Erklärung des Schuldners im Scheck, d. h des Skripturaktes, kann also nach der Fassung des ScheckG schon aus diesem Grunde dem gutgläubigen Erwerber nicht entgegengesetzt werden. Sie wird aber in diesem Falle auch ausgeschlossen durch die Vorschrift des Art 74 WO, die gemäß § 8 Abs 2 ScheckG auch auf den Scheck anwendbar ist (vgl. zu § 8 Anm 3) und durch welche gegenüber dem gutgläubigen Erwerber der Herausgabeanspruch ausgeschlossen ist, woraus zu folgern ist, daß ihm auch eine Einrede des mangelhaften Erwerbes eines Vormannes nicht entgegengehalten werden kann (RGZ 112, 204).

Anm. 7 c) **Einwendungen, welche sich aus dem Inhalte des Schecks ergeben.** Es gehören dazu alle Einwendungen formeller und materieller Art gegen den Regreßanspruch, deren Grund aus dem urkundlichen Inhalte des Schecks ersichtlich ist. Die Begründetheit der Einwendung muß sich aus der Urkunde allein, ohne Hinzuziehung anderer Erkenntnismittel, in einer verkehrsüblich für Angehörige der beim Scheckverkehr in Betracht kommenden Kreise bei hinreichender Aufmerksamkeit nicht zu verkennenden Weise ergeben. Sie können, wie die Einwendungen zu b, jedem Scheckinhaber entgegengesetzt werden. Soweit sie die Gültigkeit der Verpflichtungserklärung im Scheck betreffen, fallen sie zugleich unter die Gruppe der Einwendungen zu b. Soweit es sich um das Fehlen von wesentlichen Erfordernissen für die formelle Gültigkeit des Schecks (§ 1 ScheckG), die Legitimation des Scheckinhabers (§ 8 ScheckG in Verbindung mit Art 36 WO) oder für die Erhaltung des Regreßanspruches (§ 16 ScheckG) handelt, sind die ihnen zugrunde liegenden Tatsachen bereits von Amts wegen durch das Gericht zu prüfen; es steht aber nichts im Wege, daß sie auch im Wege der Einwendung durch die Partei geltend gemacht werden. Eines weiteren Beweises als des Hinweises auf die Scheckurkunde bedürfen sie nicht. Zu dem Inhalte des Schecks muß auch der Inhalt der nach gesetzlicher Vorschrift zum Nachweise der Erhaltung des Regreßrechts aufgenommenen Urkunden gerechnet werden, sowohl derjenigen, die auf den Scheck zu setzen oder mit ihm zu verbinden sind, wie die Erklärung des Bezogenen und der Protest (§ 16 Abs 1 Satz 2 Ziff 1, 3), wie auch der in besonderer Urkunde ausgestellten Bescheinigung der Abrechnungsstelle (ebenda Ziff 2). Ergibt sich aus ihnen, daß die Vorlegung nicht rechtzeitig erfolgt oder daß der Protest in unwirksamer Form erhoben ist, so kann daraus gegenüber jedem Scheckinhaber eine Einwendung hergeleitet werden. Eine auf dem Scheck befindliche Quittung über die ganze Schecksumme kann verschiedene Bedeutung haben; sie kann in Erwartung der Einlösung des Schecks durch den Bezogenen oder durch einen Regreßpflichtigen ausgestellt sein; daß die Einlösung wirklich erfolgt ist, kann durch sie nicht bewiesen werden, solange der Scheck noch im Besitze desjenigen ist, der die Quittung ausgestellt hat. Anders bei Quittungen über Teilzahlungen, da bei solchen der Scheck nicht ausgeliefert wird. § 18

Aus dem Scheck ergeben muß sich die Einwendung, daß die Indossierung oder Namensschrift ohne Gewährleistung erfolgt sei (§ 15 Abs 3); ferner die Einwendung, daß der Scheck nicht durch Indossament übertragen werden konnte (§ 18 Abs 1). Aus dem Scheck kann sich ergeben die Einrede der Verjährung (§ 20 Abs 2 ScheckG).

d) **Einwendungen, welche dem Schuldner unmittelbar gegen den Inhaber zustehen.** Anm. 8

α. Auch die Einwendungen der beiden ersten Gruppen (oben unter b und c) stehen dem in Anspruch genommenen Regreßpflichtigen „unmittelbar gegen den Inhaber zu", d. h. sie können jedem Inhaber unmittelbar entgegengesetzt werden. Die Besonderheit der dritten Gruppe besteht aber darin, daß sie ihrer inneren Natur nach lediglich das Rechtsverhältnis zwischen dem klagenden Inhaber des Schecks und dem Beklagten betreffen und deshalb nur diesem Inhaber entgegengesetzt werden können. Es sind Einwendungen, die außerhalb der durch den Scheck geschaffenen besonderen Rechtsbeziehungen aus den persönlichen Rechtsbeziehungen der Prozeßparteien auf der Grundlage des allgemeinen Rechts sich ergeben und deshalb die Geltendmachung des scheckrechtlichen Anspruchs durch diesen Kläger gegenüber diesem Beklagten nicht gestatten. Sie werden in der Rechtssprache vielfach unter dem Sammelnamen „exceptiones doli generalis" oder richtiger „praesentis" zusammengefaßt in dem Sinne, daß das Vorhandensein eines derartigen Rechtsverhältnisses die Geltendmachung des formalen Wechsel (Scheck-) Anspruchs durch den Kläger als ein gegen Treu und Glauben verstoßendes, „doloses" Verhalten erscheinen läßt.

β. Zu diesen Einwendungen gehören in erster Reihe diejenigen, welche aus dem der Scheckverpflichtungserklärung, die der Beklagte unmittelbar gegenüber dem Kläger, sei es durch Ausstellung, Indossament oder Namensschrift, abgegeben hat, zugrunde liegenden Rechtsgeschäfte hergeleitet werden. In dieser Beziehung kann eingewendet werden, daß der Scheck dem Kläger von dem Beklagten zahlungshalber oder an Zahlungs Statt gegeben worden und die Forderung, deren Erfüllung durch die Zahlung erfolgen sollte, nicht bestanden habe. Ein solcher Einwand stellt sich als eine Bereicherungseinrede (condictio indebiti) dar und ist deshalb nur nach Maßgabe der §§ 812ff. BGB, insbesondere mit den Beschränkungen der §§ 814, 817 statthaft. Insbesondere wird durch die Nichtigkeit des Kausalgeschäfts nicht ohne weiteres auch die Nichtigkeit der zu seiner Erfüllung hingegebenen Scheckverpflichtung begründet; diese besteht vielmehr als selbständige, von ihrem Schuldgrunde insoweit losgelöste (abstrakte) Verpflichtung. Das gilt auch im Falle der Nichtigkeit des zugrunde liegenden Rechtsgeschäfts wegen Verstoßes gegen die guten Sitten (§ 138 Abs 1 BGB). Jedoch wird das Erfüllungsgeschäft, sonach auch die Scheckverpflichtungserklärung, von der Nichtigkeit ergriffen, wenn sie sich als eine Gewährung wucherischer Vermögensvorteile im Sinne von § 138 Abs 2 BGB darstellt; vgl. RGZ 57, 95; 75, 76; 93, 75; RGRKomm zu § 138 Anm 2 S. 213; a. M. mit Unrecht StStr zu Art 82 Anm 35 unter Bezugnahme auf Entscheidungen des RG, die keine Wucherfälle betreffen. Die Einrede des Wuchers betrifft deshalb die Gültigkeit der Erklärung des Schuldners im Scheck und kann somit jedem Anm. 9

§ 18 Scheckerwerber, auch dem gutgläubigen, entgegengehalten werden. Der in den übrigen Fällen der Nichtigkeit des zugrunde liegenden Geschäfts wegen Verstoßes gegen die guten Sitten entstehende Bereicherungsanspruch wird dadurch nicht ausgeschlossen, daß auch dem Leistenden, dem Hingeber der Scheckverpflichtungserklärung, ein solcher Verstoß zur Last fällt, denn die Leistung besteht in der Eingehung einer Verbindlichkeit; doch kann das zur Erfüllung der eingegangenen Scheckverbindlichkeit Geleistete nicht zurückgefordert werden. (§ 817 Satz 2 BGB). — Der Bereicherungseinwand greift auch durch, wenn der Scheck zur Erfüllung einer klaglosen Verbindlichkeit aus einem Spiel- oder Wettvertrage (§ 762 BGB; RGZ 47, 52; 51, 157; 52, 39) oder aus einem Provisionsversprechen für Ehevermittlung (§ 665 BGB) zahlungshalber gegeben worden ist; anders bei angenommener Hingabe an Zahlungs Statt, da diese der Erfüllung gleichsteht, § 364 BGB (a. M. anscheinend RGZ 47, 50). Das zur Erfüllung der Scheckverbindlichkeit freiwillig Gezahlte kann jedoch auch hier nicht zurückgefordert werden. Die Rückforderung ist auch dann ausgeschlossen, wenn der Empfänger, wozu er ermächtigt war, den Scheck, bevor ihn der Hingeber zurückverlangt hat, weiterbegeben hat und der Hingeber den in den Händen des Dritten befindlichen Scheck von diesem hat einlösen müssen (RGZ 35, 198; 47, 50). Anders, wenn der Hingeber ihn vor der Weiterbegebung von dem Empfänger zurückgefordert und dadurch die Ermächtigung zur Weiterbegebung zurückgenommen hat, wozu er berechtigt war; in diesem Falle hat der Scheckempfänger die Valuta ohne rechtfertigenden Grund erlangt und muß sie daher dem Scheckgeber zurückerstatten, RGZ 51, 361. — Im wesentlichen, jedoch mit der nachstehend zu erwähnenden Abweichung, gilt das gleiche, wenn es sich um Differenz- oder Börsengeschäfte im Sinne des Börsengesetzes in der Fassung der Bek v. 27. 5. 1908 (RGBl 08 S. 215ff.) handelt, und zwar ebensowohl für die nicht verbotenen wie für die verbotenen derartigen Geschäfte. Die Hingabe eines Wechsels oder Schecks zahlungshalber oder als Sicherheit gilt bei ihnen nicht als eine die Wirksamkeit des Geschäfts begründende Leistung oder Sicherheitsleistung (§§ 55, 54 Abs 2, 64); aber auch durch Novation mittels Wechsel- oder Scheckhingabe, also Hingabe an Zahlungs Statt, können diese Geschäfte nicht wirksam gemacht werden (§§ 59, 66; vgl. RGZ 71, 292). Die schenkweise erteilte Hingabe eines Wechsels oder Schecks unterliegt gleichfalls dem Bereicherungseinwande des Schenkers gegenüber dem Schenknehmer, sofern ihr nicht ein der Form des § 518 BGB entsprechendes Schenkungsversprechen zugrunde liegt; die Hingabe enthält, jedenfalls solange der Wechsel oder Scheck sich noch im Besitze des Beschenkten befindet, keine die Formlosigkeit nach § 518 Abs 2 heilende Bewirkung der schenkungsweise versprochenen Leistung. So mit Recht unter Bezugnahme auf die für klaglose Börsentermingeschäfte geltenden gleichartigen Rechtssätze RGZ 71, 289; a. M. StStr zu Art 82 Anm 46a. — Wird der Wechsel oder Scheck zum Zwecke der Verbürgung durch einen Nichtkaufmann hingegeben, so entsteht zwar keine bürgerlich-rechtliche Bürgschaftsverpflichtung, da die Erklärung, daß eine Bürgschaft übernommen werde, nicht schriftlich erteilt ist, auch die Hingabe des Wechsels (Schecks) keine Erfüllung der Hauptverbindlichkeit durch den Bürgen bedeutet (§ 766 BGB); doch soll nach einer ständigen Rechtsprechung des RG (RGZ 48, 152; 51, 114; 61, 6; 94, 89) dadurch nicht die Haftung aus dem Wechselversprechen als solchem ausgeschlossen werden, weil „insoweit die fehlende schriftliche Bürgschaftsform einen hinsichtlich ihrer vom Gesetzgeber erwarteten Wirkung" (Schutz vor Übereilung!) „mindestens gleichwertigen Ersatz finde in der Schriftform des Wechsels selber". Diese auch grundsätzlich nicht unbedenkliche Auffassung ist schwerlich in Einklang zu bringen mit der oben dargelegten Rechtsprechung hinsichtlich der schenkungsweise erfolgten Wechselhingabe. — Keinesfalls entstehen aus der zum Zwecke der Verbürgung erfolgten Wechsel- (Scheck-) Hingabe die sonstigen Folgen einer bürgerlich-rechtlichen Verbürgung: nicht die Einrede der Vorausklage (§ 771), auch nicht die Ausgleichseinrede unter Mitbürgen (§§ 774 Abs 2, 426 BGB) — so RGZ 48, 152 —, ebensowenig der Einwand aus § 777 (Verzögerung der Inanspruchnahme des Hauptschuldners) — RGZ 74, 352 — können dem Wechsel- (Scheck-) Anspruche entgegengesetzt werden; auch geht, falls der Wechsel- (Scheck-) Verpflichtete zahlt, der Anspruch gegen den Hauptschuldner nicht gemäß § 774 BGB auf ihn über; RGZ 94, 90. Ist die Wechsel- (Scheck-) Verpflichtung erfolgt zum Zwecke der Verbürgung gegenüber einer Person, die auf dem Wechsel (Scheck) als Vormann erscheint, so kann der dadurch Verpflichtete einen Regreßanspruch gegen diesen Vormann nicht geltend machen (RGZ 65, 407). Gleiches gilt, wenn von mehreren Personen, die sich gemeinschaftlich für einen Dritten verbürgen wollten, die eine als Vormann, die andere als Nachmann auf dem Wechsel (Scheck) erscheint. In beiden Fällen greift im Verhältnis dieser Personen zueinander der aus dem Verbürgungszwecke hergeleitete Einwand durch.

Anm. 9a Obwohl der Scheck nicht, wie der Wechsel, Kreditpapier ist oder es wenigstens nicht sein soll (vgl. zu § 11 Anm 1), kann es doch vorkommen, daß die Scheckverpflichtungserklärung zu dem Zwecke gegeben wird, damit der Nehmer sich durch Diskontierung des Schecks zeitweise Geld verschaffen kann, mit der Vereinbarung, daß der Nehmer selbst für die Einlösung Sorge tragen werde (Gefälligkeitsscheck). Aus einer solchen Vereinbarung kann der Geber eine Einwendung gegen den Nehmer erheben, wenn dieser ihn aus dem Scheck als regreßpflichtig in Anspruch nimmt. **§ 18**

Ist der Scheck mit Rücksicht auf einen gegenseitigen Vertrag, insbesondere einen Kaufvertrag, als Vorauszahlung oder Anzahlung auf den Kaufpreis gegeben, so kann, falls nichts anderes vereinbart ist, der Käufer gegenüber dem Regreßanspruche des Verkäufers aus dem Scheck, solange der Kaufvertrag noch besteht, nicht geltend machen, daß der Verkäufer den Kaufvertrag nicht oder nicht gehörig erfüllt habe, da er auf das Zurückbehaltungsrecht des § 320 BGB durch die Vorausleistung verzichtet hat. Anders, wenn bei der Hingabe des Wechsels (Schecks) unter den Parteien ausdrücklich oder stillschweigend die Vereinbarung getroffen ist, daß dieser nur nach ordnungsmäßiger Erfüllung der aus dem Vertrage geschuldeten Leistung geltend gemacht werden dürfe (ROHG 2, 228; 3, 315; 13, 167; RG im Recht 09, 380), eine Vereinbarung, die keineswegs immer mit der Hingabe des Wechsels (Schecks) verbunden ist; vgl. den Fall bei Bolze 3 Nr 550. Ist aber der Hingeber des Wechsels (Schecks) wegen der Nichterfüllung von dem Vertrage gemäß § 326 BGB zurückgetreten, so kann er gegenüber dem anderen Teile, wenn dieser den Anspruch aus dem Wechsel (Scheck) geltend macht, den Bereicherungseinwand erheben (RGZ 2, 412 und RG im Recht 10 Nr 2293), jedoch mit Erfolg nur insoweit, als festgestellt wird (wegen der Beweislast vgl. unten Anm 13), daß dem Kläger nicht wegen seiner Rückgewähransprüche aus §§ 327, 346 BGB eine Geldforderung gegen den Beklagten zusteht (RGZ 75, 200). Der Einwand gegen die Geltendmachung des Wechsels (Schecks) greift auch insoweit nicht durch, als dem Kläger, nachdem er dem Beklagten eine fruchtlos verlaufene Frist mit der Erklärung gesetzt hat, daß er nach dem Ablaufe der Frist die Annahme der Leistung ablehne, statt des Anspruchs auf Erfüllung ein Schadensersatzanspruch wegen Nichterfüllung (§ 326 BGB) gegen den Beklagten zusteht; der als Vorauszahlung auf den Kaufpreis gegebene Scheck, der zur Sicherung des Vertragsanspruchs dient, hat auch zur Sicherung (und Durchführung!) des Schadensersatzanspruchs aus dem gleichen Vertrage zu dienen (RG V 56/21, 1. 6. 1921 in JW 1921, 1528[5]); wegen der Beweislast vgl. unten Anm 13. **Anm. 9b**

Den Einwand, daß seine Regreßverbindlichkeit aus dem Scheck **durch Zahlung oder einen dieser gleichstehenden Erfüllungsakt** (Aufrechnung, Novation, Hingabe an Zahlungs Statt, befreiende Hinterlegung) **erloschen sei,** kann der beklagte Scheckverpflichtete regelmäßig nur auf eine von ihm unmittelbar an den klagenden Scheckinhaber gemachte Erfüllungsleistung gründen. Das RG hat bereits in RGZ 11, 18 ausgeführt und in RGZ 61, 7 wiederholt, es ergebe sich aus der besonderen Natur der Wechselobligation, daß die Zahlung bei Wechselforderungen anders wirke als bei anderen Forderungen, indem die Wechselforderung ungeachtet der Zahlung fortbestehe, solange die Wechselurkunde „unkassiert und ohne Zahlungsvermerk" im Besitze des Wechselgläubigers verbleibe; der durch den Inhalt der Wechselurkunde legitimierte Inhaber des Wechsels könne die Wechselforderung nach wie vor geltend machen und es erwachse dem Wechselschuldner aus der geleisteten Zahlung eine Einrede nur dann, wenn der Kläger arglistig handle, indem er das, was er bereits empfangen, noch einmal fordere. Hieraus folgert das RG in dem erstgenannten Urteile einerseits, daß der Wechselschuldner auf die an einen Vormann des Klägers geleistete Zahlung eine Einrede nicht gründen kann; andererseits, daß er auf die von einem anderen Wechselschuldner an den Kläger geleistete Zahlung eine Einrede nur dann gründen kann, wenn der Kläger sich einer Arglist gegen den Beklagten schuldig mache dadurch, daß er ungeachtet des Zahlungsempfanges nochmals Zahlung verlange. Die Tatsache allein aber, daß der Kläger dieselbe Leistung von einem anderen zur Zahlung verpflichteten Wechselschuldner erhalten hat, genügt, wie das RG weiter ausführt, nicht, um den Vorwurf eines arglistigen Verhaltens gegen den Kläger zu begründen. Denn aus dem Umstande, daß der Wechsel im Besitze des Wechselgläubigers, der die Zahlung empfangen hat, belassen worden ist, könne die Absicht des Zahlenden und des Zahlungsempfängers (sonach eine zwischen ihnen getroffene Vereinbarung) dahin entnommen werden, daß dem letzteren die Wiedereinziehung des bezahlten Betrags von einem anderen Wechselverpflichteten für Rechnung des Zahlenden überlassen werden sollte. Der Kläger handelt sonach in diesem Falle als Inkassomandatar desjenigen, der die Zahlung geleistet hat, und der Beklagte kann ihm deshalb die Einwendungen aus der Person des letzteren entgegenhalten (vgl. unten Anm 11); zu diesen gehört aber nicht die Einwendung der Zahlung, da die Zahlung nicht an den Inkassomandanten, sondern durch diesen an den Kläger geleistet worden ist. Die Entscheidung bezieht sich selbstverständlich nur auf solche Fälle, in denen die Zahlung durch einen Nachmann des mit der Klage in Anspruch genommenen Wechselverpflichteten geleistet worden ist; denn nur der Nachmann hat einen Regreßanspruch gegen den Vormann, den der bezahlte Wechselgläubiger als Inkassomandatar des Zahlenden **Anm. 10**

§ 18 geltend machen kann. Ist dagegen die Zahlung durch einen Vormann des Beklagten erfolgt, so kann der Wechselgläubiger, der die Zahlung erhalten hat, einen Regreßanspruch weder als Inkassomandatar des Zahlenden noch, da er bezahlt ist, aus eigenem Recht mit Erfolg geltend machen. Durch die Zahlung von seiten eines Vormannes werden daher alle Nachmänner, mithin durch die Zahlung des Ausstellers sämtliche Regreßverpflichtete befreit, auch wenn der Wechsel (Scheck) in den Händen des Gläubigers, der die Zahlung erhalten hat, verblieben ist. Auf dem gleichen Standpunkte wie das obenerwähnte Urteil stehen grundsätzlich die Urt des RG in RGZ 23, 125 und 48, 214, mit dem Unterschiede, daß sie Fälle behandeln, in denen die dem Kläger gemachte Leistung keine endgültige Zahlung, sondern nur eine vorläufige Deckung darstellte und er deshalb ungeachtet ihrer kraft eigenen Rechts, nicht als Inkassomandatar, zur Geltendmachung der Wechselforderung berechtigt erachtet wurde, so daß auch Einreden aus der Person dessen, der die Deckung geleistet hatte, ihm nicht entgegengehalten werden konnten. Die gleichen Grundsätze müssen auch beim Scheck in bezug auf die Einwendung des in Anspruch genommenen Regreßpflichtigen, daß der klagende Scheckinhaber von einem anderen Regreßpflichtigen Zahlung erhalten habe, zur Anwendung kommen. Aufrechnen kann der Beklagte nur mit einer ihm gegen den Kläger zustehenden Forderung; aus einer von einem anderen Wechsel- (Scheck-) Verpflichteten gegenüber dem Kläger erklärten Aufrechnung kann er einen Einwand unter den gleichen Voraussetzungen herleiten wie aus der Zahlung eines anderen (vgl. oben).

Anm. 10a Zu den Einwendungen, die dem Schuldner unmittelbar gegen den Inhaber zustehen, gehören aber ferner auch diejenigen, die sich gegen die materiell-rechtliche Legitimation des Inhabers als Scheckgläubiger richten, die zu prüfen der Schuldner zwar in der Regel nicht verpflichtet, wohl aber berechtigt ist; vgl. zu § 8 Anm 42. Es kommt hier namentlich in Betracht der Einwand, daß der klagende Inhaber rechtswidrig ohne Begebungsvertrag in den Besitz des Schecks gelangt sei, z. B., daß er ihn gestohlen oder unterschlagen habe, oder daß der Begebungsvertrag, durch den er ihn erworben haben wolle, ungültig sei; vgl. zu § 8 Anm 5. Ferner aber auch der Einwand, daß er den Scheck in bösem Glauben oder in grober Fahrlässigkeit von einem zu seiner Begebung nicht Berechtigten erworben habe (RGZ 53, 207; 55, 49; 57, 391; 74, 185; 103, 89; vgl. auch zu § 8 Anm 52).

Anm. 11 γ. Unter dem Inhaber des Schecks, gegen den unmittelbar die Einwendungen dem Schuldner zustehen müssen, wenn sie ihm entgegengesetzt werden sollen, ist der durch scheckrechtlichen Erwerb des Gläubigerrechtes materiell legitimierte Inhaber zu verstehen. Diese materielle Legitimation fällt zwar in der Regel, aber nicht ausnahmslos mit der formellen Legitimation zur prozessualen Geltendmachung des Schecks durch Klagerhebung zusammen. Zunächst dann nicht, wenn das Indossament, auf das der Kläger seine Legitimation stützt, ein offenes Prokuraindossament ist und er somit nicht in eigenem Namen, sondern unter Aufdeckung seiner Vertretereigenschaft den Anspruch geltend macht. In diesem Falle ist der Vertretene, der das Prokuraindossament erteilt hat, die eigentliche Prozeßpartei und der „Inhaber" des Schecks, auch wenn sich der Scheck zum Zwecke der Prozeßführung in den Händen des Vertreters befindet; vgl. oben zu § 8 Anm 12. Aber auch wenn der Kläger den Anspruch in eigenem Namen geltend macht, ist er nicht immer der „Inhaber" im Sinne des ScheckG. Zunächst dann nicht, wenn er das Recht, den Scheckanspruch geltend zu machen, nicht durch eine der besonderen scheckrechtlichen Erwerbsarten — als im Scheck bezeichneter Zahlungsempfänger (Remittent), Indossatar oder beim Inhaberscheck durch den bloßen Erwerb des Eigentums am Papier — erlangt hat, sondern im Wege einer der gewöhnlichen Arten der Rechtsnachfolge des bürgerlichen Rechtes in Forderungen, also unter Lebenden durch Übertragung (Zession) oder von Todes wegen durch Gesamtrechtsnachfolge. In diesen Fällen greift die Möglichkeit eines verstärkten Rechtes des Erwerbers gegenüber dem Rechte des Vorgängers nicht Platz, vielmehr kommt der Satz zur Anwendung: „Nemo plus iuris in alium transferre potest quam ipse habet." Einem solchen Erwerber gegenüber kann deshalb der Beklagte die ihm unmittelbar gegen dessen Rechtsvorgänger — Zedent oder Erblasser — zustehenden Einwendungen geltend machen, obwohl sie ihm gegen den Rechtsnachfolger nur „mittelbar" (kraft Ableitung vom Rechtsvorgänger) zustehen. Gleiches gilt von dem Nachindossamente, das nur die Wirkungen einer bürgerlich-rechtlichen Forderungsübertragung hat; vgl. zu § 8 Anm 15. Dagegen ist das Inkassoindossament nach der richtigen Auffassung (vgl. oben zu § 8 Anm 12) eine nach außen hin dem Vollindossamente gleichstehende Übertragung des Scheckrechtes zu eigenem Recht, wenn auch nach innen ein fiduziarisches Rechtsgeschäft. Der Inkassoindossatar ist kraft eigenen Rechtes legitimierter „Inhaber" im Sinne des § 18 Abs 2 ScheckG (ebenso „jedesmaliger Kläger" im Sinne von Art 82 WO), und es können ihm deshalb von dem mit der Klage in Anspruch genommenen Scheckverpflichteten nur die diesem unmittelbar gegen ihn zustehenden, den zwischen ihnen bestehenden persönlichen Rechtsbeziehungen entnommenen Einwendungen entgegengesetzt werden. Dazu gehören an und für sich nicht Einwendungen, die sich aus den persönlichen Rechtsbeziehungen zwischen dem Inkassoindossanten und dem Schuldner ergeben. § 18 Doch ist die Rechtsprechung des RG, abweichend von derjenigen des ROHG, dazu gelangt, dem Schuldner eine Einrede der Arglist gegenüber dem Inkassoindossatar zu gewähren, wenn dieser ohne eigenes Interesse lediglich seine formale Rechtsstellung dazu mißbraucht, den Schuldner an der Geltendmachung von Einwendungen zum Vorteile des Indossanten und zum Nachteile des Schuldners zu hindern (RGZ 11, 9). Dabei hat das RG hervorgehoben, daß diese Einrede der Arglist nicht allein dann stattfinde, wenn der Inkassoindossatar schon beim Erwerbe des Wechsels dolos handelte, indem er wußte, daß er als Werkzeug dazu dienen sollte, einen unbegründeten Anspruch des Indossanten geltend zu machen und begründete Einreden abzuschneiden (also im Falle der Kollusion), sondern auch schon dann, wenn er, sei es vor Anstellung der Klage oder auch erst im Laufe des Rechtsstreites, erfährt, daß der Schuldner Einwendungen geltend macht, die er nur dem Inkassoindossanten gegenüber mit Erfolg geltend machen kann, und wenn er trotzdem den Rechtsstreit in eigenem Namen betreibt bzw. weiter betreibt und dadurch seine formale Stellung als Wechselgläubiger benutzt, um den Schuldner an der Geltendmachung der Einwendungen zu hindern (sog. exceptio doli generalis). Diesen Standpunkt hat das RG auch in weiteren Entscheidungen beibehalten (vgl. oben zu § 8 Anm 11). Der darin für das Inkassoindossament, und lediglich für dieses, vertretenen Auffassung kann unbedenklich zugestimmt werden.

Anders liegt die Sache aber, wenn es sich nicht um ein Inkassoindossament handelt, sondern Anm. 12 um ein gewöhnliches Vollindossament, bei dem kein fiduziarisches Verhältnis zwischen dem Indossanten und dem Indossatar besteht, vielmehr der Indossatar das Scheckrecht in eigenem Interesse und endgültig erworben hat, sei es, was die Regel bildet, gegen Leistung einer Valuta oder auch unentgeltlich (schenkweise), und es auch in eigenem Interesse durch die Klage ausübt. In diesem Falle kann ihm eine Arglist nicht lediglich um deswillen beigemessen werden, weil er die vom Schuldner dem Indossanten entgegenzusetzenden Einreden gekannt hat, und auch dann nicht, wenn er damit gerechnet hat einerseits, daß sie begründet seien, andererseits, daß der Schuldner sie ihm nicht werde entgegensetzen können. In dem Erwerbe eines Papiers, das zum Umlaufe im Wirtschaftsleben bestimmt ist, wie der Wechsel und der Scheck, unter solchen Umständen kann nicht ohne weiteres eine den guten Sitten widersprechende vorsätzliche Schadenszufügung (§ 826 BGB) gefunden werden, die eine Schadensersatzpflicht durch Herstellung des früheren Zustandes mittels Duldung der Einwendungen begründen könnte. Im wirtschaftlichen Verkehr ist jedermann berechtigt, durch Abschluß nicht verbotener Erwerbsgeschäfte seine Interessen wahrzunehmen, ohne Rücksicht darauf, ob dadurch das Interesse (nicht das Recht) eines anderen verletzt, ihm Schaden zugefügt wird. Niemand hat die Pflicht, sein eigenes erlaubtes Interesse um deswillen hintanzusetzen, weil durch seine Wahrnehmung ein anderer einen Nachteil erleiden würde; vgl. RGRKomm zu § 826 Anm 2 S. 1113 und die dort angeführten reichsgerichtlichen Entscheidungen. Das gilt namentlich für Fälle, in denen jemand das Eigentum an einer Sache erwirbt, obwohl er weiß, daß ein anderer darauf Anspruch hat. Zu einem Verstoß gegen die guten Sitten wird ein solcher Erwerb nur, wenn Veräußerer und Erwerber komplottmäßig zusammenwirken (kolludieren) und das Veräußerungsgeschäft lediglich zu dem Zwecke vornehmen, um den Anspruch des Dritten zu vereiteln (vgl. a. a. O.). In Anwendung dieser anerkannten Rechtsgrundsätze hat denn auch das RG in ständiger Rechtsprechung, in Übereinstimmung mit der Rechtsprechung des ROHG und der überwiegenden Mehrheit des Schrifttums, die Einrede der Arglist in solchen Fällen nur dann zugelassen, wenn von vornherein ein komplottmäßiges Kolludieren vorlag. Freilich tritt nicht in den Begründungen aller Entscheidungen des RG der Unterschied der Erfordernisse für die Geltendmachung der Einwendungen in den Fällen des Inkassomandats einerseits und des Erwerbs zu eigenem Rechte durch den Indossatar andererseits hinreichend deutlich hervor.

Vgl. namentlich ROHG 7, 253; 8, 357; 10, 388; 13, 262; 23, 339; 25, 302; RGZ 9, 148; 57, 65; 57, 391; 96, 191; RG in JW 08, 151[25]; LZ 1913, 1377[1]; WarnRspr 1912 Nr 386 (= Recht 1912 Nr 3432); Recht 1923 Nr 543; ferner im Schrifttum Rehbein zu Art 82 Anm 8; GrünhutHdb II 588; DürHach II zu § 364 S. 451; Lehmann-Ring II zu § 364 Nr 9; Dernburg II S. 276 Anm 3.

Insbesondere für den Scheck hat das RG in dem Urt v. 30. 6. 1920 V 125/20 (JW 968[8]; BankA 20 S. 86) diese Rechtsauffassung bestätigt und auf Grund ihrer ausgesprochen, es genüge nicht zur Annahme einer Arglist, wenn der Oberkellner eines Spielklubs einen von einem Spieler der Direktion des Spielklubs ausgestellten Scheck als Gegenwert für gelieferte Speisen und Getränke erworben habe, obwohl er wußte, daß der Scheck für Spielmarken ausgestellt war, und zu unterstellen war, daß er auf Grund der ihm bekannten Verhältnisse von der Nichtigkeit (Klaglosigkeit) des dem Scheck zugrunde liegenden Rechtsgeschäftes unterrichtet war.

§ 18 Der herrschenden Meinung ist von einigen Seiten im Schrifttum widersprochen worden; so von Cosack (§ 53 III 2b), Bernstein (WR S. 314) und namentlich von Staub (in den früheren Auflagen) sowie von StStr zu Art 82 Anm 16. Die von ihnen für die gegenteilige Auffassung angeführten Gründe erscheinen jedoch nicht als durchschlagend. StStr geben Dernburg zu, daß der Erwerber sich gewisse Einreden in keinem Falle entgegenhalten zu lassen braucht, auch wenn sie ihm beim Erwerbe bekannt sind, z. B. den Einwand des Gefälligkeitsakzeptes und der Aufrechnung. Mit Unrecht nehmen sie an, daß das durch die besondere, höchst persönliche Natur dieser Einwendungen zu erklären sei; in Wirklichkeit haben diese durchaus keinen persönlicheren Charakter als die sonstigen auf die persönlichen Rechtsbeziehungen zwischen dem Indossanten und dem Schuldner sich beziehenden Einwendungen. Nur aus den Grundsätzen des allgemeinen bürgerlichen Rechts können die statthaften Einwendungen hergeleitet werden; eine „Anknüpfung an das BGB" muß deshalb nicht nur gesucht, sondern auch gefunden werden; in den Rechtssätzen über Verstöße gegen die guten Sitten, insbesondere § 826 BGB, ist sie aber, wie oben dargelegt, nicht zu finden. Bernstein meint, es müsse hier der gleiche Grundgedanke leiten, der die Formallegitimation des Art 36 (in Verbindung mit Art 74 WO) nicht zugunsten desjenigen wirken lasse, der den Mangel im Rechte seines Vorgängers gekannt hat. Indessen diese Analogie dürfte schwerlich zutreffen; in Art 36 in Verbindung mit 74 WO (vgl. oben zu § 8 Anm 42) handelt es sich um die grundsätzlich jedem Erwerber obliegende Prüfung der Berechtigung desjenigen, von dem er ein Recht erwirbt, von der er nur ausnahmsweise durch guten Glauben befreit wird, während hier die Zulassung von Einwendungen entgegen der abstrakten Natur der Verpflichtungserklärung in Frage steht, die ihrerseits einer besonderen Herleitung aus Rechtsgründen bedarf. Die übrigen Vertreter der hier bekämpften Meinung, insbesondere StStr Anm 17, verkennen denn auch nicht die wesentlichen Unterschiede der beiden Rechtslagen und lehnen deshalb die Anwendung der in Art 74 enthaltenen Gleichstellung der groben Fahrlässigkeit mit dem Dolus auf die hier in Rede stehende Rechtslage ab. Auch die Einheitliche Wechselordnung entscheidet die Frage übrigens im Sinne der herrschenden Meinung; vgl. unten Anm 16.

Anm. 13 e) **Beweislast.** Soweit die durch die formelle Legitimation des Klägers aus dem Scheck und seiner Innehabung geschaffene Vermutung, daß der Scheckanspruch begründet und er zu seiner Geltendmachung berechtigt sei, reicht (vgl. oben Anm 5), hat der Beklagte, der dem Scheckanspruche widerspricht, den Beweis für die der Geltendmachung des Anspruchs trotzdem entgegenstehenden Tatsachen zu führen, auf die er seine „Einwendungen" stützt. Das gilt sowohl von solchen Tatsachen, welche den Anspruch als nicht oder nicht in der Person des Klägers entstanden, wie von solchen, welche den entstandenen Anspruch als nicht mehr oder nicht mehr in der Person des Klägers bestehend erscheinen lassen (rechtshindernde, rechtsändernde, rechtsvernichtende Tatsachen). Der Beklagte ist demnach beweispflichtig für das Nichtvorhandensein eines Begebungsvertrags (vgl. oben Anm 10a); für den Mangel des guten Glaubens des Klägers bei dem Erwerbe des Schecks; auch für den Mangel seiner eigenen Verpflichtungs- (Geschäfts-) Fähigkeit, da diese, wie auch sonst, so auch hier vermutet wird. Die Echtheit der Namensschriften auf dem Scheck ist für die Herstellung der formellen Legitimation des Inhabers nicht erforderlich, Art 36 WO, § 8 Abs 2 ScheckG; vgl. zu § 8 Anm 35. Dagegen erstreckt sich die aus der formellen Legitimation sich ergebende Vermutung nicht auf die Echtheit der die Scheckverpflichtung begründenden Namensschrift des Beklagten; diese muß, wenn der Beklagte sie bestreitet, der Kläger beweisen. Der Beklagte ist für negative Tatsachen grundsätzlich ebenso beweispflichtig wie für positive. Sonach hat er, wenn er einwendet, daß der Scheck laut Vereinbarung nur im Falle einer Vertragsverletzung durch ihn (statt Schadensersatzes) von dem Kläger eingeklagt werden dürfe, auch zu beweisen, daß er den Vertrag nicht verletzt habe. Wendet er ein, es sei vereinbart, daß der als Vorauszahlung gegebene Scheck nur nach gehöriger Erfüllung des Vertrags geltend gemacht werden solle und diese Bedingung sei nicht eingetreten (vgl. oben Anm 10), so muß er auch nachweisen, daß der Kläger den Vertrag nicht erfüllt habe (RG in JW 08, 151[25]). Ist der Kläger wegen Nichterfüllung vom Vertrage zurückgetreten, so muß der Beklagte auch nachweisen, daß keine Rückgewährpflichten, die eine Geldforderung begründen könnten, mehr bestehen; ebenso wenn ein Schadensersatzanspruch wegen Nichterfüllung in Betracht kommen kann, daß kein Schaden für den Kläger entstanden ist und auch keiner mehr entstehen kann (RGWarnRspr 1919 Nr 17; ferner in JW 1921, 1528[5]; vgl. oben Anm 10). Doch ist zu beachten, daß für den Beweis einer Negative nicht das uferlose und unmöglich zu erfüllende Verlangen gestellt werden kann, daß der Beweispflichtige alle denkbaren Möglichkeiten für das Vorhandensein der Tatsache, deren Nichtvorhandensein er zu beweisen hat, ausräume. Es muß vielmehr genügen, daß er die durch die Einlassung des Gegners in Frage kommenden oder nach der sonstigen Sachlage naheliegenden Möglichkeiten widerlegt. Der Gegner ist deshalb verpflichtet, sein Bestreiten der von dem Beweispflichtigen behaupteten Negative erforderlichen Falles durch Anführung konkreter Tatsachen zu substantiieren; unterläßt er das, so kann der Beweis der Negative unter Umständen als geführt erachtet werden (RG in JW 1908, 151[25]; Recht 1908 Beil 2 Nr 858). Ist ein Wechsel (Scheck) als Kaution gegeben worden, so hat der Beklagte, der dem Anspruche aus ihm widerspricht, nachzuweisen, daß aus dem Rechtsverhältnisse, zu dessen Sicherung er dienen soll, Forderungen des Klägers nicht entstanden sind und auch nicht mehr entstehen können oder daß sie erledigt sind (RG in LZ 07, 138). Gleiches muß gelten, wenn ein Wechsel oder Scheck als Vorschuß für eine künftige Forderung, z. B. eine Provisionsforderung, gegeben worden ist; a. M. RGZ 5, 26; doch hat der gleiche 1. ZS später diese Ansicht als eine „gelegentliche Abweichung" bezeichnet, die nicht aufrechtzuerhalten und durch neuere Entscheidungen zurückgenommen sei (JW 08, 151[25]). **§ 18**

Hat der Kläger eine ihm obliegende Vertragsleistung, z. B. eine Sicherungsübereignung, nicht erfüllt, so kann nach Lage der Sache noch weiter in Betracht kommen, ob diese Unterlassung nicht dadurch gerechtfertigt war, daß der Beklagte seinerseits die ihm obliegenden Verpflichtungen nicht erfüllt, z. B. den Scheck unberechtigterweise gesperrt hat, und ob nicht die weitere Behauptungs- und Beweispflicht dafür, daß dies nicht geschehen, wiederum den Beklagten trifft; so RG V 192/1918 vom 16. 10. 18 (WarnRspr 1919 Nr 17). — Dem Scheckverpflichteten, der den Protest erlassen hat, ist, wenn er die rechtzeitige Vorlegung des Schecks in Abrede stellt, die Beweislast für die Nichtvorlegung oder nicht rechtzeitige Vorlegung vom Gesetze besonders auferlegt (Art 42 WO in Verbindung mit § 16 Abs 3 ScheckG; vgl. Anm 76 zu § 16). Streitig geworden ist, ob im Bestreitungsfalle der Kläger die Echtheit oder der Beklagte die Unechtheit der Unterschrift des Bezogenen auf der von diesem nach § 16 Abs 1 Satz 2 Ziff 1 ausgestellten Erklärung nachzuweisen hat; das KG (Urt vom 11. 2. 09) hat den Beklagten für beweispflichtig erklärt, unter Hinweis auf die Absicht des Gesetzes, durch die Zulassung einer solchen Erklärung den Beweis der Vorlegung zu erleichtern, und auf die Umkehrung der Beweislast in Art 42 WO für den Fall des Protesterlasses. Das geht wohl zu weit; die freie Beweiswürdigung des Gerichts hinsichtlich der Echtheit (vgl. zu § 16 Anm 11) wird genügen.

Zusatz 1: Ersatzansprüche für ausgeschlossene Einwendungen. Soweit infolge der durch § 18 Abs 2 ScheckG angeordneten Beschränkung des Vorbringens von Einwendungen gegenüber dem scheckrechtlichen Regreßanspruche Einwendungen ausgeschlossen werden, können unter Umständen nach Maßgabe des bürgerlichen Rechts Ersatzansprüche des dadurch geschädigten Regreßpflichtigen begründet sein. Solche Ansprüche können aus Vertragsgesichtspunkten begründet sein gegen denjenigen, der den Scheck von dem Regreßpflichtigen erhalten hat, wenn jener dem Vertrage zuwider den Scheck weiterbegeben hat; ferner aus dem Gesichtspunkte der unerlaubten Handlung, gegen den, der sich den Scheck widerrechtlich — durch Diebstahl, Unterschlagung — angeeignet oder ihn widerrechtlich — durch Mißbrauch eines Blanketts u. dgl. — hergestellt und weiterbegeben hat. Auch Bereicherungsansprüche können begründet sein, wenn die durch die Erfüllung der formalrechtlichen Scheckverpflichtung eingetretene Vermögensverschiebung sich als materiell ungerechtfertigt darstellt, insbesondere als Zahlung eines nicht geschuldeten Betrags (condictio indebiti). Über den Bereicherungsanspruch im Falle der Scheckhingabe für klaglose, aber erfüllbare Geschäfte vgl. oben Anm 10. **Anm. 14**

Zusatz 2: Fremde Rechte. Vgl. die Anhänge unter G. **Anm. 15**

a) **Zu Abs 1:** Die gesamtschuldnerische Haftung und der Sprungregreß mit Wandelungsrecht bestehen in der gleichen Weise wie in Deutschland in Österreich (§ 17 ScheckG in Verbindung mit Art 49 österr. WO), Ungarn (§ 22 Ziff 7 ScheckG in Verbindung mit § 49 WG). Ferner im wesentlichen in Skandinavien (§ 3 ScheckG in Verbindung mit §§ 49 ff. WG); Japan (Art 537 in Verbindung mit Art 486 HGB); Frankreich (Art 4 Abs 2 Ges v. 14. 6. 65 in Verbindung mit Art 140, 164 Code de commerce); Belgien (Art 3 Ges v. 20. 6. 73 in Verbindung mit Art 55 ff. Ges v. 20. 5. 72). In Spanien (Art 542 in Verbindung mit Art 516 ff. HGB) kann der Rückgriff sprungweise genommen werden, jedoch darf sich der Inhaber an einen anderen Garanten als den zunächst Beklagten erst dann wenden, wenn dieser insolvent ist. — Auch in Italien (Art 314, 318), Rumänien (Art 339, 343) besteht solidarische Haftung des Ausstellers und der Indossanten mit Sprungregreß und Wandelungsrecht. In Holland (Art 222, 225) kann der Trassant von jedem Inhaber in Anspruch genommen werden, während im übrigen der Nehmer sich nur an seinen unmittelbaren Vormann halten kann. Weiteres vgl. bei Meyer, Weltscheckrecht, I S. 352 ff.

b) **Zu Abs 2:** In Österreich (§ 20 Nr 6 ScheckG) sind die Vorschriften des Art 82 WO, der dem Art 82 der deutschen WO entspricht, über die Einreden des Wechselschuldners für anwendbar auf den Scheck erklärt. Auch in den übrigen Ländern werden die wechselrechtlichen Vorschriften zur Anwendung gebracht.

Zusatz 3: Künftiges Weltscheckrecht. Vgl. Anhang H. **Anm. 16**

a) **Zu Abs 1:** Art 24 der Beschlüsse der zweiten Haager Konferenz über die Vereinheitlichung des Scheckrechts schreibt die Anwendung des Art 46 der EinhWO auf den Scheck,

§ 18 ausgenommen soweit er sich auf die Annahme des Wechsels bezieht, vor. Dieser Artikel lautet in deutscher Übersetzung:

„Alle diejenigen, die einen Wechsel gezogen, akzeptiert, indossiert oder avaliert haben, sind zu gesamtschuldnerischer Garantie gegenüber dem Inhaber gehalten.

Der Inhaber hat das Recht, gegen alle diese Personen zu klagen, einzeln oder zusammen, ohne genötigt zu sein, die Reihenfolge, in der sie sich verpflichtet haben, zu beobachten." (Sprungregreß!)

„Das nämliche Recht steht jedem Zeichner eines Wechsels zu, der diesen eingelöst hat.

Die gegen einen der Verpflichteten angestellte Klage hindert nicht, gegen die anderen zu klagen, selbst gegen die Nachmänner desjenigen, der zuerst verfolgt worden ist." (Wandelungsrecht!)

b) **Zu Abs 2:** Art 10 der Beschlüsse der zweiten Haager Konferenz über die Vereinheitlichung des Scheckrechts ordnet die Anwendung der Bestimmungen des Art 16 der EinhWO auf den Scheck an, ausgenommen soweit sie sich auf die Annahme des Wechsels beziehen. Dieser Artikel lautet in deutscher Übersetzung:

„Art 16. Die Personen, die auf Grund des Wechsels verklagt worden sind, können dem Inhaber nicht die auf ihre persönlichen Beziehungen zu dem Aussteller oder den früheren Inhabern gegründeten Einwendungen entgegensetzen, sofern nicht die Begebung infolge eines betrügerischen Einverständnisses stattgefunden hat."

§ 19

§ 19.

Der Regreßpflichtige ist nur gegen Auslieferung des Schecks, der zum Nachweise der rechtzeitigen Vorlegung und der Nichteinlösung oder des vergeblichen Versuchs der Vorlegung dienenden Urkunden und einer quittierten Rechnung Zahlung zu leisten verbunden.

Anm. 1 1. **Einleitung.** Die Zahlung der in einem Wertpapiere verkörperten Forderung hat den Charakter der Einlösung des Wertpapieres, d. h. eines Austausches des Wertpapieres gegen die Forderung. Dem entspricht es, daß bei Zahlung solcher Forderungen der Zahlende nicht nur eine Quittung, sondern Aushändigung der Schuldurkunde verlangen kann. Das ist im § 13 Abs 1 ScheckG (vgl. zu § 13 Anm 2) für die Zahlung des Scheckbetrags durch den Bezogenen bestimmt; auf dem gleichen Gesichtspunkte beruht es, daß in dem gemäß § 17 ScheckG auf den Scheck anwendbaren Art 48 WO das jedem Wechselschuldner (beim Scheck jedem Regreßpflichtigen) verliehene Recht, durch eigene Initiative die Befriedigung des Wechselgläubigers (Scheckinhabers) herbeizuführen, als „Einlösungsrecht" gestaltet ist (vgl. zu § 17 Anm 11), und dem gleichen Rechtsgedanken folgt **§ 19 ScheckG** durch die Bestimmung, daß der Regreßpflichtige **nur gegen Auslieferung des Schecks und der zu ihm gehörigen Urkunden Zahlung zu leisten verbunden ist.**

Anm. 2 2. Die Vorschrift entspricht inhaltlich dem Art 54 WO. Der Regreßpflichtige ist **nur gegen** Aushändigung der Urkunden zur Zahlungsleistung verpflichtet; die Auslieferung kann also als Gegenleistung Zug um Zug bei der Zahlung verlangt werden. Ist der Regreßnehmer nicht bereit oder nicht in der Lage, die Auslieferung in dieser Weise zu gewähren, so hat der Regreßpflichtige das Recht, die Zahlung zu verweigern; die Ausübung des Verweigerungsrechts kann jedoch (abweichend von § 273 Abs 3, entsprechend § 320 Abs 1 Satz 3 BGB) nicht durch Sicherheitsleistung abgewendet werden, mit Ausnahme des Falles, daß nach Einleitung eines Verfahrens zur Kraftloserklärung des abhanden gekommenen Schecks Zahlung von dem Aussteller verlangt wird (§ 27 Abs 2, vgl. zu § 27 Anm 13). Zur Klagebegründung gehört das Anerbieten der Auslieferung der Urkunden nicht; das Recht auf Auslieferung ist deshalb auch nicht von Amts wegen zu berücksichtigen; wird es geltend gemacht, so ist der Regreßpflichtige zur Leistung Zug um Zug zu verurteilen; das Urteil darf nur in der durch § 756 ZPO vorgeschriebenen Weise (nach Anbieten der Auslieferung) vollstreckt werden. — Das Recht, die Zahlung von der Auslieferung der Urkunden abhängig zu machen, steht jedem auf Zahlung in Anspruch genommenen Regreßpflichtigen zu, nicht nur demjenigen, der seinerseits, nachdem er gezahlt hat, Regreßansprüche gegen einen Vormann erheben kann, demnach auch dem Aussteller und solchen Indossanten, deren Vormänner „ohne Gewährleistung" indossiert haben. Der Schikaneeinwand (§ 226 BGB) kann bei den letzteren nicht Platz greifen, da auch sie ein Interesse daran zum mindesten haben können, in den Besitz des von ihnen bezahlten Schecks zu gelangen, um gegen Mißbrauch desselben geschützt zu sein.

3. Die auszuliefernden Urkunden sind: **§ 19**

a) Der Scheck selbst, und zwar in ordnungsmäßigem Zustande (RGZ 9, 23). An die Ordnungsmäßigkeit werden verschiedenartige Anforderungen zu stellen sein, je nachdem die Zahlung durch regreßberechtigte Indossatare oder durch den Aussteller bzw. einen nicht regreßberechtigten Indossatar (vgl. oben zu 2) erfolgt. Im ersteren Falle wird verlangt werden müssen, daß der Scheck so beschaffen ist, daß der Zahlende seine Regreßrechte gegen die Vormänner uneingeschränkt ausüben kann (RG a. a. O.). Das ist nicht der Fall, wenn Indossamente von Vormännern des Zahlenden ausgestrichen sind, so daß der Regreßanspruch gegen sie verlorengegangen ist; dagegen ist die Ausstreichung der Indossamente von Nachmännern des Zahlenden, zu welcher der Inhaber befugt ist (Art 55 WO in Verbindung mit § 11 ScheckG) unschädlich. Das Indossament des Zahlenden selbst darf selbstverständlich nicht durchstrichen sein, da es die Grundlage seiner Zahlungspflicht bildet. Der Aussteller wird aus solchen Durchstreichungen von Indossamenten einen Einwand gegen die Zahlung nicht herleiten können. Fehlen dem Scheck aber wesentliche Bestandteile (z. B. Datum, Unterschrift, Scheckklausel, Angabe der Geldsumme, § 1 Ziff 1—4), so kann ein Regreßanspruch überhaupt nicht geltend gemacht werden, daher auch eine Auslieferung nicht in Frage kommen. Auch wenn die Regreßansprüche oder ein Teil davon, die bei der Weitergabe des Schecks durch den nunmehr in Anspruch genommenen Regreßpflichtigen für diesen im Falle der Zahlung bestanden, auf andere Weise als durch tatsächliche Zerstörung ihrer urkundlichen Grundlage, namentlich durch Eintritt eines rechtlichen Erlöschungsgrundes, z. B. der Verjährung, erloschen sind, stellt sich der Scheck nicht mehr als intakt dar und kann deshalb Zahlung gegen Rückgewähr des Schecks nicht mehr verlangt werden. Das RG hat in dem schon angeführten Urteile (RGZ 9, 22) in Übereinstimmung mit der früheren Rechtsprechung des ROHG (11, 217) eingehend dargelegt, daß der Regreßpflichtige gegen Leistung der Zahlung in die Lage versetzt werden muß, alle auf den Wechsel während seines Umlaufes gesetzten Verpflichtungserklärungen („Obligos") nach Maßgabe seiner durch den Rückerwerb begründeten Legitimation wechselrechtlich geltend machen, zum mindesten diejenigen Rechte ausüben zu können, welche dem Wechsel bereits anhafteten, als er ihn weitergab. Es bezeichnet dabei als in Praxis und Doktrin unstreitig, daß es der objektive Eintritt eines den Wechsel in seiner Integrität wesentlich beeinträchtigenden Zustandes ist, welcher den Regreßanspruch beseitigt, ohne daß es darauf ankommt, ob der Regreßnehmer diesen Zustand durch sein Verschulden, insbesondere durch schuldhafte Nichtausübung des ihm zustehenden Einlösungsrechts, herbeigeführt hat. Aus diesen Gründen hat das RG den Anspruch eines Wechselinhabers gegen einen Regreßpflichtigen um deswillen für unbegründet erklärt, weil die Verpflichtung des Akzeptanten durch Verjährung erloschen war. Entsprechendes wird für den Scheck gelten müssen, wenn gegenüber Vormännern des in Anspruch genommenen Regreßpflichtigen Verjährung der Regreßansprüche gemäß § 20 ScheckG (vgl. die Erläuterungen dazu) eingetreten ist. Anm. 3

b) **Die zum Nachweise der rechtzeitigen Vorlegung und der Nichteinlösung oder des vergeblichen Versuchs der Vorlegung dienenden Urkunden.** Es sind dies die in § 16 Abs 1 Satz 2 unter Ziff 1—3 aufgeführten Urkunden, durch die der bezeichnete Nachweis allein geführt werden kann. Vgl. die Erläuterungen zu § 16 Anm 2ff. Von ihnen muß die Erklärung des Bezogenen (Ziff 1) auf dem Scheck stehen; auch der Protest (Ziff 3) auf den Scheck oder ein mit ihm zu verbindendes Blatt gesetzt sein; die Auslieferung dieser Urkunden wird daher mit der des Schecks zusammenfallen; die Bescheinigung der Abrechnungsstelle (Ziff 2) muß dagegen in besonderer Urkunde ausgeliefert werden. Zum Nachweise genügt eine dieser Urkunden; es braucht daher nur eine oder die andere ausgeliefert zu werden. Doch müssen sie so beschaffen sein, daß dadurch der zur Ausübung des Regreßrechts erforderliche Nachweis geführt werden kann; sie müssen daher in der vorgeschriebenen Form aufgenommen sein und inhaltlich den Vorschriften des Gesetzes entsprechen. Kann eine diesen Erfordernissen genügende Urkunde nicht ausgeliefert werden, so ist der Regreßverpflichtete nicht zur Zahlungsleistung verbunden. Die Urkunden müssen im Augenblicke der Zahlungsleistung noch in vorschriftsmäßigem Zustande vorhanden sein; ob dies der Fall, ist, falls Verurteilung Zug um Zug erfolgt ist (vgl. oben Anm 2), bei der Zwangsvollstreckung vom Gerichtsvollzieher zu prüfen. Über den Fall des Abhandenkommens vgl. unten zu § 27 Anm 11. Anm. 4

c) Eine **quittierte Rechnung.** Art 54 WO spricht von einer „quittierten Retourrechnung", und es ist dadurch der Zweifel entstanden, ob es sich um die eigene Rechnung des Inhabers, an den die Zahlung geleistet werden soll, oder um die ihm von seinem Nachmanne, den er befriedigt hat, ausgehändigte Rechnung handle (vgl. StStr Anm 5). Nach der Ausdrucksweise des ScheckG ist klar, daß es sich nur um die eigene Rechnung des zeitigen Inhabers, der die Zahlung beansprucht, handeln kann. Sie hat die zu zahlende Schecksumme und die gemäß Art 50, 51 WO in Verbindung mit § 17 ScheckG zu zahlenden Nebenbeträge aufzuführen. Sie muß quittiert sein. Eine Quittung auf dem Scheck selbst ist nicht, wie in Anm. 5

§ 19 § 13 bei der Zahlung des Bezogenen, die den Scheck im regelmäßigen Laufe erledigt, vorgeschrieben und kann daher nicht verlangt werden; vgl. über die gleiche Frage bei Ausübung des Einlösungsrechts zu § 17 Anm 15. — Dagegen wird bei Teilzahlungen, bei denen eine Auslieferung des Schecks nicht in Frage kommt, falls solche überhaupt angenommen werden — eine Verpflichtung dazu besteht nicht (vgl. zu § 16 Anm 1) —, Quittierung auf dem Scheck zu erfolgen haben.

Anm. 6 4. Ob und unter welchen Voraussetzungen die auszuliefernden Urkunden durch andere ersetzt werden können, ist eine sehr bestrittene Frage. Durch den Hinweis auf den Wortlaut des Art 54 WO (so Rehbein Anm 2, Lehmann S. 586) und den entsprechenden Wortlaut des § 19 ScheckG wird die Frage nicht entschieden, da diese Vorschriften nur den Regelfall im Auge haben und nicht ausschließen, daß auf Grund sonstiger Vorschriften in gewissen besonderen Fällen andere Urkunden die Stelle der nach § 19 auszuliefernden Urkunden vertreten können. Das gilt namentlich für das **Ausschlußurteil**, das in dem für den Scheck durch § 27 ScheckG zugelassenen Verfahren auf Kraftloserklärung abhanden gekommener und vernichteter Schecke ergangen ist. Vgl. darüber zu § 27 Anm 9. Nach § 27 Abs 2 kann nach Einleitung dieses Verfahrens, falls der Scheck rechtzeitig zur Zahlung vorgelegt, aber von dem Bezogenen nicht eingelöst worden ist, der Berechtigte, d. i. der letzte Inhaber, dem der Scheck abhanden gekommen ist, von dem Aussteller Zahlung fordern, wenn er bis zur Kraftloserklärung Sicherheit leistet. Daraus muß ohne weiteres gefolgert werden, daß auch nach durchgeführtem Aufgebotsverfahren der Berechtigte, der das Ausschlußurteil erwirkt hat, von dem Aussteller auf Grund des Ausschlußurteils Zahlung verlangen kann, und zwar nunmehr ohne Sicherheitsleistung. Das ist für den Wechsel auf Grund der entsprechenden Bestimmung des Art 73 Satz 2 WO in bezug auf den Anspruch gegenüber dem Akzeptanten anerkannt; vgl. StStr zu Art 73 Anm 18. Sehr bestritten ist dagegen für das Wechselrecht die Frage, ob der Erwirker des Ausschlußurteils auf Grund dieses Urteils auch gegen seine regreßpflichtigen Vormänner — den Aussteller und die Indossanten — Regreß nehmen kann, und die damit eng zusammenhängende Frage, ob auch ein Regreßverpflichteter, der das Ausschlußurteil nicht erwirkt hat, falls er im Regreßwege einen Nachmann befriedigt, seinerseits auf Grund des Ausschlußurteils von seinen Vormännern Regreß nehmen kann. Für den Scheck stellt sich die erstere Frage dahin, ob der Erwirker des Ausschlußurteils von einem anderen Regreßpflichtigen als dem Aussteller Regreß nehmen kann. Die Fragen werden für den Wechsel bejaht namentlich von StStr zu Art 73 Anm 19 und vom RG in RGZ 49, 132; ferner von Dernburg (II § 280 Anm 8), v. Canstein (§ 14), Grünhut (Handbuch II § 109 Anm 20), Cosack (§ 51 I 2), Hellwig (Rechtskraft 307 Anm 14). Sie werden verneint von Thöl (§ 177), Rehbein (Anm 2), Lehmann (586), Bernstein (277), ROHG bei Borchardt (Zus 671). Im Schrifttum des Scheckrechts treten für die Bejahung ein namentlich Lessing (S. 159), Conrad (Handbuch S. 271). Die bejahende Meinung stützt sich hauptsächlich auf § 1018 Abs 1 ZPO, wo bestimmt ist, daß derjenige, welcher das Ausschlußurteil erwirkt hat, dem durch die Urkunde Verpflichteten gegenüber berechtigt ist, die Rechte aus der Urkunde geltend zu machen. Die von StStr bestrittene Berechtigung des von Bernstein erhobenen Einwandes, daß gemäß § 13 EGZPO die Vorschriften der WO über die Legitimation zur Ausübung des Wechselrechts durch die Vorschriften der ZPO nicht berührt seien, kann für das Scheckrecht unerörtert bleiben, da das ScheckG später in Kraft getreten ist als die ZPO und daher seine Vorschriften, soweit sie dieser widersprechen, ohne weiteres vorgehen müssen. Es wird deshalb dahingestellt bleiben können, ob § 1018 Abs 1 ZPO zur Bejahung der gestellten Fragen nötigt, sofern das ScheckG, insbesondere der hier in Frage stehende § 19, ihr entgegensteht. Zu diesem Ergebnisse wird man aber gelangen müssen. Denn die wesentliche Bedeutung und der Zweck des § 19 besteht (wie schon oben Anm 1 dargelegt ist) darin, daß durch die Auslieferung der dort bezeichneten Urkunden dem zahlenden Regreßpflichtigen die Ausübung derjenigen Rechte verschafft wird, die ihm bei Weitergabe des Schecks zustanden und die nunmehr durch seine Einlösung wieder als unbedingte ins Leben treten; vgl. zu § 8 Anm 10. Dieser Erfolg kann aber dadurch nicht erreicht werden, daß ihm an Stelle des abhanden gekommenen oder vernichteten und für kraftlos erklärten Schecks das Ausschlußurteil, das ein anderer erwirkt hat, ausgehändigt wird. Denn durch dieses Ausschlußurteil wird zwar die scheckrechtliche Legitimation desjenigen, der es erwirkt hat, hergestellt, nicht aber die Legitimation des im Regreßwege zahlenden Regreßpflichtigen. Dieser müßte vielmehr, um seinerseits Regreßansprüche gegen seine Vormänner geltend machen zu können, auch den Nachweis führen, daß er auf dem nicht mehr vorhandenen Scheck durch eine bis auf ihn heruntergehende Kette von Indossamenten legitimiert war. Auch das reichsgerichtliche Urteil in RGZ Bd. 49 erkennt auf S. 139 an, daß dieser Übelstand mit der Zulassung des Regresses nach Verlust des Wechsels verbunden sei; der Regreßpflichtige erhalte nicht das Beweismittel, das ihm der Wechsel gewähre, und das

Ausschlußurteil könne hierfür keinen Ersatz leisten. Das RG entnimmt aber hieraus kein entscheidendes Bedenken; es meint, „für die Lösung der Aufgabe, welche Folgen das Ausschlußurteil haben solle, das einen verlorengegangenen Wechsel für kraftlos erkläre, bleibe nur die Wahl, entweder jeden Regreß abzuschneiden oder ihn zuzulassen selbst auf die Gefahr hin, daß der Regreßpflichtige, wenn er einen Vormann oder den Akzeptanten in Anspruch nehme, den Beweis, daß der in Rede stehende Wechsel den von ihm behaupteten Inhalt gehabt habe und von dem Gegner gezeichnet sei, nicht mehr durch Vorlegung des Wechsels führen könne, sondern anderweitig führen müsse; wenn aber das Gesetz sich dafür entschieden habe, die Geltendmachung der Rechte aus der verlorenen Urkunde auf Grund des Ausschlußurteils ohne weiteres zu gestatten, so könne daraus, daß diese Lösung, die der Billigkeit zweifellos am meisten entspreche, auch einige Unzuträglichkeiten mit sich führe, die Befugnis, ihre Anwendung doch einzuschränken, nicht entnommen werden". Diese Begründung scheint mir nicht nur der Bestimmung des § 1018 Abs 1 ZPO eine zu große maßgebende Bedeutung auch gegenüber der WO beizulegen, die ihr gegenüber dem ScheckG, wie oben schon erwähnt, jedenfalls nicht zukommen kann, sondern auch die Unbilligkeit des Ergebnisses zu verkennen, zu dem die dort vertretene Auffassung führen muß. Denn — abgesehen von dem Beweise des Wechsel- (Scheck-) Inhalts und der Echtheit der in Betracht kommenden Verpflichtungserklärungen, der nach Verlust der Urkunde in vielen Fällen nicht zu führen sein wird — wird der Regreßpflichtige zumeist nicht in der Lage sein, den ihm obliegenden Beweis seiner Legitimation führen zu können. Das Ergebnis würde also sein, daß er an den letzten Inhaber des Wechsels (Schecks), dem dieser, sei es mit oder ohne Verschulden, abhanden gekommen ist, der aber jedenfalls der nächste dazu ist, den durch das Abhandenkommen entstandenen Schaden zu tragen, zahlen muß, seinerseits aber eine Erstattung von seinen ihm regreßpflichtigen Vormännern nicht erlangen kann, so daß der Schaden an ihm hängen bleibt. Unter solchen Umständen erscheinen auch die (in dem reichsgerichtlichen Urteile auf S. 136 gleichfalls erwähnten) Vorarbeiten zur WO nicht ganz ohne Bedeutung, aus denen sich ergibt, daß die in dem ersten Entwurf, von 1836, vorgesehene Zulassung des Regresses nach Verlust des Wechsels in den späteren Entwürfen aufgegeben worden ist mit der Begründung, daß diese Bestimmungen „zu Weiterungen führen würden, welche sich mit dem Wechselverkehr nicht vereinigen lassen und in ihrer Anwendung unausbleiblich Verwirrungen und Übelstände verursachen müssen", und aus denen ferner zu ersehen ist, daß dieser Standpunkt noch in den Motiven zu der Vorlage von 1847, deren § 69 dem Art 73 WO entspricht, ausdrücklich aufrechterhalten worden ist durch die Bemerkung, „die Verfolgung von Regreßrechten gegen die Vormänner sei ohne Vorlegung des Wechsels nicht zulässig" (Prot S. LXXI). Danach liegt es durchaus nahe, die Bestimmung in Art 73 Satz 2 WO und die ihr entsprechende in § 27 Abs 2 ScheckG dahin auszulegen, daß nach Kraftloserklärung des Wechsels bzw. Schecks ein Anspruch gegen einen anderen Verpflichteten als dort den Akzeptanten, hier den Aussteller nicht erhoben werden kann. Damit sind die Streitfragen jedenfalls für den Scheck entschieden, da dem ScheckG gegenüber eine etwaige abweichende Bestimmung der ZPO nicht in Betracht kommt. Demgegenüber kann auch die allgemeine Erwägung von StStr a. a. O. nicht durchschlagen, daß der Zweck des Aufgebotsverfahrens die möglichste Aufrechterhaltung aller Rechte aus der Urkunde sei, eine Erwägung übrigens, deren Berechtigung recht fraglich erscheint, wenn es sich um Rechte handelt, deren Aufrechterhaltung nach Verlust der Urkunde mit dem besonderen Wesen der in Frage stehenden Urkunden nicht vereinbar ist, da schwerlich angenommen werden kann, daß die ZPO die Berücksichtigung solcher Besonderheiten ausschließen wollte, zumal sie den materiell-rechtlichen Gesetzen die Bestimmung darüber überlassen hat, für welche Arten von Urkunden eine Kraftloserklärung überhaupt stattzufinden hat. § 19

Der Protest, für den ein Aufgebotsverfahren zur Kraftloserklärung nicht vorgesehen ist (vgl. zu § 27 Anm 11), kann, wenn die aufgenommene Originalurkunde abhanden gekommen oder vernichtet ist, nach richtiger Ansicht (vgl. zu § 16 Anm 46) durch eine beglaubigte Abschrift ersetzt werden. — Die Erklärung des Bezogenen über die Nichteinlösung und die Bescheinigung der Abrechnungsstelle können jederzeit neu ausgestellt werden; ist aber die Neuausstellung durch den Bezogenen oder die Abrechnungsstelle nicht zu erlangen, so wird, falls kein Protest aufgenommen worden ist, der Regreßanspruch nicht ausgeübt werden können.

5. Von weiteren Gegenleistungen als der Auslieferung der in § 19 bezeichneten Urkunden kann der in Anspruch genommene Regreßpflichtige die Zahlung kraft Scheckrechts nicht abhängig machen. Doch steht ihm das im allgemeinen bürgerlichen Rechte (§ 273 BGB) begründete Zurückbehaltungsrecht wegen seiner aus demselben rechtlichen Verhältnis entspringenden Ansprüche, soweit diese nach scheckrechtlichen Vorschriften (§ 18 Abs 2 ScheckG; vgl. zu § 18 Anm 5 ff.) dem Inhaber des Schecks entgegengehalten werden können, zu; auch Anm. 7

§ 19 die aus dem der Scheckbegebung zugrunde liegenden Rechtsgeschäfte sich ergebenden Gegenansprüche gehören dazu, soweit nicht aus der Scheckbegebung sich ein anderes ergibt; vgl. Näheres in den Erläuterungen zu § 18. Einen Anspruch auf Abtretung der Rechte des Inhabers und der diesem etwa zustehenden Sicherheiten hat der in Anspruch genommene Regreßpflichtige nicht (ROHG 24, 20); sie gehen auch nicht von Rechts wegen auf ihn über, da er nicht in die Rechtsstellung des Inhabers eintritt, sondern seine eigenen ursprünglichen Regreßrechte wieder ins Leben treten; vgl. zu § 8 Anm 10.

Anm. 8 6. Hat der Regreßpflichtige gezahlt, ohne die Auslieferung der in § 19 bezeichneten Urkunden Zug um Zug zu verlangen, so kann er aus diesem Grunde die Zahlung nicht zurückfordern, sondern nur den Anspruch auf Auslieferung der Urkunden im Klagewege verfolgen; über die Begründung dieses Anspruchs vgl. zu § 13 Anm 1. Wohl aber findet ein Bereicherungsanspruch nach Maßgabe der allgemeinen Grundsätze statt, wenn der Empfänger der Zahlung gar nicht berechtigter Scheckgläubiger war.

Anm. 9 **Zusatz 1: Fremde Rechte.** Vgl. die Anhänge unter G. Die gleiche Bestimmung wie in § 19 des deutschen ScheckG ist für Österreich in § 17 ScheckG in Verbindung mit Art 54 österr. WO, für Ungarn in § 22 Ziff 9 ScheckG in Verbindung mit § 54 ung. WG getroffen. Auch nach den skandinavischen Gesetzen (§ 3 ScheckG in Verbindung mit Art 49ff. der WG) braucht der Regreßverpflichtete nur zu zahlen, wenn ihm der Scheck nebst Protest und die quittierte Rechnung über die Zahlung ausgehändigt wird. Für Japan (Art 537, 495) ist bestimmt, daß Zahlung nur gegen Aushändigung der Urkunde (Scheck) nebst Protest oder den in Art 534 zugelassenen Attesten und einer Regreßrechnung geleistet zu werden braucht und auf Verlangen des Zahlenden der Empfang auf der Regreßrechnung zu quittieren ist. Auch in Frankreich braucht der Regreßpflichtige nur gegen Aushändigung des Schecks und Protestes nebst Retourrechnung und Quittung zu zahlen; zweifelhaft ist die Anwendung der Bestimmung des Art 5 Ges v. 19. 2. 74 über den Quittungszwang (vgl. zu § 13 Zus 1) auf Zahlungen des Regreßverpflichteten. Näheres bei Meyer, Weltscheckrecht I S. 352ff.

Anm. 10 **Zusatz 2: Künftiges Weltscheckrecht.** Der nach Art 24 der Beschlüsse der zweiten Haager Konferenz — **Anhang H** — auf den Scheck anwendbare Art 49 Abs 1 der EinhWO hat in deutscher Übersetzung folgenden Wortlaut:

„Jeder Verpflichtete, gegen welchen ein Regreß ausgeübt wird oder der einem Regreß ausgesetzt ist, kann gegen Zahlung die Aushändigung des Wechsels mit dem Protest und einer quittierten Rechnung verlangen."

Diese Bestimmung faßt die Vorschriften über das Recht des auf Zahlung in Anspruch genommenen Regreßverpflichteten auf Aushändigung des Wechsels (Schecks) mit den dazugehörigen Urkunden, also den Fall des Art 54 der deutschen WO und des § 19 des deutschen ScheckG, zusammen mit den Vorschriften über das Einlösungsrecht des noch nicht in Anspruch genommenen Regreßverpflichteten („der einem Regreß ausgesetzt ist"), also dem Falle des Art 48 der deutschen WO in Verbindung mit § 17 des deutschen ScheckG; vgl. über letzteren Fall zu § 17 Anm 11ff. und Zusatz 2 (Anm 35). In dem „avant-projet" war der erstere Fall in Art 59, der letztere in Art 60 Abs 2 gesondert behandelt (vgl. Documents I S. 23).

§ 20

§ 20.

Die Regreßansprüche gegen den Aussteller und die übrigen Vormänner verjähren, wenn der Scheck in Europa mit Ausnahme von Island und den Faröern zahlbar ist, in drei Monaten, andernfalls in sechs Monaten.

Die Verjährung beginnt gegen den Inhaber des Schecks mit dem Ablaufe der Vorlegungsfrist, gegen jeden Indossanten, wenn er, bevor eine Klage gegen ihn erhoben worden ist, gezahlt hat, mit der Zahlung, in allen übrigen Fällen mit der Erhebung der Klage.

Anm. 1 1. **Vorbemerkung.**

a) **Verjährung oder Ausschlußfrist?** Das Bedürfnis rascher Abwickelung der aus dem Scheckverkehr entspringenden Rechtsverhältnisse hat dazu geführt, daß das ScheckG für die Geltendmachung der aus dem Scheck sich ergebenden Ansprüche kurze zeitliche Grenzen gesetzt hat, wie das schon die WO (Art 78, 79) für Ansprüche aus dem Wechsel getan hat. Im Wechselrechte ist streitig, ob es sich dabei um eine sog. echte Verjährung oder um Ausschlußfristen für die Geltendmachung der Ansprüche handle; doch wird überwiegend das erstere angenommen, worauf schon die Bezeichnung als Verjährung hinweist; vgl. Bernstein S. 283; RGZ 27, 78; StStr zu Art 77 Anm 1. Für den Scheck wird noch weniger Grund sein anzunehmen, daß das Gesetz unter dem Ausdruck „Verjährung" etwas anderes verstanden habe,

§ 20

als das, was im BGB (§§ 194ff.) als Verjährung bezeichnet und als ein Institut des materiellen Rechts für den Untergang der Ansprüche geregelt ist. Soweit daher das ScheckG keine besonderen Vorschriften enthält, haben die Vorschriften des BGB auf die Verjährung der durch das ScheckG begründeten Ansprüche Anwendung zu finden. Für die Verjährung des Wechselrechts, für welche die Anwendbarkeit einzelner Vorschriften des BGB bestritten war, hat das RG in RGZ 63, 370 grundsätzlich ausgesprochen, daß, nachdem Art 80 WO beseitigt und ein einheitliches, die Verjährung regelndes Recht in Deutschland hergestellt ist, auch bei der Gesetzesdurchsicht im Jahre 1897 Sondervorschriften für Wechsel nicht nur nicht erlassen, die bestehenden vielmehr mit der ausgesprochenen Absicht, die wechselrechtlichen Abweichungen zu beseitigen, aufgehoben sind (Art 8 Ziff 2 HGB, Denkschrift dazu S. 311; vgl. unten Anm 7), es an jedem Grunde fehle, den Vorschriften des BGB die Anerkennung im Wechselrechte zu versagen. Das muß für das Scheckrecht in erhöhtem Maße gelten. Daran kann nichts ändern, wenn sich ergibt, daß in einzelnen Punkten eine Sonderregelung den Interessen des wechsel- (scheck-) rechtlichen Verkehrs besser gedient haben würde als das allgemeine Verjährungsrecht. Vgl. Näheres unten Anm 7, 9, 11.

b) **Inhaltsübersicht.** Das ScheckG enthält, ebenso wie die WO, keine erschöpfende Regelung der Verjährung der aus ihm sich ergebenden Ansprüche, sondern beschränkt sich auf Vorschriften über die Fristen und den Beginn für die Verjährung der Regreßansprüche des Inhabers und der Indossanten (§ 20), ferner über den nach Vollendung der Verjährung dieser Ansprüche übrigbleibenden Bereicherungsanspruch (§ 21), wozu dann noch in § 22 die Bestimmung einer besonderen Verjährungsfrist für diesen Bereicherungsanspruch und für den Schadensersatzanspruch aus § 14 Abs 2 des Gesetzes tritt; vgl. unten zu §§ 21 u. 22. — Die hier zu erörternden Bestimmungen des **§ 20** über die Fristen und den Beginn der Verjährung der Regreßansprüche sind in der Hauptsache den Vorschriften der WO nachgebildet; doch sind Vereinfachungen eingetreten einmal insofern, als — ersichtlich mit Rücksicht auf die seit dem Erlaß der WO verbesserten Weltverbindungen — die besonders lange Frist (18 Monate) weggefallen ist, die in der WO für abgelegenere außereuropäische Länder bestimmt ist (vgl. unten Anm 3), und sodann dadurch, daß in allen Fällen der Ort, an dem der Scheck zahlbar ist, als maßgebend für die Dauer der Frist erklärt ist, während die WO für die Regreßansprüche der Indossanten (Art 79) den Wohnsitz des Regreßnehmers entscheiden läßt (vgl. unten Anm 3). Die Fristdauer ist demgemäß in § 20 Abs 1 ScheckG einheitlich für alle Regreßansprüche geregelt, während für den Beginn der Verjährung in Abs 2 unterschiedliche Bestimmungen getroffen sind, je nachdem es sich um den Regreß des Inhabers oder den eines Indossanten handelt. Anm. 2

2. **Absatz 1: Verjährungsfristen.** Die Regreßansprüche gegen den Aussteller und die übrigen Vormänner, also die sämtlichen aus dem Scheck entspringenden Ansprüche, verjähren in drei bzw. sechs Monaten, je nachdem der Scheck in Europa mit Ausnahme der geographisch zu Europa gehörigen, aber abseits gelegenen Teile (Island und die Faröer) oder an einem anderen Orte der Erde zahlbar ist. Wo der Scheck zahlbar ist, bestimmt sich nach § 5 ScheckG; vgl. die Erläuterungen dazu. Danach ist entscheidend, ob der bei dem Namen oder der Firma des Bezogenen angegebene Ort, der als Zahlungsort gilt, in Europa (mit der obenerwähnten Einschränkung) oder außerhalb dieses Gebietes liegt; hilfsweise der Ausstellungsort. Dagegen ist es unerheblich, wo der Wohnsitz des Regreßnehmers oder des Regreßverpflichteten liegt; die Frist ist die gleiche für alle, die aus dem Scheck Anspruch erheben, und gegen alle, denen gegenüber Ansprüche erhoben werden. Dieser Satz erfährt jedoch eine Einschränkung durch die Grundsätze des internationalen Privatrechts, wenn der in Anspruch genommene Regreßpflichtige seinen Wohnsitz im Auslande hat; alsdann kommt ihm gegenüber das Recht seines Wohnsitzes als des Ortes, an dem er seine Regreßverpflichtung zu erfüllen hat, auch hinsichtlich der Dauer der Verjährungsfrist in Anwendung. Vgl. RGZ 2, 13; StStr zu Art 77 Anm 12. Die Berechnung der Frist erfolgt nach den Vorschriften der §§ 187, 188 BGB; danach wird dabei nicht der Tag mitgerechnet, in welchen das für den Anfang der Frist maßgebende Ereignis (darüber, welches Ereignis in Betracht kommt, vgl. Abs 2 und Anm 4) fällt, und sie endigt mit dem Ablaufe desjenigen Tages des letzten Monats, der durch seine Zahl dem Tage entspricht, in den das Ereignis fällt. Fällt also das Ereignis in den 31. Juli, so endigt die dreimonatige Frist mit dem Ablauf des 31. Oktober, die sechsmonatige mit dem Ablauf des 31. Januar. Fehlt aber in dem letzten Monate der für ihren Ablauf maßgebende Tag, so endigt die Frist mit dem Ablaufe des letzten Tages dieses Monats (§ 188 Abs 3), also, wenn das Ereignis in den 30. November fällt, endigt die dreimonatige Frist mit dem Ablaufe des 28. oder, falls es ein Schaltjahr ist, des 29. Februar des nächsten Jahres. Fällt danach der letzte Tag der Frist auf einen Sonntag oder allgemeinen Feiertag, so wird die Klage noch am nächsten Werktage erhoben werden können (§ 193 BGB); denn die Erhebung der Klage ist eine rechtsgeschäftliche Willenserklärung mit ganz bestimmten prozessualen und Anm. 3

§ 20 materiellen Rechtswirkungen, insbesondere der Wirkung der Unterbrechung der Verjährung; a. M. RG V 327/05 v. 7. 2. 06 und RGRKomm zu § 193 Anm 1; Planck zu § 193 Anm 1; wie hier Staudinger Erl 1 zu § 193; Dernburg I § 176 Anm 1; Enneccerus § 202 Anm 5 u. a. Die entgegengesetzte Meinung würde zu einer Abkürzung der Verjährungsfristen führen, die das Gesetz nicht gewollt haben kann, da eine Erhebung der Klage an Sonn- und Feiertagen, wenn auch nicht ganz ausgeschlossen, so doch erheblich erschwert (§ 188 ZPO) und mit der dem § 193 BGB zugrunde liegenden Absicht, die Heilighaltung der Sonn- und Feiertage zu fördern (vgl. RGZ 100, 18), nicht zu vereinbaren sein würde.

Anm. 4 3. **Absatz 2: Beginn der Verjährung.**

a) Gegen den Inhaber beginnt die Verjährung mit dem Ablauf der Vorlegungsfrist. Gemeint ist hier derjenige legitimierte Scheckinhaber, der den Scheck dem Bezogenen zur Einlösung ohne Erfolg vorgelegt hat. Die Verjährung aller Regreßansprüche, die er gegen seine Vormänner erheben kann, beginnt mit dem Ablaufe der Vorlegungsfrist. Also nicht (entsprechend Art 78 Abs 2 WO) mit dem Ablaufe des Tages, an welchem die Vorlegung und Nichteinlösung auf eine der in § 16 Abs 1 Satz 2 zugelassenen Weisen festgestellt worden ist. Die hierin liegende Abweichung von der WO wird von Hoppenstedt (S. 24) als ungerechtfertigt angegriffen, ist aber (wie Cohn S. 96 zutreffend hervorhebt) dadurch gerechtfertigt, daß sie auch die Fälle umfaßt, in welchen der Protest erlassen war (§ 16 Abs 3; vgl. zu § 16 Anm 71 ff.). Für diese Fälle besteht im Wechselrechte eine Streitfrage über den Beginn der Verjährung gegen denjenigen, der den Protest erlassen hat; vgl. darüber StStr zu Art 78 Anm 3. Diese Streitfrage wird durch die Vorschrift des ScheckG vermieden, das in allen Fällen den Tag des Ablaufs der Vorlegungsfrist für entscheidend erklärt (anders das österreichische ScheckG, das in § 18 der WO folgt). — Wann die Vorlegungsfrist abläuft, bestimmt sich nach § 11 ScheckG; vgl. die Erläuterungen dazu. Auch die Bestimmung des Abs 3 dieses Paragraphen darf dabei nicht außer acht bleiben; demgemäß endet, wenn der letzte Tag der Vorlegungsfrist auf einen Sonntag oder allgemeinen Feiertag fällt, die Vorlegungsfrist erst mit dem Ablaufe des nächstfolgenden Werktages, und die Verjährung beginnt somit erst an dem diesem Tage folgenden Tage. Ein hinreichender Grund, die Anwendung des Abs 3 für den Beginn der Verjährung auszuschließen, wie Conrad S. 215 will, dürfte nicht bestehen.

Anm. 5 b) **Gegen die Indossanten,** die als solche ihren Nachmännern regreßpflichtig sind, worunter auch diejenigen begriffen sind, die beim Inhaberscheck lediglich ihren Namen oder ihre Firma auf die Rückseite des Schecks geschrieben haben (vgl. § 15 Abs 2 und Anm 3 ff. zu § 15), beginnt die Verjährung ihrer Regreßansprüche gegen ihre Vormänner nicht einheitlich, vielmehr gegen jeden einzelnen Indossanten besonders, und zwar, wenn sie an einen Nachmann, dem sie regreßverpflichtet sind, gezahlt haben, bevor eine Klage gegen sie erhoben war, mit dieser Zahlung; „in allen übrigen Fällen", also wenn eine Zahlung vor Klagerhebung nicht erfolgt ist, mit der Erhebung der Klage. Das Gesetz geht davon aus, daß durch die Zahlung, bei welcher der Zahlende gemäß § 19 ScheckG Auslieferung des Schecks und der dazu gehörigen Urkunden verlangen konnte, die Voraussetzungen für die Ausübung seines Regreßanspruchs geschaffen sind (actio nata); ob er sich die Urkunden wirklich bei der Zahlung hat aushändigen lassen, ist unerheblich. Der Zahlung ist aber als spätester Termin für den Beginn der Verjährung die gegen ihn erfolgte Klagerhebung eines Nachmannes, dem er regreßpflichtig ist, gleichgestellt. Das ist augenscheinlich aus dem Gesichtspunkte geschehen, daß der Regreßpflichtige durch die Klage in Verzug gesetzt und in der Lage war, dadurch, daß er nunmehr Zahlung leistete, sich auch den Besitz der Urkunden, die er zu dem von ihm zu erhebenden Regreßanspruche brauchte, zu verschaffen. Deshalb soll von der Klagerhebung ab die Verjährung gegen ihn laufen, deren Ablauf er übrigens, auch bevor er in den Besitz der Urkunden gelangt ist, durch geeignete Mittel (vgl. unten) verhindern kann. Wenn Simonson (zu § 20, 2d S. 119) zur Erwägung stellt, ob nicht nach § 202 BGB die Verjährung gehemmt sei, solange der Regreßberechtigte zur Auslieferung des Schecks und der weiteren Urkunden außerstande und deshalb der Verpflichtete zur Verweigerung der Leistung berechtigt sei, so wird die dadurch angeregte Erwägung nicht zu einer Bejahung der Frage führen können; denn die Bejahung würde der ausdrücklichen Vorschrift des Gesetzes, wonach die Verjährung spätestens mit der Erhebung der Klage beginnen soll, die der des § 202 vorgeht, widersprechen; außerdem aber ist dabei übersehen, daß nach § 202 Abs 2 BGB die Vorschrift des Abs 1 keine Anwendung findet auf die Einrede des Zurückbehaltungsrechts wegen der Zug-um-Zug-Leistung, um die es sich hier handelt. — Der Zahlung stehen gleich die Erfüllungssurrogate: Aufrechnung, Hingabe an Zahlungs Statt; nicht dagegen die Hingabe etwa eines anderen Schecks oder eines Wechsels zahlungshalber, die ein bloßer Zahlungsversuch ist; auch nicht die Anerkennung oder die Bestellung von Sicherheiten. Die Zahlung ist vollendet mit dem Zeitpunkte, in welchem der gezahlte Betrag in die Verfügungsgewalt des Gläubigers übergegangen ist. Die Überweisung des Betrags auf das

Girokonto des Gläubigers bei der Reichsbank kann nicht schon im Augenblicke des Eingehens des Schecks bei der Bankstelle, sondern erst im Augenblicke der Gutschrift des Betrags auf dem Konto des Gläubigers als Zahlung gelten (RG 30. 6. 08 II 68/118). Die Zahlung muß eine vollständige gewesen sein; durch Teilzahlungen, die kein Recht auf Aushändigung des Schecks geben, wird die Verjährung nicht in Lauf gesetzt. Den Beweis dafür, daß und wann die Zahlung durch den Regreßnehmer an seinen Nachmann erfolgt ist, hat derjenige zu führen, der sich ihm gegenüber auf den Eintritt der Verjährung beruft. — Der Zahlung muß für den Beginn der Verjährung jede andere Art des Rückerwerbs des Schecks durch den Indossanten von seinem Nachmanne, auch wenn sie ohne Leistung einer Valuta erfolgt ist, gleichgestellt werden, sofern man sich auf den oben zu § 17 Anm 25 ScheckG vertretenen Standpunkt stellt, daß auch der unentgeltliche Rückerwerb einen Regreßanspruch gegen den Vormann begründet. Der Klagerhebung steht für den Beginn der Verjährung die Zustellung eines Zahlungsbefehls im Mahnverfahren gleich, mit der die Wirkungen der Rechtshängigkeit eintreten (§ 693 Abs 2 ZPO); nicht dagegen die Streitverkündung (§ 72 ZPO; anders wenn es sich um die Unterbrechung der Verjährung handelt, vgl. unten zu 4b). § 20

4. **Hemmung und Unterbrechung der Verjährung.** Das ScheckG enthält hierüber keine besonderen Bestimmungen; es haben deshalb die Vorschriften des BGB Anwendung zu finden; vgl. oben Anm 1.

a) Hemmung bedeutet das einstweilige Nichtweiterlaufen der Verjährung nach ihrem Beginn infolge des Eintritts bestimmter Ereignisse bis zum Wegfall der dadurch geschaffenen Hinderungsgründe, nach welchem nicht eine neue Verjährung eintritt, sondern die begonnene Verjährung weiterläuft unter Einrechnung des vor dem Eintritte der Hemmung abgelaufenen, aber Nichteinrechnung des während der Hemmung abgelaufenen Zeitraumes (§ 205). Die Hemmungsgründe sind die in den §§ 202 bis 207 BGB aufgeführten. Anm. 6

α. Die Stundung (§ 202 Abs 1) ist nur dann ein Hemmungsgrund, wenn sie auf einer Vereinbarung zwischen dem Gläubiger und dem Schuldner beruht; in solchem Falle kann zugleich eine Anerkennung vorliegen, durch welche die Unterbrechung der Verjährung bewirkt ist (vgl. unten zu b), doch ist das keineswegs, wie StStr Exkurs zu Art 79 Anm 20 anzunehmen scheinen, regelmäßig der Fall. Die ältere Rechtsprechung (ROHG 4, 375; 25, 26) hat die Berücksichtigung von Stundungen (Prolongationen) bei der Wechselverjährung als Hemmungsgrund abgelehnt; diese Auffassung fand ihre Stütze wesentlich in Art 80 WO und wurde, nachdem dieser Artikel durch das EG HGB (Art 8 Nr 2) aufgehoben war, vom RG aufgegeben mit der Begründung, daß es nunmehr an jedem Grunde fehle, den Vorschriften des BGB über die Verjährung, insbesondere dem § 202, die Anerkennung im Wechselrechte zu versagen (RGZ 63, 370; vgl. oben Anm 1). Für das Scheckrecht muß das noch in höherem Maße gelten. Vgl. auch unten Anm 9. — Als Recht zu vorübergehender Verweigerung der Leistung (§ 202 Abs 1) kann in Betracht kommen das Verweigerungsrecht des Miterben bis zur Teilung aus § 2059, nicht dagegen auf Grund der besonderen Bestimmung in Abs 2 des § 202 die aufschiebenden Einreden des Erben aus §§ 2014, 2015, da diese Einreden die Verurteilung zur Zahlung unter Vorbehalt der beschränkten Haftung nicht ausschließen (§ 305 ZPO); auch nicht das Verweigerungsrecht auf Grund eines Zurückbehaltungsrechts (§ 273 BGB), insbesondere wegen der Zug-um-Zug-Leistung aus § 19 ScheckG, vgl. oben zu § 19 Anm 2; ebensowenig die Einrede des nicht erfüllten Vertrags, soweit sie der Regreßpflichtige dem Regreßnehmer entgegensetzen kann (vgl. zu § 18 Anm 9b). Anm. 7

β. Weitere Hemmungsgründe sind Stillstand der Rechtspflege und höhere Gewalt (§ 203); Ehe sowie Eltern- und Kindesverhältnis oder vormundschaftliches Verhältnis zwischen dem Regreßberechtigten und dem Regreßverpflichteten (§ 204; die Anwendung dieser Vorschrift auf die Wechselverjährung wird von Dernburg II § 277 bestritten mit dem auch für die Scheckverjährung unzureichenden Grunde, daß durch Berücksichtigung subjektiver Hindernisse die Wechselverjährung in einer den Zwecken dieses Rechtsgebildes zuwiderlaufenden Weise hinausgeschoben werden würde; ebenso für §§ 206, 207; dagegen mit Recht StStr Exkurs zu Art 79 Anm 22; vgl. auch oben Anm 2). Zwar keine Hemmung des Laufes, aber eine Hemmung des Ablaufes der Verjährung enthalten die §§ 206, 207, indem sie diesen Ablauf nicht eintreten lassen, bevor ein gewisser Zeitraum nach dem Fortfalle des dem Ablaufe der Verjährung entgegenstehenden Hindernisses verstrichen ist. Das Hindernis ist in § 206 der Mangel einer gesetzlichen Vertretung eines geschäftsunfähigen oder in der Geschäftsfähigkeit beschränkten Anspruchsberechtigten (Regreßnehmers), in § 207 der Mangel der Erbschaftsannahme oder eines sie ersetzenden Ereignisses bei einem Anspruche, der zu einem Nachlasse gehört oder sich gegen einen Nachlaß richtet, also sowohl auf der Gläubiger- wie auf der Schuldnerseite. Der Zeitraum, der nach dem Wegfall dieses Hindernisses noch verstreichen muß, beträgt regelmäßig sechs Monate, ist jedoch wenn die Verjährungsfrist kürzer ist, gleich dieser. Bei einem in Europa mit Ausnahme von Island und den Faröern zahlbaren Anm. 8

§ 20 Scheck tritt sonach der Ablauf der Verjährung nicht früher als drei Monate, bei anderswo zahlbaren Schecken nicht früher als sechs Monate nach dem Wegfall des Hindernisses ein. Ein zureichender Grund, diesen Vorschriften die Anwendung auf die Scheckverjährung zu versagen (vgl. oben), besteht auch hier nicht.

Anm. 9 b) **Unterbrechung** bedeutet das infolge eines Ereignisses eintretende endgültige Aufhören des Laufes der begonnenen Verjährung in der Weise, daß nunmehr zur Vollendung einer Verjährung die ganze Verjährungsfrist nach Beendigung der Unterbrechung von neuem ablaufen muß (§ 217 BGB).

α. **Unterbrechung durch Anerkennung.** Der frühere Art 80 WO traf für die Wechselverjährung die Bestimmung, daß die Verjährung nur durch Behändigung der Klage unterbrochen werde, jedoch in dieser Hinsicht die von dem Verklagten geschehene Streitverkündung die Stelle der Klage vertrete. Andere Unterbrechungsgründe waren danach für die Wechselverjährung ausgeschlossen. Dieser Artikel ist durch Art 8 Ziff 2 EG HGB für Deutschland aufgehoben worden, während er für Österreich noch Gültigkeit hat. In der Denkschrift zum HGB ist darüber folgendes gesagt:

„Da das BGB die Verschiedenheiten beseitigt, welche bisher in einzelnen Rechtsgebieten hinsichtlich der Unterbrechung der Verjährung bestanden, so liegt kein genügender Anlaß vor, auch künftig noch die Unterbrechung der Verjährung der Wechselforderungen besonderen, vom bürgerlichen Rechte abweichenden Grundsätzen zu unterwerfen."

Ungeachtet dessen wird auch für das jetzige Wechselrecht von manchen Seiten noch behauptet, daß die in § 208 BGB vorgeschriebene Unterbrechung der Verjährung durch Anerkennung auf die Wechselverjährung keine Anwendung finden könne, weil die Ordnung des Wechselverkehrs hierdurch gestört werden würde und die Vorschriften des BGB auf Wechselverpflichtungen insoweit nicht anzuwenden seien, als dies den Zwecken des Wechselrechts Eintrag tun würde. So Dernburg II § 277 S. 326. Die gleichen Gründe würden, wenn sie zuträfen, auch für den Scheck maßgebend sein müssen. Doch kann nicht anerkannt werden, daß, nachdem einmal der Gesetzgeber der WO wie des ScheckG es für unnötig erachtet hat, besondere, von denen des BGB abweichende Vorschriften über die Wechsel- und Scheckverjährung zu treffen, für die Rechtsprechung eine hinreichende Handhabe besteht, einzelne Vorschriften des BGB über die Verjährung von der Anwendung auf die Wechsel- und Scheckverjährung auszuschließen. Vgl. oben Anm 2. Daß die Verjährung der letzten Regreßklagen sich unter Umständen längere Zeit hinausziehen kann, ergibt sich aus dem von der WO und dem ScheckG angenommenen Systeme, wonach gegen jeden einzelnen Regreßberechtigten die Verjährung erst beginnt, wenn er seinerseits an seinen Nachmann gezahlt oder dieser Klage gegen ihn erhoben hat. Theoretisch richtig ist, daß (worauf Grünhut Handbuch II § 540 Anm 3 hinweist), falls die Verjährung durch Anerkennung unterbrochen wird, der Nachmann nach einer (vielleicht wiederholten) Anerkennung mit der Anstellung der Klage bis nahe an den Ablauf einer von da ab neu beginnenden Verjährung warten könnte und dadurch auch die Regreßklage des Vormannes entsprechend hinausgeschoben werden würde. Aber eine solche Hinausschiebung würde weder im Interesse des Nachmannes, dem an Zahlung, nicht an Anerkennung gelegen sein wird, noch im Interesse des Vormannes liegen, das vielmehr dahin geht, auch seinerseits möglichst bald Regreß gegen seinen Vormann ausüben zu können. Praktisch wird deshalb eine Kollusion zwischen beiden, um durch Anerkennung die weiteren Regreßklagen hinauszuschieben, kaum jemals vorkommen. Sollte sie einmal vorkommen, so würde dadurch die „Ordnung" des Wechsel- (Scheck-) Rechts noch nicht gestört werden. Keinesfalls kann ein solcher allgemeiner Hinweis auf einen im Einzelfalle denkbaren Mißbrauch genügen, um die Nichtanwendung der Vorschriften des BGB zu rechtfertigen. Vgl. in diesem Sinne Rehbein Anm 7; Bernstein S. 296; Lehmann in DJZ 1900, 170; StStr Exkurs zu Art 79 Anm 8. Für das ScheckG kommt noch hinzu, daß der Gesetzgeber von der Aufhebung des Art 80 WO und der dadurch entstandenen Streitfrage Kenntnis zu nehmen in der Lage war und keine Veranlassung gefunden hat, die Anwendung der Vorschrift des § 208 BGB auszuschließen.

Anm. 10 β. Außer durch Anerkennung wird die Verjährung durch Klagerhebung und die ihr gleichgestellten, in §§ 209 Abs 2 und 210 BGB aufgeführten prozessualen Handlungen unterbrochen. Diese Unterbrechung dauert fort, d. h. es beginnt keine neue Verjährung zu laufen, bis zur Erledigung des prozessualen Verfahrens, in welchem sie erfolgt ist; sie gilt als nicht erfolgt, d. h. die begonnene Verjährung läuft ununterbrochen weiter, wenn das Verfahren ohne sachliche Erledigung sein Ende findet (§§ 211—216 BGB). Auch die Erhebung einer Klage auf Feststellung des Anspruchs unterbricht die Verjährung; der Regreßberechtigte, der noch nicht in den Besitz der zur Leistungsklage im Scheckprozesse erforderlichen Urkunden ist, weil er seinen Nachmann noch nicht befriedigt hat, wird deshalb zur Abwendung der gegen ihn von der Klagerhebung seines Nachmannes laufenden Verjährung (vgl. oben Anm 5) auf Feststellung seines Regreßanspruchs klagen können, da das erforderliche Interesse an der alsbaldigen Feststellung (§ 256 ZPO) vorliegt. Auch durch Streitverkündung kann er gemäß § 209 Abs 2 Ziff 5 seine Rechte einstweilen wahren, da von dem Ausgange der gegen ihn angestellten Regreßklage sein eigener Regreßanspruch abhängt. Doch muß er alsdann binnen sechs Monaten nach Beendigung des gegen ihn angestrengten Prozesses Klage auf Feststellung oder Leistung erheben, widrigenfalls die Unterbrechung als nicht erfolgt gilt (§ 215 Abs 2). Bis dahin dauert die Unterbrechung fort, d. h. es läuft keine neue Verjährung; die Ansicht von Rehbein (Anm 8d), daß an die Stelle dieser sechs Monate die kürzere Wechsel- (Scheck-) Verjährungsfrist zu treten habe, ist nicht zu billigen, da die Sondervorschrift des § 490 Abs 2 BGB, auf die er sich beruft, wie StStr Anm 14 Exkurs zu Art 79 zutreffend hervorheben, zur entsprechenden Anwendung auf andere Fälle nicht geeignet ist. — § 20

Die nach Beendigung der Unterbrechung laufende neue Verjährung ist wiederum die kurze Scheckverjährung, sofern nicht inzwischen eine rechtskräftige Verurteilung eingetreten ist, in welchem Falle die ordentliche 30jährige Verjährung Platz greift. — Die Unterbrechung der Verjährung wirkt nur zugunsten desjenigen Regreßberechtigten, demgegenüber die Anerkennung erfolgt ist oder der den prozessualen Unterbrechungsakt vorgenommen hat, und gegen denjenigen Regreßverpflichteten, der den Anspruch anerkannt hat oder demgegenüber der prozessuale Akt vorgenommen ist (§ 425 BGB).

5. Wirkungen der Verjährung. Anm. 11

a) Über die durch die Vollendung der Verjährung des scheckrechtlichen Regreßanspruchs eintretenden Wirkungen enthält das ScheckG, abgesehen von dem unten noch zu besprechenden § 21, keine besonderen Vorschriften, und es haben deshalb die Vorschriften des BGB über die Wirkungen der Verjährung Anwendung zu finden; vgl. oben Anm 2. Demgemäß ist nach § 222 Abs 1 BGB der Verpflichtete nach Ablauf der Verjährung berechtigt, die Leistung zu verweigern. Die Verjährung ist also materiellrechtlich nicht als ein Erlöschungsgrund der Forderung, durch dessen Eintritt diese ohne weiteres (ipso iure) außer Kraft tritt, sondern als ein dem Schuldner erwachsendes Leistungsverweigerungsrecht gestaltet. Dem entspricht es, daß das zur Befriedigung des verjährten Anspruchs Geleistete nicht zurückverlangt werden kann, auch wenn die Leistung in Unkenntnis der Verjährung bewirkt worden ist, und daß das gleiche von der Hingabe eines vertragsmäßigen Anerkenntnisses oder einer Sicherheitsleistung gilt (§ 222 Abs 2); es ist in solchen Fällen keine Nichtschuld (indebitum) geleistet. Dadurch ist aber ferner in prozessualer Hinsicht klargestellt, daß die Verjährung nicht von Amts wegen zu berücksichtigen ist. Diese Frage war, wie für die Verjährung überhaupt, so besonders für die Wechselverjährung, im älteren Wechselrecht bestritten, wurde übrigens damals bereits von der überwiegenden Meinung verneint (ROHG 2, 124; 3, 131; 6, 228; RG bei Bolze 1 Nr 837). Sie wird aber, und zwar auch noch für das jetzt nach Inkrafttreten des BGB geltende Recht, bejaht von Dernburg (II § 277 V S. 326), und zwar unter Bezugnahme auf Art 83 WO, der — und entsprechend auch § 21 ScheckG — von einem „Erlöschen" der wechsel- (scheck-) rechtlichen Verpflichtungen durch Verjährung spricht. Wenn demgegenüber von StStr (zu Art 77 Anm 13) darauf hingewiesen wird, daß der WO entsprechend ihrer früheren Entstehungszeit die strenge Terminologie des BGB fremd sei, wie sie ja auch in Art 82 den Ausdruck „Einrede" statt „Einwand" gebrauche, so trifft dieser Gegengrund freilich für das ScheckG nicht zu; vgl. zu § 18 Anm 9. Aber trotzdem kann der Gebrauch des Wortes: „Erlöschen" in § 21 ScheckG ebensowenig wie in Art 83 WO für die Entscheidung der Frage maßgebend sein. Diese Stellen sind nicht die sedes materiae; es wird in ihnen nicht der rechtliche Charakter der Verjährungswirkung durch gesetzliche Verfügung (dispositiv) bestimmt, sondern nur anläßlich einer anderen Bestimmung diese Wirkung als ein Erlöschen bezeichnet. Einer solchen Ausdrucksweise darf nicht die Bedeutung beigelegt werden, daß dadurch anderweite dispositive Gesetzesvorschriften außer Kraft gesetzt werden oder ihre Anwendbarkeit ausgeschlossen wird. Andernfalls könnte man mit der gleichen Berechtigung aus dieser Ausdrucksweise auch herleiten, daß die Vorschrift des § 222 Abs 2, derzufolge das auf eine verjährte Forderung Geleistete nicht zurückgefordert werden kann, auf die Wechsel- (Scheck-) Verjährung keine Anwendung finden könne, weil die wechsel- (scheck-) rechtlichen Verpflichtungen „erloschen" seien. Übrigens sind nach allgemeinen prozessualen Grundsätzen, soweit es sich um Verfahren handelt, die auf dem Verhandlungsgrundsatze aufgebaut sind, auch Erlöschungsgründe, wie die Zahlung, keineswegs von Amts wegen, sondern nur, wenn der Schuldner sie geltend macht, zu berücksichtigen. Auch die Scheckverjährung darf deshalb vom Gerichte nicht berücksichtigt werden, wenn der Schuldner keinen Einwand aus ihr herleitet, und zwar auch dann nicht, wenn die vorgelegten Urkunden den Beweis, daß die Verjährung abgelaufen ist, prima facie als geführt erscheinen lassen, wobei freilich immer noch die Möglichkeit besteht, daß sie infolge von Hemmungen oder Unterbrechungen doch nicht abgelaufen ist.

b) Die Wirkungen der Verjährung treten nur gegen denjenigen Regreßberechtigten ein, dem gegenüber die Verjährungsfrist abgelaufen ist; sie können auch dem- Anm. 12

§ 20 jenigen nicht entgegengesetzt werden, der den Scheck, ohne dazu rechtlich noch verpflichtet zu sein, von einem Nachmann eingelöst hat, dessen Regreßanspruch verjährt war. So mit Recht Bernstein S. 285 gegen die herrschende Meinung (StStr zu Art 78 Anm 5); vgl. auch oben zu § 17 Anm 25.

Anm. 13 **Zusatz 1: Fremde Rechte.** Vgl. die Anhänge unter G. Das österreichische ScheckG (§ 18) enthält für die Verjährung der Regreßansprüche aus dem Scheck die gleichen Vorschriften wie das deutsche Gesetz mit der Abweichung, daß für Island und die Faröer die gleiche Frist gilt wie für das übrige Europa und daß die Verjährung gegen den (letzten) Inhaber zu laufen beginnt nicht mit dem Ablaufe der Vorlegungsfrist, sondern, wie beim Wechsel, mit der Erhebung des Protestes oder der Erteilung der Präsentations- oder Einlieferungsbescheinigung. Ebenso das ungarische ScheckG (§ 19). Die übrigen ausländischen Gesetzgebungen verweisen meist auf die wechselrechtlichen Bestimmungen über die Verjährung. So die skandinavischen ScheckG (§ 3), nach deren Wechselgesetzen (§ 78) die Verjährungsfristen nach Zonen abgestuft sind, für welche bei dem Regreß des letzten Inhabers die geographische Lage des Zahlungsortes, bei dem Remboursregreß diejenige des Wohnortes des Regreßnehmers maßgebend ist; die Fristen betragen sechs Monate für Europa mit Ausnahme von Island und den Faröern, ein Jahr im übrigen. Japan (Art 443 HGB) bestimmt eine einjährige Verjährungsfrist, die gegen den Inhaber vom Tage des Protestes, gegen den Remboursregreßnehmer vom Tage der Zahlung der Regreßsumme läuft. In Frankreich fehlt es an einer ausdrücklichen Verweisung auf Art 189 Code de commerce, demzufolge alle auf den Wechsel bezüglichen Klagen in fünf Jahren vom Tage des Protestes verjähren; es ist daher nicht unbestritten, ob die Ansprüche aus dem Scheck in fünf oder erst in 30 Jahren verjähren. In Spanien (Art 950 Abs 2) gilt die vom Verfalltage ab laufende dreijährige Verjährung auch für die Schecke. Auch die Schweiz wendet gemäß Art 836 SchwOblRecht die wechselrechtlichen Verjährungsvorschriften auf den Scheck an, denen zufolge (Art 804ff.) die Frist einen, drei oder zwölf Monate beträgt, je nach dem Zahlungsort beim Regreß des letzten Inhabers und dem Wohnort des Regreßnehmers beim Remboursregreß. Italien (Art 919 Ziff 2) bestimmt für Ansprüche aus Bankanweisungen eine Verjährungsfrist von fünf Jahren. In Großbritannien gelten ebenfalls die wechselrechtlichen Verjährungsvorschriften, nach denen (Abschn 3 Limitation Act von 1623) die Frist sechs Jahre beträgt. Die gleichen Grundsätze gelten in den Vereinigten Staaten, in einzelnen Staaten gelten aber kürzere oder längere Verjährungsfristen. In den Niederlanden beträgt die Verjährungsfrist gegen den Aussteller, wenn die Vorlegungsfristen gewahrt sind, in der Regel zehn Jahre vom Tage der Ausgabe des Papiers an. Vgl. Näheres bei Meyer, Weltscheckrecht S. 388ff.

Anm. 14 **Zusatz 2: Künftiges Weltscheckrecht,** Vgl. **Anhang H.** Art 29 der Beschlüsse der zweiten Haager Konferenz über die Vereinheitlichung des Scheckrechts bestimmt, was folgt:

„Die Regreßansprüche des Inhabers gegen die Indossanten und den Aussteller verjähren in sechs Monaten von dem Ablaufe der Vorlegungsfrist ab.

Die Regreßansprüche der Indossanten gegeneinander und gegen den Aussteller verjähren in sechs Monaten von dem Tage ab, an welchem der Indossant den Scheck eingelöst hat oder dem Tage, an welchem er selbst verklagt worden ist.

Es sind anwendbar auf den Scheck die Vorschriften des Art 71 der EinhWO und des Art 16 der Vereinbarung über den Wechsel und das Orderbillett, betreffend die Unterbrechung der Verjährung."

Die in dem letzten Absatz des Art 29 für anwendbar erklärten Bestimmungen lauten in deutscher Übersetzung wie folgt:

Art 71 der Einheitlichen Wechselordnung:

„Die Unterbrechung der Verjährung wirkt nur gegen denjenigen, dem gegenüber (a l'égard duquel) der Unterbrechungsakt vorgenommen worden ist."

Art 16 der Vereinbarung über die Vereinheitlichung des auf den Wechsel und das Orderbillett sich beziehenden Rechts:

„Es ist Sache der Gesetzgebung jedes (vertragschließenden) Staates, die Gründe der Unterbrechung und der Hemmung der Verjährung der aus einem Wechsel sich ergebenden Ansprüche, über welche seine Gerichte zu erkennen haben, zu bestimmen.

Die anderen Staaten sind berechtigt, die Bedingungen zu bestimmen, unter denen sie solche Gründe anerkennen wollen. Gleiches gilt von der Wirkung einer Klage als Mittel, die durch Art 70 Abs 3 der WO vorgesehene Verjährungsfrist in Lauf zu setzen."

Der in dem letzten Absatz in Bezug genommene Art 70 Abs 3 der EinhWO hat den gleichen Wortlaut, wie der oben wiedergegebene Art 29 Abs 3 der Beschlüsse über die Vereinheitlichung des Scheckrechts. § 20

§ 21. § 21

Der Aussteller, dessen Regreßverbindlichkeit durch Unterlassung rechtzeitiger Vorlegung oder durch Verjährung erloschen ist, bleibt dem Inhaber des Schecks so weit verpflichtet, als er sich mit dessen Schaden bereichern würde.

1. **Vorbemerkung. Entstehungsgeschichte.** Der § 21 ScheckG, entsprechend dem Art 83 WO, enthält eine Sonderbestimmung über die Wirkungen der Verjährung und der Präjudizierung des Schecks, die von den Bestimmungen des BGB erheblich abweicht. Nach den Grundsätzen des BGB bleibt nach Ablauf der Verjährung kein Bereicherungsanspruch wegen der dadurch eingetretenen Vermögensverschiebung zurück. Die Ansprüche aus ungerechtfertigter Bereicherung (§§ 812ff. BGB) bezwecken einen der Billigkeit entsprechenden Ausgleich von Vermögensverschiebungen, die auf Grund von Rechtsbestimmungen eingetreten sind, welche zur Erleichterung oder Beschleunigung des Verkehrs oder aus anderen Ursachen formaler Natur einen rechtlichen Erfolg herbeigeführt haben, für den ein materiell ihn rechtfertigender Grund fehlt. Eine solche Vermögensverschiebung kann eingetreten sein entweder als gesetzliche Folge einer gewollten Leistung (Zuwendungsgeschäfte, Leistung zu einem bestimmten rechtlichen Zwecke — causa —, der nicht erreicht oder weggefallen ist — condictio ob causam datorum, ob causam finitam —; Zahlung einer Nichtschuld — condictio indebiti —), sei es unmittelbar auf Grund gesetzlicher Vorschrift (Eigentumsübergang durch Verbindung, Vermischung usw.). Ob es sich um eine aus rein formalen Gründen eingetretene Vermögensverschiebung handelt, muß, soweit im Gesetze keine ausdrückliche Bestimmung darüber enthalten ist, nach Sinn und Zweck der einzelnen Vorschrift beurteilt werden. Vgl. RGRKomm vor § 812 Anm 1 und zu § 812 Anm 6. Für die Verjährungsvorschriften wird angenommen, daß der durch Vollendung der Verjährung eintretende Rechtsverlust nicht mit Hilfe eines Bereicherungsanspruchs ausgeglichen werden kann, da das Rechtsinstitut der Anspruchsverjährung den Zweck verfolgt, nach Ablauf einer gewissen Zeit Ruhe zu schaffen und deshalb die Geltendmachung irgendwelcher Ansprüche nach Vollendung der Verjährung, auch solcher, die auf Billigkeitsgründen beruhen, nicht zuläßt. Vgl. RGRKomm a. a. O.; RGZ 70, 352; RG bei WarnRspr 1920 Nr 151. Das gilt namentlich für die im BGB selbst angeordneten Verjährungen, sowohl die ordentliche 30jährige (§ 195) wie die kurzen außerordentlichen Verjährungen (§§ 196, 197). Gleiches gilt im allgemeinen für die im BGB und in anderen Gesetzen geordneten Fälle, in denen die Geltendmachung eines Rechts durch Verabsäumung gewisser Handlungen innerhalb bestimmter Fristen (Ausschlußfristen) ausgeschlossen ist, Präjudizierung. Für die wechselrechtliche Verjährung und für die Präjudizierung des Wechsels ist demgegenüber ersichtlich das Bedürfnis empfunden worden, Billigkeitsrücksichten in weitergehendem Maße Raum zu verschaffen. So ist es zu erklären, daß Art 83 WO bestimmt: **Anm. 1**

„Ist die wechselmäßige Verbindlichkeit des Ausstellers oder des Akzeptanten durch Verjährung oder dadurch, daß die zur Erhaltung des Wechselrechts gesetzlich vorgeschriebenen Handlungen verabsäumt sind, erloschen, so bleiben dieselben dem Inhaber des Wechsels nur soweit, als sie sich mit dessen Schaden bereichern würden, verpflichtet. Gegen die Indossanten, deren wechselmäßige Verbindlichkeit erloschen ist, findet ein solcher Anspruch nicht statt."

Dieser Vorschrift ist der § 21 ScheckG nachgebildet. Er war inhaltlich bereits in dem Entwurfe von 1890/92, und zwar in § 19 Abs 1 enthalten, jedoch mit dem Zusatze in Abs 2:

„Der Aussteller gilt bis zum Beweise des Gegenteils als in Höhe des Scheckbetrages bereichert."

Die Begründung (S. 71) führte unter Bezugnahme auf die entsprechenden Vorschriften ausländischer Gesetzgebungen aus, die Indossanten seien, wenn der Scheck nicht rechtzeitig präsentiert worden, von der Verbindlichkeit aus dem Papier völlig befreit, gegen den Aussteller bestehe auch dann noch die Bereicherungsklage; diese Gestaltung der Rechtslage des Ausstellers sei gerechtfertigt, da er zwar einerseits an der rechtzeitigen Präsentation interessiert sei und die Gefahr der unversehrten Erhaltung der Deckung nicht länger als unbedingt nötig tragen solle, andererseits aber, wenn ihm die tatsächlich noch erhaltene Deckung überlassen bliebe, grundlos bereichert sein würde. Die Vorschrift in Abs 2 wurde, gleichfalls unter Bezugnahme auf ausländische Gesetzgebungen entsprechenden Inhalts, damit gerechtfertigt, daß es dem Aussteller, dem etwa sein Guthaben bei dem Bezogenen ganz oder teilweise verloren gegangen sei, leicht sein werde, dies nachzuweisen; daß es dagegen dem Regreßnehmer,

§ 21 der das Rechtsverhältnis zwischen dem Aussteller und dem Bezogenen nicht zu übersehen vermöge, unverhältnismäßig schwerer sein würde, den Nachweis beizubringen, daß das innerhalb der Präsentationsfrist vorhanden gewesene Guthaben noch vorhanden sei, und daß diese Schwierigkeit des Beweises den Aussteller auch in solchen Fällen schützen würde, in denen schon zur Zeit der Scheckbegebung kein zureichendes Guthaben vorhanden, die Scheckbegebung also eine unberechtigte war. — In dem Entwurfe von 1907/08 (§ 21) ist der Abs 2 dann weggeblieben, in der Begründung (S. 31) ist der Grund dafür nicht angegeben, sondern nur darauf hingewiesen, daß die jetzt vorgeschlagene Regelung dem Art 83 WO entspreche. Die Weglassung ist aber augenscheinlich auf die Kritik Rießers zurückzuführen, der (im BankA 6, 280 Anm 10a) ausgeführt hatte, „die in Art 20 Abs 2 des Entwurfs von 1890/92 enthaltene Präsumtion würde besser zu streichen sein, weil der Scheckinhaber wenig Interesse daran haben würde, die Präsentationsfrist einzuhalten, wenn er auch nach deren Ablauf diese durch jene Präsumtion ihm so überaus bequem gemachte und wohl auch im Urkunden- (wenn auch nicht im Wechsel-) Prozeß durchführbare Bereicherungsklage gegen den Aussteller erheben könnte." In der Fassung des Entwurfs von 1907/08 ist dann der § 21 Gesetz geworden.

Anm. 2 2. **Rechtliche Natur des Bereicherungsanspruchs.** Nach § 21 ScheckG (Art 83 WO) bleibt der Aussteller nach Erlöschen seiner Regreßverbindlichkeit durch Präjudizierung des Schecks oder durch Verjährung dem Inhaber soweit verpflichtet, als er sich mit dessen Schaden bereichern würde. Der zurückbleibende Anspruch stellt sich damit als der hinsichtlich der Person des Verpflichteten auf den Aussteller und hinsichtlich des Umfanges auf die Bereicherung beschränkte Anspruch aus dem Scheck dar, ein „Residuum des Wechsel- (Scheck-) Anspruchs," wie ihn das ROHG (6, 383; 10, 44) zutreffend bezeichnet hat; ebenso Grünhut: „Der Wechselbereicherungsanspruch ist der frühere Wechselanspruch, nur bedingt und quantitativ beschränkt." Die Legitimation des Klägers wie die Passivlegitimation des Beklagten richten sich allein nach wechsel- (scheck-) rechtlichen Grundsätzen; eines schuldrechtlichen Verhältnisses zwischen dem Kläger und dem Beklagten, das sich auf das gemeine bürgerliche Recht gründete, bedarf es nicht; vgl. Bernstein S. 338. Das verkennen diejenigen, die den Anspruch als einen „zivilrechtlichen", aus dem gemeinbürgerlichen Rechte, das dem Wechsel (Scheck) zugrunde liegt, hergeleiteten auffassen; so Pappenheim (ZHR 44, 611; OLG Dresden bei Seuffert 28 Nr 62). Sie verwechseln die rechtliche Natur des in Frage stehenden Anspruchs mit der Tatsache, daß für die Frage, ob der Aussteller bereichert ist, das zwischen ihm und demjenigen, an den er den Wechsel (Scheck) unmittelbar begeben hat, dem ersten Nehmer, bestehende gemeinbürgerliche Schuldverhältnis allerdings unter Umständen in Betracht kommt (vgl. unten Anm 5 f.); diese Tatsache ändert aber an der wechsel- (scheck-) rechtlichen Natur des Anspruchs ebensowenig, wie auch bei nichtverjährten Regreßansprüchen die Tatsache, daß von dem Regreßverpflichteten aus dem zwischen ihm und dem Regreßnehmer bestehenden, der Wechsel- (Scheck-) Begebung zugrunde liegenden gemeinbürgerlichen Schuldverhältnisse Einwendungen hergeleitet werden können (§ 18 Abs 2 ScheckG; Art 82 WO).

Anm. 3 3. Der Anspruch richtet sich **gegen den Aussteller** des Schecks, und nur gegen ihn. Nach Art 83 WO geht der Anspruch bei dem Wechsel außerdem auch gegen den Akzeptanten; das fällt beim Scheck selbstverständlich fort, da es keinen Akzeptanten gibt; vgl. § 10 und Erl dazu. Ein entsprechender Anspruch gegen die Indossanten findet nicht statt; das ist in Art 83 WO ausdrücklich ausgesprochen und gilt ebenso für den Scheck in Ermangelung einer positiven Vorschrift, die erforderlich sein würde, um einen derartigen Anspruch gegen sie zu begründen. Bei den Indossanten kann von einer Bereicherung durch die Verjährung oder Präjudizierung des Wechsels oder Schecks regelmäßig nicht die Rede sein, da ihrer Verpflichtung das Recht gegenüberstand, ihrerseits gegen einen Vormann Regreß zu nehmen, und Verpflichtung wie Recht in gleicher Weise weggefallen sind. — Voraussetzung ist, daß die Regreßverbindlichkeit des Ausstellers durch Unterlassung rechtzeitiger Vorlegung oder durch Verjährung erloschen ist. Bei der Verjährung findet kein „Erlöschen" im eigentlichen Sinne des BGB statt, sondern es tritt nur ein Recht des Schuldners, die Leistung zu verweigern, in Kraft, vgl. zu § 20 Anm 11. Daß hier von einem Erlöschen gesprochen wird, erklärt sich wohl daraus, daß der Ausdruck sich zugleich auf die Präjudizierung bezieht, bei der in der Tat ein Erlöschen stattfindet; rechtliche Folgerungen dürfen aus solch ungenauer Ausdrucksweise nicht gezogen werden, vgl. zu § 20 Anm 11. Der Unterlassung rechtzeitiger Vorlegung steht es gleich, wenn der Nachweis für die rechzeitige Vorlegung nicht durch eines der in § 16 Abs 1 Satz 2 zugelassenen Beweismittel geführt werden kann. — Zur Begründung des Anspruchs gehört die Darlegung, daß die Regreßverbindlichkeit bestanden hat; es muß sonach ein formgültiger Scheck (§ 1 Nr 1—4 ScheckG) vorliegen und die auf ihm befindliche Verpflichtungserklärung des Ausstellers echt sein. Der Aussteller kann dem Inhaber die gleichen Einwendungen entgegensetzen, wie dem nicht verjährten oder präjudizierten Regreßanspruche gemäß § 18 Abs 2 ScheckG. Voraussetzung ist ferner, daß die Verpflichtung des Ausstellers nicht auf andere Weise als durch Verjährung oder Präjudizierung, etwa durch

Zahlung oder Aufrechnung, erloschen ist. Über weitere Voraussetzungen, die sich aus dem Erfordernis der Bereicherung ergeben, und über die Beweislast vgl. unten Anm 5 ff. u. 7. **§ 21**

4. **Anspruchsberechtigter** ist der „Inhaber" des Schecks, d. h. der zur Geltendmachung der Rechte aus dem Scheck legitimierte Inhaber, also beim indossierten Orderscheck der durch eine bis auf ihn heruntergehende Kette von Indossamenten legitimierte Inhaber. Vgl. zu § 8 Anm 30ff. Das letzte Indossament muß sich als Vollindossament darstellen und vor Ablauf der Vorlegungsfrist erteilt sein. Der Inhaber muß im tatsächlichen Besitz der Scheckurkunde oder im Falle erfolgter Kraftloserklärung des sie ersetzenden Ausschlußurteils — vgl. zu § 27 Anm 8 — sein. Unter der Bezeichnung „Inhaber" ist hier, wie in §§ 15, 18, aber anders als in § 20 Abs 2 (vgl. zu § 20 Anm 5), auch der Indossant mitinbegriffen, der den Scheck im Regreßwege zurückerworben hat. Ob die Präjudizierung oder Verjährung infolge eines Verschuldens des Inhabers eingetreten ist oder ohne ein solches, ist für den Bereicherungsanspruch unerheblich. **Anm. 4**

5. Die übrigbleibende Verpflichtung erstreckt sich nur so weit, **als der Aussteller sich mit dem Schaden des Inhabers bereichern würde,** wenn er diesem nicht einen entsprechenden Betrag zahlen müßte. **Anm. 5**

a) Über den Begriff und die Erfordernisse dieser Bereicherung herrscht in dem Schrifttum und der Rechtsprechung des Wechsel- und Scheckrechts in mehrfacher Richtung ein recht unklar geführter Streit. Erforderlich zum Begriffe einer mit dem Schaden (auf Kosten) eines anderen erfolgenden Bereicherung ist eine zugunsten des einen und zu ungunsten des anderen Teils eingetretene Vermögensverschiebung. Das Vermögen des Ausstellers ist hier vergrößert dadurch, daß er von der ihm obliegenden Verpflichtung durch die eingetretene Verjährung oder Präjudizierung befreit ist. Die zur Widerlegung dieser Auffassung von StStr (Anm 9 zu Art 83) angeführten Beispiele treffen nicht zu; denn es handelt sich nicht darum, daß dem Aussteller eine Ausgabe erspart wird, die zu machen oder nicht zu machen ihm freistand (z. B. ins Theater gehen, Zigaretten rauchen), sondern um eine Leistung, zu der er verpflichtet war; diese Verpflichtung bildete einen Passivbestandteil seines Vermögens und durch ihren Wegfall ist er bereichert. Ob und welche Valuta der Aussteller für den Scheck erhalten hat, ist unerheblich; er hatte durch die Ausstellung und Begebung des Schecks sein Vermögen belastet und diese Belastung ist durch die Präjudizierung oder Verjährung des Schecks weggefallen, also ist er um den Betrag des Schecks bereichert. Auf das der Scheckbegebung zwischen ihm und dem ersten Nehmer zugrunde liegende schuldrechtliche Verhältnis kann es dabei einem dritten Inhaber gegenüber nicht ankommen, denn der Aussteller hatte kein Recht darauf, daß gerade der erste Nehmer ihn im Regreßwege in Anspruch nahm, so daß er diesem die Einwendungen aus dem zugrunde liegenden Rechtsverhältnis entgegensetzen konnte, er haftete vielmehr jedem Inhaber und von dieser Haftung ist er befreit. Die herrschende Meinung erklärt im Gegensatze zu dieser Auffassung für maßgebend, ob der Aussteller für den Wechsel (Scheck) Valuta erhalten hat, die er infolge der Präjudizierung oder Verjährung behalten darf; vgl. StStr Anm 12a zu Art 83; Bernstein S. 342; auch RGZ 93, 24. Danach würde bei unentgeltlich erfolgter Hingabe des Schecks, z. B. wenn sie zum Zwecke der Ausstattung eines Kindes oder sonst schenkungsweise erfolgt ist, ein Anspruch gegen den Aussteller nicht stattfinden, obwohl der Nehmer die ihm bestimmte Valuta erhalten hat und behalten darf, der Aussteller also den mit der Ausstellung und Hingabe des Wechsels (Schecks) verfolgten Zweck erreicht hat. Ist der Wechsel (Scheck) an Zahlungs Statt gegeben worden, so ist der Aussteller durch den Wegfall seiner ordentlichen Regreßpflicht zweifellos bereichert, da seine Schuld an den Nehmer durch die Hingabe des Wechsels (Schecks) getilgt ist. Aber auch wenn der Wechsel (Scheck) nur zahlungshalber gegeben worden ist, also zunächst nur ein Zahlungsversuch vorgelegen hat, ist doch die Schuld des Ausstellers getilgt, wenn der Nehmer durch Weitergabe des Wechsels (Schecks) die Valuta dafür erhalten hat; auch in diesem Falle würde sonach der Aussteller sich bereichern, wenn er von seiner Regreßpflicht vollständig entbunden wäre. — Darüber, zu welchem Zeitpunkte die Bereicherung vorhanden sein muß, besteht gleichfalls Streit; die herrschende Meinung nimmt an, daß, abweichend von § 818 Abs 3 BGB — der bestimmt, daß die Verpflichtung zur Herausgabe oder zum Ersatze des Wertes ausgeschlossen ist, soweit der Empfänger nicht mehr bereichert ist —, der Bereicherungsanspruch nur erfordere, daß zur Zeit der Verjährung oder Präjudizierung eine Bereicherung vorliege; StStr zu Art 83 Anm 14; RGZ 13, 4 (der empfangsberechtigte Vertreter des Ausstellers hatte die von ihm in Empfang genommene Valuta unterschlagen). Ein hinreichender Grund für diese Abweichung ist jedoch nicht einzusehen, um so weniger als § 21 ScheckG erfordert, daß der Aussteller sich bereichern würde, wenn er nicht zahlen müßte, also nicht auf den Zeitpunkt der Präjudizierung oder Verjährung, sondern auf den der auf Grund des Bereicherungsanspruchs zu leistenden Zahlung abstellt. Wie hier, Bernstein S. 342. — Keine Bereicherung des Ausstellers liegt vor, wenn oder soweit ihm infolge davon, daß der Scheck nicht rechtzeitig vorgelegt worden ist, die bei dem Bezogenen in Form eines Guthabens des

§ 21 Ausstellers vorhanden gewesene und für die Einlösung des Schecks bereitgehaltene Deckung (vgl. zu § 3) verloren gegangen ist, insbesondere dadurch, daß der Bezogene inzwischen in Konkurs geraten ist.

Anm. 6 b) Der Bereicherungsanspruch erfordert weiter, daß die Bereicherung des Ausstellers **„mit dem Schaden des Inhabers"** eintreten würde. Das ist in dem gleichen Sinne zu verstehen wie der Ausdruck **„auf Kosten"** eines anderen in § 812 BGB. Dem Vermögenszuwachse des Ausstellers muß sonach eine auf dem gleichen Ereignisse beruhende Vermögenseinbuße des Inhabers entsprechen für den Fall, daß dieser infolge der Präjudizierung oder Verjährung des Schecks Zahlung vom Aussteller nicht verlangen könnte. Der Bereicherungsanspruch des bürgerlichen Rechts ist nicht in dem Sinne subsidiär, daß er ausgeschlossen würde dadurch, daß demjenigen, der ihn geltend macht, noch ein anderer Anspruch auf die gleiche Leistung gegen den gleichen Verpflichteten oder einen Dritten zusteht; vgl. RGRKomm zu § 812 Anm 7; RGZ 48, 142. Auch der wechsel- und scheckrechtliche Bereicherungsanspruch wird nicht dadurch grundsätzlich ausgeschlossen, daß nach Verlust des ordentlichen Regreßanspruchs dem Inhaber noch ein anderer, wechsel- (scheck-) rechtlicher oder im bürgerlichen Rechte begründeter Anspruch auf die durch den Wechsel (Scheck) verbriefte Leistung oder einen Teil von ihr, sei es gegen den Aussteller oder gegen einen Dritten, zusteht. Nur wenn der noch vorhandene Anspruch hinsichtlich seiner rechtlichen Beschaffenheit und seiner praktischen Durchführbarkeit sich als vollständig gleichwertig mit dem verlorenen Regreßanspruche darstellte, würde der Bereicherungsanspruch versagen, weil nicht angenommen werden könnte, daß dem Inhaber ein Schaden entstanden ist. Dieser Fall liegt aber nicht ohne weiteres vor, wenn der Inhaber gegen den Aussteller noch einen bürgerlich-rechtlichen Anspruch aus dem zugrunde liegenden Schuldverhältnisse geltend machen kann. Dementsprechend hat der 3. ZS des RG in dem Urt vom 26. 9. 1884 (ZHR 31, 434) ausgesprochen, daß es zur Begründung des Bereicherungsanspruchs aus Art 83 WO genügt, wenn der wechselrechtliche Anspruch präjudiziert, aber zunächst noch derjenige aus dem zugrunde liegenden Rechtsverhältnisse übriggeblieben ist, der dann durch ein weiteres Ereignis — Verjährung — auch seinerseits erloschen ist. Der Senat hat aber diese Auffassung in dem Urt vom 26. 9. 1899 (RGZ 44, 78) ausdrücklich aufgegeben mit der Begründung, daß der Wegfall der Wechselklage, also eines prozessualen Vorteils, nicht als eine Beschädigung des Wechselberechtigten und eine damit korrespondierende Bereicherung des Wechselverpflichteten angesehen werden könne, falls ersterem die bürgerlich-rechtliche Klage aus dem zugrunde liegenden Deckungsverhältnisse (Darlehnsklage) noch zu Gebote gestanden habe, als die Präjudizierung oder Verjährung des Wechsels eintrat. Die Entscheidung ist nicht unbedenklich; denn durch den Wegfall der Wechselklage, die einen Bestandteil des Vermögens des Klägers bildete, ist seine rechtliche Lage insofern verschlechtert worden, als jener Klage gegenüber der Beklagte nur im Wege der Einwendung hätte geltend machen können, daß dem Wechsel ein bestimmtes bürgerlich-rechtliches Schuldverhältnis zugrunde liege und daß aus diesem dem Kläger keine Ansprüche zuständen, während nunmehr der Kläger ein solches Schuldverhältnis darlegen und beweisen muß, daß ihm der eingeklagte Anspruch aus diesem zusteht. Aus dieser prozessualen Änderung der Stellung des Klägers wird ein Schaden nur dann nicht als entstanden angesehen werden können, wenn anzunehmen ist, daß ungeachtet ihrer der Kläger mit seiner Klage ebenso durchdringen kann, wie er mit der Wechselklage durchgedrungen wäre. — Haftet für den Wechsel oder Scheck noch ein anderer wechsel- bzw. scheckrechtlich Verpflichteter und ist dessen Haftung noch nicht erloschen, so wird dem Inhaber ein Schaden nur dann nicht entstanden sein, wenn der andere Verpflichtete in der gleichen Weise zahlungsfähig und auch ebenso leicht belangbar ist wie derjenige, dessen Verpflichtung erloschen ist. Bei dem Wechsel kann das in der Weise vorkommen, daß die Verpflichtung des Ausstellers erloschen ist, aber die des Akzeptanten noch fortbesteht; vgl. StStr zu Art 83 Anm 3 und 8. Bei dem Scheck kann der gleiche Fall eintreten, wenn die Verpflichtung des Ausstellers durch Verjährung erloschen ist, während die eines Indossanten noch fortbesteht, etwa weil die Verjährung gegen ihn gehemmt war oder unterbrochen worden ist.

Anm. 6a Ein Schaden für den Inhaber würde möglicherweise auch dann nicht entstanden sein, wenn dieser seinem unmittelbaren Vormanne gegenüber in der Lage wäre, auf das zwischen ihnen bestehende bürgerliche Schuldverhältnis zurückzugreifen und dadurch den Verlust seines ordentlichen scheckrechtlichen Regreßanspruchs gegen den Aussteller auszugleichen, was an sich zulässig sein würde, wenn der Scheck ihm nicht an Zahlungs S att, sondern, wie in der Regel, zahlungshalber begeben worden ist. Doch wird ein solches Zurückgreifen in der Regel ausgeschlossen sein, da durch die Präjudizierung oder Verjährung auch der Vormann des Inhabers seiner ordentlichen scheckrechtlichen Regreßansprüche gegen seine Vormänner verlustig gegangen ist und dieser Verlust zu Lasten des Inhabers gehen muß, der durch die Entgegennahme des Schecks, auch wenn sie nicht an Zahlungs Statt, sondern nur zahlungshalber erfolgt ist, die Verpflichtung übernommen hat, für die ordnungsmäßige Vorlegung und Geltendmachung des Schecks Sorge zu tragen. Das ist übrigens in § 19 des österreichischen ScheckG ausdrücklich bestimmt; vgl. dazu auch Simonson in DJZ 1907, 1000, der freilich eine solche Bestimmung als „Tod des Scheckverkehrs" bezeichnet, weil niemand mehr einen Scheck nehmen würde, wenn ihm, obwohl er ihn rechtzeitig weiterbegeben hat, aus dem Verschulden eines späteren Inhabers ein Nachteil entstehen könnte. Übrigens würde, wenn der Vormann des Inhabers auf Grund des zwischen ihnen bestehenden bürgerlichen Rechtsverhältnisses genötigt werden könnte, den Wechsel (Scheck) zurückzuerwerben, er nunmehr seinerseits als „Inhaber" den Anspruch aus Art. 83 WO bzw. § 21 ScheckG gegen den Aussteller geltend machen können, so daß eine aus diesem Verhältnisse erhobene Einwendung des Ausstellers gegen den Bereicherungsanspruch des gegenwärtigen Inhabers wohl als schikanös (§ 226 BGB) zurückgewiesen werden könnte. Über die Beweislast und die Beweiswürdigung in allen diesen Fällen vgl. unten Anm 7. — Der Schaden des Inhabers besteht in dem Verluste des scheckmäßigen Anspruchs gegen den Aussteller. Ob und welche Valuta der Inhaber seinem Vormanne für den Erwerb des Schecks gezahlt hat, kann hier so wenig entscheidend sein wie bei der Frage der Bereicherung des Ausstellers (vgl. oben unter a); auch durch unentgeltlichen Erwerb des Schecks hatte er für den Fall der Nichteinlösung des Schecks durch den Bezogenen den Regreßanspruch gegen den Aussteller erworben, und dieser bildete einen Aktivbestandteil seines Vermögens; er ist ihm durch die Präjudizierung oder Verjährung entzogen. So StStr zu Art 83 Anm 5; Bernstein S. 340; Grünhut Handbuch II § 141 Anm 15. Doch ist die Stellungnahme von StStr und Bernstein zu dieser Frage schwerlich zu vereinbaren mit ihrer Stellung zu der Frage der Bereicherung des Ausstellers (oben zu a), in welcher sie die „Valutatheorie" vertreten. Das RG hat in den beiden in ZHR 31, 426 u. 427 veröffentlichten Urteilen vom 7. 6. 80 (5. ZS) und 24. 6. 81 (1. ZS) geprüft, ob der Inhaber seinem Vormanne Valuta bezahlt und ob der Aussteller Valuta erhalten habe; also die „Valutatheorie" vertreten, nicht (wie StStr a. a. O. berichten) in dem erstgenannten Urteile die „abstrakte Schadens-", in dem zweiten die Valutatheorie. § 21

6. **Beweislast.** In dem Entwurfe zum ScheckG von 1890/92 war eine ausdrückliche Regelung der Beweislast für den scheckrechtlichen Bereicherungsanspruch vorgesehen durch Aufstellung einer gesetzlichen Vermutung, derzufolge der Aussteller bis zum Beweise des Gegenteils als in Höhe des Scheckbetrags bereichert gelten sollte. Vgl. über die Begründung dieser Bestimmung des Entwurfs und über ihr Schicksal oben Anm 1. Ob der Grund, der zu ihrer Beseitigung geführt hat — die Besorgnis, daß der Inhaber, wenn der Beweis der Bereicherung ihm in solcher Weise erleichtert werde, dadurch veranlaßt werden könnte, die ordnungsmäßige Vorlegung des Schecks zu unterlassen — gegenüber den in der Begründung angeführten einleuchtenden und augenscheinlich auf den bereits im Wechselrechte gemachten Erfahrungen (s. unten) beruhenden Gründen, die zugunsten der Bestimmung sprachen, wirklich entscheidendes Gewicht haben durfte, muß dahingestellt bleiben. Durch die Streichung der Bestimmung ist für den Bereicherungsanspruch aus dem Scheck die Rechtslage die gleiche geworden, wie sie für den wechselrechtlichen Bereicherungsanspruch besteht. Für diesen hat die herrschende Auffassung über die Erfordernisse der Bereicherung des Ausstellers mit dem Schaden des Inhabers — vgl. oben Anm 5 und 6 — dahin geführt, daß von dem Inhaber die Aufdeckung des zwischen dem Aussteller und dem ersten Nehmer des Schecks bestehenden Valutaverhältnisses verlangt wird, also eines dem Inhaber in der Regel ganz fremden Verhältnisses, das aufzudecken er in den meisten Fällen nicht in der Lage sein wird. Auf die Schwierigkeit des danach von dem Inhaber zu führenden Beweises hat bereits Thöl (WR S. 378) hingewiesen mit den Worten: Anm. 7

„Es ist für ihn (den Inhaber) ein mißlicher Prozeß; denn woher soll er entnehmen, was er zu behaupten hat, und woher hierfür die Beweise? Alle die hier bestimmenden, oft sehr verwickelten Verhältnisse sind ihm regelmäßig unbekannt und unzugänglich; denn die Kaufleute wie die Nichtkaufleute pflegen ihre Geschäftsverbindungen, Kreditverhältnisse, Geldverhältnisse nicht zu deklarieren. Nicht einmal so viel kann er anders als zufällig wissen, ob die Tratte für eigene oder fremde Rechnung gezogen ist; wenn auch die Tratte auf das letztere deutet, so entspricht diese Andeutung zuweilen nicht der Wahrheit und ergibt nie das Genauere der Verhältnisse."

Die Verwirklichung der Absicht des Gesetzes, dem Inhaber einen der Billigkeit entsprechenden Ausgleich für den verlorenen Wechselanspruch insoweit zu gewähren, als dem Aussteller sonst ein ungerechtfertigter Vorteil entstehen würde, wird durch eine solche Regelung der Beweislast so gut wie ausgeschaltet. Doch läßt sich vom Standpunkte der herrschenden Auffassung aus schwerlich zu einem anderen Ergebnisse gelangen. Geht man dagegen von der oben a. a. O. vertretenen Auffassung über die materiellrechtlichen Erfordernisse der Bereicherung des Ausstellers mit dem Schaden des Inhabers aus, so stellt sich hinsichtlich der Beweislast die Rechtslage im wesentlichen als die gleiche dar, wie sie sich für das Scheckrecht gestaltet hätte, wenn die in dem Entwurfe vorgeschlagene Bestimmung Gesetz geworden wäre. Denn der Beweis,

§ 21 daß der Aussteller sich mit dem Schaden des Inhabers bereichern würde, wenn diesem nicht der Bereicherungsausgleichanspruch zustände, ist zunächst bis auf weiteres (**prima facie**) dadurch geführt, daß der Aussteller infolge der Präjudizierung oder Verjährung von der ihm obliegenden ordentlichen Regreßverpflichtung befreit ist und der Inhaber seinen ordentlichen Regreßanspruch gegen ihn verloren hat. Dadurch hat der Inhaber der ihm obliegenden Beweispflicht genügt, und es ist nunmehr Sache des Ausstellers, die besonderen Umstände zu behaupten und zu beweisen, aus denen sich ergibt, daß er trotzdem nicht bereichert oder der Inhaber nicht geschädigt sein würde. Die Frage, ob dem Inhaber ein Schaden entstanden ist und in welcher Höhe, ist übrigens gemäß § 287 ZPO nach freier Überzeugung des Gerichts zu entscheiden, ohne daß dieses an eine bestimmte Darlegungs- und Beweispflicht der Parteien gebunden ist; vgl. Busch ZPO Anm 2, 3; RGZ 95, 221. Bei Anwendung dieser Grundsätze werden die oben in Anm 5 und 6 behandelten Fragen über die Erfordernisse der Bereicherung des Ausstellers und des Schadens des Inhabers sich in einer der Billigkeit und dem Zwecke des Gesetzes entsprechenden Weise lösen lassen.

Anm. 8 7. **Gegenstand des Bereicherungsanspruchs.** Er geht auf Zahlung der Beträge, die der Inhaber und die Indossanten gemäß § 17 ScheckG in Verbindung mit Art 50, 51 WO (vgl. zu § 17 Anm 16ff) im ordentlichen Regreßwege verlangen können, mit der Beschränkung, daß sie nur geschuldet werden, soweit nach den oben dargelegten Grundsätzen der Aussteller sich mit dem Schaden des Inhabers bereichern würde, wenn er diesem keine Zahlung zu leisten hätte. Dazu gehört in erster Linie die Schecksumme. Zinsen werden in der Höhe und für die Zeit verlangt werden können, für welche der Aussteller solche infolge der Nichteinlösung des Schecks aus seinem Guthaben bei dem Bezogenen erhalten hat. Auch andere Auslagen, insbesondere bezahlte oder an Vormänner erstattete Protestkosten und bei Einlösung des Schecks bezahlte oder erstattete Provisionen der Vormänner können mit dem Bereicherungsanspruche verlangt werden, da der Aussteller sie hätte zahlen müssen, wenn der Scheck nicht präjudiziert oder verjährt wäre, und sie durch die eingetretene Präjudizierung oder Verjährung ersparen, also sich mit dem Schaden des Inhabers, der sie verauslagt hat, bereichern würde; a M. StStr zu Art 83 Anm 18; Bernstein S. 344; wie hier v. Canstein WR S. 429 Anm 14. Vorausgesetzt ist natürlich, daß die Auslagen der Vormänner erstattungsfähig, also nicht zu einer Zeit entstanden waren, als der Wechsel (Scheck) bereits verjährt oder präjudiziert war. Dagegen kann der Inhaber eigene Provision nicht verlangen.

Anm. 9 8. **Prozessuales.** Der Bereicherungsanspruch ist ein „Anspruch auf Grund des ScheckG", der in diesem seine Grundlage hat, vgl. oben Anm 2; er gehört daher nach § 28 Abs 1, 2 ScheckG (vgl. die Erläuterungen zu diesem Paragraphen) vor die Kammern für Handelssachen, in der Revisionsinstanz unter allen Umständen vor das RG. Er ist auch ein — auf die Bereicherung beschränkter — „Regreßanspruch aus dem Scheck" (vgl. oben zu 2) und kann daher gemäß § 28 Abs 3 im Scheckprozesse geltend gemacht werden, sofern die zur Klagebegründung erforderlichen Tatsachen, was nach der hier (vgl. oben Anm 5, 6) vertretenen Auffassung recht wohl denkbar ist (a. M. auf Grund ihrer Auffassung StStr Anm 22), durch Urkunden bewiesen werden können; auch hat er als Feriensache zu gelten. Wie hier wegen der Zuständigkeit und der Prozeßart beim Wechsel StStr Anm 23, 22; anders die herrschende Meinung: Bernstein S. 344, auch Staub in den früheren Auflagen, für den Scheck Rießer BankA 6, 270, Lessing S. 167.

Anm. 10 9. Wegen der Verjährung des Bereicherungsanspruchs vgl. § 22 ScheckG und Anm 3 dazu.

Anm. 11 **Zusatz 1: Fremde Rechte.** Vgl. die Anhänge unter G. Das österreichische ScheckG kennt, abweichend vom deutschen, einen nach der Präjudizierung oder Verjährung des Schecks zurückbleibenden scheckrechtlichen Bereicherungsanspruch nicht, sondern läßt nur in § 19 Satz 2 in Ermangelung anderweiter Vereinbarung den Rückgriff auf das zugrunde liegende Schuldverhältnis zu. Auch Japan (Art 537, 487 Abs 2) gibt keinen scheckrechtlichen Bereicherungsanspruch. Dagegen gibt Ungarn (§ 18 Abs 2) einen dem deutschen Rechte entsprechenden derartigen Anspruch. Ebenso die skandinavischen ScheckG (§ 12) durch Verweisung auf § 93 der WG, der einen Bereicherungsanspruch nicht nur gegen den Aussteller, sondern auch gegen die Indossanten und sonstigen Wechselschuldner gewährt. Die Schweiz gewährt für den Scheck wie für den Wechsel nach der Präjudizierung einen fortdauernden Regreßanspruch gegen den Aussteller, soweit dieser nicht durch die Unterlassung der Vorlegung dem Bezogenen gegenüber in Verlust geraten ist, im übrigen nach Präjudizierung oder Verjährung einen Bereicherungsanspruch auch gegen die sonstigen Scheckverpflichteten (Art 836, 813 schweiz. OblR). Auch Italien (Art 341, 326), Rumänien (Art 366, 351), Venezuela (Art 452, 441), Peru (Art 530, 511) geben außer dem Regresse gegen den Aussteller, der nach Präjudizierung fortdauert, sofern der Aussteller nicht die Verfügung über die Deckung durch die Schuld des Inhabers verloren hatte, noch einen Bereicherungsanspruch gegen den Aussteller, der jedoch neben ersterem Rechtsbehelfe kaum von Bedeutung ist, da er nur für präjudizierte, nicht für verjährte Wechsel

(Schecke) gewährt wird. Anderen ausländischen Gesetzgebungen ist eine besondere wechsel- oder scheckrechtliche Bereicherungsklage unbekannt. Vgl. Näheres bei Meyer Weltscheckrecht I S. 374ff. § 21

Zusatz 2: Zukünftiges Weltscheckrecht. Vgl. **Anhang H.** Art 25 der Haager Beschlüsse zur Vereinheitlichung des Scheckrechts bestimmt, was folgt:

„Den vertragschließenden Staaten ist die Befugnis vorbehalten, zu entscheiden, ob der Inhaber eines unbezahlten Schecks gegen den Aussteller und die Indossanten einen Bereicherungsanspruch oder andere Rechte außer denen, die sich aus dem Scheck selbst ergeben, hat."

§ 22. § 22

In den Fällen des § 14 Abs. 2 und des § 21 verjährt der Anspruch in einem Jahre seit der Ausstellung des Schecks.

1. Außer den in § 20 ScheckG angeordneten kurzen Verjährungsfristen für die ordentlichen Regreßansprüche aus dem Scheck führt das Gesetz in § 22 noch weitere kurze Verjährungsfristen ein für zwei besondere Ansprüche, die sich gleichfalls auf das ScheckG gründen. Auch für diese Ansprüche erheischt, wie die Begründung (S. 31) sich ausdrückt, „die rasche Abwickelung, welche das Lebenselement des durch den Scheck vermittelten Zahlungsverkehrs bildet", solche kurzen Verjährungsfristen. Anm. 1

2. Als ersten der einer solchen kurzen Verjährungsfrist zu unterwerfenden Ansprüche nennt das Gesetz den Anspruch **im Falle des § 14 Abs 2 ScheckG.** Vgl. zu § 14 Anm. 11. Es ist dies der besondere Schadensersatzanspruch, der sich aus der Verantwortlichkeit ergibt, die dem Bezogenen für die Übertretung des Verbots der Barzahlung des Schecks auferlegt ist. Nur auf diesen Anspruch, der nicht den Nachweis eines Verschuldens erfordert, bezieht sich die Verjährungsfrist. Sofern auf Grund des allgemeinen bürgerlichen Rechts die Voraussetzungen eines Anspruchs auf Schadensersatz aus Vertrag oder unerlaubter Handlung wegen der Nichtbeachtung des Verbotes der Barzahlung vorliegen, kann dieser Anspruch auch nach Ablauf der Verjährungsfrist des § 22 noch geltend gemacht werden. Anm. 2

3. Des weiteren unterwirft das Gesetz einer kurzen Verjährungsfrist den Anspruch **im Falle des § 21 ScheckG.** Vgl. die Erläuterungen zu § 21. Es handelt sich hier um den scheckrechtlichen Bereicherungsanspruch des Inhabers gegen den Aussteller des Schecks. Dieser Anspruch ist zwar ein — auf die Bereicherung beschränkter — „Regreßanspruch gegen den Aussteller" (vgl. zu § 21 Anm 2), kann aber nicht der im § 20 bestimmten Verjährung unterliegen, da er, wie sich aus § 21 ergibt, nach Vollendung dieser Verjährung noch zurückbleiben soll. Deshalb ist für ihn die besondere kurze Verjährungsfrist in § 22 bestimmt. Die WO enthält eine entsprechende Vorschrift für den Bereicherungsanspruch aus Art 83 nicht; dieser unterliegt daher nur der ordentlichen dreißigjährigen Verjährung nach § 195 BGB (StStr Anm 20), was wenig zweckentsprechend ist. Anm. 3

4. Die Ansprüche verjähren in beiden Fällen in einem Jahre seit der Ausstellung des Schecks. Für den Beginn der Verjährung kann nur der auf dem Scheck angegebene Ausstellungstag (§ 1 Nr 4 ScheckG) maßgebend sein; Vor- oder Nachdatierung (vgl. zu § 1 Anm 28, 29) muß außer Betracht bleiben; so zutreffend Lessing S. 168; Conrad Handbuch S. 217; Buff S. 112; Simonson S. 124; a. M. Merzbacher S. 80. Das Jahr beginnt gemäß § 187 Abs 1 BGB mit dem Tage, der auf den Tag der Ausstellung folgt, und endet mit dem Ablaufe desjenigen Tages des nächsten Jahres, der durch seine Tages- und Monatszahl dem Ausstellungstage entspricht (§ 188 Abs 2); sofern aber dieser Tag auf einen Sonntag oder allgemeinen Feiertag fällt, mit dem Ablaufe des nächstfolgenden Werktags (§ 193 BGB; streitig, vgl. zu § 20 Anm 3). Anm. 4

§ 23. § 23

Aus einem Scheck, auf dem die Unterschrift des Ausstellers oder eines Indossanten gefälscht ist, bleiben diejenigen, deren Unterschriften echt sind, verpflichtet

1. **Selbständigkeit mehrerer Verpflichtungserklärungen auf einem Scheck.** Der Scheck enthält in der Regel, wie der Wechsel, die Verpflichtungserklärungen mehrerer Personen: des Ausstellers, der Indossanten, der Namensschreiber. Diese mehreren Verpflichtungserklärungen begründen ein Gesamtschuldverhältnis in der Weise, daß mehrere selbständige Schuldverpflichtungen entstehen, die auf eine einmalige Leistung gerichtet sind; vgl. zu § 18 Anm. 1

§ 23 Anm 3. Daraus folgt bereits, daß die rechtliche Wirksamkeit jeder einzelnen Schuldverpflichtung unabhängig davon besteht, ob andere Verpflichtungserklärungen eine wirksame Schuldverpflichtung erzeugt haben. Dieser Grundsatz wird durch § 23 ausgesprochen für den Fall, daß einzelne Verpflichtungserklärungen auf einem Scheck gefälscht sind (unten zu 2); er gilt aber ebenso, wenn einzelne Verpflichtungserklärungen aus einem anderen Grunde unwirksam sind (unten zu 3).

Anm. 2 2. **Fälschung einzelner Scheckunterschriften.** § 23 regelt die Wirksamkeit von Schecken, auf denen die Unterschriften einzelner, in ihnen als Scheckverpflichtete erscheinender Personen gefälscht sind. Er entspricht den Art 75 und 76 der WO, von denen der erstere den Fall behandelt, daß auf einem Wechsel die Unterschrift des Ausstellers falsch oder verfälscht ist, der zweite den Fall, daß das Akzept oder ein Indossament falsch oder verfälscht ist; in beiden Fällen bleibt die Wirksamkeit der echten Verpflichtungserklärungen unberührt. Der § 23 ScheckG faßt den Inhalt der beiden Artikel der WO, soweit er für den Scheck in Betracht kommt, zusammen, indem er bestimmt, daß aus einem Scheck, auf dem die Unterschrift des Ausstellers oder eines Indossanten gefälscht ist, diejenigen, deren Unterschriften echt sind, verpflichtet bleiben.

Anm. 3 a) Der Ausdruck **„gefälscht"** umfaßt dasjenige, was in Art 75 und 76 WO als „falsch oder verfälscht" bezeichnet ist. Falsch ist eine Unterschrift, die rechtswidrig von einer Person mit einem ihr nicht zukommenden Namen, der auf eine andere Person hinweist, abgegeben worden ist. Verfälscht ist eine echte Unterschrift, in der rechtswidrig Änderungen vorgenommen sind, die sie als Unterschrift einer anderen Person erscheinen lassen, z. B. durch Hinzusetzung eines falschen Vornamens oder Hinzufügung der Worte „und Kompanie".

Anm. 4 b) Der Ausdruck „Unterschrift" umfaßt auch die nur aus der Namensschrift bestehenden Blankoindossamente und die Namensschriften auf der Rückseite des Schecks (§ 15 Abs 2 ScheckG).

Anm. 5 c) Die Unterschrift des Ausstellers ist nach § 1 Ziff 3 ScheckG ein wesentliches Erfordernis des Schecks. Doch genügt für die formelle Gültigkeit des Schecks, daß er eine Unterschrift als Ausstellerunterschrift aufweist, welche eine scheckfähige Person bezeichnen kann; Echtheit der Unterschrift ist dazu nicht erforderlich; vgl. zu § 1 Anm 22. Indossamente gehören überhaupt nicht zu den wesentlichen Erfordernissen des Schecks. Deshalb würde auch ohne die Vorschrift des § 23 aus den formalen Erfordernissen eines Schecks (§ 1 Nr 1—4) kein Grund zu entnehmen sein, wegen der Unechtheit einzelner Unterschriften des Ausstellers oder von Indossanten den Scheck nicht als einen Scheck im Sinne des ScheckG anzusehen. § 23 stellt klar, daß ein solcher Scheck die Grundlage für wirksame Scheckverpflichtungserklärungen bilden kann.

Anm. 6 d) Die scheckrechtliche Verpflichtung aus den echten Unterschriften tritt in der gleichen Weise ein, wie wenn auch die unechten echt wären. Ein im Regreßwege in Anspruch genommener Indossatar kann deshalb nicht einwenden, daß die Unterschrift eines Vormannes oder des Ausstellers unecht sei und daß ihm deshalb die Möglichkeit, gegen diese Regreß zu nehmen, fehle; er ist seinem Nachmanne regreßpflichtig, auch wenn ihm dadurch eine Regreßnahme überhaupt abgeschnitten ist und deshalb der Scheckbetrag ihm endgültig zur Last bleibt.

Anm. 7 e) **Unechte Unterschriften** erzeugen selbstverständlich für den, auf welchen sie fälschlich als Aussteller oder Indossant hinweisen, keine Rechtsverbindlichkeit. Die Echtheit der Unterschrift muß, wenn sie bestritten wird, derjenige beweisen, der die Verbindlichkeit des angeblichen Unterzeichners geltend macht. Hat ein anderer mit Zustimmung desjenigen, auf den die Unterschrift hinweist, mit dessen Namen unterschrieben, so ist dieser in der gleichen Weise verpflichtet, wie wenn er die Unterschrift eigenhändig geleistet hätte. Gleiches muß gelten, wenn der angebliche Unterzeichner eine unbefugt durch einen anderen geleistete Unterschrift nachträglich genehmigt hat, und zwar gilt es gleich, ob der andere die Unterschrift als Geschäftsführer zur Wahrung von dessen Interessen oder in rechtswidriger Absicht geleistet hatte; so zutreffend OG Wien (bei Peitler Nr 95), OLG München, ROLG 32, 361; Mansfeld in LZ 1914, 8013; a. M. StStr zu Art 75, 76 Anm 6 und die dort Angeführten; von einer „unabänderlichen Nichtigkeit" der gefälschten Unterschrift kann aber wohl nicht gesprochen werden. Eine bürgerlich-rechtliche Haftung desjenigen, dessen Unterschrift gefälscht ist, kann begründet sein aus dem Gesichtspunkte der unerlaubten Handlung (§ 826 BGB), wenn er vorsätzlich im Zusammenwirken mit dem Fälscher seine Unterschrift auf Befragen für echt erklärt hat, nicht aber bei bloß fahrlässigem Handeln, da ein Verstoß gegen ein Schutzgesetz (§ 823 Abs 2 BGB) darin nicht liegt; RG im Recht 09, 1126. Doch kann auch eine Haftung aus einem Garantieversprechen begründet sein, wenn der Befragte rechtsgeschäftlich erklärt hat, seine Unterschrift als Aussteller oder Indossant sei in Ordnung, er werde den Scheck, falls ihn der Bezogene nicht bezahle, einlösen (RGZ 82, 339). War ihm unbekannt, daß seine Unterschrift gefälscht war, so wird er das Garantieversprechen wegen Irrtums anfechten können und alsdann nur auf das Vertragsinteresse haften (§§ 119, 122 BGB); RG a. a. O. **§ 23**

3. Aus dem oben (Anm 1) dargelegten allgemeineren Rechtsgrundsatze, dem der § 23 für den Fall der Unechtheit einzelner Verpflichtungserklärungen auf dem Scheck Ausdruck gibt, ist zu folgern, daß auch eine **auf anderen Gründen beruhende Unwirksamkeit einzelner Verpflichtungserklärungen** die Wirksamkeit der übrigen nicht beeinträchtigt. Das ist in Art 3 WO ausdrücklich ausgesprochen für den Fall, daß auf dem Wechsel sich Unterschriften wechselunfähiger oder in der Wechselfähigkeit beschränkter Personen befinden. Eine entsprechende ausdrückliche Vorschrift ist im ScheckG nicht enthalten; der Rechtssatz hat aber inhaltlich auch für den Scheck Geltung. Ist sonach der Scheck von einer nicht geschäftsfähigen Person — einem Geisteskranken oder wegen Geisteskrankheit Entmündigten (§ 104 BGB) — oder von einem Minderjährigen ohne Zustimmung des gesetzlichen Vertreters (§ 107 BGB) ausgestellt, so ist zwar der Aussteller nicht regreßpflichtig, aber die Regreßpflicht der Indossanten wird dadurch nicht berührt. Rührt ein Indossament von einer solchen Person her, so entsteht zwar für diese keine Regreßpflicht, aber der Aussteller und die übrigen Indossanten sind ihren Nachmännern regreßpflichtig, selbstverständlich nicht demjenigen, dessen eigene Regreßverpflichtung unwirksam ist. Entsprechendes gilt, wenn eine einzelne Unterschrift, sei es die des Ausstellers oder eines Indossanten, um deswillen unwirksam ist, weil sie statt mit dem Namen mit einem Handzeichen unterzeichnet ist, das nicht gerichtlich oder notariell beglaubigt ist, wie es § 126 Abs 1 BGB für Willenserklärungen, für die durch Gesetz schriftliche Form vorgeschrieben ist — und dazu gehört die Scheckerklärung —, erfordert; ebenso Art 94 WO für den Wechsel, vgl. dazu ROHG 17, 281. Auch die Anfechtbarkeit und die sich aus der Anfechtung ergebende Nichtigkeit einer Scheckerklärung, sei es des Ausstellers oder eines Indossanten — vgl. zu § 18 Anmm 6 —, berührt die Wirksamkeit der übrigen Scheckerklärungen nicht. Anm. 8

4. Darüber, welche Wirkungen **Veränderungen des sonstigen Scheckinhaltes**, abgesehen von den Unterschriften, die nach erfolgter Herstellung des Schecks rechtswidrig vorgenommen werden und daher Fälschungen darstellen, auf die Wirksamkeit der Verpflichtungen der Scheckverpflichteten haben, enthält das ScheckG, ebenso wie für den Wechsel die WO, keine besonderen Vorschriften. Aus allgemeinen Rechtsgrundsätzen und aus dem oben Anm 1 erörterten Grundsatze der Unabhängigkeit jeder einzelnen scheck- (wechsel-) rechtlichen Verpflichtung von den übrigen folgt, daß grundsätzlich die Verpflichtung jedes einzelnen Scheckverpflichteten begrenzt wird durch den Inhalt, den der Scheck zu der Zeit hatte, als er seinen Namen als Aussteller, Indossant oder Namensschreiber auf der Rückseite darauf setzte. Eine Garantieübernahme dafür, daß der Scheck (Wechsel) unverfälscht in die Hände Dritter gelange, ist in Ermangelung positiver Vorschriften in der Ausstellung oder Indossierung einer solchen Urkunde, obwohl sie zum Verkehr bestimmt ist, nicht zu finden. Nachträglich ohne Zustimmung des Zeichners vorgenommene Veränderungen des Scheckinhaltes, welche die Verpflichtungen aus dem Scheck zum Nachteil des Verpflichteten erweitern oder abändern, begründen sonach Einwendungen, die die Gültigkeit der Erklärung auf dem Scheck betreffen, und deshalb gemäß § 18 Abs 2 ScheckG gegenüber jedem, auch dem gutgläubigen Scheckinhaber, geltend gemacht werden können; die exceptio falsi ist eine exceptio in rem, RGZ 8, 42. Keine Verfälschung ist die vertrags- oder sonst rechtswidrige Ausfüllung eines noch nicht in allen wesentlichen Teilen hergestellten und in solcher Gestalt begebenen Schecks (Blanketts); aus ihr kann nur eine persönliche Einrede gegen den bösgläubigen Inhaber hergeleitet werden (RGZ 8, 43). Sobald aber aus dem Blankett der Scheck hergestellt worden, ist jede Veränderung des fertigen Schecks, durch welche die Verpflichtung der Unterzeichner berührt wird, eine Verfälschung, auch wenn sie von demjenigen vorgenommen wird, der zur Ausfüllung des Blanketts ermächtigt war (RGZ 8, 42; 53, 261; 70, 210). Keine Verfälschung ist die durch § 17 ScheckG in Verbindung mit Art 55 WO (vgl. zu § 17 Anm 30ff.) dem Indossanten, der seine Nachmänner befriedigt hat, gestattete Durchstreichung seines eigenen und des Indossaments seiner Nachmänner. Im übrigen kann eine Verfälschung erfolgen sowohl mittels Durchstreichungen des vorhandenen Textes oder dessen Beseitigung durch Rasuren u. dgl., wie mittels Hinzufügung bis dahin nicht vorhandener Bestandteile unter Benutzung freigebliebener Zwischenräume; ein Rechtssatz, daß der Aussteller oder die sonstigen Unterzeichner des Wechsels (Schecks) verpflichtet wären, dafür Sorge zu tragen, daß leere Zwischenräume nicht verbleiben, und, falls sie das unterlassen, die Ausfüllung zu ihren Lasten gehe, ist nicht anzuerkennen (RGZ 8, 42). Stellt sich die auf eine dieser Arten veränderte Urkunde nicht mehr als ein formell gültiger Scheck dar, weil ihr eines der in § 1 ScheckG aufgestellten wesentlichen Erfordernisse, z. B. Angabe der Geldsumme, Guthabenklausel, fehlt, so sind die bisher aus ihr entstandenen scheckrechtlichen Verbindlichkeiten, die in der Urkunde verkörpert waren, erloschen und neue können nicht mehr aus ihr entstehen. Stellt sich dagegen die veränderte Urkunde noch als ein formell gültiger Scheck dar, so haften diejenigen, die Anm. 9

§ 23 nach der Veränderung ihren Namen daraufsetzen, nach Maßgabe des veränderten Inhaltes. Sehr streitig ist aber, wie es in diesem Falle mit der Fortdauer der vor der Veränderung begründeten Verbindlichkeiten nach Maßgabe des bisherigen Wechsel-(Scheck-)Inhaltes steht. Die Rechtsprechung des ROHG und in seiner überwiegenden Mehrheit das ältere Schrifttum stand auf dem Standpunkte, daß der Wechselverpflichtete, der vor irgendeiner Veränderung des Wechselinhaltes den Wechsel, sei es als Aussteller, Indossant oder Akzeptant, unterschrieben hatte, nachher überhaupt nicht mehr verpflichtet sei, weder nach dem früheren noch nach dem jetzigen Inhalte; denn der Wechsel, den er unterschrieben habe, bestehe nicht mehr, und eine Wechselverpflichtung, wie sie in dem neugestalteten Wechsel verbrieft werde, sei er nicht eingegangen; so ROHG 13, 155 für den Fall unbefugter Änderung des Ausstellungs- oder Fälligkeitsdatums, und zwar auch, wenn der Verfalltag hinausgeschoben, die Veränderung also zugunsten des Verpflichteten erfolgt ist. Den gleichen Standpunkt hat das ROHG aber auch eingenommen, wenn es sich um Veränderungen handelte, die in Hinzufügungen zu der in Worten oder Ziffern ausgedrückten Wechselsumme, unter Bestehenbleiben der Schriftzeichen der bisherigen Wechselsumme bestanden (ROHG 23, 340). Das ROHG führt in diesem Urteile aus, es mache keinen Unterschied, ob der Ausdruck „3000" durchstrichen und mit 30000 überschrieben oder ob unter „Konservierung" der Ziffern und Buchstaben die Summe 3000 durch Dahinterschreiben einer Null in 30000 verwandelt worden sei; in beiden Fällen sei „die Zahl und das Wort, also der Begriff 3000 aus der Obligation entfernt, zerstört". Andererseits hat aber das ROHG (3, 51) das Bestehenbleiben der ursprünglichen Obligation angenommen in einem Falle, wo der Wechsel durch Beifügung einer Domizilierung seitens eines Unberechtigten geändert war; darin erblickt Lehmann WR S. 413 Anm 30 nicht mit Unrecht einen Mangel der Folgerichtigkeit. Auf dem Standpunkte des ROHG standen von dem älteren Schrifttum namentlich Wächter WR § 109 Anm 14, 19, 24; Grünhut WR I S. 430; Bernstein WO S. 67; Rehbein-Mansfeld zu Art 75/76 WO Anm 5 und auch in der neuesten Auflage noch StStr zu Art 75/76 Anm 16, während Lehmann WR S. 413 Anm 31 und Dernburg II 2 § 276 Anm 12 für die Aufrechterhaltung der ursprünglichen Obligation in geeigneten Fällen eintraten. Das Reichsgericht hat zunächst (in RGZ 32, 36) den Satz aufgestellt, die Rücksicht auf die größtmögliche praktische Brauchbarkeit des Rechts und die Analogie der in den Art 75/76 WO enthaltenen Bestimmungen über falsche und verfälschte Wechselunterschriften müsse dahin führen und habe die herrschende Lehre dahin geführt, jeden einzelnen Unterzeichner einer Wechselerklärung nach Maßgabe desjenigen Inhaltes haften zu lassen, den der Wechsel zur Zeit der Abgabe seiner Unterschrift gehabt oder nachher zu seinem Nachteile mit seiner Zustimmung erhalten habe, und dieser allgemeine Grundsatz müsse auch in dem Falle angewendet werden, wo die nachträgliche Veränderung des Wechsels nicht in der Abänderung eines wesentlichen Bestandteiles, sondern in der Hinzufügung des an sich beim Wechsel nicht wesentlichen Domizilvermerks bestanden habe. Eine Entscheidung darüber, ob und unter welchen Voraussetzungen die früheren Verpflichtungen im Falle einer solchen Veränderung aufrechterhalten bleiben, enthält (wie in RGZ 54, 387 zutreffend hervorgehoben ist) dieses Urteil noch nicht. In dem Urt v. 8. 4. 1903 (RGZ 54, 386) hat aber dann der 1. ZS des RG diese Frage eingehend erörtert und ist dabei davon ausgegangen, daß in dem Begriffe der Verfälschung an sich nichts liege, was die Fortdauer der früheren Verpflichtungen hindere; das Entscheidende vielmehr nur in der Art zu finden sein werde, in welcher die Verfälschung ausgeführt sei und auf die Integrität des echten Wechselinhaltes eingewirkt habe; danach lasse sich auf die Frage der Fortdauer keine allgemeingültige Antwort geben, sondern diese müsse nach der Verschiedenheit der Fälle verschieden lauten. Da die Wechselverpflichtung nicht nur in ihrem Entstehen, sondern auch (abgesehen von dem Falle der Amortisation) in ihrer Fortdauer an die Verkörperung in dem Wechselpapiere geknüpft sei, so lasse sich nicht bestreiten, daß es Fälle von Verfälschungen des Wechselinhaltes geben könne, die mit der Zerstörung des ursprünglichen Inhaltes auch die diesem Inhalte entsprechende ursprüngliche Verpflichtung durchaus und endgültig aufheben, so z. B. wenn dieser Inhalt durch Radieren, Ab- und Ausschneiden beseitigt worden sei, so daß er vom Wechsel verschwunden sei und auch nicht mehr wiederhergestellt werden könne; deswegen würden regelmäßig mit dem Erlöschen der früheren Wechselverpflichtungen verbunden sein diejenigen Verfälschungen, welche in einer Änderung des Datums, des Zahlungsortes, eines Namens, wenn dieser wesentlich sei, und dergleichen bestehen (s. unten). Daneben kommen aber, wie das RG weiter ausführt, auch Fälle vor, wo die fälschende Veränderung den ursprünglichen Text nicht affiziere, sondern ihn dergestalt unberührt lasse, daß er neben der Veränderung in voller Integrität bestehen bleibe und nach Entfernung des fälschenden Zusatzes, sei es in Gedanken, sei es tatsächlich, auch in dieser seiner Integrität wieder erkennbar werde. Ein Grund, auch in solchen Fällen die ursprüngliche Verpflichtung infolge der Verfälschung erlöschen zu lassen, sei nicht vorhanden;

weder allgemeine Rechtsgrundsätze noch die besondere Natur des formellen Wechselrechts § 23
verlangten diese Konsequenz; im Gegenteil müsse die „konservatorische Tendenz" der WO, die in den Art 75, 76 ihren Ausdruck gefunden habe, dazu führen, in solchen Fällen die ursprüngliche Wechselverpflichtung aufrechtzuerhalten. Einen solchen Fall erachtete es in der damaligen Sache als gegeben, wo der Wechselsumme, die ursprünglich auf siebenhundertundfünfzig Mark (in Worten) gelautet hatte, lediglich die Worte „dreitausend" vorgesetzt worden, im übrigen der echte Text völlig intakt geblieben sei; dadurch sei nicht nur ihre äußere, sondern auch ihre innere Identität — ihr Zahlenwert — durchaus gewahrt geblieben. In dieser Beziehung habe (so meint das RG) der vom ROHG in Bd 23 S. 399 entschiedene Fall (s. oben) insofern nicht ganz gleich gelegen, als dort der echte Text — „3000" — wenigstens „in seinem Zahlenwerte" geändert, nämlich um ein Dezimale — in „30000" — verschoben worden sei. Das RG nimmt aber keinen Anstand, in der Entscheidung des ROHG auch für den damaligen Fall „eine nicht zu billigende Überspannung bloß formaler Betrachtungsweise" zu erblicken. Ob das gleiche auch von dem in ROHG 5, 373 referierten Falle der Verfälschung von „164 Fl" in „464 Fl" gelten könne, läßt das Urteil dahingestellt. In den Bahnen dieser freieren Auffassung hat sich seitdem die Rechtsprechung des RG über diese Frage, unbeirrt durch manchen Widerspruch, entwickelt. Namentlich hat in dem Urt v. 16. 2. 1924 (RGZ 108, 79) der 5. ZS sich der grundsätzlichen Auffassung des 1. ZS angeschlossen und sie zur Anwendung gebracht in einem Falle, in welchem die ursprünglich mit „einer Million" in Buchstaben und in Worten angegebene Wechselsumme derart verändert war, daß die Zahl und die Worte mit roter Tinte je zweimal durchstrichen und über die Zahl 1000000 die Worte „nur noch gültig auf 972000", hinter die Worte „eine Million" die Worte „neunhundertzweiundsiebzigtausend" geschrieben waren. Er hat dabei unter Hinweis auf die aus Art 75/76 WO ersichtliche Tendenz, die rechtlichen Wirkungen von Fälschungen und Verfälschungen nach Möglichkeit auszuschließen, und auf Art 69 der auf der zweiten Haager Weltrechtskonferenz beschlossenen EinhWO, der als Niederschlag der Entwicklung des ausländischen Wechselrechts und Wechselverkehrs anzusehen sei — vgl. unten Zus 2 (Anm 16) zu diesem Paragraphen —, ausgeführt, die im vorliegenden Falle dem Wechselinhalt eingefügten Zusätze „nur noch gültig auf 972000 Mark" könnten, wie keiner Ausführung bedürfe, im Sinne des Urt in RGZ 54, 386 „weggedacht" werden. Auch sei gegen die Anwendung des dort vertretenen Grundsatzes auf die vorliegende Durchstreichung weder ein tatsächlicher noch ein rechtlicher Grund abzusehen; denn die Durchstreichung sei so erfolgt, daß der Betrag der ursprünglichen Wechselsumme in Zahlen und Buchstaben noch lesbar geblieben sei, und der Durchstreichung sei nicht „eine in formalem Sinne so sehr zerstörende Bedeutung beizumessen, daß Durchstrichenes überhaupt nicht mehr als vorhanden, vielmehr als vernichteter Teil des Wechselinhalts anzusehen wäre", eine Rechtsansicht, die allerdings in der Entsch ROHG 19, 270 ihren Ausdruck gefunden habe, aber in den Vorschriften der WO über Durchstreichungen keine Grundlage finde, wie aus Art 21 Abs 4, 36 Satz 4 und 55 nachgewiesen wird. Allerdings sei die Durchstreichung von Geschriebenem verkehrsgeläufig ein Tilgungsakt; sie bedeute regelmäßig einen Widerruf der geschriebenen Willenserklärung, aber das sei hier nicht das Entscheidende, die Frage sei vielmehr die, ob die durchstrichene Wechselsumme derart beseitigt sei, daß die Durchstreichung nicht im Sinne des oben Dargelegten weggedacht werden könne. Der Senat verkennt nicht, daß im Wechselrechte „eine formale Betrachtung in gewissem Umfange geboten sei", meint aber, es hieße diese überspannen, wollte man hier die gedankliche Wiederherstellbarkeit der ursprünglichen Wechselsumme verneinen und so den Wechsel schlechthin zu Fall bringen. Dieses Urteil ist von Bernstein (in JW 1924, 1153 zu 18) einer eingehenden Kritik unterzogen und als ein nicht zu billigender Verstoß gegen die im deutschen Wechselrecht entwickelte und im Interesse der Sicherheit des Wechselverkehrs festzuhaltende „Formenstrenge" bezeichnet worden. Bernstein geht indessen dabei von der falschen Voraussetzung aus, das RG habe einer „urkundlich getilgten, wenn auch lesbar gebliebenen" Wech elerklärung fortdauernde wechselmäßige Kraft und Bedeutung beigemessen. Ist die ursprüngliche Wechselerklärung lesbar geblieben, so ist eben, worauf es hier allein ankommt, ihre Verkörperung in der Urkunde nicht beseitigt, vielmehr bestehen geblieben. Die Schriftzeichen, welche diese Verkörperung darstellen, sind noch erkennbar vorhanden. Der aus der Durchstreichung erkennbare Wille, daß sie nicht mehr gelten sollten, kann, da diese Willenserklärung, wie hier vorausgesetzt wird, von einem Unbefugten ausgegangen ist, nicht maßgebend sein, um die ursprüngliche Verpflichtungserklärung „außer Geltung" zu setzen. Den vom RG angeführten Bestimmungen der deutschen und der zukünftigen Einheitlichen WO ist von ihm keineswegs entscheidende Bedeutung beigemessen; sie sind vielmehr nur unterstützend zur Darlegung der Entwicklungstendenz des gegenwärtigen und kommenden Wechselrechts herangezogen worden. Daß ein so weitgehender Formalismus, wie ihn Bernstein befürwortet, der Sicherheit des Wechselverkehrs diene, kann keineswegs anerkannt werden; diese Sicherheit dürfte vielmehr gerade dann gefährdet sein, wenn aus

§ 23 solchem Formalismus heraus dem Schuldner Gelegenheit gegeben wird, sich der zweifellos rechtswirksam eingegangenen Verbindlichkeit ohne einen materiellen Rechtsgrund gegen alle Billigkeit zu entziehen. Nicht ganz folgerichtig scheint mir übrigens, daß der 1. ZS in RGZ 54, 388 bemerkt, Verfälschungen, die in einer Änderung nicht der Wechselsumme, sondern des Datums, des Zahlungsortes oder eines wesentlichen Namens bestünden, würden regelmäßig mit dem Erlöschen der früheren Wechselverpflichtungen verbunden sein. Auch bei solchen Verfälschungen kann, wenn der ursprüngliche, wenn auch durchstrichene oder sonst als nicht gelten sollend bezeichnete Inhalt noch erkennbar vorhanden ist, die Annahme einer Fortdauer der ursprünglichen Wechselverpflichtung ohne Verstoß gegen das Erfordernis der fortdauernden Verkörperung in der Urkunde sich rechtfertigen lassen. Ob die Möglichkeit, sich die Veränderung „fortzudenken", dabei eine entscheidende Rolle spielt, mag dahingestellt bleiben. — Das RG hat auch nach der Bernsteinschen Kritik seine Auffassung festgehalten und weiter ausgebaut in dem Urt des FS v. 12. 8. 1925 (RGZ 111, 280), das hier unmittelbar interessiert, weil es einen scheckrechtlichen Fall betrifft. In diesem Falle war zu unterstellen, daß die Schecksumme ursprünglich mit 7235 „GM", in Buchstaben „GMark" bezeichnet war, was unstreitig Goldmark bedeuten sollte, und daß ohne Zustimmung des Ausstellers das „G" beide Male durchstrichen, aber noch lesbar und daneben das Wortzeichen „Rtm" gesetzt war, was Rentenmark bedeuten sollte. Aus dieser Veränderung entnahm der mit der Regreßklage in Anspruch genommene Aussteller, daß er aus dem Scheck nicht mehr regreßpflichtig sei, weil die von ihm in Goldmark eingegangene Verbindlichkeit durch die Durchstreichung erloschen sei. Das RG hat unter Bezugnahme auf RGZ 54, 386 und 108, 78 die Annahme des Berufungsgerichts gebilligt, daß, da der ursprüngliche Wortlaut des Schecks noch lesbar sei, der Beklagte trotz der nachträglichen Verfälschung den Scheck mit dem Inhalte, den er selbst ihm gegeben habe, gegen sich gelten lassen müsse. Es bemerkt dabei, daß die kritische Bemerkung von Bernstein (s. oben), in der dieser seine vom RG in den erwähnten Entscheidungen zurückgewiesene Meinung verteidige, dem Senate keinen Anlaß biete, von der durch zwei Senate in voller Kenntnis des Streitstandes entwickelten Auffassung abzugehen. Es ist aus dieser Sache ersichtlich, zu welchen an Schikane grenzenden Einwendungen der von Bernstein verteidigte ungehemmte Formalismus führen kann. Die entsprechende Anwendbarkeit der für Verfälschungen des Inhalts der Urkunde beim Wechsel geltenden Grundsätze auf den gleichen Vorgang beim Scheck erklärt das RG zutreffend „bei der insoweit wesentlich gleichen Rechtslage" auf beiden Gebieten als nicht zu bezweifeln.

Anm. 10 5. Eine außerhalb des eigentlichen Scheckrechts liegende Frage ist, wer im Verhältnis zwischen dem Aussteller und dem Bezogenen **die Gefahr der Einlösung eines falschen oder verfälschten Schecks zu tragen hat.**

a) **Entwicklungsgeschichtliches.** Das Verhältnis zwischen dem Aussteller und dem Bezogenen ist kein scheckrechtliches, sondern beruht auf einem zwischen ihnen abgeschlossenen Vertrage des ordentlichen bürgerlichen Rechts, dem Scheckvertrage. Vgl. zu § 3 ScheckG Anm 2. Die Entscheidung der aufgeworfenen Frage ist deshalb in erster Linie aus dem gewöhnlichen bürgerlichen Vertragsrechte zu entnehmen. Trotzdem ist die Frage von jeher in dem Sonderschrifttum des Scheckrechts im In- und Auslande Gegenstand vielfacher Erörterungen und lebhaften Streites gewesen, und manche Scheckgesetzgebungen, so die österreichische (vgl. unten) haben sich veranlaßt gesehen, sie durch besondere Bestimmungen zu regeln. Es erklärt sich das aus der mit dem Scheckinstitute wohl untrennbar verbundenen Häufigkeit des Vorkommens von Scheckfälschungen und der großen Bedeutung, welche die Frage der Gefahrtragung einerseits für die Banken, andererseits für das dem Scheckverkehr notwendige Vertrauen des Publikums zu dieser Einrichtung und sonach für dessen Entwickelung haben muß. Die Begründung zu dem österreichischen Gesetzentwurf (§ 20) konnte deshalb mit vollem Rechte darauf hinweisen, daß keine andere scheckrechtliche Frage bereits bis dahin so oft die Gerichte beschäftigt habe als gerade diese. Zugleich hob sie hervor, daß die Entscheidung schwierig sei, da sich eine communis opinio noch nicht gebildet habe, deren wesentlichste Voraussetzung, die Einigung über den konstruktiven Ausgangspunkt, fehle; eine präzise Gesetzesregel könne dem Ausfindigmachen von Analogien und allem juristisch-logischen Argumentieren ein Ende machen; auch werde die Gefahr solcher Fälschungen mit dem vermehrten Gebrauche des Schecks noch steigen und es könne weder für den Scheckverkehr noch für die Eindämmung der Fälschungen von guten Folgen sein, wenn Publikum und Banken nicht wüßten, auf welche Seite sie den Posten dieser Gefahr setzen sollten; auf keiner Seite werde die volle Energie zur Verhütung oder Entdeckung der Fälschungen angewendet werden, solange wegen des Widerspruchs der gerichtlichen Entscheidungen immerhin die Möglichkeit bestehe, den Schaden auf den anderen Teil abzuwälzen; eine bestimmte Verteilung der Haftung und Verantwortlichkeit wäre nach allen diesen Richtungen segensreich. Auf diesen Erwägungen fußend hat das österreichische ScheckG durch § 20 Ziff 4 die Frage in sehr bestimmter Weise, freilich nicht ohne scharfen Eingriff in die Vertragsfreiheit wie folgt geregelt: **§ 23**

„Der aus der Einlösung eines falschen oder verfälschten Schecks sich ergebende Schaden trifft den angeblichen Aussteller des falschen oder den Aussteller des verfälschten Schecks, insoweit diesen Personen in Ansehung der Fälschung oder Verfälschung ein Verschulden zur Last fällt oder die Fälschung oder Verfälschung von ihren bei der Gebarung mit den Schecks verwendeten Angestellten verübt wurde, sonst hat der Bezogene den Schaden zu tragen; eine abweichende Vereinbarung hat keine rechtliche Wirkung."

Die deutschen Entwürfe enthielten keine Regelung der Frage; der Entwurf von 1907/08 begnügte sich mit der Bemerkung (zu § 23 S. 32), es empfehle sich nicht, darüber besondere, von den Vorschriften des bürgerlichen Rechts abweichende Vorschriften zu treffen. Der von mancher Seite befürworteten Aufnahme einer Bestimmung darüber in das deutsche ScheckG wurde von verschiedenen Seiten Widerspruch entgegengesetzt. Die Regelung unterblieb infolgedessen.

Vgl. aus dem Schrifttum vor Erlaß des ScheckG namentlich: Fick, Die Frage der Scheckgesetzgebung 1897 S. 435 mit Lit.; Kuhlenbeck, Der Scheck S. 128ff.; Hoffmann BankA 4, 135; Pavlicek DJZ 1906, 403ff.; Ehrenberg ebenda 1907, 1298ff.; Älteste S. 35; Cohn ZHR 61, 111ff.; ferner von Entscheidungen: ROHG 11. 9. 76 (bei Borchardt WO S. 82 unter e); Celle 18. 11. 86 (bei Kuhlenbeck a. a. O. S. 210); Hamburg 20. 5. 87 und 19. 2. 97 (HansGZ 1887, 268 und 1897, 68); Karlsruhe 8. 3. 1904 (DJZ 05, 463); Colmar 23. 12. 98 (Holdheim 8, 85ff.); Schweiz. Bundesgericht 23. 9. 98 (ebenda 8, 23ff.); dazu die Gutachten von Cohn und Meili ebenda 7, 202.

b) **Geltendes Recht.**

α. **Gesetzliche Regelung.** Die Entscheidung der Frage ist sonach für das deutsche Recht auch jetzt noch lediglich aus den Vorschriften des bürgerlichen Rechts unter Berücksichtigung des Wesens und der Zwecke des Scheckvertrags zu entnehmen. Der Scheckvertrag gehört zu den im BGB geregelten Dienst- oder Werkverträgen, welche eine Geschäftsbesorgung zum Gegenstande haben und auf welche deshalb gemäß § 675 BGB die dort bezeichneten Vorschriften über den Auftrag Anwendung finden; ein Anlaß, ihn als eine besondere Vertragsart (contractus sui generis) anzusehen, besteht nicht, ohne daß aber dadurch die Berücksichtigung seiner besonderen Eigenart ausgeschlossen wird; vgl. zu § 3 Anm 2. Demgemäß würde an sich auch § 670 BGB auf ihn anzuwenden sein, der bestimmt, daß der Auftraggeber zum Ersatze solcher von dem Beauftragten zum Zwecke der Ausführung des Auftrags gemachten Aufwendungen verpflichtet ist, die dieser den Umständen nach für erforderlich halten durfte. Aus dieser Bestimmung wird von manchen (so Dernburg Bürg. Recht II 2 § 242 Ziff 4) gefolgert, daß die Bezahlung eines falschen oder gefälschten Schecks, falls der Bezogene es an der erforderlichen Sorgfalt nicht hat fehlen lassen, eine Aufwendung sei, die er den Umständen nach für erforderlich halten durfte, und daß er deshalb ihre Erstattung von dem Scheckkunden auf Grund des Scheckvertrags verlangen könne. Andererseits hat das RG (in RGZ 100, 60) ausgesprochen, daß dem § 670 für den Scheckvertrag eine derartige Tragweite nicht beizumessen sei; denn mangels gegenteiliger Vereinbarung könne nach Treu und Glauben der Inhalt eines zwischen einer Bank und ihrem Kunden abgeschlossenen Scheckvertrags nur dahin verstanden werden, daß die Bank für Rechnung ihres Kunden Zahlungen nur auf die von diesem ausgestellten Schecke und nur in Höhe der Beträge leisten soll, die jeweils vom Aussteller oder mit seiner Ermächtigung von einem Dritten in dem Scheck angegeben sind; was darüber hinaus infolge Fälschung oder Verfälschung eines Schecks gezahlt werde, sei nicht als im Rahmen und zum Zwecke (?) der Ausführung des Scheckvertrags gezahlt anzusehen, und es könne deshalb die Bank ihren Kunden für diese Zahlungen grundsätzlich nur in Anspruch nehmen, wenn ihm oder einer Person, deren Verschulden er zu vertreten hat, ein, wenn auch nur mitwirkendes ursächliches Verschulden zur Last falle. Diese Ansicht ist im Ergebnisse auch bereits in früheren Entscheidungen des RG ausgesprochen; so für den Girovertrag, von dem der Scheckvertrag eine Unterart ist (vgl. zu § 3 Anm 3a) in RGZ 56, 412; ferner für den Scheckvertrag selbst in RGZ 92, 50. Auch das Schrifttum steht überwiegend auf dem Standpunkte, daß, sofern nichts anderes vereinbart ist, der Bezogene die Gefahr der Einlösung falscher oder verfälschter Schecke zu tragen hat und daß er Erstattung von dem Scheckkunden (Aussteller) nur verlangen kann, wenn dieser oder eine Person, deren er sich zur Erfüllung seiner Vertragspflichten bedient hat (§ 278 BGB), vorsätzlich oder durch Außerachtlassung der erforderlichen Sorgfalt die Fälschung verschuldet hat, vorbehaltlich einer Verteilung des Schadens gemäß § 254 BGB, wenn auch dem Bezogenen ein mitwirkendes Verschulden zur Last fällt. **Anm. 11**

Vgl. Cohn bei Endemann 3, 1053, 1165/66; Breit, Rechte und Pflichten S. 11 sowie in ZHR 64, 523; Kuhlenbeck zu § 23 ScheckG S. 91; Lessing S. 171; Conrad Handbuch S. 249.

§ 23 Wenn freilich für diese Auffassung der § 783 BGB als entscheidend herangezogen wird, weil nach dieser Vorschrift der Angewiesene nur ermächtigt sei, auf eine wirklich von dem Anweisenden durch Ausstellung einer Schrift erteilte Anweisung und nach dem Inhalte dieser Schrift für Rechnung des Anweisenden die Leistung zu machen (so Lessing a. a. O. und RGZ 92, 51), so ist dagegen zu bemerken, daß § 783 ein auf die Honorierung von Anweisungen durch den Angewiesenen gerichtetes Vertragsverhältnis zwischen dem Anweisenden und dem Angewiesenen nicht voraussetzt und über die aus einem solchen entspringenden Rechte und Pflichten nichts aussagt. Die Frage kann vielmehr lediglich nach der verkehrsüblichen Auffassung über Inhalt und Zweck des Scheckvertrags entschieden werden, und dabei muß namentlich in Betracht kommen, daß der Bezogene, soweit es sich um Fälschungen der Ausstellerunterschrift handelt, die Unterschrift seines Scheckkunden kennt und in der Lage ist, ihre Echtheit sowie auch den sonstigen Zustand des Schecks auf seine Unverfälschtheit bei der Vorlegung zu prüfen, während der Scheckkunde gar nicht in die Lage kommt, durch eine solche Prüfung die Auszahlung gefälschter oder verfälschter Schecke zu verhindern; ferner, daß bei dem Bezogenen durch die Häufigkeit der von ihm zu betätigenden Scheckauszahlungen das Risiko sich verteilt und ein Verlust leichter auf Geschäftsunkosten verrechnet werden kann als beim Aussteller. Die grundsätzliche Tragung der Gefahr durch den Bezogenen kann deshalb wohl als communis opinio der beteiligten Verkehrskreise angesehen werden. Dagegen spricht auch nicht, daß die Banken in den meisten Fällen durch besondere Bedingungen im Scheckvertrage (vgl. unten zu β) diese Gefahr von sich abzuwälzen suchen; daraus könnte vielmehr mit gleichem Rechte der Schluß gezogen werden, daß sie sich bewußt sind, ohne solche Abdingung diese Gefahr tragen zu müssen. Die praktische Bedeutung der ganzen Frage wird übrigens durch diese verkehrsüblich gewordene Abdingung erheblich abgeschwächt und der Schwerpunkt darauf verlegt, in welchem Umfange eine solche Abdingung zulässig und welche Wirkungen sie hervorbringen kann.

Anm. 12 β. **Abweichende Vereinbarungen.** Während das österreichische Gesetz jede von der gesetzlichen Regelung abweichende Vereinbarung für unwirksam erklärt und sonach ein im Vertragsrechte die Ausnahme bildendes zwingendes Recht schafft, ist nach deutschem Rechte volle Vertragsfreiheit innerhalb der allgemeinen Schranken des Gesetzes (§§ 134, 138 BGB) zugelassen. Von dieser Vertragsfreiheit haben die den Scheckverkehr betreibenden Banken, welche es in der Hand haben, einseitig und generell die Bedingungen zu bestimmen, unter welchen sie Scheckverträge mit dem Publikum abschließen wollen, fast durchweg Gebrauch gemacht. Die für den Giroverkehr mit der Reichsbank geltenden Bestimmungen, die sich auf die sog. roten Schecke (Giroanweisungen) und auf die eigentlichen (weißen) Schecke beziehen, sind als **Anhang B 1** zu diesem Kommentar abgedruckt. Die Bestimmungen der übrigen Banken enthalten im wesentlichen gleiche oder ähnliche Klauseln, die jedoch in der Fassung im einzelnen Abweichungen aufweisen, welche bei der Auslegung berücksichtigt werden müssen. Die Bestimmungen bekunden im ganzen das sachgemäße Bestreben, nach Möglichkeit wirksame Vorsichtsmaßnahmen gegen Fälschungen und Verfälschungen der Schecke zu treffen und den Scheckkunden zur Beobachtung dieser Vorsichtsmaßnahmen zu verpflichten, mit der Folge, daß die Bank von der ihr kraft Gesetzes obliegenden Gefahrtragung in allen Fällen befreit ist, in denen infolge Nichtbeobachtung der vorgeschriebenen Vorsichtsmaßnahmen durch den Scheckkunden gefälschte oder verfälschte Schecke zur Einlösung durch die Bank gelangt sind. Darüber hinaus aber legen die Bestimmungen häufig dem Scheckkunden die Tragung des Verlustes auch in solchen Fällen auf, in denen ihm ein Verschulden nicht beigemessen werden kann. Auch das ist vom Standpunkte der Vertragsfreiheit nicht zu beanstanden und in der Rechtsprechung sowie im Schrifttum nicht beanstandet worden. Nur wird mit Recht verlangt, daß eine Bestimmung, durch die allgemeine Rechtssätze in so eingreifender Weise modifiziert werden, so deutlich und bestimmt gefaßt sein muß, daß sie ohne weiteres verstanden wird und für den Kunden kein Zweifel an ihrer Bedeutung bestehen kann. So Breit, Pflichten S. 11/12 und RGZ 92, 54. Demzufolge ist (Breit a. a. O.) nicht für ausreichend erachtet worden die früher wohl übliche Mitteilung der Bank an den Kunden, daß sie „zwar berechtigt, aber nicht verpflichtet sei, die Echtheit der Unterschrift auf den Schecken zu prüfen, und daß sie deshalb den Inhabern von Scheckbüchern in ihrem eigenen Interesse empfehle, die Scheckbücher unter sorgfältigem Verschlusse zu halten". Eine solche Mitteilung bringt lediglich eine unrichtige Auffassung der rechtlichen Lage zum Ausdruck und gibt nicht mit Bestimmtheit kund, daß diese rechtsgeschäftlich geändert werden soll. Ähnlich in RGZ 92, 53: „Das Scheckbuch bitte sorgfältig aufzubewahren, da ich für eine mißbräuchliche Benutzung der Schecke nicht aufkomme." Keinen Zweifel in bezug auf die Absicht, eine rechtsgeschäftliche Bestimmung zu treffen, lassen dagegen die jetzt häufig üblichen Klauseln, die etwa folgenden Inhalt haben:

„Alle Folgen und Nachteile einer mißbräuchlichen Verwendung von Scheckformularen trägt der Kontoinhaber."

§ 23

Doch hat auch ihre Auslegung zu manchen Schwierigkeiten Veranlassung gegeben. Zunächst ist es fraglich geworden, ob unter der mißbräuchlichen Verwendung von Scheckformularen auch die Verfälschung eines vom Kontoinhaber bereits vollständig hergestellten und unterschriebenen Schecks, insbesondere durch Abänderung der Schecksumme, zu verstehen sei. Das ist in dem Urteile des RG vom 10. 11. 1920 (JW 1921, 395[5]) verneint, diese Auslegung aber von Wertheimer in der Anmerkung dazu (ebenda) als „außerordentlich formalistisch" bezeichnet, und Simonson ScheckG zu § 3 Anm 4 S. 48 stimmt dieser Kritik zu. Die Auslegung kann jedoch nicht für unberechtigt erachtet werden, wenn man von dem obenerwähnten Auslegungsgrundsatze der erforderlichen Bestimmtheit und Deutlichkeit ausgeht und weiter noch berücksichtigt, daß die Vertragsbedingungen von der Bank einseitig entworfen werden und deshalb, soweit sie Zweifel übriglassen, zugunsten des anderen Teiles ausgelegt werden müssen. Denn unter „Verwendung von Scheckformularen (Scheckvordrucken)" kann recht wohl lediglich die Ausfüllung eines Formulars zur Herstellung eines Schecks verstanden werden, während die Verfälschung eines bereits hergestellten Schecks und das Gebrauchmachen von diesem nach dem allgemeinen Sprachgebrauch nicht gut als Verwendung eines Formulars bezeichnet werden kann. — Es ist aber versucht worden, den Kläuseln dieses Inhalts eine weiter gehende Bedeutung dahin beizulegen, daß sie auch eine Freizeichnung der Bank von der ihr auf Grund des Scheckvertrags nach dem Gesetze obliegenden Sorgfalt bei der Einlösung des Schecks durch Prüfung seiner Echtheit und Unverfälschtheit enthielten. Diesen Auslegungsversuchen ist das RG bereits in einem Urt v. 12. 12. 1913 (JW 1914, 204[23]) entgegengetreten mit der Ausführung, daß eine Vereinbarung, die der Bank das Recht geben würde, auf Kosten des Kunden ihre vertragsmäßigen Pflichten (d. h. die Pflichten, die ohne diese Vereinbarung aus dem Vertrage sich ergeben würden) einfach zu vernachlässigen, weil gegen die guten Sitten verstoßend, unbeachtlich sein würde. Diese Auffassung hat allerdings in den beteiligten Bankkreisen Widerspruch hervorgerufen, und das RG selbst hat anscheinend an ihr nicht immer folgerichtig festgehalten; denn in RGZ 92, 53 ist (wenn auch nur beiläufig) unter Bezugnahme auf §§ 276 Abs 2, 278 Satz 2 BGB unterstellt, daß der Scheckkunde sich durch widerspruchslose Entgegennahme des Scheckbuchs mit einer Bestimmung, „durch die der Bankier bezwecke nachteilige Folgen fahrlässigen eigenen, vielleicht auch vorsätzlichen Verhaltens seiner Angestellten von sich auf den Kunden abzuwälzen", dieser Bestimmung als einer vertraglichen wirksam unterwerfe. Es dürfte jedoch kein Grund bestehen, von der Auffassung des erwähnten Urteils abzugehen. Wenn man berücksichtigt, daß es in der Hand der Banken, die das tatsächliche Monopol des Scheckgeschäftsverkehrs besitzen und vereinigt vorgehen können, liegt, denjenigen Verkehrskreisen, die auf die Teilnahme am Scheckverkehr im Betriebe ihres Geschäfts angewiesen sind, eine derartige Bestimmung zwingend vorzuschreiben, so muß man wohl zu dem Ergebnis gelangen, daß ein solches Vorgehen als eine Knebelung anzusehen und daher dem Anstandsgefühl aller billig und gerecht Denkenden widersprechen würde. Für Festhalten an dem Standpunkte des Urteils auch Simonson ScheckG S. 48. Daß eine solche Auffassung darüber, was im Scheckgeschäftsverkehr der Banken mit dem Publikum den guten Sitten widerspricht, auch anderen Kulturnationen nicht fremd ist, zeigt ein bei Kuhlenbeck (ScheckG S. 93) mitgeteiltes Urteil des französischen Tribunal civil de la Seine vom 14. 3. 1894, in welchem die Berufung der Bank (des Crédit Lyonnais) gegenüber ihrer Haftbarmachung aus einer auf Verschulden eines Angestellten von ihr zurückzuführenden Auszahlung eines gefälschten Schecks auf eine in den Scheckbedingungen zu ihren Gunsten enthaltene Gefahrabwälzungsklausel abgelehnt wird mit folgender Erwägung:

„... in Erwägung daß der Crédit Lyonnais sich durch Berufung auf die Klausel keinesfalls jeder eigenen Sorgfaltspflicht und Verantwortlichkeit ledig machen darf, daß vielmehr eine solche Vereinbarung, selbst wenn gewollt, gegen die guten Sitten verstoßen und nichtig sein würde."

Ähnliche Entscheidungen nach englischem Recht bei Shaw, A practical treatise on the law of bankers cheques ch. IV, Dowling and Byland 464. — Andere Urteile des RG sind im Wege der Auslegung dazu gelangt, eine derartig weitgehende Bedeutung solcher Klauseln abzulehnen. So hat das Urt v. 5. 7. 19 V 111/19 (JW 1919, 821[3]) ausgesprochen, die Vereinbarung, derzufolge der Kontoinhaber alle Folgen und Nachteile zu tragen habe, welche aus dem Verluste oder sonstigen Abhandenkommen oder der mißbräuchlichen Verwendung der Schecke entstehen möchten, lasse nicht mit genügender Sicherheit durch ihren Inhalt und Zweck erkennen, daß eine so weitgehende Begünstigung zugunsten der Bank im Scheckverkehr zwischen den Parteien vereinbart sein sollte, wie sie in dem Ausschluß der Haftbarkeit der Bank für eigene Fahrlässigkeit und für Verschulden ihrer Angestellten bei Bezahlung falscher Schecke liegen würde. In gleichem Sinne ist in dem Urt v. 14. 1. 1922 V 551/21 (BankA 21, 356) ausgesprochen, die Vereinbarung, daß bei einem Verluste oder sonstigen Abhandenkommen der Scheckformulare alle Folgen und Nachteile vom Kontoinhaber

§ 23 zu tragen seien, entbinde die Bank nicht von ihrer sich aus dem Scheckvertrag ergebenden Verpflichtung, die Empfangsbefugnis des Vorzeigers des Schecks mit Sorgfalt zu prüfen und zur Vermeidung mißbräuchlicher Benutzung von Schecken etwaige gegen deren Echtheit sprechende Verdachtsgründe nicht außer acht zu lassen. Auch in RGZ 100, 59 ist eine Klausel, wonach die aus der Zuwiderhandlung gegen die Scheckbedingungen entstehenden Nachteile den Scheckkunden zur Last fallen sollten, dahin ausgelegt worden, daß sie die Bank nicht von ihrer sich aus dem Scheckvertrage ergebenden Verpflichtung entbinde, die Empfangsbefugnis des Vorzeigers des Schecks mit Sorgfalt zu prüfen und dabei auch die Interessen ihres Scheckkunden zu wahren. Auf dem gleichen Standpunkte stand übrigens bereits vor den reichsgerichtlichen Urteilen das scheckrechtliche Schrifttum. So führt Breit (ZHR 64, 525) aus, eine solche Vereinbarung sei natürlich nicht etwa in dem Sinne aufzufassen, daß dadurch die Bank der eigenen Diligenz enthoben wäre; es sei ihr „trotz der scharfen Form der Abmachung" die Haftung wegen Fahrlässigkeit (§ 276 BGB) nicht erlassen; sie müsse daher auch bei einer solchen Vereinbarung den Verlust ganz oder zum Teile tragen, wenn sie bei ordnungsmäßiger Prüfung den Scheck als verdächtig hätte erkennen müssen und ihn daher nicht hätte honorieren dürfen. Diese durchaus zu billigenden Auslegungsbehelfe werden jedoch in Fällen versagen, wo die Entbindung der Bank von den Folgen ihrer eigenen Fahrlässigkeit und des vorsätzlichen oder fahrlässigen Verschuldens ihrer Angestellten ausdrücklich bedungen ist. In solchen Fällen wird die Frage des Verstoßes gegen die guten Sitten doch wieder entschieden werden müssen.

In den Bestimmungen über den Giroverkehr mit der Reichsbank hat die entsprechende Klausel folgenden Wortlaut:

„9g: Die Reichsbank ist befugt, aber nicht verpflichtet, die Berechtigung der Einreicher von Schecks oder der Empfangsbescheinigungen über Scheckbücher zu prüfen. Alle Folgen und Nachteile des Abhandenkommens, der mißbräuchlichen Verwendung, der Fälschung und Verfälschung von Schecks, Scheckvordrucken, der Empfangsbescheinigungen über Scheckbücher und der Vordrucke hierzu trägt der Kontoinhaber. Die Reichsbank haftet nur für nachgewiesenes Verschulden und nur in dem Maße, als es im Verhältnis zu anderen Ursachen zur Entstehung des Schadens mitgewirkt hat."

Der erste und der zweite Satz dieser Bestimmung stehen nicht in völlig klarer Übereinstimmung mit dem dritten. Die beiden ersten Sätze müßten, wenn sie für sich allein ständen, wohl dahin ausgelegt werden, daß dadurch die Reichsbank sich von jeder Sorgfaltspflicht bei der Einlösung der Schecke freizeichnen wolle. Daß das nicht die Absicht sein kann, geht aber aus dem dritten Satze hervor, der ergibt, daß die Reichsbank bei nachgewiesenem Verschulden haften will. Satz 1 und 2 werden deshalb einschränkend auszulegen sein. Im übrigen trägt die Bestimmung den dem Urt v. 10. 11. 1920 (vgl. oben) zugrunde liegenden Bedenken dadurch Rechnung, daß sie nicht nur für die mißbräuchliche Verwendung von Scheckvordrucken, sondern ausdrücklich auch für die Verfälschung von Schecken die Gefahr auf den Kontoinhaber überwälzt.

Anm. 13 γ. **Verschulden der Bank oder des Scheckkunden.** Sonach wird auf Grund der Bedingungen des Scheckvertrags die Rechtslage sich in der Regel so gestalten, daß der Scheckkunde den durch die Einlösung falscher oder verfälschter Schecke entstehenden Schaden im Verhältnis zu der Bank zu tragen hat, sofern nicht der Bank oder einem ihrer Angestellten eine Verletzung der Sorgfaltspflicht bei Einlösung des Schecks zur Last fällt; daß, sofern letzteres der Fall ist, die Tragung des Schadens der Bank zur Last fällt; und daß eine Teilung des Schadens gemäß § 254 BGB eintreten kann, falls in diesem Falle auch ein Verschulden des Scheckkunden mitgewirkt hat. Darüber, ob ein Verschulden des einen oder anderen Teiles oder beider Teile den Schaden verursacht hat, muß auf Grund der Scheckbedingungen und der Sachlage im einzelnen Falle entschieden werden; es besteht darüber eine ziemlich weit ins einzelne und Tatsächliche gehende Rechtsprechung des RG, aus der folgendes hervorzuheben ist:

Zu den Pflichten, welche durch die Scheckvertragsbedingungen dem Scheckkunden auferlegt sind, gehört regelmäßig in erster Linie die sorgfältige Aufbewahrung des Scheckbuches; vgl. Reichsbankbestimmungen 9c. Das RG hat in RGZ 81, 255 den Grundsatz aufgestellt, es müsse mit Rücksicht darauf, daß der Scheckverkehr große Gefahren in sich berge, daß insbesondere die mißbräuchliche Benutzung eines Scheckformulars leicht möglich sei, bei der Aufbewahrung solcher Formulare mit besonderer Sorgfalt verfahren werden. Dementsprechend hat es gebilligt, daß das Berufungsgericht eine erhöhte Sicherheit durch Aufbewahrung wenn nicht in einem Geldschranke, so doch in einem mit einem Kunstschlosse versehenen Behältnisse statt in einem einfach verschließbaren Schreibtische für geboten erachtet hatte in einem Falle, wo der Schreibtisch in einem Zimmer stand, welches außer dem mit der Verwahrung des Scheckbuches betrauten Buchhalter noch anderen Angestellten, die zeitweise unbeaufsichtigt blieben, zum Aufenthalte diente. Eine weitere Sorgfaltspflicht wird dem Scheckkunden in der Regel durch die Vertragsbedingungen auferlegt bei der Ausstellung der Schecke durch Ausfüllung der Scheckformulare in der Richtung, daß die Vordrucke deutlich und sorgfältig auszufüllen sind und daß der Kontoinhaber der Bank haftet, wenn er a) die in den Vordrucken offen gelassenen Stellen nicht so ausfüllt, daß eine Fälschung unmöglich ist oder b) von der auf einer Seite der Schecke angebrachten Zahlenreihe nicht vor der Ausgabe diejenigen Zahlen abtrennt, welche den Scheckbetrag übersteigen, eine Maßnahme, durch welche eine Kontrolle über etwa durch Verfälschungen erfolgte Erhöhungen der Schecksumme ermöglicht werden soll; vgl Reichsbankbestimmungen 9d. In dieser Beziehung ist in RGZ 92, 50 eine weitgehende Fahrlässigkeit des Kontoinhabers darin erblickt worden, daß er in den von ihm unterschriebenen Scheckformularen, die er einer Angestellten zu weiterer Behandlung überließ, die Schecksumme lediglich in Zahlen an der dafür bestimmten Stelle angegeben, dagegen den für die nach § 6 ScheckG im Differenzfalle entscheidende Angabe der Schecksumme in Buchstaben bestimmten Raum offen gelassen und es dadurch der Angestellten ermöglicht hatte, durch Ausfüllung dieses Raumes mit einer höheren als der in Zahlen angegebenen Summe und Änderung der letzteren die Schecke zu verfälschen. In der Nichtabtrennung der die Schecksumme übersteigenden Zahlen der Zahlenleiste (oben zu b) hat das RG in dem Urt v. 2. 11. 1918 V 174/18 (JW 1919, 36[3]) ein Verschulden des Kontoinhabers erblickt, aber ausgeführt, daß dieses Verschulden in wesentlich milderem Lichte erscheine, wenn festgestellt werde, daß die Bank sich auch in sonstigen Fällen, in denen die Unterlassung der Abtrennung erkennbar war, an die Nichtbeachtung der Vorschrift nicht gekehrt und die Schecke unbeanstandet ausbezahlt hatte. Kein die Haftpflicht begründendes Verschulden des Kontoinhabers ist in dem erstgenannten Urteile darin gefunden worden, daß er bei Angabe der Schecksumme in Zahlen vor der Zahl „1000" einen geringen Zwischenraum gelesen hatte, wodurch die Einschiebung einer 1 möglich geworden war, mit der Begründung, daß nach § 6 ScheckG dies „an sich unschädlich" gewesen sei, wobei allerdings die Frage offenbleibt, ob nicht, wenn die Zahlenangabe nicht hätte verfälscht werden können, die Verfälschung der Buchstabensumme ohne weiteres erkennbar gewesen wäre und zur Beanstandung des Schecks Anlaß gegeben hätte. Kein Verschulden des Kontoinhabers ist ferner in dem gleichen Urteile darin erblickt, daß er den Scheck an eine ihm nicht näher bekannte Person ausgehändigt hatte, ohne der Bank davon Mitteilung zu machen; denn solche Anforderungen würden im Wechselverkehr nicht gestellt und könnten auch im Scheckverkehr nicht gestellt werden, da dieser wesentlich beeinträchtigt werden würde, wenn jedesmal die Vertrauenswürdigkeit des Empfängers geprüft und bei jedem Verdachte dem Bezogenen Anzeige gemacht werden müßte. — Ist durch den Giro-(Scheck-)Vertrag die Einrichtung eines von der Bank zu führenden laufenden Kontobuches über den Giroverkehr vorgeschrieben, in welches die einzelnen Zu- und Abschreibungen zu dem Girokonto eingetragen werden, und ist dessen regelmäßige Einsichtnahme dem Girokunden, wenn auch nur in Form des Ersuchens, zur Pflicht gemacht, so soll nach RGZ 56, 410 in der Unterlassung regelmäßiger Einsichtnahme dieses Buches ein die Haftung für dadurch ermöglichte Fälschungen begründendes Verschulden des Kontoinhabers gefunden werden können. Das nach Ziff 9b der Reichsbankbestimmungen zu führende, in der Hand des Kontoinhabers verbleibende und von diesem in gewissen Zeitabschnitten einzureichende „Gegenkontobuch" dient ähnlichen Zwecken; doch werden aus seiner Nichteinreichung so weitgehende Folgen schwerlich hergeleitet werden können. Für die Frage, ob eine die Bank für Fälschungen haftbar machende Außerachtlassung der ihr obliegenden Sorgfalt bei der Einlösung des Schecks vorliege, ist in dem Urt v. 5. 7. 1919 V 111/19 (JW 1919, 821[3]) der strenge Grundsatz, den das Berufungsgericht aufgestellt hatte, gebilligt, daß ein Girobeamter bei Auszahlung eines Schecks größte Vorsicht walten lassen müsse und auf jedes verdächtige Anzeichen, welches ihm eine Fälschung nahezulegen scheine, zu achten habe. Von den Banken wird freilich nicht ganz mit Unrecht darauf hingewiesen, daß ein solch allgemeiner Grundsatz in seiner Starrheit die Art und die Erfordernisse ihres Geschäftsbetriebs nicht hinreichend berücksichtige. Praktisch wird es darauf ankommen, daß von dem Grundsatze in elastischer und die Lage des Einzelfalles gebührend beachtender Weise Anwendung gemacht wird. In dem dem Urteile zugrunde liegenden Falle war kurz vorher ein mit gleicher Unterschrift versehener Scheck über eine gleiche Summe, welcher von demselben jungen Manne vorgezeigt worden war, von dem Girobeamten der Bank zurückgewiesen worden, und dieser hatte es unterlassen, hiervon dem Bankdirektor, der die Unverdächtigkeit des zweiten Schecks prüfte, Mitteilung zu machen. In einem anderen Falle, in dem es sich um den Schadensersatzanspruch des Inhabers gegen den Bezogenen aus § 14 Abs 2 ScheckG wegen Bareinlösung eines Verrechnungsschecks handelte (RGZ 100, 32; vgl. zu § 14 Anm 11), hat übrigens das RG bei Erörterung der Frage, ob der Bankangestellte bei Anwendung der erforderlichen Sorgfalt hätte erkennen müssen, daß der Verrechnungsvermerk durch Rasuren entfernt war, es gebilligt, daß der Berufungsrichter bei Feststellung des Maßes der dem § 23

§ 23 Kassenbeamten zuzumutenden Sorgfalt die im Bankverkehr unvermeidliche Belastung des Kassenbeamten berücksichtigt und auf dieser Grundlage angenommen hatte, es könne von ihm nicht verlangt werden, daß er jede, auch die äußerlich unverdächtige Scheckurkunde mit besonderer Gründlichkeit und Genauigkeit etwa gegen das Licht prüfe und nach Veränderungen an Stellen forsche, wo solche nicht zu vermuten seien. — Ein mitwirkendes Verschulden der Bank bei Einlösung des Schecks hat das RG in RGZ 100, 59 in dem gleiche Falle, in dem bereits das obenerwähnte Urteil vom 2. 11. 1918 ergangen und der dann an das RG zurückgelangt war, darin gefunden, daß die Bank sich an die Vorschrift über die Abtrennung der Zahlenreihe nicht nur in einem einzelnen Falle, sondern durchweg nicht gekehrt und dadurch den Glauben (bei den Scheckkunden) erweckt habe, daß auf die Beobachtung dieser Vorschrift kein Wert zu legen sei. In dem oben erwähnten Urt v. 2. 11. 18 ist es als eine für ein Mitverschulden der Bank nicht unwesentliche Frage bezeichnet, ob der vorgelegte Scheck eine im Geschäftsverkehr zwischen dem Scheckkunden und der Bank ungewöhnliche Höhe hatte; denn diese Frage bilde die Grundlage für die Prüfung, ob die Bank etwa verpflichtet war, vor der Einlösung des Schecks bei dem Scheckkunden mittels Fernsprecher anzufragen oder, wenn sie dies unterließ, ihm die geschehene Einlösung wenigstens sofort durch Fernsprecher mitzuteilen. Dabei bezeichnet das RG es als eine Überspannung der Beweislast, wenn der Berufungsrichter die Bank in diesem Falle nur um deswillen für entschuldigt erachtet habe, weil der Kläger nicht dargetan habe, daß er durch rechtzeitigen Eingang der Mitteilung in den Stand gesetzt worden wäre, dem Fälscher das Geld wieder abzunehmen; denn die Möglichkeit, daß bei sofortigem Eingreifen das Geld noch hätte gerettet werden können, habe so nahe gelegen, daß darüber nicht durch bloßen Hinweis auf die Beweislast des Klägers (die ja, wenn es sich um die Entstehung eines Schadens handelt, gemäß § 287 ZPO nicht unbedingt maßgebend ist) hätte hinweggegangen werden dürfen. Andererseits hat das RG in dem obenerwähnten Urt v. 14. 1. 1922 V 551/21 die Annahme des Berufungsrichters, daß es dem Kläger (Kontoinhaber) auch bei rechtzeitiger Benachrichtigung nicht möglich gewesen wäre, den entstandenen Schaden abzuwenden, als auf tatsächlichem Gebiete liegend und einem allgemeinen Erfahrungssatze nicht widerstreitend, daher in der Revisionsinstanz nicht nachprüfbar bezeichnet. — In RGZ 92, 54 waren in der Berufungsinstanz Übungen des Bankverkehrs unter Beweis gestellt, denen zufolge Schecke, die Änderungen oder Durchstreichungen enthalten, den vom Aussteller unterschriebenen Vermerk tragen müssen, daß sie von ihm selbst geändert worden sind, und ferner, daß der Bankier, dem ein solcher auffälliger Scheck vorgelegt werde, sofort, wenn möglich durch Fernsprecher, solange der Vorlegende sich noch in den Geschäftsräumen der Bank befinde, den Aussteller von der Vorlegung des veränderten oder verunstalteten Schecks zu benachrichtigen habe. Das RG führt aus, daß Beobachtung der einen oder anderen Verkehrsübung, falls ihr Bestehen erwiesen würde, zur Aufdeckung der Fälschungen geführt haben und deshalb ihre Nichtbeobachtung ein mitwirkendes Verschulden der Bank dartun würde.

Anm. 14 6. **Beweislast.** Die Echtheit der Unterschrift oder Namensschrift desjenigen, der aus einer Scheckverpflichtungserklärung in Anspruch genommen wird, hat derjenige zu beweisen, der ihn in Anspruch nimmt; vgl. oben Anm 7. Steht die Echtheit der Unterschrift fest, so hat nach § 440 Abs 2 ZPO der darüber stehende Text die Vermutung der Echtheit für sich. Das gilt nach RGZ 47, 69 nicht nur für die Unterschrift des Ausstellers, die unmittelbar unter dem Texte steht, sondern auch für die auf der Rückseite befindlichen Indossamente und sonstigen Namensschriften, die auf den Inhalt der Hauptscheckerklärung verweisen und diesen in sich aufnehmen. Deshalb muß, sofern der Scheck sich als unverdächtig darstellt, insbesondere keine Rasuren oder sonstige Mängel der in § 419 ZPO bezeichneten Art aufweist, der Aussteller oder Indossant, der behauptet, daß der Scheck zur Zeit seiner Verpflichtungserklärung einen anderen Text aufgewiesen habe, den Beweis für diese Behauptung führen. Ergibt sich aber aus dem Aussehen des Schecks, daß Veränderungen seines Textes vorgenommen sind oder wird dies bewiesen, so muß derjenige, der auf Grund des jetzt vorliegenden Textes einen Anspruch geltend macht, nachweisen, daß die Veränderung erfolgt ist vor der Verpflichtungserklärung des in Anspruch genommenen Scheckverpflichteten oder daß sie von diesem genehmigt ist (RGZ 8, 42; 32, 38; 66, 201; RG in JW 1910, 759[28]). — In dem Verhältnisse zwischen dem Aussteller und dem Bezogenen hat der Bezogene, der den Betrag des eingelösten Schecks dem Guthaben des Ausstellers belasten will oder Erstattung des Betrags verlangt, im Bestreitungsfalle den Beweis zu führen, daß der eingelöste Scheck von dem Aussteller unterschrieben war oder (sofern er die Tragung der Gefahr von Fälschungen wirksam abbedungen hat), daß er ohne Fahrlässigkeit die Unterschrift des Ausstellers für echt halten durfte. Behauptet der Aussteller, daß der Scheck verfälscht, insbesondere die Schecksumme erhöht worden sei, so muß er den Beweis dafür, ferner aber, sofern der Bezogene die Tragung der Gefahr für Fälschungen wirksam abbedungen hat, auch dafür führen, daß dem Bezogenen eine Fahrlässigkeit bei der Einlösung zur Last falle. Wer ein mitwirkendes Verschulden der anderen Partei behauptet, muß dieses beweisen. **§ 23**

Zusatz 1: Fremde Rechte. Über die Unabhängigkeit der Wirksamkeit echter Unterschriften von der Unwirksamkeit der auf dem gleichen Scheck befindlichen unechten Unterschriften gelten zumeist die wechselrechtlichen Vorschriften. Österreich (ScheckG § 20 Nr 4) und Ungarn (§ 22 Nr 14) verweisen auf die Art 75, 76 ihrer WO, die mit den entsprechenden Artikeln der deutschen WO übereinstimmen. Das gleiche Ergebnis folgt für Skandinavien aus § 3 ScheckG in Verbindung mit § 88 WG. Japan und Frankreich entbehren einer ausdrücklichen Vorschrift ebenso für den Wechsel wie für den Scheck; doch besteht in diesen Ländern kein Zweifel, daß die Verbindlichkeit aus echten Unterschriften durch andere falsche nicht berührt wird; ebenso in Belgien und Spanien. Die Schweiz bringt den gleichen Grundsatz zum Ausdruck in Art 836, 801 OblR. Ebenso Italien in Art 341, 327, 328 HGB. Dagegen besteht in Großbritannien (sect. 24 Bills of Exch. Act) und den Vereinigten Staaten (Neg. Instr. Law sect. 42), sowie in Argentinien (Art 836, 629) die Bestimmung, daß ein falsches Indossament nicht nur selbst kein Eigentum überträgt, sondern auch alle folgenden ungültig macht, eine Bestimmung, die jedoch für den Scheck in Großbritannien durch sect. 60 Bills of Exch. Act insofern beseitigt ist, als der Bezogene befreit ist, wenn er ordnungsmäßig den Scheck bezahlt hat, gleichviel, ob ein früheres Indossament gefälscht war oder nicht, während der Inhaber selbst keinen Rückgriff gegen die Vormänner nehmen kann, welche ihr Recht aus einem falschen Indossamente herleiten. — Über die Folgen der widerrechtlichen Änderung des sonstigen Scheckinhalts finden sich nur vereinzelt Bestimmungen. So bestimmen Ungarn (§ 22 Nr 14 ScheckG, 82 WG), die Schweiz (Art 836, 802), Japan (Art 437), daß diejenigen Indossanten, welche das Papier vor der Fälschung übertragen haben, nach seinem ursprünglichen Inhalt, diejenigen, welche es erst nach diesem Zeitpunkte übertragen haben, nach dem verfälschten Inhalte haften; präsumiert wird (außer in Ungarn), daß die Unterschrift vor der Fälschung geleistet ist; Ungarn stellt die gegenteilige Präsumtion auf. Nach den englischen und amerikanischen Vorschriften (Bills of Exch. Act sect. 64, Neg. Instr. Law sect. 205, 206) wird der Scheck durch wesentliche Veränderungen, als welche die Änderung des Datums, der Schecksumme, der Zahlungszeit und des Zahlungsortes genannt werden, entkräftet, außer gegenüber demjenigen, der die Änderung selbst vorgenommen oder dazu Vollmacht erteilt hat, sowie gegenüber den späteren Indossanten. Die gleiche Wirkung wird auch allen anderen Veränderungen beigelegt, welche in irgendeiner Weise seine Wirkung oder die Haftung der Beteiligten umwandeln, mit Ausnahme der Veränderung eines Schecks mit alternativer Inhaberklausel in einen Scheck mit alternativer Orderklausel. — Hinsichtlich der Frage, wer im Verhältnis zwischen Aussteller und Bezogenem die Gefahr der Einlösung gefälschter Schecke zu tragen hat, vgl. für Österreich oben Anm 10. Auch Ungarn erklärt prinzipiell den Bezogenen für haftbar, soweit nicht dem Aussteller ein Verschulden zur Last fällt und solche Vereinbarungen, die dem Bezogenen vorteilhaftere Bedingungen gewähren als das Gesetz, für unwirksam. Argentinien (Art 809) erklärt grundsätzlich den Aussteller für haftbar, den Bezogenen nur, wenn er Schecke mit „augenscheinlichen Fälschungen" eingelöst hat. In allen anderen Ländern bestehen keine besonderen Bestimmungen und ist daher die Frage, wie in Deutschland, nach dem bürgerlichen Rechte zu beurteilen. Sie wird meist in der Weise entschieden, daß die bezogene Bank der Schaden trifft, wenn sie nicht imstande ist, ein Verschulden des Ausstellers darzutun. Vgl. Näheres bei Meyer Weltscheckrecht I S. 286ff. Anm. 15

Zusatz 2: Zukünftiges Weltscheckrecht. Vgl. Anhang H. Art 28 der Beschlüsse der Haager Konferenz über die Vereinheitlichung des Scheckrechts bestimmt: Anm. 16

„Von der Fälschung und den Veränderungen.

Art 28. Anwendbar auf den Scheck sind die Bestimmungen der Art 68 und 69 der einheitlichen Ordnung des Wechsels und des Orderbilletts."

Die angeführten Artikel der EinhWO lauten wie folgt:

„Art 68. Die Fälschung einer Unterschrift, auch derjenigen des Ausstellers oder des Akzeptanten, tut keinerlei Eintrag der Gültigkeit der anderen Unterschriften.

Art 69. Im Falle einer Veränderung des Textes eines Wechsels haften diejenigen, die nach dieser Veränderung unterzeichnet haben, nach den Bestimmungen des veränderten Textes; diejenigen, die vorher unterzeichnet haben, nach den Bestimmungen des ursprünglichen Textes."

Darüber, ob die Haftung der früheren Unterzeichner auch fortdauert, wenn der ursprüngliche Text ganz beseitigt ist (vgl. oben Anm 9), enthält die Vorschrift keine ausdrückliche Entscheidung. — Über die Frage der Gefahrtragung für die Einlösung verfälschter Schecke enthalten die Beschlüsse keine Regelung. In dem Fragebogen der niederländischen

§ 23 Regierung war unter Nr 19 die Frage gestellt, ob das einheitliche ScheckG die Frage regeln solle. Diese Frage wurde in den Antworten der meisten Regierungen verneint, von einigen jedoch bejaht und zum Teil auch die Art der Lösung vorgeschlagen. Bei der Abstimmung in dem Komitee für den Scheck wurde die Frage mit 11 Stimmen gegen 5 bei 4 Enthaltungen verneint (Actes II S. 217).

§ 24

§ 24.

Auf die Anfechtung einer auf einen Scheck geleisteten Zahlung finden die Vorschriften des § 34 der Konkursordnung entsprechende Anwendung.

Anm. 1 1. **Einleitung.** **§ 24** ordnet die entsprechende Anwendung der Vorschriften des § 34 der KO, welche die Anfechtung von Wechselzahlungen des Gemeinschuldners regeln, auf den Scheck an. Die Begründung (S. 32) rechtfertigt diese Anordnung mit der Ausführung, die Vorschriften seien „eine notwendige Folge der eigenartigen Regelung des Wechselregresses" und müßten, da der Scheckregreß nach gleichen Grundsätzen geordnet sei, bei Zahlungen, die auf Schecke geleistet werden, entsprechende Anwendung finden. Ob, wie Lessing S. 176 unter Berufung auf Jäger KO zu § 34 Anm 14 annimmt, die Bestimmung des § 34 KO wegen ihrer „anormalen Natur" jeder Ausdehnung im Wege der Analogie unzugänglich ist und deshalb ohne die ausdrückliche Bestimmung des § 24 ScheckG auf den Scheck keine entsprechende Anwendung hätte finden können, mag dahingestellt bleiben; im Auslande werden vielfach die entsprechenden, für den Wechsel gegebenen Bestimmungen ohne weiteres auf den Scheck angewendet; vgl. unten Zus 1 Anm 8.

Anm. 2 2. **§ 34 der KO** lautet:

„Wechselzahlungen des Gemeinschuldners können auf Grund des § 30 Nr. 1 von dem Empfänger nicht zurückgefordert werden, wenn nach Wechselrecht der Empfänger bei Verlust des Wechselanspruchs gegen andere Wechselverpflichtete zur Annahme der Zahlung verbunden war.

Die gezahlte Wechselsumme muß von dem letzten Wechselregreßschuldner oder, falls derselbe den Wechsel für Rechnung eines Dritten begeben hatte, von diesem erstattet werden, wenn dem letzten Wechselregreßschuldner oder dem Dritten zu der Zeit, als er den Wechsel begab oder begeben ließ, einer der in § 30 Nr. 1 erwähnten Umstände bekannt war."

Der angeführte **§ 30 Nr 1 der KO** lautet wie folgt:

„Anfechtbar sind:

1. Die nach der Zahlungseinstellung oder dem Antrage auf Eröffnung des Verfahrens von dem Gemeinschuldner eingegangenen Rechtsgeschäfte, durch deren Eingehung die Konkursgläubiger benachteiligt werden, wenn dem anderen Teile zu der Zeit, als er das Geschäft einging, die Zahlungseinstellung oder der Eröffnungsantrag bekannt war; sowie die nach der Zahlungseinstellung oder dem Eröffnungsantrage erfolgten Rechtshandlungen, welche einem Konkursgläubiger Sicherung oder Befriedigung gewähren, wenn dem Gläubiger zu der Zeit, als die Handlung erfolgte, die Zahlungseinstellung oder der Eröffnungsantrag bekannt war."

Anm. 3 3. Die **Vorschrift des § 34 KO hat ihren Grund** in der „eigenartigen Gestaltung" des Wechselregresses, die auch dem Scheckregresse eigen ist (vgl. oben zu 1). Diese nötigt den Inhaber des Wechsels (Schecks), von dem Bezogenen innerhalb einer bestimmten Frist Zahlung zu verlangen und sie, falls der Bezogene zahlungsbereit ist, anzunehmen, auch wenn er weiß, daß der Bezogene seine Zahlungen eingestellt hat oder Antrag auf Eröffnung des Konkursverfahrens über sein Vermögen gestellt ist. Wollte der Inhaber aus diesem Grunde die Annahme der Zahlung ablehnen, so würde er seine Regreßansprüche gegen die Vormänner verlieren, da diese voraussetzen, daß der Bezogene nicht zahlungsbereit war und daß die Nichtbereitschaft in bestimmten Formen und Fristen festgestellt ist. Würde aber die geleistete und angenommene Zahlung dem Inhaber, nachdem der Bezogene in Konkurs geraten, durch Anfechtung von seiten des Konkursverwalters wieder entzogen werden können, so würde er gleichfalls keinen Regreß mehr gegen seine Vormänner nehmen können, da die zur Erhaltung des Regresses erforderlichen Feststellungen nicht vorgenommen sind und nicht vorgenommen werden konnten; denn der Bezogene hatte ja gezahlt. Er würde also den gezahlten Betrag herausgeben müssen, ohne sich bei seinen Vormännern schadlos halten zu können. Diesem unbilligen Ergebnisse will die Vorschrift des § 34 KO entgegentreten, indem sie die Rückforderung des gezahlten Betrags durch den Konkursverwalter auf Grund einer auf § 30 Nr 1 gestützten Anfechtung von dem Empfänger der Zahlung ausschließt.

4. **Die Zahlung kann nicht zurückgefordert werden.** Nach § 37 KO muß das, was durch die anfechtbare Handlung aus dem Vermögen des Gemeinschuldners veräußert, weggegeben oder aufgegeben ist, zur Konkursmasse zurückgewährt werden. Diese Wirkung der Anfechtung — nicht unmittelbar die Anfechtbarkeit — wird durch § 34 KO unter den dort bezeichneten Voraussetzungen ausgeschlossen. Voraussetzung ist demnach, daß es sich um eine Zahlung handelt. Die Zahlung des Bezogenen an den Inhaber ist beim Scheck nicht, wie beim akzeptierten Wechsel, ein Rechtsgeschäft, welches einem Konkursgläubiger eine Sicherung oder Befriedigung gewährt (zweiter Fall des § 34), da der Inhaber des Schecks nicht Gläubiger des Bezogenen ist; wohl aber kann sie als ein Rechtsgeschäft gelten, durch dessen Eingehung die Konkursgläubiger benachteiligt werden (erster Fall des § 34), indem der gezahlte Betrag der Konkursmasse entzogen ist, während im Nichtzahlungsfalle nur ein Anspruch des Ausstellers aus seinem Guthaben in Höhe des gezahlten Betrags als Konkursforderung bestanden haben würde. Der Barzahlung muß beim Verrechnungsscheck die Verrechnung, insbesondere die Gutschrift auf Konto, gleichgestellt werden, weil der Inhaber eines solchen Schecks Barzahlung nicht verlangen kann (vgl. zu § 14 Anm 5); auch bei erfolgter Verrechnung ist deshalb die Rückforderung ausgeschlossen. Dagegen brauchte der Inhaber bei anderen Schecken eine Verrechnung nicht anzunehmen und ebensowenig andere Arten der Befriedigung, insbesondere die Hingabe an Zahlungs Statt, auch nicht die Aufrechnung mit einer dem Bezogenen gegen den Inhaber zustehenden Forderung, da dieser keine Forderung des Inhabers gegen ihn, gegenübersteht; er konnte vielmehr Barzahlung verlangen und, falls diese nicht erfolgte, die zur Erhaltung seiner Regreßansprüche erforderlichen Feststellungen vornehmen. Gleiches gilt von der Annahme von Teilzahlungen sowie von Sicherungen durch Pfandbestellung u. dgl. Die Rückforderung der durch derartige Rechtsakte erlangten Beträge ist deshalb, falls die Voraussetzungen des § 30 Nr 1 vorliegen, durch § 34 KO nicht ausgeschlossen. **§ 24 Anm. 4**

5. Die Zurückforderung von dem Empfänger ist nur ausgeschlossen, wenn **nach Scheckrecht der Empfänger bei Verlust des Scheckanspruchs gegen andere Scheckverpflichtete zur Annahme der Zahlung verbunden war.** Diese Voraussetzung liegt nicht vor, wenn es sich nicht um eine Zahlung des Bezogenen, sondern um eine im Rücklaufe des Schecks erfolgte Zahlung eines Regreßpflichtigen handelt; denn diese setzt voraus, daß die zur Erhaltung des Regreßrechts erforderlichen Handlungen und Feststellungen erfolgt sind und dadurch der Regreßanspruch gegen andere Scheckverpflichtete gewahrt war, so daß er durch Annahme der Zahlung nicht mehr verlorengehen konnte. Ist sonach ein Regreßverpflichteter, der den Scheck im Rücklaufe eingelöst hat, in Konkurs geraten, so kann der Konkursverwalter die an seinen Nachmann geleistete Zahlung von diesem zurückverlangen, wenn die Voraussetzungen des § 30 Nr 1 vorliegen. Nur Zahlungen des Bezogenen fallen also unter § 34 KO. — Die Voraussetzung liegt aber auch bei einer Zahlung des Bezogenen nicht vor, wenn diese nachträglich erfolgt ist, nachdem bei Vorzeigung des Schecks Zahlung nicht erlangt werden konnte und deshalb die zur Erhaltung der Regreßansprüche erforderlichen Feststellungen vorgenommen worden sind; denn eine solche nachträgliche Zahlung brauchte der Scheckinhaber nicht anzunehmen, ohne durch die Nichtannahme den bereits gewahrten Regreßanspruch zu verlieren. — Die Voraussetzung liegt ferner nicht vor, wenn der Regreßanspruch zur Zeit der Zahlung in Ermangelung rechtzeitiger Vorlegung des Schecks oder vorschriftsmäßiger Feststellung der Nichtzahlung bereits erloschen war; auch in diesem Falle wäre durch die Nichtannahme ein Verlust des Regreßanspruchs nicht eingetreten. Vgl. über solche Fälle RGZ 40, 43. **Anm. 5**

6. Ausgeschlossen ist nur die Rückforderung auf Grund einer **nach § 30 Nr 1 KO** erfolgten Anfechtung. Auf Grund anderer Anfechtungsvorschriften der KO (§ 30 Nr 2, § 31, § 32) können geleistete Zahlungen zurückgefordert werden. Z. B. wenn die Zahlung erfolgt ist, bevor der Scheck vorgelegt und dadurch fällig geworden war, auf Grund des § 30 Nr 2 oder wenn etwa der Bezogene in fraudulöser Absicht zur Benachteiligung seiner Gläubiger den Scheck auf sich hatte ziehen lassen, ohne daß der Aussteller ein Guthaben bei ihm hatte, und dies dem Zahlungsempfänger bekannt war, auf Grund des § 31 Nr 1. Unberührt bleibt ferner die Anfechtung außerhalb des Konkursverfahrens auf Grund des Anfechtungsgesetzes v. 21. 7. 1879. Nicht berührt ist auch die Rückforderung einer nach Eröffnung des Konkursverfahrens von dem Gemeinschuldner geleisteten und deshalb nach § 7 KO den Konkursgläubigern gegenüber unwirksamen Zahlung; ist aber das geleistete Geld nicht mehr in Natur bei dem Empfänger vorhanden, so kann die Rückforderung nur in Form eines Bereicherungsanspruchs auf Werterſatz (§ 818 Abs 2 BGB) erfolgen, und dieser wird versagen, sofern der Empfänger infolge der ihm geleisteten Zahlung seinen Regreßanspruch gegen seine Vormänner nicht hat wahren können (vgl. oben Anm 3) und ihn deshalb eingebüßt hat, da er in diesem Falle nicht oder nicht mehr bereichert ist. **Anm. 6**

§ 24 Anm. 7 7. **Abs 2** des § 34 KO gibt als Ersatz für die nach Abs 1 ausgeschlossene Zurückforderung des gezahlten Betrags von dem Zahlungsempfänger dem Konkursverwalter ein Rückforderungsrecht gegen denjenigen, dem die Zahlung zugute gekommen ist, ohne daß er, wenn sie nicht erfolgt wäre, einen Regreßanspruch gegen eine andere Person gehabt hätte. Es ist dies der letzte Scheckregreßschuldner, also der Aussteller, und, falls dieser den Scheck für Rechnung eines Dritten begeben hatte, dieser Dritte. Für diese Personen trifft der Billigkeitsgrund, der zu der Vorschrift des § 34 Abs 1 geführt hat, nicht zu, da sie nicht durch Annahme der Zahlung einen Regreßanspruch verloren haben. Voraussetzung ist, daß die in § 30 Nr 1 KO erforderte Kenntnis von der Zahlungseinstellung oder dem Eröffnungsantrage in der Person des Ausstellers bzw. des Dritten zu der Zeit vorlag, als sie den Scheck begaben bzw. begeben ließen. Hat der Aussteller den Scheck nicht begeben, sondern selbst die Zahlung von dem Bezogenen erhalten, so ist die Rückforderung gegen ihn schon unmittelbar aus § 30 Nr 1, gegen den Dritten in Verbindung mit § 40 Abs 2 Nr 1, begründet, ohne daß § 34 KO entgegenstünde. Steht dem Konkursverwalter ein Rückforderungsrecht auf Grund von Anfechtung gegen denjenigen, der die Zahlung erhalten hat, zu, so kann er das besondere Rückforderungsrecht des Abs 2 des § 34 KO nicht geltend machen; dieses bildet nur den Ersatz für den Ausschluß der Rückforderung, der durch Abs 1 begründet ist, und tritt deshalb nur in denjenigen Fällen ein, in denen Abs 1 zutrifft. Das ergibt sich sowohl aus dem grammatischen Zusammenhange der in einem Paragraphen verbundenen beiden Absätze, wie auch aus dem Inhalte und Zwecke des Abs 2 im Verhältnis zu Abs 1. Es muß deshalb, um die Klage gegen den Aussteller oder den Dritten gemäß Abs 2 begründet erscheinen zu lassen, zunächst geprüft werden, ob dem Rückforderunganspruche gegen den Zahlungsempfänger § 34 KO entgegensteht. So RG in RGZ 40, 40.

Anm. 8 **Zusatz 1: Fremde Rechte.** Der § 34 KO ist dem Art 449 des französischen Code de commerce nachgebildet, der die gleiche Bestimmung enthält und auch auf Schecke anzuwenden ist, da alle den Wechsel betreffenden Bestimmungen des Code de commerce auf den Scheck anwendbar sind, soweit sie nicht nicht mit dessen Wesen oder den für ihn erlassenen Spezialvorschriften in Widerspruch stehen. Die Bestimmung gilt auch für Belgien. Für Österreich gelten gemäß §§ 8, 22 AnfechtungsG, für Ungarn gemäß § 39 KG entsprechende Bestimmungen, die auch auf den Scheck entsprechend anzuwenden sind. Entsprechende Bestimmungen enthalten ferner das dänische (§ 22), das norwegische (§ 44), das schwedische (§ 36 Abs 2) KG, das japanische HGB (Art 991 Abs 2), die Gesetze der Schweiz (Art 204 Abs 2 Schuldbetreibungs- und KG), Italiens (Art 711), Rumäniens (Art 728). Die Vorschriften gelten ohne besondere Bestimmung überall als auch auf den Scheck anwendbar. Eine bemerkenswerte besondere Regelung trifft Argentinien, indem es zwar die Zurückforderung des Betrags der Zahlung von dem Empfänger nicht ausschließt, aber dem ihn zur Zurückzahlung verurteilenden Erkenntnisse die Wirkung eines mangels Zahlung erhobenen Protestes beilegt, so daß er nunmehr gegen seine Vormänner noch Regreß nehmen kann (Art 808 Nr 1 HGB).

Anm. 9 **Zusatz 2: Künftiges Weltscheckrecht.** Die Beschlüsse der zweiten Haager Konferenz enthalten keine Regelung der Frage; sie wird daher nach wie vor durch das Recht der Einzelstaaten zu regeln sein.

§ 25

§ 25.

Im Auslande zahlbare Schecks dürfen auch auf solche Bezogene lauten, auf die nach dem ausländischen Rechte ein Scheck gezogen werden darf.

Anm. 1 1. **Vorbemerkung.** Die **§§ 25 und 26** behandeln Fragen des örtlichen Geltungsbereiches der Gesetze, des sog. internationalen Privatrechts. **§ 25** schließt sich an § 2 ScheckG an, der darüber bestimmt, welche Personen, Anstalten usw. nur als Bezogene bezeichnet werden sollen, sog. **passive Scheckfähigkeit.** Vgl. zu § 2 Anm 1 ff. Wie dort dargelegt ist, hat die Bezeichnung anderer Personen usw. als Bezogene keinen Einfluß auf die Gültigkeit des Schecks, sondern lediglich die Wirkung, daß Schecke, die auf solche anderen Personen usw. als Bezogene lauten, nicht als Schecke im Sinne des Wechselsteuergesetzes angesehen werden und deshalb die dort vorgesehene Befreiung von der Wechselsteuer nicht genießen; vgl. zu § 29 ScheckG Anm 3 unter β. Dementsprechend ist auch § 25 durch Erwägungen, welche die Wechselsteuerpflichtigkeit solcher Schecke betreffen, veranlaßt worden. Wie nämlich die Begr (S. 32) ausführt, würde es den Scheckverkehr mit dem Auslande in einer nicht gerechtfertigten Weise erschweren, wenn den auf das Ausland gezogenen Schecken lediglich für den Fall Steuerfreiheit gewährt würde, daß der im Auslande wohnende Bezogene unter die im § 2 bezeichneten Personen fiele; deshalb sei in § 25 bestimmt, daß auf das Ausland gezogene Schecke auch auf diejenigen Bezogenen lauten dürfen, denen nach den

Vorschriften des Landes, in welchem der Scheck zahlbar sei, die passive Scheckfähigkeit zukomme. Die Vorschrift war in dem Entwurfe von 1892 und in dem vorläufigen Entwurfe von 1907 noch nicht enthalten und ist erst auf Anregung der Scheckkonferenz der mitteleuropäischen Wirtschaftsvereine von Deutschland, Österreich und Ungarn, die im November 1907 in Budapest abgehalten wurde, in den endgültigen Entwurf aufgenommen worden. § 25

2. **Im Auslande zahlbar** ist ein Scheck, wenn der bei dem Namen oder der Firma des Bezogenen angegebene Ort, der nach § 5 Satz 1 ScheckG als Zahlungsort gilt, oder in Ermangelung einer solchen Angabe der alsdann nach § 5 Satz 3 hilfsweise als Zahlungsort geltende Ausstellungsort im Auslande belegen ist. Vgl. zu § 5 Anm 2 ff., 10. Darauf, ob der Bezogene im Inlande oder im Auslande wohnt oder seinen Sitz (Hauptsitz) hat und ob er im Inlande eine Zweigniederlassung hat, kommt es nicht an. Sonach ist z. B. ein Scheck wechselsteuerfrei, wenn als Bezogener ein im Inlande wohnender Privatmann, der nicht zu den in § 2 ScheckG genannten Personen gehört, bezeichnet und bei seinem Namen ein Ort angegeben ist, der in Frankreich liegt, nach dessen Recht Schecke auf jedermann gezogen werden können, vgl. zu § 2 Zus 1 Anm 10. Ob der Scheck im Inlande oder im Auslande ausgestellt ist, hat für die Steuerpflicht nur Erheblichkeit, wenn der Ausstellungsort nach § 5 Satz 3 (vgl. oben) als Zahlungsort gilt. Steuerfrei ist daher auch ein in Deutschland ausgestellter Scheck, in welchem als Bezogener ein Privatmann bezeichnet ist unter Beifügung eines in Frankreich belegenen Ortes. Ebenso aber auch ein in Ungarn ausgestellter, in Deutschland umlaufender Scheck mit gleicher Ortsangabe. Anm. 2

3. Der im Auslande zahlbare Scheck ist dann steuerfrei, wenn er auf eine Person lautet, **auf die nach dem ausländischen Rechte ein Scheck gezogen werden darf.** Das ausländische Recht, das hier in Betracht kommt, ist dasjenige, welches an dem Zahlungsorte des Schecks gilt. Unerheblich ist die Staatsangehörigkeit des Bezogenen. Also auch ein auf einen deutschen oder englischen Privatmann gezogener Scheck ist steuerfrei, wenn bei dessen Namen ein Ort angegeben ist, der in Frankreich liegt. Ist der Scheck auf eine Person gezogen, auf die nach deutschem Rechte ein Scheck gezogen werden darf, so ist er steuerfrei, auch wenn nach dem Rechte des Zahlungsortes Schecke auf eine solche Person nicht gezogen werden dürfen. Dagegen ist er steuerpflichtig, wenn er auf einen Bezogenen lautet, auf den weder nach deutschem Rechte noch nach dem Rechte des Zahlungsortes Schecke gezogen werden dürfen, und zwar auch dann, wenn ein solcher Scheck nach dem Rechte des Zahlungsortes ungültig ist, wie z. B. in Österreich; er wird in Deutschland als gültiger Scheck behandelt; vgl. § 26 Abs 2. Anm. 3

§ 26. § 26

Die wesentlichen Erfordernisse eines im Ausland ausgestellten Schecks sowie jeder im Ausland auf einen Scheck gesetzten Erklärung werden nach den Gesetzen des Ortes beurteilt, an welchem die Ausstellung oder die Erklärung erfolgt ist.

Entspricht jedoch der im Ausland ausgestellte Scheck oder die im Ausland auf einen Scheck gesetzte Erklärung den Anforderungen des inländischen Gesetzes, so kann daraus, daß nach ausländischem Gesetz ein Mangel vorliegt, kein Einwand gegen die Rechtsverbindlichkeit der später im Inland auf den Scheck gesetzten Erklärungen entnommen werden. Auch ist die im Ausland erfolgte Ausstellung eines im Inlande zahlbaren Schecks sowie die auf einen solchen Scheck im Auslande gesetzte Erklärung wirksam, wenn sie auch nur den Anforderungen des inländischen Gesetzes entspricht.

1. **Vorbemerkung.** **§ 26** regelt, wie § 25, eine Frage des örtlichen Geltungsbereiches der Gesetze, also des internationalen Privatrechtes, und zwar die Frage, **welches Gesetz für die Form der Scheckausstellung und der scheckrechtlichen Erklärungen in Anwendung zu kommen hat.** Für diese Frage würde in Ermangelung besonderer Bestimmungen der Art 11 EG BGB maßgebend sein, der vorschreibt, daß die Form eines Rechtsgeschäftes bestimmt wird durch die Gesetze, welche für das den Gegenstand des Rechtsgeschäftes bildende Rechtsverhältnis maßgebend sind, daß jedoch die Beobachtung der Gesetze des Ortes, an dem das Rechtsgeschäft vorgenommen wird, genügt. Die bloße ausdrückliche oder stillschweigende Verweisung auf diese Vorschrift würde eine klare Entscheidung der Frage für den Scheck nicht ergeben haben, da es bekanntlich außerordentlich bestritten ist, welche Gesetze auf ein den Gegenstand eines Rechtsgeschäftes bildendes schuldrechtliches Verhältnis zur Anwendung zu kommen haben, Anm. 1

§ 26 insbesondere ob das Recht des Erfüllungsortes oder das des Wohnsitzes des Schuldners maßgebend oder wo sonst der „Sitz“ des Rechtsverhältnisses zu finden ist (vgl. Vorbem 11 vor § 104 in RGRKomm z. BGB), und da diese Frage bei abstrakten Schuldverpflichtungen, wie sie aus dem Scheck hervorgehen, die keine materiellen schuldrechtlichen Beziehungen der Parteien als Grundlage voraussetzen, besonders schwierig zu entscheiden ist. Das ScheckG hat deshalb mit Recht eine Regelung durch besondere Bestimmungen auch gegenüber dem EG BGB für erforderlich gehalten und sich dabei in der Hauptsache an den Art 85 WO angeschlossen, der die Formerfordernisse im Auslande ausgestellter Wechsel und Wechselerklärungen bereits vor dem BGB geregelt hatte (Begr S. 33). Danach ist grundsätzlich maßgebend das Recht des ausländischen Ortes, an dem der Scheck ausgestellt oder die sonstige Scheckerklärung erfolgt ist — *locus regit actum* — (Abs 1); dieser Grundsatz erleidet aber gewisse *Einschränkungen*, welche in den beiden Sätzen von Abs 2 enthalten sind.

Anm. 2 2. Die **wesentlichen Erfordernisse eines im Auslande ausgestellten Schecks sowie jeder im Auslande auf einen Scheck gesetzten Erklärung werden nach den Gesetzen des Ortes beurteilt, an dem die Ausstellung oder die Erklärung erfolgt ist (Abs 1).**

a) Die *wesentlichen Erfordernisse* des Schecks und der einzelnen Scheckerklärung sind diejenigen formellen Erfordernisse, die erfüllt sein müssen, damit ein Scheck oder die in Frage kommende Scheckerklärung im Sinne des Gesetzes rechtlich vorhanden ist. Das sind nach deutschem Rechte zunächst die in § 1 ScheckG *unter Nr 1—4* aufgeführten, nämlich Scheckklausel, Anweisung zur Zahlung einer Geldsumme, Unterschrift des Ausstellers und Datierung. Bei im Auslande ausgestellten Schecken brauchen sie nicht erfüllt zu sein, wenn das Recht des Ortes, an dem der Scheck ausgestellt ist, sie zur Gültigkeit des Schecks nicht für erforderlich erklärt. Demnach ist gültig ein in Frankreich ausgestellter Scheck, der der Scheckklausel entbehrt (vgl. zu § 1 Zus 3 Anm 39). Ein weiteres „wesentliches Erfordernis“ des Schecks ist aber nach § 7 ScheckG, daß er nicht die Angabe einer anderen Zahlungszeit als „nach Sicht“ enthält; denn eine derartige Angabe macht den Scheck nichtig. Nach österreichischem Gesetze (§ 5) tritt nicht diese Folge ein, sondern die anderweite Zahlungszeit gilt nur als nicht geschrieben. Die Nichtangabe einer anderen Zahlungszeit ist also nach österreichischem Rechte kein „wesentliches Erfordernis“ des Schecks. Demnach ist ein in Österreich ausgestellter Scheck, der die Angabe einer anderen Zahlungszeit enthält, auch in Deutschland als gültig anzusehen. Fraglich kann nur sein, zu welcher Zeit er zahlbar ist. Diese Frage betrifft das materielle Scheckrecht und ist also nach deutschem Rechte zu beantworten; danach ist der Scheck bei Sicht zahlbar (§ 7 Satz 1), eine Lösung, die sich übrigens auch nach österreichischem Rechte ergibt, da nach diesem die Angabe einer anderen Zahlungszeit als nicht geschrieben gilt. Ebenso *Jacusiel* BankA 7, 284. — Kein wesentliches Erfordernis des Schecks ist nach deutschem Rechte, daß er auf einen Bezogenen lautet, der zu den in § 2 ScheckG genannten Personen usw. gehört, die nur als Bezogene bezeichnet werden sollen; vgl. zu § 2 Anm 2. Ein solcher Scheck ist aber nach deutschem Rechte (§ 29 ScheckG) steuerpflichtig. Das französische Recht kennt eine Beschränkung der passiven Scheckfähigkeit überhaupt nicht, steht vielmehr auf dem Standpunkte vollständiger Scheckfreiheit; vgl. zu § 2 Zus 2 Anm 17. Demzufolge ist ein in Frankreich auf einen nicht zu den in § 2 ScheckG genannten Personen usw. gehörigen Bezogenen ausgestellter Scheck in Deutschland unzweifelhaft gültig; die Frage ist aber, ob er steuerpflichtig ist. Diese Frage wird zu verneinen sein, auf Grund des § 29 ScheckG, da nach diesem Paragraphen als Schecke im Sinne des Wechselstempelsteuergesetzes, die von der Steuer befreit sind, auch solche zu gelten haben, *die den Anforderungen des § 26 ScheckG entsprechen*. Das sind aber Schecke, die in einem Lande ausgestellt sind, in denen nicht wesentliches Erfordernis ist, daß die Schecke auf bestimmte Klassen oder Gruppen von Bezogenen lauten. Ebenso im Ergebnisse *Jacusiel* a. a. O. — Wegen der in einem Lande mit beschränkter passiver Scheckfähigkeit ausgestellten Schecke kommt Abs 2 Satz 1 des § 26 in Betracht; vgl. darüber unten Anm 4. — Über die Frage der passiven Scheckfähigkeit bei im Inlande ausgestellten, *im Auslande zahlbaren* Schecken vgl. § 25 und die Erläuterungen dazu. — Wesentliches Erfordernis *einer einzelnen Scheckerklärung* ist nach deutschem Rechte für das *Indossament* gemäß § 8 ScheckG, daß es auf den Scheck oder ein mit ihm verbundenes Blatt gesetzt wird; dagegen sind Indossamente, die auf eine *Abschrift* des Schecks gesetzt sind, unwirksam. § 26 erklärt das Recht des Auslandes anwendbar auf Scheckerklärungen, die im Auslande *auf den Scheck* gesetzt sind; danach könnte es zweifelhaft erscheinen, ob auch ein Indossament, das im Auslande auf Grund der dort geltenden Bestimmungen *auf eine Abschrift* des Schecks gesetzt ist, gültig ist; doch wird die Frage zu bejahen sein, da der in § 26 zum Ausdruck gekommene Grundsatz „locus regit actum“ auch diesen Fall umfaßt. — Wesentliches Erfordernis einer Scheckerklärung, *durch welche die Barzahlung des Schecks verboten wird*, ist nach § 14 ScheckG *ein quer über die Vorderseite des Schecks gesetzter Vermerk: „Nur zur Verrechnung“*. Bei im Auslande ausgestellten Schecken bestimmt sich dieses Erfordernis nach den am Orte der Ausstellung geltenden Vorschriften.

Demnach wird, wenn ein in Deutschland zahlbarer Scheck in England nach den dort bestehenden Vorschriften (vgl. zu § 14 Zus 1 Anm 12) „gekreuzt" worden ist, das als ein wirksames Barzahlungsverbot anzusehen sein; freilich muß ersichtlich sein, daß die Kreuzung in England erfolgt ist (vgl. unten Anm 3). § 26

b) Voraussetzung ist, daß der Scheck im Auslande ausgestellt bzw. die Scheckerklärung im Auslande auf den Scheck gesetzt worden ist. Die Angabe des Ausstellungsortes ist nach § 1 Nr 4 ScheckG ein wesentliches Erfordernis des Schecks; doch ist für die Gültigkeit des Schecks nicht erforderlich, daß er wirklich an dem angegebenen Orte ausgestellt worden ist (vgl. zu § 1 Anm 24). Daraus kann aber nicht gefolgert werden, daß auch für die Anwendung des § 26 es nicht von Bedeutung sei, ob der Scheck wirklich an dem angegebenen ausländischen Orte oder an einem Orte des Inlandes ausgestellt worden ist. Es kann nicht dem — noch dazu einseitigen — Parteiwillen des Ausstellers überlassen sein, durch Angabe eines ausländischen Ausstellungsortes den Scheck der Anwendung des inländischen Rechts zu entziehen. In RGZ 32, 118 ist für den Wechsel der Zweifel, ob das zulässig sei, „angeregt", aber eine Prüfung dieser Frage für nicht erforderlich erklärt worden mit der Begründung, daß es sich in dem dortigen Falle nur „um die selbständige, von der Verpflichtung des Trassanten unabhängige Verpflichtung des Akzeptanten gehandelt habe, die dadurch begründet worden sei, daß er sein Akzept auf eine Urkunde gesetzt habe, die äußerlich einen nach Art 85 WO gültigen Wechsel enthielt, der sich als in Frankreich ausgestellt darstellte und den Erfordernissen des französischen Rechts entsprach". Als ganz folgerichtig wird man diese Umgehung der Entscheidung der Streitfrage schwerlich bezeichnen können; denn, wenn der Wechsel, weil er, wie zu unterstellen, in Wirklichkeit in Deutschland ausgestellt worden, als Wechsel ungültig war, so konnte auch ein auf ihn gesetztes Akzept keine wechselrechtliche Wirkung haben und den Akzeptanten nicht wechselrechtlich verpflichten (Art 7 Satz 2 WO). Die Entscheidung des RG in RGZ 91, 127, welche im Sinne der BRVO v. 10. 8., 22. 10. 1914 und 18. 1. 1915 über die Hinausschiebung der Fälligkeit „im Ausland ausgestellter" Wechsel auch einen tatsächlich im Inland ausgestellten Wechsel, in dem ein ausländischer Ausstellungsort angegeben ist, als unter die Verordnungen fallend erklärt, beruht, wie die Gründe ersehen lassen und darin noch ausdrücklich hervorgehoben ist (S. 134), auf der nach Maßgabe ihrer besonderen Umstände und Zwecke erfolgten Auslegung dieser Sondergesetze. Wie hier, Lehmann WR S. 127/128; Bernstein WO S. 354; StStr zu Art 85 WO Anm 3; a. M. v. Canstein, Der Wechsel S. 99. Es läßt sich allerdings nicht verkennen, daß, worauf schon Cohn ZHR 61, 118 hingewiesen hat, die ausnahmslose Anwendung des deutschen Rechts auf im Inlande ausgestellte Schecke zu gewissen Härten führen kann, insbesondere wenn es sich um Schecke auf eine im Auslande befindliche Bank handelt, die von einem Ausländer auf den von ihr gelieferten Formularen bei vorübergehendem Aufenthalt in Deutschland ausgestellt und in Verkehr gesetzt worden sind. Fehlt ihnen ein nach deutschem Rechte wesentliches Erfordernis, so erwerben der inländische Nehmer und seine Nachmänner aus ihnen keine scheckrechtlichen Regreßansprüche; auch unterliegen solche Schecke der Wechselstempelsteuer. Es wurde deshalb von mehreren Seiten vorgeschlagen, für solche auf Formularen ausländischer Banken ausgestellte Schecke das Recht des Zahlungsortes maßgebend sein zu lassen, wie das skandinavische Gesetz (§ 14) es tut, eine Bestimmung, die in Einklang gestanden haben würde mit der unter ausdrücklicher Bezugnahme auf die Erfordernisse des Scheckverkehrs mit dem Auslande in § 25 für die sog. „passive Scheckfähigkeit" getroffenen Bestimmung; vgl. zu § 25 Anm 1. Das Gesetz hat indessen diesem Vorschlage keine Folge gegeben. Die praktische Bedeutung dieses Mangels wird indessen abgeschwächt dadurch, daß auf alle Fälle durch die Angabe des Ausstellungsortes eine Vermutung geschaffen wird dafür, daß der Scheck an dem angegebenen Orte auch tatsächlich ausgestellt ist. Ergeben sich freilich aus dem sonstigen Inhalte des Schecks Umstände, welche diese Vermutung als nicht zutreffend erscheinen lassen — z. B. wenn sich auf dem Scheck ein vom gleichen oder einem der nächsten Tage datiertes, im Inlande ausgestelltes Indossament befindet und der ausländische Ort so entfernt liegt, daß der Scheck in der Zwischenzeit nicht dorthin gelangt sein kann —, so werden bei der von Amts wegen vorzunehmenden Prüfung des Vorhandenseins der wesentlichen Scheckerfordernisse diese Umstände berücksichtigt werden müssen. Auch wird dem in Anspruch genommenen Scheckverpflichteten der Gegenbeweis auch unter Heranziehung von außerhalb der Urkunde liegenden Beweismitteln verstattet werden müssen. — Für die einzelnen auf den Scheck gesetzten Erklärungen (Indossamente, Verrechnungsvermerk) ist eine Angabe des Ortes ihrer Ausstellung nicht vorgeschrieben; sind sie von einem ausländischen Orte datiert, so wird die gleiche Vermutung eintreten wie bei der Angabe des Ausstellungsortes des Schecks, und mit den gleichen Wirkungen. Sind sie nicht datiert, so wird, sofern keine Umstände dagegen sprechen, bis auf weiteres vermutet werden können, daß sie am Wohnsitze oder gewöhnlichen Aufenthaltsorte oder bei Geschäftsleuten am Sitze des Geschäfts oder der Niederlassung des Erklärenden auf den Scheck gesetzt worden sind; RGZ 9, 438; 23, 50. Anm. 3

§ 26 Anm. 4 3. Der **Abs 2** des Paragraphen enthält zwei **Ausnahmen von dem Satze „locus regit actum“** zugunsten der Anwendung des inländischen Rechts.

a) Die erste Ausnahme (Satz 1) betrifft den Fall, daß ein im Auslande ausgestellter und dort zahlbarer Scheck oder eine auf einen solchen Scheck im Auslande gesetzte Erklärung zwar nach dem für sie gemäß Abs 1 maßgebenden ausländischen Rechte den Mangel eines wesentlichen Erfordernisses aufweist, aber den Anforderungen des inländischen Gesetzes entspricht. In diesem Falle ist gemäß Abs 1 der Scheck bzw. die Erklärung selbst unwirksam. Nach allgemeinen scheckrechtlichen Grundsätzen können aber aus Erklärungen, welche auf einen unwirksamen Scheck gesetzt werden, scheckrechtliche Verbindlichkeiten nicht entstehen; vgl. zu § 1 Anm 1. Es würden danach auch Erklärungen, die auf einen solchen Scheck im Inlande gesetzt werden, auch wenn sie an sich den Anforderungen des inländischen Gesetzes entsprechen, unwirksam sein. Diese Grundsätze werden insoweit durch Abs 2 Satz 1 außer Kraft gesetzt: aus der Unwirksamkeit eines im Auslande ausgestellten und zahlbaren Schecks oder einer im Auslande auf einen solchen Scheck gesetzten Erklärung können Einwendungen gegen die Wirksamkeit von Erklärungen, welche später im Inlande auf ihn gesetzt worden sind, nicht hergeleitet werden. Sonach ist z. B., wenn in England ein dort zahlbarer Scheck auf einen Nicht-banker oder in Österreich auf eine nach dortigem Rechte nicht scheckfähige Person gezogen ist, zwar die Ausstellererklärung unwirksam; wird aber auf ihn in Deutschland ein Indossament gesetzt, so kann der Indossant gegen seine Regreßverpflichtung dem Inhaber gegenüber nicht einwenden, daß der Scheck aus dem angegebenen Grunde unwirksam sei. Ebenso ist, wenn auf einem in Frankreich ausgestellten und zahlbaren Scheck sich ein in Frankreich ausgestelltes Indossament befindet, das nicht, wie das französische Gesetz vorschreibt, ein Valutabekenntnis („Betrag empfangen“ oder dgl.) enthält, zwar dieses Indossament selbst unwirksam; aus dieser Unwirksamkeit kann aber ein späterer Indossant, der in Deutschland ein den Anforderungen des deutschen Rechts genügendes Indossament auf den Scheck gesetzt hat, keinen Einwand gegen seine Regreßverpflichtung herleiten. — Ist bei den Erklärungen kein Ortsdatum angegeben, so werden hinsichtlich der Frage, ob sie im Inlande ausgestellt sind, die gleichen Vermutungen eintreten wie in den Regelfällen des Abs 1 (vgl. oben Anm 3).

Anm. 5 b) Eine weitergehende Ausnahme von dem Grundsatze „locus regit actum“ (oben zu 3) ist in Satz 2 des Abs 2 gemacht für solche Schecke, die zwar im Auslande ausgestellt, aber im Inlande zahlbar sind. An welchem Orte ein im Auslande ausgestellter Scheck zahlbar ist, richtet sich gemäß den Grundsätzen des internationalen Privatrechts nach dem für ihn in Betracht kommenden ausländischen Rechte; vgl. über die Bestimmungen der ausländischen Gesetzgebungen hinsichtlich des Zahlungsortes zu § 5 Anm 11. Ergibt sich danach als Zahlungsort ein in Deutschland belegener Ort, so ist sowohl die Ausstellung — die Verpflichtungserklärung des Ausstellers — wie auch jede andere im Auslande auf den Scheck gesetzte Erklärung (Indossament, Namensschrift) wirksam, wenn sie auch nur den Anforderungen des deutschen Gesetzes entspricht. Es ist z. B. ein Scheck wirksam, welcher in England ausgestellt ist auf einen Bezogenen, der eine Handelsniederlassung in Deutschland hat, und bei dieser zahlbar gestellt ist, auch wenn der Bezogene nicht „banker“ im Sinne des englischen Rechts ist. Ebenso ein in Österreich ohne Angabe eines besonderen Zahlungsortes ausgestellter Scheck auf einen nach österreichischem Rechte nicht passiv scheckfähigen Bezogenen, der in Deutschland seine Handelsniederlassung oder seinen Wohnsitz hat. Wirksam ist ferner ein Indossament, das in Frankreich ohne Valutabekenntnis auf einen Scheck gesetzt wird, der in Frankreich auf einen in Deutschland wohnenden Bezogenen ausgestellt und deshalb in Deutschland zahlbar ist, sofern das Indossament nur den deutschen Vorschriften (vgl. zu § 8 Anm 18ff.) genügt.

§ 27

§ 27.

Abhanden gekommene oder vernichtete Schecks unterliegen der Kraftloserklärung im Wege des Aufgebotsverfahrens. Die Aufgebotsfrist muß mindestens zwei Monate betragen.

Nach Einleitung des Aufgebotsverfahrens kann der Berechtigte, falls der Scheck rechtzeitig zur Zahlung vorgelegt, von dem Bezogenen aber nicht eingelöst worden war, von dem Aussteller Zahlung fordern, wenn er bis zur Kraftloserklärung Sicherheit leistet.

Anm. 1 1. **Einleitung. Kraftloserklärung von Schecken.** Ein Aufgebotsverfahren zum Zwecke der Kraftloserklärung von Urkunden findet nur in den gesetzlich besonders bestimmten Fällen statt. Die ZPO (§§ 947—958 und 1003—1018, abgedruckt als

Anhang A 2, regelt das Verfahren und die Wirkungen, hat aber die Bestimmung darüber, welche Urkunden im Wege des Aufgebots für kraftlos erklärt werden können, den materiellrechtlichen Gesetzen überlassen. Nach §§ 363, 365 Abs 2 HGB unterliegen Anweisungen, die auf einen Kaufmann über die Leistung von Geld, Wertpapieren oder anderen vertretbaren Sachen ausgestellt sind, ohne daß darin die Leistung von einer Gegenleistung abhängig gemacht ist, falls sie vernichtet oder abhanden gekommen sind, der Kraftloserklärung im Wege des Aufgebotsverfahrens. Die Begründung zum Scheckgesetzentwurf (S. 33) weist darauf hin, daß diese Bestimmung „nicht auf alle Schecke ohne weiteres zutreffe" und erklärt aus diesem Grunde eine besondere Vorschrift für erforderlich, um die Vorschriften der ZPO über das Aufgebot von Urkunden zum Zwecke der Kraftloserklärung „für alle Schecke schlechthin anwendbar zu machen". Sie fügt aber hinzu, daß das Verfahren voraussichtlich für den Scheckverkehr wegen der raschen Abwickelung aller auf dem Scheck beruhenden Rechtsverhältnisse nur eine beschränkte Bedeutung gewinnen werde, und rechtfertigt es durch diese Erwägung, daß der Entwurf davon abgesehen habe, „eingehende, von den Vorschriften der ZPO abweichende Regeln über das Aufgebotsverfahren aufzustellen", abgesehen von der Verkürzung der Aufgebotsfrist. In der Tat ist das Aufgebotsverfahren wegen der unvermeidlichen langen Dauer seiner Durchführung, wegen seiner Schwerfälligkeit und Kostspieligkeit wenig geeignet, eine Abhilfe für das Abhandenkommen von Schecken zu bieten, zumal da auch nach seiner Durchführung es noch sehr unsicher bleibt, ob die Rechte aus der verlorengegangenen Urkunde mit Erfolg auf Grund des Ausschlußurteils geltend gemacht werden können (vgl. unten zu 5 Anm 8 ff). Dazu kommt, daß der Gesetz gewordene Entwurf von 1908 das einzige geeignete Mittel, um zu verhüten, daß der Scheck, bevor er für kraftlos erklärt wird, in die Hände eines gutgläubigen Inhabers kommt, nämlich die Zahlungssperre, die in dem Entwurfe von 1890/92 (§ 25) enthalten war, fallengelassen hat, so daß sie nur noch auf Grund des § 1019 ZPO für Inhaberschecke stattfinden kann. Wie ferner aus der angeführten Stelle der Begründung hervorgeht, war sich der Gesetzgeber des ScheckG durchaus bewußt, daß er für das Aufgebotsverfahren und dessen Wirkungen von denen der ZPO abweichende Vorschriften zu treffen befugt war, und hat nur aus praktischen Gründen es für unnötig gehalten, „eingehende abweichende" Bestimmungen zu treffen, abgesehen von der Verkürzung der Aufgebotsfrist. Damit steht es keineswegs in Widerspruch, wenn sich aus den Vorschriften des ScheckG in einem einzelnen Punkte eine Folgerung ergibt, die eine Abweichung von den Vorschriften der ZPO, insbesondere hinsichtlich der materiellrechtlichen Wirkungen der Kraftloserklärung, bedeutet; vgl. über § 1018 ZPO unten zu 5 Anm 9 und zu § 19 Anm 6. Abweichende Vorschriften konnten durch das ScheckG als das jüngere Reichsgesetz ausdrücklich oder stillschweigend mit rechtlicher Wirksamkeit geschaffen werden; nur eine von der ZPO abweichende landesgesetzliche Regelung ist ausgeschlossen. § 27

2. **Voraussetzungen des Aufgebotsverfahrens.** Anm. 2

a) Das Aufgebotsverfahren ist zulässig für **Schecke jeder Art,** sowohl solche, die auf einen bestimmten Zahlungsempfänger gestellt sind, wie für Inhaberschecke (§ 4), und für Rektaschecke, falls solche vorkommen sollten, ebensowohl wie für solche, die durch Indossament übertragen werden können (§ 8). Für die Zulässigkeit des Aufgebotsverfahrens ist es auch unerheblich, ob der Scheck rechtzeitig oder überhaupt bereits zur Zahlung vorgelegt war, und ob die etwa erfolgte Vorlegung und Nichteinlösung in vorschriftsmäßiger Weise (§ 16) festgestellt ist. Auch wenn der Scheck präjudiziert ist oder alle Regreßansprüche verjährt sind, kann ein Interesse an der Erwirkung eines Ausschlußurteils wegen der Bereicherungsklage des § 21 (vgl. die Erläuterungen zu diesem Paragraphen) bestehen. Auch daß der Scheck bereits eingeklagt war, steht seinem Aufgebote nicht entgegen. Ein vom Bezogenen oder im Regreßwege von dem Aussteller eingelöster Scheck wird, obwohl aus ihm keine Regreßansprüche mehr bestehen, auf Antrag des Ausstellers aufgeboten werden können, da der Aussteller ein Interesse an der Kraftloserklärung der in unrechte Hände gelangten Urkunde zur Verhütung von Mißbräuchen, die etwa nach Beseitigung der darauf befindlichen Quittung mit ihr getrieben werden könnten, haben kann. Auch ein nicht in allen Teilen ausgefülltes Scheckblankett — etwa ein mit der Unterschrift des Ausstellers versehenes Scheckformular — kann für kraftlos erklärt werden; es ist zwar noch kein vollständiger, aber ein im Entstehen begriffener „Scheck"; so für den Wechsel StStr zu Art 73 Anm 1, ROHG 25, 16; Dernburg § 280; a. M. Bernstein 278. Ein Recht zur Ausübung scheckrechtlicher Regreßansprüche kann dadurch freilich nicht geschaffen werden, da eine Herstellung des Schecks mittels Ausfüllung des Blanketts durch den Berechtigten nicht mehr möglich ist, doch wird die Ausfüllung durch einen Unberechtigten dadurch für die Zukunft unwirksam gemacht.

b) Voraussetzung für die Kraftloserklärung ist, daß der Scheck vernichtet oder abhanden gekommen ist (ebenso § 365 Abs 2 HGB für kaufmännische Anweisungen, § 799 BGB für Anm. 3

§ 27 Schuldverschreibungen auf den Inhaber, während Art 73 WO nur von abhanden gekommenen Wechseln spricht).

α. Vernichtung ist die körperliche Zerstörung einer Urkunde in einer Weise, daß ihre Integrität in wesentlichen Teilen nicht mehr herzustellen ist. Sie kann erfolgt sein durch Verbrennen, Zerreißen oder Auseinanderfallen in kleine Teile (ob in solchem Falle eine Wiederherstellung noch möglich, wird Tatfrage sein; bloßes Auseinanderfallen in zwei Teile genügt nicht, ROHG 5, 247; OLGR 19, 414); ferner Übergießen mit Tinte, Unleserlichwerden infolge Durchnässung, Durchstreichen oder sonstiges Beseitigen (Radieren) des ganzen Urkundeninhaltes oder wesentlicher Teile desselben wie der Guthabenklausel, der Geldsumme, des Bezogenen, der Datierung (§ 1 Nr 1—4), während die Durchstreichung oder sonstige Beseitigung von Indossamenten oder Namensschriften auf der Rückseite, auch wenn sie von Unbefugten erfolgt ist, keine Vernichtung bedeutet; ebenso wenn an Stelle von beseitigten wesentlichen Teilen andere gesetzt worden sind; in solchen Fällen liegt keine Vernichtung, sondern Verfälschung vor, vgl. darüber zu § 23 Anm 9. Ob die als Vernichtung anzusehenden Umstände durch Zufall oder durch Menschenhand, absichtlich oder fahrlässig, und ob sie durch Unbefugte oder durch den Berechtigten eingetreten sind, ist unerheblich (a. M. anscheinend hinsichtlich des Zerreißens durch den Berechtigten StStr zu Art 73 Anm 1 und die dort angeführten Entscheidungen; doch schließt eine solche Handlung des Berechtigten die Kraftloserklärung nicht aus, sondern kann nur, sofern in ihr ein Erlaß zu finden ist, eine Einwendung ihm gegenüber gemäß Art 82 WO, § 19 Abs 2 ScheckG begründen). Die Kraftloserklärung wird auch dadurch nicht ausgeschlossen, daß die Reste des vernichteten Schecks sich noch im Besitze des Berechtigten befinden, der Scheck also nicht in den Besitz eines unberechtigten Dritten gelangt sein kann; denn die Kraftloserklärung soll nicht nur Schutz gegen unberechtigte Verfügungen über die Urkunde durch einen Dritten gewähren, sondern auch dem Berechtigten ermöglichen, trotz der Vernichtung der Urkunde das Recht aus ihr auf Grund des Ausschlußurteils auszuüben, auch wenn er nicht, wie bei Schuldverschreibungen auf den Inhaber nach § 800 BGB, die Ausstellung einer neuen Urkunde verlangen kann. Ob man in derartigen Fällen von Besitzverlust und deshalb von einem Abhandenkommen der Urkunde sprechen und vernichtete Urkunden mit abhanden gekommenen ohne weiteres gleichstellen kann (so StStr zu Art 73 Anm 1), kann für den Scheck dahingestellt bleiben.

Anm. 4 β. **Abhandenkommen** bedeutet im BGB den Besitzverlust, der ohne den Willen oder das Zutun des unmittelbaren Besitzers eintritt, mag dieser für sich als Eigenbesitzer oder für einen anderen, der auch Besitzer (mittelbarer Besitzer) ist, in einem der Rechtsverhältnisse des § 868 BGB den Besitz ausüben; vgl. RGRKomm zu § 935 Anm 4; Planck BGB 4. Aufl zu § 935 Anm 2. Hat dagegen der unmittelbare Besitzer den Besitz freiwillig zugunsten eines anderen aufgegeben, so liegt kein Abhandenkommen vor, auch wenn er dazu durch Irrtum, arglistige Täuschung oder widerrechtliche Drohung veranlaßt worden ist (RGZ 101, 224). Das gilt auch, wenn er den Besitz für einen anderen als mittelbaren Besitzer ausgeübt hat; auch diesem ist die Sache dann nicht abhanden gekommen. Ein Abhandenkommen im Sinne des BGB liegt auch nicht vor, wenn derjenige, welcher nach § 868 für einen anderen besitzt, sich selbst die Sache widerrechtlich aneignet; wohl aber, wenn ein Besitzdiener (§ 855 BGB), der nicht selbst Besitzer ist, aber die Sache im „Gewahrsam" (im Sinne des Strafrechts) hat, sie sich aneignet (unterschlägt). Zum Abhandenkommen im Sinne der Vorschriften über die Kraftloserklärung von Urkunden im BGB (§§ 799, 808 Abs 2, 1162) wie außerhalb dieses Gesetzbuches ist aber der Natur der Sache nach weiter noch erforderlich, daß unbekannt ist, ob die Urkunde noch existiert und in wessen Händen sie sich befindet. Befindet sie sich in den Händen einer bestimmten Person und ist dies dem berechtigten früheren Inhaber bekannt, so ist er darauf angewiesen, sein Recht auf Herausgabe, soweit ihm ein solches zusteht (vgl. § 8 Abs 2 ScheckG in Verbindung mit Art 74 WO und Anm 45 zu § 8), dem Inhaber gegenüber geltend zu machen.

Anm. 5 c) Eine Bestimmung des Gegenteils, d. h. die Anordnung, daß der Scheck nicht der Kraftloserklärung unterliegen soll, durch den Aussteller ist vom ScheckG nicht, wie in § 799 BGB für Schuldverschreibungen auf den Inhaber, ausdrücklich zugelassen; sie wird daher unwirksam sein.

Anm. 6 3. **Antragsberechtigt** ist nach § 1004 Abs 1 ZPO bei Inhaberschecken und bei solchen Orderschecken, die mit einem Blankoindossament versehen sind, **„der bisherige Inhaber"**. Früher lautete die Vorschrift „der letzte Inhaber"; die Änderung ist durch die ZPONovelle von 1898 erfolgt, und zwar, wie die Motive (S. 202) sagen, um die Vorschrift mit § 799 BGB in Einklang zu bringen, der in Abs 2 von dem „bisherigen Inhaber" spricht. Gemeint ist mit beiden Ausdrücken derjenige, der zur Zeit des Abhandenkommens der Urkunde (vgl. zu 2) Inhaber war. Inhaber ist bei Inhaberschecken derjenige, der durch die bloße Innehabung als Eigentümer und damit als Gläubiger des Schecks zur Geltendmachung der Rechte aus ihm formell legitimiert ist (vgl. zu § 4 Anm 5). Bei Orderschecken, die mit Blankoindossament versehen sind, muß als Inhaber im Sinne des § 1004 Abs 1 derjenige angesehen § 27 werden, der zur Zeit des Abhandenkommens des Schecks durch die Innehabung des mit einer bis auf das Blankoindossament heruntergehenden Kette von Indossamenten versehenen Schecks legitimiert war; vgl. zu § 8 Anm 22. — Bei sonstigen Orderschecken und Rektaschecken ist nach § 1004 Abs 2 ZPO derjenige zu dem Antrage berechtigt, der das Recht aus der Urkunde geltend machen kann. Das ist bei Orderschecken der in dem Scheck bezeichnete Zahlungsempfänger oder, falls der Scheck mit Namensindossamenten versehen war, derjenige Inhaber, welcher durch eine bis auf ihn heruntergehende zusammenhängende Kette von Indossamenten zur Zeit der Vernichtung oder des Abhandenkommens als Scheckgläubiger formell legitimiert war; bei Rektaschecken lediglich der in dem Scheck bezeichnete Zahlungsempfänger. Legitimiert ist beim Orderscheck auch der Inkassoindossatar (vgl. zu § 8 Anm 12), da er die Forderung in eigenem Namen einklagen kann. Der Prokuraindossatar (vgl. zu § 8 Anm 11) kann dagegen den Antrag nur im Namen seines Prokuraindossanten stellen. Mit dem Rechte aus dem Scheck selbst (vgl. zu § 8 Anm. 54) kann auch das Recht zur Antragstellung auf eine der im allgemeinen bürgerlichen Rechte vorgesehenen Arten, insbesondere durch Zession und Gesamtrechtsnachfolge (Erbfolge), auf einen anderen übergehen und dieser alsdann, wenn der Scheck ihm abhanden gekommen ist, eigenen Namens den Antrag stellen; aber auch nach dem Abhandenkommen kann das Antragsrecht mit dem Rechte aus dem abhandengekommenen Scheck von dem „bisherigen Inhaber" durch Zession auf einen anderen übertragen werden; dagegen ist eine Zession des Antragsrechts ohne das Recht aus dem Scheck nicht statthaft.

4. **Einleitung und Fortgang des Verfahrens.** Das Verfahren wird nur auf den Antrag **Anm. 7** des Antragsberechtigten (vgl. zu 3) eingeleitet. **Zuständig** ist das Gericht des Ortes, welchen die Urkunde als Erfüllungsort bezeichnet, und wenn die Urkunde eine solche Bezeichnung nicht enthält, das Gericht des allgemeinen Gerichtsstandes des Ausstellers (§ 1005 ZPO). Für den Scheck bezeichnet das ScheckG selbst in § 5 (vgl. die Erläuterungen dazu) den Ort, der als „Zahlungsort" zu gelten hat; das wird der Bezeichnung eines Erfüllungsortes in der Urkunde gleichzustellen sein. Zuständig ist hiernach das Gericht des bei dem Namen oder der Firma des Bezogenen angegebenen Ortes, hilfsweise des Ausstellungsortes. Sachlich zuständig sind die Amtsgerichte (§ 946 Abs 2 ZPO, § 23 GVG). Mehrere Amtsgerichtsbezirke können für die Erledigung von Aufgebotsanträgen, die Inhaberschecke betreffen, zusammengelegt werden (§ 1006 ZPO). **Der Antrag** kann schriftlich oder zum Protokolle des Gerichtsschreibers gestellt werden; die Entscheidung (über den Erlaß des Aufgebotes) kann ohne mündliche Verhandlung erfolgen (§ 947 Abs 1 ZPO). Zur Begründung des Antrags hat der Antragsteller entweder eine Abschrift des Schecks beizubringen oder den wesentlichen Inhalt der Urkunde und alles, was zu ihrer vollständigen Erkennbarkeit erforderlich ist, anzugeben (§ 1007 Ziff 1); eine Beglaubigung der Abschrift oder eine Glaubhaftmachung ihrer Richtigkeit oder der Richtigkeit der Inhaltsangabe ist nicht vorgeschrieben; doch hat der Antragsteller sich nach Ziff 3 des § 1007 zur Versicherung der Wahrheit seiner Angaben an Eides Statt zu erbieten. Das Gericht wird also vor Erlaß des Aufgebots diese Versicherung, aber keine andere Art der Glaubhaftmachung verlangen können. Das Aufgebotsverfahren erfolgt demnach insoweit, als es die Beschaffenheit und den Inhalt der Urkunde betrifft, im wesentlichen auf die einseitigen, gegebenenfalls eidesstattlichen Angaben des Antragstellers hin; dem entspricht es, daß das Ausschlußurteil keinen Beweis für die Richtigkeit dieser Tatsachen schafft, vgl. unten Anm 8. Der Antragsteller hat aber weiter nach § 1007 Ziff 2 den Verlust der Urkunde sowie diejenigen Tatsachen glaubhaft zu machen, von denen seine Berechtigung abhängt, das Aufgebotsverfahren zu beantragen. Die Glaubhaftmachung des Verlustes wird ihrer Natur nach eine gewisse Glaubhaftmachung auch dafür einschließen, daß er „die" Urkunde, also einen Scheck des angegebenen Inhalts, besessen habe. Der glaubhaft zu machende Verlust muß eine Vernichtung oder ein Abhandenkommen in dem oben (Anm 3, 4) erörterten Sinne bedeuten, da nur ein solcher Verlust das Aufgebotsverfahren begründet. Über die Tatsachen, von denen die Berechtigung abhängt, das Aufgebotsverfahren zu beantragen, vgl. oben Anm 6; sie fallen danach zusammen mit den Tatsachen, aus welchen sich die Legitimation zur Geltendmachung des Rechts aus der Urkunde ergibt. In dieser Beziehung soll nach dem Zwecke des Aufgebots das Ausschlußurteil, das auf Grund des Aufgebots ergeht, die Urkunde ersetzen, vgl. unten Anm 8; deshalb wird eine besonders sorgfältige Prüfung durch das Gericht geboten sein darüber, ob diese Tatsachen hinreichend glaubhaft gemacht sind. — Erscheint hiernach der Antrag als zulässig, so hat das Gericht das Aufgebot zu erlassen (§ 947 Abs 2 Satz 1). Über den Inhalt des Aufgebots und seine öffentliche Bekanntmachung bestimmen die §§ 947 Abs 2 Satz 2, 948, 949, 1008, 1009 ZPO. An Stelle der Vorschriften der ZPO über die Aufgebotsfrist (§§ 1010—1015) bestimmt das ScheckG in **§ 27 Abs 1 Satz 2**, daß die Aufgebotsfrist mindestens zwei Monate betragen

§ 27 muß. Aufgebotsfrist ist nach § 950 ZPO der Zeitraum, der liegen muß zwischen dem Tage, an welchem die Einrückung oder die erste Einrückung des Aufgebots in den „Deutschen Reichsanzeiger" erfolgt ist, und dem vom Gericht im Aufgebot zu bestimmenden Aufgebotstermine. Das Aufgebot enthält nach § 947 Abs 2 Ziff 2 die Aufforderung, die Ansprüche und Rechte spätestens im Aufgebotstermin anzumelden; doch ist nach § 951 auch eine Anmeldung, welche nach Schluß des Aufgebotstermins, jedoch vor Erlaß des Ausschlußurteils, erfolgt, noch als rechtzeitig anzusehen. — Der Aufgebotstermin hat den Charakter einer mündlichen Verhandlung nach den Grundsätzen der §§ 136ff. ZPO; sie findet statt, auch wenn der Antragsteller nicht erschienen ist; doch wird das Ausschlußurteil nur auf einen von ihm im Aufgebotstermin oder (nach der Novelle von 1898) vorher schriftlich oder zum Protokolle des Gerichtsschreibers oder auch nachher noch in einem neuen Termin (§§ 954, 955) gestellten Antrag erlassen. § 952 Abs 3 bestimmt, daß vor Erlaß des Urteils noch eine nähere Ermittelung, insbesondere die Versicherung der Wahrheit einer Behauptung des Antragstellers an Eides Statt, angeordnet werden kann. Das Gericht ist sonach an das Ergebnis der vor der Zulassung des Antrags erfolgten Prüfung nicht gebunden; es kann auch später noch zu seiner Kenntnis gelangende Tatsachen, welche den Antrag als unzulässig oder unbegründet erscheinen lassen, berücksichtigen. Es kann, auf Antrag des Antragstellers oder von Amts wegen, auch noch „Ermittelungen" durch Vernehmung von Auskunftspersonen anordnen, und zwar ohne förmliches Beweisverfahren. Erscheint nach alledem der frühere Besitz des Schecks durch den Antragsteller und sein Verlust mittels Vernichtung oder Abhandenkommen glaubhaft, so ist das Ausschlußurteil zu erlassen, sofern nicht ein Inhaber des Schecks spätestens im Aufsichtstermin „seine Rechte" angemeldet und die Urkunde vorgelegt hat. Ist eine solche Anmeldung erfolgt, so ist „nach Beschaffenheit des Falles" entweder das Aufgebotsverfahren bis zur endgültigen Entscheidung über das angemeldete Recht, die in einem besonderen, auch hinsichtlich der Zuständigkeit den allgemeinen Vorschriften unterliegenden Rechtsstreite zu erfolgen hat (RGZ 67, 98), auszusetzen oder das Ausschlußurteil unter Vorbehalt des angemeldeten Rechts zu erlassen (§ 953). Das Ausschlußurteil hat auf Kraftloserklärung des Schecks zu lauten (§ 1017 Abs 1), gegebenenfalls mit dem Vorbehalt des § 953. Es ist seinem wesentlichen Inhalte nach durch den „Deutschen Reichsanzeiger" bekanntzumachen (§ 1017 Abs 2). Ein Rechtsmittel gegen das Ausschlußurteil findet nicht statt (§ 957 Abs 1); es kann aber wegen im Verfahren vorgekommener Unregelmäßigkeiten, die in § 957 Abs 2 unter Ziff 1—6 aufgeführt sind, mittels einer gegen den Antragsteller innerhalb der Notfrist eines Monats, die mit der Kenntnis des Klägers von dem Ausschlußurteile bzw. dem Anfechtungsgrunde beginnt (Näheres in § 958 Abs 1), zu erhebenden Anfechtungsklage angefochten werden; nach Ablauf von zehn Jahren von der Verkündung des Ausschlußurteils an gerechnet ist die Klage unstatthaft (§ 958 Abs 2).

Anm. 8 5. a) Über die auf dem Gebiete des materiellen Rechts liegenden **Wirkungen der Kraftloserklärung** enthält die ZPO lediglich die kurze Bestimmung des § 1018, derzufolge derjenige, welcher das Ausschlußurteil erwirkt hat, das ist der „bisherige Inhaber" in dem oben zu 3 (Anm 6) erörterten Sinne, dem durch die Urkunde Verpflichteten gegenüber berechtigt ist, die Rechte aus der Urkunde geltend zu machen. Damit ist zugleich die bereits in der Kraftloserklärung liegende Negative ausgesprochen, daß ein anderer als der Urteilserwirker, insbesondere ein etwaiger nunmehriger Inhaber der Urkunde, keine Rechte aus ihr mehr geltend machen kann. Andererseits ist der Erwirker des Ausschlußurteils grundsätzlich durch dieses in der gleichen Weise als Gläubiger legitimiert, als wenn er formell legitimierter Inhaber der Urkunde wäre; eine Ergänzung seiner Legitimation darf von ihm nicht verlangt werden. Dagegen wird durch das Ausschlußurteil nicht dargetan, daß eine Urkunde des darin bezeichneten Inhalts überhaupt existiert hat, insbesondere daß der als Aussteller in Anspruch Genommene eine Urkunde dieses Inhalts unterschrieben hat; dieser Beweis muß, soweit der in Anspruch Genommene bestreitet, von dem Urteilserwirker geführt werden (so zutreffend RGZ 49, 140; StStr zu Art 73 Anm 12). Der Anspruch des Urteilserwirkers wird demgemäß nicht im Urkundenprozesse geltend gemacht werden können, da das Ausschlußurteil nicht die sämtlichen zur Klagebegründung erforderlichen Tatsachen beweist (§ 592 ZPO). Welche Einwendungen der in Anspruch Genommene dem Urteilserwirker entgegensetzen kann, bestimmt sich nach § 18 Abs 2 ScheckG; vgl. zu § 18 Anm 5ff. Es sind solche, welche die Gültigkeit der Erklärung des in Anspruch Genommenen im Scheck, wie sie nötigenfalls durch den vom Kläger zu führenden Beweis festgestellt ist, betreffen; ferner solche, die sich aus dem vom Kläger bewiesenen Inhalte des Schecks ergeben, und solche, die dem in Anspruch Genommenen unmittelbar gegen den Urteilserwirker zustehen. Eine Übertragung der aus dem Ausschlußurteile für den Erwerber sich ergebenden Rechte kann nicht, wie die Übertragung der Rechte aus dem für kraftlos erklärten Scheck, durch Indossament erfolgen (§ 1018 spricht nur von der Geltendmachung, nicht von der Übertragung der Rechte aus der Urkunde). Wohl aber kann der Erwirker des Aus-

schlußurteils die sich aus ihm ergebenden Rechte durch einen Übertragungsakt des bürgerlichen § 27
Rechts — Zession — mit den diesem entsprechenden Wirkungen auf einen anderen übertragen.

b) Aus dem Scheck Verpflichtete sind der Aussteller und die Indossanten, einschließlich der Namensschreiber; sie sind aber nach § 19 ScheckG nur gegen Auslieferung des Schecks und der dazu gehörigen Papiere zur Zahlung verpflichtet. Dem Aussteller gegenüber kann die Auslieferung des Schecks durch die Auslieferung des Ausschlußurteils ersetzt werden. Dagegen ist es sehr fraglich, ob das gleiche auch gegenüber den übrigen Regreßpflichtigen gilt, welche in den Stand gesetzt werden müssen, auch ihrerseits wieder Regreß gegen ihre Vormänner zu nehmen. Dazu kann ihnen das Ausschlußurteil nicht dienen, weil es nur für den Erwirker, nicht für die übrigen Scheckbeteiligten die Legitimation ersetzt. Der Erwirker ist deshalb nicht in der Lage, den Regreßpflichtigen das Wiederaufleben ihrer Regreßansprüche aus dem Scheck gegen ihre Vormänner infolge der Zahlung zu verschaffen, das die gesetzliche Bedingung ihrer Zahlungspflicht bildet, und kann somit von ihnen Zahlung nicht verlangen. Er wird sich vielmehr mit dem Regreß gegen den Aussteller begnügen müssen, dessen Interesse durch die Auslieferung des Ausschlußurteils hinreichend gewahrt wird, da er gegen keinen Vormann Regreß zu nehmen hat. Vgl. über diese Streitfrage Näheres zu § 19 Anm 6. — Der Bezogene gehört nicht zu den aus dem Scheck Verpflichteten; er wird aber (im Verhältnis zu seinem Scheckkunden, dem Aussteller) berechtigt sein, den Scheck an den Erwirker des Ausschlußurteils zu bezahlen, sofern nicht der Aussteller den Scheck widerrufen hat. Anm. 9

c) **Kein Recht auf Ausstellung einer neuen Urkunde.** Dem Erwirker des Ausschlußurteils ist durch § 1018 ZPO das Recht verliehen, die Rechte aus der für kraftlos erklärten Urkunde geltend zu machen; weitere Rechte als die durch diese begründeten stehen ihm nicht zu. Zu diesen Rechten gehört beim Scheck nicht der Anspruch auf Ausstellung einer neuen Urkunde an Stelle der abhanden gekommenen oder vernichteten. Ein solcher Anspruch ist für den Wechsel als unter Umständen gerechtfertigt anerkannt worden auf Grund der besonderen Vorschriften der WO (Art 66) über Wechselduplikate; vgl. RGZ 49, 135; für den Scheck besteht aber von vornherein kein Anspruch auf Erteilung von Duplikaten, vgl. zu § 9 Anm 10; deshalb kommt auch die Fortdauer eines solchen nach Verlust des ausgestellten Exemplars nicht in Frage. Auch für den Inhaberscheck kann ein solcher Anspruch nicht aus § 800 BGB hergeleitet werden, da er keine „Schuldverschreibung auf den Inhaber" ist, aus ihm vielmehr lediglich bestimmte beschränkte Regreßpflichten entstehen, deren Erweiterung in Ermangelung einer besonderen gesetzlichen Vorschrift nicht statthaft ist, vgl. zu § 4 Anm 6. Anm. 10

6. Auf die **Nebenurkunden des Schecks** — Erklärung des Bezogenen über die Nichteinlösung, Bescheinigung der Abrechnungsstelle, Protest — erstreckt sich die Kraftloserklärung nicht, auch nicht soweit sie auf den Scheck gesetzt sind oder auf einem mit ihm verbundenen Blatte stehen. Ist der Protest mit dem Scheck abhanden gekommen, so kann nach der allerdings bestrittenen, aber richtigen Ansicht (vgl. zu § 16 Anm 46) auf Grund der von dem Protestbeamten zurückbehaltenen beglaubigten Abschrift von ihm eine weitere beglaubigte Abschrift erteilt werden, die als Ersatz der Urschrift dienen kann. Die Erklärung des Bezogenen und die Bescheinigung der Abrechnungsstelle können, falls sie abhanden gekommen sind, neu ausgestellt und beigebracht werden; ist allerdings die Neuausstellung nicht zu erlangen und auch ein Protest nicht erhoben, so wird der Erwirker keinen Regreßanspruch geltend machen können, da die rechtzeitige Vorlegung nicht festzustellen ist. Anm. 11

7. **Regelungen für die Zwischenzeit.** Anm. 12

a) Handelt es sich um einen Inhaberscheck, so gewährt § 1019 ZPO dem „bisherigen Inhaber" (vgl. oben zu 3), dem der Scheck abhanden gekommen ist, einen gewissen Schutz in der Richtung, daß der Scheck nicht, bevor er für kraftlos erklärt wird, von einem anderen zur Einlösung gebracht werden kann, durch Einführung einer **Zahlungssperre** in der Form eines vom Gerichte zu erlassenden Verbots, an den Inhaber des Papiers Zahlung zu leisten. Das Verbot ist nach § 1019 an den Aussteller sowie an die in dem Papier und die von dem Antragsteller bezeichneten Zahlstellen zu richten. Als Zahlstelle wird beim Scheck in erster Linie der Bezogene zu gelten haben; aber auch die Regreßpflichtigen, deren Namen auf dem Scheck stehen, werden im Sinne der Bestimmung Zahlstellen sein, da der Scheck ihnen zur Einlösung im Regreßwege präsentiert werden kann; auch an sie wird deshalb das Zahlungsverbot zu richten sein. Im übrigen vgl. über die Angabe von Zahlstellen im Scheck zu § 5 Anm 7. Die dort erwähnten „uneigentlichen Zahlstellen" werden als Zahlstellen im Sinne des § 1019, an die das Zahlungsverbot zu richten wäre, nicht in Betracht kommen, da sie keine Zahlung zu leisten, sondern nur die Einlösung des Schecks bei dem Bezogenen im Auftrage dessen, der den Scheck vorlegt, zu vermitteln haben. — Die Fassung: „Die in dem Papier und die von dem Antragsteller bezeichneten Zahlstellen" ist nicht wohl verständlich und dürfte auf einem Fassungsfehler beruhen; gemeint sind wohl die Zahlstellen, die der Antragsteller als in dem abhanden gekommenen Papier verzeichnet gewesen angibt.

§ 27 Anm. 13 b) Über den zu a erörterten Schutz hinaus eröffnet aber der **Abs 2 des § 27 ScheckG** dem „Berechtigten", d. i. nach dem Sprachgebrauche der ZPO der „bisherige Inhaber" (vgl. oben zu 3), der den Antrag auf Kraftloserklärung gestellt hat, während der Dauer des Verfahrens bereits die positive Möglichkeit, Zahlung aus dem abhanden gekommenen Scheck zu erlangen, und zwar von dem Aussteller. Voraussetzung dafür ist, daß der Scheck rechtzeitig zur Zahlung vorgelegt und nicht eingelöst worden ist. Aus einem vor der Vorlegung abhanden gekommenen Scheck kann also Zahlung vor Erlaß des Ausschlußurteils nicht verlangt werden. Der Beweis der rechtzeitigen Vorlegung und Nichteinlösung kann nur in der durch § 16 vorgeschriebenen Weise, also durch eine der dort bezeichneten Urkunden (vgl. die Erläuterungen zu § 16), geführt werden. Über die Möglichkeit eines Ersatzes dieser Urkunden, falls sie mit dem Scheck abhanden gekommen sind, wird das gleiche zu gelten haben wie bei dem Regreß nach Erlaß des Ausschlußurteils; vgl. oben Anm 11. Weitere Voraussetzung ist, daß der Berechtigte „bis zur Kraftloserklärung Sicherheit leistet". Die Sicherheitsleistung ist in der durch die §§ 232ff BGB geregelten Weise zu bewirken und hat die dort bezeichneten rechtlichen Wirkungen; mit dem Erlasse des Ausschlußurteils wird sie frei und kann zurückverlangt werden. Die Vorschrift ist derjenigen des Art 73 Satz 2 WO nachgebildet, die dem Eigentümer des abhanden gekommenen Wechsels das Recht gibt, nach Einleitung des Amortisationsverfahrens vom Akzeptanten Zahlung zu fordern, wenn er bis zur Amortisation Sicherheit bestellt. Dagegen ist ein Recht, ohne Sicherheitsleistung Hinterlegung zu fordern, wie es Satz 3 des Art 73 WO dem Eigentümer des Wechsels gegenüber dem Akzeptanten gewährt, im ScheckG nicht begründet. — Als „Einleitung des Verfahrens" wird nicht schon die Antragstellung, sondern erst der Erlaß des Aufgebots durch das Gericht, der nach Prüfung der Zulässigkeit des Antrags stattfindet (vgl. oben Anm 7), anzusehen sein. — Aus der Vorschrift ist mit Sicherheit zu folgern, daß nach durchgeführtem Aufgebotsverfahren jedenfalls gegen den Aussteller auf Grund des Ausschlußurteils Regreß genommen werden kann. Andererseits spricht die Vorschrift einigermaßen auch dafür, daß ein Regreß gegen andere Regreßpflichtige, wie während der Dauer, so auch nach Durchführung des Verfahrens nicht stattfinden kann. Vgl. Näheres oben Anm 9 und zu § 19 Anm 6.

Anm. 14 **Zusatz 1: Fremde Rechte.** Vgl. die Anhänge unter G. In Österreich ist durch § 21 Abs 1 ScheckG für das Amortisationsverfahren beim Scheck die Anwendung der Bestimmungen des Art 73 Abs 2 österreichische WO angeordnet, denen zufolge das Gericht auf Antrag ein Edikt erläßt mit der Aufforderung an den Inhaber des Wechsels (Schecks), ihn innerhalb einer Frist vorzulegen, die für den Scheck auf 30 Tage zu bestimmen ist und nach deren fruchtlosem Ablauf der Erlaß des Amortisationsurteils beantragt werden kann. Art 73 Abs 3 WO (der dem § 27 Abs 2 des deutschen ScheckG entspricht) ist nicht für anwendbar erklärt, daher kein Recht des Antragstellers, während der Dauer des Verfahrens Zahlung vom Aussteller gegen Sicherheit zu fordern; wohl aber Zahlungsverbot an den Bezogenen auf Grund einstweiliger Verfügung des Gerichts gegen Sicherheitsleistung nach §§ 381—400 der Exekutionsordnung. In Ungarn ist das Aufgebotsverfahren im ScheckG selbst geregelt (§§ 19, 20); die Aufgebotsfrist ist auf 30 Tage bestimmt; die Anordnung einer Zahlungssperre ohne besonderen Antrag ist durch das Gericht gleichzeitig mit der öffentlichen Bekanntmachung des Aufgebots vorgesehen; auch Regreß gegen den Aussteller während der Dauer des Verfahrens gegen Sicherheitsleistung zugelassen. Auch in den skandinavischen Gesetzen (§ 13) ist die Amortisation von Schecken nach Maßgabe der Vorschriften über die Kraftloserklärung von Schuldbriefen (in Schweden von Wechseln) zugelassen. In Japan ist ein Amortisationsverfahren allgemein bei Abhandenkommen von Wertpapieren über die Leistung von Geld für zulässig erklärt; das Verfahren regelt sich nach den Vorschriften der §§ 777—785 der japanischen Zivilprozeßordnung. In Frankreich (Art 4 Ges v. 14. 6. 1865) sind unter den auf den Scheck anwendbaren wechselrechtlichen Bestimmungen diejenigen über das Amortisationsverfahren nicht erwähnt; doch wird allgemein angenommen, daß diese Vorschriften (Art 149ff. Code de commerce) auf den Scheck anzuwenden seien. Danach kann der Eigentümer eines verlorenen oder gestohlenen Schecks durch eine dem Bezogenen zugestellte außergerichtliche Opposition bewirken, daß dieser an den Präsentanten nicht zahlen darf, und sodann eine Anordnung des Präsidenten des Gerichts des Zahlungsortes erwirken, auf Grund deren der Bezogene Zahlung an ihn zu leisten hat gegen eine Sicherheitsleistung, die nach 3 Jahren erlischt, wenn nicht innerhalb dieser Zeit von einem Dritten Ansprüche auf den Scheck gerichtlich geltend gemacht sind. — Belgien (Art 3) verweist auf die wechselrechtlichen Vorschriften über den Verlust des Titels (Art 39ff. Ges v. 20. 5. 1872), die mit dem französischen Rechte im wesentlichen übereinstimmen. — In Spanien werden die Bestimmungen über den Verlust von Tratten (Art 497ff. HGB) ohne ausdrückliche Bestimmung auf den Scheck angewendet, die mit einigen Abweichungen im ganzen den französischen Bestimmungen entsprechen. In der Schweiz (Art 836) sind die wechselrechtlichen Bestimmungen (Art 791ff. OblRecht) auf den Scheck für anwendbar erklärt; es findet danach ein dem deutschen Rechte entsprechendes Mortifikationsverfahren mit Zahlungssperre statt. In Italien findet ein Amortisationsverfahren nach den Vorschriften über abhanden gekommene Wechsel statt (Art 341 HGB); daneben (Art 298) private Opposition des Scheckeigentümers wie in Frankreich. Dem britischen Rechte ist ein Aufgebotsverfahren fremd; der Eigentümer eines angeblich verlorenen oder vernichteten Schecks, der noch nicht verfallen ist, kann von dem Aussteller die Ausstellung einer neuen Urkunde gleichen Inhalts gegen Sicherheitsleistung verlangen, nicht dagegen die Erneuerung der Indossamente von den Regreßpflichtigen; Abschn 69, 73 B. of Exch. Act; er kann aber auf Grund einer Abschrift des verlorenen Schecks oder eines seinen wesentlichen Inhalt wiedergebenden Schriftstücks Protest erheben (Abschn 73, 51[8] B. of Exch. Act) und, soweit es sich nicht um Auslandsschecke handelt, auch ohne Protest von den Garanten Zahlung gegen Sicherheitsleistung verlangen, sofern er sein Eigentum an dem verlorenen Papier und die Verpflichtung der Garanten aus diesem nachweist (Abschn 73, 79 B. of Exch. Act). Das amerikanische Recht enthält für Schecke nur die Bestimmung, daß, wenn ein Scheck verloren oder vernichtet ist, der Protest auf eine Abschrift oder eine den wesentlichen Inhalt wiedergebende Urkunde hin erhoben werden kann (Abschn 321, 268 Neg. Instr. Law); im übrigen sind nach Abschn 7 N. I. L. die Bestimmungen des allgemeinen Handelsrechts (Law Merchant) anwendbar, die mit dem englischen Wechselrechte (vgl. oben) übereinstimmen. — Vgl. Näheres bei Meyer, Weltscheckrecht I S. 434ff. § 27

Zusatz 2: Zukünftiges Weltscheckrecht. Die Beschlüsse der zweiten Haager Konferenz **Anhang H** enthalten in Art 31 unter der Überschrift: „De la perte" eine Bestimmung folgenden Inhalts: Anm. 15

„Art 31. Den vertragschließenden Staaten wird für den Fall des Verlustes von Schecken, die auf ihrem Gebiete zahlbar sind, die Befugnis vorbehalten:

1. Die Bedingungen zu bestimmen, unter welchen der Inhaber die Ausstellung eines neuen Schecks oder die Bezahlung des verlorenen Schecks verlangen kann;

2. ein Verfahren zur Nichtigerklärung eines verlorenen Schecks einzuführen."

§ 28. § 28

Bürgerliche Rechtsstreitigkeiten, in welchen durch die Klage ein Anspruch auf Grund dieses Gesetzes geltend gemacht wird, gehören, sofern in erster Instanz die Landgerichte zuständig sind, vor die Kammern für Handelssachen.

In bürgerlichen Rechtsstreitigkeiten, in welchen durch Klage oder Widerklage ein Anspruch auf Grund dieses Gesetzes geltend gemacht ist, wird die Verhandlung und Entscheidung letzter Instanz im Sinne des § 8 des Einführungsgesetzes zum Gerichtsverfassungsgesetze dem Reichsgerichte zugewiesen.

Auf die Geltendmachung von Regreßansprüchen aus einem Scheck finden die den Wechselprozeß betreffenden Vorschriften der §§ 602 bis 605 der Zivilprozeßordnung entsprechende Anwendung. Die Rechtsstreitigkeiten, in welchen ein solcher Anspruch geltend gemacht wird, gelten als Feriensachen.

1. **Vorbemerkung.** Der § 28 des Gesetzes enthält einige Bestimmungen **über die Zuständigkeit der Gerichte und das gerichtliche Verfahren in Schecksachen,** durch welche die Vorschriften des Gerichtsverfassungsgesetzes und der Zivilprozeßordnung mit Rücksicht auf die besonderen Bedürfnisse des scheckrechtlichen Verkehrs ergänzt werden. Sie stimmen inhaltlich im wesentlichen mit den entsprechenden Vorschriften über Wechselsachen überein, die bereits im Gerichtsverfassungsgesetze und in der Zivilprozeßordnung selbst enthalten sind. Anm. 1

2. **Abs 1: Zuständigkeit der Kammern für Handelssachen.** Anm. 2

a) Bis zum Inkrafttreten des ScheckG gehörten Ansprüche aus Schecken nur dann zur Zuständigkeit der Kammern für Handelssachen, wenn sie unter die in § 101 GVG (damaliger Fassung) aufgeführten Arten von Rechtsstreitigkeiten fielen. Das traf aber nur zu, wenn der Scheck, auf Grund dessen der Anspruch erhoben wurde, auf einen Kaufmann ausgestellt war und deshalb als kaufmännische Anweisung zu den in § 363 HGB bezeichneten Urkunden gehörte; § 101 Nr 2 a. a. O. Die in der Begr (S. 34) weiter noch angeführte Nr 1 traf um deswillen auf Schecksachen regelmäßig nicht zu, weil der Anspruch aus dem

§ 28 Scheck ein materielles Rechtsgeschäft zwischen den Parteien überhaupt nicht voraussetzt. Dagegen waren Ansprüche aus einem Wechsel nach § 101 Nr 2 unter allen Umständen Handelssachen. Angesichts der Gleichheit der für Wechsel und Schecke bestehenden Verhältnisse wurde es für entsprechend erachtet, auch Rechtsstreitigkeiten, in denen mit der Klage ein Anspruch auf Grund des ScheckG geltend gemacht wird, ausnahmslos den Kammern für Handelssachen zuzuweisen (Begr S. 34). Durch die Neufassung des Gerichtsverfassungsgesetzes in der Bekanntmachung vom 22. März 1924 (RGBl I S. 299) — vgl. **Anhang A 3b** — ist die Vorschrift des § 28 Abs 1 ScheckG in das Gerichtsverfassungsgesetz selbst als Nr 3 des § 95 aufgenommen worden.

Anm. 3 b) Voraussetzung ist, daß mit der Klage ein **Anspruch auf Grund des ScheckG** geltend gemacht wird. Als solche Ansprüche kommen in Betracht die Regreßansprüche gegen den Aussteller, die Indossanten und die Namensschreiber gemäß § 15 Abs 1 und 2 ScheckG, sowie der scheckrechtliche Bereicherungsanspruch aus § 21, vgl. die Erläuterungen zu diesen Paragraphen; ferner aber auch der Anspruch gegen den Bezogenen auf Schadensersatz wegen Übertretung des Verbotes der Barzahlung beim Verrechnungsscheck (§ 14 Abs 2 Satz 2), der zwar kein Anspruch aus dem Scheck ist, aber ein Anspruch aus dem ScheckGesetz, da er lediglich in diesem seine rechtliche Begründung findet; vgl. zu § 14 Anm 11. Auch der Anspruch gegen die Reichsbank auf Einlösung von ihr bestätigter Reichsbankschecke auf Grund der Bekanntmachung des Bundesrats vom 31. 8. 1916 (Anhang B 5; vgl. zu § 10 Anm 4) gehört zufolge Art 1 Abs 3 daselbst vor die Kammer für Handelssachen. Nicht unter die Vorschrift fallen dagegen die Rechtsstreitigkeiten zwischen dem Aussteller und dem Bezogenen wegen der Haftung für Einlösung falscher oder verfälschter Schecke, da sie sich nicht auf das ScheckG, sondern auf den außerhalb dieses Gesetzes geregelten Scheckvertrag gründen (vgl. zu § 3 Anm 2 und zu § 23 Anm 10). Ebensowenig fallen unter die Vorschrift Rechtsstreitigkeiten, in denen mit der Klage ein Anspruch auf Grund des einer Scheckbegebung zugrunde liegenden Rechtsverhältnisses geltend gemacht wird; andererseits wird die Zuständigkeit der Kammern für Handelssachen nicht dadurch berührt, daß gegen einen auf Grund des ScheckG mittels Klage geltend gemachten Anspruch Einwendungen aus dem zugrunde liegenden Rechtsverhältnisse (vgl. über deren Zulässigkeit zu § 18 Anm 10) erhoben werden.

Anm. 4 c) Weitere Voraussetzung war nach § 28, daß **„in erster Instanz** die Landgerichte zuständig sind". Für Rechtsstreitigkeiten, in welchen in erster Instanz ein Amtsgericht (sei es auf Grund seiner gesetzlichen oder einer vereinbarten Zuständigkeit) entschieden hatte und die in der Berufungsinstanz an das Landgericht gelangt waren, wurde deshalb durch § 28 ScheckG die Zuständigkeit der Kammern für Handelssachen nicht begründet. Sie fielen vielmehr in der Berufungsinstanz unter die Zuständigkeit der Zivilkammern. Hierin ist jedoch, wie wohl angenommen werden kann, eine allerdings nicht mit der für Gesetze wünschenswerten Klarheit zum Ausdrucke gekommene Änderung eingetreten durch die mittels der Novelle vom 1. 6. 09 eingeführte Vorschrift des § 71 (jetzt 72) GVG (vgl. Anhang A 3b), derzufolge die Zivilkammern, einschließlich der Kammern für Handelssachen, die Berufungs- und Beschwerdegerichte sind in den vor den Amtsgerichten verhandelten bürgerlichen Rechtsstreitigkeiten, und die dementsprechend geänderte Fassung des § 101 (jetzt § 95) GVG, der früher dahin lautete, daß vor die Kammern für Handelssachen die den Landgerichten in erster Instanz zugewiesenen Rechtsstreitigkeiten der dort einzeln aufgeführten Arten gehörten, während seit der Novelle durch den neu hinzugefügten § 100a (jetzt § 94) ohne Einschränkung bestimmt wird, daß die Kammern für Handelssachen in Handelssachen an die Stelle der Zivilkammern treten, und in § 101 (jetzt § 95) die Rechtsstreitigkeiten, die Handelssachen im Sinne des Gesetzes sind, aufgezählt werden. Eine dementsprechende ausdrückliche Änderung des § 28 ScheckG hat jedoch nicht stattgefunden; auch sind die Ansprüche auf Grund des Scheckgesetzes nicht, wie die Ansprüche aus Wechseln und den in § 363 HGB genannten Papieren, in § 101 GVG als Handelssachen aufgeführt worden. Letzteres ist erst geschehen durch die Neufassung des GVG in der Bekanntmachung des Reichsjustizministers vom 22. 3. 1924 unter Nr 3 des nunmehrigen § 95; vgl. Anhang A 3b. Diese Vorschrift würde freilich Rechtsgültigkeit nicht beanspruchen können, wenn sie eine materielle Änderung des bisher geltenden Rechts bedeutete, da sie in diesem Falle nicht gedeckt wäre durch die dem Reichsminister der Justiz in § 43 der Verordnung vom 4. 1. 1924 (RGBl I 15) erteilte Ermächtigung, die nur dahin ging, den Text des GVG mit den bis zum Inkrafttreten der Verordnung ergangenen Gesetzen und Verordnungen in Einklang zu bringen und in fortlaufender Paragraphenfolge zu veröffentlichen. Es läßt sich jedoch die (von Simonson S. 147 vertretene) Ansicht rechtfertigen, daß § 28 ScheckG auch ohne ausdrückliche Änderung seines Wortlautes bereits durch die dem § 71 in der Novelle zum GVG von 1909 gegebene Fassung in der Weise abgeändert worden ist, daß auch Ansprüche aus dem Scheckgesetze, für die die Landgerichte nicht in erster Instanz zuständig sind, wenn sie in der Berufungsinstanz vor das Landgericht kommen, zur Zuständigkeit der Kammern für Handelssachen gehören. Sachlich dürfte diese Gleichstellung mit Ansprüchen aus Wechseln jedenfalls gerechtfertigt sein. **§ 28**

d) Für die **Berechnung des Wertes des Streitgegenstandes**, der sowohl für die erstinstanzliche Zuständigkeit wie für die Zulässigkeit der Revision maßgebend ist, bleiben nach § 4 ZPO „Früchte, Nutzungen, Zinsen, Schäden und Kosten" unberücksichtigt, wenn sie als Nebenforderungen geltend gemacht werden. Für Wechselsachen hatte das RG ausgesprochen, daß die Protestkosten und sonstigen Auslagen (Porti) sowie die Provisionen Nebenforderungen zwar dann bilden, wenn sie auf Grund des Art 50 WO von dem Inhaber, welcher den Wechsel mangels Zahlung hat protestieren lassen, neben der Wechselsumme gegen den Akzeptanten oder einen Regreßpflichtigen eingeklagt werden (RGZ 1, 229; 9, 411; 29, 33), nicht aber wenn auf Grund des Art 51 von dem Indossanten, der den Wechsel eingelöst hat, solche Beträge als Erstattung der von ihm bei der Einlösung an seine Nachmänner gezahlten Summe verlangt werden (RGZ 32, 76). Um dieser Rechtsprechung entgegenzutreten, ist durch die Novelle zur ZPO vom 17. 5. 1898 der Abs 2 des § 4 hinzugefügt worden, der bestimmt, daß bei Ansprüchen aus Wechseln im Sinne der WO Zinsen, Kosten und Provisionen, welche außer der Wechselsumme gefordert werden, als Nebenforderungen anzusehen sind. Auf Schecke, aus denen damals noch kein gesetzlich bestimmter Regreß stattfand, wurde die Bestimmung wohl aus diesem Grunde nicht erstreckt. Aber auch das ScheckG, das einen solchen Regreß einführte, hat es unterlassen, eine entsprechende Bestimmung zu treffen. Ob das mit Absicht oder aus Übersehen geschehen ist, läßt sich nicht feststellen. In Ermangelung einer ausdrücklichen Bestimmung erscheint es, obwohl im wesentlichen die gleichen rechtspolitischen Gesichtspunkte auch bei dem Scheck in Betracht kommen, doch nicht unbedenklich, auch bei dem Scheck die in Frage stehenden Beträge, welche Bestandteile der nach Art 51 Nr 1 WO in Verbindung mit § 17 ScheckG zu erstattenden einheitlichen Regreßhauptsumme bilden (vgl. zu § 17 Anm 27f.), bei der Festsetzung des Streitwerts von der Berücksichtigung auszuschließen, zumal da auch die Zulässigkeit der Revision davon abhängen kann; a. M. Lessing S. 191, Simonson S. 148. **Anm. 4a**

3. **Abs 2: Zuständigkeit des RG in letzter Instanz.** Nach § 8 Abs 1 des Einführungsgesetzes zum GVG kann durch die Gesetzgebung eines Bundesstaates, in welchem mehrere Oberlandesgerichte errichtet werden, die Verhandlung und Entscheidung der zur Zuständigkeit des RG gehörigen Revisionen in bürgerlichen Rechtsstreitigkeiten einem obersten Landesgerichte überwiesen werden. Von dieser Befugnis hat bis jetzt nur Bayern Gebrauch gemacht. Sie wird aber für Rechtsstreitigkeiten, in welchen durch Klage oder Widerklage ein Anspruch auf Grund des ScheckG geltend gemacht wird, durch Abs 2 des § 28 ausgeschlossen. Solche Rechtsstreitigkeiten gehören auch dort, wo ein oberstes Landesgericht errichtet ist, unter allen Umständen in der Revisionsinstanz vor das RG. Die Begründung (S. 34) führt aus, die Vorschrift rechtfertige sich durch das Bedürfnis einer einheitlichen Rechtsprechung für das ganze Reich. Für Wechselsachen ergibt sich die gleiche Zuständigkeit unmittelbar aus § 8 Abs 2 EGzGVG, da sie zur Zeit des Inkrafttretens des GVG als Handelssachen zur Zuständigkeit des Reichsoberhandelsgerichts gehörten. — Darüber, welche Ansprüche Ansprüche auf Grund des ScheckG sind, vgl. oben zu 2b Anm 3. Auch auf den Anspruch gegen die Reichsbank aus der Bestätigung ihrer Schecke (vgl. ebenda) findet Abs 2 des § 28 Anwendung. Die Vorschrift des Abs 2 geht aber insofern weiter als die des Abs 1, als auch solche Rechtsstreitigkeiten, in denen nicht durch die Klage, sondern erst durch die Widerklage ein Anspruch auf Grund des Scheckgesetzes erhoben worden ist, in der Revisionsinstanz unter allen Umständen vom RG zu entscheiden sind, und zwar, wenn sowohl die Klage wie die Widerklage in die Revisionsinstanz gelangen, auch hinsichtlich der Klage. **Anm. 5**

4. **Abs 3: Anwendung der Vorschriften über den Wechselprozeß.** **Anm. 6**

a) Die Begründung (S. 34) führt aus, für die Regreßansprüche gegen Aussteller und Indossanten liege bei der Kurzfristigkeit des Schecks ein Bedürfnis zur raschen prozessualen Verfolgbarkeit mindestens in gleichem Maße vor wie beim Wechsel; deshalb sei es gerechtfertigt, die Vorschriften der §§ 602—605 ZPO auch auf die im Urkundenprozesse geltend zu machenden Regreßansprüche aus Schecken entsprechend anzuwenden und diese Sachen für Feriensachen zu erklären. Das ist in Abs 3 des § 28 geschehen und zwar für Ansprüche aus einem Scheck, nicht wie in Abs 1 und 2, für Ansprüche auf Grund des ScheckG. Ansprüche aus einem Scheck sind aber nur die Regreßansprüche des Inhabers gegen die Aussteller, Indossanten und Namensschreiber auf Grund des § 15 ScheckG, sowie der scheckrechtliche Bereicherungsanspruch aus § 21, vgl. die Erläuterungen zu diesem Paragraphen; nicht dagegen der Anspruch gegen den Bezogenen auf Schadensersatz wegen Übertretung des Verbots der Barzahlung beim Verrechnungsscheck aus § 14 Abs 2 Satz 2; für diesen Anspruch ist daher der Scheckprozeß nicht zulässig. Dagegen findet er auch Anwendung auf den Anspruch gegen die Reichsbank aus der Bestätigung ihrer Schecke, obwohl dieser Anspruch kein „Regreß-

§ 28 anspruch aus dem Scheck" ist (Art 1 Abs 3 der Bekanntmachung des Bundesrats vom 31. 8. 1916, Anhang B 5; vgl. zu § 10 Anm 4).

Anm. 7 b) Die entsprechend anzuwendenden Vorschriften der ZPO sind als **Anhang A 1** abgedruckt. Sie enthalten gewisse Modifikationen des Urkundenprozesses und setzen voraus, daß der Anspruch im Urkundenprozesse geltend gemacht ist (§ 602); es muß also die Voraussetzung für diesen vorliegen, die darin besteht, daß die sämtlichen zur Begründung des Anspruchs erforderlichen Tatsachen durch Urkunden bewiesen werden können (§ 592 ZPO). Die in Betracht kommenden Urkunden sind der Scheck, die in § 16 Abs 1 Satz 2 bezeichneten, zur Ausübung des Regreßrechts erforderlichen Beweisurkunden (Vorlegungserklärung des Bezogenen, Einlieferungsbescheinigung einer Abrechnungsstelle, Protest), ferner die in Art 50 WO in Verbindung mit § 17 ScheckG bezeichneten Retourrechnungen, nach durchgeführter Kraftloserklärung (§ 27 ScheckG) auch das Ausschlußurteil; vgl. die Erläuterungen zu den genannten Paragraphen. Der durch sie zur Begründung der Klage zu führende Beweis beschränkt sich auf die Tatsachen der Entstehung der scheckrechtlichen Regreßverbindlichkeit des Beklagten durch Ausstellung des Schecks, Indossierung oder Namensschrift und der Wahrung des Regreßrechts auf die in § 16 ScheckG vorgeschriebene Weise. Doch ist als Beweismittel für die Echtheit der Verpflichtungserklärung auch Eideszuschiebung zulässig (§ 595 Abs 2). In Betracht kommt auch zur entsprechenden Anwendung § 605 ZPO, dessen Abs 1 bestimmt, daß, soweit es zur Erhaltung des wechselmäßigen Anspruchs der rechtzeitigen Präsentation nicht bedarf, als Beweismittel bezüglich der Präsentation Eideszuschiebung zulässig ist. Diese Bestimmung ist durch die Novelle zur ZPO vom 17. 5. 98 eingeführt worden, um den nur für die Fälligkeit, nicht für die Erhaltung des Wechselrechts erforderlichen Beweis der Präsentation gegenüber dem Akzeptanten eines gezogenen und dem Aussteller eines eignen Sicht- oder Nachsichtwechsels zu erleichtern; vgl. RGZ 8, 66 und Busch ZPO zu § 605 Anm 1. Beim Scheck ist die Vorlegung innerhalb der Vorlegungsfrist gegenüber allen Scheckverpflichteten erforderlich zur Erhaltung des scheckmäßigen Anspruchs (vgl. zu § 16 Anm 1); die Voraussetzung des § 605 liegt also in der Regel nicht vor. Wenn der Scheck die Aufforderung enthält, keinen Protest zu erheben, so gilt das als Erlaß des Protestes, nicht aber als Erlaß der Pflicht zur rechtzeitigen Präsentation (Art 42 Satz 1 WO in Verbindung mit § 16 Abs 3 ScheckG, vgl. zu § 16 Anm 76). In diesem Falle muß aber nach Satz 2 des Art 42 (vgl. zu § 16 a. a. O.) der Scheckverpflichtete, von dem die Aufforderung ausgegangen ist, die Beweislast übernehmen, wenn er die geschehene Präsentation in Abrede stellt. Sonach hat in diesem Falle der Regreßkläger einen Beweis für die Präsentation überhaupt nicht zu führen und bedarf daher zu diesem Zwecke auch nicht der Eideszuschiebung. Der Abs 1 des § 605 hat deshalb für den Scheck keine ersichtliche Bedeutung. Dagegen eignet sich der Abs 2, der bestimmt, daß es zur Berücksichtigung einer Nebenforderung genügt, daß sie glaubhaft gemacht ist, zur entsprechenden Anwendung. Nebenforderungen können danach im Scheckprozesse geltend gemacht werden, auch wenn sie nicht durch Urkunden bewiesen werden können. Darüber, was unter Nebenforderungen bei scheckrechtlichen Regreßansprüchen zu verstehen ist, vgl. oben zu 2d Anm 4; nicht darunter fallen danach bei dem Regresse des Indossanten, der den Scheck im Regreßwege eingelöst hat, die von ihm an seine Nachmänner bezahlten Provisionen, Protestkosten und sonstigen Auslagen; diese können demgemäß nur dann im Scheckprozesse geltend gemacht werden, wenn sie durch Urkunden bewiesen sind, was übrigens in der Regel durch die Retourrechnung der Fall sein wird.

Anm. 8 c) Durch den entsprechend anwendbaren § 603 ZPO wird auch für Scheckklagen neben dem allgemeinen Gerichtsstande des Beklagten ein besonderer Gerichtsstand des Zahlungsortes geschaffen (Abs 1); darüber, welcher Ort beim Scheck als Zahlungsort gilt, vgl. zu § 5 Anm 1 ff. Ferner durch Abs 2 des § 603 ein Gerichtsstand der Streitgenossenschaft, falls mehrere Scheckverpflichtete gemeinschaftlich verklagt werden, bei jedem Gerichte, bei welchem einer von ihnen seinen allgemeinen Gerichtsstand hat. Vgl. über die Voraussetzungen der gemeinschaftlichen Verklagung Näheres bei Busch ZPO zu § 603 Anm 3.

Anm. 9 d) Der gleichfalls entsprechend anwendbare **§ 604** bestimmt in Abs 1, daß die Klage die Erklärung enthalten müsse, daß im Wechselprozesse geklagt werde. Bei entsprechender Anwendung auf den Scheck wird die Erklärung dahin zu lauten haben, daß im Scheckprozesse geklagt werde. Doch ist dieser Wortlaut ungeachtet der absoluten „Muß"-Vorschrift vom RG (RGZ 96, 100) nicht als streng sakramentale Formel aufgefaßt, sondern in wohl zu billigender Weise entschieden worden, daß auch die Erklärung genüge, daß „im Wechselprozesse" geklagt werde, weil dadurch unzweideutig der Wille des Klägers zum Ausdruck gebracht werde, seinen Anspruch aus dem Scheck im Urkundenprozesse unter entsprechender Anwendung der den Wechselprozeß betreffenden Vorschriften der §§ 603—605 ZPO zu verfolgen. Das erachtet das RG um so mehr für genügend, als § 28 Abs 3 ScheckG nicht unmittelbar vorschreibe, daß die Erklärung dahin lauten müsse, die Klage werde „im Scheckprozesse" erhoben, sondern nur die entsprechende Anwendung der für den Wechselprozeß gegebenen Vorschriften anordne. Nicht genügend ist dagegen die Erklärung, daß „im Urkundenprozesse“ geklagt werde; sie kann nur zur Anwendung der für den Urkundenprozeß allgemein geltenden Vorschriften, nicht aber der besonderen für den Wechselprozeß gegebenen und auf den Scheckprozeß entsprechend anwendbaren Vorschriften führen. § 28

e) Die **Abs 2 und 3 des § 604 ZPO** enthalten Vorschriften, welche im Interesse der Beschleunigung des Verfahrens kürzere als die im gewöhnlichen Prozesse geltenden Einlassungs- und Ladungsfristen, und zwar sowohl für die erste, wie für die höhere Instanz festsetzen. Vgl. Näheres bei Busch ZPO zu § 604 Anm 2ff. Anm. 10

5. Der **Abs 3 des § 28 ScheckG** enthält schließlich noch die Bestimmung, daß die Rechtsstreitigkeiten, in welchen ein Regreßanspruch aus einem Scheck geltend gemacht wird (vgl. oben Anm 6), als **Feriensachen** gelten. Diese Rechtsstreitigkeiten sind dadurch den Wechselsachen gleichgestellt, die nach § 202 Nr 5 des GVG alter Fassung (jetzt § 200 Nr 5) bereits Feriensachen waren. In die neue Fassung des GVG (Bek v. 22. 3. 1924, Anhang A 3b) ist dann die Bestimmung, daß „Regreßansprüche aus einem Scheck“ Feriensachen sind, als Nr 8 des § 200 aufgenommen worden auf Grund der dem Reichsminister der Justiz durch die VO v. 4. 1. 1924 in § 43 erteilten Ermächtigung, den Text des GVG mit den bis zum Inkrafttreten der Verordnung ergangenen Gesetzen und Verordnungen, zu denen auch das ScheckG gehört, in Einklang zu bringen und in fortlaufender Paragraphenfolge im Reichsgesetzblatte bekanntzumachen. Demgemäß werden während der Ferien auch in Schecksachen Termine abgehalten und Entscheidungen erlassen (§ 200 Abs 1 GVG n. F.) und der Lauf der Fristen in diesen Sachen wird durch die Gerichtsferien nicht gehemmt (§ 223 ZPO). Anm. 11

§ 29. § 29

Im Sinne des § 24 des Gesetzes, betreffend die Wechselstempelsteuer, vom 10. Juni 1869 (Bundes-Gesetzbl. S. 193ff.) sind als Schecks, für welche die Befreiung von der Wechselstempelabgabe bestimmt ist, diejenigen Urkunden anzusehen, die den Anforderungen der §§ 1, 2, 7, 25, 26 des gegenwärtigen Gesetzes entsprechen.

Die Vorschrift des Abs. 1 findet keine Anwendung auf Schecks, welche vor dem auf ihnen angegebenen Ausstellungstag in Umlauf gesetzt sind. Für die Entrichtung der Abgabe haftet als Gesamtschuldner jeder, der am Umlaufe des Schecks im Sinne des § 5 des Gesetzes, betreffend die Wechselstempelsteuer, im Inlande vor dem Ausstellungstage teilgenommen hat.

1. **Entwicklungsgeschichtliches zur Scheckbesteuerung.** Die fiskalische Tendenz, den Verkehr als eine bequeme und ergiebige Quelle für die Staatseinnahmen auszunutzen, hat wohl in den meisten alten und neuen Kulturländern dazu geführt, neben Steuern auf den Übergang von Immobilien und sonstigen Sachwerten von einer Hand in die andere (Umsatzsteuern) auch die Bewegung des Geldes im wirtschaftlichen Verkehr soweit möglich steuerlich zu erfassen. Als geeignete Objekte, an welche eine solche Besteuerung angeknüpft werden konnte, erkannte man die zum Verkehr bestimmten Urkunden, durch welche Geldwerte übertragen werden, und unter ihnen als vorzüglichste den gezogenen und eigenen Wechsel sowie sonstige Verpflichtungsscheine und Anweisungen über die Zahlung von Geld, die von Hand zu Hand zu gehen bestimmt sind. Solche Papiere wurden daher in Deutschland bereits nach Gründung des Norddeutschen Bundes einer einheitlichen Besteuerung für dessen Gebiet unterworfen, und zwar in Form eines Stempels durch das Gesetz betreffend die Wechselstempelsteuer v. 10. 6. 69 (RGBl S. 193ff.). Zu den darunter fallenden Urkunden würden an sich auch die damals noch nicht gesetzlich geregelten, aber im Verkehr bereits einheimisch gewordenen Schecke gehört haben, da sie sich in vielen Fällen als „auf Kaufleute ausgestellte Anweisungen“, jedenfalls aber „als Zahlungsaufträge, gegen deren Vorzeigung oder Auslieferung die Zahlung geleistet werden soll“ (§ 24 Abs 1 des Gesetzes) darstellten. Doch bestand in den beteiligten Verkehrskreisen eine starke Bewegung zugunsten der Freilassung der Schecke von der Stempelsteuer, da vielfach befürchtet wurde, daß die im Gange befindliche Entwickelung des Scheckverkehrs, deren Förderung zur Erleichterung des Geldumsatzes geboten schien, durch eine solche Steuer gehemmt oder ganz unterbunden werden könnte. Durch Abs 2 Nr 1 des § 24 wurden deshalb von der Stempelabgabe befreit „die statt der Barzahlung dienenden, auf Sicht zahlbaren Platzanweisungen und Checks, d. i. Anweisungen auf das Guthaben des Ausstellers bei dem die Zahlungen desselben besorgenden Bankhause oder Geldinstitute, wenn sie ohne Akzept bleiben; andernfalls muß die Versteuerung erfolgen, ehe der Akzeptant die Anm. 1

§ 29 Platzanweisung oder den Check aus Händen gibt". Dadurch war die Befreiung aller Urkunden, die der in dem Gesetze gegebenen, mit der Verkehrsübung übereinstimmenden Begriffsbestimmung des „Checks" entsprachen, ausgesprochen. Als die Frage der gesetzlichen Regelung des Scheckrechtes auftauchte, kam auch die Frage, ob die Stempelfreiheit des Schecks aufrechterhalten werden sollte, zur Sprache. Reichsbankpräsident Koch erklärte schon im Jahre 1882 in einem Vortrage in der Juristischen Gesellschaft in Berlin folgendes:

„Endlich wird das Gesetz die für die Entwicklung des Scheckverkehrs unerläßliche Stempelfreiheit von neuem zu sichern haben. Da der Scheck eben nur eine Zahlungsmodalität bedeutet, so würde eine Verkehrssteuer hier innerlich nicht gerechtfertigt und selbst in der Form eines Fixstempels der Ausbreitung des Scheckverkehrs in Deutschland sicherlich höchst schädlich sein."

Trotzdem enthielt der österreichische Entwurf von 1904 in § 25 eine Vorschrift, die den Scheck der Stempelpflicht unterwarf, und diese Vorschrift ist in das österreichische ScheckG von 1906 übergegangen; vgl. unten Zus 1 Anm 13. — In Deutschland gelang es den Vorstellungen und Hinweisen der die Beförderung des Scheckverkehrs erstrebenden Verkehrskreise, die Aufhebung der Steuerfreiheit des Schecks im allgemeinen von dem geplanten Gesetze fernzuhalten. Schon der Entwurf von 1906 bestätigte diese Steuerfreiheit in § 27 mit der Maßgabe, daß als Schecke im Sinne des Gesetzes über die Wechselstempelsteuer vom 10. 6. 69 fortan diejenigen Urkunden anzusehen seien, welche den Anforderungen des ScheckG entsprächen. In der Begründung zu diesem Entwurf (S. 23) ist darauf hingewiesen, daß bisher in Ermangelung einer gesetzlich begrenzten Präsentationsfrist auch Schecke die Stempelfreiheit genossen haben, welche wochen- und monatelang sich im Umlaufe befanden, während die Beschränkung der Scheckziehung auf Bankhäuser und Geldinstitute sich praktisch als unerheblich erwiesen habe; wenn nun der vorliegende Entwurf kurze Präsentationsfristen vorschreibe und andererseits die letztgedachte Beschränkung aufhebe, so sei es zweckmäßig, künftig lediglich diejenigen Urkunden als Schecke im Sinne des Wechselstempelsteuergesetzes zu behandeln, welche den Anforderungen des gegenwärtigen Gesetzes entsprächen. Auch der vorläufige Entwurf von 1907 enthielt in § 29 die Aufrechterhaltung der Befreiung für diejenigen Urkunden, die den Anforderungen der §§ 1, 2, 7, 25, 26 des ScheckG entsprechen, mit Ausnahme der vordatierten Schecke. In der Begründung (S. 34) ist darauf hingewiesen, daß in der durch Festsetzung der wesentlichen Erfordernisse (§ 1 des Gesetzes) gegebenen Begrenzung der Scheck als eigentümliches Rechtsinstitut anerkannt und angesichts seiner wirtschaftlichen Bedeutung mit besonderen Rechtswirkungen ausgestattet werden solle und daß in eben dieser Begrenzung ihm auch die Befreiung von der Stempelabgabe zuzuerkennen sei; deshalb beschränke der Entwurf die Befreiung gemäß § 24 Abs 2 Nr 1 WStempStG für Schecke auf solche Urkunden, die den Anforderungen des Gesetzes entsprächen. Mit dieser Beschränkung ist die Steuerbefreiung des Schecks in § 29 des Gesetzes aufrecht erhalten worden. An die Stelle des WStempStG v. 10. 6. 69 ist zunächst das WStempG v. 4. 3. 1909 (RGBl S. 310) getreten; dieses ist durch G v. 15. 7. 1909 (RGBl S. 740) geändert und die Fassung des letztgenannten Gesetzes auf Grund der darin (in Art II) dem Reichskanzler erteilten Ermächtigung von diesem am 21. 7. 1909 im Reichsgesetzblatte (S. 825) bekanntgemacht worden. In diesem Gesetze (§ 27) ist die Befreiung von dem Wechselstempel angeordnet für Schecke mit der im § 29 Abs 2 ScheckG vorgesehenen Ausnahme, sowie mit der Hinzufügung, daß eine auf den Scheck gesetzte Annahmeerklärung ihn steuerpflichtig macht, sofern der Annahmeerklärung rechtliche Wirkung zukommt; vgl. unten zu § 2 Anm 5. Zu gleicher Zeit aber wurde durch das G v. 15. 7. 1909 wegen Änderung des Reichsstempelgesetzes (RGBl S. 717) ein allerdings recht schwächlicher fiskalischer Angriff auf den Scheck versucht, indem durch die Tarifnummer 10 des Tarifs zum Reichsstempelgesetze im Inland und im Ausland auf das Inland ausgestellte Schecke, soweit sie dem Wechselstempel nicht unterlagen, mit einer Stempelabgabe von 10 Pfennig belegt wurden; diese Stempelabgabe wurde aber durch das Gesetz über den Warenumsatzstempel v. 26. 6. 1916 (RGBl S. 639) wieder aufgehoben, da sie ungeachtet ihrer Geringfügigkeit als ein Hemmnis des Scheckverkehrs empfunden worden war und andererseits eben wegen dieser Geringfügigkeit nur sehr geringe Erträge für die Staatskasse gebracht hatte. Das Wechselstempelgesetz hat in der Nachkriegszeit mehrfache Veränderungen, allerdings mehr formaler Natur, erfahren. Es ist zunächst durch G v. 18. 6. 1923 (RGBl I S. 403) der Reichsabgabenordnung angepaßt worden und sodann durch Art II des G v. 8. 7. 1923 (RGBl I S. 555) hinsichtlich der Steuerbeträge geändert und zugleich (Art IV) der Reichsminister der Finanzen ermächtigt worden, den Wortlaut des nunmehr als „Wechselsteuergesetz" bezeichneten Gesetzes mit den sich ergebenden Änderungen bekanntzumachen. Auf Grund dieser Ermächtigung ist der Wortlaut des Wechselsteuergesetzes durch Bek des Ministers v. 10. 8. 1923 (RGBl S. 778) bekanntgemacht worden. Diese Fassung enthält die Vorschriften über die Steuerbefreiung der Schecke in § 4 Abs 1 unter c und Abs 2, inhaltlich übereinstimmend mit den oben wiedergegebenen

Vorschriften in § 27 des G v. 15./21. 7. 1909. Durch VO v. 3. 1. 1924 (RGBl S. 22) ist die Wechselsteuer auf Gold umgestellt und schließlich nach Einführung der neuen Reichswährungsgesetzgebung durch die 2. VO zur Durchführung des Münzgesetzes (RGBl I S. 775), § 2, in die neue Reichswährung übergeleitet worden. In der jetzt geltenden Fassung ist das Gesetz als **Anhang F 1 a** zu diesem Kommentar abgedruckt. **§ 29**

Anm. 2 2. **Steuerfreie Schecke.** Von der Wechselsteuer befreit sind nach Abs 1 des § 29, mit dem der § 4 Abs 1 des Wechselsteuergesetzes in der jetzigen Fassung übereinstimmt, diejenigen Schecke, die den Anforderungen der §§ 1, 2, 7, 25, 26 des ScheckG entsprechen. Diese Regel ist jedoch in Abs 2 des § 29, übereinstimmend mit § 4 Abs 2 Satz 1 des WechselsteuerG, dahin eingeschränkt, daß sie nicht Anwendung findet auf Schecke, die vor dem auf ihnen angegebenen Ausstellungstag in Umlauf gesetzt sind; ferner durch § 4 Abs 2 Satz 2 des WechselsteuerG dahin, daß sie auch keine Anwendung findet auf Schecke, die mit einer Annahmeerklärung versehen sind, sofern der Annahmeerklärung rechtliche Wirkung zukommt.

Anm. 3 a) **Abs 1. Der Regel nach steuerfrei** sind sonach nur Schecke, die nicht nur die wesentlichen Erfordernisse des § 1 Nr 1—4 bzw. des § 26 ScheckG erfüllen, ohne die ein Scheck im Sinne dieses Gesetzes überhaupt nicht vorhanden ist, sondern die auch noch weiter den Vorschriften entsprechen, die in § 2 in Verbindung mit § 25 und in § 7 des Gesetzes aufgestellt sind. Und zwar müssen, damit die Befreiung eintritt, die sämtlichen Erfordernisse der angezogenen Paragraphen erfüllt sein. Demnach ist in der Regel steuerfrei eine Urkunde, die folgende Erfordernisse insgesamt erfüllt:

α. Wenn sie im Inlande ausgestellt ist, muß sie die Bezeichnung als Scheck im Texte, die Guthabenklausel, die Unterschrift des Ausstellers sowie die Angabe des Ortes und des Tages der Ausstellung (vgl. zu § 1 Anm 1 bis 31) enthalten; fehlt eines dieser Erfordernisse, so ist die Urkunde überhaupt kein Scheck im Sinne des ScheckG und deshalb nicht als solcher von der Wechselsteuer befreit; ob und in welcher Weise sie steuerpflichtig ist, regelt sich nach den sonstigen Bestimmungen des WStG. Ist die Urkunde im Auslande ausgestellt, so muß sie, um in Deutschland als Scheck steuerfrei zu sein, den wesentlichen Erfordernissen entsprechen, welche nach den Gesetzen des Ausstellungsortes für einen „Scheck" oder eine diesem Worte oder Begriffe in der ausländischen Rechtsordnung entsprechende Urkunde aufgestellt sind (§ 26 Abs 1 ScheckG). Außer der ausländischen Form des Wortes Scheck (chèque in Frankreich, cheque in England) kommt namentlich für Italien die „Bankanweisung" (assegna di banco), für die Niederlande die „Kassenanweisung" (kassiersbrief) in Frage. Eine im Auslande ausgestellte Urkunde, die den danach in Betracht kommenden Erfordernissen des ausländischen Rechts nicht entspricht, ist aber von der Steuer dann befreit, wenn sie im Inlande zahlbar ist und die Anforderungen des deutschen Gesetzes erfüllt (§ 26 Abs 2 Satz 2 ScheckG). Ist dagegen ein im Auslande ausgestellter Scheck im Auslande zahlbar, so ist er, falls eine Wechselsteuerpflicht für ihn im Inlande in Frage kommt (vgl. unten Anm 8), nicht als Scheck von der Wechselsteuer befreit, wenn er nicht den Erfordernissen des Ausstellungsortes entspricht, obwohl er den inländischen Anforderungen genügt. — Die Urkunde muß aber ferner, um als Scheck steuerfrei zu sein:

β. sofern sie im Inlande zahlbar ist, als Bezogenen eine der Anstalten, Personen oder Firmen bezeichnen, die nach § 2 ScheckG als Bezogene nur bezeichnet werden sollen. Schecke auf andere Bezogene sind zwar rechtswirksame Schecke im Sinne des ScheckG (vgl. zu § 2 Anm 2), aber nicht von der Steuer befreit, vielmehr nach § 3 Abs 1 unter b WStG steuerpflichtig. Ist der Scheck dagegen im Auslande zahlbar, so darf er auch auf solche Bezogene lauten, auf die nach dem ausländischen Rechte ein Scheck gezogen werden darf (§ 25, vgl. die Erläuterungen dazu), und ist, wenn dieses der Fall ist, von der Wechselsteuer befreit, sofern die sonstigen Erfordernisse für die Befreiung zutreffen. Die Urkunde muß aber ferner, um als Scheck steuerfrei zu sein,

γ. bei Sicht zahlbar sein; § 7 ScheckG, vgl. die Erläuterungen dazu. Das ist sie ohne weiteres nach § 7 Satz 1, wenn sie keine Angabe einer anderen Zahlungszeit enthält. Ist dagegen eine andere Zahlungszeit angegeben, so ist der Scheck als solcher nichtig (§ 7 Satz 2). Die Urkunde ist deshalb nicht als Scheck von der Wechselsteuer befreit. Ob sie steuerpflichtig ist, regelt sich nach den sonstigen Bestimmungen des WStG. Ist der Scheck im Auslande ausgestellt, so richtet sich nach dem in § 29 angezogenen § 26 ScheckG auch hinsichtlich der Frage der Zahlungszeit die Steuerbefreiung danach, ob nach dem ausländischen Recht ein Scheck mit anderer Zahlungszeit als Scheck wirksam ist.

Anm. 4 b) **Abs 2: Vordatierte Schecke.** Auch ein Scheck, der den sämtlichen in Abs 1 angeführten Vorschriften (vgl. unter a) genügt, ist nicht von der Steuer befreit, wenn er vor dem auf ihm angegebenen Ausstellungstage in Umlauf gesetzt ist (vgl. zu § 1 Anm 28). Durch die Entziehung der Steuerfreiheit für solche Schecke wollte das Gesetz der durch die Vordatierung ermöglichten Umgehung der kurzen Vorlegungsfrist des Schecks,

§ 29 die seine Umlaufszeit verlängert und seine mißbräuchliche Anwendung zum Zwecke der Kreditbeschaffung befördert, wirksam entgegenwirken, ohne wie andere Länder (England, Amerika) zu strafrechtlichen Sanktionen greifen zu müssen. Sonach ist ein vordatierter Scheck auf Grund des jetzt maßgebenden § 3 Abs 1 unter b des WechselsteuerG v. 10. 8. 1923 als eine Anweisung über die Zahlung von Geld, die durch Indossament übertragen werden kann oder auf den Inhaber lautet, steuerpflichtig. Doch wird durch Satz 2 des Abs 2 die Haftung für die Entrichtung der Abgabe, die jetzt nach §§ 6, 7 des geltenden WechselsteuerG, wie schon nach den früheren Wechselsteuergesetzen, jeden als Gesamtschuldner treffen würde, der an dem Umlaufe des Schecks im Inlande teilgenommen hat (vgl. unten Anm 9), beschränkt auf diejenigen, die am Umlaufe des Schecks im Sinne des Wechselsteuergesetzes im Inlande vor dem Ausstellungstage teilgenommen haben. Diese Beschränkung rechtfertigt sich durch die Erwägung, daß diejenigen, an die der Scheck erst an dem in ihm angegebenen Ausstellungstage oder nach dessen Ablauf gelangt, aus ihm nicht ersehen können, daß es sich um einen vordatierten und deshalb steuerpflichtigen Scheck handelt. Ob sie im Einzelfalle davon anderweite Kenntnis erhalten haben, ist ohne Belang.

Anm. 5 c) **§ 4 Abs 2 Satz 2 WStG: Angenommene Schecke.** Der Scheck kann nach § 10 ScheckG nicht angenommen werden. Ein auf den Scheck gesetzter Annahmevermerk tut jedoch der Gültigkeit des Schecks keinen Eintrag, sondern gilt nach Satz 2 des § 10 als nicht geschrieben. Ein solcher Annahmevermerk (Annahmeerklärung) entzieht deshalb, da er in der Regel unwirksam und der Scheck ohne ihn als solcher wirksam ist, diesem nicht die Befreiung von der Wechselsteuer. In der Begründung (S. 35) ist bereits darauf hingewiesen, daß diese Folgerung nicht zutreffe, wenn die Annahmeerklärung ausnahmsweise wirksam sei, was dann vorkommen könne, wenn sie im Auslande auf den Scheck gesetzt und nach dem gemäß § 26 ScheckG maßgebenden ausländischen Rechte eine solche Annahmeerklärung wirksam sei. Es bestanden jedoch Zweifel, ob der zur Zeit des Inkrafttretens des ScheckG in Geltung befindlich gewesene § 24 WStempStG v. 10. 6. 1869 (vgl. oben Anm 1) die Nichtbefreiung solcher Schecke klar zum Ausdrucke gebracht habe. Deshalb wurde durch das G v. 4. 3./15. 7. 1909 in §§ 26, 27 ausdrücklich bestimmt, daß eine auf den Scheck gesetzte Annahmeerklärung den Scheck stempelpflichtig macht, sofern der Annahmeerklärung rechtliche Wirkung zukommt. Diese Vorschrift ist in § 4 Abs 2 Satz 2 des geltenden WStG wiederholt. Der ausdrücklichen Annahmeerklärung wird eine Zertifizierung in solchen Ländern gleichstehen, wo sie, wie in Amerika gemäß Abschnitt 323 des Neg. Instr. Law (vgl. zu § 10 Anm 5) die gleiche Wirkung hat wie ein Akzept; dagegen nicht ein nach dem ausländischen Rechte etwa wirksames Indossament des Bezogenen, da es nicht wie die Annahmeerklärung eine Verpflichtung zur Einlösung des Schecks, sondern eine Regreßverpflichtung erzeugt. Die Bestätigung der Reichsbankschecke auf Grund der Bek des Bundesrats v. 31. 8. 1916 (Anhang B 5; vgl. zu § 10 Anm 4) begründet laut Art 1 daselbst die Verpflichtung der Reichsbank gegenüber dem Inhaber zur Einlösung des bestätigten Schecks; sie hat also die Bedeutung einer rechtswirksamen Annahmeerklärung. Nach Art 2 daselbst wird aber dadurch nicht die Verpflichtung zur Entrichtung des Wechselstempels oder einer landesrechtlichen Abgabe begründet.

Anm. 6 d) Sind die oben zu a erörterten Erfordernisse erfüllt und ist keiner der zu b und c erörterten Ausnahmefälle gegeben, so ist die Urkunde als Scheck steuerfrei. **Weitere Erfordernisse** stellt das Gesetz nicht auf und solche dürfen deshalb auch von der Rechtslehre und Rechtsprechung nicht in das Gesetz hineingetragen werden. Deshalb ist es nicht zu billigen, daß Lessing (S. 193) und andere, sowie ihnen folgend Simonson (S. 153), ungedeckte Schecke, d. h. solche, die gezogen werden ohne daß ein den Aussteller zur Ziehung berechtigendes Guthaben bei dem Bezogenen (vgl. zu § 3 Anm 1) vorhanden ist, für steuerpflichtig erklären. In § 1 ScheckG ist unter Nr 2, wie allgemein anerkannt wird, nicht das wirkliche Vorhandensein eines Guthabens, sondern nur die Bezugnahme auf ein solches als wesentliches Erfordernis des Schecks aufgestellt. Unzutreffend ist es, daß § 3 „einen wesentlichen Bestandteil des § 1 Nr 2 bilde und dem Formerfordernis des § 1 Nr 2 den materiellen Inhalt gebe" (so Lessing a. a. O.). Die Formerfordernisse des § 1 sind vielmehr nur solche, sie haben keinen materiellen Inhalt und sollen keinen solchen haben; vgl. zu § 1 Anm 1. Hätte das Gesetz die Steuerfreiheit des Schecks außer von der Erfüllung des wesentlichen Erfordernisses der Bezugnahme auf ein Guthaben nach § 1 Nr 2 noch von dem wirklichen Vorhandensein eines Guthabens im Sinne der in § 3 enthaltenen Begriffsbestimmung eines solchen abhängig machen wollen, so würde es das deutlich, zum mindesten durch Bezugnahme auf den § 3 in § 29 Abs 1 zum Ausdruck gebracht haben, wie es das hinsichtlich der Beschränkung auf gewisse Kategorien von Bezogenen durch die Bezugnahme auf § 2 getan hat und wie es in Abs 2 des § 29 hinsichtlich der vordatierten Schecke eine besondere Anordnung getroffen hat. Die Nichtanführung des § 3 kann nur dahin gedeutet werden, daß das Gesetz von dem wirklichen Vorhandensein eines Guthabens die Steuerfreiheit nicht abhängig machen wollte.

Das ist auch sehr wohl begreiflich, weil die Frage, ob zur Zeit der Ausstellung des Schecks ein Guthaben vorhanden ist, das innere Verhältnis zwischen dem Aussteller und dem Bezogenen betrifft, das für die Frage der Steuerpflicht nicht ohne weiteres feststellbar und den Nehmern des Schecks, die nach steuerlichen Grundsätzen (vgl. unten Anm 9) für die Steuer als Gesamtschuldner haften, nicht erkennbar ist. Ob (worauf Simonson a. a. O. Wert legt) im Einzelfalle daneben auch eine strafrechtliche Verantwortlichkeit der Nehmer besteht, ist nicht von Belang. Die weitere Begründung Simonsons, die darauf fußt, daß der Aussteller es sonst in der Hand hätte, „einen an sich wegen Ungedecktheit stempelpflichtigen Scheck durch Bezugnahme auf ein nicht vorhandenes Guthaben stempelfrei zu machen", setzt gerade das, was bewiesen werden soll, nämlich die Stempelpflichtigkeit ungedeckter Schecke, voraus. Wie hier Jacusiel BankA 8, 320. — Ob und unter welchen Voraussetzungen ein trassiert-eigner Scheck, d. h. ein solcher, in welchem der Aussteller eine mit ihm identische Rechtspersönlichkeit als Bezogenen bezeichnet, steuerfrei ist, hängt von der Entscheidung der Streitfrage ab, ob ein solcher Scheck dem Erfordernisse der Nr 2 des § 1 ScheckG entspricht, der zufolge der Scheck die an den Bezogenen gerichtete Anweisung des Ausstellers enthalten muß, aus seinem Guthaben zu zahlen; vgl. darüber zu § 1 Anm 10. Danach ist auch die Frage zu entscheiden, ob die vielfach üblichen Schecke, welche die Zentralstellen von Banken auf ihre eigenen Filialen oder umgekehrt oder die Filialen einer Bank aufeinander ziehen, steuerfrei sind; denn es handelt sich bei ihnen in der Tat um trassiert-eigene Schecke; vgl. darüber zu § 1 Anm 10. Sind sie formell gültige Schecke, so sind sie auch steuerfrei. Die von Simonson (S. 161) als seit einiger Zeit wieder in Übung gekommen bezeugte Gepflogenheit von Großbanken, solche Schecke auszustellen, ohne sie zu versteuern, dürfte deshalb rechtlich unbedenklich sein. **§ 29**

3. **Steuerpflichtige Schecke.** Nicht von der Wechselsteuer befreit sind diejenigen Schecke und als Schecke bezeichneten Urkunden, welche den unter 2 erörterten, für die Befreiung von der Steuer gestellten Anforderungen nicht genügen. Es kommen besonders in Betracht: **Anm. 7**

a) als Schecke bezeichnete Urkunden, denen eines der in § 1 unter Nr 1—4 ScheckG aufgestellten Erfordernisse fehlt und die deshalb, soweit sie nicht im Auslande ausgestellt sind, keine Schecke im Sinne des ScheckG sind, vgl. oben Anm 3 zu α;

b) Schecke, die auf andere als diejenigen Anstalten, Personen und Firmen gezogen sind, die nach § 2 ScheckG als Bezogene nur bezeichnet werden sollen, sofern sie im Inlande zahlbar sind, vgl. oben Anm 3 zu β;

c) als Schecke bezeichnete Urkunden, die auf eine andere Zahlungszeit als bei Sicht lauten und deshalb nach § 7 ScheckG als Schecke nichtig sind; vgl. oben Anm 3 zu γ;

d) vordatierte Schecke, vgl. oben Anm 4;

e) Schecke, auf denen sich eine Annahmeerklärung befindet, der ausnahmsweise Wirkung zukommt, vgl. oben Anm 5.

a) Diese Urkunden sind sonach wechselsteuerpflichtig, soweit sie unter die in § 3 Abs 1 WStempG aufgeführten Urkunden fallen, für welche die in dem WStG für Wechsel gegebenen Vorschriften entsprechend gelten. Die hier in Frage stehenden Urkunden werden in der Regel als Anweisungen über die Zahlung von Geld, die durch Indossament übertragen werden können oder auf den Inhaber lauten oder an jeden Inhaber bezahlt werden können, unter die daselbst zu b aufgeführten Urkunden fallen. Im Falle einer wirksamen Annahmeerklärung des Bezogenen auf dem Scheck (oben zu e) kann es sich zugleich um einen Verpflichtungsschein über die Zahlung von Geld handeln, der durch Indossament übertragen werden kann, und wird diese Urkunde dann nach der Vorschrift zu a des § 3 Abs 1 WStG steuerpflichtig sein. **Anm. 8**

b) Für die Entstehung der Steuerpflicht ist nach § 5 WStG der Zeitpunkt maßgebend, in welchem ein inländischer Scheck von dem Aussteller, ein ausländischer von dem ersten inländischen Inhaber „aus den Händen gegeben wird". Darunter wird die Handlung zu verstehen sein, durch die der Aussteller bzw. der erste inländische Inhaber sich des Besitzes des Schecks entäußert, um ihn überhaupt bzw. im Inlande in Umlauf zu bringen, also die Begebung des Schecks durch den Aussteller an den im Scheck genannten Zahlungsempfänger oder den ersten Inhaber, beim ausländischen Scheck die erste Weiterbegebung im Inlande. Das bloße Inverwahrgeben des Schecks oder sonstige Handlungen, durch die der Aussteller bzw. erste inländische Inhaber den unmittelbaren Besitz aufgibt, aber mittelbarer Besitzer bleibt (§ 868 BGB) wird zur Entstehung der Steuerschuld nicht genügen. Steuerschuldner ist nach § 6 WStG, wer den Scheck im Zeitpunkte der Entstehung der Schuld aus den Händen gibt, also beim inländischen Scheck der Aussteller, beim ausländischen der erste inländische Inhaber. Neben dem Steuerschuldner haften aber für die Steuerschuld nach § 7 sämtliche Personen, die am Umlauf des Schecks beteiligt sind. Im Satz 2 des § 7 ist aufgezählt, welche Personen als bei dem Umlaufe beteiligt gelten. Danach beschränkt sich die Haftung nicht auf diejenigen, welche eine scheckrechtliche Verpflichtungserklärung auf **Anm. 9**

§ 29 dem Scheck abgeben (Indossanten, Namensschreiber), sondern trifft jeden, der den Scheck für eigene oder fremde Rechnung erwirbt, veräußert, verpfändet oder als Sicherheit annimmt, zur Zahlung präsentiert, Zahlung darauf empfängt oder leistet (also auch den Bezogenen, der den Scheck einlöst, ohne im Scheckverbande zu stehen) oder mangels Zahlung Protest erheben läßt. Nach dem Wortlaute könnte angenommen werden, daß auch der Protestbeamte, der ja den Scheck für fremde Rechnung präsentiert und Zahlung darauf empfängt, für die Steuerschuld hafte, doch erscheint es zweifelhaft, ob das dem Sinne des Gesetzes entspricht, da am Schlusse nicht derjenige, der den Protest erhebt, sondern nur derjenige, der ihn erheben läßt, als haftbar genannt wird. Bei dem vordatierten Scheck ist diese Haftung auf diejenigen beschränkt, welche am Umlaufe des Schecks im Sinne des Wechselsteuergesetzes im Inlande vor dem in ihm angegebenen Ausstellungstage beteiligt sind; § 29 Abs 2 ScheckG, vgl. oben Anm 4. Erhält also eine Bank einen auf sie gezogenen, nicht versteuerten Scheck vor dem angeblichen Ausstellungstage vorgelegt, so wird sie für die Steuerschuld haftbar, wenn sie ihn vor diesem Tage einlöst (darüber, ob sie dem Aussteller gegenüber dazu berechtigt ist, vgl. zu § 1 Anm 28). Wird einer Bank ein auf eine andere Bank gezogener unversteuerter Scheck vor dem angeblichen Ausstellungstage zur Diskontierung übergeben oder übersandt, so wird sie haftbar, wenn sie vor diesem Tage den Antrag annimmt und den Scheck dem Einreicher oder Einsender auszahlt oder gutschreibt; geschieht die Einreichung oder Einsendung zum Inkasso so wird sie haftbar, wenn sie den Scheck vor dem genannten Tage weiterbegibt oder zur Einlösung dem Bezogenen vorlegt. — Außer dem Aussteller und dem ersten inländischen Inhaber sind aber auch die weiteren Inhaber, d. h. diejenigen, welche zur Ausübung der Rechte aus dem Scheck legitimiert sind, nicht nur für die Steuerschuld haftbar, sondern auch selbst zur Versteuerung verpflichtet, also auch strafrechtlich verantwortlich, wenn die Schuld von dem Steuerschuldner nicht entrichtet ist, und zwar der nächste und, solange die Steuer nicht entrichtet ist, jeder auf ihn folgende Inhaber, jedoch nicht sofort beim Erwerbe, sondern erst, ehe er ihn auf der Vorder- oder Rückseite „unterzeichnet" (d. h. seinen Namen oder seine Firma darauf setzt), veräußert, verpfändet, zur Zahlung präsentiert, Zahlung darauf empfängt oder leistet, eine Quittung darauf setzt, mangels Zahlung Protest erheben läßt oder den Scheck „aus den Händen gibt" (vgl. oben); § 10 WStG. Die Versteuerungspflicht des Inhabers entsteht sonach nicht, wie die des Ausstellers, erst damit, daß er ihn aus den Händen gibt, sondern bereits durch die sonstigen in § 10 genannten Handlungen, die teilweise, wie die „Unterzeichnung", interner Natur sind. Bei einem vordatierten Schecke, der bereits vor dem Ausstellungstage in Umlauf gesetzt und dadurch steuerpflichtig geworden ist, wird in sinngemäßer Anwendung des § 29 Abs 2 Satz 2 auch diese Versteuerungsverpflichtung des Inhabers, ebenso wie die Haftung der in § 7 WStG genannten Personen, nur eintreten, wenn er den Scheck vor dem Ausstellungstage erworben hat, da er anderenfalls die Vordatierung aus dem Scheck nicht ersehen konnte.

Anm. 10 c) Die **Höhe** der Steuer ist in § 8 W St G in Verbindung mit der VO v. 3. 1. 1924 über die Umstellung der Wechselsteuer auf Gold und der VO zur Durchführung des Münzgesetzes v. 12. 12. 1924 § 2 bestimmt; sie beträgt jetzt 0,20 Reichsmark für 100 Reichsmark der Schecksumme; angefangene 100 Reichsmark werden für voll gerechnet. Die Steuer wird fällig mit Entstehung der Steuerschuld (vgl. oben); § 9 W St G.

Anm. 11 d) **Art der Entrichtung der Steuer.** Nach den früheren Wechsel- (stempel)- Steuergesetzen stellte sich die Abgabe als eine Stempelabgabe dar, die entrichtet wurde durch Ausstellung des Wechsels oder der sonstigen Urkunde auf einem mit dem erforderlichen Stempel versehenen Vordrucke oder durch Verwendung der erforderlichen Stempelmarke auf der Urkunde (§ 14 G v. 15./21. 7. 1909). Nach dem jetzt geltenden Wechselsteuergesetze (§ 17) erläßt die Bestimmungen über die Art der Entrichtung der Steuer der Reichsfinanzminister und er kann die Verwendung von Steuerzeichen auf der Urkunde anordnen.

Anm. 12 e) **Die strafrechtlichen Normen** für Zuwiderhandlungen gegen die Vorschriften des Wechselsteuergesetzes. Diese finden jetzt ihre allgemeine Grundlage in den §§ 355 ff. der RAbgO; die besonderen Bestimmungen sind in den §§ 21—23 WStG in Verbindung mit § 57 Abs 2 Ziff 3 der 3. SteuernotVO v. 14. 2. 1923 (RGBl I S. 88) enthalten. Danach wird die Hinterziehung der Wechselsteuer mit einer Geldstrafe bis zum Fünfzigfachen des hinterzogenen Betrages bestraft (§ 21 WSteuerG); der Begriff der Hinterziehung ist nach § 359 der RAbgO in der Fassung des § 56 der 3. SteuerNotVO dahin bestimmt, daß sich der Hinterziehung (Steuerhinterziehung) schuldig macht, wer zum eigenen Vorteil oder zum Vorteil eines anderen nicht gerechtfertigte Steuervorteile erschleicht oder vorsätzlich bewirkt, daß Steuereinnahmen verkürzt werden. Der § 12 WSteuerG, der eine Ordnungsstrafe vorsah für Zuwiderhandlungen gegen die Vorschriften über die Erhebung der Wechselsteuer durch andere, als die in dem Wechselsteuergesetze und der Reichsabgabenordnung unter Strafe gestellten Handlungen, ist durch § 57 Abs 2 Nr 3 der 3. SteuerNotVO aufgehoben worden. Er ist ersetzt durch § 377 der RAbgO in der Fassung des § 56 Nr 10 der 3. SteuerNotVO, wonach mit einer Ordnungsstrafe bestraft wird, wer den im Interesse der Besteuerung, einschließlich der Vorbereitung, Sicherung und Nachprüfung der Besteuerung, erlassenen Vorschriften der Steuergesetze usw. durch andere als die in den Steuergesetzen unter Strafe gestellten Handlungen oder Unterlassungen zuwiderhandelt. Außerdem kommt noch die in § 367 der RAbgO in der Fassung des § 56 Ziff 6 der 3. SteuerNotVO mit Geldstrafe bis zu 100000 Goldmark (jetzt Reichsmark) bedrohte Steuergefährdung in Betracht, die darin besteht, daß jemand als Steuerpflichtiger oder als Vertreter oder bei Wahrnehmung der Angelegenheiten eines Steuerpflichtigen fahrlässig bewirkt, daß Steuereinnahmen verkürzt oder Steuervorteile zu Unrecht gewährt oder belassen werden. § 29

Zusatz 1: Fremde Rechte. Vgl. die Anhänge unter G. Völlig steuerfrei ist der Scheck außer in Deutschland namentlich in Belgien, Dänemark, Japan, Finnland, Norwegen, Luxemburg (soweit er auf den Inhaber lautet; der Orderscheck unterliegt dort dem Wechselstempel), Persien, Schweden, den Vereinigten Staaten von Amerika, einzelnen Kantonen der Schweiz, auch in Rußland, falls er Scheck- und Guthabenklausel trägt und auf Sicht zahlbar ist. Andere Staaten unterwerfen den ordnungsmäßig ausgestellten Scheck lediglich einem festen Stempel ohne Rücksicht auf den Betrag; so Österreich (vgl. oben Anm 1) und Ungarn in Höhe von 4 bzw. 10 Hellern, je nachdem der Scheck im Inlande oder Auslande zahlbar ist; Frankreich (Platzschecke 0,10, Distanzschecke 0,20 Fr); Italien 0,10 Lire, vorausgesetzt, daß die Präsentationsfrist innegehalten wird; Niederlande 5 Cents; andere Kantone der Schweiz 0,10 Fr usw. In Großbritannien wird ein Stempel von einem Penny gefordert. Mit einer progressiven Steuer wie der Wechsel belegen den Scheck von europäischen Staaten nur Spanien (Inhaberschecke mit ermäßigtem, Orderschecke mit dem vollen Wechselstempel), der Schweizer Kanton Wallis und Luxemburg (Orderschecke; Inhaberschecke frei); von amerikanischen Staaten Venezuela. — Einfluß auf die Wirksamkeit des Schecks hat die Nichtverstempelung nur in Italien in der Weise, daß nicht genügend gestempelte Schecke unwirksam sind (Stempelgesetz v. 4. 7. 1890); in Frankreich insofern, als ein unverstempelter Scheck nicht protestiert werden kann (G v. 5. 6. 1850); in Großbritannien derart, daß der Scheck unwirksam ist und nur auf die „consideration" (das Interesse) geklagt werden kann, solange nicht der Adhäsionsstempel hinzugefügt und durchstrichen (entwertet) ist, was jeder, dem ein unverstempelter Scheck vorgelegt wird, tun kann (Stamp Act von 1891 Abschn 38). Vgl. Näheres bei Meyer, Weltscheckrecht I S. 134ff.

Zusatz 2: Künftiges Weltscheckrecht. Vgl. Anhang H. Daß auch bei einer zukünftigen Vereinheitlichung des Scheckrechts jedem Staate die Befugnis gewahrt bleibt, die auf seinem Gebiete ausgestellten, in Umlauf befindlichen oder zahlbaren Schecke mit fiskalischen Abgaben zu belegen oder von solchen freizulassen, ist bei den bisherigen Verhandlungen nicht in Zweifel gezogen worden. In Frage kam nur, ob und inwieweit es den einzelnen Staaten freistehen solle, von der Erfüllung der fiskalischen Vorschriften die Wirksamkeit des Schecks abhängig zu machen. Diese Frage ist für den Wechsel durch den Art 19 der auf der zweiten Haager Konferenz beschlossenen Vereinbarung über die Vereinheitlichung des auf den Wechsel und das Orderbillett sich beziehenden Rechts (entsprechend dem Art 16 des Vorentwurfs von 1910) dahin beantwortet worden, daß dort folgendes bestimmt ist:

„Artikel 19.

Die vertragschließenden Staaten dürfen die Gültigkeit der in bezug auf einen Wechsel übernommenen Verpflichtungen oder die Ausübung der Rechte, die sich aus ihnen ergeben, nicht der Beobachtung der Vorschriften über den Stempel unterordnen.

Sie dürfen jedoch die Ausübung dieser Rechte hinausschieben bis zur Entrichtung der Stempelabgaben, die sie vorgeschrieben haben. Sie dürfen gleichfalls bestimmen, daß die Eigenschaft und die Wirkungen eines unmittelbar vollstreckbaren Titels, die nach ihren Gesetzgebungen etwa dem Wechsel beigelegt sein sollte, untergeordnet sein soll der Bedingung, daß die Stempelabgabe nach der Schaffung des Titels ordnungsmäßig entsprechend den Vorschriften ihrer Gesetze entrichtet ist."

Bei den Verhandlungen über den Scheck war in dem Fragebogen der Niederländischen Regierung als Frage 30e die Frage gestellt worden, welche Regeln des internationalen Privatrechts anwendbar sein sollten auf die Sanktion der fiskalischen Bestimmungen (Documents II S. 8). Eine Anzahl von Staaten sprach sich dafür aus, daß diese Frage entsprechend der für den Wechsel in dem Vorentwurf für die Vereinbarung über die Vereinheitlichung des Wechselrechts vorgesehenen Bestimmung (Art 19, vgl. oben) auch für den Scheck geregelt werden sollte (Documents II S. 21, 48, 65, 72, 104). Von den Sektionen des Zentralkomitees für den Scheck sprachen sich die erste und dritte in gleichem Sinne aus, während die zweite die Überweisung der Frage an die Kommission für das internationale Privatrecht empfahl (Actes II S. 233, 255, 246). Das Zentralkomitee beschloß darauf in seiner

§ 29 Vollsitzung die Überweisung der Frage an die Kommission für das internationale Privatrecht (Actes II S. 217). Infolgedessen hat die Frage in den Beschlüssen der Konferenz über die Vereinheitlichung des Scheckrechts keine Lösung gefunden.

§ 30

§ 30.

Dieses Gesetz tritt am 1. April 1908 in Kraft. Die Vorschriften finden auf früher ausgestellte Schecks keine Anwendung.

Mit dem Inkrafttreten des Gesetzes, betreffend die Erleichterung des Wechselprotestes, werden die im § 16 des gegenwärtigen Gesetzes angeführten Vorschriften durch die neuen Artikel 87 bis 88a, 89a, 90 bis 91a, 92 Absatz 2 der Wechselordnung sowie durch die §§ 3, 4 des erstgenannten Gesetzes ersetzt.

Der **§ 30** enthält, außer den Bestimmungen in Abs 1 über das Inkrafttreten des Gesetzes, die nur vorübergehende Bedeutung gehabt haben, in Abs 3 bereits eine das Gesetz selbst abändernde Vorschrift. Die Veranlassung dazu war, daß zu der Zeit, als das ScheckG im Reichstage in zweiter Lesung beraten wurde, der Entwurf des Gesetzes zur Erleichterung des Wechselprotestes in der dafür eingesetzten Kommission des Reichstages so weit gefördert war, daß angenommen wurde, dieses Gesetz werde „aller Wahrscheinlichkeit nach" am 1. 10. 1908 in Kraft treten, während das ScheckG bereits am 1. 4. 1908 in Kraft treten sollte. Es wurde deshalb bei der zweiten Lesung des ScheckG von dem Abgeordneten Meyer der dem Inhalte des § 30 Abs 2 entsprechende Antrag gestellt, um sicher zu sein, daß die Bestimmungen des Wechselprotestgesetzes, sobald es in Kraft trete, in das ScheckG Aufnahme fänden (Reichstagsdrucksachen 1906/08 S. 3319). Von Strantz (DIZ 1908 Sp. 523) ist es nicht mit Unrecht als eine „Merkwürdigkeit" bezeichnet, daß in dem ScheckG Bestimmungen eines Entwurfes herangezogen wurden, ohne daß feststand, ob der Entwurf Gesetz werden würde und ob die herangezogenen Bestimmungen in der vorgeschlagenen Fassung Gesetzeskraft erlangen würden. Nachdem das Wechselprotestgesetz (Anhang D 1) am 1. 10. 1908 in Kraft getreten, ist zugleich der in § 30 Abs 2 angeführte § 16 ScheckG in der hier angegebenen Weise geändert worden. Die dadurch eingetretenen Änderungen sind oben bei § 16 berücksichtigt und erläutert worden und es kann hier darauf verwiesen werden.

Anhänge.

A. Verfahrensvorschriften.

1. Zu § 28 Abs 3 ScheckG. Urkunden- und Wechselprozeß (§§ 592 bis 605 ZPO).

§ 592. Ein Anspruch, welcher die Zahlung einer bestimmten Geldsumme oder die Leistung einer bestimmten Quantität anderer vertretbarer Sachen oder Wertpapiere zum Gegenstande hat, kann im Urkundenprozeß geltend gemacht werden, wenn die sämtlichen zur Begründung des Anspruchs erforderlichen Tatsachen durch Urkunden bewiesen werden können. Als ein Anspruch, welcher die Zahlung einer Geldsumme zum Gegenstande hat, gilt auch der Anspruch aus einer Hypothek, einer Grundschuld oder einer Rentenschuld.

§ 593. Die Klage muß die Erklärung enthalten, daß im Urkundenprozeß geklagt werde.

Die Urkunden müssen in Urschrift oder in Abschrift der Klage oder einem vorbereitenden Schriftsatze beigefügt werden. Im letzteren Falle muß zwischen der Zustellung des Schriftsatzes und dem Termin zur mündlichen Verhandlung ein der Einlassungsfrist gleicher Zeitraum liegen.

§ 594. (Fortgefallen).

§ 595. Widerklagen sind nicht statthaft.

Als Beweismittel sind bezüglich der Echtheit oder Unechtheit einer Urkunde sowie bezüglich anderer als der im § 592 erwähnten Tatsachen nur Urkunden und Eideszuschiebung zulässig.

Die Antretung des Urkundenbeweises kann nur durch Vorlegung der Urkunden erfolgen.

Die Leistung eines Eides ist durch Beweisbeschluß anzuordnen.

§ 596. Der Kläger kann, ohne daß es der Einwilligung des Beklagten bedarf, bis zum Schlusse der mündlichen Verhandlung von dem Urkundenprozesse in der Weise abstehen, daß der Rechtsstreit im ordentlichen Verfahren anhängig bleibt.

§ 597. Insoweit der in der Klage geltend gemachte Anspruch an sich oder infolge einer Einrede des Beklagten als unbegründet sich darstellt, ist der Kläger mit dem Anspruch abzuweisen.

Ist der Urkundenprozeß unstatthaft, ist insbesondere ein dem Kläger obliegender Beweis nicht mit den im Urkundenprozeß zulässigen Beweismitteln angetreten oder mit solchen Beweismitteln nicht vollständig geführt, so wird die Klage als in der gewählten Prozeßart unstatthaft abgewiesen, selbst wenn in dem Termin zur mündlichen Verhandlung der Beklagte nicht erschienen ist oder der Klage nur auf Grund von Einwendungen widersprochen hat, welche rechtlich unbegründet oder im Urkundenprozeß unstatthaft sind.

§ 598. Einwendungen des Beklagten sind, wenn der dem Beklagten obliegende Beweis derselben nicht mit den im Urkundenprozeß zulässigen Beweismitteln angetreten oder mit solchen Beweismitteln nicht vollständig geführt ist, als im Urkundenprozeß unstatthaft zurückzuweisen.

§ 599. Dem Beklagten, welcher dem geltend gemachten Anspruch widersprochen hat, ist in allen Fällen, in denen er verurteilt wird, die Ausführung seiner Rechte vorzubehalten.

Enthält das Urteil keinen Vorbehalt, so kann die Ergänzung des Urteils nach Vorschrift des § 321 beantragt werden.

Das Urteil, welches unter Vorbehalt der Rechte ergeht, ist in betreff der Rechtsmittel und der Zwangsvollstreckung als Endurteil anzusehen.

§ 600. Wird dem Beklagten die Ausführung seiner Rechte vorbehalten, so bleibt der Rechtsstreit im ordentlichen Verfahren anhängig.

Soweit sich in diesem Verfahren ergibt, daß der Anspruch des Klägers unbegründet war, finden die Vorschriften des § 302 Abs 4 Satz 2—4 Anwendung.

Erscheint in diesem Verfahren eine Partei nicht, so finden die Vorschriften über das Versäumnisurteil entsprechende Anwendung.

§ 601. (Fortgefallen).

§ 602. Werden im Urkundenprozesse Ansprüche aus Wechseln im Sinne der WO geltend gemacht (Wechselprozeß), so kommen die nachfolgenden besonderen Vorschriften zur Anwendung.

§ 603. Wechselklagen können sowohl bei dem Gerichte des Zahlungsorts als bei dem Gericht angestellt werden, bei welchem der Beklagte seinen allgemeinen Gerichtsstand hat.

Wenn mehrere Wechselverpflichtete gemeinschaftlich verklagt werden, so ist außer dem Gerichte des Zahlungsorts jedes Gericht zuständig, bei welchem einer der Beklagten seinen allgemeinen Gerichtsstand hat.

§ 604. Die Klage muß die Erklärung enthalten, daß im Wechselprozeß geklagt werde.

Die Einlassungsfrist beträgt mindestens vierundzwanzig Stunden, wenn die Klage an dem Orte, der Sitz des Prozeßgerichts ist, zugestellt wird; mindestens drei Tage, wenn die Klage an einem anderen Orte zugestellt wird, der im Bezirke des Prozeßgerichts oder, falls dieses ein Amtsgericht ist, im Bezirke des dem Amtsgericht übergeordneten Landgerichts liegt, oder von dem ein Teil zu diesem Bezirke gehört; mindestens eine Woche, wenn die Klage sonst im Inland zugestellt wird. Das gleiche gilt von der Ladungsfrist, soweit sie nicht nach den allgemeinen Bestimmungen kürzer als die im ersten Satze festgesetzte Einlassungsfrist ist.

In den höheren Instanzen beträgt die Einlassungs- und Ladungsfrist mindestens vierundzwanzig Stunden, wenn die Zustellung der Berufungs- oder Revisionsschrift oder der Ladung an dem Orte erfolgt, der Sitz des höheren Gerichts ist; mindestens drei Tage, wenn die Zustellung an einem anderen Orte erfolgt, der ganz oder zum Teil in dem Landgerichtsbezirke liegt, in welchem das höhere Gericht seinen Sitz hat; mindestens eine Woche, wenn die Zustellung sonst im Inland erfolgt.

§ 605. Soweit es zur Erhaltung des wechselmäßigen Anspruchs der rechtzeitigen Protesterhebung nicht bedarf, ist als Beweismittel bezüglich der Präsentation des Wechsels Eideszuschiebung zulässig.

Zur Berücksichtigung einer Nebenforderung genügt, daß sie glaubhaft gemacht ist.

2. Zu § 27 ScheckG. Aufgebotsverfahren (§§ 946 bis 959, 1003 bis 1009, 1015 bis 1019, 1022 ZPO).

§ 946. Eine öffentliche gerichtliche Aufforderung zur Anmeldung von Ansprüchen oder Rechten findet mit der Wirkung, daß die Unterlassung der Anmeldung einen Rechtsnachteil zur Folge hat, nur in den durch das Gesetz bestimmten Fällen statt.

Für das Aufgebotsverfahren ist das durch das Gesetz bestimmte Gericht zuständig.

§ 947. Der Antrag kann schriftlich oder zum Protokoll des Gerichtsschreibers gestellt werden. Die Entscheidung kann ohne vorgängige mündliche Verhandlung erfolgen.

Ist der Antrag zulässig, so hat das Gericht das Aufgebot zu erlassen. In dasselbe ist insbesondere aufzunehmen:

1. die Bezeichnung des Antragstellers;
2. die Aufforderung, die Ansprüche und Rechte spätestens im Aufgebotstermine anzumelden;
3. die Bezeichnung der Rechtsnachteile, welche eintreten, wenn die Anmeldung unterbleibt;
4. die Bestimmung eines Aufgebotstermins.

§ 948. Die öffentliche Bekanntmachung des Aufgebots erfolgt durch Anheftung an die Gerichtstafel und durch einmalige Einrückung in den Deutschen Reichsanzeiger, sofern nicht das Gesetz für den betreffenden Fall eine abweichende Anordnung getroffen hat.

Das Gericht kann anordnen, daß die Einrückung noch in andere Blätter und zu mehreren Malen erfolge.

§ 949. Auf die Gültigkeit der öffentlichen Bekanntmachung hat es keinen Einfluß, wenn das anzuheftende Schriftstück von dem Orte der Anheftung zu früh entfernt ist oder wenn im Falle wiederholter Bekanntmachung die vorgeschriebenen Zwischenfristen nicht eingehalten sind.

§ 950. Zwischen dem Tage, an welchem die Einrückung oder die erste Einrückung des Aufgebots in den Deutschen Reichsanzeiger erfolgt ist, und dem Aufgebotstermin muß, sofern das Gesetz nicht eine abweichende Anordnung enthält, ein Zeitraum (Aufgebotsfrist) von mindestens sechs Wochen liegen.

§ 951. Eine Anmeldung, welche nach dem Schlusse des Aufgebotstermins, jedoch vor Erlassung des Ausschlußurteils erfolgt, ist als eine rechtzeitige anzusehen.

§ 952. Das Ausschlußurteil ist in öffentlicher Sitzung auf Antrag zu erlassen.

Einem in der Sitzung gestellten Antrag wird ein Antrag gleichgeachtet, welcher vor dem Aufgebotstermin schriftlich gestellt oder zum Protokoll des Gerichtsschreibers erklärt worden ist.

Vor Erlassung des Urteils kann eine nähere Ermittelung, insbesondere die Versicherung der Wahrheit einer Behauptung des Antragstellers an Eides Statt, angeordnet werden.

Gegen den Beschluß, durch welchen der Antrag auf Erlassung des Ausschlußurteils zurückgewiesen wird, sowie gegen Beschränkungen und Vorbehalte, welche dem Ausschlußurteile beigefügt sind, findet sofortige Beschwerde statt.

§ 953. Erfolgt eine Anmeldung, durch welche das von dem Antragsteller zur Begründung des Antrags behauptete Recht bestritten wird, so ist nach Beschaffenheit des Falles entweder das Aufgebotsverfahren bis zur endgültigen Entscheidung über das angemeldete Recht auszusetzen oder in dem Ausschlußurteile das angemeldete Recht vorzubehalten.

§ 954. Wenn der Antragsteller weder in dem Aufgebotstermin erschienen ist noch vor dem Termin den Antrag auf Erlassung des Ausschlußurteils gestellt hat, so ist auf seinen Antrag ein neuer Termin zu bestimmen. Der Antrag ist nur binnen einer vom Tage des Aufgebotstermins laufenden Frist von sechs Monaten zulässig.

§ 955. Wird zur Erledigung des Aufgebotsverfahrens ein neuer Termin bestimmt, so ist eine öffentliche Bekanntmachung des Termins nicht erforderlich.

§ 956. Das Gericht kann die öffentliche Bekanntmachung des wesentlichen Inhalts des Ausschlußurteils durch einmalige Einrückung in den Deutschen Reichsanzeiger anordnen.

§ 957. Gegen das Ausschlußurteil findet ein Rechtsmittel nicht statt.

Das Ausschlußurteil kann bei dem Landgericht, in dessen Bezirke das Aufgebotsgericht seinen Sitz hat, mittels einer gegen den Antragsteller zu erhebenden Klage angefochten werden:

1. wenn ein Fall nicht vorlag, in welchem das Gesetz das Aufgebotsverfahren zuläßt;
2. wenn die öffentliche Bekanntmachung des Aufgebots oder eine in dem Gesetze vorgeschriebene Art der Bekanntmachung unterblieben ist;
3. wenn die vorgeschriebene Aufgebotsfrist nicht gewahrt ist;
4. wenn der erkennende Richter von der Ausübung des Richteramts kraft Gesetzes ausgeschlossen war;
5. wenn ein Anspruch oder ein Recht ungeachtet der erfolgten Anmeldung nicht dem Gesetze gemäß in dem Urteil berücksichtigt ist;
6. wenn die Voraussetzungen vorliegen, unter welchen die Restitutionsklage wegen einer strafbaren Handlung stattfindet.

§ 958. Die Anfechtungsklage ist binnen der Notfrist eines Monats zu erheben. Die Frist beginnt mit dem Tage, an welchem der Kläger Kenntnis von dem Ausschlußurteil erhalten hat, in dem Falle jedoch, wenn die Klage auf einem der im § 957 Nr 4, 6 bezeichneten Anfechtungsgründe beruht und dieser Grund an jenem Tage noch nicht zur Kenntnis des Klägers gelangt war, erst mit dem Tage, an welchem der Anfechtungsgrund dem Kläger bekannt geworden ist.

Nach Ablauf von zehn Jahren, von dem Tage der Verkündung des Ausschlußurteils an gerechnet, ist die Klage unstatthaft.

§ 959. Das Gericht kann die Verbindung mehrerer Aufgebote anordnen, auch wenn die Voraussetzungen des § 147 nicht vorliegen.

§ 1003. Für das Aufgebotsverfahren zum Zwecke der Kraftloserklärung einer Urkunde gelten die nachfolgenden besonderen Bestimmungen.

§ 1004. Bei Papieren, welche auf den Inhaber lauten oder welche durch Indossament übertragen werden können und mit einem Blankoindossamente versehen sind, ist der bisherige Inhaber des abhanden gekommenen oder vernichteten Papiers berechtigt, das Aufgebotsverfahren zu beantragen.

Bei anderen Urkunden ist derjenige zu dem Antrag berechtigt, welcher das Recht aus der Urkunde geltend machen kann.

§ 1005. Für das Aufgebotsverfahren ist das Gericht des Orts zuständig, welchen die Urkunde als den Erfüllungsort bezeichnet. Enthält die Urkunde eine solche Bezeichnung nicht, so ist das Gericht zuständig, bei welchem der Aussteller seinen allgemeinen Gerichtsstand hat, und in Ermangelung eines solchen Gerichts dasjenige, bei welchem der Aussteller zur Zeit der Ausstellung seinen allgemeinen Gerichtsstand gehabt hat.

Ist die Urkunde über ein im Grundbuch eingetragenes Recht ausgestellt, so ist das Gericht der belegenen Sache ausschließlich zuständig.

§ 1006. Die Erledigung der Anträge auf Erlassung des Aufgebots zum Zwecke der Kraftloserklärung eines auf den Inhaber lautenden Papiers kann von der Landesjustizverwaltung für mehrere Amtsgerichtsbezirke einem Amtsgericht übertragen werden. Auf Verlangen des Antragstellers erfolgt die Erledigung durch das nach § 1005 zuständige Gericht.

Wird das Aufgebot durch ein anderes als das nach § 1005 zuständige Gericht erlassen, so ist das Aufgebot auch durch Anheftung an die Gerichtstafel des letzteren Gerichts öffentlich bekanntzumachen.

Unberührt bleiben die landesgesetzlichen Vorschriften, durch welche für das Aufgebotsverfahren zum Zwecke der Kraftloserklärung von Schuldverschreibungen auf den Inhaber, die ein deutsches Land oder früherer Bundesstaat oder eine ihm angehörende Körperschaft, Stiftung oder Anstalt des öffentlichen Rechtes ausgestellt oder für deren Bezahlung ein deutsches Land oder früherer Bundesstaat die Haftung übernommen hat, ein bestimmtes Amtsgericht für ausschließlich zuständig erklärt wird.

§ 1007. Der Antragsteller hat zur Begründung des Antrags:

1. entweder eine Abschrift der Urkunde beizubringen, oder den wesentlichen Inhalt der Urkunde und alles anzugeben, was zur vollständigen Erkennbarkeit derselben erforderlich ist;
2. den Verlust der Urkunde sowie diejenigen Tatsachen glaubhaft zu machen, von welchen seine Berechtigung abhängt, das Aufgebotsverfahren zu beantragen;
3. sich zur Versicherung der Wahrheit seiner Angaben an Eides Statt zu erbieten.

§ 1008. In dem Aufgebot ist der Inhaber der Urkunde aufzufordern, spätestens im Aufgebotstermine seine Rechte bei dem Gericht anzumelden und die Urkunde vorzulegen. Als Rechtsnachteil ist anzudrohen, daß die Kraftloserklärung der Urkunde erfolgen werde.

§ 1009. Die öffentliche Bekanntmachung des Aufgebots erfolgt durch Anheftung an die Gerichtstafel und in dem Lokale der Börse, wenn eine solche am Sitze des Aufgebotsgerichts besteht, sowie durch einmalige Einrückung in den Deutschen Reichsanzeiger.

Das Gericht kann anordnen, daß die Einrückung noch in andere Blätter und zu mehreren Malen erfolge.

Betrifft das Aufgebot ein auf den Inhaber lautendes Papier und ist in der Urkunde vermerkt oder in den Bestimmungen, unter denen die erforderliche staatliche Genehmigung erteilt worden ist, vorgeschrieben, daß die öffentliche Bekanntmachung durch bestimmte andere Blätter zu erfolgen habe, so muß die Bekanntmachung auch durch Einrückung in diese Blätter erfolgen. Das gleiche gilt bei Schuldverschreibungen, die von einem deutschen Lande oder früheren Bundesstaat ausgegeben sind, wenn die öffentliche Bekanntmachung durch bestimmte Blätter landesgesetzlich vorgeschrieben ist.

§ 1015. Die Aufgebotsfrist muß mindestens sechs Monate betragen*). Der Aufgebotstermin darf nicht über ein Jahr hinaus bestimmt werden; solange ein so naher Termin nicht bestimmt werden kann, ist das Aufgebot nicht zulässig.

§ 1016. Meldet der Inhaber der Urkunde vor dem Aufgebotstermin seine Rechte unter Vorlegung der Urkunde an, so hat das Gericht den Antragsteller hiervon zu benachrichtigen und ihm die Einsicht der Urkunde innerhalb einer zu bestimmenden Frist zu gestatten. Auf Antrag des Inhabers der Urkunde ist zur Vorlegung derselben ein Termin zu bestimmen.

§ 1017. In dem Ausschlußurteil ist die Urkunde für kraftlos zu erklären.

Das Ausschlußurteil ist seinem wesentlichen Inhalt nach durch den Deutschen Reichsanzeiger bekanntzumachen. Die Vorschriften des § 1009 Abs. 3 finden entsprechende Anwendung.

In gleicher Weise hat nach eingetretener Rechtskraft die Bekanntmachung des auf die Anfechtungsklage ergangenen Urteils, soweit dadurch die Kraftloserklärung aufgehoben wird, zu erfolgen.

§ 1018. Derjenige, welcher das Ausschlußurteil erwirkt hat, ist dem durch die Urkunde Verpflichteten gegenüber berechtigt, die Rechte aus der Urkunde geltend zu machen.

Wird das Ausschlußurteil infolge einer Anfechtungsklage aufgehoben, so bleiben die auf Grund des Urteils von dem Verpflichteten bewirkten Leistungen auch Dritten, insbesondere dem Anfechtungskläger, gegenüber wirksam, es sei denn, daß der Verpflichtete zur Zeit der Leistung die Aufhebung des Ausschlußurteils gekannt hat.

§ 1019. Bezweckt das Aufgebotsverfahren die Kraftloserklärung eines auf den Inhaber lautenden Papiers, so hat das Gericht auf Antrag an den Aussteller sowie an die in dem Papier und die von dem Antragsteller bezeichneten Zahlstellen das Verbot zu erlassen, an den Inhaber des Papiers eine Leistung zu bewirken, insbesondere neue Zins-, Renten- oder Gewinnanteilscheine oder einen Erneuerungsschein auszugeben (Zahlungssperre); mit dem Verbot ist die Benachrichtigung von der Einleitung des Aufgebotsverfahrens zu verbinden. Das Verbot ist in gleicher Weise wie das Aufgebot öffentlich bekanntzumachen.

Das an den Aussteller erlassene Verbot ist auch den Zahlstellen gegenüber wirksam, welche nicht in dem Papiere bezeichnet sind.

---

*) Für Schecke ist die Aufgebotsfrist durch § 27 Abs 1 Satz 2 ScheckG (vgl. zu § 27 Anm 7) auf mindestens zwei Monate festgesetzt.

Die Einlösung der vor dem Verbot ausgegebenen Zins-, Renten- oder Gewinnanteilscheine wird von dem Verbote nicht betroffen.

§ 1022. Wird das in Verlust gekommene Papier dem Gerichte vorgelegt oder wird das Aufgebotsverfahren in anderer Weise ohne Erlassung eines Ausschlußurteils erledigt, so ist die Zahlungssperre von Amts wegen aufzuheben. Das gleiche gilt, wenn die Zahlungssperre vor der Einleitung des Aufgebotsverfahrens angeordnet worden ist und die Einleitung nicht binnen sechs Monaten nach der Beseitigung des ihr entgegenstehenden Hindernisses beantragt wird. Ist das Aufgebot oder die Zahlungssperre öffentlich bekanntgemacht worden, so ist die Erledigung des Verfahrens oder die Aufhebung der Zahlungssperre von Amts wegen durch den Deutschen Reichsanzeiger bekannt zu machen.

Im Falle der Vorlegung des Papiers ist die Zahlungssperre erst aufzuheben, nachdem dem Antragsteller die Einsicht nach Maßgabe des § 1016 gestattet worden ist.

Gegen den Beschluß, durch welchen die Zahlungssperre aufgehoben wird, findet sofortige Beschwerde statt.

3. Zu § 28 Abs 1, 2 ScheckG. Zuständigkeit.

a) **§ 4 ZPO.** Für die Wertsberechnung ist der Zeitpunkt der Erhebung der Klage, in der Berufungs- und Revisionsinstanz der Zeitpunkt der Einlegung des Rechtsmittels, entscheidend; Früchte, Nutzungen, Zinsen und Kosten bleiben unberücksichtigt, wenn sie als Nebenforderungen geltend gemacht werden.

Bei Ansprüchen aus Wechseln im Sinne der WO sind Zinsen, Kosten und Provision, welche außer der Wechselsumme gefordert werden, als Nebenforderungen anzusehen.

b) **GVG in der Fassung der Bekanntmachung vom 22. 3. 1924 (RGBl S. 299):**

§ 72 (früher 71). Die Zivilkammern, einschließlich der Kammern für Handelssachen, sind die Berufungs- und Beschwerdegerichte in den vor den Amtsgerichten verhandelten bürgerlichen Rechtsstreitigkeiten.

§ 94 (früher 100a). Ist bei einem Landgericht eine Kammer für Handelssachen gebildet, so tritt für Handelssachen diese Kammer an die Stelle der Zivilkammern nach Maßgabe der folgenden Vorschriften.

§ 95 (früher 101). Handelssachen im Sinne dieses Gesetzes sind die bürgerlichen Rechtsstreitigkeiten, in welchen durch die Klage ein Anspruch geltend gemacht wird:

1. gegen einen Kaufmann im Sinne des Handelsgesetzbuchs aus Geschäften, welche für beide Teile Handelsgeschäfte sind;
2. aus einem Wechsel im Sinne der WO oder aus einer der im § 363 des Handelsgesetzbuchs bezeichneten Urkunden;
3. (neu) auf Grund des Scheckgesetzes.

c) **§ 8 EG zum GVG:** Durch die Gesetzgebung eines Bundesstaates, in welchem mehrere Oberlandesgerichte errichtet werden, kann die Verhandlung und Entscheidung der zur Zuständigkeit des Reichsgerichts gehörenden Revisionen in bürgerlichen Rechtsstreitigkeiten einem obersten Landesgerichte zugewiesen werden.

Diese Vorschrift findet jedoch auf bürgerliche Rechtsstreitigkeiten, welche zur Zuständigkeit des Reichsoberhandelsgerichts gehören oder durch besondere Reichsgesetze dem Reichsgerichte zugewiesen werden, keine Anwendung, es sei denn, daß für die Entscheidung im wesentlichen Rechtsnormen in Betracht kommen, die in Landesgesetzen enthalten sind.

B. Reichsbank und Abrechnungsstellen.

1. Bestimmungen über den Giroverkehr mit der Reichsbank*).

1. Anträge auf Eröffnung eines Girokontos sind an die örtlich zuständige Reichsbankanstalt zu richten. Die Reichsbank entscheidet über die Anträge nach freiem Ermessen; eine Ablehnung erfolgt ohne Angabe von Gründen.
2. Die im Geschäftsverkehr zwischen dem Kontoinhaber und der Reichsbank entstehenden Forderungen werden tunlichst ohne Ausnahme über Girokonto gebucht. Die vom Kontoinhaber zur Einlösung vorgelegten Wechsel und Schecks, die bei der das Konto führenden Reichsbankanstalt zahlbar sind, werden dem Einlieferer nicht bar ausgezahlt, sondern auf

*) In der jetzt geltenden Fassung. Für den Giroverkehr der Reichsbankhauptstelle in Hamburg sind besondere, im einzelnen abweichende Bestimmungen erlassen.

Girokonto gutgeschrieben. Der Kontoinhaber darf über sein Guthaben nur unter Verwendung der von der Reichsbank gelieferten Vordrucke verfügen. Die Reichsbank ist berechtigt, Zahlungen auch in Rentenmark zu leisten.

3. Die Guthaben werden nicht verzinst.

4. Die Guthaben haften der Reichsbank für ihre Forderungen aus allen Geschäftszweigen. Die Reichsbank darf dagegen auch mit solchen Forderungen aufrechnen, die noch nicht fällig sind.

5. Die Reichsbank ist dem Kontoinhaber zur ordnungsmäßigen und pünktlichen Ausführung der von ihm erteilten, bei der kontoführenden Bankanstalt eingereichten Überweisungsaufträge verpflichtet.

Wird die Ausführung eines Auftrages durch ein von der Reichsbank zu vertretendes Verschulden verzögert, so vergütet sie dem Auftraggeber vom zehnten Werktage nach Erteilung des Auftrages an auch ohne Nachweis eines besonderen Schadens Zinsen zu ihrem Diskontsatze für die Zeit bis zur nachträglichen Ausführung; jede Ersatzpflicht hierüber hinaus und gegenüber anderen Personen ist ausgeschlossen. Dies gilt entsprechend auch dann, wenn die nachträgliche Ausführung des Auftrages auf Verlangen des Auftraggebers unterbleibt.

Verzögerungen, die bei der Postbeförderung entstehen, sind von der Reichsbank nicht zu vertreten.

6. Die Reichsbank haftet nicht für Schäden, die durch Störung des Bankbetriebes infolge Aufruhrs, Verfügung von hoher Hand, Streiks oder Aussperrung veranlaßt worden sind.

7. Alle die Ausführung eines Giroauftrags betreffenden Ansprüche des Kontoinhabers gegen die Reichsbank verjähren in zwei Jahren. Die Verjährung beginnt mit dem Schlusse des Jahres, in dem der Auftrag der Reichsbank zugegangen ist.

8. Der Kontoinhaber hat die von ihm akzeptierten Wechsel bei der sein Konto führenden Reichsbankanstalt oder bei einem an den Giroverkehr dieser Anstalt angeschlossenen Bankhause zahlbar zu machen. Die bei der kontoführenden Reichsbankanstalt zahlbar gestellten Akzepte sind ihr rechtzeitig anzumelden.

Durch die Reichsbank zur Einziehung gelangende Verrechnungsschecks, deren Bezogene ein Girokonto besitzen, aber nicht einer der bei der Reichsbank bestehenden Abrechnungsstellen als Mitglieder angehören, sind unter Verwendung eines Reichsbankschecks zu begleichen.

9. Im einzelnen sind die folgenden Bestimmungen maßgebend:

a) Der Kontoinhaber erhält bei Eröffnung des Kontos ein Kontogegenbuch. In die Habenseite werden seitens der Reichsbank alle vom Kontoinhaber oder für diesen bar oder durch Verrechnung eingehenden Beträge, die nur über volle Mark lauten dürfen, eingetragen; andere Bescheinigungen werden nicht erteilt. Der Kontoinhaber kann indessen bei Bareinzahlungen auf das eigene Konto auf Wunsch eine Zwischenquittung erhalten, falls sich die Eintragung in das Kontogegenbuch nicht sofort ermöglichen läßt; die hierfür bestimmten Vordrucke sind vom Kontoinhaber ausgefüllt vorzulegen. Die Eintragungen in die Sollseite des Kontogegenbuches hat der Kontoinhaber selbst vorzunehmen.

Das Kontogegenbuch ist möglichst oft, jedenfalls aber am 4. jedes Monats (mit Ausnahme des 4. Januar) und am 28. Dezember *abgeschlossen* einzureichen.

b) Die Scheckvordrucke (weiße und rote) werden in Büchern bei Eröffnung des Kontos gegen besondere Empfangsbescheinigung ausgehändigt. Weiterhin soll die Aushändigung gegen Empfangsbescheinigung auf dem in jedem Buch eingehefteten Vordruck erfolgen. Der Empfänger hat jedes Buch beim Empfang daraufhin zu prüfen, ob die auf dem Umschlag angegebene Stückzahl von Scheckvordrucken und der Vordruck der Empfangsbescheinigung in ihm enthalten sind.

c) Die Scheckbücher sind mit besonderer Sorgfalt aufzubewahren. Ein Abhandenkommen von Scheckvordrucken oder des Vordrucks der Empfangsbescheinigung ist der kontoführenden Reichsbankanstalt unverzüglich schriftlich mitzuteilen (vgl. auch g).

Unbrauchbar gewordene Vordrucke sind einzuschneiden und mit dem Firmastempel oder dem Namen des Kontoinhabers versehen der kontoführenden Reichsbankanstalt sofort zurückzuliefern. Bei Schließung des Kontos sind sämtliche unbenutzt gebliebenen Scheckvordrucke zurückzugeben.

d) Die Vordrucke sind deutlich und sorgfältig auszufüllen. Der Kontoinhaber haftet der Reichsbank, wenn er die in den Vordrucken offen gelassenen Stellen nicht so ausfüllt, daß eine Fälschung unmöglich ist, oder wenn er von der auf der rechten Seite der weißen Schecks befindlichen Zahlenreihe nicht diejenigen Zahlen vor der Ausgabe abtrennt, welche den Scheckbetrag übersteigen. Die Reichsbank ist befugt, aber nicht verpflichtet, Schecks, deren Zahlenreihe nicht nach dieser Vorschrift behandelt ist, zurückzuweisen.

e) Soll ein weißer Scheck nicht bar, sondern durch Verrechnung eingelöst werden, so muß der Vermerk „Nur zur Verrechnung" (§ 14 des Scheckgesetzes vom 11. 3. 1908) deutlich sichtbar quer über die Vorderseite des Schecks gesetzt werden. Alsdann kann der Scheck nur zur Verrechnung mit der Reichsbank oder einem Girokontoinhaber benutzt werden.

f) Auf Antrag eines Girokontoinhabers kann die Reichsbank einen von ihm ausgestellten weißen (Bar- oder Verrechnungs-) Scheck mit einem Bestätigungsvermerk versehen, durch den sie zur Einlösung des Schecks innerhalb der zehntägigen Vorlegungsfrist (vgl. § 11 des Scheckgesetzes vom 11. 3. 1908) während der Geschäftsstunden verpflichtet wird. Bei Genehmigung des Antrages wird die Schecksumme vom Girokonto abgebucht; das Giroguthaben des Ausstellers ist durch Empfang des „bestätigten Schecks" in Höhe der Schecksumme getilgt. Wird der Scheck innerhalb der Vorlegungsfrist der Reichsbank nicht zur Einlösung vorgelegt, so erlischt die scheckrechtliche Haftung der Reichsbank; die Schecksumme wird dem Giroguthaben des Ausstellers alsdann wieder zugeschrieben und der Scheck fortan als nicht bestätigter Scheck behandelt. Die Einlösung eines bestätigten Schecks erfolgt nur durch diejenige Bankanstalt, welche ihn mit dem Bestätigungsvermerk versehen hat. Von anderen Reichsbankanstalten kann der bestätigte Scheck in Zahlung genommen werden; eine Barauszahlung erfolgt bei diesen nicht.

g) Die Reichsbank ist befugt, aber nicht verpflichtet, die Berechtigung der Einreicher von Schecks oder der Empfangsbescheinigungen über Scheckbücher zu prüfen. Alle Folgen und Nachteile des Abhandenkommens, der mißbräuchlichen Verwendung, der Fälschung und Verfälschung von Schecks, Scheckvordrucken, der Empfangsbescheinigungen über Scheckbücher und der Vordrucke hierzu trägt der Kontoinhaber. Die Reichsbank haftet nur für nachgewiesenes Verschulden und nur in dem Maße, als es im Verhältnis zu anderen Ursachen an der Entstehung des Schadens mitgewirkt hat.

h) Rote Schecks dürfen nur zugunsten von Inhabern von Reichsbankgirokonten ausgestellt werden und sind nicht übertragbar. Die Reichsbank nimmt nicht davon Kenntnis, für wessen Rechnung und mit welcher Zweckbestimmung der Kontoinhaber eine Überweisung vornimmt; etwa in den Text der roten Schecks eingefügte, hierauf bezügliche Zusätze bleiben unberücksichtigt. Nur bei Überweisungen an Reichsbankanstalten oder Dienststellen der Reichshauptbank ist der Verwendungszweck im Schecktexte kurz anzugeben.

i) Die Reichsbank prüft bei Entgegennahme der roten Schecks nicht, ob die als Empfänger bezeichneten Personen usw. Girokonten bei der Reichsbank unterhalten. Der Kontoinhaber hat sich daher vor Abgabe jedes Auftrags zu vergewissern, daß für den von ihm beizeichneten Empfänger an dem angegebenen Orte ein Reichsbankgirokonto geführt wird.

k) Gehen bei einer Reichsbankanstalt Überweisungen für ungenau bezeichnete Empfänger oder für Personen usw. ein, für welche ein Konto nicht geführt wird, so werden die Beträge in der Regel an den Auftraggeber zurücküberwiesen. Handelt es sich jedoch um größere Überweisungen, so ist die Reichsbank berechtigt, zwecks beschleunigter Zuführung des Betrages an den richtigen Ort oder Empfänger telegraphische oder telephonische Rückfragen zu halten. Die hierdurch entstehenden Kosten hat der Kontoinhaber zu erstatten.

10. Die Reichsbank erwartet, daß die Kontoinhaber von den ihnen eingeräumten Befugnissen regelmäßig Gebrauch machen und ständig ein der Mühewaltung entsprechendes Mindestguthaben in der von der Reichsbank mitgeteilten Höhe auf ihren Konten halten. Die Reichsbank behält sich das Recht vor, den Vertrag ohne weiteres durch schriftliche Benachrichtigung aufzuheben, wenn dieser Erwartung nicht entsprochen wird, wenn der Kontoinhaber über mehr verfügt, als sein Guthaben beträgt, oder wenn sie aus anderen Gründen die Aufhebung für angemessen erachtet.

11. Vor Eröffnung des Kontos hat sich der Kontoinhaber mit diesen Bestimmungen durch Vollziehung des unten vorgedruckten Vermerks einverstanden zu erklären. Die Unterschriften der übrigen Personen, welche als Geschäftsteilhaber oder sonst zur Zeichnung des Namens oder der Firma des Kontoinhabers berechtigt sind, müssen bei der Reichsbank niedergelegt werden. Für Prokuristen oder Bevollmächtigte sind außerdem besondere Vollmachten auf den bei der Reichsbank eingeführten Vordrucken niederzulegen. Alle der Reichsbank mitgeteilten Unterschriften und Vollmachten bleiben solange gültig, bis der das Konto führenden Bankanstalt schriftlich von dem Erlöschen Anzeige gemacht worden ist.

12. Die Reichsbank kann die vorstehenden Bestimmungen jederzeit abändern. Die Änderung tritt in Kraft 14 Tage nach der Veröffentlichung in den nach § 30 des Reichsbankstatuts bestimmten Blättern.

Kenntnis genommen.
. . . . den . . . . 192 . .
. . . .

2. Bestimmungen für die Abrechnungsstelle zu Berlin.

a) Abkommen vom 14. Februar 1883.

A. Hinsichtlich der Abrechnungsstelle ist folgendes vereinbart:

1. Die Abrechnungsstelle soll im Reichsbankgebäude eingerichtet werden. Die Leitung und Aufsicht derselben wird unter Mitwirkung der beteiligten Bankhäuser dem Reichsbank-Direktorium unterstellt.
2. Die Abrechnung wird sich auf Schecks, Anweisungen und diejenigen Wechsel (Akzepte und Domizile) beschränken, welche die Teilnehmer gegenseitig abrechnen wollen.
   Der Reichsbank, der Seehandlung und der Preußischen Zentralgenossenschaftskasse ist gestattet, auch Rechnungen zur Abrechnung zu bringen.
3. Die Abrechnung erfolgt unmittelbar zwischen den Beteiligten, die schließliche Ausgleichung durch Zu- und Abschreibungen auf den betreffenden Girokonten bei der Reichsbank.
4. Die Einlieferung eines Papiers (Nr. 2) in die Abrechnungsstelle gilt als gehörige Präsentation zur Zahlung, die Ausgleichung im Abrechnungsverfahren als Zahlung im Sinne des bürgerlichen Rechts.
5. Die Mitglieder können sich durch einen zu dem Behufe bezeichneten Beamten oder durch ein anderes Mitglied bzw. dessen Beamten bei den täglichen Abrechnungen vertreten lassen.
6. Den Geschäftsgang bei den Abrechnungen regelt die beigefügte Geschäftsordnung.
7. Die durch die Abrechnungsstelle erwachsenden Einrichtungs- und Verwaltungskosten mit Ausnahme des für dieselbe bestimmten Lokals, welches die Reichsbank unentgeltlich zur Verfügung gestellt hat, tragen alle Mitglieder zu gleichen Teilen. Die Kosten werden von dem Reichsbank-Direktorium festgestellt und halbjährlich eingezogen.

B. Rücksichtlich des Scheckverkehrs einigte man sich über folgende Maßnahmen:

1. Auf einen bestimmten Zahlungsempfänger gestellte Schecks, deren Übertragung durch die Worte „Nicht an Order" oder durch einen gleichbedeutenden Zusatz untersagt ist, sind von der Abrechnung ausgeschlossen.
   Jeder Scheck soll links oben die laufende Nummer, rechts oben den Betrag in Zahlen enthalten (siehe Nr 6).
2. Falls ein in die Abrechnung eingelieferter Scheck nicht eingelöst wird, hat der Bezogene auf Antrag des Einlieferers die in § 16 Absatz 1 Nr. 1 des Scheckgesetzes vorgesehene Erklärung abzugeben.
   Sollte diese Erklärung vom Bezogenen nicht zu erlangen sein, so wird die Abrechnungsstelle nach Führung des erforderlichen Nachweises die in § 16 Absatz 1 Nr. 2 des Scheckgesetzes vorgesehene Bescheinigung ausstellen.
3. Die Mitglieder werden darauf halten, daß Schecks auf sie von ihren Kunden nur auf Grund eines den Vorschriften des Scheckgesetzes entsprechenden Guthabens gezogen werden, und den Verkehr mit solchen Kunden abbrechen, welche hiergegen verstoßen.
4. Die Mitglieder verpflichten sich, Schecks auf die übrigen Teilnehmer der Abrechnungsstelle nicht bloß von ihren Kunden, sondern auch von anderen hiesigen Bankhäusern anzunehmen, um die Ausgleichung im Abrechnungsverfahren provisionsfrei zu besorgen.
5. Die Mitglieder werden ihre Kunden auf die für sie und das Gemeinwesen mit der Scheckeinrichtung verbundenen Vorteile durch Zirkular und andere geeignete Mittel aufmerksam machen.
6. Für die Postschecks sind die Bestimmungen der Postscheckordnung maßgebend. Das Postscheckamt ist befugt, Postschecks, die nicht gemäß § 14 des Scheckgesetzes mit dem Vermerk: „Nur zur Verrechnung" versehen sind, zurückzuweisen.

C. Allgemeine Bestimmungen.

1. Der Verein wird vertreten
   a) durch die Versammlung sämtlicher Mitglieder (Plenarversammlung),
   b) durch den Ausschuß.

2. Die Reichsbank wird in der Plenarversammlung durch ein Mitglied des Reichsbank-Direktoriums vertreten, die übrigen Mitglieder durch je ein Mitglied ihres Vorstandes bzw. durch einen der Geschäftsinhaber. Der Vertreter des Reichsbank-Direktoriums führt in den Versammlungen den Vorsitz. Zur Beschlußfassung ist die Anwesenheit von mindestens der Hälfte der Mitglieder erforderlich. Die Beschlüsse werden mit absoluter Stimmenmehrheit gefaßt, bei Stimmengleichheit gibt die Stimme des Vorsitzenden den Ausschlag.

   Zur Abänderung der Geschäftsordnung oder dieses Abkommens ist eine Stimmenmehrheit von Dreivierteilen der Anwesenden erforderlich.

   Zur Aufnahme neuer Mitglieder bedarf es eines einstimmigen Beschlusses der Anwesenden; die Abstimmung erfolgt in diesem Falle mittels verdeckter Stimmzettel. Die Plenarsitzungen werden von dem Präsidenten des Reichsbank-Direktoriums anberaumt, so oft das Bedürfnis es erfordert oder fünf Mitglieder es schriftlich beantragen. In der ersten Hälfte jedes Jahres muß eine Plenarversammlung stattfinden, um die Wahlen der 4 kaufmännischen Mitglieder des Ausschusses (s. Nr 3) vorzunehmen. Die Wahl erfolgt allemal für ein Jahr. Sie geschieht mittels verdeckter Stimmzettel für jede Stelle besonders, kann aber auch mit allseitiger Zustimmung durch Akklamation erfolgen. Bis zur Wahl der neuen Mitglieder bleiben die alten in Funktion.

3. Der Ausschuß besteht aus 6 Mitgliedern einschließlich des den Vorsitz führenden Vertreters des Reichsbank-Direktoriums und eines Vertreters der Seehandlung.

   Wählbar ist jeder, welcher eins der beteiligten Bankhäuser in den Plenarversammlungen vertreten kann. (C. Nr 2.) Von mehreren Inhabern eines Handelshauses bzw. Vorstandsmitgliedern kann nur einer Mitglied des Ausschusses sein.

   Der Ausschuß unterstützt das Reichsbank-Direktorium in der Aufsicht über die Ausführung der Geschäftsordnung, entscheidet vorkommende Differenzen unter den Vertretern der Mitglieder oder zwischen diesen und dem Vorsteher und den übrigen Beamten der Abrechnungsstelle und bereitet die Beschlußfassung über Abänderungen der Geschäftsordnung für die Plenarversammlung vor.

   Er versammelt sich, so oft das Bedürfnis es erfordert oder 2 Mitglieder es beantragen. Die Versammlungen beruft der Vorsitzende. Seine Beschlüsse faßt der Ausschuß mit absoluter Stimmenmehrheit. Bei Stimmengleichheit gibt die Stimme des Vorsitzenden den Ausschlag. Zur Beschlußfassung genügt die Anwesenheit von drei Mitgliedern.

4. Das Ausscheiden aus dem Verein steht jedem Mitglied zum Schluß jedes Kalenderjahres frei, muß aber 1 Monat vorher dem Präsidenten des Reichsbank-Direktoriums angezeigt werden.

   Ein Mitglied, dessen Giroguthaben zur Deckung des aus einer Abrechnung sich ergebenden Debet-Saldo nicht ausreicht und welches die erforderliche Deckung nicht unverzüglich beschafft, gilt als ausgeschieden.

b) Geschäftsordnung.

I. Die Reichsbank wie die übrigen Mitglieder der Abrechnungsstelle entsenden werktäglich zur bestimmten Zeit (s. Nr III, IV, VIII) einen legitimierten Vertreter zur Abrechnungsstelle, auch wenn sie keine Papiere einzuliefern haben.

   Die Vollmachten für die Vertreter müssen nach dem anliegenden Schema ausgestellt sein. Sie werden von dem Vorsteher geprüft und nach Erledigung etwaiger Anstände seitens der Vollmachtgeber von demselben verwahrt.

II. Die zur Abrechnung bestimmten Papiere müssen geordnet und mit dem Firmenstempel des betreffenden Hauses versehen, Wechsel und Anweisungen auch gehörig quittiert sein.

   Akzepte von Mitgliedern der Abrechnungsstelle — mit Ausnahme der staatlichen Institute — und Orderschecks bedürfen der handschriftlichen Quittung nicht, sondern können mit dem Stempelaufdruck:

Inhalt durch Abrechnung empfangen.
Firma
(ohne Unterschriften)

in die Abrechnung gegeben werden.

   Für Schecks, welche auf den Inhaber oder Überbringer lauten oder welche keine Angabe darüber, an wen zu zahlen ist, enthalten, kann eine Quittung nicht verlangt werden.

   In den Fällen der Abs 2 und 3 bleibt der einlösenden Firma vorbehalten, nachträglich eine ordnungsmäßig handschriftlich vollzogene Quittung vom Einreicher zu verlangen.

III. Die Abrechnungsstelle wird um $8^3/_4$ Uhr morgens geöffnet. Um 9 Uhr haben sämtliche Vertreter ihre Plätze einzunehmen. Jeder Vertreter übergibt den Vertretern der zahlungspflichtigen Häuser die betreffenden Papiere mit je einem, die Beiträge einzeln aufführenden, summierten Verzeichnis und einem Schema zu dem nur die Endsumme enthaltenden Empfangsbekenntnis, welches nach erfolgter Prüfung von dem Empfänger vollzogen und dem Einliefernden zurückgegeben wird.

Die Stückzahl der an die anderen abgelieferten Papiere, sowie die Summen der Verzeichnisse sind von einem jeden in die Debet-Kolonne des nach dem anliegenden Schema zu führenden Abrechnungsblattes tunlichst schon vor der Einlieferung einzutragen, während in die Kredit-Kolonne nur die Summen der empfangenen Papiere zu verzeichnen sind.

IV. Nach geschlossener Einlieferung begeben sich die Vertreter mit den empfangenen Papieren nach Hause, um dort die Prüfung derselben vornehmen zu lassen. Um $11^3/_4$ Uhr finden sich dieselben wieder ein. Es folgt nun die Rücklieferung der beanstandeten Papiere, welchen je ein den Beanstandungsgegenstand ergebender Zettel angeheftet sein muß, mit Spezial-Verzeichnis.

Die Rücklieferungen werden wie umgekehrte Einlieferungen behandelt, sind aber mit dem Zusatz R im Abrechnungsblatt zu versehen.

V. Neue Einlieferungen sind ebenfalls um $11^3/_4$ Uhr statthaft; es dürfen jedoch nur Abschnitte von 100 Reichsmark und darüber eingeliefert werden. Abschnitte in geringeren Beträgen sind nur insoweit zur zweiten Einlieferung zugelassen, als durch ein Überlegen auf den nächsten Werktag die Protestfrist oder die Vorlegungsfrist ablaufen würde. Die Einlieferungen sind in den Verzeichnissen und Empfangsbekenntnissen als „zweite Lieferung" zu bezeichnen und sonst nach Nr. III, IV zu behandeln.

VI. Um 2 Uhr nachmittags findet eine letzte Zusammenkunft statt. Soweit Papiere aus beiden Lieferungen hierbei nicht zurückgeliefert werden, gelten sie als anerkannt. Neue Einlieferungen sind unzulässig.

VIa. An Sonnabenden und Tagen, an denen die Bureaus und Kassen der Reichsbank aus besonderer Veranlassung früher geschlossen werden, findet nur eine Zusammenkunft um $10^1/_2$ Uhr und die Schlußabrechnung um 1 Uhr statt.

VII. Jeder Vertreter summiert die Debet- und Kredit-Kolonne seines Abrechnungsblattes und ermittelt durch Saldieren des letzteren, was sein Haus im ganzen (der Gesamtheit der Abrechnenden gegenüber) schuldet bzw. zu fordern hat. Über den Saldo stellt er eine Anweisung an das Girokontor der Reichshauptbank auf dem Abrechnungsblatt und wörtlich gleichlautend auf einem besonderen Zettel aus, welchen er dem Vorsteher mit dem Abrechnungsblatt übergibt.

VIII. Der Vorsteher trägt die Saldi der Abrechnungsblätter in ein Bilanzblatt, welches nach erfolgter Berichtigung etwaiger Rechnungsirrtümer im Kredit und Debet bei der Summierung übereinstimmen muß, vergleicht damit die Anweisungen, visiert diese und die Abrechnungsblätter, und stellt fest, ob die Giroguthaben der Mitglieder zur Deckung der etwaigen Debet-Saldi ausreichen.

Bejahendenfalls visiert er das Bilanzblatt, gibt die Abrechnungsblätter zurück und schließt die Abrechnung, worauf die Vertreter die Abrechnungsstelle verlassen dürfen. Demnächst übergibt er das Bilanzblatt dem Girokontor der Reichshauptbank, welches danach die nötigen Buchungen auf den Konten der Mitglieder und der Abrechnungsstelle vornimmt.

Reicht hingegen das Guthaben auch nur eines Mitgliedes zur Deckung des betreffenden Debet-Saldo nicht aus und wird die erforderliche Deckung nicht sofort beschafft, so unterbleibt die Visierung des Bilanzblattes, und der Vorsteher erklärt bei Rückgabe der Abrechnungsblätter, daß die Abrechnung nicht zustande gekommen ist. Die in die Abrechnung gebrachten Beiträge gelten alsdann nicht als beglichen und die Abrechnungspapiere gehen nicht in das Eigentum der Empfänger über, verbleiben vielmehr bis auf weiteres in deren Verwahrung.

IX. Im Falle der Nr. VIII Absatz 3 schreiten die an der Tagesabrechnung beteiligten Mitglieder der Abrechnungsstelle ohne das zahlungsunfähige Mitglied unverzüglich zur neuen Schlußabrechnung. Die letztere erstreckt sich auf die anerkannten Papiere der ersten und zweiten Ablieferung unter Ausschluß derjenigen, welche von dem zahlungsunfähigen Mitgliede, und derjenigen, welche auf das zahlungsunfähige Mitglied eingeliefert sind. Auf die Schlußabrechnung finden die Bestimmungen unter VI bis VIII entsprechende Anwendung.

X. Die Reichsbank ist berechtigt, während der Dauer der letzten Zusammenkunft die Girokonten der Mitglieder für Abschreibungen zu sperren.

XI. Der Vorsteher hat ein Umsatzbuch zu führen, in welches er nach den Abrechnungsblättern die Stückzahl der eingelieferten Posten und die Debetsummen einträgt.

Die Bilanzblätter sind vom Girokontor der Reichshauptbank in Jahresheften zu vereinigen und sodann ebenso wie das Umsatzbuch und die Anweisungszettel von der Registratur der Reichshauptbank aufzubewahren.

3. Bestimmungen für die Berliner Scheck-Austauschstelle.

a) Abkommen vom 7. Mai 1910.

A. Allgemeine Bestimmungen.

1. Nur Mitglieder der Berliner Abrechnungsstelle können, und zwar ohne weiteres, Mitglieder der Austauschstelle werden.
2. Die Austauschstelle wird vertreten
   a) durch die Versammlung sämtlicher Mitglieder (Plenarversammlung),
   b) durch den Ausschuß.
3. Die Reichsbank wird in der Plenarversammlung durch ein Mitglied des Reichsbank-Direktoriums vertreten, die übrigen Mitglieder durch je ein Mitglied des Vorstandes bzw. durch einen der Geschäftsinhaber. Der Vertreter des Reichsbank-Direktoriums führt in den Versammlungen den Vorsitz. Zur Beschlußfassung ist die Anwesenheit von mindestens der Hälfte der Mitglieder erforderlich. Die Beschlüsse werden mit absoluter Stimmenmehrheit gefaßt, bei Stimmengleichheit gibt die Stimme des Vorsitzenden den Ausschlag.

   Zur Abänderung der Geschäftsordnung oder dieses Abkommens ist eine Stimmenmehrheit von Dreivierteilen der Anwesenden erforderlich.

   Die Plenarsitzungen werden von dem Präsidenten des Reichsbank-Direktoriums anberaumt, so oft das Bedürfnis es erfordert oder fünf Mitglieder es schriftlich beantragen. Im Februar jedes Jahres muß eine Plenarversammlung stattfinden, um die Wahlen der vier kaufmännischen Mitglieder des Ausschusses (s. Nr. 4) vorzunehmen. Die Wahl erfolgt allemal für ein Jahr. Sie geschieht mittels verdeckter Stimmzettel für jede Stelle besonders, kann aber auch mit allseitiger Zustimmung durch Zuruf erfolgen. Bis zur Wahl der neuen Mitglieder bleiben die alten in Funktion.
4. Der Ausschuß besteht aus sechs Mitgliedern einschließlich des den Vorsitz führenden Vertreters des Reichsbank-Direktoriums und eines Vertreters der Seehandlung.

   Wählbar ist jeder, welcher eins der beteiligten Bankhäuser in den Plenarversammlungen vertreten kann (A Nr. 3). Von mehreren Inhabern eines Handelshauses bzw. Vorstandsmitgliedern kann nur einer Mitglied des Ausschusses sein.

   Der Ausschuß unterstützt das Reichsbank-Direktorium in der Aufsicht über die Ausführung der Geschäftsordnung, entscheidet vorkommende Differenzen unter den Vertretern der Mitglieder oder zwischen diesen und dem Vorsteher und den übrigen Beamten der Austauschstelle und bereitet die Beschlußfassung über die Abänderungen der Geschäftsordnung für die Plenarversammlung vor.

   Er versammelt sich, so oft das Bedürfnis es erfordert oder zwei Mitglieder es beantragen. Die Versammlungen beruft der Vorsitzende. Seine Beschlüsse faßt der Ausschuß mit absoluter Stimmenmehrheit. Bei Stimmengleichheit gibt die Stimme des Vorsitzenden den Ausschlag. Zur Beschlußfassung genügt die Anwesenheit von drei Mitgliedern.
5. Das Ausscheiden aus der Austauschstelle steht jedem Mitglied zum Schluß jedes Kalenderjahres frei, muß aber einen Monat vorher dem Präsidenten des Reichsbank-Direktoriums angezeigt werden.

   Ein Mitglied, das nicht mehr der Berliner Abrechnungsstelle angehört, gilt auch als aus der Austauschstelle ausgeschieden.

B. Hinsichtlich der Austauschstelle ist folgendes vereinbart:

1. Die Austauschstelle soll im Reichsbankgebäude eingerichtet werden. Ihre Leitung und Beaufsichtigung wird unter Mitwirkung der beteiligten Bankhäuser, Behörden usw. dem Reichsbank-Direktorium unterstellt.
2. Der Austausch wird sich auf Schecks beschränken, die zwar außerhalb Berlins zahlbar sind, auf denen aber ein Mitglied der Scheckaustauschstelle oder ein anderes Bankhaus, das mit einem Mitglied der Scheckaustauschstelle in Geschäftsverbindung steht und durch dieses vertreten wird, als Zahlungsstelle angegeben ist, durch die der Einzug der Schecks kostenfrei erfolgt.

   Auf einen bestimmten Zahlungsempfänger gestellte Schecks, deren Übertragung durch die Worte „nicht an Order" oder durch einen gleichbedeutenden Zusatz untersagt ist, sind von dem Austausch ausgeschlossen.

3. Der Austausch erfolgt unmittelbar zwischen den Beteiligten.
4. Die Mitglieder können sich durch einen hierfür bezeichneten Beamten oder durch ein anderes Mitglied oder dessen Beamten bei dem täglichen Austausch vertreten lassen.
5. Den Geschäftsgang bei dem Austausch regelt die beigefügte Geschäftsordnung.
6. Die durch die Austauschstelle erwachsenden Einrichtungs- und Verwaltungskosten mit Ausnahme derjenigen des für sie bestimmten Lokals, das die Reichsbank unentgeltlich zur Verfügung gestellt hat, tragen alle Mitglieder zu gleichen Teilen. Die Kosten werden von dem Reichsbank-Direktorium festgestellt und halbjährlich eingezogen.
7. Die Vergütung der Beträge für die zum Austausch eingelieferten Schecks erfolgt nach deren Einziehung ausschließlich unter Benutzung der Einrichtung der Berliner Abrechnungsstelle. Nichtbezahlte Schecks müssen in der Regel im Original als Rücklieferung durch die Berliner Abrechnungsstelle an das Einlieferungsmitglied der Austauschstelle zurückgegeben werden.

   Bis zur Vergütung des Betrages oder Rücklieferung des Schecks ist das Empfangsmitglied der Austauschstelle lediglich Verwahrer des Schecks.

b) Geschäftsordnung der Berliner Scheck-Austauschstelle.

I. Die Reichsbank wie die übrigen Mitglieder der Austauschstelle entsenden werktäglich zur bestimmten Zeit (s. Nr. III) einen legitimierten Vertreter zur Scheckaustauschstelle, auch wenn sie keine Schecks einzuliefern haben.

Die Vollmachten für die Vertreter müssen nach dem anliegenden Schema ausgestellt sein. Sie werden von dem Vorsteher geprüft und nach Erledigung etwaiger Anstände seitens der Vollmachtgeber von ihm verwahrt.

II. Die zum Austausch bestimmten Schecks müssen geordnet und mit dem Firmastempel des betreffenden Hauses versehen sein.

Orderschecks bedürfen der handschriftlichen Quittung nicht, sondern können mit dem Stempelaufdruck:

Inhalt empfangen.
(Provinz-Bankier)
im Wege der Scheck-Austauschstelle
durch
(Mitglied der Austauschstelle).

in den Austausch gegeben werden.

Für Schecks, die auf den Inhaber oder Überbringer lauten, oder die keine Angabe darüber, an wen zu zahlen ist, enthalten, ist eine Quittung nicht erforderlich.

Der einlösenden Firma bleibt es vorbehalten, nachträglich eine ordnungsmäßig handschriftlich vollzogene Quittung vom Einreicher zu verlangen.

III. Der Scheckaustausch findet täglich nur einmal und zwar um 12 ½ Uhr, Sonnabends um 11½ Uhr statt.

Jeder Vertreter hat sich zu den vorstehend genannten Zeiten in der Reichsbank einzufinden und übergibt dem Vertreter des betreffenden anderen Mitgliedes, das selbst oder von dem einer seiner Kunden als Zahlstelle angegeben ist, die Schecks mit zwei gleichlautenden, die Beträge, Schecknummern und Zahlungsorte einzeln aufführenden, summierten Verzeichnissen und einem Schema zu dem die Endsumme der Verzeichnisse enthaltenden Empfangsbekenntnis. Eins der Verzeichnisse und das Empfangsbekenntnis werden nach erfolgter Prüfung durch den Empfänger von diesem gezeichnet und dem Einliefernden zurückgegeben. (An Stelle von zwei Verzeichnissen kann auch nur ein Verzeichnis nebst einer durch das Kopierverfahren oder mittels Durchpause hergestellten Kopie eingeliefert werden, wobei dann die Kopie mit den Schecks dem Empfänger verbleibt, das Originalverzeichnis aber zurückgegeben wird.)

Die Stückzahl der an die anderen abgelieferten Schecks, sowie die Summen der Verzeichnisse sind von einem jeden in die Debet-Kolonne des nach dem anliegenden Schema zu führenden Austauschblattes tunlichst schon vor der Einlieferung einzutragen, während in die Kredit-Kolonne nur die Summen der empfangenen Schecks zu verzeichnen sind.

IV. Jeder Vertreter summiert die Debet- und Kredit-Kolonne seines Austauschblattes und ermittelt durch Saldieren des letzteren, was sein Haus im ganzen (der Gesamtheit der Austauschenden gegenüber) schuldet oder zu fordern hat.

V. Der Vorsteher trägt die Saldi der Austauschblätter in ein Bilanzblatt, das nach erfolgter Berichtigung etwaiger Rechnungsirrtümer im Kredit und Debet bei der Summierung übereinstimmen muß, visiert die Austauschblätter, gibt diese zurück und schließt den Austausch, worauf die Vertreter die Austauschstelle verlassen dürfen.

Nach sieben Werktagen werden die dem Einliefernden zurückgegebenen Verzeichnisse von diesem quittiert in die Berliner Abrechnungsstelle bei der 9-Uhr-Zusammenkunft eingeliefert. Jede Zahlstelle prüft die Übereinstimmung der Verzeichnisse mit den zurückbehaltenen zweiten Ausfertigungen oder den Kopien und vergütet oder belastet sodann den Austauschsaldo auf Grund der Austauschblätter (Form. C).

Sind Schecks mangels Zahlung zurückgekommen, so werden sie unter Rückgabe als Rücklieferungen bei der Abrechnung behandelt. Sie müssen an demselben Tage und zwar bei der zweiten Lieferung der Abrechnungsstelle zurückgeliefert werden, an dem das Verzeichnis, worauf der betreffende Scheck bei Einlieferung verzeichnet stand, durch die Abrechnung geht. Für den Fall, daß eine Benachrichtigung über die Bezahlung des Schecks bei dem Empfangsmitglied der Scheckaustauschstelle noch nicht eingetroffen oder der unbezahlte Scheck noch nicht wieder in seine Hände gelangt ist, muß, um die Abrechnung des betreffenden Scheckverzeichnisses nicht aufzuhalten, an Stelle des im Original nicht zurückgelieferten Schecks ein Rücklieferungsschein über den Scheck als Rücklieferung durch die Abrechnung gehen. Der Ausgleich solcher, nicht im Original zurückgegebenen Schecks bleibt den Beteiligten überlassen.

Als bezahlt gelten alle Schecks, die am Tage der Einlieferung des betreffenden Verzeichnisses in die Abrechnungsstelle nicht im Original zurückgeliefert werden oder die nicht an Stelle des Originals durch einen Rücklieferungsschein als unerledigt gekennzeichnet worden sind.

4. Verzeichnis sämtlicher Abrechnungsstellen nach dem Stande vom 31. März 1925.

Berlin	eröffnet am	2. 4. 1883		Hamburg	eröffnet am	24. 7. 1883
Aachen	" "	2. 1. 1923		Hannover	" "	24. 3. 1908
Augsburg	" "	18. 2. 1914		Karlsruhe	" "	15. 1. 1909
Barmen	" "	17. 10. 1918		Kiel	" "	16. 5. 1919
Bielefeld	" "	1. 5. 1924		Köln	" "	22. 5. 1883
Bochum	" "	1. 9. 1924		Königsberg i. Pr.	" "	24. 3. 1914
Braunschweig	" "	18. 11. 1907		Leipzig	" "	25. 6. 1883
Bremen	" "	7. 4. 1884		Magdeburg	" "	15. 11. 1912
Breslau	" "	1. 3. 1884		Mainz	" "	8. 10. 1920
Cassel	" "	24. 9. 1918		Mannheim	" "	24. 6. 1908
Chemnitz	" "	1. 9. 1902		Mülheim (Ruhr)	" "	2. 11. 1922
Crefeld	" "	1. 7. 1924		München	" "	11. 6. 1906
Darmstadt	" "	8. 11. 1924		München-Gladbach	" "	2. 1. 1923
Dortmund	" "	2. 1. 1905		Münster	" "	3. 5. 1920
Dresden	" "	10. 7. 1883		Nürnberg	" "	9. 4. 1908
Duisburg	" "	16. 1. 1924		Osnabrück	" "	7. 4. 1924
Düsseldorf	" "	1. 4. 1909		Pforzheim	" "	17. 10. 1922
Elberfeld	" "	8. 3. 1893		Plauen i. V.	" "	1. 12. 1919
Erfurt	" "	14. 10. 1919		Remscheid	" "	10. 11. 1919
Essen	" "	26. 10. 1909		Stettin	" "	13. 4. 1920
Flensburg	" "	15. 5. 1924		Stuttgart	" "	15. 5. 1883
Frankfurt a. M.	" "	23. 4. 1883		Ulm	" "	1. 3. 1923
Gelsenkirchen	" "	1. 10. 1922		Wiesbaden	" "	1. 12. 1913
Görlitz	" "	6. 10. 1924		Würzburg	" "	3. 1. 1921
Hagen	" "	9. 10. 1923		Zwickau	" "	15. 5. 1919
Halle	" "	24. 4. 1911				

Seitdem sind hinzugetreten:

Wesermünde (RGBl 1925 II 137)
Gera (RGBl 1925 II 177)
Lübeck (RGBl 1925 II 776)
Heidelberg (RGBl 1926 II 101)
Ludwigshafen (RGBl 1926 II 128).
Heilbronn (RGBl 1926 II 128)
Rostock (RGBl 1926 II 252)
Freiburg i. Breisgau (RGBl 1926 II 253)
Gotha (RGBl 1926 II 434)

5. Bekanntmachung über die Bestätigung von Schecks durch die Reichsbank. Vom 31. August 1916 (RGBl S. 985).

Der Bundesrat hat auf Grund des § 3 des Ges. über die Ermächtigung des Bundesrats zu wirtschaftlichen Maßnahmen usw. v. 4. 8. 1914 (RGBl. S. 327) folgende Verordnung erlassen:

Art. 1. Versieht die Reichsbank einen auf sie gezogenen Scheck mit einem Bestätigungsvermerke, so wird sie hierdurch dem Inhaber zur Einlösung verpflichtet; für die Einlösung haftet sie auch dem Aussteller und den Indossanten.

Die Verpflichtung aus der Bestätigung erlischt, wenn der Scheck nicht innerhalb der Vorlegungsfrist (§ 11 ScheckG.) zur Zahlung vorgelegt wird. Hinsichtlich des Nachweises der Vorlegung finden die Vorschriften des § 16 ScheckG. Anwendung.

Der Anspruch aus der Bestätigung verjährt in zwei Jahren vom Ablauf der Vorlegungsfrist an.

Für einen bestätigten Scheck, auf dem eine Unterschrift gefälscht ist, gelten die Vorschriften des § 23, für die gerichtliche Geltendmachung von Ansprüchen auf Grund der Bestätigung die Vorschriften des § 28 ScheckG. entsprechend.

Die Reichsbank ist nur nach vorheriger Deckung befugt, Schecks mit einem Bestätigungsvermerke zu versehen.

Art 2. Die Bestätigung begründet nicht die Verpflichtung zur Entrichtung des Wechselstempels oder einer landesgesetzlichen Abgabe.

Art 3. Diese Verordnung tritt mit dem Tage der Verkündung in Kraft. Der Reichskanzler bestimmt den Zeitpunkt des Außerkrafttretens.

Berlin, den 31. August 1916.

Der Reichskanzler.
In Vertretung
Lisco.

C. Postscheck.

1. Postscheckgesetz in der Fassung der Bekanntmachung vom 22. März 1921 (RGBl S. 247) mit den seitdem eingetretenen Änderungen.

§ 1. Zum Postscheckverkehr werden die natürlichen und juristischen Personen, die Handelsgesellschaften, Vereinigungen und Anstalten, auch soweit sie nicht juristische Personen sind, sowie die öffentlichen Behörden durch Eröffnung eines Kontos bei einem Postscheckamt zugelassen.

§ 2. Auf jedem Konto muß, solange es besteht, eine Stammeinlage von fünf Reichsmark*) gehalten werden. Die Guthaben der Kontoinhaber werden nicht verzinst.

§ 3. Dem Konto werden gutgeschrieben:

a) die Stammeinlage,
b) die mittels Zahlkarte eingezahlten Beträge,
c) die von einem anderen Postscheckkonto überwiesenen Beträge.

§ 4. Der Kontoinhaber kann über sein Guthaben, soweit es die Stammeinlage übersteigt, in beliebigen Teilbeträgen durch Überweisung auf ein anderes Postscheckkonto oder mittels Schecks jederzeit verfügen.

§ 5).** Die Gebühren betragen:

1. für eine Bareinzahlung mit Zahlkarte bei Beträgen bis 25 Reichsmark 10 Reichspfennig,

von mehr als	25	Reichsmark	bis	50	Reichsmark	20 Reichspfennig,
" " "	50	"	"	100	"	30 "
" " "	100	"	"	250	"	40 "
" " "	250	"	"	500	"	60 "
" " "	500	"	"	750	"	80 "
" " "	750	"	"	1000	"	100 "
" " "	1000	"	(unbeschränkt) für je 250 Reichsmark mehr 20 Reichspfennig mehr, im Höchstfalle 200 Reichspfennig.			

Für bargeldlos beglichene Zahlkarten wird dieselbe Gebühr, im Höchstfalle jedoch eine Gebühr von 100 Reichspfennig für eine Zahlkarte erhoben.

---

*) In der Fassung des § 2 der VO über die Umstellung des Postscheckverkehrs auf Rentenmark v. 23. 11. 1923 (RGBl I S. 1132) in Verbindung mit der 2. VO zur Durchführung des MünzG v. 12. 12. 1924 (RGBl I S. 775) § 1 Abs 2 und Anlage 2.

**) In der Fassung des § 4 der VO v. 23. 11. 1923 in Verbindung mit § 1 Abs 2 und Anlage 2 der VO v. 12. 12. 1924 (oben zu *).

2. a) für jede von der Zahlstelle eines Postscheckamts bargeldlos und für jede in den Abrechnungsstellen der Reichsbank beglichene Auszahlung 1/4 vom Tausend des im Scheck angegebenen Betrags.

b) für jede Barauszahlung durch die Zahlstelle eines Postscheckamts sowie für die Übersendung eines Schecks durch das Postscheckamt an eine Postanstalt und für die weitere Behandlung des Schecks bei dieser 1 vom Tausend des im Scheck angegebenen Betrags und außerdem eine feste Gebühr von 20 Reichspfennig.

Die Gebührenbeträge zu a und b werden auf volle 5 Reichspfennig abgerundet.

Die Gebühren zu 1 sind vom Einzahler, die Gebühren zu 2 vom Auftraggeber zu entrichten.

Die Gebühren können mit Zustimmung des Reichsrats durch den Reichspostminister herabgesetzt werden.

§ 6. Die Sendungen der Postscheckämter und Postanstalten an die Kontoinhaber, die Sendungen dieser Ämter und Anstalten untereinander sowie die Briefe der Kontoinhaber an die Postscheckämter werden in Postscheckangelegenheiten portofrei befördert. Für die Versendung der Briefe der Kontoinhaber an die Postscheckämter sind besondere Briefumschläge (§ 10 Ziffer 2 dieses Gesetzes) zu benutzen. Werden andere Briefumschläge benutzt, so unterliegen die Sendungen dem gewöhnlichen Briefporto.

§ 7. Auskunft über das Scheckguthaben darf nur in den im § 5 des Gesetzes über das Postwesen des Deutschen Reichs vom 28. Oktober 1871 (Reichs-Gesetzbl. S. 347) angegebenen Ausnahmefällen sowie in entsprechender Anwendung des § 3 Abs. 4 und des § 9 des Reichsschuldbuchgesetzes (in der Fassung der Bekanntmachung vom 31. Mai 1910, Reichs-Gesetzbl. S. 840), ferner den Finanzämtern nach Maßgabe des § 181 der Reichsabgabenordnung vom 13. Dezember 1919 (Reichs-Gesetzbl. S. 1993) erteilt werden. Bei Pfändung des Guthabens im Wege der Zwangsvollstreckung oder des Arrestes darf auch dem pfändenden Gläubiger Auskunft erteilt werden (§ 840 der Zivilprozeßordnung).

§ 8. Der Kontoinhaber kann jederzeit aus dem Postscheckverkehr scheiden. Die Postverwaltung kann das Konto bei mißbräuchlicher Überziehung des Guthabens aufheben.

§ 9. Die Postverwaltung haftet dem Kontoinhaber für die ordnungsmäßige Ausführung der bei dem Postscheckamt eingegangenen Aufträge nach den allgemeinen Vorschriften des bürgerlichen Rechtes über die Haftung des Schuldners für die Erfüllung seiner Verbindlichkeit. Sie haftet nicht für die rechtzeitige Ausführung der ihr erteilten Aufträge.

Der Anspruch gegen die Postverwaltung verjährt in zwei Jahren. Die Verjährung beginnt mit dem Schlusse des Jahres, in dem der Auftrag dem zuständigen Postscheckamt zugegangen ist.

Für Zahlkartenbeträge haftet die Postverwaltung dem Absender in gleicher Weise wie für Postanweisungen.

§ 10. Die weiteren Anordnungen zur Regelung des Postscheckverkehrs erläßt die Reichsregierung mit Zustimmung des Reichsrats*). Sie bestimmt insbesondere:

1. die allgemeinen Grundsätze für den Ausweis der nach § 1 zum Postscheckverkehr zuzulassenden Teilnehmer sowie für die Bezeichnung der Konten,
2. die zu verwendenden Formulare; die Formulare zu Zahlkarten und die im § 6 bezeichneten Briefumschläge können auch von der Privatindustrie hergestellt werden,
3. den Höchstbetrag der Zahlkarten und Schecks,
4. die Voraussetzungen, unter denen den Kunden auf anderem als dem im § 3 erwähnten Wege Beträge zugeführt werden können, und unter denen der Kontoinhaber in anderer als der im § 4 erwähnten Weise über sein Guthaben verfügen kann,
5. die Geschäfte, die bei weiterer Ausgestaltung des Postscheckverkehrs zuzulassen sind,
6. die Anlegung der im Postscheckverkehr aufkommenden Gelder,
7. die Art der Benachrichtigung der Kontoinhaber über die Ausführung der Aufträge und den Stand der Guthaben.

Werden die Anordnungen geändert, so sind die neuen Vorschriften auch auf die bereits bestehenden Postscheckkonten anzuwenden.

Die nach diesen Bestimmungen erlassenen Vollzugsanordnungen sind dem Reichstag zur Kenntnis zu bringen. Ferner ist alljährlich mit dem Etat des Reichshaushalts eine genaue monatliche Nachweisung über die Anlegung der im Postscheckverkehr aufkommenden Gelder vorzulegen.

§ 11. Dieses Gesetz tritt am 1. April 1921 in Kraft.

---

*) Das ist geschehen durch die Postscheckordnung vom 7. April 1921, abgedruckt als Anhang C 2.

2. Postscheckordnung.

Auf Grund des Artikels 88 der Verfassung des Deutschen Reichs vom 11. August 1919 (Reichs-Gesetzbl. S. 1383) und des § 10 des Postscheckgesetzes in der Fassung der Bekanntmachung vom 22. März 1921 (Reichs-Gesetzbl. S. 247) wird mit Zustimmung des Reichsrats nachstehende

Postscheckordnung

erlassen.

1. Allgemeines

§ 1. (I) Der Antrag auf Eröffnung eines Postscheckkontos ist an ein Postscheckamt oder an eine Postanstalt zu richten.

(II) Gesellschaften, Vereine, Genossenschaften usw., die nicht im Register der Handelsfirmen, Vereine, Genossenschaften usw. eingetragen sind, haben mit dem Antrag ihre Satzung vorzulegen.

(III) Jedes Postscheckamt führt eine Liste der Postscheckkunden. Die Postverwaltung veröffentlicht ein Verzeichnis der Postscheckkunden.

(IV) Die Höhe des Guthabens eines Kontos ist nicht beschränkt. Auf Antrag erteilt das Postscheckamt eine schriftliche Bestätigung über die Höhe des beim Abschluß eines Buchungstags vorhanden gewesenen Kontoguthabens gegen eine Gebühr, die der Antragsteller (Postscheckgesetz § 7) durch Aufkleben von Freimarken auf dem Antrag zu entrichten hat.

Die Kontoauszüge der PSchA an die Postscheckkunden werden auch im Verkehr mit dem Ausland gebührenfrei befördert. Die PSchA verwenden im Verkehr mit den Postscheckkunden im Saargebiet und im Ausland Briefumschläge von roter Farbe, auf denen der Vermerk „Extrait de compte de chèque postal" (Auszug aus dem Postscheckkonto) vorgedruckt ist. Wird ein Kontoauszug des innern deutschen Postscheckverkehrs nach dem Saargebiet oder dem Ausland nachgesandt, so hat die nachsendende Bestimmungs-PAnst auf dem Umschlag gewöhnlicher Art den Vermerk „Extrait de compte de chèque postal" deutlich und in die Augen fallend in der linken unteren Ecke niederzuschreiben.

(V) Die Gebühren, die der Festsetzung durch die Postscheckordnung unterliegen, sind in einer besonderen Anlage enthalten.

2. Einzahlungen

Einzahlungen durch Zahlkarte.

§ 2. (I) Durch Zahlkarte können auf ein Postscheckkonto Beträge in beliebiger Höhe eingezahlt werden. Der Absender hat die Zahlkarte vor der Einlieferung zur Post mit Freimarken in Höhe der Zahlkartengebühr (Postscheckgesetz § 5 Ziffer 1) freizumachen. Die Post kann verlangen, daß bei Einzahlungen über hohe Beträge die Geldscheine kassenmäßig verpackt werden.

(II) Die Zahlkarten können auch durch das Privatgewerbe hergestellt werden; sie müssen in der Größe, Farbe und Stärke des Papiers sowie im Vordruck mit den durch die Post ausgegebenen Zahlkarten genau übereinstimmen.

(III) Die Zahlkarte muß entweder durch Druck, mit der Schreibmaschine usw. oder handschriftlich mit Tinte ausgefüllt werden. Der Betrag ist in der Reichswährung einzutragen und in Ziffern und in Buchstaben auszudrücken. Auch der mit der Zahlkarte verbundene Einlieferungsschein ist vom Einzahler auszufüllen.

(IV) Der Abschnitt der Zahlkarte dient zu Mitteilungen an den Postscheckkunden. Zahlkarten, die unter Ausnutzung des Postscheckverkehrs zwecks Umgehung der Postgebühren zur Übermittlung von Nachrichten oder geschäftlichen Anpreisungen verwendet werden sollen, sind unzulässig.

(V) Nach Einzahlung des Betrags wird der Postvermerk auf dem Einlieferungsschein vollzogen.

(VI) Der eingezahlte Betrag wird dem in der Zahlkarte angegebenen Postscheckkonto gutgeschrieben. Das Postscheckamt übersendet dem Postscheckkunden nach der Gutschrift den Abschnitt der Zahlkarte.

(VII) Kann die Zahlkarte beim Postscheckamt nicht gutgeschrieben werden, so wird der Betrag an den Absender zurückgezahlt.

(VIII) Den Landzustellern können nach den in der Postordnung für Postanweisungen gegebenen Vorschriften auf ihren Zustellgängen freigemachte Zahlkarten zur Ablieferung an die Postanstalt übergeben werden.

(IX) Bei den Posthilfstellen können Zahlkarten unter den in der Postordnung für Postanweisungen angegebenen Bedingungen zur Weitergabe an den Landzusteller niedergelegt werden.

(X) Der Absender kann eine eingelieferte Zahlkarte unter den in der Postordnung für die Zurückziehung von Postsendungen angegebenen Bedingungen zurücknehmen, solange der Betrag dem Konto des Empfängers noch nicht gutgeschrieben ist.

(XI) Für eine bereits abgegangene Zahlkarte wird die Zahlkartengebühr nicht erstattet.

(XII) Für das Ausstellen eines Doppels zum Einlieferungsschein ist eine Gebühr vorauszuentrichten.

Telegraphische Zahlkarten

§ 3. (I) Zahlkarten können auf Antrag des Absenders dem Postscheckamt, bei dem das Konto des Empfängers geführt wird, telegraphisch übermittelt werden. Für die telegraphischen Zahlkarten gelten die Vorschriften der Postordnung für telegraphische Postanweisungen sinngemäß. Es ist der besondere Vordruck für telegraphische Zahlkarten zu verwenden.

(II) Der Postscheckkunde wird durch das Postscheckamt von der Gutschrift in der gewöhnlichen Weise (§ 1, IV) benachrichtigt. Auf Antrag des Absenders wird der Postscheckkunde von der Aufgabepostanstalt telegraphisch benachrichtigt.

(III) Besondere für den Empfänger bestimmte Mitteilungen hat der Absender auf dem Zahlkartentelegramm niederzuschreiben; sie werden durch das Zahlkartentelegramm dem Postscheckamt mitgeteilt und von diesem in der gewöhnlichen Weise (§ 1, IV) an den Empfänger weitergegeben. Hat der Absender die telegraphische Benachrichtigung des Empfängers gewünscht, so werden die Mitteilungen in das Benachrichtigungstelegramm aufgenommen. Sie sind in diesem Falle vom Absender nicht auf dem Zahlkartentelegramm, sondern auf der Rückseite des Abschnitts der telegraphischen Zahlkarte niederzuschreiben.

(IV) Vom Absender werden erhoben:

1. eine nach der Höhe des Zahlkartenbetrags gestaffelte Gebühr, außerdem zutreffendenfalls
2. die Telegraphengebühr für die in das Zahlkartentelegramm aufgenommenen Mitteilungen für den Empfänger (III),
3. die Telegraphengebühr für das besondere Benachrichtigungstelegramm.

Überweisung von Post- und Zahlungsanweisungen und von Beträgen, die durch Postauftrag oder Nachnahme eingezogen worden sind

§ 4. (I) Der Postscheckkunde kann bei der Postanstalt, durch die er seine Postsendungen erhält, beantragen, daß alle für ihn eingehenden oder auch einzelne bereits eingegangene Post- und Zahlungsanweisungen seinem Postscheckkonto gutgeschrieben werden.

(II) Die Postanstalt überweist die eingegangenen Post- und Zahlungsanweisungen zur Gutschrift dem Postscheckamt, bei dem das Konto des Postscheckkunden geführt wird. Das Postscheckamt übersendet dem Postscheckkunden nach der Gutschrift die Abschnitte der Post- und Zahlungsanweisungen. Dem Postscheckkunden steht nicht das Recht zu, den Betrag einer Post- oder Zahlungsanweisung nach erfolgter Gutschrift zu verweigern.

(III) Die durch Postauftrag eingezogenen Beträge werden nach Abzug der Zahlkartengebühr dem Postscheckkonto des Auftraggebers oder eines Dritten mit Zahlkarte überwiesen, wenn der Auftraggeber Postaufträge mit anhängender Zahlkarte benutzt. Die Zahlkarte ist von ihm auszufüllen; als Betrag ist der einzuziehende Betrag nach Abzug der Zahlkartengebühr einzutragen.

Wird die Überweisung auf das Postscheckkonto eines Dritten beantragt, so hat der Auftraggeber am Fuße der Vorderseite des Postauftrags zu vermerken:

„Zahlkarte PSchA (Ort) . . . . Konto Nr. . . . . N. . . . . . . in M. . . . . ."
und auf dem Abschnitt der Zahlkarte seinen Namen anzugeben.

(IV) Die durch Nachnahme eingezogenen Beträge werden nach Abzug der Zahlkartengebühr und der durch die Postordnung festgesetzten Einziehungsgebühr dem Postscheckkonto des Absenders oder eines Dritten mit Zahlkarte überwiesen, wenn der Absender der Sendung eine Zahlkarte beifügt. Als Betrag ist in der Zahlkarte der einzuziehende Betrag nach Abzug der Zahlkartengebühr und der durch die Postordnung festgesetzten Einziehungsgebühr einzutragen. Bei Paketen oder Karten mit Nachnahme hat der Absender Nachnahmepaketkarten und Nachnahmekarten mit anhängender Zahlkarte zu benutzen. Bei Nachnahmepaketen ist auf dem Paket in der Aufschrift unmittelbar unter der Angabe des Nachnahmebetrags zu vermerken:

„Zahlkarte PSchA (Ort) . . . . Konto Nr. . . . . . . N. . . . . . in M. . . . .".

Bei Briefen usw. mit Nachnahme hat der Absender blaue Nachnahmezahlkarten (mit Klebeleiste) oder hellrotbraune Nachnahmezahlkarten in Kartenform zu verwenden. Unmittelbar unter der Angabe des Nachnahmebetrags ist auf diesen Sendungen zu vermerken:

„Zahlkarte PSchA (Ort) . . . . . . Konto Nr. . . . . N. . . . . in M. . . . .".

Wird die Überweisung auf das Postscheckkonto eines Dritten beantragt, so hat der Absender auf dem Abschnitt der Zahlkarte seinen Namen anzugeben.

(V) Die Vordrucke (III und IV) können auch durch das Privatgewerbe hergestellt werden; sie müssen in der Größe, Farbe und Stärke des Papiers sowie im Aufdruck mit den amtlichen genau übereinstimmen.

(VI) Das Postscheckamt sendet dem Postscheckkunden nach der Gutschrift des Betrags den Abschnitt der Zahlkarte.

Überweisungen von einem anderen Postscheckkonto

§ 5. (I) Die für Postscheckkunden von anderen Postscheckkunden überwiesenen Beträge werden dem Konto des Empfängers gutgeschrieben.

(II) Das Postscheckamt sendet dem Postscheckkunden nach der Gutschrift die Abschnitte der Überweisungen und Ersatzüberweisungen (§ 7, II und III).

3. Auszahlungen

Allgemeines

§ 6. (I) Zu Überweisungen (§ 7, I), Ersatzüberweisungen (§ 7, III), Schecken (§ 9, I) und Zahlungsanweisungen (§ 9, III) dürfen nur die vom Postscheckamt bezogenen Vordrucke benutzt werden.

(II) Der Postscheckkunde ist verpflichtet, die Vordrucke (I) sorgfältig und sicher aufzubewahren. Er trägt alle Nachteile, die aus dem Verlust oder dem sonstigen Abhandenkommen sowie aus der mißbräuchlichen Benutzung der Vordrucke entstehen, wenn er nicht das Postscheckamt von dem Verlust usw. so zeitig benachrichtigt hat, daß die Überweisung oder Zahlung an einen Unberechtigten noch verhindert werden kann; auch hat er in solchem Falle die ihm vom Postscheckamt mitgeteilten Sicherheitsmaßnahmen zu beachten.

(III) Die Unterschriften der Personen, die zur Ausstellung von Überweisungen und Schecken berechtigt sein sollen, hat der Postscheckkunde dem Postscheckamt — zweifach — durch Unterschriftsblatt mitzuteilen. Die vom Postscheckkunden zur Unterzeichnung von Überweisungen und Schecken ermächtigten Personen sind berechtigt, Überweisungs- und Scheckhefte zu bestellen, ferner nach dem Tode des Postscheckkunden das Konto weiterzuführen oder die Löschung des Kontos zu beantragen und das Restguthaben abzuheben. Der Postscheckkunde kann diese Befugnisse im Unterschriftsblatt beschränken oder ausschließen.

(IV) Die dem Postscheckamt mitgeteilten Unterschriften gelten so lange, bis gegenüber diesem Amt die Zeichnungsbefugnis vom Postscheckkunden, nach seinem Tode von den Erben oder anderen zur Verfügung über den Nachlaß berechtigten Personen schriftlich widerrufen wird. Der Widerruf steht jedem einzelnen Erben zu.

(V) Die Vordrucke (I) einschließlich der mit den Überweisungen und Schecken verbundenen Lastschriftzettel müssen entweder durch Druck, mit der Schreibmaschine usw. oder handschriftlich mit Tinte ausgefüllt werden. Die Unterschrift ist stets handschriftlich mit Tinte oder mit Tintenstift anzugeben. Der Betrag ist in der Reichswährung einzutragen; er ist bei Überweisungen, Schecken und Zahlungsanweisungen in Ziffern und in Buchstaben auszudrücken. Bei Schecken, deren Betrag im Ausland durch Postanweisung ausgezahlt werden soll, kann dieser in der Währung des Bestimmungslandes angegeben werden. Ist der für die Angabe des Betrags in Ziffern und in Buchstaben bestimmte Raum nicht ganz ausgefüllt, so sind die leeren Stellen durch starke liegende Striche zu schließen.

(VI) Über die durch Sammelüberweisung (§ 7, III) oder Sammelscheck (§ 9, III) gegebenen Einzelaufträge erteilt das Postscheckamt dem Postscheckkunden auf Wunsch durch Lastschriftzettel Einlieferungsbescheinigungen, aus denen Name und Wohnort des Empfängers ersichtlich sind. Jeder Eintragung im Verzeichnis muß ein ausgefüllter Lastschriftzettel beigefügt sein. Durch das Privatgewerbe hergestellte Vordrucke müssen mit den amtlichen genau übereinstimmen. Der Postscheckkunde hat die ausgefüllten Lastschriftzettel mit der Sammelüberweisung oder dem Sammelscheck an das Postscheckamt zu senden.

Überweisungen auf ein anderes Postscheckkonto

§ 7. (I) Die Überweisungen können auf jeden beliebigen Betrag innerhalb des verfügbaren Guthabens ausgestellt werden. Stimmt in einer Überweisung der Betrag in Ziffern mit dem in Buchstaben nicht überein, so gilt der geringere Betrag.

(II) Der Abschnitt der Überweisung dient vorbehaltlich des § 2, IV Satz 2 zu Mitteilungen an den Gutschriftempfänger.

(III) Aufträge für mehrere Empfänger können in einer Überweisung (Sammelüberweisung) zusammengefaßt werden. Die untere Grenze für die Zahl der Aufträge bestimmt der Reichspostminister. In der Sammelüberweisung ist an der für die Angabe des Gutschriftempfängers vorgesehenen Stelle der Vermerk „laut Anlage" niederzuschreiben.

Der Postscheckkunde hat der Sammelüberweisung eine Anlage beizufügen, in dieser die einzelnen Überweisungen aufzuführen und für jede Eintragung eine Ersatzüberweisung zu fertigen. Der Abschnitt der Ersatzüberweisung dient vorbehaltlich des § 2, IV Satz 2 zu Mitteilungen an den Gutschriftempfänger. Die Schlußsumme der vom Postscheckkunden zu unterschreibenden Anlage muß mit dem in der Sammelüberweisung angegebenen Betrag übereinstimmen. Die Anlagen können auch durch das Privatgewerbe hergestellt werden; sie müssen in der Größe und im Vordruck mit den durch die Post ausgegebenen Anlagen übereinstimmen.

(IV) Der Aussteller einer Überweisung kann beantragen, daß das Postscheckamt, bei dem sein Konto geführt wird, den Gutschriftempfänger unmittelbar benachrichtigt. Der Antrag ist auf der Überweisung links unten durch den Vermerk zu stellen: „Empfänger schriftlich (telegraphisch) benachrichtigen". In der Überweisung ist die vollständige Anschrift des Empfängers anzugeben. In Sammelüberweisungen (III) dürfen solche Aufträge nicht aufgenommen werden.

Die Benachrichtigung geschieht

a) durch Telegramm,

wenn das Konto des Gutschriftempfängers bei demselben Postscheckamt geführt wird,

b) durch Brief oder durch Telegramm,

wenn das Konto des Gutschriftempfängers bei einem anderen Postscheckamt geführt wird.

Der Abschnitt der Überweisung wird bei schriftlicher Benachrichtigung dem Benachrichtigungsschreiben beigefügt. Bei telegraphischer Benachrichtigung erhält der Empfänger den Abschnitt in der gewöhnlichen Weise (§ 1, IV) durch das Postscheckamt, das sein Konto führt; auf dem Abschnitt niedergeschriebene Mitteilungen werden in das Benachrichtigungstelegramm aufgenommen.

Vom Aussteller werden durch Abbuchung von seinem Konto erhoben:

bei schriftlicher Benachrichtigung eine Gebühr für die Behandlung der Benachrichtigung,
bei telegraphischer Benachrichtigung die Telegraphengebühr.

(V) Der Aussteller hat die Überweisung an das Postscheckamt zu senden, bei dem sein Konto geführt wird.

(VI) Das Postscheckamt vollzieht den der Überweisung angefügten Lastschriftzettel durch den Abdruck des Tagesstempels und sendet ihn nach der Abbuchung des Betrags dem Postscheckkunden.

(VII) Der Postscheckkunde kann eine Überweisung zurücknehmen, solange der Betrag auf dem Konto des Empfängers noch nicht gutgeschrieben ist. Ist die Überweisung bereits an das Bestimmungspostscheckamt abgesandt, so wird bei brieflicher Übermittlung die in der Postordnung vorgesehene Gebühr für den einfachen Einschreibbrief, bei telegraphischer Übermittlung die in der Postordnung vorgesehene Telegraphengebühr erhoben. Die Gebühren werden vom Konto des Ausstellers abgebucht.

Für Überweisungen, die am Tage nach dem ersten Buchungsversuch ohne Deckung bleiben, wird eine Gebühr erhoben.

Telegraphische Überweisungen

§ 8. (I) Überweisungen können auf Antrag des Ausstellers einem bei einem anderen Postscheckamt geführten Konto telegraphisch übermittelt werden.

(II) Der Gutschriftempfänger wird durch das Postscheckamt, bei dem sein Konto geführt wird, von der Gutschrift in der gewöhnlichen Weise (§ 1, IV) benachrichtigt.

(III) Der Aussteller einer telegraphischen Überweisung kann auch beantragen, daß das Postscheckamt, bei dem sein Konto geführt wird, den Gutschriftempfänger schriftlich oder telegraphisch benachrichtigt (§ 7, IV).

(IV) Der Antrag auf telegraphische Überweisung ist auf der Überweisung links unten durch den Vermerk „Telegraphisch" zu stellen. Soll außerdem der Empfänger vom Postscheckamt, bei dem das Konto des Ausstellers geführt wird, schriftlich oder telegraphisch benachrichtigt werden (III), so muß der Vermerk lauten: „Telegraphisch überweisen, Empfänger schriftlich (telegraphisch) benachrichtigen". In Sammelüberweisungen dürfen telegraphisch zu erledigende Aufträge nicht aufgenommen werden.

(V) Die auf dem Abschnitt der Überweisung vom Auftraggeber niedergeschriebenen besonderen Mitteilungen werden durch das Überweisungstelegramm dem Bestimmungspostscheckamt und von diesem in der gewöhnlichen Weise (§ 1, IV) durch einen Gutschriftzettel dem Empfänger übermittelt (II). Ist schriftliche oder telegraphische Benachrichtigung des Empfängers verlangt (III), so werden die Mitteilungen in die schriftliche oder telegraphische Benachrichtigung aufgenommen.

(VI) Vom Aussteller werden durch Abbuchung von seinem Konto erhoben:

1. eine nach der Höhe des Betrags der Überweisung gestaffelte Gebühr, außerdem zutreffendenfalls

2. die Telegraphengebühr für die in das Überweisungstelegramm aufgenommenen Mitteilungen für den Empfänger (V),
3. bei schriftlicher Benachrichtigung eine Gebühr für die Behandlung der Benachrichtigung,
4. bei telegraphischer Benachrichtigung die Telegraphengebühr.

Auszahlungen durch Scheck

§ 9. (I) Der Höchstbetrag eines Schecks ist unbeschränkt.

(II) Der Abschnitt des Schecks dient vorbehaltlich des § 2, IV Satz 2 zu Mitteilungen an den Empfänger.

(III) Aufträge zu Barzahlungen an mehrere Empfänger können in einem Scheck (Sammelscheck) zusammengefaßt werden. Die untere Grenze für die Zahl der Aufträge bestimmt der Reichspostminister. In dem Sammelscheck ist an der für die Angabe des Empfängers vorgesehenen Stelle der Vermerk „laut Anlage" niederzuschreiben.

Der Postscheckkunde hat dem Sammelscheck eine Anlage beizufügen, in dieser die einzelnen Aufträge aufzuführen und für jede Eintragung eine Zahlungsanweisung zu fertigen. Der Abschnitt der Zahlungsanweisung dient vorbehaltlich des § 2, IV Satz 2 zu Mitteilungen an den Empfänger. Die Schlußsumme der vom Postscheckkunden zu unterschreibenden Anlage muß mit dem im Sammelscheck angegebenen Betrag übereinstimmen. Die Anlagen können auch durch das Privatgewerbe hergestellt werden; sie müssen in der Größe und im Vordruck mit den durch die Post ausgegebenen Anlagen übereinstimmen.

(IV) Der Scheck ist binnen zehn Tagen nach der Ausstellung bei dem Postscheckamt zur Einlösung vorzulegen. Wird ein Scheck nach Ablauf dieser Frist vorgelegt, so kann das Postscheckamt die Einlösung ablehnen.

Das Postscheckamt vollzieht den dem Scheck angefügten Lastschriftzettel durch den Abdruck des Tagesstempels und sendet ihn nach der Abbuchung des Betrags dem Postscheckkunden.

Der Postscheckkunde kann einen von ihm an das Postscheckamt gesandten Scheck, in dem der Name des Empfängers angegeben ist, zurücknehmen, solange die Zahlungsanweisung dem Empfänger noch nicht zugestellt ist. Ist die Zahlungsanweisung bereits an die Bestimmungspostanstalt abgesandt, so wird bei brieflicher Übermittlung die in der Postordnung vorgesehene Gebühr für den einfachen Einschreibbrief, bei telegraphischer Übermittlung die in der Postordnung vorgesehene Telegraphengebühr erhoben. Die Gebühren werden vom Konto des Ausstellers abgebucht.

(V) Schecke mit Indossament werden nicht eingelöst.

(VI) Ist im Scheck der Empfänger genannt, so wird die Postanstalt vom Postscheckamt durch Zahlungsanweisung beauftragt, den Betrag an den Empfänger zu zahlen.

(VII) Hat der im Scheck genannte Empfänger selbst ein Konto bei demselben oder einem anderen Postscheckamt und soll der Betrag diesem Konto gutgeschrieben werden, so sind im Scheck hinter dem Bestimmungsort auch die Nummer seines Kontos und das Postscheckamt, bei dem es geführt wird, anzugeben.

(VIII) Die Vorschriften der Postordnung über
die Zustellung, Abholung und Auszahlung der Postanweisungen,
die Aushändigung postlagernder Postanweisungen,
die Auszahlung der Beträge nach Behändigung der Postanweisungen,
die Nachsendung der Postanweisungen sowie
die Behandlung unzustellbarer Postanweisungen am Bestimmungsort
gelten sinngemäß für die Zahlungsanweisungen.

Die Zustellung mit dem Geldbetrag ist auf Zahlungsanweisungen bis zu den in der Postordnung für die Zustellung der Wertsendungen festgesetzten Höchstbeträgen beschränkt. Lautet die Zahlungsanweisung auf einen höheren Betrag, so ist nur die Zahlungsanweisung zuzustellen. Der Betrag ist in diesem Falle bei der Postanstalt auf Grund der Zahlungsanweisung abzuholen. Die Post kann die Zustellung aus besonderen Gründen beschränken und für bestimmte Orte oder Gebiete dauernd oder vorübergehend erweitern.

(IX) Verliert der Empfänger eine Zahlungsanweisung, so hat er es der Bestimmungspostanstalt mitzuteilen. Diese setzt die Zahlung bis auf weiteres aus. Es ist Sache des Empfängers, den Postscheckkunden zu veranlassen, daß dieser bei dem Postscheckamt die Übersendung eines Doppels der Zahlungsanweisung erwirkt. Für das Ausstellen des Doppels wird vom Empfänger eine Gebühr erhoben.

(X) Scheckbeträge können dem Empfänger durch telegraphische Zahlungsanweisung übermittelt werden. Der Antrag ist durch den Vermerk „Telegraphisch" auf der Vorderseite des Schecks links unten zu stellen und vom Antragsteller zu unterschreiben. In Sammelschecke (III) dürfen telegraphisch zu erledigende Aufträge nicht aufgenommen werden. Für die telegraphischen Zahlungsanweisungen gelten die Vorschriften der Postordnung für telegraphische Postanweisungen sinngemäß.

An Gebühren werden erhoben:
1. eine nach der Höhe des Scheckbetrags gestaffelte Gebühr, außerdem zutreffendenfalls
2. die Telegraphengebühr für die in das Telegramm aufgenommenen Mitteilungen für den Empfänger.

Hat der Scheckaussteller die telegraphische Übermittlung beantragt, so werden die Gebühren von seinem Konto abgebucht; der Betrag des Schecks wird in diesem Falle dem Empfänger unverkürzt überwiesen. Hat dagegen der Empfänger den Antrag auf telegraphische Übermittlung gestellt, so wird der Betrag des Schecks um die Gebühren gekürzt.

Gewöhnliche Zahlungsanweisungen können auf Verlangen des Scheckausstellers oder des Empfängers telegraphisch nachgesandt werden. Die Zahlungsanweisung wird nach den Vorschriften der Postordnung über die telegraphische Nachsendung gewöhnlicher Postanweisungen als Postanweisung telegraphisch nachgesandt. Für die Übermittlung nach dem neuen Bestimmungsort werden vom Betrag die für die telegraphische Nachsendung von Postanweisungen zu erhebenden Gebühren abgezogen.

(XI) Der Betrag eines Schecks kann dem Empfänger durch besonderen Boten zugestellt werden (Eilzustellung). Für das Verfahren gilt die Postordnung sinngemäß. Am oberen Rande der Rückseite des Schecks ist der Vermerk „Durch Eilboten" niederzuschreiben. Will der Scheckaussteller das Eilzustellgeld tragen, so hat er die Worte „Bote bezahlt" hinzuzufügen. Vom Konto werden dann der Betrag des Schecks und das Eilzustellgeld abgebucht. In Sammelschecke (III) dürfen solche Aufträge nicht aufgenommen werden.

(XII) Wohnt der im Scheck bezeichnete Empfänger im Ausland, so wird ihm der Betrag durch Postanweisung oder Wertbrief gesandt. Der Postscheckkunde kann dem Scheck eine ausgefüllte Postanweisung beifügen und dabei den Abschnitt zu Mitteilungen an den Empfänger benutzen, soweit diese zugelassen sind. Auf der Vorderseite des Schecks ist links unten der Vermerk „Postanweisung anbei" niederzuschreiben. Vom Konto des Scheckausstellers werden der Betrag des Schecks und die Gebühr für die Postanweisung oder den Wertbrief abgebucht.

Der Scheckaussteller kann auf dem Scheck durch den Vermerk „Gebühr trägt der Empfänger" bestimmen, daß der Empfänger die Gebühr für die Postanweisung oder den Wertbrief tragen soll. In diesem Falle wird der Betrag des Schecks um die Gebühr gekürzt.

(XIII) Der Inhaber eines Schecks, in dem kein Zahlungsempfänger angegeben ist, kann
a) den Scheck bei der Kasse des Postscheckamts, das das Konto des Ausstellers führt, zur Einlösung vorlegen

oder

b) im Scheck einen Empfänger angeben. In diesem Falle gelten die Vorschriften unter VI bis XII sinngemäß; bei Übermittlung des Scheckbetrags nach dem Ausland (XII) wird dieser stets um die Gebühr gekürzt.

4. Entrichtung der Gebühren.

§ 10. (I) Die Gebühren (Postscheckgesetz § 5 Ziffer 2) und die Preise für Vordrucke werden vom Konto des Zahlungspflichtigen abgebucht. Die mit Scheck überwiesenen Beträge (§ 9, VII) und die vom Postscheckamt mit Postanweisung oder Wertbrief abgesandten Beträge unterliegen nicht der Auszahlungsgebühr (Postscheckgesetz § 5 Ziffer 2).

(II) Der Preis für unbrauchbar gewordene Vordrucke (I) wird nicht erstattet.

(III) Für Laufschreiben wegen Sendungen des Postscheckverkehrs (Zahlkarten, Überweisungen, Schecke) wird eine Gebühr erhoben.

(IV) Die Kosten der Anstellung umfangreicher Nachforschungen, die von der Post nicht verschuldet sind, hat der Antragsteller zu erstatten. Ihre ungefähre Höhe ist ihm vor Einleitung der Nachforschungen bekanntzugeben; auf Verlangen hat er auf dem Konto einen Teil seines Guthabens für Abhebungen sperren zu lassen oder einen angemessenen Betrag im voraus zu hinterlegen.

5. Scheckbriefumschläge.

§ 11. Die Umschläge für die Versendung der Briefe der Postscheckkunden an die Postscheckämter (Postscheckgesetz § 6) können auch durch das Privatgewerbe hergestellt werden; sie müssen in der Größe und Farbe des Papiers sowie im Vordruck mit den amtlichen genau übereinstimmen.

6. Änderungen in den Verhältnissen eines Postscheckkunden.

§ 12. (I) Änderungen in den rechtlichen Verhältnissen eines Postscheckkunden, die für sein Konto von Bedeutung sind, müssen dem zuständigen Postscheckamt mitgeteilt und durch Vorlegung öffentlicher Urkunden nachgewiesen werden. Unterbleibt diese Mitteilung, so hat die Postverwaltung den etwa aus der Unkenntnis der eingetretenen Änderungen entstehenden Schaden nicht zu vertreten.

(II) Stirbt ein Postscheckkunde, so kann das Konto auf Antrag bis zu sechs Monaten — vom Tode des Postscheckkunden ab — weitergeführt werden. Zur Stellung des Antrags sind die Erben berechtigt, die sich durch Vorlegung des Testaments, der gerichtlichen Erbbescheinigung usw. ausweisen müssen. Ist ein Testamentsvollstrecker, ein Nachlaßpfleger oder Nachlaßverwalter ernannt worden, so ist dieser zur Weiterführung des Kontos berechtigt. Ein Antrag ist nicht erforderlich, wenn zur Weiterführung eine Person oder mehrere Personen laut Unterschriftsblatt ermächtigt sind (§ 6, III).

(III) Beträge, die beim Postscheckamt unter der Anschrift des Verstorbenen eingehen, sind dem Konto gutzuschreiben, solange es nicht aufgehoben ist.

(IV) Die von dem Verstorbenen beim Postscheckamt mit Gültigkeit auf Lebensdauer niedergelegten Unterschriften (§ 6, III) verlieren ihre Gültigkeit, sobald der Tod des Postscheckkunden dem Postscheckamt bekannt wird; bei Weiterführung des Kontos können sie jedoch von den Erben oder von den zur Weiterführung berechtigten Personen wieder in Kraft gesetzt werden.

(V) Wird ein Antrag auf Weiterführung des Kontos von den dazu Berechtigten nicht gestellt und besteht auch keine Vollmacht zur Weiterführung des Kontos, so wird es geschlossen.

(VI) Die Beträge der nach dem Erlöschen eines Kontos noch eingehenden Einzahlungen werden den Einzahlern zurückgezahlt.

7. Änderung der Postscheckordnung.

§ 13. Werden die Vorschriften der Postscheckordnung geändert, so gelten die neuen Vorschriften auch für die bereits bestehenden Postscheckkonten.

8. Inkrafttreten.

§ 14. Diese Verordnung tritt am 15. April 1921 in Kraft. Die bisherigen Postscheckordnungen für das Deutsche Reich, für Bayern und für Württemberg treten mit diesem Tage außer Kraft.

Berlin, den 7. April 1921.

Der Reichspostminister.
Giesberts.

Ausführungsbestimmungen (AB)

Zu § 1

(Zu I) PSchA bestehen in:
Berlin für die OPD-Bezirke Berlin, Frankfurt (Oder) und Potsdam;
Breslau für die OPD-Bezirke Breslau, Liegnitz und Oppeln;
Dortmund für die OPD-Bezirke Dortmund und Münster (Westf.);
Dresden für den OPD-Bezirk Dresden;
Erfurt für die OPD-Bezirke Erfurt und Halle (Saale);
Essen für den OPD-Bezirk Düsseldorf;
Frankfurt (Main) für die OPD-Bezirke Cassel, Darmstadt und Frankfurt (Main);
Hamburg für die OPD-Bezirke Bremen, Hamburg, Kiel und Schwerin (Mecklb.);
Hannover für die OPD-Bezirke Braunschweig, Hannover, Minden (Westf.) und Oldenburg (Oldb.);
Karlsruhe (Baden) für die OPD-Bezirke Karlsruhe (Baden) und Konstanz;
Köln für die OPD-Bezirke Aachen, Coblenz, Cöln und Trier;
Königsberg (Pr.) für die OPD-Bezirke Gumbinnen und Königsberg (Pr.);
Leipzig für die OPD-Bezirke Chemnitz und Leipzig;
Ludwigshafen (Rhein) für den OPD-Bezirk Speyer;
Magdeburg für den OPD-Bezirk Magdeburg;
München für die OPD-Bezirke Augsburg, Landshut und München;
Nürnberg für die OPD-Bezirke Bamberg, Nürnberg, Regensburg und Würzburg;
Stettin für die OPD-Bezirke Köslin und Stettin;
Stuttgart für den OPD-Bezirk Stuttgart.

Vordrucke zu Anträgen auf Eröffnung eines Postscheckkontos werden von den PSchA und den PAnst unentgeltlich abgegeben.

Der Antrag auf Eröffnung eines Kontos für eine Handelsfirma, juristische Person oder sonstige Vereinigung oder Anstalt ist von den Personen zu stellen, die befugt sind, die Firma, juristische Person, Vereinigung oder Anstalt rechtsverbindlich zu vertreten. Das Nähere ergibt sich aus ADA V, 1 § 38 AB.

Anträgen von Ehegatten auf Eröffnung eines gemeinsamen Postscheckkontos wird entsprochen, wenn der Antrag von beiden Ehegatten unterschrieben ist und sie sich gegenseitig zur selbständigen Wahrnehmung des gesamten Postscheckverkehrs ermächtigen.

Die Eröffnung eines Kontos für einen Minderjährigen oder Entmündigten kann nur vom gesetzlichen Vertreter beantragt werden. Ausnahme s. BGB § 112.

Beantragen im **Ausland ansässige Privatpersonen** die Eröffnung eines Postscheckkontos, so haben sie dem Antrag eine ortspolizeiliche oder sonstige amtliche oder notarielle Bescheinigung darüber beizufügen, daß sie am Ort ansässig sind und das im Antrag etwa angegebene Geschäft oder Gewerbe usw. betreiben. Die Unterschrift auf dem Antrag muß in gehöriger Form amtlich beglaubigt werden.

Beantragen **ausländische Firmen** die Eröffnung eines Postscheckkontos, so haben sie ihre Vertretungsbefugnis durch einen Auszug aus dem Verzeichnis der Handelsfirmen nachzuweisen, der von der Registerbehörde in neuester Zeit gefertigt und beglaubigt sein muß. Wird in dem Lande ein Verzeichnis der Handelsfirmen gerichtlich nicht geführt, so ist die Unterschrift auf dem Antrag notariell zu beglaubigen und in der notariellen Bescheinigung zum Ausdruck zu bringen, welches die genaue Bezeichnung und der Sitz der Firma ist und welche Personen zur rechtsverbindlichen Vertretung der Firma berufen sind. Die notarielle Beglaubigung muß von einem deutschen Konsul bescheinigt werden, falls dieser nicht selbst die Unterschrift beglaubigen kann.

(Zu II) Die Vertreter solcher nicht eingetragenen Vereine usw. müssen durch glaubhafte Schriftstücke (ADA V, 1 § 38 AB zu II und Anl. 26 Ziff. 4) nachweisen, daß sie in der durch die Satzung vorgeschriebenen Form zur Vertretung berufen worden sind. Auf Verlangen des PSchA muß ein amtliches Zeugnis hierüber vorgelegt werden.

Der Agentur einer Gesellschaft oder Anstalt kann, wenn die Agentur nicht im Verzeichnis der Handelsfirmen eingetragen ist, ein Konto nur auf den persönlichen Namen des Agenten eröffnet werden. Wünscht der Agent, daß er auf dem Konto auch als Agent der Gesellschaft oder Anstalt bezeichnet werde, so wird dem Antrag stattgegeben, wenn die Gesellschaft oder Anstalt auf Anfrage des PSchA sich hiermit schriftlich einverstanden erklärt. Hält das PSchA eine einfache Anfrage nicht für ausreichend, so hat der Agent durch Vorlegung einer amtlich beglaubigten Urkunde nachzuweisen, daß die Gesellschaft mit der Eröffnung des Kontos unter obiger Bezeichnung einverstanden ist.

Anträgen von Versicherungsgesellschaften, daß bei Eröffnung von Postscheckkonten für ihre handelsgerichtlich nicht eingetragenen Generalagenturen der Name des Generalagenten in die Bezeichnung des Kontos aufgenommen werde, ist zu entsprechen.

Beantragen ausländische Firmen, die handelsgerichtlich nicht eingetragen sind, obgleich in dem Lande Verzeichnisse der Handelsfirmen gerichtlich geführt werden, die Eröffnung eines Postscheckkontos, so gelten für diese Anträge die AB zu I, letzter Abs, Satz 2 und 3. Auf die Bescheinigung durch einen deutschen Konsul kann bei Anträgen aus Österreich, der Schweiz und der Tschechoslowakei im allgemeinen verzichtet werden. In der Tschechoslowakei bedarf die Unterschrift eines Notars zu ihrer Gültigkeit der Beglaubigung durch das zuständige Kreis- oder Bezirksgericht.

(Zu III) Für die Bezirke der einzelnen PSchA werden Verzeichnisse der Postscheckkunden ausgegeben. Die Verzeichnisse sind bei jeder PAnst und bei jedem PSchA käuflich. Bestellungen werden am Schalter entgegengenommen, wo auch Auskunft über den Preis erteilt wird. Um das Auffinden der Orte zu erleichtern, werden Ortsverzeichnisse ausgegeben. Die den PAnst und PSchA zum Dienstgebrauch überwiesenen Verzeichnisse können am Schalter eingesehen werden. Den Postscheckkunden werden auf Antrag die Verzeichnisse regelmäßig nach dem Erscheinen vom PSchA unter Abbuchung des Preises von ihrem Konto geliefert.

(Zu IV) Die Kontoauszüge werden werktäglich nach Beendigung des Buchungsgeschäfts ausgefertigt und am Abend desselben Tages abgesandt. Die Kontoauszüge, die postlagernd aufbewahrt werden, unterliegen der Zuschlaggebühr für postlagernde Sendungen. Im Laufe des Tages wird über den Stand des Guthabens keine Auskunft erteilt. Nur in dringenden Fällen (bei Wechseldeckungen usw.) sind die PSchA berechtigt, Aufschluß darüber zu geben, ob eine einzelne vom Postscheckkunden genau bezeichnete Gut- oder Lastschrift ausgeführt worden ist.

Zu § 2

(Zu I) Die Preise für die amtlichen Vordrucke werden den PAnst bis auf weiteres durch Vf des RPM bekanntgegeben.

Die Zahlkarten (Anl. 1) können zu Einzahlungen bei allen PAnst und PSchA innerhalb des Deutschen Reichs benutzt werden. Für die Steuerentrichtung dienen Zahlkarten nach Anl. 2.

Die vom Absender unterlassene Freimachung einzelner Zahlkarten hat der Annahmebeamte nachzuholen. Wird der Absender auf die ihm obliegende Verpflichtung zum Aufkleben der Freimarken hingewiesen, so hat dies in angemessener Form zu geschehen mit dem Anfügen, daß durch die Freimachung die schnelle Abfertigung der Schalterbesucher gefördert werde.

Die Beträge der Zahlkarten einschließlich der Zahlkartengebühr können auch durch Postschecke und Überweisungen des Postscheckverkehrs, durch Bankschecke, Platzanweisungen — in Bayern nicht üblich — sowie Gutschrifts-Empfangsbescheinigungen der Reichsbank — in Bayern auch der Bayerischen Staatsbank — beglichen werden. Das Verfahren regelt sich nach ADA VIII, 2 §§ 15 und 16, in Bayern nach IX, 3 §§ 10 und 11, in Württemberg nach DASch I Anl. 9 und 10.

Die Postkassen haben zur Auffüllung ihres Postscheckguthabens und zu Zahlungen auf ein Postscheckkonto, wenn die Postkasse kein Postscheckkonto hat und der Betrag dem Empfänger gebührenfrei zu übersenden ist, die gebührenfreie Kontokarte (ADA V, 7 Anl. 4) zu benutzen.

Hat die Postkasse kein Postscheckkonto und ist der Empfänger zur Tragung der Gebühr für die Übersendung des Geldes verpflichtet (ADA VIII, 1 § 5 Ziff. 7), so ist eine Zahlkarte zu benutzen und der Betrag um die Gebühr zu kürzen.

Die OPD bestimmen, unter welchen Voraussetzungen und in welcher Weise die Geldscheine kassenmäßig zu verpacken sind.

(Zu II) Muster zu Zahlkarten sind von den PSchA zu beziehen. Zur Vermeidung von Weiterungen empfiehlt es sich, vor der Herstellung einer neuen Auflage einen Probeabdruck dem PSchA zur Prüfung einzusenden.

Bei den nichtamtlich hergestellten Zahlkarten kann in dem für die Kontonummer vorgesehenen Raum die Strichelung fehlen, wenn auf dem Hauptteil der Zahlkarte die Kontonummer mitvorgedruckt wird. Auch braucht der Raum zur Wiederholung des Betrags nicht gestrichelt zu sein, wenn der Betrag in Buchdruck angegeben ist. Der Betrag muß ohne Lücken eingedruckt und nötigenfalls durch starke liegende Striche am Anfang und Schluß der Angabe begrenzt sein. Es ist darauf hinzuwirken, daß diese Striche bei der Herstellung der Vordrucke mitgedruckt werden.

(Zu III) Um Irrtümer beim Buchen der Zahlkarten zu vermeiden, empfiehlt es sich, möglichst nur solche Zahlkarten zu benutzen, auf denen die Kontobezeichnung vorgedruckt ist. Diesen Vordruck besorgt auf Antrag auch das PSchA gegen eine besondere Gebühr.

(Zu IV) Auf die Rückseite des Abschnitts der Zahlkarten dürfen Zettel mit Mitteilungen, Geschäftsanzeigen usw. geklebt werden, dagegen ist auf der Rückseite des Hauptteils der Zahlkarten ein Reklame- oder anderer Aufdruck nicht gestattet.

(Zu V) Die Rückseite des Einlieferungsscheins kann im voraus handschriftlich oder durch Druck mit Vermerken oder Abbildungen versehen werden.

Die Posteinlieferungsscheine bei Zahlkarten, die durch Privatdruckereien hergestellt werden, können durch seitliche Verlängerung des Abschnitts größer gestaltet sein als bei den amtlich hergestellten Vordrucken, auch können auf der durch diese Vergrößerung gewonnenen Fläche neben der Einlieferungsbescheinigung weitere Angaben (z. B. Ausweise für Empfangnahme von Waren) vorgesehen sein, die sich auf die Einzahlung mit Zahlkarte beziehen. Der Posteinlieferungsschein selbst muß mit dem amtlichen Vordruck übereinstimmen.

(Zu VIII) Der Landzusteller darf Beträge, die durch Zahlkarte übermittelt werden sollen, nur dann entgegennehmen, wenn ihm mit dem Betrag auch die ausgefüllte Zahlkarte übergeben wird.

(Zu XII) Die Gebühr ist auf dem Schriftstück des Antragstellers in Freimarken zu verrechnen, die mit dem Aufgabestempel zu entwerten sind. Wird das Doppel sogleich bei der Einlieferung der Zahlkarte ausgefertigt, so wird die Gebühr auf dem Doppel verrechnet.

Zu § 3

(Zu I bis III) Die Fassung des Zahlkartentelegramms ergibt sich aus dem Vordruck zur telegraphischen Postanweisung — Zahlkarte — (ADA V, 1 Anl. 18a).

Das Benachrichtigungstelegramm ist nach folgendem Muster abzufassen:

Max Fischer
Obeliskenstraße 5
Potsdam

Neumann zahlt telegraphisch siebzehntausendfünfhundert Reichsmark auf Ihr Postscheckkonto Berlin 1525. Sonstiges: Brief folgt morgen

Postamt

(Zu IV) Die Gebühren sind im Einnahmebuch für Telegraphengebühren (in Bayern in der „Telegraphenrechnung") zu vereinnahmen. Für **dringende** telegraphische Zahlkarten, Überweisungen (§ 8) und Zahlungsanweisungen (§ 9, x) ist die Gebühr für eine gewöhnliche telegraphische Zahlkarte usw. und außerdem die doppelte Gebühr nach der Wortzahl des Überweisungstelegramms, für die Vergleichung einer telegraphischen Zahlkarte usw. ein Zuschlag von $^1/_4$ der Gebühr für ein gewöhnliches Telegramm derselben Wortzahl zu erheben.

(Zu § 4)

(Zu II) Hat der Absender Postanweisungen für einen Postscheckkunden unmittelbar an das PSchA gerichtet, so werden die Beträge dem Konto gebührenfrei gutgeschrieben und die Abschnitte dem Postscheckkunden übersandt.

(Zu III) Es werden hergestellt Postauftragskarten für Postaufträge zur Geldeinziehung (Anl. 4) und für Postprotestaufträge (Anl. 5). Die Vordrucke sind von den PSchA zu beziehen.

(Zu IV) Es werden hergestellt Nachnahmepaketkarten und Nachnahmekarten mit anhängender Zahlkarte (Anl. 6 und 7), blaue Nachnahmezahlkarten mit Klebeleiste (Anl. 8) und hellrotbraune Nachnahmezahlkarten in Kartenform nach Anl. 7 — oberer (zweiter) Teil. Die Vordrucke sind von den PSchA zu beziehen.

Der Absender einer Nachnahmekarte mit anhängender Zahlkarte darf auf den Abschnitt der Zahlkarte ausgeschnittene Zeitungsanzeigen kleben. Die Aufklebungen dürfen sich nur auf der Rückseite des Abschnitts befinden und nicht auf den Hauptteil übergreifen.

Der Postscheckkunde klebt die ausgefüllte Zahlkarte mit Klebeleiste auf die Rückseite des Briefes, der Drucksache usw. Die angeklebte Zahlkarte ist der Größe der Sendung entsprechend zu falten; die andere Schmalseite ist mit Siegelmarke oder dgl. an der Sendung zu befestigen. Die hellrotbraune Zahlkarte hat der Absender an der Sendung durch kreuzweises Umschnüren zu befestigen.

Gewöhnlichen Briefsendungen mit Nachnahme (ausschließlich solcher in Kartenform) kann die ausgefüllte Zahlkarte mit Klebeleiste oder die ausgefüllte hellrotbraune Nachnahmezahlkarte auch in einer mit einer Verschlußklappe versehenen offenen Tasche beigefügt werden, die auf der Rückseite des Briefes, der Drucksache usw. angebracht ist.

(Zu III und IV) Auf Antrag des Postscheckkunden werden die Vordrucke bei den PSchA in gleicher Weise wie die Zahlkarten (§ 2 AB zu III) bedruckt.

Auf dem Abschnitt der Auftrags- und Nachnahmezahlkarten können Name und Wohnort des Empfängers wegbleiben, wenn ein Kassen- oder Buchungszeichen angegeben ist.

(Zu V) Für den Bezug von Mustern zu den Vordrucken, die Einsendung von Probeabdrucken an die PSchA usw. gilt § 2 AB zu II sinngemäß.

Zu § 6

(Zu I) Die Vordrucke werden nach den Anl. 9 bis 13 hergestellt.

(Zu III) Das Unterschriftsblatt zur Abgabe der Unterschriften wird bei Eröffnung des Kontos dem Postscheckkunden vom PSchA in zwei Abdrucken gesandt, die er beide ausgefüllt an das PSchA zurückzusenden hat. Tritt bezüglich der Personen, die zur Ausstellung von Überweisungen und Schecken für ein Konto berechtigt sind, eine Änderung ein, so hat der Postscheckkunde beim PSchA die Übersendung von zwei neuen Unterschriftsblättern zu beantragen.

Für den Postscheckkunden empfiehlt es sich, eine genaue Abschrift der Unterzeichnungen zurückzubehalten, damit er jederzeit feststellen kann, in welcher Form diese abgegeben worden sind.

(Zu V) Die Lastschriftzettel sind dem Vordruck entsprechend vollständig, und zwar übereinstimmend mit dem Hauptteil, auszufüllen. Es ist nicht zulässig, den Empfänger auf dem Lastschriftzettel durch ein Geheimzeichen zu ersetzen.

(Zu VI) Der Lastschriftzettel wird nach Anl. 14 hergestellt.

Zu § 7

(Zu III) Besteht eine Sammelüberweisung aus mehreren Anlagen, so ist jede Anlage vom Postscheckkunden zu unterschreiben.

Die Anlagen werden nach Anl. 15 hergestellt; sie sind von den PSchA zu beziehen. Diese fügen jeder Bestellung eine Anleitung zum Ausfüllen der Anlage bei. Der Postscheckkunde kann die Anlage auch in doppelter Ausfertigung einsenden. Die eine Ausfertigung dient alsdann als Lastschriftzettel.

(Zu IV) Die Telegraphengebühr ist im Einnahmebuch über Telegraphengebühren (in Bayern in der „Telegraphenrechnung") zu vereinnahmen.

Zu § 8

(Zu IV) Die Vermerke „Telegraphisch", „Telegraphisch überweisen, Empfänger schriftlich (telegraphisch) benachrichtigen" sind mit roter Tinte, mit Farbstift oder mit schwarzer Tinte unter Unterstreichung mit Farbstift anzugeben.

(Zu V) Der Abschnitt der Überweisung wird dem Empfänger nur zugestellt, wenn besondere schriftliche Benachrichtigung verlangt ist.

(Zu VI) Die Gebühren zu 1, 2 und 4 sind im Einnahmebuch über Telegraphengebühren (in Bayern in der „Telegraphenrechnung") zu vereinnahmen.

Über die Gebühr einer dringenden telegraphischen Überweisung usw. s. die AB zu § 3, IV.

Zu § 9.

(Zu III) Besteht ein Sammelscheck aus mehreren Anlagen, so ist jede Anlage vom Postscheckkunden zu unterschreiben.

Wegen des Bezugs der Anlagen s. AB zu § 7, III. Alle Einzelbeträge in der Anlage müssen zur Auszahlung in bar bestimmt sein.

Der Postscheckkunde kann die Anlage auch in doppelter Ausfertigung einsenden. Die eine Ausfertigung dient alsdann als Lastschriftzettel.

(Zu IV) Der Scheck ist an das PSchA zu senden, das das Konto des Ausstellers führt.

Wegen des Rückforderungsrechts des Absenders bei Kontozahlungsanweisungen s. ADA V, 1 § 33, AB zu I.

Bei Rückforderung mehrerer gleichzeitig eingesandter Aufträge eines Ausstellers wird die Rückforderungsgebühr für jeden einzelnen Auftrag mit der Maßgabe erhoben, daß ein Sammelauftrag bis zur vollzogenen Lastschriftbuchung als ein Auftrag angesehen wird.

(Zu VIII) Zahlungsanweisungen können auch durch Gutschrift auf das Postscheckkonto des Empfängers (ADA V, 7 § 11) oder im Reichsbankverkehr — in Bayern auch im Verkehr mit der Bayerischen Staatsbank — (ADA V, 7 § 12, v und VIII, 2 § 19, in Bayern IX, 3 §§ 10 und 13 und PB 1909/290, in Württemberg IV, 2 Anl 15) beglichen werden.

Wegen der Befugnis der Amtsvorsteher, die Betragsgrenzen für die Zustellung der Zahlungsanweisungen mit den Geldbeträgen im Orts- und Landzustellbezirk entsprechend den örtlichen und betriebsdienstlichen Verhältnissen hinauf- oder herabzusetzen, s. ADA V, 1 § 36 AB zu I.

Unzustellbare Zahlungsanweisungen sind ohne weiteres an das Aufgabe-PSchA zurückzusenden.

An ein erwachsenes Familienmitglied des Empfängers dürfen Zahlungsanweisungen nur bis zum Betrage von 1000 R𝓜 ausgehändigt werden.

(Zu IX) Die Gebühr ist auf dem Doppel in Freimarken zu verrechnen, die durch den Abdruck des Aufgabestempels zu entwerten sind.

(Zu X) Der Vermerk „Telegraphisch" ist mit roter Tinte, mit Farbstift oder mit schwarzer Tinte unter Unterstreichung mit Farbstift anzugeben.

Die Gebühren sind im Einnahmebuch über Telegraphengebühren (in Bayern in der „Telegraphenrechnung") zu vereinnahmen. Über die Gebühr einer dringenden telegraphischen Zahlungsanweisung usw. s. die AB zu § 3, IV.

(Zu XIII) Werden Schecke, in denen kein Empfänger angegeben ist, in gewöhnlichen Briefen versandt, so trägt der Absender die ihm hieraus etwa erwachsenden Nachteile.

Zu § 10

(Zu III) Die Gebühr wird bei Antragstellern (Zahlungspflichtigen), die kein Postscheckkonto haben, im Antwortschreiben an den Nachfragenden mit Tinte, z. B. „. . . . . ℳ Laufzettelgebühr", vermerkt und auf dem Umschlag mit Blaustift als Nachgebühr ausgeworfen.

(Zu IV) Die Kosten für Anstellung umfangreicher Nachforschungen, die von der Post nicht verschuldet und von Nichtpostscheckkunden veranlaßt sind, bucht das PSchA durch Gebührenzettel von dem Postscheckkonto der für den Zahlungspflichtigen zuständigen Zustell-PAnst ab. Mindestens einen Tag vor Belastung des Kontos übersendet es der PAnst den Brief mit der Antwort für den Antragsteller, verständigt sie über die Höhe und die bevorstehende Abbuchung der Kosten und ersucht sie, die Kosten unter Aushändigung des Briefes von dem Zahlungspflichtigen einzuziehen.

Zu § 11

Die Scheckbriefumschläge werden nach Anl. 16 hergestellt.

Für umfangreiche Sendungen an das PSchA dürfen beliebige, mit der Aufschriftseite eines gelben Scheckbriefumschlags beklebte Umschläge benutzt werden. Solche Briefsendungen werden gebührenfrei befördert, auch wenn sie ausnahmsweise das Gewicht von 500 g überschreiten.

Die VA haben auf den gelben Scheckbriefumschlägen zum Dienstgebrauch sofort nach der Lieferung ihre Kontonummer anzubringen.

Zu § 12

(Zu I) Mit der Eröffnung des Konkursverfahrens verliert der Postscheckkunde die Befugnis, über sein Konto beim PSchA zu verfügen. Bevor die vor der Konkurseröffnung ausgestellten Überweisungen und Schecke eingelöst werden, muß dem Konkursverwalter Gelegenheit zur Äußerung gegeben sein. Die Unterschriften der zur Ausstellung von Überweisungen und Schecken auf dieses Guthaben berechtigten Personen verlieren ihre Gültigkeit. Das Verfügungsrecht geht auf den Konkursverwalter über.

Die PSchA haben sich über die in ihren Bezirken vorkommenden Konkurseröffnungen auf Grund der Bekanntmachungen im Deutschen Reichsanzeiger — für die PSchA in Bayern gelten die Bekanntmachungen der Bayerischen Staats-Zeitung, für das PSchA Stuttgart gelten die Veröffentlichungen im Zentralblatt für gerichtliche Bekanntmachungen (Beilage zum Staatsanzeiger für Württemberg) — laufend unterrichtet zu halten und unverzüglich Vorkehrungen dahin zu treffen, daß auf Überweisungen und Schecken, die vom Gemeinschuldner ausgestellt sind, keine Zahlung mehr geleistet wird.

(Zu II) Sobald das PSchA von dem Tode eines Postscheckkunden Kenntnis erhält, ist das Konto bis zur Entscheidung darüber, ob es weiterzuführen ist oder nicht, für Auszahlungen zu sperren, wenn nicht eine Person zur Weiterführung bevollmächtigt ist. Überweisungen und Schecke, die bis zum Todestag ausgestellt sind, sind jedoch einzulösen, solange das Guthaben an die Erben noch nicht ausgezahlt ist. Sind die Erben bekannt, so sind sie vom PSchA davon zu benachrichtigen, daß das Konto vorläufig für Auszahlungen gesperrt worden ist, und unter Hinweis auf die Zulässigkeit der Weiterführung des Kontos um Mitteilung innerhalb einer nach Lage des Falles festzusetzenden Frist zu ersuchen, ob das Konto weitergeführt werden soll oder nicht.

Der Testamentsvollstrecker, Nachlaßpfleger oder Nachlaßverwalter muß sich durch eine gerichtliche Ausfertigung des Testaments oder gerichtliche Bestallung ausweisen.

Über den Zeitraum von 6 Monaten hinaus — vom Tode des Postscheckkunden ab — ist die Weiterführung des Kontos nur zulässig, wenn es die zusätzliche Bezeichnung „Erben" erhält. Gutschriftaufträge, in deren Aufschrift dieser Zusatz fehlt, sind dann nicht mehr auszuführen.

Die für Handelsfirmen, Vereine usw. geführten Konten werden durch den Tod des Inhabers der Firma, des Vereinsvorsitzenden usw. nicht berührt, wenn noch eine andere, durch den Gesellschaftsvertrag oder nach der Verfassung des Vereins usw. zur Vertretung berufene Person vorhanden ist.

(Zu V) Das Konto wird auch geschlossen, wenn auch nur e i n Erbe mit der Weiterführung nicht einverstanden ist.

Das Guthaben ist an die Erben, die sich als solche auszuweisen haben, auszuzahlen. Hatte der Postscheckkunde beim PSchA eine Verfügung hinterlegt, nach der im Falle seines Todes eine bestimmt bezeichnete Person zur Abhebung seines Guthabens berechtigt sein soll, so ist das Guthaben an diese auszuzahlen.

D. Scheckprotest.

1. Gesetz, betreffend die Erleichterung des Wechselprotestes. Vom 30. Mai 1908 (RGBl 1908 S. 321).

Wir, W i l h e l m, von Gottes Gnaden Deutscher Kaiser König von Preußen usw.

verordnen im Namen des Reichs, nach erfolgter Zustimmung des Bundesrats und des Reichstags, was folgt:

§ 1. Die Allgemeine Deutsche Wechselordnung wird dahin geändert*): . . . .

§ 2. Der § 21 des Gesetzes, betreffend die Wechselstempelsteuer, vom 10. Juni 1869 (Bundes-Gesetzbl. S. 193) wird dahin geändert:

*) Die für das ScheckG in Betracht kommenden neuen Vorschriften der WO sind oben zu § 16 ScheckG Anm 13 ff. abgedruckt und erläutert. Vgl. auch § 30 ScheckG und die Anm dazu.

1. Im Satze 1 werden hinter dem Worte „Notare“ die Worte eingeschaltet: „die Postbeamten“.
2. Satz 2 erhält folgende Fassung:
   Auf der nach der Wechselordnung zurückzubehaltenden Abschrift des Protestes ist ausdrücklich zu bemerken, mit welchem Wechselstempel die protestierte Urkunde versehen oder daß sie mit einem Wechselstempel nicht versehen ist.

§ 3. Unter Zustimmung des Bundesrats kann der Reichskanzler anordnen, daß die Postverwaltung für bestimmte Fälle, insbesondere mit Rücksicht auf die Art des Protestes oder die Höhe der Wechselsumme, die Protesterhebung nicht übernimmt*).

Die näheren Bestimmungen über die Benutzung der Postanstalten zur Aufnahme von Wechselprotesten erläßt der Reichskanzler**). Für den inneren Verkehr der Königreiche Bayern und Württemberg werden diese Bestimmungen von den zuständigen Behörden dieser Staaten erlassen.

§ 4. Die Postverwaltung haftet dem Auftraggeber für die ordnungsmäßige Ausführung des Protestauftrags nach den allgemeinen Vorschriften des bürgerlichen Rechtes über die Haftung eines Schuldners für die Erfüllung seiner Verbindlichkeit. Sie haftet nicht über den Betrag des wechselmäßigen Regreßanspruchs hinaus.

Der Anspruch gegen die Postverwaltung verjährt in drei Jahren. Die Verjährung beginnt mit dem Zeitpunkt, in welchem der Protestauftrag bei der Postanstalt eingeht, von welcher der Auftrag auszuführen ist.

§ 5. Der Reichskanzler wird ermächtigt, den Text der Allgemeinen Deutschen Wechselordnung, wie er sich aus den Änderungen ergibt, welche im § 1 dieses Gesetzes sowie in den Nürnberger Novellen (Bundes-Gesetzbl. 1869 S. 402) und im Artikel 8 Nr. 2 des Einführungsgesetzes zum Handelsgesetzbuche (Reichs-Gesetzbl. 1897 S. 437) vorgesehen sind, unter der Überschrift „Wechselordnung“ durch das Reichs-Gesetzblatt bekannt zu machen. Der Artikel 2 sowie im Artikel 29 Abs. 1 Nr. 1 die Worte „(Debitverfahren, Falliment)“ und in Nr. 2 die Worte „oder wider denselben wegen Erfüllung einer Zahlungsverbindlichkeit die Vollstreckung des Personalarrestes verfügt worden“ sind wegzulassen.

Soweit in Reichsgesetzen oder Landesgesetzen auf Vorschriften der Wechselordnung verwiesen ist, treten die entsprechenden Vorschriften des vom Reichskanzler bekanntgemachten Textes an die Stelle.

§ 6. Dieses Gesetz tritt am 1. Oktober 1908 in Kraft. Für die vorher ausgestellten Wechsel bleiben die bisherigen Vorschriften in Kraft, nach denen der wechselmäßige Anspruch gegen den Akzeptanten oder gegen den Aussteller des eigenen Wechsels verloren geht, wenn die rechtzeitige Protesterhebung beim Domiziliaten verabsäumt wird.

Urkundlich unter Unserer Höchsteigenhändigen Unterschrift und beigedrucktem Kaiserlichen Insiegel.

Gegeben Potsdam, den 30. Mai 1908.

(L. S.) Wilhelm. Fürst von Bülow.

2. Bekanntmachung, betreffend die Erhebung von Wechsel- und Scheckprotesten durch Postbeamte. Vom 5. August 1908 (RGBl 1908 S. 482).

Mit dem Inkrafttreten des Gesetzes, betreffend die Erleichterung des Wechselprotestes, vom 30. Mai 1908 (Reichs-Gesetzbl. S. 321 ff.) und gemäß § 30 des Scheckgesetzes vom 11. März 1908 (Reichs-Gesetzbl. S. 71 ff.) sind auch die Postbeamten zur Aufnahme von Wechsel- und Scheckprotesten berufen.

Auf Grund des § 3 des erstgenannten Gesetzes wird unter Zustimmung des Bundesrats angeordnet, daß vom 1. Oktober 1908 ab die Postverwaltung die Erhebung von Wechsel- und Scheckprotesten mit folgenden Beschränkungen übernimmt:

1. Proteste, die sich auf eine andere wechselrechtliche Leistung als die Zahlung beziehen, werden nicht erhoben.
2. Die Erhebung von Protesten mangels Zahlung bleibt ausgeschlossen
   a) für Wechsel und Schecks, die über mehr als 800 ***) Mark lauten,
   b) für Wechsel und Schecks, die in fremder Sprache ausgestellt sind,

*) Die in Ausführung des § 3 Abs 1 ergangenen Anordnungen des Reichskanzlers sind enthalten in der Bek v. 5. 8. 1908, hier abgedruckt als Anhang D 2.

**) Die in Ausführung des § 3 Abs 2 Satz 1 vom Reichskanzler erlassenen Bestimmungen sind jetzt enthalten in der Postordnung v. 30. 12. 1921, § 18, hier abgedruckt als Anhang D 3.

***) Durch die wiederholten Abänderungen der Postordnung ist die Summe von 1000 Reichsmark an Stelle derjenigen von 800 M. getreten (vgl. Anhang D 3).

c) für Wechsel und Schecks, die auf eine ausländische Münzsorte lauten, sofern der Aussteller durch den Gebrauch des Wortes „effektiv" oder eines ähnlichen Zusatzes die Zahlung in der im Wechsel benannten Münzsorte ausdrücklich bestimmt hat,
d) für Wechsel, die mit Notadresse oder Ehrenakzept versehen sind,
e) für Wechsel, die unter Vorlegung mehrerer Exemplare desselben Wechsels oder unter Vorlegung des Originals und einer Kopie zu protestieren sind.

Berlin, den 5. August 1908.

Der Reichskanzler.
In Vertretung: Kraetke.

3. Auszug aus der Postordnung vom 30. Dezember 1921 (RGBl S. 1609) unter Berücksichtigung der abändernden Verordnungen (nach dem Stand vom 1. Oktober 1926).

§ 18. Postaufträge.

I. Die Post kann beauftragt werden,
1. Beträge bis 1000 Reichsmark einschließlich einzuziehen (Postaufträge zur Geldeinziehung);
2. Wechsel zur Annahmeerklärung vorzuzeigen (Postaufträge zur Annahmeeinholung);
3. Wechsel zur Zahlung vorzuzeigen und, wenn die Zahlung unterbleibt, Protest mangels Zahlung nach den Vorschriften der Wechselordnung zu erheben (Postprotestaufträge).

Ausgeschlossen von der Protesterhebung durch die Post sind:
Wechsel über mehr als 1000 Reichsmark *),
Wechsel in fremder Sprache,
Wechsel, die auf eine ausländische Münzsorte lauten, wenn der Aussteller durch das Wort „effektiv" oder einen ähnlichen Zusatz die Zahlung in der benannten Münzsorte ausdrücklich bestimmt hat,
Wechsel mit Notanschrift (Notadresse) oder Ehrenannahme,
Wechsel, die unter Vorlegung mehrerer Stücke desselben Wechsels oder unter Vorlegung der Urschrift und einer Abschrift zu protestieren sind.

II. Es ist beizufügen:
1. dem Postauftrage zur Geldeinziehung das einzulösende Papier (quittierte Rechnung, quittierter Wechsel, Zinsschein usw.). Mehrere Papiere — bis zu 10 — dürfen beigefügt werden, wenn sie demselben Zahlungspflichtigen gleichzeitig zur Einlösung vorzuzeigen sind und die einzuziehende Gesamtsumme 1000 Reichsmark nicht übersteigt;
2. dem Postauftrag zur Annahmeeinholung der zur Annahme vorzuzeigende Wechsel. Mehrere Wechsel dürfen beigefügt werden, wenn sie derselben Person gleichzeitig zur Annahmeerklärung vorzuzeigen sind;
3. dem Postprotestauftrag der quittierte Wechsel; mehrere Wechsel beizufügen, ist nicht gestattet.

III. Der Postauftrag ist auf besonderem Vordruck, der Postauftragskarte, zu erteilen. Es gibt Postauftragskarten
1. a) für Postaufträge zur Geldeinziehung mit anhängender Postanweisung,
   b) für Postaufträge zur Geldeinziehung mit anhängender Zahlkarte;
2. für Postaufträge zu Annahmeeinholung;
3. a) für Protestaufträge mit anhängender Postanweisung,
   b) für Postprotestaufträge mit anhängender Zahlkarte.

Nicht von der Post bezogene Vordrucke müssen in Größe, Farbe und Papierstärke sowie im Aufdruck mit den amtlichen genau übereinstimmen.

IV. Der Auftraggeber hat auf der Vorderseite der Postauftragskarte anzugeben:
1. bei Postaufträgen zur Geldeinziehung Namen und Wohnort der Person, die zahlen soll, den einzuziehenden Betrag, die Zahl der Anlagen und den eigenen Namen und Wohnort. Er kann auch den Tag angeben, an dem der Betrag eingezogen werden soll. Dieser Tag ist dann für die Vorzeigung maßgebend. Beantragt der Auftraggeber die Überweisung auf das Postscheckkonto eines Dritten, so hat er am Fuße der Vorderseite der Postauftragskarte „Zahlkarte P. Sch. A. (Ort) . . . . Konto Nr. . . . . N. . . . . in M. . . . ." und auf dem Abschnitt der Zahlkarte seinen Namen zu vermerken;

---

*) An die Stelle der ursprünglichen Höchstsumme von 800 M. ist durch Abänderungen der Postordnung — zuletzt vom 25. März 1925 — diejenige von 1000 Reichsmark getreten.

2. bei Postaufträgen zur Annahmeeinholung Namen und Wohnort der Person, die die Annahmeerklärung abgeben soll, den Betrag der vorzuzeigenden Wechsel und den eigenen Namen und Wohnort. Er kann auch den Fälligkeitstag des Wechsels und die Wechselnummer angeben;
3. bei Postprotestaufträgen Namen und Wohnort der Person, die zahlen soll, die Wechselsumme, den Tag, an dem nach dem Inhalt des Wechsels zu zahlen ist, bei Wechseln, die auf Sicht lauten, den Tag, an dem der Wechsel vorgezeigt werden soll, ferner den eigenen Namen und Wohnort. Stimmen die Angaben in der Postauftragskarte über die Wechselsumme und den Zahlungstag mit denen des Wechsels nicht überein, so ist der Wechsel maßgebend. Ist auf dem Wechsel eine Teilzahlung vermerkt, so ist in die Postauftragskarte nur der noch nicht bezahlte Rest einzutragen. Ist ein auf Sicht lautender Wechsel bereits vor Erteilung des Postauftrags zur Zahlung vorgezeigt worden, so hat der Auftraggeber auf der Rückseite der Postauftragskarte zu vermerken „Der Wechsel ist vorgezeigt worden am .... (Tag der Vorzeigung)".

Die Karten können ganz oder teilweise durch Druck, mit der Schreibmaschine usw. ausgefüllt werden. Der einzuziehende Betrag (Wechselsumme usw.) ist in Reichsmark anzugeben und die Marksumme in Buchstaben zu wiederholen.

Der Auftraggeber hat die der Postauftragskarte anhängende Postanweisung oder Zahlkarte auszufüllen; der einzuziehende Betrag ist nach Abzug der Postanweisungs- oder Zahlkartengebühr einzutragen. Der Auftraggeber ist dafür verantwortlich, daß auf der anhängenden Postanweisung oder Zahlkarte der Empfangsberechtigte richtig bezeichnet ist.

V. Der Auftraggeber kann bei Postaufträgen zur Geldeinziehung oder zur Annahmeeinholung auf der Rückseite der Karte bestimmen, daß sie nach der ersten vergeblichen Vorzeigung oder dem ersten vergeblichen Versuch an ihn zurück oder an eine andere Postanstalt innerhalb des Deutschen Reichs weitergesandt werden. Diesem Zwecke dienen die Vermerke „Sofort zurück" oder „Sofort an N. in N." unter genauer Bezeichnung eines anderen Empfängers. Wünscht der Auftraggeber die Weitersendung an eine zur Aufnahme des Wechselprotestes befugte Person, so genügt der Vermerk „Sofort zum Protest" ohne Namensangabe.

VI. Die Postauftragskarte bleibt bei Einziehung des Betrags oder bei Annahme des Wechsels oder bei postseitiger Protestierung im Gewahrsam der Post; sie darf nur zu den nach IV und V zulässigen Angaben benutzt werden; Briefe dürfen nicht beigefügt werden.

VII. Der Postauftrag ist in einem verschlossenen Umschlag mit der Aufschrift „Postauftrag nach .... (Name der Bestimmungs-Postanstalt)" einzuliefern. Über die Unzulässigkeit des Vermerks „Postlagernd" s. § 40. Als Bestimmungs-Postanstalt ist zu nennen

1. bei Postaufträgen zur Geldeinziehung und zur Annahmeeinholung die Postanstalt, die den Geldbetrag einziehen oder die Annahmeerklärung einholen soll;
2. bei Postprotestaufträgen die Postanstalt, zu deren Bezirk der im Wechsel angegebene Zahlungsort gehört, auch wenn die Person, die zahlen soll, nicht an dem im Wechsel angegebenen Zahlungsorte wohnt, z. B. nach Ausstellung des Wechsels verzogen ist.

Soll der Postauftrag an einem bestimmten Tage vorgezeigt werden, so darf er nicht früher als 7 Tage vorher eingeliefert werden. Mehrere Postaufträge dürfen nicht zu einer Sendung vereinigt werden.

VIII. Die Einlieferung wird bescheinigt.

IX. Die Bestimmungs-Postanstalt läßt den Postauftrag dem Berechtigten vorzeigen, um den Geldbetrag gegen Aushändigung der quittierten Anlagen einzuziehen oder die schriftliche Annahmeerklärung des Berechtigten auf dem Wechsel zu erwirken. Bei Postaufträgen zur Geldeinziehung über mehr als 10000 M. nach dem Ortsbestellbezirk und 1000 M. nach dem Landbestellbezirke tritt an die Stelle der Vorzeigung des Postauftrags eine schriftliche Benachrichtigung des Berechtigten (Benachrichtigungszettel), daß der Postauftrag bei der Postanstalt unmittelbar einzulösen sei; über die Zulässigkeit der Vorzeigung von Postaufträgen über höhere Beträge s. § 36, III. Als berechtigt, einen Postauftrag einzulösen oder den Benachrichtigungszettel in Empfang zu nehmen, gelten die im § 38, I bis V bezeichneten Personen. Postaufträge zur Annahmeeinholung sind nur der in der Postauftragskarte genannten Person oder ihrem Bevollmächtigten vorzuzeigen. Wenn nicht bei der Post eine besondere Vollmacht für die Annahme von Wechseln niedergelegt ist, gilt jeder als bevollmächtigt, der berechtigt ist, für die in der Postauftragskarte bezeichnete Person Wertsendungen von über 2000 M. in Empfang zu nehmen (§ 38, VII)

Dem Antrag eines Wechselausstellers, einen von ihm übersandten Betrag zur Deckung eines für den Bezogenen vorliegenden Postprotestauftrags zu verwenden, kann unter der Bedingung entsprochen werden, daß der Wechsel dem Bezogenen auszuhändigen ist. Verlangt der Wechselaussteller, daß der Wechsel an ihn ausgehändigt werde, so ist einem solchen Verlangen nur dann zu entsprechen, wenn der Bezogene nach Verständigung vom Sachverhalte sein schriftliches Einverständnis damit auf der Rückseite des Postauftragsvordrucks abgibt.

An Sonntagen und allgemeinen Feiertagen werden keine Postaufträge vorgezeigt.

X. Der eingezogene Betrag wird dem Auftraggeber nach Abzug der Postanweisungsgebühr durch Postanweisung (§ 20) übermittelt oder nach Abzug der Zahlkartengebühr auf das in der Zahlkarte angegebene Postscheckkonto überwiesen. Bei Beträgen von mehr als 5000 M. wird nur eine Postanweisung über den Gesamtbetrag ausgefertigt. Der angenommene Wechsel wird an den Auftraggeber ohne Verzug eingeschrieben zugesandt.

XI. Wird der Postauftrag nicht eingelöst, die Annahmeerklärung nicht erteilt oder bleibt der Versuch, den Postauftrag vorzuzeigen, erfolglos, so wird folgendermaßen verfahren:

1. Ist bei Postaufträgen zur Geldeinziehung und zur Annahmeeinholung der Berechtigte, der zahlen oder die Annahmeerklärung abgeben soll, nicht zu ermitteln oder verweigert er die Einlösung des Postauftrags oder die Abgabe der Annahmeerklärung, so wird der Postauftrag sofort zurückgesandt.

   Auf Verlangen wird dem Berechtigten eine siebentägige Frist gewährt, die vom Tage nach der ersten Vorzeigung oder nach dem ersten Vorzeigeversuch an rechnet. Wird der Postauftrag bis zum letzten Tage der Frist nicht eingelöst oder die Annahmeerklärung nicht abgegeben, so wird der Auftrag an diesem Tage nochmals vorgezeigt und, wenn die Einlösung oder die Annahmeerklärung verweigert wird, sofort zurückgesandt. Bleibt die Vorzeigung oder der Versuch aus einem anderen Grunde erfolglos, so wird der Postauftrag noch bis zum Schlusse der Postschalterstunden bei der Post zur Einlösung oder Annahmeerklärung bereitgehalten.

   Die Einlösungsfrist ist ausgeschlossen, wenn auf dem Postauftrage „Sofort zurück" oder „Sofort an N. in N." oder „Sofort zum Protest" vermerkt ist. Solche Postaufträge hält die Post am Tage der ersten vergeblichen Vorzeigung oder des ersten Versuchs noch bis zum Schlusse der Postschalterstunden zur Einlösung der Annahmeerklärung bereit, schickt sie dagegen sofort zurück oder weiter, wenn der auf der Postauftragskarte angegebene Tag (IV) bereits verstrichen ist. Mit der Aushändigung des Postauftrags und seiner Anlagen an den Gerichtsvollzieher, Notar usw. oder den zweiten Empfänger ist die Aufgabe der Post erfüllt. Die Protestkosten hat der Auftraggeber unmittelbar an den Erheber des Protestes zu entrichten.

   Teilzahlungen werden bei Postaufträgen zur Geldeinziehung nicht angenommen.

   Die Annahme eines Wechsels gilt als verweigert, wenn die Annahmeerklärung auf einen Teil der Wechselsumme beschränkt wird oder andere Einschränkungen enthält.

2. Postprotestaufträge werden, wenn die Wechselsumme nicht gezahlt wird oder der Vorzeigeversuch erfolglos bleibt, bei der Post bis zum Schlusse der Postschalterstunden des ersten Werktags nach dem Zahlungstage des Wechsels zur Einlösung bereitgehalten. Wird auch bis dahin nicht gezahlt, so wird der Wechsel mit dem Postauftrag am zweiten Werktag nach dem Zahlungstage nochmals zur Zahlung vorgezeigt. Bleibt die zweite Vorzeigung oder der Versuch erfolglos, so wird gegen die in der Postauftragskarte bezeichnete Person Protest nach den Vorschriften der Wechselordnung erhoben.

   Schon nach der ersten Vorzeigung wird der Protest erhoben, wenn dabei die Zahlung ausdrücklich verweigert worden ist. Ebenfalls wird schon nach der ersten Vorzeigung oder nach dem ersten Versuche der Vorzeigung protestiert, wenn der Postprotestauftrag mit dem Vermerk „Ohne Protestfrist" versehen ist oder die Protestfrist mit dem Tage der Vorzeigung abläuft oder wenn die Person, die zahlen soll, am Zahlungsorte des Wechsels weder einen Geschäftsraum (Geschäftslokal) noch eine Wohnung hat oder wenn es die Post aus einem anderen Grunde für erforderlich hält.

Als Zahlungsverweigerung gilt in jedem Falle nur die Erklärung der Person, die zahlen soll, oder ihres Bevollmächtigten.

XII. Der protestierte Wechsel wird mit der Protesturkunde eingeschrieben an den Auftraggeber unter Einziehung der Gebühren (XVI) und der etwa entstandenen Stempelkosten zurückgesandt.

Zahlt eine vom Aussteller des Wechsels nicht bezeichnete Person innerhalb der Protestfrist als Ehrenzahler die Wechselsumme und die Protestkosten an den Postprotestbeamten, so wird ihr der Wechsel mit der Protesturkunde ausgehändigt.

XIII. Die Protesterhebung durch die Post unterbleibt,

1. wenn dem Postprotestauftrage Wechsel, die von der Protesterhebung durch die Post ausgeschlossen sind, oder mehrere Wechsel beigefügt sind;
2. wenn die für Postaufträge zur Geldeinziehung oder zur Annahmeeinholung vorgeschriebene Postauftragskarte benutzt ist.

Postaufträge auf unrichtiger Postauftragskarte sowie Postaufträge, denen
Wechsel in französischer Sprache,
Wechsel mit Notanschrift (Notadresse) oder Ehrenannahme,
unter Vorlegung mehrerer Stücke desselben Wechsels oder unter Vorlegung der Urschrift und einer Abschrift zu protestierende Wechsel

beigefügt sind, werden zunächst dem Bezogenen, bei Wechseln mit Notanschrift (Notadresse) oder Ehrenannahme nur dem Bezogenen vorgezeigt. Bleibt die Vorzeigung oder der Versuch der Vorzeigung vergeblich, so werden sie an einen Gerichtsvollzieher, Notar usw. weitergegeben. Alle übrigen Postaufträge der unter 1 bezeichneten Art werden ohne Vorzeigung an einen Gerichtsvollzieher, Notar usw. weitergegeben.

Die Protesterhebung durch die Post kann unterbleiben, wenn der Auftrag erst am letzten Tage der Protestfrist bei der Postanstalt eingeht, die den Protest zu erheben hat.

XIV. Solange der Postauftrag noch nicht eingelöst, nicht angenommen, zurückgesandt oder weitergesandt ist oder solange noch nicht Protest erhoben worden ist, kann der Absender unter Vorlegung eines Doppels der ausgefüllten Postauftragskarte und unter den sonstigen Bedingungen des § 33 den Postauftrag zurückziehen; bei Postaufträgen zur Geldeinziehung und zur Annahmeeinholung kann er auch die Angaben in der Postauftragskarte ändern lassen. Bei den Anlagen sind nachträgliche Änderungen nicht zulässig.

XV. Die Post haftet bei Postaufträgen zur Geldeinziehung und Annahmeeinholung für die Postauftragsendung wie für einen eingeschriebenen Brief und für den eingezogenen Betrag wie für die auf Postanweisungen eingezahlten Beträge. Sind die Anlagen eines Postauftrags ohne ordnungsmäßige Einziehung des Postauftragsbetrags ausgehändigt worden, so ersetzt die Post dem Absender, vorbehaltlich der Abtretung seines Anspruchs gegen den Empfänger der Anlagen, den unmittelbaren Schaden bis zum Betrage des Postauftrags. Eine weitergehende Gewähr, insbesondere für rechtzeitige Vorzeigung oder für rechtzeitige Rück- oder Weitersendung des Postauftrags leistet sie nicht; sie übernimmt auch keinerlei Verpflichtung zur Erfüllung der besonderen Vorschriften des Wechselrechts.

Bei Postprotestaufträgen haftet die Post für die ordnungsmäßige Ausführung eines vorschriftsmäßigen Protestauftrags (Abs. I—IV) nach § 4 des Gesetzes, betreffend die Erleichterung des Wechselprotestes, vom 30. Mai 1908 (RGBl. S. 321). Diese Haftung beginnt mit dem Eingang des Postauftrags bei der Postanstalt, die den Protest zu erheben hat, und endet, sobald der protestierte Wechsel nebst Protesturkunde zur Beförderung an den Auftraggeber nach Abs. XII eingeliefert worden ist. Bis zum Eingang des Postauftrags bei der Postanstalt, die den Protest zu erheben hat, haftet die Post wie für einen eingeschriebenen Brief. In demselben Umfang haftet sie für den Brief mit dem protestierten Wechsel und der Protesturkunde, sobald er von der Postanstalt zur Beförderung an den Auftraggeber eingeliefert worden ist. Wird die Wechselsumme gezahlt, so haftet die Post für den eingezogenen Betrag wie für die auf Postanweisungen eingezahlten Beträge.

Für die Beförderung von Postprotestaufträgen, die an einen Gerichtsvollzieher, Notar usw. weitergegeben werden, haftet die Post wie für einen eingeschriebenen Brief.

XVI. Für Postaufträge werden erhoben
1. die Gebühr für einen Einschreibebrief;
2. eine Vorzeigegebühr;
3. a) für die Übermittelung des eingezogenen Betrags die Postanweisungsgebühr nach § 4 des Postgebührengesetzes oder die Zahlkartengebühr nach § 5 Ziff. 1 des Postscheckgesetzes;
   b) für die Rücksendung des angenommenen Wechsels die Gebühr für einen freigemachten Einschreibebrief;
4. wenn die Wechselsumme nicht gezahlt worden ist,
   a) eine Gebühr für die Erhebung des Postprotestes,
   b) für die Rücksendung des protestierten Wechsels und der Protesturkunde die Gebühr für einen freigemachten Einschreibebrief.

Zur Zahlung der Gebühr zu 1, 2 und 4 sowie zur Erstattung der nach den Landesgesetzen etwa entstehenden Stempelkosten für die Protesturkunde ist der Auftraggeber verpflichtet.

Die Gebühren zu 1 und 2 sind vorauszuzahlen. Die Postanweisungs- und die Zahlkartengebühr (3a) werden von dem eingezogenen Betrag abgezogen. Die Gebühren unter 3b und unter 4 nebst den landesgesetzlichen Stempelkosten werden bei Übersendung des angenommenen oder des protestierten Wechsels erhoben.

Ist die Zahlung des Geldbetrags oder die Annahme des Wechsels verweigert worden, so wird der Postauftrag gebührenfrei zurück- oder weitergesandt.

XVII. *Die Vorschriften dieses Paragraphen über Protestaufträge gelten sinngemäß auch für die Schecks, die protestiert werden sollen.*

4. Allgemeine Verfügung des Preußischen Justizministers vom 16. September 1908 betr. den Wechsel- und Scheckprotest (JMBl 1908 S. 339 ff.).

Aus Anlaß des Gesetzes, betreffend die Erleichterung des Wechselprotestes, vom 30. Mai 1908 (RGBl. S. 321) und des Scheckgesetzes vom 11. März 1908 (RGBl. S. 71) wird mit Wirkung vom 1. Oktober 1908 ab folgendes bestimmt.

A. Die Allgemeinen Verfügungen vom 21. Dezember 1899 (Justiz-Min-Bl. S. 834) und vom 19. Januar 1906 (Justiz-Min-Bl. S. 28), betreffend das Notariat, werden dahin abgeändert:

§ 2b. Wechsel- und Scheckprotest.

1. Die bei Aufnahme von Wechsel- und Scheckprotesten zurückbehaltenen beglaubigten Abschriften der Protesturkunden und die über den Inhalt des Wechsels, der Wechselkopie oder des Schecks aufgenommenen Vermerke sind mit den zugehörigen Kostenrechnungen nach der zeitlichen Reihenfolge geordnet in Sammelakten einzuheften. Die Protestabschriften sind innerhalb eines jeden Bandes der Sammelakten mit fortlaufenden Nummern zu versehen. Die Protestabschriften und die Vermerke sind tunlichst auf dasselbe Blatt zu setzen.

2. Jeder Anzeige wegen Zuwiderhandlung gegen die Stempelpflicht (§ 21 des Gesetzes über die Wechselstempelsteuer vom 10. Juni 1869) ist eine Abschrift des Wechsels oder des Schecks sowie aller darauf befindlichen Indossamente und Bemerkungen beizufügen.

B. Der § 44 der Geschäftsordnung für die Gerichtsschreibereien der Amtsgerichte vom 11. Oktober 1906 (Justiz-Min-Bl. S. 304) erhält die Inhaltsbezeichnung „Protestsammelakten" und folgende Fassung:

1. Die bei Aufnahme von Wechsel- und Scheckprotesten zurückbehaltenen beglaubigten Abschriften der Protesturkunden und die über den Inhalt des Wechsels, der Wechselkopie oder des Schecks aufgenommenen Vermerke sind mit den zugehörigen Kostenrechnungen nach der zeitlichen Reihenfolge geordnet in Sammelakten einzuheften. Die Protestabschriften sind innerhalb eines jeden Bandes der Sammelakten mit fortlaufenden Nummern zu versehen. Die Protestabschriften und die Vermerke sind tunlichst auf dasselbe Blatt zu setzen. Eine Eintragung der Wechsel- und Scheckproteste in das Beurkundungsregister findet nicht statt.

2. Jeder Anzeige wegen Zuwiderhandlung gegen die Stempelpflicht (§ 21 des Gesetzes über die Wechselstempelsteuer vom 10. Juni 1869) ist eine Abschrift des Wechsels oder des Schecks sowie aller darauf befindlichen Indossamente und Bemerkungen beizufügen.

. . . .

D. Die Geschäftsanweisung für die Gerichtsvollzieher vom 1. Dezember 1899 (Justiz-Min-Bl. S. 629), die Allgemeine Verfügung vom 16. Januar 1906 (Justiz-Min-Bl. S. 9) und die Nr I der Allgemeinen Verfügung vom 31. März 1908, betreffend den Scheckprotest und den Scheckprozeß (Justiz-Min-Bl. S. 190) werden dahin abgeändert:

. . . .

V. Wechsel- und Scheckproteste.

1. Allgemeine Vorschriften.

§ 94. 1. Außer dem Amtsrichter, dem Notar, dem Gerichtsschreiber und dem Postbeamten ist auch der Gerichsvollzieher zuständig, Wechsel- und Scheckproteste aufzunehmen (Ausf.-Ges. z. GVG. § 74; Scheckges. § 30 Abs. 2, § 16 Abs. 2).

2. Die Wechsel- oder Scheckzahlung kann an den Gerichtsvollzieher erfolgen. Die Befugnis des Gerichtsvollziehers zur Annahme der Zahlung kann nicht ausgeschlossen werden (WO. Art. 89a in der Fassung der Bekanntmachung vom 3. Juni 1908, RGBl. S. 326; Scheckges. § 30 Abs. 2).

3. Der Protest liefert den urkundlichen und unter Umständen ausschließlich zulässigen Beweis für die in ihm bezeugten Tatsachen, welche für die Erhaltung oder die Geltendmachung des Rechtes aus dem Wechsel oder dem Scheck, insbesondere für den Rückgriff des Inhabers gegen seine Vormänner, erheblich sind. Der Gerichtsvollzieher hat daher bei der Aufnahme von Protesten mit besonderer Sorgfalt vorzugehen. Jeder formelle Verstoß wie jede Verzögerung bei der Aufnahme des Protestes können zu Rechtsnachteilen für den Auftraggeber führen und den Gerichtsvollzieher zum Schadensersatze verpflichten.

4. Der Auftrag zur Protesterhebung wird dem Gerichtsvollzieher von dem Berechtigten oder dessen Vertreter unmittelbar oder durch Vermittelung einer Postanstalt (§§ 18 und 18a der Postordnung — Amtsblatt des Reichspostamts 1900 S. 143, 1908 S. 243 —) erteilt. Die Protesterhebung kann dem Gerichtsvollzieher auch durch das Amtsgericht übertragen werden, bei dem der Berechtigte die Erhebung des Protestes beantragt hat (Pr. FGG. Art. 38 Abs. 1 Satz 1).

5. Die Proteste sollen nur in der Zeit von 9 Uhr vormittags bis 6 Uhr abends erhoben werden. Außerhalb dieser Zeit soll die Protesterhebung nur erfolgen, wenn die Person, gegen welche protestiert wird, ausdrücklich einwilligt (WO. Art. 92 Abs. 2; Scheckges. § 30 Abs. 2).

6. Der Gerichtsvollzieher ist verpflichtet, von Amts wegen zu prüfen, ob zu den bei ihm vorkommenden Wechseln und Schecks der erforderliche Stempel ordnungsmäßig verwendet ist. Schecks sind von der Wechselstempelabgabe dann befreit, wenn sie den Vorschriften der §§ 1, 2, 7, 25, 26 des Scheckgesetzes entsprechen und nicht vor dem auf ihnen angegebenen Ausstellungstag in Umlauf gesetzt sind (Scheckges. § 29 Abs. 1 und 2).

7. Die zu seiner Kenntnis kommenden Zuwiderhandlungen gegen die Stempelpflicht hat der Gerichtsvollzieher der zuständigen Behörde anzuzeigen (§ 21 des Gesetzes über die Wechselstempelsteuer vom 10. Juni 1869); der Anzeige ist eine Abschrift des Wechsels oder des Schecks sowie aller darauf befindlichen Indossamente und Bemerkungen beizufügen.

8. Der Gerichtsvollzieher hat auf der von ihm zurückzubehaltenden Abschrift des Protestes, auf jeder von ihm zu fertigenden Abschrift eines Wechsels und in jedem Protokolle, das er über die Erledigung eines Protestauftags ohne Protesterhebung aufnimmt, zu vermerken, mit welchem Wechselstempel die protestierte Urkunde versehen, oder daß sie mit einem Wechselstempel nicht versehen ist (Wechselstempelsteuergesetz § 21 Satz 2 in der Fassung des Gesetzes vom 30. Mai 1908).

2. Wechselproteste.

. . . .

3. Scheckproteste.

§ 96. 1. Bei der Aufnahme der Scheckproteste hat der Gerichtsvollzieher die Vorschriften des Scheckgesetzes und die daselbst in § 30 Abs. 2 bezeichneten Bestimmungen der Wechselordnung zu beachten.

2. Der Scheckprotest dient zum Nachweise dafür, daß der Scheck rechtzeitig zur Zahlung vorgelegt und nicht eingelöst, oder daß die Vorlegung vergeblich versucht worden ist. Andere Proteste als Proteste mangels Zahlung kommen beim Scheck nicht vor. Protestat ist der Bezogene.

3. Hat der Aussteller oder ein Inhaber des Schecks quer über die Vorderseite des Schecks den Vermerk gesetzt: „Nur zur Verrechnung", so gilt die Verrechnung als Zahlung. Der Bezogene darf in diesem Falle den Scheck nur durch Verrechnung einlösen (Scheckges. § 14).

4. Schecks sind bei Sicht zahlbar. Die Vorlegungsfrist beträgt bei den im Inland ausgestellten und zahlbaren Schecks zehn Tage nach der Ausstellung; für die im Ausland ausgestellten, im Inlande zahlbaren Schecks bestimmt der Bundesrat die Vorlegungsfrist (vgl. Bekanntmachung des Herrn Reichskanzlers vom 19. März 1908, Reichs-Gesetzbl. S. 85; Scheckges. § 11 Abs. 1, 2). Fällt der letzte Tag der Frist auf einen Sonntag oder einen am Zahlungsorte staatlich anerkannten allgemeinen Feiertag, so tritt an die Stelle des Sonntags oder des Feiertags der nächstfolgende Werktag (Scheckges. § 11 Abs. 3). Die Vorlegung durch den Gerichtsvollzieher muß innerhalb der Vorlegungsfrist erfolgen, eine besondere Protestfrist besteht nicht.

5. Als Zahlungsort gilt der bei dem Namen oder der Firma des Bezogenen angegebene Ort und, wenn eine solche Angabe fehlt, der Ausstellungsort. Die Angabe eines anderen Zahlungsortes gilt als nicht geschrieben (Scheckges. § 5). Der Zahlungsort ist auch der Protestort.

6. Hinsichtlich der Übertragbarkeit des Schecks ist zu beachten, daß ein auf eine Abschrift des Schecks gesetztes Indossament oder ein Indossament des Bezogenen unwirksam ist.

7. Im übrigen finden die Vorschriften des § 95d Abs. 3, § 95e Abs. 1, 2, 4, § 95f sowie des § 95g mit Ausnahme der Vorschrift unter d im Abs. 2, des Abs. 4 und des Abs. 6 sinngemäße Anwendung. Zu Teilzahlungen ist jedoch der Schuldner nur mit Einwilligung des Gläubigers berechtigt.

4. Protestsammelakten.

§ 96 a. 1. Von jedem Wechsel- oder Scheckprotest ist eine beglaubigte, stempelfreie Abschrift zurückzubehalten (WO. Artikel 90 Abs. 2, Scheckges. § 30 Abs. 2).

2. Über den Inhalt des Wechsels, der Wechselkopie oder des Schecks ist ein Vermerk aufzunehmen. Der Vermerk hat zu enthalten:

a) den Betrag des Wechsels oder der Schecks,
b) die Zahlungszeit,
c) den Ort, den Monatstag und das Jahr des Ausstellung,
d) den Namen des Ausstellers, des Remittenten und des Bezogenen,
e) falls eine vom Bezogenen oder vom Aussteller des eigenen Wechsels verschiedene Person angegeben ist, durch welche die Zahlung erfolgen soll, den Namen dieser Person,
f) die Namen der etwaigen Notadressaten und Ehrenakzeptanten.

3. Der Vermerk über den Inhalt des Wechsels, der Wechselkopie oder des Schecks und die Protestabschrift sind tunlichst auf dasselbe Blatt zu setzen.

4. Die Protestabschriften und die Vermerke sind nach der zeitlichen Reihenfolge geordnet in Protestsammelakten einzuheften. Die Protestabschriften sind innerhalb eines jeden Bandes der Sammelakten mit fortlaufenden Nummern zu versehen. Enthält ein Band 200 Nummern, so ist ein neuer Band anzulegen.

Berlin, den 16. September 1908.

Der Justizminister.
Dr. Beseler.

5. Zweite Verordnung über benachbarte Orte im Wechsel- und Scheckverkehre. Vom 23. August 1924 (RGBl I S. 687).

Auf Grund des Artikel 91a Abs. 2 der Wechselordnung (Reichsgesetzbl. 1908 S. 327), des § 16 Abs. 2 und des § 30 Abs. 2 des Scheckgesetzes (Reichsgesetzbl. 1908 S. 71) verordnet die Reichsregierung mit Zustimmung des Reichsrats:

Art. I. Die in dem nachstehenden Verzeichnis unter einer Nummer aufgeführten Orte sind als benachbart im Sinne der Vorschriften des Artikel 91a Abs. 1 der Wechselordnung sowie des § 16 Abs. 2 und des § 30 Abs. 2 des Scheckgesetzes anzusehen.

Art. II. Diese Verordnung tritt am 1. September 1924 in Kraft. Gleichzeitig tritt die Bekanntmachung, betreffend benachbarte Orte im Wechsel- und Scheckverkehre, vom 9. Januar 1909 (Reichsgesetzbl. S. 249) außer Kraft.

Berlin, den 23. August 1924.

Der Reichsminister der Justiz
In Vertretung
Dr. Joel.

Verzeichnis der benachbarten Orte.

Preußen

Provinz Ostpreußen.

1. Königsberg, Landgemeinden Königsberg-Amalienau, Königsberg-Kalthof, Königsberg-Maraunenhof, Königsberg-Ratshof.
2. Heiligenbeil, Landgemeinde Rosenberg.
3. Elbing, Landgemeinde Lärchwalde.
4. Marienwerder (Stadt), Landgemeinden Liebenthal, Mareese, Marienau, Schäferei, Gutsbezirk Gorken.
5. Garnsee, Landgemeinde Garnseedorf.

Provinz Brandenburg

6. Brandenburg, Landgemeinde Dom. Brandenburg, Gutsbezirk Burg Brandenburg.
7. Frankfurt a. d. Oder, Landgemeinde Tzschetzschnow.
8. Jüterbog, Landgemeinden Damm, Neumarkt.
9. Potsdam (Stadt), Landgemeinde Nowawes.
10. Sorau (Stadt), Landgemeinde Seifersdorf.

Provinz Pommern

11. Stettin, Landgemeinden Frauendorf, Pommerensdorf, Scheune, Züllchow.

Provinz Niederschlesien

12. Landgemeinden Blumenau (Ober Tannhausen) Erlenbusch (Nieder Tannhausen) Tannhausen (Mittel Tannhausen), Gutsbezirk Tannhausen (sämtlich Kreis Waldenburg).
13. Breslau, Landgemeinden Bischofswalde Brockau, Carlowitz, Klein Gandau, Grüneiche, Hartlieb, Klettendorf, Kosel, Krietern, Groß- und Klein-Mochbern, Oltaschin, Opperau, Oswitz, Pilsnitz, Rosenthal, Schwoitsch, Groß- und Klein-Tschausch, Woischwitz, Zedlitz, Gutsbezirke Pirscham, Wilhelmsruh, Zimpel.
14. Landgemeinden Donnerau, Neu Wüstegiersdorf, Wüstegiersdorf, Ober Wüstegiersdorf.
15. Landgemeinden Fellhammer, Nieder Hermsdorf (Kreis Waldenburg).
16. Freiburg i. Schlesien, Landgemeinde Polsnitz (Kreis Waldenburg).
17. Friedland (Kreis Waldenburg), Landgemeinde Schmidtsdorf.
18. Glogau, Landgemeinden Rauschwitz, Zarkau.
19. Landgemeinde Gnadenfrei, Amtsbezirke Mittel Peilau, Nieder Peilau, Schlössel, Ober Peilau I, Ober Peilau II

20. Landgemeinden Gompersdorf, Schrekkendorf, Seitenberg, Gutsbezirk Seitenberg.
21. Landeshut (Stadt), Landgemeinde Ober Leppersdorf.
22. Neusalz a. d. Oder, Landgemeinden Alttschau, Kusser.
23. Landgemeinden Peterswaldau (Kreis Reichenbach), Steinkunzendorf, Gutsbezirke Peterswaldau (Kreis Reichenbach), Steinkunzendorf.
24. Reichenbach, Landgemeinde und Gutsbezirk Neudorf (Kreis Reichenbach).
25. Sagan, Landgemeinden Eckersdorf, Machenau.
26. Landgemeinden Ober Salzbrunn, Weißstein.
27. Schweidnitz, Landgemeinde Croischwitz (Kreis Schweidnitz).
28. Striegau, Landgemeinde Gräben (Kreis Striegau).
29. Waldenburg, Landgemeinde Ober Waldenburg.

Provinz Oberschlesien

30. Beuthen i. Oberschlesien, Landgemeinde und Gutsbezirk Roßberg.
31. Hindenburg, Landgemeinde Zaborze.
32. Oppeln, Landgemeinde und Gutsbezirk Kgl. Neudorf.
33. Ratibor (Stadt), Landgemeinde Ostrog.

Provinz Sachsen

34. Landgemeinden Althaldensleben, Neuhaldensleben.
35. Elsterwerda, Landgemeinde Biehla.
36. Groß Salze, Schönebeck, Landgemeinde Frohse.
37. Halberstadt, Landgemeinde Wehrstedt (Landkreis Halberstadt).
38. Halle a. d. Saale, Landgemeinden Böllberg, Büschdorf, Burg bei Reideburg, Diemitz, Kapellenende, Krondorf, Reideburg, Schönnewitz, Gutsbezirk Sagisdorf.
39. Herzberg (Elster), Landgemeinde Alt Herzberg.
40. Magdeburg, Landgemeinden Barleben, Biederitz, Diesdorf (Kreis Wanzleben), Heyrothsberge, Olvenstedt, Groß Ottersleben.
41. Naumburg, Landgemeinde Altenburg.
42. Nordhausen, Landgemeinde Salza.
43. Staßfurt, Landgemeinde Leopoldshall (Anhalt).
44. Landgemeinde Stützerbach (Preußen), Landgemeinde Stützerbach (Thüringen).
45. Landgemeinde Suderode (Kreis Aschersleben), Gernrode (Anhalt).
46. Wernigerode, Landgemeinde Nöschenrode, Gutsbezirk Schloß Wernigerode.
47. Wittenberg, Landgemeinden Kleinwittenberg, Piesteritz.
48. Zeitz, Landgemeinden Aue, Aylsdorf, Grana, Rasberg.

Provinz Schleswig-Holstein.

49. Altona, Wandsbek, Stadtgebiet Hamburg, Landgemeinden Blankenese, Eidelstedt, Groß-Flottbek, Klein-Flottbek, Lokstedt, Nienstedten, Osdorf, Schiffbek, Stellingen-Langenfelde, hamburgische Landgemeinden Billwärder a. d. Bille, Moorfleth.
50. Eckernförde, Landgemeinde Borby.
51. Flensburg, Landgemeinden Adelby, Flensburg-Weiche, Kupfermühle, Wassersleben.
52. Kiel, Landgemeinden Dänischhagen, Elmschenhagen, Heikendorf, Kronshagen Laboe, Mönkeberg, Neumühlen-Dietrichsdorf, Russee, Strande, Suchsdorf.
53. Neumünster, Landgemeinden Brachenfeld, Gadeland, Tungendorf, Wittorf.
54. Landgemeinde Sande (Kreis Stormarn), Bergedorf (Hamburg).

Provinz Hannover

55. Landgemeinden Aumund, Beckedorf (Kreis Blumenthal), Blumenthal, Farge, Grohn, St. Magnus, Bremische Stadt Vegesack.
56. Landgemeinden Burgdamm, Hemelingen, Lesum, Lilienthal, Stadt Bremen und die Bremischen Landgemeinden Arsten, Blockland, Borgfeld, Büren, Grambkermoor, Habenhausen, Huchting, Lankenau, Lehester Deich, Lesumbrock, Oberneuland-Rockwinkel, Osterholz, Seehausen, Strom.
57. Celle, Landgemeinden Klein Hehlen, Westercelle.
58. Emden, Landgemeinde Wolthusen.
59. Geestemünde, Lehe, Bremische Stadt Bremerhaven.
60. Göttingen, Landgemeinden Geismar, Grone, Rosdorf, Weende.
61. Hannover, Landgemeinden Brink, Langenforth, Langenhagen.
62. Hildesheim, Landgemeinde Himmelsthür.
63. Lüneburg, Landgemeinden Hagen (Landkreis Lüneburg), Lüne.
64. Osnabrück, Landgemeinden Haste (Landkreis Osnabrück), Lüstringen.
65. Osterode a. Harz, Landgemeinden Freiheit, Katzenstein, Lasfelde, Petershütte.
66. Bad Pyrmont, Landgemeinde Holzhausen.
67. Stade, Landgemeinde Campe (Kreis Stade).
68. Wilhelmshaven, Rüstringen (Oldenburg).

Provinz Westfalen

69. Bielefeld, Landgemeinden Brackwede, Gadderbaum, Schildesche, Sieker.
70. Bochum, Landgemeinden Altenbochum, Eppendorf, Hordel, Riemke, Weitmar.
71. Castrop, Landgemeinden Bladenhorst, Bodelschwingh, Börnig, Bövinghausen, Brüninghausen, Deininghausen, Dingen, Frohlinde, Habinghorst, Holthausen-Ickern, Mengede, Merklinde, Nette, Rauxel, Sodingen, Westerfilde.
72. Dorsten, Landgemeinde Hervest.
73. Dortmund, Hörde, Landgemeinde Aplerbeck.
74. Landgemeinden Eickel (Landkreis Gelsenkirchen), Holsterhausen, Röhlinghausen, Wanne.
75. Gelsenkirchen, Wattenscheid, Landgemeinden Günnigfeld, Höntrop (Landkreis Gelsenkirchen), Westenfeld.
76. Gevelsberg, Haspe.
77. Hamm, Landgemeinde Mark.
78. Hattingen, Landgemeinden Welper, Winz.
79. Hörde, Landgemeinden Aplerbeck, Berghofen (Kreis Hörde).
80. Landgemeinden Langendreer, Werne (Landkreis Bochum).
81. Landgemeinden Lütgendortmund, Somborn.
82. Neheim, Landgemeinde Hüsten.
83. Recklinghausen, Landgemeinde Recklinghausen.
84. Rheine, Rheine rechts der Ems, Rheine links der Ems.

Rheinprovinz

85. Landgemeinden Atzlar, Klein-Altenstädten.
86. Barmen, Elberfeld.
87. Bendorf, Landgemeinden Engers, Mühlhofen, Sayn.
88. Cleve, Landgemeinde Kellen.
89. Coblenz, Landgemeinde Metternich.
90. Crefeld, Uerdingen, Landgemeinden Fischeln, Hüls, St. Tönis, Willich.
91. Stadt und Landgemeinde Dülken.
92. Düren, Landgemeinde Gürzenich.
93. Duisburg, Hamborn, Landgemeinden Homberg, Rheinhausen.
94. Ehrenbreitstein, Landgemeinde Pfaffendorf.
95. Elberfeld, Vohwinkel.
96. Gräfrath, Höhscheid, Ohligs, Solingen, Wald.
97. Hamborn, Landgemeinde Walsum.
98. Landgemeinden Heimbach, Weis.
99. Linz, Landgemeinde Linzhausen.
100. Malstatt-Burbach, Saarbrücken, Sankt-Johann a. Saar, Landgemeinden Brebach, Gersweiler.
101. Mörs, Kolonie Meerbeck.
102. München-Gladbach, Odenkirchen, Rheydt.
103. Neunkirchen, Landgemeinde Niederneunkirchen.
104. Oberhausen, Sterkrade.
105. Steele, Landgemeinden Königssteele (Kreis Hattingen), Horst-Ruhr, Kray-Leithe, Überruhr.
106. Stolberg (Landkreis Aachen), Landgemeinden Büsbach, Eilendorf.
107. Trier, Landgemeinden Euren, Kürenz, Olewig.
108. Wetzlar, Landgemeinden Garbenheim, Hermannstein (Kreis Biedenkopf).

Provinz Hessen-Nassau.

(Wegen Hermannstein [Kreis Biedenkopf] zu vergleichen Nr. 108)

109. Allendorf a. d. Werra (Stadt), Sooden.
110. Cassel, Landgemeinde Harleshausen.
111. Cassel, Landgemeinden Ihringhausen, Wolfsanger.
112. Cassel, Landgemeinde Niederzwehren.
113. Eltville a. Rh., Landgemeinden Erbach, Frauenthal, Kiedrich, Neudorf, Schlangenbad, Walluf.
114. Felsberg, Landgemeinde Gensungen.
115. Frankfurt a. M., Offenbach a. M., Landgemeinde Schwanheim.
116. Geisenheim, Landgemeinden Johannisberg, Winkel.
117. Landgemeinden Grenzhausen, Höhr.
118. Landgemeinde Herrenbreitungen, Landgemeinde Breitungen (Thüringen).
119. Höchst a. M., Landgemeinden Griesheim, Hattersheim.
120. Homburg v. d. Höhe, Landgemeinden Dornholzhausen, Gonzenheim, Kirdorf.
121. Lorch, Landgemeinde Lorchhausen.
122. Rüdesheim, Landgemeinde Eibingen.
123. Landgemeinde Kleinschmalkalden (Preußen), Landgemeinde Kleinschmalkalden (Thüringen).
124. Wiesbaden, Amöneburg, Biebrich, Landgemeinden Bierstadt, Dotzheim, Erbenheim, Rambach, Schierstein, Sonnenberg (Landkreis Wiesbaden).

Bayern

125. Augsburg, Göggingen.
126. Deggendorf, Schaching.
127. Bad Dürkheim, Grethen.
128. Freyung, Bannholz (Gemeinde Ort), Ortmühle (Gemeinde Ort).
129. Garmisch, Partenkirchen.
130. Haidhäuser (Gemeinde Frauenberg), Haidmühle (Gemeinde Leopoldsreut).
131. Hersbruck, Altensittenbach.
132. Homburg, Erbach-Reiskirchen.
133. Ludwigshafen a. Rh., Mannheim (Baden).

134. Marktbreit, Segnitz.
135. München, Freimann.
136. Neu Ulm, Ulm (Württemberg).
137. Nürnberg, Fürth.
138. Pasing, Obermenzing.
139. Passau, Beiderwies, Grubweg, Hacklberg.
140. Pfronten-Berg, Pfronten-Steinach.
141. Regen, Heilig Geist (Gemeinde Eggenried).
142. Bad Reichenhall, Kirchberg (Gemeinde Karlstein).
143. Traunstein, Wegscheid (Gemeinde Haslach).
144. Würzburg, Heidingsfeld, Zell a. M.

Sachsen

145. Adorf, Jngelsburg.
146. Annaberg, Buchholz.
147. Aue, Auerhammer.
148. Auerbach, Rodewisch.
149. Bernstadt, Kunnersdorf auf dem Eigen.
150. Bertsdorf mit Ortsteil Hänischmühle, Johnsdorf.
151. Chemnitz, Glösa, Harthau, Niederhermersdorf, Rottluff, Schönau.
152. Coßmannsdorf, Freital, Hainsberg.
153. Crimmitschau, Frankenhausen, Neukirchen, Schweinsburg.
154. Cunewalde, Obercunewalde.
155. Dresden, Döltzschen, Niedersedlitz, Radebeul, Zschachwitz.
156. Eibau, Neueibau, Waldorf.
157. Bad Elster, Mühlhausen.
158. Falkenstein, Ellefeld.
159. Herrnhut, Niederstrahwalde, Oberstrahwalde.
160. Kirchberg, Saupersdorf.
161. Klingenthal, Brunndöbra, Georgenthal, Obersachsenberg, Oberzwota, Untersachsenberg, Zwota.
162. Leipzig, Abtnaundorf, Böhlitz-Ehrenberg, Gaschwitz, Gautzsch, Großstädteln, Mölkau, Ötzsch-Markleeberg, Stahmeln.
163. Lengenfeld, Waldkirchen.
164. Limbach i. S., Kändler (Bezirk Chemnitz), Mittelfrohna, Oberfrohna, Pleißa, Röhrsdorf.
165. Markneukirchen, Erlbach, Wohlhausen.
166. Mittweida, Altmittweida.
167. Mylau, Netzschkau, Obermylau.
168. Ölsnitz, Lauterbach.
169. Ostritz, Altstadt bei Ostritz.
170. Radebeul, Kötzschenbroda, Oberlößnitz.
171. Schneeberg, Neustädtel, Niederschlema, Oberschlema.
172. Schönheide, Schönheiderhammer.
173. Werdau, Langenhessen, Leubnitz, Rupertsgrün, Steinpleis.
174. Wilkau, Cainsdorf, Friedrichsgrün, Niederhaßlau, Vielau.
175. Zittau, Eckartsberg, Olbersdorf.
176. Zwickau, Bockwa, Cainsdorf, Oberhohndorf, Planitz, Pöhlau, Reinsdorf.

Württemberg

(Wegen Ulm zu vergleichen Nr. 136.)

Baden

177. Baden-Baden, Oos.
178. Lahr, Dinglingen.

(Wegen Mannheim zu vergleichen Nr. 133.)

Thüringen.

(Wegen Stützerbach zu vergleichen Nr. 44.) (Wegen Breitungen zu vergleichen Nr. 118.) (Wegen Kleinschmalkalden zu vergleichen Nr. 123.)

179. Arnstadt, Ichtershausen, Rudisleben, Siegelbach.
180. Lauscha, Neuhaus a. R.-Igelshieb.
181. Lichte, Wallendorf.
182. Sonneberg, Köppelsdorf.

Hessen

183. Auerbach, Bensheim.
184. Darmstadt, Eberstadt.
185. Erbach, Michelstadt.
186. Friedberg, Bad Nauheim.
187. Mainz, Bretzenheim, Weisenau.
188. Nieder- und Ober-Jngelheim.
189. Worms, Herrnsheim, Horchheim, Leiselheim.

Hamburg

(Wegen Bergedorf, Billwärder a. d. Bille, Hamburg, Moorfleth zu vergleichen Nr. 54, 49.)

Braunschweig

190. Braunschweig, Gliesmarode, Lehndorf, Ölper.
191. Bad Harzburg, Bündheim, Schlewecke.

Oldenburg

(Wegen Rüstringen zu vergleichen Nr. 68.)

192. Idar, Oberstein.

Anhalt

(Wegen Gernrode und Leopoldshall zu vergleichen Nr. 45, 43.)

Bremen

(Wegen Bremen, Bremerhaven, Vegesack, Arsten, Blockland, Borgfeld, Büren, Grambkermoor, Habenhausen, Huchting, Lankenau, Lehester Deich, Lesumbrock, Oberneuland-Rockwinkel, Osterholz, Seehausen, Strom zu vergleichen Nr. 55, 56, 59.)

E. Vorschriften über Verlängerung der Fristen zur Vornahme scheckrechtlicher Handlungen*).

1. Gesetz über die Folgen der Verhinderung wechsel- und scheckrechtlicher Handlungen im Ausland**). Vom 13. April 1914 (RGBl S. 107).

Einziger Artikel. Wird die rechtzeitige Vornahme einer Handlung, die im Ausland zur Ausübung oder Erhaltung der Rechte aus einem Wechsel oder einem Scheck vorzunehmen ist, durch eine dort erlassene gesetzliche Vorschrift verhindert, so kann durch Kaiserliche Verordnung mit Zustimmung des Bundesrats bestimmt werden, daß die Rechte ungeachtet der Versäumung bestehen bleiben, sofern die Handlung unverzüglich nach Wegfall des Hindernisses nachgeholt wird. In gleicher Weise kann verordnet werden, daß bei einer solchen Verhinderung nach einer bestimmten Frist Rückgriff genommen werden kann, ohne daß es der Vornahme der Handlung bedarf.

2. Gesetz über die Ermächtigung des Bundesrats zu wirtschaftlichen Maßnahmen und über die Verlängerung der Fristen des Wechsel- und Scheckrechts im Falle kriegerischer Ereignisse. Vom 4. August 1914 (RGBl S. 327).

§ 1. Wird [in Veranlassung kriegerischer Ereignisse]***) die rechtzeitige Vornahme einer Handlung, deren es zur Ausübung oder Erhaltung des Wechselrechts oder des Regreßrechts aus dem Scheck bedarf, durch höhere Gewalt verhindert, so verlängern sich die für die Vornahme der Handlung vorgeschriebenen Fristen um so viel als erforderlich ist, um nach Wegfall des Hindernisses die Handlung vorzunehmen, mindestens aber bis zum Ablauf von sechs Werktagen†) nach dem Wegfall des Hindernisses.

Als Verhinderung durch höhere Gewalt gilt es insbesondere††),

1. wenn der Ort, wo die Handlung vorgenommen werden muß, von dem Feinde besetzt ist; es sei denn, daß sie bei Anwendung der im Verkehr erforderlichen Sorgfalt trotzdem bewirkt werden kann;
2. wenn die zwecks Herbeiführung der Handlung zu benutzende Postverbindung derart unterbrochen ist, daß ein geregelter Postverkehr nicht mehr besteht.

§ 2. Unbeschadet der Vorschrift des § 1 können die dort bezeichneten Fristen im Falle kriegerischer Ereignisse durch Kaiserliche Verordnung mit Zustimmung des Bundesrats für das gesamte Reichsgebiet oder für Teile des Reichsgebiets um einen bestimmten Zeitraum verlängert werden.

Diese Vorschrift findet auf die Schutzgebiete mit der Maßgabe Anwendung, daß es der Zustimmung des Bundesrats nicht bedarf.

§ 3. Der Bundesrat wird ermächtigt, während der Zeit des Krieges diejenigen gesetzlichen Maßnahmen anzuordnen, welche sich zur Abhilfe wirtschaftlicher Schädigungen als notwendig erweisen.

Diese Maßnahmen sind dem Reichstag bei seinem nächsten Zusammentritt zur Kenntnis zu bringen und auf sein Verlangen aufzuheben.

3. Bekanntmachung, betreffend die Verlängerung der Fristen für wechsel- und scheckrechtliche Handlungen. Vom 7. August 1914 (RGBl S. 361).

Der Bundesrat hat auf Grund des § 3 des Gesetzes über die Ermächtigung des Bundesrats zu wirtschaftlichen Maßnahmen und über die Verlängerung der Fristen des Wechsel- und

*) Die während des Krieges erlassenen Vorschriften sind nur insoweit abgedruckt, als sie noch fortdauernde Bedeutung haben.

**) Das Gesetz ist erlassen aus Anlaß der während des Balkankrieges durch die Gesetzgebungen der kriegführenden Staaten entstandenen Verhinderung solche Handlungen. Vgl. auch unter Nr 3.

***) Die eingeklammerten Worte sind durch die unter Nr 5 abgedruckte VO v. 20. 1. 1919 gestrichen worden. Dadurch ist nunmehr höhere Gewalt auch außerhalb von Kriegsereignissen als Hinderungsgrund anerkannt.

†) „Zwei Wochen“; vgl. § 1 VO v. 29. 8. 1914 (unten Nr 4).

††) Vgl. auch VO v. 7. 8. 1914 (unten Nr 3).

Scheckrechts im Falle kriegerischer Ereignisse vom 4. August 1914 (RGBl. S. 327) beschlossen, daß die im § 1 Abs. 1 des genannten Gesetzes getroffene Vorschrift auch dann für anwendbar zu erachten ist, wenn die rechtzeitige Vornahme einer Handlung, deren es zur Ausübung oder Erhaltung der Rechte aus einem Wechsel oder einem Scheck bedarf, durch eine im Ausland erlassene gesetzliche Vorschrift verhindert wird.

4. Bekanntmachung, betreffend weitere Verlängerung der Fristen des Wechsel- und Scheckrechts. Vom 29. August 1914 (RGBl S. 387).

Der Bundesrat hat auf Grund des § 3 des Gesetzes über die Ermächtigung des Bundesrats zu wirtschaftlichen Maßnahmen usw. vom 4. August 1914 (RGBl. S. 327) folgende Verordnung erlassen:

§ 1. An Stelle der im § 1 Abs. 1 des Gesetzes über die Ermächtigung des Bundesrats zu wirtschaftlichen Maßnahmen usw. vom 4. August 1914 (RGBl. S. 327) festgesetzten Frist von sechs Werktagen tritt eine Frist von zwei Wochen.

5. Verordnung über die Verlängerung der Fristen des Wechsel- und Scheckrechts. Vom 20. Januar 1919 (RGBl S. 91).

§ 1. Im § 1 Abs. 1 des Gesetzes über die Ermächtigung des Bundesrats zu wirtschaftlichen Maßnahmen und über die Verlängerung der Fristen des Wechsel- und Scheckrechts im Falle kriegerischer Ereignisse vom 4. August 1914 (RGBl. S. 327) werden die Worte „in Veranlassung kriegerischer Ereignisse" gestrichen.

§ 2. Diese Verordnung tritt mit dem Tage ihrer Verkündung in Kraft.

6. Auszug aus der Verordnung zum Schutze gegen die Folgen der Stilllegung von Bankbetrieben. Vom 19. April 1919 (RGBl S. 397).

§ 3. Wird infolge der Stillegung eines Bankbetriebs die rechtzeitige Vornahme einer Handlung, deren es zur Ausübung oder Erhaltung des Wechselrechts oder des Regreßrechts aus dem Scheck bedarf, verhindert, so verlängern sich die für die Vornahme der Handlung vorgeschriebenen Fristen um soviel als erforderlich ist, um nach Wegfall des Hindernisses die Handlung vorzunehmen, mindestens aber bis zum Ablauf von zwei Wochen nach dem Wegfall des Hindernisses.

§ 4. Diese Verordnung tritt mit Wirkung vom 8. April 1919 in Kraft. Der Reichsminister der Justiz bestimmt den Zeitpunkt ihres Außerkrafttretens.

7. Auszug aus dem Friedensvertrag. Gesetz vom 16. Juli 1919 (RGBl S. 687).

Art. 300. a) Auf dem Gebiete der Hohen vertragschließenden Teile sind im Verhältnis zwischen Feinden alle Verjährungs-, Ausschluß- und Verfallfristen für die Kriegsdauer gehemmt, gleichviel ob sie vor oder nach Kriegsausbruch zu laufen begonnen haben. Sie beginnen frühestens drei Monate nach Inkrafttreten des gegenwärtigen Vertrags wieder zu laufen. Diese Bestimmung findet auch Anwendung auf die Vorlegungsfristen für Zinsen- oder Dividendenabschnitte und die Vorlegungsfristen für Wertpapiere, die auf Grund erfolgter Auslosung oder aus irgendeinem anderen Grund auszahlbar sind.

g) Die in Absatz a vorgesehene dreimonatige Frist beginnt für Handelspapiere mit dem Tage, an dem die Ausnahmevorschriften, die in den Gebieten der beteiligten Macht bezüglich der Handelspapiere erlassen worden sind, endgültig außer Kraft getreten sind.

Art. 301. Im Verhältnis zwischen Feinden darf kein vor dem Kriege ausgestelltes Handelspapier lediglich wegen versäumter fristgerechter Vorlegung zwecks Annahme oder zwecks Zahlung, wegen versäumter Benachrichtigung der Aussteller oder Giranten von der Nichtannahme oder Nichtzahlung, wegen versäumten Protestes, wegen Versäumung der Erfüllung irgendeiner Formvorschrift für verfallen erklärt werden, wenn die Versäumung während des Krieges erfolgt ist.

Ist die Frist zur Vorlegung eines Handelspapiers zwecks Annahme oder zwecks Zahlung oder die Frist zur Benachrichtigung des Ausstellers oder der Giranten von der Nichtannahme oder der Nichtzahlung oder die Frist zur Erhebung des Protestes während des Kriegs abgelaufen und hat die vorlegungs-, protest- oder benachrichtigungspflichtige Partei während des Krieges die betreffende Handlung versäumt, so steht ihr für die nachträgliche Vorlegung, nachträgliche Benachrichtigung von Nichtannahme oder Nichtzahlung oder nachträgliche Protesterhebung mindestens eine Frist von drei Monaten nach Inkrafttreten des gegenwärtigen Vertrags zu.

8. Gesetz über den Wiederbeginn und den Ablauf von Fristen. Vom 3. April 1920 (RGBl S. 445).

Die verfassunggebende Deutsche Nationalversammlung hat das folgende Gesetz beschlossen, das mit Zustimmung des Reichsrats hiermit verkündet wird:

§ 1. Die im Artikel 300a und g des Friedensvertrags bezeichneten Verjährungs-, Ausschluß-, Vorlegungs- und Verfallfristen beginnen am 16. August 1920 wieder zu laufen.

Die im Artikel 301 des Friedensvertrags und im § 4 Abs. 1, 2 der Bekanntmachung, betreffend Zahlungsverbot gegen England, vom 30. September 1914 (RGBl. S. 421) bezeichneten Vorlegungs-, Protest- und Benachrichtigungsfristen enden mit dem Ablauf des 18. August 1920.

§ 2. Dieses Gesetz tritt mit dem Tage der Verkündung in Kraft.

9. Gesetz zur Ergänzung des Gesetzes über den Wiederbeginn und den Ablauf von Fristen vom 3. April 1920 (RGBl S. 445). Vom 12. August 1920 (RGBl S. 1571).

Der Reichstag hat das folgende Gesetz beschlossen, das mit Zustimmung des Reichsrats hiermit verkündet wird:

§ 1. Die im § 1 Abs. 2 des Gesetzes über den Wiederbeginn und den Ablauf von Fristen vom 3. April 1920 (RGBl. S. 445) bezeichneten Vorlegungs-, Protest- und Benachrichtigungsfristen werden bis zum 10. November 1920*) verlängert. Die Reichsregierung wird ermächtigt, weitere Fristverlängerungen zu bestimmen, die auf einzelne Gruppen von Handelspapieren beschränkt werden können.

§ 2. Dieses Gesetz tritt mit dem 18. August 1920 in Kraft.

F. Sonstiges.

1. Bekanntmachung, betreffend die Vorlegungsfristen für Auslandschecks. Vom 19. März 1908 (RGBl S. 85).

Auf Grund des § 11 Abs. 2 des Scheckgesetzes vom 11. März 1908 (Reichs-Gesetzbl. S. 71) hat der Bundesrat beschlossen:

Im Ausland ausgestellte, im Inland zahlbare Schecks sind binnen der nachstehend bezeichneten Fristen nach der Ausstellung dem Bezogenen am Zahlungsorte zur Zahlung vorzulegen:

im europäischen Auslande — mit Ausnahme von Island und den Faröern — ausgestellte Schecks binnen drei Wochen,

in den Küstenländern von Asien und Afrika längs des Mittelländischen und Schwarzen Meeres oder in den dazu gehörigen Inseln dieser Meere ausgestellte Schecks binnen einem Monat,

in den Vereinigten Staaten von Amerika, in Kanada, Neufundland, Mexiko, den Azoren, Madeira, den Kanarischen und Kap Verdischen Inseln ausgestellte Schecks binnen zwei Monaten,

sonst im Auslande, mit Einschluß der deutschen Schutzgebiete ausgestellte Schecks binnen drei Monaten.

Die Fristen gelten auch für Schecks, die im Inland ausgestellt, im Auslande zahlbar sind, sofern das ausländische Recht keine Vorschrift über die Zeit der Vorlegung enthält.

Berlin, den 19. März 1908.

Der Reichskanzler.
In Vertretung:
von Bethmann-Hollweg.

---

*) Weiter verlängert; zur Zeit durch VO v. 22. 10. 1926 (RGBl I S. 481) bis zum 10. 11. 1927.

1a. Wechselsteuergesetz

in der Fassung der Bekanntmachung vom 10. August 1923 (RGBl. I S. 779) mit den durch die Dritte Steuernotverordnung vom 14. Februar 1924 (RGBl. I S. 74) §§ 56, 57, die Verordnung über die Umstellung der Wechselsteuer auf Gold vom 3. Januar 1924 (RGBl. I S. 22) und die zweite Verordnung zur Durchführung des Münzgesetzes vom 12. Dezember 1924 (RGBl. I S. 775) eingetretenen Abänderungen.

(Auszug.)

I. Gegenstand der Besteuerung.

§ 1. (1) Gezogene und eigene Wechsel unterliegen einer Steuer nach den Vorschriften dieses Gesetzes (Wechselsteuer).

(2) Die Wechselsteuer umfaßt die Wechselhauptsteuer (§§ 5 bis 14) und die Wechselnachsteuer (§§ 15, 16).

§ 2. Als Wechsel im Sinne dieses Gesetzes ist auch eine Schrift anzusehen, die nicht alle wesentlichen Erfordernisse eines Wechsels enthält, wenn sie einem anderen mit der Ermächtigung übergeben wird, die fehlenden Erfordernisse zu ergänzen. Eine solche Ermächtigung wird vermutet, wenn die Schrift als Wechsel bezeichnet ist.

§ 3. (1) Die in diesem Gesetze für Wechsel gegebenen Vorschriften gelten entsprechend für

a) Verpflichtungsscheine über die Zahlung von Geld, die durch Indossament übertragen werden können,

b) Anweisungen über die Zahlung von Geld, die durch Indossament übertragen werden können oder auf den Inhaber lauten oder an jeden Inhaber bezahlt werden können.

(2) Es macht keinen Unterschied, ob die im Abs. 1 bezeichneten Urkunden als Briefe oder in anderer Form ausgestellt werden.

§ 4. (1) Von der Wechselsteuer sind befreit

a) die vom Ausland auf das Ausland gezogenen und die im Ausland ausgestellten eigenen Wechsel, sofern die Wechsel nur im Ausland zahlbar sind;

b) die vom Inland auf das Ausland gezogenen, nur im Ausland, und zwar auf Sicht oder spätestens innerhalb zehn Tagen nach dem Tage der Ausstellung zahlbaren Wechsel, wenn sie vom Aussteller unmittelbar in das Ausland versandt werden;

c) Schecks, die den §§ 1, 2, 7, 25, 26 des Scheckgesetzes vom 11. März 1908 (RGBl. S. 71) entsprechen;

d) die auf Sicht zahlbaren, die Barzahlung ersetzenden Platzanweisungen, die nicht Schecks sind.

(2) Die im Abs. 1 zu c ausgesprochene Befreiung findet keine Anwendung auf Schecks, die vor dem auf ihnen angegebenen Ausstellungstag in Umlauf gesetzt werden. Die Befreiungen des Abs. 1 zu c und d finden keine Anwendung auf Schecks und Platzanweisungen, die mit einer Annahmeerklärung versehen sind, sofern der Annahmeerklärung rechtliche Wirkung zukommt.

(3) Der Reichsminister der Finanzen bestimmt, in welchen Fällen Anweisungen, die an einem Nachbarort des Ausstellungsorts zahlbar sind, den Platzanweisungen gleichzuachten sind.

II. Wechselhauptsteuer.

1. Einzelwechsel.

§ 5. (1) Die Steuerschuld entsteht in dem Zeitpunkt, in dem ein inländischer Wechsel von dem Aussteller, ein Blankoakzept von dem Akzeptanten, ein ausländischer Wechsel von dem ersten inländischen Inhaber aus den Händen gegeben wird.

(2) Wird ein inländischer Wechsel vom Aussteller, ein ausländischer Wechsel vom ersten inländischen Inhaber lediglich zur Annahme versandt oder zur Annahme präsentiert, so entsteht die Steuerschuld erst mit der Rückgabe oder anderweiten Aushändigung des Wechsels durch den Akzeptanten, es sei denn, daß der Wechsel bereits mit einem inländischen Indossament versehen ist.

(3) Ist vor dem in Abs. 1, 2 bezeichneten Zeitpunkt bereits eine Nachsteuerschuld entstanden (§ 15), so entsteht die Steuerschuld zugleich mit der Nachsteuerschuld.

§ 6. Steuerschuldner ist, wer den Wechsel im Zeitpunkt der Entstehung der Steuerschuld aus den Händen gibt. Im Falle des § 5 Abs. 3 ist der Inhaber des Wechsels Steuerschuldner.

§ 7. (1) Neben dem Steuerschuldner haften für die Steuer sämtliche Personen, die am Umlauf des Wechsels im Inland beteiligt sind. Als beteiligt gelten: der Aussteller, jeder Unterzeichner oder Mitunterzeichner eines Akzepts, eines Indossaments oder einer anderen Wechselerklärung, und jeder, der für eigene oder fremde Rechnung den Wechsel erwirbt, veräußert, verpfändet oder als Sicherheit annimmt, zur Zahlung präsentiert, Zahlung darauf empfängt oder leistet oder mangels Zahlung Protest erheben läßt, ohne Unterschied, ob der Name oder die Firma auf den Wechsel gesetzt wird oder nicht.

(2) Im Falle des § 4 Abs. 2 Satz 1 beschränkt sich die Haftung für die Steuer auf die Personen, die vor dem auf der Urkunde angegebenen Ausstellungstag am Umlauf des Schecks beteiligt waren.

§ 8. (1) Die Steuer beträgt 0,20 Goldmark*) für je 100 Goldmark*) der Wechselsumme; angefangene 100 Goldmark*) werden für voll gerechnet. Ist in einer Schrift der im § 2 bezeichneten Art die zu zahlende Summe nicht angegeben, so ist die Steuer nach einer Summe von 10000 Goldmark*) zu berechnen.

. . . .

§ 9. (1) Die Steuer wird mit Entstehung der Steuerschuld (§ 5 Abs. 1, 2) fällig.

(2) Im Falle des § 5 Abs. 3 ist die Steuer zugleich mit der Nachsteuer fällig.

§ 10. (1) Ist die Steuer vom Steuerschuldner nicht entrichtet, so ist der nächste und, solange die Steuer nicht entrichtet ist, jeder weitere inländische Inhaber des Wechsels verpflichtet, den Wechsel zu versteuern, ehe er ihn auf der Vorder- oder Rückseite unterzeichnet, ihn veräußert, verpfändet, zur Zahlung präsentiert, Zahlung darauf empfängt oder leistet, eine Quittung darauf setzt, mangels Zahlung Protest erheben läßt oder den Wechsel aus den Händen gibt.

(2) Ist das Bestehen einer Steuerschuld aus dem Wechsel selbst nicht zu ersehen, so besteht die im Abs. 1 bezeichnete Verpflichtung nur dann, wenn die Umstände, die die Steuerschuld überhaupt oder in einem höheren Umfang begründen, dem späteren Inhaber bekannt oder infolge grober Fahrlässigkeit unbekannt sind.

IV. Erhebung, Erstattung, Verjährung.

§ 17. Die Bestimmungen über die Art der Entrichtung der Wechselsteuer erläßt der Reichsminister der Finanzen. Er kann insbesondere die Verwendung von Steuerzeichen auf dem Wechsel anordnen.

§ 18. (1) Reichs-, Staats- und Gemeindebehörden und Beamte, wenn ihnen eine richterliche oder Polizeigewalt anvertraut ist, sowie Notare, Postbeamte und andere Beamte, die Wechselproteste aufnehmen, sind verpflichtet, die Besteuerung der bei ihnen vorkommenden Wechsel, Schecks und Anweisungen von Amts wegen zu prüfen.

(2) Auf der nach der Wechselordnung zurückzubehaltenden Abschrift des Protestes ist zu vermerken, welche Wechselsteuer zu der protestierten Urkunde entrichtet ist. Ist keine Steuer entrichtet, so ist dies zu vermerken.

§ 19. Beträge, die zu Unrecht als Wechselsteuer entrichtet sind, sind auf Antrag zu erstatten. Das gleiche gilt in den Fällen des § 8 Abs. 1 Satz 2, wenn die nachträglich eingesetzte Geldsumme hinter dem dort vorgesehenen Betrag zurückbleibt.

§ 20. Die Verjährung des Anspruchs auf die Wechselsteuer beginnt mit dem Schlusse des Jahres, in dem der Wechsel fällig wird.

V. Straf- und Schlußvorschriften.

§ 21. (1) Die Hinterziehung der Wechselsteuer wird mit einer Geldstrafe bis zum Fünfzigfachen des hinterzogenen Betrags bestraft**).

(2) Wenn Kommissionäre, Makler oder sonstige Vermittler vorsätzlich Geschäfte über Wechsel, für die die Wechselsteuer hinterzogen ist, abschließen oder vermitteln, so gilt die gleiche Strafe wie für Hinterziehung.

---

*) Jetzt Reichsmark neuer Währung auf Grund der VO zur Durchführung des MünzG v. 12. 12. 1924 § 2.

**) § 21 Abs 1 ist aufgehoben durch § 57 Abs 2 Nr 1 der 3. SteuerNotVO v. 14. 2. 1924 (RGBl I S. 74) und ersetzt durch § 359 der RAbgO in der Fassung des § 56 Nr 1a der 3. Steuer-NotVO, der folgendes bestimmt:

„(1) Wer zum eigenen Vorteil oder zum Vorteil eines anderen nicht gerechtfertigte Steuervorteile erschleicht oder vorsätzlich bewirkt, daß Steuereinnahmen verkürzt werden, wird wegen Steuerhinterziehung mit Geldstrafe bestraft. Der Höchstbetrag der Geldstrafe ist unbeschränkt. . . . Neben der Geldstrafe kann auf Gefängnis bis zu zwei Jahren erkannt werden. . . .

(3) Es genügt, daß infolge der Tat ein geringerer Steuerbetrag festgesetzt oder ein Steuervorteil zu Unrecht gewährt oder belassen ist; ob der Betrag, der sonst festgesetzt wäre, aus anderen Gründen hätte ermäßigt werden müssen oder der Vorteil aus anderen Gründen hätte beansprucht werden können, ist für die Bestrafung ohne Bedeutung. . . ."

Über die Umgehung der Steuer bestimmt § 5 in Verbindung mit § 359 Abs 4 RAbgO.

§ 22.*) Wer den gesetzlichen Vorschriften über die Erhebung der Wechselsteuer oder den dazu erlassenen Bestimmungen durch andere als in diesem Gesetz oder in der Reichsabgabenordnung unter Strafe gestellten Handlungen oder Unterlassungen zuwiderhandelt, wird mit einer Ordnungsstrafe von eintausend bis zehn Millionen Mark bestraft. Die Vorschriften des § 377 Abs. 1 Satz 2, 3, Abs. 2, 3 der Reichsabgabenordnung finden Anwendung.

§ 23. Die Verjährung der Strafverfolgung von Zuwiderhandlungen gegen dieses Gesetz beginnt mit dem Schlusse des Jahres, in dem der Wechsel fällig geworden ist.

§ 24. Der Nachprüfung zur Durchführung dieses Gesetzes unterliegen die im § 77 Abs. 1 zu a bis c des Kapitalverkehrsteuergesetzes bezeichneten Gesellschaften, Personen, Behörden und Beamten. Die gemäß § 77 Abs. 2 des Kapitalverkehrsteuergesetzes erlassenen Bestimmungen finden auf die Nachprüfung entsprechende Anwendung. Der Reichsminister der Finanzen ist ermächtigt, mit Zustimmung des Reichsrats weitere Bestimmungen über die Nachprüfung zu erlassen.

§ 25. (1) Urkunden, welche nach diesem Gesetze steuerpflichtig sind oder auf welche die in diesem Gesetze vorgesehenen Steuerbefreiungen Anwendung finden, sind in den einzelnen Ländern keiner Steuer unterworfen.

(2) Auch von den auf derartige Urkunden gesetzten Übertragungsvermerken, Quittungen und sonstigen auf die Leistungen aus diesen Papieren bezüglichen Vermerken dürfen landesgesetzliche Steuern nicht erhoben werden. Auf Proteste findet diese Vorschrift keine Anwendung.

§ 26. (1) Die Ausführungsbestimmungen zu diesem Gesetze erläßt der Reichsminister der Finanzen.

(2) Der Reichsminister der Finanzen erläßt insbesondere die Anordnungen wegen der Anfertigung und des Vertriebs der nach Maßgabe dieses Gesetzes zu verwendenden Steuerzeichen sowie die Bestimmungen über die Art ihrer Verwendung. Er stellt die Bedingungen fest, unter denen für verdorbene Steuerzeichen Erstattung zulässig ist.

§ 27. Für das Gebiet der Insel Helgoland wird der Zeitpunkt des Inkrafttretens durch Verordnung des Reichspräsidenten unter Zustimmung des Reichsrats festgesetzt.

2. Verordnung über Goldmark- und Goldmarknoten-Wechsel und -Schecks. Vom 6. Februar 1924 (RGBl. I 50).

Auf Grund des Ermächtigungsgesetzes vom 8. Dezember 1923 (Reichsgesetzbl. I S. 1179) verordnet die Reichsregierung nach Anhörung der Ausschüsse des Reichstags und des Reichsrats:

I. Goldmark-Wechsel und -Schecks.

§ 1. Wechsel und Schecks können in der Weise ausgestellt werden, daß die zu zahlende Geldsumme in Goldmark ausgedrückt wird (Goldmark-Wechsel und -Schecks). Als Goldmark gilt der Wert von $^{10}/_{42}$ des nordamerikanischen Dollars. Die Reichsregierung ist ermächtigt, eine andere Einheit festzusetzen.

§ 2. Zahlungen aus Goldmark-Wechseln und -Schecks haben in Reichswährung zu erfolgen. Der Aussteller kann durch einen entsprechenden Zusatz Zahlung in Rentenmark bestimmen. Für die Umrechnung in Reichswährung oder Rentenmark ist die Zeit der Zahlung maßgebend.

§ 3. Lautet das Akzept eines Goldmark-Wechsels anders als auf Goldmark, so wird der Wechsel einem solchen gleichgeachtet, dessen Annahme gänzlich verweigert worden ist; der Akzeptant haftet nach dem Inhalt seines Akzepts wechselmäßig.

---

*) § 22 ist aufgehoben durch § 357 Abs 3 Nr 3 der 3. SteuerNotVO und ersetzt durch § 377 RAbgO in der Fassung des § 356 Abs 1 Nr 10 der 3. SteuerNotVO, in der er folgendes bestimmt:

„(1) Wer den im Interesse der Besteuerung (einschließlich der Vorbereitung, Sicherung und Nachprüfung der Besteuerung) erlassenen Vorschriften der Steuergesetze oder den dazu ergangenen und öffentlich oder den Beteiligten besonders bekanntgemachten Verwaltungsbestimmungen durch andere als die in den Steuergesetzen unter Strafe gestellten Handlungen oder Unterlassungen zuwiderhandelt, wird mit einer Ordnungsstrafe von fünf bis fünfhundert Mark bestraft. Dies gilt nicht für Sollvorschriften. Die Ordnungsstrafe wird nicht verhängt, wenn festgestellt wird, daß Strafausschließungsgründe vorliegen oder die Zuwiderhandlung auf einem unabwendbaren Zufall beruht.

(2) Die Ordnungsstrafe kann bis auf das Doppelte erhöht werden, wenn der Täter vorsätzlich einen mit der Durchführung der Steuergesetze beauftragten Beamten in der rechtmäßigen Ausübung seines Dienstes hindert."

II. Goldmarknoten-Wechsel und -Schecks.

§ 4. Wechsel und Schecks können auch in der Weise ausgestellt werden, daß die zu zahlende Geldsumme in Goldmarknoten der Reichsbank oder in Goldmarknoten einer Privatnotenbank ausgedrückt wird.

Auf Wechsel, die auf Goldmarknoten der Reichsbank oder auf Goldmarknoten einer Privatnotenbank lauten, findet die Vorschrift des Artikel 37 der Wechselordnung entsprechende Anwendung.

§ 5. Die Vorschrift des § 3 findet auf Goldmarknoten-Wechsel entsprechende Anwendung.

III. Schlußbestimmungen.

§ 6. Die Reichsregierung wird ermächtigt, mit Zustimmung des Reichsrats die zur Durchführung dieses Gesetzes erforderlichen Rechtsverordnungen und allgemeinen Verwaltungsvorschriften zu erlassen. Sie kann insbesondere Umrechnungsgrundsätze aufstellen, einen Mindestbetrag für Goldmark-Wechsel und -Schecks festsetzen und anordnen, daß über Guthaben aus Konten, die in der im § 1 bezeichneten Rechnungseinheit geführt werden (Goldkonten) durch Übertragung auf ein anderes Goldkonto nur in bestimmten Mindestbeträgen verfügt werden darf.

3. Durchführungsverordnung zu Nr. 2 vom 17. April 1924 (RGBl. I 414).

Auf Grund des § 6 der Verordnung über Goldmark- und Goldmarknoten-Wechsel und -Schecks vom 6. Februar 1924 (RGBl. I S. 50) verordnet die Reichsregierung mit Zustimmung des Reichsrats:

§ 1. Alle auf Zahlungen gerichteten Ansprüche aus Wechseln oder Schecks im Sinne der Wechselordnung und des Scheckgesetzes sind, wenn es sich um einen Goldmark-Wechsel oder -Scheck handelt, Goldmarkansprüche.

§ 2. Die Umrechnung der Zahlungen in Reichswährung erfolgt nach dem Mittelkurse, der auf Grund der amtlichen Berliner Notierung des dem Tage der Zahlung vorhergehenden Börsentags für Auszahlung New-York errechnet wird, oder, falls der Mittelkurs des dem Präsentationstage vorhergehenden Börsentags ein höherer war, nach diesem Kurse.

4. Gesetz über die Wechsel- und Scheckzinsen. Vom 3. Juli 1925 (RGBl. I 93).

Der Reichstag hat das folgende Gesetz beschlossen, das mit Zustimmung des Reichsrats hiermit verkündet wird:

§ 1. Der Zinssatz der nach Artikel 50, 51 der Wechselordnung und § 17 des Scheckgesetzes zu entrichtenden Zinsen beträgt für die Zeit von dem Inkrafttreten dieses Gesetzes ab bis auf weiteres zwei vom Hundert über dem jeweiligen Reichsbankdiskontsatz, mindestens aber sechs vom Hundert.

Jede neue Festsetzung des Reichsbankdiskontsatzes tritt für dieses Gesetz am zweiten Tage nach der Veröffentlichung durch die Reichsregierung im Reichsgesetzblatt in Kraft.

§ 2. Dieses Gesetz tritt mit dem auf die Verkündung folgenden Tage in Kraft.

G. Scheckvorschriften des Auslandes*).

1. Belgien.

Loi sur les chèques et autres mandats de payement et offres réelles du 20 juin 1873 complétée par la loi du 31 Mai 1919.

Loi sur les chèques et autres mandats de payement et offres réelles.

ARTICLE 1. Les chèques, les bons ou mandats de virement, les accréditifs, les billets de banque à ordre et généralement tous titres à un payement au comptant et à vue sur fonds disponibles, sont exempts du droit de timbre.

---

*) Der nachstehend wiedergegebene Wortlaut der hauptsächlichsten ausländischen Scheckgesetzgebungen ist der Begründung der Reichstagsvorlage zum ScheckG (Reichstagsdrucksachen 1907/08 Nr 566 Anlage III S. 52ff.) entnommen, unter Berücksichtigung der seitdem in Kraft getretenen Änderungen und neuen Gesetze, soweit diese dem Verfasser zugänglich waren.

ARTICLE 2. Ces dispositions sont signées par le tireur et portent l'indication du lieu et du jour où elles sont faites.

Elles peuvent être nominatives ou au porteur ou transmissibles par voie d'endossement, même en blanc.

ARTICLE 3. La loi du 20 mai 1872 sur la lettre de change est applicable à ces titres, en ce qui concerne la garantie solidaire du tireur et des endosseurs, l'aval, l'intervention, la perte du titre, le protêt faute de payement, la déclaration constatant le refus de payement, l'action en garantie et la prescription.

ARTICLE 4. Le payement doit être réclamé dans les trois jours, y compris le jour de la date, si la disposition est faite de la place où elle est payable, et dans les six jours, y compris le jour de la date, si elle est tirée d'un autre lieu.

A défaut d'indication du lieu, la disposition est censée faite de la place où elle est payable.

Le titulaire ou porteur qui n'en réclame pas le payement dans ces délais perd son recours contre les endosseurs; il perd aussi son recours contre le tireur, si la provision a péri par le fait du tiré, après les dits délais.

ARTICLE 5. Le tireur qui émet une disposition non datée ou revêtue d'une fausse date ou qui, par une contre-lettre, altère le caractère de la disposition, est passible d'une amende égale à dix pour cent de la somme exprimée.

Celui qui dispose sans provision préalable est passible de la même amende, sans préjudice de l'application des lois pénales, s'il y a lieu.

ARTICLE 6. Les offres réelles peuvent être faites en billets de la Banque Nationale, aussi longtemps qu'ils sont payables à vue en monnaie légale.

Cette faculté cesserait de plein droit d'exister, si les billets de la Banque Nationale n'étaient admis en payement dans les caisses de l'Etat.

ARTICLE 7. Le chéque traversé au recto de deux barres parallèles ne peut être présenté au payement que par un banquier; il ne peut être tiré que sur un banquier.

Le barrement peut être effectué par le tireur ou par un porteur.

ARTICLE 8. Le barrement peut être général ou spécial.

Le barrement est général, s'il ne porte entre les deux barres aucune designation, ou seulement la mention "et compagnie"; il est spécial, si le nom d'un banquier est inscrit entre les deux barres.

Le barrement général peut être transformé en barrement spécial.

Le chèque à barrement spécial ne peut être présenté que par le banquier designé. Toutefois, ci celui-ci n'opère pas l'encaissement lui-mème, il peut se substituer un autre banquier.

Il est interdit au porteur d'effacer le barrement, ainsi que le nom du banquier dèsigné.

ARTICLE 9. Le tiré qui payo le chèquo barré à uno personne autre qu'un banquier, si le barrement est général, ou à une personne autre que le banquier désigné, si le barrement est spécial, est responsable, s'il y a lieu, du préjudice causé, sans que les dommages-intérêts puissent dépasser le montant du chèque.

ARTICLE 10. La remise d'un chèque à un Chambre de compensation vaut présentation au tiré qui y est representé.

Le protêt faute de payement d'un chèque peut être remplacé, a la demande du porteur, par une déclaration de la Chambre de compensation, attestant que le chèque a été remis avant l'expiration du délai de présentation.

Cette déclaration inscrite sur le chèque est datée et signée par le directeur de la Chambre de compensation ou son délégué.

Elle est exempte de la formalité de l'enregistrement.

ARTICLE 11. Le tireur ainsi que tout porteur d'un chèque peuvent défendre qu'on paye le chèque en espèces, en inscrivant, au recto, la mention transversale: "à porter en compte" ou une expression équivalente.

Dans ce cas, le chèque ne peut donner lieu qu'à un réglement par écritures, crédit en compte, virement, ou compensation. Le réglement par écriture vaut payement.

La stipulation "à porter en compte" ne peut pas être révoquée.

L'inobservation de cette stipulation rend le tiré responsable du préjudice causé sans que les dommages — intérêts puissent depasser le montant du chèque.

ARTICLE 12. Sont considérés comme banquiers pour l'application de la présente loi:

1. Les commerçants qui ont payé patente de banquiers;
2. Les sociétés anonymes et en commandite par actions qui, d'après leurs statuts, ont pour objets des opérations de banque;
3. Les établissements administrés par l'Etat ou placés sous son contrôle et qui, d'après leurs statuts ou réglement, ont dans leurs attributions des opérations de banque.

2. Skandinavische Staaten.

Dänisches Gesetz über Schecks und andere Anweisungen auf Sicht vom 23. April 1897*).

§ 1. Ein Scheck soll enthalten:

die ausdrückliche in den Text aufzunehmende Bezeichnung als Scheck;
die Angabe der zu zahlenden Geldsumme;
an wen die Zahlung erfolgen soll;
den Namen dessen, der den Scheck einlösen soll (Trassat);
den Ort, wo die Zahlung geschehen soll;
den Ausstellungstag nebst der Unterschrift des Ausstellers.

Ein Scheck kann nur auf Zahlung bei Vorzeigung lauten (auf Sicht, auf Erfordern oder dergleichen).

Als Scheck, der auf Vorzeigung zahlbar ist, wird auch ein solcher betrachtet, in welchem eine Zahlungszeit nicht angegeben ist.

Als Zahlungsort gilt im Mangel einer anderen Angabe der bei dem Namen des Trassaten angeführte Ort.

Ist die Summe, welche bezahlt werden soll, mehrere Male benannt, und zwar mit verschiedenen Beträgen, so gilt derjenige Betrag, welcher der geringste ist.

Das in einem Scheck enthaltene Zinsversprechen gilt als nicht geschrieben.

§ 2. Ein Scheck kann auf Zahlung an den Inhaber lauten. Lautet er auf Zahlung an eine bestimmte Person oder den Inhaber, so gilt er, abgesehen von den Vorschriften im § 10, als auf den Inhaber ausgestellt.

§ 3. Die in der Wechselordnung für Dänemark vom 7. Mai 1880 gegebenen Vorschriften bezüglich der Übertragung von Wechseln, der Haftung des Ausstellers und der Indossanten, der Zahlung von Wechseln, des Regresses mangels Zahlung und der Verjährung von Wechselforderungen sollen mit den Abweichungen, welche aus den Bestimmungen des gegenwärtigen Gesetzes folgen, auf Schecks Anwendung finden.

§ 4. Das Indossament eines Schecks kann nicht gültig auf eine Kopie desselben geschrieben werden.

§ 5. Die Ausstellung eines Schecks auf den Inhaber bildet kein Hindernis, daß er durch Indossament an eine bestimmte Person zahlbar gemacht wird.

§ 6. Durch die Übertragung eines Schecks auf den Trassaten wird kein Regreßrecht gegen den Aussteller oder die Indossanten erworben, es sei denn, der Trassat hat mehrere Handelsniederlassungen und die Übertragung geschieht an eine andere Niederlassung als an die, auf welche der Scheck gezogen ist.

Ein Scheck, welcher auf den Trassaten übertragen wurde, darf nicht weiter übertragen werden.

§ 7. Die Zahlung eines Schecks darf an keinen anderen als an eine Bank oder einen Bankier erfolgen, sofern zwischen zwei Strichen quer über die Vorderseite des Schecks die Vorschrift „an Bank oder Bankier" oder eine andere gleichbedeutende Aufschrift angebracht ist. Ist der Name einer bestimmten Bank oder eines bestimmten Bankiers zwischen den Strichen angeführt, so kann die Zahlung nur an diesen erfolgen. Eine solche Vorschrift kann sowohl von dem Aussteller als auch von jedem Scheckinhaber gegeben werden. Sie kann nicht mit Rechtswirkung zurückgenommen oder verändert werden; doch kann, wenn eine bestimmte Bank oder ein bestimmter Bankier noch nicht benannt ist, der Name eines solchen später hinzugefügt werden. Als Bank oder Bankier wird in Anwendung der Bestimmungen dieses Paragraphen jeder angesehen, dessen Geschäft zum Handelsregister als Bankgeschäft angemeldet ist, sowie jede Sparkasse.

§ 8. Wird ein Akzept auf einen Scheck gesetzt, so hat ein solcher Vermerk keine Rechtswirkung.

§ 9. Will der Scheckinhaber sein Regreßrecht gegen den Aussteller und die Indossanten bewahren, so muß er den Scheck innerhalb der im § 10 bestimmten Frist zur Zahlung vorzeigen. Daß die Vorzeigung ohne Zahlung zu erlangen erfolgt ist, wird entweder durch einen vor Ablauf der Vorzeigungsfrist in Übereinstimmung mit den Vorschriften für Wechselproteste aufgenommenen Protest oder durch eine auf den Scheck gesetzte, von dem Trassaten oder einem anderen in seinem Namen unterschriebene Erklärung dargetan, welche zugleich den Tag angibt, an welchem die Vorzeigung stattgefunden hat. In dem letzteren Falle wird die Frist für Mitteilung der in der Wechselordnung § 45 vorgeschriebenen Benachrichtigung von dem Tage an gerechnet, an dem die Vorzeigung zufolge der Erklärung stattgefunden hat.

---

*) Das norwegische ScheckG v. 3. 8. 1897 mit Novelle v. 21. 6. 1913 und das schwedische ScheckG v. 24. 3. 1898 stimmen mit dem dänischen ScheckG im wesentlichen überein.

Über die Wirkung der Aufforderung, nicht zum Protest zu geben, gelten die Bestimmungen der Wechselordnung § 42.

§ 10. Ein Scheck, der an einem und demselben Orte im Inlande ausgestellt und zahlbar ist, soll spätestens am dritten Tage nach dem Ausstellungstage zur Zahlung vorgezeigt werden, sofern er auf Zahlung entweder an den Inhaber oder eine daselbst wohnende namhaft gemachte Person (mit oder ohne den Zusatz „oder Inhaber") lautet. Die Präsentation zur Zahlung anderer im Inlande zahlbarer Schecks soll spätestens am zehnten Tage nach dem Ausstellungsdatum oder, sofern zur Übersendung des Schecks vom Ausstellungsort zum Zahlungsort auf gewöhnlichem Wege eine längere Zeit als fünf Tage erforderlich ist, spätestens am fünften Tage nach Ablauf der für eine solche Übersendung notwendigen Zeit erfolgen. Ist der Ausstellungsort nicht auf dem Scheck angegeben, so wird angenommen, der Scheck sei am Zahlungsort ausgestellt. Findet sich in einem Scheck, welcher auf Zahlung an eine bestimmte Person (mit oder ohne den Zusatz „oder Inhaber") lautet, bei dessen Namen eine Ortsbezeichnung hinzugefügt, so wird angenommen, derselbe wohne an dem angegebenen Orte.

Endigt die oben bestimmte Frist an einem Sonntag oder sonst einem allgemeinen Feiertage, so kann die Vorzeigung gültig am nächsten Wochentag erfolgen. Die Vorschriften in § 32 der Wechselordnung finden entsprechende Anwendung.

Die Frist für Vorzeigung eines im Auslande zahlbaren Schecks bestimmt sich nach den am Zahlungsorte geltenden Vorschriften.

§ 11. Die Frist von sechs Monaten oder einem Jahre, in welchem die Regreßforderung des Scheckinhabers verjährt (§ 78 der Wechselordnung), wird von dem Ausstellungstage des Schecks an gerechnet.

§ 12. Ist die Regreßforderung verjährt oder das zu ihrer Erhaltung vorgeschriebene Verfahren versäumt, so finden die Vorschriften in § 93 der Wechselordnung entsprechende Anwendung. Wenn nichts anderes erhellt, so gilt der Aussteller auf Kosten des Scheckinhabers um die Summe bereichert, auf welche der Scheck lautete.

§ 13. Ist ein Scheck abhanden gekommen, so kann er, mag er auf Namen oder Inhaber lauten, in Übereinstimmung mit den im allgemeinen für die Amortisation von Schuldscheinen geltenden Vorschriften amortisiert werden.

§ 14. Die Bestimmungen in den §§ 84 bis 86 der Wechselordnung über das Verhältnis zum ausländischen Recht finden entsprechende Anwendung auf Schecks; jedoch wird eine Geldanweisung in Anwendung des gegenwärtigen Gesetzes gleichfalls als ein gültiger Scheck angesehen, wenn sie in Übereinstimmung mit den Vorschriften, welche am Zahlungsorte für Schecks gelten, abgefaßt ist.

§ 15. In Sachen, in welchen eine Regreßforderung aus einem Scheck geltend gemacht wird, finden die Bestimmungen in dem Gesetz über Wechselsachen und Wechselproteste vom 28. Mai 1880 entsprechende Anwendung. Sachen zwischen Handeltreibenden (Gesetz über Errichtung eines See- und Handelsgerichts in Kopenhagen vom 19. Februar 1861 § 13 Nr. 1), in welchen Ansprüche auf Grund der vorstehenden Bestimmungen geltend gemacht werden, sind Handelssachen.

§ 16. Hat jemand eine auf Sicht zahlbare Geldanweisung in einer anderen Form als in derjenigen, die in dem gegenwärtigen Gesetz oder in der Wechselordnung vom 7. Mai 1880 bezüglich Schecks oder Wechsel vorgeschrieben ist, ausgestellt oder indossiert, so kann gegen ihn Regreß mangels Zahlung, sofern ein solcher Regreß nachgewiesen werden kann, nur unter den Bedingungen genommen werden, welche in den vorstehenden §§ 9 und 10 hinsichtlich der Schecks vorgeschrieben sind. Eine solche Regreßforderung verjährt nach denselben Vorschriften, welche für Regreßforderungen aus Schecks gelten; die Vorschriften im § 12 finden entsprechende Anwendung.

§ 17. Schecks und darauf gesetzte Indossamente sind stempelfrei. Dasselbe gilt von anderen auf Sicht zahlbaren Geldanweisungen, welche nicht die Bezeichnung Wechsel tragen, oder auf denen kein Akzept gezeichnet ist.

Wer einen Scheck oder eine andere auf Sicht zahlbare Anweisung vor dem darin angegebenen Ausstellungstage ausgibt oder annimmt, oder wer eine solche Anweisung, in welcher der Ausstellungstag nicht angegeben ist, ausgibt oder annimmt, verfällt, sofern die Urkunde nicht nach der Taxe für lange Wechsel gestempelt ist, in eine Buße, welche das Zehnfache der Taxe beträgt, jedoch nicht unter 10 Kronen. Außerdem wird die Urkunde mit dem für die genannten Wechsel vorgeschriebenen Stempel versehen.

§ 18. Dieses Gesetz tritt am 1. Januar 1898 in Kraft. Mit demselben Tage verlieren die Bestimmungen im 2. und 3. Stück des § 3 des Gesetzes bezüglich Erleichterung im Gebrauche von Stempelpapier vom 11. Februar 1863 ihre Gültigkeit.

Hiernach hat sich jedermann zu richten.

3. Englisches Scheckrecht.

a) Auszug aus Bills of Exchange Act 1882, 45 and 46 Vict. c. 61.

Part III.

Cheques on a Banker.

Cheques defined.

Sect. 73. A cheque is a bill of exchange drawn on a banker payable on demand.

Except as otherwise provided in this Part, the provisions of this Act applicable to a bill of exchange payable on demand apply to a cheque.

Presentment of cheque for payment.

Sect. 74. 1. Where a cheque is not presented for payment within a reasonable time of its issue, and the drawer or the person, on whose account it is drawn, had the right at the time of such presentment as between him and the banker to have the cheque paid and suffers actual damage through the delay, he is discharged to the extent of such damage, that is to say to the extent to which such drawer or person is a creditor of such banker to a larger amount than he would have been had such cheque been paid.

2. In determining what is a reasonable time regard shall be had to the nature of this instrument, the usage of trade and of bankers and the facts of the particular case.

3. The holder of such cheque as to which such drawer or person is discharged shall be a creditor in lieu of such drawer or person of such banker to the extent of such discharge and entitled to recover the amount from him.

Revocation of Bankers authority.

Sect. 75. The duty and authority of a banker to pay a cheque drawn on him by his customer is determined by

1. countermand of payment;
2. notice ot the customers death.

Crossed cheques.

General and special crossings defined.

Sect. 76. 1. Where a cheque bears across its face an addition of

a) the words "and company" or any abbreviation thereof between two paralleles transverse lines, either with or without the words "not negotiable" or

b) two paralleles transverse lines simply, either with or without the words "not negotiable",

that addition constitutes a crossing and the cheque is crossed generally.

2. Where a cheque bears across its face an addition of the name of a banker, either with or without the words "not negotiable" that addition constitutes a crossing, and the cheque is crossed specially and to that banker.

Crossing by drawer or after issue.

Sect. 77. 1. A cheque may be crossed generally or specially by the drawer.

2. Where a cheque is uncrossed, the holder may cross it generally or specially.

3. Where a cheque is crossed generally the holder may cross it specially.

4. Where a cheque is crossed generally or specially, the holder may add the words "not negotiable".

5. Where a cheque is crossed specially, the banker, to whom it is crossed may again cross it specially to another banker for collection.

6. Where an uncrossed cheque or a cheque crossed generally is sent to a banker for collection, he may cross it specially to himself.

Crossing a material part of cheque.

Sect. 78. A crossing authorised by this Act is a material part of the cheque; it shall not be lawfull for any person to obliterate or, except as authorised by this Act, to add to or alter the crossing.

b) Bills of Exchange (Crossed cheques) Act 1906 (6 Edw. 7, c. 17).

An Act to amend section eighty-two of the Bills of Exchange Act 1882 (4th August 1906).

Amendment of 45 and 46 Vict. c. 61 s. 82.

1. A banker receives payment of a crossed cheque for a customer within the meaning of section 82 of the Bills of Exchange Act 1882, notwithstanding that he credits his customers account with the amount of the cheque before receiving payment thereof.

Short title.

2. This Act may be cited as the Bills of Exchange (Crossed cheques) Act 1906, and this Act and the Bills of Exchange Act 1882 may be cited together as the Bills of Exchange Acts, 1882 and 1906.

4. Französische Scheckgesetze.

a) Loi, concernant les Chèques, du 14 juin 1865.

ARTICLE 1. Le chèque est l'écrit qui, sous la forme d'un mandat de payement, sert au tireur à effectuer le retrait, à son profit ou au profit d'un tiers, de tout ou partie de fonds portés au crédit de son compte chez le tiré, et disponibles.

Il est signé par le tireur et porte la date du jour ou il est tiré.

Il ne peut être tiré qu'à vue.

Il peut être souscrit au porteur ou au profit d'une personne dénommée.

Il peut être souscrit à ordre et transmis même par voie d'endossement en blanc.

ARTICLE 2. Le chèque ne peut être tiré que sur un tiers ayant provision préalable; il est payable à présentation.

ARTICLE 3. Le chèque peut être tiré d'un lieu sur un autre ou sur la même place.

ARTICLE 4. L'émission d'un chèque, même lorsqu'il est tiré d'un lieu sur un autre, ne constitue pas, par sa nature, un acte de commerce.

Toutefois, les dispositions du Code de commerce relatives à la garantie solidaire du tireur et des endosseurs, au protêt et à l'exercice de l'action en garantie, en matière de lettres de change, sont applicables aux chèques.

ARTICLE 5. Le porteur d'un chèque doit en réclamer la payement dans le délai de cinq jours, y compris le jour de la date, si le chèque est tiré de la place sur laquelle il est payable, et dans le délai de huit jours, y compris le jour de la date, s'il est tiré d'un autre lieu.

Le porteur d'un chèque qui n'en réclame pas le payement dans les délais ci-dessus, perd son recours contre les endosseurs; il perd aussi son recours contre le tireur, si la provision a péri par le fait du tiré après les dits délais.

ARTICLE 6 *).

ARTICLE 7. Les chèques sont exempts de tout droit de timbre pendant dix ans à dater de la promulgation de la présente loi.

b) Loi du 19 février 1874.

ARTICLE 5. Les dispositions suivantes sont ajoutées à l'article 1er de la loi du 14 juin 1865:

„Le chèque indique le lieu d'où il est émis.

La date du jour où il est tiré est inscrite en toutes lettres et de la main de celui qui a écrit le chèque.

Le chèque, même au porteur, est acquitté par celui qui le touche; l'acquit est daté.

Toutes stipulations entre le tireur, le bénéficiaire ou le tiré ayant pour objet de rendre le chèque payable autrement qu'à vue et à première réquisition, sont nulles de plein droit.“

ARTICLE 6. L'article 6 de la loi du 14 juin 1865 est abrogé et remplacé par les dispositions suivantes:

„Le tireur qui émet un chèque sans date, ou non daté en toutes lettres, s'il s'agit d'un chèque de place à place; celui qui revêt un chèque d'une fausse date ou d'une fausse énonciation du lieu où il est tiré, est passible d'une amende de six pour cent de la somme pour laquelle le chèque est tiré, sans que cette amende puisse être inférieure à cent francs.

La même amende est due personellement et sans recours par le premier endosseur ou le porteur d'un chèque sans date ou non daté en toutes lettres, s'il est tiré de place à place ou portant une date postérieure à l'époque à laquelle il est endossé ou présenté. Cette amende

*) Aufgehoben und ersetzt durch Art 6 des Ges v. 19. 2. 1874 (unten zu b).

est due, en outre, par celui qui paye ou reçoit en compensation un chèque sans date, ou irrégulièrement daté, ou présenté au payement avant la date d'émission *).

ARTICLE 7. Celui qui paye un chèque sans exiger qu'il soit acquitté est passible personnellement et sans recours d'une amende de cinquante francs (50 fr.).

ARTICLE 8. Les chèques de place à place sont assujettis à un droit de timbre fixe de 20 centimes.

Les chèques sur place continueront à être timbrés à 10 centimes.

Sont applicables aux chèques de place à place, non timbrés conformément au présent article, les dispositions pénales des articles 4, 5, 6, 7 et 8 de la loi du 5 juin 1850.

Le droit de timbre additionnel peut être acquitté au moyen d'un timbre mobile de 10 centimes (o fr. 10).

ARTICLE 9. Toutes les dispositions législatives relatives aux chèques tirés de France, sont applicables aux chèques tirés hors de France et payables en France.

Les chèques pourront, avant tout endossement en France, être timbrés avec des timbres mobiles.

Si le chèque tiré hors de France n'a pas été timbré conformément aux dispositions ci-dessus, le bénéficiaire, le premier endosseur, le porteur ou le tiré, sont tenus, sous peine de l'amende de six pour cent, de le faire timbrer aux droits fixés par l'article précédent avant tout usage en France. Si le chèque tiré hors de France n'est pas souscrit conformément aux prescriptions de l'article ler de la loi du 14 juin 1865 et de l'article 5 ci-dessus, il est assujetti aux droits de timbre des effets de commerce. — Dans ce cas, le bénéficiaire, le premier endosseur, le porteur ou le tiré sont tenus de le faire timbrer avant tout usage en France, sous peine d'une amende de six pour cent.

Toutes les parties sont solidaires pour recouvrement des droits et amendes.

c) Loi concernant les chèques barrés du 30 décembre 1911.

ARTICLE 1. La loi du 14 juin 1865 est complétée par les dispositions suivantes:

„Art. 8. Le chèque traversé de deux barres parallèles ne peut être présenté au paiement que par un banquier; il ne peut être tiré que sur un banquier.

Le barrement peut être effectúe par le tireur ou par un porteur.

Art. 9. Le barrement peut être général ou spécial. Le barrement est général, s'il ne porte entre les deux barres aucune désignation, ou seulement la mention „et compagnie"; il est special, si le nom d'un banquier et inscrit entre les deux barres. Le barrement général peut être transformé en barrement spécial.

Le chèque à barrement spécial ne peut être présenté au paiement que par le banquier désigné. Toutefois, si celui-ci n'opère pas l'encaissement lui-même, il peut se substituer un autre banquier.

Il est interdit au porteur d'éffacer le barrement, ainsi que le nom du banquier désigné.

Art. 10. Le tiré, qui paye le chèque barré à une personne autre qu'un banquier, si le barrement est général, ou à une personne autre que le banquier désigné, si le barrement est spécial, n'est pas libéré."

ARTICLE 2. Le § 2 de l'art. 5 de la loi du 19 févr. 1874 est complété par la disposition suivante:

„Toutefois, en ce qui concerne les chèques remis par un banquier à une chambre de compensation, il suffira d'apposer sur le chèque un simple cachet à date, avec la mention ‚compensé'."

d) Loi du 26 janvier 1917,

complétant la loi du 14 juin 1865, modifiée par celle du 30 décembre 1911, sur les chèques, en ce qui concerne les agents de change et les domiciliations pour payement.

ARTICLE UNIQUE. La loi du 14 juin 1865, modifiée par la loi du 30 décembre 1911, est complétée par les dispositions suivantes:

„Art. 8 § 3. A l'égard des dispositions de la présente loi, les agents de change sont assimilés aux banquiers.

Art. 11. Lors de la présentation d'un chéque à l'encaissement, l'addition sur le chèque de la domiciliation pour payement, soit a la Banque de France, soit dans une banque ayant un compte à la Banque de France, ne donnera ouverture a aucun droit de timbre.

Cette domiciliation ne pourra, au surplus, être faite contre la volonté du porteur, à moins que le chèque ne soit barré et que la domiciliation n'ait lieu à la Banque de France, sur la même place."

---

*) Der letzte Satz dieses Absatzes ist aufgehoben und ersetzt durch Art 2 des Ges v. 2. 8. 1917 (unten zu e).

e) Loi du 2 août 1917,

complétant les lois du 14 juin 1865 et 19 février 1874 sur la legislation des chèques.

ARTICLE 1. L'article 2 de la loi du 14 juin 1865 est complété par la disposition suivante:

„Si la provision est inférieure au montant du chèque, celui-ci produit tous les effets attachés au chèque régulier, jusqu'à concurrence de ladite provision."

ARTICLE 2. Le dernier alinéa de l'article 6 de la loi du 19 février 1874, modifiaut la loi du 14 juin 1865, est remplacé par les dispositions suivantes:

„Celui qui émet un chèque sans provision préalable et disponible est passible de la même amende.

Si la provision est inférieure au montant du chèque, l'amende ne porte que sur la différence entre le montant de la provision et le montant du chèque.

Celui qui a, de mauvaise foi, émis un chèque sans provision préalable et disponible, ou qui a retiré après l'émission tout ou partie de la provision, est passible d'une peine d'emprisonnement de deux mois à deux ans et d'une amende qui ne pourra excéder le double de la valeur nominale du chèque, ni être inférieure au quart de cette valeur.

L'article 463 du Code pénal est applicable au présent délit."

f) Loi du 28 août 1924 concernant le payement des effets de commerce par chèque.

ARTICLE 1. L'art. 162 du Code de commerce est modifié ainsi qu'il suit:

„Le refus de payement doit être constaté par un acte que l'on nomme protêt faute de payement. Ce protêt doit être dressé le lendemain de l'échéance, sauf dans le cas prévu ci après ou le porteur a reçu un chèque en payement.

Si le lendemain de l'échéance est un jour férié légal, le protêt est dressé le jour suivant.

Lors que le porteur consent à recevoir un chèque en payement ce chèque doit indiquer le nombre et l'échéance des effets ainsi payés.

Si le chèque n'est pas payé, notification du protêt faute de payement du dit chèque est faite au domicile de payement de la lettre de change dans le délai prévu à l'art. 5 de la loi du 14 juin 1865.

Le protêt faute de payement du chèque et la notification sont faits par un seul et même exploit.

Le tiré qui reçoit la notification doit, s'il ne paye pas la lettre de change, ainsi que les frais du protêt faute de payement du chèque et les frais de notification, restituer la lettre de change à l'officier ministériel instrumentaire. Celui-ci dresse immédiatement le protêt faute de payement de la lettre de change.

Si le tiré ne restitue pas la lettre do chango, un acte de protestation est aussitôt dressé. Le défaut de restitution y est constaté. Le tiers porteur est, en ce cas, dispensé de se conformer aux dispositions des art. 151 et 152 du présent code.

Le défaut de restitution de la lettre de change constitue un délit passible des peines prévues par l'art. 408 c. pén."

ARTICLE 2. L'art. 175 du Code de commerce est modifié ainsi qu'il suit:

„Nul acte de la part du porteur de la lettre de change ne peut suppléer à l'acte de protêt hors les cas prévus par les art. 150 et suiv. et par l'art. 162, avant-dernier alinéa, du présent code.

ARTICLE 3. La remise d'un chèque en acquit d'un effet de commerce n'entraîne pas novation."

5. Japanisches Scheckrecht.

Aus dem Japanischen Handelsgesetzbuche vom 16. Juni 1899 in der Fassung des Gesetzes vom 2. Mai 1911.

a) Vierter Abschnitt: Der Scheck.

Art. 530. Der Scheck muß vom Aussteller unterschrieben sein und enthalten:
1. die Bezeichnung als Scheck;
2. eine bestimmte Summe;
3. den Namen oder die Firma des Bezogenen;
4. den Namen oder die Firma des Empfängers oder die Angabe, daß der Scheck an den Inhaber zu zahlen ist;
5. einen unbedingt klaren Zahlungsauftrag;
6. das Ausstellungsdatum;
7. den Zahlungsort.

Art. 531. Aufgehoben.

Art. 532. Der Scheck ist bei Sicht zahlbar.

Art. 533. Der Inhaber hat den Scheck binnen 10 Tagen vom Ausstellungsdatum an vorzulegen.

Wenn der Inhaber den Scheck nicht innerhalb dieser Zeit zur Zahlung vorlegt, verliert er seine Ansprüche gegen die vorstehenden Indossanten.

Art. 533 a. Der Aussteller eines Schecks kann den Zahlungsauftrag vor Ablauf der Vorlegungsfrist nicht widerrufen.

Der Bezogene hat den Scheck auch nach Ablauf der Vorlegungsfrist zu honorieren.

Art. 533 b. Legt der Inhaber den Scheck einer Abrechnungsstelle vor, der der Bezogene angehört, so hat diese Vorlegung dieselbe Rechtswirkung wie die Vorlegung zur Zahlung.

Art. 534. Um die Ansprüche gegen die vorstehenden Indossanten geltend zu machen, genügt es, wenn der Inhaber, anstatt einen Protest mangels Zahlung erheben zu lassen, den Bezogenen innerhalb der Vorlegungsfrist ersucht, auf dem Scheck seine Zahlungsweigerung mit Datum und Unterschrift zu vermerken.

Das gleiche gilt, wenn die Abrechnungsstelle bestätigt, daß der Scheck innerhalb der Vorlegungsfrist vorgelegt worden ist und der Bezogene die Zahlung verweigert hat.

Art. 534 a. Die Abrechnungsstelle, wie sie die beiden vorstehenden Artikel erwähnen, hat der Justizminister zu bezeichnen.

Art. 535. Schreibt der Aussteller oder der Inhaber eines Schecks auf die Vorderseite zwischen zwei parallele Linien das Wort „Bank" oder ein anderes gleichbedeutendes Wort, so darf der Bezogene nur an eine Bank zahlen.

Schreibt der Aussteller oder der Inhaber zwischen die parallelen Linien die Firma einer bestimmten Bank, so darf der Bezogene nur an diese Bank zahlen. Die Bank kann ihre eigene Firma streichen und durch Einsetzung der Firma einer anderen Bank diese mit dem Inkasso beauftragen.

Art. 536. Der Aussteller eines Schecks wird mit einer Geldstrafe von 5—1000 Yen bestraft, wenn der Betrag des von ihm ausgestellten Schecks das bei dem Bezogenen verfügbare Guthaben übersteigt.

Art. 537. Die Bestimmungen der Artikel 446, 447, 449a, 452, 452a, 455, 457, 459, 464, 483, 484, 486, 489a, 491, 492, 495, 514, 515 und 517 finden auf den Scheck Anwendung.

b) Entsprechende Anwendung der in Art. 537 genannten Artikel:

446. Wenn der in dem Hauptbestandteile des Wechsels angegebene Geldbetrag von dem in einem anderen Teile angegebenen Geldbetrage verschieden ist, so bildet der in dem Hauptbestandteil angegebene Betrag die Wechselsumme.

452. Wenn der Aussteller auf dem Wechsel keinen Zahlungsort angegeben hat, so ist der auf dem Wechsel als Wohnort des Bezogenen angegebene Ort Zahlungsort.

455. Der gezogene Wechsel kann, auch wenn er auf eine bestimmte Person lautet, durch Indossament weiterbegeben werden, sofern nicht der Aussteller auf der Urkunde die Indossierung besonders untersagt hat.

457. Das Indossament besteht darin, daß auf den Wechsel, eine Wechselabschrift oder den Verlängerungszettel der Name oder die Firma des Indossatars und das Datum des Indossaments geschrieben wird, und der Indossant seinen Namen dazusetzt.

Das Indossament kann auch durch die bloße Namenszeichnung des Indossanten erfolgen. In diesem Falle können weitere Übertragungen des Wechsels durch die bloße Übergabe der Urkunde bewirkt werden.

459. Der Indossant kann bei Vornahme des Indossaments hinzufügen, daß er keine wechselmäßige Haftung übernehme.

460. Wenn ein Indossant bei Vornahme des Indossaments hinzufügt, daß er die Weiterindossierung untersage, so entsteht für diesen Indossanten keine wechselmäßige Haftung gegenüber den Nachmännern des Indossatars.

461. Wenn ein Indossant den Wechsel durch bloße Namenszeichnung indossiert hat, so kann der Inhaber sich selbst zum Indossatar machen.

462. Wenn der Inhaber ein Indossament vornimmt, nachdem die Frist für die Aufnahme der Zahlungsablehnungsurkunde verflossen ist, so erlangt der Indossatar nur die Rechte, welche der Indossant gehabt hat. Für den Indossanten entsteht in diesem Falle keine wechselmäßige Haftung.

464. Der Inhaber eines indossierten Wechsels kann sein Recht nur ausüben, wenn die Indossamente eine ununterbrochene Reihe bilden. Bei einem durch bloße Namenszeichnung vorgenommenen Indossament wird es jedoch so angesehen, als ob der nächste Indossant den Wechsel durch dieses Indossament erworben habe.

483. Die Zahlung braucht nur gegen Aushändigung des Wechsels zu geschehen.

Derjenige, welcher Zahlung leistet, kann vom Inhaber verlangen, daß er über den Empfang auf dem Wechsel namensunterschriftlich quittiere.

484. Auch wenn die Annahme sich auf den ganzen Betrag der Wechselsumme erstreckt, darf der Inhaber eine Teilzahlung nicht ablehnen.

Wenn nur ein Teil der Wechselsumme gezahlt wird, so muß der Inhaber diese Tatsache auf dem Wechsel vermerken und eine Abschrift davon, nachdem er sie unterzeichnet hat, dem Betreffenden aushändigen.

486. Wenn der Bezogene den Wechsel nicht zahlt, so kann der Inhaber von seinen Vormännern Ersatz verlangen.

487. Wenn der Wechselinhaber den im vorstehenden Artikel bezeichneten Anspruch geltend machen will, so muß er den Wechsel dem Bezogenen zur Zahlung vorlegen, und, wenn Zahlung nicht erfolgt, am Verfalltag oder innerhalb der zwei darauf folgenden Tage die Zahlungsablehnungsurkunde aufnehmen lassen, und spätestens am Tage nach der Aufnahme der Ablehnungsurkunde demjenigen, von welchem er Ersatz verlangen will, Anzeige von dem Ersatzanspruche machen.

Wenn der Inhaber es unterläßt, so wie vorstehend bestimmt zu verfahren, so verliert er sein wechselmäßiges Recht gegenüber den Vormännern.

488. Wenn ein Indossant von einem Nachmanne die im Artikel 487, 1 vorgesehene Anzeige erhalten hat, so kann er seinerseits den Vormännern gegenüber den Ersatzanspruch geltend machen.

In diesem Falle hat er demjenigen, von welchem er Ersatz verlangen will, spätestens am Tage, nachdem er selbst die Anzeige erhalten hat, anzuzeigen, daß er Ersatz von ihm beanspruche.

489. Gegen denjenigen, welcher die Aufnahme der Ablehnungsurkunde erlassen hat, behält der Wechselinhaber sein wechselmäßiges Recht, selbst wenn er keine Zahlungsablehnungsurkunde aufnehmen läßt.

Der Erlaß der Aufnahme der Ablehnungsurkunde befreit nicht von der Haftung für die Kosten, wenn der Wechselinhaber trotzdem eine solche Urkunde aufnehmen läßt.

491. Der Wechselinhaber kann den Ersatz des folgenden Betrags verlangen:

1. die nicht bezahlte Wechselsumme nebst gesetzlichen Zinsen von dem Verfalltage;
2. die für die Aufnahme der Ablehnungsurkunde entrichteten Gebühren sowie sonstige Kosten.

Im Falle der Verschiedenheit des Wohnortes des Ersatzpflichtigen und des Zahlungsortes wird dieser Betrag nach dem Kurse eines vom Zahlungsort auf den Wohnort des Ersatzpflichtigen ausgestellten Sichtwechsels berechnet. Wenn es an dem Zahlungsort einen solchen Kurs nicht gibt, so ist der Kurs eines auf den dem Wohnorte des Ersatzpflichtigen nächsten Ort ausgestellten Sichtwechsels für die Berechnung maßgebend.

492. Ein Indossant, gegen welchen der Ersatzanspruch geltend gemacht worden ist, kann seinerseits Ersatz für folgende Beträge verlangen:

1. den von ihm gezahlten Geldbetrag nebst gesetzlichen Zinsen vom Tage der Zahlung;
2. die gehabten Kosten.

Die Bestimmung des Artikel 491, 2 findet auf den vorstehenden Fall entsprechende Anwendung.

495. Der Ersatz braucht nur gegen Aushändigung des Wechsels, der Zahlungsablehnungsurkunde und der Ersatzrechnung geleistet zu werden.

Der Ersatzleistende kann vom Empfänger verlangen, daß er auf der Ersatzrechnung namensunterschriftlich quittiere.

496. Die Bestimmungen des Artikel 478, 2 finden auf den Ersatzanspruch entsprechende Anwendung.

514. Die Aufnahme der Ablehnungsurkunde erfolgt durch einen Notar oder Gerichtsvollzieher auf Antrag des Wechselinhabers.

515. Die Ablehnungsurkunde muß enthalten:

1. die im Wechsel, einer Wechselabschrift und im Verlängerungszettel vermerkten Tatsachen;
2. den Namen oder die Firma des Ablehners und des Ablehnungsgegners;
3. den Inhalt der an den Ablehner gerichteten Aufforderung und die Feststellung, daß der Ablehner dieser Aufforderung nicht nachgekommen ist, oder den Grund, aus welchem er nicht angetroffen wurde;
4. den Ort und das Datum, an welchem die unter Nr. 3 bezeichnete Aufforderung an den Ablehner gerichtet worden ist bzw. nicht gerichtet werden konnte;
5. wenn die Handelsniederlassung, der Wohnort oder Aufenthaltsort des Ablehners unbekannt ist, die Feststellung, daß an Ort und Stelle bei den staatlichen oder örtlichen Behörden Nachforschungen angestellt worden sind;

6. wenn die Ablehnungsurkunde an einem anderen als dem gesetzlich vorgeschriebenen Orte aufgenommen wird, die Feststellung, daß der Ablehner seine Einwilligung dazu erteilt hat;
7. wenn eine Hilfsannahme oder eine Hilfszahlung erfolgt ist, die Art des Hilfseintritts und den Namen oder die Firma des Hilfsannehmers oder Hilfszahlers und desjenigen, zu dessen Gunsten der Hilfseintritt erfolgt ist.

Der Notar oder Gerichtsvollzieher muß die Urkunde unterschreiben.

517. Der Notar oder Gerichtsvollzieher, welcher eine Ablehnungsurkunde aufgenommen hat, muß den gesamten Inhalt des Schriftstücks in sein Ablehnungsurkundenbuch eintragen.

Wenn die Ablehnungsurkunde in Verlust geraten ist, so können die Interessenten eine Abschrift verlangen. Diese Abschrift hat die gleiche rechtliche Wirkung wie die Urschrift.

6. Italienisches Scheckrecht.

a) Aus dem Handelsgesetzbuche vom 2. April 1882.

Kapitel II.

Von der Bankanweisung (Scheck).

339. Jeder, der Geldsummen bei einem Kreditinstitut oder bei einem Kaufmanne zur Verfügung stehen hat, kann zu seinen eigenen oder zugunsten eines Dritten durch eine Bankanweisung (Scheck) darüber verfügen.

340. Die Bankanweisung muß die zu zahlende Summe angeben, datiert und vom Aussteller unterschrieben sein.

Sie kann auf den Inhaber ausgestellt sein.

Sie kann auf Sicht oder in einer Frist von höchstens zehn Tagen, von der Präsentation an gerechnet, zahlbar sein.

341. Alle Bestimmungen, die das Giro, den Aval, die Unterschriften nicht wechselfähiger Personen, die falschen oder gefälschten Unterschriften, die Verfallzeit und die Zahlung des Wechsels, den Protest, den Anspruch gegen den Aussteller und die Giranten und die verlorengegangenen Wechsel betreffen, finden auf die Bankanweisung Anwendung.

342. Der Inhaber der Bankanweisung muß sie dem Bezogenen innerhalb acht Tagen von der Ausstellung an zur Zahlung präsentieren, wenn sie in dem Orte, in welchem sie zahlbar ist, gezogen ist; und innerhalb vierzehn Tagen, wenn sie auf einen anderen Ort gezogen ist.

Der Tag der Ausstellung ist in dieser Frist nicht einbegriffen.

Die Präsentation der Bankanweisung auf Frist wird durch das datierte und von dem Bezogenen unterschriebene Wort „gesehen" (visto) oder aber in den im Abschnitt VIII, Kap. I, vorgeschriebenen Formen*) festgestellt.

343. Der Inhaber der Bankanweisung, der sie nicht innerhalb der im vorigen Artikel festgesetzten Fristen präsentiert oder deren Zahlung zur Verfallzeit nicht fordert, verliert seinen Anspruch gegen die Giranten. Er verliert auch den Anspruch gegen den Aussteller, wenn nach dem Ablaufe der obengenannten Fristen die Verfügbarkeit über die Summe durch die Schuld des Bezogenen verlorengegangen ist.

344. Wer eine Bankanweisung ohne Datum oder mit falschem Datum, oder ohne daß die Summe bei dem Bezogenen verfügbar ist, ausstellt, wird mit einer Geldstrafe belegt, die dem zehnten Teile der in der Bankanweisung angegebenen Summe gleichkommt, unbeschadet der schwereren durch das Strafgesetz bestimmten Strafen.

b) Dekret mit Gesetzeskraft vom 7. Oktober 1923 über die Zirkularschecke.

Art. 1. Der Zirkularscheck (assegno circolare) ist ein Orderpapier, das von einem hierzu ermächtigten Kreditinstitut ausgestellt wird und auf Sicht bei allen vom Aussteller angegebenen Stellen zahlbar ist.

Art. 2. Die wesentlichen Erfordernisse des Zirkularschecks sind folgende:
1. Datum und Ort der Ausstellung,
2. die Bezeichnung als Zirkularscheck (assegno circolare) im Text des Papiers,
3. der Name des Empfängers,
4. der Betrag der zu zahlenden Summe,
5. die Unterschrift des ausstellenden Instituts.

Das Fehlen eines dieser Erfordernisse bewirkt die Nichtigkeit der Eigenschaft als Zirkularscheck und aller sich daran knüpfenden juristischen und fiskalischen Folgen.

---

*) Diese Formen beziehen sich auf den Protest.

Art. 3. Der Zirkularscheck darf nur auf Grund verfügbarer, bei dem ausstellenden Institut im Zeitpunkt der Ausgabe vorhandener Beträge ausgegeben werden.

Art. 4. Das Institut kann zum Zwecke der Aushändigung der seinen Bestätigungsvermerk (visto) tragenden Zirkularschecke einen Korrespondenten besonders ermächtigen, der den Scheck als Stellvertreter des Instituts unterzeichnet.

Art. 5. Der Zirkularscheck kann mit der Klausel „unübertragbar" („non transferibile") ausgestellt und indossiert werden. In diesem Falle darf der Scheckbetrag nur von demjenigen erhoben werden, der den Scheck unter dieser Klausel erhalten hat, sowie von einem Bevollmächtigten mit schriftlicher Vollmacht oder auch von einer Bank, der der Nehmer den Scheck zum Inkasso indossiert hat. Nachstehende Indossamente sind ohne Rechtswirkung.

Das gleiche gilt, wenn die Klausel „unübertragbar" („non transferibile") gestrichen ist. Die Bank, die den Zirkularscheck jemandem honoriert, der zur Erhebung nicht berechtigt ist, bleibt dafür haftbar.

Diese Bestimmungen gelten in gleicher Weise für die vaglia cambiari (Bankwechsel der italienischen Bankinstitute) und alle anderen von den Emissionsbanken ausgebenen Titel des Art. 19 des neugefaßten Textes vom 28. April 1910.

Art. 6. Ein Zirkularscheck, der auf seiner Vorderseite zwei parallele Querstriche trägt, darf nur einem Bankier honoriert werden. Steht zwischen den Querstrichen der Name eines Bankiers, so darf der Scheck nur diesem Bankier oder einem andern Bankier honoriert werden, dem der erstere ihn zum Inkasso indossiert hat.

Der Scheck kann vom Aussteller, vom Nehmer und jedem Indossanten gekreuzt werden.

Der Nehmer und jeder Indossant können zwischen die Querstriche den Namen eines Bankiers setzen, selbst wenn die Querstriche von einem vorhergehenden Nehmer herrühren. Der Inhaber eines Schecks darf weder die Kreuzung noch den Namen des Bankiers streichen oder diesen ändern. Streichungen und Änderungen des Namens sind ohne Rechtswirkung.

Honoriert der Aussteller einen gekreuzten Scheck einem Nichtbankier oder einen speziell gekreuzten Scheck einem andern als dem bezeichneten Bankier oder seinem Inkassoindossatar, so bleibt er dafür haftbar.

Art. 7. Die wechselrechtlichen Bestimmungen des Handelsgesetzbuchs über das Indossament, die Zahlung, den Protest, die Verjährung, das Aufgebot und die Klage gegen den Aussteller und die Indossanten, über falsche Wechsel und die Unterschriften Geschäftsunfähiger finden auf dem Zirkularscheck Anwendung, soweit sie nicht dieser Verordnung widersprechen.

Art. 8. Verlangt der Inhaber eines Zirkularschecks nicht binnen dreißig Tage vom Ausstellungsdatum an seine Einlösung, so verliert er seine Regreßansprüche gegen Aussteller und Indossanten.

Liegt der auf dem Scheck angegebene Zahlungsort nicht in Europa, so beträgt die Frist drei Monate.

Art. 9. Zur Ausgabe von Zirkularschecken können ermächtigt werden die ordentlichen Kreditinstitute, Kreditgenossenschaften, Sparkassen und Leihhäuser, die regelmäßig mindestens zweimal im Jahre eine Bilanz veröffentlicht haben, und deren Kapital und gesetzliche Reserven nach der letzten veröffentlichten Bilanz mindestens zehn Millionen Lire betragen. Zugunsten von ordentlichen Sparkassen und Leihhäusern, die beim Inkrafttreten dieser Verordnung das Recht zur Ausgabe von Zirkularschecken besitzen, kann in Ausnahmefällen mit Ermächtigung des Finanzministeriums im Einvernehmen mit dem Volkswirtschaftsministerium von dem Erfordernis der Zehnmillionengrenze abgesehen werden.

Diejenigen Institute, die am Tage des Inkrafttretens dieser Verordnung bereits Zirkularschecke ausgegeben haben, haben binnen eines Monats an das Finanzministerium einen Antrag zu stellen, das binnen 45 Tagen im Einvernehmen mit dem Volkswirtschaftsministerium die Ermächtigung zur Fortsetzung der Ausgabe gemäß den Bestimmungen dieser Verordnung erteilen kann.

Art. 10. Ordentliche Kreditinstitute, Kreditgenossenschaften, Sparkassen und Leihhäuser, die Zirkularschecke ausgeben wollen, haben einen Antrag an das Finanzministerium zu stellen, das binnen 45 Tagen im Einvernehmen mit dem Volkswirtschaftsministerium die Ermächtigung gewähren oder versagen wird; die Entscheidung ist endgültig.

Art. 11. Die in Artikel 9, 10 erwähnten Institute haben in den ersten beiden Wochen eines jeden Zeitraums von zwei Monaten (Bimester) bei einer Emissionsbank einen Betrag von 40% des durchschnittlichen Umlaufs an Zirkularschecken während des vorhergehenden Bimesters in Schatzscheinen oder Staatspapieren zu deponieren; die Form und näheren Umstände bestimmt das Finanzministerium im Einvernehmen mit dem Volkswirtschaftsministerium.

Im ersten Bimester muß die Hinterlegungssumme 10% der in Art. 9 erwähnten Summe von Kapital und gesetzlichen Reserven betragen bis zum Betrage von zwei Millionen Lire. Werden die von einem Kreditinstitut ausgegebenen Schecks nicht vollständig eingelöst, so daß ein unbezahlter Betrag verbleibt, der die sich aus der letzten veröffentlichten Bilanz ergebende Summe von Kapital und gesetzlichen Zinsen übersteigt, so ist der Überschuß des Umlaufs durch Hinterlegung von Papieren nach Vorschrift des ersten Absatzes voll zu decken.

Art. 12. Der Umlauf an Zirkularschecken unterliegt einer jährlichen Steuer von 40‰, eine Zusatzsteuer wird nicht erhoben.

Diese Steuer tritt an Stelle der Emissions-, Indossaments- und Quittungssteuer des neugefaßten Textes der Steuergesetze. Die Ausgabeinstitute haben sie in den ersten 45 Tagen eines jeden Bimesters vom durchschnittlichen Umlauf des vorhergehenden Bimesters zu entrichten.

Die Steuer wird auf Grund der Monatsausweise berechnet, in denen der Umlauf an Zirkularschecken spezialisiert aufzuführen ist. Alle Institute, die Zirkularschecke ausgeben, auch diejenigen, die der Verpflichtung des Art. 171 des Handelsgesetzbuchs nicht unterstehen, haben ihre Monatsausweise gemäß den Vorschriften des Art. 12 abzufassen.

Ein Exemplar des Ausweises muß spätestens einen Monat nach demjenigen Monat, auf den er sich bezieht, dem Finanz- und dem Volkswirtschaftsministerium eingereicht werden.

An den Bestimmungen über die vaglia cambiari (Bankwechsel der italienischen Bankinstitute) und die anderen im Art. 19 des neugefaßten Textes vom 28. April 1910 (Nr. 204) genannten, von den Emissionsbanken ausgestellten Papiere wird hiermit nichts geändert; die jährliche Steuer bleibt auf 2,70% festgesetzt; eine Zusatzsteuer wird nicht erhoben.

Art. 13. Unabhängig von den zu fiskalischen Zwecken vorgenommenen Prüfungen kann das Finanzministerium Berechnungen und Prüfungen anordnen, die auf sein Ersuchen durch Beamte des Volkswirtschaftsministeriums vorzunehmen sind.

Art. 14. Zuwiderhandlungen gegen die vorstehenden Artikel werden mit Geldstrafe bis zum zehnten Teil des Betrages der unzulässigerweise ausgegebenen Schecke und bis zum zehnfachen der Steuer derjenigen Schecks bestraft, die im Monatsausweis nicht angeführt sind.

In besonders schweren Fällen und im Rückfall kann das Finanzministerium im Einzelvernehmen mit dem Volkswirtschaftsministerium dem Institut die Ermächtigung zur Ausgabe von Zirkularschecken und ähnlichen Papieren entziehen.

Bleibt das Institut mit der Einrichtung der zweimonatlichen Steuer in Verzug, so hat es einen vom zuständigen Steueramt festzusetzenden Zuschlag von bis zu 12% der rückständigen Steuer zu entrichten.

Die im Abs. 1 dieses Artikels vorgesehene Geldstrafe wird durch vorläufig vollstreckbare Verfügung des Finanzministeriums im Einvernehmen mit dem Volkswirtschaftsministerium festgesetzt. Dem Ausgabeinstitut steht der Antrag auf richterliche Entscheidung zu, sobald der Betrag der Strafe entrichtet ist.

Art. 15. Alle zur Zeit geltenden Bestimmungen über Zirkularschecke bleiben in Geltung, soweit sie nicht dieser Verordnung widersprechen. Die Art. 32, 170 des Generaltarifs im Anhang zum neugefaßten Text des Steuergesetzes vom 6. Januar 1918 (Nr. 135) werden aufgehoben.

Art. 16. Die Bestimmungen dieses Dekrets treten — auch in den neuerworbenen Landesteilen — am 1. November 1923 in Kraft.

Art. 17. Dieses Dekret ist dem Parlamente vorzulegen, um in ein Gesetz umgewandelt zu werden.

7. Niederländisches Scheckrecht.

Aus dem niederländischen Handelsgesetzbuche (Wetboek van Koophandel) von 1838 in der Fassung des Gesetzes vom 5. Juni 1925.

Erstes Buch. Siebenter Titel.

Von der Kassenanweisung und anderen Inhaberpapieren.

221. Die Kassenanweisung und andere Inhaberpapiere müssen das genaue Datum der ursprünglichen Ausstellung enthalten.

222. Der ursprüngliche Aussteller von Kassenanweisungen oder einem anderen Inhaberpapiere, zahlbar durch einen Dritten, sei es in Form einer Anweisung oder Quittung abgefaßt, ist jedem Inhaber für die Leistung verbunden während zehn Tagen nach der Datierung, den Tag der letzteren nicht mitgerechnet.

223. Nichtsdestoweniger bleibt die Verantwortlichkeit des ursprünglichen Ausstellers bestehen, wenn er nicht beweist, daß er während der im vorigen Artikel bestimmten Zeit bares Geld zum Betrage des ausgestellten Papiers bei der Person, auf die dasselbe lautet, gehabt und dieses Geld seitdem bei derselben gelassen hat.

224. Der ursprüngliche Aussteller, der infolge vorstehender Bestimmungen von aller Verantwortlichkeit befreit ist, ist jedoch verpflichtet, dem Inhaber auf dessen Kosten die erforderlichen Beweisstücke zu verschaffen, um sein Recht gegen den, auf den das Papier abgegeben war, geltend zu machen.

225. Außer dem ursprünglichen Aussteller bleibt jeder, der das besagte Papier in Zahlung gegeben hat, während der Zeit von 3 Tagen, den Tag der Abgabe nicht mitgerechnet, demjenigen verantwortlich, der es von ihm empfangen hat.

226. Wenn jemand, der ein oder mehrere Billetts oder Quittungen auf seinen Kassierer abgegeben hat, später in Konkurs geraten ist, so ist der Kassierer nichtsdestoweniger berechtigt, aus den dazu vorhandenen Geldern mit der Zahlung solcher Billetts oder Quittungen so lange fortzufahren, bis dagegen, sei es durch einen oder mehrere Inhaber anderer Billetts oder Quittungen, oder durch die Verwalter der Masse oder andere Interessenten, Einspruch erhoben wird.

Im Falle solchen Einspruchs, oder wenn der Kassierer nicht mit der Zahlung fortgefahren hat, müssen die Gelder, welche der Kassierer von dem Gemeinschuldner in Händen hat, abgesondert bleiben, um daraus die Inhaber der vor dem Konkurs auf gültige Weise abgegebenen Billetts oder Quittungen vorzugsweise vor anderen Gläubigern zu befriedigen, sei es ganz oder nach Verhältnis ihrer Forderungen, ohne Unterschied des Datums der Quittungen.

227. Der Inhaber einer an den Vorzeiger zahlbaren Promesse ist verpflichtet, Zahlung zu fordern innerhalb dreier Tage nach dem Tage, an welchem er das Papier in Zahlung genommen hat, diesen Tag nicht mitgerechnet, und muß im Nichtzahlungsfall innerhalb einer gleichen Zeitfrist die Promesse demjenigen zur Einziehung präsentieren, der ihm solche in Zahlung gegeben hat, alles bei Verlust seines Rückgriffs gegen denselben, unbeschadet jedoch seines Rechtes gegen denjenigen, der die Promesse ausgestellt hat.

Ist in der Promesse der Zahlungstag ausgedrückt, so beginnt der Termin von drei Tagen erst am Tage nach dem ausgedrückten Zahlungstage zu laufen.

228. Fällt der letzte Tag irgendeiner in diesem Titel vorgesehenen Frist auf einen Sonntag oder auf einen der im zweiten Teile des Artikel 154 diesem Tage gleichgestellten Tage, so bleibt die Verpflichtung und die Verantwortlichkeit bestehen bis zum ersten darauf folgenden Tage, dieser mit einbegriffen, welcher kein Sonntag oder mit diesem gleichgestellter Tag ist.

229. Jeder Rechtsanspruch gegen die Aussteller eines in diesem Abschnitt erwähnten Papiers verjährt durch Ablauf von zehn Jahren, beginnend mit dem Tage der ursprünglichen Ausgabe.

Es sollen jedoch diejenigen, welche diese Verjährung anrufen, gehalten sein, auf Verlangen unter Eid zu erklären, daß sie hinsichtlich des besagten Papiers nichts mehr verschulden, und ihre Erben und Rechtsnachfolger, daß sie in gutem Glauben dafür halten, daß aus diesem Grunde nichts mehr verschuldet wird.

Der ursprüngliche Aussteller des im Artikel 222 erwähnten Papiers ist verpflichtet, auf Verlangen unter Eid zu erklären, daß er während des in diesem Artikel bestimmten Zeitraums bares Geld bis zum Belaufe des ausgestellten Papiers bei der Person, auf welche dasselbe ausgestellt war, gehabt und diese Gelder seitdem bei derselben gelassen hat, und seine Erben oder Rechtsnachfolger, daß sie solches in gutem Glauben annehmen.

8. Österreichisches Scheckrecht.

Gesetz vom 30. April 1906 über den Scheck.

§ 1. Scheckfähig Bezogene im Sinne dieses Gesetzes können sein:
1. die k. k. Postsparkassa, öffentliche Banken oder andere zur Übernahme von Geld für fremde Rechnung statutenmäßig berechtigte Anstalten;
2. alle anderen handelsgerichtlich registrierten Firmen, die gewerbemäßig Bankiergeschäfte betreiben.

§ 2. Die wesentlichen Erfordernisse eines Schecks sind:
1. die in den Text der Urkunde selbst aufzunehmende Bezeichnung als Scheck;
2. die Unterschrift des Ausstellers mit seinem Namen oder seiner Firma;
3. die Angabe des Ortes, Monatstages und Jahres der Ausstellung;
4. der Name der Person oder die Firma, welche die Zahlung leisten soll (Bezogener);
5. die an den Bezogenen gerichtete Aufforderung des Ausstellers, aus seinem Guthaben eine bestimmte Geldsumme zu bezahlen; in der Aufforderung darf die Zahlung weder von einer Gegenleistung des Zahlungsempfängers noch von einer Bedingung abhängig gemacht sein.

Aus einer Schrift, der eines dieser Erfordernisse fehlt oder in welcher die Zahlungsaufforderung an einen nicht scheckfähigen Bezogenen (§ 1) gerichtet ist, sowie aus den auf eine solche Schrift gesetzten Indossamenten entsteht keine Verbindlichkeit im Sinne dieses Gesetzes. Ob und welche anderen Rechtswirkungen eine solche Schrift äußert, ist nach den sonstigen Bestimmungen des Zivil- und Handelsrechts zu beurteilen.

§ 3. Der Scheck kann auf den Namen einer Person oder Firma, an deren Order oder auf den Inhaber (Überbringer) lauten.

Der Aussteller kann sich selbst als Zahlungsempfänger (Remittent) bezeichnen.

Ein Scheck, in welchem dem Namen oder der Firma des Zahlungsempfängers die Worte „oder Inhaber (Überbringer)" beigefügt sind, desgleichen ein Scheck, der keine Angabe darüber enthält, an wen gezahlt werden soll, ist dem Inhaber (Überbringer) auszubezahlen.

§ 4. Als Zahlungsort kann im Scheck nur ein Ort bezeichnet werden, an dem der Bezogene eine Handelsniederlassung (Filiale, Zweigniederlassung) hat oder an dem sich eine Abrechnungsstelle befindet, bei welcher der Bezogene vertreten ist.

Der Zahlungsort kann vom Ausstellungsorte verschieden sein.

Sofern kein Zahlungsort angegeben ist oder der angegebene Zahlungsort den Erfordernissen des Absatzes 1 nicht entspricht, gilt der Scheck an dem Orte zahlbar, wo die bezogene Anstalt ihren Sitz oder die bezogene Firma oder Person ihre Hauptniederlassung hat.

§ 5. Der Scheck ist bei Vorzeigung (bei Sicht) zahlbar, wenngleich er eine andere oder keine Bestimmung über die Verfallszeit enthält.

§ 6. Der Scheck, der an Order lautet, kann durch Indossament (Giro) übertragen werden; eine entgegenstehende Vereinbarung ist unverbindlich.

Das auf einen anderen Scheck gesetzte Indossament hat keine scheckrechtliche Wirkung.

Durch das Indossament gehen alle Rechte aus dem Scheck auf den Indossatar über, insbesondere auch die Befugnis, den Scheck weiter zu indossieren.

Ein Indossament an den Bezogenen gilt als Quittung; ein Indossament des Bezogenen ist ungültig.

§ 7. Die Vorschriften der allgemeinen Wechselordnung (kaiserliches Patent vom 25. Jänner 1850, RGBl Nr. 51) über die Form des Indossaments, das Verbot der Weitergebung, die Legitimation des Inhabers eines indossierten Wechsels und die Prüfung dieser Legitimation sowie über die Verpflichtung des legitimierten Besitzers zur Herausgabe des Papiers (Artikel 11 bis 13, 15, 36 und 74) haben auf den Scheck mit der Einschränkung sinngemäß Anwendung zu finden, daß ein auf die Abschrift eines Order-Schecks gesetztes Indossament keine scheckrechtliche Wirkung hat.

§ 8. Eine Annahme (Akzeptation) findet beim Scheck nicht statt. Ein auf den Scheck gesetzter Annahmevermerk gilt als nicht geschrieben.

§ 9. Der am Ausstellungsplatze zahlbare Scheck ist binnen fünf, der an einem anderen inländischen Platze zahlbare Scheck vorbehaltlich der Bestimmung des Absatzes 2 binnen acht Tagen nach der Ausstellung dem Bezogenen zur Zahlung vorzulegen.

Ein Scheck, der aus Istrien, Dalmatien oder von einer der Inseln des Küstenlandes auf einen außerhalb dieses Gebietes gelegenen inländischen Platz gezogen ist oder von einem solchen Platze auf einen in Istrien, Dalmatien oder auf einer der Inseln des Küstenlandes gelegenen Zahlungsort, ist binnen fünf Tagen nach der Ausstellung nach dem Zahlungsorte zu senden und binnen fünf Tagen nach seinem Einlangen daselbst dem Bezogenen zur Zahlung vorzulegen. Das gleiche gilt für Schecks, die außerhalb des Geltungsgebiets des gegenwärtigen Gesetzes auf einen inländischen Platz gezogen sind.

Für die Präsentation von Namensschecks, die auf die Postsparkassa ausgestellt sind, können durch die Geschäftsbestimmungen der Postsparkassa andere Fristen festgesetzt werden. Diese dürfen jedoch in keinem Falle die Frist von vierzehn Tagen nach der Ausstellung überschreiten.

Der Tag, an welchem der Scheck am Zahlungsort einlangte, kann durch ein Postattest nachgewiesen werden.

Der Ausstellungs- und Ankunftstag sowie Sonn- und allgemeine Feiertage werden bei Berechnung der Präsentationsfrist nicht mitgezählt.

Über die Präsentationsfrist bei Schecks, die an einem außerhalb des Geltungsgebiets dieses Gesetzes gelegenen Platze zahlbar sind, entscheidet das über die Scheckpräsentation dort geltende Recht. In Ermangelung solcher Bestimmungen findet die Vorschrift des gegenwärtigen Gesetzes Anwendung.

Der Ablauf der Präsentationsfrist steht, solange der Scheck nicht ausdrücklich widerrufen wurde (§ 13), der Einlösung des Schecks durch den Bezogenen nicht entgegen.

§ 10. Die Einlieferung des Schecks in eine Abrechnungsstelle, bei welcher der Bezogene vertreten ist, gilt als Präsentation zur Zahlung.

Welche Stellen als Abrechnungsstellen im Sinne des gegenwärtigen Gesetzes zu gelten haben, wird im Verordnungswege bestimmt.

§ 11. Der Bezogene hat nur gegen Aushändigung des Schecks zu zahlen. Nicht auf den Inhaber (Überbringer) lautende Schecks müssen auf Verlangen des Bezogenen bei der Einlösung quittiert werden.

Zur Annahme von Teilzahlungen ist der Inhaber des Schecks nicht verpflichtet. Hat er eine Teilzahlung angenommen, so ist diese auf dem Scheck abzuschreiben und dem Bezogenen die Quittung zu erteilen.

§ 12. Die Zahlung des Schecks ist ungeachtet eines dem Aussteller bei dem Bezogenen zustehenden Guthabens vom Bezogenen abzulehnen, wenn ihm bekannt geworden ist, daß über das Vermögen des Ausstellers der Konkurs eröffnet wurde.

Wegen des Todes des Ausstellers oder wegen nach Ausstellung des Schecks eingetretener rechtlicher Unfähigkeit desselben zur selbständigen Vermögensverwaltung darf die Einlösung des Schecks nicht verweigert werden.

§ 13. Der Widerruf eines Schecks durch den Aussteller ist für den Bezogenen nur wirksam:

1. wenn ein auf den Namen oder an Order lautender Scheck, den der Aussteller unmittelbar an den Bezogenen gesendet hat, damit letzterer den Scheckbetrag an den bezeichneten Zahlungsempfänger gelangen lasse, ausdrücklich widerrufen wird, bevor der Bezogene diesen Auftrag erfüllt hat;
2. wenn der ausdrückliche Widerruf nach Versäumung der Präsentationsfrist oder für den Fall erfolgt, daß der Scheck innerhalb der Präsentationsfrist nicht zur Zahlung vorgelegt werden sollte. In letzterem Falle wird der Widerruf erst mit Ablauf der Präsentationsfrist für den Bezogenen wirksam.

Der Bezogene, dem gegenüber ein Scheck wirksam widerrufen wurde, darf denselben nicht einlösen.

§ 14. Soweit nicht gesetzliche Bestimmungen den Bezogenen von der Verpflichtung zur Einlösung des Schecks befreien, haftet er dem Aussteller nach Maßgabe des zwischen ihnen bestehenden Vertragsverhältnisses für die Einlösung des Schecks.

§ 15. Dem Inhaber des Schecks haften lediglich der Aussteller und die Indossanten für die Zahlung des Scheckbetrags (Regreßverbindlichkeit). Hat aber ein Indossant dem Indossamente die Bemerkung „ohne Gewährleistung", „ohne Obligo" oder einen gleichbedeutenden Vorbehalt hinzugefügt, so ist er von der Verbindlichkeit aus seinem Indossamente befreit.

Wie Aussteller und Indossanten haftet auch, wer den Scheck oder ein auf denselben gesetztes Indossament als Bürge (per aval) mitunterzeichnet hat.

§ 16. Zur Ausübung des Regreßrechts gegen den Aussteller und die Indossanten ist erforderlich:

1. daß der Scheck innerhalb der in § 9 angegebenen Fristen zur Zahlung präsentiert worden ist und
2. daß sowohl diese Präsentation als die Nichterlangung der Zahlung durch einen darüber aufgenommenen Protest oder durch eine vom Bezogenen auf den Scheck gesetzte und unterschriebene, das Datum der Präsentation angebende Erklärung dargetan wird.

Letzterer Erklärung steht die Bestätigung einer Abrechnungsstelle über die vor Ablauf der Präsentationsfrist geschehene Einlieferung und die Nichteinlösung des Schecks gleich.

Wurde der Scheck nicht voll eingelöst, so ist in diesen Erklärungen oder im Protest insbesondere auch der Betrag der vom Bezogenen geleisteten Teilzahlung anzugeben.

Die Erhebung des Protestes oder die Erteilung der in den vorhergehenden Absätzen dieses Paragraphen bezeichneten Präsentations- oder Einlieferungsbestätigung muß spätestens am ersten Werktage nach erfolgter Präsentation geschehen.

§ 17. Die Vorschriften der allgemeinen Wechselordnung (kaiserliches Patent vom 25. Jänner 1850, RGBl. Nr. 51) über die Benachrichtigung der Vormänner und das Einlösungsrecht derselben, über die Geltendmachung des Regreßrechts sowie über Inhalt und Umfang der Regreßansprüche, über die dem zahlenden Regreßpflichtigen auszuliefernden Urkunden und über die Befugnis zur Ausstreichung von Indossamenten (Artikel 45 bis 52, 54, 55 und 81 Absatz 2 und 3) haben auf den Scheck sinngemäß Anwendung zu finden.

§ 18. Die Regreßansprüche gegen den Aussteller und die übrigen Vormänner verjähren, wenn der Scheck in Europa zahlbar ist, in drei Monaten, andernfalls in sechs Monaten.

Die Verjährung beginnt gegen den Inhaber des Schecks mit dem Tage, an welchem der Protest erhoben oder eine der anderen im § 16 bezeichneten Präsentations- oder Einlieferungsbestätigungen erteilt wurde, gegen den Indossanten aber, wenn er vor Behändigung der Klage gezahlt hat, mit dem Tage der Zahlung, in allen übrigen Fällen mit dem Tage der Klagsbehändigung.

§ 19. Soweit nichts anderes vereinbart ist, kann der Inhaber eines Schecks nach Erwerbung des Regreßrechts wegen des Anspruchs, zu dessen Befriedigung der Scheck ausgestellt oder begeben wurde, nach Wahl das Regreßrecht ausüben oder gegen Rückgabe des Schecks auf das zwischen ihm und dem Aussteller oder seinem unmittelbaren Vormann bestehende, der Scheckausstellung oder Begebung zugrunde liegende Rechtsverhältnis zurückgreifen. Letzteres steht dem Scheckinhaber mangels anderer Vereinbarung auch dann frei, wenn die rechtzeitige Präsentation und Protesterhebung (Präsentations-, Einlieferungsbestätigung) unterblieben oder das erworbene Regreßrecht durch Verjährung wieder erloschen ist; es muß sich jedoch der Scheckinhaber den Verlust in Abrechnung bringen lassen, den der Aussteller infolge der unterbliebenen oder verspäteten Präsentation bei dem Bezogenen erlitten hat.

§ 20. Nebst den Vorschriften dieses Gesetzes haben für den Scheck die Bestimmungen sinngemäß zu gelten, welche die allgemeine Wechselordnung (kaiserliches Patent vom 25. Jänner 1850, RGBl. Nr. 51) enthält:

1. über den Mangel oder die Beschränkung der Verpflichtungsfähigkeit einzelner auf einem Wechsel unterschriebener Personen (Artikel 3);
2. über Abweichungen in den im Wechsel enthaltenen Summenangaben (Artikel 5);
3. über das Prokuraindossament (Artikel 17);
4. über falsche oder verfälschte Wechsel (Artikel 75 und 76); der aus der Einlösung eines falschen oder verfälschten Schecks sich ergebende Schaden trifft den angeblichen Aussteller des falschen oder den Aussteller des verfälschten Schecks, insoweit diesen Personen in Ansehung der Fälschung oder Verfälschung ein Verschulden zur Last fällt oder die Fälschung oder Verfälschung von ihren bei der Gebarung mit den Schecks verwendeten Angestellten verübt wurde, sonst hat der Bezogene den Schaden zu tragen; eine abweichende Vereinbarung hat keine rechtliche Wirkung;
5. über die Unterbrechung der Verjährung der Regreßansprüche (Artikel 80), mit der Ergänzung, daß die Anmeldung von Scheckforderungen im Konkurse die nämliche Wirkung wie die Behändigung der Klage hat;
6. über die Einreden des Wechselschuldners (Artikel 82);
7. über die im Ausland ausgestellten Wechsel und die Form der mit einem Wechsel an einem ausländischen Platze vorzunehmenden Handlungen (Artikel 85, 86);
8. über den Protest (Artikel 87, 88, Z. 1 bis 4 und 6, 89 und 90);
9. über Ort und Zeit der im Wechselverkehre vorzunehmenden Handlungen (Artikel 91 und 92) und endlich
10. über mangelhafte Unterschriften von Wechselerklärungen (Artikel 94 und 95 und § 1 des Gesetzes vom 19. Juni 1872, RGBl. Nr. 88).

§ 21. Derjenige, dem ein Scheck abhanden gekommen ist, kann beim Handelsgerichte (Handelssenate) des Zahlungsortes dessen Amortisation beantragen. Für das Amortisierungsverfahren gelten die Bestimmungen des Artikels 73 Absatz 2 der allgemeinen Wechselordnung mit der Abänderung, daß die Frist im Edikte auf dreißig Tage festzusetzen ist.

Bei Einleitung des Amortisierungsverfahrens kann das Gericht auf Antrag des Amortisierungswerbers dem Bezogenen mittels einstweiliger Verfügung die Einlösung des Schecks untersagen (§ 389 bis 400 der Exekutionsordnung). Eine dem Verbote zuwider vorgenommene Einlösung des Schecks ist dem Antragsteller gegenüber unwirksam.

§ 22. Der Aussteller und jeder Indossant eines Schecks kann durch den quer über die Vorderseite des Schecks geschriebenen oder gedruckten Zusatz: „nur zur Verrechnung" dem Bezogenen verbieten, daß der Scheck bar bezahlt werde. Der Scheck darf in diesem Falle nur zur Verrechnung mit dem Bezogenen oder einem Girokunden desselben (Kontoinhaber) oder mit einem Mitgliede der am Zahlungsorte bestehenden Abrechnungsstelle benutzt werden. Falls der Bezogene nicht selbst Mitglied der Abrechnungsstelle ist, kann er bei Präsentation den Scheck durch einen hierauf zu setzenden Vermerk bei einem Mitgliede der Abrechnungsstelle zahlbar stellen (§ 4 Absatz 1). Die hiernach stattfindende Verrechnung gilt als Zahlung (Einlösung) des Schecks im Sinne dieses Gesetzes. Der Bezogene haftet für allen Schaden, der aus der Außerachtlassung des Verbots entsteht.

Der Vermerk: „nur zur Verrechnung" kann nicht zurückgenommen werden.

§ 23. Unterbleibt die Einlösung eines Schecks, weil dem Aussteller zur Zeit der Präsentation des Schecks bei dem Bezogenen kein zur Scheckeinlösung verwendbares Guthaben (§ 2 Z. 5) zusteht oder wird der Scheck wegen unzureichender Deckung nicht voll eingelöst, so trifft den Aussteller, sofern er nicht bei Ausstellung des Schecks mit Grund annehmen konnte, daß zur Zeit der Präsentation genügende Deckung vorhanden sein werde, eine Ordnungsstrafe in der Höhe von drei Prozent des nicht gedeckten Scheckbetrags.

Auf diese Ordnungsstrafe wird vom Zivilrichter erkannt. Das der Strafverhängung vorausgehende Verfahren hat sich nach den Vorschriften des kaiserlichen Patents vom 9. August 1854 (RGBl. Nr. 208) zu richten. Das Verfahren wird nur dann von Amts wegen eingeleitet, wenn der Zivilrichter durch einen von ihm durchgeführten Prozeß von der mangelnden Deckung des Schecks Kenntnis erlangt, sonst erfolgt die Einleitung auf Antrag des Inhabers des Schecks. Die Einleitung des Verfahrens von Amts wegen findet nicht mehr statt, wenn seit Vorlegung des Schecks zur Zahlung eine Frist von sechs Monaten verstrichen ist; der Antrag des Scheckinhabers auf Einleitung des Verfahrens muß spätestens vor Ablauf des dritten Monats nach der Vorlegung des Schecks zur Zahlung gestellt werden.

Für die Eintreibung der zugunsten des Staatsschatzes einzuziehenden Ordnungsstrafe und für eine allfällige Umwandlung der Strafbeträge gelten die Bestimmungen der Justizministerialverordnung vom 5. November 1852, RGBl. Nr. 227.

Die Verhängung der Ordnungsstrafe erfolgt unbeschadet einer etwaigen strafgerichtlichen Verfolgung des Ausstellers wegen Betrugs.

Durch die Verhängung der Ordnungsstrafe werden die dem Inhaber des Schecks nach § 19 zustehenden Ansprüche nicht berührt.

Neben diesen Ansprüchen kann der Inhaber des Schecks jedoch, wenn gegen den Aussteller die Ordnungsstrafe verhängt wurde, vom Aussteller Ersatz jenes Schadens begehren, der ihm durch die unterbliebene oder unvollständige Einlösung des Schecks verursacht wurde.

§ 24. Für die gerichtliche Verfolgung scheckrechtlicher Regreßansprüche gelten die für Wechselsachen erlassenen Zuständigkeits- und Prozeßvorschriften.

Die Zuständigkeit für die gerichtliche Verfolgung der Schadenersatzansprüche wegen mangelnder Deckung des Schecks (§ 23) und für Streitigkeiten aus dem unmittelbaren Rechtsverhältnisse zwischen dem Inhaber des Schecks und dem Aussteller oder dem unmittelbaren Vormanne des Inhabers richten sich nach den allgemeinen Zuständigkeitsvorschriften für streitige Rechtssachen.

Nach letzteren bestimmt sich auch das zur Verhängung einer Ordnungsstrafe wegen mangelnder Deckung (§ 23) berufene Gericht, wobei für die Zuständigkeit der Betrag maßgebend ist, auf welchen der Scheck lautet.

§ 25. Schecks, welche den Anforderungen des § 2 entsprechen und im Inlande zahlbar sind, unterliegen, wenn sie auf hierzu bestimmten Blanketten eines scheckfähigen Bezogenen ausgestellt werden und entweder ausdrücklich bei Vorzeigung (bei Sicht) zahlbar gestellt sind oder keine Bestimmung über die Verfallszeit enthalten, einer Stempelgebühr von vier Hellern von jedem Stück; Schecks, die den Anforderungen des § 2 entsprechen, aber im Auslande zahlbar sind, unterliegen einer Stempelgebühr von zehn Hellern von jedem Stück. Auf solche Schecks gesetzte Indossamente und Empfangsbestätigungen sowie die im § 16 angeführte Erklärung des Bezogenen und die im § 16 angeführte Bestätigung einer Abrechnungsstelle über die rechtzeitige Einlieferung und Nichteinlösung des Schecks sind stempelfrei.

Die Bestimmungen des vorstehenden Absatzes haben auch auf Überweisungs- (Übertrags-) Schecks und auf Effektenschecks, die im übrigen den Vorschriften des gegenwärtigen Gesetzes nicht unterliegen, dann auf die den Effektenschecks beigesetzten Indossamente und Empfangsbestätigungen sinngemäße Anwendung zu finden. Alle anderen Schecks unterliegen der Stempelpflicht wie kaufmännische Anweisungen über Geldleistungen (§ 18 des Gesetzes vom 8. März 1876, RGBl. Nr. 26).

Die Anordnungen über die Art der Entrichtung der im ersten Absatze festgesetzten Stempelgebühren werden im Verordnungswege erlassen.

Im Falle der Nichterfüllung der Stempelpflicht bei denjenigen Schecks, die den festen Gebühren von vier oder zehn Hellern zugewiesen sind, finden die Bestimmungen der §§ 20, 21 und 22 des Gesetzes vom 8. März 1876, RGBl Nr. 26, Anwendung.

Die nachteiligen Folgen der §§ 20 u. ff. des Gesetzes vom 8. März 1876, RGBl Nr. 26, haben auch in dem Falle einzutreten, wenn ein undatierter oder mit falschem Datum versehener Scheck ausgehändigt wird, und ist die Gebührenerhöhung von dem Aussteller zur ungeteilten Hand mit jenen Personen, welche mit Kenntnis dieser Umstände den Scheck annehmen, weiterbegeben oder auszahlen, einzuheben. Die auf einem solchen Scheck verwendeten Stempelzeichen sind als nicht vorhanden anzusehen.

Die Post 60, Z. 2, der durch das Gesetz vom 13. Dezember 1862, RGBl Nr. 89, geänderten Tarifbestimmungen sowie § 7, erster Absatz des Gesetzes vom 29. Februar 1864, RGBl Nr. 20 treten außer Kraft.

9. Portugiesisches Scheckrecht.

Aus dem portugiesischen Handelsgesetzbuche vom 28. Juni 1888.

Kapitel II.

Von den Billetts (Zahlungsversprechen, eigenen Wechseln) und Schecks.

341. Jedermann, der einen disponiblen Betrag bei einem Bankinstitut oder im Besitz eines Kaufmanns stehen hat, kann darüber zu seinen oder eines Dritten Gunsten mittels eines Schecks verfügen.

§ 1. Der Scheck ist zu datieren, von dem Aussteller zu unterzeichnen, und hat die zu zahlende Summe anzugeben.

§ 2. Der Scheck kann auf den Inhaber, auf Sicht oder auf Zeit ausgestellt werden; diese Zeit darf zehn Tage, gerechnet von dem Tage der Präsentation, nicht überschreiten.

§ 3. Der Inhaber ist verpflichtet, den Scheck innerhalb acht Tagen zur Zahlung zu präsentieren, wenn er an dem nämlichen Platze ausgestellt, an dem er zahlbar ist, und innerhalb fünfzehn Tagen, im entgegengesetzten Falle.

342. Der Inhaber, welcher in den, im vorstehenden Artikel angegebenen Fristen den Scheck nicht präsentiert, oder die Zahlung nicht bei Fälligkeit fordert, verliert seine Klage gegen den Indossanten, und büßt sie auch gegen den Aussteller ein, wenn nach Ablauf der angegebenen Fristen der zu zahlende Betrag durch Verschulden desjenigen, der zahlen sollte, nicht disponibel ist.

343. Auf die eigenen Wechsel (Billetts, Zahlungsversprechen) und Schecks sind anwendbar alle auf die gezogenen Wechsel bezüglichen Bestimmungen, welche der Natur der Schecks und der Billetts nicht entgegenstehen.

10. Rumänisches Scheckrecht.

Aus dem rumänischen Handelsgesetzbuche vom 10./22. Mai 1887.

II. Hauptstück.

Vom Scheck.

Art. 364. Wer immer bei einer Bank oder bei was immer für einer Person Geldbeträge verfügbar besitzt, kann durch einen Scheck über diese Gelder zu seinem persönlichen Vorteil oder zu dem einer dritten Person ganz oder teilweise verfügen.

Art. 365. Der Scheck muß die zu zahlende Summe angeben, datiert und vom Aussteller unterzeichnet sein. Derselbe kann auf Inhaber oder auf den Namen einer bestimmten Person lauten.

Die Zahlungszeit kann auf Sicht oder auf eine Frist gestellt sein, welche 10 Tage von der Präsentation nicht übersteigen darf.

Er kann auch an Order lauten und selbst durch Blanko-Indossament weiter begeben werden.

Art. 366. Auf den Scheck sind alle Bestimmungen anzuwenden, welche das Indossament, die Bürgschaft, die Unterschrift verfügungsunfähiger Personen, falsche oder gefälschte Unterschriften, die Verfallszeit und Zahlung der Wechsel, den Protest, die Klage gegen Aussteller und Indossanten sowie die verlorenen oder entwendeten Wechsel betreffen.

Art. 367. Der Besitzer des Schecks hat denselben, wenn er am Zahlungsort ausgestellt ist, innerhalb acht Tagen, und wenn er an einem anderen als dem Ausstellungsorte zahlbar ist, innerhalb fünfzehn Tagen dem Bezogenen zur Zahlung zu präsentieren.

In diese Frist ist der Ausstellungstag nicht einzurechnen.

Art. 368. Der Besitzer des Schecks, welcher denselben in obiger Frist nicht präsentiert, verliert sein Klagerecht gegen die Giranten; derselbe verwirkt auch sein Klagerecht gegen den Aussteller, wofern der Betrag bei Ausgang der obigen Fristen wegen der Handlungsweise des Bezogenen nicht verfügbar sein sollte.

Art. 369. Wer einen Scheck ohne Datum oder mit einem falschen Datum, oder ohne in Händen des Bezogenen den Betrag verfügbar zu haben, ausstellt, wird unbeschadet der im Strafgesetze vorgesehenen Strafen, falls solche zutreffen, mit einer Geldstrafe belegt, welche zehn vom Hundert der im Scheck angegebenen Summe gleichkommt.

11. Schweizerisches Scheckrecht.

Schweizerisches Bundesgesetz über das Obligationenrecht vom 14. Brachmonat 1881.

Titel XXX.

Der Scheck.

830. Die wesentlichen Erfordernisse eines Schecks sind:
1. die Bezeichnung als „Scheck";
2. die mit Worten auszusetzende Angabe der Geldsumme;
3. die Unterschrift des Ausstellers mit seinem Namen oder seiner Firma;
4. die Angabe des Ortes, des Jahres und des Monatstags der Ausstellung, letzteren mit Worten ausgedrückt;

5. der Name der Firma oder der Firma, welche die Zahlung leisten soll (des Bezogenen);
6. die Angabe des Ortes, wo die Zahlung geschehen soll; der bei dem Namen oder der Firma des Bezogenen angegebene Ort gilt für den Scheck als Zahlungsort und zugleich als Wohnort des Bezogenen.

831. Ein Scheck darf nur ausgestellt werden, wenn der Aussteller über den angewiesenen Betrag bei dem Bezogenen sofort zu verfügen das Recht hat.

832. Die Ausstellung des Schecks kann an den Inhaber, an eine bestimmte Person oder an deren Order geschehen.

Ist niemand genannt, an den bezahlt werden soll, so wird Ausstellung auf den Inhaber angenommen.

833. Der Scheck ist auch dann auf Sicht zahlbar, wenn er eine andere oder keine Bestimmung über die Verfallzeit enthält.

834. Die Präsentation zur Annahme und die Annahme finden bei dem Scheck nicht statt. Die Frist für Präsentation zur Zahlung beträgt bei dem Scheck, welcher am Ausstellungsorte zahlbar ist, fünf Tage, bei einem solchen, welcher an einem anderen Orte zahlbar ist, acht Tage.

835. Wird der Scheck innerhalb der genannten Frist nicht präsentiert, so erlischt das Regreßrecht gegen die Indossanten und auch gegen den Aussteller, insofern letzterer durch die nicht erfolgte Präsentation dem Bezogenen gegenüber in Verlust gekommen ist.

836. Die Bestimmungen über den bezogenen Wechsel gelten, soweit sie mit denjenigen dieses Titels nicht in Widerspruch stehen, auch für den Scheck.

837. Wer einen Scheck ausstellt, ohne bei dem Bezogenen für den angewiesenen Betrag Deckung zu besitzen, hat dem Inhaber des Schecks außer dem verursachten Schaden fünf Prozent der angewiesenen Summe zu vergüten.

12. Spanisches Scheckrecht.

a. Aus dem spanischen Handelsgesetzbuche vom 22. August 1885.

Von den Zahlungsmandaten, genannt Schecke.

534. Das Zahlungsmandat, welches im Handel unter dem Namen Scheck bekannt ist, ist eine Urkunde, welche dem Aussteller gestattet, zu seinen Gunsten oder zugunsten eines Dritten, ganz oder zum Teil die Geldsummen zurückzuziehen (zu erheben), welche er in Händen des Bezogenen disponibel (zu seiner Verfügung) hat.

535. Das Zahlungsmandat muß enthalten:
den Namen und die Unterschrift des Ausstellers;
den Namen des Bezogenen und sein Domizil;
den Betrag und das Datum seiner Ausstellung, welche in Buchstaben auszudrücken sind, sowie ob es auf den Inhaber, zugunsten einer bestimmten Person oder an Order gestellt ist, in letzterem Falle ist es durch Indossament übertragbar.

536. Es kann innerhalb des nämlichen Platzes seiner Zahlung oder auf einen anderen Ort gezogen werden, der Aussteller ist jedoch verpflichtet, im voraus die Deckung zu Händen des Bezogenen zu gewähren.

537. Der Inhaber eines Zahlungsmandats muß es binnen der 5 Tage von der Ausstellung, wenn es auf denselben Platz gezogen ist, oder binnen 8 Tagen, wenn es auf einen anderen Platz lautet, zur Zahlung präsentieren.

Der Inhaber, welcher diese Frist verstreichen läßt, verliert sein Klagerecht gegen die Indossanten und ebenso verliert er es gegen den Aussteller, wenn die zu Händen des Bezogenen geleistete Deckung nicht mehr vorhanden ist, weil dieser die Zahlungen suspendiert oder falliert hat.

538. Die achttägige Frist, welche im vorhergehenden Artikel für die von Platz zu Platz ausgestellten Zahlungsmandate festgesetzt ist, gilt als bis auf 12 Tage von ihrem Datum an verlängert für die auf das Ausland gezogenen.

539. Die Zahlung des Mandats ist von dem Bezogenen im Akte der Präsentation zu fordern.

Die Person, an die gezahlt wird, muß in der Quittung ihren Namen und das Datum der Zahlung angeben.

540. Duplikate von Zahlungsmandaten dürfen nicht ausgestellt werden, ohne daß zuvor die Originale nach ihrem Verfall annulliert worden sind und der Bezogene seine Zustimmung erteilt hat.

541. Der Aussteller oder jeder gesetzliche Inhaber eines Zahlungsmandats hat das Recht, darauf zu bemerken, daß die Zahlung an einen Bankier oder eine bestimmte Gesellschaft erfolge, was er dadurch ausdrückt, daß er auf die Vorderseite den Namen dieses Bankiers oder der Gesellschaft oder nur die Worte „und Kompanie" quer darüberschreibt.

Die an eine andere Person, welche nicht der Bankier oder die angegebene Gesellschaft ist, geleistete Zahlung befreit den Bezogenen nicht von seiner Haftbarkeit, wenn er ungehörig gezahlt hat.

542. Auf diese Urkunden sind die in diesem Gesetzbuch enthaltenen Bestimmungen hinsichtlich der solidarischen Garantie des Ausstellers und der Indossanten, bezüglich des Protestes und der Ausübung der aus den Wechseln sich ergebenden Klagerechte, anwendbar.

543. Bezüglich der Zahlungsorders im Kontokorrent der Banken oder Handelsgesellschaften, bekannt unter dem Namen Talons, sind die vorhergehenden Bestimmungen, soweit sie auf sie anwendbar sind, maßgebend.

b. Königliches Dekret vom 9. Januar 1923 über gekreuzte Schecke.

Art. 1. Schecke und Zahlungsmandate, auf die sich der Artikel 541 des Handelsgesetzbuchs bezieht, unterliegen nicht der Stempelsteuer, wenn sie folgende Erfordernisse aufweisen: daß sie gekreuzt oder in der im ersten Absatz des genannten Artikels vorgeschriebenen Form und auf Banken oder beim Kommissariat der Privatbanken eingetragene Bankiers ausgestellt sind; daß die Zahlung durch Verrechnung und unter Innehaltung der für das Bankenkonsortium vorgeschriebenen Form erfolge.

Art. 2. Diese Ausnahme findet keine Anwendung für das Gebiet der drei durch königliche Verordnung vom 3. Februar 1922 geschaffenen Bankzonen, in denen das Bankenkonsortium nicht binnen dreier Monate Abrechnungsstellen errichtet.

Art. 3. Abrechnungsstellen, Banken und Bankiers, die gekreuzte Schecken, auf die sich Art. 1 bezieht, bar einlösen, sind verpflichtet, diese während dreier Jahre zur Verfügung der Steuerinspektoren zu halten.

Art. 4. Das Bankenkonsortium hat binnen 20 Tagen vom Datum der Publikation dieses Dekrets dem Finanzministerium einen Entwurf von Bestimmungen für die Errichtung und das Verfahren der drei Abrechnungsstellen in Madrid, Barcelona und Bilbao zur Genehmigung vorzulegen, den der Bankenrat in einer besonders zu diesem Zweck einzuberufenden Sitzung billigen wird.

13. Vereinigte Staaten von Amerika.

The Negotiable Instruments Law of NewYork.*)

(Gesetze des Staates NewYork 1897 ch. 612, 1898 ch. 336, 1909 ch. 43).

Art. XVII (XVIII). Promissory notes and Checks.

§ 321. Check defined. A check is a bill of exchange drawn on a bank, payable on demand. Except as herein otherwise provided, the provisions of this act applicable to a bill of exchange payable on demand apply to a check.

§ 322. Within what time a check must be presented. A check must be presented for payment within a reasonable time after its issue or the drawer will be discharged from liability thereon to the extent of the loss caused by the delay.

§ 323. Certification of check; effect of. Where a check is certified by the bank on which it is drawn, the certification is equivalent to au acceptance.

§ 324. Effect when the holder of check procures it to be certified. Where the holder of check procures it to be certified, the drawer and all indorsers are discharged from liability thereon.

§ 325. When check operates as an assignment. A check of itself does not operate as an assignment of any part of the funds to the credit of the drawer with the bank and the bank is not liable to the holder unless and until it accepts or certifies the check.

§ 326. Recovery of forged check. No bank shall be liable to a depositor for the payment by it of a forged or raised check, unless within one year after the return to the depositor of the voucher of such payment such depositor shall notify the bank that the check so paid was forged or raised.

§ 4. Reasonable time, what constitutes. In determining what is a "reasonable time" or an "unreasonable time" regard is to be had to the nature of the instruments, the

---

*) Das Gesetz stimmt bis auf einige unbedeutende Abweichungen mit den Gesetzen aller derjenigen Staaten der Union überein, die das Recht der begebbaren Urkunden (negotiable instruments) kodifiziert haben.

usage of trade or business (if any) with respect to such instruments and the facts of the particular case.

§ 5. Time how computed when last day falls on holiday. Where the day or the last day for doing any act herein required or permitted to be done falls on Sunday or on a holiday, the act may be done on the next succeeding secular or business day.

§ 131, 2: Where it (the instrument) is payable on demand, presentment must be made within a reasonable time after its issue, except that in case of a bill of exchange presentment for payment will be sufficient if made within a reasonable time after the last negotiation thereof.

H. Zukünftiges Weltscheckrecht.

Résolutions de la Conférence de la Haye de 1912 sur l'unification du droit relatif au chèque (Actes I pag. 259 ff.).

De la création et de la forme du chèque.

ARTICLE 1. Le chèque contient:
1. le mot „chèque" *) inséré dans le texte même du titre;
2. le mandat pur et simple de payer une somme déterminée;
3. le nom de celui qui doit payer (tiré);
4. l'indication du lieu où le paiement doit s'effectuer;
5. celle du lieu et de la date où le chèque est créé;
6. la signature de celui qui émet le chèque (tireur).

ARTICLE 2. Le titre, dans lequel une des énonciations indiquées à l'article précédent fait défaut, ne vaut pas comme chèque, sauf dans les cas déterminés par les alinéas suivants.

A défaut d'indication spéciale, le lieu désigné a côté du nom du tiré est réputé être le lieu de paiement et, en même temps, le lieu du domicile du tiré.

Le chèque sans indication du lieu de paiement est considéré comme payable au lieu de sa création.

Le chèque sans indication du lieu de sa création est considéré comme souscrit dans le lieu désigné a côté du nom du tireur.

ARTICLE 3. Le chèque ne doit etre tiré que sur une personne ayant des fonds à la disposition du tireur et conformément à une convention, expresse ou tacite, d'après laquelle le tiré est obligé de payer le chèque.

Est réservée aux Etats contractants la faculté de régler les conséquences civiles, pénales et fiscales de l'émission d'un chèque en cas d'inobservation des conditions indiquées a l'alinéa précédent ou de l'émission d'un chèque postdaté, pourvu que la validité du titre comme chèque ne soit pas atteinte.

ARTICLE 4. Le chèque peut être stipulé payable au profit d'une personne dénommée ou à l'ordre de celle-ci.

Il peut être stipulé payable au porteur.

Le chèque au profit d'une personne dénommée avec la mention „ou au porteur" ou un terme équivalent, est réputé payable au porteur.

Le chèque sans indication du bénéficiaire est payable au porteur.

Le chèque peut être à l'ordre du tireur lui-même.

Le chèque au porteur tiré sur le tireur lui-même est nul.

ARTICLE 5. Le chèque est tiré sur un banquier. Toutefois, la validité du titre comme chèque n'est pas atteinte, s'il est tiré sur une autre personne.

Est réservée aux Etats conractants la faculté, quant aux chèques payables sur leurs territoires:

a) de déterminer quelles personnes sont à considérer comme banquiers;
b) d'admettre qu'un chèque peut être tiré sur d'autres catégories de personnes ou sur une personne quelconque;
c) de régler les conséquences fiscales et pénales de l'émission d'un chèque sur une personne sur laquelle un chèque ne doit pas être tiré.

ARTICLE 6. Le tireur est garant du paiement. Toute clause par laquelle le tireur s'exonère de cette garantie est réputée non écrite.

ARTICLE 7. Sont applicables au chèque les dispositions des articles 6 à 8 du Réglement uniforme sur la lettre de change et le billet a òrdre, relatives a la création et à la forme du titre.

---

*) Ce mot peut être écrit selon l'orthographe de la langue dans laquelle le titre est rédigé.

De l'endossement.

ARTICLE 8. Sauf le chèque au porteur, tout chèque, méme non expressément tiré à ordre, est transmissible par la voie de l'endossement.

Lorsque le tireur a inséré dans le chèque les mots „non à ordre" ou une expression équivalente, le titre n'est transmissible que dans la forme et avec les effets d'une cession ordinaire.

ARTICLE 9. L'endossement doit être pur et simple. Toute condition à laquelle il est subordonné est réputé non écrite.

L'endossement partiel est nul.

Sont également nuls l'endossement „au porteur" et l'endossement du tiré.

Quiconque, sauf le tiré, appose sa signature au dos d'un chèque au porteur est garant comme avaliseur du tireur.

L'endossement au tireur vaut quittance, sauf dans le cas où le tiré a plusieurs établissements et où l'endossement est fait au bénéfice d'un établissement situé dans un autre lieu que celui sur lequel le chèque a été tiré.

ARTICLE 10. Sont applicables au chèque, sauf en ce qui concerne l'acceptation, les dispositions des articles 12 à 17 du Règlement uniforme sur la lettre de change et le billet à ordre, relatives à l'endossement.

De la garantie du paiement.

ARTICLE 11. Le chèque ne peut pas être accepté. Une mention d'acceptation portée sur le chèque est réputée non écrite.

Est réservée aux Etats contractants la faculté d'admettre l'acceptation, le certificat ou le visa d'un chèque et d'en régler les effets.

ARTICLE 12. Le paiement d'un chèque peut être garanti par un aval.

Cette garantie est fournie par un tiers, sauf le tiré, ou même par un signataire du chèque.

Sont applicables au chèque les dispositions des articles 30 et 31 du Règlement uniforme sur la lettre de change et le billet à ordre, relatives à l'aval.

ARTICLE 13. Le chèque est payable à vue.

Un titre contenant une autre échéance est nul comme chèque.

ARTICLE 14. Le chèque doit être présenté au paiement dans un délai à fixer par la loi du lieu de paiement.

Ce délai sera de dix jours au moins.

Est réservée aux Etats contractants la faculté d'augmenter ce délai qu'il s'agisse de chèques émis dans leurs pays ou dans un autre pays.

La présentation à une chambre de compensation èquivaut à la présentation au paiement.

Il appartient aux Etats contractants de désigner les institutions qui sont considérées comme chambres de compensation.

ARTICLE 15. Quand un chèque est tiré entre deux places ayant des calendriers différents, le jour de l'émission sera ramené au jour correspondant du calendrier du lieu de paiement.

ARTICLE 16. Ni le décès du tireur ni son incapacité survenant après l'émission ne touchent aux effets du chèque.

ARTICLE 17. La révocation du mandat contenu dans le chèque n'a d'effet qu'après l'expiration du délai de présentation.

Si le tireur ou le porteur a donné avis au tiré que le chèque a été perdu ou acquis par un tiers à la suite d'un acte frauduleux, le tiré qui paye le chèque n'est valablement libéré que si le détenteur du chèque prouve qu'il l'a acquis d'une manière lègitime.

S'il n'y a pas révocation, le tiré conserve le droit de payer même après l'expiration du délai.

ARTICLE 18. Le tiré peut exiger, en payant le chèque, qu'il lui soit remis acquitté par le porteur.

Le porteur peut refuser un paiement partiel.

En cas de paiement partiel le tiré peut exiger que mention de ce paiement soit faite sur le chèque et qu'une quittance lui en soit donnée.

ARTICLE 19. Le chèque traversé, au recto, de deux barres parallèles ne peut être payé qu'à un banquier.

Le barrement peut être effectué par le tireur ou par un porteur.

Le barrement peut être général ou spécial.

Le barrement est général, s'il ne porte entre les deux barres aucune désignation ou la mention „banquier", un terme équivalent ou seulement „et Cie."; il est spécial, si le nom d'un banquier est inscrit entre les deux barres.

Le barrement général peut être transformé en barrement spécial. Mais le barrement spécial ne peut être transformé en barrement général.

Le chèque à barrement spécial ne peut être payé qu'àu banquier désigné. Toutefois, si celui-ci n'opère pas l'èncaissement lui-même, il peut se substituer un autre banquier.

Il est interdit d'effacer le barrement ainsi que le nom du banquier désigné.

Le tiré qui paye le chèque barré à une personne autre qu'un banquier, si le barrement est général, ou à une personne autre que le banquier désigné, si le barrement est spécial, est responsable, s'il y a lieu, du préjudice causé, sans que les dommages-intérets puissent dépasser le montant du chèque.

Est réservée aux Etats contractants, pour les chèques payables sur leurs territoires, la faculté d'exclure le système des chèques barrés.

ARTICLE 20. Le tireur ainsi que tout porteur d'un chèque peuvent défendre qu'on paye le chèque en espèces, en insérant, au recto, la mention transversale; „à porter en compte" (nur zur Verrechnung), ou une expression équivalente.

Dans ce cas, le chèque ne peut donner lieu qu'à un réglement par écritures (crédit en compte, virement ou compensation). Le règlement par écritures vaut paiement. La mention „à porter en compte" ne peut pas être révoquée.

La violation de cette mention rend le tiré responsable du préjudice causé, sans que les dommages-intérets puissent dépasser le montant du chèque.

Est réservée aux Etats contractants, pour les chèques payables sur leurs territoires, la faculté de régler les effets de cette clause dans le cas d'insolvabilité du tiré, ainsi que d'exclure le système des chèques avec mention „à porter en compte".

ARTICLE 21. La question de savoir si le porteur d'un chèque a des droits spéciaux sur la provision et le droit d'agir en justice contre le tiré reste en dehors de la réglementation internationale.

Du recours faute de paiement.

ARTICLE 22. Le porteur peut exercer ses recours contre les endosseurs, le tireur et les autres obligés, si le chèque, présenté en temps utile, n'est pas payé.

La présentation et le nonpaiement doivent être constatés:

1. soit par un acte authentique (protêt faute de paiement);
2. soit par une déclaration du tiré, datée et écrite sur le chèque avec l'indication du jour de la présentation;
3. soit par une déclaration datée d'une chambre de compensation constatant que le chèque a été remis en temps utile et qu'il n'a pas été payé.

ARTICLE 23. Le protêt faute de paiement doit être fait avant l'expiration du délai de présentation.

Est réservée aux Etats contractants la faculté de prescrire que, dans le délai indiqué à l'alinéa précédent, le protêt doit être dressé au plus tard le premier jour ouvrable qui suit celui de la présentation.

ARTICLE 24. Sont applicables au chèque, sauf en ce qui concerne l'acceptation, les dispositions des articles 44 à 46, 47 alinéa 1, 48 et 49 du Règlement uniforme sur la lettre de change et le billet à ordre, relatives aux recours.

ARTICLE 25. Est réservée aux Etats contractants la faculté de décider si le porteur d'un chèque impayé a contre le tireur et les endosseurs une action d'enrichissement ou d'autres droits en dehors de ceux qui résultent du chèque lui-même.

De la pluralité d'exemplaires.

ARTICLE 26. Sauf les chèques au porteur, tout chèque émis dans un Etat et payable dans un autre Etat ou dans une partie d'outre-mer du même Etat peut être tiré en plusieurs exemplaires identiques. Ces exemplaires doivent être numérotés dans le texte même du titre; faute de quoi chacun d'eux est considéré comme un chèque distinct.

ARTICLE 27. Le paiement fait sur un des exemplaires est libératoire, alors même qu'il n'est pas stipulé que ce paiement annule l'effet des autres exemplaires.

L'endosseur qui a transféré les exemplaires à différentes personnes, ainsi que les endosseurs subséquents, sont tenus à raison de tous les exemplaires portant leur signature et qui n'ont pas été restitués.

Du faux et des altérations.

ARTICLE 28. Sont applicables au chèque les dispositions des articles 68 et 69 du Règlement uniforme sur la lettre de change et le billet à ordre, relatives aux faux et aux altérations.

De la prescription.

ARTICLE 29. Les actions en recours du porteur contre les endosseurs et contre le tireur se prescrivent par six mois à partir de l'expiration du délai de présentation.

Les actions en recours des endosseurs les uns contre les autres et contre le tireur se prescrivent par six mois à partir du jour où l'endosseur a remboursé le chèque ou du jour où il a été luimême actionné.

Sont applicables au chèque les dispositions de l'article 71 du Règlement uniforme et de l'article 16 de la Convention sur la lettre de change et le billet à ordre, relatives à l'interruption de la prescription.

Dispositions générales.

ARTICLE 30. Sont applicables au chèque les dispositions générales des articles 72 et 73 du Règlement uniforme sur la lettre de change et le billet à ordre.

De la perte.

ARTICLE 31. Est réservée aux Etats contractants, en cas de perte de chèques payables sur leurs territoires, la faculté:

1. de déterminer les conditions auxquelles le porteur pourra exiger l'émission d'un nouveau chèque ou le paiement du chèque perdu;
2. d'établir une procédure d'annulation d'un chèque perdu.

Des conflits de lois.

ARTICLE 32. La capacité d'une personne pour s'engager par chèque est déterminée par sa loi nationale. Si cette loi nationale déclare compétente la loi d'un autre Etat, c'est cette dernière loi qui sera appliquée.

La personne qui serait incapable, d'après la loi indiquée par l'alinéa précédent, est néanmoins tenue, si elle s'est obligée sur le territoire d'un Etat d'après la législation duquel elle aurait été capable.

Chaque Etat contractant a la faculté de ne pas reconnaître la validité de l'engagement pris en matière de chèque par l'un de ses ressortissants et qui ne serait tenu pour valable dans le territoire des autres Etats contractants que par application de l'alinéa précédent.

ARTICLE 33. La forme d'un engagement pris en matière de chèque est réglée par les lois de l'Etat sur le territoire duquel cet engagement a été souscrit.

Un chèque valable d'après les lois de l'Etat sur le territoire duquel il est payable, demeure valable encore qu'il ne le soit pas d'après les lois de l'Etat où il a été créé. Il en est de même des signatures apposées sur ce chèque dans d'autres Etats que celui où il est payable.

ARTICLE 34. La forme et les délais du protêt, ainsi que la forme des autres actes nécessaires à l'exercice ou à la conservation des droits en matière de chèque, sont réglés par les lois de l'Etat sur le territoire duquel doit être dressé le protêt ou passé l'acte en question.

Sachregister.

(Die Ziffern ohne Buchstaben verweisen auf die Seitenzahlen, die Buchstaben mit Ziffern auf die Anhänge.)

Q

R

S

T

Roßberg'sche Buchdruckerei Leipzig.

Scheckgesetz.

Vom 14. August 1933 (RGBl. I S. 597).

Erster Abschnitt.
Ausstellung und Form des Schecks.

Artikel 1.

Der Scheck enthält:

1. die Bezeichnung als Scheck im Texte der Urkunde, und zwar in der Sprache, in der sie ausgestellt ist;
2. die unbedingte Anweisung, eine bestimmte Geldsumme zu zahlen;
3. den Namen dessen, der zahlen soll (Bezogener);
4. die Angabe des Zahlungsortes;
5. die Angabe des Tages und des Ortes der Ausstellung;
6. die Unterschrift des Ausstellers.

Artikel 2.

Eine Urkunde, in der einer der im vorstehenden Artikel bezeichneten Bestandteile fehlt, gilt nicht als Scheck, vorbehaltlich der in den folgenden Absätzen bezeichneten Fälle.

Mangels einer besonderen Angabe gilt der bei dem Namen des Bezogenen angegebene Ort als Zahlungsort. Sind mehrere Orte bei dem Namen des Bezogenen angegeben, so ist der Scheck an dem an erster Stelle angegebenen Orte zahlbar.

Fehlt eine solche und jede andere Angabe, so ist der Scheck an dem Orte zahlbar, an dem der Bezogene seine Hauptniederlassung hat.

Ein Scheck ohne Angabe des Ausstellungsortes gilt als ausgestellt an dem Orte, der bei dem Namen des Ausstellers angegeben ist.

Artikel 3.

Der Scheck darf nur auf einen Bankier gezogen werden, bei dem der Aussteller ein Guthaben hat, und gemäß einer ausdrücklichen oder stillschweigenden Vereinbarung, wonach der Aussteller das Recht hat, über dieses Guthaben mittels Schecks zu verfügen. Die Gültigkeit der Urkunde als Scheck wird jedoch durch die Nichtbeachtung dieser Vorschriften nicht berührt.

Artikel 4.

Der Scheck kann nicht angenommen werden. Ein auf den Scheck gesetzter Annahmevermerk gilt als nicht geschrieben.

Artikel 5.

Der Scheck kann zahlbar gestellt werden:

an eine bestimmte Person, mit oder ohne den ausdrücklichen Vermerk „an Order";

an eine bestimmte Person, mit dem Vermerk „nicht an Order" oder mit einem gleichbedeutenden Vermerk;

an den Inhaber.

Ist im Scheck eine bestimmte Person mit dem Zusatz „oder Überbringer" oder mit einem gleichbedeutenden Vermerk als Zahlungsempfänger bezeichnet, so gilt der Scheck als auf den Inhaber gestellt.

Ein Scheck ohne Angabe des Nehmers gilt als zahlbar an den Inhaber.

Artikel 6.

Der Scheck kann an die eigene Order des Ausstellers lauten.

Der Scheck kann für Rechnung eines Dritten gezogen werden.

Der Scheck kann nicht auf den Aussteller selbst gezogen werden, es sei denn, daß es sich um einen Scheck handelt, der von einer Niederlassung auf eine andere Niederlassung des Ausstellers gezogen wird.

Artikel 7.

Ein in den Scheck aufgenommener Zinsvermerk gilt als nicht geschrieben.

Artikel 8.

Der Scheck kann bei einem Dritten, am Wohnort des Bezogenen oder an einem anderen Orte, zahlbar gestellt werden, sofern der Dritte Bankier ist.

Artikel 9.

Ist die Schecksumme in Buchstaben und in Ziffern angegeben, so gilt bei Abweichungen die in Buchstaben angegebene Summe.

Ist die Schecksumme mehrmals in Buchstaben oder mehrmals in Ziffern angegeben, so gilt bei Abweichungen die geringste Summe.

Artikel 10.

Trägt ein Scheck Unterschriften von Personen, die eine Scheckverbindlichkeit nicht eingehen können, gefälschte Unterschriften, Unterschriften erdichteter Personen oder Unterschriften, die aus irgendeinem anderen Grunde für die Personen, die unterschrieben haben, oder mit deren Namen unterschrieben worden ist, keine Verbindlichkeit begründen, so hat dies auf die Gültigkeit der übrigen Unterschriften keinen Einfluß.

Artikel 11.

Wer auf einen Scheck seine Unterschrift als Vertreter eines anderen setzt, ohne hierzu ermächtigt zu sein, haftet selbst scheckmäßig und hat, wenn er den Scheck einlöst, dieselben Rechte, die der angeblich Vertretene haben würde. Das gleiche gilt von einem Vertreter, der seine Vertretungsbefugnis überschritten hat.

Artikel 12.

Der Aussteller haftet für die Zahlung des Schecks. Jeder Vermerk, durch den er diese Haftung ausschließt, gilt als nicht geschrieben.

Artikel 13.

Wenn ein Scheck, der bei der Begebung unvollständig war, den getroffenen Vereinbarungen zuwider ausgefüllt worden ist, so kann die Nichteinhaltung dieser Vereinbarungen dem Inhaber nicht entgegengesetzt werden, es sei denn, daß er den Scheck in bösem Glauben erworben hat oder ihm beim Erwerb eine grobe Fahrlässigkeit zur Last fällt.

Zweiter Abschnitt.

Übertragung.

Artikel 14.

Der auf eine bestimmte Person zahlbar gestellte Scheck mit oder ohne den ausdrücklichen Vermerk „an Order" kann durch Indossament übertragen werden.

Der auf eine bestimmte Person zahlbar gestellte Scheck mit dem Vermerk „nicht an Order" oder mit einem gleichbedeutenden Vermerk kann nur in der Form und mit den Wirkungen einer gewöhnlichen Abtretung übertragen werden.

Das Indossament kann auch auf den Aussteller oder jeden anderen Scheckverpflichteten lauten. Diese Personen können den Scheck weiter indossieren.

Artikel 15.

Das Indossament muß unbedingt sein. Bedingungen, von denen es abhängig gemacht wird, gelten als nicht geschrieben.

Ein Teilindossament ist nichtig.

Ebenso ist ein Indossament des Bezogenen nichtig.

Ein Indossament an den Inhaber gilt als Blankoindossament.

Das Indossament an den Bezogenen gilt nur als Quittung, es sei denn, daß der Bezogene mehrere Niederlassungen hat und das Indossament auf eine andere Niederlassung lautet als diejenige, auf die der Scheck gezogen worden ist.

Artikel 16.

Das Indossament muß auf den Scheck oder ein mit dem Scheck verbundenes Blatt (Anhang) gesetzt werden. Es muß von dem Indossanten unterschrieben werden.

Das Indossament braucht den Indossatar nicht zu bezeichnen und kann selbst in der bloßen Unterschrift des Indossanten bestehen (Blankoindossament). In diesem letzteren Falle muß das Indossament, um gültig zu sein, auf die Rückseite des Schecks oder auf den Anhang gesetzt werden.

Artikel 17.

Das Indossament überträgt alle Rechte aus dem Scheck.

Ist es ein Blankoindossament, so kann der Inhaber

1. das Indossament mit seinem Namen oder mit dem Namen eines anderen ausfüllen;
2. den Scheck durch ein Blankoindossament oder an eine bestimmte Person weiter indossieren;
3. den Scheck weiterbegeben, ohne das Blankoindossament auszufüllen und ohne ihn zu indossieren.

Artikel 18.

Der Indossant haftet mangels eines entgegenstehenden Vermerks für die Zahlung.

Er kann untersagen, daß der Scheck weiter indossiert wird; in diesem Falle haftet er denen nicht, an die der Scheck weiter indossiert wird.

Artikel 19.

Wer einen durch Indossament übertragbaren Scheck in Händen hat, gilt als rechtmäßiger Inhaber, sofern er sein Recht durch eine ununterbrochene Reihe von Indossamenten nachweist, und zwar auch dann, wenn das letzte ein Blankoindossament ist. Ausgestrichene Indossamente gelten hierbei als nicht geschrieben. Folgt auf ein Blankoindossament ein weiteres Indossament, so wird angenommen, daß der Aussteller dieses Indossaments den Scheck durch das Blankoindossament erworben hat.

Artikel 20.

Ein Indossament auf einem Inhaberscheck macht den Indossanten nach den Vorschriften über den Rückgriff haftbar, ohne aber die Urkunde in einen Orderscheck umzuwandeln.

Artikel 21.

Ist der Scheck einem früheren Inhaber irgendwie abhanden gekommen, so ist der Inhaber, in dessen Hände der Scheck gelangt ist — sei es, daß es sich um einen Inhaberscheck handelt, sei es, daß es sich um einen durch Indossament übertragbaren Scheck handelt und der Inhaber sein Recht gemäß Artikel 19 nachweist —, zur Herausgabe des Schecks nur verpflichtet, wenn er ihn in bösem Glauben erworben hat oder ihm beim Erwerb eine grobe Fahrlässigkeit zur Last fällt.

Artikel 22.

Wer aus dem Scheck in Anspruch genommen wird, kann dem Inhaber keine Einwendungen entgegensetzen, die sich auf seine unmittelbaren Beziehungen zu dem Aussteller oder zu einem früheren Inhaber gründen, es sei denn, daß der Inhaber beim Erwerb des Schecks bewußt zum Nachteil des Schuldners gehandelt hat.

Artikel 23.

Enthält das Indossament den Vermerk „Wert zur Einziehung", „zum Inkasso", „in Prokura" oder einen anderen nur eine Bevollmächtigung ausdrückenden Vermerk, so kann der Inhaber alle Rechte aus dem Scheck geltend machen; aber er kann ihn nur durch ein weiteres Vollmachtsindossament übertragen.

Die Scheckverpflichteten können in diesem Falle dem Inhaber nur solche Einwendungen entgegensetzen, die ihnen gegen den Indossanten zustehen.

Die in dem Vollmachtsindossament enthaltene Vollmacht erlischt weder mit dem Tode noch mit dem Eintritt der Handlungsunfähigkeit des Vollmachtgebers.

Artikel 24.

Ein Indossament, das nach Erhebung des Protestes oder nach Vornahme einer gleichbedeutenden Feststellung oder nach Ablauf der Vorlegungsfrist auf den Scheck gesetzt wird, hat nur die Wirkungen einer gewöhnlichen Abtretung.

Bis zum Beweis des Gegenteils wird vermutet, daß ein nicht datiertes Indossament vor Erhebung des Protestes oder vor der Vornahme einer gleichbedeutenden Feststellung oder vor Ablauf der Vorlegungsfrist auf den Scheck gesetzt worden ist.

Dritter Abschnitt.
Scheckbürgschaft.

Artikel 25.

Die Zahlung der Schecksumme kann ganz oder teilweise durch Scheckbürgschaft gesichert werden.

Diese Sicherheit kann von einem Dritten, mit Ausnahme des Bezogenen, oder auch von einer Person geleistet werden, deren Unterschrift sich schon auf dem Scheck befindet.

Artikel 26.

Die Bürgschaftserklärung wird auf den Scheck oder auf einen Anhang gesetzt.

Sie wird durch die Worte „als Bürge" oder einen gleichbedeutenden Vermerk ausgedrückt; sie ist von dem Scheckbürgen zu unterschreiben.

Die bloße Unterschrift auf der Vorderseite des Schecks gilt als Bürgschaftserklärung, soweit es sich nicht um die Unterschrift des Ausstellers handelt.

In der Erklärung ist anzugeben, für wen die Bürgschaft geleistet wird; mangels einer solchen Angabe gilt sie für den Aussteller.

Artikel 27.

Der Scheckbürge haftet in der gleichen Weise wie derjenige, für den er sich verbürgt hat.

Seine Verpflichtungserklärung ist auch gültig, wenn die Verbindlichkeit, für die er sich verbürgt hat, aus einem anderen Grunde als wegen eines Formfehlers nichtig ist.

Der Scheckbürge, der den Scheck bezahlt, erwirbt die Rechte aus dem Scheck gegen denjenigen, für den er sich verbürgt hat, und gegen alle, die diesem scheckmäßig haften.

Vierter Abschnitt.
Vorlegung und Zahlung.

Artikel 28.

Der Scheck ist bei Sicht zahlbar. Jede gegenteilige Angabe gilt als nicht geschrieben.

Ein Scheck, der vor Eintritt des auf ihm angegebenen Ausstellungstages zur Zahlung vorgelegt wird, ist am Tage der Vorlegung zahlbar.

Artikel 29.

Ein Scheck, der in dem Lande der Ausstellung zahlbar ist, muß binnen acht Tagen zur Zahlung vorgelegt werden. Dasselbe gilt für einen Scheck, der im Inland ausgestellt und in Österreich zahlbar ist und umgekehrt.

Außer im Falle des Abs. 1 Satz 2 muß ein Scheck, der in einem anderen Lande als dem der Ausstellung zahlbar ist, binnen zwanzig Tagen vorgelegt werden, wenn Ausstellungsort und Zahlungsort sich in demselben Erdteile befinden, und binnen siebzig Tagen, wenn Ausstellungsort und Zahlungsort sich in verschiedenen Erdteilen befinden.

Hierbei gelten die in einem Lande Europas ausgestellten und in einem an das Mittelmeer grenzenden Lande zahlbaren Schecks, ebenso wie die in einem an das

Mittelmeer grenzenden Lande ausgestellten und in einem Lande Europas zahlbaren Schecks als Schecks, die in demselben Erdteile ausgestellt und zahlbar sind.

Die vorstehend erwähnten Fristen beginnen an dem Tage zu laufen, der in dem Scheck als Ausstellungstag angegeben ist.

Artikel 30.

Ist ein Scheck auf einen Ort gezogen, dessen Kalender von dem des Ausstellungsortes abweicht, so wird der Tag der Ausstellung in den nach dem Kalender des Zahlungsortes entsprechenden Tag umgerechnet.

Artikel 31.

Die Einlieferung in eine Abrechnungsstelle steht der Vorlegung zur Zahlung gleich.

Der Reichsminister der Justiz bestimmt, welche Einrichtungen als Abrechnungsstellen anzusehen sind und unter welchen Voraussetzungen die Einlieferung erfolgen kann.

Artikel 32.

Ein Widerruf des Schecks ist erst nach Ablauf der Vorlegungsfrist wirksam.

Wenn der Scheck nicht widerrufen ist, kann der Bezogene auch nach Ablauf der Vorlegungsfrist Zahlung leisten.

Artikel 33.

Auf die Wirksamkeit des Schecks ist es ohne Einfluß, wenn der Aussteller nach der Begebung des Schecks stirbt oder handlungsunfähig wird.

Artikel 34.

Der Bezogene kann vom Inhaber gegen Zahlung die Aushändigung des quittierten Schecks verlangen.

Der Inhaber darf eine Teilzahlung nicht zurückweisen.

Im Falle der Teilzahlung kann der Bezogene verlangen, daß sie auf dem Scheck vermerkt und ihm eine Quittung erteilt wird.

Artikel 35.

Der Bezogene, der einen durch Indossament übertragbaren Scheck einlöst, ist verpflichtet, die Ordnungsmäßigkeit der Reihe der Indossamente, aber nicht die Unterschriften der Indossanten zu prüfen.

Artikel 36.

Lautet der Scheck auf eine Währung, die am Zahlungsorte nicht gilt, so kann die Schecksumme in der Landeswährung nach dem Werte gezahlt werden, den sie am Tage der Vorlegung besitzt. Wenn die Zahlung bei Vorlegung nicht erfolgt ist, so kann der Inhaber wählen, ob die Schecksumme nach dem Kurs des Vorlegungstages oder nach dem Kurs des Zahlungstages in die Landeswährung umgerechnet werden soll.

Der Wert der fremden Währung bestimmt sich nach den Handelsgebräuchen des Zahlungsortes. Der Aussteller kann jedoch im Scheck für die zu zahlende Summe einen Umrechnungskurs bestimmen.

Die Vorschriften der beiden ersten Absätze finden keine Anwendung, wenn der Aussteller die Zahlung in einer bestimmten Währung vorgeschrieben hat (Effektivvermerk).

Lautet der Scheck auf eine Geldsorte, die im Lande der Ausstellung dieselbe Bezeichnung, aber einen anderen Wert hat als in dem der Zahlung, so wird vermutet, daß die Geldsorte des Zahlungsortes gemeint ist.

Fünfter Abschnitt.

Gekreuzter Scheck und Verrechnungsscheck.

Artikel 37.

Der Aussteller sowie jeder Inhaber können den Scheck mit den im Artikel 38 vorgesehenen Wirkungen kreuzen.

Die Kreuzung erfolgt durch zwei gleichlaufende Striche auf der Vorderseite des Schecks. Die Kreuzung kann allgemein oder besonders sein.

Die Kreuzung ist allgemein, wenn zwischen den beiden Strichen keine Angabe oder die Bezeichnung „Bankier" oder ein gleichbedeutender Vermerk steht; sie ist eine besondere, wenn der Name eines Bankiers zwischen die beiden Striche gesetzt ist.

Die allgemeine Kreuzung kann in eine besondere, nicht aber die besondere Kreuzung in eine allgemeine umgewandelt werden.

Die Streichung der Kreuzung oder des Namens des bezeichneten Bankiers gilt als nicht erfolgt.

Artikel 38.

Ein allgemein gekreuzter Scheck darf vom Bezogenen nur an einen Bankier oder an einen Kunden des Bezogenen bezahlt werden.

Ein besonders gekreuzter Scheck darf vom Bezogenen nur an den bezeichneten Bankier oder, wenn dieser selbst der Bezogene ist, an dessen Kunden bezahlt werden. Immerhin kann der bezeichnete Bankier einen anderen Bankier mit der Einziehung des Schecks betrauen.

Ein Bankier darf einen gekreuzten Scheck nur von einem seiner Kunden oder von einem anderen Bankier erwerben. Auch darf er ihn nicht für Rechnung anderer als der vorgenannten Personen einziehen.

Befinden sich auf einem Scheck mehrere besondere Kreuzungen, so darf der Scheck vom Bezogenen nur dann bezahlt werden, wenn nicht mehr als zwei Kreuzungen vorliegen und die eine zum Zwecke der Einziehung durch Einlieferung in eine Abrechnungsstelle erfolgt ist.

Der Bezogene oder der Bankier, der den vorstehenden Vorschriften zuwiderhandelt, haftet für den entstandenen Schaden, jedoch nur bis zur Höhe der Schecksumme.

Artikel 39.

Der Aussteller sowie jeder Inhaber eines Schecks kann durch den quer über die Vorderseite gesetzten Vermerk „nur zur Verrechnung" oder durch einen gleichbedeutenden Vermerk untersagen, daß der Scheck bar bezahlt wird.

Der Bezogene darf in diesem Falle den Scheck nur im Wege der Gutschrift einlösen (Verrechnung, Überweisung, Ausgleichung). Die Gutschrift gilt als Zahlung.

Die Streichung des Vermerks „nur zur Verrechnung" gilt als nicht erfolgt.

Der Bezogene, der den vorstehenden Vorschriften zuwiderhandelt, haftet für den entstandenen Schaden, jedoch nur bis zur Höhe der Schecksumme.

Sechster Abschnitt.

Rückgriff mangels Zahlung.

Artikel 40.

Der Inhaber kann gegen die Indossanten, den Aussteller und die anderen Scheckverpflichteten Rückgriff nehmen, wenn der rechtzeitig vorgelegte Scheck nicht eingelöst und die Verweigerung der Zahlung festgestellt worden ist:

1. durch eine öffentliche Urkunde (Protest) oder
2. durch eine schriftliche, datierte Erklärung des Bezogenen auf dem Scheck, die den Tag der Vorlegung angibt, oder
3. durch eine datierte Erklärung einer Abrechnungsstelle, daß der Scheck rechtzeitig eingeliefert und nicht bezahlt worden ist.

Artikel 41.

Der Protest oder die gleichbedeutende Feststellung muß vor Ablauf der Vorlegungsfrist vorgenommen werden.

Ist die Vorlegung am letzten Tage der Frist erfolgt, so kann der Protest oder die gleichbedeutende Feststellung auch noch an dem folgenden Werktage vorgenommen werden.

Artikel 42.

Der Inhaber muß seinen unmittelbaren Vormann und den Aussteller von dem Unterbleiben der Zahlung innerhalb der vier Werktage benachrichtigen, die auf den Tag der Protesterhebung oder der Vornahme der gleichbedeutenden Feststellung oder, im Falle des Vermerks „ohne Kosten", auf den Tag der Vorlegung folgen. Jeder Indossant muß innerhalb zweier Werktage nach Empfang der Nachricht seinem unmittelbaren Vormanne von der Nachricht, die er erhalten hat, Kenntnis geben und ihm die Namen und Adressen derjenigen mitteilen, die vorher Nachricht gegeben haben, und so weiter in der Reihenfolge bis zum Aussteller. Die Fristen laufen vom Empfang der vorhergehenden Nachricht.

Wird nach Maßgabe des vorhergehenden Absatzes einer Person, deren Unterschrift sich auf dem Scheck befindet, Nachricht gegeben, so muß die gleiche Nachricht in derselben Frist ihrem Scheckbürgen gegeben werden.

Hat ein Indossant seine Adresse nicht oder in unleserlicher Form angegeben, so genügt es, daß sein unmittelbarer Vormann benachrichtigt wird.

Die Nachricht kann in jeder Form gegeben werden, auch durch die bloße Rücksendung des Schecks.

Der zur Benachrichtigung Verpflichtete hat zu beweisen, daß er in der vorgeschriebenen Frist benachrichtigt hat. Die Frist gilt als eingehalten, wenn ein Schreiben, das die Benachrichtigung enthält, innerhalb der Frist zur Post gegeben worden ist.

Wer die rechtzeitige Benachrichtigung versäumt, verliert nicht den Rückgriff; er haftet für den etwa durch seine Nachlässigkeit entstandenen Schaden, jedoch nur bis zur Höhe der Schecksumme.

Artikel 43.

Der Aussteller sowie jeder Indossant oder Scheckbürge kann durch den Vermerk „ohne Kosten", „ohne Protest" oder einen gleichbedeutenden auf den Scheck gesetzten und unterzeichneten Vermerk den Inhaber von der Verpflichtung befreien, zum Zwecke der Ausübung des Rückgriffs Protest erheben oder eine gleichbedeutende Feststellung vornehmen zu lassen.

Der Vermerk befreit den Inhaber nicht von der Verpflichtung, den Scheck rechtzeitig vorzulegen und die erforderlichen Nachrichten zu geben. Der Beweis, daß die Frist nicht eingehalten worden ist, liegt demjenigen ob, der sich dem Inhaber gegenüber darauf beruft.

Ist der Vermerk vom Aussteller beigefügt, so wirkt er gegenüber allen Scheckverpflichteten; ist er von einem Indossanten oder einem Scheckbürgen beigefügt, so wirkt er nur diesen gegenüber. Läßt der Inhaber ungeachtet des vom Aussteller beigefügten Vermerks Protest erheben oder eine gleichbedeutende Feststellung vornehmen, so fallen ihm die Kosten zur Last. Ist der Vermerk von einem Indossanten oder einem Scheckbürgen beigefügt, so sind alle Scheckverpflichteten zum Ersatz der Kosten eines dennoch erhobenen Protestes oder einer gleichbedeutenden Feststellung verpflichtet.

Artikel 44.

Alle Scheckverpflichteten haften dem Inhaber als Gesamtschuldner.

Der Inhaber kann jeden einzeln oder mehrere oder alle zusammen in Anspruch nehmen, ohne an die Reihenfolge gebunden zu sein, in der sie sich verpflichtet haben.

Das gleiche Recht steht jedem Scheckverpflichteten zu, der den Scheck eingelöst hat.

Durch die Geltendmachung des Anspruchs gegen einen Scheckverpflichteten verliert der Inhaber nicht seine Rechte gegen die anderen Scheckverpflichteten, auch nicht gegen die Nachmänner desjenigen, der zuerst in Anspruch genommen worden ist.

Artikel 45.

Der Inhaber kann im Wege des Rückgriffs verlangen:

1. die Schecksumme, soweit der Scheck nicht eingelöst worden ist;
2. Zinsen zu sechs vom Hundert seit dem Tage der Vorlegung;
3. die Kosten des Protestes oder der gleichbedeutenden Feststellung und der Nachrichten sowie die anderen Auslagen;
4. eine Vergütung, die mangels besonderer Vereinbarung ein Drittel vom Hundert der Hauptsumme des Schecks beträgt und diesen Satz keinesfalls überschreiten darf.

Artikel 46.

Wer den Scheck eingelöst hat, kann von seinen Vormännern verlangen:

1. den vollen Betrag, den er gezahlt hat;
2. die Zinsen dieses Betrages zu sechs vom Hundert seit dem Tage der Einlösung;
3. seine Auslagen;
4. eine Vergütung, die nach den Vorschriften des Artikels 45 Nr. 4 berechnet wird.

Artikel 47.

Jeder Scheckverpflichtete,. gegen den Rückgriff genommen wird oder genommen werden kann, ist berechtigt, zu verlangen, daß ihm gegen Entrichtung der Rückgriffssumme der Scheck mit dem Protest oder der gleichbedeutenden Feststellung und eine quittierte Rechnung ausgehändigt werden.

Jeder Indossant, der den Scheck eingelöst hat, kann sein Indossament und die Indossamente seiner Nachmänner ausstreichen.

Artikel 48.

Steht der rechtzeitigen Vorlegung des Schecks oder der rechtzeitigen Erhebung des Protestes oder der Vornahme einer gleichbedeutenden Feststellung ein unüberwindliches Hindernis entgegen (gesetzliche Vorschrift eines Staates oder ein anderer Fall höherer Gewalt), so werden die für diese Handlungen bestimmten Fristen verlängert.

Der Inhaber ist verpflichtet, seinen unmittelbaren Vormann von dem Falle der höheren Gewalt unverzüglich zu benachrichtigen und die Benachrichtigung unter Beifügung des Tages und Ortes sowie seiner Unterschrift auf dem Scheck oder einem Anhang zu vermerken; im übrigen finden die Vorschriften des Artikels 42 Anwendung.

Fällt die höhere Gewalt weg, so muß der Inhaber den Scheck unverzüglich zur Zahlung vorlegen und gegebenenfalls Protest erheben oder eine gleichbedeutende Feststellung vornehmen lassen.

Dauert die höhere Gewalt länger als fünfzehn Tage seit dem Tage, an dem der Inhaber, selbst vor Ablauf der Vorlegungsfrist, seinen Vormann von dem Falle der höheren Gewalt benachrichtigt hat, so kann Rückgriff genommen werden, ohne daß es der Vorlegung oder der Protesterhebung oder einer gleichbedeutenden Feststellung bedarf.

Tatsachen, die rein persönlich den Inhaber oder denjenigen betreffen, den er mit der Vorlegung des Schecks oder mit der Erhebung des Protestes oder mit der Herbeiführung einer gleichbedeutenden Feststellung beauftragt hat, gelten nicht als Fälle höherer Gewalt.

Siebenter Abschnitt.

Ausfertigung mehrerer Stücke eines Schecks.

Artikel 49.

Schecks, die nicht auf den Inhaber gestellt sind und in einem anderen Lande als dem der Ausstellung oder in einem überseeischen Gebiete des Landes der Ausstellung zahlbar sind, und umgekehrt, oder in dem überseeischen Gebiete eines Landes ausgestellt und zahlbar sind, oder in dem überseeischen Gebiete eines Landes ausgestellt und in einem anderen überseeischen Gebiete desselben Landes zahlbar sind, können in mehreren gleichen Ausfertigungen ausgestellt werden. Diese Ausfertigungen müssen im Texte der Urkunde mit fortlaufenden Nummern versehen sein; andernfalls gilt jede Ausfertigung als besonderer Scheck.

Artikel 50.

Wird eine Ausfertigung bezahlt, so erlöschen die Rechte aus allen Ausfertigungen, auch wenn diese nicht den Vermerk tragen, daß durch die Zahlung auf eine Ausfertigung die anderen ihre Gültigkeit verlieren.

Hat ein Indossant die Ausfertigungen an verschiedene Personen übertragen, so haften er und seine Nachmänner aus allen Ausfertigungen, die ihre Unterschrift tragen und nicht herausgegeben worden sind.

Achter Abschnitt.

Änderungen.

Artikel 51.

Wird der Text eines Schecks geändert, so haften diejenigen, die ihre Unterschrift nach der Änderung auf den Scheck gesetzt haben, entsprechend dem geänderten Text; wer früher unterschrieben hat, haftet nach dem ursprünglichen Text.

Neunter Abschnitt.
Verjährung.

Artikel 52.

Die Rückgriffsansprüche des Inhabers gegen die Indossanten, den Aussteller und die anderen Scheckverpflichteten verjähren in sechs Monaten vom Ablauf der Vorlegungsfrist.

Die Rückgriffsansprüche eines Verpflichteten gegen einen anderen Scheckverpflichteten verjähren in sechs Monaten von dem Tage, an dem der Scheck von dem Verpflichteten eingelöst oder ihm gegenüber gerichtlich geltend gemacht worden ist.

Artikel 53.

Die Unterbrechung der Verjährung wirkt nur gegen den Scheckverpflichteten, in Ansehung dessen die Tatsache eingetreten ist, welche die Unterbrechung bewirkt.

Zehnter Abschnitt.
Allgemeine Vorschriften.

Artikel 54.

Als Bankiers im Sinne dieses Gesetzes sind anzusehen:

1. diejenigen Anstalten des öffentlichen Rechtes, diejenigen unter staatlicher Aufsicht stehenden Anstalten sowie diejenigen in das Genossenschaftsregister eingetragenen Genossenschaften, die sich nach den für ihren Geschäftsbetrieb maßgebenden Bestimmungen mit der Annahme von Geld und der Leistung von Zahlungen für fremde Rechnung befassen, ferner die unter amtlicher Aufsicht stehenden Sparkassen, wenn sie die nach Landesrecht für sie geltenden Aufsichtsbestimmungen erfüllen;
2. die in das Handelsregister eingetragenen Firmen, die gewerbsmäßig Bankiergeschäfte betreiben.

Artikel 55.

Die Vorlegung und der Protest eines Schecks können nur an einem Werktage stattfinden.

Fällt der letzte Tag einer Frist, innerhalb derer eine auf den Scheck bezügliche Handlung, insbesondere die Vorlegung, der Protest oder eine gleichbedeutende Feststellung vorgenommen werden muß, auf einen gesetzlichen Feiertag, so wird die Frist bis zum nächsten Werktag verlängert. Feiertage, die in den Lauf einer Frist fallen, werden bei der Berechnung der Frist mitgezählt.

Im übrigen finden auf die Vorlegung des Schecks und den Protest die Vorschriften der Artikel 79 bis 88 des Wechselgesetzes entsprechende Anwendung.

Artikel 56.

Bei der Berechnung der in diesem Gesetz vorgesehenen Fristen wird der Tag, an dem sie zu laufen beginnen, nicht mitgezählt.

Artikel 57.

Weder gesetzliche noch richterliche Respekttage werden anerkannt.

Elfter Abschnitt.

Ergänzende Vorschriften.

Artikel 58.

Der Aussteller, dessen Rückgriffsverbindlichkeit durch Unterlassung rechtzeitiger Vorlegung oder Verjährung erloschen ist, bleibt dem Inhaber des Schecks so weit verpflichtet, als er sich mit dessen Schaden bereichern würde.

Der Anspruch verjährt in einem Jahre seit der Ausstellung des Schecks.

Artikel 59.

Ein abhanden gekommener oder vernichteter Scheck kann im Wege des Aufgebotsverfahrens für kraftlos erklärt werden. Die Aufgebotsfrist muß mindestens zwei Monate betragen. Nach Einleitung des Aufgebotsverfahrens kann der Berechtigte, falls der Scheck rechtzeitig zur Zahlung vorgelegt, von dem Bezogenen aber nicht eingelöst worden war, von dem Aussteller Zahlung fordern, wenn er bis zur Kraftloserklärung Sicherheit leistet.

Eine abhanden gekommene oder vernichtete Protesturkunde kann durch ein Zeugnis über die Protesterhebung ersetzt werden, das von der die beglaubigte Abschrift der Urkunde verwahrenden Stelle zu erteilen ist. In dem Zeugnis muß der Inhalt des Protestes und des gemäß Artikels 55 Abs. 3 in Verbindung mit Artikel 85 Abs. 2 des Wechselgesetzes aufgenommenen Vermerks angegeben sein.

Zwölfter Abschnitt.

Geltungsbereich der Gesetze.

Artikel 60.

Die Fähigkeit einer Person, eine Scheckverbindlichkeit einzugehen, bestimmt sich nach dem Recht des Landes, dem sie angehört. Erklärt dieses Recht das Recht eines anderen Landes für maßgebend, so ist das letztere Recht anzuwenden.

Wer nach dem im vorstehenden Absatz bezeichneten Recht eine Scheckverbindlichkeit nicht eingehen kann, wird gleichwohl gültig verpflichtet, wenn die Unterschrift in dem Gebiet eines Landes abgegeben worden ist, nach dessen Recht er scheckfähig wäre. Diese Vorschrift findet keine Anwendung, wenn die Verbindlichkeit von einem Inländer im Ausland übernommen worden ist.

Artikel 61.

Das Recht des Landes, in dem der Scheck zahlbar ist, bestimmt die Personen, auf die ein Scheck gezogen werden kann.

Ist nach diesem Recht der Scheck im Hinblick auf die Person des Bezogenen nichtig, so sind gleichwohl die Verpflichtungen aus Unterschriften gültig, die in Ländern auf den Scheck gesetzt worden sind, deren Recht die Nichtigkeit aus einem solchen Grunde nicht vorsieht.

Artikel 62.

Die Form einer Scheckerklärung bestimmt sich nach dem Recht des Landes, in dessen Gebiete die Erklärung unterschrieben worden ist. Es genügt jedoch die Beobachtung der Form, die das Recht des Zahlungsortes vorschreibt.

Wenn eine Scheckerklärung, die nach den Vorschriften des vorstehenden Absatzes ungültig ist, dem Recht des Landes entspricht, in dessen Gebiet eine spätere Scheckerklärung unterschrieben worden ist, so wird durch Mängel in der Form der ersten Scheckerklärung die Gültigkeit der späteren Scheckerklärung nicht berührt.

Eine Scheckerklärung, die ein Inländer im Ausland abgegeben hat, ist im Inland gegenüber anderen Inländern gültig, wenn die Erklärung den Formerfordernissen des inländischen Rechts genügt.

Artikel 63.

Die Wirkungen der Scheckerklärungen bestimmen sich nach dem Recht des Landes, in dessen Gebiete die Erklärungen unterschrieben worden sind.

Artikel 64.

Die Fristen für die Ausübung der Rückgriffsrechte werden für alle Scheckverpflichteten durch das Recht des Ortes bestimmt, an dem der Scheck ausgestellt worden ist.

Artikel 65.

Das Recht des Landes, in dessen Gebiete der Scheck zahlbar ist, bestimmt:

1. ob der Scheck notwendigerweise bei Sicht zahlbar ist oder ob er auf eine bestimmte Zeit nach Sicht gezogen werden kann, und welches die Wirkungen sind, wenn auf dem Scheck ein späterer als der wirkliche Ausstellungstag angegeben worden ist;
2. die Vorlegungsfrist;
3. ob ein Scheck angenommen, zertifiziert, bestätigt oder mit einem Visum versehen werden kann, und welches die Wirkungen dieser Vermerke sind;
4. ob der Inhaber eine Teilzahlung verlangen kann und ob er eine solche annehmen muß;
5. ob ein Scheck gekreuzt oder mit dem Vermerk „nur zur Verrechnung" oder mit einem gleichbedeutenden Vermerk versehen werden kann, und welches die Wirkungen der Kreuzung oder des Verrechnungsvermerks oder eines gleichbedeutenden Vermerks sind;
6. ob der Inhaber besondere Rechte auf die Deckung hat, und welches der Inhalt dieser Rechte ist;
7. ob der Aussteller den Scheck widerrufen oder gegen die Einlösung des Schecks Widerspruch erheben kann;
8. die Maßnahmen, die im Falle des Verlustes oder des Diebstahls des Schecks zu ergreifen sind;
9. ob ein Protest oder eine gleichbedeutende Feststellung zur Erhaltung des Rückgriffs gegen die Indossanten, den Aussteller und die anderen Scheckverpflichteten notwendig ist.

Artikel 66.

Die Form des Protestes und die Fristen für die Protesterhebung sowie die Form der übrigen Handlungen, die zur Ausübung oder Erhaltung der Scheckrechte erforderlich sind, bestimmen sich nach dem Recht des Landes, in dessen Gebiete der Protest zu erheben oder die Handlung vorzunehmen ist.

Einführungsgesetz zum Scheckgesetz.

Vom 14. August 1933 (RGBl. I S. 605).

Die Reichsregierung hat das folgende Gesetz beschlossen, das hiermit verkündet wird:

Artikel 1.

(1) Der Reichsminister der Justiz bestimmt den Zeitpunkt, mit dem das Scheckgesetz in Kraft tritt. Jedoch treten die Artikel 37, 38 über den gekreuzten Scheck erst in einem späteren Zeitpunkte in Kraft, der von dem Reichsminister der Justiz bestimmt wird.

(2) Der Reichsminister der Justiz kann für das Inkrafttreten des Ersten bis Elften Abschnitts des Scheckgesetzes einen anderen Zeitpunkt bestimmen als für das Inkrafttreten des Zwölften Abschnitts. Er kann sowohl den Ersten bis Elften Abschnitt als auch den Zwölften Abschnitt als selbständiges Gesetz in Kraft treten lassen, den Zwölften Abschnitt unter der Überschrift: „Gesetz über den Geltungsbereich der Scheckgesetze" mit eigener Artikelfolge.

(3) Die Vorschriften des Scheckgesetzes vom 11. März 1908 (Reichsgesetzbl. S. 71) treten mit dem Inkrafttreten der entsprechenden Teile des neuen Scheckgesetzes außer Kraft.

(4) Mit dem Inkrafttreten des Ersten bis Elften Abschnitts des Scheckgesetzes treten ferner außer Kraft, soweit sie sich auf Schecks beziehen,

die Vorschriften des § 1 des Gesetzes über die Ermächtigung des Bundesrats zu wirtschaftlichen Maßnahmen und über die Verlängerung der Fristen des Wechsel- und Scheckrechts im Falle kriegerischer Ereignisse vom 4. August 1914 (Reichsgesetzbl. S. 327) in der Fassung der Verordnung vom 20. Januar 1919 (Reichsgesetzbl. S. 91);

die Vorschriften des § 3 der Verordnung zum Schutze gegen die Folgen der Stillegung von Bankbetrieben vom 19. April 1919 (Reichsgesetzbl. S. 397);

die Verordnung über Goldmark- und Goldmarknoten-Wechsel und -Schecks vom 6. Februar 1924 (Reichsgesetzbl. I S. 50).

(5) Für Schecks, die vor dem Inkrafttreten des Ersten bis Elften Abschnitts oder des Zwölften Abschnitts des Scheckgesetzes ausgestellt sind, bleiben die entsprechenden Vorschriften des bisherigen Rechts maßgebend.

Artikel 2.

(1) Für den Zinssatz beim Rückgriff aus Schecks, die im Inland sowohl ausgestellt als auch zahlbar sind, verbleibt es auch nach dem Inkrafttreten des neuen Scheckgesetzes bei den Vorschriften des Gesetzes über die Wechsel- und Scheckzinsen vom 3. Juli 1925 (Reichsgesetzbl. I S. 93).

(2) Der Reichsminister der Justiz bestimmt den Zeitpunkt, mit dem die Vorschriften des Abs. 1 und des Gesetzes über die Wechsel- und Scheckzinsen vom 3. Juli 1925 (Reichsgesetzbl. I S. 93), soweit es sich auf Schecks bezieht, außer Kraft treten.

Artikel 3.

Bis zum Inkrafttreten der Artikel 37, 38 des Scheckgesetzes werden die im Ausland ausgestellten gekreuzten Schecks im Inland als Verrechnungsschecks behandelt.

Artikel 4.

(1) Bis zum Erlasse der im Artikel 88 Abs. 2 des Wechselgesetzes vorgesehenen Verordnung sind die in der Dritten Verordnung über benachbarte Orte im Wechsel- und Scheckverkehre vom 7. Dezember 1927 (Reichsgesetzbl. I S. 343) als benachbart bezeichneten Orte als benachbart im Sinne des neuen Scheckgesetzes anzusehen.

(2) Die gemäß § 12 des Scheckgesetzes vom 11. März 1908 als Abrechnungsstellen bestimmten Stellen sind bis auf weiteres als Abrechnungsstellen im Sinne des neuen Scheckgesetzes anzusehen; die Einlieferung kann nur erfolgen, wenn der Bezogene bei der Abrechnungsstelle vertreten ist, und muß den für den Geschäftsverkehr der Abrechnungsstelle maßgebenden Bestimmungen entsprechen.

Artikel 5.

(1) Soweit in Reichsgesetzen oder Landesgesetzen auf Vorschriften des Scheckgesetzes verwiesen ist, treten an deren Stelle die entsprechenden Vorschriften des neuen Scheckgesetzes.

(2) Der Reichsminister der Justiz wird ermächtigt, nähere Vorschriften zu erlassen.

Artikel 6.

(1) Die Verordnung des Bundesrats über die Bestätigung von Schecks durch die Reichsbank vom 31. August 1916 (Reichsgesetzbl. S. 985) wird wie folgt geändert:

Artikel 1 erhält folgende Fassung:

> (1) Versieht die Reichsbank einen auf sie gezogenen Scheck mit einem Bestätigungsvermerke, so wird sie dadurch dem Inhaber zur Einlösung verpflichtet; für die Einlösung haftet sie auch dem Aussteller und den Indossanten. Die Einlösung des bestätigten Schecks darf auch dann nicht verweigert werden, wenn inzwischen über das Vermögen des Ausstellers der Konkurs eröffnet wurde.
>
> (2) Die Verpflichtung aus der Bestätigung erlischt, wenn der Scheck nicht binnen acht Tagen nach der Ausstellung zur Zahlung vorgelegt wird. Auf den Nachweis der Vorlegung finden die Vorschriften des Artikels 40 des Scheckgesetzes Anwendung.
>
> (3) Der Anspruch aus der Bestätigung verjährt in zwei Jahren vom Ablauf der Vorlegungsfrist an.
>
> (4) Auf die gerichtliche Geltendmachung von Ansprüchen auf Grund der Bestätigung finden die für Wechselsachen geltenden Zuständigkeits- und Verfahrensvorschriften entsprechende Anwendung.
>
> (5) Die Reichsbank ist nur nach vorheriger Deckung befugt, Schecks mit einem Bestätigungsvermerke zu versehen.

Artikel 3 Abs. 2 fällt weg.

(2) Der Reichsminister der Justiz wird ermächtigt, die Bestimmungen der im Abs. 1 genannten Verordnung zu ergänzen, zu ändern oder aufzuheben.

Artikel 7.

§ 69 des Gesetzes über die Zwangsversteigerung und die Zwangsverwaltung vom 24. März 1897 in der Fassung der Bekanntmachung vom 20. Mai 1898 (Reichsgesetzbl. S. 713) wird wie folgt geändert:

1. Als neuer Abs. 2 wird eingefügt:

Bestätigte Reichsbankschecks sind zur Sicherheitsleistung in Höhe des Nennbetrages geeignet, wenn die Vorlegungsfrist nicht vor dem vierten Tage nach dem Versteigerungstermin abläuft.

2. Der bisherige Abs. 2 wird Abs. 3.

Artikel 8.

Soweit sich das Gesetz über die Folgen der Verhinderung wechsel- und scheckrechtlicher Handlungen im Ausland vom 13. April 1914 (Reichsgesetzbl. S. 107) auf Schecks bezieht, treten an seine Stelle mit dem Inkrafttreten des Ersten bis Elften Abschnitts des Scheckgesetzes folgende Vorschriften:

Wird die rechtzeitige Vornahme einer Handlung, die im Ausland zur Ausübung oder Erhaltung der Rechte aus einem Scheck vorzunehmen ist, durch eine dort erlassene Vorschrift verhindert, so kann der Reichsminister der Justiz bestimmen, daß die Rechte ungeachtet der Versäumung bestehen bleiben, sofern die Handlung unverzüglich nach Wegfall des Hindernisses nachgeholt wird. In gleicher Weise kann bestimmt werden, daß bei einer solchen Verhinderung nach einer bestimmten Frist Rückgriff genommen werden kann, ohne daß es der Vornahme der Handlung bedarf.

Artikel 9.

§ 34 der Konkursordnung erhält folgenden Abs. 3:

Die Vorschriften der Abs. 1 und 2 finden auf Scheckzahlungen des Gemeinschuldners entsprechende Anwendung.

Artikel 10.

Das Fünfte Buch der Zivilprozeßordnung (Urkunden- und Wechselprozeß) wird durch Anfügen folgender Bestimmung ergänzt:

§ 605 a. Werden im Urkundenprozesse Ansprüche aus Schecks im Sinne des Scheckgesetzes geltend gemacht (Scheckprozeß), so finden die §§ 602 bis 605 entsprechende Anwendung.

Artikel 11.

In bürgerlichen Rechtsstreitigkeiten, in denen durch Klage oder Widerklage ein Anspruch auf Grund des Scheckgesetzes geltend gemacht ist, wird die Verhandlung und Entscheidung letzter Instanz im Sinne des § 8 des Einführungsgesetzes zum Gerichtsverfassungsgesetz dem Reichsgericht zugewiesen.

Otto Walter, Buchdruckerei, Berlin SW 19